1682
J.B. METZLER

Daniel Morat / Hansjakob Ziemer (Hg.)

Handbuch Sound

Geschichte – Begriffe – Ansätze

Unter Mitarbeit von Rainer Rutz

J. B. Metzler Verlag

Gefördert mit Mitteln der Fritz Thyssen Stiftung
für Wissenschaftsförderung

Die Herausgeber
Daniel Morat, PD Dr., ist Historiker, Privatdozent am Friedrich-Meinecke-Institut der FU Berlin und Ausstellungskurator.
Hansjakob Ziemer, Dr., ist Historiker, wissenschaftlicher Mitarbeiter und Leiter »Kooperation und Kommunikation« am Max-Planck-Institut für Wissenschaftsgeschichte in Berlin.

Bibliografische Information der Deutschen Nationalbibliothek
Die Deutsche Nationalbibliothek verzeichnet diese Publikation in der Deutschen Nationalbibliografie; detaillierte bibliografische Daten sind im Internet über http://dnb.d-nb.de abrufbar.

ISBN 978-3-476-02604-0
ISBN 978-3-476-05421-0 (eBook)

J. B. Metzler ist ein Imprint der eingetragenen Gesellschaft Springer-Verlag GmbH, DE und ist Teil von Springer Nature
www.metzlerverlag.de
info@metzlerverlag.de

Einbandgestaltung: Finken & Bumiller, Stuttgart
(Foto: MoonRock / shutterstock)
Satz: Claudia Wild, Konstanz in Kooperation
mit primustype Hurler GmbH, Notzingen

J. B. Metzler, Stuttgart

Inhalt

VI Medien

VII Politik

Anhang

Einleitung

Etwa seit den 1990er Jahren lässt sich ein verstärktes Interesse an Phänomenen des Akustischen und Auditiven in den Geistes-, Kultur- und Sozialwissenschaften beobachten, das bisweilen als Ausdruck eines – vermeintlichen oder tatsächlichen – »acoustic turn« (Meyer 2008) oder »auditory turn« (Bull 2013b, 1) verstanden worden ist. Im englischsprachigen Raum hat diese Entwicklung schon Anfang der 2000er Jahre zu entsprechenden Sammelbänden und Überblickswerken geführt (z. B. Bull/Back 2003; Drobnick 2004; Smith 2004; Erlmann 2005). In der folgenden Dekade kam es zu einer weiteren Konsolidierung des Forschungsfelds durch die Publikation von Readern und Handbüchern (z. B. Pinch/Bijsterveld 2012; Sterne 2012; Bull 2013a; Papenburg/Schulze 2016), durch die Etablierung eigener (Online-)Zeitschriften wie dem *Journal of Sonic Studies* (2011 ff.) oder den *Sound Studies. An Interdisciplinary Journal* (2016 ff.) und durch die Einrichtung von öffentlichen Sound-Datenbanken wie »Sound & Science: Digital Histories« der am Max-Planck-Institut für Wissenschaftsgeschichte in Berlin angesiedelten Forschungsgruppe ›Episteme der modernen Akustik‹. Die Erforschung von Soundphänomenen ist zwar zunächst von nordamerikanischen Wissenschaftlerinnen und Wissenschaftlern ausgegangen, heute aber eine transnationale Unternehmung und seit einiger Zeit auch mit Sammelbänden, Einzelveröffentlichungen und Themenheften im deutschsprachigen Raum angekommen (z. B. Segeberg/Schätzlein 2005; Meyer 2008; Schulze 2008; Volmar/Schröter 2013; Paul/Schock 2014; Burschel/Missfelder 2015).

Wie an den genannten Titeln ablesbar ist, hat sich im Laufe der Zeit der Begriff der ›Sound Studies‹ als Überbegriff für die hier behandelten Forschungen durchgesetzt. Parallel dazu wurde schon bald die Frage diskutiert, worum es sich bei den Sound Studies eigentlich handelt: um ein interdisziplinäres Forschungsfeld, um eine eigene, neue Disziplin oder gar um ein Ausbildungsfach? Tendenzen einer disziplinären Institutionalisierung lassen sich nicht nur an den angeführten Sammelbänden und Zeitschriften erkennen oder an der Gründung von Vereinigungen wie der European Sound Studies Association (ESSA) im Jahr 2012, sondern auch an der Einführung von Sound-Studies-Studiengängen wie etwa an der Universität der Künste in Berlin. Diese Ansätze der disziplinären Etablierung spiegeln die ganze Breite an Wirkungsmöglichkeiten und Interessensgebieten wider, die die Soundforschung kennzeichnet. So umfassen die Studiengänge neben dem wissenschaftlichen Studium auditiver Kulturen auch praktische Ausbildungsanteile für Sounddesign, Tontechnik oder Klangkunst. Schließlich gibt es auch Bestrebungen, die Sound Studies als Form des *artistic research* von einer rein akademischen Wissenschaft zu unterscheiden, etwa wenn Holger Schulze betont: »Sound Studies sind nicht *Klangwissenschaft*« und »wollen keine Wissenschaften im bekannten Sinne mehr sein« (2012, 242; Hervorh. im Orig.).

Schon weil die anwendungsorientierte Perspektive im vorliegenden Handbuch weitgehend fehlt, verstehen wir es nicht als ein Sound-Studies-Handbuch. Im Unterschied zu den genannten Formen des disziplinären »branding« (Latham 2017, 389) wollen wir auch keine Konsolidierung und damit Schließung einer klar definierten Forschungsrichtung namens Sound Studies erreichen. Vielmehr möchten wir zur Kartierung eines offenen, dynamischen und interdisziplinären wissenschaftlichen Feldes beitragen, das seine Einheit durch den gemeinsamen Gegenstand ›Sound‹ bezieht, darüber hinaus aber ganz unterschiedliche Ansätze, Methoden und Disziplinen umfasst, die gelegentlich auch im Widerspruch zueinander stehen können. Wir verfolgen mit diesem Handbuch, in dem die unterschiedlichen Forschungsansätze und Forschungsgegenstände überblicksartig dargestellt werden, somit einen integrativen Ansatz. Dabei wollen wir eine in den Sound Studies gelegentlich anzutreffende »uncritical romanticization of the sonic experience« (Johnson 2017, 15) und eine daraus resultierende Essenzialisierung des Gegenstands ebenso vermeiden wie den Ausschluss bestimmter Disziplinen wie der Musikwissenschaft, die sich in jüngster Zeit für Anregungen aus den Sound Studies geöffnet hat (vgl. Sakakeeny 2015).

Sound – Gegenstand und Begriff

Wenn sich die Gemeinsamkeit der hier versammelten Beiträge also nicht aus der Zugehörigkeit zu einer neuen Disziplin ›Sound Studies‹ ergibt, sondern aus dem gemeinsamen Gegenstand ›Sound‹, dann muss im nächsten Schritt genauer geklärt werden, worum es sich bei diesem Gegenstand eigentlich handelt. Das englische Wort *sound* kann ins Deutsche als ›Klang‹, ›Geräusch‹, ›Ton‹, ›Laut‹ oder ›Schall‹ übersetzt werden. Als englisches Lehnwort ist es allerdings – etwa seit den 1950er Jahren – mit einem engeren Bedeutungsumfang eingedeutscht worden. Laut *Duden* bezeichnet das deutsche Wort ›Sound‹ einen »für einen Instrumentalisten, eine Gruppe oder einen Stil charakteristische[n] Klang« bzw. eine »charakteristische Klangfarbe«, also eine bestimmte Eigenschaft von Musik (s. dazu auch Kap. 10, 24 und 28). Für die Zwecke dieses Handbuchs wird ›Sound‹ jedoch im weiten Sinn des englischen Worts benutzt. Dieser Wortgebrauch hat sich auch in der deutschsprachigen akademischen Diskussion weitgehend durchgesetzt – nicht zuletzt der Anschlussfähigkeit an die englischsprachigen Sound Studies wegen –, selbst wenn (auch in diesem Handbuch) häufig der Begriff des ›Klangs‹ im gleichen Sinn verwendet wird. In den meisten Beiträgen dieses Handbuchs sind die beiden Begriffe weitgehend synonym zu verstehen. Das Bedeutungsspektrum von ›Sound‹ erscheint allerdings umfassender als das von ›Klang‹, da letzterer Begriff häufig eine bestimmte Eigenschaft eines Geräuschs, einer Stimme oder eines Musikstücks bezeichnet und nicht diese selbst.

Wenn ›Sound‹ hier also im weiten Sinn von ›Klang‹, ›Geräusch‹, ›Ton‹, ›Laut‹ und ›Schall‹ benutzt wird, wie lässt sich daraus dann ein Gegenstand für geistes-, kultur- und sozialwissenschaftliche Studien bestimmen? Anders als in den Naturwissenschaften, die etwa die physikalischen Eigenschaften von Schall untersuchen, wird Sound in den Geistes-, Kultur- und Sozialwissenschaften immer als »artifact of the messy and political human sphere« behandelt, wie Jonathan Sterne (2003, 13) es bezeichnet hat. Akustische Phänomene sind hier also immer an menschliche Wahrnehmungen und Handlungen gebunden, und in diesem Sinn verstehen wir – als einen Ausgangspunkt – Sound als gehörten Schall. Diese Bindung des Akustischen an das Auditive spiegelt sich nicht nur in für die Sound Studies einschlägigen Begriffsprägungen wie »auditory culture« (Bull/Back 2003), »aural culture« (Drobnick 2004) oder »hearing culture« (Erlmann 2005). Sie hat auch dazu geführt, dass dem Hören als zentraler Kategorie der Sound Studies eine eigene Forschungsdiskussion gewidmet wurde, mit besonderer Aufmerksamkeit für die Geschichte des Hörens (vgl. Morat 2011; Thorau/Ziemer 2018). Da es sich beim Hören um eine für die Beschäftigung mit Sound konstitutive Dimension handelt, wird es in mehr oder weniger allen Beiträgen dieses Handbuchs immer mitverhandelt, auch wenn ihm kein eigener Beitrag gewidmet ist (anders als etwa in dem 2015 erschienenen Überblicksband *Keywords in Sound* von Novak/Sakakeeny).

Selbst die möglichst allgemeine Definition von Sound als ›gehörtem Schall‹ produziert allerdings noch Rand- und Graubereiche. Wie verhält es sich mit den Schallwellen, die außerhalb des menschlichen Hörspektrums liegen, aber dennoch – besonders als Infraschall im tiefen Frequenzbereich – körperlich wahrgenommen werden können? Unter Begriffen wie ›sonic materialism‹ oder ›bass materialism‹ werden die ›sonic effects‹ jenseits des kulturell codierten Hörens diskutiert und somit die Bindung der Beschäftigung mit Sound an das menschliche Hören und besonders an die damit verknüpften kulturellen Sinnzuschreibungsprozesse infrage gestellt (vgl. Kane 2015). Gleichzeitig haben Jonathan Sterne und Mitchell Akiyama darauf hingewiesen, dass durch Sonifikationsverfahren (s. Kap. 14) zuvor unhörbare Dinge hörbar gemacht werden können, wodurch sich die Grenze zwischen Sound und Nicht-Sound ständig verschiebt: »[S]ound scholarship must be ever more vigilant about that shifting border between the sonic and the nonsonic« (Sterne/Akiyama 2012, 547).

Für dieses Handbuch folgt daraus, dass wir zwar von Sound als gehörtem Schall ausgehen, dass grundsätzlich aber die Frage nach dem Gegenstandsbereich dessen, was unter dem Leitbegriff ›Sound‹ behandelt wird und behandelt werden kann, immer offen bleiben und diskutiert werden muss. Die Grenze dieses Gegenstandsbereichs – »that shifting border between the sonic and the nonsonic« – kann dabei je nach Frageperspektive und Methode unterschiedlich gezogen werden. Das gilt allerdings nicht nur synchron, sondern auch diachron: Die genannte Grenze wurde im Laufe der Zeit immer wieder verschoben und neu gezogen, d. h. sie ist historisch variabel. Daraus folgt die Notwendigkeit einer grundsätzlichen Historisierung von Sound. In diesem Sinn versteht sich das vorliegende Handbuch als ein historisch ausgerichtetes. Damit ist weder gemeint, dass alle darin behandelten Gegenstände in der Vergangenheit liegen, noch dass die Geschichtswissenschaft als Leitdisziplin fungiert. Vielmehr geht es darum, dass wir von einer grundsätzlichen historischen Wandelbarkeit nicht nur des Auditiven selbst ausgehen, sondern auch der Kategorien, in denen es beschrieben und untersucht werden kann (vgl. dazu Netzwerk »Hör-Wissen im Wandel« 2017). Deshalb werden auch Soundphänomene der Gegenwart – als *explanans* wie als *explanandum* – in ihrer Historizität und ihrem historischen Herkommen und Kontext erfasst, um Sinn und Bedeutung, Struktur und Gebrauch, Strategien und Erfahrungen miteinander in Beziehung zu setzen.

Zum Aufbau des Handbuchs

Aus den angeführten Gründen beabsichtigen wir mit diesem Handbuch nicht, einheitliche Methoden, Ansätze und Fragestellungen zu definieren. Vielmehr geht es darum, der Vielfalt der Forschung und ihrer Gegenstände Rechnung zu tragen, Querverbindungen zu ziehen und Anregungen für eine Erforschung von Sound zu bieten. Dabei wollen wir die Dominanz einer einzelnen Perspektive vermeiden und ein Spektrum an Möglichkeiten aufzeigen, wie Soundwissenschaftlerinnen und -wissenschaftler sich einem ephemeren und unsichtbaren Gegenstand in Vergangenheit und Gegenwart widmen können. Die Autorinnen und Autoren des Handbuchs bemühen sich nicht nur darum, ihr jeweiliges Thema in einem weiteren historischen Kontext zu verorten, sondern waren auch eingeladen, über ihren Begriff von ›Sound‹, ihre Forschungsmethodik und den Stand der Diskussionen in ihrem spezifischen Feld zu reflektieren. Gerade weil ›Sound‹ nicht das Proprium einer bestimmten Disziplin ist und der Status von Sound Studies offen diskutiert wird, soll dieses Handbuch deutlich machen, dass die Erforschung von Sound in der Tradition bestimmter disziplinärer Perspektiven stattfand und stattfindet (Abschnitt III »Disziplinäre Perspektiven«). Wir haben die Autorinnen und Autoren daher auch gebeten, wissenschaftshistorische Perspektiven in ihre Beiträge einzubeziehen und auf die Herausforderungen und Schwierigkeiten einzugehen, die der Gegenstand ›Sound‹ für die Forschung bedeutet, indem er dazu zwingt, eigene epistemologische Grundannahmen zu reflektieren und anzupassen. Inzwischen gibt es allerdings einen Fundus an methodisch-theoretischen Ansätzen und Begriffen, die quer zu disziplinären Traditionen liegen und die eine Leitfunktion in der Beschäftigung mit Sound einnehmen (Abschnitt I »Methodisch-theoretische Zugänge« und Abschnitt II »Begriffe«).

Jenseits dieser methodischen und theoretischen Fragen wollen wir in diesem Handbuch einen weiten Überblick über Beispiele aus der Forschung geben und wissenschaftliche und ästhetische, technologische und politische, soziale und kulturelle Perspektiven miteinander verknüpfen. Die Beispiele zeigen, wie bestimmten akustische Phänomene (Abschnitt IV »Akustische Phänomene«) durch verschiedene Disziplinen, Provinzen des Wissens, kulturelle Praktiken oder ästhetische Formen hindurch wirken konnten – sie konnten erforscht und komponiert, literarisch verarbeitet und soziologisch gedeutet werden, an unterschiedlichen Orten erscheinen, hergestellt und wahrgenommen werden (Abschnitt V »Räume«). Die Autorinnen und Autoren tragen der Bedeutung von technischen Medien und Aufschreibesystemen in der Erforschung von Sound genauso Rechnung wie den politischen Strategien oder Praktiken, für die Sound in Anspruch genommen werden konnte (Abschnitt VI »Medien« und Abschnitt VII »Politik«). Während sich die Stichworte um bestimmte Leitmotive wie ›Räume‹ oder ›Medien‹ sammeln, wollen wir die Leserinnen und Leser dazu einladen, Querverbindungen zwischen den Beiträgen zu entdecken und sich das Feld der Soundforschung als Ganzes zu erschließen. Dazu dient besonders die Kategorie »Verwandte Beiträge« am Ende jedes Beitrags.

In einer Zeit, in der sich die Soundforschung beständig weiterentwickelt und viele neue Studien in Arbeit bzw. im Erscheinen sind, kann ein solches Handbuch schließlich keinen Anspruch auf enzyklopädische Vollständigkeit erheben. Die Zusammenstellung der Beiträge und die darin gegebenen Praxisbeispiele spiegeln den aktuellen Stand der Forschung und damit nicht nur deren Breite und Vielfalt, sondern auch deren Traditionen und Perspektiven. Dies lässt sich an zwei Schwerpunktsetzungen erkennen, die viele Beiträge durchziehen: Zum einen hat die Mehrzahl einen geographischen Fokus auf europäische oder nordamerikanische Gegenstände; zum anderen befassen sich die meisten der Autorinnen und Autoren mit einer kritischen Perspektive auf die Epoche der Moderne, nicht zuletzt, weil eine Vielzahl an Soundphänomenen eine Folge oder Erfindung der Moderne war.

Vor dem Hintergrund dieser Schwerpunkte benennen die Autorinnen und Autoren aus ihrer Forschungspraxis heraus die Desiderata für Methodik und Thematik, die in Zukunft das Feld der Soundforschung prägen könnten, gerade auch mit Blick auf die nicht-westlichen und vormodernen Traditionen. Hierzu finden sich im Handbuch selbst bereits Beispiele, von den mythologischen Sound-Konstruktionen der Antike über die Geschichte des Sounds in Orten wie dem Wald oder der mittelalterlichen Kirche bis hin zu den Forschungsreisen der ersten Musikethnologen. Vieles harrt jedoch noch der Erschließung. Insofern hoffen wir, dass das Handbuch auch durch die Leer- und Blindstellen, die es notwendigerweise hat, zur weiteren Erforschung von Soundphänomenen anregt.

Danksagung

Dieses Handbuch hat seinen Ursprung in den Diskussionen des Netzwerks »Hör-Wissen im Wandel«, einem internationalem und interdisziplinären Forscherverbund, der von 2012 bis 2016 von der Deutschen Forschungsgemeinschaft gefördert wurde und dem – neben den Herausgebern – Camilla Bork, Mary Helen Dupree, Nicola Gess, Angela Grünberg, Alexandra Hui, Julia Kursell, Britta Lange, Jan-Friedrich Missfelder, Manuela Schwartz, Viktoria Tkaczyk, Axel Volmar, Caroline Welsh und Rebecca Wolf angehörten. Aus dieser langjährigen Zusammenarbeit ist nicht nur ein gemeinsames Buch entstanden (Netzwerk »Hör-Wissen im Wandel« 2017); fast alle Netzwerkmitglieder sind auch Autorinnen und Autoren dieses Handbuchs und haben mit uns über dessen Konzept diskutiert. Dafür sei ihnen herzlich gedankt.

Darüber hinaus haben wir unseren Heimatinstitutionen, der Freien Universität Berlin und dem Max-Planck-Institut für Wissenschaftsgeschichte in Berlin, zu danken für die vielfältige Unterstützung in dem langen Prozess der Herausgeberschaft. Hier möchten wir uns insbesondere bei Agnes Bauer, Leon Kokkoliadis und Fabian Voigtschild für die Hilfe bei der Fertigstellung des Manuskripts bedanken. Beim J. B. Metzler Verlag danken wir Ute Hechtfischer, die den Anstoß zu diesem Projekt gegeben und es mit Geduld gefördert und begleitet hat. Des Weiteren danken wir den beiden Übersetzern Gerhard Herrgott und Wilhelm von Werthern sowie der Fritz Thyssen Stiftung für Wissenschaftsförderung für die Finanzierung nicht nur der Übersetzungen, sondern auch des Lektorats. Für das Lektorat möchten wir uns schließlich in besonderem Maße bei Rainer Rutz bedanken, der mit großer Umsicht und Beharrlichkeit geholfen hat, die Beiträge dieses Bandes zusammenzuführen, ohne dabei seinen Humor zu verlieren.

Literatur

Bull, Michael (Hg.): *Sound Studies. Critical Concepts in Media and Cultural Studies.* 4 Bde. London/New York 2013a.

Bull, Michael: General introduction. In: Ders. (Hg.): *Sound Studies. Critical Concepts in Media and Cultural Studies.* 4 Bde. London/New York 2013b, Bd. 1, 1–22.

Bull, Michael/Back, Les (Hg.): *The Auditory Culture Reader.* Oxford/New York 2003; überarb. Aufl. [2]2016.

Burschel, Peter/Missfelder, Jan-Friedrich (Hg.): *Sound History* (= *Geschichte in Wissenschaft und Unterricht* 66/11–12). Seelze 2015.

Drobnick, Jim (Hg.): *Aural Cultures.* Toronto 2004.

Dudenredaktion: [Art.] Sound. In: *Duden Online*, https://www.duden.de/node/652950/revisions/1656565/view (30.1.2018).

Erlmann, Veit (Hg.): *Hearing Cultures. Essays on Sound, Listening and Modernity.* Oxford u. a. 2005.

Johnson, Bruce: Sound studies today. Where are we going? In: Joy Damousi/Paula Hamilton (Hg.): *A Cultural History of Sound, Memory and the Senses.* New York/London 2017, 7–22.

Journal of Sonic Studies (2011 ff.). Hg. von Marcel Cobussen und Vincent Meelberg. In: http://sonicstudies.org/ (30.1.2018).

Kane, Brian: Sound studies without auditory culture. A critique of the ontological turn. In: *Sound Studies. An Interdisciplinary Journal* 1/1 (2015), 2–21.

Latham, Clara Hunter: Listening to modernism. New books in the history of sound. In: *Contemporary European History* 26/2 (2017), 385–395.

Meyer, Petra Maria (Hg.): *Acoustic Turn.* München 2008.

Morat, Daniel: Zur Geschichte des Hörens. Ein Forschungsbericht. In: *Archiv für Sozialgeschichte* 51 (2011), 695–716.

Morat, Daniel (Hg.): *Sounds of Modern History. Auditory Cultures in 19th- and 20th-Century Europe.* New York/Oxford 2014.

Netzwerk »Hör-Wissen im Wandel« (Hg.): *Wissensgeschichte des Hörens in der Moderne.* Berlin/Boston 2017.

Novak, David/Sakakeeny, Matt (Hg.): *Keywords in Sound.* Durham, NC 2015.

Papenburg, Jens Gerrit/Schulze, Holger (Hg.): *Sound as Popular Culture. A Research Companion.* Cambridge, MA/London 2016.

Paul, Gerhard/Schock, Ralph (Hg.): *Sound der Zeit. Geräusche, Töne, Stimmen – 1889 bis heute.* Göttingen 2014.

Pinch, Trevor/Bijsterveld, Karin (Hg.): *The Oxford Handbook of Sound Studies.* Oxford u. a. 2012.

Sakakeeny, Matt: Music. In: David Novak/Matt Sakakeeny (Hg.): *Keywords in Sound.* Durham, NC 2015, 112–125.

Schulze, Holger (Hg.): *Sound Studies. Traditionen – Methoden – Desiderate. Eine Einführung.* Bielefeld 2008.

Schulze, Holger: Sound Studies. In: Stephan Moebius (Hg.):

Kultur. Von den Cultural Studies bis zu den Visual Studies. Eine Einführung. Bielefeld 2012, 242–257.

Segeberg, Harro/Schätzlein, Frank (Hg.): *Sound. Zur Technologie und Ästhetik des Akustischen in den Medien*. Marburg 2005.

Smith, Mark M. (Hg.): *Hearing History. A Reader*. Athens, GA/London 2004.

Sound Studies. An Interdisciplinary Journal (2016 ff.). Hg. von Veit Erlmann und Michael Bull. In: https://www.tandfonline.com/toc/rfso20/current (30.1.2018).

Sterne, Jonathan: *The Audible Past. Cultural Origins of Sound Reproduction*. Durham, NC 2003.

Sterne, Jonathan (Hg.): *The Sound Studies Reader*. London/New York 2012.

Sterne, Jonathan/Akiyama, Mitchell: The recording that never wanted to be heard and other stories of sonification. In: Trevor Pinch/Karin Bijsterveld (Hg.): *The Oxford Handbook of Sound Studies*. Oxford u. a. 2012, 544–560.

Thorau, Christian/Ziemer, Hansjakob (Hg.): *The Oxford Handbook for the History of Music Listening in the 19th and 20th Centuries*. Oxford u. a. 2018 [im Ersch.].

Volmar, Axel/Schröter, Jens (Hg.): *Auditive Medienkulturen. Techniken des Hörens und Praktiken der Klanggestaltung*. Bielefeld 2013.

Datenbanken

»Sound & Science: Digital Histories«, Datenbank der am Max-Planck-Institut für Wissenschaftsgeschichte in Berlin angesiedelten Forschungsgruppe ›Episteme der modernen Akustik‹, https://acoustics.mpiwg-berlin.mpg.de, online ab Sommer 2018.

Daniel Morat / Hansjakob Ziemer

I Methodisch-theoretische Zugänge

1 Akustemologie

Die Akustemologie verknüpft die Bereiche ›Akustik‹ und ›Epistemologie‹, um Klang als Modus des Wissens zu theoretisieren. Hierfür untersucht sie, was sich durch Hören und Klangerzeugung wissen lässt und wie solcherlei Wissen zustande kommt. Akustemologie beginnt mit der akustischen Frage, inwieweit die physikalisch messbare Stärke von Klängen ihre unmittelbaren sozialen Auswirkungen anzeigt. Sie fragt, warum die Klangmaterialität in der Erfahrung und für Erfahrende, in Interpretationen und für Interpretierende so augenblicklich und so machtvoll präsent ist. Die Antworten auf solche Fragen stützen sich nicht unbedingt auf die Akustik als diejenige wissenschaftliche Disziplin, in der die physikalischen Komponenten der Klangmaterialität untersucht werden (vgl. Kinsler et al. 1999). Vielmehr wird Akustik von der Akustemologie auf der Ebene des Hörbaren – *akoustos* – in Dienst genommen, um Klang als etwas zu erforschen, das zugleich sozial und materiell ist, eine erfahrbare Verflochtenheit sonischer Sinnesempfindung.

Die Akustemologie verbindet die Akustik mit der Epistemologie, um Hören und Klangerzeugung als Wissen-im-Handeln zu untersuchen: Wissen im Hörbaren und Wissen durch Hörbares. Sie mobilisiert daher Epistemologie nicht im Sinne der Erforschung metaphysischer oder transzendentaler Voraussetzungen, von denen Wahrheitsansprüche umstellt sind (*epistemology with a capital E*, wie Richard Rorty [1981] es nennt). Vielmehr lässt sie sich ein auf die Relationalität, auf das Eingebundensein der Wissensproduktion in das, was John Dewey Kontext- und Erfahrungswissen genannt hat (vgl. Dewey/Bentley 1949).

Akustemologie und relationale Ontologie

Ich habe den Ausdruck ›Akustemologie‹ im Jahr 1992 geprägt, um die Erforschung der sozialen Aspekte von Klang in den Rahmen einer Schlüsselfrage zu stellen, die die gegenwärtige Gesellschaftstheorie umtreibt: Besteht die Welt aus einer Vielheit von Wesenheiten, aus ursprünglichen Substanzen, denen nachträglich kategorisierende Namen wie ›Mensch‹, ›Tier‹, ›Pflanze‹, ›Stoff‹ oder ›Technik‹ gegeben werden? Oder ist sie relational verfasst, mit Konjunktionen, Disjunktionen und Verschlingungen, die es zwischen allen gleichzeitig präsenten und historisch akkumulierten Formen zu erkennen gilt? Es war letztere Antwort, die eine an relationaler Ontologie ausgerichtete Theoretisierung des Hörens und Klangerzeugens erzwang: an der Position, die davon ausgeht, dass eine substanzielle Existenz nie vorgängig vor dem In-Beziehung-Stehen wirksam ist.

Relationale Ontologie zieht sich durch eine Reihe von Diskursen, die Philosophie, Soziologie und Anthropologie miteinander verknüpfen. In Formulierungen, die sich auf Ernst Cassirer (1929) und Alfred Schütz (1932) beziehen, wird argumentiert, dass ›Handelnde zuzüglich Orten‹ geschaffen werden durch ›Beziehungen-im-Handeln‹. In strengem Antisubstanzialismus behauptete Cassirer, Sein sei niemals unabhängig vom In-Beziehung-Sein. Die Lebenswelt-Philosophie von Schütz konzentrierte sich auf das Teilen von Raum und Zeit mit am selben Ort Anwesenden, im Unterschied zum Teilen oder Nicht-Teilen von Zeit mit Zeitgenossen und Vorfahren. In John Deweys Schriften taucht Relationalität als ›Inter-Aktion‹ und ›Trans-Aktion‹ auf, wobei der Bindestrich die Querständigkeit und das Dazwischen betont (vgl. Dewey 1960). In den 1960er und 1970er Jahren wurden diese Termini – jetzt ohne Bindestrich – erneut zu soziologischen Schlagworten, immer mit dem Ziel, die Reduktion der Handlungsfähigkeit von Akteuren auf eine gegebene Liste von Entitäten oder Essenzen infrage zu stellen (vgl. Goffman 1967; Emirbayer 1997).

Die britische Sozialanthropologie konzentrierte sich in ihrer Konstituierungsphase auf das Studium der ›Beziehungen von Beziehungen‹ (Kuper 1996). Diese Idee fand ihren Widerhall in den Schriften von Gregory Bateson (2000 [1972]), in neuen Horizonten, die sich durch die Verknüpfung von Begriffen wie ›sozial‹ und ›ökologisch‹, ›Ökologie‹ und ›Geist‹ sowie ›Kybernetik‹ und ›Epistemologie‹ eröffneten. Dass Akteure mitsamt ihrer wechselseitigen Beziehungen Netzwerke bilden, innerhalb und zwischen Spezies und Materialitäten, gehört zu den Konzepten, mit denen zeitgenössische Theoretiker/innen – etwa Donna Haraway (2003), Marilyn Strathern (2005 [1991]) und Bruno Latour (2005) – die kritische Logik des Relationalismus schematisiert haben. Dieselben Themen finden sich in den Schriften von Philippe Descola (2013) und Edu-

D. Morat, H. Ziemer (Hrsg.), *Handbuch Sound*, https://doi.org/10.1007/978-3-476-05421-0_1

ardo Viveiros de Castro (1998) über Beziehungen zwischen Spezies und zwischen Natur und Kultur, außerdem in posthumanistischen Theorien, die menschliche Präsenz und menschliches Handeln in eine neue Anordnung mit Anderen in Gestalt von Technik, Tieren und Umwelt bringen (vgl. Wolfe 2009).

Der logische Anknüpfungspunkt der Akustemologie an den Rahmen einer relationalen Ontologie besteht darin, dass existenzielle Relationalität, das Verbundensein des Seins, auf dem Dazwischen-Charakter der Erfahrung aufbaut. Wie die relationale Ontologie fasst die Akustemologie Klang und Klangerzeugung auf als ›situationsgebunden‹ (Haraway 1988), zwischen ›aufeinander bezogenen Subjekten‹ (Bird-David 1999); sie erforscht den ›gegenseitigen‹ (Buber 1923) und ›ökologischen‹ (Bateson 2000 [1972]) Raum des Hörwissens als ›polyphon‹, ›dialogisch‹ und ›unabschließbar‹ (Bakhtin 1981; 1984). In Beziehungen erworbenes Wissen beharrt darauf, dass man sich Wissen nicht einfach ›aneignet‹; vielmehr kommt man zu Wissen durch einen fortlaufenden kumulativen und interaktiven Prozess von Teilhabe und Reflexion. Das gilt unabhängig davon, welche Gestalt das Wissen hat, ob es sich auf unmittelbare Wahrnehmung stützt oder auf Erinnerung, auf Deduktion oder Überlieferung oder Problemlösung. Vielleicht wird relationale Epistemologie deshalb auch regelmäßig als Eckpfeiler dekolonisierter indigener Methodologien beschworen (vgl. Chilasa 2012).

Akustemologie – Anthropologie des Klangs – Klangökologie

Neben der Ausrichtung auf relationale Ontologie sollte durch die Prägung des Ausdrucks ›Akustemologie‹ auch ausgeweitet und weiterentwickelt werden, was ich zuvor über 20 Jahre hinweg ›Anthropologie des Klangs‹ genannt hatte. Dieser Ansatz war entstanden als kritische Antwort auf die Beschränktheiten der in der Musikanthropologie der 1960er und 1970er Jahre herrschenden Paradigmata: Alan Merriams Theoretisierung von ›Musik in der Kultur‹ (1964) und John Blackings Theoretisierung des ›von Menschen organisierten Sounds‹ (1973). Die Anthropologie des Klangs plädierte für ein erweitertes Terrain, wenn sie sich mit der globalen musikalischen Diversität befasste: Mit dieser Erweiterung wurde die entscheidende Bedeutung von Sprache, Poetik und Stimme anerkannt; von Spezies jenseits des Menschen; von akustischen Umwelten; von technischer Vermittlung und Verbreitung.

Die Idee einer Anthropologie des Klangs sollte dazu beitragen, die disziplinären Paradigmata der Musikethnologie zu dekolonisieren, gleichwohl blieb das Projekt über das Schlüsselwort ›Anthropologie‹ immer noch zu sehr auf den Menschen zentriert; der Artikel ›des‹ markierte zu viel Trennung und Distanz, und das Substantiv ›Klang‹ erweckte den Anschein, als ginge es mehr um Verbreitung als um Wahrnehmung, mehr um die Struktur als um den Prozess. Es war ein typisches Beispiel dafür, dass ›die Werkzeuge des Hausherrn niemals sein Haus niederreißen‹, um einen Aufsatztitel von Audre Lorde (1984) frei übersetzt zu zitieren. Eine andere intellektuelle Ausrüstung war nötig, um heranzukommen an die akustischen Welten von indigenen und neu entstehenden globalen Geographien von Differenzen, die quer standen zu den überkommenen Trennlinien von Spezies und Materialien. Vor dem Hintergrund der relationalen Ontologie schärfte sich die Akustemologie als ein Weg, dem Wissen um und durch Klanggebung nachzugehen, wobei die Aufmerksamkeit besonders auf das reflexive Feedback von Klanggebung und Hören gerichtet war. Die Art des Wissens, dem die Akustemologie in und durch Klang und Klanggebung nachgeht, ist immer erfahrungsbezogen, kontextbezogen, fehlbar, veränderlich, kontingent, emergent, gelegenheitsbezogen, subjektiv, konstruiert, selektiv.

Die Akustemologie schreibt mit der ›Akustischen Ökologie‹ (Schafer 1977), aber in Abgrenzung gegen sie. Sie ist weder ein Messsystem für die Dynamik akustischer Nischen, noch ist sie eine Untersuchung von Sound als ›Indikator‹ dafür, wie Menschen in ihrer jeweiligen Umwelt leben. R. Murray Schafers World Soundscape Project verknüpfte die Akustische Ökologie mit Aktivitäten wie der Bewertung von Klangumwelten nach High oder Low Fidelity, je nach Volumen oder Dichte, und dem Katalogisieren von ortszugehörigen Klängen und klangerzeugenden Objekten, je nach physischem Raum und historischem Zeitverlauf. Akustemologische Ansätze befassen sich zwar auch mit der ortszugehörigen Raum-Zeit-Dynamik, konzentrieren sich aber auf relationale Hörgeschichten – auf Methoden des Hörens, auf Geschichten vom Hören – und sind dabei mit einem Ohr immer bei den Akteuren und ihren Positionierungen. Anders als die Akustische Ökologie legt die Akustemologie das Schwergewicht auf die Erfahrung und den Handlungscharakter des Hörens von Geschichten, die als beziehungs- und zufallsabhängig, als situationsbezogen und reflexiv aufgefasst werden.

Ebenso schreibt die Akustemologie mit der ›Soundscape‹, aber in Abgrenzung gegen sie – den Schlüsselbegriff aus Schafers Vermächtnis und insbesondere dessen Entlehnungen aus den Theorien von Marshall McLuhan (vgl. Kelman 2010). Gegen die ›Soundscapes‹ lehnt die Akustemologie es ab, die ›Landschaft‹, die *landscape*, zu übernehmen, mit all ihrer physischen Distanz zum Handeln und zur Wahrnehmung. Gleichermaßen lehnt die Akustemologie es ab, den Okularzentrismus durch einen Sonozentrismus zu ersetzen, der die bestimmende Instanz von wie auch immer gearteten sensorischen Gesamtkonzepten ausmachen soll. Die Akustemologie schließt an Kritiken und Alternativen an, wie sie von Tim Ingold (2007) und Stefan Helmreich (2010) in ihren jüngsten, das Konzept ›Soundscape‹ dekonstruierenden Essays vorgebracht worden sind. Auf einer Linie mit den Vorschlägen von Ingold und Helmreich favorisiert die Akustemologie eine Art von Forschung, die ein situationsgebundenes Hören in seiner Verwicklung mit dem jeweiligen Ort zur jeweiligen Raumzeit in den Mittelpunkt rückt. Die Akustemologie rückt an die erste Stelle Geschichten vom Hören und vom Einstimmen durch relationale Praktiken von Hören und Klangproduktion und ihre reflexiven Feedback-Produktionen.

Die Akustemologie gründet also in der fundamentalen Annahme, dass Leben mit in Beziehung stehenden Anderen, mit zahlreichen Quellen des Handelns geteilt wird (›Aktanten‹ in Bruno Latours [2005] Terminologie), ob Menschen oder nicht, ob lebend oder nicht, ob organisch oder technisch. Dieses In-Beziehung-Stehen ist eine Standardvoraussetzung für das Wohnen an einem bestimmten Ort und zugleich eine, die ein Bewusstsein für Modi akustischer Aufmerksamkeit hervorbringt, für Weisen, auf Gegenwärtiges zu hören und einen Widerhall darauf zu geben. »Companion species rest on contingent foundations«, so Donna Haraway (2003, 7). Anderssein in ›signifikante‹ Formen von Anderssein zu verwandeln: Das ist hier der Schlüssel. Die Akustemologie hört in Geschichten des Hervorbringens von Klängen ein heterogenes zufallsgebundenes Erzählen; sie hört darin Geschichten über Formen des Zusammenlebens, Geschichten, in denen Klang eine Differenz begründet – sei sie radikal oder nicht; sie hört darin Geschichten darüber, was es bedeutet, auf etwas zu hören und sich darauf einzustimmen, und was es bedeutet, mit dem Hören auf genau *das* zu leben.

Bosavi-Akustemologie

Das Konzept der Akustemologie ist nicht das Ergebnis rein theoretischer Überlegungen oder aus einer unmittelbaren Abstraktion heraus entstanden. Am stärksten wurde es angestoßen durch meine ethnographischen Forschungen zur sozialen Verfasstheit von Klang im Mount-Bosavi-Regenwaldgebiet von Papua-Neuguinea. Es war die Verknüpfung von ›signifikant‹ und ›Anderssein‹, die in vielerlei Hinsicht die zentrale Herausforderung darstellte, als ich 1976 das erste Mal nach Papua-Neuguinea reiste, und die eine 25-jährige Forschungszeit in Gang setzte, während der sich eine Anthropologie des Klangs in Akustemologie verwandelte.

Ursprünglich nahm ich an, die Bosavi-Gesänge seien eine akustische Anpassung an eine Regenwald-Umwelt. Ich ahnte nicht, dass ›Anpassung‹ ein ungeeigneter Rahmen ist, um Relationalität in einem Wald der Vielheit zu verstehen. Und ich ahnte auch nicht, dass ich über meine Musik-, Aufnahmetechnik- und Linguistikausbildung hinaus ein gleiches Maß an Kenntnissen in Naturgeschichte und Ornithologie benötigen würde. Ich ahnte nicht, dass die Bosavi-Gesänge sich als gesungene Kartographien des Regenwalds entpuppen würden, dass sie aus der Perspektive eines Vogels gesungen wurden und dass ich ihre Poetik als Beschreibung von Flugbahnen über die Wasserstraßen des Waldes verstehen musste, aus einer körperlichen Perspektive also, die ein bisschen anders ist, als wenn man mit beiden Beinen auf der Erde steht. Ich ahnte auch nicht, dass das Weinen der Frauen bei Beerdigungen in Gesang übergeht und der zeremonielle Gesang der Männer in Weinen: mit anderen Worten, dass es – neben dem dialogischen Herangehen an die Stimmäußerungen – einer nach Geschlechtern differenzierten Psychologie der Gefühle bedurfte, um die Lautgebung der Bosavi zu verstehen.

Es gab also reichlich Überraschungen, und nach mehr als 15 Jahren davon spürte ich, dass sich das begriffliche Repertoire einer Anthropologie des Klangs erschöpft hatte, insbesondere jene Zugänge, die aus der theoretischen Linguistik, Semiotik und Kommunikationstheorie und aus weiteren formalisierten Theoriebildungen in der symbolischen Anthropologie herrührten. An diesem Punkt wurde mir klar, dass ich mein gesamtes Schaffen – Feldforschungsaufnahmen und Schreiben – auf ein neues Fundament stellen musste, indem ich mich intensiver einließ auf die Phänomenologie der Wahrnehmung von Körper, Ort und Stimme (vgl. Feld 2001; 2012 [1982]).

Die Einsicht in die Notwendigkeit einer neuen theoretischen Fundierung wurde besonders stark, als ich versuchte, eine mentale Ausrüstung zu entwickeln, um das Verhältnis von Menschen und Vögeln im Bosavi-Gebiet zu verstehen, mit all dem, was das beinhaltete an transformativem Wechselspiel zwischen Natur/Kultur und Leben/Tod. Für die Ohren und Augen der Bosavi sind Vögel nicht einfach ›Vögel‹ im Sinne von für sich genommenen, in sich abgeschlossenen Flugwesen. Sie sind *ane mama*, das bedeutet ›Widerspiegelung von Gegangenen‹ oder ›Widerhall derer, die gegangen sind‹. Vögel sind in Anwesenheit verwandelte Abwesenheiten, sie sind Anwesenheiten, die jederzeit eine Abwesenheit hörbar und sichtbar machen. Vögel sind das, was aus Menschen wird, wenn sie den Tod erreichen.

Angesichts solcher Transformationskräfte nimmt es nicht wunder, dass Vogelgezwitscher nicht nur als akustische Mitteilung über Tages- und Jahreszeit, Umweltbedingungen und die Höhe und die Tiefe des Waldes verstanden wird, sondern auch als Mitteilung der Toten an die Lebenden, als Materialisierung, in der sich Abwesenheit in und durch ihren Widerhall kundtut. Vogellaute sind die Stimme der Erinnerung und die Resonanz der Ahnen. Die Bewohner/innen des Bosavi-Gebiets transformieren das akustische Material der Klangproduktion von Vögeln – Intervalle, Klangformen, Timbre und Rhythmus – in Weinen und Gesang. Dabei erschaffen sie eine Poetik von Vorstellungen darüber, wie Vögel als gegenwärtige Absenzen und verschwundene Präsenzen fühlen und sprechen. Sie werden wie Vögel, wenn sie die durch Abwesenheit hervorgerufenen Gefühlsregungen in neugeborene Anwesenheit hinein tönen lassen. Menschliches Weinen wird zu Gesang und Gesang verwandelt sich in Schluchzen, weil Klang immer Gefühl wird und Gefühle verkörpert; sonische Materialität ist der transformierte Widerhall emotionaler Tiefe. Um Donna Haraway zu paraphrasieren (die das von Claude Lévi-Strauss übernommen hat): Vögel sind hier mehr als etwas, das ›gut zu denken‹ ist; sie sind eine Spezies, mit der gut zu leben ist, eine Spezies von Gefährten. Für die Bewohner/innen des Bosavi-Gebiets sind Vögel der/die Andere, zu dem/der man wird, wenn man ein anderer/eine andere wird.

Was kann es zur Folge haben, dass Bosavi-Ohren und -Stimmen tagtäglich das Vogelgezwitscher in sich sinnlich aufnehmen und es widerhallen lassen, dass sie täglich mit, zu und über Vögel singen in der regendurchtränkten und sonnengetrockneten *longue durée* des Zusammenlebens im Regenwald? Diese Frage brachte mich auf den Gedanken, dass das Hören auf den Regenwald als von vielfältigen tönenden und wissenden Präsenzen gemeinsam bewohnte Welt in seinem innersten Kern ein Hören auf Geschichten vom Hören war. Und sie prägte die dialogische Methode des Aufnehmens und Komponierens für die CDs *Voices of the Rainforest* und *Rainforest Soundwalks* (Feld 2011a [2001]; 2001b [1991]), mit der eine Anthropologie des Klangs transformiert wurde in eine Anthropologie im Klang (vgl. Feld 1996).

Nach Jahren, in denen ich symbolischen und semiotischen Repräsentationen der Modi des Wissens (vor allem rituellen Ausdrucksformen) den Vorzug gegeben hatte, stieß mich Akustemologie darauf, mehr vermittels Aufnehmen und Wiedergeben zu denken, um Praxis und Experiment miteinander zu verbinden. Ich kehrte zurück zu den grundlegenden Fragen, die mich seit meinen ersten Zeiten in Bosavi umgetrieben hatten. Wie kann man durch die Bäume etwas hören? Wie kann man das Verhältnis von der Höhe zur Tiefe des Waldes hören? Wo ist der Klang lokalisiert, wenn man nicht mehr als drei Schritte weit sehen kann? Warum werden beim Blick nach oben die Sinne unwiderstehlich in die undurchdringliche Dichte des Blätterdachs gezogen? Wie kann man das Klangerzeugen-als-Wissen und das Klangerzeugen-durch-Wissen erforschen, das den innerweltlichen Alltag des Daseins im Regenwald bestimmt hat: die alltägliche Welt, die dann ihrerseits die Poesie gesungener Landkarten prägte und der Lautgebungen, in denen die Sänger/innen eines Dorfes sich mit den Klängen von Vögeln, Insekten und Wasser verbinden?

Wenn ich in den Wald ging, um dort zu hören und Aufnahmen zu machen, stieß ich am Langhaus des Dorfes regelmäßig auf Gruppen von Kindern, die mich auf meinen Waldspaziergängen begleiteten und mir als Führer dienten. Wir spielten dann ein einfaches Spiel. Ich steckte ein Parabolmikrofon in mein Aufnahmegerät und dichtete meine Ohren mit Kopfhörern ab. Wir standen zusammen im Wald und ich richtete die Parabel auf unsichtbare Waldvögel aus. Das war das Signal für die Kinder: Sie sprangen herbei, fassten meinen Unterarm, richteten seinen Winkel aus und hielten ihn so fest. Und mit Sicherheit tauchte genau in dem Moment, als sie das taten, in meinem Kopfhörer ein Vogel auf, in präzisem akustischem Fokus. Dann brachen die Kinder in schallendes Gelächter aus, was hieß, ich solle doch endlich mal mit etwas herausrücken, was sie ein bisschen mehr forderte.

Das war eine tägliche Lektion in Hören als Habitus, eine eindrückliche Vorführung routinierten, sich in einen Ort versenkenden Hörens als verkörperter Bewältigung der lokalen Verhältnisse. Es dauert gerade mal ein paar Sekunden, bis ein zwölfjähriges Bosavi-Kind einen Vogel an seinem Gezwitscher erkennen und seinen Ort im Walddickicht angeben kann; außerdem hat es noch einiges mehr zu erzählen, etwa wo der Vogel sein Futter findet, wo er sein Nest baut und wo er sich auf Partnersuche begibt. Woher rührt dieses Wissen? Die Lektion, die ich darüber bekommen habe, war körperlich, eindringlich und fesselnd. Das Leben der Bosavi ist aufgebaut auf einem Zuhören, das allen Spezies gilt, mit denen sie akustisch zusammenleben, allen Präsenzen, mit denen ihr Leben im Ökosystem des Regenwaldes verflochten ist. Könnte das die akustemologische Fundierung dafür sein, inwiefern und warum die Bosavi-Gesänge Apparate für das Zusammenleben sind, oder, wie es in der heutigen, radikaleren philosophischen Sprechweise heißt, für einen Interspezies-Kosmopolitismus (vgl. Mendieta 2012)?

Neben meinen jüngeren Lehrer/innen gab es auch einige außergewöhnliche Erwachsene, die mir bei meiner Erforschung solcher Fragen zur Seite standen. Einer von ihnen war Yubi (vgl. Feld 2012 [1982], 44–85). Jahrelang ließ jede Begegnung mit ihm mich stets aufs Neue darüber staunen, wieso Bosavis produktivste Komponisten auch die herausragendsten Ornithologen sind. Yubi lehrte mich, das akustische Wissen als ko-ästhetisches Erkennen zu hören. Er erklärte mir, inwiefern jede naturhistorische Einzelheit Trägerin eines zusätzlichen symbolischen Wertes ist. Er zeigte mir, wieso eine auf Klang beruhende Kenntnis der Welt untrennbar ist von einer von Lauten und Musik durchdrungenen Lebensweise in dieser Welt.

Dann gab es auch Ulahi. Sie zeigte mir, wie nach Vogelmanier angestimmte Gesänge Lebende und Tote, Vergangenheit und Gegenwart, Menschen und Vögel, Erdboden und Baumwipfel, Dorf und Wald miteinander verbinden. Sie erklärte mir, dass in den Gesängen die Welt nicht die Welt ist, die man zu Fuß durchquert; in den Gesängen bewegt man sich über Wasserläufe, den Flugbahnen der Waldvögel folgend (vgl. Feld 1996). Wie Wasserläufe das Land durchziehen, lehrte mich Ulahi, so durchzieht die Stimme den Körper. Sie lehrte mich, im kollektiven Strömen der Gesänge zu hören, wie die individuellen Leben sich in die Geschichten der Gemeinschaft einflechten. Ein einziger Bach, der von ihrem Haus seinen Lauf nimmt zu den Gärten und zum Land dahinter, verzeichnet Dutzende poetisierter Namen von Vögeln, Pflanzen und Sträuchern, von Klängen und sich überkreuzenden Wasserläufen und von all den Tätigkeiten, die sie mit den Biographien der Lebenden und den Geistern der Toten in ihrer Welt verknüpfen.

Im Lauf von 25 Jahren nahm ich mit der Hilfe von Yubi, Ulahi und vielen anderen Sänger/innen ungefähr 1000, in Vogelmanier vorgetragene Bosavi-Waldpfadgesänge auf. Sie enthalten fast 7000 lexikalische Deskriptoren, Namen von Orten, von Flora, Fauna und Topographie, ebenso sinnliche phonästhetische Evokationen von Licht, Wind, Bewegungen und Klangqualitäten. Diese Gesänge stellen eine poetische Kartographie des Waldes sowie der geschichteten Biographien von sozialen Beziehungen innerhalb und zwischen den Gemeinschaften dar. Die chronotopische Historizität des Vortragens dieser Gesänge ist daher nicht zu trennen von dem Umweltbewusstsein, das durch sie geschaffen worden ist. Daher sind die Bosavi-Gesänge als Wissensschöpfungen – als Weisen des Hörens von Geschichten vom Hören – ein Archiv ökologischer und ästhetischer Koevolution.

Fazit

Das bringt mich zu Maurice Merleau-Pontys (1968) sensorischer Phänomenologie, in der die Wahrnehmung als die Relationalität von Körpern in ihrer Dimensionalität zu einem Milieu aufgefasst wird. *Dabuwo?* (»Hast du das gehört?«) Könnte es sein, dass die Bewohner/innen des Bosavi-Gebiets, wenn sie nur dieses eine Wort äußern, sich auf Hörbarkeit und Wahrnehmbarkeit als dasjenige beziehen, in dem sich vergangene, gegenwärtige und zukünftige soziale Beziehungen gleichzeitig materialisieren? Könnten sie in dieser knappen Geste die theoretische Annahme zum Ausdruck bringen, dass jeder Klang für die menschliche Erfahrung genau so unmittelbar präsent ist wie für die Aufnahmefähigkeiten anderer Wahrnehmender, die auch abwesend sein oder einer anderen Spezies angehören oder tot sein können?

Für Donna Haraway erzählen die Spezies, die unsere Gefährten sind, »a story of co-habitation, co-evolution, and embodied cross-species sociality« (2003, 4). Im Kontext ihrer Arbeit mit Hunden fragt sie: »[H]ow might an ethics and politics committed to the flourishing of significant otherness be learned from taking dog-human relations seriously« (ebd., 3)? Die Bosavi-Akustemologie fragt gleicherweise, was daraus zu lernen wäre, dass man die sonischen Beziehungen menschlicher Stimmen zu dem tönenden Anderssein von Präsenzen und Subjektivitäten wie Wasser, Vögel und Insekten ernst nimmt. Sie fragt, was es heißt, auditiv an einer Welt des Regenwalds teilzuhaben, die als plurale Welt aufgefasst wird (vgl. Brunois 2008). Sie fragt, ob das, was typischerweise als Subjekt-Objekt-Beziehung aufgefasst wird, nicht in Wirklichkeit als Subjekt-Subjekt-Beziehung weitaus tiefergehend gewusst, erfahren, vorgestellt, in Handlungen einbezogen und verkörpert wird. Sie fragt, wie das Leben der Bosavi ein In-der-Welt-Sein darstellt, mit zahlreichen ›wilden‹ oder ›nicht-domestizierten‹ Anderen, Anderen, die Quelle von Nahrung, Sorge oder Bedrohung sein können, Anderen, deren Lautäußerungen durchaus Vorsicht nahelegen oder eine unruhige Kopräsenz ankündigen können, aber auch etwas wie Haraways »cross-species sociality«.

So also wurde der Begriff ›Akustemologie‹ geboren: in Jahren des Hörens darauf, wie Klangerzeugen-als-Wissen und Klangerzeugen-durch-Wissen ein Hör-Archiv von langlebigen Einstimmungen und Antagonismen bildet, die dann als Ort und als Stimme naturalisiert wurden.

Verwandte Beiträge: Kap. 2 (Auralität); Kap. 15 (Sound Art); Kap. 17 (Soundscape); Kap. 19 (Ethnologie); Kap. 20 (Geschichtswissenschaft); Kap. 21 (Kulturwissenschaft); Kap. 58 (Wald).

Der vorliegende Beitrag ist zuvor bereits auf Englisch publiziert worden: Steven Feld: Acoustemology. In: David Novak/Matt Sakakeeny (Hg.): *Keywords in Sound*. Durham, NC 2015, 12–21.

Literatur

Bakhtin, Mikhail Mikhailovich: *The Dialogic Imagination*. Hg. von Michael Holquist. Austin, TX 1981.

Bakhtin, Mikhail Mikhailovich: *Problems of Dostoevsky's Poetics*. Hg. von Caryl Emerson. Minneapolis 1984.

Bateson, Gregory: *Steps to an Ecology of Mind* [1972]. Chicago 2000.

Bird-David, Nurit: »Animism« revisited. Personhood, environment, and relational epistemology. In: *Current Anthropology* 40/S1 (1999), S67–S91.

Blacking, John: *How Musical is Man?* Seattle 1973.

Brunois, Florence: *Le jardin du casoar, la forêt des Kasua. Epistémologie des savoir- être et savoir-faire écologiques (Papouasie-Nouvelle-Guinée)*. Paris 2008.

Buber, Martin: *Ich und Du*. Leipzig 1923.

Cassirer, Ernst: *Philosophie der symbolischen Formen*. Bd. 3: *Phänomenologie der Erkenntnis*. Berlin 1929.

Chilasa, Bagele: *Indigenous Research Methodologies*. New York 2012.

Descola, Philippe: *Beyond Nature and Culture*. Chicago 2013 (frz. 2005).

Dewey, John: *On Experience, Nature, and Freedom*. New York 1960.

Dewey, John/Bentley, Arthur: *Knowing and the Known*. Boston 1949.

Emirbayer, Mustafa: Manifesto for a relational sociology. In: *The American Journal of Sociology* 103/2 (1997), 281–317.

Feld, Steven: From ethnomusicology to echo-muse-ecology. Re-reading R. Murray Schafer in the Papua New Guinea rainforest. In: *The Soundscape Newsletter*, Nr. 8 (1994), 9–13.

Feld, Steven: Waterfalls of song. An acoustemology of place resounding in Bosavi, Papua New Guinea. In: Ders./Keith H. Basso (Hg.): *Senses of Place*. Santa Fe, NM 1996, 91–135.

Feld, Steven: *Bosavi. Rainforest Music from Papua New Guinea*. CD und Booklet, Smithsonian Folkways Recordings (Washington, DC), 2001.

Feld, Steven: *Rainforest Soundwalks* [2001]. CD, Voxlox (Santa Fe, NM), 2011a.

Feld, Steven: *Voices of the Rainforest* [1991]. CD, Smithsonian Folkways Recordings (Washington, DC), 2011b.

Feld, Steven: *Sound and Sentiment. Birds, Weeping, Poetics, and Song in Kaluli Expression* [1982]. Durham, NC [3]2012.

Goffman, Erving: *Interaction Ritual. Studies in Face-to-Face Behavior*. New York 1967.

Haraway, Donna: Situated knowledges. The science question in feminism and the privilege of partial perspective. In: *Feminist Studies* 14/3 (1988), 575–599.

Haraway, Donna: *The Companion Species Manifesto. Dogs, People, and Significant Otherness*. Chicago 2003.

Helmreich, Stefan: Listening against soundscapes. In: *Anthropology News* 51/9 (2010), 10.

Ingold, Tim: Against soundscape. In: Angus Carlyle (Hg.): *Autumn Leaves. Sound and the Environment in Artistic Practice*. Paris 2007, 10–13.

Kelman, Ari Y.: Rethinking the soundscape. A critical genealogy of a key term in sound studies. In: *The Senses and Society* 5/2 (2010), 212–234.

Kinsler, Lawrence E./Frey, Austin R./ Coppens, Alan B./Sanders, James V.: *Fundamentals of Acoustics*. New York [4]1999.

Kuper, Adam: *Anthropology and Anthropologists. The Modern British School*. New York [3]1996.

Latour, Bruno: *Reassembling the Social. An Introduction to Actor-Network-Theory*. Oxford 2005.

Lorde, Audre: *Sister Outsider. Essays and Speeches*. New York 1984.

Mendieta, Eduardo: Interspecies cosmopolitanism. In: Gerard Delanty (Hg.): *Routledge Handbook of Cosmopolitan Studies*. New York 2012, 276–288.

Merleau-Ponty, Maurice: *The Visible and the Invisible*. Evanston, IL 1968 (frz. 1964).

Merriam, Alan P.: *The Anthropology of Music*. Evanston, IL 1964.

Rorty, Richard: *Philosophy and the Mirror of Nature*. Princeton 1981.

Schafer, R. Murray: *The Tuning of the World*. New York 1977.

Schütz, Alfred: *Der sinnhafte Aufbau der sozialen Welt. Eine Einleitung in die verstehende Soziologie*. Wien 1932.

Strathern, Marilyn: *Partial Connections* [1991]. Lanham, MD [2]2005.

Viveiros de Castro, Eduardo: Cosmological deixis and Amerindian perspectivism. In: *Journal of the Royal Anthropological Institute* 4/3 (1998), 469–488.

Wolfe, Cary: *What is Posthumanism?* Minneapolis 2009.

Steven Feld
(aus dem Englischen übersetzt von Gerhard Herrgott)

2 Auralität

Das Hören, so schrieb Roland Barthes einmal, hat in unseren Wörterbüchern keinen Ort (Barthes 1990, 263). Man tut Barthes nicht unrecht, wenn man seine Behauptung ein wenig erweitert und, unter Rückgriff auf eine seiner zahlreichen schillernden Wortschöpfungen, statt vom fehlenden Hören von einer ›Exnomination‹ des Hörens spricht. Denn Barthes zielt mit seiner Behauptung nicht primär auf den expliziten Ausschluss des Auditiven aus den Wissensdiskursen ab. Vielmehr geht es ihm um die Tatsache, dass sich das Hören zu den jeweils vorherrschenden Wissensordnungen in ein vermeintlich naturgegebenes Verhältnis zu setzen scheint, indem es sich selbst nicht benennt. Barthes unterscheidet nämlich zwischen zwei Formen von Hören. Auf der einen Seite ein Hören, das auf dem Wiedererkennen und der Entzifferung – oder, wie er es nennt, der Signifikation – eines Codes beruht und das letztendlich nichts anderes beinhaltet als die Aktivierung der animalischen ›physiologischen Hörfähigkeit‹ (ebd., 249). Als solches ist dieses Hören nicht weiter »der Rede wert«. Dieser Form gegenüber steht jedoch – auf der anderen Seite – ein ›signifizierendes‹ Hören, das nicht auf »bestimmte, klassifizierbare Zeichen« zielt, sondern das selbst ständig neue Signifikanten produziert, ohne zugleich ihre Bedeutung zu fixieren (ebd.). Diese letztere Form des Hörens ist es also, der eine Relativität im »Spiel der Übertragung« (ebd.) zugeschrieben wird, die zwar diskursfähig ist, sich zugleich aber eindeutigen Bestimmungen, Organisationsformen und Einordnungen in den Wörterbüchern verweigert.

Zur Vorgeschichte von Auralität

Im Folgenden soll Barthes' These zum Anlass genommen werden, um über einige Entwicklungen in den aufstrebenden Sound Studies nachzudenken, die diese Dichotomisierung des Hörens in eine rein physiologische Tatsache und eine mehrdeutig-psychologische Seite als Produkt historisch-gesellschaftlicher Prozesse hinterfragen und durch eine Beschreibung auditiver Praxis zu ersetzen suchen. Diese habe ich in meinem 2010 erschienenen Buch *Reason and Resonance. A History of Modern Aurality* unter der Bezeichnung ›Auralität‹ zusammengefasst. Obgleich der Terminus an sich dort eher beiläufig erwähnt wird und sein Gebrauch bislang nur wenig Nachahmung gefunden hat (vgl. jedoch Ochoa Gautier 2014), lohnt es sich zunächst, seine begriffliche Genese nachzuzeichnen, um dann in einem zweiten Schritt die Möglichkeiten eines Begriffspluralismus auszuloten.

Der Terminus ›Auralität‹ (engl. *aurality*) ist nicht neu. Er ist seit geraumer Zeit in den Sprach- und Literaturwissenschaften beheimatet, wo er in der Regel die öffentliche Aufführung von Texten wie Epen bezeichnet und somit immer auch die vorausgehende Verschriftlichung von Sprache impliziert. Indes ging es mir zu Beginn meiner Überlegungen zunächst um genau das Gegenteil, nämlich darum, die Sound Studies aus der Umklammerung durch das Primat des Sehens zu lösen. Wäre es nicht sinnvoller (und zeitgemäßer), statt wie das Kaninchen auf die Schlange angstvoll auf den Kontrast zwischen einer angeblich vormodernen Dominanz des gesprochenen Wortes (Oralität) und der Vorherrschaft des Auges in der Moderne zu starren, diese Periodisierung kurzerhand aufzugeben und sich ausschließlich der Herausarbeitung einer Theorie der Modernität des Ohres zu widmen? Die These, die sich aus diesen anfänglichen Überlegungen herausschälte und die ich in der Folge am Beispiel des Phänomens der Resonanz (also der Tatsache, dass die auditive Wahrnehmung über das Mitschwingen von in verschiedenen Teilen des Ohres verteilten Membranen, Knochen, Haarzellen, Luft und Lymphflüssigkeit verläuft) durchspielte, führte im Kern zu der Entdeckung, dass die über mehr als zwei Jahrhunderte mehr oder minder unangefochten geltende cartesianische Trennung von *res cogitans* und *res extensa* als ontologische Rahmenbedingung menschlichen Wissens als durch und durch auditiv und mitnichten, wie gebetsmühlenartig in den Kulturwissenschaften behauptet, als visuell konzipiert zu begreifen sei. Anhand der Modellierung des Ohres als eine Art von kombiniertem Resonanz- und Vernunftorgan ließ sich zeigen, dass der von neuzeitlichen Erkenntnistheorien postulierte Gegensatz von distanzierend-sehender Vernunft und mitschwingend-hörendem Wissen eine der häufigsten Erzählungen ist, die die Moderne über sich selbst produziert. In Wirklichkeit aber, so meine Schlussfolgerung, sei die Geschichte des modernen Denkens eine der ›Räsonanz‹.

Erste Versuche, den cartesianischen Dualismus auf dem Umweg über das Hören aufzubrechen, lassen sich bis in die frühen 1960er Jahre zurückverfolgen und sind vor allem mit dem Namen Marshall McLuhan und einem kleinen Kreis von Oralitätsforschern wie Walter Ong, Jack Goody und Edmund Carpenter verbunden, mit denen McLuhan zeitlebens in engem Austausch stand. Als Grundübel der modernen Sin-

D. Morat, H. Ziemer (Hrsg.), *Handbuch Sound*, https://doi.org/10.1007/978-3-476-05421-0_2

nesverarmung (und somit der Vorherrschaft der technologisch-instrumentellen Vernunft) hatte der wortgewaltige Kanadier die Erfindung des Buchdrucks ausgemacht. Diese habe nämlich das von alters her bestehende multisensorische Weltverständnis einem Perspektivismus untergeordnet, wonach die Welt auf eine bloße, auf den *point of view* des Subjekts bezogene Projektionsfläche reduziert wird. Zugleich prophezeite McLuhan ein neues ›elektrisches Zeitalter‹, das von einer sono-sphärischen Allgegenwart und Simultaneität der Erfahrung gekennzeichnet sei, die er als ›akustischen Raum‹ bezeichnete (vgl. Erlmann 2016).

Während McLuhans Thesen weltweite Beachtung fanden, geriet eine andere Ausprägung von Oralität/Auralität zusehends in Vergessenheit. Schon seit Beginn der 1920er Jahre hatten die von Marc Bloch und anderen französischen Historikern begründete Annales-Schule und die aus ihr hervorgegangene, kulturgeschichtlich orientierte Mentalitätsforschung der sinnlichen Wahrnehmung breiten Raum eingeräumt. So fanden in den Arbeiten von Lucien Febvre, Georges Duby, Philippe Ariès oder Jacques Le Goff auch Fragen der Akustik und des Hörens Berücksichtigung. Doch sollte es erst 1994 Alain Corbin gelingen, der Rolle der auditiven Wahrnehmung von Glocken im Frankreich des 19. Jahrhunderts eine eigene Monographie zu widmen (Corbin 1995).

Der Ausdruck »symbolische Ordnung« im Untertitel von Corbins Buch weist auf ein Paradigma hin, das zeitgleich zu McLuhan von dem Komponisten R. Murray Schafer unter dem Namen ›Soundscape Design‹ initiiert wurde. Wie McLuhan bescheinigte Schafer der Moderne eine, heideggerisch gesprochen, ›Ohrvergessenheit‹, deren negative Folgen er vor allem im Verlust ästhetischer Sensibilität verortete und der er mit einem fast schon autoritär anmutenden Programm der auralen ›Säuberung‹ zu begegnen suchte (Schafer 1994, 208). Andere Vertreter, die sich dem Soundscape-Ansatz zuordnen lassen, sind Bruce Smith mit seinen Arbeiten zur »acoustic world« des frühneuzeitlichen England (B. Smith 1999) sowie der amerikanische Historiker Mark Smith, der in einer Vielzahl von Veröffentlichungen die Klangwelt der USA in der Zeit um den Bürgerkrieg rekonstruiert hat (z. B. M. Smith 2001).

Beide Richtungen – Soundscape-Studien und die kulturgeschichtlich-kulturpolitische Rekonstruktion und Restaurierung von Klangwelten – erwiesen sich für die begriffliche Entwicklung in den Sound Studies und die Herausarbeitung des Auralitätskonzepts aus vielerlei und jeweils unterschiedlichen Gründen als sowohl hinderlich wie nützlich. So haftet zum Beispiel beiden Strömungen die Tendenz an, die jeweils beschriebenen Welten, getreu dem Credo der Mentalitätsforschung, als Totalitäten oder als eine Art klingendes Panorama zu begreifen, deren ›Ordnung‹ sich mehr oder minder unvermittelt in ihrer jeweiligen Klanglichkeit offenbart. Besonders spürbar ist die Gefahr des Totalisierens in den von der Soziologie und Ethnologie geprägten Arbeiten, jenen Disziplinen also, die seit Émile Durkheim und Marcel Mauss, spätestens aber in der Folge des britischen Funktionalismus (und selbst noch in Gregory Batesons Konzept einer Sozialökologie) der Idee des Sozialen als dem Grund allen menschlichen Handelns verpflichtet sind. Wie die Arbeiten von Paul Stoller, David Howes, Constance Classen und anderen Pionieren der frühen Sound Studies belegen, fußt diese Herangehensweise auf einer synekdochischen Argumentationskette, wonach sich aus dem Studium einzelner kultureller Praktiken und Wahrnehmungsweisen ungeahnte Möglichkeiten zur Bestimmung von ›Funktionen‹ und ›Vermittlungen‹ in bereits existierenden, übergeordneten Ganzheiten wie ›Kulturen‹ oder Gesellschaften ergeben. Um die westafrikanischen Songhay zu verstehen, so der Ethnologe Stoller in einer der ersten Studien zu außereuropäischen Klangwelten, genüge es, unsere ›statische, verräumlichte Welt‹ vom Kopf auf die Füße zu stellen und der ›tiefsitzenden‹ Verankerung der ›kulturellen Erfahrung‹ der Songhay im und durch Klang gewahr zu werden (Stoller 1984, 561 f.).

Hier deuten sich bereits einige der Gründe für eine Kritik der Soundscape-Forschung an. So wird offenkundig, dass unter diesen Voraussetzungen eine Vielzahl von konträren Diskursen und Praktiken des Hörens schnell zu *acoustic regimes* gerinnen, ohne dass gleichzeitig die historische und lokale Kontingenz solcher ›Regime‹ – und erst recht jene der sie erst ermöglichenden Epistemologie – in den Fokus geraten. Ferner fußt, wie Stefan Helmreich (2010) zu Recht betont, Schafers Theorie der Klanglandschaften auf einer Vorstellung von Hören als Immersion, als akustisches Korrelat der romantischen Kontemplation von Landschaft. Dabei ist, wie Helmreich weiter zeigt, das Konzept – parallel zum Objekt, das es angeblich bezeichnet – eher das Ergebnis einer Mischung aus kontemplativer Ästhetik und Technologien der Subjektivierung und Objektivierung wie Telefonie, Phonographie und Raumakustik, die in der Regel aus dem Soundscape-Diskurs als Störfaktoren ausgeblendet werden.

An *The Vancouver Soundscape*, einer von Schafer

1978 herausgegebenen Feldstudie über das von ihm geleitete World Soundscape Project, lassen sich diese ›toten Winkel‹ der Soundscape-Studien gut ablesen. So ist zum Beispiel ein markanter Kontrast zwischen der Häufigkeit, mit der die frühen Kolonisten der Pazifikküste die sie umgebende Stille kommentierten, und dem fast völligen Fehlen indigener Stimmen. Obwohl die Studie die sich rapide verändernde Klanglandschaft Vancouvers minutiös nachzeichnet, werden die möglichen Unterschiede in der Bewertung des Übergangs von einer Hi-Fi-Umgebung (also einer Situation, in der einzelne Signale vor einem diffusen Hintergrund von Geräuschen noch hervortreten) zu einer Lo-Fi-Soundscape (in der ›zufällige, triviale oder langweilige‹ Signale wie Nebelhörner, Radioklänge oder Motorengeräusche die Überhand gewinnen; Schafer 1978, 48) durch die Kolonisten und die zunehmend marginalisierte, indigene Bevölkerung nicht mehr thematisiert. Mit anderen Worten: Was den einen ›trivial‹ erscheinen mag, kann für Letztere Teilhabe, Arbeit und Wohlstand signalisieren. So reduziert sich für Schafer das Projekt des ›Soundscape Design‹ auf eine Rückkehr zu einer in ›akustischen Parks‹ wiederbelebten Welt der ›Katarakte, schnell dahinfließenden Gewässer und Meereswellen‹ und muzakfreien Restaurants (ebd., 66); eine Sonosphäre, wohlgemerkt, die die zu Beginn des Buches beschworene Erinnerung an die durch den Wind getragene Stimme des ›Großen Geistes‹ der Squamish-Ureinwohner um den Preis der ›Säuberung‹ von anderen, dezidiert Lo-Fi-Welten und ihrer marginalisierten Bewohner wachhält.

Umgekehrt ist festzuhalten, dass es – bei allen Schwachstellen – der Schaferschen Schule zu verdanken ist, dass sich in den Sound Studies ein bis dato nicht vorhandenes Gespür für ein neues analytisches Vokabular und eine, wie Mark Smith es nennt, ›investigative Gewohnheit‹ entwickelte (M. Smith 2014, 19). Ebenso nicht zu übersehen ist die Tatsache, dass Autoren wie Alain Corbin oder Mark Smith trotz einer gewissen Theoriearmut selten die Prozesse und Strukturen aus dem Blick verlieren, die es uns überhaupt erst gestatten, die von ihnen rekonstruierten akustischen Welten nicht als Projektionsflächen für auditive Einfühlung, sondern als Resultat von Diskursen und Machtstrategien zu begreifen. So ist zum Beispiel die flächendeckende Beschallung Frankreichs mit Glocken im 19. Jahrhundert für Corbin mehr als nur ein Naturzustand, der die nationale Seele Frankreichs zum Ausdruck bringt. Anhand einer Unzahl von Beispielen zeigt Corbin auf, mit welcher Hartnäckigkeit bäuerliche Gemeinschaften selbst die kleinsten Abweichungen im Gebrauch der Glocken als Angriff auf althergebrachte regionale Identitäten oder als Indizien der wachsenden Diskrepanz zwischen ›natürlichen Biorhythmen‹ und den ›künstlichen‹ Zeitstrukturen der heraufziehenden Industrialisierung bekämpften.

Ähnlich ist die *southern soundscape* vor dem Amerikanischen Bürgerkrieg Ausdruck diametral entgegengesetzter Auffassungen von sozialer Ordnung. Sklavenhalter, so Smith, definierten ihre sozialen Grundwerte wie beispielsweise die angeblich von Natur gegebene Entbindung der ›Herrenrasse‹ von Arbeit vermittels ›auraler Bilder‹ (M. Smith 2007, 51). So war Stille einerseits Zeichen ländlicher Idylle, andererseits schwang in schweigenden, nicht bei der Arbeit singenden Sklaven immer die Drohung bevorstehender Revolten mit.

Zu guter Letzt sind Spuren des McLuhanschen dichotomischen Denkens oder der Schaferschen Soundscape-Ästhetik auch in den frühen ethnographischen Texten von Steven Feld zur *acoustemology* der Kaluli in den Bergen Papua-Neuguineas zu finden (vgl. z. B. Feld 1996). Dieses von dichten Regenwäldern, zahllosen Wasserläufen und einer reichen Vogelwelt gekennzeichnete Umfeld erwies sich als fruchtbarer Boden, um die Wechselwirkung von expressiver Kultur, Weltsicht und Natur zu erforschen. Während in der älteren Forschung, wie bereits angedeutet, Klang in der Regel auf der Objekt-Seite von Epistemologien westlicher Provenienz fungierte, fand Feld in seinen späteren Arbeiten in der Bergregion der Kaluli ein dichtes Netz von Beziehungen vor, in dem Subjekt-Objekt-Relationen nicht a priori festgelegt, sondern ständigen Veränderungen unterworfen sind. So sind die Stimmen der Vögel immer auch die Stimmen der Ahnen, genauso wie sich Kaluli durch rituelle Formen von Verklanglichung (*sounding*) in Vögel verwandeln können. Der Klang von Wasserfällen seinerseits dient nicht nur als Kontext oder Material für Gesang; als Metapher und als sinnliche Wahrnehmung verknüpft er vielmehr Phänomene, die in der westlichen Vorstellung vollkommen getrennten Wissens- und Erfahrungsbereichen zugeordnet werden. Das Rauschen des Wassers (und nicht so sehr seine optische Erscheinungsform) dient gleichzeitig der Ortsmarkierung, der Erinnerung an bestimmte Erfahrungen und als Metapher für musikalische Gesangsformen. Kurzum: Das akustemologische Wissen ist immer erfahrbar, kontextuell, variabel, emergent, subjektiv und konstruiert.

Otozentrismus und post-aurale Formen von Auralität

All dies – und hiermit komme ich zum Kern meiner Argumentation und zu dem Grund für meinen Vorschlag, ›Auralität‹ als Sammelbegriff für die um 2010 einsetzende zweite Phase der Hörforschung innerhalb der Sound Studies zu nutzen – war zwar unverzichtbares Fundament der Klangforschung, doch fehlte ein ganz wesentlicher Baustein: das ›materielle‹, ›anwesende‹ Ohr selbst, mitsamt seiner komplexen Anatomie und Physiologie. Es ging also nicht nur darum, die bestehenden Ansätze weiterzuentwickeln, sondern um nicht weniger als einen Paradigmenwechsel; weg von totalisierenden Konstruktionen von Klanglandschaften und Hörweisen, hin zu einem komplexeren Verständnis von Auralität als einem vielfältig durchbrochenen Vermittlungsprozess; weg von einer Dichotomisierung von Natur und Kultur, hin zu einem ›ökologischen‹ Begriff von Auralität; und weg von einem exnominierten, selbstverständlichen Hören, hin zu einem Ohr, das noch bis in seine letzten Fasern, Zellen und Wellenbewegungen in ein Geflecht der unterschiedlichsten wissenschaftlichen, philosophischen, religiösen und ästhetischen Diskurse und Praktiken eingebunden ist.

Zwei für mein Verständnis grundlegende Ausformungen dieses Paradigmenwechsels möchte ich hier hervorheben. Die erste könnte man als das otozentrische Modell von ›Auralität‹ bezeichnen, die zweite als otofugales Modell. Obwohl beide sich mitunter scharf voneinander abgrenzen, weisen sie auch Gemeinsamkeiten auf. Mit Blick auf das otozentrische Paradigma möchte ich zunächst kurz auf meine bereits erwähnte Studie *Reason and Resonance* zurückkommen. Angesichts der zuweilen sakral anmutenden Beschwörung neuer Hörweisen (und damit implizit auch der Zensur althergebrachter Hörpraktiken) und der Entlassung des ›materiellen‹ Ohrs in den Zuständigkeitsbereich der überwiegend fortschrittsgläubigen Erzählungen der älteren Wissenschaftsgeschichte schien es geboten, getreu der forschungsleitenden Hauptthese von der Modernität des Ohres, dem Ohr einen völlig neuen, dezidiert unmetaphorischen und mitunter dissonanten Part im Chor der neueren Kulturwissenschaften einzuräumen.

Zwei Beispiele mögen diese Rezentrierung des Ohres verdeutlichen. Es gehört zu den großen Gründungsmythen der Moderne, dass René Descartes' berühmt-berüchtigte Geist-Materie-Dichotomie sich vor allem auf seine wissenschaftlichen Arbeiten zur optischen Wahrnehmung stützte. Dass der Denker allerdings zeitlebens neben dem Auge auch ein reges Interesse an Fragen des Ohres, der Akustik und der Resonanz zeigte und seine Aussagen zur ontogenetischen Einheit von Geist und Materie in seinem Spätwerk mit ebendiesen akustischen Einsichten untermauerte, blieb der Descartes-Rezeption bislang verborgen. So lassen sich seine über sein Œuvre weit verstreuten und zum Teil höchst widersprüchlichen Ansichten über das Ohr unter dem geradezu inflationär aufgerufenen Begriff der Erschütterung bzw. seinen Wurzeln im lateinischen Verb *cutere* bündeln. Der Terminus war allerdings nicht Descartes' Erfindung, sondern so etwas wie ein *buzzword*, das seit den Anfängen der sogenannten wissenschaftlichen Revolution im Umlauf war. Wenn Descartes also 1641 in seinen bahnbrechenden *Meditationes de prima philosophia* die vom Körper getrennte, selbstreflexive Seele als Quelle unbeirrbarer Wahrheit definiert und dabei den Ausdruck *inconcussum* – ›unerschütterlich‹ – bemüht, so bedeutet das nichts anderes, als dass das Denken und die im Ohr vibrierenden Nerven, Membrane und Knochen Teil eines gemeinsamen, wenn auch antinomisch strukturierten semantischen Feldes sind. Will sagen: Descartes betrachtet die von ihm so häufig geleugnete Einheit von Geist und Körper als oszillierend-akustisch vermittelt.

Das zweite Beispiel ist Hermann von Helmholtz' psychoakustische Theorie der Musik. Die Forschung nimmt im Allgemeinen an, dass die Helmholtzsche Neuinterpretation der transzendental-philosophischen Erkenntnistheorie Kants am deutlichsten in seinen Arbeiten zur Optik wie dem dreibändigen *Handbuch der physiologischen Optik* (1856–1867) oder der 1878 gehaltenen Rektoratsrede »Die Tatsachen in der Wahrnehmung« zutage tritt. Bei genauerem Hinsehen stellt sich jedoch heraus, dass bereits in seinem 1863 erschienenen Buch *Die Lehre von den Tonempfindungen als physiologische Grundlage für die Theorie der Musik* die auditive Resonanz das Paradebeispiel für eine physiologisch-psychologisch grundierte Theorie der Erkenntnis ist. Durch die geschickte Verknüpfung bestehender Theoreme und Forschungsergebnisse wie der von Joseph Fourier begründeten und nach ihm benannten Analyse von Schwingungskurven, Johannes Müllers Konzept der spezifischen Sinnesenergie und der Entdeckung der Haarzellen im Innenohr durch Alfonso Corti gelang es Helmholtz nämlich nicht nur zu zeigen, dass die Wahrnehmung von Tonhöhen das Resultat von über das gesamte Ohr transportierten Resonanzverhältnissen ist. Weit wichtiger war die These, dass das Ohr auf diesem Weg lediglich

Zeichen der Außenwelt produziere. Der Referenzcharakter dieser Zeichen sei allenfalls durch die Praxis abgesichert, während die Suche nach ›Wahrheit‹ oder nach Kants ›Noumenon‹ als Erkenntnisziel aus dem Bereich der empirischen Wissenschaft verbannt wird.

Diese beiden Beispiele verdeutlichen, dass es sich bei meiner Geschichte der ›Auralität‹ nicht um eine Geschichte von Hörverhalten handelt, wie sie beispielsweise James H. Johnson 1995 in seinem Buch *Listening in Paris* vorgelegt hat. Noch geht es mir darum, eine Art aurale Episteme im Sinne Foucaults zu bestimmen. Weitaus fruchtbarer erscheint mir ein Ansatz, der ausgehend von den Science and Technology Studies (STS) oder dem New Materialism die Hypostasierung der Objektwelt in positivistisch-empiristischen Epistemologien abschwächt. Zwar verzichten auch diese Felder selten auf homogenisierende Erklärungsmodelle. So gehören beispielsweise zum Grundbestand der STS die Thesen vom ›sozialen Ursprung‹, von der ›sozialen Konstruktion‹ oder – seltener – von der gesellschaftsstiftenden Funktion wissenschaftlicher Erkenntnis und Praxis. Zugleich geht mit dieser großräumigen Einordnung in lokale, nationale oder zunehmend auch globale Kontexte aber auch eine enorme Verdichtung des ›Materials‹ einher. Statt intentionsgesteuerter Erkenntnisprozesse und heroischer Entdeckungen stehen vermehrt extrem arbeitsteilige, von vielfältigen Vermittlungsschritten und medialen Technologien durchbrochene Formen von klanglicher Kommunikation im Vordergrund. An die Stelle von Semantik und systemischen Ordnungen treten die Stofflichkeit und Singularität akustischer Phänomene. Exemplarisch für diese Konzentration auf das Kleinteilige als Grundlage eines neuen Verständnisses des Allgemeinen sind die Arbeiten von Jonathan Sterne (vgl. z. B. Sterne 2012) oder Begriffe wie ›Transduktion‹ (engl. *transduction*).

Stefan Helmreich (2007) hat diesen Terminus, der ursprünglich aus der Biologie stammt und die Umwandlung der materiellen oder medialen Basis eines Signals in jene eines anderen Signals bezeichnet, in die Sound Studies eingebracht. Ausgehend von der Erfahrung einer überwiegend von Klängen dominierten U-Boot-Expedition, versucht er, die Gleichzeitigkeit in der Strukturierung von Materie und Bedeutung in den Mittelpunkt des Interesses zu rücken (vgl. ebd., 622). Anders ausgedrückt: Anstelle eines perspektivischen Hörens à la Schafer befürwortet Helmreich eine Theorie und Methode von Auralität, die über die Beschränkung auf die Cochlea als Zentrum hinausgeht und andere sensorische Schnittstellen und Transformationen in Betracht zieht. Hier findet also ein Paradigmenwechsel von der otozentrischen Sichtweise der ersten Phase der Sound Studies hin zu einer otofugalen Perspektive statt. Weil Umgebungen, Räume oder Prozesse nicht länger bloße Vehikel, Koordinaten oder Kanäle für auditive Wahrnehmung sind, sondern Teilbereiche von Rückkopplungsschleifen, in denen Materie und Bedeutung wechselseitig aufeinander einwirken, erweitert sich das aurale Spektrum um Phänomene, die traditionell aus dem Bereich des Hörbaren und von Hörbarkeit ausgeschlossen sind.

So ist in der jüngsten Zeit ein Zuwachs an Studien zu verzeichnen, die sich den Grenzgebieten des Hörbaren oder, wie Jonathan Sterne und Mitchell Akiyama (2012) es nennen, dem ›Post-Sonischen‹ widmen. Hierzu gehören so unterschiedliche Felder von Auralität wie die Disziplinierung des Ohres als Organ der Furcht durch Krieg, Terror und Folter, die bio-politische Normalisierung von sogenannten *noise tolerance thresholds*, die ›Übersetzung‹ oder ›Sonifikation‹ des Sichtbaren in Hörbares oder auch die Entwicklung von Audio-Technologien und zunehmende Akzeptanz von Ästhetiken und interaktiven Formen wie Sound Art oder Electronic Dance Music, die die Trennung von aural und haptisch wahrgenommenen Signalen und deren semantische Klassifizierung als ›Klang‹ oder ›Vibration‹ als historisch und kulturell divergierende Konstrukte unterlaufen.

Zusammenfassend lässt sich festhalten, dass die Begriffsgeschichte des Hörens in den letzten Jahrzehnten starken Veränderungen unterworfen war – von den Anfängen im ›Soundscape Design‹ und der Mentalitätsforschung über die otozentrische Fokussierung auf das ›materielle‹ Ohr um 2010 bis hin zum ›Post-Sonischen‹. Heute schließlich steht das Fach am Beginn einer Phase, in der eine differenziertere Begrifflichkeit und eine erweiterte Thematik neue Anschlussmöglichkeiten an die fortschreitende Konvergenz von bislang getrennten Wissensfeldern eröffnen.

Verwandte Beiträge: Kap. 1 (Akustemologie); Kap. 12 (Resonanz); Kap. 14 (Sonifikation); Kap. 17 (Soundscape); Kap. 19 (Ethnologie); Kap. 20 (Geschichtswissenschaft); Kap. 26 (Philosophie); Kap. 60 (Glocken); Kap. 69 (Folter); Kap. 73 (Krieg).

Literatur

Barthes, Roland: *Der entgegenkommende und der stumpfe Sinn. Kritische Essays III*. Frankfurt a. M. 1990 (frz. 1982).

Corbin, Alain: *Die Sprache der Glocken. Ländliche Gefühls-*

kultur und symbolische Ordnung im Frankreich des 19. Jahrhunderts. Frankfurt a. M. 1995 (frz. 1994).
Erlmann, Veit: *Reason and Resonance. A History of Modern Aurality*. New York 2010.
Erlmann, Veit: »Acoustic Space« – Marshall McLuhan defended against himself. In: *The Senses and Society* 11/1 (2016), 36–49.
Feld, Steven: Waterfalls of song. An acoustemology of place resounding in Bosavi, Papua New Guinea. In: Ders./Keith H. Basso (Hg.): *Senses of Place*. Santa Fe, NM 1996, 91–135.
Feld, Steven: Acoustemology. In: David Novak/Matt Sakakeeny (Hg.): *Keywords in Sound*. Durham, NC 2015, 12–21.
Helmreich, Stefan: An anthropologist underwater. Immersive soundscapes, submarine cyborgs, and transductive ethnography. In: *American Ethnologist* 34/4 (2007), 621–641.
Helmreich, Stefan: Listening against soundscapes. In: *Anthropology News* 51/9 (2010), 10.
Johnson, James H.: *Listening in Paris. A Cultural History*. Berkeley 1995.
Ochoa Gautier, Ana María: *Aurality. Listening and Knowledge in Nineteenth-Century Colombia*. Durham, NC 2014.
Schafer, R. Murray (Hg.): *The Vancouver Soundscape*. Vancouver 1978.
Schafer, R. Murray: *The Soundscape. Our Sonic Environment and the Tuning of the World* [1977]. Rochester, VT 1994.
Smith, Bruce R.: *The Acoustic World of Early Modern England. Attending to the O-Factor*. Chicago 1999.
Smith, Mark M.: *Listening to Nineteenth-Century America*. Chapel Hill, NC 2001.
Smith, Mark M.: *Sensing the Past. Seeing, Hearing, Smelling, Tasting, and Touching in History*. Berkeley/Los Angeles 2007.
Smith, Mark M.: Futures of hearing pasts. In: Daniel Morat (Hg.): *Sounds of Modern History. Auditory Cultures in 19th- and the 20th-Century Europe*. New York 2014, 13–24.
Sterne, Jonathan: *MP3. The Meaning of a Format*. Durham, NC 2012.
Sterne, Jonathan/Akiyama, Mitchell: The recording that never wanted to be heard and other stories of sonification. In: Trevor Pinch/Karin Bijsterveld (Hg.): *The Oxford Handbook of Sound Studies*. New York 2012, 544–560.
Stoller, Paul: Sound in Songhay cultural experience. In: *American Ethnologist* 11/3 (1984), 559–570.

Veit Erlmann

3 Emotionalität

Seit Mitte der 1990er Jahre rücken Emotionen vermehrt und dezidiert in das Blickfeld kulturhistorischer Forschung. Die Frage nach dem Zusammenhang von Emotionen und Sound macht dabei bisher jedoch einen eher kleinen Teil aus, was umso verwunderlicher ist, als Emotionen und Sound in einem engen wechselseitigen Verhältnis zueinander stehen: Alles mit dem Hörsinn Wahrnehmbare gilt als emotional besonders intensiv, und dass es insbesondere einen »Zusammenhang zwischen Musik und Emotionen« gibt, scheint, wie Peter Rinderle feststellt, »heute weithin unumstritten« (2010, 20 f.). Emotionen haben daher für die kulturhistorische Erforschung von Sound eine herausgehobene Bedeutung, ebenso wie Sound in seinen jeweils spezifischen Eigenschaften einiges über die Bedeutung von Emotionen in ihrer sozial- und kulturhistorischen Umwelt verraten und damit selbst eine reichhaltige Quelle für die kulturhistorische Erforschung von Emotionen sein kann. Letztere können sich jedoch auf ganz unterschiedliche Weise kulturhistorisch manifestieren und dadurch für unterschiedliche wissenschaftliche Fragestellungen relevant werden.

Emotion: Eine Begriffsklärung

Der Begriff ›Emotion‹ wird in zahlreichen geistes-, lebens- und naturwissenschaftlichen Disziplinen auf verschiedene Art und Weise definiert und konzeptualisiert. Er ist dementsprechend »an seinen Rändern stark ausgefranst und entsprechend vage« (Rinderle 2010, 21). Kulturhistorische Emotionsforschung ist daher vorwiegend dazu übergegangen, ›Emotion‹ als einen heuristischen »Metabegriff« (Plamper 2012, 22) zu verwenden, der alle möglichen Begrifflichkeiten und Konzepte des Gefühlslebens vergangener und gegenwärtiger Zeiten umfassen und je nach historischem Kontext mit ›Gefühl‹, ›Gemütsbewegung‹, ›Leidenschaft‹ o. Ä. (bzw. entsprechendem Gefühlsvokabular anderer Sprachen) synonym verwendet werden kann.

Abgegrenzt wird der Emotionsbegriff einzig (und ausdrücklich) von dem des ›Affekts‹, wie er gegenwärtig, so Jan Plamper, »unter dem Eindruck der Neurowissenschaften zunehmend die Bedeutung des rein [K]örperlichen, [V]orsprachlichen, [U]nbewussten« erhalten hat (ebd.). In diesem Sinne wird der Affektbegriff auch in den Sound Studies intensiv diskutiert (vgl. Goodman 2010; Kassabian 2013; Thompson/Biddle 2013). Bei dem jedoch, was aus kulturhistorischer Perspektive unter Emotion verstanden wird, handelt es sich grundsätzlich um kognitive und (zumeist) intentionale Akte (ästhetisch-emotionales Erleben ohne klare intentionale Gerichtetheit, wie es insbesondere bei der Musik der Fall sein kann, stellt dabei einen Sonderfall dar).

Diese Abgrenzung vom neurowissenschaftlichen ›Affekt‹ wird jedoch nicht notwendigerweise auf den historischen Affektbegriff ausgedehnt, der eng mit ›Leidenschaft‹ und ›Emotion‹ verknüpft ist. Dies gilt es für den Themenkomplex ›Sound und Emotion‹ besonders zu betonen, da dem historischen Affektbegriff im Sinne von ›Leidenschaft‹ in der Musikgeschichte eine herausgehobene Rolle zukommt (vgl. Herr 2017). Historische Konzepte von ›Affekt‹ können in diesem Sinne also durchaus unter dem Metabegriff ›Emotion‹ subsumiert werden.

Der kulturhistorisch gebrauchte Emotionsbegriff ist jedoch nicht nur aufgrund des breit gefächerten Gefühlsvokabulars diffus, sondern auch hinsichtlich der unterschiedlichen Gefühlskonzepte, deren Kenntnis für den wissenschaftlichen Umgang mit Emotionen unabdingbar ist. So gibt es zu verschiedenen Zeiten und Kulturen variable Vorstellungen von Emotionalität, die sich in entsprechendem Gefühlsvokabular manifestieren und auf gänzlich unterschiedlichen Annahmen von Leib-Seele-Verhältnissen und Gefühlstopologien beruhen können (vgl. dazu Frevert et al. 2011). Die Aufteilung in ein ›Innen‹ und ›Außen‹ des Menschen ist ein solches historisches Gefühlskonzept, die strikte Unterteilung von *emotio* und *ratio* ein anderes. Dem gegenüber steht etwa das Verständnis von Emotionen als Innen und Außen verbindende und verkörperte Praktiken eines *mindful body*, wie es Monique Scheer (2012) jüngst in Anlehnung an Pierre Bourdieus Habituskonzept entwickelt hat.

Diffus ist der Emotionsbegriff schließlich hinsichtlich der Frage, ob es sich bei Emotionen um universell unveränderliche oder kulturhistorisch variable Phänomene handelt. So sind Vertreter/innen des Konzepts von ›Basisemotionen‹ der Ansicht, dass bestimmte Emotionen auf der individuellen Ebene über alle Zeiten und Kulturen hinweg gleich bleiben und sich einzig die »gesellschaftlich konventionalisierten Ausdrucksformen von Gefühlen« (Wellmann 2014, 203) kulturhistorisch wandeln. Dagegen nehmen Vertreter/innen des Konstruktivismus, die eine historische und kulturelle Variabilität sowohl in individuellem Gefühlsinhalt als auch seinem Ausdruck an (vgl.

D. Morat, H. Ziemer (Hrsg.), *Handbuch Sound*, https://doi.org/10.1007/978-3-476-05421-0_3

z. B. Barrett 2017). Je nach Ansatz positioniert sich kulturhistorische Emotionsforschung explizit oder implizit zwischen den beiden Polen Universalität und Variabilität. Allen kulturhistorischen Ansätzen gemeinsam ist jedoch die Annahme, dass Emotionen immer einen mehr oder weniger ausgeprägten variablen Anteil mit sich bringen. Denn versteht man Emotionen als kognitive und (zumeist) intentionale Akte, so sind sie stets mit Bedeutungszuschreibungen verbunden: Emotionen urteilen, sie geben Wahrnehmungsakten und Situationen Sinn und Bedeutung und betten sie bewusst oder habituell in größere Zusammenhänge ein. Mit dem Wandel von Bedeutungszuschreibungen geht demnach konsequenterweise auch ein Wandel der Emotionen selbst einher. Da sie jedoch ihrem Wesen nach ephemere Phänomene sind, sind sie historisch und kulturell in ihrer subjektiven Erfahrungsqualität nicht rekonstruierbar. Greifbar werden sie vielmehr durch ihre Repräsentationen oder Projektionen in anderen Medien, etwa in Texten, Bildern – oder eben auch im Klang.

Sound und Emotion

Historische Emotionsforschung, die sich auf Klang konzentriert – bzw. historische Soundforschung, die sich mit Emotionalität beschäftigt –, hat es in doppelter Hinsicht mit einer unmöglichen Rekonstruierbarkeit ihres Forschungsobjektes zu tun. Denn wie Emotionen sind auch Soundphänomene etwas Ephemeres und Flüchtiges, das sich in seiner tatsächlichen Klanglichkeit historisch niemals verlustfrei überliefern lässt. So muss etwa jeglicher Versuch, Klänge schriftlich zu fixieren, im Ansatz scheitern, da bei der Übertragung von Klang in Notation das Eigentümliche des Klangs selbst zu einem wichtigen Teil verloren geht. Klangaufnahmen können dieses umgehen, doch halten auch sie nur das Klangphänomen als solches fest, ohne die tatsächliche Erlebnisqualität des realen Klangereignisses, seinen historischen Kontext, seine historische Bedeutung und damit auch seine emotionalen Dimensionen sinnlich mitzutransportieren. Außerdem sind Aufnahmen als relativ junges Medium ohnehin nur dazu geeignet, den vergleichsweise kurzen Zeitraum der jüngsten Klanggeschichte zu dokumentieren.

Eine umfassende kulturhistorische Forschung, die sich den emotionalen Dimensionen von Sound annähern möchte, scheint demnach dazu gezwungen zu sein, ihr eigentliches Forschungsobjekt, den tatsächlichen Klang in seiner Erlebnisqualität, gleichsam einzukreisen (vgl. Applegate 2012, 330; Geisthövel 2009, 167). Wie der Historiker Mark M. Smith (2007, 121) indes betont, ist es nicht nur unmöglich, sondern darüber hinaus auch *unnötig*, die Klangwelt vergangener Zeiten oder – so sei hinzugefügt – die Klangwelt anderer Kulturen in ihrer tatsächlichen sinnlich-emotionalen Erfahrungsqualität zu rekonstruieren. Für Fragen nach der Emotionalität von Sound gilt es vielmehr, die jeweiligen emotionalen Bedeutungszuschreibungen und Sinngebungen an die Klänge aufzuzeigen. Dafür können, um mit Alexa Geisthövel zu sprechen, in erster Linie »klangumgebende[] Texte[]« herangezogen werden, aus denen mittels »hermeneutische[r], linguistische[r] oder diskursanalytische[r] Ansätze« soundbezogene sozial- und kulturhistorische Wissensbestände, individuelle Sinneswahrnehmungen, Sinnzusammenhänge und emotionale Bewertungen herausgearbeitet werden können (2009, 167).

Zur Erarbeitung der emotionalen Bedeutungszuschreibung an Klang kann ob seiner spezifischen ontologischen Eigenschaften außerdem eine Vielzahl weiterer Quellentypen miteinbezogen werden: audiovisuelle Medien, Klangaufnahmen, Fotos, Zeichnungen und Gemälde von musikalischen Praktiken, aber auch verschiedene Räume, Körper, Materialitäten, Techniken und Apparaturen der Klangerzeugung, Klangwahrnehmung und Klangmanifestation. Für den Sonderfall des bewusst geordneten Klangs, der Musik, kann auch die Partitur mit den in ihr schriftlich festgehaltenen klanglichen Parametern wie Lautstärke, Instrumentation, Geschwindigkeit, Artikulation, Harmonik, Rhythmik, Ausdruckscharakter u. Ä. als ›klangumgebender Text‹ Aufschluss über historische Erfahrungswerte und emotionale Dimensionen geben, solange man diese Parameter nicht für sich stehen lässt, sondern sie in ihren kulturhistorischen Bedeutungshorizont einbettet.

Unter diesen Voraussetzungen gilt es für die kulturhistorische Erforschung von Sound und Emotionalität, musikwissenschaftliche sowie »mikrosoziologische, historisch-anthropologische, körper-, bild-, ding- und mediengeschichtliche Ansätze« (ebd.) miteinander zu verbinden. Grundlegend dabei ist zunächst die Annäherung über eine (historische) Anthropologie der Sinne bzw. der Sinneswahrnehmung, konkret des Hörens, anhand von Fragen zum kulturellen und/oder historischen Körper- und Klangwissen: Was war/ist über das Ohr, den Hörsinn, das Hören bekannt? Was wurde/wird als laut wahrgenommen, was als leise, was als intensiv, was als zurückhaltend – und wie stand/steht das zu untersuchende Soundphänomen im Verhältnis zu dieser klanglichen Umwelt? Welche Klänge umgaben/umgeben den Menschen auf dem Land, welche in der Stadt? Vor diesem Hintergrund einer kulturhistorischen Klanganthropologie sollte es schließlich gelingen, die kulturhistorische Bedeutung der jeweiligen Sinneswahrnehmung, die je nach Prägung der Hörenden ganz unterschiedlich ausfallen kann, aus den oben angeführten Quellen herauszuschälen und sich damit den emotionalen Dimensionen des Klangs in bestimmten Situationen immer weiter anzunähern.

Der französische Historiker Alain Corbin hat in seiner Studie *Die Sprache der Glocken* virtuos vorgeführt, welchen wissenschaftlichen Ertrag ein solch eng gewebtes Netz aus Klangphänomenen (stattfindendes bzw. ausbleibendes Glockengeläut) und kulturhistorischer Bedeutungszuschreibung für die »[l]ändliche Gefühlskultur und symbolische Ordnung im Frankreich des 19. Jahrhunderts« (so der deutsche Untertitel von Corbins Studie) mit sich bringen kann. So konnte er »durch die Untersuchung der gesellschaftlichen Praktiken, des Umgangs mit dem Symbolischen, der Konstellation der Konflikte und der Zeichen kollektiver Emotion« mit Blick auf seinen Untersuchungskontext die »emotionale Gewalt der Glocke« herausarbeiten (Corbin 1995, 387).

Die Analyse der emotionalen Dimension speziell von Musik nimmt eine Sonderstellung in der kulturhistorischen Erforschung von Klang ein. Denn bei Musik handelt es sich zwar um Sound, der jedoch künstlich bzw. künstlerisch geordnet, zumeist bewusst zum Klingen gebracht und des ästhetischen Erlebens wegen praktiziert wird. Im Gegensatz zu Geräuschen der Umwelt oder technischer Apparaturen und Maschinen ist Musik demnach eine vom Menschen ausgeführte Praxis, die schon existierende emotionale Bedeutungszuschreibungen an andere Sounds bewusst integrieren und mit ihnen spielen, sie reflektieren, erweitern oder verändern kann und damit wiederum auf die Emotionalität anderer Soundscapes zurückwirkt.

Debatten und Forschungsrichtungen

Da Emotionalität ein allgegenwärtiges Moment des menschlichen Lebens ist, schwingt sie bei zahlreichen kulturhistorischen Untersuchungen (teilweise von Autor/innen und Leser/innen gleichermaßen unbemerkt) mit. Dies gilt im Besonderen für die Klang- und Musikforschung und hat dazu geführt, dass sich für den Zusammenhang von Sound und Emotionalität bisher keine eindeutig abgegrenzten und abzugrenzenden Debatten herauskristallisieren lassen. Die folgende Aufstellung versucht nichtsdestotrotz, einige Tendenzen hervorzuheben, in denen der Themenkomplex besonders prägnant aufscheint. Diese Tendenzen lassen sich zwar grob unterschiedlichen Forschungsinteressen, unterschiedlichen Disziplinen und damit auch unterschiedlichen methodischen Ansätzen zuordnen, überschneiden sich jedoch an zahlreichen Stellen.

In diesem Sinne kann man bei den aktuellen kulturhistorischen Debatten zu Emotionalität und Klang drei Haupttendenzen ausmachen, die hier deduktiv vom Räumlich-Atmosphärischen über das Intersubjektiv-Kollektive zum Vereinzelten und Individuellen fortschreitend abgehandelt werden. (Literatur wird dabei überwiegend aus dem deutschsprachigen Raum angeführt; für einen Überblick über gegenwärtig laufende Forschungsprojekte zu ›Sound und Emotionalität‹ im internationalen Bereich lohnt sich insbesondere ein Blick auf die Homepage des Australian Research Council Centre of Excellence for the History of Emotions.)

1) Ein *erster* Ansatz fokussiert die Eigenschaft von Klangphänomenen, Atmosphären zu kreieren, die einen (Klang-)Raum mit einer bestimmten Emotionalität belegen und damit an die in diesem (Klang-)Raum befindlichen Personen ein Angebot zur emotionalen Anteilnahme machen. Diese Forschungsrichtung wurde vor allem durch die Neue Phänomenologie um Hermann Schmitz und Gernot Böhme seit den 1960er Jahren fundiert, für die Klang- und Musikforschung allerdings erst in jüngster Zeit fruchtbar gemacht. Bei diesem Ansatz stehen zunächst Fragen nach klanglichen Räumen bzw. der Raumhaftigkeit von Klang im Vordergrund der Untersuchung. Eine emotionshistorische Einbettung entsteht darauf aufbauend durch die Erarbeitung der emotionalen Bedeutungen dieser (Klang-)Räume und der in ihnen stattfindenden Beziehungen zwischen Individuen (intersubjektiv) oder zwischen Individuum und Klangobjekt (ästhetisch). Die immer wieder kritisch betonte Unschärfe des Atmosphärenbegriffs kann gerade für die in ihrer historischen Greifbarkeit ebenso unscharfen Phänomene des Klangs und der Emotionalität ein besonders geeignetes Analysewerkzeug darstellen.

Dabei lassen sich drei Ansätze unterscheiden. Genannt seien (a) zunächst solche, die aus philosophischer und anthropologischer Perspektive die Zusammenhänge zwischen Atmosphären und den emotionalen Erfahrungsdimensionen des Hörens in den Blick nehmen. Phänomenologisch motivierte Verkörperungstheorien können dabei ebenso eine Rolle spielen wie ästhetische Konzepte aus Geschichte und Gegenwart (etwa zu ›Stimmung‹, ›Resonanz‹ oder ›Einfühlung‹; vgl. Herzfeld-Schild 2017). Ferner sei (b) verwiesen auf Untersuchungen, die Klänge in ihrer atmosphärischen Gestaltung betrachten und dabei Stimm-, Sprach- oder musikalischen Klang mit entsprechenden Bedeutungshorizonten verbinden, wie es Gregor Herzfeld in seiner Arbeit über Edgar Allan Poe und die Musik umgesetzt hat (vgl. Herzfeld 2013). Solche Ansätze arbeiten beispielsweise damit, die für die Neue Phänomenologie zentralen eigenleiblich-räumlichen Empfindungen von Enge und Weite als analytische Werkzeuge auf die horizontale oder vertikale, die harmonische oder melodische, die tonale oder rhythmische Anordnung und Gestalt der Klänge zu übertragen, um sich emotionalen Erfahrungsqualitäten (musikalischer Klänge) anzunähern. Hinzu kommen (c) jene Studien, die sich den sozialgemeinschaftsbildenden Eigenschaften von Klang annähern, indem sie den Atmosphärenbegriff als raumdefinierendes und damit abgrenzendes Medium verwenden. So hat beispielsweise Birgit Abels in ihrer musikethnologischen Arbeit zu Hörgemeinschaften der Sama Dilaut den Atmosphärenbegriff der Neuen Phänomenologie mit dem Konzept der ›Sonosphäre‹ Peter Sloterdijks kombiniert, um ein analytisches Mittel zu erhalten, musikalische Praktiken der klanglichen Gruppenbildung auf der Grundlage eigenleiblicher Erfahrungsqualität emotional-affektiv zu beschreiben (vgl. Abels 2013).

Grundsätzlich ermöglicht eine Konzentration auf Atmosphären, die sich im Raum zwischen mehreren Individuen bzw. zwischen Individuum und Klangquelle befinden, die aufgrund ihrer Räumlichkeit phänomenal eng verwandten Eigenschaften von Emotionen und Sound einzufangen. Dabei sind es vor allem Aspekte von Verkörperung, die in diesen Debatten den phänomenologischen Ansatz der Atmosphärenforschung mit dem der Praxistheorie verbinden. Damit hängt diese erste Forschungsrichtung eng mit der zweiten, gegenwärtig vermutlich am intensivsten geführten Debatte zu ›Sound und Emotionalität‹ zusammen, die sich aus praxistheoretischer Sicht den sozialhistorischen Dimensionen dieses Themenkomplexes widmet.

2) Dieser *zweite* Ansatz konzentriert sich auf die Eigenschaft von Klang, auf sozialer Ebene intersubjektiv gemeinschaftsbildend wirksam zu sein. Klang – insbesondere Musik – ist hierbei zumeist nur *ein* Merkmal neben anderen (gemeinsamen Modestilen, politischen Ansichten, speziellen Verhaltensweisen o. Ä.), die allesamt als vom Habitus hervorgebrachte emotionale und soziale Praktiken verstanden und wissenschaftlich beobachtet werden können. Der historische Körper mit seinen verkörperten emotionalen Ausdrucksformen bildet die analytische Grundlage für diesen Ansatz. Seine Hauptvertreter finden sich hauptsächlich in den sozialhistorisch ausgerichteten Teildisziplinen der Geschichts- und Musikwissenschaft.

Emotional gemeinschaftsstiftende Praktiken, die mit oder durch Sound ausagiert werden, sind in unzähligen soziokulturellen Kontexten und unterschiedlichsten Versuchsanordnungen nachweisbar. Studien, die sich ihrer Erforschung widmen, finden sich dementsprechend in einem historisch, sozial und disziplinär breit aufgefächerten Bereich, so beispielsweise in der geschichtswissenschaftlichen Forschung zu Musik in politischen Kontexten des 19. und frühen 20. Jahrhunderts (z. B. Applegate 2012; Gienow-Hecht 2009) oder speziell im Nationalsozialismus (z. B. Brauer 2016), zur musikalischen Manifestation von bürgerlichen Idealen in der Musik Ludwig van Beethovens (z. B. Hentschel 2013), zu Religiosität, Ritual und Kirchenmusik (z. B. Herzfeld-Schild 2015), zur Unterhaltungs- und Konzertkultur (z. B. Ziemer 2008) und Erinnerungskultur (z. B. Gregor 2015), zu Musik und Emotionen in der Rechts- (z. B. Herzfeld-Schild 2013) oder der Popgeschichte (z. B. Wellmann 2014). Klangpraktiken werden hier zumeist als emotionale Praktiken aufgefasst, die auf gesellschaftlicher Ebene agieren und emotionale Gemeinschaften konstituieren.

Das Klang- bzw. Musikphänomen selbst wird dabei je nach disziplinärer Ausrichtung tendenziell unterschiedlich behandelt: Die geschichtswissenschaftlichen Arbeiten rücken die klanglichen Phänomene zumeist zugunsten der sozial- und kulturhistorischen Aspekte in den Hintergrund, während Arbeiten aus der Musikwissenschaft sehr viel häufiger auch konkrete klangliche Parameter in ihre Überlegungen miteinbeziehen. Individuelle Gefühle von Einzelnen jedoch sind für all diese Debatten wenn überhaupt, dann nur sekundär relevant.

3) Im Gegensatz dazu konzentriert sich die *dritte* Forschungsrichtung auf die emotionale Gestaltung von bestimmtem Klang, insbesondere von bestimmter Musik, und dessen Wirkung auf den (einzelnen) Menschen in Geschichte und Gegenwart. Besondere Bedeutung kommt dabei der Annäherung an historische Subjektivitätskonzepte zu, auf deren Grundlage die Frage nach einer (mehr oder weniger) individuellen emotionalen Wirkung von Klang eigentlich über-

haupt erst sinnvoll wird. Fragen nach dem jeweiligen historischen Wissen vom Körper, seinen Funktionsweisen und Empfindungen, dem jeweils geltenden Leib-Seele-Konzept und der Rolle des Gehörs darin sind dafür ebenso relevant wie jeweilige zeitgenössische philosophische und anthropologische Ansätze zur ästhetischen Erfahrung des Hörens. Kulturhistorische Fragen an Kontext, Bedeutung und soziale Einbettung von bestimmten Klangerlebnissen komplettieren die Methoden.

Die Debatten innerhalb dieser Forschungsrichtung legen einen Schwerpunkt auf die musikalisch-emotionale Komposition von Klang sowie auf das individuelle emotionale Hörerleben und geraten dabei zwangsweise auf weniger abgesichertes Terrain als etwa die Untersuchungen zu durch Klang konstituierten emotionalen Kollektiven, die sich auf musikalische Praktiken konzentrieren. Dies wird besonders deutlich, wenn sich die Überlegungen zur emotionalen Wirkung von Musik den zahlreichen gegenwärtigen philosophischen Ansätzen zu dieser Frage zuwenden. Je nach Zugang wird hier die Abgrenzung von kognitiven Emotionen zu unbewussten, rein körperlichen Affekten und damit auch zu lebens- und naturwissenschaftlichen Ansätzen immer schwieriger. Die Grenze zwischen kulturhistorischer ›Emotion‹ und neurowissenschaftlichem ›Affekt‹ ist dabei sicherlich spätestens an dem Punkt überschritten, an dem die Wirkung von Klang unter den Gesichtspunkten der reinen Körperlichkeit, wie etwa Lautstärke und Vibration, und damit losgelöst von kulturhistorisch bedingter Bedeutungszuschreibung in den Blick genommen wird (vgl. z. B. Goodman 2010).

Untersuchungen aus dieser dritten Forschungsrichtung finden sich weniger in der reinen Klangforschung als überwiegend in der historischen und systematischen Musikwissenschaft. Je näher diese sich dabei an die Grenzen zur analytischen Musikphilosophie und zur Musikpsychologie begeben, desto mehr stehen sie in der Gefahr, die Rolle der kulturhistorischen Variabilität von Emotionen und deren Ausdruck zu unterschätzen. Dies mag nicht unbedingt daran liegen, dass die betreffenden Untersuchungen tatsächlich von einer Universalität von Emotionen ausgehen. Vielmehr handelt es sich hierbei um eine Art Grundlagenforschung zu klangbezogenen Gefühlsbegriffen und -konzepten sowie deren Umsetzung am konkreten Beispiel. Ergebnisse aus dieser Forschungsrichtung können daher wichtige Fundamente für weiterführende Debatten zu Klang und Emotionalität im kulturhistorischen Kontext bilden.

Herausforderung und Perspektiven

Abschließend soll noch auf einen implizit stets mitlaufenden Aspekt gesondert aufmerksam gemacht werden: die Herausforderung des interdisziplinären Arbeitens, die sowohl der Bereich der kulturhistorischen Emotionsforschung im Allgemeinen als auch das Forschungsfeld ›Sound und Emotionalität‹ im Besonderen mit sich bringt. Denn sowohl die notwendige Begriffsarbeit als auch die Einbettung von Klang- und Emotionsphänomenen in einen soziokulturellen Kontext verlangt die Miteinbeziehung einer Vielzahl von Aspekten, die die Zuständigkeiten der traditionellen Disziplinen in zahlreiche Richtungen überschreitet. Dies betrifft mit den Geschichts-, Kultur- und Medienwissenschaften und der Philosophie nicht nur die Geisteswissenschaften, sondern auch Bereiche der Sozial-, Lebens- und Naturwissenschaften. Dabei können gerade Zugänge, die ihrem Konzept nach an Schnittstellen zwischen diesen Bereich agieren (wie Ansätze aus den Digital Humanities, für den Themenkomplex ›Sound und Emotionalität‹ neue methodische und inhaltliche Perspektiven eröffnen.

Forschung zu ›Sound und Emotionalität‹ erfordert demnach einen bewussten und konstruktiven Umgang mit interdisziplinären Überschreitungen wie auch mit innerdisziplinären Kompetenzen, um den breit gefächerten Perspektiven des Forschungsfelds umfassend gerecht zu werden.

Verwandte Beiträge: Kap. 5 (Körperlichkeit); Kap. 12 (Resonanz); Kap. 16 (Sounddesign); Kap. 17 (Soundscape); Kap. 20 (Geschichtswissenschaft); Kap. 21 (Kulturwissenschaft); Kap. 24 (Musikwissenschaft); Kap. 25 (Neurowissenschaften); Kap. 26 (Philosophie); Kap. 28 (Soziologie); Kap. 30 (Wissenschaftsgeschichte); Kap. 38 (Stille); Kap. 40 (Tinnitus); Kap. 44 (Diskothek); Kap. 48 (Konzentrationslager); Kap. 50 (Krankenhaus); Kap. 53 (Museum); Kap. 55 (Salon); Kap. 60 (Glocken); Kap. 71 (Herrschaftsrepräsentation); Kap. 75 (Nationalhymnen).

Literatur

Abels, Birgit: Hörgemeinschaften. Eine musikwissenschaftliche Annäherung an die Atmosphärenforschung. In: *Die Musikforschung* 3 (2013), 220–231.

Applegate, Celia: Music among the historians. In: *German History* 30/3 (2012), 329–349.

Barrett, Lisa Feldman: *How Emotions are Made. The Secret Life of the Brain.* Boston/New York 2017.

Brauer, Juliane: How can music be torturous? Music in

Nazi concentration and extermination camps. In: *Music and Politics* 10/1 (2016). doi: 10.3998/mp.9460447.00 10.103.
Corbin, Alain: *Die Sprache der Glocken. Ländliche Gefühlskultur und symbolische Ordnung im Frankreich des 19. Jahrhunderts*. Frankfurt a. M. 1995 (frz. 1994).
Frevert, Ute et al.: *Gefühlswissen. Eine lexikalische Spurensuche in der Moderne*. Frankfurt a. M. 2011.
Geisthövel, Alexa: Auf der Tonspur. Musik als zeitgeschichtliche Quelle. In: Martin Baumeister/Moritz Föllmer/Philipp Müller (Hg.): *Die Kunst der Geschichte. Historiographie, Ästhetik, Erzählung*. Göttingen 2009, 157–168.
Gienow-Hecht, Jessica C. E.: *Sound Diplomacy. Music and Emotions in Transatlantic Relations, 1850–1920*. Chicago/London 2009.
Goodman, Steve: *Sonic Warfare. Sound, Affect, and the Ecology of Fear*. Cambridge, MA/London 2010.
Gregor, Neil: Music, memory, emotion. Richard Strauss and the legacies of war. In: *Music and Letters* 96/1 (2015), 55–76.
Hentschel, Frank: Festlichkeit. Expressive Qualität und historische Semantik bei Beethoven. In: *Archiv für Musikwissenschaft* 70/3 (2013), 161–190.
Herr, Corinna: Musik »ergreift das Herz und dringt bis ins Innerste der Seele«. Leidenschaft und Affektübertragung in der Frühen Neuzeit. In: Carola Bebermeier/Evelyn Buyken/Gesa Finke (Hg.): *Passions. Musik des 18. Jahrhunderts im Spannungsfeld zwischen Leid und Leidenschaft*. Würzburg 2017, 35–67.
Herzfeld, Gregor: *Poe in der Musik. Eine versatile Allianz*. Münster u. a. 2013.
Herzfeld-Schild, Marie Louise: »He plays on the pillory«. The use of musical instruments for punishment in the Middle Ages and the Early Modern Era. In: *Torture. Journal on Rehabilitation of Torture Victims and Prevention of Torture* 23/2 (2013), 14–23.
Herzfeld-Schild, Marie Louise: »Nur mit der Harmonie des Herzens«. Emotionalisierung von Religion in Heinrich Bones Vorwort zu »Cantate!« (1847). In: *Geschichte der Gefühle – Einblicke in die Forschung*, April 2015, doi: 10.14280/08241.39.
Herzfeld-Schild, Marie Louise: Resonanz und Stimmung. Musikalische Paradigmen im historischen Spannungsfeld von Anthropologie, Ästhetik und Physiologie. In: Thiemo Breyer/Michael B. Buchholz/Andreas Hamburger/Stefan Pfänder/Elke Schumann (Hg.): *Resonanz – Rhythmus – Synchronisierung. Interaktionen in Alltag, Therapie und Kunst*. Bielefeld 2017, 127–144.
Kassabian, Anahid: *Ubiquitous Listening. Affect, Attention, and Distributed Subjectivity*. Berkeley/Los Angeles/London 2013.
Plamper, Jan: *Geschichte und Gefühl. Grundlagen der Emotionsgeschichte*. München 2012.
Rinderle, Peter: *Die Expressivität von Musik*. Paderborn 2010.
Scheer, Monique: Are emotions a kind of practice (and is that what makes them have a history)? A Bourdieuian approach to understanding emotion. In: *History and Theory* 51/ 2 (2012), 193–220.
Smith, Mark M.: *Sensing the Past. Seeing, Hearing, Smelling, Tasting, and Touching in History*. Berkeley/Los Angeles 2007.
Thompson, Marie/Biddle, Ian D. (Hg.): *Sound, Music, Affect. Theorizing Sonic Experience*. London u. a. 2013.
Wellmann, Henning: Pop- und Emotionsgeschichte. Eine viel versprechende Partnerschaft. In: Alexa Geisthövel/Bodo Mrozek (Hg.): *Popgeschichte*. Bd. 1: *Methoden und Konzepte*. Bielefeld 2014, 201–225.
Ziemer, Hansjakob: *Die Moderne hören. Das Konzert als urbanes Forum, 1890–1940*. Frankfurt a. M./New York 2008.

Webpräsenz von Institutionen

Australian Research Council Centre of Excellence for the History of Emotions an der University of Western Australia, http://www.historyofemotions.org.au (30.1.2018).

Marie Louise Herzfeld-Schild

4 Gedächtnis

Wer einen Anruf tätigt, entnimmt die Telefonnummer gelegentlich einem Adressbuch, murmelt die Nummer dann laut oder in Gedanken vor sich hin, um sie nach dem Wählen wieder zu vergessen. Diese Technik des kurzzeitigen Merkens akustischer Inhalte bezeichnet die Gedächtnisforschung als ›Echogedächtnis‹. Geprägt wurde der Begriff in den 1960er Jahren durch den US-amerikanischen Psychologen Ulric Neisser (1967). Neisser betonte dabei die funktionelle Differenz zwischen der langsameren, aber auch persistenteren auditiven Informationsverarbeitung des ›echoischen Gedächtnisses‹ und der Ad-hoc-Verarbeitung visueller Informationen durch das ›ikonische Gedächtnis‹. 1981 widmete sich Neisser mit dem ›repisodischen Gedächtnis‹ erneut einer Form akustischen Erinnerns. Anlass dazu gab John Dean, ein früherer Berater des US-Präsidenten Richard Nixon und einer der Hauptakteure in der Watergate-Affäre. Dean sagte 1972 als Kronzeuge vor Gericht über vertrauliche Gespräche mit Nixon aus – allerdings wichen seine Aussagen von den Tonbandaufzeichnungen ab, die im Oval Office des Weißen Hauses gemacht und deren Transkriptionen ein Jahr später publik wurden. Neisser stellte fest, dass Dean weder den Kerngehalt noch den exakten Wortlaut der Gespräche erinnerte, wohl aber deren ›Tenor‹ und ›tiefere Wahrheit‹. Das Gedächtnis für Konversationen sei demnach nicht mit einem objektiven Tonbandgerät vergleichbar; vielmehr überlagerten sich in den Erinnerungen tatsächlich Erlebtes und Wunschphantasien (Neisser 1981, 102 und 110).

Neisser gab damit den Anstoß für weiterführende Studien zu akustischen Erinnerungsprozessen in der kognitiven Psychologie, Psychoakustik und Musikpsychologie (z. B. McAdams/Bigand 1993; Fastl/Zwicker 2007; Auhagen/Bullerjahn/Höge 2009). Parallel dazu bildete sich das neue Feld der ›auditiven Neurowissenschaften‹ (z. B. Schnupp/Nelken/King 2011) heraus – mit teilweise populären Publikationen zum Verhältnis von Gedächtnis und Musikalität (z. B. Spitzer 2002; Sacks 2008). Doch bereits Neissers Forschung baute auf einer Reihe historischer Arbeiten auf, die in den Sound Studies teilweise bereits zum Gegenstand einschlägiger Publikationen und methodischer Zugänge geworden sind, teilweise noch auf ihre Erschließung warten. Auf den folgenden Seiten wird diese historische Forschung zum auditiven Gedächtnis zunächst knapp zusammengefasst. Ein zweiter Teil widmet sich aktuellen Diskussionen innerhalb der Geschichtswissenschaften über den methodisch-theoretischen Umgang mit auditiven Quellen: mit Ohrenzeugen, Tonaufzeichnungen und Schallarchiven.

Geschichte(n) des auditiven Gedächtnisses

Im Winter 1877/1878 hatte Thomas Alva Edison mit der Phonographie eine Medientechnologie patentieren lassen, die der Medienwissenschaftler Jonathan Sterne (2003, 287–333) auf zeitgleiche Konservierungs- und Gedächtnistechniken wie etwa das Einbalsamieren von Leichen zurückgeführt hat. Auf eine andere historische Koinzidenz spielte zuvor der Medienwissenschaftler Friedrich Kittler an, wenn er postulierte, Edisons Erfindung des Phonographen habe das Speichermonopol der Schrift beendet und dem menschlichen Gedächtnis Konkurrenz gemacht: »Technik triumphiert über Mnemotechnik« (1986, 125). Kittler stützte sich dabei auf den Essay »La mémoire et le phonographe« (1880) des französischen Philosophen Jean-Marie Guyau. Darin verglich Guyau das Gedächtnis tatsächlich mit dem Phonographen, erklärte den Vergleich allerdings für unhaltbar. Denn das Gedächtnis speichere Erinnerungen nicht nur ab, es lasse sie auch wieder lebendig werden. Man benötige daher ein Vergleichsobjekt, das »nicht nur auf den Prozess der Ein- und Aufschreibung verweist, sondern darauf, dass diese Einschreibung wieder ›auflebt‹ und dem Objekt neue Impulse gibt« (Guyau 1880, 319 f.; Übers. V. T.). Zwar ließen sich Phonogramme beschleunigen oder verlangsamen und so die Tonhöhen modulieren; doch entfalte das Gedächtnis eine stärkere Dynamik als der Phonograph. Auf unkontrollierbare Weise tauchten Erinnerungen hier auf und ab und verknüpften sich miteinander. Kittler interpretierte diese Wendung des Guyauschen Essays als Philosophenkrankheit: Guyau habe die Differenzen zwischen dem vollmechanischen Apparat und dem menschlichen Erinnerungsvermögen nur deshalb betont, weil »kein Philosoph, auch wenn er zu den Psychophysikern übergelaufen ist, seinem professionellen Wahn ganz abschwören kann« (1985, 55). Ähnlich argumentierte der Wissenschaftshistoriker Douwe Draaisma (1999, 98 ff.), der Guyaus Essay in der Linie der experimentalpsychologischen Gedächtnisstudien von Hermann Ebbinghaus oder Ernst Meumann einordnete.

Tatsächlich hatten sich Ebbinghaus und Meumann um 1900 mit der Speicher- und Leistungsfähigkeit des Gedächtnisses und der Funktion auditiver Lernprozesse befasst (z. B. Meumann 1908, 142–189). Ihr Interesse an der Effizienz bestimmter

D. Morat, H. Ziemer (Hrsg.), *Handbuch Sound*, https://doi.org/10.1007/978-3-476-05421-0_4

Merktechniken mag Medien- und Wissenschaftshistoriker/innen also dazu verleitet haben, die Gedächtnisdiskurse der Audiotechnik, der Psychophysiologie, der experimentellen Psychologie und Philosophie um 1900 prinzipiell kurzzuschließen. Allerdings zeigt eine genauere Lektüre von Guyaus Essay und früheren Studien im Bereich der Neuroanatomie und Psychophysiologie, dass sich im späten 19. Jahrhundert zwei gegensätzliche Gedächtniskonzepte herausbildeten: Auf der einen Seite interessierte man sich für die mechanische Funktion des Gedächtnisses und verglich diese mit der Speicher- und Leistungsfähigkeit des zuvor erfundenen Phonographen; auf der anderen Seite entwarf man eine Gedächtnistheorie jenseits mechanischer Aufschreibesysteme, stellte die Analogie von Gedächtnis und Phonograph infrage und betrachtete neuronale Assoziationsprozesse in ihrer Eigendynamik, Unkontrollierbarkeit und Kreativität.

Einschlägig für Letzteres waren Guyaus Essay sowie die heute weniger bekannte Studie *Le langage intérieur et les diverses formes de l'aphasie* (1886) von Gilbert Ballet. Ballet war seinerzeit als Sekundararzt unter dem Neuroanatomen Jean-Martin Charcot am Hospiz Salpêtrière in Paris tätig. Er widmete sich der Relation zwischen äußerer Sinneswahrnehmung, entsprechenden Gedächtnisbildern (visuelle, akustische, motorische Bilder), der Assoziation dieser Bilder in Form einer ›innerlichen Sprache‹ und der Fähigkeit zu sprechen. Dabei baute Ballet seinerseits auf Einsichten in der Neuroanatomie auf, die sich mindestens bis zu den Arbeiten Franz Joseph Galls Anfang des 19. Jahrhunderts zurückverfolgen lassen: Gall (1825, 17) lokalisierte den menschlichen Sprachsinn erstmals im menschlichen Gehirn, in der orbitalen Region des Frontalhirns. Sein Versuch einer materialistischen Gedächtnislehre zog im konservativ gestimmten Frankreich viel Kritik auf sich; erst ein politisch liberaleres Klima und neue Forschungsmethoden (*Post-mortem*-Sezierung des Gehirns, elektrische Stimulation des Kortex, Entfernung von Gehirnteilen in Tierversuchen) läuteten eine Wende ein (vgl. Hagner 2006, 51).

Den Ausschlag dafür gab der französische Arzt und Anthropologe Paul Broca, der 1861 bei einem Patienten Sprachstörungen feststellte; die posthume Autopsie ließ auf eine Läsion in der dritten Hirnwindung des linken Frontallappens schließen. Broca (1865) machte dieses Areal (heute Broca-Areal) folglich für die Sprechfähigkeit des Menschen verantwortlich. Kurz darauf identifizierte der Wiener Neuroanatom Theodor Meynert ein vom Broca-Areal verschiedenes, für die Sprachverarbeitung verantwortliches »Klangfeld« (1866, 182) an den Wänden der Sylvischen Spalte der linken Hemisphäre, nahe des Hörnervs (heute auditiver Kortex). Meynerts Schüler Carl Wernicke wiederum lokalisierte 1874 anstelle des Klangfeldes ein weiter ausgedehntes sensorisches Areal (heute Wernicke-Areal), das Seh-, Hör- und Tasteindrücke abspeichert und mit dem motorischen Areal (Broca-Areal) im vorderen Bereich der Großhirnrinde verbunden ist (Wernicke 1874, 23).

Die neuroanatomische Lokalisierung von Gedächtnis- und Sprachfakultäten erlangte Prominenz, fand aber auch Kritiker – darunter den schon erwähnten Psychophysiologen Ballet, der die Neuroanatomie zwar nicht gänzlich überging, zur Erforschung des Zusammenhangs von Sprechen, Hören und Gedächtnis aber die traditionelle psychologische Methode der Selbstbeobachtung für geeigneter hielt. Dabei stellte Ballet (1890, 35) fest, dass der Mensch über eine innere Stimme verfügt, die ihn zum abstrakten Denken und zum Sprechen befähigt. Diese Stimme ähnle der eigenen Stimme nur bedingt, sie setze sich aus zahlreichen Höreindrücken im Gedächtnis neu zusammen. Ballet zufolge entfaltet die innere Stimme ein Eigenleben (›vivacité‹), das oft so lebhaft ist wie ein gutes Theaterstück. Nicht nur in Träumen, Halluzinationen und Hypnosezuständen, auch im Alltagsleben bestimme sie dasjenige, was der Mensch für wahr und richtig halte, wonach er handle und spreche: »[D]as innerliche Wort [...] spielt gewissermassen die Rolle des Souffleurs, es sagt die Worte, welche gesprochen werden sollen« (ebd., 31).

Für eine Geschichte des auditiven Gedächtnisses ist Ballets Studie nicht zuletzt aufgrund ihrer breiten und multidisziplinären Rezeption relevant. So taucht sie etwa in Henri Bergsons *Matière et mémoire* (1896) auf. Bergson bezog sich kritisch auf die seinerzeit in Paris betriebene materialistisch-positivistische Neuroanatomie und Physiologie. Er bezweifelte – radikaler noch, aber eigentlich ganz im Sinne Ballets – die materielle Natur des menschlichen Gedächtnisses. Stattdessen propagierte Bergson ein Verständnis des Gedächtnisses als zeitbasiertes und dynamisches Phänomen, das in seiner Dauer zu betrachten ist. Bergsons Metaphysik des Gedächtnisses ist nicht so sehr als Gegenposition zur Forschung Ballets und seiner Kollegen zu verstehen, sondern vielmehr als wissenschaftspolitischer Versuch, psychologische Fragestellungen wieder der Hoheit der Philosophie zu unterstellen und die sich gerade erst etablierenden Geisteswissenschaften damit zu stärken.

Zugleich hatte die Psychophysiologie ab den 1880er Jahren großen Einfluss auf die Sprachwissenschaft – was den Graben zwischen Natur- und Geisteswissenschaften wieder verminderte. So entlehnte beispielsweise die Zeichentheorie des Linguisten Ferdinand de Saussure (2013 [1916]) den Begriff des ›Hörbildes‹ (*image acoustique*) der französischen Psychophysiologie um Charcot und Ballet, deutete ihn allerdings im Sinne eines kollektiven Hör- und Sprachgedächtnisses um – was zugleich in eine Sozialtheorie von Sprache mündete. Das Verhältnis von kollektivem Sprachgedächtnis und individueller ›innerlicher Sprache‹ war auch für die Experimentalpsychologie von großem Interesse. Kurz vor dem Ersten Weltkrieg baute Rudolph Pintner, ein Schüler Wilhelm Wundts, auf Ballets Forschung auf. In *Aufmerksamkeitsformen beim Lesen und Reagieren* (1913) zeigte er auf, wie die Probanden eines Experiments beim leisen Lesen auf einen Erinnerungsschatz an inneren Stimmen, Bildern und Bewegungseindrücken zurückgriffen.

Versuche einer Veräußerung der ›innerlichen Sprache‹ setzten sich letztlich von der Schule der Salpêtrière über Sigmund Freud auch in der Psychoanalyse des frühen 20. Jahrhunderts fort. Zentral waren für Freud die Wortvorstellungen des Patienten, verstanden als Resultate komplexer Hörerinnerungs- und Assoziationsprozesse im Balletschen Sinne. Denn das »Unbewußte« äußerte sich nach Freud in wiederkehrenden Formulierungen, in der spezifischen Intonation der Rede oder eben dort, wo die Rede scheitert: im Hüsteln, hysterischen Lachen und Stottern, im »Lapsus linguae, [in] Gedächtnis- und Sprachirrtümer[n], Namenvergessen usw.« (Freud 1990 [1913], 435). Freud zufolge sollte der Arzt dem Patienten mit »gleichschwebende[r] Aufmerksamkeit« lauschen, ähnlich neutral wie der »Receiver [des Telefons; V. T.] die von Schallwellen angeregten elektrischen Schwankungen der Leitung wieder in Schallwellen verwandelt« (Freud 1990 [1912], 377 und 381). Dieser Vergleich ist in den Sound Studies häufig aufgegriffen worden, um den wechselseitigen Einfluss von Audiotechnik und Psychoanalyse zu illustrieren (z. B. Kittler 1986, 137; Enns 2005, 103). Doch konzipierte Freud die Psychoanalyse nicht nur als »Hörraum« (Mayer 2002, 185–195), sondern als komplexe Gedächtnisarchitektur: Der Patient assoziierte nach Freud frei aus dem Gedächtnis; der Arzt speicherte all das in einem langen Therapieprozess Gesagte im Unbewussten ab, und es tauchte dann »bereitwillig im Gedächtnisse auf, sobald der Analysierte etwas Neues vorbringt, womit es sich in Beziehung bringen und wodurch es sich fortsetzen kann« (Freud 1990 [1912], 378).

Die Studien Guyaus, Ballets, Bergsons, Saussures, Pintners und Freuds markieren ein disziplinär weites Feld der Forschung zum auditiven Gedächtnis, auf dem die Natur- und Geisteswissenschaften des 20. und 21. Jahrhunderts vielfach aufbauen. Rückblickend gilt es, diese Zusammenhänge seitens der Sound Studies aber noch zu beschreiben. Ebenso sehr steht eine genauere Forschung zur vormodernen Geschichte des auditiven Gedächtnisses aus. Während das ›innere Bild‹ (Aristoteles' *phántasma*) traditionell einen festen, wenn auch permanent redefinierten Platz in der westlichen Philosophie, Theologie und Rhetorik einnahm und visuelle Mnemotechniken in der Rhetorik große Prominenz erlangten, kehrten Konzepte der ›inneren Stimme‹, des ›inneren Wortes‹ und der ›inneren Musik‹ zwar seltener, sprunghaft und unter variierenden diskursiven Vorzeichen wieder. Sie spielten in der antiken Metaphysik und später in der Rhetorik und den Debatten um den Ursprung der Sprache aber doch eine zentrale Rolle (vgl. Meier-Oeser 2004). Erwähnenswert sind diesbezüglich erste Studien zur langen Geschichte des Stimmenhörens (z. B. McCarthy-Jones 2012) oder zur Modellfunktion von Musikinstrumenten in der frühneuzeitlichen Gedächtnis- und Hirnforschung (z. B. Kassler 1995). Und nicht zuletzt wurde die Rolle des auditiven Memorierens in der anglikanischen Kirche um 1600 untersucht (z. B. Hunt 2010). Dabei zeigte sich, dass der Buchdruck und die Verbreitung schriftlicher Predigten im postreformatorischen England keineswegs einen Ersatz für das Hören und Memorieren von Kanzelvorträgen darstellten. Dokumente von Kirchgängern verweisen vielmehr auf eine enge Verzahnung auraler und literaler Mnemotechniken – so zum Beispiel beim inneren Nachsprechen oder Mitschreiben der Predigten (vgl. ebd., 60–116).

Gedächtnis(se) der auditiven Geschichte

Angeregt durch die kognitive Psychologie und die Neurowissenschaften mehren sich in jüngerer Zeit Studien zur Relation von auditivem Memorieren und individueller sowie kollektiver Identitätsstiftung. So hat die Musiksoziologin Tia DeNora (2000, 46) das Musikhören als eine ›Technologie des Selbst‹ beschrieben und auf die emotional-affirmative Funktion von biographischer Musik verwiesen. Daran anschließend ist aus medien- und technikhistorischer Perspektive argumentiert worden, dass zur Stiftung kultureller Identität und Erinnerung nicht nur Musik beiträgt, sondern auch die jeweils benutzten Audiotechnologien wie Grammophon, Magnettonband, Transistorradio, iPod, Synthesizer u. a. Die enge Bindung von Schall und Gedächtnis konstituiere sich demnach, so Karin Bijsterveld und José van Dijck (2009, 11 f.), nicht nur über das wiederholte Hören von Melodien und kommerziell entsprechend erfolgreichen Oldie-Rundfunkprogrammen, sondern ebenso durch die Vorliebe für bestimmte Aufnahmetechnologien und Verbreitungsmedien, entsprechend wertvolle Aufnahmen und kulturelle Praktiken des Sammelns, Archivierens und Hörens. In dieselbe Richtung argumentiert auch Seán Street (2015) in seiner Analyse verschiedener Techniken und Technologien der Erzeugung, Erhaltung und Auslösung sehr persönlicher Klangerinnerungen – darunter bei Alzheimer- und Demenzpatient/innen.

In den Geschichtswissenschaften zeichnet sich parallel dazu ein steigendes Interesse für die Rekonstruktion und somit Wiedererinnerung vergangener Hörwelten ab. So mehren sich etwa historisch-diskursanalytische Studien zu ›Klanglandschaften‹ und davon geprägten ›Akustemologien‹ von urbanen Räumen, ländlichen Regionen oder auch von ganzen Zeitaltern oder Kontinenten (vgl. z. B. die Beiträge in Smith 2004). Der ursprünglich von dem Komponisten und Autoren R. Murray Schafer geprägte Begriff ›Soundscape‹, eingedeutscht ›Klanglandschaft‹, ist aber beispielsweise auch auf politische Regime wie den Nationalsozialismus übertragen worden, um an die einprägsame Klangsymbolik der NS-Zeit und an Strategien der auditiven Propaganda durch Medientechnologien wie Rundfunk, Mikrofon und Lautsprecher zu erinnern (z. B. Birdsall 2012). Umgekehrt wird der Quellenwert und somit die Speicherqualität von Tondokumenten und Schallarchiven diskutiert. Insbesondere für Tondokumente aus Kriegs- und Kolonialzeiten hat man dabei auf Übersetzungsverluste der Tondokumente verwiesen und mehr Sensibilität im Umgang mit den Entstehungsbedingungen von Schallaufzeichnungen gefordert (vgl. Berner/Hoffmann/Lange 2011).

Die Frage nach der Verlässlichkeit stellt sich auch bezüglich der Augenzeugenschaft von politischer Gewalt. Lautliche Erinnerungen an Kriegserlebnisse wie der Lärm von Schlachten, Kriegsliedgut oder Rundfunkpropaganda gehören zu den langlebigsten und nachhaltigsten akustischen Reminiszenzen. Im individuellen und kollektiven Gedächtnis unterliegen sie aber auch Modifikationen; Erinnerungen verändern sich im Lauf der Zeit – woraus besondere methodische Anforderungen für die Oral History (Zeitzeugeninterviews) und die historische Gedächtnisforschung (Analyse von Erinnerungspolitiken) erwachsen (vgl. Maier 2011). Diesen Entwicklungen entsprechend, mehren sich auch neue Strategien zur Erweiterung des Hörer/innenkreises auditiver Geschichte(n) – sei es durch die öffentliche Wertschätzung des ›sonischen kulturellen Erbes‹, durch neue Archivierungs-, Konservierungs- und Digitalisierungsstrategien von Audiodokumenten und -technologien oder durch neue Darstellungsformate der Klanggeschichte wie Online-Publikationen oder multimediale Ausstellungen (vgl. Bijsterveld 2015). Exemplarisch sei diesbezüglich auf die von der Historikerin Emily Thompson entwickelte Multimedia-Datenbank »The Roaring 'Twenties« verwiesen. Den Nutzer/innen eröffnet sich hier eine interaktive Karte New Yorks, auf welcher Ton- und Filmaufnahmen der Metropole aus den 1920er und 1930er Jahren (Autohupen, Straßenmusik, kläffende Hunde, Kirchenglocken, Schiffssirenen u. a.), Beschwerdeschreiben und Verordnungen über Stadtlärm sowie Bild- und Textmaterial zur urbanen Akustikforschung zu finden sind. Ziel des Projekts ist nicht allein das Nachhören vergangener Stadtklänge, sondern ein Wiedererinnern an diese Klänge in ihrer jeweiligen historischen Bedeutung (vgl. Thompson 2015).

Auf ähnliche Weise gilt es auch die beiden skizzierten Forschungstrends weiter zusammenzuführen. Denn die Klänge der Vergangenheit lassen sich nicht rekonstruieren, ohne die entsprechende Kultur-, Medien- und Wissenschaftsgeschichte des akustischen Erinnerns mitzuberücksichtigen.

Verwandte Beiträge: Kap. 17 (Soundscape); Kap. 20 (Geschichtswissenschaft); Kap. 25 (Neurowissenschaften); Kap. 41 (Archiv); Kap. 64 (Phonograph).

Literatur

Auhagen, Wolfgang/Bullerjahn, Claudia/Höge, Holger (Hg.): *Musikpsychologie – Musikalisches Gedächtnis und musikalisches Lernen.* Göttingen u. a. 2009.

Ballet, Gilbert: *Die innerliche Sprache und die verschiedenen Formen der Aphasie.* Leipzig/Wien 1890.

Bergson, Henri: *Materie und Gedächtnis. Eine Abhandlung über die Beziehung von Körper und Geist.* Hamburg 1991 (frz. 1896).

Berner, Margit/Hoffmann, Anette/Lange, Britta: *Sensible Sammlungen. Aus dem anthropologischen Depot.* Hamburg 2011.

Bijsterveld, Karin (Hg.): *The Public Historian* 37/4 (2015), Themenheft: *Auditory History.*

Bijsterveld, Karin/Dijck, José van (Hg.): *Sound Souvenirs. Audio Technologies, Memory and Cultural Practices*. Amsterdam 2009.

Birdsall, Carolyn: *Nazi Soundscapes. Sound, Technology and Urban Space in Germany, 1933–1945*. Amsterdam 2012.

Broca, Paul: Perte de la parole, ramollissement chronique et destruction partielle du lobe antérieur gauche du cerveau. In: *Bulletins de la Société d' Anthropologie de Paris* 2 (1861), 235–238.

Broca, Paul: Sur le siège de la faculté du langage articulé. In: *Bulletins de la Société d'Anthropologie de Paris*, I° Série, 6/1 (1865), 37–393.

DeNora, Tia: *Music in Everyday Life*. Cambridge 2000.

Draaisma, Douwe: *Die Metaphernmaschine. Eine Geschichte des Gedächtnisses*. Darmstadt 1999 (niederl. 1995).

Enns, Anthony: Telepathie – Telefon – Terror. Ausweitungen und Verstümmelungen des Körpers. In: Nicola Gess/Florian Schreiner/Manuela K. Schulz (Hg.): *Hörstürze. Akustik und Gewalt im 20. Jahrhundert*. Würzburg 2005, 89–113.

Fastl, Hugo/Zwicker, Eberhard: *Psychoacoustics. Facts and Models*. Berlin/Heidelberg/New York [3]2007.

Freud, Sigmund: Ratschläge für den Arzt bei der psychoanalytischen Behandlung [1912]. In: Ders.: *Gesammelte Werke*. Bd. 8: *Werke aus den Jahren 1909–1913*. Frankfurt a. M. [8]1990, 376–386.

Freud, Sigmund: Einige Bemerkungen über den Begriff des Unbewußten in der Psychoanalyse [1913]. In: Ders.: *Gesammelte Werke*. Bd. 8: *Werke aus den Jahren 1909–1913*. Frankfurt a. M. [8]1990, 429–439.

Gall, Franz Joseph: *Sur les fonctions du cerveau et sur celles du chacune de ses parties*, Bd. 5. Paris 1825.

Guyau, Jean-Marie: La mémoire et le phonographe. In: *Revue philosophique de la France et de l'étranger*, Bd. 9 (1880), 319–322.

Hagner, Michael: *Der Geist bei der Arbeit. Historische Untersuchungen zur Hirnforschung*. Göttingen 2006.

Hunt, Arnold: *The Art of Hearing. English Preachers and Their Audiences, 1590–1640*. Cambridge 2010.

Kassler, Jamie C.: *Inner Music. Hobbes, Hooke and North on Internal Character*. London 1995.

Kittler, Friedrich: *Grammophon, Film, Typewriter*. Berlin 1986.

Maier, Robert (Hg.): *Akustisches Gedächtnis und Zweiter Weltkrieg*. Göttingen 2011.

Mayer, Andreas: *Mikroskopie der Psyche. Die Anfänge der Psychoanalyse im Hypnose-Labor*. Göttingen 2002.

McAdams, Stephen/Bigand, Emmanuel (Hg.): *Thinking in Sound. The Cognitive Psychology of Human Audition*. Oxford 1993.

McCarthy-Jones, Simon: *Hearing Voices. The Histories, Causes and Meanings of Auditory Verbal Hallucinations*. Cambridge 2012.

Meier-Oeser, Stephan: Wort, inneres; Rede, innere. In: Joachim Ritter et al. (Hg.): *Historisches Wörterbuch der Philosophie*. Bd. 12: *W–Z*. Darmstadt 2004, 1037–1050.

Meumann, Ernst: *Ökonomie und Technik des Gedächtnisses*. Hamburg 1908.

Meynert, Theodor: Ein Fall von Sprachstörung, anatomisch begründet. [In der Sitzung der k. k. Gesellschaft für Ärzte vom 9. Februar 1866 gehaltener Vortrag.] In: *Medizinische Jahrbücher der Zeitschrift der k. k. Gesellschaft der Ärzte in Wien* 12 (1866), 152–189.

Neisser, Ulric: *Cognitive Psychology*. New York 1967.

Neisser, Ulric: John Dean's memory. A case study. In: *Cognition* 9 (1981), 102–115.

Pintner, Rudolph: *Untersuchungen über die Aufmerksamkeitsformen beim Lesen und Reagieren*. Leipzig 1913.

Sacks, Oliver: *Musicophilia. Tales of Music and the Brain*. New York 2008.

Saussure, Ferdinand de: *Cours de linguistique générale*. Tübingen 2013 (frz. 1916).

Schnupp, Jan/Nelken, Israel/King, Andrew: *Auditory Neuroscience. Making Sense of Sound*. Cambridge, MA 2011.

Smith, Mark M. (Hg.): *Hearing History. A Reader*. Athens, GA/London 2004.

Spitzer, Manfred: *Musik im Kopf. Hören, Musizieren, Verstehen und Erleben im neuronalen Netzwerk*. Stuttgart 2002.

Sterne, Jonathan: *The Audible Past. Cultural Origins of Sound Reproduction*. Durham, NC 2003.

Street, Seán: *The Memory of Sound. Preserving the Sonic Past*. New York/London 2015.

Thompson, Emily: Making noise in The Roaring 'Twenties. Sound and aural history on the web. In: *The Public Historian* 37/4 (2015), 91–110.

Thompson, Emily/Mahoy, Scott: The Roaring 'Twenties. An interactive exploration of the historical soundscape of New York City (2013 ff.). In: http://vectorsdev.usc.edu/NYCsound/777b.html (30.1.2018).

Wernicke, Carl: *Der aphasische Symptomencomplex. Eine psychologische Studie auf anatomischer Basis*. Breslau 1874.

Viktoria Tkaczyk

5 Körperlichkeit

Körperlichkeit ist als methodisch-theoretischer Zugang einer kultur- und medientheoretisch ambitionierten Sound- bzw. Klangforschung etabliert. Dabei sind unterschiedliche Konzeptualisierungen von Körperlichkeit im Einsatz. So ist (1) die klangvermittelte Organisation von Subjektivität als entlang der Dimensionen *race*, *class* und *gender* verkörperte ebenso in den analytischen Blick geraten wie das Subjekt problematisierende Prozesse, die auf Begriffe wie ›Lust‹, ›Begehren‹ oder ›Affekt‹ gebracht worden sind. Zudem ist (2) die historisch und medial bedingte Genese der Wissensobjekte Hören und Stimme, die verschiedene Körperteile und Organe impliziert, und (3) die klangliche Organisation, ja sogar Hervorbringung von Körpern untersucht worden. Über diese drei Akzentuierungen, die im Folgenden konturiert werden, kommen mehrere Forschungsfelder – zum Teil auch miteinander – ins Spiel. Primär sind dies die Popular Music Studies (und ihre Verbindungen zur Musikforschung) sowie die Medientheorie und die Sound Studies.

(Pop-)Musikkulturen und Körper

In den 1960er Jahren fand der Anglizismus ›Sound‹ bedingt durch den Erfolg der Rockmusik verstärkt Einzug in die deutsche Sprache. Es war und ist gerade der elektrifizierte Klang oder eben Sound dieser populären Musikform, der mit einer exponierten Körperlichkeit zusammenspielt. Seinen plakativsten Ausdruck findet dies wohl in den klangvermittelten, für die Rockmusik typischen Bewegungsmustern und Gestenrepertoires. Dabei setzen Rhythmus und Lautstärke als zentrale ästhetische Dimension von Rockmusik neben dem Musikmachen auch das Musikhören als dezidiert körperliche Praktiken in Szene und zielen auf intensive körperliche, nicht selten auch explizit schweißtreibende (Grenz-)Erfahrungen. Vor Augen geführt wird dies etwa durch die grellen, weit ausladenden, kreisförmigen, windmühlenartigen Armbewegungen, die Pete Townshend von der britischen Band The Who für das E-Gitarre-Spiel in den späten 1960er Jahren etablierte. Die Wände aus Lautsprechern, die Verstärker, der elektrische Strom sorgten zwar dafür, dass Townshends überlaute und verzerrte Gitarrenklänge auch aus dem Handgelenk heraus hätten erzeugt werden können, jedoch schien es »as if Townshend had found a gesture that was in some way commensurate with the massive sounds that emanated from his amplifier and loudspeakers« (Théberge 2016, 243). Solche Gesten mögen zwar nicht unmittelbar in den entsprechenden Klängen präsent sein, sie erscheinen jedoch als homolog zu diesen. Nicht nur Eingeweihte vermögen auch aus den Tonträger-Veröffentlichungen der Band eine Verbindung von Gesten, Bewegungen und Technologie förmlich herauszuhören, also Klang als Teil eines Gefüges aus Klang und Körper wahrzunehmen (vgl. ebd., 244).

Vor dem Hintergrund der verkörperten Klänge und klingenden Körper in der Rockmusik vermag es wenig zu überraschen, dass es besonders die Forschung zur populären Musik war, die einen Musikbegriff vorgeschlagen hat, der den »Körper als zentrale Konstituente des Musikalischen« integrierte (Wicke 2001, 42). Neben der Rockmusik adressiert eine Vielzahl anderer populärer Musikformen entweder unter einem Ganzheitlichkeit suggerierenden Artikel ›den‹ Körper – man denke an die mit großem technischen Aufwand gestalteten ›taktilen‹ (Sub-)Bassklänge von Tanzmusikformen wie Disco, House oder Techno (vgl. Papenburg 2016) – oder bringt hochgradig fragmentierte, ja sogar fetischisierte Körperlichkeit ins Spiel – Etiketten wie *head music*, *cock rock* oder gar *booty music* deuten darauf hin. Dabei nimmt die Forschung zur populären Musik solche Hinweise aber nicht nur zum Anlass, ihr Gegenstandsfeld auszudehnen, also Körper, die sich zu Musik verhalten, in ihrer Geschichts- und Kulturspezifik zu analysieren. Vielmehr soll das, was Musik ist, grundsätzlich neu konzeptualisiert werden, indem Musik als etwas untersucht wird, für das Körperlichkeit und Klanglichkeit konstitutive Bestandteile sind.

Dabei sind unterschiedliche Akzentuierungen in Anschlag gebracht worden. Dem stark soziologischen Anspruch der frühen Popmusikforschung folgend, wird das Verhältnis von Körper, Identität und Klang entlang der Dimensionen ›race‹, ›class‹ und ›gender‹ untersucht. Die Frage, inwiefern diese Dimensionen klangvermittelt sind und ihre Untersuchung insofern nicht in die Analyse von rein soziologischen Kontexten abdriftet, markiert immer noch ein Desiderat, welches allenfalls in Ansätzen bearbeitet worden ist: So hat etwa Steve Waksman die durch die E-Gitarre modifizierte Körperlichkeit Jimi Hendrix' als einen virtuosen Körper untersucht, der in Bezug auf Klang und Technologie als ein »black body« präsentiert worden sei, bei dem die Gitarre herausrage »like an oversized phallus ejaculating sound onto the audience« (Waksman 2001, 167–206, hier: 205). Diese klangvermittelte Körperlichkeit reproduziere – so Waksman – jedoch nicht schlicht das rassistische Stereotyp einer »black male

D. Morat, H. Ziemer (Hrsg.), *Handbuch Sound*, https://doi.org/10.1007/978-3-476-05421-0_5

potency and hypersexuality«, sondern reorganisiere letztlich die Rocktradition »in the face of its increasing whiteness during the 1960s« (ebd., 190 und 205).

Peter Wicke (1998) hat eine Geschichte der populären Musik als eine Geschichte von Körperpraktiken, -gefühlen und -bildern sowie von in den Körper eingeschriebenen kulturellen und sozialen Ordnungen geschrieben. In diesem Rahmen untersuchte er etwa die Salonmusik des 19. Jahrhunderts nicht als vermeintlich ›triviale‹ und unterkomplexe Struktur, wie sie die Partitur anbot, sondern als »verkörperten Klang«, welcher bürgerlichen Töchtern die »Selbsterfahrung, Selbstvergewisserung und Selbstdarstellung eigener Körperlichkeit« ermöglicht hätte (Wicke 1998, 25). Die »Körperlichkeit ihrer Ausführung«, die in den Salonmusikpartituren angelegten Körperbewegungen und -haltungen seien das »zentrale Formgesetz dieser populären Klavierliteratur« (ebd., 43; zur Verbindung von Musik- und Gestenanalyse vgl. auch Middleton 1993). Die Untersuchung der klanglichen Konstruktion von Gender ist auch gegenwärtig ein Desiderat der Popmusikforschung, insofern diese eher zurückhaltend im Verhältnis zu ihrem explizit klingenden Gegenstand entwickelt wird (vgl. als Ausnahme hierzu etwa die instruktiven Aufsätze in Müller 2016).

Durchaus im Dialog mit der Popmusikforschung setzte im englischsprachigen Raum in den 1990er Jahren auch die Forschung zu artifizieller Musik Körperlichkeit auf ihre Agenda (vgl. Leppert 1993). Im deutschsprachigen Raum hat die Historische Musikwissenschaft das Gefüge aus Musik und Körper seit den 2010er Jahren verstärkt in den Blick zu bekommen versucht, indem sie partiturgestützte, musikalische Detailanalysen mit vor allem im Rahmen des *performative turn*, aber auch der Wissensgeschichte gewonnenen Erkenntnissen und Friedrich Nietzsches ›angewandter Physiologie‹ addiert (vgl. Stollberg 2016). In zentralen Aspekten quer hierzu liegen medientheoretisch informierte musikwissenschaftliche Vorarbeiten. Bereits in den 1980er Jahren hat Wolfgang Scherer in Auseinandersetzung mit Friedrich Kittler, aber auch Hans Heinrich Eggebrecht und ebenfalls in Anschluss an Nietzsche Physiologie und Ästhetik zu kombinieren versucht. Hierbei schrieb Scherer gerade dem Klang bzw. Sound der Musik eine zentrale Funktion zu. Mit medientheoretischem Anspruch bestimmt Scherer Sound als das, was am »Rand der Schrift hörbar wird« (Heinz [d. i. Scherer] 1982, 141). Demnach sei Sound nicht ohne Weiteres mit herkömmlicher Notenschrift aufschreibbar, sondern – und hier kommt der Körper ins Spiel – insistiere »im Realen der Maschinen und Körper« bzw. greife »unmittelbar in die physiologische Ordnung der Organismen ein, die kein Code mehr vor der Gewalt seiner nicht nur phonstarken Maschinen schützt«; damit sei »die Dimension des Hörens aus der Ordnung der Schriftcodes [entlassen], indem er [der Sound, J. G. P.] schlicht Körper und Schwingungsfrequenzen [...] kurzschließt« (ebd.). Der hier postulierte ›unmittelbare Kurzschluss‹ problematisiert primär, so lässt sich ergänzen, eine analytische Reduktion von Sound auf Bedeutung und intentionale Sinnhaftigkeit; stattdessen soll das, was Sound mit Körpern macht, fokussiert werden. Körper würden beschallt werden, so Scherer, bevor sie musikalisch durchbildet seien. Und bereits diese Beschallungen seien medial und historisch spezifisch.

Gerade auch in Anschluss an eine solche medientheoretisch alerte Musik- und Klangforschung sind Materialitäten des Hörens untersucht worden, insofern diese durch ausgewählte Hörtechnologien der populären Musik wie etwa die Jukeboxes und Singleschallplatten der Rock'n'Roll-Kultur sowie die Soundsysteme und Maxisingleschallplatten der Disco- und Clubkultur mitorganisiert wurden. Solche ›Hörgeräte‹ bewirtschaften die Sinne, organisieren das Klanggeschehen populärer Musik entscheidend mit und verbinden – indem sie sich der Wahrnehmung entziehen und damit ein Verhältnis von Hörbarkeit und Nicht-Hörbarkeit eröffnen – eine Geschichte des Hörens mit einer Geschichte des Nicht-Hörens (vgl. Papenburg 2012).

Die erwähnte Verkörperung von Klang in (populären) Musikformen spielt auch mit einer Entkörperung von Klang durch Medientechnologien zusammen. So präsentierten bereits die Grammophone und Phonographen der in den 1890er Jahren aufkommenden Tonträgerindustrie massenhaft körperlose Klänge und stark fragmentierte Formen von Körperlichkeit, vor allem Stimmen ohne Gesichter und Körper. Verstärkt wurde diese Entkörperung auch durch den Einzug von selbstlaufenden und programmierbaren Technologien wie Sequenzern und Computern in die Musikproduktion seit den 1970er Jahren. Klangerzeugung ist dann als ein auch immer wieder entkörperter Prozess organisiert. Das kann jedoch zur Bedingung neuer Formen nachdrücklicher Verkörperung werden. Zum Ausdruck kommt eine solche Verkörperung etwa im Boom des Musikfernsehens und des Musikvideos in den 1980er Jahren. Das frühe Programm von dem diesen Erfolg bedingenden Sender MTV war durch britischen ›New Pop‹ dominiert, eine populäre Musikform, die ästhetisch durch künstliche, mit Sequenzern und Synthesizern produzierte Klangwelten bestechen wollte. Auf dieser Basis kam es zu einer Neuinszenierung von Körperlichkeit, die dadurch bedingt war, dass die vom Musikmachen entlasteten Körper sich nun unabhängig von der Verpflichtung, Klang zu erzeugen, kaprizieren konnten. Andrew Goodwin betont in dieser Hinsicht: »The New Pop openly acknowledged pop performance as a visual medium with a sound track. My point is that this has always been true, but it was made increasingly apparent by changes in music-making technology. Music video did not create the change; it was validated by it« (1992, 33).

Auch eine medientheoretisch informierte Musikforschung hat das Verhältnis von Ent- und Verkopplung von Klang, Körper und Bewegung unter Bedingungen elektronischer und insbesondere digitaler Medien bzw. programmierbarer algorithmischer Klangerzeugung untersucht. Sie analysiert die Entkopplung von Klangerzeugung und Spielbewegungen musizierender menschlicher Körper. Zudem fragt sie nach neuen Formen der Verkörperung von Klang, die erst unter Bedingungen der medialen Entkörperung möglich werden. Das geschieht etwa in Auseinandersetzung mit der Gestaltung von Interfaces. Zentral ist hierbei die Frage nach dem »Ort des Körperlichen sowie der Leiblichkeit der Medien und der Kunst« (Harenberg/Weissberg 2010, 9). Diese Frage wird etwa durch den durch Kognitionswissenschaft, Phänomenologie und Theorien der Performativität konturierten Begriff ›embodiment‹ entwickelt (vgl. Kim 2010). Damit soll eine spezifische Form von Verkörperung benannt sein, mit der »körperliche Musizieraktionen« nicht als möglichst störungsfreie körperliche Umsetzung von (geistigen) Intentionen verstanden werden (ebd., 114). Stattdessen sollen sie als »präsentierende[r] Körper« untersucht werden, ein Körper, der in einen »situativen dynamischen Kontext« bzw. in auditive, taktile, aber auch visuelle Feedback-Systeme eingebunden ist (ebd.). So geraten nicht Körperbilder, sondern der »erfahrbare[] Leib[]« in den Fokus der Forschung, der phänomenologisch als »nicht-reflexiv, vor-bewusst und prä-intentional« bestimmt wird (ebd., 110).

Körperteile, Wissen und Medien

Im Rahmen von medientheoretischer – durch Wissenschaftsgeschichte, Historische Epistemologie und Technikgeschichte informierte – Forschung zur Materialität der Kommunikation und Wahrnehmung wie sie in der Medienwissenschaft, aber auch in den Sound Studies vorgelegt wurde, ist das Gefüge aus Klanglichkeit und Körperlichkeit ebenfalls analysiert worden. Ausgewiesen ist diese Forschung durch ihren epistemologischen Anspruch. In diesem Sinn lassen sich auch Hören und Stimme als zwei Wissensobjekte verstehen. In diesen sind Körperlichkeit und Klang kombiniert. Der Genese dieser Wissensobjekte kann wissenschaftsgeschichtlich vor allem in Auseinandersetzung mit der sinnesphysiologischen Forschung und Otologie des 19. und frühen 20. Jahrhunderts und der angewandten Psychologie (Psychotechnik), aber auch der Geschichte der Phonetik und Stimmphysiologie nachgegangen werden. Dann wird nicht ›der‹ Körper analysiert, sondern Körperteile – etwa der Vokaltrakt oder das Ohr. Über eine Fokussierung auf »the ear's rich physicality« (Erlmann 2010, 17) können durch Verschränkungen einer resonanztheoretischen Konzeptualisierung des Hörens und einer Geschichte der Vernunft in der Moderne Zeiträume von knapp 300 Jahren in den Blick genommen werden.

Kombiniert werden diese epistemologisch ausgerichteten Untersuchungen mit der Analyse der Mittel, Instrumente und Medien, mit denen Wissen über das Hören oder die Stimme erzeugt wurde. Dann sind Medien und Körperlichkeit nicht nur metaphorisch miteinander verbunden, indem Medien mit Marshall McLuhan als Erweiterungen der Sinne – etwa als ›Fernhörer‹ – verstanden werden. Im Gegensatz zu solch phantasievollen Metaphorisierungen hat John Durham Peters rekonstruiert, wie in den Laboratorien Hermann von Helmholtz' und Thomas Edisons in der zweiten Hälfte des 19. Jahrhundert mit technischen Medien eine instrumentelle »Mimikry des menschlichen Vokal- und Hörapparates« betrieben wurde (2002, 304). In diesen Laboratorien seien Sinnesorgane, so Peters, tatsächlich zu Instrumenten geworden, die später wiederum zu Medien werden sollten. Dann lässt sich zeigen, wie das Ohr bei Helmholtz durch eine instrumentelle Objektivierung zu einem ›wissenschaftlichen Laborinstrument‹ wurde, welches die Subjektivität des Beobachters und Hörers auszuschließen versuchte (vgl. Rieger 2006, 67–82).

Vor allem archäologische Forschungen zu Medien und Wissen haben darauf hingewiesen, dass Medien und Instrumente der Wissenschaft nicht nur ihnen scheinbar vorausgehende Funktionsweisen von Körperteilen durch einfache Modellierung abbilden, sondern dass – umgekehrt – die Funktionsweise etwa des Ohres erst aus Medien und Instrumenten erklärbar wird. Dementsprechend kann dann rekonstruiert werden, was wissenschaftliche Medien und Instrumente über das Hören und das Ohr wissen und wie dieses Wissen systematisiert ist, etwa als ›objektiviertes‹ Wissen. Dann wechselt die medienanthropologische Verbindung von Körper und Medien die Richtung. Medien sind keine Extensionen bzw. Projektionen des Körpers, sondern sind invasiv und rekursiv.

Umgesetzt findet sich eine solche archäologische Perspektive in Analysen des 1874 durch den Taubstummenlehrer Alexander Graham Bell und den Otologen Clarence Blake konstruierten Ohr-Phonautographen, in welchem Teile eines menschlichen Ohres – das Trommelfell und die Gehörknöchelchen – verbaut wurden. Jonathan Sterne (2003, 31–86) beschreibt dieses eigenwillige Gerät als ein technisiertes Organ, welches Hören als eine spezifische Funktion bzw. Transduktion, als sogenannte »tympanic function« modelliere, die das Hören von anderen Sinnen trenne und Klang in etwas anderes umwandele. Eine solche Modellierung des Hörens könne, so Sterne, an Maschinen wie den Ohr-Phonautographen delegiert werden.

Ebenfalls in Auseinandersetzung mit dem Ohr-Phonautographen, aber auch mit dem Phonautographen und dem Telefon hat Bernhard Siegert medienepistemologisch zu zeigen versucht, dass diese Instrumente einen Umgang mit a-signifikanten Geräuschen ermöglichten. So hätte Blake die von dem Gerät erzeugten Kurven zwar mit dem Ziel, aus diesen Konsonanten herauszulesen, auf Millimeterpapier übertragen, letztlich jedoch dann »Zahlen statt Buchstaben« gelesen und damit eine Ebene eröffnet, die Klang über Zahlen bestimmbar machte (Siegert 1990, 94). Dies sieht Siegert als praktische Grundlage der Otologie an: Theoretisch habe sich die Otologie durch die »Unterscheidung zwischen Hören und Verstehen« begründet; praktisch habe sie sich mit dem Phonautographen und Telefon selbst erfunden, weil sie mit diesen Geräten das Gehör auf »objektive Standards« bringen konnte (ebd., 93). Das Hör- und Ohrwissen der Otologie wird so als epistemischer Effekt von Medien wie dem Ohr-Phonautographen konzipiert.

Im Gegensatz zu einem solchen, einem medialen Apriori folgenden Ansatz, ist in den Sound Studies die Annahme von *cultural origins* dominant. Dies führt zu einer grundsätzlichen Verbindung von Klang- und Körpergeschichte (vgl. Sterne 2003, 12). In Anschluss an Michel Foucaults Analysen der Disziplinierung des Körpers, Marcel Mauss' Begriff der Körpertechnik und Pierre Bourdieus Habituskonzept untersucht Sterne eine im späten 18. Jahrhundert einsetzende »education and shaping of audition« (ebd., 13). Diese Untersuchung macht Sterne über den Begriff ›audile technique‹ handhabbar. Solche Hörtechniken, in denen Hören mit Industrie und Kapitalismus sowie mit Professionalisierung und analytischem Denken verbunden sein soll (vgl. ebd., 95), konturiert Sterne durch diverse Fallstudien, etwa zum ärztlichen Hören im frühen 19. Jahrhundert, das vermittelt durch das Stethoskop körperliche Klänge der Krankheit von Klängen der Gesundheit unterscheiden will (vgl. zum Stethoskop und zum Körper als Klangerzeuger auch Rice 2012). Artefakte und Medien werden dabei nicht nur als Bestandteile von Hörtechniken veranschlagt. Vielmehr sollen sie die Entwicklung von Apparaten wie dem Ohr-Phonautographen bedingen.

In seiner Analyse des MP3-Formats merkt Sterne dann an, dass ein Konzept von Hören als Körpertechnik nicht mehr ausreiche, um ein Kompressionsverfahren wie MP3 zu verstehen. Stattdessen schlägt er den Begriff der »perceptual techniques« vor, den er in Anschluss an den Diskurs der Psychotechnik um 1900 entwickelt. Gehe es bei den Hörtechniken um eine Disziplinierung des Körpers bzw. Hörens oder um seinen Einsatz als eine Art Instrument, dann impliziere die »perceptual technique« eine Modellierung des Hörens selbst: »The encoded mathematical table inside the mp3 that represents psychoacoustic response suggests less a ›technique of the body‹ as these authors [gemeint ist z. B. Bourdieu, J. G. P.] would have it, than a concordance of signals among computers, electrical components and auditory nerves« (Sterne 2006, 837). Eine solche Übereinstimmung der Signale von Computern, Hörnerven und elektrischen Komponenten führt beinahe auch schon an die Grenze des Gefüges aus Klang und Körperlichkeit. Bereits um 2000 ist aus medientheoretischer und -archäologischer Perspektive eine Ausrichtung der Forschung an Körperlichkeit unter starke Kritik geraten. So meinte Friedrich Kittler eine »modische Überbetonung des Körpers« (2002, 199) feststellen zu können. Stattdessen schlug Kittler vor, »nicht von Physiologie, sondern von materiellen Effekten im allgemeinen« zu sprechen, »die gleichermaßen auf Menschenkörper wie auf technische Speichermedien wirken können« (ebd., 200).

Sonische Körper

Das Problem, inwiefern Klanglichkeit Körperlichkeit modifiziert und gegebenenfalls erst mit hervorbringt, ist im Rahmen von durch Neuen Materialismus (der mit der Handlungsfähigkeit bzw. Ereignishaftigkeit von Materialität rechnet) und Affekttheorie, aber auch Sinnesanthropologie und Dekonstruktion informierten Ansätzen der Sound Studies entwickelt worden. Dies hat Begriffe wie ›Hypercorporealismus‹ (Schulze 2008), ›sonic body‹ (Henriques 2011; vgl. auch Goodman 2010; Jasen 2016) oder ›sound body‹ (vgl. Kapchan 2015) hervorgerufen.

Ein solcher sonischer Körper soll quer zur Unterscheidung von Naturwissenschaft und Kulturwissenschaft liegen; die materielle Dimension von Körperlichkeit soll also nicht auf Faktoren wie Kultur, Geschichte oder Diskurs reduzierbar sein. In dieser Abgrenzung wird auch immer wieder ein ontologischer Anspruch artikuliert, der sich jedoch – statt auf empirische Dinge – auf Prozesse, Differenzen und Relationen beziehen will. Um eine behauptete ontologische Prozessualität in den Blick zu bekommen, sei, wie Paul C. Jasen schreibt, Klang hilfreich: »Vibration, as energetic tendency, is more relation than thing. It cannot be meaningfully described as an object and it undermines the discrete objectness of things it modulates« (2016, 208; vgl. auch Trower 2008, 7 und 9).

Entsprechend fluide ist auch der Körperbegriff, der diesen Ansätzen zugrunde liegt und an Gilles Deleuzes und Félix Guattaris Begriff organloser Körper anschließt (vgl. Deleuze/Guattari 1997, 205–228). Deleuze und Guattari wollten Körper primär nicht als Organismen verstehen, die aus einer bestimmten Summe von durch die Physiologie in ihrer Funktion bestimmten Organen bestehen. Stattdessen sollte ein Körper über seine ›Affekte‹ bestimmt werden, die wiederum als relationale Macht eines Körpers, mit einem anderen Körper zu interagieren, begriffen werden sollten. Dementsprechend wird der sonische Körper nicht als ein Zustand, sondern als ein allenfalls in Ansätzen spezifizierbares Potenzial verstanden: »We don't yet know what a sonic body can do«, so Steve Goodman (2010, xvi).

Zudem bringt der sonische Körper eine spezifische Konzeptualisierung von Klanglichkeit ins Spiel, die Klang vor allem als Schwingungs- und Vibrationsereignis versteht. Ein solches soll dann wiederum nicht exklusiv einzelne, in ihrer Funktion bereits bestimmte Organe und klar voneinander getrennte ›Sinneskanäle‹ eines Organismus adressieren. Dementsprechend wird, wie von Jasen, ein »cochlearcentrism« der Sound Studies kritisiert (2016, 8 und 186). Stattdessen wird die körperliche »sonic experience« (ebd.; Thompson/Biddle 2013) als primär inter- bzw. gar amodal verstanden und auf Begriffe gebracht wie »affective sensorium« (Goodman 2010, 220 f. [Fn 8], in Anschluss an Brian Massumi), welche eine grundlegende Verbindung der Sinnesmodalitäten ausdrücken sollen.

Analytisch entwickelt wird der sonische Körper vor allem in Auseinandersetzung mit populären Musikformen, die durch eine differenzierte Gestaltung des Bass- bzw. Subbassspektrums zu bestechen suchen – Dub, Drum'n'Bass, Techno, Hip-Hop und Dubstep. Durchgeführt werden hierdurch auch kritische postkoloniale Bezüge zu einem, so Goodman, »futurist, avant-gardist legacy or rockist legacy of (white) noise music and its contemporary disciples«, das eine »fetishization of midrange frequencies« bevorzuge (2010, 28). Bemerkenswert bleibt hier also, dass trotz des ontologischen Anspruchs des sonischen Körpers offenbar kulturelle Machtasymmetrien analytisch Beachtung finden. Ein sonischer Materialismus, der sich schlicht in Abgrenzung zur Kultur des Hörens positioniert, bleibt eher traditionellen Binarismen verpflichtet – etwa zwischen Kognition und Affekt oder Geist und Körper –, als dass er erklären kann, wie Materialitäten und Kultur zusammenhängen (für eine solche Kritik vgl. Kane 2015).

Wie im ›sonischen Körper‹ wird auch im Begriff ›Hypercorporealismus‹ Körperlichkeit konzeptualisiert, indem sie als grundsätzlich wandlungsfähige und damit in Abgrenzung zu einem objektivierenden Körperverständnis verstanden wird (vgl. Schulze 2008). Von dieser Wandlungsfähigkeit ausgehend wird (über) Körperlichkeit geschrieben. Dies geschieht unter Rückgriff auf Begriffe wie Situativität, Intimität, persönliches Sprechen und Erfahrungsbezogenheit. Damit wird eine spezifische Körperlichkeit behauptet, die weder in anatomischen oder physiologischen gattungsweiten Verallgemeinerungen noch in medientechnischen Körpermodellierungen und -instrumentalisierungen aufgehen soll. Statt einer Beschreibung des Körpers sollen im Rahmen des Hypercorporealismus körperliche Erfahrungen und Empfindungen *entschrieben* werden. Dieses Vorhaben wird in Bezug auf den Körperbegriff des Philosophen Jean-Luc Nancy entwickelt, dem zufolge Körperlichkeit grundsätzlich klanglich verfasst sei: »Ein Körper ist folglich eine Spannung (*tension*). Und die griechische Wurzel des Wortes ist *tonos*, der Ton. Ein Körper ist ein Ton. Und damit sage ich nichts, dem ein Anatom nicht zustimmen könnte: Ein Körper ist ein Tonus« (Nancy 2003, 124).

Zusammenfassung

Eine kultur- und medientheoretisch avancierte Musik- und Klangforschung bietet also inzwischen eine Vielzahl von Konzeptualisierungen von Körperlichkeit an. Diese gewinnen zwischen Ganzheitlichkeit und Fragmentierung, zwischen Körperbildern bzw. Vergegenständlichung von Körperlichkeit einerseits und (post-) phänomenologischen Körpererfahrungen sowie anthropologischen Körperpraktiken und -techniken andererseits Kontur. Dabei gelingt durch die Hinwendung zum Körper bzw. zur Körperlichkeit zwar die Abnabelung von wissenschaftlichen Traditionen, die sich einem körperlosen Geist verschrieben hatten und die Sinn und Bedeutung, Repräsentation und Signifikation ohne Berücksichtigung von Materialität, Affekt und Performativität verstehen wollten. Nicht immer aber gelingt über die Problematisierung von Körperlichkeit eine Konkretisierung bzw. Erdung medien- und kulturtheoretisch anspruchsvoller Klang- und Musikforschung.

Verwandte Beiträge: Kap. 3 (Emotionalität); Kap. 13 (Rhythmus); Kap. 23 (Medienwissenschaft); Kap. 24 (Musikwissenschaft); Kap. 28 (Soziologie); Kap. 30 (Wissenschaftsgeschichte); Kap. 44 (Diskothek); Kap. 53 (Museum); Kap. 55 (Salon); Kap. 62 (Musikinstrumente); Kap. 67 (Stethoskop); Kap. 68 (Telefon); Kap. 69 (Folter); Kap. 70 (Gender); Kap. 77 (Rassismus).

Literatur

Deleuze, Gilles/Guattari, Félix: *Tausend Plateaus. Kapitalismus und Schizophrenie.* Berlin 1997 (frz. 1980).

Erlmann, Veit: *Reason and Resonance. A History of Modern Aurality.* New York 2010.

Goodman, Steve: *Sonic Warfare. Sound, Affect, and the Ecology of Fear.* Cambridge, MA 2010.

Goodwin, Andrew: *Dancing in the Distraction Factory. Music Television and Popular Culture.* Minneapolis, MN 1992.

Harenberg, Michael/Weissberg, Daniel: *Klang (ohne) Körper. Spuren und Potenziale des Körpers in der elektronischen Musik.* Bielefeld 2010.

Heinz, Wolfgang [d. i. Wolfgang Scherer]: Zur Strategie der Diskurse über Musik – Delirien. In: Rudolf Heinz/Georg Christoph Tholen (Hg.): *Schizo-Schleichwege. Beiträge zum Anti-Ödipus.* Bremen 1982, 141–162.

Henriques, Julian: *Sonic Bodies. Reggae Sound Systems, Performance Techniques, and Ways of Knowing.* New York/London 2011.

Jasen, Paul C.: *Low End Theory. Bass, Bodies and the Materiality of Sonic Experience.* New York u. a. 2016.

Kane, Brian: Sound studies without auditory culture. A critique of the ontological turn. In: *Sound Studies. An Interdisciplinary Journal* 1/1 (2015), 2–21.

Kapchan, Deborah: Body. In: David Novak/Matt Sakakeeny (Hg.): *Keywords in Sound.* Durham, NC/London 2015, 33–45.

Kim, Jin Hyun: ›Embodiment‹ musikalischer Praxis und Medialität des Musikinstrumentes – unter besonderer Berücksichtigung digitaler interaktiver Musikperformances. In: Michael Harenberg/Daniel Weissberg (Hg.): *Klang (ohne) Körper. Spuren und Potenziale des Körpers in der elektronischen Musik.* Bielefeld 2010, 105–117.

Kittler, Friedrich A.: *Optische Medien. Berliner Vorlesung 1999.* Berlin 2002.

Leppert, Richard: *The Sight of Sound. Music, Representation, and the History of the Body.* Berkeley/Los Angeles 1993.

Middleton, Richard: Popular music analysis and musicology. Bridging the gap. In: *Popular Music* 12/2 (1993), 177–190.

Müller, Lena Jade (Red.): *PopScriptum*, Nr. 12: *Sound, Sex, Sexismus* (2016). In: https://www2.hu-berlin.de/fpm/popscrip/themen/pst12/index.htm (30.1.2018).

Nancy, Jean-Luc: *Corpus.* Zürich/Berlin 2003 (frz. 1992).

Papenburg, Jens Gerrit: *Hörgeräte. Technisierung der Wahrnehmung durch Rock- und Popmusik.* Diss., Humboldt Universität zu Berlin, 2012. In: https://edoc.hu-berlin.de/handle/18452/17137 (30.1.2018).

Papenburg, Jens Gerrit: Boomende Bässe der Disco- und Clubkultur. Musikanalytische Herausforderungen durch taktile Klänge. In: Kim Feser/Matthias Pasdzierny (Hg.): *Techno Studies. Ästhetik und Geschichte elektronischer Tanzmusik.* Berlin 2016, 195–210.

Peters, John Durham: Helmholtz und Edison. Zur Endlichkeit der Stimme. In: Friedrich A. Kittler/Thomas Macho/Sigrid Weigel (Hg.): *Zwischen Rauschen und Offenbarung. Zur Kultur- und Mediengeschichte der Stimme.* Berlin 2002, 291–312.

Rice, Tom: Sounding bodies. Medical students and the acquisation of stethoscopic perspectives. In: Trevor Pinch/Karin Bijsterveld (Hg.): *The Oxford Handbook of Sound Studies.* New York 2012, 298–319.

Rieger, Matthias: *Helmholtz Musicus. Die Objektivierung der Musik im 19. Jahrhundert durch Helmholtz' Lehre von den Tonempfindungen.* Darmstadt 2006.

Schulze, Holger: Hypercorporealismus. Zur Wissenschaftsgeschichte des körperlichen Klangs. In: *PopScriptum. Texte zur populären Musik*, Nr. 10 (2008), https://www2.hu-berlin.de/fpm/popscrip/themen/pst10/pst10_schulze.htm (30.1.2018).

Siegert, Bernhard: Das Amt des Gehorchens. Hysterie der Telephonistinnen oder Wiederkehr des Ohres 1874–1913. In: Jochen Hörisch/Michael Wetzel (Hg.): *Armaturen der Sinne. Literarische und technische Medien 1870 bis 1920.* München 1990, 83–106.

Sterne, Jonathan: *The Audible Past. Cultural Origins of Sound Reproduction.* Durham, NC 2003.

Sterne, Jonathan: The mp3 as cultural artefact. In: *New Media and Society* 8/5 (2006), 825–842.

Stollberg, Arne: Nietzsche, Wagner und die Frage des ›performative turn‹ in der Musikwissenschaft. ›Dionysischer Histrionismus‹ und ›angewandte Physiologie‹. In: *Archiv für Musikwissenschaft* 73/2 (2016), 91–115.

Théberge, Paul: Listening as gesture and movement. In: Jens Gerrit Papenburg/Holger Schulze (Hg.): *Sound as Popular Culture. A Research Companion.* Cambridge, MA 2016, 243–249.

Thompson, Marie/Biddle, Ian D. (Hg.): *Sound, Music, Affect. Theorizing Sonic Experience.* New York u. a., 2013.

Trower, Shelley: *Senses of Vibration. A History of the Pleasure and Pain of Sound*. New York/London 2012.
Waksman, Steve: *Instruments of Desire. The Electric Guitar and the Shaping of Musical Experience*. Cambridge, MA 2001.
Wicke, Peter: *Von Mozart zu Madonna. Eine Kulturgeschichte der Popmusik*. Leipzig 1998.
Wicke, Peter: Sound-Technologien und Körper-Metamorphosen. Das Populäre in der Musik des 20. Jahrhunderts. In: Ders. (Hg.): *Rock- und Popmusik*. Laaber 2001 (= *Handbuch der Musik im 20. Jahrhundert*, Bd. 8), 11–60.

Jens Gerrit Papenburg

6 Materielle Kultur

Sound ebenso wie Musik im Kontext aktueller Forschung zu materieller Kultur zu betrachten, mag auf den ersten Blick erstaunen, dreht sich doch diese zumeist um physische Dinge, greifbare Objekte und Artefakte. Aufgrund seiner Flüchtigkeit wird der Klang hingegen für gewöhnlich der immateriellen Kultur zugeordnet. Nicht zufällig stehen zahlreiche klanglich-musikalischen Ausdrucksformen und Handwerkskünste auf der von der UNESCO erstellten Repräsentativen Liste des Immateriellen Kulturerbes der Menschheit. Doch Stoff, Materie und Material spielen sehr wohl eine Rolle nicht nur in der Musik, sondern beim Sound allgemein. Wie Albrecht Riethmüller in seinem Beitrag zum Band *Materialität der Kommunikation* (Gumbrecht/Pfeiffer 1988), der bis heute als wichtige Inspirationsquelle für den Einstieg ins Thema der materiellen Kultur gilt, diskutiert, geht die Zuordnung von Stoff zu Musik und Klang bereits auf Aristeides Quintilianus (etwa Anfang des 4. Jahrhunderts) zurück. Aristeides zufolge bilden »Klang und Körperbewegung den Stoff von Musik« (Riethmüller 1988, 51).

Die Frage nach dem Elementaren von Musik, danach, ob Klang und Ton diese Elemente sind und inwieweit diese materiell zu verstehen sind, schließt sich hier an. Musikalisches Material kann aus musikwissenschaftlicher Sicht zweierlei sein: Erstens können die einzelnen Töne selbst als musikalisches Material gelten und zweitens können Formteile von Musik als Materialien verstanden werden, die von Komponistinnen und Komponisten bearbeitet wurden. Doch beides hat zunächst mit der physischen Körperlichkeit eines Dings oder Artefakts nichts zu tun, um das es aber eigentlich bei materieller Kultur gemeinhin geht. Riethmüller vermutet demnach auch einen »stoischen Untergrund« (ebd., 57) in der antiken Anschauung dieses Themas. Körperlichkeit und Bewegung in zeitlicher wie räumlicher Dimension tragen bei den Stoikern viel zum Verständnis von klanglicher Materialität bei. Ohne Bewegung eines Körpers ist kein Klang möglich, und Klänge scheinen in diesem Kontext auch körperliche Eigenschaften zu besitzen. Dies ist durchaus nachvollziehbar, da die Erzeugung von Klang einen Körper erfordert, das Medium muss in Schwingung versetzt werden, den Ton weiterleiten, und um wahrgenommen zu werden, bedarf es einen empfangenden Körper, üblicherweise unsere Ohren. Der Klang selbst formt das Medium und bewegt sich im Raum.

›Materie‹, ›Material‹ und ›Materialität‹ gehören in den Wissenschaften, die sich mit Sound beschäftigen, nicht zu den zentralen Begriffen. Das Thema ist vielmehr ein dezidiert interdisziplinäres, dem sich Forschergruppen und -verbünde auf vielfältige Art mit einem breiten methodischen Spektrum aus Anthropologie, Archäologie, Kunstgeschichte, Medien- und Literaturwissenschaft, Musikinstrumentenkunde, Museum Studies und Wissenschaftsgeschichte nähern.

Als Grundlage soll hier an die Begrifflichkeiten um das ›Material‹ aus dem Umfeld des Sonderforschungsbereichs ›Materiale Textkulturen‹ der Universität Heidelberg und der Hochschule für Jüdische Studien Heidelberg angeschlossen werden. *Materie* kann demnach als Rohstoff verstanden werden, das eigentlich Elementare, die noch unbearbeitete Substanz selbst. Sie ist der Stoff, aus dem erst etwas erschaffen werden kann. *Material* ist kulturell und prozessual gestaltet, es ist veränderte, zubereitete Materie. Es bringt wichtige Eigenschaften mit, die auf die Verarbeitung zu einem Gegenstand und dessen Verwendung Einfluss nehmen. *Materialität* wird schließlich das Konzept genannt, das das Thema des Ding-Seins umkreist, Gebrauch und Wahrnehmung von Objekten spielen hier eine wichtige Rolle (vgl. Meier/Focken/Ott 2015). Dieses Konzept vermag die Brücke zu schlagen zwischen Materiellem und Immateriellem, es bezieht unsere Vorstellungen von Dingen, unsere sinnlichen Erfahrungen ebenso wie kulturell geprägte Verwendungen mit ein.

Im Folgenden sollen zunächst die klingenden Objekte und Klangerzeuger, anschließend der Sound selbst im Kontext aktueller Konzepte zu materieller Kultur besprochen werden.

Sound-Objekte als materielle Kultur

Die Beschäftigung mit der Beziehung zwischen Form und Material eines Objekts zieht sich durch die europäische Geschichte hindurch. Von der Antike bis ins 19. Jahrhundert hinein herrschte die Dualität der beiden Begriffe vor. So wurden Ideen formuliert, wonach im Kunstprozess die Form das Material überwinden solle, die Form sei hierbei das Geistige, die Idee, der menschlich-künstlerisch gestaltende Moment, häufig ist es auch dem Männlichen zugeschrieben. Das Material hingegen sei der Natur entnommen, ursprünglich und daher mütterlich-weiblich, es sei an und für sich ohne künstlerische Bedeutung und müsse zunächst im künstlerischen Prozess zum Verschwinden gebracht werden. Manches Mal gilt es auch, die dem Stoff inhärente Form zu befreien und offenzulegen. Die Hierarchien sind klar verteilt (vgl. Rübel/Wagner/

D. Morat, H. Ziemer (Hrsg.), *Handbuch Sound*, https://doi.org/10.1007/978-3-476-05421-0_6

Wolff 2005, 235 f.). ›Materialgerechtigkeit‹ wird mit der Industrialisierung und nochmals zu Beginn des 20. Jahrhunderts in den angewandten Künsten zu einem produktiven Schlagwort, das die Bedeutung der Funktion von Objekten ins Spiel bringt. Topoi wie ›Natur‹ und ›Kunst‹ werden nicht zuletzt durch Surrogatmaterialien in neue Beziehungen zueinander gesetzt. Die Überwindung der Form oder das Ausloten der eigenen Aussagekraft von Werkstoffen in der Alltagskultur, der Handwerkskunst sowie in der Literatur nehmen Einfluss auf die Anwendung neuer und ungewöhnlicher Materialien im Bau von Musik- und Klanginstrumenten.

Musikinstrumente – und etwas allgemeiner: Klangobjekte – stehen in zweierlei Hinsicht mit Konzepten der materiellen Kultur in Zusammenhang. Zunächst ist das Material zentral, das eine wichtige Rolle für den Klang selbst spielt und das auch auf weitere sinnliche Erfahrungsebenen wie Haptik und Taktilität einwirkt. Erweitert sind diese Instrumente und Objekte auch in ihrer Gesamtheit als materielle Objekte zu verstehen. Gerade die flüchtige Kunst des Klangs macht auf die Materialität der Instrumente aufmerksam, denn es sind die materiellen Objekte selbst, die als Gegenstände zeitlich überdauern, in wechselnden Kontexten ihre Rolle anpassen, historische Zeugen einer verklungenen Vergangenheit sind und unter den Vorzeichen einer *agency* diskutiert werden. Auf der anderen Seite nehmen sie Einfluss auf die Materialität der Musik. Kulturelle Tradierungen spielen mithilfe der Objekte in die ephemere Kunst hinein, beeinflussen diese durch ihre Gegenständlichkeit, geben Spiel- und Kompositionsweisen vor und eröffnen das Wechselspiel von aktueller Performanz und Historie. Formen der Musik und des Klanggeschehens allgemein können mit Formen der materiellen Objekte in Relation gesetzt werden. Unsere Wahrnehmung von Klang und Musik, von strukturierten Sounds, mag sich vor dem Hintergrund der aktuellen Materialitätsdebatten verändern.

Viele Materialien sind durch ihre Verwendung oder besonders auffällige Eigenschaften mit Bedeutung aufgeladen, im Extremfall können sie, wie Roland Barthes (2010) es für das Plastik und seine Eigenschaften herausarbeitet, auch als Zeichen für ein ganzes Zeitalter stehen. Barthes beschreibt die Faszination des Herstellungsprozesses, die Verwandlung von Kristallen in »eine alchimistische Substanz« (ebd., 223). In dieser Transformation mit ihrer Wunder- und Maschinenhaftigkeit findet Barthes den Ursprung der Idee und der Magie, die in diesem Stoff transportiert werden. Mit Plastik kann jede Natur imitiert werden, es findet Eingang in alle Lebensbereiche von Schmuck bis zum Haushalt. Und wie viele Surrogatstoffe kann auch Plastik seine Eigenschaften nicht leugnen, Plastik erreicht nicht die Haltbarkeit vieler anderer Stoffe, nicht ihre Glätte oder Transparenz. Auch der Klang selbst scheint Barthes nicht zu überzeugen: »Doch am verräterischsten ist der hohle und zugleich nichtssagende Ton, den es von sich gibt; sein Geräusch ist vernichtend« (ebd., 224). Und doch ist für ihn der Siegeszug des Plastiks nicht aufzuhalten, es vermag alle Natur zu ersetzen.

Materialien verweisen durch ihre Veränderungen über die Zeit hinweg auf überholte Zuschreibungen. So gilt Holz als gewachsenes Rohmaterial zunächst als Naturmaterial par excellence, durch starke Bearbeitung kann es jedoch ebenso technisch-künstliche Merkmale annehmen. Jean Baudrillard diskutierte bereits 1968 anhand des Holzes die vermeintliche Dichotomie ›Natur‹ und ›Kultur‹ und fragte nach dem Stimmungswert von Materialien. Echt und unecht gibt es für ihn nicht mehr, organisch-natürliche Materialien haben ihre genauen Entsprechungen in künstlichen Substanzen, Natur ist abstrahiert (Baudrillard 2007, 50–52 und 84). Ähnlich scheint es sich mit den klanglichen Eigenschaften von Materialien zu verhalten. Der vorab erwartete Klang wird oftmals durch eine bestimmte, unerwartete Verwendung eines Materials gebrochen, der künstlerische Einsatz mag bis hin zur Verwendung als Stilmittel gehen, ein Spiel mit kulturellen Zuschreibungen ist eröffnet.

Das Wissen der Handwerkskünste, das Wissen um Verarbeitung sowie die Verschriftlichung von Herstellungstechniken rücken neue Quellen in den Fokus. Ob aus Patentschriften oder Rezepten zur Herstellung von Stoffen oder Legierungen: Die Eigenschaften der Materialien sind auch für Fragen nach ihrer Einwirkung auf den Klang von großer Relevanz (vgl. Smith 2004; Lehmann 2013, 11). Das Wissen und die Erfahrung der Handwerkerinnen und Handwerker, tradierte Techniken, die vielfach jahrelange Übung erfordern, fließen in die Herstellung der Instrumente ein. Das handwerkliche Wissen formt den Sound. Die dazu notwendigen Techniken und Werkzeuge bekommen in diesem Zusammenhang deutlich höhere Relevanz, sie sind mehr als nur bloße Hilfsmittel. Freilich jedoch sollte nie außer Acht gelassen werden, dass es in den sicherlich überwiegenden Fällen die Musizierenden, die künstlerischen Akteure sind, die den Sound als Ausdrucksmittel gestalten.

Die sinnliche Erfahrung von Sound-Objekten kann ganzheitliche Züge annehmen. So diskutiert David

Howes (2013) aus anthropologischer Perspektive Intersensorialität und Synästhesie mit Blick auf Körperlichkeit und Sound und nimmt dabei auch Bezug zu den Material Culture Studies. Für ihn enthält jedes Artefakt einen bestimmten sensorischen Mix (vgl. ebd., 166). Die sensorische Bedeutung eines Objekts hängt vom Gebrauch und von weiteren kulturellen Zuschreibungen ab, sie kann sich zudem durch die Zeit entscheidend ändern. Das eine Mal kann der Duft oder die Haptik eines Objekts durch den Gebrauch im Vordergrund stehen, das andere Mal seine visuelle Anmutung, zum Beispiel durch dekorative Elemente. Elfenbein beispielsweise galt lange Zeit als besonders wertvoll, rein, mit faszinierendem Glanz ausgestattet und die weiße Haut symbolisierend, heute dagegen wird seine Verwendung aus ethischen Gründen kritisiert, es ist gesetzlich geschützt, selbst historische Instrumente können kaum Ländergrenzen überqueren.

Eine Wechselwirkung der sinnlichen Ansprachen lässt sich zudem an der Rezeption des Klangs von Instrumenten aus Glas feststellen. Glas wurde in den Jahrzehnten um 1800 für eine Vielzahl von Musikinstrumenten und akustischen Instrumenten verwendet, oftmals wurde es durch Reibung zum Schwingen gebracht, manches Mal auch perkussiv. Der Klang des Glases wird in zeitgenössischen Quellen ausführlich referiert, er erreicht eine enorme Spannbreite an Vergleichen – von ›himmlisch‹, ›engelsgleich‹ bis ›scharf‹ und ›gefährlich‹ –, die teilweise haptische Züge annehmen und von den meist optischen Eigenschaften des Glases inspiriert scheinen. Besonders auffällig für den Kontext der materiellen Kultur aber ist der Einfluss solcher Instrumente auf die Musikpraxis. Die Eigenschaften des Materials, die Spielweise mit oftmals direkt mit Wasser benetzten Fingern, der Einschwingvorgang, der Nachklang, der Obertonreichtum bestimmten in gewisser Weise den Einsatz der Instrumente. Vornehmlich langsame Stücke sollten auf der Glasharmonika gespielt werden, eine allzu große Einbindung ins Ensemblespiel sollte vermieden werden. Und so forderte der besondere Materialklang auch besondere Kompositionen heraus. Ludwig van Beethoven beispielsweise setzte die Glasharmonika in einem Melodram ein, als singende Stimme, die sich mit der gesprochenen menschlichen Stimme abwechselt. Die Rollen von Stimme und Instrument sind also vertauscht (vgl. Wolf 2015).

Die bereits angesprochene Dichotomie und Hierarchie von Form und Material findet in der Kunst- und Musikgeschichte interessante Anwendungen. So arbeiten Performance-Künstlerinnen und -künstler seit den 1960er Jahren gezielt damit und spielen mit kulturellen Besetzungen von Klanggeräten und Musikinstrumenten. Als einer der wichtigsten Vertreter der sogenannten Destruktionskunst gilt Nam June Paik, der in mehreren Aktionen Geigen als Symbol der Hochkultur mit ausholenden Gesten zerstörte, so beispielsweise 1962 in *One for Violin Solo*. Der Klang des Zerschmetterns ist wichtiger Bestandteil, wenn nicht gar Höhepunkt der Performance. Das Musikinstrument wird dabei in seine ursprünglichen Materialien zurückversetzt. Die Form wird aufgelöst und der sonst übliche Entstehungsprozess von Material zu Form rückgewendet. Materialumwandlung ist hier kein Euphemismus für bloßes Zerschlagen, sondern Konzept der Gestaltung, die auf den Symbolgehalt des Objekts, die Hochkultur, verweist. Katja Müller-Helle hat herausgearbeitet, wie diese »Zergliederung von Musikinstrumenten« (2012, 175) für die bildende Kunst produktiv angewandt wurde, indem Instrumentenbestandteile nach ihrer destruktiven Zerlegung neu angeordnet und in bildlichem Format eine neue Form erhalten. Die ehemalige »Überwindung der Materialität« (ebd., 176) durch das Formen eines Instruments wird produktiv gewendet. Die dabei erzeugten Geräusche sind neu, einmalig und unwiederholbar, und gerade die Aufführungssituation misst ihnen einen gestalterischen Moment bei.

Sound als materielle Kultur

Geräusche sind zunächst einmal physische Phänomene, die durchaus materiale Eigenschaften besitzen. Sie breiten sich zeitlich und räumlich aus. Grundlage sind Schwingungen eines Mediums – zumeist der Luft –; Formungen der Schwingungen sind die Folge. Diese Formen beeinflussen die Klanggestalt, den Klangcharakter, sie sind messbar, darstellbar und vergleichbar. Zudem sind Räume oder Klangkörper nötig, um Schall resonieren zu lassen, um ihn weiterzuleiten, zu formen. Rückwirkend können wir durch die Erfahrung des Klangs Schlüsse über unsere physische Umgebung ziehen.

Den Sound selbst als Material und materielle Kultur zu begreifen, fällt aufgrund seiner Unfassbarkeit schwer. Vergleicht man ihn mit anderen physischen Materialien oder Elementen, kann an Theorien anderer Disziplinen angeknüpft werden. Im Gegenzug offenbart der Sound weitere Ebenen, die vielen greifbaren Materialien mit klarer Form und Oberfläche fremd sind, er kann erinnert werden, plötzlich in den

Sinn kommen, er kann uns räumliche Bezüge eröffnen, kann uns die Anwesenheit anderer ankündigen, auch ohne dass wir sie sehen, er kann uns als Signal zu einer Handlung auffordern und vieles mehr. Die Materialität des Sounds und der Musik offenbart noch teils wenig erkundete Dimensionen. Der Sozialanthropologe Tim Ingold setzt in einem viel diskutierten Artikel von 2007 das Material mitsamt seinen wechselnden Eigenschaften in den Fokus und wendet sich gegen allzu vorschnelle Konzeptualisierungen unter dem Vorzeichen der Materialität. Mit Referenz auf den Psychologen James J. Gibson geht Ingold dabei auf Substanz und Oberfläche von Objekten ein, anhand derer wir die Eigenschaften eines Objekts bestimmen: »[T]he surface of the artefact or building is not just of the particular material from which it is made, but of materiality itself as it confronts the creative human imagination« (2007, 5). Unsere Vorstellungskraft und unser Geist nehmen also großen Einfluss auf die Bestimmung dieser Eigenschaften, die demnach nicht als absolut festgelegt sind. Manches Mal nehmen wir das große Ganze wahr und nicht die elementaren Einzelteile, aus denen es erschaffen ist. Wir projizieren Eigenschaften auf materielle Gegenstände. Ähnliches mag bei der Wahrnehmung und danach bei der Einschätzung von Sound geschehen. Selten hören wir analytisch das Schwingungsverhalten, die Obertonstruktur, den Einschwingvorgang. Vielmehr geht es um Relationen, Dynamik, die Umgebung, den visuellen Eindruck, natürlich um Hörgewohnheiten, um Konzepte und Normen.

Sounds als materielle Objekte wurden und werden beispielsweise im Bereich der Raumakustik erforscht. Gerade die Geschichte der Konzertsäle bietet interessante Einblicke, wie sich heutige Ideale von historischen unterscheiden (etwa Weinzierl 2002). Am Beispiel der Uraufführungsorte von Beethovens Sinfonien in Wien kann vieles zu zeitgenössischen Hörgewohnheiten, Klangidealen und Aufführungstraditionen herausgearbeitet werden, wie dies aktuell im Zuge der Konzertreihe ›RESOUND Beethoven‹ des Orchesters Wiener Akademie unter der Leitung von Martin Haselböck erfahren werden kann. Der Klang ist in diesen Räumen noch heute teils viel näher, lauter, voller, facettenreicher, er nimmt regelrecht materielle Züge an im Gegensatz zur Klangerfahrung in manch modernem Konzertsaal. Die Abstände zwischen Orchester und Publikum sind andere als die heutigen in einem großen Konzertsaal; die Raumarchitektur war gegeben, und es stellt sich die Frage, inwieweit Beethoven für den entsprechenden Saal, der oft ganz andere Funktionen als die eines Konzertsaals erfüllte, komponierte. Der Sound scheint für den jeweiligen Raum als Klangkörper gedacht und angepasst. Durch den unmittelbaren Charakter wird er beinahe haptisch spürbar.

Ist die Erfahrung von Sound hier eine ästhetische im Kontext einer musikalischen Aufführung, so gibt es im 19. Jahrhundert auch zahlreiche Versuche, Klang wissenschaftlich zu zerlegen und genau analysierbar zu machen. Die bekanntesten sind sicherlich die Chladnischen Klangfiguren und die Helmholtz-Resonatoren. Beide wurden bereits vielfach beschrieben und kontextualisiert, daher soll es hier ausreichen, auf die Entwicklung bestimmter Instrumente zur Klanguntersuchung zu verweisen. Ernst F. F. Chladni führte Ende des 18. Jahrhunderts mithilfe einer mit Sand bestreuten Platte, die, oft aus Glas, mit einem Geigenbogen bestrichen und an verschiedenen Stellen abgedrückt wurde, vor, wie die Schwingungsknoten eines Klanges sich verändern. Verschiedene Töne bildeten verschiedene Sandmuster. Ohr und Auge wurden zueinander in Beziehung gesetzt und einem breiteren Publikum ein regelrechter Einblick in den Klang gewährt. Hermann von Helmholtz wiederum nutzte gut 70 Jahre später die von ihm konstruierten kugelförmigen Resonatoren, um die einzelnen Obertöne eines Klanges zu selektieren. Er verwendete sie auch, um sein Gehör zu schärfen, idealerweise sollte man nach ausreichender Übung auch ohne Gerät einen Klang hörend zerlegen können.

Doch nicht nur die wissenschaftliche Untersuchung von Sound und Klang mithilfe von Werkzeugen und Instrumenten lässt uns dem Sound materielle Züge zuordnen. Bereits das Netzwerk, das zur Entstehung von klanglichen Gefügen oder von strukturierter Musik nötig ist, kann mit der materiellen Welt in eine enge Verbindung gebracht werden. Pamela Smith hat auf unser menschliches, teils unter Zuhilfenahme technischer Mittel manipuliertes Einwirken auf die Natur verwiesen. Es geht Smith dabei um Techniken als Wissen, als Handwerk und Praxis: »These are the skills by which nature is manipulated, knowledge is gained, and objects are produced« (2013, 215). Smith beschreibt hier einen organischen Prozess der Herstellung von Artefakten ebenso wie von Wissen, der auf die Produktion von Sound und Musik angewendet werden kann. Der Prozess der Formung eines Klangs, der Anwendung von Sound als Material für größere Klanggefüge mag genauso auf der Verbindung von Wissen, Erfahrung, Technik und handwerklichem Geschick beruhen. Der geformte Sound erscheint dann als Schnittstelle oder als »interface of the human senses and human body with the natural environment« (ebd.), sodass durch den Sound die materielle Welt aufs Engste mit der menschlichen Kultur verbunden ist.

Angelehnt an aktuelle Literaturtheorien (wie etwa Naumann/Strässle/Torra-Mattenklott 2006) kann über folgende Herangehensweise nachgedacht werden: Während im Bereich von geschriebenen Texten das Geschriebene als Handlung betrachtet wird, geben die Texte selbst als Artefakte dem Materialitätsbegriff eine weitere Dimension. Prozess und Ergebnis, menschliche Aktion mit Dingen sind eng mit dem Produkt dieser Aktion verbunden. Eines ist zeitlich an einen Ablauf gebunden und zunächst ephemer, das andere bleibt und ist als Objekt zwar selbst der Umwelt und zeitlichen Veränderung unterworfen, aber doch fassbarer. Ist dieser Sachverhalt auf Klang und Musik zu übertragen? Teils ja, aber es scheinen auch neue Ebenen hinzuzukommen, denn das Musizieren, vielleicht als kreative Handlung mit einem physischen Objekt dem Schreiben am nächsten, erfordert oder ergibt nicht zwangsläufig (Noten-)Schrift. Vielmehr führt in der tradierten Praxis das Komponieren zur Notation. Dies bringt die Frage nach der Materialität der Noten mit sich. In welcher Verbindung stehen diese Schriften mit dem Sound? Auch die Aufzeichnung von Klang und Musik ist nicht direkt mit dem Geschriebenen zu vergleichen. Wo beim Schreibprozess eine Person als Handlung einen Text erdenkt und aufschreibt, so bedarf es bei der Aufzeichnung von Klang und Musik manches Mal mehrerer Personen oder zumindest mehrerer Arbeitsschritte.

Notieren – Aufzeichnen

Eine zentrale Eigenschaft von Musik und Sound ist das Ephemere. Hierin liegt wohl der Grund für die Herausbildung etlicher Techniken, musikalisch-klangliches Geschehen festzuhalten, wiederholbar und damit im weiteren Sinne greifbar und handhabbar zu machen. Mnemotechniken wie Solmisations- und Merksilben zur Tonhöhenorientierung, in manchen afrikanischen Traditionen auch zur Variation der Patterns beim perkussiven Spiel, waren und sind vielfach in Gebrauch. Die Zuweisung einzelner Silben und die Anordnung dieser einem bestimmten Tonsystem entsprechend, wie es in der sogenannten Guidonischen Hand nach Guido von Arezzo begründet liegt, dienten zum einen der Lehre und zum anderen der Verbreitung des mittelalterlichen Hexachordsystems. Die menschliche Hand ist Hilfsmittel, Strukturelement und Anschauungsobjekt zugleich. Auf die ganzheitliche Verbindung sprachlicher, gestisch-mimischer Ausdrucksmodi und unter Verwendung performativer Elemente – wie Masken zur Stilisierung, Tanz zur Einbindung des ganzen Körpers – wie auch auf die Schwerpunktsetzung auf Rhythmus und Melos zur Strukturierung einer Aufführung setzte schon das griechisch-antike Theater.

Viele Notationssysteme, die frühen Neumen des 9. Jahrhunderts ebenso wie die spätere Mensuralnotation und die heute gängige Notationsweise, haben gemein, dass sie zeitliche Abläufe visualisieren und als Vorlage für erneute Aufführungen dienen. Blieben die frühen Notationen oftmals vage, was genaue Tonhöhen und Metren sowie die Besetzung angeht, so bildeten sich mit der Zeit Systeme heraus, die möglichst viele Komponenten von Musik und Klang festhalten sollten. Zunächst in enger Beziehung zur vokalen Praxis entwickelt und unter Heranziehung von Buchstaben zur Tonbenennung, forderten Notationen den Musikerinnen und Musiker Flexibilität ab, was das Lesen der Schlüssel sowie die Koordination mit Musikerinnen und Musikern der anderen Stimmen betrifft, die zum Teil aus anderen Stimmbüchern lasen. Mündlich tradiertes Wissen ist unerlässlich für das Lesen und Umsetzen der frühen Notationen. Die Umsetzung erlaubt aber auch etliche Freiheiten der Gestaltung. Die Emanzipation der Instrumentalmusik in Europa etwa im 16. Jahrhundert führte zu instrumentenspezifischen Notationsformen wie den Tabulaturen. Viele Notationsweisen entwickelten sich denn auch in enger Beziehung zur Spielpraxis.

All diese Notationsweisen verbindet, dass sie musikalisch-klangliches Geschehen abstrahieren und nur einen Teil der Aufführung übertragen. In gewisser Weise verselbstständigen sie sich. Dadurch, dass sie sich zudem sehr gut als Analyseobjekte eignen, lenken sie den Fokus auf die Aspekte, die sich mittels Notation genau darstellen lassen. Notationen werden Dokumente, manches Mal werden sie sogar mit der Komposition gleichgesetzt. Nicht alle Notationen werden zudem ausschließlich zum Musizieren erstellt, dies ist etwa bei Prachthandschriften der Fall, die oftmals repräsentative Geschenke waren, oder bei graphischen Notationen, die vermehrt zur Mitte des 20. Jahrhunderts entstanden und auf die bildliche Kraft dieser Formen setzten. Morton Feldmans und György Ligetis Werke können hier als Beispiele dienen (vgl. Zimmermann 2008). Notationen, ob gedruckt oder als Handschrift, erhalten bzw. entwickeln vielfach eine eigenständige Ästhetik.

Zu Beginn des 20. Jahrhunderts wurden die Funktionen der beteiligten Künstlerinnen und Künstler ausführlich diskutiert. So stand zur Debatte, ob die Idee der oder des Komponierenden mithilfe der Musizierenden nur vermittelt werden soll oder ob Letztere als Interpretierende ebenfalls Einfluss auf die künstlerischen Aspekte nehmen. Mit dem Aufkommen der Notenrollen um 1900 mit Schwerpunkt in den USA und Deutschland war vor allem für das Klavierspiel ein Medium gefunden, das es erlaubte, etliche Parameter einer musikalischen Interpretation auf Papier festzuhalten. Diskussionen über die Notwendigkeit menschlicher Interpretinnen und Interpreten schlossen sich bald an. Es scheint dem Zeitgeist zu entsprechen, nach Lösungen zu suchen, wie die künstlerische Idee der Komponierenden direkt und unvermittelt zum Rezipienten zu bringen ist.

Freilich haben diese notierten/codierten Papierrollen Vorläufer. Bereits in der zweiten Hälfte des 18. Jahrhunderts gibt es in England und im deutschsprachigen Raum Versuche, das Spiel von Tasteninstrumenten direkt im Instrument auf Papier aufzuzeichnen (vgl. Klotz 2006, 192–222). Stifte sollten, gekoppelt an die Spieltastatur, gleichzeitig auf Papierbänder zeichnen, sobald die Tasten bedient werden. Diese Einrichtungen sollten als Komponierhilfe dienen und musikalische Einfälle und sogenannte Freie Fantasien schriftlich festhalten, improvisatorische Praxis sollte in Notation überführt werden. Dabei ist zudem zentral, dass der geistig-schaffende Moment vom handwerklichen Notieren mit dem Stift getrennt wird. Das Kreative soll nicht mehr vom Praktischen unterbrochen werden. Der idealen Vorstellung nach soll der Klang, in einigen seiner Facetten, direkt in Notation überführt, gespeichert und zur Vervielfältigung vorbereitet werden. Die Materialisierung des kompositorischen Einfalls und die künstlerische Ausführung werden, so die Idee, durch maschinelle Unterstützung ausgeführt. Der Sound ist in diesem Konzept, das um 1800 gleichwohl nur unzureichende Umsetzung fand, das flüchtige Material, das zu neuen Notationsweisen inspirierte (vgl. Wolf 2011, 206–218).

Die Tonaufzeichnung mittels Magnettonbändern ist eine materialtechnisch interessante Fortführung dieser frühen Notationsmaschinen. Zunächst wurden, patentiert im Jahr 1928, noch Papierstreifen mit Eisenpulver beschichtet und zur Aufnahme verwendet. Diese Bänder boten neue Möglichkeiten des Schneidens und Neuverklebens, sodass der schöpferische Akt direkt am Material vorgenommen werden konnte. Bald darauf, ab 1935, wurde das Papier durch das noch neue Material Celluloid ersetzt, die AEG nannte das Tonbandgerät ›Magnetophon‹. Zum Einsatz kam es vor allem bei Rundfunkanstalten, die damit Musik vorproduzierten. Auch Pierre Schaeffer verwendete solche Tonbänder ab etwa 1950 im Rahmen seiner Musique concrète. Hierbei nimmt das Material der Bänder bzw. die dadurch sich bietenden Möglichkeiten direkten Einfluss auf das künstlerische Schaffen. Die Tonbänder und die darauf aufgenommenen Codes werden gemeinsam zum Kompositionsmaterial. Dies gilt ebenso für rein synthetisch hergestelltes Tonmaterial, wie es bereits in den frühen Tonstudios des WDR in Köln und im Siemens-Tonstudio in München und später in Ulm verwendet wurde. Das Endprodukt ist in diesen Fällen das Tonband selbst, keine Interpretin, kein Interpret im herkömmlichen Sinn ist mehr notwendig, um eine Komposition umzusetzen; die Verbindung zwischen Komponist und Zuhörer ist eine scheinbar unvermittelte (vgl. Schenk 2014, 23–34). Prinzipiell kommt mit allen frühen Programm- und Tonträgern – man denke an Wachszylinder oder die Schallplatte – eine je eigene Materialität ins Spiel, die den Aufzeichnungsprozess ebenso wie das klangliche Ergebnis beeinflusst.

Sound, der historische wie kulturell-materielle Eigenschaften mitbringt und Zuschreibungen erfährt, inspiriert auch produktiv vielfältige Formen der Speicherung, Manipulation und Wiedergabe. Gerade seine Flüchtigkeit birgt immer wieder aufs Neue Herausforderungen, das Changieren zwischen materieller und immaterieller Sphäre zu untersuchen.

Verwandte Beiträge: Kap. 21 (Kulturwissenschaft); Kap. 22 (Literaturwissenschaft); Kap. 24 (Musikwissenschaft); Kap. 30 (Wissenschaftsgeschichte); Kap. 47 (Kirche); Kap. 49 (Konzertsaal); Kap. 62 (Musikinstrumente); Kap. 63 (Noten); Kap. 66 (Schallplatte); Kap. 70 (Gender).

Literatur

Barthes, Roland: Plastik. In: Ders.: *Mythen des Alltags*. Berlin 2010, 223–225 (frz. 1957).

Baudrillard, Jean: *Das System der Dinge. Über unser Verhältnis zu den alltäglichen Gegenständen*. Frankfurt a. M./New York [3]2007 (frz. 1968).

Gumbrecht, Hans Ulrich/Pfeiffer, K. Ludwig (Hg.): *Materialität der Kommunikation*. Frankfurt a. M. 1988.

Howes, David: Scent, sound and synaesthesia. Intersensoriality and material culture theory. In: Chris Tilley/Webb Keane/Susanne Küchler/Mike Rowlands/Patricia Spyer (Hg.): *Handbook of Material Culture*. Los Angeles u. a. 2013, 161–172.

Ingold, Tim: Materials against materiality. In: *Archaeological Dialogues* 14/1 (2007), 1–16.

Klotz, Sebastian: *Kombinatorik und die Verbindungskünste der Zeichen in der Musik zwischen 1630 und 1780*. Berlin 2006.

Lehmann, Ann-Sophie: How materials make meaning. In: Dies./Frits Scholten/H. Perry Chapman (Hg.): *Meaning in Materials, 1400–1800*. Leiden/Boston 2013, 6–26.

Meier, Thomas/Focken, Friedrich-Emanuel/Ott, Michael R.: Material. In: Thomas Meier/Michael R. Ott/Rebecca Sauer (Hg.): *Materiale Textkulturen. Konzepte, Materialien, Praktiken*. Berlin/Boston 2015, 19–31.

Müller-Helle, Katja: Gefährdete Objekte. Zur Zerstörung von Musikinstrumenten in der Kunst der 1960er Jahre. In: Philippe Cordez/Matthias Krüger (Hg.): *Werkzeuge und Instrumente*. Berlin 2012, 169–183.

Naumann, Barbara/Strässle, Thomas/Torra-Mattenklott, Caroline (Hg.): *Stoffe. Zur Geschichte der Materialität in den Künsten und Wissenschaften*. Zürich 2006.

Riethmüller, Abrecht: »Stoff der Musik ist Klang und Körperbewegung«. In: Hans Ulrich Gumbrecht/K. Ludwig Pfeiffer (Hg.): *Materialität der Kommunikation*. Frankfurt a. M. 1988, 51–62.

Rübel, Dietmar/Wagner, Monika/Wolff, Vera (Hg.): *Materialästhetik. Quellentexte zu Kunst, Design und Architektur*. Berlin 2005.

Schenk, Stefan: *Das Siemens-Studio für elektronische Musik*. Tutzing 2014.

Smith, Pamela H.: *The Body of the Artisan. Art and Experience in the Scientific Revolution*. Chicago u. a. 2004.

Smith, Pamela H.: The history of science as a cultural history of the material world. In: Peter N. Miller (Hg.): *Cultural Histories of the Material World*. Ann Arbor, MI 2013, 210–225.

Weinzierl, Stefan: *Beethovens Konzerträume. Raumakustik und symphonische Aufführungspraxis an der Schwelle zum modernen Konzertwesen*. Frankfurt a. M. 2002.

Wolf, Rebecca: *Friedrich Kaufmanns Trompeterautomat. Ein musikalisches Experiment um 1810*. Stuttgart 2011.

Wolf, Rebecca: The sound of glass. Transparency and danger. In: Mary Helen Dupree/Sean B. Franzel (Hg.): *Performing Knowledge, 1750–1850*. Berlin/Boston 2015, 113–136.

Zimmermann, Heidy: Notationen Neuer Musik zwischen Funktionalität und Ästhetik. In: Hubertus von Amelunxen/Dieter Appelt/Peter Weibel/Angela Lammert (Hg.): *Notation. Kalkül und Form in den Künsten*. Berlin 2008, 198–211.

Rebecca Wolf

7 Performanz

Zu den grundlegenden Fragen der aktuellen Theater- und Performanztheorie gehört auch die nach der Performanz von Klängen. Hierfür wird eine möglichst flexible Definition der Performanz benötigt: In Eric Bentleys klassischer Formulierung (»a impersonates b while c looks on«; 1964, 150) wird zum Beispiel fast ausschließlich die visuelle Dimension berücksichtigt. In akustischen Performanz-Situationen dagegen kann der Zuhörer/die Zuhörerin vor, neben oder hinter dem Erzeuger des Klangs stehen, ohne die Funktion als Zuhörer/in aufzugeben (wenn hier überhaupt zwischen Zuhörer/innen und Performer/innen unterschieden werden soll). Zu den Klangphänomenen, die in oder durch Performanz erzeugt oder inszeniert werden, gehören Musik, Oper, Lautsprecheransagen, filmische und theatralische Dialoge und Monologe, Soundtracks, Hörspiele, politische Reden, Vorträge usw. Sogar *white noise*, mittels dessen andere Klänge aus dem Bewusstsein der Hörer/innen verdrängt werden sollen (wie etwa in US-amerikanischen Gerichtshöfen, wo die Jury das Gespräch zwischen Anwält/innen und Richter/innen nicht hören darf), kann als inszenierter Klang betrachtet werden. Es gilt also zunächst, Techniken und Praktiken der Klang-Performanz zu identifizieren und zu reflektieren: Zu diesen gehören nicht nur traditionelle Modi der Körperinszenierung wie Sprechen, Singen, und Musizieren (auch Schreien, Lachen, Schlagen, Klatschen, Pfeifen, Stampfen usw.), sondern auch elektronische Techniken der Erzeugung und Organisation des Klanges, etwa Mixen, Sampling, Programmieren.

Seit den frühen 2000er Jahren wurden Fragen zur Performanz des Klangs auch im Bereich der interdisziplinären Sound Studies zunehmend intensiv erörtert: Wie entstehen Hör-Räume im Theater (und außerhalb des Theaters)? Wie sind Szenarien des Hörens und des Laut-Werdens zu interpretieren und (sozial-)historisch einzuordnen? Allein die Wahl der Terminologie bereitet Schwierigkeiten, nicht zuletzt, weil die relevanten Begriffe (Sound, Klang, Ton, Geräusch usw.) in verschiedenen wissenschaftlichen Kontexten anders gedeutet werden. Die erneute wissenschaftliche Auseinandersetzung mit Soundscapes und akusmatischen Klängen wirft eine weitere, grundsätzlichere Frage auf: Was unterscheidet einen inszenierten von einem nicht-inszenierten Klang? Läuft man bei einer solchen Unterscheidung nicht Gefahr, die Absichten des jeweiligen Klang-Urhebers als entscheidenden Faktor einzuschreiben und dadurch den längst für tot erklärten ›Autor‹ wieder zum Leben zu erwecken? Können natürlich, unbewusst oder maschinell erzeugte Klänge auch Teil einer Performanz sein?

Als Annäherung an solche Fragen werden hier zwei historische Versuche, die Performanz des Klanges theoretisch festzulegen, untersucht: erstens in der europäischen Schauspiel- und Deklamationstheorie des 18. und 19. Jahrhunderts und zweitens in der sich weitgehend an der avantgardistischen Theaterpraxis orientierenden Performanztheorie des späten 20. Jahrhunderts. Im ersteren Fall wurde der Klang vor allem als Träger der verbalen Kommunikation und Aspekt der Körperrhetorik im Spannungsfeld zwischen Text und Aufführung erfasst. Diese Konstellation wurde durch die Performanz- und Performativitätstheorie des 20. Jahrhunderts gesprengt, u. a. durch die Aufhebung der Grenze zwischen Schauspieler/in und Publikum. Dabei wurde der Fokus von der Textinterpretation auf die Inszenierung des Klangs auch jenseits der verbalen Kommunikation verlegt. Durch eine doppelte Auseinandersetzung mit der ›klassischen‹ Deklamations- und Sprechkunsttheorie und der späteren Entwicklungen der Performance Studies sollen die Grundfragen zur Inszenierung des Klangs erneut betont und neue Wege der Forschung erhellt werden.

Das deklamatorische Zeitalter: Vokale Praktiken und klangliche Experimente im 18. und 19. Jahrhundert

In der Theater- und Schauspieltheorie des Abendlandes spielt die auditive Dimension der Performanz eine unumgängliche, wenngleich oft als sekundär betrachtete Rolle. Bis ins 20. Jahrhundert wurde das Theater als Hör-Raum konzipiert, aus dem externe Laute und Geräusche verbannt werden sollten, damit vor allem die Stimmen der Schauspieler/innen gehört werden (vgl. Fischer-Lichte 2004, 214). Dabei wurden die nicht-verbalen Aspekte der Stimme wie etwa Ton, Timbre oder Lautstärke dem semantischen Inhalt des Stückes deutlich untergeordnet. Erst mit dem Aufkommen eines avantgardistischen Theaters um 1900 wurde der Klang als autonomes ästhetisches Phänomen auf der Bühne entdeckt.

Dabei hat die theoretische Auseinandersetzung mit der Performanz des Klanges eine lange Vorgeschichte. Aristoteles unterteilt die auditiv-sinnliche Dimension des Theaters in zwei Aspekte: die *lexis* und den *melos*. So wird die rein sinnliche Erfahrung des Klanges der

D. Morat, H. Ziemer (Hrsg.), *Handbuch Sound*, https://doi.org/10.1007/978-3-476-05421-0_7

auditiven Vermittlung der inhaltlichen Aspekte des Textes – etwa der Handlung, der Figurenentwicklung und den rhetorischen Gedanken (*dianoia*) – untergeordnet. Andererseits hat die akustische Dimension bei Aristoteles einen höheren Stellenwert als das visuelle Spektakel, die *opsis*. Sowohl bei Aristoteles als auch bei Horaz verdankt sich der vergleichsweise hohe Stellenwert des Klanges bzw. der Deklamation einem grundsätzlichen Verständnis der Funktion des Theaters als Text- bzw. Drameninterpretation. Dieses Verständnis prägt auch die Schauspieltheorie des 17. und 18. Jahrhunderts, in der die klassische Schulrhetorik und die barocke Affektenlehre langsam durch eine neue, auf Natürlichkeit abzielende Theorie der körperlichen Beredsamkeit ersetzt wurden. In seinem für die *Encyclopédie* verfassten Eintrag über die *déclamation théâtrale* beschreibt Jean-François Marmontel zum Beispiel die Deklamation als den Ursprung der Musik und damit der Poesie; die Deklamation wird hier als akustische Praxis bezeichnet, die ebenso wie die Musik den Umgang mit Tönen erfordert (1754, 680). Diese enge Verbindung zwischen Musik, Poesie und Deklamation wurde in den Sprachursprungstheorien Rousseaus und Herders als Grundlage ihrer kultur- und sprachhistorischen Systeme weiterentwickelt. In der deutschsprachigen Literatur und im deutschsprachigen Theater des späten 18. Jahrhunderts wurden solche Gedanken schnell zur Basis einer intensivierten Auseinandersetzung mit dem Akustischen in der literarischen und theatralischen Praxis, zum Beispiel in der in Goethes *Werther* dargestellten Ossian-Lesung oder in den von Friedrich Gottlieb Klopstock geförderten Lesezirkeln. Von Herder wurde nicht das Auge, sondern das Ohr als »Tür zur Seele« neu bewertet (zit. nach Herrmann 2015, 17). Auch Friedrich Schiller behauptete in seinem Aufsatz »Ueber das gegenwärtige teutsche Theater«, »[d]er Weg des Ohrs ist der gangbarste und nächste zu unsern Herzen«; für ihn machte die Deklamation zwei Drittel der Theateraufführung aus (1782, 104).

Als Folge der Aufwertung des Akustischen – die die Ära des Sturm und Drang überdauerte und sowohl im Theater der Weimarer Klassik als auch in der Selbstinszenierung der Romantiker weiterwirkte – florierte in der deutschsprachigen Bühnen- und Vortragspraxis des 18. und 19. Jahrhunderts eine Vielfalt an Schulen und Theorien der Deklamation, die sich allerdings oft widersprachen. Unter dem Einfluss des Hamburger Schauspieldirektors Friedrich Ludwig Schröder hatte sich gegen Ende des 18. Jahrhunderts ein radikales Natürlichkeitsprinzip verbreitet, mit entscheidenden Konsequenzen für die auditive Dimension des Theaters. Auf diese Tendenz reagierend, beschwerte sich die Schauspielerin Karoline Schulze-Kummerfeld in ihren Memoiren, dass die Stimmen der Schauspieler auf der Bühne »vor lauter Natur« nicht mehr gehört werden konnten (1988, 70). Um die Jahrhundertwende ist eine Rückkehr zu formellen Regeln, ja zur Rationalisierung der Deklamation zu beobachten, am prominentesten bei Goethe in seinen 1803 verfassten »Regeln für Schauspieler«. Eine fast wissenschaftliche Genauigkeit lässt sich bei dem Leipziger Professor Christian Gotthold Schocher in seiner bahnbrechenden Schrift über den mündlichen Vortrag (*Soll die Rede auf immer ein dunkler Gesang bleiben*, 1791) bemerken. Hier werden die Regeln und Grundprinzipien der Deklamation synoptisch in Paragraphen gefasst und (wenigstens teilweise) durch Grafiken, Tabellen und Notationssysteme visuell dargestellt. Obwohl heute fast unbekannt, stieß dieser Aufsatz auf große Resonanz im deutschsprachigen Gebiet. Zu Schochers Bewunderern zählten auch Goethe, Schiller und Johann Gottlieb Fichte, der bei Schocher Unterricht nahm und mit seinen *Reden an die deutsche Nation* (1808) die emotionale Kraft der Deklamation zu nationalistischen Zwecken einsetzen wollte. Nach Schocher folgte eine ganze Generation von reisenden Deklamatoren, darunter Gustav Anton von Seckendorff und Carl Friedrich Solbrig, die ein breites (Massen-)Publikum für sich zu gewinnen versuchten: erstens durch Gastspielreisen und sogenannte deklamatorische Konzerte, in denen sie bekannte Gedichte und Theatermonologe, oft mit musikalischer Begleitung, zum Besten gaben, und zweitens durch umfangreiche Deklamationshandbücher und Textsammlungen für den mündlichen Vortrag. Zum Repertoire dieser selbststilisierten Rhapsoden zählten die Balladen Schillers und August Wilhelm Schlegels sowie Monologe aus Goethes und Schillers Werken. In der populären Deklamationstheorie der Zeit vermischte sich oft der Rousseausche Gedanke der Ursprünglichkeit des Tons mit einer eher rationalistischen, psychologisch ausgefeilten Rollen- und Werkinterpretation, die zum Beispiel auch in August Wilhelm Ifflands *Almanach fürs Theater* (1808–1812) zu finden ist. Vor allem in Seckendorffs *Vorlesungen über Deklamation und Mimik* (1816) machte sich auch ein (pseudo-)wissenschaftlicher Anspruch bemerkbar, nicht zuletzt durch Notations- und später auch Visualisierungsversuche. Hier werden die Regeln der Deklamation nicht mehr durch Anspielungen auf die rhetorische Tradition (Quintilian, Demosthenes) untermauert, sondern durch die eigene praktische Erfahrung des Deklamators. Mit der Erfindung des deklamatorischen Konzerts wurde ein intermedialer Raum für die auditive Performanz dramatischer Literatur außerhalb des Theaters etabliert, sodass der Text zunächst als akustisches Phänomen wahrgenommen werden konnte. Da das deklamatorische Repertoire nicht nur Theatertexte, sondern auch Balladen, Lehrgedichte und Versfabeln umfasste, und da reisende Deklamator/innen auch an Orten auftraten, wo kein stehendes Theater zu finden war, kann man vermuten, dass manche Texte *nur* im Rahmen des Deklamationskonzerts als Performanz-Stücke rezipiert wurden: das heißt, sie wurden *nur* gehört.

Im Hinblick auf die Ausgangsfrage zur Performanz des Klangs gilt es noch einmal zu betonen, dass das deklamatorische Konzert keineswegs ein isoliertes Phänomen darstellte, sondern in einer Epoche intensiver wissenschaftlicher und ästhetischer Auseinandersetzung mit dem Akustischen entstand. Von zentraler Bedeutung ist in dieser Hinsicht auch die Erstveröffentlichung von Ernst Florens Friedrich Chladnis Lehrbuch *Die Akustik* (1802). Die Entstehung der Akustik als Wissensbereich innerhalb der Physik machte es möglich, das Theater als akustischen Raum zu konzipieren und die Theaterakustik als Wissens- und Praxisbereich zu etablieren (vgl. Tkaczyk 2014). Die klanglichen Experimente in dieser Zeit begrenzten sich auch nicht auf die Stimme. In den Melodramen Georg Bendas (*Medea*, *Ariadne auf Naxos*; vgl. Vogel 2013; Schmidt 2013) und ab 1805 auch in den sogenannten Schiller-Feiern, in denen Deklamation mit der Musik eines unsichtbaren Chors überlagert wurde (vgl. Dupree 2015), wurde das mediale Potenzial des Theaters als Hör-Raum, in dem sowohl vokale als auch akusmatische Klänge zu hören sind, erprobt und erweitert.

In der Theatertheorie und -praxis des 18. und 19. Jahrhunderts wurde die Deklamation weiterhin nicht als autonomes theatralisches Phänomen, sondern lediglich als untergeordnetes Mittel theatralischer Signifikation bewertet, das die Interpretation des Textes unterstützt. In der zweiten Hälfte des 19. Jahrhunderts rüttelte Friedrich Nietzsche mit seiner *Geburt der Tragödie aus dem Geiste der Musik* (1872) an diesem Schema, indem er die dionysische Musik des Chors im antiken Bockslied-Ritual in den Mittelpunkt seiner Tragödientheorie rückte. Diese Annäherung von Musik und Sprache, die auch in den Musikdramen Richard Wagners zu erkennen ist, steht in einer gewissen Kontinuität zur früheren Experimentierphase im Bereich des Melodrams, der Theaterakustik und der Deklamation. Der theatralische Klang steht zwar im Zentrum von Wagners Theorie des Gesamtkunstwerks, dies aber nur insofern, als er in die Totalität des Kunstwerks aufgenommen und integriert werden kann. Die dramatische Einheit wird mit der Einheit von Tanz, Ton und Poesie gleichgesetzt. Andererseits findet in Wagners Opern auch eine ausgedehnte erotische Besetzung der Stimme und des Klangs statt (vgl. Daub 2014), die sich auch in der Literatur (Thomas Mann) und im Film der ersten Jahrzehnte des 20. Jahrhunderts (z. B. in Luis Buñuels *Un chien andalou*) niederschlug und die Aufführungen des avantgardistischen Theaters (Antonin Artaud) vorwegnahm. In den theaterhistorischen Schriften des 19. Jahrhunderts dagegen bleibt mit Blick auf die Konzeptualisierung des Akustischen in der dramatischen Aufführung alles weitgehend beim Alten. Mit dem Aufkommen der Theaterwissenschaft als Disziplin im 20. Jahrhundert wurde die akustische Dimension weiterhin zugunsten des Visuellen vernachlässigt, was sich einerseits durch das Weiterbestehen der Sinneshierarchien der Aufklärung, andererseits durch die sich rasch beschleunigende technische Innovation im visuellen Bereich erklären lässt.

Die Materialität des Klangs: Performance-Kunst und Performance Studies im 20. und 21. Jahrhundert

Erst mit der Blütezeit der europäischen Avantgarden im 20. Jahrhundert lässt sich ein neues Verständnis der Materialität des theatralischen Klangs spüren. In den Aufführungen des russischen und des italienischen Futurismus wie auch des Dadaismus wurde der Klang neben der visuellen Darstellung als eigenständige Disposition verstanden. Mit der Erfindung der Musique concrète in den 1940er Jahren und weiteren technischen Neuerungen in der elektronischen Musik wurden die Möglichkeiten des Einsatzes von akusmatischen Klängen auf der Bühne radikal erweitert. Im avantgardistischen Theater und in der Performance-Kunst wurden zwei verwandte Modi der Inszenierung des Klangs erkennbar: erstens die akustische Signalisierung eines libidinös-erotischen Impulses (z. B. in den Aufführungen von Antonin Artaud und Hermann Nitsch) und zweitens die fast kubistische Wahrnehmung des Klangs als ›Masse‹ oder ›Fläche‹, wie etwa bei Elfriede Jelineks »Sprachflächen« (Ovadija 2013, 22). So verstanden ließen sich Klangobjekte genau wie visuelle Gegenstände auf der Bühne gestalten und konfigurieren.

Als theoretisches Pendant zu den neuen Entwicklungen in der avantgardistischen Bühnenkunst machte sich ein Interesse an der Stimme als Phänomen in der Philosophie bemerkbar, vor allem in den phänomenologischen und wahrnehmungstheoretischen Schriften Maurice Merleau-Pontys. Mit den Avantgardist/innen teilte Merleau-Ponty ein gesteigertes Interesse an der körperlichen Erfahrung, das sich auch für die theaterwissenschaftliche Auseinandersetzung mit dem theatralischen Klang als produktiv erwies.

Die theoretische Auseinandersetzung mit der Performanz des Klanges erhielt einen weiteren Anstoß durch die performative Wende (*performative turn*) in der Literatur-, Kultur- und Theaterwissenschaft des späten 20. Jahrhunderts. Im Rahmen dieser Wende, die Impulse sowohl aus der Ethnologie als auch von der Sprechakttheorie J. L. Austins erhielt, wurde der Prozesscharakter sozialer Handlungen in den Mittelpunkt der wissenschaftlichen Untersuchung gerückt (vgl. Bachmann-Medick 2016, 73). Durch die Fokusverlagerung auf Prozesse der Bedeutungskonstruktion in sozialen Ritualen und Performanzen gewann die Frage nach der Inszenierung des Klanges an wissenschaftlicher Relevanz. Mit der Theaterwissenschaft an der Spitze war die »Ereignishaftigkeit« des Klanges nun zum interdisziplinären Forschungsgegenstand avanciert (Kolesch/Krämer 2006, 11).

In Erika Fischer-Lichtes grundlegender Studie *Ästhetik des Performativen* (2004), zu dem auch Merleau-Pontys Phänomenologie einige Anregungen lieferte, spielt der Klang eine entscheidende, wenngleich nicht zentrale Rolle. Dabei handelt es sich um einen allumfassenden Versuch, die Sprechakttheorie Austins und ihre Weiterbearbeitung durch Judith Butler für die theaterwissenschaftliche Auseinandersetzung mit der avantgardistischen Performanz produktiv zu machen. Anhand von John Cages Stück *4'33"*, bei dem ein Klavierspieler vier Minuten und 33 Sekunden lang schweigend am Flügel sitzt, ohne eine Note zu spielen, zeigt Fischer-Lichte (2004, 216 f.), wie performative Hör-Räume durch die Einsetzung (oder Ausblendung) des Klangs entstehen können. Darüber hinaus werde die »Präsenz« eines Sängers / einer Sängerin bzw. eines Sprechers / einer Sprecherin erst ermöglicht, wenn die Stimme von der Sprache (also dem *logos*) losgelöst wird. In diesem Sinn schlägt Fischer-Lichte eine Brücke von der *Grand opéra* zu den Aufführungen zeitgenössischer Performance-Künstler/innen wie Diamanda Galás, David Moss und Laurie Anderson.

Der auf Eric Bentley zurückgehende Begriff der ›Ko-Präsenz‹, der u. a. auch für Philip Auslanders Begriff von *liveness* impulsgebend war, hatte ebenfalls wichtige Implikationen für die theoretische Auseinandersetzung mit dem Klang. Durch den Einsatz der Stimme wird ein Verhältnis zwischen zwei Menschen etabliert, ohne dass ihre jeweiligen Rollen (als Performer/in und Zuhörer/in) strikt voneinander getrennt werden. Es findet eine körperliche »Berührung« statt, während die nicht-sichtbare »Präsenz« der Stimme den Raum zwischen beiden Aktanten füllt (Fischer-Lichte 2004, 227). Der Text bildet nunmehr eine selbstständige Präsenz auf der Bühne, die womöglich in ein antagonistisches Verhältnis mit dem ebenfalls selbstständig gewordenen Klang geraten kann, wie etwa bei den »sprachlichen Wahrnehmungs-Schocks«, die für Regisseure wie Einar Schleef »zur Regel« geworden sind (Lehmann 1999, 264).

Als Folge dieser erneuten Auseinandersetzung mit der Materialität des Klanges erschien zu Beginn des 21. Jahrhunderts eine Vielzahl an Monographien und Sammelbänden, die sich mit Fragen der Performanz des Klangs, besonders der Stimme, sowohl aus theoretischer als auch aus historischer Perspektive auseinandersetzten. Aus dem Sonderforschungsbereich ›Kulturen des Performativen‹ an der Freien Universität Berlin ist der Suhrkamp-Band *Stimme. Annäherung an ein Phänomen* (Kolesch/Krämer 2006) hervorgegangen, in dem die Phänomenologie der Stimme aus verschiedenen disziplinären Blickwinkeln heraus untersucht und historisiert wird. Wegen ihrer »Ereignishaftigkeit« und ihres »Verkörperungscharakters« wird die Stimme von den Herausgeberinnen als »performatives Phänomen *par excellence*« charakterisiert. Darüber hinaus wird das Subversionspotenzial der Stimme gegenüber dem *logos* betont: Durch die Ausbildung der Stimme, wie etwa bei Redner/innen, Schauspieler/innen und Sänger/innen, werde dieses Potenzial nur gesteigert (ebd., 11).

Das 21. Jahrhundert: Sound Studies und die neue Philosophie der Stimme

Nachdem die Auseinandersetzung mit der Stimme jahrelang durch die Phonologozentrismus-Kritik Jacques Derridas gehemmt wurde (vgl. Kolesch/Krämer 2006, 9), ist um die Jahrhundertwende eine Reihe von Texten publiziert worden, die sich auf philosophischer Ebene mit der Stimme und dem Klang neu befassten. Die Frage nach der räumlichen Präsenz oder Nicht-Präsenz klanglicher Phänomene wird zum Beispiel auf philosophischer Ebene in den Arbeiten Michel de Certeaus und Jean-Luc Nancys erneut untersucht. In Nancys *À l'écoute* (2002) nimmt die Resonanz als räumliches Phänomen, das gleichzeitig vorhanden und nicht vorhanden ist, eine zentrale Stellung ein. Der slowenische Philosoph Mladen Dolar sucht dagegen in seiner Untersuchung *A Voice and Nothing More* unter Zuhilfenahme der psychoanalytischen Theorie Jacques Lacans, die Funktion der Stimme jenseits der Signifikation zu erläutern. Bei Dolar (2006, 15) funktioniert die Stimme als *objet petit a* – eine Materialität, die die Signifikation zwar ermöglicht, aber im Akt der Signifikation verschwindet. In diesem Sinn übt Dolar Kritik an der strukturalistischen Linguistik Ferdinand de Saussures, für den der akustische Klang der Sprache – als *phoneme* verstanden – nur als Aggregat kontrastiver Oppositionen (»differential oppositions«) existierte (ebd., 18 f.). Obwohl es sich hierbei nicht um eine Theorie der Performanz als solche handelt, legen Nancy und Dolar die Stimme als materielles Phänomen jenseits der Signifikation für weitere Untersuchungen im Bereich der Performanz frei. In ihrem Buch *A più voci* (2003; 2005 als *For More than One Voice* ins Englische übersetzt) unterzieht die italienische Philosophin Adriana Cavarero den Logozentrismus und Videozentrismus der westlichen Philosophie einer weiteren heftigen Kritik; kritisiert wird auch eine philosophische Tradition, die ›*die* Stimme‹ immer nur als begrifflichen Monolith wahrnimmt und dabei die Individualität der einzelnen Stimme(n) ausblendet. Als Alternative zu Walter Ongs Opposition von *orality* und *literacy* entwickelt Cavarero einen Begriff der *vocality*, bei dem auch die nicht-verbalen Aspekte der Stimme (wie Ton, Timbre usw.) hervorgehoben werden.

Als Folge der erneuten Auseinandersetzung mit der Stimme in der Theaterwissenschaft und in der Philosophie erlebt der Bereich der Stimmforschung auch in der deutschsprachigen Literaturwissenschaft der 2000er Jahre eine Hochkonjunktur: Die auditive Dimension der Poesie und vor allem die historische Entwicklung der Sprechkunstbewegung außerhalb der Bühne werden zum Beispiel in Karl-Heinz Götterts *Geschichte der Stimme* (1998), Joh. Nikolaus Schneiders *Ins Ohr geschrieben* (2004) und Reinhart Meyer-Kalkus' *Stimme und Sprechkünste im 20. Jahrhundert* (2001) reflektiert. In dem Sammelband *Dichtung für die Ohren. Literatur als tonale Kunst in der Moderne* (Herrmann 2015) wird neben Analysen literarischer Stimm-Inszenierungen aus vier Jahrhunderten die Funktion des ›inneren Hörens‹ in der Literaturrezeption seit dem 18. Jahrhundert hinterfragt. Zur akustischen Wende in der Literatur- und Kulturwissenschaft gesellen sich auch Forschungsprojekte und Studien in der Wissens- bzw. Wissenschaftsgeschichte, die historische Fallbeispiele der performativen Erzeugung von Wissen im akustischen Bereich erkunden, so etwa Myles Jacksons *Harmonious Triads. Physicists, Musicians, and Instrument Makers in Nineteenth-Century Germany* (2006).

Neben der weitverbreiteten theoretischen Auseinandersetzung mit der Stimme ist auch ein intensivierter Fokus auf nicht-vokale, nicht-menschliche, gegebenenfalls akusmatische oder ungewollt produzierte Klänge in der Performanz zu erkennen. Zu diesen gehören zum Beispiel Begleitmusik und Klangeffekte sowie Geräusche, die vom Publikum produziert werden, wie das Husten oder das Rascheln der Programmhefte (vgl. Fischer-Lichte 2004, 216). Mit der Erfindung neuer Aufnahme- und Playbacktechniken im 20. Jahrhundert wurden die Möglichkeiten des Einsatzes akusmatischer Klänge auf der Bühne rasch erweitert. Praktiken akusmatischen Hörens können auch neue Möglichkeiten der Rezeption der performativen Stimme eröffnen, wie zum Beispiel Michel Chion in seinem Band *Le son. Traité d'acoulogie* (2010 [1998]) argumentiert. Seit den 2000er Jahren geben Studien im Bereich der interdisziplinären Sound Studies wie Jonathan Sternes *The Audible Past. Cultural Origins of Sound Reproduction* (2003) einer neuen Generation von Theater-, Tanz- und Musikwissenschaftler/innen wichtige Impulse. In dem Sammelband *Wissensgeschichte des Hörens in der Moderne* (2017) des DFG-Netzwerks »Hör-Wissen im Wandel« wird zum Beispiel der historischen Performanz der Stimme und des Klangs in verschiedenen Epochen auch aus theater-, literatur- und musikgeschichtlicher Perspektive nachgegangen. Mit weiteren Fortschritten im Bereich der AI (*Artificial Intelligence*) und der Herstellung künstlicher Stimmen und Geräusche (*voice simulation*) werden wohl neue Theorien der Performanz der Stimme notwendig. Sowohl Dolar als auch Petra Gehring (in ihrem Beitrag zum Suhrkamp-Band *Stimme*) arbeiten mit Theorien von Stimmen, die durch die Loslösung vom Körper und von der sozialen Kommunikation unheimlich werden, so etwa Roboter-Stimmen. Bei Gehring (2006, 90) handelt es sich um die Playbackstimme oder »Un-Stimme« der mythologischen Figur Echo, die dazu verdammt wird, die Stimmen anderer ewig zu wiederholen. Gehrings Auslegung des Echo-Mythos könnte vielleicht eine erneute Auseinandersetzung nicht nur mit der Stimme, sondern auch mit dem akusmatischen Klang in den Performanz-Kulturen des 21. Jahrhunderts anregen. Die Stimme der Echo lässt sich in Praktiken wie *digital sampling* oder in der elektronischen Herstellung von Stimm-Komposita wieder (und immer wieder) hören: Sie ist eine Stimme, und nichts weiter.

Verwandte Beiträge: Kap. 8 (Akusmatik); Kap. 11 (Musicking); Kap. 22 (Literaturwissenschaft); Kap. 29 (Theaterwissenschaft); Kap. 30 (Wissenschaftsgeschichte); Kap. 31 (Applaus); Kap. 33 (Echo); Kap. 39 (Stimme); Kap. 70 (Gender); Kap. 71 (Herrschaftsrepräsentation).

Literatur

Auslander, Philip: *Liveness. Performance in a Mediatized Culture* [1999]. London/New York 2008.
Bachmann-Medick, Doris: *Cultural Turns. New Orientations in the Study of Culture.* Berlin 2016.
Bentley, Eric: *The Life of the Drama.* New York 1964.
Birgfeld, Johannes: Klopstock, the art of declamation and the reading revolution. An inquiry into one author's remarkable impact on the changes and counter-changes in reading habits between 1750 and 1800. In: *Journal for Eighteenth-Century Studies* 31/1 (2008), 101–117.
Butler, Judith: *Gender Trouble. Feminism and the Subversion of Identity* [1990]. New York 2006.
Butler, Judith: *Bodies That Matter. On the Discursive Limits of »Sex«* [1993]. New York 2011.
Cavarero, Adriana: *For More than One Voice. Toward a Philosophy of Vocal Expression.* Stanford 2005.
Chaouche, Sabine (Hg.): *Sept traités sur le jeu du comédien et autres textes: de l'action oratoire à l'art dramatique, 1657–1750.* Paris 2001.
Chion, Michel: *Le son. Traité d'acoulogie* [1998]. Paris 2010.
Daub, Adrian: *Tristan's Shadow. Sexuality and the Total Work of Art After Wagner.* Chicago 2014.
Dolar, Mladen: *A Voice and Nothing More.* London/Cambridge, MA 2006.
Dupree, Mary Helen: From »dark singing« to a science of the voice. Gustav Anton von Seckendorff, the declamatory concert and the acoustic turn around 1800. In: *Deutsche Vierteljahrsschrift für Literaturwissenschaft und Geistesgeschichte* 86/3 (2012), 365–396.
Dupree, Mary Helen: Early Schiller memorials (1805–1808) and the performance of literary knowledge. In: Dies./Sean Franzel (Hg.): *Performing Knowledge 1750–1850.* Berlin/Boston 2015, 137–165.
Fichte, Johann Gottlieb: *Reden an die deutsche Nation* [1808]. Hg. von Alexander Aichele. Hamburg 2008.
Fischer-Lichte, Erika: *Ästhetik des Performativen.* Frankfurt a. M. 2004.
Gehring, Petra: Die Wiederholungs-Stimme. Über die Strafe der Echo. In: Doris Kolesch/Sybille Krämer (Hg.): *Stimme. Annäherung an ein Phänomen.* Frankfurt a. M. 2006, 85–110.
Goethe, Johann Wolfgang von: Regeln für Schauspieler [1803]. In: *Goethes Werke.* Hg. im Auftrage der Großherzogin Sophie von Sachsen. Abt. 1, Bd. 40. Weimar 1901, 139–168.
Göttert, Karl-Heinz: *Geschichte der Stimme.* München 1998.
Herrmann, Britta (Hg.): *Dichtung für die Ohren. Literatur als tonale Kunst in der Moderne.* Berlin 2015.
Jackson, Myles W.: *Harmonious Triads. Physicists, Musicians, and Instrument Makers in Nineteenth-Century Germany.* Cambridge, MA 2006.
Kolesch, Doris/Krämer, Sybille: Stimmen im Konzert der Disziplinen. Zur Einführung in diesen Band. In: Dies. (Hg.): *Stimme. Annäherung an ein Phänomen.* Frankfurt a. M. 2006, 7–15.
Košenina, Alexander: *Anthropologie und Schauspielkunst. Studien zur »eloquentia corporis« im 18. Jahrhundert.* Tübingen 1995.
Lehmann, Hans-Thies: *Postdramatisches Theater.* Frankfurt a. M. 1999.
Marmontel, Jean-François: Déclamation théatrale. In: Denis Diderot/Jean-Baptiste le Rond d'Alembert: *Encyclopédie ou Dictionnaire raisonné des sciences des Arts et des Métiers.* Paris 1751–1780, Bd. 4 (1754), 680–686. Online im Rahmen des ARTFL Encyclopédie Project. In: http://artflsrv02.uchicago.edu/cgi-bin/philologic/getobject.pl?c.3:1766.encyclopedie0416.7094480 (30.1.2018).
Merleau-Ponty, Maurice: *Phänomenologie der Wahrnehmung.* Berlin 1966 (frz. 1945).
Meyer, Petra Maria (Hg.): *Acoustic Turn.* München 2008.
Meyer-Kalkus, Reinhart: *Stimme und Sprechkünste im 20. Jahrhundert.* Berlin 2001.
Netzwerk »Hör-Wissen im Wandel« (Hg.): *Wissensgeschichte des Hörens in der Moderne.* Berlin/Boston 2017.
Nancy, Jean-Luc: *À l'écoute.* Paris 2002.
Ong, Walter J.: *Orality and Literacy. The Technologizing of the Word* [1982]. London/New York 2012.
Ovadija, Mladen: *Dramaturgy of Sound in the Avant-garde and Postdramatic Theatre.* Montreal/Kingston, Ontario 2013.
Schiller, Friedrich: Ueber das gegenwärtige teutsche Theater. 1782. In: *Wirtembergisches Repertorium der Litteratur*, 1. St. (1782), 93–106.
Schmidt, Dörte: Medea Lesen. Dramatische Form zwischen Sprache und Musik. In: Bettine Menke/Daniel Eschkötter/Armin Schäfer (Hg.): *Das Melodram. Ein Medienbastard.* Berlin 2013, 51–74.
Schneider, Joh. Nikolaus: *Ins Ohr Geschrieben. Lyrik als akustische Kunst zwischen 1750 und 1800.* Göttingen 2004.
Schocher, Christian Gotthold: *Soll die Rede auf immer ein dunkler Gesang bleiben, und können ihre Arten, Gänge und Beugungen nicht anschaunlich* [!] *gemacht, und nach Art der Tonkunst gezeichnet werden?* Leipzig 1791.
Schulze-Kummerfeld, Karoline: *Ein fahrendes Frauenzimmer. Die Lebenserinnerungen der Komödiantin Karoline Schulze-Kummerfeld, 1745–1815.* Hg. von Inge Buck. Berlin 1988.
Seckendorff, Gustav Anton von: *Vorlesungen über Deklamation und Mimik.* 2 Bde. Braunschweig 1816.
Sterne, Jonathan: *The Audible Past. Cultural Origins of Sound Reproduction.* Durham, NC 2003.

Till, Dietmar: *Transformationen der Rhetorik. Untersuchungen zum Wandel der Rhetoriktheorie im 17. und 18. Jahrhundert.* Tübingen 2004.
Tkaczyk, Viktoria: Listening in circles. Spoken drama and the architects of sound, 1750–1830. In: *Annals of Science* 71/3 (2014), 299–334.
Vogel, Juliane: Zurüstungen für den Medienverbund. Zur Selbstaufgabe der Dichtung im Melodram um 1800. In: Bettine Menke/Daniel Eschkötter/Armin Schäfer (Hg.): *Das Melodram. Ein Medienbastard.* Berlin 2013, 36–50.
Wirth, Uwe (Hg.): *Performanz. Zwischen Sprachphilosophie und Kulturwissenschaften.* Frankfurt a. M. 2002.

Mary Helen Dupree

II Begriffe

8 Akusmatik

Der Begriff der Akusmatik wurde im Zusammenhang einer spezifischen kompositorischen Praxis und Theorie der elektroakustischen Musik geprägt. Pierre Schaeffer, der im Französischen Rundfunk in Paris noch während der deutschen Besatzung im Winter 1942/43 ein radiophones Versuchsstudio (nicht zuletzt heimlich der Résistance zu Diensten) hatte etablieren können, realisierte dort mit Schallplattenspielern im Frühjahr 1948 mit seinen *Cinq études de bruits* die ersten Beispiele der von ihm so bezeichneten ›Musique concrète‹. Hierbei wurden über Mikrofon auf Schallplatte fixierte Klänge und Geräusche jeglicher Provenienz anhand diverser durch die Schallplattentechnologie möglicher Modifikationen – ein Magnetophon war erst ab Oktober 1950 verfügbar – in einer empirischen und deshalb als ›konkret‹ apostrophierten Herangehensweise zu musikalischen Kompositionen montiert, um anschließend vom Tonträger über Lautsprecher in Radiosendungen und in öffentlichen Konzerten aufgeführt zu werden.

Im Hinblick auf diesen besonderen Produktions-, Wiedergabe- und Rezeptionsmodus gab der Schriftsteller Jérôme Peignot, der dem von Schaeffer am Französischen Rundfunk 1951 institutionalisierten Forschungsprojekt Groupe de Musique concrète nahestand, einen begriffsgeschichtlich entscheidenden Anstoß. Unter Berufung auf die philosophische Überlieferung, nach der Pythagoras die Anfänger unter seinen Adepten hinter einem Vorhang verborgen unterrichtet haben soll, die deshalb Akusmatiker genannt worden seien, da sie allein auf die akustische Wahrnehmung sich stützen konnten, lancierte er 1955 in einer Rundfunksendung »Musique animée« den Ausdruck »akusmatisches Geräusch« für einen »Klang, den man hört, ohne daß sich seine Ursachen nachweisen lassen« (Bayle 2007, 153). In einem fünf Jahre später erschienenen Beitrag, dessen Überschrift »De la musique concrète à l'acousmatique« schon den Weg zu einer Ablösung des Terminus ›Musique concrète‹ durch den der ›Akusmatik‹ anzeigte, substituierte Peignot dann das Attribut ›konkret‹ durch das Adjektiv ›akusmatisch‹, indem er zunächst alternativ »la musique concrète, ou ›acousmatique‹« formulierte, um direkt danach im Sinne einer begrifflichen Akzentuierung des Perzeptionsaspektes gegenüber der Herstellungsmethode allein von »musique ›acousmatique‹« zu sprechen (Peignot 1960, 118 f.).

Während Schaeffer selbst in seinen zahlreichen theoretischen Abhandlungen nur sporadisch auf den Begriff der Akusmatik rekurrierte, begann François Bayle, der im Jahre 1966 die Leitung der seit 1958 als Groupe de Recherches Musicales figurierenden Forschungsgruppe übernommen hatte, geradezu systematisch eine umfassende Theorie der Akusmatik zu entfalten; passionierter Leser aktueller philosophischer, primär erkenntnistheoretischer und phänomenologischer sowie semiotischer und kulturwissenschaftlicher Literatur, ließ er nicht zuletzt von Autoren wie Gaston Bachelard, Edmund Husserl, Charles Sanders Peirce, Roland Barthes und René Thom sich inspirieren. So plädierte er 1975 in seinem Vortrag »Pour une musique invisible: un acousmonium« (Bayle 1993, 35–46) für die Bezeichnung ›akusmatische Musik‹ zur Charakterisierung einer elektroakustischen Studiopraxis, die kompositorisch bewusst ihre medial determinierten Realisations- und Reproduktionsbedingungen mit den konstitutiven Bestimmungsmerkmalen einer Überschreitung der klanglichen Indizes und instrumentalen Ursachen zugunsten eines aktiven, auf die Wirkung und den Sinn der Musik fokussierten Hörens reflektiert. Dabei prägte Bayle zusätzlich in einer gedanklichen Analogie zur Fotografie als eine zentrale Kategorie akusmatischer Musik den Begriff des Klangbildes (›image de son‹), den er in einem späteren theoretischen Resümee »Prinzipien der Akusmatik« am 23. Juni 2000 folgendermaßen erläuterte: »Wenn man einen Klang hört, der aus einem Lautsprecher kommt, dann muß man realisieren, daß es nicht ein Klang ›wie alle anderen‹ ist«, insofern »es einen Bruch gibt: das, was erklingt, *ist nicht mehr an seine Ursache gebunden* (die verborgen bleiben wird, definitiv woanders im Raum und früher in der Zeit), *aber an deren eingefangene Form.* Es ist durch ein dazwischengeschaltetes Trägermedium zu einem *Klangbild* geworden« (Bayle 2007, 5; Hervorh. im Orig.). In einer historischen Rückbindung an Schaeffers Musique concrète exemplifiziert, war diese Bayle zufolge »nun genau solche Musik, die aus Geräuschen gemacht ist, die von ihrer Verursachung losgelöst sind und deren Sinn man versteht, indem man durch das Hören die aus der Fixie-

D. Morat, H. Ziemer (Hrsg.), *Handbuch Sound*, https://doi.org/10.1007/978-3-476-05421-0_8

rung und Montage resultierende strukturelle Intentionalität enthüllt« (ebd., 15).

Darüber hinaus betrachtet Bayle die elektroakustische Lautsprecherwiedergabe in einer Entsprechung zum Vorhang des Pythagoras – »ein Filter, der die visuelle Information unterdrückt, aber die auditive Information passieren läßt« (ebd.) – produktionsästhetisch als eine »semiotische Technologie«, die den musikalischen »Diskurs verändert«, indem man hinter einem Vorhang anders als gewöhnlich zu sprechen gezwungen ist, um sich den Zuhörenden gegenüber verständlich auszudrücken. »Alles ist artifiziell und vom Autor phänomenologisch neu komponiert, der sich wie Pythagoras an eine versteckte Hörerschaft richtet und während seines Diskurses darauf achten muß, die Normen der Artikulation zu respektieren, damit sich abschnittsweise Verständlichkeit vermittelt – die eines neuen Zustands der Dinge« (ebd., 17). Und dergestalt steht der Begriff der Akusmatik infolge einer Emanzipation von den unmittelbaren Restriktionen des menschlichen Körpers bei der Klangerzeugung und Gestaltbildung für eine gegenüber herkömmlich vokalinstrumentaler Musik grundlegend veränderte Art und Weise sowohl des Komponierens als auch des Hörens:

> »Die Freiheit, alle möglichen Objekte zu produzieren, die Freiheit zu sämtlichen Formveränderungen, sämtlichen Dehnungen, sämtlichen Kontraktionen, sämtlichen Fragmentierungen, sämtlichen Beschleunigungen oder Verlangsamungen, sämtlichen Vergrößerungen oder Verkleinerungen: aber der Vorhang des Wahrnehmungsbewußtseins muß durchquert werden! Genau das ist der Kontrakt der *akusmatischen Modalität*. Und unter ›Modalität‹ ist hier dieser Umkehreffekt des ›Machens‹ zu verstehen, der das ›Sein‹ modifiziert. Ein ›anderes Sein‹ entsteht aus einem ›anderen Handeln‹, aufgrund des medial gestützten Hörens. Es ist eine Welt, die in der Kindheit steckt, weil wir noch dabei sind zu lernen, wie das Hören funktioniert. Die Akusmatik präsentiert sich also als *das Hören des Hörens*« (ebd.; Hervorh. im Orig.).

Dass somit nicht bloß bestimmte technische Sachverhalte und strukturelle Realisationsverfahren elektroakustischer Musik verhandelt und analysiert werden, sondern dem Hören als der entscheidenden Instanz für die ästhetische Konstitution des musikalischen Werkes ein gebührender Vorrang eingeräumt wird, bewirkt die Stärke und Überzeugungskraft der akusmatischen Theorie, die mehr als einhundert mittlerweile parallel dazu entstandene paradigmatische Kompositionen Bayles begleitet und in eins damit internationale Verbreitung und hohe Anerkennung fand.

Akusmatik als Praxis- und Forschungsfeld

Zusätzlich markierte Bayle mit weiteren originellen Neologismen das Praxis- und Forschungsfeld der Akusmatik, indem er erstens zur optimalen räumlichen Diffusion akusmatischer Werke im Konzert unter Anpassung an die jeweilige Saalakustik in Anlehnung an das Vorbild eines tradierten Sinfonieorchesters ein Lautsprecherdispositiv mit der – im Vortragstitel von 1975 bereits zitierten – Benennung ›Acousmonium‹ konzipierte, das erstmals am 12. Februar 1974 im Espace Cardin bei der Pariser Premiere seines wegweisenden Fundamentalwerkes *L'Expérience Acoustique* eingesetzt wurde; in Einklang mit der Doppelbedeutung des französischen Titels verwirklichte Bayle zwischen 1969 und 1972 mit 14 unterschiedlichen Sätzen ein insgesamt zwei Stunden Dauer ausfüllendes elektroakustisches ›Experiment‹, das besondere Stationen der auditiven akusmatischen ›Erfahrung‹ für den Komponisten selbst und gleichermaßen für die Zuhörenden darstellt. Zweitens prägte er 1984 für den Ort der Archivierung, Dokumentation, wissenschaftlichen Erforschung und Aufführung akusmatischer Musik in offensichtlicher Allusion auf die Institution einer Bibliothek, wie sie seit Jahrhunderten für die Bewahrung des menschlichen Wissens und der Kultur geläufig ist, die Bezeichnung ›Acousmathèque‹. Und drittens ließ er mit dem Tool ›Acousmographe‹ eine spezielle digitale Analysesoftware zur graphischen Repräsentation akusmatischer Werke in sogenannten Acousmogrammen entwickeln; der 1990 fertiggestellte Prototyp wurde seitdem mehrfach aktualisiert, und die Software wird inzwischen von jenem Teil der Musikwissenschaft, der für die Akusmatik Interesse zeigt, als ein fundamentales Transkriptionswerkzeug vielfach genutzt.

Ebenso fand das Acousmonium Nachahmung seitens zahlreicher Komponisten, die im persönlichen Kontakt Bayles Aktivitäten kennengelernt hatten. So brachte Denis Smalley nach einem Studienaufenthalt, den er als neuseeländischer Stipendiat in Paris 1971/72 genossen hatte, die dort empfangenen akusmatischen Ideen nach England, wo er zu einem einflussreichen Kompositionslehrer an der City University in London aufstieg, und wiederum von ihm instruiert etablierte Jonty Harrison in den Electroacoustic Music Studios der University of Birmingham seit 1982 ein jetzt renommiertes Zentrum akusmatischer Lehre und Praxis mit dem Lautsprecherorchester BEAST (Birmingham ElectroAcoustic Sound Theatre). Annette Vande Gorne, die in Paris sowohl von Schaeffer als auch von Bayle sich hatte instruieren lassen, errichtete ihrerseits 1982 in Ohain bei Brüssel das der Pflege der Akusmatik gewidmete Zentrum Musiques et Recherches mit dem Studio Métamorphoses d'Orphée und einem eigenen Acousmonium, um regelmäßig Konzerte, Kompositionswettbewerbe und auch Kurse für die Kunst der räumlichen Diffusion akusmatischer Musik zu veranstalten.

Zu einem weiteren Pionier der Akusmatik avancierte Francis Dhomont, nachdem er ungefähr zur gleichen Zeit wie Schaeffer die technischen Möglichkeiten einer medienbasierten Tonbandkomposition entdeckt hatte und in Frankreich seit den 1970er Jahren mit einem heute reichen elektroakustischen Œuvre an die Öffentlichkeit getreten war. In Anknüpfung an Bayle übernahm er dessen akusmatische Terminologie und hob in einer exemplarischen Einlassung hervor, »daß die Musique concrète und ihre ›Erstgeborene‹, die akusmatische Musik, spezifische Modalitäten der elektroakustischen Musik sind, die das Hören zu grenzenlosen akustischen Landschaften hin öffnen. Der Ausdruck *Akusmatik* wiederum bezeichnet ein Denken und eine Einheit aus kompositorischen Gesten, Bedingungen des Hörens / der Realisation und Strategien zur Projektion in den Raum« (Dhomont 2008, 31). So vertritt auch Dhomont dezidiert eine Betonung der Rezeptionsperspektive, wenn er zum einen im Hinblick auf die Akusmatik festhält: »Indem sie jegliches visuelle Element (insbesondere die Anwesenheit von Instrumenten auf der Bühne), das man mit wahrgenommenen Klangphänomenen verknüpfen könnte, hinter der Anonymität der Lautsprecher (einem modernen pythagoreischen Vorhang) verschleiert, produziert die Akusmatik Klänge um ihrer selbst Willen, ohne Kausalbezug, und löst beim Hörer eine Flut geistiger Bilder aus, die sich in seiner Psyche eingravieren« (ebd., 33). Mithin akzentuiert er zum anderen den Stellenwert assoziativer Qualitäten als ein singuläres Definitionsmerkmal elektroakustisch fixierter akusmatischer Schöpfungen: »Zudem haben diese auf einem Trägermedium komponierten Musiken die bemerkenswerte Besonderheit, daß sie sich von ›den zu interpretierenden Musiken‹ unterscheiden. Meiner Ansicht nach ist die Akusmatik im Wesentlichen die Kunst der mentalen Repräsentationen, die vom Klang hervorgerufen werden« (ebd.). Als Kompositionslehrer an der Universität in Montréal von 1980 bis 1996 tätig, spielte Dhomont eine wichtige Rolle für die Vermittlung der Akusmatik nach Kanada; in Québec figurieren beispielsweise Gilles Gobeil und Robert Normandeau als kompositorische Protagonisten einer derzeit überaus lebendigen akusmatischen Szene, die auch Überschneidungen mit popularmusikalischen Genres nicht scheut, worin man generell eine neuerdings global sich verbreitende Tendenz erkennen mag.

Insofern folglich die Theorie der Akusmatik zentrale Aspekte der elektroakustischen Musikpraxis hinsichtlich sowohl der kompositorischen Produktion als auch der auditiven Apperzeption ins Bewusstsein gehoben und problematisierend erhellt hat, vermochte sie seit den 1990er Jahren eine nachhaltige musikgeschichtliche Ausstrahlung zu entfalten. Selbst Komponisten wie Ludger Brümmer und Hans Tutschku, die in einer Tradition der originär abstrakt parametrisch-strukturell determinierten, wesentlich von Karlheinz Stockhausen initiierten Elektronischen Musik Kölner Provenienz ihre kompositorischen Werdegänge begannen, haben im weiteren Verlaufe ihres Schaffens der empirischen, vom unmittelbaren Kontakt mit dem Klangmaterial gekennzeichneten Arbeitsweise der originär französischen Akusmatik sich angenähert; etwa in der Verwendung von Samples, die man mit den Klangobjekten der Musique concrète oder den Phonographien der akusmatischen Musik vergleichen kann, und mit einer auf solcher Grundlage erklärtermaßen am Höreindruck orientierten subjektiven Formgestaltung. »The judging instance of this music is not generated by the quality of the parametric architecture; instead it evolves out of the audible result«, fasste Brümmer im Rahmen einer »Hommage à François Bayle« am 12. Oktober 2007 prägnant eine wesentliche Einsicht zusammen (Brümmer et al. 2012, 316), und Tutschku hob im selben Kontext die gestischen Eigenschaften der akusmatischen Musik Bayles hervor: »There is not someone sitting with a mouse in front of a computer, but there is a musician in a laboratory and he's really manipulating material, taking stones and hitting them. I feel through his music this quality of direct action« (ebd., 323). Und während Brümmer als Leiter des Instituts für Musik und Akustik am Zentrum für Kunst und Medientechnologie (ZKM) in Karlsruhe seit 2003 mit dort veranstalteten Symposien und Konzerten auch in Deutschland der Akusmatik ein Forum bot, vermehrte Tutschku, der 2004 an die Harvard University in Cambridge, Massachusetts als Professor für Komposition und Leiter des Studio for Electroacoustic Composition berufen wurde, den Bekanntheitsgrad der Akusmatik in den USA, wobei er nach dem Vorbild des Acousmonium dort ebenfalls ein Lautsprecherdispositiv installierte, das er unter humorvoller Anspielung auf das legendäre vielköpfige Ungeheuer der griechischen Mythologie ›Hydra‹ taufte.

Musikalische Akusmatik im Kontext

Die transdisziplinäre Ausstrahlung der Akusmatik belegt nicht zuletzt Michel Chion, der zeitweilig ein festes Mitglied in Bayles Groupe de Recherches Musicales von 1971 bis 1976 war und dabei offensichtlich entscheidende Denkimpulse empfing. Denn in einer unübersehbaren terminologischen Anleihe führte er anschließend in seinen filmtheoretischen Schriften das Konzept des ›acousmêtre‹ – des ›akusmatischen Wesens‹ – im Sinne einer filmisch als Figur unsichtbar bleibenden, sondern allein akustisch wahrnehmbaren körperlosen Stimme in die Theorie des Tonfilms ein (vgl. Chion 1982).

Indessen verliert der Begriff der Akusmatik bei einer bisweilen anzutreffenden ganz allgemein und weit gefassten banalen Verwendung für jegliche Wiedergabe einer beliebigen Schallquelle über Lautsprecher seine inhaltlichen Konturen, so wenn Sam Halliday unter Berufung auf das Telefon, das Grammophon und das Radio von »acousmatic sound and listening« bzw. »acousmatic sound technology« redet (Halliday 2013, 14). Von musikalischer Akusmatik im engeren Verstande sollte nur die Rede sein, wenn in vollem Bewusstsein der besonderen Qualität fixierter Klänge und deren elektroakustischer Lautsprecherprojektion unter ausdrücklicher Reflexion der dabei vorwaltenden speziellen Herstellungs- und Wahrnehmungsbedingungen komponiert wird.

Verwandte Beiträge: Kap. 7 (Performanz); Kap. 10 (Klangfarbe); Kap. 15 (Sound Art); Kap. 16 (Sounddesign); Kap. 17 (Soundscape); Kap. 24 (Musikwissenschaft); Kap. 68 (Telefon); Kap. 73 (Krieg).

Literatur

Bayle, François: *Musique acousmatique. Propositions... positions.* Paris 1993.

Bayle, François: *L'image de son / Klangbilder. Technique de mon écoute / Technik meines Hörens.* Zweisprachige Edition franz./dt. mit Klangbeispielen auf einer CD. Hg. von Imke Misch und Christoph von Blumröder. Berlin ^{2}2007 (= *Signale aus Köln*, Bd. 8: *Komposition und Musikwissenschaft im Dialog IV [2000–2003]*).

Blumröder, Christoph von: Musique concrète – Elektronische Musik – Akusmatik. Konzeptionen der elektroakustischen Musik. In: Ders./Tobias Hünermann (Hg.): *Topographien der Kompositionsgeschichte seit 1950. Pousseur, Berio, Evangelisti, Kagel, Xenakis, Cage, Rihm, Smalley, Brümmer, Tutschku.* Wien 2011 (= *Signale aus Köln*, Bd. 16), 196–206.

Blumröder, Christoph von: *Die elektroakustische Musik. Eine kompositorische Revolution und ihre Folgen.* Wien 2017 (= *Signale aus Köln*, Bd. 22).

Brümmer, Ludger et al.: Hommage à François Bayle. In: Marcus Erbe/Christoph von Blumröder (Hg.): *Le monde sonore de / The Sound World of / Die Klangwelt des François Bayle. Begegnungen an der Universität zu Köln 2005 bis 2010. Internationales Musikwissenschaftliches Symposion ›Die Klangwelt der akusmatischen Musik‹, 9. bis 12. Oktober 2007.* Mit einer begleitenden DVD. Wien 2012 (= *Signale aus Köln*, Bd. 18), 315–330.

Chion, Michel: *La voix au cinéma.* Paris 1982.

Dhomont, Francis: Genèse et analyse de *Novars* / Genese und Analyse von *Novars*, Vortrag am 3. Juli 2008. In: Marcus Erbe/Christoph von Blumröder (Hg.): *Komposition und Musikwissenschaft im Dialog VII (2007–2012). Mit Beiträgen von Francis Dhomont, Gilles Gobeil, Robert Normandeau, Hans Tutschku* [u. a.]. Inklusive einer CD mit Klangbeispielen. Wien 2015 (= *Signale aus Köln*, Bd. 20), 30–45.

Gayou, Évelyne: *Le GRM. Groupe de Recherches Musicales. Cinquante ans d'histoire.* Paris 2007.

Halliday, Sam: *Sonic Modernity. Representing Sound in Literature, Culture and the Arts.* Edinburgh 2013.

Lien. Revue d'esthétique musicale, H. 2 (1991), Themenheft: *Vous avez dit Acousmatique?.* Hg. von Annette Vande Gorne.

Peignot, Jérôme: De la musique concrète à l'acousmatique. In: *Esprit. Nouvelle série*, H. 280 (Januar 1960), 111–120.

Christoph von Blumröder

9 Dezibel

Das Dezibel (dB) wird oft missverstanden als Maß für die Lautheit, tatsächlich aber ist es eine dimensionslose *physikalische* Einheit. Lautheit ist eine Wahrnehmungskategorie, in Dezibel hingegen wird eine materielle Quantität beziffert, so zum Beispiel Leistung, elektrische Spannung oder Schalldruck. Anders als bei linearen Messungen, etwa wenn metrische Längeneinheiten addiert werden, wird in Dezibel ein Verhältnis angegeben, normalerweise das Verhältnis einer bestimmten Leistung zu einem festgelegten Messgröße als Referenzwert. Das Dezibel ist ein logarithmisches Maß: Die Bel-Zahl gibt den dekadischen Logarithmus des Verhältnisses zweier Leistungsgrößen an; ein Dezibel ist ein Zehntel eines Bels. Die Dezibel-Skala ist nicht linear, sie zeigt exponentielle Intensitätszuwächse an.

In Dezibel wurde zunächst der Übertragungsverlust in den Telefonleitungen von Bell System gemessen, dem vorherrschenden Telefonsystem in den USA, das von der American Telephone and Telegraph Company (AT&T) betrieben wurde. Außer Signal-Abschwächungen wurden bald auch Verstärkungen und das Verhältnis der Signalstärke zum Hintergrundrauschen in Dezibel gemessen. Ingenieure bei den Bell Telephone Laboratories (dem Forschungszweig von Bell System) sprachen bereits 1928 von Dezibel, erweiterten Kreisen bekannt wurde die Einheit jedoch erst 1931 durch die Veröffentlichung im *Standards Yearbook* des U. S. National Bureau of Standards (vgl. Harrison 1931). Im Jahr 1937 wurde Dezibel schließlich (wenn auch nicht ohne Kontroversen) auf der First International Acoustical Conference in Paris, bei der Harvey Fletcher von den Bell Telephone Laboratories die amerikanische Delegation anführte, als internationaler Standard angenommen (vgl. [Anonym] 1937, 170).

Heute wird eine Vielzahl von Leistungsproportionen in Dezibel angegeben, auch in Gebieten, die weit über die Akustik hinausreichen, von der Optik bis zur Radartechnik, wobei mit der Ausweitung der Anwendungsbereiche auch die Kritik an der Anwendbarkeit und Genauigkeit der Einheit Dezibel wuchs. Insbesondere wurde das Dezibel in die Audiometrie integriert, als Einheit der Intensität auf der Y-Achse des Audiogramms. Die Testergebnisse wurden und werden seither oftmals als ›Hörverlust in dB‹ angegeben. Das führt häufig zu Verwechslungen zwischen der Quantifizierung der physikalischen Intensitäten (d. h. der audiometrischen Testtöne) und der Messung der Hörfähigkeit oder der Lautstärke-Empfindung.

In den Science and Technology Studies untersuchen Wissenschaftler/innen Maßeinheiten und andere Standards, um zu verstehen, wie dadurch bestimmte Ethiken und Werte kodifiziert, verkörpert oder vorgeschrieben werden. Die Geschichten von Standards sind besonders deshalb wichtig, weil sie ein »generative entrenchment« zeigen, in der frühe Entscheidungen sich während des Wachstums eines Systems immer weiter auswirken und verzweigen (Lampland/Star 2009, 5 und 14 f.). Heutige Kontroversen über die Bedeutung der Einheit Dezibel lassen sich dabei in der Tat bis zu ihren sozio-technischen Ursprüngen zurückverfolgen.

Anfänge der Forschung

Ingenieure bei Western Electric, der für die Produktion verantwortlichen Tochtergesellschaft der Bell Telephone Company (später AT&T), begannen 1896 mit der systematischen Untersuchung von Übertragungsverlusten, als sie anstelle einfacher Leitungsdrähte immer häufiger Kabel mit mehreren parallel liegenden Leitungen einsetzten (vgl. Harrison 1931, 28). Bevor es eine zuverlässige Verstärkung durch Vakuumröhren gab, nahm die im Telefonhörer vernehmbare Lautstärke mit der Länge der Leitung immer weiter ab (vgl. Martin 1924, 403). Außerdem wurden Telefongespräche durch Geräusche und Interferenzen beeinträchtigt, die von den in Kabeln gebündelten Leitungen und von den Kommunikationsapparaten selbst herrührten. Die Kabel milderten zwar einige Formen von Interferenzen mit äußeren Störgeräuschen, allerdings kam es zu *crosstalk*, beständigen Überlagerungen zwischen den einzelnen Leitungen.

1904 begannen Ingenieure bei Bell System, als Referenzeinheit zur Messung von Signalstärkedifferenzen zwischen Input und Output einer Telefonleitung *mile of standard cable* (dt. Eine-Meile-Standardkabel), kurz: msc, zu verwenden. Zunächst verglichen sie unter Einsatz menschlicher Sprecher/innen und Hörer/innen in Betrieb befindliche Leitungen mit einer Standardleitung. W. H. Martin von AT&T erklärte dazu 1924:

> »This comparison was on the basis of a speaker talking alternately over the circuit to be measured and the standard circuit and a listener switching similarly at the receiving ends, the amount of cable in the standard circuit being adjusted until the listener judged the volume of the sounds reproduced by the two systems to be equal. The number of miles of cable in the standard

D. Morat, H. Ziemer (Hrsg.), *Handbuch Sound*, https://doi.org/10.1007/978-3-476-05421-0_9

> circuit was then used as the ›transmission equivalent‹ of the circuit under test« (Martin 1924, 403).

In msc wurde also die Übertragungsleistung mit der überwundenen Distanz und mit der wahrgenommenen Lautstärke korreliert. Die Telefoningenieure legten auch Standards für die Übertragungsqualität auf Basis der Einheit *mile of standard cable* fest; ein Ferngespräch ›guter Qualität‹ beispielsweise erforderte eine Sprechleistung von mindestens 30 msc (vgl. McMeen 1912).

Standardkabel wurden bald weltweit eingesetzt, um die Übertragungseffizienz zu messen, jedoch waren die Kontrollkabel je nach nationalem Kontext in Gewicht, Induktivität und Leitfähigkeit verschieden (vgl. Hartley 1924, 35), was einen internationalen Standard unmöglich machte. Das Verhältnis von Input- und Outputleistung unterschied sich außerdem auch bei ein und demselben Kabel je nach Frequenz des übertragenen Signals; höhere Frequenzen wurden häufig bei der Übertragung verzerrt. Aus diesen Gründen bemühten sich die Telefontechniker, ihre Kontrollmaterialien zu verbessern; außerdem wollten sie eine Maßeinheit etablieren, die sich frequenzunabhängig auf Schalldruck und elektrische Spannung anwenden ließ. Mit der Entwicklung von Wellenfiltern und Vakuumröhren wurden tatsächliche Kabel durch ›künstliche Leitungen‹ – Referenzleitungen – als Kontrollsysteme ersetzt. Ebenso wurden die Sprecher-Hörer-Paare durch Tests mit Sinustönen und elektrischen Messinstrumenten abgelöst, wodurch die menschliche Wahrnehmung bei der Messung physikalischer Amplitude oder Leistung verdrängt wurde (vgl. ebd.). Künstliche Leitungen wurden in den USA auf 796 Hz kalibriert; die damit verknüpfte Maßeinheit war als ›800 Cycle Mile‹ bekannt. Neben der Messung von Leistungsverlusten wurden Referenzleitungen auch verwendet, um abschätzen zu können, welche Auswirkungen es hatte, wenn die Leitungen durch technische Komponenten erweitert wurden, etwa durch Telefonvermittlungen, Vernetzungen oder zwischengeschaltete Funkverbindungen.

Die Transmission Unit und das Hörvermögen

Im Jahr 1923 entwickelten Techniker bei Bell System für ihre Untersuchungen der Übertragungseffizienz eine neue physikalische Einheit, die Transmission Unit (TU). Die TU war eine logarithmische Einheit, was die potenziell riesige Bandbreite akustischer Intensitäten handhabbar machte. Techniker konnten damit Zehnerpotenzen zählen – von 10^1 bis 10^9 beispielsweise –, statt eine additive Skala von eins bis eine Milliarde zu verwenden. Passenderweise schien das menschliche Gehör ebenfalls nach logarithmischen Abstufungen zu funktionieren. Nach dem Fechnerschen Gesetz aus der Psychologie wächst die Lautstärkeempfindung mit dem Logarithmus des akustischen Stimulus, sodass ein Anstieg der physikalischen Lautstärke von 10 auf 10^9 in der Wahrnehmung nur zu einer additiven Steigerung von eins bis neun führt. Anders gesagt: Das menschliche Ohr ist für Intensitätsänderungen bei niedrigen Schallpegeln sensibler als bei hohen Schallpegeln, was möglicherweise ein Schutzmechanismus ist. (Heute weiß man, dass die Wahrnehmung von Lautstärke bei sehr tiefen und sehr hohen Frequenzen diskontinuierlich variiert.) Aus ebendiesem Grund haben Logarithmen in der Akustik und Musik eine lange Geschichte; die Konstruktion vieler Musikinstrumente scheint das logarithmische Wesen des menschlichen Gehörs widerzuspiegeln.

Wie Ralph Hartley vom Forschungslaboratorium der Western Electric anmerkte, als er den Lesern von *Electrical Communication* die Transmission Unit vorstellte, sei die logarithmische Quantifizierung nichts Unvertrautes: »The octave and the musical tone are units of different magnitudes for expressing the logarithm of a frequency ratio« (1924, 36). Die TU könne verwendet werden, um ›Leistungen, Potenziale oder Ströme‹ zu messen, sowie der größeren Spezifizität halber; um mit einer kleineren Bandbreite von Werten operieren zu können, sei die Einheit als zehnfacher Logarithmus des Verhältnisses von Eingangsleistung zu Ausgangsleistung festgelegt worden. »Two amounts of power«, erklärte W. H. Martin, »differ by one transmission unit when they are in the ratio of $10^{0.1}$« (1924, 401).

1924 empfahl das International Advisory Committee on Long Distance Telephony in Europe, weltweit eine Standardeinheit zum Messen des Übertragungsverlusts einzuführen; nur so sei ein Zusammenschalten der Fernsprechnetze, die sich immer weiter über den Globus ausbreiteten, zu bewerkstelligen. Dies führte zu internationalen Kontroversen, die in einer Serie von Artikeln dokumentiert sind, die 1925 in der Zeitschrift *The Electrician* publiziert wurden. In Europa verwendeten Ingenieure einen sich von dem des amerikanischen Monopolisten AT&T unterscheidenden Dämpfungsexponenten ($\beta\iota$), um bei einer bestimmten Leitung die maximale Distanz für eine verständliche Telefonübertragung zu messen; diese Einheit stützte sich außerdem auf den sogenannten natürlichen Logarithmus (mit der Basis *e*) und nicht auf den üblicherweise verwendeten dekadischen Logarithmus (mit der Basis 10) (vgl. Breisig 1925, 115).

Die Einheit TU setzte sich in Europa – insbesondere in Deutschland – nur langsam durch, in den USA jedoch wurde sie rasch auch in anderen Bereichen als der Telefonübertragung angewendet. So sorgten Telefoningenieure dafür, dass die TU in die Audiometrie eingeführt wurde, als Einheit zur Messung der Hörfunktion. Western Electric hatte schon 1911 in New York ein Forschungslabor etabliert und zwei Jahre später mit einer umfassenden Untersuchung von Sprechen und Hören begonnen, einzig zu dem Zweck, die Übertragungsqualität bei Telefongesprächen zu verbessern. Im Dienste dieser Forschungen stellten die Techniker von Western Electric eine Reihe von Audiometern her, beginnend 1922 mit dem 1-A, dem ersten kommerziellen Audiometer in den Vereinigten Staaten. Zusammen mit dem 1-A wurde auch das Audiogramm eingeführt, auf dem die Hörfunktion eingetragen wurde als kleinster notwendiger Schallpegel zum Hören einer Reihe von Tönen mit steigender Frequenz. Das Audiogramm bekam schließlich auch für die jeweiligen Frequenzen als Bezugspunkt einen Nullwert, der aus den Durchschnittswerten groß angelegter Untersuchungen ermittelt wurde. Dies ermöglichte es, das Diagramm einer Einzelperson als Auskunft über den jeweiligen Hörverlust zu lesen. Tatsächlich setzte sich erst durch das Audiogramm im Englischen der Terminus *hearing loss* – Hörverlust – durch. Bis dahin war der Ausdruck nicht gebräuchlich gewesen; man kann darin noch die Besessenheit von Technikern hören, bei denen sich alles um Effizienz und *Übertragungsverlust* drehte.

Bei den Forschungen um das Audiometer arbeiteten u. a. Harvey Fletcher und der Ohrenarzt Edmund Prince Fowler zusammen; zunächst verwendeten sie für die Schallpegel auf der Y-Achse des Audiogramms die Transmission Units (vgl. Fletcher 1926, 156). Fletchers Kollege Rogers Galt entwickelte letztlich den phonographartigen Audiometer weiter zu einem tragbaren ›Lärmmessgerät‹; zudem verwendete er, was er ›ohrenbetäubende Übertragungseinheiten‹ nannte, als ›Lärmeinheiten‹, um den Verdeckungseffekt von unerwünschten Leitungs- und Zimmergeräuschen beim Telefonieren zu berechnen (vgl. Galt 1929).

1925 benannten Fletcher und Fowler die Werte auf der Y-Achse des Audiogramms um, sie hießen jetzt *sensation units*, ›Wahrnehmungseinheiten‹ (vgl. Fowler 1967, 108 f.). Außerdem kalibrierten sie die Wählscheibe des Audiometers in ebenjene Wahrnehmungseinheiten, »so that when it is adjusted to give the minimum sound that the child [oder eine andere Testperson; M. M.] can hear, the hearing loss can be read directly from a scale on the dial« (Fowler/Fletcher 1926, 1877). Da sich mit dem Drehknopf nur die *Leistung* des Tons steuern ließ, der während einer audiometrischen Untersuchung zum Ohr der Versuchsperson geleitet wurde, täuscht der Name ›Wahrnehmungseinheit‹ über jene Vermischung physikalischer Kategorien mit Wahrnehmungskategorien hinweg, die sich bis zu den Ursprüngen der Schallleistungsmessungen zurückverfolgen lässt. Zudem gaben diese mit einzelnen Sinustönen operierenden Audiometer keine Auskunft über die Wirkung komplexer Klangreize; auch die Abnahme der empfundenen Lautstärke bei anhaltendem Klangreiz ließ sich damit nicht erklären. Die Darstellung des Hörvermögens blieb außerordentlich abstrakt.

Von der Transmission Unit zum Dezibel

Nur wenige Jahre nach der erstmaligen Vorstellung der Einheit TU verabschiedeten sich die Techniker bei Bell schon wieder von dem Namen: Aus der Transmission Unit wurde 1928 das Dezibel, wobei ein Dezibel ein Zehntel eines Bel ist, welches wiederum nach Alexander Graham Bell benannt wurde (vgl. Hartley 1928, 137). Als Rogers Galt 1929 der Öffentlichkeit sein »noise audiogram« präsentierte, mit dem er die ›ohrenbetäubende Wirkung‹ von Lärm am Arbeitsplatz und in der Stadt zu messen gedachte, ersetzte auch er die Einheit TU durch Dezibel (vgl. Galt 1929).

Nichtsdestotrotz empfahl das International Advisory Committee on Long Distance Telephony nach einigen Erörterungen denjenigen, die es vorzogen, mit dem natürlichen Logarithmus zu arbeiten, ihre Einheit Neper zu nennen, zu Ehren des frühneuzeitlichen Mathematikers John Napier, latinisiert Neper (vgl. Martin 1929, 2). Wenn es um die Beschreibung von Lautstärken ging, wurde der Ausdruck ›Dezibel‹ jedoch sehr viel populärer als ›Neper‹; im Jahr 1937 wurde Dezibel schließlich internationaler Standard in der Akustik. Allerdings wurden weder Dezibel noch Neper in das Internationale Einheitensystem (SI) aufgenommen; weil sie beide dimensionslos sind, sollten sie nach Meinung einiger Wissenschaftler/innen noch nicht einmal als ›Einheiten‹ bezeichnet werden (vgl. Taylor/Thompson 2008, 35).

Die Dezibel bleiben dabei als Einheit bis heute verankert in den Schallpegelmessern, den sogenannten

Dezibelmessern, mit denen man Geräuschemissionen direkt messen kann. Solche Geräte vermitteln die Illusion, dass Lärmbelästigung etwas Objektives und präzise Quantifizierbares ist, obgleich das Dezibel eine relative Einheit ist und die Wirkung von ›Lärm‹ auf menschliche Hörer/innen von vielen unterschiedlichen Faktoren abhängig ist. Das Dezibel ist überdies in die Audiometer integriert, nämlich durch die Einstellung des Hörpegels im Audiometer. Auch die Prozentsätze der Hörschädigung werden international ausgehend vom Dezibelwert über der ›normalen Schwelle‹ berechnet, ab der eine Reihe von Tönen wahrgenommen werden kann. Wenn der Lautstärkeregler an einer Stereoanlage oder einem anderen elektroakustischen Empfangsgerät in Dezibel skaliert ist (im Gegensatz zu einer willkürlichen Einheit), ist das Hoch- und Herunterdrehen des Lautstärkereglers eine nicht-lineare Aktion. Das Dezibel war anfänglich ein Maß für den Übertragungsverlust bei einer bestimmten Distanz, nun ist es gleichermaßen ein Maß für das Anschwellen der Lautstärke.

Das Dezibel in der aktuellen Diskussion

Das Dezibel ist bis heute nicht unumstritten. Ingenieur/innen monieren mangelnde Genauigkeit und die Anwendung auf andersartige Größen, zum Beispiel Spannung, Leistung und Schalldruckpegel. Im dB FS-System der digitalen Tontechnik (kurz für *Decibels relative to full scale*; oft auch dBFS) sind Dezibel doppelt relativiert, denn dB FS bezieht sich auf den *maximalen* Schallpegel, bei dem die Töne nicht verzerrt werden. Viele würden es vorziehen, die Einheit Dezibel durch spezifische lineare SI-Einheiten zu ersetzen (vgl. Hickling 1999).

Der logarithmische Charakter der Einheit Dezibel ist dabei keineswegs durchgängig bekannt, daher bleibt im Allgemeinen unverstanden, dass der Lärm eines Staubsaugers mit 50 dB verglichen mit einem gerade noch vernehmbaren Flüstern das Einhunderttausendfache an Leistung bedeutet. Wissenschaftler/innen, die sich mit Unterwassersounds befassen, beklagen zudem, dass der typische Referenzwert für das Dezibel (0 dB) sich auf die durchschnittliche menschliche Hörschwelle bei 1000 Hz im Medium Luft bezieht (z. B. Clay 1999). Nicht nur unterscheidet sich unter Wasser der Schwellwert des menschlichen Gehörs für Schalldruck von dem in Luft, auch Meerestiere weisen ganz andere Hörcharakteristika auf, sodass bei denen die Dezibelskala die Auswirkungen lauter Geräusche möglicherweise gar nicht adäquat erfasst (vgl. Chapman/Ellis 1998, 30). Und weil in Dezibel letztlich ein Verhältnis zweier physikalischer Größen angegeben wird und nicht etwa eine Sinneserfahrung – das wird häufig falsch verstanden –, sind für Lautstärkemessungen denn auch unabhängige Einheiten wie Sone und Phon vorgeschlagen worden. Die Verwechslung von Lautheit und relativer Klangenergie ist in der Geschichte des Dezibel verwurzelt: Sound wurde als etwas an das Ohr Übertragenes, als Stimulus dargestellt, und dabei wurde stillschweigend angenommen, diese Stimuli entsprächen eins zu eins dem Hörvermögen und der Wahrnehmung.

Verwandte Beiträge: Kap. 12 (Resonanz); Kap. 18 (Architektur); Kap. 27 (Physikalische Akustik); Kap. 35 (Lärm); Kap. 36 (Rauschen); Kap. 38 (Stille); Kap. 43 (Auto); Kap. 45 (Fabrik); Kap. 50 (Krankenhaus); Kap. 56 (Stadion); Kap. 68 (Telefon).

Literatur

[Anonym:] The First International Acoustical Conference. In: *Nature* 140 (28.8.1937), 170.
Beyer, Robert T.: *Sounds of Our Times. Two Hundred Years of Acoustics.* New York 1999.
Bijsterveld, Karin: *Mechanical Sound. Technology, Culture, and Public Problems of Noise in the Twentieth Century.* Cambridge, MA 2008.
Breisig, Franz: Telephone transmission standards. In: *The Electrician* 94 (1925), 114 f.
Chapman, David M. F./Ellis, Dale D.: The elusive decibel. Thoughts on sonars and marine mammals. In: *Canadian Acoustics* 26/2 (1998), 29–31.
Clay, Clarence C.: Underwater sound transmission and SI units. In: *The Journal of the Acoustical Society of America* 106/6 (1999), 3047.
Devine, Kyle: *Imperfect Sound Forever. Loudness, Listening Formations, and the Historiography of Sound Reproduction.* Ph.D. Diss., Carleton University, Ottawa 2012.
Feldmann, Harald: A history of audiology. A comprehensive report and bibliography from the earliest beginnings to the present. In: *Translations of the Beltone Institute for Hearing Research*, Nr. 22 (1970), 1–111.
Fletcher, Harvey: Methods of measuring children's hearing. In: *Bell Laboratories Record* 2/4 (1926), 154–157.
Fowler, Edmund Prince: Historical vignette. Harvey Fletcher. In: *Archives of Otolaryngology* 85/1 (1967), 107–109.
Fowler, Edmund Prince/Fletcher, Harvey: Three million deafened school children: Their detection and treatment. In: *Journal of the American Medical Association* 87/23 (1926), 1877–1882.
Galt, Rogers H.: Methods and apparatus for measuring the noise audiogram. In: *The Journal of the Acoustical Society of America* 1/1 (1929), 147–157.

Harrison, William H.: Standards for transmission of speech. In: *Standards Yearbook 1931*. Washington, D. C. 1931, 28 f.
Hartley, Ralph V. L.: The transmission unit. In: *Electrical Communication* 3/1 (1924), 34–42.
Hartley, Ralph V. L.: TU becomes Decibel. In: *Bell Laboratories Record* 7/4 (1928), 137–139.
Hickling, Robert: Noise control and SI units. In: *The Journal of the Acoustical Society of America* 106/6 (1999), 3048.
Horton, J. W.: The bewildering decibel. In: *Electrical Engineering* 73/6 (1954), 550–555.
Lampland, Martha/Star, Susan Leigh (Hg.): *Standards and Their Stories. How Quantifying, Classifying, and Formalizing Practices Shape Everyday Life*. Ithaca, NY/London 2009.
Martin, W. H.: The Transmission Unit and telephone transmission reference systems. In: *Bell System Technical Journal* 3/3 (1924), 400–408.
Martin, W. H.: Decibel – the name for the Transmission Unit. In: *Bell System Technical Journal* 8/1 (1929), 1 f.
McMeen, Samuel G.: Notes on an automatic telephone system recently built in San Francisco. In: *Engineering News* 67 (1912), 27.
Mills, Mara: Deafening. Noise and the engineering of communication in the telephone System. In: *Grey Room*, H. 43 (2011), 118–143.
Russell, Andrew: Bancroft Gherardi and the monopoly Bell System. Pioneers in information technology standardization. In: Toni Carbo/Trudi Bellardo Hahn (Hg.): *International Perspectives on the History of Information Science and Technology*. Medford, NJ 2012, 127–137.
Schwartz, Hillel: *Making Noise. From Babel to the Big Bang and Beyond*. New York 2011.
Taylor, Barry N./Thompson, Amber: *The International System of Units (SI)*. Washington, D. C. 2008.
Thompson, Emily: *The Soundscape of Modernity. Architectural Acoustics and the Culture of Listening in America, 1900–1933*. Cambridge, MA 2002.

Mara Mills
(aus dem Englischen übersetzt von Gerhard Herrgott)

10 Klangfarbe

Der Begriff ›Klangfarbe‹ wird in der ersten Hälfte des 19. Jahrhunderts geprägt. Das Kompositum aus den Termini ›Klang‹, der im ersten Drittel des Jahrhunderts in der deutschsprachigen musiktheoretischen Literatur vermehrt anzutreffen ist, und ›Farbe‹ löst den älteren Begriff der ›Tonfarbe‹ ab, der die Stufen in einer Tonleiter mit den Farben des optischen Spektrums gleichsetzte (vgl. Jewanski 1999). Der neue Begriff bezeichnet das Charakteristische im Klang von Musikinstrumenten, zuweilen auch die Modulationsfähigkeit der Klangqualität auf einem Instrument. Mitte des 19. Jahrhunderts kommt es zur Koppelung des Begriffs ›Klangfarbe‹ mit dem physikalischen Begriff der ›Schwingungsform‹, die der Physiologe und Physiker Hermann von Helmholtz etabliert. Helmholtz sieht in der Analyse periodischer Schwingungen nicht allein eine angemessene physikalisch-formale Beschreibung des Schalls, sondern greift mit ihr auch auf die Fähigkeit des Gehörs zu, Unterscheidungen im Klang zu treffen. Sein Begriff der ›Klangfarbe‹ setzt sich in der Folge im deutschen Sprachraum durch und wird für musikalische Klänge sowie für Vokale gebraucht. Der Klang der Vokale dient als das zentrale Beispiel in seinen experimentellen Untersuchungen zur Klangfarbe (vgl. Kursell 2013). Er unterscheidet dabei die »musikalische Klangfarbe« (Helmholtz 1863, 118), die den stationären Anteil des Schalls betrifft, von der Klangfarbe im weiteren Sinne, die auch den Schallverlauf einbegreift.

In der Folge differenziert sich ein Hörwissen aus, das den Begriff der Klangfarbe in verschiedene Zusammenhänge einzuordnen erlaubt. Er wird innerhalb eines musik- und kompositionstheoretischen, später auch kognitionswissenschaftlichen Diskurses gebraucht, bezeichnet aber auch ein implizites Wissen über die Manipulation von Klängen, das sich insbesondere auf den Gebrauch bestimmter Medien richtet. Der Begriff tritt dabei in verschiedenen Medienkonstellationen auf, in denen oftmals technische Entwicklungen sowie nicht-sprachliche Darstellungsoptionen ausschlaggebend sind für die Bezeichnung des Gegenstands beispielsweise als ›Timbre‹ oder ›Klangspektrum‹. Das implizite Wissen von der Klangfarbe schlägt sich in den Produkten des Musik- und Medienbetriebs nieder (etwa in Form von Editionen oder Tonaufnahmen) und wird heute zunehmend aus einer medienphilologischen und wissenssoziologischen Perspektive erschlossen.

Begriffsgeschichte

Ab Mitte des 18. Jahrhunderts finden sich die ersten Erwähnungen einer dritten Eigenschaft musikalischer Klänge neben Tonhöhe und Lautstärke. Der Mathematiker Leonhard Euler beschreibt in einem Brief an die preußische Prinzessin Friederike Charlotte von Brandenburg-Schwedt einen »sehr merkwürdigen Unterschied« (Euler 1773 [frz. 1768], 234 [137. Brief]), der den Ton einer Flöte und den eines Hornes zu unterscheiden erlaube, wenn sie von derselben Höhe und Stärke seien. »Jeder Ton nimmt etwas von dem Instrumente an sich, das ihn von sich giebt, und man kann beynahe nicht sagen, worinn dieses eigentlich liege« (ebd., 235). Es gibt, so Euler, keine Bezeichnung für diese Eigenschaft der Töne. Jean-Jacques Rousseau führt im Lemma »*Son*« seines *Dictionnaire de musique* drei Klangparameter auf: Ton, Stärke und Timbre. »In jeder dieser Beziehungen wird der Klang als veränderlich begriffen: 1. vom Tiefen zum Hohen, 2. vom Starken zum Schwachen, 3. vom Scharfen zum Milden oder vom Dumpfen zum Strahlenden, und umgekehrt« (Rousseau 1768, 447; Übers. J. K.). Das Timbre hängt, so fährt er fort, nicht von den beiden anderen Eigenschaften ab, auch lässt es sich beim einzelnen Instrument kaum variieren.

Johann Gottfried Walthers *Musicalisches Lexicon oder Musicalische Bibliothec* führt kein Lemma »Klangfarbe« und erwähnt unter dem Lemma »Timbre« eine schwengellose Glocke (vgl. Walther 1732, 608). Ebenso fehlt ein Eintrag in Johann Georg Sulzers *Allgemeiner Theorie der Schönen Künste* (1771–72) und in Heinrich Christoph Kochs *Lexikon der Tonkunst* (1802). Schon Sulzer weist allerdings darauf hin, dass als »Klang« zuweilen die Qualität von Instrumenten bezeichnet werde. So spreche man bei der Violine von ihrem Ton, beim Klavier – worunter im 18. Jahrhundert verschiedene Tasteninstrumente verstanden werden – aber vom guten oder schlechten Klang des Instruments (vgl. Sulzer 1798 [1771–72], Bd. III, 34–43, insbes. 38). ›Klang‹ als Bezeichnung für die Eigenart eines Musikinstruments oder musikalischen Schalls findet sich auch in den Musiklehren aus dem ersten Drittel des 19. Jahrhunderts bei Autoren wie Adolf Bernhard Marx und Gottfried Weber, die beide den Begriff ›Klangfarbe‹ nicht gebrauchen. Weber verwendet noch ›Tonfarbe‹, um »die Qualität des Tones (das Timbre, die Tonfarbe)« (Weber 1817, 3) zu beschreiben, die dem Klang durch die Eigenschaften des Klangkörpers verliehen wird. Er übersetzt das französische *timbre* später als das »Gepräge«, das einem Klang eignet (Weber ^{3}1830, 4).

D. Morat, H. Ziemer (Hrsg.), *Handbuch Sound*, https://doi.org/10.1007/978-3-476-05421-0_10

Diese Semantik entspricht einer Unterscheidung, die sich bei dem Musikhistoriker François-Joseph Fétis (1827, 277; vgl. dazu Dolan 2013, 251–256) und in Hector Berlioz' maßgeblichem *Grand Traité d'instrumentation et d'orchestration modernes* (1844) findet. Beide verstehen unter *sonorité* die Qualität und charakteristischen Eigenschaften von Musikinstrumenten. Akzidentielle Klangeigenschaften bezeichnen sie im Gegensatz dazu als *timbre*. Ein Lemma »Timbre«, auf das denn auch ein Eintrag »Klangfarbe« verweist, findet sich im deutschsprachigen Raum Ende der 1830er Jahre in Gustav Schillings *Encyclopädie der gesammten musikalischen Wissenschaften*. Unter ›Timbre‹ verstehe man demnach die »zufälligen Eigenschaften einer Stimme« (Schilling 1838, Bd. VI, 647). In Friedrich Zamminers populärer Darstellung der musikalischen Akustik wird ›Klangfarbe‹ bereits als eingeführter Terminus gehandhabt, ohne dass noch eigens auf Timbre verwiesen wird. Obgleich Zamminer auch Erklärungen für eine »Modification des Klanges« liefert – er sieht den Grund hierfür in der Wellenform bzw. im »Beiwerk zu der Hauptwelle« –, spricht er in diesem Zusammenhang nicht von ›Klangfarbe‹ (Zamminer 1855, 426).

Wissenschaftsgeschichte

Wenn die physikalische Analyse periodischer Schwingungen vor Helmholtz in der Akustik noch nicht produktiv werden kann, so ist das darauf zurückzuführen, dass zunächst unklar bleibt, von welchen hörbaren Gegenständen sie überhaupt handelt: Mit dem Wissen um die Komplexität periodischer Schwingungen war die Einheit des musikalischen Tons auseinandergebrochen. Physiker wie Georg Simon Ohm und August Seebeck können sich nicht darauf einigen, ob und wie periodische Schwingungen als einzelne Töne aufzufassen sind, was im Hören mit der Vielheit der postulierten Schwingungskomponenten geschieht und welche Funktion die Fourier-Analyse für eine nähere Kenntnis der Schwingungsform zu spielen vermag (vgl. Turner 1977).

Helmholtz spricht sich dagegen aus, jenseits einer Physiologie des Schalls überhaupt ein Gebiet hörbarer Vibrationen von der physikalischen Schwingungslehre abzusondern. Es bestehe kein Grund, Schwingungen anders zu behandeln, nur weil sie zufällig im Frequenzbereich des menschlichen Gehörs liegen. Innerhalb einer physiologischen Akustik glaubt Helmholtz hingegen, einen eindeutig benennbaren Gegenstand angeben zu können. Er fragt, inwiefern die Analysen von zusammengesetzten Schwingungen mithilfe des Fourierschen Theorems für das Hören relevant sind: Kann das Gehör unterscheiden, was die Fourier-Analyse als verschiedenartig zu beschreiben erlaubt? Und er nennt ›Klangfarben‹ dasjenige Gebiet, worin das Gehör solche Unterscheidungen fällt. Weil dieses Vermögen zunächst nur periodische Schwingungen betrifft, der periodische Schall in der Regel aber als musikalischer Ton oder Klang wahrgenommen wird, präzisiert er seinen Begriff und spricht von der »musikalischen Klangfarbe« des periodischen Schalls (Helmholtz 1863, 171).

Damit sind auf einen Schlag vier Wissensgebiete im Begriff der Klangfarbe verbunden: Physiologie, Physik, Mathematik und Musik. Auf dem Gebiet der Physiologie lässt sich nun über das Gehör sagen, dass es über ein präzise benennbares und zugleich komplexes Unterscheidungsvermögen verfügt. Hieran schließt Helmholtz seine Resonanztheorie des Hörens an, die eine mechanische Fourier-Analyse im Innenohr vermutet, die in letzter Instanz eine Decodierung des Schalls durch eine frequenzspezifische Aktivierung einzelner Nervenzellen behauptet. Im 20. Jahrhundert wird diese Hypothese hinsichtlich des vermuteten Mechanismus zwar widerlegt, aber die Idee einer Decodierung bestätigt.

Der Begriff der Klangfarbe richtet bei Helmholtz das Hörwissen neu aus. Jede Klangfarbe verweist ihrerseits auf ihre sinusförmigen Schwingungskomponenten, die getrennt hörbar gemacht werden könnten, selbst wenn sie für die alltägliche Funktion des Gehörs, das Klänge unterscheidet, nicht aus dem Gehörten heraustreten. Dem Begriff ›Klangfarbe‹ kommt die Funktion zu, den musikalischen Ton als den vormals zentralen Gegenstand der Musik zu ersetzen. Die dem Begriff ›Ton‹ implizite Leistung, einen Schall auf eine Tonhöhe hin zu rekognizieren, wird im komplexeren Begriff der ›musikalischen Klangfarbe‹ expliziert: Das Hören unterscheidet etwas, das auch einer formalen physikalischen Beschreibung zugänglich ist. Ob und wie die Klangfarben als Einheiten gehört werden und welche Rolle dabei die Bestimmung einer Tonhöhe spielt, ist für diese Beschreibung unerheblich.

Dennoch ist damit ein neues Schlaglicht auf die Musik als Gebiet des Hörwissens geworfen, denn es wird in Aussicht gestellt, dass die Klangfarbe bzw. der Klang der Musikinstrumente einer formalen Beschreibung zugänglich sein wird. Helmholtz unternimmt einen ersten Schritt in diese Richtung, indem er der ›musikalischen Klangfarbe‹ einen weiten Begriff der ›Klangfarbe‹ gegenüberstellt, der etwa auch Anblasgeräusche und Geräuschbeimischungen sowie das Verklingen als charakteristische Eigenschaften des Klangs von Musikinstrumenten umfassen soll. Für den Verlauf eines Klangs und seine Geräuschanteile ist zwar eine Analyse zu umständlich, doch rückt sie zumindest in den Bereich des Möglichen.

Schließlich stehen die Vokale als derjenige Gegenstand, an dem Helmholtz seinen Begriff der ›musikalischen Klangfarbe‹ ausformt, in einer Tradition, die bis Euler zurückreicht. Euler weist bereits auf die Verschiedenheit der Vokale hin, und er gilt als der Initiator eines Wettbewerbs zur Nachahmung der Vokalklänge mit den Mitteln des Orgelbaus, den die Sankt Petersburger Akademie der Wissenschaften unter Federführung von Eulers Sohn Johann Albrecht ausschreibt. An den Vokalklängen wird in der Folge der Einfluss von Resonanzräumen auf die Klangcharakteristik erforscht: Der Physiologe Ludimar Hermann führt Ende des 19. Jahrhunderts den Begriff ›Formant‹ für die Resonanzfrequenzen ein, die den Klang der Vokale kennzeichnen; der Experimentalpsychologe und Philosoph Carl Stumpf stellt fest, dass die Formanten Frequenzbänder ausbilden und dass ein Vokalklang in der Regel durch mehrere Formanten charakterisiert wird; sein Assistent Erich Schumann ermittelt schließlich Gesetzmäßigkeiten auch für die Klangcharakteristik von Musikinstrumenten. Der so bestimmte Begriff des ›Formanten‹ bleibt in der Folge für die Bestimmung von Klangfarben in Gebrauch.

Die experimentelle Phonetik, die Phonologie und die akustische Phonetik setzen bei diesen Forschungen an, um Unterscheidungskriterien für die Sprachlaute genauer zu untersuchen, jedoch wird dabei nicht mehr auf die Bezeichnung ›Klangfarbe‹ zurückgegriffen, sondern auf ein technisch gestütztes Verständnis des Schallspektrums. Mitte des 20. Jahrhunderts gelingt es, die Darstellung der Frequenzkomponenten und des Schalldruckpegelverlaufs in einer Weise zu verbinden, die diese beiden Aspekte des Schalls abzubilden erlaubt (vgl. Potter 1945). Das Visualiserungsverfahren – die sogenannte Spektrographie – lässt psychoakustische Faktoren wie Lautstärke, Tonhöhe und Klangfarbe zugunsten einer visuellen Darstellung zurücktreten, die das Vorhandensein von Schallenergie in bestimmten Frequenzbereichen und im Zeitlichen nachzuvollziehen erlaubt. Spektrogramme werden insbesondere für das Studium des Sprachschalls, aber auch tierischer Lautäußerungen eingesetzt (vgl. Bruyninckx 2018).

Zum Ende des 20. Jahrhunderts treffen in digitalen Medien Visualisierung und Klangmanipulation aufeinander. Mit der Granularsynthese gelingt durch eine Quantelung eine Synthese von Schall, die ihrerseits den Anstoß zur Entwicklung neuer Software gibt, mit deren Hilfe Schall visualisiert und im visuellen Modus auf dem Bildschirm manipuliert werden kann. Eines der frühesten Beispiele ist das von Iannis Xenakis entwickelte Programm UPIC (Unité Polyagogique Informatique Centre d'Études de Mathematique et Automatique Musicales), ein neueres Beispiel das am Pariser Institut de Recherche et Coordination Acoustique/Musique (IRCAM) entwickelte Programm Audiosculpt, das etwa eine Manipulation der Tonhöhe und Dauer ohne die gleichzeitige Verzerrung der Klangfarbe – auf der englischen und der französischen Version der Website als ›timbre‹ bezeichnet – oder auch eine Gestaltung der Klangfarbe durch eine direkte Manipulation der visuell repräsentierten spektralen Hüllkurve ermöglicht.

Musikgeschichte

In der Musiktheorie spielt der Begriff ›Klangfarbe‹ während des 19. Jahrhunderts noch keine maßgebliche Rolle. Erst zum Ende des 19. Jahrhunderts sickert der Terminus auch in den Musikdiskurs ein, dies geschieht in Sonderheit auf dem Gebiet der Instrumentationslehre. So verwendet Richard Strauss in seiner 1905 vorgelegten Übersetzung des *Grand Traité* von Berlioz zumeist das Wort ›Klang‹ für das französische *timbre*. Allerdings bedient er sich in seinen zahlreichen eigenen Ergänzungen zu Berlioz' Text häufig des Begriffs ›Klangfarbe‹, um die Klangcharakteristik eines Instruments zu bezeichnen. Das Komponieren mit Orchesterklangfarben ist vor allem in der Musik von Claude Debussy und Maurice Ravel und den Komponisten, die gelegentlich als ›musikalische Impressionisten‹ bezeichnet werden, zu finden.

Arnold Schönberg definiert in seiner 1911 veröffentlichten *Harmonielehre* den Begriff um: ›Klangfarbe‹ ist für ihn der Darstellungsraum für ein musikalisches Geschehen. Schönberg zufolge machen Töne »sich bemerkbar durch die Klangfarbe, deren eine Dimension die Klanghöhe ist. Die Klangfarbe ist also das große Gebiet, ein Bezirk davon die Klanghöhe. Die Klanghöhe ist nichts anderes als Klangfarbe, gemessen in einer Richtung« (Schönberg 1911, 471). Indem Schönberg den Begriff der ›Tonhöhe‹ aufgibt, stellt er auch die traditionelle Auffassung zur Diskussion, der zufolge in der Komposition die Organisation von Tonhöhen einer Wahl von Klangfarben vorausgeht. Die logische Ordnung der Klangfarben und Tonhöhen kehrt sich damit um: Nicht die Klangfarbe tritt zum Ton und seiner konstitutiven Eigenschaft der Tonhöhe hinzu, sondern die Höhe ist eine Eigenschaft der Klangfarbe, aus der willkürlich der Parameter Tonhöhe abgesondert worden ist.

Schönberg zieht aus seinem Begriff der ›Klangfarbe‹ als Darstellungsraum den Schluss, es müsse »auch möglich sein, aus den Klangfarben der anderen Dimension, aus dem, was wir schlechtweg Klangfarbe nennen, solche Folgen herzustellen, deren Beziehung untereinander mit einer Art Logik wirkt, ganz äquivalent jener Logik, die uns bei der Melodie der Klanghöhen genügt« (ebd.). Solche Folgen von Klängen nennt Schönberg »Klangfarbenmelodien« (ebd.). Obgleich Schönberg sich in seinen eigenen Kompositionen nicht in programmatischer Weise auf seinen Begriff bezieht, sind einige seiner Stücke verschiedentlich als Umsetzung der Klangfarbenmelodie beschrieben worden, so etwa das Orchesterstück op. 16, Nr. 3 (1909) mit dem Titel »Farben – Ein Sommermorgen am See« oder der Sprechgesang in *Pierrot Lunaire* op. 21 (1912). Die Begriffsprägung ›Klangfarbenmelodie‹ überflügelt zunächst Schönbergs Konzept von Klangfarbe im Sinne eines Darstellungsraums. Auch in der zweiten Hälfte des 20. Jahrhunderts beziehen sich Komponistinnen und Komponisten der seriellen und experimentellen Musik auf die Klangfarbenmelodie.

Musiktheoretisch relevant wird der Begriff der Klangfarbe als Darstellungsraum vor allem in den verschiedentlichen Versuchen, konkrete Orchesterklangfarben in einem drei- oder mehrdimensionalen Wahrnehmungsraum zu verorten. Hierher gehören musiktheoretische (z. B. Muzzulini 2006) und musik- bzw. kognitionspsychologische Arbeiten zu Klangfarbenräumen und *timbre spaces* (Carol L. Krumhansl, Stephen McAdams, Christoph Reuter; vgl. dazu Reuter/Saddiq 2017). Neuere Forschungen auf den Gebieten der Neurowissenschaften und der Datengewinnung im Music Information Retrieval (MIR), die mit diesem Begriff arbeiten, differenzieren Gebiete wie etwa das Sammeln und Unterscheiden von semantischen und mathematisch formalisierbaren Deskriptoren von Klang aus (z. B. Peeters et al. 2011), die einer automatischen Analyse zugänglich gemacht werden können und in *Deep-learning*-Prozessen – also in simulierten Lernvorgängen, die mit neuronalen Netzen arbeiten – zu überzeugenden Ergebnissen im automatischen Erkennen und Beschreiben von Klangfarben führen.

Komponistinnen und Komponisten greifen im letzten Drittel des 20. Jahrhunderts den Begriff des ›Spektrums‹ und seine visuelle Darstellungstechnik auf, um daraus neue kompositorische Ideen zu entwickeln. So begründen Gérard Grisey und die Komponisten der Gruppe L'Itinéraire eine neue kompositorische Methode, in der das Auskomponieren von Klangfarben im Mittelpunkt steht. Aus den Spektrogrammen einzelner Klänge gewinnen sie neue Partituren, indem sie die Teiltöne im Spektrum der aufgezeichneten Klänge neu ›instrumentieren‹, also von anderen Instrumenten spielen lassen. Diese haben eigene charakteristische Spektren, deren Aufzeichnung wieder ein neues Bild ergeben würde. So entsteht potenziell ein *regressus ad infinitum*, der immer neue Partituren zu generieren vermag, deren Kohärenz sich aber aus dem ursprünglich aufgezeichneten und visualisierten Klang herleitet (vgl. Dufourt 2014). Die so komponierten Stücke werden als ›spektrale Musik‹ bezeichnet.

Mediengeschichte

Begleitet wird die Geschichte des Begriffs ›Klangfarbe‹ von einer Mediengeschichte der Klangmanipulation. Ein Gebiet, auf dem die Nachahmung von Klängen dabei zum Selbstzweck wird, ist der Orgelbau. Schon in den Orgeln der Renaissance lassen sich Register auswählen, die den Klang verändern. Der Orgelbau des Barock beginnt mit einer systematischen Variation des Klangs, die nicht nur diverse Instrumentalklangfarben wie Flöten, Trompeten oder die *voix humaine* einbegreifen, sondern auch sogenannte Mixturen, in denen Pfeifen fest aneinandergekoppelt sind und auf diese Weise eine spektrale Zusammensetzung von Klängen nachbauen, ohne dass dieses Vorgehen bereits durch ein explizites wissenschaftliches Wissen unterbaut worden wäre. Dies geschieht erst im 19. Jahrhundert und vor allem bei Aristide Cavaillé-Coll. Kennzeichnend für seine Orgeln ist ein sinfonischer Klang, der nicht nur den weichen und zugleich obertonreichen Klang der Streichinstrumente zum Vorbild hat, sondern vor allem auch die systematische Variation eines Klangtyps je nach Tonlage nachahmt in den Registern mit den entsprechenden Namen ›Violine‹, ›Viola‹, ›Violoncello‹ und ›Kontrabass‹. Cavaillé-Coll experimentiert außerdem mit sogenannten *Fourniture-harmonique*-Registern. Hierunter werden feste Koppelungen von Pfeifen verstanden, in denen die einzelnen Pfeifen sich durch einen besonders frequenzarmen Klang auszeichnen und deren Tonhöhen auf die Verhältnisse der Fourier-Reihe gestimmt sind, die gegenüber den Tonhöhen des temperierten Stimmungssystems leicht verschoben sind, aber besonders gut verschmelzen. Indem diese Mixturen jeweils unterschiedliche Zusammenstellungen der Pfeifen gleichzeitig erklingen lassen, entsteht ein flexibles Klangsyntheseregister aus einzelnen, quasi sinusförmigen Frequenzkomponenten. Für experimentelle Zwecke hatte Cavaillé-Coll in seiner Werkstatt einzelne Sätze solcher Pfeifen zur Verfügung. Als vollständige Register sind sie etwa in seiner Orgel der Kirche Notre-Dame in Paris vorhanden (vgl. Cavaillé-Coll/Cavaillé-Coll 1982).

Musikinstrumentenbauer des 19. Jahrhunderts haben an der Exploration der Klangfarbe unmittelbaren Anteil, indem sie neue Instrumente erfinden und bestehende weiterentwickeln. Das Ziel ist dabei einerseits ein größerer Reichtum an Klangfarben, andererseits ein möglichst großer Tonumfang je Klangfarbe. Die sogenannten Wagnertuben variieren beispielsweise die Tuba in einer kleineren Form und machen so ein höheres Register für diesen Klangtyp verfügbar. Zum eigentlichen Gegenstand einer Neuerfindung wird die Klangfarbe in den Harmonien, wie sie in der Mitte des 19. Jahrhunderts etwa von den Firmen Mustel und Debain entwickelt werden. Aufgrund der platzsparenden Klangerzeugung können diese Instrumente eine Vielzahl verschiedener Registerzüge anbieten und so zu einem kostengünstigen Ersatz für Kirchenorgeln in kleinen religiösen Gemeinden werden. Berlioz und Franz Liszt sind von der Möglichkeit fasziniert, diese Instrumente anstelle des Klaviers für die Exploration von Klangfarben in der kompositorischen Arbeit einzusetzen. Denn im Gegensatz zum Klavier kann das Harmonium lang anhaltende Töne produzieren. Wie Berlioz im *Grand Traité* anmerkt, muss ein Komponist dies am Klavier schmerzlich vermissen, das die Töne letztlich wie ein Schlaginstrument produziert und damit die Manipulation der Klangfarbe erheblich einschränkt (Berlioz 1855, 380).

Eine Mediengeschichte der Klangfarbe im eigentlichen Sinne nimmt Ende des 19. Jahrhunderts ihren Ausgang. Friedrich Kittler (1985) hat bereits die Entstehung der analogen und digitalen Medien auf die experimentelle Sinnesphysiologie und näherhin die Hörforschung von Helmholtz als eines historischen Apriori zurückgeführt. Demnach ist der Begriff ›Klangfarbe‹, der im Mittelpunkt von Helmholtz' hörphysiologischer Arbeit steht, auch für die Entstehung der akustischen Medien ausschlaggebend. Vor allem der Syntheseapparat macht hiermit einen Anfang, mit dem Helmholtz erstmals direkt Klänge aus sinusförmigen Einzelschwingungen zusammensetzt, um deren Unterscheidbarkeit zu prüfen. Insofern der Apparat sich einzig auf den gehörten Schall statt auf dessen charakteristische Bedingungen der Erzeugung richtet, kommt es zu einer weitreichenden Entkoppelung des Schalls von seiner Quelle, die sich in den akustischen Techniken der Speicherung, Übertragung und Wiedergabe von Schall niederschlägt.

Spätestens im 20. Jahrhundert setzt eine Arbeit an der Klangfarbe der Schallwiedergabe ein, die eine Schnittstelle zwischen den akustischen Medien, der eigens für sie aufbereiteten Klänge und der Gehörwahrnehmung bildet. Hierzu gehört Ensemblemusik wie die frühe Jazz-Combo, deren Klang für die phonographische Aufzeichnung geeignet ist, das Präparieren von Klavieren für das Abspielen von Player-Piano-Rollen bei Conlon Nancarrow oder auch für die digitale Klangaufzeichnung bei Glenn Gould. Dieses Phänomen einer Erkundung von Klangfarben im Milieu des Studio-Klangs lässt sich bis hin zur sogenannten Alten Musik verfolgen. Diese Entwicklungen sind noch nicht vollends auf einen begrifflichen Nenner gebracht worden. Für die Klangqualität der Medien bürgert sich allerdings der Begriff ›Sound‹ ein, dessen Gebrauch in der deutschen Sprache lange Zeit weitgehend auf diese Bedeutung beschränkt war (für weitere Verweise vgl. Schrage 2007, 155).

Klangfarbe heute

Mit dem zunehmenden Gebrauch des Englischen als Wissenschaftssprache rückt der Terminus ›Klangfarbe‹ zu Beginn des 21. Jahrhunderts wieder in den Hintergrund. Als Rückübertragung aus dem Englischen wird stattdessen erneut häufig ›Timbre‹ verwendet. Allerdings greift das englische *timbre* zumeist auf die Definition des American National Standards Institute zurück. Dort wird *timbre* als Residualkategorie bestimmt, die all das umfassen soll, was zwei musikalische Klänge von derselben Tonhöhe und Lautstärke unterscheidet. Hatte Helmholtz sich noch dagegen ausgesprochen, die Klangfarbe lediglich als eine Residualkategorie zu fassen, weil er eine nähere Untersuchung in Aussicht stellen konnte, so wird die Residualkategorie heute wieder produktiv, weil sie es durch ihre Unterbestimmtheit nicht zuletzt ermöglicht, die psychoakustische Komponente in den Begriff hereinzuholen, die nun für eine empirische Untersuchung zugänglich geworden ist. Die Schnelligkeit, mit der große Datenmengen verarbeitet werden können, und die Komplexität der Verarbeitungsvorgänge haben der Erforschung von Klangfarbe neue

Bereiche erschlossen. Die Möglichkeit, Schall ›in Echtzeit‹ zu manipulieren und beispielsweise Klangeigenschaften wie Alter und Geschlecht einer Stimme konsistent zu verändern oder die Intonation ohne Verluste in der Klangqualität zu vereinheitlichen, fordern das Hören auf neue Weise heraus. Unbearbeitete oder in singulären räumlichen Gegebenheiten platzierte Klänge geraten so in den Mittelpunkt der Aufmerksamkeit: Wie eine Musik wie beispielsweise Monteverdis Opern in den konkreten räumlichen Gegebenheiten geklungen hat oder wie sich Modi des Improvisierens von bearbeiteten Aufnahmen unterscheiden, kann nun in Begrifflichkeiten der ›Klangfarbe‹ gefasst werden. Hieraus entwickelt sich nicht zuletzt eine neue Expertise im Hören, die auf dem Begriff der Klangfarbe und seinen verschiedenen Varianten aufbaut.

Verwandte Beiträge: Kap. 8 (Akusmatik); Kap. 11 (Musicking); Kap. 12 (Resonanz); Kap. 15 (Sound Art); Kap. 24 (Musikwissenschaft); Kap. 30 (Wissenschaftsgeschichte); Kap. 51 (Labor); Kap. 62 (Musikinstrumente); Kap. 76 (Protest).

Literatur

Berlioz, Hector: *Grand Traité d'instrumentation et d'orchestration modernes*. Paris 1844 (revidiert 1855; dt. Übers. von Richard Strauss Leipzig 1905).

Bruyninckx, Joeri: *Listening in the Field. Recording and the Science of Birdsong*. Cambridge, MA 2018.

Cavaillé-Coll, Cécile/Cavaillé-Coll, Emmanuel: *Aristide Cavaillé-Coll. Seine Herkunft, sein Leben, sein Werk*. Schwarzach 1982.

Dolan, Emily I.: *The Orchestral Revolution. Haydn and the Technologies of Timbre*. Cambridge 2013.

Dufourt, Hugues: *La musique spectrale: une révolution épistémologique*. Sampzon 2014.

Euler, Leonhard: *Briefe an eine deutsche Prinzessinn über verschiedene Gegenstände aus der Physik und Philosophie*, Bd. 2. Leipzig [2]1773 (frz. 1768).

Fétis, François-Joseph: Des révolutions de l'orchestre. In: *Revue musicale* 1/11 (1827), 269–280.

Helmholtz, Hermann von: *Die Lehre von den Tonempfindungen als physiologische Grundlage für die Theorie der Musik*. Braunschweig 1863.

Jewanski, Jörg: *Ist C = Rot? Eine Kultur- und Wissenschaftsgeschichte zum Problem der wechselseitigen Beziehung zwischen Ton und Farbe, von Aristoteles bis Goethe*. Sinzig 1999.

Kittler, Friedrich A.: *Aufschreibesysteme 1800/1900*. München 1985.

Kursell, Julia: Experiments on tone color in music and acoustics. In: *Osiris* 28/1 (2013), Themenheft: *Music, Sound, and the Laboratory, 1750–1980*, 191–211.

Muzzulini, Daniel: *Genealogie der Klangfarbe*. Bern u. a. 2006.

Peeters, Geoffroy/Giordano, Bruno L./Susini, Patrick/Misdariis, Nicholas/McAdams, Stephen: The Timbre Toolbox. Extracting audio descriptors from musical signals. In: *The Journal of the Acoustical Society of America* 130/5 (2011), 2902–2916.

Potter, Ralph K.: Visible patterns of sound. In: *Science* 102 (1945), 463–470.

Reuter, Christoph/Siddiq, Saleh: The colourful life of timbre spaces. In: Clemens Wöllner (Hg.): *Body, Sound and Space in Music and Beyond. Multimodal Explorations*. New York/London 2017, 150–167.

Rousseau, Jean-Jacques: *Dictionnaire de musique*. Paris 1768.

Schilling, Gustav (Hg.): *Encyclopädie der gesammten musikalischen Wissenschaften, oder Universal-Lexicon der Tonkunst*. Stuttgart 1838.

Schönberg, Arnold: *Harmonielehre*. Wien 1911.

Schrage, Dominik: Der Sound und sein soziotechnischer Resonanzraum. Zur Archäologie massenkulturellen Hörens. In: Ders./Lutz Hieber (Hg.): *Technische Reproduzierbarkeit. Zur Kultursoziologie massenmedialer Vervielfältigung*. Bielefeld 2007, 135–162.

Sulzer, Johann Georg: *Allgemeine Theorie der Schönen Künste in einzeln, nach alphabetischer Ordnung der Kunstwörter auf einander folgenden, Artikeln abgehandelt* [1771–72]. Frankfurt a. M./Leipzig [4]1798.

Turner, R. Steven: The Ohm-Seebeck dispute, Hermann von Helmholtz, and the origins of physiological acoustics. In: *The British Journal for the History of Science* 10/1 (1977), 1–24.

Walther, Johann Gottfried: *Musicalisches Lexicon oder Musicalische Bibliothec*. Leipzig 1732.

Weber, Gottfried: *Versuch einer geordneten Theorie der Tonsezkunst zum Selbstunterricht mit Anmerkungen für Gelehrtere*. Bd. 1: *Grammatik der Tonsezkunst*. Mainz 1817; Mainz/Paris/Antwerpen [3]1830.

Zamminer, Friedrich: *Die Musik und die musikalischen Instrumente in ihrer Beziehung zu den Gesetzen der Akustik*. Gießen 1855.

Julia Kursell

11 Musicking

Im Jahr 1998 publizierte der neuseeländische Musiklehrer, Chorleiter und Komponist Christopher Small (1927–2011) ein schmales Buch mit dem Titel *Musicking: The Meanings of Performing and Listening*. ›Musicking‹ war ein von Small erfundenes Kunstwort, geprägt in Anlehnung an die ältere englische Form *musick* und abgeleitet aus dem (fiktiven) Verb *to music*. Denn das Buch wendet sich explizit und grundsätzlich gegen den Sprachgebrauch, ›Musik‹ als ein Substantiv, also als eine Art Sache oder Ding, zu verstehen: »There is no such thing as music. Music is not a thing at all but an activity, something that people do. The apparent thing ›music‹ is a figment, an abstraction of the action, whose reality vanishes as soon as we examine it at all closely« (1998, 2). Nicht die platonisierende Abstraktion ›Musik‹, sondern die Aktivität des ›Musicking‹ sollte also unseren Sprachgebrauch und damit unser Denken prägen.

Einleitend bietet Small eine Definition des Neologismus:

> »To music is to take part, in any capacity, in a musical performance, whether by performing, by listening, by rehearsing or practicing, by providing material for performance (what is called composing), or by dancing. We might at times even extend its meaning to what the person is doing who takes the tickets at the door or the hefty men who shift the piano [...] or the cleaners who clean up after everyone else has gone. They, too, are all contributing to the nature of the event that is a musical performance« (ebd., 9; Hervorh. hier und im Folgenden jeweils im Orig.).

Entsprechend dezidiert fällt sein Urteil über das westliche Konzept eines musikalischen Kunstwerks aus: Es handele sich bei diesem Konzept um ein Missverständnis dessen, was tatsächlich während einer Aufführung vor sich geht: »For *performance does not exist in order to present musical works; but rather, musical works exist in order to give performers something to perform*« (ebd., 8).

Diese Aussagen lassen zunächst auf eine recht einfache, ja einseitig überspitzte Handlungstheorie schließen, grob vergleichbar etwa Howard Beckers Konzept von *Art Worlds* (1982). Zudem wird die zitierte Definition von Musicking ihrem Anspruch nicht gerecht, sondern macht sich einer *petitio principii* schuldig, denn der Zentralbegriff der ›musikalischen Aufführung‹ (»musical performance«) setzt ja das ›Musikalische‹, also das Common-Sense-Verständnis von ›Musik‹ voraus, um dessen Abschaffung es vorgeblich geht.

Musicking als Etablierung des sozialen Ideals

Allerdings ist diese Definition nur eine erste und vorläufige Annäherung an das, worum es Small geht. Denn tatsächlich reicht sein Konzept des Musicking weit darüber hinaus und wird erst im Verlauf des gesamten Buchs deutlich. ›Musicking‹ lässt sich nicht einfach als ›Musizieren‹ oder ›Musik machen‹ übersetzen, denn es impliziert mehr als eine schlichte Theorie des Handelns: »The act of musicking establishes in the place where it is happening a set of relationships, and it is in those relationships that the meaning of the act lies« (ebd., 13). Sinn und Bedeutung eines Sinfoniekonzerts liegen also nicht nur in der musikalischen Organisation instrumentaler Klänge, sondern auch in den Beziehungen zwischen allen Menschen, die an diesem Akt des Musicking teilnehmen. Ja mehr noch: Die sozialen Beziehungen, die sich im Musicking realisieren – sei es ein afrikanisches Ritual, eine Jam-Session oder ein Sinfoniekonzert –, sind nicht die der ›realen‹ sozialen Welt, sondern sie repräsentieren das soziale *Idealbild*, das sich die Menschen von ihrem Tun machen:

> »They [the relationships, W. F.] are to be found not only between those organized sounds which are conventionally thought of as being the stuff of musical meaning but also between the people who are taking part, in whatever capacity, in the performance; and they model, or stand as metaphor for, ideal relationships as the participants in the performance imagine them to be: relationships between person and person, between individual and society, between humanity and the natural world and even perhaps the supernatural world« (ebd.).

Die im Musicking etablierten Beziehungen sagen gleichsam ohne Worte: »*This is who we are*« (ebd., 43 u. ö.).

Musicking selbst hingegen ist *kein* Ideal (etwa im Sinne von ›unentfremdetem, gemeinschaftlichem Musizieren‹), sondern eine deskriptive Kategorie – es ist, so insistiert Small (ebd., 9), immer in solchen Situationen präsent, wo wir landläufig das Abstraktum ›Musik‹ verwenden: sei es ein Kopfhörer tragender einsamer Musikkonsument, die aus den Lautsprechern eines Supermarkts schallende Hintergrund-

D. Morat, H. Ziemer (Hrsg.), *Handbuch Sound*, https://doi.org/10.1007/978-3-476-05421-0_11

musik oder eine beim Bettenmachen vor sich hin singende Hausfrau (ebd., 1 f.).

Alle denkbaren Akte des Musicking repräsentieren also in den sozialen Beziehungen, die sie etablieren, eine Vorstellung von idealen sozialen Beziehungen überhaupt. Es ist diese These, die Small im Verlauf des Buchs entfaltet, und zwar an der kapitelweise fortschreitenden dichten Beschreibung eines (fiktiven) Sinfoniekonzerts westlicher Prägung. Wie sich in dieser Institution soziale Beziehungen niederschlagen, das wird in der detaillierten Analyse deutlich, noch bevor der erste Ton erklungen ist: an der Position und Architektur des Konzerthauses in einer industrialisierten Stadt, an der Gestaltung seines Foyers und des Konzertsaals, an der sozialen Herkunft der Besucher/innen, wie sie sich in Kleidungsstil und Verhalten vor dem und während des Konzerts widerspiegelt, an den Planungen und Organisationen, den finanziellen Interessen und Aufmerksamkeitsökonomien, denen Veranstalter/innen und Musiker/innen unterworfen sind, den Verhaltensroutinen zwischen Mitgliedern des Publikums, Mitgliedern des Orchesters, zwischen Publikum und Orchester sowie zwischen dem Dirigenten (»it is almost never she«; ebd., 78), Publikum und Orchester. Erst dann wendet sich Small der Bedeutung der Partitur zu, dem Machtzentrum des Konzerts: »the ultimate center of power in this big place, the symbol of the composer's authority over what is played here and the means by which this authority is exercised. The authority of the conductor, supreme as it appears, is contingent on his obeying, like everyone else on the platform, the coded instructions that the score contains« (ebd., 115).

Small sieht darin eine empfindliche Beschränkung der Möglichkeiten spontaner Improvisation und Kommunikation zwischen den Musiker/innen, wie sie außerhalb des Westens, aber auch noch in den »improvising orchestras« (ebd.) des europäischen 17. Jahrhunderts existierten, verstärkt durch das Perfektionsdiktat, das von modernen Studioaufnahmen ausgeht.

Im letzten Abschnitt seines Buches wendet sich Small den Werken zu und diskutiert anhand von Ludwig van Beethovens 5. Sinfonie und Pjotr Iljitsch Tschaikowskis 6. Sinfonie das narrative Grundschema, das seiner Ansicht nach allen ›großen‹ Werken des westlichen sinfonischen Konzertrepertoires zugrunde liegt: die Darstellung, Störung, und Neuetablierung einer von Maskulinität geprägten Ordnung; einzig bei Tschaikowskis Werk, das in der Vernichtung des sinfonischen ›Protagonisten‹ endet, macht er eine Ausnahme, die er mit Tschaikowskis Homosexualität in Verbindung bringt. Small ist sich der semantischen Vieldeutigkeit musikalischer Gesten und Beziehungen sehr bewusst und betont sie trotz der Explizitheit (und Einseitigkeit) seiner narrativen Analysen immer wieder (vgl. kritisch dazu Rischar 2003).

Das Fazit von Smalls Analyse ist somit, dass im ›Ritual‹ des traditionellen Sinfoniekonzerts die Machtrelationen der bürgerlichen Klasse in der spätindustriellen Gesellschaft idealisiert werden, mit all ihren Zwängen und Ängsten. Und die Tatsache, dass das Repertoire dieser Konzerte im Wesentlichen 1918 abgeschlossen war und dass die einst revolutionäre Kraft etwa von Beethovens 9. Sinfonie heute verblasst ist, gibt zu der Bemerkung Anlass: »To perform this and other works of the Western classical canon in a symphony concert today is to give reassurance that things are as they have been and will remain so« (Small 1998, 192) – eine Zuversicht, an die der Autor, wie er deutlich durchblicken lässt, nicht glaubt.

So stellt Small konsequenterweise auf der vorletzten Seite die Frage: »Is there something in the nature of the works of the classical concert repertory that makes the acts of performing and listening to them under any circumstances go counter to the way I believe human relationship should be?« (ebd., 220) Und seine Antwort lautet, entgegen seiner eigenen biographischen und emotionalen Nähe zu diesem Repertoire: Ja.

Welche der vielen Spielarten von Musicking es wäre, die Smalls Konzept ›menschlicher Beziehungen‹ entspricht, wird in *Musicking* immer wieder deutlich, obwohl an keiner Stelle dogmatisch ausformuliert. Es sind – auf die Gefahr hin, Smalls Argumente übermäßig zu vereindeutigen und damit zu verzeichnen – vor allem reziproke menschliche Beziehungen, die die solidarische Verbundenheit mit dem sozialen Gemeinwesen, mit der Natur und unter Umständen auch mit dem Übernatürlichen qua Musicking idealisiert zum Ausdruck bringen. Es ist kaum ein Zufall, dass Smalls Konzept von Musicking bereits in seinem vorigen Buch *Music of the Common Tongue: Survival and Celebration in African American Music* (1987) entwickelt und prominent zum Einsatz gekommen war, während die grundsätzlichen Fragen schon in *Music, Society, Education* (1977) gestellt worden waren. Denn Small spielt immer wieder vor allem afroamerikanische Traditionen oder auch ›verschüttete‹ westliche Traditionen wie die des Laienmusizierens gegen sein Paradigma des Sinfoniekonzerts aus. Die Beschreibung des Verhältnisses zwischen Band und Leader bei Jelly Roll Morton, Duke Ellington oder Count Basie in *Musicking* ist dafür typisch:

»Their authority, and the health of their bands, depended less on ways of playing imposed from without than on their ability to coordinate the playing of the very diverse individual musicians in the band while leaving them space to function as creative individuals and to contribute ideas to the performance. [...] The unity of the performance was that of a group of fully realized musicians working together in a state of social harmony, and any social disharmony in the group would soon show itself in musical discord« (ebd., 80 f.).

Wem diese Beschreibung idealisiert, ja naiv klingt, der sollte sich daran erinnern, dass Musicking *idealisierte* soziale Beziehungen darstellt, nicht die realen; unmittelbar nach dieser Beschreibung zitiert Small eine Anekdote über Duke Ellington. Auf die Frage eines Journalisten, wie er seine Band zusammenhalte, soll Ellington erwidert haben: »I have a gimmick[.] [...] I call it money« (ebd., 81).

Wirkungsgeschichte

Smalls Buch und der Begriff des ›Musicking‹ haben eine erstaunliche Rezeptionsgeschichte erlebt. Es wäre etwa im deutschen Sprachraum kaum vorstellbar, dass das Buch eines akademischen Außenseiters, der niemals promoviert wurde, nur zeitweise (vor 1986) an Hochschulen unterrichtet hatte und seit 1986 mit seinem Partner als Chorleiter in Spanien lebte, in der universitären Musikwissenschaft ein derartiges Aufsehen erregt hätte, zumal Small sich von allen wissenschaftlichen Distinktionssignalen fernhält: Sein Buch hat eher den Charakter eines langen Essays (mit ausführlichen Exkursen v. a. mit Bezug auf Gregory Batesons *Steps to an Ecology of the Mind* von 1972) als einer empirischen Abhandlung, Nachweise sind spärlich, und mit musikhistorischen Fakten wird eher nonchalant umgegangen.

Andererseits ist der Erfolg auch erklärlich: Der Begriff wurde gerade in der Zeit geprägt, als sich die Musikwissenschaft von einer längeren, teils positivistischen, teils auf die interne Analyse musikalischer Werke konzentrierten Phase neu zu orientieren begann: Schlagworte wie ›New Musicology‹ oder ›Critical Musicology‹ (mit Vertreter/innen wie Susan McClary, Lawrence Kramer oder Rose Rosengard Subotnick) im angelsächsischen Raum und die starke Anziehungskraft von im weitesten Sinn kulturwissenschaftlichen Konzepten im deutschsprachigen können als Beleg für diese Verschiebung von Forschungsprioritäten gelten, obwohl Smalls Ansatz möglicherweise radikaler war als die Konzepte von Susan McClary und anderen (vgl. Stefanou 2011, 71). (McClary und ihr Mann Robert Walser gehörten allerdings zu Smalls frühesten Advokaten.) Es ist kaum ein Zufall, dass drei Jahre vor Small der Musikpädagoge David Elliott (1995) den ähnlichen, wenn auch enger konzipierten Begriff ›Musicing‹ geprägt hatte.

Smalls Konzept ist in den akademischen Jargon, dem er selbst eher fernstand, eingegangen wie kaum eine zweite Neuprägung. Eine Suche auf http://scholar.google.de nach ›Musicking‹ brachte im Dezember 2017 etwa 7350 Treffer. Zahlreiche akademische Qualifikationsarbeiten und andere selbstständige Publikationen der letzten beiden Jahrzehnte tragen ›Musicking‹ im Titel (z. B. Albright 2007; Rahaim 2012; Bisschop Boele 2013; Sirek 2013; Hall 2014; vgl. auch Cohen 2010, 135 [Anm. 19]).

Dabei ist für den Erfolg des Konzepts ›Musicking‹ nicht nur der eingängige Begriff verantwortlich, sondern auch die Art und Weise, wie Small komplexe Überlegungen in verführerisch einfacher Sprache darzulegen vermag. Freilich liegt die Gefahr nahe, dass der Begriff manchmal nur noch als Schlagwort kursiert, das auf unscharfe Weise ›Musik machen‹ oder ›musikkulturelles Handeln‹ umschreiben soll. In dieser Hinsicht würde der Begriff nicht über gängige Ansätze der sozial- bzw. kulturgeschichtlichen Musikgeschichtsschreibung hinausführen. Musicking meint aber letztlich, wie Small schon 1975 formuliert hatte, ein Verständnis von Musik als »a mode of exploration by which we explore ourselves, our experience and our environment« (zit. nach Cohen 2010, 133). Eine intensive Auseinandersetzung mit Smalls Konzept ist bisher insbesondere im Rahmen der (angelsächsischen) Musikpädagogik erfolgt – nicht zuletzt, weil Small als Autor selbst von seiner Tätigkeit als Musikpädagoge ausgegangen war (vgl. Small 1977). Und die ›Kanonisierung‹ von Small als Musik-Denker, die wesentlich mit seiner Prägung von Musicking zusammenhängt, hat jüngst mit der Veröffentlichung des *Christopher Small Reader* (Walser 2016) ein sichtbares Zeichen erfahren.

Für die Sound Studies stellt der Begriff ›Musicking‹ eine Herausforderung dar. Denn er meint gerade nicht – oder höchstens in zweiter Linie – jene Art von Klanglichkeit, die in musikalischen Aufführungen produziert wird. Im Gegenteil distanziert sich Small von jedem Ansatz, Musik auf Sound zu reduzieren. Vor allem ist Smalls Ansatz eine hilfreiche Erinnerung daran, dass Musik nicht primär oder ausschließlich etwas sein muss, das man *hört*, sondern etwas, das man *macht* – singend, spielend, improvisierend, komponierend, allein oder in der Gruppe. Die Möglichkeiten technischer Klangreproduktion und -generierung haben diesen aktiven Aspekt, das musikalische Handeln, in den letzten Jahrzehnten mehr denn je infrage gestellt. Dass Musik oft (selbst im musikästhetischen oder musikphilosophischen Diskurs) als eine Art Ding, das zu passiver auditiver Konsumation bereitsteht, behandelt wird, ist eine Folge nicht nur der Arbeitsteilung in Aufführende und Zuhörende, sondern auch der Entwicklung von technischen Speicher- und Reproduktionsmedien; beides sind Symptome auch der vom Diktat der Marktwirtschaft beherrschten modernen Gesellschaft, die das Schein-Objekt ›Musik‹ zum Konsumgut gemacht hat, worauf Small mehrfach kritisch verweist. Hier wie in vielen anderen Punkten erweist sich Smalls Musicking-Konzept eigentlich als eine Kultur- und Gesellschaftskritik am Beispiel des Musikalischen, und darin berührt sie sich auffallend mit den – von ganz anderen Voraussetzungen ausgehenden – Überlegungen des Berliner Musiksoziologen Christian Kaden, der gleichfalls von einem Handlungskonzept ausgehend (Kaden 1984) zu einer Idee von Musik als einem Medium, aber auch einem Symptom gelungener oder gefährdeter gesellschaftlicher Systeme und Prozesse fand (Kaden 1993; 2002; 2004). Methodisch könnte er somit eher dazu beitragen, die Sound Studies stärker den praxeologischen Ansätzen der aktuellen Sozialforschung zu öffnen.

Verwandte Beiträge: Kap. 7 (Performanz); Kap. 10 (Klangfarbe); Kap. 24 (Musikwissenschaft); Kap. 28 (Soziologie); Kap. 31 (Applaus); Kap. 49 (Konzertsaal).

Literatur

Albright, Daniel: *Musicking Shakespeare. A Conflict of Theatres*. Rochester, NY 2007.

Becker, Howard Saul: *Art Worlds*. Berkeley u. a. 1982.

Bisschop Boele, Evert Hendrik: *Musicking in Groningen. Towards a Grounded Theory of the Uses and Functions of Music in a Modern Western Society*. Dissertation, Georg-August-Universität Göttingen, 2013.

Cohen, Mary: Christopher Small. A biographical profile of his life. In: *Journal of Historical Research in Music Education* 31/2 (2010), 132–150.

Elliott, David J.: *Music Matters. A New Philosophy of Music Education*. New York u. a. 1995.

Hall, Mirko M.: *Musical Revolutions in German Culture. Musicking against the Grain, 1800–1980*. New York 2014.

Kaden, Christian: *Musiksoziologie*. Berlin 1984.

Kaden, Christian: *Des Lebens wilder Kreis. Musik im Zivilisationsprozeß*. Kassel u. a. 1993.

Kaden, Christian: Musik I–VI. In: Karlheinz Barck (Hg.): *Ästhetische Grundbegriffe. Historisches Wörterbuch in sieben Bänden*. Bd. 4: *Medien–Populär*. Stuttgart/Weimar 2002, 256–275.

Kaden, Christian: *Das Unerhörte und das Unhörbare. Was Musik ist, was Musik sein kann*. Kassel/Stuttgart 2004.

McClary, Susan: From the universal and timeless to the here and now. Rethinking music studies. In: Sally Macarthur/Judy Lochhead/Jennifer Shaw (Hg.): *Music's Immanent Future. The Deleuzian Turn in Music Studies*. Abingdon 2016, 25–34.

Odendaal, Albi/Kankkunen, Olli-Taavetti/Nikkanen, Hanna M./Väkevä, Lauri: What's with the K? Exploring the implications of Christopher Small's ›musicking‹ for general music education. In: *Music Education Research* 16/2 (2014), 162–175.

Rahaim, Matthew: *Musicking Bodies. Gesture and Voice in Hindustani Music*. Middletown, CT 2012.

Rischar, Richard: [Rezension von Smalls *Musicking*.] In: *Music Theory Spectrum* 25/1 (2003), 161–165.

Sirek, Danielle Dawn: *Musicking and Identity in Grenada. Stories of Transmission, Remembering, and Loss*. PhD, Manchester Metropolitan University, 2013.

Small, Christopher: Towards a philosophy of music education. Part 1: Education and experts. In: *Music in Education* 39, Nr. 372 (1975), 110–112. Part 2: Metaphors and madness. In: *Music in Education* 39, Nr. 373 (1975), 163–164.

Small, Christopher: *Music, Society, Education. A Radical Examination of the Prophetic Function of Music in Western, Eastern and African Cultures with Its Impact on Society and Its Use in Education*. London 1977.

Small, Christopher: *Music of the Common Tongue. Survival and Celebration in African American Music*. London u. a. 1987.

Small, Christopher: *Musicking. The Meanings of Performing and Listening*. Hanover, NH u. a. 1998.

Stefanou, Danaï Maria: Making the leap. Christopher Small's visionary musicology. In: *Approaches. Music Therapy & Special Music Education* 3/2 (2011), 70–73, http://approaches.gr/wp-content/uploads/2015/09/Approaches_322011_Stefanou_Article.pdf (30.1.2018).

Walser, Robert (Hg.): *The Christopher Small Reader*. Middletown, CT 2016.

Wolfgang Fuhrmann

12 Resonanz

Resonanz ist ein Phänomen, das in schwingungsfähigen Systemen wie Musikinstrumenten oder elektronischen Schwingkreisen auftritt. Jedes schwingungsfähige System besitzt eine oder mehrere Eigenfrequenzen. Dies sind solche Frequenzen, mit denen das System schwingt, wenn man ihm einmalig Energie zuführt und es anschließend sich selbst überlässt. Die dann auftretenden Eigenschwingungen sind von verschiedenen Faktoren abhängig: bei mechanischen Schwingern von der Masse und Steifigkeit des Systems und seiner Dämpfung. Je höher die Steifigkeit ist, desto höher ist die Eigenfrequenz. Je höher die Masse und die Dämpfung sind, desto niedriger ist die Eigenfrequenz.

Für elektronische Schwingkreise gilt, dass die der mechanischen Steifigkeit entsprechende elektrische Kenngröße die Reziproke $1/c$ der Kapazität eines Kondensators ist, die der Masse entsprechende Kenngröße die Induktivität L einer Spule. Die Dämpfung, die zum Beispiel durch Reibung hervorgerufen wird, kann mittels des sogenannten Dämpfungsdekrements Λ beschrieben werden, dem natürlichen Logarithmus des Verhältnisses zweier aufeinanderfolgender maximaler Auslenkungen $\hat{y}$ / $\Lambda = \ln(\hat{y}_n / \hat{y}_{n+1})$. Bezieht man diese Größe auf die Dauer einer Schwingung, die Periodendauer T, so erhält man den Abklingkoeffizienten δ: $\delta = \Lambda / T$. Einfache Schwinger wie beispielsweise ein Pendel vollführen nur eine gedämpfte Eigenschwingung und besitzen daher nur eine Eigenfrequenz. Komplexe Schwinger – etwa eine gespannte Saite, eine gespannte Membran oder eine biegsame Platte – vollführen zeitgleich mehrere gedämpfte Eigenschwingungen, besitzen dementsprechend mehrere Eigenfrequenzen.

Physikalische Resonanz

Wird ein Schwingungssystem nicht nur einmalig mit Energie versorgt, sondern periodisch wiederkehrend, und stimmt die Frequenz der anregenden Kraft genau oder annähernd mit der Frequenz einer Eigenschwingung des Systems überein, dann steigt die maximale Auslenkung der Schwingung (Amplitude) auf einen Höchstwert. Bei ungedämpften Systemen geht sie theoretisch gegen unendlich. Dieses Aufschaukeln der Amplitude eines Schwingungssystems im Falle der periodischen Anregung mit der Frequenz einer Eigenschwingung nennt man Resonanz. Die graphische Darstellung des Amplitudenverlaufs eines Schwingungssystems in Abhängigkeit von der Erregerfrequenz wird als Resonanzkurve bezeichnet. Kenngrößen dieser Kurve sind die Resonanzfrequenz(en) und die Halbwertsbreite der Resonanz(en), die die Breite der Kurve angibt, an der die schwingende Energie auf die Hälfte des Höchstwertes gesunken ist. Da Musikinstrumente in der Regel zusammengesetzte Systeme mit mehreren Eigenschwingungen sind, weisen die entsprechenden Resonanzkurven mehrere Gipfel unterschiedlicher Frequenz, Höhe und Halbwertsbreite auf.

Resonanzkurven können auf unterschiedliche Weise gewonnen werden. Bei Saiteninstrumenten kann der Steg mittels eines Hämmerchens impulsartig angeregt werden. Die Reaktion des Instruments auf einen solchen kurzen Impuls nennt man Impulsantwort. Diese Impulsantwort kann mittels eines Mikrofons aufgenommen und per Computer ausgewertet werden. Sie enthält sämtliche Informationen über die Resonanzen des Instruments, da der Impuls das Instrument breitbandig anregt. Der Steg eines Saiteninstruments kann aber auch elektromechanisch mit einem *Shaker* zu einer sinusförmigen Schwingung angeregt werden, die in ihrer Frequenz einen großen Frequenzbereich durchläuft. Auch hier kann das von dem Instrument abgestrahlte Signal mittels Mikrofon und Computer aufgenommen und ausgewertet werden.

Bei Blasinstrumenten hat sich die Messung der sogenannten Eingangsimpedanz zur Gewinnung von Resonanzkurven bewährt. Als (akustische) Impedanz wird der Quotient aus Schalldruck p und Volumenschnelle q bezeichnet: $Z_a = p/q$. Hierbei ist die Volumenschnelle die auf eine senkrecht zur Schwingungsrichtung stehende Fläche s bezogene Schallschnelle v, d. h. Molekulargeschwindigkeit: $q = v \times s$. Regt man das Blasinstrument, beispielsweise eine Trompete, mittels einer mechanischen Anblasvorrichtung an, die einen großen Frequenzbereich durchläuft, und misst man an dem Ort der Anregung die Impedanz (daher die Bezeichnung ›Eingangsimpedanz‹), so erhält man bei den Resonanzfrequenzen des Instruments hohe Werte.

Das Resonanzphänomen hat sowohl für die Physik von Musikinstrumenten als auch für die elektronische Klanggestaltung eine große Bedeutung. Viele Musikinstrumente sind mit Resonanzkörpern ausgestattet, die den Klang des anregenden Schwingers, etwa einer Saite oder eines Stabes, verstärken und formen. Denn nicht alle Eigenschwingungen eines Resonanzkörpers sind gleich stark ausgeprägt, sodass die anregenden Frequenzen in unterschiedlichem Maße verstärkt werden. Bei einer Violine liegt die erste Eigenschwingung des Luftvolumens im Korpus bei etwa 260 bis 300 Hz,

D. Morat, H. Ziemer (Hrsg.), *Handbuch Sound*, https://doi.org/10.1007/978-3-476-05421-0_12

die erste (schwach ausgeprägte) Korpus-Eigenschwingung (Biegeschwingung) bei etwa 140 bis 180 Hz, die erste Eigenschwingung der Deckenplatte bei etwa 440 bis 460 Hz (vgl. Fletcher/Rossing 1991, 247 ff.). Die höheren Eigenschwingungen von Decke und Boden liegen in ihren Frequenzen dicht beieinander und formen so ein breites Resonanzgebiet von etwa 1600 bis 4000 Hz. Saiteninstrumente lassen sich mit zusätzlichen Resonanzsaiten ausstatten, die auf bestimmte Frequenzen abgestimmt sind. Wird auf einer Spielsaite die entsprechende Frequenz erzeugt, so geraten die Resonanzsaiten in Schwingungen und verstärken den Klang. Ein bekanntes Beispiel ist die Viola d'Amore, bei der die Resonanzsaiten in der Regel auf Töne der D-Dur-Tonleiter abgestimmt waren. In der elektroakustischen Klangerzeugung bzw. -übertragung haben Filter eine wichtige Funktion, die auf bestimmte Frequenzen bzw. Frequenzbereiche abgestimmt sind, sogenannte Resonanzfilter. Solche Filter mit unterschiedlichen Mittenfrequenzen können zusammengeschaltet werden, sodass sich eine Filterbank ergibt (Equalizer), mit der sich beispielsweise bei der Nachbearbeitung alter Audioaufnahmen unerwünschte Unausgewogenheiten im Klang beseitigen lassen.

Das Resonanzphänomen in historischer Perspektive

In der historischen Entwicklung der Akustik spielte das Resonanzphänomen eine bedeutende Rolle. Es übte eine große Faszination aus, da sich zum Beispiel Saiteninstrumente ohne erkennbare Krafteinwirkung zum Klingen bringen ließen, was schon 1684 von dem Universalgelehrten Athanasius Kircher ausführlich beschrieben wurde. Zudem meinte man, im Resonanzphänomen die Erklärung für die menschliche Tonhöhenwahrnehmung gefunden zu haben. Ebenfalls bereits gegen Ende des 17. Jahrhunderts suchte der Arzt und Anatom Joseph-Guichard Du Verney nach schwingungsfähigen Teilen des Gehörorgans, die durch Schallwellen in Schwingungen versetzt werden konnten. Er meinte, den Resonator in der Knochenlamelle (*lamina spiralis ossea*) der Cochlea gefunden zu haben, da diese sich in ihrer Breite verändert, also auf unterschiedliche anregende Frequenzen reagieren könnte.

Im 19. Jahrhundert erhielt die Resonanztheorie des Hörens einen prominenten Vertreter in dem Physiker Hermann von Helmholtz. Helmholtz glaubte, dass die Querfasern der Basilarmembran des Innenohres wie Saiten auf unterschiedliche Frequenzen abgestimmt seien. Die unterschiedliche Breite der Basilarmembran von der Basis hin zur Spitze der Cochlea schien diese Vermutung zu bestätigen. Erst die Experimente des Physikers und Physiologen Georg von Békésy widerlegten Mitte des 20. Jahrhunderts die Annahme des Resonanzprinzips. Denn Békésy konnte nachweisen, dass die Fasern der Basilarmembran nicht unter Spannung stehen, also nicht wie Saiten schwingen können. So wurde diese Theorie abgelöst von einem Modell, bei dem sich in der Lymphflüssigkeit der Cochlea eine Wanderwelle bildet. Diese wird durch die Flüssigkeit bedämpft und weist daher auf ihrem Weg von der Schneckenbasis hin zur Spitze an unterschiedlichen Orten frequenzspezifische Auslenkungsmaxima auf, die die Haarzellen stimulieren, welche die mechanische Energie in elektrische Energie transformieren.

Auf der Grundlage des Resonanzphänomens analysierte Helmholtz auch Klänge von Musikinstrumenten. Die nach ihm benannten Helmholtz-Resonatoren besitzen zwei Öffnungen, wobei eine Öffnung an das Ohr gehalten wird. Die Kugelform der Resonatoren bewirkt, dass es nur eine ausgeprägte Eigenfrequenz gibt. Mit einer Reihe solcher Resonatoren lassen sich beispielsweise in einem Musikinstrumentenklang die einzelnen Teiltöne hörbar machen.

Über den engeren Bereich der Akustik hinaus gewann das Resonanzphänomen im 18. Jahrhundert für weitere Disziplinen zentrale Bedeutung. Es schien zum einen der Schlüssel zur Beantwortung bis dahin nicht befriedigend geklärter musiktheoretischer Fragestellungen zu sein. Im frühen 18. Jahrhundert gelingt dem Physiker Joseph Sauveur bei einer schwingenden Saite der experimentelle Nachweis von Eigenschwingungen höherer Ordnung, welche die Obertöne produzieren (vgl. Sauveur 1748 [1701]). Dies sollte die Musiktheorie nachhaltig beeinflussen. Denn zwischen dem 4., 5. und 6. Teilton (dem 3., 4. und 5. Oberton) einer schwingenden Saite sind die Frequenzproportionen des Durdreiklangs zu finden, der dementsprechend als naturgegeben angesehen werden konnte: 4:5 ist das Saitenlängenverhältnis (und entsprechend das Schwingungsverhältnis) der großen Terz, 4:6 (2:3) dasjenige der Quinte, 5:6 dasjenige der kleinen Terz. Hingegen findet sich der Molldreiklang (10:12:15) nicht in direkt aufeinanderfolgenden Tönen der Obertonreihe einer einzelnen schwingenden Saite, sondern lässt sich nur durch eine Reihe vielfacher Saitenlängen zu einer schwingenden Saite als

Analogie konstruieren. Der Molldreiklang war damit als künstliches Produkt ausgewiesen.

Der Komponist und Musiktheoretiker Jean-Philippe Rameau wies dem Durdreiklang denn auch die Merkmale ›kraftvoll‹, ›männlich‹ und ›glänzend‹ sowie eine Vorrangstellung gegenüber dem Mollakkord zu: »Der Dur-Modus, dieser erste Wurf der Natur, hat eine Kraft, eine Brillanz, eine – wenn ich so sagen darf – Männlichkeit, die ihn über den Moll-Modus erheben und die in ihm den Herrn der Harmonie erkennen lassen« (Rameau 1750, 82; Übers. W. A.).

Aus der Obertonreihe und einer analog konstruierten Reihe von Untertönen (dieser Begriff wird von Rameau selbst nicht verwendet) leitet Rameau neben dem Dur-Moll-Unterschied auch die Gegensätzlichkeit von Ober- und Unterquinte (Dominante, Subdominante) sowie von Kreuz- und B-Tonarten ab. Den durch den natürlichen obertonhaltigen Klang gegebenen Phänomenen wird dabei Kraft und Helligkeit beigemessen, den künstlichen Analogiebildungen Schwäche und Dunkelheit (vgl. Auhagen 2009). Rameau geht zwar nicht näher darauf ein, wie sich die Proportionen der Eigenschwingungen einer Saite dem Menschen erschließen. Im 18. Jahrhundert war aber die Vorstellung einer ›zählenden‹ Seele durchaus verbreitet. So schreibt Gottfried Wilhelm Leibniz 1712 an Christian Goldbach: »Wenn auch die Seele nicht fühlt, dass sie zählt, so fühlt sie dennoch den aus dem unfühlbaren Zählen resultierenden Effekt, sei es das Vergnügen bei Konsonanzen, sei es den Verdruss bei Dissonanzen« (Leibniz 1734, 240 f. [Brief vom 17.4.1712]; Übers. W. A.).

Mensch, Umwelt, Kultur

Das Resonanzphänomen diente im 18. Jahrhundert nicht zuletzt der Erklärung medizinischer und psychologischer Fragen. Der gesamte Mensch wurde mit einem Musikinstrument verglichen. Seine Nervenfasern seien wie die Saiten eines Instruments in Schwingungen versetzbar. Entsprechend dieser Auffassung, zu der es allerdings auch Gegenpositionen gab, welche die aktive und autonome Rolle des menschlichen Denkens hervorhoben (vgl. Erlmann 2010, 10 ff. und 77 ff.), unterlag das Seelenleben zumindest zum Teil denselben Gesetzen, wie sie von der Physik beschrieben wurden. So ließ sich das Verhältnis von Körper und Seele in der Tradition René Descartes' *Les Passions de l'âme* (1649) im Sinne eines Reizübertragungssystems deuten. Das Mitgefühl mit dem Seelenzustand anderer Menschen wurde ebenfalls durch das Resonanzphänomen erklärbar (vgl. Welsh 2009). Unter Verzicht auf ein solches mechanistisches Modell ist der Begriff der empathischen Resonanz im Sinne eines Miterlebens und Einfühlens in der heutigen Psychologie etabliert. Empathische Resonanz wird dabei als wichtiger Faktor in der Musiktherapie gesehen (vgl. Kowal-Summek 2016, 119 f.), spielt aber – über die Musik hinausgehend – auch in Theorien zur Optimierung der Personalführung eine Rolle (vgl. Ruhl/Ennker 2012).

Im 18. Jahrhundert wurden zudem die Grundlagen der Elektrizitätslehre erarbeitet. Das enorme öffentliche Interesse an dem Faszinosum Elektrizität führte auch zu der Frage, ob tote Lebewesen mittels elektrischer Energie wieder zum Leben erweckt werden können. Literarisch verarbeitet wurden entsprechende Experimente zum Beispiel in Mary Shelleys Roman *Frankenstein or The Modern Prometheus* (1818). So nahm man im 19. Jahrhundert Abstand von mechanischen Resonanzmodellen zur Erklärung biologischer und psychischer Prozesse und verlagerte diese auf die elektrisch/elektronische Ebene. Wie oben erwähnt, können auch elektronische Schaltungen Eigenschwingungen haben und so wurde der Schwingkreis zu einem Modell auch für psychische Vorgänge. In der Tradition solcher Modelle steht die Idee von ›Oszillatoren‹, von Nervenzellverbänden also, die auf spezifische anregende Frequenzen abgestimmt sind, die im späten 20. Jahrhundert von der Musikpsychologie zur Erklärung der Wahrnehmung von Rhythmus und Tempo entwickelt wurde.

Schwingkreise sind wichtige Schaltungskomponenten in der Rundfunktechnik bzw. allgemein in der elektronischen Kommunikationstechnik. Dies dürfte einer der Gründe dafür sein, weshalb der Resonanzbegriff im 20. Jahrhundert auch auf Phänomene der Kommunikation bezogen wurde. Kommunikation kann hierbei systemtheoretisch betrachtet werden. So behandelte der Soziologe Niklas Luhmann (1986) im Rahmen seiner Theorie sozialer Systeme u. a. die Frage, wie autopoietische soziale Systeme mit der Umwelt kommunizieren, inwieweit sie ›resonanzfähig‹ sind, also beispielsweise auf ökologische Gefährdungen reagieren können. In der Nachfolge von Luhmanns Ansatz wird gegenwärtig untersucht, wie sich plurale Gesellschaften durch Netzwerkbildung organisieren, wie sich das Verhältnis von Staatsinteressen, politischen Entscheidungen und gesellschaftlichen Desideraten so gestalten lässt, das eine möglichst große Übereinstimmung erzielt wird (vgl. Schweizer/Schweizer 2011). Ferner kann auch das Verhältnis des Individuums zur

Gesellschaft im Sinne des Suchens nach Resonanz aufgefasst werden (vgl. Rosa 2016). Schließlich erweist sich die Deutung des Verhältnisses von Kunstwerken als Repräsentanten einer Kultur und Rezipienten im Sinne von Resonanz als gewinnbringend für die Kulturwissenschaft (vgl. Greenblatt 2009).

Resonanz ist in einem weiter gefassten Sinne also letztlich ein in vielen Bereichen des menschlichen Lebens und der menschlichen Kultur auftretendes Phänomen, das mit der physikalischen Resonanz die Gemeinsamkeit aufweist, dass zwei oder mehrere Systeme miteinander kommunizieren und hierbei ein Zustand von Übereinstimmung in bestimmten Parametern der Systeme auftritt.

Verwandte Beiträge: Kap. 2 (Auralität); Kap. 3 (Emotionalistät); Kap. 9 (Dezibel); Kap. 10 (Klangfarbe); Kap. 24 (Musikwissenschaft); Kap. 27 (Physikalische Akustik); Kap. 33 (Echo); Kap. 62 (Musikinstrumente).

Literatur

Auhagen, Wolfgang: Die Bedeutung des akustischen Resonanzphänomens für Musiktheorien des 17. bis 20. Jahrhunderts. In: Karsten Lichau/Viktoria Tkaczyk/Rebecca Wolf (Hg.): *Resonanz. Potentiale einer akustischen Figur.* München 2009, 75–86.

Békésy, Georg von: *Experiments in Hearing.* New York 1960.

Brandt, Siegmund/Dahmen, Hans Dieter: *Schwingungen und Wellen. Phänomene in Mechanik und Elektrodynamik.* Wiesbaden 2016.

Descartes, René: *Les Passions de l'âme.* Paris 1649.

Dickreiter, Michael/Dittel, Volker/Hoeg, Wolfgang/Wöhr, Martin (Hg.): *Handbuch der Tonstudiotechnik.* 2 Bde. Berlin [8]2014.

Du Verney, Joseph-Guichard: *Traité de l'organe de l'ouïe.* Paris 1683.

Erlmann, Veit: *Reason and Resonance. A History of Modern Aurality.* New York/Cambridge, MA 2010.

Fletcher, Neville H./Rossing, Thomas D.: *The Physics of Musical Instruments.* New York 1991.

Greenblatt, Stephen: Resonanz und Staunen revisited: Über Wunden, Schnitte und die ›Norton Anthology of English Literature‹. In: Karsten Lichau/Viktoria Tkaczyk/Rebecca Wolf (Hg.): *Resonanz. Potentiale einer akustischen Figur.* München 2009, 33–54.

Heike, Georg/Dünnwald, Heinrich: Neuere Klanguntersuchungen an Geigen und ihre Beziehung zum Gesang. In: Klaus Wolfgang Niemöller/Bram Gätjen (Hg.): *Perspektiven und Methoden einer Systemischen Musikwissenschaft. Bericht über das Kolloquium im Musikwissenschaftlichen Institut der Universität zu Köln 1998.* Frankfurt a. M. 2003, 235–244.

Helmholtz, Hermann von: *Die Lehre von den Tonempfindungen als physiologische Grundlage für die Theorie der Musik.* Braunschweig 1863.

Kircher, Athanasius: *Neue Hall- und Thon-Kunst.* Nördlingen 1684.

Kowal-Summek, Ludger: *Musiktherapie und Autismus. Zur Anwendung ausgewählter Methoden der Leiborientierten Musiktherapie.* Wiesbaden [2]2016.

Langner, Jörg: *Musikalischer Rhythmus und Oszillation. Eine theoretische und empirische Erkundung.* Frankfurt a. M. 2002.

Leibniz, Gottfried Wilhelm: *Epistolae ad Diversos*, Bd. 1. Hg. von Christian Kortholt. Leipzig 1734.

Luhmann, Niklas: *Ökologische Kommunikation. Kann die moderne Gesellschaft sich auf ökologische Gefährdung einstellen?* Opladen 1986.

Rameau, Jean-Philippe: *Démonstration du principe de l'harmonie.* Paris 1750.

Rosa, Hartmut: *Resonanz. Eine Soziologie der Weltbeziehung.* Berlin 2016.

Ruhl, Stefan/Ennker, Jürgen: Empathische Führung. Wie positive Resonanz erzeugt werden kann. In: *Zeitschrift für Herz-, Thorax- und Gefäßchirurgie* 26/2 (2012), 123–128.

Sauveur, Joseph: Des Sons harmoniques. In: *Histoire de l'Académie royale des sciences, Année 1701.* Paris [2]1748, 349–356.

Schweizer, Pia-Johanna/Schweizer, Stefan (Hg.): *Resonanz in der pluralen Gesellschaft. Netzwerke im systemtheoretischen Kontext.* Bremen 2011.

Welsh, Caroline: Resonanz – Mitleid – Stimmung: Grenzen und Transformationen des Resonanzmodells im 18. Jahrhundert. In: Karsten Lichau/Viktoria Tkaczyk/Rebecca Wolf (Hg.): *Resonanz. Potentiale einer akustischen Figur.* München 2009, 103–122.

Wolfgang Auhagen

13 Rhythmus

Der Begriff ›Rhythmus‹ richtet sich auf zeitliche Prozesse, die durch Wiederholung gekennzeichnet sind. Im Bereich des Sound umfasst Rhythmus die unterschiedlichen Felder klanglicher Periodisierung, insbesondere in Musik, Sprache und Umwelt. Dabei sind enge, auf Musikepochen und Genres oder Sprachmetrik bezogene Definitionen des Rhythmus zu unterscheiden von allgemeineren, insbesondere philosophisch und anthropologisch geprägten Perspektiven.

Rhythmustheorien, Medienzäsuren, Postkolonialismus

Rhythmustheorien sind bereits aus der Antike überliefert. Platon sieht im Rhythmus die zeitliche Gliederung geordneter Bewegung. Einfachstes Bild dieser Anschauung wie auch das einfachste Maß ist der Schritt bzw. die Bewegung des Fußes (griech. *pous*, lat. *pes*). »Der Schritt, das Heben und Niedersetzen des Fußes, ist das Bild, in dem die Griechen den Rhythmus dachten«, so Wilhelm Seidel (1976, 18). Hieraus ergibt sich das Metrum als sich wiederholende Folge zeitlicher Ereignisse mit gleichem ›metrischen‹ Abstand. Die Klassifikation einer Sprache, Musik und körperliche Bewegung übergreifenden metrischen Ordnung, die wir heute noch in der Lyrik als Vers*füße* (Jambus, Trochäus, Daktylus etc.) kennen, geschieht durch Augustinus im 4. Jahrhundert (vgl. Keller 1993). Von medienepistemischem Interesse ist in diesem Kontext die Vermutung Seidels, Augustinus entnehme seine Beispiele »der Poesie, weil er nur sie aufschreiben kann« (1976, 24). Die Orientierung früher – auch musikbezogener – Theorien zu Rhythmik und Metrik an Sprache und Dichtung wäre demnach eine direkte Konsequenz aus den zu dieser Zeit verwendeten Aufschreibesystemen.

Mit der Notation von Tonhöhen und -dauern ändert sich diese Situation. Die in der westlichen Musiktheorie bis heute vorherrschende Perspektive bezieht sich im Wesentlichen auf die notierte Zeitordnung westeuropäischer Kunstmusik. Sie formuliert ihren Begriffsapparat in engem Bezug zur Notenschrift, die mit der Modalnotation im 13. Jahrhundert beginnt, nicht nur die Tonhöhen, sondern auch rhythmische Formeln (Modi) festzulegen. Die Anfänge musikalischer Notenschrift, die sich zunächst auf Vokalmusik bezieht, zeigen deutlich die komplexen Verschränkungen zwischen sprachlicher Metrik und musikalischem Metrum. Rhythmus- und Verslehre bilden in der Folgezeit – als oftmals konkurrierende Poetiken musikalischer und sprachlicher Zeitgestalt – die heute gebräuchlichen Begrifflichkeiten wie ›Metrum‹, ›Takt‹, ›Periodik‹ etc. aus. Hinzu kommt eine Orientierung an den geordneten Betonungsmustern höfischer Tänze. Die sich im 17. Jahrhundert durchsetzende Takteinteilung mittels Taktstrichen markiert eine Rationalisierung der musikalischen Zeitgestalt in Zählzeiten und Betonungsmuster. So löst etwa der Taktschlag des Taktstocks bzw. die Schlagfigur der dirigierenden Hand die Hebungen und Senkungen des *pes* als metrische Grundstruktur ab.

Je nach musikalischer Praxis einer historischen Phase bilden sich Rhythmuslehren und normative Rhythmustheorien, die mit den ästhetischen Anschauungen ihres jeweiligen geschichtlichen Orts korrespondieren. Rhythmus und Metrum werden zu zentralen, meist zugleich genannten Begriffen wechselnder Theoriebezüge. Dabei entsteht ein Widerspruch zwischen der aktuellen, als Schulwissen scheinbar präzise formulierbaren musikalischen Rhythmuslehre und den komplexen, oftmals widersprüchlichen Bedeutungsfeldern zentraler Begriffe einzelner Rhythmustheorien. Seidel fasst die Situation in seinem Mitte der 1970er Jahre vorgelegten Überblick über die Rhythmustheorien westlicher Kunstmusik entsprechend zusammen: »Die Termini der Rhythmik sind seit jeher mehrdeutig. [...] Vorerst muß man sich damit abfinden, daß es eine Übereinkunft über den Begriff des Rhythmus nicht mehr gibt. Das betrifft auch die Termini Metrum, Takt, Periode usw.« (1976, 4 f.).

Die sich in den ersten Jahrzehnten des 20. Jahrhunderts vollziehende breite Etablierung der Phonographie als einer ›Klangschrift‹, welche nicht nur den Klang, sondern auch die Zeitlichkeit eines auditiven Ereignisses technisch fixiert, bedeutet eine weitere Zäsur für die rhythmische Gestaltung und Rezeption. Die bisher der Aufführung vorbehaltenen Aspekte der Zeitgestaltung wie Agogik und Mikrorhythmik werden Gegenstand rationaler Analyse und gestalterischen Zugriffs. Gleichzeitig verändern sich die Gegenstände der Aufzeichnung. Bisher nicht notierte oder nicht adäquat repräsentierte Musik, gerade aus dem Bereich der populären sowie der nicht-westlichen Musikkulturen, erhält durch die technische Reproduktion eine bisher auf die notenschriftliche Kunstmusik beschränkte raumzeitliche Verfügbarkeit. Die in Form privater Schallplattensammlungen und Szene-Plattenläden entstehenden neuen musikalischen Archive werden Ausgangspunkt einer phonographi-

D. Morat, H. Ziemer (Hrsg.), *Handbuch Sound*, https://doi.org/10.1007/978-3-476-05421-0_13

schen Soundgestaltung der Loops und Samples, die als künstlerisch-explorative »Breakbeat science« gerade auf rhythmischer Ebene einen neuen »possibility space« erschließt (Eshun 1998, 02 [013]).

Dass die Rhythmik mit ihren Termini Teil komplexer und kaum noch überschaubarer Diskurse geworden ist, resultiert nicht nur aus ihrer historischen Dynamik, sondern auch aus dem transkulturellen Charakter einer globalisierten Pop-Kultur. Wie Martin Pfleiderer betont, wird etwa »die europäische Takt- bzw. Akzentstufenmetrik« üblicherweise »als irreführend für die Beschreibung der rhythmischen Organisation in afrikanischer Musik angesehen« (2006, 143; vgl. auch Iyer 1998). So ist es in dieser postkolonialen, von den Rhythmen des »Black Atlantic« (Gilroy 1993) geprägten Musik oft unzweckmäßig, einen traditionellen, auf der taktweisen Wiederholung von Betonungen aufsetzenden Begriff des Metrums zu verwenden. Dessen Rhythmen schichten über einen gefühlten Grundpuls mehrere Pattern, die unterschiedliche Längen und Betonungsmuster besitzen können. Ein solcher kulturenübergreifender Rhythmenpluralismus lässt sich allerdings weder mit afrikanisch-karibisch noch mit westeuropäisch orientierten Analysemethoden sinnvoll betrachten. Mit Schlagzeug, Percussion und Drum Machines besitzt populäre Musik zudem einen musikalisch prägenden, nicht primär melodisch ausgerichteten Instrumentenpool mit einer spezifischen, auf Genres ausgerichteten Tradition. Die eigene Fachsprache popmusikalischer Praxis bildet sich daher weniger um Metrum und Takt als um den Begriff ›Beat‹ und seine genrespezifischen Schlagzeug- und Percussionpattern (*Backbeat*, *Off-Beat*, *Clave-Beat* etc.).

Wahrnehmungspsychologie

Die Wahrnehmung rhythmischer Strukturen beschäftigt neben der Musikpsychologie eine ganze Reihe wissenschaftlicher Disziplinen bis hin zu den allgemeinen Kognitionswissenschaften. Anhand der Rezeption rhythmisch organisierter Klänge können grundlegende Mechanismen der Koordination und Synchronisation sowie der nicht-sprachlich-semantischen Kognition von Struktur und Bedeutung untersucht werden (vgl. Pfleiderer 2006, 77). Dabei ist davon auszugehen, dass die Wahrnehmung von Rhythmen als ein Zusammenwirken von Wahrnehmungsangebot und aktiver psychosensorischer Rezeption zu verstehen ist. »Rhythmen emergieren nur in der Verbindung von Produktion und Perzeption« (Brüstle et al. 2005, 12).

Grundschlag und rhythmische Figuren erklingen in Musikstücken nicht ständig wiederholt in ihrer Grundform, sondern werden als Erwartungsmuster im Rezeptionsakt konstruiert. Allein die kognitive Extraktion eines Grundpulses aus einem periodischen Klangereignis wirft dabei eine Reihe von Fragen auf, für die es diverse Erklärungsmodelle gibt. Generell sind hier drei Ebenen zu berücksichtigen, deren Details und Zusammenspiel weiterer Forschung bedürfen. Einerseits lässt sich ein repetitives Muster – aufseiten der Soundstruktur – als ein geordnetes Vielfaches von Mikropulsen gleichen Abstands beschreiben, andererseits ist die Wahrnehmung eines als durchgängig und gleichmäßig empfundenen Pulses oder Beats – im Rezeptionsvorgang – auf eine neurophysiologische Resonanz, also eine Adaption des wahrnehmenden Systems an die Zeitstruktur des Wahrnehmungsgegenstands, angewiesen (etwa im ›Oszillatormodell‹ durch Anregung entsprechender Schwingungen im Nervensystem; vgl. Langner 2002). Schließlich spielen in diesem Prozess aktiver sensorischer Aneignung auch kulturell etablierte Erwartungsmechanismen eine Rolle, welche sowohl affektive als auch kognitive Rahmenbedingungen setzen. In der Forschung sind also neben wahrnehmungspsychologischen Ansätzen, die sich von den bildgebenden Verfahren der Neuropsychologie weitere Aufschlüsse erwarten, auch transdisziplinäre Ansätze unter Einbezug der Anthropologie und Ethnologie zu berücksichtigen. Vor diesem Hintergrund ist die Annahme einer rein klangstrukturell bestimmten Rhythmik – wie sie in den oben genannten musikalischen Rhythmustheorien zum Ausdruck kommt – eine starke und unzulässige Verkürzung.

Maschinisierung des Rhythmus

Die Gliederung der Zeit durch Automaten und Maschinen betrifft sowohl Klangumwelten als auch gestaltete Klänge. Uhren, mechanische und industrialisierte Arbeitsabläufe organisieren Lebens- und Bewegungsrhythmen und mit ihnen periodische klangliche Prozesse. Es entstehen Soundscapes mit in definierten Zeitabschnitten wiederkehrenden Klangelementen, die spezifische Lebenswelten repräsentieren (vgl. Schafer 1977). Um die Wende zum 20. Jahrhundert wird die rhythmisch-maschinelle Prägung von Umwelt und Arbeit ein bedeutendes Thema wissenschaftlicher und künstlerischer Reflexion. Der Zusammenhang von »Arbeit und Rhythmus« (Bücher 1902) wird ebenso deutlich wie die technische Veränderung urbanen Lebens und des Transportwesens. Mit den *Intonarumori* der Futuristen entstehen mechanisierte Instrumente, die rhythmische Geräusche produzieren (wie etwa in Luigi Russolos Geräuschkomposition *Risveglio di una Città* von 1913). Film und Phonographie entdecken Maschinenrhythmen als ästhetisches Material. Das rhythmische Geräusch der Eisenbahnschwellen wird im Tonfilm bei Dziga Vertov (*Ėntuziazm – Simfonia Donbassa*, UdSSR 1930) und in der Musique concrète Pierre Schaeffers (*Études aux chemins de fer*, 1948) zum zentralen Plot einer neuen Klangästhetik medialer (Re-)Produktion. Walter Ruttmann fokussiert – visuell als ›optische Musik‹ – in seiner Filmmontage *Berlin – Die Sinfonie einer Großstadt* (D 1927) und auditiv im ›Hörfilm‹ *Weekend* (D 1930) die Rhythmik des bereits durch Maschinen geprägten Großstadtlebens.

Bereits zu Beginn des 19. Jahrhunderts zieht die mechanisierte Rhythmik in die musikalische Gestaltung ein. Einen wichtigen Markstein der Mechanisierung der Zeitgestaltung und Aufführungspraxis setzt das Metronom. Es ist in der 1815 durch den Mechaniker Johann Nepomuk Mälzel konstruierten Ausführung bis heute ein alltägliches Hilfsmittel zum Einüben rhythmischer Präzision. Mit dem Metronom werden Tempo und Taktschlag in der musikalischen Alltagspraxis zu mechanisch-präzisen Größen. Anfang des 20. Jahrhunderts führt die Mechanisierung von Musikautomaten in Verbindung mit der Weiterentwicklung des Komponierens im Sinne rationaler Kalküle – wie etwa bei der Reihentechnik Arnold Schönbergs – auch zu entsprechenden rhythmischen Theorien und elektromechanischen Instrumenten. Leon Theremin baut 1931 das von Henry Cowell und Joseph Schillinger konzipierte Rhythmicon, ein mittels Klaviatur und elektromechanisch bewegten Lochscheiben gesteuertes, mit mathematischen Teilungen und deren Kombinationen arbeitendes automatisches Musikinstrument (vgl. Schillinger 1948, 665 f.).

Ab den 1970er Jahren wird in vielen Bereichen der populären Musik, sowohl in Recording-Sessions als auch in Live-Performances, zu einem metronomischen *Click Track* gespielt. Er dient zunächst zur Synchronisation mit technischen Klangerzeugern und zur vereinfachten Postproduktion. Ab Mitte der 1980er Jahre gehören digitale Sequenzer zur Grundausstattung europäischer und US-amerikanischer Studios, ab Mitte der 1990er Jahre übernehmen *Digital Audio Workstations* (DAWs) die komplette Steuerung von Aufnahme und digitalen Klangerzeugern. Damit wird die Mikrorasterung des Zeittakts digitaler Prozessoren zum Standard musikalischer Zeitgestaltung in der Medienproduktion (vgl. Danielsen 2010). Dieses unter der Schwelle zur bewussten Wahrnehmung liegende Mikroraster kann sowohl in visuellen Oberflächen als auch in programmgesteuerten Mustern zum ›sensorischen Engineering‹ eines hybriden mensch-maschinellen Mikrotiming genutzt werden (vgl. Großmann 2014).

Spekulative Philosophie

Das Bedürfnis, die Periodizität der natürlichen Abläufe und menschlichen Lebensvorgänge analytisch zu verstehen, sowie dieses Verständnis auch als kohärente und anwendbare Theorie zu formulieren, führt zu spekulativen Rhythmustheorien, die an die naturwissenschaftliche Exploration der Schwingungsphänomene anschließen. Diese manifestieren sich einerseits in konkreten pädagogisch-praktischen Kontexten – etwa in der ›Rhythmusbewegung‹ während der ersten Hälfte des 20. Jahrhunderts (vgl. Bayreuther 2016) –, andererseits in übergreifenden Theoriebildungen zur rhythmischen Zeitordnung als ontologisches Moment des Seins. Sie gründen auf der Aneignung und Übertragung von Modellen aus der Mathematik und den Naturwissenschaften und treten mit dem Anspruch universeller Gültigkeit auf. So machen bereits Ende des 18. Jahrhunderts die Chladnischen Klangfiguren die physikalischen Wirkungen schwingender Materie buchstäblich greifbar. Anfang des 20. Jahrhunderts bietet die Entdeckung des Dualismus von Wellenform und Teilchen, wie er durch Louis-Victor de Broglie und Erwin Schrödinger für die Quantenphysik formuliert wird, einen idealen Anknüpfungspunkt für eine ›metaphysische‹ Theoriebildung. Ein wichtiger Ausgangspunkt für aktuelle Diskurse auf der Basis einer solchen Ontologie der Schwingungen ist Gaston Bachelards *rhythmanalysis* (*La Dialectique de la Durée*, 1936), die aus der Schwingungsnatur der Materie auf die energetische Verfasstheit der Lebensvorgänge schließt. »We can therefore say that vibratory energy is the *energy of existence*«, so die englische Übersetzung (Bachelard 2000, 138). Es gilt nun – vereinfacht gesagt –, die Rhythmen der Schwingungen zu analysieren und in Einklang zu bringen: »When life is successful, it is made of well-ordered times« (ebd., 144). Elemente dieser esoterisch-spekulativen Übertragung universeller Prinzipien einer Schwingungslehre des atomaren Mikrokosmos auf die anthropologische, psychologische und kultursoziologische Ebene beeinflussen andere Ansätze des 20. und 21. Jahrhunderts. Henri Lefebvre (1992) nutzt das Modell zyklischer Prozesse zum Verständnis der alltäglichen Präsenzerfahrung sowie zur Analyse und Bewertung von Rhythmen urbanen Lebens. In der Popkultur des Sound korrespondiert die Philosophie einer »ontology of vibrational force« (Goodman 2010, xviii) mit Genres der Club-Kultur wie Techno, Electronic Body Music, Hip-Hop und Dub. Diese beruhen – in der Tradition der Sound-Performanz jamaikanischer *Sound Systems* – auf der direkten Wahrnehmung der physischen Materialität des elektronisch verstärkten Sound. Die extreme Verstärkung von Bassfrequenzen an der unteren Grenze der Hörbarkeit lässt die rhythmischen Strukturen des Sound in ihrer materialen Verfasstheit der wellenförmigen Kompression der Luft auch als physisch-motorische Kraft wirksam werden. Zusammen mit Formen des *Artistic Research* wie der performativen Praxis des Sound oder der *Breakbeat Science* leistet philosophische Spekulation damit auch einen Beitrag, um die physische und psychische Wirkmacht solcher ›sonischen‹ Phänomene bis hin zur ›sonischen Kriegführung‹ (ebd.) zu erkunden und in weiterführende Diskurse einzubringen.

Verwandte Beiträge: Kap. 5 (Körperlichkeit); Kap. 22 (Literaturwissenschaft); Kap. 26 (Philosophie); Kap. 27 (Physikalische Akustik); Kap. 36 (Rauschen); Kap. 44 (Diskothek); Kap. 63 (Noten); Kap. 64 (Phonograph); Kap. 66 (Schallplatte); Kap. 72 (Kolonialität).

Literatur

Bachelard, Gaston: *The Dialectic of Duration*. Manchester 2000 (frz. 1936).
Bayreuther, Rainer: Die Rhythmusbewegung im frühen 20. Jahrhundert und ihre Grundlegung in der empirischen Ästhetik. In: *Die Musikforschung* 69/2 (2016), 143–156.
Bücher, Karl: *Arbeit und Rhythmus*. Leipzig [3]1902.
Brüstle, Christa/Ghattas, Nadia/Risi, Clemens/Schouten, Sabine: Zur Einleitung. Rhythmus im Prozess. In: Christa Brüstle et al. (Hg.): *Aus dem Takt. Rhythmus in Kunst, Kultur und Natur*. Bielefeld 2005, 9–30.
Danielsen, Anne (Hg.): *Musical Rhythm in the Age of Digital Reproduction*. Burlington, VT 2010.
Eshun, Kodwo: *More Brilliant than the Sun. Adventures in Sonic Fiction*. London 1998 (dt. 1999).
Gilroy, Paul: *The Black Atlantic. Modernity and Double Consciousness*. Cambridge, MA 1993.
Goodman, Steve: *Sonic Warfare. Sound, Affect, and the Ecology of Fear*. Cambridge, MA 2010.
Großmann, Rolf: Sensory engineering. Affects and the mechanics of musical time. In: Marie-Luise Angerer/Bernd Bösel/Michaela Ott (Hg.): *Timing of Affect. Epistemologies, Aesthetics, Politics*. Zürich 2014, 191–205.
Iyer, Vijay S.: *Microstructures of Feel, Macrostructures of Sound. Embodied Cognition in West African and African-American Musics*. Ph.D. Diss., University of California, Berkeley 1998.
Keller, Adalbert: *Aurelius Augustinus und die Musik. Untersuchungen zu »De musica« im Kontext seines Schrifttums*. Würzburg 1993.
Langner, Jörg: *Musikalischer Rhythmus und Oszillation. Eine theoretische und empirische Erkundung*. Frankfurt a. M. 2002.
Lefebvre, Henri: *Éléments de rythmanalyse. Introduction à la connaissance des rythmes*. Paris 1992.
Müller, Katharina/Aschersleben, Gisa (Hg.): *Rhythmus. Ein interdisziplinäres Handbuch*. Bern 2000.
Pfleiderer, Martin: *Rhythmus. Psychologische, theoretische und stilanalytische Aspekte populärer Musik*. Bielefeld 2006.
Primavesi, Patrick/Mahrenholz, Simone (Hg.): *Geteilte Zeit. Zur Kritik des Rhythmus in den Künsten*. Schliengen 2005.
Schafer, R. Murray: *The Tuning of the World*. New York 1977.
Schillinger, Joseph: *The Mathematical Basis of the Arts*. New York 1948 (posth., verfasst 1943).
Schröder, Gesine (Hg.): *Rhythmik und Metrik*. Laaber 2016.
Seidel, Wilhelm: *Rhythmus. Eine Begriffsbestimmung*. Darmstadt 1976.

Rolf Großmann

14 Sonifikation

Sonifikation (engl. *sonification*) bezeichnet die Darstellung von Daten und Signalen in Form von Klangereignissen, um Informationen über das Gehör zu gewinnen oder zu vermitteln. Selten wird der Begriff auch als Synonym für die gängigeren Begriffe der ›Sonikation‹ oder ›Ultrasonikation‹ verwendet, mit denen in der Chemie und Biologie verbreitete Verfahren der Ultraschallbehandlung zur Stimulierung von chemischen Prozessen bezeichnet werden. Eine frühe und noch heute gebräuchliche Definition bestimmt Sonifikation als »the use of nonspeech audio to convey information. More specifically, sonification is the transformation of data relations into perceived relations in an acoustic signal for the purposes of facilitating communication or interpretation« (Kramer et al. 1999, 3).

Sonifikation kann als akustisches Pendant zu Techniken der Datenvisualisierung verstanden werden und bezieht sich dabei vor allem auf die Umsetzung nicht-hörbarer Daten und Signale in Audiodaten, wodurch beispielsweise abstrakte Messwerte sinnlich erfahren und qualitativ bewertet werden können. Ein bekanntes Sonifikationsverfahren zur Vermittlung von Zustandsinformationen stellt die Hörbarmachung der Herzfrequenz von Patient/innen in Krankenhäusern dar. Die Übersetzung von Daten in Klänge erfolgt in der Regel mithilfe digitaler Signalverarbeitungs- und Klangsyntheseverfahren und auf der Grundlage bestimmter Zuordnungsregeln, die festlegen, wie Datenreihen die akustischen Parameter eines Ausgangsklangs (z. B. Lautstärke, Tonhöhe o. Ä.) im Zeitverlauf verändern.

Sonifikationen kommen – mit je unterschiedlichen Zielsetzungen – in verschiedenen Anwendungsbereichen zum Einsatz, insbesondere in den Naturwissenschaften und den Künsten. Experimentalphysiker/innen verwenden Sonifikationen beispielsweise zum Studium von Gravitationswellen, während die Klanginstallation *Dolmen* (2015) des mexikanischen Klangkünstlers Mario de Vega die hochfrequenten Funksignale digitaler Kommunikation hörbar macht. Sonifikationsverfahren gehören jedoch heute auch zur Alltagserfahrung, etwa als Teil von Benutzeroberflächen oder in Form akustischer Einparkhilfen, die nach dem Vorbild von Peilsendern räumliche Abstände in zeitliche Intervalle eines sich wiederholenden Pieptons umsetzen.

Die technischen Interfaces, über die Sonifikationen vermittelt werden, werden oft als ›akustische‹ bzw. ›auditive Displays‹ (engl. *auditory display*) bezeichnet. Sie werden auch als Hilfsmittel für sehbehinderte Menschen und zur Realisierung einer redundanten Informationsebene im Rahmen von Mensch-Maschine-Interaktionen verwendet, zum Beispiel in Cockpits oder Bankautomaten.

Der Zweck von Sonifikationen besteht einerseits darin, das Auftreten von Ereignissen anzuzeigen und bestimmte Informationen zu vermitteln. Dazu gehören etwa Warn- und Benachrichtigungstöne, aber auch wissenschaftliche Instrumente wie der 1928 entwickelte Geiger-Müller-Zähler, der registrierte Teilchenstrahlung als Knacklaute anzeigt und daher als eine Vorläuferanwendung der Sonifikation verstanden werden kann (vgl. Volmar 2015, 115–146). Andererseits sollen Sonifikationen als Variante des *Data Minings* (vgl. Last/Usyskin 2015) dabei helfen, komplexe Datenmengen auszuwerten und wissenschaftliche Fragen zu beantworten, indem sie zuvor noch nicht bekannte Zusammenhänge oder Eigenschaften in Form von auditiven Mustern und Dynamiken erkennbar werden lassen. Diese Strategie ist mit den medizinischen Hörtechniken der Perkussion und der Auskultation (dem diagnostischen Abhören des Körpers mit einem Stethoskop) vergleichbar, nur dass sich das analytische Hören im Fall der Sonifikation nicht auf akustische Klangkörper (wie Herz und Lunge) bezieht, sondern auf beliebige Eingangsdaten, die durch die Verklanglichung sinnlich erfahrbar und dadurch analysierbar werden sollen (vgl. Volmar 2015).

Sonifikation als Forschungsfeld

Die Idee der Sonifikation hat eine lange kultur- und wissenschaftshistorische Tradition (vgl. Schoon/Volmar 2012a) – die Entstehung des Begriffs und des spezialisierten Forschungsfeldes ist jedoch eng verknüpft mit den technischen Möglichkeiten der digitalen Audiotechnik, durch die Daten und Signale relativ einfach in Audiodaten umcodiert werden können. Nicht zufällig werden die Potenziale von Sonifikationsverfahren sowie die Bedingungen ihrer Konzeption und Entwicklung erst seit der Verbreitung von Personal Computern mit Sound-Blaster-Technologie in den 1980er und 1990er Jahren systematisch erforscht.

Einen wichtigen Kristallisationspunkt bildete die Gründung der International Community for Auditory Display (ICAD) und einer gleichnamigen Konferenz im Jahr 1992 (vgl. Supper 2015). Der umfangreiche, von ICAD-Gründer Gregory Kramer herausgegebene Tagungsband der ersten Konferenz stellt nicht nur ei-

D. Morat, H. Ziemer (Hrsg.), *Handbuch Sound*, https://doi.org/10.1007/978-3-476-05421-0_14

nen ersten Versuch der Systematisierung dar, sondern bildet bis heute einen guten Überblick über das Forschungsfeld der Sonifikation (vgl. Kramer 1994). Seitdem hat sich die Sonifikationsforschung zu einem eigenständigen, wenn auch höchst interdisziplinären Forschungsgebiet entwickelt, das insbesondere die Möglichkeiten der akustischen Darstellung und auditiven Auswertung von komplexen wissenschaftlichen Daten untersucht, deren potenzieller Informationsgehalt sich – im Gegensatz beispielsweise zur akustischen Einparkhilfe – zum Zeitpunkt der Entwicklung oder Anwendung des auditiven Verfahrens noch nicht genau bestimmen oder vorhersehen lässt.

Es werden verschiedene Ansätze von Sonifikationsverfahren unterschieden (vgl. Hermann/Hunt/Neuhoff 2011). Zu den wichtigsten zählen *Audifikation*, *Parameter Mapping*, *modellbasierte Sonifikation*, *Earcons* und *Auditory Icons*:

- Unter *Audifikation* versteht man die direkte Umsetzung von Messwerten (insbesondere von Zeitreihen und Signalen) in Schallschwingungen. Die Datenreihen oder Signalfolgen werden bei Bedarf an den menschlichen Hörbereich angepasst, etwa durch eine Variation der Abspielgeschwindigkeit, bevor sie entweder direkt oder über den Umweg einer technischen (Zwischen-)Speicherung und über Lautsprecher ausgegeben werden. Ein weitverbreitetes Beispiel der Audifikation bildet zum Beispiel der schon genannte Geiger-Müller-Zähler zur akustischen Anzeige radioaktiver Strahlung.
- Die *Parameter-Mapping-Sonifikation* eignet sich vor allem für mehrdimensionale Ausgangsdaten. Bei diesem Ansatz werden bestimmte Datenattribute auf akustische Parameter (wie Tonhöhe, Tonlänge, Lautstärke, Klangfarbe, Filtereigenschaften etc.) abgebildet. Einfache Anwendungen stellen Peilsender oder akustische Einparkhilfen dar. Neben Anwendungen, in denen einzelne Datenattribute als akustische Funktionsgraphen dargestellt werden, können auch multivariate Datensätze klanglich dargestellt werden, indem verschiedene Aspekte des Datensatzes auf unterschiedliche akustische Parameter übertragen werden.
- Die *modellbasierte Sonifikation* setzt Daten nicht direkt in Klänge um, sondern entwickelt dynamische und interaktive Prozesse zur Erzeugung von Klängen, analog zu virtuellen Instrumenten. Dafür wird beispielsweise die Physical-Modeling-Synthese eingesetzt. Durch Interaktion der Userin bzw. des Users (z. B. durch Schütteln, Klopfen, Klicken) wird das Sonfikationssystem stimuliert, das die Erforschung und Auswertung komplexer Datensätze in ihrer Gesamtheit erlaubt.
- *Earcons* und *Auditory Icons* sind Klänge, die auf ein informationstragendes Ereignis hinweisen und oft in Benutzeroberflächen eingesetzt werden. Während *Earcons* üblicherweise aus abstrakten Klängen oder kurzen Melodiefolgen bestehen (z. B. Klingel- und Alarmtöne), arbeiten *Auditory Icons* mit konkreten, d. h. zumeist gesampelten Klängen, die in einer Ähnlichkeitsbeziehung zum jeweiligen Ereignis stehen – etwa das Geräusch zerknüllten Papiers, welches das Verschieben einer Computerdatei in den virtuellen Papierkorb begleitet.

Mit der Entstehung und Verbreitung der verschiedenen konzeptionellen und technischen Ansätze zur Umsetzung von Daten in Klang war eine wesentliche Ausdifferenzierung des Sonifikationsbegriffs innerhalb der ICAD verbunden. Während Kramer Sonifikation zunächst knapp und bewusst offen als »data-controlled sound« (1994, xxvii) bestimmte, entwickelte sich recht schnell eine rege Diskussion zur Präzisierung des Begriffs (vgl. Supper 2012). Neben der eingangs zitierten und ebenfalls recht breit angelegten Definition als »use of nonspeech audio to convey information« (Kramer et al. 1999, 3) entstanden auch eine Reihe von engeren Bestimmungen, in denen oft eine der Verklanglichung zugrunde liegende Intention des Erwerbens oder Vermittelns von Kenntnis vorausgesetzt wird (vgl. Barrass 1997; Scaletti 1994; Worrall 2009). Sonifikation bezeichnet dabei je nach Definition ausschließlich den Prozess der Verklanglichung (vgl. Barrass 1997; Hermann 2008; Kramer et al. 1999) oder auch das resultierende Klangobjekt (vgl. Scaletti 1994; Worrall 2009). Im Mittelpunkt steht dabei entweder die objektive Beschaffenheit und Reproduzierbarkeit der produzierten Klänge (vgl. Hermann 2008; Scaletti 1994) oder die menschliche Hörwahrnehmung (vgl. Barrass 1997; Kramer et al. 1999; Worrall 2009). Dabei wird manchmal der Anschluss an ästhetische Praktiken (vgl. Barrass 1997), manchmal hingegen an die wissenschaftliche Methodik (vgl. Hermann 2008) gesucht.

Anwendungsbereiche der Sonifikation

Obwohl Sonifikation als wissenschaftliches Repräsentationsverfahren eine im Vergleich zu Visualisierungen verhältnismäßig geringe Verbreitung gefunden hat, ist das Verfahren in erstaunlich vielen naturwissenschaftlichen Disziplinen genutzt worden. In der Geologie werden verklanglichte Messdaten etwa zum Studium vulkanischer oder seismischer Aktivität verwendet, während in der Astronomie Sonnenwinde, in der Neurophysiologie Gehirnaktivitäten und in der Elementarteilchenphysik simulierte Higgs-Bosonen zum Klingen gebracht werden. Die verschiedenen Anwendungen der Sonifikation unterscheiden sich aber nicht nur darin, dass die zugrunde liegenden Daten aus unterschiedlichen wissenschaftlichen Disziplinen stammen, sondern auch in ihrer Ausrichtung: Während manche Sonifikationen primär als Forschungswerkzeuge für wissenschaftliche Fachexpert/innen entwickelt werden, dienen andere eher der Popularisierung wissenschaftlicher Kenntnis mit Blick auf eine breite Öffentlichkeit.

Auch im Bereich von Musik und Klangkunst finden sich zahlreiche Anwendungen von Sonifikation. Andrea Polli beispielsweise verknüpft auf ihrem Album *Sonic Antarctica* (2009) Sonifikation mit Feldaufnahmen und Interviews über den Klimawandel. Marcus Schmicklers Komposition *Bonner Durchmusterung* (2009) basiert auf einer audiovisuellen Umsetzung astronomischer Daten. Darüber hinaus entstanden einige Schlüsselwerke der frühen experimentellen und elektronischen Musik durch sonifikationsähnliche Verfahren. So übersetzte John Cage für *Atlas Eclipticalis* (1962) eine Sternenkarte in eine graphische Partitur, welche von einem Orchester gespielt wird, während Alvin Lucier in seiner Performance *Music for Solo Performer* (1965) seine eigenen, elektronisch verstärkten Hirnströme nutzte, um Perkussionsinstrumente zum Klingen zu bringen.

Aufgrund der technischen Möglichkeiten modularer Programmiersprachen zur digitalen Klangsynthese (beispielsweise SuperCollider, Pure Data oder Max/MSP) und einem zunehmenden Interesse von Künstler/innen an Datenphänomenen erlebte die künstlerische Sonifikation im frühen 21. Jahrhunderts einen regelrechten Boom (vgl. Schoon/Volmar 2012b, 16); kritische Stimmen beklagen bereits eine »inflationäre künstlerische Anwendung« (Rumori 2012, 237). Das ausgeprägte Interesse vieler Sonifikationsforscher/innen an Klangkunst sowie die Tatsache, dass viele der in der elektronischen Musik gängigen Klangsynthese-Programme auch zur Standardausrüstung der Sonifikationsforschung geworden sind, führen zu einem regen Austausch zwischen künstlerischer und wissenschaftlicher Sonifikation.

Sonifikation als geistes- und kulturwissenschaftlicher Forschungsgegenstand

Im Laufe der letzten zehn Jahre ist das Forschungsfeld der Sonifikation auch zum Gegenstand kultur-, geistes- und sozialwissenschaftlichen Forschungsinteresses geworden. Anthropolog/innen haben sich ebenso wie Wissenschaftsforscher/innen der aktuellen Sonifikationsforschung mit ethnographischen Methoden genähert. Bestehende Veröffentlichungen widmen sich der Bedeutung des Hörens akustischer bzw. sonifizierter Informationen im Rahmen experimentalwissenschaftlicher Laborpraktiken, der Performativität von körperlichen Praktiken in der Sonifikationsforschung sowie den Legitimationsstrategien zur wissenschaftlichen Etablierung von Sonifikation (z. B. Supper 2012; 2015). Mehrere Arbeiten befassen sich auch mit dem symbolischen Gehalt und der metaphorischen Kraft von Sonifikationen im Bereich der naturwissenschaftlichen Forschung und Selbstdarstellung (z. B. Helmreich 2016; Supper 2014), etwa indem sie die experimentellen und diskursiven Praktiken hinterfragen, mit denen Wissenschaftler/innen wissenschaftlichen Objekten eine ›Stimme‹ geben und ihnen dadurch einen Subjektstatus zusprechen (z. B. Roosth 2009).

Parallel dazu sind wissenschaftshistorische Arbeiten entstanden, die etwa den vielfältigen Einsatz von akustischen Darstellungen und geschulter Hörtechniken in Wissenschaft, Medizin und Technik aufgezeigt haben (z. B. Lutters/Koehler 2016; Volmar 2015) oder die die anhaltende, historisch bis in die griechische Antike zurückreichende Faszination an einer auf auditiven Modellen und Metaphern basierenden Theoriebildung herausstellen – etwa in kosmologischen Theorien von den Pythagoreern bis zur Superstring-Theorie (z. B. Pesic/Volmar 2014). Vor diesem Hintergrund kann die aktuelle Sonifikationsforschung als Symptom bzw. Eskalation einer facettenreichen und historisch gewachsenen Kultur des auditiven und akustischen Experimentierens und Argumentierens verstanden werden, die sich seit der zweiten Hälfte des 18. Jahrhunderts parallel zur visuellen Kultur wissenschaftlicher Erkenntnisproduktion in den modernen Naturwissenschaften entwickelt hat (vgl. Volmar 2015). Darüber hinaus ist das Verfahren der Sonifikation aus kulturhistorischer (z. B. Dombois 2008; Schoon/Volmar 2012a), medientheoretischer (z. B. Miyazaki 2013; Thoben 2012), musikwissenschaftlicher (z. B. Akiyama 2014; Gresham-Lancaster 2012; Harenberg/Weissberg 2012; Tittel 2009) und gesellschaftskritischer Sicht (z. B. Polli 2012) betrachtet worden.

Von besonderem kulturwissenschaftlichem Interesse sind dabei etwa Fragen zum Status von sonifizierten Klangereignissen und zur Bedeutung von Hörbarkeit, die durch die Verwendung der Bezeichnung ›Sonifikation‹ aufgeworfen werden. Kann beispielsweise die nachträgliche Verklanglichung einer 1860 angefertigten phonoautographischen Aufnahme, die ursprünglich zur Visualisierung von Schallwellen gedacht war, als Form der Sonifikation betrachtet werden (vgl. Sterne/Akiyama 2012)? Ist es sinnvoll, von ›konzeptueller Sonifikation‹ zu sprechen, wenn ein Klang nur in der Phantasie hörbar ist – wie beispielsweise in Rainer Maria Rilkes Vorstellung eines *Ur-Geräuschs*, das durch das Nachzeichnen der Kranznaht des Schädels mit der Nadel eines Plattenspielers entstehen könnte (vgl. Grond/Hermann 2012; Thoben 2012)? Und welchen epistemologischen Status haben die Sonifikationen simulierter naturwissenschaftlicher Ereignisse, etwa computergenerierte Signale von Graviationswellen oder Higgs-Bosonen (vgl. Helmreich 2016; Pesic/Volmar 2014; Volmar 2017)?

Das Verfahren der Sonifikation stellt für die an Klang interessierten geisteswissenschaftlichen Disziplinen vor allem deshalb einen so produktiven Gegenstand dar, weil es durch die Betonung von technischen wie konzeptuellen Übersetzungsprozessen Grenzbereiche überspannt – jene zwischen dem Nichtwahrnehmbaren und dem Wahrnehmbaren ebenso wie die zwischen abstrakten Daten und sinnlicher Erfahrung, Objektivität und Subjektivität, Bild und Klang, Wissenschaft und Kunst, Notation und Aufführung. Dadurch bietet Sonifikation einen guten Ausgangspunkt, um Vorstellungen über die wissenschaftliche Forschungspraxis, die Beschaffenheit von Klängen, den Prozess der Komposition und die Bedeutung des Hörens in der alltäglichen Erfahrung neu zu denken.

Verwandte Beiträge: Kap. 2 (Auralität); Kap. 15 (Sound Art); Kap. 23 (Medienwissenschaft); Kap. 30 (Wissenschaftsgeschichte); Kap. 51 (Labor); Kap. 67 (Stethoskop).

Literatur

Akiyama, Mitchell: Dataffect. Numerical epistemology and the art of data sonification. In: *Leonardo Music Journal*, H. 24 (2014), 29–32.

Barrass, Stephen: *Auditory Information Design*. PhD Thesis, Australian National University, Canberra, 1997.

Dombois, Florian: Sonifikation. Ein Plädoyer, dem naturwissenschaftlichen Verfahren eine kulturhistorische Einschätzung zukommen zu lassen. In: Petra Maria Meyer (Hg.): *Acoustic Turn*. München 2008, 91–100.

Gresham-Lancaster, Scot: Relationships of sonification to music and sound art. In: *AI & Society* 27/2 (2012), 207–212.

Grond, Florian/Hermann, Thomas: Aesthetic strategies in sonification. In: *AI & Society* 27/2 (2012), 213–222.

Harenberg, Michael/Weissberg, Daniel: Vorläufige Vorläufer. Vordergründige Bezüge und hintergründige Gegensätze zwischen Komposition und Sonifikation. In: Andi Schoon/Axel Volmar (Hg.): *Das geschulte Ohr. Eine Kulturgeschichte der Sonifikation*. Bielefeld 2012, 207–222.

Helmreich, Stefan: Gravity's reverb. Listening to space-time, or articulating the sounds of gravitational-wave detection. In: *Cultural Anthropology* 31/4 (2016), 464–492.

Hermann, Thomas: Taxonomy and definitions for sonification and auditory display. [Paper für die 14th International Conference on Auditory Display, Paris, Juni 2008.] In: http://www.sonification.de/publications/media/Hermann2008-TAD.pdf (30.1.2018).

Hermann, Thomas/Hunt, Andy/Neuhoff, John G. (Hg.): *The Sonification Handbook*. Berlin 2011.

Kramer, Gregory (Hg.): *Auditory Display. Sonification, Audification, and Auditory Interfaces*. Reading, MA 1994.

Kramer, Gregory/Walker, Bruce/Bonebright, Terri/Cook, Perry/Flowers, John H./Miner, Nadine/Neuhoff, John et al.: *Sonification Report. Status of the Field and Research Agenda. Report prepared for the National Science Foundation by Members of the International Community for Auditory Display*. o. O. 1999.

Last, Mark/Usyskin, Anna: Listen to the sound of data. In: Aaron K. Baughman/Jiang Gao/Jia-Yu Pan/Valery A. Petrushin (Hg.): *Multimedia Data Mining and Analytics*. Heidelberg/New York/Dordrecht/London 2015, 419–446.

Lutters, Bart/Koehler, Peter J.: Brainwaves in concert. The 20th century sonification of the electroencephalogram. In: *Brain. A Journal of Neurology* 139/10 (2016), 2809–2814. doi: 10.1093/brain/aww207.

Miyazaki, Shintaro: Hörende Maschinennetzwerke. Auditive Medienästhetiken unscheinbarer Signale. In: *Zeitschrift für Medienwissenschaft*, H. 8 (2013), 117–126.

Pesic, Peter/Volmar, Axel: Pythagorean longings and cosmic symphonies. The musical rhetoric of string theory and the sonification of particle physics. In: *Journal of Sonic Studies*, Nr. 8 (2014), ohne Paginierung.

Polli, Andrea: Soundscape, sonification, and sound activism. In: *AI & Society* 27/2 (2012), 257–268.

Roosth, Sophia: Screaming yeast. Sonocytology, cytoplasmic milieus, and cellular subjectivities. In: *Critical Inquiry* 35/2 (2009), 332–350.

Rumori, Martin: Umdeuten. Das Phänomen der Sonifikation zwischen Musikgeschichte, Medientechnik und Markt. In: Andi Schoon/Axel Volmar (Hg.): *Das geschulte Ohr. Eine Kulturgeschichte der Sonifikation*. Bielefeld 2012, 223–242.

Scaletti, Carla: Sound synthesis algorithms for auditory data representations. In: Gregory Kramer (Hg.): *Auditory Display. Sonification, Audification, and Auditory Interfaces*. Reading, MA 1994, 223–251.

Schoon, Andi/Volmar, Axel (Hg.): *Das geschulte Ohr. Eine Kulturgeschichte der Sonifikation*. Bielefeld 2012a.
Schoon, Andi/Volmar, Axel: Informierte Klänge und geschulte Ohren. Zur Kulturgeschichte der Sonifikation. In: Dies. (Hg.): *Das geschulte Ohr. Eine Kulturgeschichte der Sonifikation*. Bielefeld 2012b, 9–26.
Sterne, Jonathan/Akiyama, Mitchell: The recording that never wanted to be heard and other stories of sonification. In: Trevor Pinch/Karin Bijsterveld (Hg.): *The Oxford Handbook of Sound Studies*. Oxford/New York 2012, 544–560.
Supper, Alexandra: The search for the ›killer application‹. Drawing the boundaries around the sonification of scientific data. In: Trevor Pinch/Karin Bijsterveld (Hg.): *The Oxford Handbook of Sound Studies*. Oxford/New York 2012, 249–270.
Supper, Alexandra: Sublime frequencies. The construction of sublime listening experiences in the sonification of scientific data. In: *Social Studies of Science* 44/1 (2014), 34–58.
Supper, Alexandra: Data karaoke. Sensory and bodily skills in conference presentations. In: *Science as Culture* 24/4 (2015), 436–457. doi: 10.1080/09505431.2015.1052390.
Thoben, Jan: Die Stille der Bilder und die Macht der Töne. Spuren einer Medienästhetik der Audifikation in Rilkes Ur-Geräusch. In: Andi Schoon/Axel Volmar (Hg.): *Das geschulte Ohr. Eine Kulturgeschichte der Sonifikation*. Bielefeld 2012, 171–189.
Tittel, Claudia: Sound art as sonification, and the artistic treatment of features in our surroundings. In: *Organised Sound* 14/1 (2009), 57–64.
Volmar, Axel: *Klang-Experimente. Die auditive Kultur der Naturwissenschaften 1761–1961*. Frankfurt a. M. 2015.
Volmar, Axel: Psychoakustik und Signalanalyse. Zur Ökologisierung und Metaphorisierung des Hörens seit dem Zweiten Weltkrieg. In: Netzwerk »Hör-Wissen im Wandel« (Hg.): *Wissensgeschichte des Hörens in der Moderne*. Berlin/Boston 2017, 65–95.
Worrall, David: *Sonification and Information. Concepts, Instruments and Techniques*. PhD Thesis, University of Canberra, 2009.

Axel Volmar / Alexandra Supper

15 Sound Art

Der Begriff ›Sound Art‹ beschreibt künstlerische Arbeiten mit dem Medium Schall. Seine Bedeutung ist weitgehend deckungsgleich mit der des deutschen Begriffes ›Klangkunst‹. Allerdings differieren die Genealogien und Diskurse um die beiden Schlagwörter, da in den USA und in Deutschland jeweils unterschiedliche Bedingungen zum Entstehen der bezeichneten Kunstpraktiken geführt haben. Dasselbe gilt für das französische Äquivalent *art sonore* und den spanischen Begriff *arte sonoro*. Gemeinsam ist diesen Termini ein Feld von Unterbegriffen, die zur Definition beitragen: ›Klanginstallation‹, ›Klangskulptur‹, ›Klangperformance‹, ›akustische Medienkunst‹, ›musikalische Arbeiten von bildenden Künstler/innen‹. Im weiteren Umfeld finden sich Schlagwörter wie ›Soundscape-Komposition‹, ›Field Recording‹, ›Radiokunst‹, ›Akustische Kunst / Ars Acustica‹, ›Intermedium‹, ›Noise Art‹, ›Sampling‹, ›Soundwalk‹, ›Circuit Bending‹, ›Sounddesign‹ und ›Lautpoesie‹.

Alle einschlägigen Definitionen verorten die Sound Art zwischen bildender Kunst und Musik mit ästhetischen Anleihen aus beiden Bereichen und einer Einladung zur ganzheitlichen, polymodalen Wahrnehmung. Die meisten Autor/innen differenzieren verschiedene Unterkategorien, die im Spektrum zwischen den beteiligten Künsten angesiedelt sind. Sie bringen unterschiedliche Zeitstrukturen und Rezeptionshaltungen mit sich. Vonseiten der bildenden Kunst fließt eine Tendenz zur Ortsbezogenheit (*site specificity*), Räumlichkeit und/oder Objekthaftigkeit ein. Entsprechend gilt die Zeitlichkeit von Klanginstallationen und Klangskulpturen als offen, dauerhaft und wenig zielgerichtet. Die Rezipienten können ihre räumliche und zeitliche Position zur Arbeit weitgehend frei wählen. Aufseiten der Musik wird der performative Aspekt betont. Hier gruppieren sich akustische Aktionen mit begrenzter Dauer und teleologischer Dramaturgie. Die Aufmerksamkeit der Rezipient/innen ist in diesem Bereich tendenziell klarer fokussiert und gelenkt.

In Theorie und Praxis der Sound Art finden sich große, unscharf abgegrenzte Schnittmengen zur elektronischen, elektroakustischen, akusmatischen und experimentellen Musik auf der einen und zur intermedialen, installativen und performativen Kunst auf der anderen Seite. Erstmals verwendet wird der englische Begriff 1982 von William Hellermann für seine Sound Art Foundation und für die Ausstellung »Sound/Art« im Sculpture Center, New York City, 1983. Der deutsche Begriff erscheint erstmals 1965 im Titel einer Sendereihe des Rundfunks der DDR von Gerhard Steinke und Gerhard Schwalbe (»Auf dem Wege zu einer neuen Klangkunst«). Gemeint ist hier jedoch elektronische Musik, die im DDR-Sozialismus als formalistisch galt und deshalb nur unter anderem Namen verbreitet werden konnte.

Ab Mitte der 1980er Jahre wird der englische wie der deutsche Begriff in seiner heutigen Bedeutung verwendet. In den 1990er Jahren setzt eine systematische Theoriebildung ein. Im angloamerikanischen Bereich etablieren Autoren wie Dan Lander, Micah Lexier, Trevor Wishart, Douglas Kahn und Allen S. Weiss das Forschungsfeld. Im deutschsprachigen Raum wirkt insbesondere die Musikwissenschaftlerin Helga de la Motte-Haber schulbildend.

Der Diskurs über Sound Art konstituiert sich nicht zuletzt anhand von prominenten Ausstellungen und Festivals: »Sonambiente« (Akademie der Künste, Berlin, 1996 und 2006), »Volume: Bed of Sound« (The Museum of Modern Art, New York, 2000), »Sonic Boom« (Hayward Gallery, London, 2000), »Bitstreams« (Whitney Museum of American Art, New York, 2001), »Sonic Process« (Centre Georges Pompidou, Paris, 2002), »Sounding Spaces« (I. C. C., Tokio, 2003), »Sons & lumières« (Centre Georges Pompidou, Paris, 2004), »See This Sound« (Lentos Kunstmuseum, Linz, 2009), »Sounds« (n. b. k., Berlin, 2010), »Sound Art« (ZKM, Karlsruhe, 2012/13), »Urban Sounds« (Haus der elektronischen Künste, Basel, 2013). Als Kristallisationspunkte wirken auch Ausstellungsorte wie Het Apollohuis in Eindhoven (1980–2001), die Ladengalerie Gelbe Musik in Berlin (1981–2014), die singuhr Hörgalerie in Berlin (1996–2014), die Diapason Gallery in New York (ab 2001), die TONSPUR_passage in Wien (ab 2003) und der Projektraum Errant Bodies / Errant Sound in Berlin (ab 2010).

Historische Vorläufer

Sound Art als künstlerisches Phänomen hat eine lange Vorgeschichte. Helga de la Motte-Haber (1999, 16) nennt die Trennung von Malerei und Poesie im *Laokoon* von Gotthold Ephraim Lessing als Meilenstein auf dem Weg zu einer audiovisuellen Kunst: Gerade durch die systematische Abgrenzung der Künste voneinander treten deren Verbindungen umso deutlicher zutage. Phänomenologisch lässt sich das Zusammenspiel der Sinnesmodalitäten jedoch bis zu den Anfängen der Kunst zurückverfolgen: Die Paläoakustik hat

D. Morat, H. Ziemer (Hrsg.), *Handbuch Sound*, https://doi.org/10.1007/978-3-476-05421-0_15

gezeigt, dass viele Höhlenmalereien an besonders resonanzreichen Stellen platziert sind, was auf ein rituelles Zusammenspiel von Bild und Klang schließen lässt (vgl. Reznikoff 1995).

Vorläufer der Sound Art in der europäischen Neuzeit finden sich zum Beispiel im Raumbezug der venezianischen Mehrchörigkeit des 16. Jahrhunderts, im intensiven Zusammenwirken von bildender Kunst und Musik in der Oper ab dem 17. Jahrhundert oder in den Vorschlägen zu installativen Klangräumen von Athanasius Kircher (ebenfalls 17. Jahrhundert). Im 19. Jahrhundert verdichten sich die Querbezüge u. a. durch die romantische Musikalisierung aller Künste, in Richard Wagners Theorie des Gesamtkunstwerks und in Alexander Skrjabins Konzept der Synästhetik.

Zu Beginn des 20. Jahrhunderts forderten unterschiedliche Avantgarden mit zunehmendem Nachdruck ein Zusammenspiel von bildender Kunst und Musik. Zentrale Akteure dieser Entwicklung sind Wassily Kandinsky (*Der gelbe Klang*, 1912) und der Futurist Luigi Russolo (*L'arte dei rumori*, 1913). Parallel erfolgt in der Kompositionsmusik die Emanzipation von Glissando und Geräusch u. a. durch Edgar Varèse, Henry Cowell und Arseni Awraamow sowie eine radikale Neubewertung des Zuhörens u. a. durch Erik Satie (*Musique d'ameublement*, 1917–1923). Im Russland der Zwischenkriegszeit konstruieren Ingenieure wie Leon Theremin und Boris Yankovsky Klangmaschinen, die durch haptische und visuelle Impulse gesteuert werden. Die Einführung des Tonfilms ab 1927 ermöglicht eine Reihe von Experimenten mit Korrespondenzen von Bewegtbild, optischer Klangaufzeichnung und Ton (Dziga Vertov, Hans Richter, László Moholy-Nagy, Walter Ruttmann u. a.).

Herausbildung im 20. Jahrhundert

Schlüsselfigur für die Entstehung von Sound Art im engeren Sinne ist der Komponist John Cage. In seinen *Imaginary Landscapes* (1939–1952) macht er technische Dispositive wie Plattenspieler und Radiogeräte zu Musikinstrumenten. Gleichzeitig etabliert er den Zufall als Kompositionsmethode. In *4'33"* (1952) schließlich transzendiert er die Emanzipation des Geräuschs hin zu einer neuen Wahrnehmung von Stille und Alltagsklängen. Cages Seminare und Aktionen am Black Mountain College (1948–1953) liefern wesentliche Impulse für Happenings, Aktionskunst und für die Fluxus-Bewegung, in deren Umfeld die ersten Schlüsselwerke der Sound Art entstehen. Dazu gehören *Dream House* von La Monte Young (Konzept 1962, Realisierung ab 1966), *Drive In Music* von Max Neuhaus (1967), *City Links* von Maryanne Amacher (ab 1967), *Pendulum Music* von Steve Reich (1969) und *I Am Sitting in a Room* von Alvin Lucier (1969).

Entscheidende Impulse für die Klangkunst in Europa gehen vom Philips-Pavillon auf der Weltausstellung von 1958 in Brüssel aus. Für das Büro von Le Corbusier entwirft der Architekt und Komponist Iannis Xenakis ein bahnbrechendes Gebäude, das die multimediale Raumkomposition *Poème électronique* von Edgar Varèse und Le Corbusier sowie das Tonbandstück *Concret PH* von Xenakis selbst beherbergte.

Institutionen

Viele ästhetische und technische Entwicklungen der Sound Art werden vom Medium Rundfunk und seinen Institutionen gebündelt. Die Berliner Rundfunkversuchsstelle konstruiert 1928–1935 wegweisende elektronische Instrumente wie das Trautonium.

Das Manifest »La radia« von Filippo Tommaso Marinetti und Pino Masnata formuliert 1933 wesentliche Aspekte der späteren Sound Art. Im französischen Rundfunk entwickelt Pierre Schaeffer ab 1948 die Musique concrète. Hier wird das Geräusch als *objet sonore* zum zentralen Element der Komposition. Im Groupe de Recherches Musicales bilden Pierre Schaeffer, Pierre Henry, François Bayle, Michel Chion u. a. eine theoretisch fundierte Praxis der ›akusmatischen Musik‹. Sie propagieren eine Schule des Hörens, die von den Strukturen aufgezeichneter Klänge ausgeht und deren physische Quellen ignoriert. Durch die Komposition und die Projektion der Klänge in den Raum mithilfe des ›Akusmoniums‹ (Lautsprecherorchester) soll die Imagination des Hörers angeregt werden. In Großbritannien fördert der BBC Radiophonic Workshop von 1958 bis 1998 Klangexperimente im Dialog mit visuellen Medien, darunter die optische Klangsynthesetechnik ›Oramics‹ von Daphne Oram.

Im deutschsprachigen Rundfunk haben zwei Zentren die Produktion von radiophoner Sound Art geprägt: zum einen das HörSpielStudio bzw. Studio Akustische Kunst des WDR, das unter der Leitung von Klaus Schöning die Tradition des ›Neuen Hörspiels‹ hin zur ästhetisch offeneren ›Ars Acustica‹ mit Werken von John Cage, R. Murray Schafer, Alison Knowles, Bill Fontana u. a. entwickelt hat; zum anderen das ORF Kunstradio, 1987 von Heidi Grundmann gegründet, das in besonderem Maße künstlerische Live-Performances in Rundfunk und anderen Übertragungsmedien fokussiert (»On Air, Online, On Site«). Ähnliche Konzepte verfolgen weitere Mitglieder der 1989 gegründeten EURORADIO Ars Acustica Group, darunter Sendungen wie »Ars Sonora« von Radio Nacional de España, »Radiocustica« von Český rozhlas, »Elektronisk« von Sveriges Radio und »Klangkunst« von Deutschlandradio bzw. Deutschlandfunk Kultur.

Auch jenseits des Rundfunks ist Sound Art häufig mit technischen Entwicklungen und Institutionen verknüpft. Die Konstruktion von Synthesizern in den USA fand zu großen Teilen in Forschungszentren wie dem Columbia-Princeton Electronic Music Center, CalArts und dem San Francisco Tape Music Center statt. In den Niederlanden wurden ab 1969 im STEIM elektronische Instrumente und Interfaces entwickelt. In Frankreich betreibt das IRCAM seit 1977 intensive Forschung zu Raumakustik, Instrumentenbau und Computermusik. Entsprechend präsent ist naturwissenschaftliches Denken in der Sound Art, die sich immer wieder mit physikalischen, biologischen oder geologischen Phänomenen auseinandersetzt. Häufig engagieren sich Klangkünstler/innen im Feld der ›künstlerischen Forschung‹, so zum Beispiel Florian Dombois (*1966) oder Julian Klein (*1973). Ebenso eng sind die Verbindungen zwischen Informatik und Sound Art, nicht zuletzt in Gestalt von soundspezifischen Programmiersprachen und Software wie Csound (1986), Max/MSP (1988), SuperCollider (1996) oder Ableton Live (2001).

Künstler/innen

Kerngebiet der Sound Art sind Klanginstallationen, Klangskulpturen und Klangperformances in institutionell geprägten wie öffentlichen Räumen. Die Konstellationen von akustischen, visuellen und ortsspezifischen Elementen sind dabei mindestens so vielfältig wie die Handschriften der beteiligten Künstler/innen. Eine Auswahl:

Die Brüder Bernard und François Baschet (1917–2015 und 1920–2014) entwickelten ab den 1950er Jahren Klangskulpturen und selbstgebaute Musikinstrumente; Paul Panhuysen (1934–2015) realisierte häufig großformatige Installationen wie *Two Suspended Grand Pianos* (1990); Ben Patterson (1934–2016) war Teil der Fluxus-Bewegung und verband konzeptionelle Aspekte mit intensiven sinnlichen Erfahrungen wie in seinem *Paper Piece* (1960); Bernhard Leitner (*1938) entwickelt seit den 1970er Jahren *TonRaumSkulpturen* mit räumlich angeordneten Lautsprechern; Alvin Curran (*1938) komponiert großformatige Musikperformances mit ungewöhnlichen Instrumenten (*Maritime Rites*); Rolf Julius (1939–2011) konzentrierte sich auf feine Klangdetails und ihr Verhältnis zu Farben, Materialen und Orten (*Konzert für einen gefrorenen See*, 1980); Bill Fontana (*1947) verbindet weit entfernte Orte mit medialen Klangbrücken; Charlemagne Palestine (*1947) entwirft Objekte, Partituren und Performances mit Orgeltönen; Llorenç Barber (*1948) arbeitet regelmäßig mit Glocken und ihrem Zusammenspiel über ganze Städte hinweg; Christina Kubisch (*1948) erforscht mit speziell entwickelten Kopfhörern die Klanglandschaft elektromagnetischer Wellen (*Electrical Walks*, ab 2004); Paul DeMarinis (*1948) verbindet Klang und Bild u. a. in Gestalt von singenden Flammen (*Firebirds*, 2004); Ulrich Eller (*1953) arbeitet mit sehr unterschiedlichen Materialien von leicht vibrierenden Membranen bis hin zu massiven Steinen; Sam Auinger (*1956) und Bruce Odland (*1952) erkunden akustische Stadträume und deren Resonanzen; Christian Marclay (*1955) arbeitet mit der physischen und akustischen Materialität von Schallplatten sowie mit filmischen oder comichaften Partituren; Carl Michael von Hausswolff (*1956) thematisiert u. a. *Electronic Voice Phenomena* (angebliche Stimmübertragungen aus dem Totenreich); Ellen Fullman (*1957) konstruiert Instrumente und Installationen mit extrem langen Saiten; Janet Cardiff (*1957) und George Bures Miller (*1960) überhöhen reale akustische Situationen in ›Audiowalks‹ und Installationen; Peter Ablinger (*1959) setzt sich u. a. mit Aspekten des weißen Rauschens auseinander (*Weiss/weisslich*, ab 1980); Georg Klein (*1964) verarbeitet häufig politische oder gesellschaftskritische Themen in seinen Installationen; Susan Philipsz (*1965) gewann 2010 den Turner Prize mit einer Klanginstallation unter den Brücken von Glasgow.

Auch Künstler/innen, deren Arbeitsfeld vorrangig in der bildenden Kunst verortet wird, haben das Feld der Sound Art entscheidend mitgeprägt: Dieter Roth (1930–1998) veranstaltete Musikperformances in der Reihe »Selten gehörte Musik«, arbeitete mit konkreter Poesie und integrierte häufig Musikinstrumente und Abspielgeräte in seine Assemblagen; Hermann Nitsch (*1938) verwendet Lärmmusik, Schreichöre und Geräusche in sein ›Orgien-Mysterien-Theater‹; Rebecca Horn (*1944) evoziert die Musik u. a. in ihrer mechanischen Skulptur *Concert for Anarchy* (1990); Tino Sehgal (*1976) erzeugt mithilfe von Performern langandauernde akustische Situationen im Kunstkontext.

Im Umfeld der elektronischen Clubmusik verschwimmen die Grenzen zwischen Musik und bildender Kunst besonders nachhaltig. Künstler wie die Brüder Olaf und Carsten Nicolai (*1962 und 1965), Thomas Köner (*1965) oder Ryōji Ikeda (*1966) sind in beiden Feldern aktiv. In audiovisuellen Performances und Konzerten mit VJs gehen Bild und Klang eine besonders enge Verbindung ein – so zum Beispiel in den Arbeiten von Monolake (Robert Henke und Gerhard Behles bzw. Torsten Pröfrock, ab 1995), Rechenzentrum (Marc Weiser und Lillevän Pobjoy, 1997–2008) oder emptyset (James Ginzburg und Paul Purgas, ab 2005). Eine vielgestaltige DIY- und Hardware-Hacking-Szene im weiteren Umfeld der Clubmusik entwickelt klangkünstlerische Objekte, Instrumente, Interfaces und Softwaretools. Wesentliche Impulse für diese Klangkulturen kommen von künstlerisch-wissenschaftlichen Doppelbegabungen wie Nicolas Collins (*1954), Atau Tanaka (*1963) oder Alberto de Campo (*1964).

Da die Trennlinie zwischen Musik und bildender Kunst in außereuropäischen Kulturen oft anders verläuft oder gar nicht existiert, sind auch hier wesentliche Aspekte der Sound Art vorgezeichnet. Exemplarisch hat Steven Feld (2012) die enge Verbindung zwischen Klanglandschaft, Musik, Sprache und Emotion bei den Kaluli in Papua-Neuguinea aufgezeigt und selbst zu Soundscape-Kompositionen verarbeitet. Andernorts haben lokale Künstler/innen die Impulse ihrer Kulturen aufgegriffen, vor allem in Mexiko, Brasilien, Südafrika, Nigeria, Ägypten, Libanon und Südostasien. Eine systematische Zusammenschau dieser Strömungen steht noch aus und würde dem Begriff ›Sound Art‹ eine neue Dimension verleihen – zumal Impulse aus der nicht-westlichen Welt viele Akteure der Sound Art entscheidend geprägt haben. Dazu gehört das chinesische *I Ching* als Quelle von Zufallsentscheidungen in der Arbeit von John Cage oder die Bedeutung von Buddhismus sowie indischer, japanischer und afrikanischer Musik für La Monte Young. Gegenwärtig sind viele Sound-Art-Künstler/innen transnational bzw. transkulturell aktiv und sperren sich zunehmend gegen Zuschreibungen, die aus ihrer Herkunft abgeleitet werden. Dazu zählen etwa Cedrik Fermont (*1972), Mazen Kerbaj (*1975), Emeka Ogboh (*1977), Tarek Atoui (*1980) oder Tara Transitory aka One Man Nation (*1981).

Theoriebildung

In der wissenschaftlichen Betrachtung von Sound Art wird die auditive Wahrnehmung häufig anhand essenzieller Eigenschaften von der visuellen abgegrenzt. Brandon LaBelle (2015) bezeichnet Klang als grundsätzlich relational: Das Medium stelle permanent Beziehungen her zwischen Körpern und Vorstellungswelten. Salomé Voegelin (2010) beschreibt das Hören als ständig in der Welt engagierten Prozess, der per se keine Metaperspektive einnehmen könne. Verbreitet ist die Feststellung, das Ohr könne man nicht verschließen, der hörende Mensch sei also einer permanenten Klangimmersion ausgesetzt. Jonathan Sterne (2003, 15) allerdings kritisiert essenzialistische Zuschreibungen von Sinneseigenschaften als »audiovisual litany« und vermutet dahinter das Wirken einer ideologischen Zuspitzung. Aufgrund solcher Debatten, aber auch aufgrund der definitorischen Unschärfe stößt der Begriff ›Sound Art‹ immer wieder auf Skepsis. »In art, the medium is not often the message«, erklärt Max Neuhaus (2000), deshalb reduziere die Klassifikation ›Sound Art‹ viele Werke auf ihren kleinsten gemeinsamen Nenner. Gerade solche Polemiken zeigen jedoch, wie fest verwurzelt der Begriff ›Sound Art‹ im wissenschaftlichen und künstlerischen Diskurs ist. Seine zukünftige Bedeutung wird davon abhängen, ob die Forschung ein eigenständiges Instrumentarium zur Analyse von klangkünstlerischen Arbeiten entwickeln kann. Sie wird sich schrittweise von den Konventionen der Musik- und Kunstwissenschaft lösen müssen, um der Komplexität des Feldes gerecht werden zu können. Denn die Sound Art ist mehr als der bloße Zwischenraum zwischen Musik und bildender Kunst. Sie birgt eine Eigendynamik, die nicht nur Impulse aus den benachbarten Künsten aufnimmt, sondern auch nachhaltig dorthin zurückwirkt.

Verwandte Beiträge: Kap. 1 (Akustemologie); Kap. 8 (Akusmatik); Kap. 10 (Klangfarbe); Kap. 14 (Sonifikation); Kap. 16 (Sounddesign); Kap. 17 (Soundscape); Kap. 53 (Museum).

Literatur

Feld, Steven: *Sound and Sentiment. Birds, Weeping, Poetics, and Song in Kaluli Expression*. Durham, NC [3]2012.

Heister, Hanns-Werner: *Hintergrund Klangkunst. Ein Beitrag zur akustischen Ökologie*. Mainz 2010.

Kahn, Douglas: *Noise, Water, Meat. A History of Voice, Sound, and Aurality in the Arts*. Cambridge, MA 2001.

Kandinsky, Wassily: Der gelbe Klang. In: Ders./Franz Marc (Hg.): *Almanach Der Blaue Reiter*. München 1912, 115–131.

Kiefer, Peter (Hg.): *Klangräume der Kunst*. Heidelberg 2010.

La Motte-Haber, Helga de: *Klangkunst*. München 1996.

La Motte-Haber, Helga de: *Klangkunst. Tönende Objekte und klingende Räume*. Laaber 1999 (= *Handbuch der Musik im 20. Jahrhundert*, Bd. 12).

La Motte-Haber, Helga de/Osterwold, Matthias/Weckwerth, Georg (Hg.): *Sonambiente Berlin 2006. Klang-Kunst, Sound Art.* Heidelberg 2006.

LaBelle, Brandon: *Background Noise. Perspectives on Sound Art.* New York/London ²2015.

Lander, Dan/Lexier, Micah: *Sound by Artists.* Toronto 1990.

Licht, Alan: *Sound Art. Beyond Music, Between Categories.* New York 2007.

Neuhaus, Max: *Sound Art?* [Beitrag im Rahmen der Ausstellung »Volume: Bed of Sound«, New York 2000.] In: http://www.max-neuhaus.info/soundworks/soundart/SoundArt.pdf (30.1.2018).

Reznikoff, Iégor: On the sound dimension of prehistoric painted caves and rocks. In: Eero Tarasti (Hg.): *Musical Signification. Essays in the Semiotic Theory and Analysis of Music.* Berlin/New York 1995, 541–557.

Russolo, Luigi: *L'arte dei rumori.* Mailand 1916.

Smirnov, Andrey: *Sound in Z. Experiments in Sound and Electronic Music in Early 20th Century Russia.* London 2013.

Sterne, Jonathan: *The Audible Past. Cultural Origins of Sound Reproduction.* Durham, NC 2003.

Tadday, Ulrich (Hg.): *Klangkunst* (= *Musik-Konzepte*, Sonderbd.). München 2008.

Voegelin, Salomé: *Listening to Noise and Silence. Towards a Philosophy of Sound Art.* New York 2010.

Weibel, Peter (Hg.): *Sound Art. Sound as a Medium of Art.* Cambridge, MA 2015.

Weiss, Allen S. (Hg.): *Experimental Sound and Radio.* Cambridge, MA 2001.

Wishart, Trevor: *On Sonic Art.* London 1996.

Marcus Gammel

16 Sounddesign

Tongestaltung (engl. *sound design*) ist die kreative Arbeit mit Tönen, Klängen und Geräuschen. Heute ist die Bezeichnung ›Sounddesign‹ auch im Zusammenhang mit deutschen Filmproduktionen gebräuchlich. Weitere Bezeichnungen sind ›Soundediting‹, ›Soundsupervising‹, ›Tongestaltung‹ oder auch ›Tonschnitt‹.

In der Postproduktion von Filmen wird damit die gestalterische Arbeit an allen akustischen Elementen mit Ausnahme der sogenannten Filmmusik (›Grabenmusik‹, engl. *score*) verstanden, also an Sprache und Geräuschen inklusive Atmosphären. Zum Großteil werden diese Klangelemente neu aufgenommen (*Field Recording*), aber auch bereits in *Sound Libraries* gespeicherte Klänge werden mit *Digital Audio Workstations* (DAWs) geschnitten und neu zusammengesetzt. Diese Arbeit findet in einem Rahmen statt, der vor allem von dramaturgischen Anforderungen bestimmt wird und im Idealfall eine zweite Metaebene des filmischen Erzählens eröffnet.

Man unterscheidet klassisch die Tonebenen ›Sprache‹, ›Geräusche‹ und ›Musik‹, differenziert diese heute aber immer weiter aus. So kann Sprache im Film als Off-Text, als Dialog oder als Hintergrundgebrabbel (›Masse-Mensch‹ / ›Walla‹) eingesetzt werden. Spannend wird es da, wo mit diesen sprachlichen Möglichkeiten als Sprachquellen im Bild (*On-Screen*) oder außerhalb des sichtbaren Bildrahmens (*Off-Screen*) bewusst gearbeitet wird. Gleiches gilt für die Musik, die als klassische Filmmusik quasi von außen dazu gesetzt wird (›Orchestergrabenmusik‹) oder aus einer im Bild sichtbaren oder im szenischen Rahmen nur behaupteten, ›diegetischen‹ Klangquelle (›Leinwandmusik‹) so zu hören ist, dass auch die Filmfiguren – ebenso wie das Kinopublikum – diese wahrnehmen und gegebenenfalls davon beeinflusst werden oder darauf reagieren.

Die Geräuschebene ist seit der technischen Entwicklung der Tontechnik hin zu immer rauschfreieren und hochauflösenderen Aufnahmen vielschichtig geworden. Man unterscheidet heute Atmosphären (kurz: Atmos), Geräusche (in der Fachsprache *Foley* genannt) wie Schritte (*Steps*), Handhabungen (*Props*) und Körpergeräusche (*Bodymotion*), darüber hinaus Effekte, Spezialeffekte (SFX), aber auch fließende Übergänge in die Musik, wenn Atmos harmonisiert werden oder man zum Beispiel Fahr- und Flugzeuge klanglich stimmig durchgestaltet. Ebenso kann Musik durch ungewöhnliche Klänge partiell zum Spezialeffekt werden. Durch diese Ausdifferenzierung arbeitet heute nur bei kleineren, schlecht finanzierten Produktionen lediglich ein Tongestalter für einen Film. In der Regel gibt es eine gebräuchliche Arbeitsteilung für einen Gesamtsoundtrack in *Dialogue Editor, Foley Editor*, Geräuschemacher oder *Foley Artist*, Nachsynchron-Editor (zuständig für das *Automatic Dialogue Recording* oder *Automatic Dialogue Replacement*, kurz: ADR), *Sound Editor* (zuständig für Atmos, Effekte und gegebenenfalls auch für SFX), *Music Editor*, Komponist, Mischtonmeister. Je nach Budget oder gestalterischem Ansatz übernehmen einzelne Editoren auch mehrere der genannten Gewerke. In diesem Zusammenhang ist es wichtig hervorzuheben, dass es so gut wie keinen Film (auch keinen Dokumentarfilm) gibt, in dem nur Originalton zu hören ist. Allein die Drehbedingungen erfordern zumeist eine Konzentration der Mikrofonierung vor Ort/am Set auf Sprache. Da, wo etwas gesagt wird, will man durch unsere ›voco-‹ und ›verbofixierte‹ Wahrnehmung meistens auch verstehen, was gesagt wird, weswegen es für Originaltonmeister oberstes Gebot ist, Sprache gut und möglichst nebengeräuschfrei aufzunehmen. Wo aber später fast ausschließlich Sprache in den Aufnahmen und unter Umständen noch nachträglich aufgenommene Atmosphären und Handlungsgeräusche (›Nurtöne‹) zu hören sind, müssen diese beiden voneinander getrennt aufgenommenen Töne im Soundediting wieder ›übereinander gelegt‹ und entsprechend im Mix so gemischt werden, dass ein stimmiger Ortseindruck zusammen mit einer klar verständlichen Sprache möglichst zu jedem Zeitpunkt gegeben ist. Befinden sich in der aufgenommenen Atmo laute kurz auftretende Störgeräusche (von einem vorbeifahrenden Moped, Schlägen o. Ä.) werden diese aus diesen Aufnahmen herausgeschnitten, um die Atmos zu ›glätten‹. Dies geschieht, um eine sich homogen im Hintergrund (›Grund‹) haltende Atmo zu setzen, die den im Vordergrund zu hörenden Sprachfluss (›Figur‹) nicht stört oder unterbricht. Filmtongestaltung beginnt genau dort, wo in den Toneindruck der Szene eingegriffen wird, indem etwa Töne mit Informationen im *Off-Screen* angereichert werden (z. B. mit weiteren sich leise unterhaltenden Menschen, einem Polizeieinsatz in mittlerer Entfernung oder Autohupen). Im Vordergrund agierende Personen können akustisch durch konkrete Bewegungs- und Handlungsgeräusche konturenschärfer werden. Die akustische Atmosphäre kann sich während eines im Vordergrund abspielenden Dialogs fast unmerklich verändern (z. B. indem es nach und nach um die Protagonisten herum sehr still wird) oder der Eindruck einer großen Maschine wird durch Klänge (Effekte) anreichert und erscheint somit mächtiger. So verstanden

D. Morat, H. Ziemer (Hrsg.), *Handbuch Sound*, https://doi.org/10.1007/978-3-476-05421-0_16

beinhaltet Sounddesign weit mehr als nur die Aufgabe, ein möglichst realistisches akustisches Abbild des im Bild Gezeigten (»see a dog, hear a dog«) zu erzeugen.

Aktueller Diskurs

Ende des 20. Jahrhunderts entwickelte sich international ein Diskurs über audiovisuelle Wechselwirkungen im Kinofilm, der maßgeblich durch den französischen Komponisten, Wissenschaftler und Filmkritiker Michel Chion angestoßen wurde. So existiert heute ein aus 100 Fachtermini bestehendes Vokabular zu den Wirkungen des Klangs auf das Bild und umgekehrt, welches fortlaufend weiterentwickelt wird und im Filmbereich in der Ausbildung zunehmend zur Grundlage des kommunikativen Austauschs zwischen Regie, Montage, Tongestaltung und Musik wird.

Die Kernfrage, die sich in diesem Ansatz manifestiert, ist die sogenannte Gezeigt-Gesagt-Beziehung, also das Verhältnis von dem, was im Bild zu sehen ist, und dem, was dazu gesagt wird. ›Sagen‹ meint dabei vorrangig die verbale Sprache, die bei Chion in ›Textrede‹, ›Theaterrede‹ und ›Emanationsrede‹ unterschieden wird, sowie die lesbaren Schriften (Logos) im Bild. Die Geräuschebene – wie die Musik – erzeugt durch ihre Setzung zu Bewegtbildern dabei ebenfalls semantische Konnotationen, die, analytisch betrachtet, stärkere Auswirkungen auf die Filmsprache haben als die viel beschworene, der Filmmusik und dem Sounddesign allgemein zugeschriebene und vermeintlich alleinige Funktion, ›Emotionalität zu erzeugen‹.

Ein Beispiel hierfür sind die zumeist im Dokumentarfilm zu sehenden ›sprechenden Köpfe‹, die durch das Zeigen des Gesichts mit sprechendem Mund und die dadurch erkennbare Synchronität zu dem, was man als Sprache vernimmt, Echtheit, Unverfälschtheit oder – wie es das *Cinéma vérité* in den 1960er Jahren postulierte – ›Wahrheit‹ oder nicht-intervenierende Beobachtung behaupten. Dass solche Aussagen ebenso inszeniert, dem vermeintlichen Sprecher synchron in den Mund gelegt oder durch die Untertitel interpretiert werden können, wird bei diesem Ansatz weitestgehend ausgeblendet. Dass Diktion, Raumsetzung, Artikulation und vieles mehr durch Tongestaltung empfindlich beeinflusst werden kann, spielt in diesem Ansatz ebenso wenig eine Rolle wie Fragen der bewussten Cadrage, Lichtsetzungen und Schnitte durch die jeweiligen Filmemacher. Das Gegenteil ist zu finden: in Dokumentarfilmen, in denen die Inszenierung offen aufgedeckt wird (wie bei Michael Glawogger, Nikolaus Geyrhalter oder Lutz Dammbeck), und natürlich in allen Spielfilmen, in denen Sprache zu großen Teilen im Off, im lesbaren Text oder zumindest im *Off-Screen* zu Bildern ›gesetzt‹ wird, die etwas anderes zeigen, als den oder die Sprecher.

Wenn dies bei Sprache möglich ist und diese somit zu einer ›ikonogenen Stimme‹ wird, einer Stimme also, die bestimmte Bilder erscheinen lässt, um wie viel mehr und wirksamer ist dann Musik (als diegetische Leinwandmusik oder als *Score*/Grabenmusik) einsetzbar? Und die Geräuschwelt mit all ihren semantisch konnotierten Klängen (Kirchenglocken, Singvögel, Martinshörner, Hundebellen usw.) bietet in der akustischen ›Extension‹ der Filmszenographie Möglichkeiten der *Off-Screen*-Anreicherung mit Informationen, die beim Film ›schauen‹ meist unbewusst, aber durchaus semantisch wahrgenommen werden.

Genau hier, in dieser Schnittmenge, in der es um Bedeutungssetzung geht, gibt es Diskussionen um die Frage der Autorenschaft, die klassischerweise bei den Drehbuchautoren, den Regisseuren und teilweise auch den Produzenten/Redakteuren verortet wird. Gleichzeitig stellt sich zunehmend das Problem der sogenannten Schöpfungshöhe für den Filmton, wobei neben den traditionell anerkannten Filmmusik-Komponisten verstärkt auch die Mischtonmeister ihre urheberrechtlichen Ansprüche geltend machen. Es ist nur eine Frage der Zeit, dass auch die Sounddesigner/*Sound Editors* diesbezüglich aktiv werden, obwohl sie seit Beginn der Tonfilmära immer auch als Koautoren für die »Audio-Logo-Vision« (Chion 2017) aktiv wurden. Im Übrigen verschwimmt gerade an der Schnittstelle Sounddesign/Endmischung die klassische Arbeitsteilung in der Tonnachbearbeitung. Durch zahlreiche hochwertige Plug-ins und umfassende Automationsmöglichkeiten in modernen DAWs werden Sounddesigner/Soundeditioren immer mehr zu Vormischern ihrer *Stems* – also der verschiedenen ›Stämme‹ der Mischung –, die im finalen Mischungsprozess dann als solche nur noch den Surround- oder 3D-Endmix (dazu TV-Mix, DVD- oder BlueRay-Mix u. a.) bekommen. Zunehmend häufiger ist der Re-Recordingmixer dann auch nicht mehr der Mischtonmeister, sondern eben der Sounddesigner/*Sound Editor* oder auch *Sound Editing Supervisor*, was angesichts der vorbereitenden Mischungsarbeit in den einzelnen Schichten konsequent ist, sofern die gesamte Tonpostproduktion *in the box* stattfindet.

Sounddesign existiert als Begriff auch in weiteren Zusammenhängen und Anwendungen außerhalb des Films:

- Klang-Design, auch Klangsynthese genannt, bezeichnet den Mikrobereich der eigentlichen Klangkomposition. Elektronische Klangsynthese ist bestimmt durch das Setzen oder Komponieren einzelner Parameter, die in der zumeist elektronischen oder computergenerierten Realisierung zu synthetischen oder kombinierten Klängen aus Aufnahmen und synthetisch angereicherten oder deformierten Klängen führen. Klang-Design wiederum bezeichnet gerade im Film-Sounddesign vor allem das Kreieren neuer Klänge aus der Mischung und Transformation bestehender Klangquellen. Diese Form des Klang-Designs wird insbesondere dort gebraucht, wo es um die Erschaffung neuer Einzelklänge wie bei der Science-Fiction oder dem *Creature Sound* geht. Im englischen Sprachgebrauch wird dieser Bereich auch mit *Sound-Design* bezeichnet, weswegen es zu Unklarheiten im Zusammenhang mit Gesamt-›Sounddesign‹ für Filme kommt.
- Akustik-Design bezeichnet vorwiegend die Arbeit an der akustischen Absorbierung oder auch Maskierung von Umweltgeräuschen oder die Anreicherung ›nicht-klingender‹ öffentlicher Orte mit eigens dafür entworfenen Einspielungen. Das reicht von der allgemeinüblichen ›Muzak‹ bis hin zu interaktiven elektronischen Installationen, die den Rauschpegel einer Umgebung ›aktiv maskieren‹ oder harmonisch anreichern sollen. Klanglich unnatürliche Räume wie Schwimmbäder in Hotelkellern werden auf diese Weise zum Beispiel mit einem ›Meeres-Akustik-Design‹ angereichert. Das größte Feld für das Akustikdesign aber ist die Schaffung von Absorbern, also Flächen, Schallschutzwällen oder -zäunen, Innenraumausstattungen oder Nachhallzeitoptimierungen durch verschiedenste schallschluckende oder diffundierende, teilweise auch reflektierende Oberflächentexturen, zum Beispiel in Konzerthäusern und Theatern.
- Produkt-Sounddesign bezeichnet die tongestalterische Definition und Umsetzung von akustischen Qualitäten einzelner Bauteile und Baugruppen, um dem Benutzer bestimmter Produkte bestimmte Eigenschaften oder bestimmte Funktionen zu signalisieren. Ein Motorengeräusch wird über den Auspuff, die Abstimmung der Motorlager, die Motoraufhängung und den Ansaugtrakt so gestaltet, dass es den Erwartungen der Zielgruppen an ein bestimmtes Auto entspricht. Entsprechend werden auch Türen durch Dämmung und Schlossbeschaffenheit akustisch optimiert. Für Getränkeflaschen werden durch Formgebung wiederum Wunschklänge für den Vorgang des Öffnens und Ausgießens gestaltet, Chips bekommen den ›richtigen‹ Knacks und Würste den knackigen Biss: Materialkonsistenz erzeugt Klanglichkeit.
- Station-Sounddesign: Im Hörfunk wird Sounddesign als Bezeichnung für das Layout eines Senders, den Senderklang und die Produktion der damit verbundenen Elemente (Jingles, Trailer, *Transitions*) verwendet. Sounddesign ist hier verantwortlich für die Produktion, Aktualisierung und Weiterentwicklung des sogenannten *Station-Sound*.

Weitere Arbeitsfelder für Sounddesign sind u. a.:

- *Audio-Branding* (*Sound Branding*, *Sonic Branding* oder *Acoustic Branding*). Dieser Begriff für die akustische Markenführung zu Produkten – oder weiter gefasst: zu Unternehmen – umfasst ein Design der mit dem Unternehmen bzw. dem Produkt in Zusammenhang gebrachten Audiowahrnehmungen im Sinne einer Corporate Identity, eines Corporate Designs. Radiowerbung, Videoclips, virales Marketing und Telefonschleifen werden möglichst einheitlich mit eigens dafür gestalteten Audiologos, Jingles, gegebenenfalls einer Markenstimme, einem eingängigen Lied, einem gesungenen oder ausschließlich instrumental gestalteten *Claim* oder einer spezifischen Soundscape durchgängig so akustisch wiedererkennbar markiert, dass diese Audiowahrnehmung losgelöst von der visuellen Wahrnehmung einerseits sofort das Bild des Produkts/der Firma und andererseits eine möglichst emotionale Assoziation zum Produkt/zur Marke auslöst.
- *Soundscape-Komposition/Soundscape-Design* (oder auch Klanglandschaften-Gestaltung) ist ein von dem kanadischen Komponisten Raymond Murray Schafer geprägter Begriff, der ein Umwelt-Sounddesign als Gestaltungsform meint und mittlerweile denn auch insbesondere in Kanada eine verbreitete Kompositionsform ist. Für weitere Ausprägungen, über Kanada hinaus haben beispielsweise Barry Truax, Hildegard Westerkamp oder Hans-Ulrich Werner gesorgt. Soundscapes gibt es zum einen durch die ›natürliche‹ Geräuschumgebung, die jeder Ort hat, zum anderen aber auch durch bewusste Eingriffe in diese Klangumgebungen. Wenn zum Beispiel um einen See mit Waldumgebung Musiker platziert werden, die in die natürliche Klangkulisse von Zeit zu Zeit musikalisch-instrumentale Klänge einspielen, entsteht daraus eine

musikalisch angereicherte und damit gestaltete Klanglandschaft. Soundscape-Design meint hier die behutsame Anreicherung/Transformation einer bestehenden Klanglandschaft als künstlerischen Prozess.

Visionäres Ideal der Soundscape-Designer um und in der Nachfolge von Schafer ist der Dialog mit der Industrie, um über eine bewusste – nach klanglichen Kriterien gestaltete – Entwicklung von Geräusch- und Klangerzeugern im öffentlichen Leben zu einer Form von harmonisierter Umgebungsakustik (*Sound Ecology*) zu gelangen. Bestehende Soundscapes werden zunehmend als Rohmaterial für Soundscape-Kompositionen in der akustischen Kunst wie dem Hörspiel und als Sounddesign im Tanz- und Theaterbereich eingesetzt, da mittlerweile immer mehr Künstlern bewusst geworden ist, dass wir es heute mit sehr spezifischen, stark differierenden und unsere Zeit charakterisierenden Klanglandschaften in den verschiedensten Teilen der Welt zu tun haben.

- Akustische Kunst/Soundart: Als solche kann alles gelten, was nicht direkt der traditionellen Musik bzw. Komposition zuzurechnen ist. Die Grenzen zur Neuen Musik sind dabei genauso fließend wie zum Hörspiel, zur Performance-Kunst, zu Installationen (Objektkunst) oder zum Sound-Design. Im WDR gibt es bereits seit Anfang der 1990er Jahre die Abteilung *Studio Akustische Kunst* (vormals *WDR3-HörSpielStudio*), welches zum einen Klangkunstwerke für das Radio produziert und ausstrahlt und zum anderen Festivals mitbespielt, auf denen Performances und Installationen präsentiert werden. Weitere, insbesondere deutsche öffentlich-rechtliche Rundfunksender haben gerade in den letzten Jahren dieses Thema für sich entdeckt und eigene Sendeplätze dafür eingerichtet. Einen neuen ›Trend‹ stellt in diesem Rahmen die Produktion und Ausstrahlung von ›Hörspielen‹ in 3D dar, die online auch in den entsprechenden Mediatheken abrufbar sind.

Verwandte Beiträge: Kap. 3 (Emotionalität); Kap. 8 (Akusmatik); Kap. 15 (Sound Art); Kap. 17 (Soundscape); Kap. 23 (Medienwissenschaft); Kap. 34 (Jingle); Kap. 35 (Lärm); Kap. 43 (Auto); Kap. 46 (Kino); Kap. 50 (Krankenhaus); Kap. 54 (Opernhaus); Kap. 65 (Radio).

Literatur

Bronner, Kai/Hirt, Rainer (Hg.): *Audio-Branding. Entwicklung, Anwendung, Wirkung akustischer Identitäten in Werbung, Medien und Gesellschaft.* Baden-Baden ³2016.

Butzmann, Frieder/Martin, Jean: *Filmgeräusch. Wahrnehmungsfelder eines Mediums.* Hofheim 2012.

Chion, Michel: *Die Kunst fixierter Klänge – oder die Musique Concrètement.* Berlin 2009.

Chion, Michel: *Audio-Vision. Ton und Bild im Kino.* Hg. von Jörg U. Lensing. Berlin 2012.

Chion, Michel: *Audio-Logo-Vision. Geschichte, Ästhetik, Poesie.* Hg. von Jörg U. Lensing. Berlin 2018.

Flückiger, Barbara: *Sound Design. Die virtuelle Klangwelt des Films.* Marburg ³2007.

Kamensky, Volko/Rohrhuber, Julian (Hg.): *Ton. Texte zum Akustischen im Dokumentarfilm.* Berlin 2013.

Krause, Bernie: *Das große Orchester der Tiere. Vom Ursprung der Musik in der Natur.* München 2015.

Lensing, Jörg U.: *Sound-Design, Sound-Montage, Soundtrack-Komposition. Über die Gestaltung von Filmton.* Berlin ²2009/2018.

Raffaseder, Hannes: *Audiodesign.* München ²2010.

Schafer, R. Murray: *Anstiftung zum Hören. Hundert Übungen zum Hören und Klänge Machen.* Hg. von Justin Winkler. Wiesbaden/Leipzig/Paris 2003.

Schafer, R. Murray: *Die Ordnung der Klänge. Eine Kulturgeschichte des Hörens.* Hg. von Sabine Breitsameter. Mainz 2010.

Schleicher, Harald/Urban, Alexander (Hg.): *Filme machen. Technik, Gestaltung, Kunst. Klassisch und digital.* Frankfurt a. M. 2005.

Sonnenschein, David: *Sound Design. The Expressive Power of Music, Voice and Sound Effects in Cinema.* Studio City, CA 2001.

Spehr, Georg (Hg.): *Funktionale Klänge. Hörbare Daten, klingende Geräte und gestaltete Hörerfahrungen.* Bielefeld 2009.

Weis, Elisabeth/Belton, John (Hg.): *Film Sound. Theory and Practice.* New York 1985.

Werner, Hans-Ulrich: *Soundscape-Dialog. Landschaften und Methoden des Hörens.* Göttingen 2006.

Jörg U. Lensing

17 Soundscape

Die Wortschöpfung ›Soundscape‹ trat Ende der 1960er Jahre im nordamerikanischen Sprachraum hervor. Sie setzt sich aus *landscape* (= Landschaft) und *sound* (= Laut, Schall, Klang) zusammen. Belegt ist die Verwendung des Begriffs erstmals 1966 durch Richard Buckminster Fuller: »When [...] man invented words and music he altered the soundscape and the soundscape altered man. The epigenetic evolution interacting progressively between humanity and his soundscape has been profound« (Fuller 1966, 52). Fuller beschreibt damit ein dynamisches Wechselverhältnis zwischen den Menschen und ihrer akustischen Umwelt, in dem beide eine prägende Kraft aufeinander ausüben. 1967 verwendete der Architekt Michael Southworth den Begriff, um von ihm kartographierte akustische Erscheinungsbilder des städtischen Raums zu bezeichnen (vgl. Southworth 1969). In der Folge wurde der Begriff schließlich von dem kanadischen Musikpädagogen und Komponisten R. Murray Schafer aufgegriffen, der ihn inhaltlich weiter ausprägte, um die auditiven Phänomene des Alltags in ihrer Gesamtheit zu begreifen, sie auf dieser Basis aufmerksam wahrzunehmen und einer kritische Wertung unterziehen zu können (vgl. Schafer 1969).

Seitdem umfasst der Begriff ›Soundscape‹ die Gesamtheit aller akustischen Erscheinungen, die jeweils in bestimmten Orten, Räumen oder Landschaften vorkommen. Die Umweltlaute sind dabei zunächst einmal Repräsentanten einer gegebenen räumlichen oder örtlichen Situation und ihrer geographischen, kulturellen, technischen wie gesellschaftlichen Eigenheiten: Ein Dorf in der Wüste verfügt über eine andere Soundscape als ein Dorf am Meer; eine chinesische Stadt in einer Industrieregion klingt anders als die industrialisierte Urbanität Mitteleuropas. Wald, Gebirge und Klima können sich in einer Soundscape ebenso niederschlagen wie Religion, Architektur, Technologisierungsgrad einer Gesellschaft und vieles andere mehr.

Zusammengefasst: In einer Soundscape können sich sowohl geographische und physikalische Gegebenheiten auditiv manifestieren als auch Flora und Fauna, Sprache, gesellschaftliche Wertvorstellungen, Kommunikationsverhalten, alltägliche Verrichtungen sowie die vielfältigen lebenspraktischen Aspekte des Zusammenwirkens von Mensch, Natur und Technik.

Auch in Bezug auf geschlossene Räume (beispielsweise einen Konzertsaal, ein Büro oder eine Wohnung) sowie in Bezug auf künstlerische, mediale und virtuelle Räume (beispielsweise eine Komposition, ein Radioprogramm, ein Computerspiel) ist der Begriff ›Soundscape‹ anwendbar.

Doch geht das, was in einer Soundscape wahrnehmbar ist, weit über einen Repräsentations- und Zeichencharakter hinaus. Das hörende Erfassen von Umwelt und Umgebung, die man sich gewohnterweise visuell erschließt, konfiguriert die Wahrnehmung um: Nur selten nimmt das Auditive dabei eine umrissene Gegenständlichkeit an, die von anderen Hörobjekten konkret abgrenzbar ist. Vielmehr verschmelzen die Laute eines Ortes oder einer Landschaft zu einer Gesamtheit, die sich von der visuellen Wahrnehmung und ihrem Vermögen, etwas im Augenblick zu erfassen, grundsätzlich unterscheidet: Laute benötigen Zeit, um sich darzustellen. Eine Soundscape transponiert den visuellen Moment in die auditive Dauer. Wenn es beim Begriff ›Soundscape‹ also darum geht, ›die Landschaft mit den Ohren [zu] sehen‹, wie dies R. Murray Schafer am 17. April 1998 in einem WDR-Radiointerview umschrieb, dann verweist das Umstellen vom Sehen aufs Hören gleichzeitig auf eine Wahrnehmungshaltung, in der nicht so sehr das ›Dingliche‹, sondern in erster Linie das Prozesshafte erfahrbar wird.

Aus diesem Zusammenfließen aller Laute in einer bestimmten Soundscape kann ein unverwechselbares klangliches ›Erscheinungsbild‹ hervortreten, eine akustische Eigenart oder Identität, die ähnlich charakteristisch ist wie eine spezifische sichtbare Erscheinung. Identifiziert man, durch welche Laute eine spezielle Klanglandschaft geprägt wird, kann man auch Auskunft erhalten über die zentralen Werte einer Gesellschaft, ihrer Prioritäten, Defizite, Machtstrukturen und ihren ökologischen Zustand.

Welche Laute sind dominant, obwohl sie belastend oder hässlich sind? Welche Laute kommen nicht vor oder sind dem Hören nicht zugänglich, und aus welchem Grund? Welche Klanglandschaften sind unzuträglich, lärmig oder hässlich, welche weisen Elemente auf, die außer Proportion geraten sind? Welche gesellschaftlichen Priorisierungen tragen dazu bei, dass Orte, Räume, Landschaften so klingen wie sie klingen? Namentlich an diesen Fragestellungen kristallisiert sich der gesellschaftskritische Impetus, der dem Begriff ›Soundscape‹ inhärent ist.

Ein wichtiger Vorläufer des Soundscape-Konzepts findet sich insbesondere in Luigi Russolos Manifest *L'arte dei rumori* (*Die Geräuschkunst*, proklamiert 1913), in welchem er die akustischen Erscheinungen des Industriezeitalters zum Ausgangspunkt einer, laut

D. Morat, H. Ziemer (Hrsg.), *Handbuch Sound*, https://doi.org/10.1007/978-3-476-05421-0_17

Russolo, neu hervortretenden Hörweise und Musikästhetik macht:

> »Wir Futuristen haben die Harmonien der grossen Meister alle tief geliebt und genossen. [...] Durchqueren wir eine grosse moderne Hauptstadt, die Ohren aufmerksamer als die Augen, und wir werden daran Vergnügen finden, die Wirbel von Wasser, Luft und Gas in den Metallrohren zu unterscheiden, das Gemurmel der Motoren, die unbestreitbar tierisch schnaufen und pulsieren, das Klopfen der Ventile, das Hin-und-herlaufen der Kolben, das Kreischen der mechanischen Sägen, das Holpern der Tramwagen auf ihren Schienen, die Schnalzer der Peitschen, das Knistern der Vorhänge und Fahnen. Wir werden uns damit unterhalten, das Getöse der Rolläden der Händler in unserer Vorstellung zu einem Ganzen zu orchestrieren, die auf- und zuschlagenden Türen, das Stimmengewirr und das Scharren der Menschenmengen, die verschiedenen Getöse der Bahnhöfe, der Eisenhütten, der Webereien, der Druckereien, der Elektrozentralen und der Untergrundbahnen« (Russolo 1999, 9 f.).

Russolo nimmt in dieser Schilderung neben der Ästhetisierung des Alltagsgeräuschs bereits etliche Eigenschaften von Schafers späterem Soundscape-Konzept vorweg, so insbesondere die Aufmerksamkeit gegenüber Lauten, die in der Regel ignoriert werden, die dynamische Erfahrung des Hörenden mittels Hörspaziergang und den Aspekt der Orchestrierung, also des bewusst gestalteten Zusammenklangs aller Laute (›Akustik-Design‹) im urbanen Lautkonzert.

Während der Begriff ›Soundscape‹ sich im nordamerikanischen Sprachraum bereits während der 1970er Jahre zu etablieren begann, gelangte er Mitte der 1980er Jahre zwar auch nach Europa, wurde als Idee unter dem Begriff ›Lautsphäre‹ aber erst Anfang der 1990er Jahre einem breiteren Publikum bekannt (v. a. durch Schafer 1988). Für den Begriff ›Soundscape‹, der uneinheitlich übersetzt wurde, fand sich dann die spezifischere Übersetzung ›Klanglandschaft‹ (etwa bei Winkler 1992; 1995); erst Ende der 1990er Jahre begann sich der englischsprachige Originalbegriff durchzusetzen, der sich inzwischen auch im Deutschen etabliert hat. Die Benutzung dieses Begriffs hat den Vorteil, dass er nicht mehr so deutlich von geographischen Konnotationen eingerahmt wird, zugleich aber auch den Nachteil, dass sein Gebrauch immer wieder auch generisch erfolgt und er teilweise bis zur Unkenntlichkeit hin verallgemeinert wird.

Implikationen des Soundscape-Begriffs

R. Murray Schafer konzipierte die Soundscape im Rahmen seiner Lehre von der Akustischen Ökologie. Diese untersucht das Wechselverhältnis zwischen den Lebewesen und ihrer Umgebung. Sie setzt dabei die Qualität der akustischen Umwelt in unmittelbare Beziehung zum Stellenwert des Hörens in einer Gesellschaft, insbesondere zum Grad der dort vorhandenen physiologischen Fähigkeit und mentalen Bereitschaft zum aufmerksamen Hören. Diese Problemstellung ist insofern maßgeblich für Schafers Lehre, als er in seinem Hauptwerk *The Tuning of the World* (1977) eine Kulturgeschichte des Hörens entfaltet. Darin stellt er einen engen Zusammenhang her zwischen den Hörerfahrungen verschiedener historischer Epochen (etwa der Antike, der Industriellen Revolution oder der Elektrischen Revolution) und dem Stellenwert des Hörens sowie den auditiven Praxen in der jeweiligen Gesellschaft.

Schafer geht dabei aus von der Lärmbelastung der späten 1960er Jahre: Durch den zunehmenden Auto- und Flugverkehr, den mit der Expansion der Städte einhergehenden Baulärm sowie die Verbreitung des Musikverstärkers thematisiert die Akustische Ökologie nicht nur Hörschäden und auditive Überforderung, sondern arbeitet die strukturellen Bedingungen des Hören-Wollens und -Könnens heraus: Bereits in den frühen 1960er Jahren hatte Schafer als Musiklehrer die Erfahrung gemacht, dass es vielen seiner Schüler/innen immer schwerer fiel, konzentriert und aktiv über einen längeren Zeitraum zuzuhören – egal ob Musik oder gesprochenem Wort. Schafer suchte die Lösung des Problems jedoch nicht in einer Anpassung der Inhalte (›Beatles statt Bach‹), sondern betrachtete die Gesamtsituation: In einem Alltag, der von akustischem Wildwuchs geprägt sei, der kaum absichtsvoll gestaltete Angebote fürs Ohr biete, der unangenehme, kommunikationsleere oder bedeutungslose Schallereignisse kaum aktiv vermeide, würde die Mehrzahl der Menschen nichts Hörenswertes erwarten und ihre Ohren verschlossen halten. Eine aus den Fugen geratene, hässlich klingende akustische Umwelt habe ihre Bewohner auf eine Abstumpfung des Gehörs hin konditioniert und die auditive Welt der Gleichgültigkeit preisgegeben.

Implizit an Ernst Haeckels systemischen Gedanken der ›Oecologie‹ aus dem Jahr 1866 anknüpfend, fügt Schafer im Begriff ›Soundscape‹ Hörer/innen, Laute und Umwelt zu einem Ganzen, zu einem dynamischen System, in dem die Veränderung eines Faktors alle anderen Faktoren und schließlich das auditive Ergebnis selbst beeinflusst. Eine akustisch wohlgestalte Welt auf der Grundlage zuträglicher, lebbarer und ästhetischer Soundscapes wäre nach Schafer notwendige Voraussetzung für eine allgemeine gesellschaftliche Wertschätzung des Auditiven sowie die Förderung der auditiven Rezeption und Aufmerksamkeit generell.

In diesem Rahmen versteht Schafer Soundscape als Gegenentwurf zu einem selektiven und nach vorn gerichteten Hören. Ein solches habe sich – hier lehnt er sich an Marshall McLuhan (1962) an – als Resultat einer vorherrschenden visuellen und frontal orientierten Kultur entwickelt. Deren Haltungen und Usancen seien von den anderen Sinnen weitgehend übernommen worden. Im ›System Soundscape‹ muss daher der oder die Hörende neu konzipiert werden, nämlich nicht mehr als passiv und frontal Entgegennehmende/r oder positioniert an einem privilegierten *sweetspot*, sondern als ein lebendiges, agiles Element, das zur Soundscape beiträgt und diese mit beeinflusst. Eine Soundscape wahrzunehmen, bedeutet also immer auch, an ihr teilzunehmen und in ihr ›drin‹ zu sein.

Elemente der Soundscape

Schafer entwickelte Begriffs- und gleichzeitig Wahrnehmungskategorien, anhand derer sich Soundscapes beschreiben und analysieren lassen. Die drei wichtigsten sind ›Grundton‹ (*keynote sound*), ›Signal‹ und ›Lautmarke‹ (*soundmark*). Mit ihnen überträgt Schafer zentrale Prinzipien, insbesondere das Verhältnis von ›Figur‹ und ›Grund‹, der visuellen Gestaltpsychologie auf das Auditive.

Gemäß dieser Kategorisierung bezeichnet der Begriff ›Grundton‹ einen permanent anwesenden Laut, der charakteristisch für einen Ort ist und dort den ›Ton angibt‹. Das kann etwa das Meeresrauschen sein, das ein spezielles Strandhotel kennzeichnet; auch das Summen einer Autobahn, die man aus der Ferne vernimmt, oder das charakteristische Brummen eines Kühlschranks in einer bestimmten Wohnung.

Grundtöne wirken in der Dauer. Sie erzeugen vor allem Atmosphäre. Eine Lautmarke ist hingegen eher etwas Momenthaftes. Das Wort leitet sich von engl. *landmark* (Landmarke, Wahrzeichen) ab. Ein akustisches Wahrzeichen ist meist weniger leicht zu identifizieren als ein visuelles. Das Glockengeläut von Big Ben etwa gilt als akustisches Wahrzeichen, als Lautmarke also, von London. Die Pfeifen und Hörner der Züge in Kanada können als Lautmarke der kanadischen Landschaft gelten. Das charakteristische Türschließgeräusch von bestimmten Automarken zählt ebenfalls dazu. Jedes Schallereignis, das spezifisch für einen Ort, Raum oder Gegenstand als einzelner, klar konturierter Laut hervortritt, lässt sich als ›Lautmarke‹ bezeichnen. Das Signal erscheint ebenfalls im Vordergrund und daher figural. Zum Signal wird ein auditives Phänomen dann, wenn es eine Nachricht kommuniziert. Signale sind codiert, so wie etwa der Klang des Posthorns, das Klingeln des Telefons, das Heulen der Polizeisirene und anderes mehr.

Eine wichtige Unterscheidung nimmt Schafer zwischen sogenannten Hi-Fi- und Lo-Fi-Soundscapes vor. Während Hi-Fi nach Schafer die transparente Durchhörbarkeit einer akustischen Umgebung meint, in der alle Laute klar gehört und räumlich verortet werden können und auch entfernte, leisere Laute wahrnehmbar sind, versteht man unter einer Lo-Fi-Soundscape eine breitbandige ›Geräuschwand‹, welche andere Laute überlagert, maskiert und damit den akustischen Horizont verengt. Meist werden Lo-Fi-Soundscapes als belastender und stressiger empfunden als Hi-Fi-Soundscapes. Lo-Fi ist eher – wenngleich nicht in jedem Fall – typisch für urbane Klanglandschaften. Das breitbandige Rauschen permanenter Autogeräusche, ratternder Klimaanlagen oder vibrierender Baumaschinen zum Beispiel maskiert oftmals feine und ferne Klänge und macht sie dem Hören dadurch unzugänglich. Im Sinne der Akustischen Ökologie wären also mehr Hi-Fi-Umgebungen wünschenswert.

An dieser Stelle manifestiere sich, so wird zuweilen kritisiert, bei Schafer eine Technik- und Gegenwartsfeindlichkeit, da die von ihm weniger favorisierte Lo-Fi-Soundscape insbesondere in technisch-urban geprägten Umgebungen vorkomme, diese also damit generell negativ konnotiert würde. Diese Kritik trifft allerdings nur sehr bedingt zu, bezieht sich doch Schafers kritische Haltung gegenüber Lo-Fi-Soundscapes nicht per se auf die verursachenden Mechanismen, sondern auf den Effekt der auditiven Nivellierung und die damit verbundene Einbuße eines vielfältigen, uneingeschränkten Hörens. Diese Kritik verkennt also, dass Schafer hier in erster Linie deskriptiv und phänomenologisch argumentiert, also von der Wirkung geleitet und nicht von der Ursache. Zudem verweist er immer wieder auf die positiven Auswirkungen einer technologisch unterstützten bewussten Gestaltung der Soundscape durch ein kriterienbasiertes, noch zu entwickelndes Akustik-Design (vgl. Schafer 2010, 383 ff.).

Das World Soundscape Project und ähnliche Projekte

Nachdem R. Murray Schafer Ende der 1960er Jahre an die Simon Fraser University in Burnaby bei Vancouver berufen wurde, gründete er im Rahmen seiner dortigen Forschungsarbeit das World Soundscape Project. Sein Ziel: weltweit die akustischen Erscheinungen von Orten und Landschaften zu archivieren, zu analysieren und über Jahrzehnte hinweg ihre Veränderungen zu erfassen.

Anfang der 1970er Jahre begann das Team um Schafer auch das nahe Vancouver an der kanadischen Westküste zu untersuchen. Die seinerzeit dort aktuellen Laute wurden zunächst mit Beschreibungen der Soundscapes in Büchern und Zeitungen vom Anfang des 20. Jahrhunderts verglichen, aber auch auf künftige Veränderungen hin untersucht, die sich für die städtische Soundscape der 1970er Jahre abzeichneten: der Ausbau des Flughafens, die Zunahme des Individualverkehrs, die Abschaffung der charakteristischen Signalhörner im Schiffsverkehr, die Gentrifizierung der City, ein zunehmend multikultureller Alltag usw. All dies, so wurde dem Forschungsteam um Schafer klar, würde die akustische Identität Vancouvers sehr bald und grundlegend verändern.

Die technisch hervorragenden Tonaufnahmen, die im Rahmen des bis heute nicht abgeschlossenen World Soundscape Project entstanden, stehen in einem Archiv (der World Soundscape Project Tape Library) der Simon Fraser University zur Verfügung. Sie sind nicht nur von erheblichem historisch-dokumentarischen Wert, sondern von einer großen ästhetischen Eindringlichkeit. Auch deshalb wurden viele dieser Aufnahmen zum Ausgangspunkt für Soundscape-Kompositionen, u. a. im Rahmen des ›Soundscape Vancouver‹-Projekts (1995), in welchem die Aufnahmen aus den 1970er Jahren von vier Komponistinnen und Komponisten (Sabine Breitsameter, Darren Copeland, Claude Schryer und Hans-Ulrich Werner) als Ausgangspunkt für eigene Schöpfungen dienten (vgl. die CD *Soundscape Vancouver 1973–1996*).

1975 reiste eine Forschungsgruppe unter der Leitung von R. Murray Schafer nach Europa, um im Rahmen des ›Five Village Soundscapes‹-Forschungsprojekts europäische Orte zu untersuchen. Die jeweiligen Orte wurden von der Gruppe ausgewählt, weil sich in ihnen die Klanglandschaften noch weitgehend unbeeinflusst von Verkehrs- und Industriegeräuschen darstellte und auch traditionelle *soundmarks* noch erhalten waren. Es waren dies Skruv in Schweden, Bissingen in Deutschland, Cembra in Italien, Lesconil in Frankreich und Dollar in Schottland. 2009 wurden dieselben Orte erneut von einer finnischen Forschungsgruppe unter der Leitung von Helmi Järviluoma besucht und auf ihre Veränderungen hin untersucht, dies vor allem in Hinblick auf die Auswirkungen der Urbanisierung auf die jeweiligen Soundscapes (vgl. dazu Järviluoma et al. 2009).

Soundscape composition

Ab den 1920er Jahren begannen sich Umweltgeräusche als integrale Bestandteile des künstlerischen Materialkanons zu etablieren. Beispielhaft hierfür stehen die Arbeiten des Komponisten Kurt Weill, des Radiomachers Hans Flesch, der Filmkünstler Dziga Vertov und Walter Ruttmann sowie des Medienwissenschaftlers Rudolf Arnheim.

Hauptsächlich ging es den künstlerischen Positionen der 1920er Jahren darum, neues kompositorisches Material zu erschließen und dabei auch ›Realität‹, Arbeits- und Maschinenwelt sowie gelebtes Leben kenntlich miteinzubeziehen. Die in den 1940er Jahren entstehende Musique concrète, die ebenfalls das alltägliche Geräusch zum Ausgangspunkt nimmt, favorisiert demgegenüber eine abstrahierende Erweiterung der Klangmaterialpalette. Die gleichzeitig aufkommenden Geräuschexperimente von John Cage (z. B. *4'33"* oder *Imaginary Landscape No. 2*) zielten auf das Hinterfragen tradierter Wahrnehmungskonzepte der Musik.

Luc Ferraris kompositorischer Ansatz einer *Musique anecdotique*, der Anfang der 1960er Jahre als kritischer Reflex der Musique concrète hervortrat und die erzählenden sowie szenischen Aspekte der Alltagsgeräusche herausstellt, kommt dem Gedanken der Soundscape-Komposition bereits näher, so etwa in seinem Stück *Presque rien no. 1: Lever du jour au bord de la mer* (1967).

Auch wenn sich die *soundscape composition* von diesen künstlerischen Positionen unterscheidet, weist sie jeweils erhebliche Schnittmengen mit ihnen auf. Das Genre der *soundscape composition*, das Mitte/Ende der 1970er Jahre aufkam, wurde insbesondere von Hildegard Westerkamp und Barry Truax geprägt, ehemals Mitglieder im Forschungsstab Schafers an der Simon Fraser University.

Es handelt sich dabei um eine elektroakustische Kunstform, die auf konkreten und identifizierbaren Klängen der akustischen Umwelt beruht. Die Komponistin Hildegard Westerkamp (2002) weist darauf hin, dass *soundscape compositions* nie abstrakt sind, die aufgezeichneten Umweltlaute aber sehr wohl abstrahierenden elektroakustischen Bearbeitungsprozessen unterzogen werden können. Westerkamp selbst arbeitet in ihrem Kompositionen beispielsweise des Öfteren mit Verlangsamungen oder Beschleunigungen des Geräuschmaterials oder auch mit geschickten Schnitten, die ihr Klangmaterial dekontextualisieren, somit aus ihrem angestammten Bedeutungszusammenhang herauslösen und abseits einer semantischen Bindung der ästhetischen Rezeption zugänglich machen. Barry Truax wendet auf seine Soundscape-Materialien insbesondere die Granularsynthese an.

Westerkamp umreißt die *soundscape composition* als »as much a comment on the environment as it is a revelation of the composer's sonic visions, experiences, and attitudes towards the soundscape. Audio technology allows us as composers to sort out the many impressions that we encounter in an often chaotic, difficult sound world« (1999). Gemeinsam ist den *soundscape compositions* ein Ansatz, der das eigene kritische Hören auf die alltägliche Umgebung zum Ausgangspunkt des jeweiligen künstlerischen Konzepts macht. Ein wichtiges künstlerisches Ziel der *soundscape composition* ist demnach nicht das Transportieren von Realität durch die Komposition, sondern das Hervortreten von ästhetischen Qualitäten und Besonderheiten im Durchbrechen von Wahrnehmungsroutinen – hin zu einem intensivierten Wahrnehmen von Altbekanntem (vgl. Norman 1996, 19). Dem künstlerischen Ziel liegt zumeist ein ästhetisch-instruktives Ziel zugrunde, nämlich: die Wertschätzung der Hörer/innen für die akustische Umwelt zu steigern (vgl. Truax 1984, 207).

Kritik am Terminus ›Soundscape‹

Beispielhaft für die Kritik am Begriff ›Soundscape‹ sind die Ausführungen des britischen Anthropologen Timothy Ingold. Er nimmt Anstoß daran, dass ein Hören aus der Soundscape-Perspektive den Wahrnehmenden von anderen sinnlichen Erfahrungen (visuellen, taktilen, olfaktorischen etc.) abkoppele und folglich einer bedenklichen, sensorischen Reduktion das Wort rede (Ingold 2007; vgl. auch Helmreich 2010). Das Gebot der sinnlichen Ganzheitlichkeit wurde allerdings von Murray Schafer immer wieder ausdrücklich betont (z. B. Schafer 2010, 50). Ingold verkennt zudem, dass es durchaus sinnvoll ist, die auditiven Phänomene der Welt gesondert zu betrachten, um ihre Erscheinungsformen und Eigengesetzlichkeiten untersuchen zu können, damit diese transdisziplinär – so Schafers erklärte Absicht – »in die allgemeine Erforschung der Umwelt integriert [...] werden« (ebd.). Ingolds Kritik träfe strukturell sehr viel mehr Disziplinen wie Kunstgeschichte und Architektur, in welchen visuelle Phänomene zumeist losgelöst von anderen Wahrnehmungsmodi untersucht, dabei kaum mit diesen in Beziehung gesetzt werden und die Fokussierung auf das ›Nur-Sehen‹ nur selten hinterfragt wird.

Verständlich wird seine Position allerdings mit Blick auf einen inzwischen nicht selten kritisierten, unreflektierten und sehr generischen Gebrauch des Begriffs (vgl. Kelman 2010), mit dem die Alltagswelt der Geräusche per se zu einer undifferenzierten, auditiven ›Anschauungskategorie‹ namens ›Soundscape‹ zusammengefasst wird, ohne zu berücksichtigen, dass es sich bei diesem Begriff eigentlich um ein prozessorientiertes Konzept handelt.

Soundscape als Hörgestalt und Denkfigur

Meist wird die Soundscape als empirisches Phänomen behandelt: als etwas, was ›da‹ ist und mit der ›richtigen‹ Rundumhörhaltung pragmatisch wahrgenommen werden kann. Dies läuft jedoch Gefahr, den hohen konzeptuellen Anteil des Begriffs ›Soundscape‹ zu verkennen: Die landschaftlich ausgerichtete Wahrnehmung von Lauten richtet die auditive Wahrnehmung auf ein sphärisches 360-Grad-Hören aus, in welchem jeder Laut seine Position im dreidimensionalen Raum innehat und dabei nicht mehr zwischen wichtigem und unwichtigem, lautem und leisem Schall unterschieden wird. Dieses ›gestaltende Hören‹ (Breitsameter 2007a; 2007b) führt zu einem Modell, das nicht mehr zwischen wünschenswertem und zu ignorierendem Laut trennt, nicht mehr hierarchisiert zwischen Signal und Rauschen. Auch das, was nicht erscheint, spielt eine große Rolle: Die Reflexion über abwesende oder fehlende Laute trägt enorm zum vertiefenden Verstehen einer Soundscape bei.

Der Begriff ›Soundscape‹ ist zudem eine Denkfigur, die das auditive Wahrnehmen reformuliert: Das von der Soundscape geforderte sphärische Hören setzt sich ab von einer frontalen Rezeption wie sie beim Lesen, in einer Bühnensituation, bei stereophonem Hören (per Radio, Fernseher, Musikanlage) oder im traditionellen Schulunterricht gepflegt wird. An die Stelle tradierter frontaler Wahrnehmungskonzepte und linear geprägter auditiver Aneignungs- und Kommunikationsmuster stellt Schafer mit der Soundscape ein audio-taktiles, lebensweltliches Modell. Im Rahmen der Soundscape-Denkfigur existieren die zu vernehmenden Laute nicht objektiviert, sondern kontextualisiert in wechselseitiger Beeinflussung und Prägung im Verhältnis zu den Hörenden. Der Begriff ›Soundscape‹ stellt also ein systemisches Konzept dar.

Perspektiven

Angesichts der sich ausbreitenden sogenannten immersiven Medien, welche den Rezipient/innen ein ästhetisch konsistentes Rundumerleben ermöglichen, nimmt der Begriff ›Soundscape‹ eine konzeptuelle Schlüsselstellung ein – nicht nur beim Entwerfen und Komponieren auditiver Umgebungen im Bereich von 360-Grad-Medien sowie der Virtuellen Realität, sondern auch bei der Konstruktion von Technologien und Programmen, mittels derer Immersion und Rundumerleben akustisch realisiert werden können. Die Elemente der Soundscape sowie die strukturellen Überlegungen, die dem Begriff ›Soundscape‹ zugrunde liegen, bieten hilfreiche Grundkonstrukte für die technische Entwicklung und Realisierung von Gestaltungsparametern. Die kulturwissenschaftlichen und ästhetischen Aspekte des Soundscape-Konzepts, insbesondere diejenigen, welche die Rolle des Hörers bzw. der Hörerin als Teil des *environment* identifizieren, spezifizieren die gestalterisch-dramaturgischen Erlebnisformen, die mit den Werkzeugen immersiver Medientechnologien hergestellt werden können (vgl. Breitsameter 2017). Eine solche Erlebniskommunikation konsistent zu entwickeln, ohne dabei Prinzipien der linearen und frontalen Wahrnehmungsusancen verhaftet zu bleiben, stellt eine immense Herausforderung dar – und harrt denn auch noch ihrer Umsetzung. Das ›Konzept Soundscape‹ bietet hierfür vielfache Ansatzpunkte und taugt zudem als Ausgangspunkt auch für eine multimodal-umweltliche Modellbildung im Bereich der *virtual reality*.

Verwandte Beiträge: Kap. 1 (Akusmatik); Kap. 2 (Auralität); Kap. 3 (Emotionalität); Kap. 4 (Gedächtnis); Kap. 8 (Akusmatik); Kap. 15 (Sound Art); Kap. 16 (Sounddesign); Kap. 18 (Architektur); Kap. 19 (Ethnologie); Kap. 20 (Geschichtswissenschaft); Kap. 23 (Medienwissenschaft); Kap. 35 (Lärm); Kap. 36 (Rauschen); Kap. 38 (Stille); Kap. 43 (Auto); Kap. 45 (Fabrik); Kap. 50 (Krankenhaus); Kap. 52 (Meer); Kap. 53 (Museum); Kap. 57 (Straße); Kap. 58 (Wald); Kap. 60 (Glocken); Kap. 76 (Protest); Kap. 79 (Sklaverei).

Literatur

Breitsameter, Sabine: Methoden des Zuhörens. Zur Aneignung audiomedialer Produktionen. In: *Paragrana. Internationale Zeitschrift für Historische Anthropologie* 16/2 (2007a), 223–236.

Breitsameter, Sabine: Radiokunst innerhalb und außerhalb der Schule. In: Jutta Wermke (Hg.): *Jahrbuch Medien im Deutschunterricht 2007*. Themen-Schwerpunkt: *Hörästhetik – Hörerziehung*. München 2007b, 64–74.

Breitsameter, Sabine: Plastische Arbeit mit Klang. Grundlinien künstlerischer Forschungsarbeit am 3D-Audio-Lab der Hochschule Darmstadt. In: *positionen. Texte zur aktuellen Musik*, H. 110 (2017), 53–62.

Fuller, Richard Buckminster: The music of the new life. In: *Music Educators Journal* 52/6 (1966), 52–60, 62, 64, 66–68.

Helmreich, Stefan: Listening against soundscapes. In: *Anthropology News* 51/9 (2010), 10.

Ingold, Tim: Against soundscape. In: Angus Carlyle (Hg.): *Autumn Leaves. Sound and the Environment in Artistic Practice*. Paris 2007, 10–13.

Järviluoma, Helmi/Kytö, Meri/Truax, Barry/Uimonen, Heikki/Schafer, R. M./Vikman, Noora: *Acoustic Environments in Change*. Turku 2009.

Kelman, Ari Y.: Rethinking the soundscape. A critical genealogy of a key term in sound studies. In: *The Senses and Society* 5/2 (2010), 212–234.

McLuhan, Herbert Marshall: *The Gutenberg Galaxy. The Making of Typographic Man*. Toronto 1962.

Norman, Katherine: Real-world music as composed listening. In: *Contemporary Music Review* 15/1–2 (1996), 1–27.

Russolo, Luigi: *Die Geräuschkunst*. Übers. von Justin Winkler und Albert Mayr. Basel 1999 (ital. 1916). In: http://www.iacsa.eu/jw/russolo_1916_geraeuschkunst_06-12-20.pdf (30.1.2018).

Schafer, R. Murray: *The New Soundscape*. Toronto/New York/London 1969.

Schafer, R. Murray: *The Tuning of the World*. Toronto 1977.

Schafer, R. Murray: *Klang und Krach. Eine Kulturgeschichte des Hörens*. Hg. von Heiner Boehnke. Frankfurt a. M. 1988 (dt. Übers. von Schafer 1977).

Schafer, R. Murray: *Die Ordnung der Klänge. Eine Kulturgeschichte des Hörens*. Hg. von Sabine Breitsameter. Mainz/Berlin 2010 (dt. Übers. von Schafer 1977).

Soundscape Vancouver 1973–1996. Audio-CD und Heft, Goethe-Institut, München 1996.

Southworth, Michael: The sonic environment of cities. In: *Environment and Behaviour* 1/1 (1969), 49–70.

Truax, Barry: *Acoustic Communication*. Norwood, NJ 1984.

Westerkamp, Hildegard: Soundscape composition (1). Linking inner and outer worlds (1999). In: https://www.sfu.ca/~westerka/writings%20page/articles%20pages/soundscapecomp.html (30.1.2018).

Westerkamp, Hildegard: Linking soundscape composition and acoustic ecology. In: *Organised Sound. An International Journal of Music and Technology* 7/1 (2002), 51–56.
Winkler, Justin: Landschaft hören. Geographie und Umweltwahrnehmung im Forschungsfeld »Klanglandschaft«. In: *Regio Basiliensis. Basler Zeitschrift für Geographie* 33/3 (1992), 196–206.
Winkler, Justin: *Klanglandschaften. Untersuchungen zur Konstitution der klanglichen Umwelt in der Wahrnehmungskultur ländlicher Orte in der Schweiz.* Habil., Universität Basel, 1995.

Sabine Breitsameter

III Disziplinäre Perspektiven

18 Architektur

In dem 15-minütigen Lehrfilm *Schallschutz im Wohnungsbau* ruft der junge Gert Fröbe in das unmöblierte Zimmer einer neu erstellten Mietwohnung: »Das ist mein Zimmer. Das ist meine Welt!«, und stellt dann enttäuscht fest: »Das ist aber sehr hallig hier«. Es folgt eine animierte Rastergrafik, die erklärt, wie sich die Schalldruckwellen konzentrisch aus Fröbes Mund in den Raum ausweiten und fortlaufende Wellen bilden. Die nächste Grafik zeigt Wellenlinien in der Planaufsicht, die sich durch den Raum bewegen und an den Wänden zurückgeworfen werden; je nach Oberflächenbeschaffenheit mit größerer Schallstärke (im Film kontrastreich dargestellt) oder infolge der absorbierenden Oberflächen weniger laut (langsam verblassend).

Der vom Deutschen Bundesministerium für Wohnungsbau beauftragte Film aus dem Jahr 1954 verweist auf mehrere für die Architektur relevante Themen der Akustik: die Anwendung wissenschaftlicher Erklärungsmodelle zu Schalldruckwellen und Schallenergie in der Raum- und Bauakustik; den Schallschutz als Garant für Privatsphäre; die technischen Maßnahmen, wie der Schall zu kontrollieren sei; die Schwierigkeit, das Expertenwissen um die physikalische Akustik in der alltäglichen Baupraxis umzusetzen; die Einführung von DIN-Normen zum Schallschutz. Die einfache Umsetzung dieser bauakustischen Normen wird im Film mit 100 Kopien und auch in verschiedenen Anwendungshilfen, zum Beispiel der ebenfalls vom Bauministerium beauftragten Broschüre *Baut ruhige Wohnungen* mit einer Auflage von 100.000 Exemplaren, erklärt (Wedler 1957).

Drehbuchautor wie Schauspieler des Lehrfilms *Schallschutz im Wohnungsbau* wurden zehn Jahre später weltberühmt: Lothar Cremer als Akustiker der vom Architekten Hans Scharoun entworfenen Berliner Philharmonie, Gert Fröbe in der Rolle des Auric Goldfinger. So wie Fröbes Rollen vom nachbarschaftslärmgeplagten Mieter in einem Unterrichtsfilm bis zu James Bonds Gegenspieler reichten, spannte sich Cremers Expertise vom alltäglichen Wohnungsbau bis zur Konzertsaalakustik: Dies zeigt die Bandbreite der akustischen Themenstellungen in der Architektur.

Kontrolle von Schall und Nachhall

Um 1900 veröffentlichte der amerikanische Physiker Wallace Clement Sabine seine mathematische Formel für die Nachhallberechnung, die als Gründungsmoment der modernen Raumakustik gilt (vgl. Thompson 2002, 33–44). Der junge Physikprofessor war vom Präsidenten der Harvard University beauftragt worden, das Problem unverständlicher Vorträge in einem halbrunden Auditorium zu untersuchen, und entdeckte, dass es weniger Hall gab, wenn er zusätzliche Sitzkissen im Raum auslegte. Mit zunehmender absorbierender Oberfläche (A) oder kleinerem Volumen (V) sinkt die Nachhallzeit (T) – und Sprachvorträge sind besser zu verstehen. Die Erkenntnis, dass weiche Materialen wie Filz und andere Stoffe Schallenergie absorbieren, ergänzte die Lehrmeinung über die seit Vitruv überlieferten und in mittelalterlichen Kirchen anzutreffenden, zur Schallverstärkung in Boden oder Wände eingelassenen Schallvasen (*echea*) genauso wie das akustische Wissen um die Reflexion der Schallstrahlen: Das Modell geometrisch konstruierter Strahlenreflexionen des Schalls (analog zum Licht) war zum Beispiel aus Architekturzeichnungen von Athanasius Kircher, Carl Ferdinand Langhans und Gustave Lyon bekannt. Als Korrektur oder Verstärkung der Raumgeometrie richteten auch Reflektoren seit der Antike im Sprech- und Musiktheater, in Vortragsräumen und in Kirchen die Schallstrahlen zum Publikum (vgl. Tkaczyk 2014). Die moderne Raumakustik fügte diesen Praktiken das in Lothar Cremers Unterrichtsfilm so anschaulich demonstrierte Wellenmodell hinzu, das auch in Betracht zieht, dass sich Schallwellen zuweilen um ein Hindernis beugen.

Während der 1920er Jahre fand in mehrfacher Hinsicht eine Disziplinierung der Akustik statt: Sabines Schriften wurden in der posthum zusammengestellten Sammlung *Collected Papers on Acoustics* (1922) verbreitet; weltweit wurden Institute für Raum- und Bauakustik eingerichtet; und mit der Gründung der Acoustical Society of America und deren Journal im Jahr 1929 manifestierte sich die Akustik schließlich als akademische Disziplin. Architekten und Ingenieure bemühten sich, den Schall zu verstärken, zu dämpfen oder zu isolieren. Im Extremfall wurden Innenräume zu halligen Kammern oder zu stillen Kapseln, am ex-

D. Morat, H. Ziemer (Hrsg.), *Handbuch Sound*, https://doi.org/10.1007/978-3-476-05421-0_18

tremsten in den Echokammern und reflexionsfreien Laboratorien der modernen akustischen Forschungsinstitute.

Sigfried Giedion, Sprachrohr der architektonischen Moderne, nannte 1927 die Akustik als erstes von vier zentralen Kriterien für den geplanten Gebäudekomplex des Völkerbunds in Genf. Es gehe, so Giedion, nicht um eine feierliche Monumentalität (mit welcher er die klassizistische Architektur gleichsetzte), sondern im Gegenteil um eine Reduzierung der Volumina, damit eine Völkerverständigung erreicht werden könne (Giedion 1927, 1094). Giedion berief sich dabei auf die Fachkenntnisse des ersten Schweizer Hochschulakustikers Franz Max Osswald, der in seinen Vorlesungen die Schallphänomene in der Akustik in »negative akustik: lärmbekämpfung« und »positive akustik: schallförderung« unterteilte (ETH Zürich, Hochschularchiv, Hs 1412:20). Die ›positive‹ Akustik beabsichtigte Osswald mit den Dimensionen und Materialen des Raumes zu kontrollieren, unter Anwendung der Formel zur Berechnung der Nachhallzeit und anderer Methoden. Der elektroakustischen Verstärkung der Reden im Völkerbund durch Lautsprecher und den damit verbundenen Klangverzerrungen stand Osswald skeptisch gegenüber, was dem ansonsten technikfreundlichen Sigfried Giedion in seiner Polemik um die Zweckmäßigkeit der modernen Architektur von 1927 gelegen kam (vgl. Fischer 2018).

Die Debatten um den Völkerbundpalast zeigen anschaulich, wie die Akustik in der Architektur oft erst an andere Anliegen gekoppelt zum Argument wurde: Man denke an die funktional-akustischen Begründungen für die aufwendigen Reliefs im Innenraum der Hamburger Elbphilharmonie, die dem Raum heute seine besonders edle Präsenz verleihen. Die ›Funktion‹ diente Architektinnen und Architekten wiederholt als Rechtfertigung im Sinne von Zweck und Zweckmäßigkeit. Im Kontext von Standardisierung, Bürokratisierung und Normierung im Bauwesen wurde das Beharren auf eine Zweckgebundenheit der Form später als ›Funktionalismus‹ kritisiert. Einen Ansatz, Architektur als gleichzeitig technisch-physikalisch bedingt und im Alltag verankert zu verstehen, lieferte der Architekturhistoriker Julius Posener. Er verteidigte den Grundgedanken eines in der Funktion begründeten Entwurfs, der den alltäglichen Praktiken angemessen ist und in dem die Funktion das formale Gebilde des Entwurfs nicht einengt, sondern ihm durch die Nutzung eine zeitliche Dimension verleiht (vgl. Posener 1975). Damit widersprach er der Gleichsetzung von funktionaler Architektur mit einem rigiden Entwurfsprozess, wie sie zum Beispiel Alan Colquhoun 1967 in »Typology and design method« vornahm, und wehrte sich unter Berufung auf Wahrnehmung und Ästhetik gegen eine naturwissenschaftlich begründete Determinierung der Architektur.

Lärmberge aus Lautsprechern

Während der 1930er Jahre wurde der Einsatz von Lautsprechern in Architektur und Städteplanung zunehmend üblich. So war der Sound nicht mehr nur eine Frage von Baumaterialien, Geometrie und Volumina, sondern auch umfangreicher (Elektro-)Techniken, die den Schall kontrollieren und lenken konnten. Im New Yorker Hauptsitz der Vereinten Nationen, der Nachfolgeorganisation des Völkerbunds, war es 1946 unstrittig, dass Lautsprecher installiert werden sollten; einzig deren Sichtbarkeit gab Anlass zur Diskussion, und zwar sowohl um die Position der Lautsprecher wie überhaupt um den Status der elektroakustischen Verstärkung (vgl. Beranek 2008, 110).

Kontroversen um reproduzierten Schall und Entkopplung von Quelle und Signal entfalteten sich auch im Zuge der Bewegung der ›Akustischen Ökologie‹ um 1970, die als Teil der Umweltbewegung auch in der Architektur und Stadtplanung präsent war. Besonders akzentuiert formulierte deren Anliegen der kanadische Musikpädagoge und Komponist Raymond Murray Schafer, als er jegliche Vermischung von natürlichen und elektroakustisch reproduzierten Klängen als »schizophonia« pathologisierte (Schafer 1993, 91). Damit reagierte er u. a. auf ›Moozak‹, ein von Schafer kreiertes Synonym für das erfolgreiche Hintergrundbeschallungskonzept der Marke Muzak, mit dem Einkaufszentren, Fabriken, Flughäfen und Sportzentren in bestimmte Atmosphären getaucht wurden. Dieses Festhalten an einer Authentizität der Töne richtete sich hauptsächlich gegen Geräusche der Technik (vgl. Bijsterveld 2008). Damals wie heute bestätigen städtebauliche Untersuchungen Schafers Skepsis gegenüber der Entkoppelung von Quelle und Signal: Erst die Übereinstimmung der verschiedenen Sinneseindrücke macht die Stimmigkeit und Qualität eines Ortes aus (vgl. Southworth 1969, 65).

Die Karriere des Lautsprechers in der Architektur und Stadtplanung des 20. Jahrhunderts war allerdings nicht mehr zu bremsen. Die elektroakustische Beschallung der Nachkriegszeit sollte nicht nur den Schall verstärken und in immer größeren Sälen verteilen, sie sollte auch einen räumlichen Eindruck simulieren. Hochkonjunkturen erlebten Lautsprecher im Rahmen der Weltausstellungen in Brüssel 1958 und in Osaka 1970. »Des masses sonores, montagnes de bruit ou marécage de sons« – ›Geräuschmassen, Lärmberge oder Tonsümpfe‹ –, schrieb Le Corbusier in seinem *Poème électronique* (1958, o. S.), würden sich bei der Brüsseler Weltausstellung im Innenraum des Philips-Pavillon entfalten. Die audiovisuelle Sequenz in Brüssel von 1958 mit Tönen von Edgar Varèse zu den farbigen Licht- und Bildprojektionen und Pausenintervallen von Le Corbusiers Projektleiter Iannis Xenakis benötigte 300 bis 400 Lautsprecher. Ein Aufgebot, das 1970 im Kugelauditorium von Osaka noch überboten wurde, wo Komponist Karlheinz Stockhausen sich von seinem Architekten Fritz Bornemann fast 1000 Lautsprecher positionieren ließ (vgl. Touloumi 2017, 172).

Stadtklang im *Soundwalk*

Die Lärmbekämpfung im Innen- und Außenraum war mithilfe des Dezibel und transportierbaren Messapparaten in der ersten Hälfte des 20. Jahrhunderts sukzessive Teil von Bau- und Umweltgesetzen wie auch Teil der Planungs- und Ausführungspraxis in Architektur und Städtebau geworden. Über diese quantitativen Bestimmungen hinaus gab es qualitative Bemühungen, die klangliche Umwelt zu gestalten. Diese haben angesichts aktueller Problemstellungen besondere Relevanz, stehen doch im Zusammenhang mit Forderungen nach einer Verdichtung der Siedlungslandschaften akustische Fragen wieder stärker im Fokus der Stadtplanung. Auf immer dichter besiedeltem Raum findet ein immer breiteres Spektrum an Aktivitäten statt, tagsüber genauso wie nachts. Gesetzliche und regulatorische Rahmenbedingungen zu Nachbarschafts-, Umwelt- und Innenlärm nehmen Einfluss auf die Gestaltung von Architektur. Architektinnen und Architekten wiederum entwerfen nicht den Klang der Häuser und Städte, sondern nur ›Gefäße‹, in denen dieser sich entfaltet. Dies mag einer der Gründe sein, warum sich zum Beispiel Tadao Andō, Louis Kahn, Hilde Weström und Peter Zumthor mehr zu den Themen Stille und Ruhe als zum Klang geäußert haben.

Mit dem Ziel, im urbanen Maßstab objektive Daten zum gehörten Raum zu sammeln, führte der Stadtplaner Michael Southworth 1965 bis 1967 im Rahmen seiner Masterarbeit am Massachusetts Institute of Technology eine Studie zur akustischen Stadtlandschaft durch. Eine Beruhigung des städtischen Lärms, schrieb er, sei die Voraussetzung, unter der akustische Gestaltung erst stattfinden könne (Southworth 1969, 67). Er schob dafür zwei Dutzend Personen mit verbundenen Augen in Rollstühlen durch die Stadt. Zum Vergleich zog er Probandinnen und Probanden heran, die zwar sehen konnten, denen dafür aber die Ohren verbunden waren, und solche, die den Raum mit allen Sinnen erfahren konnten (ebenfalls in Rollstühlen, als Sicherheitsvorkehrung und zum Zweck der vollen Konzentration auf die eigene Wahrnehmung). Im Text seines Forschungsberichts verwendete Southworth mehrfach den Begriff ›Soundscape‹, der anschlussfähig an die von seinem Lehrer Kevin Lynch geprägte ›cityscape‹ scheint. Der Terminus ›Soundscape‹ wie überhaupt Southworths Kartierungen in der Tradition von Lynch fanden schließlich Eingang in die Arbeit des World Soundscape Project und in Schafers Bücher. Zuvor hatte freilich bereits Richard Buckminster Fuller den Begriff medienwirksam eingesetzt: Fuller, der bezüglich seiner regen Vortragstätigkeit und Medienpräsenz (nicht bezüglich der gebauten Werke) sogar Le Corbusier übertraf, verwies 1964 in einem Vortrag nicht weniger als drei Mal auf ›Soundscape‹; der Vortrag »The Music of the New Life«, 1966 erstmals publiziert, wurde 1969 in die Aufsatzsammlung *Utopia and Oblivion* aufgenommen, die bereits im Erscheinungsjahr mehrfach neu aufgelegt wurde.

Während Städteplanerinnen und Städteplaner dem Sound der Stadt lauschten, erweiterten Musikerinnen und Musiker ihren Aktionsraum in den öffentlichen Raum und begründeten damit die heutige Praxis des *Soundwalks* (auch: Klangspaziergang). Am 27. März 1966 veranstaltete der Schlagzeuger Max Neuhaus seinen ersten *Soundwalk* entlang dem New Yorker East River, als Teil seines halböffentlichen ›Traveled and Traveling Music‹-Programms mit anschließender Aufführung von Kompositionen u. a. von John Cage, Morton Feldman und ihm selbst in seinem Studio. Den Teilnehmerinnen und Teilnehmern seiner Spaziergänge durch das nicht beachtete Konzert des Alltags stempelte er jeweils »LISTEN« – ›Hör zu‹ – auf die Hand.

Mit der Verwissenschaftlichung und Reglementierung ist die Akustik für alle Raumnutzungen – vom Wohnungsbau über das Musik- und Sprechtheater, die Schule und den Sport, bis hinein in den öffentlichen Stadtraum – zum festen Bestandteil der Architektur geworden. Eine internationale Norm versucht, die vielfältigen Traditionen und Definitionen von Soundscape zusammenzuführen (ISO 12913–1:2014).

Solche (Verbindlichkeit anstrebenden) Übereinkünfte werfen in besonderem Maß die Frage auf, wie Parameter und Begriffe aus verschiedensten Disziplinen zusammengeführt werden können: Es sind die physikalisch-technischen und wirtschaftlichen, gesellschaftlichen und politischen, sozialen und ästhetischen Dimensionen des Raums, in deren Spannungsfeld Architektur entworfen, gebaut und erlebt wird – auch hörbar.

Verwandte Beiträge: Kap. 9 (Dezibel); Kap. 17 (Soundscape); Kap. 27 (Physikalische Akustik); Kap. 33 (Echo); Kap. 35 (Lärm); Kap. 42 (Aufzug); Kap. 47 (Kirche); Kap. 49 (Konzertsaal); Kap. 50 (Krankenhaus); Kap. 51 (Labor); Kap. 54 (Opernhaus); Kap. 56 (Stadion); Kap. 74 (LautSprecher).

Literatur

Beranek, Leo Leroy: *Riding the Waves. A Life in Sound, Science, and Industry*. Cambridge, MA 2008.

Bijsterveld, Karin: *Mechanical Sound. Technology, Culture, and Public Problems of Noise in the Twentieth Century*. Cambridge, MA 2008.

Colquhoun, Alan: Typology and design method. In: Charles Jencks/George Baird (Hg.): *Meaning in Architecture*. New York 1969, 266–277. – Erstpublikation in: *Arena. Architectural Association Journal* 83/H. 913 (1967), 11–14.

Cremer, Lothar (Drehbuch): *Schallschutz im Wohnungsbau*. EKA-Filmproduktion, beauftragt vom Bundesministerium für Wohnungsbau. München 1954.

Fischer, Sabine von: Mysterien und Messungen. Das Problem der Objektivierung von Klang beim Bauen für Musik. In: *k + a. Kunst und Architektur in der Schweiz* 60/3 (2009), 20–26.

Fischer, Sabine von: *Das akustische Argument. Wissenschaft und Hörerfahrung in der Architektur des 20. Jahrhunderts*. Zürich 2018 [im Ersch.].

Fuller, Richard Buckminster: The music of the new life. In: Ders.: *Utopia or Oblivion. The Prospects for Humanity*. New York 1969, 23–96.

Giedion, Sigfried: Wer baut das Völkerbundgebäude? In: *Bauwelt* 18/H. 44 (1927), 1093–1098.

International Organization for Standardization (Hg.): ISO 12913–1:2014(en): Acoustics – Soundscape – Part 1: Definition and Conceptual Framework (2014). In: http://www.iso.org/obp/ui/#iso:std:iso:12913:-1:ed-1:v1:en (30.1.2018).

Le Corbusier: *Le poème électronique*. Hg. von Jean Petit. Eindhoven 1958.

Maag, Trond/Kocan, Tamara/Bosshard, Andres: *Klangqualität für öffentliche Stadt- und Siedlungsräume. Eine Planungshilfe für das Ohr*. Zürich 2016.

Neuhaus, Max: LISTEN (1988, 1990, 2004). In: http://www.max-neuhaus.info/soundworks/vectors/walks/LISTEN/LISTEN.pdf (30.1.2018).

Osswald, Franz Max: Zum Problem der Akustik im grossen Versammlungs-Saal des Völkerbund-Gebäudes in Genf. In: *Schweizerische Bauzeitung* 90/5 (1927), 59–66.

Posener, Julius: Kritik der Kritik des Funktionalismus. In: *Arch +* 7/H. 27 (1975), 11–18.

Sabine, Wallace Clement: *Collected Papers on Acoustics*. Cambridge, MA 1922.

Schafer, R. Murray: *The Tuning of the World*. New York 1977; 2. Aufl. u. d. T. *The Soundscape. Our Sonic Environment and the Tuning of the World*. Rochester, VT 1993.

Southworth, Michael: The sonic environment of cities. In: *Environment and Behaviour* 1/1 (1969), 49–70.

Thompson, Emily: *The Soundscape of Modernity. Architectural Acoustics and the Culture of Listening in America, 1900–1933*. Cambridge, MA 2002.

Tkaczyk, Viktoria: Listening in circles. Spoken drama and the architects of sound, 1750–1830. In: *Annals of Science* 71/3 (2014), 299–334. doi: 10.1080/00033790.2013.840928.

Touloumi, Olga: Contentious electronics / Radical blips. In: Esther Choi/Marrikka Trotter (Hg.): *Architecture Is All Over*. New York 2017, 160–175.

Treib, Marc: *Space Calculated in Seconds. The Philips Pavilion, Le Corbusier, Edgard Varèse*. Princeton 1996.

Wedler, Bernhard/Bundesministerium für Wohnungsbau (Hg.): *Baut ruhige Wohnungen*. Bad Godesberg 1957.

Sabine von Fischer

19 Ethnologie

Die verschiedenen musikwissenschaftlichen Fachbezeichnungen, die sich aus ethnologischem Blickwinkel mit Sound auseinandersetzen – Vergleichende Musikwissenschaft, Musikethnologie, Anthropologie der Musik oder Kulturelle Musikwissenschaft –, beinhalten alle den Begriff ›Musik‹. Das bedeutet keinesfalls, dass die Fachvertreter/innen jemals darin übereinstimmten, was in unterschiedlichen Kulturen genau unter diesem Begriff zu verstehen ist und ob damit ihr Untersuchungsgegenstand umfassend bezeichnet wird.

Vergleichende linguistische Studien mit außereuropäischen Sprachen belegen, dass die europäischen Begriffe ›Musik‹, ›Klang‹, ›Laut‹ und ›Geräusch‹ in vielen Sprachen nicht nur andere semantische Felder umfassen können, sondern teilweise gar nicht existieren. Beispielsweise ist in vielen afrikanischen Sprachen eine Oberkategorie ›Musik‹ erst unter europäischem Einfluss entstanden. Einzelne Sprachgebiete kennen keinen Begriff, der Klangereignisse unabhängig von körperlichen Bewegungsformen definiert. Es können dort sogar Bewegungen integraler Bestandteil von Musikausübung sein, ohne dass sie einen Klang erzeugen. In anderen Kulturen sind wiederum Klangereignisse wahrnehmbar, die Europäer eindeutig als Musik definieren würden, während sie von den entsprechenden Vertretern aufgrund bestimmter religiöser oder weltanschaulicher Überzeugungen explizit nicht als Musik bezeichnet werden, so etwa die Koran-Rezitationen oder der Ruf des Muezzins in muslimischen Gemeinschaften. Schließlich finden sich Kulturen, in denen Naturgeräusche und Tierstimmen in die eigene musikalische Praxis integriert werden und Musik nicht allein als ein menschliches Produkt angesehen wird.

Der englische Begriff ›Sound‹ hat sich in all diesen Bereichen als hilfreich erwiesen, um Klangereignisse in ihrem sozialen Kontext zu benennen, Zusammenhänge zwischen Musik, Klang und Geräusch herzustellen und diese aus der Perspektive der jeweiligen Kulturen heraus zu interpretieren. Dabei hat sich die ethnologische Musikforschung immer an Theorien und Methoden der benachbarten Disziplinen Ethnologie, Anthropologie, Sound Studies oder Popmusikforschung bedient, um Phänomene in ihrem Bereich zu analysieren und zu beschreiben. Die Veränderung, die der Begriff ›Sound‹ innerhalb der Fachgeschichte durchlaufen hat, ist am besten anhand der unterschiedlichen Methoden der Datenerhebung und des Umgangs mit den Klangdokumenten in verschiedenen Forschungsrichtungen zu verstehen.

Der konservierte Klang der Vergleichenden Musikwissenschaft

Den frühesten Untersuchungsgegenstand der Vergleichenden Musikwissenschaft stellte der Import außereuropäischer Musikinstrumente dar. Deren Klänge ließen sich jedoch nur bruchstückhaft beschreiben, da Stimmungen, Spieltechniken und musikalische Gestaltungsprinzipien aus der reinen Materialität nicht abzulesen waren. Die Wissenschaft erlebte erst einen Aufschwung, als es Ende des 19. Jahrhunderts gelang, mit Aufzeichnungsgeräten den flüchtigen Klang in eine beständige Form zu bringen. Die nur wenige Minuten langen Aufnahmen ermöglichten eine analytische Auseinandersetzung mit nicht-notierter außereuropäischer Musik. Bei den Forschern in diesem Bereich handelte es sich zunächst um Naturwissenschaftler, die an systematischen Fragen interessiert waren, etwa an den unterschiedlichen Tonsystemen, musikalischen Universalien oder dem Ursprung der Musik. Aus diesem Grund sahen sie keine Notwendigkeit, sich mit den ethnologischen Kontexten zu befassen, sondern sie analysierten als ›Lehnstuhl-Ethnologen‹ die Aufnahmen, die ihnen aus fremden Ländern zugeliefert wurden.

Die Phonographen und Grammophone, die den Klang konservierten, verweisen in ihrem Namen auf den Begriff ›Laut‹, wie auch die daraus entstandenen Archive, etwa die 1920 von dem Sprachlehrer und Phonetiker Wilhelm Doegen begründete Lautabteilung der Preußischen Staatsbibliothek Berlin, die heute als Lautarchiv der Humboldt-Universität zu Berlin angegliedert ist. Archiviert wurden dort neben Instrumentenklang und Tiergeräuschen vor allem menschliche Laute, auch wenn im Englischen diese Archive als *sound archives* bezeichnet werden. Aus den erfolgten Klanganalysen und Transkriptionen wurden nachträglich gewagte ethnologische Rückschlüsse gezogen. In dem von Doegen 1925 herausgegebenen Buch *Unter fremden Völkern*, das auf Aufnahmen von Kriegsgefangenen in deutschen Lagern im Ersten Weltkrieg beruht, beschreibt zum Beispiel der Musikwissenschaftler Georg Schünemann anhand weniger eigener Aufnahmen mit russischen Gefangenen den Gemütszustand der gesamten Volksgruppe: »Schwermütig oder aber lustig-ausgelassen sind die meisten, oft auch in stetem Schnellerwerden sich zu derbster Ausgelassenheit steigernd« (1925, 311).

Durch die weitgehende Arbeitsteilung zwischen Musiksammlern im Ausland und den analysierenden Musikforschern in ihrer Heimat gingen vielfach Information darüber verloren, welche Klänge menschlich,

D. Morat, H. Ziemer (Hrsg.), *Handbuch Sound*, https://doi.org/10.1007/978-3-476-05421-0_19

sprachlich oder instrumental zu bezeichnen, was als Nebengeräusch einzustufen oder welche Klangeigenschaft der Aufnahmesituation geschuldet war. Die Texte der europäischen Missionare und Kolonialbeamten, die diese Aufnahmetätigkeiten übernahmen, belegen, dass diese durchaus fasziniert von den ihnen unbekannten musikalischen Ausdrucksformen waren. Zugleich stellte sich ihnen aufgrund ihrer europäischen Vorbildung rasch die Frage, was positiv als ›exotische‹ Musik und was abwertend als ›Heidenlärm‹ zu bezeichnen sei. Zudem ist in vielen Texten zu bemerken, dass deren Autoren bereits die ungewohnte natürliche Klanglandschaft musikalisch wahrnahmen, wie zum Beispiel der Theologe, Organist und Bach-Spezialist Albert Schweitzer, der in Gabun als Tropenarzt ein Krankendorf in Lambarene betrieb. In seiner Wahrnehmung gingen nächtlichen Klänge, Geräusche und Musiken von Tieren, Menschen und Natur ineinander über:

> »Da sind zuerst die afrikanischen Grillen und Unken, die von neun Uhr abends bis zwei Uhr morgens einen gründlichen Lärm vollführen. [...] Sind keine Neugeborenen zu vernehmen, so trompeten die beiden Nilpferde, die vor dem Spital hausen, miteinander um die Wette. Oder einer der Geisteskranken (wenn es nicht mehrere sind) trommelt stundenlang auf den Holzwänden seiner Zelle. Oder in einem der Dörfer auf dem jenseitigen Ufer wird die ganze Nacht das Tam-Tam zum Tanze gerührt. [...] Für all den störenden Lärm entschädigt aber die milde, würzige Nachtluft, die durch die Drahtgitter hindurch das Zimmer durchflutet, und das geheimnisvolle Rauschen der Palmen« (Schweitzer 1981, 166 f.).

Angemessene Auswertungen dieser schriftlichen Quellen im Hinblick auf den Klang stellen Forscher/innen heute vor erhebliche Herausforderungen, denn die Bewertungen der musikalischen Praktiken beruhen vielfach auf sozialen und moralischen Überzeugungen der Autor/innen und weniger auf ästhetischen Kriterien. Außerdem steht der große Umfang der beschriebenen Erlebnisse im Widerspruch zu den abwertenden Bemerkungen darüber. So entsteht selten ein kohärentes Bild von Kategorien wie ›Musik‹, ›Klang‹, ›Geräusch‹ oder ›Lärm‹, sondern vielmehr der Eindruck, dass die Europäer in ihrer Konfrontation mit einer anderen Kultur ihre eigenen Maßstäbe nicht mehr anwenden konnten.

Ein Phänomen, das die ersten Afrika- und Asienreisenden mit musikalischem Interesse in vielen Kulturen besonders in ihren Bann zog, war der ausgeprägte Klangsymbolismus (*sound symbolism*) bestimmter Trommel- und Pfeifsprachen. Die Form einer musikalischen Kommunikation, die nicht auf einem alphabetischen Schriftsystem, sondern auf symbolisierten Tonfolgen beruhte, in denen zum Teil die Melodien der lokalen Tonsprachen imitiert wurden, war für Europäer schwer zu entschlüsseln (vgl. Sebeok/Umiker-Sebeok 1976). Außerdem waren sie damit konfrontiert, dass in Kulturen mit Tonsprachen jede melodische Form eine direkte sprachliche Bedeutung besitzt und damit die europäische Trennung von Vokal- und Instrumentalmusik nicht zu übertragen war. Mehrfach wurden die Trommelsprachen nur als (ver-)störendes Geräusch wahrgenommen, so zum Beispiel das Trommeln von Kameruner Gefangenen 1906 gegen die Außenwand eines deutschen Schiffes, das keineswegs Ausdruck ihrer Wut oder Verzweiflung war – vielmehr wurden damit den Menschen an Land Kommandos gegeben (vgl. Bommarius 2015, 80).

Die Frage nach der Unterscheidung zwischen Musik, Sprache, Klang und Nebengeräuschen stellt sich seit den 1990er Jahren erneut im technischen Bereich bei den verschiedenen Digitalisierungsprojekten der historischen Tonaufnahmen. Die Aufbereitung der Klänge durch Filter und Equalizer sowie das Entfernen von Störgeräuschen mag dabei in einzelnen Fällen Teile des Gesangs vernichtet haben, wie etwa die Klicklaute südafrikanischer Sprachen.

Der Klang der Umwelt und die Anthropologie der Musik

Der große Umschwung in der ethnologischen Musik- und Klangforschung ereignete sich in der zweiten Hälfte des 20. Jahrhunderts vorwiegend durch anthropologische Forschungen. Klangdaten wurden nicht mehr über Mittelspersonen nach Europa geliefert und dort von Wissenschaftlern analysiert, sondern nun vorwiegend von den Forschern selbst durch Feldforschung in entsprechenden Kulturen gesammelt. Daneben wurde Wissen über Instrumentenspiel und Gesangstechniken durch Unterricht und aktive Teilnahme an Musikveranstaltungen erworben. Forscher/innen wie der Musikethnologe Alan Merriam wiesen darauf hin, wie sehr sich Musik an den geographischen und gesellschaftlichen Gegebenheiten orientiert, dass der Übergang zwischen Geräusch, Sprache und Musik nicht immer eindeutig zu bestimmen ist und dass es keinen Sinn macht, Musikpraktiken in unterschiedlichen Kulturen allein vom Klang her miteinander zu vergleichen (vgl. Merriam 1964). Durch die Konzentration auf den sozialen Kontext entwickelten sich die Publikationen weg von Überblicksdarstellungen, hin zum ethnographischen Schreiben über die Musikpraxis einzelner Volksgruppen.

Ausgehend von Klangforschern wie R. Murray Schafer entstanden ab den 1980er Jahren die ersten für die Musikethnologie wegweisenden ethnographischen Untersuchungen von Klanglandschaften. Steven Feld (1982) stellte dar, wie bei den Kaluli in Papua-Neuguinea aufgrund ihres kosmischen Systems die Vogelstimmen als Sprache der Ahnen angesehen und deren Melodien auf vielfältige Weise in die Musikpraxis integriert werden. Anthony Seeger (1987) erläuterte in seiner Untersuchung zu den Suyá, wie sich diese südamerikanische Volksgruppe durch sprachliche und musikalische Praktiken in ein räumliches und zeitliches Verhältnis zu ihrem natürlichen klanglichen Lebensraum setzt. Die Studien in diesen Bereichen sind vor allem in ihrer schriftlichen Form in der Fachgeschichte einflussreich geworden. Die begleitenden Aufnahmen von Klanglandschaften und Musikpraktiken wurden indes seltener rezipiert. Die Versuche einer direkten Auseinandersetzung mit Klängen durch Klangcollagen, wie sie etwa Feld in der Folge bei seinen interkulturellen Glockenforschungen betrieben hat, haben längst nicht die gleiche Aufmerksamkeit erhalten (vgl. Feld 2004a; 2004b; 2005; 2007).

Technische Neuerungen wie das Tonband, der Film und später das Video gestatteten es den Forscher/innen in dieser Zeit, größere Mengen an Daten zu sammeln als je zuvor. Das Berufsethos, immer eigene Musikaufnahmen zu machen und zu analysieren, führte allerdings dazu, dass viele Klangdokumente nach der Publikation entweder in privaten Haushalten verschwanden oder als Sammlung größeren Klangarchiven übergeben wurden. Nur in äußerst seltenen Fällen wurde weiter mit diesen Aufnahmen geforscht, sodass einige Archive eher Klangfriedhöfen gleichen. Längst nicht alle Archive haben die finanzielle Ausstattung, ihre vorhandenen Daten zu editieren und als Tonträger zu veröffentlichen.

Das Anwachsen der Zahl von Klangdokumenten aus verschiedenen Regionen der Welt sowie das entsprechende ethnologische Wissen über die Gesellschaften ermöglichten dagegen auch neue Formen von vergleichenden Forschungen. Alan Lomax unternahm in dem langjährigen und umfangreichen Forschungsprojekt ›Cantometrics‹ den Versuch, nachzuweisen, dass die Art, wie Menschen zusammen Musik machen, in einer Relation zu den Hierarchien in ihrem Gesellschaftssystem steht. Anhand des Klanges unterschiedlicher Mehrstimmigkeitsformen, des gemeinschaftlichen, geschlechtergetrennten oder solistischen Singens sollte abzulesen sein, wie die Kulturen, aus denen die Musik entstammte, aufgebaut sind (vgl. Lomax 1976). Auch wenn seinen grundsätzlichen Thesen zuzustimmen ist, hat sich diese Forschung, die historische Veränderungen von Musikkulturen und Migrationen von Gruppen fast ausschließt, nicht weiter behauptet.

Zusammenfassend lässt sich festhalten, dass die Konzentration auf eine anthropologische Analyse von Musik, die vorwiegend mit qualitativen Interviews mit denen am Musikprozess Beteiligten arbeitet, zu einer vorwiegend sprachlichen Erklärung von musikalischem Handeln und Hören führt. Der Klang selbst wird dabei nur noch als Symbol für bestimmte gesellschaftliche Zwecke angesehen und allenfalls selten von den Wissenschaftler/innen beschrieben oder analysiert.

Der geographische und subkulturelle urbane Sound

Die Abkehr von der Untersuchung und Dokumentation ›untergehender Traditionen‹ in ländlichen Regionen und die Hinwendung zur Erforschung aktueller populärer Musikpraktiken in urbanen Zentren brachte die musikethnologische Forschung seit den 1990er Jahren in die Nähe zur Popmusikforschung. In diesem Bereich nimmt der Begriff ›Sound‹ als Symbol (oder auch Markenzeichen) für einen bestimmen Ort, eine Nation oder eine gesellschaftlich definierte Gruppe einen zentralen Stellenwert ein. Dementsprechend häufen sich die Publikationen in diesem Bereich, die im Titel den Begriff ›Sound‹ führen und ihn mit einem bestimmten Ort, einem Land oder einem Kontinent verbinden (vgl. z. B. Wade 1998; Meintjes 2003; Guilbault 2007). Die Forschungen beinhalten neben einer ethnographischen Beschreibung der unterschiedlichen Musikakteure und ihrer Lebensumgebung vor allem Betrachtungen des medialen Produktions-, Aufführungs- und Verbreitungsprozesses, der zu der Wahrnehmung des bestimmten Klangmarkers in den Ohren des Publikums führt.

Diese Forschungen verliefen parallel zur Etablierung des sogenannten Weltmusik-Genres in der Musikindustrie. Dabei handelt es sich um das Label für ein Markenprodukt, mit dem versucht wird, einzelne lokale Musiktraditionen so zu arrangieren und zu produzieren, dass sie sich im Bereich der populären

Musik international gewinnbringend verkaufen lassen. Der ›exotische‹ Faktor der einzelnen Produkte wird dadurch erzeugt, dass bestimmte Sounds als ethnische Marker fungieren, die auf bestimmte Ursprungskulturen verweisen sollen. Das führt zwangsläufig zu einer Stereotypisierung und Kollektivierung von Musikpraktiken ganzer Länder und Kontinente, sodass zum Beispiel durch Pentatonik Asien, durch Trommeln Afrika oder durch Jodler der mitteleuropäische Gebirgsraum klanglich bei den Hörern aufgerufen werden soll. Der Ausverkauf bestimmter Musiktraditionen durch die musikalische Nivellierung von Aufführungspraktiken und die Loslösung von Repertoires aus ihren sozialen Kontexten wurde von Musikethnolog/innen vielfach kritisiert. Warum hinter dieser Fixierung auf räumliche Zuschreibung von Klängen ein politisches koloniales Weltbild steht, analysiert beispielsweise Johannes Ismaiel-Wendt (2011), der geradezu von einer ›Topophilie‹ bei der Vermarktung populärer Weltmusik spricht.

Auf gleiche Weise findet die Repräsentation von Kulturen durch Klangstereotype in den audiovisuellen Medien statt, sei es in der Werbung, in Magazin- oder in Dokumentarfilmen. Der Einsatz von simpler, klangorientierter Filmmusik, mit der Handlungsorte innerhalb weniger Sekunden durch einen bestimmten Sound etabliert werden sollen, kann in der Wahrnehmung des Publikums zu der Annahme führen, dass die Musik fremder Länder weiterhin unterentwickelt ist. Bestimmte ethnische Musiken und Klangcollagen werden außerdem auch in Fantasy- und Science-Fiction-Filmen benutzt. So erklingt zum Beispiel in *Avatar* (USA/UK 2009) auf dem Planeten Pandora im Umfeld der Spezies der Na'vi Musik in afrikanischer, arabischer und amerikanischer Stilistik vermischt mit visuellen Elementen der Native Americans. Hier wird durch Musik und Bild eine bedenkliche Analogie zu rassistischen Grundhaltungen von Weißen gegenüber anderen Volksgruppen hergestellt.

Der klanglichen stereotypen Vereinfachung und den Kollektivierungstendenzen versucht die musikethnologische Forschung dadurch entgegenzuwirken, dass sie urbane Klanglandschaften analysiert und aufzeigt, dass diese heutzutage keineswegs homophon sind. Internationale Forschungen wie die an der Universität Bern angesiedelten Projekte ›Sound, Density, and the Environment‹ oder ›City, Sonic Ecology‹ können treffend nachweisen, dass internationale Migrationsbewegungen und transkulturelle Persönlichkeiten den Alltag vieler Menschen viel stärker prägen, als es ihnen bewusst ist.

Feldforschungen mit dem digitalisierten Klang

Eine angewandte Forschungsrichtung seit den 2000er Jahren bedient sich der historischen Klangaufnahmen in einer neuen, gesellschaftspolitisch motivierten Form des *Pro Active Archivings*. Der historische Sound wird hier Werkzeug der ethnologischen Forschung. In Europa gelagerte Klangaufnahmen werden – soweit nachverfolgbar – als kulturelles Erbe zu den entsprechenden Volksgruppen ›repatriiert‹. Der den entsprechenden Personen meist unbekannte historische Sound soll nach Vorstellungen westlicher Forscherinnen und Forschern eine neue Auseinandersetzung mit der eigenen Musikgeschichte und eine Rückbesinnung auf kulturelle Identitäten befördern. Dies kann bis hin zu einer Stärkung marginalisierter Volksgruppen im Politischen führen, die zum Beispiel anhand historischer Klangaufnahmen traditionelle Landrechte reklamieren können. Andere Forschungsprojekte in migrantischen Communities in europäischen oder amerikanischen Großstädten sollen dazu führen, Migrant/innen und Geflüchtete mit den historischen Aufnahmen ihrer Ursprungskulturen in Kontakt zu bringen, um damit neue transkulturelle Identitätsbildungen zu fördern. In anderen Projekten wird wiederum versucht, die Mauer zwischen urbanen Subkulturen und der akademischen Archiv- und Museumswelt dadurch zu durchbrechen, dass Klangaufnahmen massiv medial in bildungsferne Schichten verbreitet werden, um verloren gegangene Informationen über die Tondokumente durch Aktivierung einer kollektiven Erinnerung wieder in Erfahrung zu bringen. Die Ausgabe 21/2 der Zeitschrift *Ethnomusicology Forum* erlaubte 2012 einen Einblick in verschiedene Projekte und zeigte dabei auch, wie schwer es vielfach ist, Menschen zur Mitarbeit an diesen gesellschaftspolitisch ausgerichteten Projekten zu bewegen. Das Konzept des Archivs und der Gedanke einer Historisierung von Musik scheint auch bei Klangdokumenten ein vornehmlich westliches Konzept zu sein.

Aus der Not geboren, dass heutzutage zahlreiche historische Tonaufnahmen vorliegen, zu denen Informationen fehlen oder verschüttet sind, hat sich mittlerweile eine neue Form der vergleichenden Forschung etabliert, die erst durch die Computertechnologie ermöglicht wurde. Der Sound dient in diesen musiksystematischen Projekten zum Kartographieren der Welt. Das Projekt Ethnographic Sound Recordings Archive (E. S. R. A.) der Universität Hamburg versucht zum Beispiel anhand von geographisch und linguistisch eindeutig zu bestimmenden Aufnahmen historischer Musik umfangreiche Datenbanken mit Klangprofilen zu generieren. Durch computergesteuerte Klanganalyse der unbekannten historischen Aufnahmen sollen diese wiederum geographischen Räumen zugeordnet werden können.

Die einfachen Vervielfältigungsmöglichkeiten von Klangdigitalisaten und ihr schneller Transfer in alle Ecken der bislang vernetzten Welt werfen indes zahlreiche ethische Fragen auf. Wie ist in einer globalisierten Welt zum Beispiel mit Urheberrechten an Sounds umzugehen, besonders seitdem durch digitale Sampling-Techniken auch Feldforschungsaufnahmen Teil der weltweiten populären Musikproduktion geworden sind (vgl. Tan 2012)? Wie lassen sich Urheber oder Urhebergemeinschaften überhaupt ausmachen? Nach welchen Kriterien erheben die UN-Deklarationen einzelne Musiktraditionen zum ›immateriellen Kulturerbe‹ und welche Auswirkungen hat dies für andere, oft marginalisierte Musikformen? Besitzen Volksgruppen Rechte an ihren Klanglandschaften und müssen diese vor ökonomischen Ausbeutungsprozessen und vor den Auswirkungen des globalen Klimawandels geschützt werden?

Viele Wissenschaftler/innen sehen sich hier in der Rolle des Anwalts und Verwalters der dokumentierten und praktizierten Klangkulturen in ihren Forschungsgebieten. Dabei geht es auch um die Frage, ob bestimmte Aufnahmen aus ethischen Gründen zurückgehalten werden müssen, da sie in den entsprechenden Gesellschaften ein esoterisches Repertoire darstellen, das nicht für die Öffentlichkeit bestimmt ist. In Fällen von radikalen religiösen oder politischen Bewegungen, die Musikstile unterdrücken und Musiker/innen verfolgen – man denke an den politischen Islamismus –, bedeutet die Aufnahme von Klangkulturen zugleich Bewahrung von musikalischen Traditionen und unter Umständen Lebensgefahr für die Aufgenommenen, wenn ihre Gegner/innen Zugang zu den Daten erhalten. Die Verantwortung für den Sound, der in sozialen Kontexten erklingt, der von der Wissenschaft aufgenommen und archiviert wird, der medial produziert und weltweit verbreitet wird, stellt im Augenblick *die* Herausforderung für die ethnologische Forschung dar.

Verwandte Beiträge: Kap. 1 (Akustemologie); Kap. 2 (Auralität); Kap. 17 (Soundscape); Kap. 21 (Literaturwissenschaft); Kap. 24 (Musikwissenschaft); Kap. 41 (Archiv); Kap. 60 (Glocken); Kap. 72 (Kolonialität); Kap. 77 (Rassismus).

Literatur

Bommarius, Christian: *Der Gute Deutsche. Die Ermordung Manga Bells in Kamerun 1914*. Berlin 2015.
Feld, Steven: *Sound and Sentiment. Birds, Weeping, Poetics, and Song in Kaluli Expression*. Philadelphia 1982.
Feld, Steven: *The Time of Bells 1. Soundscapes of Italy, Finland, Greece and France*. Audio-CD, VoxLox (634479827853) 2004a.
Feld, Steven: *The Time of Bells 2. Soundscapes of Finland, Norway, Italy and Greece*. Audio-CD, VoxLox (634479827839) 2004b.
Feld, Steven: *The Time of Bells 3. Musical Bells of Accra, Ghana*. Audio-CD, VoxLox (634479827846) 2005.
Feld, Steven: *The Time of Bells 4. Soundscapes of Italy, Denmark, Finland, Japan and USA/Iraq*. Audio-CD, VoxLox (634479827853) 2007.
Guilbault, Jocelyne: *Governing Sound. The Cultural Politics of Trinidad's Carnival Musics*. Chicago 2007.
Hughes, David W.: The historical uses of nonsense. Vowel-pitch solfège from Scotland to Japan. In: Margot Lieth Philipp (Hg.): *Ethnomusicology and the Historical Dimension*. Ludwigsburg 1989, 3–18.
Ismaiel-Wendt, Johannes: *tracks'n'treks. Populäre Musik und postkoloniale Analyse*. Münster 2011.
Kubik, Gerhard: Oral notation of some West and Central African time-line patterns. In: *Review of Ethnology* 22/3 (1972), 169–176.
Lomax, Alan: *Cantometrics. An Approach to the Anthropology of Music*. Berkeley 1976.
Meintjes, Louise: *Sound of Africa! Making Music Zulu in a South African Studio*. Durham, NC/London 2003.
Merriam, Alan P.: *The Anthropology of Music*. Evanston, IL 1964.
Schafer, R. Murray: *The Tuning of the World*. New York 1977.
Schünemann, Georg: Kurzer Abriß der Musik im östlichen Europa. In: Wilhelm Doegen (Hg.): *Unter fremden Völkern. Eine neue Völkerkunde*. Berlin 1925, 310–317.
Schweitzer, Albert: *Briefe aus dem Lambaréné-Spital. Berichte aus den Jahren 1930–1954 mit Briefen seiner Mitarbeiter*. Hg. von Gerhard Fischer. Berlin 1981.
Sebeok, Thomas A./Umiker-Sebeok, Donna Jean (Hg.): *Speech Surrogates. Drum and Whistle Systems*. 2 Bde. Den Haag/Paris 1976.
Seeger, Anthony: *Why Suyá Sing. A Musical Anthropology of an Amazonian People*. Cambridge 1987.
Tan, Shzr Ee: *Beyond ›Innocence‹. Amis Aboriginal Song in Taiwan as an Ecosystem*. Farnham/Burlington, VT 2012.
Wade, Bonnie C.: *Imaging Sound. An Ethnomusicological Study of Music, Art, and Culture in Mughal India*. Chicago 1998.

Nepomuk Riva

20 Geschichtswissenschaft

Die Geschichte des Sounds und des Hörens ist ein boomendes Forschungsfeld. Schon 2011 diagnostizierte die amerikanische Historikerin Sophia Rosenfeld: »[A]uditory history entered the discipline with a vengeance« (2011, 317). Seither scheint sich dies zu bestätigen. Themenhefte renommierter Zeitschriften (z. B. Morat 2011; Kuchenbuch/Missfelder 2014; Bender/Corpis/Walkowitz 2015; Missfelder 2015a), Sammelbände, Kompendien und Handbücher (z. B. M. Smith 2004; Morat 2014b; Paul/Schock 2014; Biddle/Gibson 2017) sowie ebenso großformatige wie gewagte Synthesen (z. B. Schwartz 2011) belegen die Etablierung von Sound History oder Klanggeschichte innerhalb des Faches. Hinzu kommen populärwissenschaftliche Darstellungen, welche die wissenschaftlichen Erkenntnisse in den Raum einer breiteren Öffentlichkeit hineintragen (z. B. Hendy 2013).

Die Geschichtswissenschaft fügt sich damit in einen generellen Trend der *humanities* ein, der akustischen Dimension von Kultur und Geschichte vermehrt Beachtung zu schenken (vgl. J. Müller 2011; Morat 2013; Missfelder 2015b). Dabei ist der eigentliche Beitrag der Geschichtswissenschaft als Disziplin oftmals schwer zu isolieren. Vielmehr beziehen historische Forschungen zu Sound und akustischer Wahrnehmung ihre Inspirationen häufig aus Arbeiten im Bereich der Wissenschaftsgeschichte, der Sound Studies, der Musikwissenschaft (insbesondere der Musikethnologie), Kulturanthropologie oder der Kultur- und Literaturwissenschaften. Das muss kein Nachteil sein, sondern zeigt im Gegenteil die genuin interdisziplinäre Ausrichtung historischer Klangforschung. Zugleich verweist dieser Umstand aber auch auf die relativ schwache ›endogene‹ Verankerung der Klanggeschichte innerhalb der disziplinären Traditionen der Geschichtswissenschaft.

Historiographische Traditionen

Während hier wie in anderen Kultur- und Geisteswissenschaften seit den 1980er Jahren Bilder und visuelle Medien im Zuge des *visual turn* die Epistemologie des Fachs grundlegend transformiert haben, blieb die Beschäftigung mit Klängen zunächst auf einige vereinzelte Forschungen beschränkt. Insbesondere im Umkreis der französischen Schule der *Annales* war ein Interesse an einer Historisierung der Sinne als Teil des historischen *outillage mental* (Lucien Febvre) auszumachen. Febvre und ihm folgend Robert Mandrou skizzierten auf ausgesprochen schmaler und mehrheitlich dem geistesgeschichtlichen Höhenkamm verpflichteter Quellengrundlage das Bild einer sinnesgeschichtlichen Alterität zwischen Vormoderne und Moderne (vgl. Febvre 2002 [1942]; Mandrou 1998 [1961]). Hier spielte insbesondere das Verhältnis von visueller und akustischer Weltwahrnehmung im Rahmen einer allgemeinen Ökonomie der Sinne eine Schlüsselrolle. Febvre diagnostizierte bei seinen Kronzeugen François Rabelais und Pierre de Ronsard eine erhöhte Bedeutsamkeit des Gehörs. Mandrou spitzte die sensorische Differenz dahingehend zu, dass er vom 16. Jahrhundert als einem »temps qui préfère écouter« (1998 [1961], 76) sprach. Untergründig und vermutlich unwissentlich traf sich diese Spekulation mit der beinahe zeitgleich im Umkreis der sogenannten Kanadischen Schule der Medientheorie (Harold Innis, Marshall McLuhan, Walter J. Ong) entworfenen *great divide theory*, nach der die Moderne durch einen Siegeszug des Gesichtssinns gekennzeichnet sei, der nur auf Kosten aller anderen menschlichen Sinne zu erreichen gewesen sei (vgl. M. Smith 2007).

Von einer Geschichte des Sounds und des Hörens in einem bedeutungsvollen Sinn kann hier kaum gesprochen werden. Febvre, Mandrou und McLuhan gebührt aber der Verdienst, die sinnliche Wahrnehmung im historischen Prozess gleichsam zu entselbstverständlichen und damit das Gehör und die Klänge der Geschichte als Gegenstände historischer Forschung überhaupt erst zu konstituieren. Diese in der zweiten *Annales*-Generation angelegte Perspektive wurde gleichwohl zunächst kaum verfolgt. Eine anspruchsvolle Umsetzung dieses Programms, die in ihrem Einfluss auf die geschichtswissenschaftliche Beschäftigung mit Sound gar nicht zu überschätzen ist, stellte erst Alain Corbins *Les cloches de la terre* von 1994 (dt. 1995) dar. Corbin nahm eine idiosynkratische Position am Rande der *Annales* ein und hatte seit den 1980er Jahren innovative Arbeiten zur Geschichte des Körpers, der Landschaft und des Geruchs vorgelegt. In *Die Sprache der Glocken* – so der Titel der deutschen Übersetzung – ging er nun weit über Febvres und Mandrous Vorarbeiten hinaus und rekonstruierte ein vollständig verklungenes System von akustischer Kommunikation, politischer Zugehörigkeit und affektiver Bindung an Glocken im ländlichen Frankreich des 19. Jahrhunderts. Corbin arbeitete die klanglichen Codes heraus, die über das Medium Glocke den Alltag und das Leben der Zeitgenossen strukturierten und wahrnehmbar machten. Insofern erfasst der Titel der deutschen Überset-

D. Morat, H. Ziemer (Hrsg.), *Handbuch Sound*, https://doi.org/10.1007/978-3-476-05421-0_20

zung mit seinem Akzent auf der Sprachförmigkeit akustischer Kommunikation das innovative Potenzial des Buches fast besser als das Original. *Die Sprache der Glocken* bleibt eine zentrale Referenz bei jeder klanghistorischen Forschung, dies aber nicht unbedingt durch seine konkreten Ergebnisse, sondern durch seinen methodischen Zugriff. Corbin zeigte, dass es möglich war, auf der Grundlage von relativ traditionellen archivalischen Quellen wie Suppliken, Memoranden und Gerichtsakten neuartige Fragestellungen nach Klang und Klangwahrnehmung zu bearbeiten.

Terminologien und Ansätze

Dieser Erkenntnis entspricht auch der analog formulierte Anspruch, im Grundsatz bekannte historische Zusammenhänge und Ereignisse durch die Aufmerksamkeit auf Sound neu perspektivieren zu können. Exemplarisch vorgeführt hat dies der amerikanische Historiker Mark M. Smith in seinen Arbeiten zur Klanggeschichte der amerikanischen Sklaverei und des Bürgerkriegs (z. B. M. Smith 2001 und 2015). Smith zeigt, wie der politische und ökonomische Gegensatz zwischen Nord- und Südstaaten als eine Kollision unterschiedlicher Klangkulturen wahrgenommen wurde, indem er bekanntes Material konsequent auf die in ihm niedergelegten akustischen Erfahrungen und Klangstrategien hin befragt. Klanggeschichte ist demnach weniger ein neues und unbeackertes Feld der Forschung als vielmehr eine neue Hinsicht, die durch Verschiebung der Aufmerksamkeit neue Erkenntnisse über vertraute Gegenstände verspricht. Smith spricht in dieser Hinsicht und mit Bezug auf eine synthetische Geschichte der Sinne, die Klanggeschichte inkorporiert, von der Einübung eines neuen *habit*, einer neuen ›Gewohnheit‹, oder eines neuen Ansatzes, welcher ähnlich wie Geschlechtergeschichte geeignet ist, das Ganze der Geschichte neu zu fassen (vgl. M. Smith 2007).

Mark M. Smiths Forschungen markieren einen Meilenstein in der systematischen Etablierung der Klanggeschichte innerhalb der Geschichtswissenschaft. Um das Jahr 2000 lässt sich auch eine begriffliche und methodologische Schärfung der klanghistorischen Forschung verzeichnen (vgl. Missfelder 2012b). Eine zentrale Rolle spielt hier neben dem Konzept der Akustemologie (*acoustemology*) des Musikethnologen Steven Feld die kritische Rezeption des Terminus ›Soundscape‹ und seiner Entsprechungen in anderen Wissenschaftssprachen (›Klanglandschaft‹, ›paysage sonore‹). Soundscape als Begriff erlaubt sowohl synthetisierende historische Klangpanoramen (etwa bei Gutton 2000 oder Garrioch 2003) als auch analytische Tiefenbohrungen zu relativ begrenzten Themen wie Architektur (z. B. Thompson 2002; Howard/Moretti 2009) oder Lärmschutz (z. B. Bijsterveld 2008) in genuin historischer Perspektive. Während klanghistorische Synthesen teilweise zu eher additiven Beschwörungen verklungener Soundscapes neigen, haben insbesondere die Forschungen der niederländischen Technikhistorikerin Karin Bijsterveld neue methodische Impulse gegeben. Bijsterveld fragt nicht so sehr nach der Gesamtheit vergangener Klangumwelten als solchen als vielmehr nach der sozialen Funktion und kulturellen Bedeutung von Klängen und akustischen Wahrnehmungen. Sie interessiert sich für die kommunikativen »dramatizations« (Bijsterveld 2008, 30) und das gesellschaftliche *staging* (vgl. Bijsterveld 2013) von Klangerfahrungen, also für narrative Konventionalisierungen, welche Rückschlüsse auf die akustischen Sag- und Hörbarkeitsregime einer Epoche zulassen. In den historischen Blick geraten somit akustische Praktiken, Sensibilitäten, Diskursivierungen und Wahrnehmungsmodi von Klängen, welche gemeinsam eine vergangene auditive Kultur ausmachen.

Themenfelder

Zahlreiche Forschungen nehmen den etwa bei Mark M. Smith programmatisch formulierten Anspruch ernst, durch Aufmerksamkeit auf akustische Zusammenhänge nicht nur ein neues Gebiet zu erschließen, sondern vor allem auch neue Perspektiven auf etablierte Themenfelder zu richten. Neben der Wissenschafts-, Technik- und Mediengeschichte, denen ein Großteil der klanghistorischen Arbeiten zuzurechnen sind (z. B. Pinch/Bijsterveld 2012; Hui/Kursell/Jackson 2013) steht hier vor allem die Stadtgeschichte im Zentrum. Pioniercharakter haben hier besonders Peter Payers Arbeiten zu Wien (2004) und Daniel Morats zu Berlin (2017). Die moderne Stadt wird hier als Klangraum verstanden, der sich insbesondere um 1900 in einem akustischen Transformationsprozess befindet. Industrialisierung, Urbanisierung und Verkehrsrevolution machen in diesen Lesarten die Moderne zu einer eminent akustischen Erfahrung.

Im Zentrum dieser Forschungen steht die durchaus ambivalente und vielschichtige Bedeutung des Phänomens ›Lärm‹. Während Lärm in der Vormoderne entweder als unangenehmer Nebeneffekt von Sozialbeziehungen unter den Bedingungen von Anwesenheitskommunikation verstanden (vgl. Cockayne 2007) oder gerade im Kontext der Industriellen Revolution sogar als hörbares Zeichen des Fortschritts begrüßt wurde (vgl. M. Smith 2012), haben Forschungen an der Schnittstelle von Stadt- und Umweltgeschichte eine Verschiebung hin zur primär negativen Wahrnehmung der spezifisch urbanen Geräuschkulissen im späten 19. Jahrhundert herausgearbeitet (so z. B. Picker 2003; Dommann 2006; Stahl 2014). Jenseits des Lärmproblems haben klanghistorische Fragestellungen vor allem im Zusammenhang der Historisierung von Naturwahrnehmung Eingang in die Umweltgeschichte gefunden (z. B. bei Coates 2005; Kraus 2014). Stadt- und umwelthistorische Forschungen haben überdies betont, dass Lärmkonflikte insbesondere in städtischen Kontexten stets auch als gesellschaftliche und politische Auseinandersetzungen um die Legitimität der Artikulation von Klängen im urbanen Raum zu verstehen sind. Sound History interveniert in diesem Sinne auch in Forschungskontexte der (neuen) Politikgeschichte. In diesem Rahmen wird ebenfalls vermehrt untersucht, wie politische Konflikte bis hin zu kriegerischen Auseinandersetzungen nicht nur klanglich erfahren, sondern auch mit akustischen Mitteln ausgetragen wurden (z. B. Salewski 2009; Birdsall 2012; Morat 2014a). Hier wird insbesondere die Rolle von Klangmedien – von der Glocke bis zum Radio – zur politischen Formierung von Kollektiven betont.

Schließlich thematisiert eine Reihe von Arbeiten auch die Rolle des Akustischen in der Religion. Sound wird hier als Medium der Heilsvermittlung und der Kommunikation mit dem Göttlichen, aber auch als Mittel zur Konstitution religiöser Gemeinschaften und konfessioneller Identitätsbildung verstanden. Die untersuchten Anwendungsfälle sind gleichwohl relativ divers und reichen von der Analyse akustischer Praktiken im konfessionellen Zeitalter (z. B. Missfelder 2012a; Fisher 2014; Hahn 2015) über das Verhältnis von göttlichen und menschlichen Stimmen im amerikanischen Protestantismus des 18. und 19. Jahrhunderts (z. B. Schmidt 2000; Mack 2014) bis hin zur Rolle von Klangmedien wie Musikkassetten in der muslimischen (Gegen-)Öffentlichkeit (so bei Hirschkind 2006).

Musik als soziale Klangpraxis

Musik als Klang- und Sozialphänomen spielt in der Geschichtswissenschaft im Gegensatz etwa zu visuellen Medien und trotz Syntheseversuchen durchaus unterschiedlicher Qualität (innovativ etwa Marsh 2010) immer noch eine eher untergeordnete Rolle. Das hat weniger mit der vermeintlichen Unmusikalität von Historikerinnen und Historikern zu tun als mit der Schwierigkeit, große Teile insbesondere des westlichen Kanons der Kunstmusik (›absolute Musik‹) als Klangphänomene mit genuin historischen Fragestellungen in Beziehung zu setzen. Musik ist daher für die klanginteressierte Geschichtswissenschaft nur in geringerem Maße als Kunstform relevant, geht es doch hier zuvorderst um Musik als soziale Praxis. Sie spielt vor allem dann eine Rolle, wenn sich diskursive Anschlussstellen, etwa im Zusammenhang von Oper und Nationalismus im 19. Jahrhundert, oder soziale Organisationsformen, etwa in der Analyse des bürgerlichen Musiklebens, des Konzertwesens oder der Clubkultur, ausmachen lassen (z. B. Johnson 1995; Gauthier/Traversier 2008; Ziemer 2008; Osterhammel 2012; S. O. Müller 2014; S. O. Müller/Osterhammel/Rempe 2015). Zugleich werden aber die Plädoyers lauter, Musik selbst als Teil einer integralen Kultur- und Sozialgeschichte ernst zu nehmen (z. B. bei Applegate 2012; Gregor 2016). Eine gewisse Vorreiterrolle spielt in dieser Hinsicht die historische Forschung zur Popmusik. Hier wird die kulturelle Relevanz von Musik ebenso deutlich wie ihr gesellschaftliches Transformationspotenzial, ihre mediale Verankerung sowie ihre memoriale und identitätsstiftende Funktion (z. B. Geisthövel/Mrozek/Danyel 2014; Nathaus 2016).

Medien als Quellen, Quellen als Medien

Dass gerade Popmusik selbst in Form von technischen Speichermedien als klanghistorischen Quellen vorliegt, verweist auf die grundlegende Frage nach dem historiographischen Umgang mit Klängen, die nicht als solche überliefert sind. Damit einher geht die Frage nach dem Status von Sound in den Teilen der Geschichtswissenschaften, die sich mit den Zeitaltern vor seiner technischen Reproduzierbarkeit beschäftigen. Beide Fragen hängen eng zusammen, denn sie führen zum Problem, welche Quellengattungen sich für klanghistorische Untersuchungen eignen und welche Fragestellungen sich auf deren Grundlage entwickeln lassen. Das an sich ebenso fundamentale wie triviale Problem, dass der allergrößte Teil der historischen Sounds verklungen, technisch nicht gespeichert und also auch nicht reproduzierbar ist, legt die Konzentration auf Klangwahrnehmungen, Bedeutungszuschreibungen und akustische Praktiken nahe, die als solche in traditionellen, meist schriftlichen Zeugnissen überliefert sind. Schall, so das Argument, wird erst als gehörter und reflektierter Klang zu einem historischen Phänomen. Zugleich scheint in der Sound History die rankeanische Versuchung, wissen zu wollen, wie es *eigentlich* geklungen hat, durch akustische Rekonstruktionsversuche einerseits und durch die Existenz technischer Klangspeichermedien andererseits besonders virulent. Beide laufen aber Gefahr, eine scheinbare Evidenz zu produzieren, welche das Unternehmen einer Historisierung gerade konterkariert (so das Argument schon bei M. Smith 2007).

Hinzu kommt, wie etwa Jonathan Sterne (2003) gezeigt hat, dass die Technik der Klangspeicherung selbst eine eigene Kultur- und Mediengeschichte aufweist, die wiederum nicht von den aufgezeichneten Inhalten zu abstrahieren ist. In dieser Hinsicht reduziert sich der vorgebliche epistemologische Graben zwischen einer Klanggeschichte vor und nach der Edison-Revolution um 1880 auf ein Problem der Quellenkritik. Vor diesem Hintergrund wird auch erklärbar, dass die Zeitgeschichte keineswegs eine überproportional privilegierte Position innerhalb der Klanggeschichte einnimmt, obwohl hier gerade in jüngerer Zeit innovative Arbeiten vorgelegt wurden (z. B. Feiereisen/Hill 2012; Morat 2014b). Während die oben erwähnten Pionierarbeiten von Alain Corbin und Mark M. Smith in der Geschichte des 19. Jahrhunderts angesiedelt waren, werden inzwischen auch die vormodernen Epochen der Frühen Neuzeit (z. B. bei B. Smith 1999; Garrioch 2003; Rath 2003), des Mittelalters (z. B. bei Dillon 2012; Peters 2012) oder der Antike (z. B. bei Scarre/Lawson 2006; Emerit/Perrot/Vincent 2015) klanghistorisch bearbeitet.

Als legitimer Gegenstand geschichtswissenschaftlicher Forschung ist Sound gut etabliert. Zugleich wird aber vermehrt für eine Integration der Sound History in eine allgemeine intersensoriell ausgerichtete Sinnesgeschichte plädiert (als instruktive Fallstudie M. Smith 2015), um den Verknüpfungen und Abhängigkeiten der verschiedenen sensorischen Erfahrungen und ihrer Welterschließungen besser Rechnung tragen zu können. Sound History begründet in der Geschichtswissenschaft sicherlich keinen neuen *turn*, unterbreitet aber in Verbindung mit anderen Sinnesgeschichten das Angebot einer neuartigen ›Gewohnheit‹ der historischen Forschung, deren Potenzial noch lange nicht ausgeschöpft ist.

Verwandte Beiträge: Kap. 1 (Akustemologie); Kap. 2 (Auralität); Kap. 3 (Emotionalität); Kap. 4 (Gedächtnis); Kap. 17 (Soundscape); Kap. 21 (Kulturwissenschaft); Kap. 23 (Medienwissenschaft); Kap. 24 (Musikwissenschaft); Kap. 35 (Lärm); Kap. 45 (Fabrik); Kap. 49 (Konzertsaal); Kap. 52 (Meer); Kap. 57 (Straße); Kap. 60 (Glocken); Kap. 71 (Herrschaftsrepräsentation); Kap. 73 (Krieg); Kap. 76 (Protest); Kap. 79 (Sklaverei).

Literatur

Applegate, Celia: Music among the historians. In: *German History* 30/3 (2012), 329–349.

Bender, Daniel/Corpis, Duane J./Walkowitz, Daniel J. (Hg.): *Sound Politics. Critically Listening to the Past* (= *Radical History Review*, H. 121). Durham, NC 2015.

Biddle, Ian/Gibson, Kirsten (Hg.): *Cultural Histories of Noise, Sound and Listening in Europe, 1300–1918.* London 2017.

Bijsterveld, Karin: *Mechanical Sound. Technology, Culture, and Public Problems of Noise in the Twentieth Century.* Cambridge, MA 2008.

Bijsterveld, Karin (Hg.): *Soundscapes of the Urban Past. Staged Sound as Mediated Cultural Heritage.* Bielefeld 2013.

Birdsall, Carolyn: *Nazi Soundscapes. Sound, Technology and Urban Space in Germany, 1933–1945.* Amsterdam 2012.

Coates, Peter A.: The strange stillness of the past. Toward an environmental history of sound and noise. In: *Environmental History* 10/4 (2005), 636–665.

Cockayne, Emily: *Hubbub. Filth, Noise and Stench in Early Modern England, 1600–1770.* New Haven, CT/London 2007.

Corbin, Alain: *Die Sprache der Glocken. Ländliche Gefühlskultur und symbolische Ordnung im Frankreich des 19. Jahrhunderts.* Frankfurt a. M. 1995 (frz. 1994).

Dillon, Emma: *The Sense of Sound. Musical Meaning in France, 1260–1330.* New York/Oxford 2012.

Dommann, Monika: Antiphon. Zur Resonanz des Lärms in der Geschichte. In: *Historische Anthropologie* 14/1 (2006), 133–146.

Emerit, Sibylle/Perrot, Sylvain/Vincent, Alexandre (Hg.): *Le paysage sonore de l'Antiquité. Méthodologie, historiographie et perspective.* Kairo 2015.

Febvre, Lucien: *Das Problem des Unglaubens im 16. Jahrhundert. Die Religion des Rabelais.* Stuttgart 2002 (frz. 1942).

Feiereisen, Florence/Hill, Alexandra Merley (Hg.): *Germany in the Loud Twentieth Century. An Introduction.* New York 2012.

Fisher, Alexander J.: *Music, Piety, and Propaganda. The Soundscapes of Counter-Reformation Bavaria.* New York/Oxford 2014.

Garrioch, David: Sounds of the city. The soundscape of early modern European towns. In: *Urban History* 30/1 (2003), 5–25.

Gauthier, Laure/Traversier, Mélanie (Hg.): *Mélodies urbaines. La musique dans les villes d'Europe (XVIe–XIXe siècles)*. Paris 2008.

Geisthövel, Alexa/Mrozek, Bodo/Danyel, Jürgen (Hg.): *Popgeschichte*. 2 Bde. Bielefeld 2014.

Gregor, Neil: Why does music matter? In: *German History* 34/1 (2016), 113–130.

Gutton, Jean-Pierre: *Bruits et sons dans notre histoire. Essai sur la reconstitution du paysage sonore*. Paris 2000.

Hahn, Philip: The Reformation of the soundscape. Bell-ringing in early modern Lutheran Germany. In: *German History* 33/4 (2015), 525–545.

Hendy, David: *Noise. A Human History of Sound and Listening*. London 2013.

Hirschkind, Charles: *The Ethical Soundscape. Cassette Sermons and Islamic Counterpublics*. New York 2006.

Howard, Deborah/Moretti, Laura: *Sound and Space in Renaissance Venice. Architecture, Music, Acoustics*. New Haven, CT 2009.

Hui, Alexandra E./Kursell, Julia/Jackson, Myles W. (Hg.): *Music, Sound, and the Laboratory, 1750 to 1980*. Chicago 2013.

Johnson, James H.: *Listening in Paris. A Cultural History*. Berkeley 1995.

Kraus, Alexander: Der Klang des Nordpolarmeers. In: Ders./Martina Winkler (Hg.): *Weltmeere. Wissen und Wahrnehmung im langen 19. Jahrhundert*. Göttingen 2014, 127–148.

Kuchenbuch, Ludolf/Missfelder, Jan-Friedrich (Hg.): *Sound* (= *Historische Anthropologie* 22/3). Köln u. a. 2014.

Mack, Phyllis: The senses in religion. Listening to God in the eighteenth century. In: Anne C. Vila (Hg.): *Bloomsbury History of the Senses*. Bd. 4: *The Age of Enlightenment*. London 2014, 85–107.

Mandrou, Robert: *Introduction à la France moderne. Essai de psychologie historique* [1961]. Paris 1998.

Marsh, Christopher: *Music and Society in Early Modern England*. Cambridge 2010.

Missfelder, Jan-Friedrich: Akustische Reformation: Lübeck, 1529. In: *Historische Anthropologie* 20/1 (2012a), 107–122.

Missfelder, Jan-Friedrich: Period Ear. Perspektiven einer Klanggeschichte der Neuzeit. In: *Geschichte und Gesellschaft* 38 (2012b), 21–47.

Missfelder, Jan-Friedrich (Hg.): *Sound History* (= *Geschichte in Wissenschaft und Unterricht* 66/11–12). Seelze 2015a.

Missfelder, Jan-Friedrich: Der Klang der Geschichte. Begriffe, Traditionen und Methoden der Sound History. In: *Geschichte in Wissenschaft und Unterricht* 66/11–12 (2015b), 633–649.

Morat, Daniel (Hg.): *Politik und Kultur des Klangs im 20. Jahrhundert* (= *Zeithistorische Forschungen* 8/2). München 2011.

Morat, Daniel: Zur Historizität des Hörens. Ansätze für eine Geschichte auditiver Kulturen. In: Axel Volmar/Jens Schröter (Hg.): *Auditive Medienkulturen. Techniken des Hörens und Praktiken der Klanggestaltung*. Bielefeld 2013, 131–144.

Morat, Daniel: Der Sound der Heimatfront. Klanghandeln im Berlin des Ersten Weltkriegs. In: *Historische Anthropologie* 22/3 (2014a), 350–363.

Morat, Daniel (Hg.): *Sounds of Modern History. Auditory Cultures in 19th- and 20th-Century Europe*. New York 2014b.

Morat, Daniel: »Automobile gehen über mich hin«. Urbane Dispositive akustischer Innervation um 1900. In: Sylvia Mieszkowski/Sigrid Nieberle (Hg.): *Unlaute. Noise/Geräusch in Kultur, Medien und Wissenschaften seit 1900*. Bielefeld 2017, 127–148.

Müller, Jürgen: »The Sound of Silence«. Von der Unhörbarkeit der Vergangenheit zur Geschichte des Hörens. In: *Historische Zeitschrift* 292/1 (2011), 1–29.

Müller, Sven Oliver: *Das Publikum macht die Musik. Musikleben in Berlin, London und Wien im 19. Jahrhundert*. Göttingen 2014.

Müller, Sven Oliver/Osterhammel, Jürgen/Rempe, Martin (Hg.): *Kommunikation im Musikleben. Harmonien und Dissonanzen im 20. Jahrhundert*. Göttingen 2015.

Nathaus, Klaus: Die Musik der weißen Männer. Zur Kritik des popgeschichtlichen Emanzipationsnarrativs. In: *Mittelweg 36* 25/4–5 (2016), 81–97.

Osterhammel, Jürgen: Globale Horizonte europäischer Kunstmusik. In: *Geschichte und Gesellschaft* 38 (2012), 86–132.

Paul, Gerhard/Schock, Ralph (Hg.): *Sound der Zeit. Geräusche, Töne, Stimmen – 1889 bis heute*. Göttingen 2014.

Payer, Peter: Der Klang von Wien. Zur akustischen Neuordnung des öffentlichen Raumes. In: *Österreichische Zeitschrift für Geschichtswissenschaften* 15/4 (2004), 105–131.

Peters, Gretchen: *The Musical Sounds of Medieval French Cities. Players, Patrons, and Politics*. Cambridge 2012.

Picker, John M.: *Victorian Soundscapes*. New York/Oxford 2003.

Pinch, Trevor/Bijsterveld, Karin (Hg.): *The Oxford Handbook of Sound Studies*. Oxford/New York 2012.

Rath, Richard Cullen: *How Early America Sounded*. Ithaca, NY 2003.

Rosenfeld, Sophia: On being heard. A case for paying attention to the historical ear. In: *The American Historical Review* 116/2 (2011), 316–334.

Salewski, Michael: Lärm, Monotonie und Dynamik in den Weltkriegen des 20. Jahrhunderts. In: *Historische Mitteilungen* 22 (2009), 188–204.

Scarre, Chris/Lawson, Graeme (Hg.): *Archaeoacoustics*. Cambridge 2006.

Schmidt, Leigh Eric: *Hearing Things. Religion, Illusion, and the American Enlightenment*. Cambridge, MA 2000.

Schwartz, Hillel: *Making Noise. From Babel to the Big Bang and Beyond*. New York 2011.

Smith, Bruce R.: *The Acoustic World of Early Modern England. Attending to the O-Factor*. Chicago 1999.

Smith, Mark M.: *Listening to Nineteenth-Century America*. Chapel Hill, NC 2001.

Smith, Mark M. (Hg.): *Hearing History. A Reader*. Athens, GA/London 2004.

Smith, Mark M.: *Sensing the Past. Seeing, Hearing, Smelling, Tasting, and Touching in History*. Berkeley 2007.

Smith, Mark M.: The garden in the machine. Listening to early American industrialization. In: Trevor Pinch/Karin Bijsterveld (Hg.): *The Oxford Handbook of Sound Studies*. Oxford/New York 2012, 39–57.

Smith, Mark M.: *The Smell of Battle, the Taste of Siege. A Sensory History of the Civil War*. Oxford/New York 2015.
Stahl, Heiner: Vom Versprechen der Entlärmung. Geräuschkulissen im Sozialismus – Erfurt (1950–1975). In: *Historische Anthropologie* 22/3 (2014), 384–407.
Sterne, Jonathan: *The Audible Past. Cultural Origins of Sound Reproduction*. Durham, NC 2003.
Thompson, Emily: *The Soundscape of Modernity. Architectural Acoustics and the Culture of Listening in America, 1900–1933*. Cambridge, MA 2002.
Ziemer, Hansjakob: *Die Moderne hören. Das Konzert als urbanes Forum, 1890–1940*. Frankfurt a. M./New York 2008.

Jan-Friedrich Missfelder

21 Kulturwissenschaft

Sound, verstanden als Erzeugung und Rezeption von Klängen und Tönen, gilt derzeit als Querschnittsthema in der deutschen akademischen Landschaft. Einerseits scheint die Frage, ob sich Sound Studies, Radio Studies oder Klangwissenschaften zu einer eigenen Disziplin formieren oder eher ein zu den etablierten Disziplinen quer liegendes Forschungsfeld bleiben (sollten), noch nicht ausdiskutiert. Welche Verbindung Forschungen über Sound (sowie möglicherweise auch *im* Sound) und Kulturwissenschaft eingehen, hängt andererseits genuin davon ab, welcher disziplinäre Status der Kulturwissenschaft zugestanden wird. Soll sie ebenfalls die Rolle eines gleichsam subversiven, nicht-etablierten Querschnittsdenkens behalten oder ist sie eine eigenständig formierte Disziplin im Status einer Wissenschaft, die sich durch Themen- und Methodenvielfalt auszeichnet (vgl. Böhme/Matussek/Müller 2000)? Oder geht es, gerade im deutschsprachigen Raum, um eine Indienstnahme dieser Multiperspektivität und *mixed methods* zugunsten einer kulturwissenschaftlichen Reform der Geisteswissenschaften (vgl. Nünning/Nünning 2008)?

Um fruchtbare Verbindungen zwischen der Untersuchung von Sounds und Soundobjekten in der Kulturwissenschaft zu ermöglichen, scheint es angemessen, Letztere nicht selbst zu entgrenzen, sondern von einer etablierten Disziplin auszugehen, die sich durch Themen-, Positionen- und Methodenvielfalt auszeichnet und dabei Traditionen von und einen konstruktiven, interdisziplinären Austausch mit anderen Disziplinen aufnimmt: Geschichte, Ethnologie, Volkskunde, Philosophie, Literaturwissenschaft, Bildwissenschaft, Musikwissenschaft, Wissens- und Wissenschaftsgeschichte. So befasst sich etwa die Empirische Kulturwissenschaft an der Universität Tübingen, die aus der Volkskunde hervorgegangen ist, mit der Untersuchung von Phänomenen der Alltagskultur in historischer und gegenwärtiger Perspektive; an der Bauhaus-Universität in Weimar wird dagegen Kulturwissenschaftliche Medienforschung betrieben; das Fach Kulturwissenschaft an der Humboldt-Universität zu Berlin schließlich zeichnet sich durch eine in den 1990er Jahren erfolgte Hinwendung zu einem bedeutungsorientierten Kulturbegriff aus, »nach dem kulturelle Praktiken nur vor ihrem jeweils spezifischen und kontingenten Sinnhorizont untersucht werden können« (Brohm 2010, 522), unter Berücksichtigung ihrer historischen Wandelbarkeit.

Das Feld der Kulturwissenschaft

Bevor Sound als Untersuchungsgegenstand fokussiert wird, muss daher zunächst das Feld der Kulturwissenschaft umrissen werden. Kulturwissenschaft, so Hartmut Böhme, widmet sich »der Erforschung der von Menschen hervorgebrachten Einrichtungen, der zwischenmenschlichen Handlungs- und Konfliktformen sowie [...] deren Werte- und Normenhorizonten«, wobei »Kultur als ganze das Objekt und zugleich der Rahmen für ihre eigenen Operationen« sei (2000, 356). Hier deutet sich bereits an, dass die Frage, was der Inhalt von Kulturwissenschaft sei, wiederum von der Definition des Begriffes Kultur abhängt. In der Perspektive der historischen Semantik leitet sich das Wort vom lateinischen *colere* bzw. *cultus* her und meinte einerseits die Sphäre des Pflegens und des Ackerbaus, andererseits die des religiösen Kults (vgl. Böhme 1996). Ohne der Begriffsgeschichte und ihren Interpretationen im Horizont der Kulturwissenschaften an dieser Stelle in extenso nachgehen zu können, sollen historisch unterschiedliche Auffassungen und Wirkungsweisen von Kultur zumindest angesprochen werden: So kann Kultur als Gegensatz zur Natur oder zur Gesellschaft, als vor allem deutscher Gegenbegriff zur »Zivilisation« (Elias 1991 [1939]) gelten oder selbst als Darstellungsweise, etwa als Text, aufgefasst werden. Deutlich machen diese unterschiedlichen Definitionen, dass Kultur sowohl als eine Menge von (konkreten oder abstrakten) Gegenständen verstanden werden kann als auch als ein epistemologischer Begriff, der sich als ein Modus des Betrachtens oder eine analytische Perspektive fassen lässt.

Wird Kultur als Substanz definiert, als Gegenstandsbereich, dann kann Sound in die Analysegegenstände der Kulturwissenschaft eingeordnet werden: Sound wäre dann als ein Produkt der Kultur analysierbar, etwa in Gestalt eines Musikstücks, eines lärmenden Protests, eines Alarmtons oder einer Radiosendung. Besonders interessant jedoch ist die Überlegung, inwiefern Sound auch an einer analytischen Perspektive der Kulturwissenschaft teilhaben kann. So zeichnet die Genese der Kulturwissenschaft seit dem 18. Jahrhundert gerade eine Abwendung von einem essenziellen oder substanziellen Kulturbegriff und damit eine Erweiterung der Perspektive aus. Bereits Giambattista Vico (1924 [1725/1744], 124–130) ging davon aus, dass die Dinge der Natur von Gott, die Dinge der Kultur, also auch der Geschichte, von Menschen gemacht seien und dass den Menschen daher auch nur diese Kulturdinge verständlich seien (vgl. Kittler 2000, 11–

D. Morat, H. Ziemer (Hrsg.), *Handbuch Sound*, https://doi.org/10.1007/978-3-476-05421-0_21

28). Die (auch zum Bestreiten des Primats von René Descartes' Philosophie geeignete) These, dass der Übergang zur Epoche der modernen Kulturwissenschaft erst durch Konstruktionen wie das Vico-Theorem ermöglicht wurde und sich so die Voraussetzungen bildeten, Wissenschaft in historischer Perspektive zu betreiben, stützen die Theorien unterschiedlicher Forscher/innen: In der von Reinhart Koselleck so benannten Sattelzeit zwischen etwa 1775 und 1825 bildete sich die Rede von ›Kultur‹ im ›Kollektivsingular‹ aus, während zuvor meist von ›Kulturen‹ im Plural und Kulturen mit einer Genitivkonstruktion (etwa *cultura animi* oder ›Körperkultur‹) gesprochen wurde.

Was Michel Foucault (1995 [1966]) mit dem allmählichen Übergang der *épistémè* der Repräsentation im Zeitalter der Aufklärung zur *épistémè* der Geschichte in der Moderne beschreibt, korreliert mit dem von Niklas Luhmann (1995) untersuchten Aufkommen der Beobachtung der Beobachtung ab Beginn des 19. Jahrhunderts. Demnach entsteht ein Verständnis von Kultur, das nicht (nur) von einer Substanz oder Entität ausgeht, die qualitativ beschrieben wird. Sondern Kultur wird, so Luhmann, nun auch als ein Modus fassbar: als die Möglichkeit, Sachverhalte oder Glaubensrichtungen nicht moralisch als ›gut‹ oder ›böse‹ oder ontologisch als ›richtig‹ oder ›falsch‹ zu beurteilen, sondern diese mit anderen zu vergleichen. Kultur als Vergleichsmodus – und als Gedächtnis der Gesellschaft – begründet demnach auch systematisch die Möglichkeit, Kulturwissenschaft und den Vergleich ganzer Kulturen und Gruppen synchron ebenso wie diachron zu betreiben (vgl. ebd.).

Nach Aleida Assmann (2009) mehrten sich um die Epochenschwelle zur Moderne mit der Entwicklung der historischen Wissenschaften die Bestrebungen, Dokumente im passiven Speichergedächtnis aufzubewahren. Zugleich ermöglichte dies die moderne Distanzierung von einem essenzialistischen Kulturbegriff (der wie etwa bei Johann Gottfried Herder auch auf Konzepte der menschlichen ›Rassen‹ aufbaute) und eröffnete den langen Weg zu einem historisch und gesellschaftlich verorteten Kulturbegriff, der Differenz unhierarchisch denkbar zu machen versucht – etwa in einer »Verortung der Kultur«, wie sie Homi Bhabha (2000 [1994]) vorgeschlagen hat. Der *cultural turn* (vgl. Bachmann-Medick 2014) verfocht dabei, u. a. im Anschluss an die angelsächsischen Cultural Studies, die Verabschiedung der alten Hierarchie von ›hoher‹ und ›niedriger‹ bzw. populärer Kultur.

Wenn Kultur als eine analytische Perspektive gefasst wird, bedeutet dies zugleich, dass die althergebrachte und historisch unterschiedliche Gegenüberstellung von Natur und Kultur aufgelöst wird zugunsten der Einsicht, dass wir auch über Natur nur im Modus der Kultur sprechen und verfügen, dass wir Natur – und alle anderen Gegenstände, ob Dinge, Konzepte oder Gefühle – nur mit dem Apriori unserer ›kulturellen Brille‹ verhandeln können. Kulturwissenschaft setzt also die Möglichkeit voraus, Kultur als Substanz, aber auch als Praxis und als Denkmodus zu verstehen, die in ihrer Historizität und gesellschaftlichen, politischen, auch medialen Situiertheit untersucht werden. Insgesamt zeichnet sich die Kulturwissenschaft demnach durch ihre Reflexivität und Metadimension aus: durch die Eigenschaft, mit Mitteln der Kultur über den Gegenstand oder die Praxis von Kultur zu verhandeln (vgl. Böhme 2000). Wenn jüngst konstatiert wurde, dass Kulturwissenschaft sich bisher durch das Fehlen einer epistemologischen Gründung auszeichne (Metten 2016, 10), so ist klar, dass die Reflexion über die Theorien und Methoden der Kulturwissenschaft nach wie vor ein offenes Feld ist.

Mit Thomas Macho (2006), der etwa auf die kulturellen Imaginationen aufmerksam gemacht hat, die sich mit dem Beginn der technischen Stimmspeicherung verbanden, lässt sich darüber hinaus für ein Verständnis der Kulturwissenschaft als ›Materialwissenschaft‹ plädieren, die durchaus induktiv von der Untersuchung konkreter Phänomene ausgeht und dabei theoretische und philosophische Horizonte einbezieht, jedoch nicht nach einer einheitlichen Methodik deduktiv und möglicherweise dogmatisch vorgeht. Vielmehr geht es in der Kulturwissenschaft auch darum, gerade aus der Untersuchung von Phänomenen methodische Modifikationen und Innovationen abzuleiten.

Sound in der Kulturwissenschaft

Die Kulturwissenschaft(en) entstand(en), als sich auch die Philologien und die Kunstgeschichte neu ausrichteten, es jedoch neben der Musikwissenschaft noch keine akademische ›Wissenschaft vom Sound‹ gab. Mit der Erforschung von Klangphänomenen gegen Ende des 19. Jahrhunderts, in physikalischer Hinsicht (etwa durch Hermann von Helmholtz) und in psychologischer Hinsicht aus der Perspektive des Hörens (etwa durch Carl Stumpf) sowie entlang der Frage des Memorierens von Ton und der Frage nach dem Ort von Klängen im Gedächtnis (durch Sigmund Exner), entstanden fachspezifische Abhandlungen, die jedoch nicht für eine selbstständige Wissenschaft vom Sound plädierten oder eine explizit kulturhistorische bzw. kulturwissenschaftliche Perspektive begründeten. Dennoch lassen sich auch diese Expertisen heute in eine Kulturgeschichte des Sounds einbeziehen. Zudem führten die Erfindung der Übertragbarkeit von Ton durch das Telefon und der Speicherung sowie Wiedergabe von Ton durch den Phonographen und das Grammophon – in ihrer Besonderheit eines zeitbasierten, jedoch zunächst bildlosen technischen Mediums – ebenso wie die Gründung der europäischen Schallarchive ab 1900 zur Entstehung einer Technik- und Mediengeschichte, die im Themenkanon der Medienwissenschaft seit den 1960er Jahren (McLuhan 1964) und in der Medienarchäologie (Ernst 2015) einen festen Platz hat.

Das Fach Kulturwissenschaft in seiner gegenwärtigen Form bietet nun die Möglichkeit, diese historischen Perspektiven – ergänzt um geschichtswissenschaftliche, ethnologische, musikwissenschaftliche und psychologische Beschäftigungen mit Klangphänomenen – unter der Frage nach ihrer Positionierung und ihrer Aussagkraft bezüglich der symbolischen Bedeutung ebenso wie ihrer Verfahrensweisen in ihre Analyse einzubinden.

Sound als ein körperliches, soziales und historisch-spezifisches anthropologisches Erzeugnis sowie physikalisches Ereignis, das genuin an den Vorgang der Wahrnehmung, also des Hörens, gebunden ist, kann mit den Instrumentarien der Kulturwissenschaft in dieser seiner kulturellen Dimension verstanden werden: Zwar ist Sound wie Natur in der Welt, doch wird er von Menschen immer unter der Prämisse der Kultur – also der historisch-spezifischen Wahrnehmung, der Verarbeitung nach kulturell geprägten Mustern, der Verwendung der Sprache zur Kommunikation darüber – gehört, beschrieben, problematisiert, verhandelt. So ergeben sich Schnittmengen mit anderen Disziplinen: Relevante Untersuchungen von Klängen finden sich in der Geschichtswissenschaft (etwa Missfelder 2012; 2015), u. a. im Bereich der Sinnesgeschichte (z. B. Corbin 1995 [1994]; Serres 1998 [1985]), der Literaturwissenschaft, der Musikwissenschaft, natürlich auch der Medienwissenschaft, die die Spezifika von Ton in Abgrenzung zu anderen Medien untersuchen kann ebenso wie die Technikgeschichte ihrer Apparate. Für die Kulturwissenschaft bietet es sich an, historische und systematische Zugänge sowohl definitorisch zu trennen, als auch fruchtbar zu verbinden.

Ihr Spezifikum gegenüber anderen disziplinären Zugängen kann es sein, Sound nicht ausschließlich als historischen Fakt, als Medium oder als ästhetisches Phänomen zu untersuchen, sondern die Erforschung von Klängen in kulturhistorische wie auch kulturtheoretische Fragen und Analysen einzubinden. Kulturwissenschaftliche Fragen lauten demnach: Wie wurde Sound vor welchem historischen Hintergrund und mit welchen gesellschaftlichen oder politischen Motiven produziert und wahrgenommen? Welche Rolle spielt die Produktion und Rezeption von Klang für die Etablierung oder Subversion von politischen, etwa auch kolonialen Machtsystemen? Inwiefern formatieren klangspezifische Wahrnehmungen und Argumente das jeweilige Verständnis von Kultur mit? Welche kulturellen Bedeutungen werden Klangphänomenen, ihrer technischen Aufzeichnung, aber auch ihrer nicht-technischen Erinnerung zugeschrieben – und wie geschieht das und warum? Welche Funktionen übernehmen Klangmetaphern in unterschiedlichen Gesellschaften – so im Deutschen die Wendung der Aussagen ›seine Stimme erheben‹ oder ›seine Stimme abgeben‹ ins Politische (vgl. Kittler/Macho/Weigel 2002, [Vorbemerkung])? Und nicht zuletzt methodische und selbstreflexive Fragen: Wie schreiben sich Verfahren zur Produktion und Rezeption von Sound in die Kulturgeschichte, aber auch in das Instrumentarium zur Analyse von Kultur ein? Lässt sich mit dem Fokus auf Sound eine Kulturgeschichte und Kulturtheorie sinnvoll erweitern und anders schreiben, und wenn ja, wie?

Im Folgenden sollen beispielhaft einige wenige produktive Wege aufgezeigt werden, mit denen das Feld ›Sound in der Kulturwissenschaft‹ bisher bearbeitet wurde. Jonathan Sternes Studie *The Audible Past* entstand unter dem Fokus der Medienwissenschaft, bildet jedoch eine methodische Vorlage für eine Kulturgeschichte des Sounds, da sie das historische Potenzial der Stimmaufzeichnung nicht mit der Geschichte der Apparate beginnen lässt und auch nicht ausschließlich von diesen her schreibt, sondern kulturhistorische Voraussetzungen für die Erfindung der Schallaufzeichnungsverfahren hervorhebt: etwa das der zweiten Hälfte des 19. Jahrhunderts in verschiedenen Bereichen nachweisbare Begehren, Lebendes bzw. Totes zu konservieren. So reiht sich die Konservierung der Stimme – als technische Reproduktion einer körperlichen Äußerung – in die Verfahren ein, totes Fleisch als Körper einzubalsamieren und als Lebensmittel in Dosen – Konserven – haltbar zu machen (vgl. Sterne 2006 [2003], 292–301). Damit wird eine medienhistorische Perspektive erweitert und die technikgeschichtliche Ursprungserzählung, nach der die die

Geschichte der Tonaufzeichnung erst mit technischen Apparaten beginnt, dezentriert.

Zugleich lässt sich folgern, dass die medienwissenschaftliche Prämisse – Friedrich Kittler (1986, 16) konstatierte, dass der Phonograph jeden Laut unabhängig von seiner Semantik aufzeichne und somit die Tonaufzeichnung das Reale in der psychoanalytischen Trias von Jacques Lacan repräsentiere – produktiv durch eine kultur- und sozialhistorische Perspektive sowie eine Geschichte der Wahrnehmung erweitert werden kann: Wann und von wem und zu welchem Zweck die Tonaufnahme in Gang gesetzt wird, beeinflusst auch jenes ›Reale‹, das dann im Klang, scheinbar ohne Einfluss der sozialen Akteure und kulturellen Vorstellungen, die den Aufnahmevorgang begleiten, produziert wird. Hier muss nicht unbedingt (nur) die Semantik ausgelesen werden, es kann auch das Rauschen im Vordergrund einer Analyse stehen: Klänge in ihrer Materialität und physikalischen Schwingung beinhalten immer mehr als das Semantische, einen Überschuss, zu dessen Analyse erst noch Werkzeuge entwickelt werden müssen, etwa ein Verfahren des *close listening* (vgl. Hoffmann 2015).

Sinnvolle Voraussetzung einer kulturwissenschaftlichen Analyse von Ton ist die Aufgabe des Postulats einer historisch unterschiedlichen Hierarchie der Sinne – so nahmen Marshall McLuhan und Walter Ong den Primat des Auditiven im Mittelalter an, der durch den Primat des Visuellen in der Neuzeit verdrängt worden sei (vgl. Ong 1987 [1982]). Vielmehr scheint es interessant, alle Sinne als in jeder Epoche valent zu betrachten, dabei aber die Spezifität des Klanglichen und seiner Repräsentation zu untersuchen sowie möglicherweise ins Verhältnis zu anderen Sinnen zu setzen. Souverän hat dies im Rahmen der theoretischen Strömung der Annales-Schule in Bezug auf den Klang etwa Alain Corbins Studie zur *Sprache der Glocken* (1995 [1994]) vorgeführt, die sich mit der Ökonomie des Klangs in Abstimmung mit Zeiten, Ereignissen und Gefühlen der christlichen Gesellschaft Frankreichs im 19. Jahrhundert beschäftigt.

Kulturwissenschaft fragt nach den Bedeutungssystemen, in die klangliche Phänomene eingebunden bzw. an deren Konstitution sie beteiligt sind. Eine genuine Kulturtheorie, die diese spezifischen Fragen auch methodisch berücksichtigt – ohne dabei das Produzieren oder Hören von Klängen mit epistemologischen Verfahren gleichzusetzen (wie bei Schulze 2012) –, scheint jedoch noch zu fehlen. Als produktiv mag sich eine Unterscheidung zwischen der Analyse von Diskursen und der Analyse von Praktiken erweisen. Um die kulturelle Bedeutung von Sound zu ermessen, der Klängen, Sprache und Musik in historisch und gesellschaftlich spezifischen Situationen zugemessen wird, lassen sich, neben geschichtlichen und sozialen Fakten, Diskurse und darüber hinaus kulturelle Imaginationen untersuchen. So haben sowohl die Medienwissenschaft als auch die Kulturwissenschaft die Aufmerksamkeit auf die Dimensionen der Stimme (etwa Kolesch/Krämer 2006), die Wahrnehmung von akusmatischen Phänomenen als unheimlich gelenkt (etwa Feld 1996), die Assoziation dieses Überschusses mit Geistern ebenso wie mit göttlichen Botschaften untersucht (etwa Macho 2006). Kulturwissenschaft zeichnet in diesem Fall aus, dass sie Phantasien, Träume und Fiktionen gerade nicht mit Fakten verwechselt, sie jedoch als wirkmächtige Phänomene untersuchen und in Traditionen einordnen kann. Dabei mögen psychologische Aspekte des Hörens und Gehörtwerdens eine Rolle spielen – zum Beispiel ist die psychoanalytische Therapie selbst vom Modus des Zuhörens (später auch der Tonaufzeichnung) bestimmt, der etwa die Verbalisierung des Traumas hervorbringt. Es kann aber auch die Untersuchung des metaphorischen Mehrwerts von akustischen Phänomenen im Vordergrund stehen – so sind in den letzten Jahren das Echo (wie bei Hoffmann 2014), der Widerhall, der Nachhall, das Flüstern und Schweigen oder die Klagerufe zum Gegenstand kulturwissenschaftlicher Fallstudien geworden.

Aus der immer wieder benannten Not – dem Quellenproblem von Studien, die sich mit historischen Klängen befassen, nämlich der Tatsache des Verklungenseins von Tönen, von fehlenden Tonaufnahmen und der Angewiesenheit von historisch arbeitenden Wissenschaftler/innen auf sprachliche Beschreibungen von Klängen – kann die Kulturwissenschaft eine Tugend machen, indem sie an historischen wie gegenwärtigen Diskursen über und Beschreibungen von Sound deren produktiven Mehrwert und Überschuss untersucht und jene spezifischen Verfahren und Phantasien fokussiert, mit denen Klang in Sprache, Schrift oder auch Bilder übersetzt wird. Dies bedeutet einen Gewinn der kulturwissenschaftlichen Perspektive auf Sound, der auch für die Kulturtheorie bedeutsam ist.

In diesem Sinne lässt sich für ein Verständnis von Kulturwissenschaft als Übersetzungswissenschaft plädieren, die die spezifischen kulturellen, medialen und politischen Übersetzungsweisen von Klängen untersuchen kann.

An die Frage, was von wem in welchen kulturellen Zusammenhängen gehört oder mit akustischen Beschreibungen belegt wird, schließen sich – Michel Foucault folgend – Fragen der Genealogien des Wissens an, um die Herkunft von Wissens- und Wahrheitsansprüchen, die immer in Machtbeziehungen verstrickt sind, zu rekonstruieren. Damit ist die Nähe kulturwissenschaftlicher Ansätze zur Wissens- und Wissenschaftsgeschichte gegeben. Mit einer dezidierten Analyse der Machtverhältnisse und ihrer Verhandlung ist die Dimension des Politischen berührt. So lassen sich – u. a. im Rückgriff auf postkoloniale und gendertheoretische Ansätze – einerseits historische Machtstrukturen, die mit Sound verwoben sind, untersuchen, etwa die Rolle von Klanglandschaften während des Nationalsozialismus (wie Birdsall 2012) oder der Zusammenhang von Sound und Folter in den modernen Kriegen seit dem 20. Jahrhundert (z. B. Cusick 2013). Andererseits geraten dabei Phänomene wie wissenschaftliche Untersuchungen an kolonialisierten Menschen in den Fokus, die Tonaufnahmen unter prekären Bedingungen herstellten (z. B. bei Berner/Hoffmann/Lange 2011) und damit auch koloniale Archive in Europa und den USA füllten. Diese Tonsammlungen sind Zeugen der westlichen Wissensgeschichte, aber auch medialisierte Gedächtnissplitter, welche zunehmend Gegenstand von Wiederaneignung und Identitätspolitik werden und damit dringend einer kulturwissenschaftlichen und kulturvergleichenden Neubetrachtung bedürfen. Klangexperimente und Tondokumente, die für wissenschaftliche Zwecke angelegt wurden, lassen sich dabei methodisch produktiv als ›Hörbarmachungen‹ – in Analogie zu den von der Wissenschaftsgeschichte vorgeschlagenen ›Sichtbarmachungen‹ – auffassen (vgl. Lange 2011, 31–37; 2013, 148–151). Dieser Zugang verspricht überdies, die Untersuchung von Bedeutungen und Diskursen mit der Untersuchung von Artefakten und Praktiken zu verbinden.

Sound als Kulturtechnik

Töne machen, sprechen, singen, musizieren – all das zählt dem Ethnologen Marcel Mauss zufolge zu jenem Bündel von Phänomenen, die heute im Deutschen meist kurz als ›Körpertechniken‹ benannt werden. Die damals revolutionäre, heute zum *common sense* gewordene Erkenntnis aus dem 1934 von Mauss vor der Gesellschaft für Psychologie gehaltenen Vortrag war, dass die *techniques du corps* sozial, psychologisch und biologisch bestimmte Phänomene seien, deren Art der Ausführung den Menschen keineswegs angeboren sei, sondern von diesen durch Vorbilder, Erziehung und Übung angeeignet würde, dass sie also (in heutigen Worten) historisch, sozial und kulturell bedingt seien (Mauss 1989 [1934]). Das deutsche Wort ›Technik‹ ist dabei insofern irreführend, als es oft mit (technischen) Apparaten assoziiert wird, im Französischen jedoch zunächst allgemeiner Praktiken oder Verfahren bezeichnet. In der deutschen Rezeption beziehen sich nahezu alle aktuellen Theorien zu Kulturtechniken auf diesen ›Urtext‹ von Mauss, um von den Körpertechniken die Kulturtechniken zu unterscheiden.

Verallgemeinernd lässt sich sagen, dass zwar alle Kulturtechniken mit Körpertechniken verbunden sind, doch nicht alle Körpertechniken zugleich Kulturtechniken sind (vgl. Maye 2010). Nach Thomas Macho (2003) stellen Kulturtechniken im engen Sinne Lesen, Schreiben, Rechnen und Musizieren dar, also selbstreferenzielle Verfahren (Lesen über das Rechnen, vom Schreiben schreiben), die symbolische Arbeit verrichten – eine Engführung, die durch verschiedenste Differenzierungen nachfolgend wieder entgrenzt wurde (etwa Siegert 2010).

Betrachtet man Kulturtechniken in Anlehnung an den französischen Begriff *technique* (zurückgehend natürlich auf den lateinischen Begriff *technicus* bzw. das griechische *techné*), dann kann man sie als Bündel historisch-gesellschaftlich-politisch spezifischer, kulturell codierter und materiell ausgeführter Praktiken und Verfahren verstehen, die im kulturellen Sinne bedeutungsgenerierend sind, d. h. die symbolische Bedeutung produzieren. In diesem Sinne lassen sich Verfahren der Produktion, Distribution, Rezeption und Deutung von Klang als Kulturtechniken untersuchen, etwa die koloniale Phonographie zur Generation von wissenschaftlichem Wissen oder exotisierenden Schaueffekten, die Bewerbung von Tonapparaten mit geläufigen kulturellen Metaphern und so fort (etwa Felderer 2004).

So gesehen korrelieren Ansätze der Kulturwissenschaft mit dem neueren Vorschlag, eine historische Anthropologie des Klangs zu betreiben, ein Desiderat, das Reinhart Meyer-Kalkus benannt hat: Eine historische Anthropologie der Stimme – und, so könnte man ergänzen, des Sprechens und Hörens – hätte sich »mit der klanglich-musikalischen Dimension der gesprochenen Sprache« (2001, 4) zu befassen. Eine Fragestellung, die sich kulturwissenschaftlich nur mit *mixed methods* sinnvoll bearbeiten lässt: etwa Soziologie, Gedächtnistheorie, Körper- und Medientheorien. Jochen Bonz (2015) hat jüngst den Versuch unternommen, eine Klänge berücksichtigende Kulturforschung mit dem Mittel einer ›sonischen Ethnographie‹ zu betreiben. Eine solche historische Klanganthropologie, verknüpft mit einem Fokus auf die kulturell codierten Verfahren und die angeschlossenen Diskurse und Phantasien, aber auch die Analyse der Macht und des Wissens, ergibt eine kulturwissenschaftliche Perspektive auf Sound.

Verwandte Beiträge: Kap. 1 (Akustemologie); Kap. 3 (Emotionalität); Kap. 6 (Materielle Kultur); Kap. 19 (Ethnologie); Kap. 20 (Geschichtswissenschaft); Kap. 22 (Literaturwissenschaft); Kap. 23 (Medienwissenschaft); Kap. 24 (Musikwissenschaft); Kap. 30 (Wissenschaftsgeschichte); Kap. 41 (Archiv); Kap. 52 (Meer); Kap. 72 (Kolonialität).

Literatur

Alter, Nora M./Koepnick, Lutz (Hg.): *Sound Matters. Essays on the Acoustics of Modern German Culture*. New York 2004.

Ames, Eric: The sound of evolution. In: *Modernism/Modernity* 10/2 (2003), 297–325.

Assmann, Aleida: Archive im Wandel der Mediengeschichte. In: Knut Ebeling/Stephan Günzel (Hg.): *Archivologie. Theorien des Archivs in Philosophie, Medien und Künsten*. Berlin 2009, 165–175.

Bachmann-Medick, Doris: *Cultural Turns. Neuorientierungen in den Kulturwissenschaften*. Reinbek bei Hamburg [5]2014.

Berner, Margit/Hoffmann, Anette/Lange, Britta: *Sensible Sammlungen. Aus dem anthropologischen Depot*. Hamburg 2011.

Bhabha, Homi K.: *Die Verortung der Kultur*. Tübingen 2000 (engl. 1994).

Birdsall, Carolyn: *Nazi Soundscapes. Sound, Technology and Urban Space in Germany, 1933–1945*. Amsterdam 2012.

Böhme, Hartmut: Vom Cultus zur Kultur(wissenschaft). Zur historischen Semantik des Kulturbegriffs. In: Renate Glaser/Matthias Luserke (Hg.): *Literaturwissenschaft – Kulturwissenschaft. Positionen, Themen, Perspektiven*. Opladen 1996, 48–68.

Böhme, Hartmut: Kulturwissenschaft. In: Harald Fricke (Hg.): *Reallexikon der deutschen Literaturwissenschaft*. Bd. 2: *H–O*. Berlin/New York 2000, 356–359.

Böhme, Hartmut/Matussek, Peter/Müller, Lothar (Hg.): *Orientierung Kulturwissenschaft. Was sie kann, was sie will*. Reinbek bei Hamburg 2000.

Böhme, Hartmut/Scherpe, Klaus R. (Hg.): *Literatur und Kulturwissenschaften. Positionen, Theorien, Modelle*. Reinbek bei Hamburg 1996.

Bonz, Jochen: *Alltagsklänge – Einsätze einer Kulturanthropologie des Hörens*. Wiesbaden 2015.

Brohm, Holger: Kulturwissenschaft. In: Heinz-Elmar Tenorth (Hg.): *Geschichte der Universität Unter den Linden 1810–2010. Praxis ihrer Disziplinen*. Bd. 6: *Selbstbehauptung einer Vision*. Berlin 2010, 509–523.

Bull, Michael/Back, Les (Hg.): *The Auditory Culture Reader*. Oxford/New York 2003.

Corbin, Alain: *Die Sprache der Glocken. Ländliche Gefühlskultur und symbolische Ordnung im Frankreich des 19. Jahrhunderts*. Frankfurt a. M. 1995 (frz. 1994).

Cusick, Suzanne G.: Towards an acoustemology of detention in the »global war on terror«. In: Georgina Born (Hg.): *Music, Sound and Space. Transformation of Public and Private Experience*. Cambridge 2013, 275–291.

Elias, Norbert: *Über den Prozeß der Zivilisation. Soziogenetische und psychogenetische Untersuchungen* [1939]. 2 Bde. Frankfurt a. M. [21]1997.

Erlmann, Veit (Hg.): *Hearing Cultures. Essays on Sound, Listening and Modernity*. Oxford u. a. 2005.

Ernst, Wolfgang: *Im Medium erklingt die Zeit. Technologische Tempor(e)alitäten und das Sonische als ihre privilegierte Erkenntnisform*. Berlin 2015.

Feld, Steven: Waterfalls of song. An acoustemology of place resounding in Bosavi, Papua New Guinea. In: Ders./Keith H. Basso (Hg.): *Senses of Place*. Santa Fe, NM 1996, 91–135.

Felderer, Brigitte (Hg.): *Phonorama. Eine Kulturgeschichte der Stimme als Medium*. Ausstellungskatalog. Berlin 2004.

Foucault, Michel: *Die Ordnung der Dinge. Eine Archäologie der Humanwissenschaften*. Frankfurt a. M. [13]1995 (frz. 1966).

Heilmann, Till A.: Zur Vorgängigkeit der Operationskette in der Medienwissenschaft und bei Leroi-Gourhan. In: *Internationales Jahrbuch für Medienphilosophie* 2/1 (2016), 7–30.

Hoffmann, Anette: Echoes of the Great War. The recordings of African prisoners in the First World War. In: *Open Arts Journal* 1/3 (2014), 7–23. doi: 10.5456/issn.2050-3679/2014s11ah.

Hoffmann, Anette: Listening to sound archives. Introduction to edited section. In: *Social Dynamics* 41/1 (2015), Special Section: *Listening to Sound Archives*. Hg. von Anette Hoffmann, 73–83. doi: 10.1080/02533952.2014.983314.

Kittler, Friedrich: *Grammophon, Film, Typewriter*. Berlin 1986.

Kittler, Friedrich: *Eine Kulturgeschichte der Kulturwissenschaft*. München 2000.

Kittler, Friedrich A./Macho, Thomas/Weigel, Sigrid (Hg.): *Zwischen Rauschen und Offenbarung. Zur Kultur- und Mediengeschichte der Stimme*. Berlin 2002.

Kolesch, Doris/Krämer, Sybille (Hg.): *Stimme. Annäherung an ein Phänomen*. Frankfurt a. M. 2006.

Krämer, Sybille/Bredekamp, Horst: Kultur, Technik, Kulturtechnik: Wider die Diskursivierung von Kultur. In: Dies. (Hg.): *Bild – Schrift – Zahl*. München 2003, 11–22.

Lange, Britta: Sensible Sammlungen. In: Margit Berner/Anette Hoffmann/Britta Lange: *Sensible Sammlungen. Aus dem anthropologischen Depot*. Hamburg 2011, 15–40.

Lange, Britta: *Die Wiener Forschungen an Kriegsgefangenen 1915–1918. Anthropologische und ethnografische Verfahren im Lager*. Wien 2013.

Luhmann, Niklas: Kultur als historischer Begriff. In: Ders.: *Gesellschaftsstruktur und Semantik. Studien zur Wissens-*

soziologie der modernen Gesellschaft, Bd. 4. Frankfurt a. M. 1995, 31–54.

Macho, Thomas: Zeit und Zahl. Kalender und Zeitrechnung als Kulturtechniken. In: Sybille Krämer/Horst Bredekamp (Hg.): *Bild - Schrift - Zahl*. München 2003, 179–192.

Macho, Thomas: Stimmen ohne Körper. Anmerkungen zur Technikgeschichte der Stimme. In: Doris Kolesch/Sybille Krämer (Hg.): *Stimme. Annäherung an ein Phänomen*. Frankfurt a. M. 2006, 130–146.

Macho, Thomas: Tiere zweiter Ordnung. Kulturtechniken der Identität und Identifikation. In: Dirk Baecker/Matthias Kettner/Dirk Rustemeyer (Hg.): *Über Kultur. Theorie und Praxis der Kulturreflexion*. Bielefeld 2008, 99–117.

Mauss, Marcel: Die Techniken des Körpers [Vortrag vor der Société de Psychologie am 17.5.1934]. In: Ders.: *Soziologie und Anthropologie*, Bd. 2. Frankfurt a. M. 1989, 198–220.

Maye, Harun: Was ist eine Kulturtechnik? In: *Zeitschrift für Medien- und Kulturforschung* 1 (2010), 121–135.

McLuhan, Marshall: *Understanding Media. The Extensions of Man*. New York 1964.

Metten, Thomas: Konturen der Kulturwissenschaft/en – einleitende Überlegungen. In: *Kulturwissenschaftliche Zeitschrift* 1/1 (2016), 5–16. doi: 10.1515/kwg-2016-0002.

Meyer, Petra Maria (Hg.): *Acoustic Turn*. München 2008.

Meyer-Kalkus, Reinhart: *Stimme und Sprechkünste im 20. Jahrhundert*. Berlin 2001.

Missfelder, Jan-Friedrich: Period Ear. Perspektiven einer Klanggeschichte der Neuzeit. In: *Geschichte und Gesellschaft* 38 (2012), 21–47.

Missfelder, Jan-Friedrich: Der Klang der Geschichte. Begriffe, Traditionen und Methoden der Sound History. In: *Geschichte in Wissenschaft und Unterricht* 66/11–12 (2015), 633–649.

Nünning, Ansgar/Nünning, Vera (Hg.): *Einführung in die Kulturwissenschaften. Theoretische Grundlagen – Ansätze – Perspektiven*. Stuttgart/Weimar 2008.

Ong, Walter J.: *Oralität und Literalität. Die Technologisierung des Wortes*. Wiesbaden 1987 (engl. 1982).

Schulze, Holger: Sound Studies. In: Stephan Moebius (Hg.): *Kultur. Von den Cultural Studies bis zu den Visual Studies. Eine Einführung*. Bielefeld 2012, 242–257.

Serres, Michel: *Die fünf Sinne. Eine Philosophie der Gemenge und Gemische*. Frankfurt a. M. 1998 (frz. 1985).

Siegert, Bernhard: Türen. Zur Materialität des Symbolischen. In: *Zeitschrift für Medien- und Kulturforschung* 1 (2010), 151–170.

Smith, Mark M.: *Listening to Nineteenth-Century America*. Chapel Hill, NC 2001.

Sterne, Jonathan: *The Audible Past. Cultural Origins of Sound Reproduction*. Durham, NC/London [3]2006.

Vico, Giambattista: *Die Neue Wissenschaft über die gemeinschaftliche Natur der Völker*. Nach der Ausgabe von 1744 eingel. von Erich Auerbach. München 1924 (ital. 1725/1744).

Britta Lange

22 Literaturwissenschaft

Da es sich bei der Kategorie ›Sound‹ um eine grundlegende Wahrnehmungs- und damit auch Wissenskategorie handelt, überrascht es nicht, dass die Frage nach dem ›Sound der Literatur‹ auf ganz unterschiedlichen Ebenen gestellt werden kann und daher auch in vielfältiger Hinsicht für die Literaturwissenschaft relevant ist. ›Sound‹ – verstanden im Sinne aller für das menschliche Ohr hörbaren Schallereignisse (vgl. Casati/Dokic 2014) – kann insofern als neuer und in vielen Hinsichten noch zu erschließender Untersuchungsbereich der Literaturwissenschaft gelten, als der Begriff eine Perspektive auf literarische Artefakte eröffnet, die von der bisherigen literaturwissenschaftlichen Forschung nur in Teilen erfasst worden ist. Hier ergeben sich zwei für die Literaturwissenschaft relevante Untersuchungsperspektiven: Zum einen ist zu fragen, welche Rolle Sound in der Literaturgeschichte spielt und gespielt hat und mit welchen Methoden sich dieser literarische Sound analysieren lässt; zum anderen interessieren sich Literaturwissenschaftlerinnen und Literaturwissenschaftler auch dafür, in welcher Weise Literatur zu einer Wissensgeschichte des Hörens beigetragen hat und beiträgt. Soweit sie Fragen nach dem Sound von Literatur und dem Anteil der Literatur an einer allgemeinen Geschichte des Sounds stellt, lässt sich die Literaturwissenschaft zusammen mit den anderen in diesem Handbuch vertretenen Disziplinen also in das Forschungsfeld einordnen, das unter der Sammelbezeichnung Sound Studies bzw. Sound History firmiert.

Dieser Übersichtsartikel stellt (1) die Relevanz der Kategorie ›Sound‹ in ihren für die Literaturgeschichte wichtigsten Aspekten heraus, geht (2) aus fachgeschichtlicher Perspektive auf ausgewählte Vorläufer und Anknüpfungspunkte für den literaturwissenschaftlich orientierten Teil der Sound Studies ein, benennt (3) literaturwissenschaftliche Methoden der Analyse von Sound und verweist zum Abschluss (4) auf zentrale aktuelle Forschungsdebatten und -desiderate. Bevorzugt wird auf Forschungsbeiträge aus der neueren deutschen Literaturwissenschaft verwiesen.

Literaturgeschichte

Für die Literaturgeschichte stellt ›Sound‹ eine zentrale, in literaturgeschichtlichen Rekonstruktionen bisher aber wenig beachtete Kategorie dar, die erst langsam einer systematischen Reflexion unterzogen wird (vgl. z. B. Perloff/Dworkin 2009; Herrmann 2015). Die Relevanz des Hörbaren und dessen kultureller Prägungen zu berücksichtigen, stellt insofern eine Herausforderung für die Literaturgeschichte dar, als die hierfür zentralen Parameter erst noch systematisch zusammengeführt und teilweise auch methodologisch erschlossen werden müssen. Soundorientierte Literaturgeschichten stellen daher bisher eher die Ausnahme dar (vgl. z. B. Schneider 2004; Wallach 2013).

In medientheoretischer Perspektive hat eine soundorientierte Literaturgeschichtsschreibung die medientechnische Speicherung und Weitergabe von Literatur zu beachten, vorausgesetzt, sie beruht (auch) auf der Wahrnehmung von Sound. In rezeptionsgeschichtlicher Perspektive muss berücksichtigt werden, in welcher Weise einzelne Texte oder Gattungen eine den Hörsinn einbindende Rezeption einfordern; einen Sonderfall stellen hier die musikliterarischen Mischformen dar. Gattungsbezug und Rezeptionssituation stehen in einem engen Wechselverhältnis zur Herausbildung verschiedener literarischer Praktiken der Sounddarbietung. In wissensgeschichtlicher Perspektive trägt Literatur in der Behandlung von Themen und Motiven, die mit der Kategorie ›Sound‹ verbunden sind, zur Prägung von Soundwissen und -wahrnehmung bei und wirkt damit gegebenenfalls auch auf die eigene Rezeption zurück. Diese eng miteinander verknüpften medien-, rezeptions-, praxis- und wissensgeschichtlichen Aspekte, die soundorientierte Literaturgeschichten zu berücksichtigen haben, seien hier noch etwas eingehender erläutert.

So hat die Oralitätsforschung wiederholt herausgearbeitet, dass vor der Erfindung und Verbreitung der Schrift Texte, die heute gemeinhin der Literatur zugerechnet werden, mündlich verbreitet wurden und damit als Soundobjekt über das Ohr aufgenommen, mithilfe von Mnemotechniken memoriert und über die Sprechwerkzeuge weiter tradiert wurden. Dies ging mit der Herausbildung besonders ›ohrenfälliger‹ stilistischer Verfahren der Sprachverwendung einher (vgl. Ong 1982). Nur wenige dieser Texte sind nachträglich aufgezeichnet worden und bis heute überliefert. Ein wesentlicher Teil der Literaturgeschichte ist aufgrund dieser Überlieferungssituation gegenwärtig nicht mehr oder nur sehr begrenzt zugänglich. Besser stellt sich die Überlieferungssituation für Kulturen dar, die nach wie vor ausschließlich oder weitgehend mündlich geprägt sind und deren Dichtungen im Rahmen von Feldforschungen aufgezeichnet wurden (vgl. Finnegan 1977), oder für neuere und gegenwärtige kulturelle Praktiken, die vorrangig von mündlicher

D. Morat, H. Ziemer (Hrsg.), *Handbuch Sound*, https://doi.org/10.1007/978-3-476-05421-0_22

Sprachverwendung Gebrauch machen wie der *Poetry Slam* (vgl. Kohl 2007).

Mit der Einführung und Durchsetzung der Schrift ist für literaturgeschichtliche Rekonstruktionen mit einem kulturhistorisch je unterschiedlichen Wechselverhältnis von gesprochener und geschriebener Sprache auszugehen. Die Überlieferung erfolgt bis zur Erfindung des Phonographen ausschließlich und danach weitgehend über Schrift oder andere Aufzeichnungsverfahren. Aus diesen sind Soundaspekte nur bedingt rekonstruierbar. Neben dem Text selbst stehen hierzu vor allen Dingen Paratexte zur Verfügung (vgl. Schneider 2004). Darüber hinaus müssen weitere relevante Kontexte beachtet werden, zum Beispiel Poetiken, Deklamationshandbücher oder Rezeptionszeugnisse (vgl. ebd.; Meyer-Kalkus 2001; Wallach 2013).

Mit der Erfindung des Phonographen 1877 ergab sich die Möglichkeit der Speicherung von gesprochenen Texten. Mit dieser und weiteren medientechnischen Neuerungen wie der Erfindung der Lautsprechertechnik und in der Folge des Radios oder des Tonfilms wurde auch deren massenhafte Distribution möglich, und es kamen und kommen letztlich immer weitere, oft auch multimodale Medienformate hinzu, die in den Gegenstandsbereich der Literaturwissenschaft fallen, darunter Audio- und Videoaufzeichnungen von Lesungen (vgl. Ammon 2013) und Theateraufführungen, Hörbücher (vgl. Binczek/Epping-Jäger 2014), Hörspiele (vgl. Huwiler 2005) und andere Radiotexte.

Viele literarische Texte und Gattungen sind für eine multimodale Rezeption bestimmt, die im Gegensatz zur stillen Lektüre, die sich in Europa erst im 18. Jahrhundert nach und nach durchsetzt, auch die Wahrnehmung von Sound erfordert. Dies gilt etwa für das in der Regel zur Aufführung oder zum Vorlesen bestimmte Drama, für das neben Sprachklangaspekten auch der Einsatz von Geräuschen und Musik auf der Bühne von Relevanz ist. Weite Teile der Lyrik entstanden nicht für die stille Lektüre, sondern für die Aufnahme über das Ohr, und wurden gegebenenfalls schriftlich fixiert (vgl. Hillebrandt 2017). Dies gilt ebenso für viele als Vorlesetexte konzipierte Romane und Versepen. Gattungen wie das Hörspiel oder Medienformate wie das Hörbuch kamen im Zuge medientechnischer Veränderungen auf und sprechen bis heute gezielt den Hörsinn an. Einen wichtigen Teilbereich soundbezogener Gattungsforschung stellen schließlich die verschiedenen musikliterarischen Mischgattungen wie das Libretto, das Melodram oder das (Kunst-)Lied dar, für deren Analyse neben Schriftzeugnissen auch Partituren zur Verfügung stehen (vgl. Holzmüller 2015).

Literatur wird im Rahmen verschiedener Praktiken vermittelt. Diese Praxisformen sind häufig auch durch den Einsatz von Sound geprägt. Unterschiedliche Praxisformen haben sich vor allem im Bereich der Sprachperformanz herausgebildet. Neben Lesungen wären hier zum Beispiel Deklamationen zu nennen, der Redeactus als Teil des Rhetorikunterrichts, Liederabende, Dramen- und Opernaufführungen, verschiedene Formate des mündlichen Dichterwettstreits wie im Meistersang oder im *Poetry Slam* (vgl. Kohl 2007), aber auch produktionsästhetisch wichtige Verfahren wie das Diktat (vgl. Binczek/Epping-Jäger 2015).

Literarische Motive und Themen, die auf die Kategorie ›Sound‹ bezogen sind, tragen zur wissensgeschichtlichen Prägung von Sound und Soundobjekten bei. Besonders gut erforscht ist im Bereich der neueren germanistischen Literaturwissenschaft zum Beispiel die frühromantische Musikästhetik. Um 1800 erheben Novalis und Friedrich Schlegel die reine Instrumentalmusik zu einer Leitkunst der Romantik – sei es wegen ihrer Unbestimmtheit oder einer ihr zugeschriebenen besonderen Erkenntnisfunktion – und fordern eine Musikalisierung der Literatur. Wie viele andere Autorinnen und Autoren der Zeit nimmt auch E. T. A. Hoffmann zentrale Elemente der frühromantischen Musikästhetik auf und macht sie für sein eigenes Schreiben fruchtbar. Seine Rezension von Beethovens 5. Sinfonie artikuliert darüber hinaus eine Art der Musikerfahrung, die auf die musikalische Romantik vorausweist und deren Wahrnehmung präformiert. Die romantische Musikästhetik wirkt mit der Erprobung von die Musik nachahmenden Schreibverfahren und der thematischen Bezugnahme auf Musik und Musikalisches auch auf die Textproduktion der literarischen Romantik zurück. So prägt die frühromantische Musikästhetik einerseits eine neue Form der Musikwahrnehmung, andererseits befördert die Analogiebildung zwischen Literatur und Musik unter dem klaren Primat der Musik als nach Hoffmann »romantisch[s]te[r] aller Künste« (Hoffmann 1810, 630) auch die Herausbildung neuer literarischer Schreibweisen (vgl. Lubkoll 1995; Naumann 1990).

Literaturwissenschaft

Die literaturwissenschaftliche Forschung im Bereich der Sound Studies bzw. der Sound History befindet sich derzeit in der Konstitutionsphase (vgl. Herrmann

2015, 11 f.): Im Vergleich mit ähnlich gelagerten neueren sogenannten *turns* in den Kulturwissenschaften wie der Auseinandersetzung mit Raum, Bildern oder Emotionen steht die systematische Berücksichtigung der Kategorie ›Sound‹ in der Literaturwissenschaft noch am Beginn einer breiteren Forschungsdebatte.

Gleichwohl lassen sich aus fachgeschichtlicher Perspektive eine Reihe von Vorläufern und Anknüpfungspunkten für die literaturwissenschaftlichen Sound Studies benennen. Denn die Beschäftigung mit Sound war und ist im Rahmen verschiedener Forschungsparadigmen der Literaturwissenschaft schon seit Beginn des 20. Jahrhunderts von Bedeutung, obwohl der Begriff ›Sound‹ selbst hier noch nicht systematisch reflektiert wird.

Eine frühe Form der Auseinandersetzung mit lautlichen Aspekten von Sprache und Literatur stellt die von Eduard Sievers Anfang des 20. Jahrhunderts geprägte Schallanalyse dar, deren Grundannahmen aber schon zu Sievers' eigener Zeit umstritten waren und heute nur noch wissenschaftsgeschichtlich von Bedeutung sind: Sievers formuliert mit der Schallanalyse das Programm einer Experimentalphonetik, die den philologisch geschulten Hörerinnen und Hörern durch die Wahrnehmung einer stimmlich ungehemmten Sprechung eines Textes einen besseren hermeneutischen Zugang zu diesem Text eröffnen soll. Sievers sieht seine einfühlungsästhethisch begründete Schallanalyse in mindestens drei Hinsichten als richtungsweisend für die Philologie an: Er möchte sie als Methode zur einfühlenden Interpretation, als Mittel der Textkritik wie auch als Voraussetzung für einen verstehenden Zugang zur Literaturgeschichte aufgefasst wissen (vgl. Sievers 1924). Die spekulativen und idiosynkratischen Anteile von Sievers' Überlegungen haben dazu geführt, dass die Methode der Schallanalyse in der von ihm skizzierten Form in der Literaturwissenschaft nicht weitergeführt wurde.

Exemplarisch für bis heute relevante Forschungsparadigmen seien dagegen im Folgenden die medienkomparatistische Forschung mit dem Schwerpunkt ›Literatur und Musik‹ angeführt, die Gattungstheorie der Lyrik sowie die medientheoretisch informierte Literaturwissenschaft im Bereich der Oralitätsforschung:

- Das Wechselverhältnis von Literatur und Musik beschäftigt die Literaturwissenschaft schon seit ihren Anfängen. Hier sind zum einen die verschiedenen Kombinationsformen von Musik und Literatur in den Blick genommen worden. Zentrale Untersuchungsgegenstände der musikliterarischen Gattungsforschung sind lange Zeit die musikalische Lyrik und das Libretto gewesen (vgl. Danuser 2004; Gier 1998). Neu hinzugekommen sind mittlerweile das Melodram, der Popsong, Rap, Hip-Hop u. a. Zum anderen wurden im Rahmen der Intermedialitätsforschung auch die literarischen Bezüge auf die Musik als Kunstform oder auf einzelne musikalische Kunstwerke erforscht. Üblicherweise wird hier zum Zweck der analytischen Differenzierung *showing* und *telling* von Musik in Literatur unterschieden, also die Imitation von Musik mit literarischen Mitteln und die Thematisierung von Musik in Literatur.
- In der Gattungsgeschichte und -theorie der Lyrik wurden Musikalität und Sangbarkeit lange als generische Bestimmungskategorien angesehen. Auch wenn diese Annahme in der Lyriktheorie heute nicht mehr aufrechterhalten wird, so gilt das Liedparadigma doch weiterhin als besonders wirkmächtiges Modell in der Gattungsgeschichte der Lyrik. Zahlreiche Autorinnen und Autoren haben ihre Gedichte daher so konzipiert, dass sie besonderen Gebrauch von sprachklanglichen Mitteln machen, und sie häufig für das Sprechen oder zum Singen, nicht für die stille Lektüre bestimmt. Die Lyrikanalyse hat diesem Umstand bisher insbesondere dadurch Rechnung getragen, dass sie die Relationen zwischen Sound und Bedeutung lyrischer Gebilde erforscht hat. Bekannt sind hier etwa Roman Jakobsons Gedichtanalysen, die wegen ihrer Tendenz zur umfassenden Semantisierung von Soundaspekten aber auch vielfach kritisiert worden sind (vgl. Jakobson 2008).
- Die für die Medientheorie grundlegende Dichotomie von Mündlichkeit und Schriftlichkeit hat (nicht nur) im Bereich der Literaturwissenschaft einerseits zur Erforschung von Vertextungsverfahren beigetragen, die als besonders fasslich für das Ohr angesehen werden. Andererseits wurde auch die schriftliche Simulation solcher Mündlichkeit erforscht. Begrifflich haben diesen Zusammenhang etwa die russischen Formalisten in ihrer Konzeption des *skaz* gefasst (vgl. Schmid 2013). Ausgehend von Beobachtungen zu Differenzen zwischen gesprochener und geschriebener Sprache wurden bekanntlich verschiedene Zeichen-, Medien- und Kulturtheorien entwickelt – etwa von Jacques Derrida (1974 [1967]) oder Friedrich Kittler (1985) –, die sich auch in der Literaturwissenschaft niedergeschlagen haben.

Literaturwissenschaftliche Analysemethoden

Als traditionell in der Literaturwissenschaft fest verankerte Analyseverfahren, die sich auch der Erfassung von Soundaspekten widmen, lassen sich insbesondere die metrische und die rhetorische Analyse nennen. Die an der Schnittstelle von Literaturwissenschaft und Linguistik angesiedelte theoretische Metrik untersucht abstrakte metrische Ordnungssysteme, die als Anweisungen zur periodischen Anordnung von Sprachmaterial aufzufassen sind und die je nach den Besonderheiten eines Sprachsystems unterschiedlich aufgebaut sein können. Viele Regelformulierungen metrischer Systeme beziehen sich auf hörbare Betonungsstrukturen, die über die Kenntnis der Prosodie einer Sprache bestimmt und zum Teil über das Ohr, zum Teil über die multimodale Verarbeitung des Hörsinns in Kombination mit dem Sehsinn erkannt werden können (vgl. Wagenknecht 2007). Hierzu zählen vor allem Regelformulierungen zu den Reimarten und zur Anordnung von Reimen, zu Pausen und zur Anordnung von betonten und unbetonten Silben. Die historische Metrik wiederum untersucht auf der Grundlage der in der theoretischen Metrik beschriebenen metrischen Regulierungsmöglichkeiten die historisch wirksamen metrischen Systeme und Formen. Diese ergeben sich relativ zum jeweiligen einzelsprachlichen kulturellen Zusammenhang aus den in diesem Sprachsystem zur Verfügung stehenden metrischen Regulierungsmöglichkeiten und den kulturpolitischen Absichten und Handlungen einzelner Akteure und führen zur Herausbildung unterschiedlicher Vers-, Strophen- und Gedichtformen.

Die Rhetorik kennt eine Reihe von Begriffen, die der Bezeichnung von Klangfiguren dienen, etwa Alliteration, Homoioteleuton oder Onomatopoesie (vgl. Lausberg 1990). Diese können herangezogen werden, um Klangaspekte von Sprachmaterial zu beschreiben, das nicht periodisch geordnet bzw. metrisch gebunden ist.

Die Begriffe und Verfahren der metrischen und rhetorischen Analyse können als Instrumente zur Erfassung von Soundaspekten von schriftlich fixierten Textsubstraten dienen. Allerdings ist methodologisch noch nicht hinreichend geklärt, in welchem Verhältnis genau metrische Muster und rhetorische Verfahren zu grundlegenden Mechanismen der Hörwahrnehmung stehen, welche wahrnehmungspsychologische Relevanz diesen Mustern und Verfahren also zukommt. Einen ersten Vorschlag, wie eine hörpsychologisch informierte Ergänzung der Metrik aussehen könnte, hat unter Rekurs auf die Gestaltpsychologie Reuven Tsur (1998) gemacht.

Im Gegensatz zu den traditionsreichen Analyseverfahren, die Metrik und Rhetorik bereitstellen, setzt eine Methodendiskussion mit Bezug auf das Sprechen literarischer Texte gerade erst ein. Zu dessen Analyse sind zusätzlich zum gesprochenen Text selbst die Parameter der Klangfarbe, Tondauer, Tonhöhe und der Tonstärke zu beachten (vgl. von Ammon 2013, 105–117), außerdem performative Aspekte, wie sie in der Theaterwissenschaft üblicherweise beschrieben werden (vgl. ebd., 215–217). Will man literarische Tonträger untersuchen, so sind außerdem Angaben zur Diskographie, zum Format und zu den Paratexten unerlässlich (vgl. ebd., 154–171).

Andere Methoden – zum Beispiel die wissensgeschichtliche oder diskursanalytische Rekonstruktion von Sounddiskursen und Hörwissen – teilt die Literaturwissenschaft mit anderen Wissenschaftszweigen. Im Mittelpunkt literaturwissenschaftlicher Forschung steht dabei zumeist der Beitrag literarischer Texte zu diesen Sounddiskursen (vgl. z. B. Göttert 1998 zur Stimme; Steiner 2012 zum Tinnitus).

Zur Beschreibung von musikliterarischen Mischgattungen wie Oper, Melodram oder Lied ist die Literaturwissenschaft zusätzlich zu den eigenen Analysemethoden aus Dramen-, Erzähl- und Lyriktheorie auch auf musikwissenschaftliche Beschreibungsverfahren und -begriffe angewiesen. Zu Analysezwecken bietet es sich hier an zwischen Texten zu unterscheiden, die nachträglich vertont wurden, solchen, die für die Vertonung konzipiert worden sind, und solchen, die auf eine bereits vorhandene Melodie verfasst wurden. Auf Basis dieser Unterscheidung lässt sich die jeweilige Richtung der Bezugnahme zwischen Text und Musik erfassen und damit auch die Verschränkung beider Analyseebenen angeben, aus der deutlich wird, in welchem Verhältnis Text- und Musikanalyse im konkreten Fall zueinander stehen.

Aktuelle Forschungsinteressen und -debatten

Neuere literaturwissenschaftliche Arbeiten im Bereich der Sound Studies wenden sich Gattungs- und Medienformaten wie dem Hörbuch oder dem Hörspiel zu (vgl. z. B. Binczek/Epping-Jäger 2014; Huwiler 2005), der genaueren Erforschung von soundbezogenen Praktiken wie der Deklamation oder dem Diktat (vgl. z. B. Binczek/Epping-Jäger 2015; Kohl 2007;

Meyer-Kalkus 2001) oder der multimodalen Verknüpfung von Sound und Text in verschiedenen Schreibweisen oder Gattungen, zum Beispiel dem Erzählen oder der Lyrik (vgl. z. B. Perloff/Dworkin 2009; Hillebrandt 2017; Holzmüller 2015; Mildorf/Künzel 2016; Schneider 2004; Wallach 2013). Wenig Beachtung wurde in der Intermedialitätsforschung im Vergleich mit Untersuchungen zu Vertonungen von literarischen Texten bisher einer möglichen Prägung literarischer Muster durch die Musik geschenkt.

Aus der institutionalisierten Literaturwissenschaft stammende Studien zum Hörwissen und Sounddiskursen liegen außerhalb des Forschungsfeldes Literatur und Musik bisher nur vereinzelt vor (vgl. z. B. Göttert 1998; Steiner 2012).

Mit einer erneuerten Hinwendung zur Hör- und Lesepsychologie und zur empirischen Literaturwissenschaft geht auch ein erneuertes Interesse an der empirischen Überprüfung gängiger literaturwissenschaftlicher Annahmen zu Soundaspekten von Literatur – insbesondere im Feld der metrischen und rhetorischen Analyse – einher, in dessen Zusammenhang auch die Frage der Lautsymbolik neu diskutiert wird (vgl. Tsur 1998 oder auch die Forschungsprojekte zum Themenfeld ›Poetischer und rhetorischer Sprachgebrauch‹ des Max-Planck-Instituts für empirische Ästhetik).

Die Herausbildung von Methoden zur Analyse von Sprachsound, der für die Literaturwissenschaft besonders wichtig ist, steht insgesamt noch am Anfang. Dies gilt sowohl für die Analyse von akustisch aufgezeichneter gesprochener Literatur (grundlegend von Ammon 2013) wie auch für die Rekonstruktion von Soundaspekten auf der Basis der skizzierten Überlieferungssituation, die überwiegend schriftfixiert ist und daher der Soundanalyse methodologisch noch näher zu bestimmende Grenzen auferlegt. Vor besonderen methodischen Herausforderungen steht die Soundanalyse literarischer Texte bei der Beschreibung von Soundqualitäten von Stimmen und klanglichen Mustern wie ›weich‹, ›erregt‹, ›hüpfend‹ etc., die für die Soundwahrnehmung eine große Rolle spielen, die intersubjektiv aber nur schwer vermittelbar sind. Literaturwissenschaftliche Analysen wie die von Andreas Heusler, Wolfgang Kayser oder Roman Jakobson, die eine unvermittelte Identifikation von auditiv wahrnehmbaren metrischen Mustern oder rhetorischen Verfahren mit Zuschreibungen von Soundqualitäten bzw. einer spezifischen Lautsymbolik vorgenommen haben, sind in der Literaturwissenschaft hoch umstritten.

Grundlegend ist zu begrüßen, dass die Modalität der Literatur im Lichte der Kategorie ›Sound‹ in der literaturwissenschaftlichen Praxis mittlerweile stärker fokussiert wird (vgl. z. B. Herrmann 2015). Diese Fokussierung ist aus vielerlei Gründen wichtig für die Literaturwissenschaft. Sie gibt zum Beispiel Anlass zu der berechtigten kunstontologischen Frage, ob man es beim Vortrag eines Gedichtes nun mit einem eigenständigen Werk und damit mit einem neuen Untersuchungsgegenstand zu tun hat oder nicht. Wie diese Frage, die analog zur älteren Diskussion um das Verhältnis von Dramentext und Inszenierung zu sehen ist, entschieden wird, ist dabei vielleicht weniger wichtig als die Tatsache, dass sie eine Perspektive auf Literatur als multimodale Kunstform eröffnet, die gegebenenfalls auch den Gegenstandsbereich der Literaturwissenschaft massiv erweitert. Wie dieser Multimodalität der Literatur Rechnung getragen werden kann, ist daher eine der zentralen methodischen und institutionellen Fragen der literaturwissenschaftlichen Sound Studies. Geht man davon aus, dass die beschriebenen medien-, rezeptions-, praxis- und wissensgeschichtlichen Aspekte einer soundorientierten Perspektive auf die Literaturgeschichte bisher noch gar nicht umfassend benannt und methodisch zugänglich gemacht worden sind, ergeben sich eine ganze Reihe von Aufgaben für die literaturwissenschaftlichen Sound Studies. Zum einen betrifft dies den Gegenstandsbereich, der sich auch durch den beschleunigten Medienwandel immer mehr erweitert, zum anderen aber eben auch die Methoden der Literaturwissenschaft.

Verwandte Beiträge: Kap. 6 (Materielle Kultur); Kap. 7 (Performanz); Kap. 13 (Rhythmus); Kap. 21 (Kulturwissenschaft); Kap. 23 (Medienwissenschaft); Kap. 24 (Musikwissenschaft); Kap. 29 (Theaterwissenschaft); Kap. 32 (Donner); Kap. 36 (Rauschen); Kap. 39 (Stimme); Kap. 40 (Tinnitus); Kap. 55 (Salon).

Literatur

Ammon, Frieder von: *Fülle des Lauts. Aufführung und Musik in der deutschsprachigen Lyrik seit 1945. Das Werk Ernst Jandls in seinen Kontexten.* Habil., München 2013 [Druck in Vorbereitung].

Binczek, Natalie/Epping-Jäger, Cornelia (Hg.): *Das Hörbuch. Praktiken audioliteralen Schreibens und Verstehens.* München 2014.

Binczek, Natalie/Epping-Jäger, Cornelia (Hg.): *Das Diktat. Phono-graphische Verfahren der Aufschreibung.* Paderborn 2015.

Casati, Roberto/Dokic, Jerome: Sounds. In: Edward N. Zalta (Hg.): *Stanford Encyclopedia of Philosophy* (Fall 2014 Edition), http://plato.stanford.edu/entries/sounds/ (30.1.2018).

Danuser, Hermann (Hg.): *Musikalische Lyrik*. 2 Tle. Laaber 2004.
Derrida, Jacques: *Grammatologie*. Frankfurt a. M. 1974 (frz. 1967).
Finnegan, Ruth: *Oral Poetry. Its Nature, Significance and Social Context*. London/New York 1977.
Gier, Albert: *Das Libretto. Theorie und Geschichte einer musikoliterarischen Gattung*. Darmstadt 1998.
Göttert, Karl-Heinz: *Geschichte der Stimme*. München 1998.
Herrmann, Britta (Hg.): *Dichtung für die Ohren. Literatur als tonale Kunst in der Moderne*. Berlin 2015.
Hillebrandt, Claudia: Lyrik als akustische Kunst. In: Nicola Gess/Alexander Honold (Hg.): *Handbuch Literatur und Musik*. Berlin 2017, 338–349.
Hoffmann, Ernst Theodor Amadeus: [Rezension der 5. Sinfonie von Ludwig van Beethoven.] In: *Allgemeine musikalische Zeitung* 12/40 und 12/41 (1810), 630–642 und 652–659.
Holzmüller, Anne: *Lyrik als Klangkunst. Klanggestaltung in Goethes Nachtliedern und ihren Vertonungen von Reichardt bis Wolf*. Freiburg i. Br. 2015.
Huwiler, Elke: *Erzähl-Ströme im Hörspiel. Zur Narratologie der elektroakustischen Kunst*. Paderborn 2005.
Jakobson, Roman: *Poesie der Grammatik und Grammatik der Poesie. Sämtliche Gedichtanalysen*. Hg. von Hendrik Birus und Sebastian Donat. 2 Bde. Berlin 2008.
Kittler, Friedrich: *Aufschreibesysteme 1800/1900*. München 1985.
Kohl, Katrin: Festival, Performance, Wettstreit. Deutsche Gegenwartsliteratur als Ereignis. In: Nicholas Saul/Ricarda Schmidt (Hg.): *Literarische Wertung und Kanonbildung*. Würzburg 2007, 173–190.
Lausberg, Heinrich: *Handbuch der literarischen Rhetorik. Eine Grundlegung der Literaturwissenschaft*. Stuttgart ^{3}1990.
Lubkoll, Christine: *Mythos Musik. Poetische Entwürfe des Musikalischen in der Literatur um 1800*. Freiburg i. Br. 1995.
Meyer-Kalkus, Reinhart: *Stimme und Sprechkünste im 20. Jahrhundert*. Berlin 2001.
Mildorf, Jarmila/Kinzel, Till (Hg.): *Audionarratology. Interfaces of Sound and Narrative*. Berlin 2016.
Naumann, Barbara: *»Musikalisches Ideen-Instrument«. Das Musikalische in Poetik und Sprachtheorie der Frühromantik*. Stuttgart 1990.
Ong, Walter J.: *Orality and Literacy. The Technologizing of the Word*. London/New York 1982.
Perloff, Marjorie/Dworkin, Craig (Hg.): *The Sound of Poetry / The Poetry of Sound*. Chicago/London 2009.
Schmid, Wolf: Skaz. In: Peter Hühn et al. (Hg.): *the living handbook of narratology*. Hamburg 2013, http://www.lhn.uni-hamburg.de/article/skaz (30.1.2018).
Schneider, Joh. Nikolaus: *Ins Ohr geschrieben. Lyrik als akustische Kunst zwischen 1750 und 1800*. Göttingen 2004.
Sievers, Eduard: *Ziele und Wege der Schallanalyse. Zwei Vorträge*. Heidelberg 1924.
Steiner, Uwe C.: *Ohrenrausch und Götterstimmen. Eine Kulturgeschichte des Tinnitus*. München 2012.
Tsur, Reuven: *Poetic Rhythm. Structure and Performance – An Empirical Study in Cognitive Poetics*. Bern 1998.
Wagenknecht, Christian: *Deutsche Metrik. Eine historische Einführung*. München ^{5}2007.
Wallach, Steffen: *Laute lesen. Zur Poetik schriftlich (re-)präsentierter Phonie vom 18. bis zum 20. Jahrhundert*. Würzburg 2013.

Claudia Hillebrandt

23 Medienwissenschaft

Der englische Ausdruck *sound* (abgeleitet vom lateinischen *sonus* und verwandt mit dem französischen *son*) ist ein vielschichtiger Begriff, für den es im Deutschen keine direkte Entsprechung gibt. Als *physikalisches Phänomen* lässt sich ›Sound‹ erstens mit dem deutschen Wort ›Schall‹ übersetzen und bezeichnet in dieser Bedeutung mechanische Einwirkungen auf einen Gleichgewichtszustand, die sich in elastischen materiellen Medien – im gasförmigen, flüssigen oder festen Zustand – in Form von mehr oder weniger periodischen Druckschwankungen räumlich ausbreiten. ›Sound‹ bezieht sich zweitens auf die *sinnliche Empfindung* von Schallwellen durch wahrnehmende Organismen oder technische Medien. In dieser Verwendung bildet der Begriff eher ein Äquivalent zum deutschen Wort ›Klang‹ – wobei Schall jedoch nicht ausschließlich auditiv über das Gehör wahrgenommen wird, sondern zum Beispiel auch taktil; Gehörlose etwa erfahren Schall primär auf diese Weise. Darüber hinaus verbirgt sich hinter physikalischen bzw. neurobiologischen Definitionen von ›Sound‹ eine jahrtausendealte Wissenschaftsgeschichte musiktheoretischer, physikalisch-mathematischer und lebenswissenschaftlicher Forschungsdiskurse. Diese Geschichte weist darauf hin, dass die Definitionen und Bedeutungen von Soundphänomenen drittens wesentlich von – unterschiedlich stark tradierten – *sozialen und kulturellen Faktoren* bestimmt sind; dazu zählen u. a. sozio-ökonomische, politische, ästhetische, epistemologische, identitätspolitische, genderbezogene oder subkulturelle Aspekte (vgl. Sterne 2003; Netzwerk »Hör-Wissen im Wandel« 2017). Spezifische Ästhetiken von Sound, aber auch die mit diesen verbundenen Praktiken und Medien, sind damit nicht zuletzt Ausdruck sozialer Konventionen und Werte. Im Deutschen ist für den Begriff ›Sound‹ eine ästhetische Bedeutung am gebräuchlichsten, nämlich als charakteristische Klangfarbe bzw. den für eine Instrumentalistin oder einen Instrumentalisten, eine Gruppe oder einen Stil charakteristischen Klang.

Wie der Sound selbst ist auch dessen Medialität von einer materiell-physikalischen, einer ästhetisch-perzeptiven und einer sozio-kulturellen Dimension bestimmt. Die medienwissenschaftliche Beschäftigung mit Sound bewegt sich daher üblicherweise im Schnittmengenbereich dieser drei Bedeutungsebenen und trägt dem Umstand Rechnung, dass Sound immer auch medial vermittelt ist. Bereits Aristoteles bringt dieses Wissen in seiner Abhandlung *Über die Seele* auf die knappe Formel, dass zum Erklingen immer ein Medium, ein ›Anschlag von etwas in etwas an etwas‹ erforderlich sei (*De anima* II, 8, 419b 9). In den alltäglichsten Fällen ist dieses Medium zunächst die Luft. Der spezifische Sound eines Schallereignisses wird zudem durch die physikalischen Eigenschaften des Klangerzeugers bestimmt und zusätzlich im Rahmen der Schallausbreitung durch die materielle Umgebung und die Eigenschaften des Schallrezeptors (etwa des menschlichen Gehörs oder technischer Medien) geformt. Aufgrund dieser unterschiedlichen Einflussfaktoren ist die Frage nach der Beschaffenheit von Sound immer auch mit medialen Fragen verbunden. Da Sound heute außerdem zunehmend über technische Medien erzeugt, reproduziert und übertragen wird, impliziert ein Nachdenken über Sound immer auch eine Reflexion der zugrunde liegenden medialen Bedingungen. Eine medienwissenschaftliche Perspektive untersucht Sound daher stets in spezifischen Kontexten, die u. a. durch die Vermittlungsleistungen der beteiligten Medien bestimmt werden, und leistet darüber hinaus Beiträge zur Weiterentwicklung von Medialitätskonzepten.

Sound als Gegenstand medienwissenschaftlicher Forschung

Das Fach Medienwissenschaft zeichnet sich durch eine (oft spannungsreiche) Heterogenität hinsichtlich seiner Gegenstände, Theorien und Methoden aus. Die sozial- und politikwissenschaftliche Medienforschung untersucht gesellschaftliche Öffentlichkeit und richtet sich primär auf die Analyse publizistischer Mediensysteme (d. h. Massenmedien im Alltagsverständnis des Plurals ›die Medien‹). Eine den Philologien entstammende Tradition analysiert dagegen die Institutionen, Programme und Inhalte verschiedener Einzelmedien (etwa Radio, Film, Fernsehen und Internet) nach dem Vorbild der Literaturwissenschaften. In theoretischer wie empirischer Hinsicht stellt die Medienwissenschaft jedoch auch die grundlegendere Frage nach den medialen Bedingungen von Kultur, oft im historischen Vergleich sowie unter Anwendung kulturwissenschaftlicher und machtanalytischer Methoden (vgl. Schröter 2014). Hier werden Medien selbst und die mit diesen verbundenen Technologien, Infrastrukturen, Vermittlungspraktiken und Wissensbestände zum Gegenstand medienwissenschaftlicher Untersuchung (vgl. Pias 2011, 16 f.).

Die Heterogenität des Fachs ist nicht zuletzt auch der Vielschichtigkeit und Etymologie des Medienbegriffs geschuldet. Dieser bewegt sich im Singular

D. Morat, H. Ziemer (Hrsg.), *Handbuch Sound*, https://doi.org/10.1007/978-3-476-05421-0_23

zwischen den Bedeutungen ›Mitte‹, ›Mittler‹, ›Vermittelndes‹ und ›Mittel‹, während der Begriff im Plural üblicherweise auf verschiedene technisch-instrumentelle sowie auf Nachrichten- und Massenmedien rekurriert (vgl. Hoffmann 2002). Aus diesen Grundbedeutungen entstanden seit der Antike u. a. ästhetische, physikalische, physiologische, sprachbezogene, spiritistische und technisch-instrumentelle Medienbegriffe. Damit eine Übertragung bzw. Wahrnehmung möglich werden kann, hat ein ideales Medium, sowohl als vermittelnde Instanz wie auch als Mittel der Vermittlung, zugunsten des zu übertragenden Phänomens (einer Botschaft bzw. eines Inhalts) in den Hintergrund zu treten. Trotz dieser dem Medium inhärenten Tendenz zum eigenen Verschwinden beeinflussen Medien die Form der Vermittlung und der Botschaft. Aufgrund dessen bildet möglicherweise Marshall McLuhans Diktum »The medium is the message« (1964, 25), also die Frage nach dem Eigensinn bzw. der Eigensinnigkeit der Medien, den einzig konsensfähigen gemeinsamen Nenner der Medienwissenschaft (vgl. Grampp 2011, 184).

Entsprechend der verschiedenen medienwissenschaftlichen Ansätze und Medienbegriffe stellt sich auch die Frage nach dem Sound in der Medienwissenschaft auf vielfältige und jeweils unterschiedliche Weise. So wird Sound naturgemäß bei der Untersuchung akustischer und audiovisueller Massenmedien wie Radio, Film und Fernsehen, thematisiert. Den primären Gegenstand bildet dabei das Auftreten von *Sound in den Medien*, d. h. die klangästhetische Gestaltung der Tonebene, etwa im Bereich der Musik- und Medienproduktion (z. B. Flückiger 2001; Segeberg/Schätzlein 2005) oder von Computerspielen (z. B. Collins 2008). Vor dem Hintergrund der Verbreitung technischer Medien zur Übertragung, Speicherung und Wiedergabe von Schallereignissen stellen sich jedoch auch Fragen nach der Medialität des Auditiven sowie der Mediatisierung von auditiver Kultur, d. h. nach dem *Sound als Medium* und seinen jeweils spezifischen physikalischen, ästhetischen und sozialen Kontexten. Mit dieser Perspektive sind u. a. Fragen nach den medialen, materiellen und historischen Bedingungen auditiver Kultur und ihrer Artefakte verbunden (z. B. Sterne 2003; Gethmann 2010; Volmar/Schröter 2013; Schlüter/Volmar 2015). Obwohl sich diese beiden Bereiche durchaus überlagern können, bilden sie dennoch in der Regel recht eigenständige Forschungsdiskurse.

Thematische Überblicke liegen an verschiedenen Stellen bereits vor, etwa zu Klangmedien (z. B. Volmar/Willkomm 2014), zur Schnittstelle zwischen Medienwissenschaft und Musikwissenschaft bzw. Sound Studies (z. B. Schlüter/Volmar 2014) sowie zu Musik und Medien (z. B. Großmann 2002; Schramm 2009). Daher haben wir uns dafür entschieden, uns auf einige folgenreiche Arbeiten zu konzentrieren, die innerhalb der Geschichte des medienwissenschaftlichen Diskurses als wichtige Wendepunkte gelten können oder hier Perspektivwechsel eingeleitet haben. Denn wesentliche Reflexionen über Sound gaben der Medientheorie bzw. dem Fach Medienwissenschaft insgesamt immer wieder neue Impulse.

Die Konstituierung der Medienwissenschaft kann selbst als ein Effekt der Medienentwicklung begriffen werden, weil das Auftauchen von Diskursen über neue Medientechnologien und -praktiken stets Versuche in den universitären Disziplinen provoziert, ihre kulturelle Bedeutung und gesellschaftlichen Auswirkungen zu bestimmen (vgl. Schröter 2014, 5). Aus diesem Grund ist medienwissenschaftliches bzw. -theoretisches Denken auch wesentlich älter als die Institutionalisierung des Fachs Medienwissenschaft selbst. Frühe Reflexionen über Sound begleiten zudem häufig die Erfindung akustischer Technologien zur Reproduktion und Übertragung von Schall sowie die Etablierung von Mediensystemen wie Telefonie und Phonographie bzw. später Rundfunk und Tonfilm. Wir gehen daher im Folgenden nicht in systematischer, sondern in chronologischer Reihenfolge vor und beschränken uns dabei auf Reflexionen in der medienwissenschaftlichen Forschung und Theoriebildung, in denen Sound als mediales Phänomen nicht nur den zentralen Untersuchungsgegenstand bildet, sondern darüber hinaus zur Grundlage eines jeweils neuen Denkens von und über Medien wurde.

Schallreproduktion, ›Klangtreue‹ und die Soundästhetik der Kulturindustrie

Schallreproduktionsmedien und mediatisierter Klang werden um 1900 etwa in der Literatur und dem Feuilleton verhandelt (vgl. Kittler 1986, 35 ff.). Mit der entstehenden Musikindustrie wird der Sound von Musikmedien jedoch auch in den Marketingabteilungen von Phonographen- und Grammophonherstellern zum Thema. Insbesondere US-amerikanische Firmen wie die Edison Company oder Victor Records lancieren den Begriff der ›Klangtreue‹ (*sound fidelity*). Mit diesem Terminus unterstrichen die Hersteller in der Frühzeit der Phonographie zunächst, dass ihre Schallaufzeichnungsgeräte Klang so naturgetreu wiedergeben konnten, dass nicht nur gesprochene Inhalte oder Melodien, sondern auch individuelle Stimmen und Klangfarben wiedererkannt werden konnten (vgl. Sterne 2003, 216 ff.; Volmar 2018). Durch das Marketing der Gerätehersteller wurde Sound zu einer genuin medienästhetischen Kategorie, weil er explizit an die technische Wiedergabe von Schall bzw. Musik gebunden war. Besonders die Zwischenkriegszeit kann als eine prägende Epoche der akustischen Medienkultur angesehen werden, in der die Musikindustrie auf der technischen Grundlage von Schallplatte und Grammophon boomte, sich das Telefon zunehmend im Alltag verbreitete (zumindest in einigen Ländern) und sich auch der Rundfunk und später der Tonfilm etablierten. Nicht zufällig entstand eine Reihe wesentlicher Arbeiten zur auditiven Dimension der Medien in den ›Roaring Twenties‹. So nutzte Theodor W. Adorno die Analyse akustischer Medien und ihrer Ästhetik zur Reflexion gesellschaftlicher Realitäten in Form von Ideologie-, Kapitalismus- und Gegenwartskritik. Technisch reproduzierter Musik stand Adorno lange Zeit kritisch gegenüber, erschien sie ihm doch lediglich als schwaches Abbild lebendiger Musik. In seinem Essay »Die Form der Schallplatte« (1934) schreibt er mit deutlichen Anklängen an Walter Benjamins Kunstwerk-Aufsatz, der Phonograph reduziere Musik auf »akustische[] Photographien«, d. h. auf »das zweidimensionale Modell einer Wirklichkeit, die sich beliebig multiplizieren, nach Raum und Zeit versetzen und auf dem Markte tauschen läßt. Dafür hat sie das Opfer ihrer dritten Dimension zu bringen: ihrer Höhe und ihres Abgrunds« (Adorno 1984, 531) – gemeint sind Dynamikverluste durch Lautstärkekompression sowie das Fehlen des oberen Frequenzbereichs durch die technische Bandbreitenbegrenzung. Mit dem gleichen Argument begründete Adorno auch seine Vorbehalte gegenüber dem Rundfunk als Musikmedium, insbesondere in seiner in den USA entstandenen Studie »The radio symphony« (1941). Erst nach Erfahrungen mit der wesentlich höheren Soundqualität von UKW-Funk, High-Fidelity-Geräten und Stereophonie rund zwei Jahrzehnte später relativierte Adorno seine ablehnende Haltung gegenüber technischer Schallreproduktion (vgl. Volmar 2018).

Klanggestaltung im Radio und frühe Tonfilmreflexionen

Die Etablierung des Rundfunks in den 1920er Jahren befeuerte als erstes massenmediales Simultanmedium Reflexionen hinsichtlich der kulturellen Rolle von Medien, die ein vielfältiges Medienwissen in kunst- und sozialwissenschaftlichen oder psychologischen Diskursen hervorbrachten. Während einflussreiche Intellektuelle wie Bertolt Brecht das Radio vorwiegend in seiner gesellschaftspolitischen Funktion theoretisierten und Fragen nach dessen Rolle in der Herstellung von Öffentlichkeiten, der Vermittlung von Hoch- und Populärkultur oder der Bildung und Ermächtigung der Bevölkerung stellten (vgl. Brecht 1990), war es vor allem der gestalttheoretisch geschulte Publizist und Filmtheoretiker Rudolf Arnheim, der in seiner 1936 zunächst auf Englisch erschienenen Abhandlung *Rundfunk als Hörkunst* die formästhetischen Aspekte des Radioklangs herausarbeitete. Das unter den medientechnischen Bedingungen des Radios gestaltete »akustische Material« trägt für ihn dabei zu einem »Weltbild des Ohres« bei (Arnheim 2001, 18–21). Was man heute die affektive Wirkung von Klanggestalten nennen würde, hat bei Arnheim Priorität vor den Sinngehalten des gesprochenen Wortes oder dem Verweis auf die Quelle eines Geräuschs. Die medienwissenschaftliche Forschung hat sich dennoch vor allem mit den Programmangeboten des Radios und kaum mit seinen klanglichen Aspekten beschäftigt; erst seit den 1990er Jahren knüpften sowohl historiographische als auch gegenwartsorientierte Arbeiten verstärkt an Arnheims Ansatz an. Ähnliche Überlegungen wie Arnheim stellte auch Béla Balázs in *Der Geist des Films* hinsichtlich der ästhetischen Möglichkeiten des Tonfilms an, der es neben der Verwendung gesprochener Sprache ermögliche, eine medial gestaltete »akustische Umwelt« zu entwerfen (Balázs 1930, 114).

Das Rauschen der Informationstheorie und das Konzept des akustischen Raums in der frühen Medientheorie

Nicht erst mit dem Radio stellten sich mediale Übertragungsprobleme auch mit Blick auf ihre klangliche Dimension. So waren es insbesondere die mit dem Ausbau des Telefonnetzes verbundene Theoretisierung der technischen Signalübertragung sowie die Verständigungsprobleme, die während des Zweiten Weltkriegs bei der Verwendung elektronischer Kommunikationstechnik auftraten (vgl. Edwards 1996, 209–238; Volmar 2017), vor deren Hintergrund Claude E. Shannon die Grundlagen einer allgemeinen Theorie der Nachrichtenübertragung entwickelte. Die Basis für seine mathematische Kommunikationstheorie (Shannon 1948) bildete das Paradigma einer »communication in the presence of noise« (Shannon 1949), durch das das Rauschen zum konstitutiven Ausgangspunkt für die Berechnung, Verarbeitung und Übertragung von Information erhoben wurde. Nicht zuletzt dank ihrer strikten Vernachlässigung der jeweiligen Nachrichteninhalte konnte Shannons Informationstheorie den Anspruch einer allgemeinen Theorie der Übertragung einlösen und sich bis heute als Standardmodell der Telekommunikation behaupten. Aufgrund ihrer Opposition zu jeglicher Hermeneutik der Kommunikation wurde die Informationstheorie zum Vorbild für allgemeine Medientheorien, etwa bei Marshall McLuhan oder Friedrich Kittler.

McLuhan, der als einer der wesentlichen Begründer der Medienwissenschaft gilt, entwickelt seine Medientheorie ebenfalls in konkreter Auseinandersetzung mit auditiven Medien. In seinen Werken entwirft er ein dreistufiges medienkulturelles Geschichtsmodell, das einem vormodernen Zeitalter oraler Stammeskultur und literaler Manuskriptkultur zunächst die moderne Epoche des Buchdrucks sowie später die der elektronischen Medien von Telegraphie, Radio, Film oder Fernsehen folgen lässt. Bereits in McLuhans Frühwerk findet sich das Konzept des ›akustischen Raums‹ (*acoustic space*), das die vermeintlich immediaten Erfahrungen elektronischer Medientechnologien in struktureller Hinsicht als *akustisch* versteht (Carpenter/McLuhan 1960). McLuhans Auffassung zufolge sei durch die rundfunkbasierten Massenmedien ein audiovisueller Kommunikationsraum entstanden, der die Schriftkultur der ›Gutenberg-Galaxis‹ beendet und stattdessen eine Kultur einer neuerlichen, nun medial vermittelten ›zweiten‹ Oralität generiert habe. Die kulturhistorischen und gesellschaftlichen Auswirkungen von Medien wurden im Anschluss breit diskutiert und bilden nach wie vor eine wichtige Referenz der Medienkulturgeschichte.

Reflexionen des Filmsounddesigns in der Filmtheorie

In der Filmwissenschaft wurde eine verstärkte Beschäftigung mit der Tonebene durch die ästhetischen Konzepte und Praktiken der Tongestaltung der ›neuen Wellen‹ (etwa der Nouvelle Vague, des Neuen Deutschen Films sowie des New-Hollywood-Kinos) in den 1960er und 1970er Jahren angeregt. Die absichtliche Verwendung von ›harten‹ akustischen Übergängen bei Schnitten oder von Störgeräuschen und schwer verständlichen Passagen, die viele Regisseurinnen und Regisseure nutzten, um die Widersprüche kapitalistischer Gesellschaften in Form von Sound erfahrbar zu machen, verdeutlichten dabei die mediale Konstruiertheit der Tonspur und regten Filmwissenschaftlerinnen und Filmwissenschaftler dazu an, ideologiekritische Forschungsansätze anhand von Analysen der Filmtonspuren zu verfolgen. So zeigt etwa Mary Ann Doane in ihrem Aufsatz »Ideology and the practice of sound editing and mixing« (1980) auf, wie der Filmschnitt im kommerziellen Mainstream-Film bereits seit der Frühzeit des Kinos auch mithilfe normativer Tonschnitt-Techniken möglichst zum Verschwinden gebracht wird, sodass die rezipierenden Subjekte den Film als einen ›kontinuierlichen Fluss‹ wahrnehmen. Der verstärkte Einsatz von O-Tönen und Umgebungsgeräuschen auf der Grundlage mobiler Tonbandgeräte sowie die Etablierung des Sounddesigns führten in den 1970er Jahren darüber hinaus zu einer wesentlichen Anreicherung und Nachbearbeitung des Filmsoundtracks – ein Prozess, den filmtontheoretisch etwa Rick Altman (1980) nachvollzieht, indem er anstelle einer semiotischen eine medien- und erfahrungsbezogene Filmtontheorie entwirft, die die physikalischen und medialen Aspekte der Schallausbreitung sowie die konkreten Arbeitspraktiken der Filmtongestaltung zu berücksichtigen versucht.

Von den Diskursordnungen der Literatur zur Theorie technischer Medien

Die Herausbildung der deutschen Medienwissenschaft verdankt sich hauptsächlich der Kritik an einer Literaturwissenschaft, die der Hermeneutik als Erkenntnismethode zu uneingeschränkt gefolgt sei. Vor allem Friedrich Kittlers *Aufschreibesysteme 1800/1900* (1985) stellt diesbezüglich den Gründungsakt einer medienwissenschaftlichen Methodik dar, die unter Berücksichtigung der Informationstheorie und von Michel Foucaults Diskursanalyse vor der inhaltlichen Auslegung die historisch gewachsenen Produktionsbedingungen von Diskursen untersucht wissen will. Die Kategorie ›Sound‹ spielt für Kittler dabei eine entscheidende Rolle in Bezug auf die Charakterisierung von Diskurssystemen. Während um 1800 die Lautlichkeit der Sprache auf Ebene der Silben zur Bedingung des Spracherwerbs wird und als Material in die klassisch-romantische Literaturproduktion Einzug hält, bezeichnet im Aufschreibesystem um 1900 Sound dagegen die Anteile akustischer bzw. hörbarer

Phänomene, die sich nicht mithilfe symbolischer Zeichensysteme (wie dem Alphabet oder musikalischer Notation) erfassen, dafür aber mithilfe technischer Medien aufzeichnen lassen. Kittler zufolge bildeten diese im 19. Jahrhundert aufkommenden Technologien der Schallreproduktion in Anlehnung an Foucaults historisches Apriori ein *mediales Apriori* sowohl der Literatur- als auch der Kulturgeschichte, das ab diesem Zeitpunkt eine Repräsentation des ›Realen‹ zugelassen habe (vgl. auch Kittler 1986). Indem Aufschreibesysteme »einer gegebenen Kultur die Adressierung, Speicherung und Verarbeitung relevanter Daten erlauben« (Kittler 1985, 519), werden auch Soundtechnologien im Hinblick auf eine tiefere kulturelle Bedeutung befragt. Das, was eine bestimmte Kultur aus Sicht der Medienwissenschaft auszeichnet, lässt sich nach Kittler als spezifische Lösung eines Organisations- und Verarbeitungsproblems von – auch klanglichen – Daten charakterisieren.

Cultural Studies, Sound Studies und auditive Medienkulturen

Die Auseinandersetzung mit Sound und akustischen Medien wurde jedoch auch für andere medienwissenschaftliche Forschungsrichtungen relevant. So verdeutlichten Paul du Gay und Stuart Hall den Ansatz der Cultural Studies sowie ihre grundlegende These, dass medientechnische Artefakte kulturelle und identitätsstiftende Bedeutungen durch Zuschreibungen und Repräsentationen erhalten, anhand einer Sammlung von Studien zur Genese des Sony-Walkmans (du Gay et al. 1997). Medienwissenschaftliche Ansätze in der Beschäftigung mit Sound finden sich in den 1990er Jahren auch in den Popular Music Studies, den Science and Technology Studies und den bereits genannten Feldern der Filmwissenschaft und Radioforschung. Ausgehend von diesen heterogenen Forschungsinteressen bildete sich nach der Jahrtausendwende das interdisziplinäre, den Visual Studies nachempfundene Forschungsfeld der Sound Studies heraus. Jonathan Sternes Buch *The Audible Past* (2003) bildet in diesem Zusammenhang eine paradigmatische Arbeit, weil sie die technische Erfindungsgeschichte akustischer Medien mit Fragestellungen der Cultural Studies bzw. der Kritischen Theorie verbindet und auf diese Weise mit der Geschichte kultureller und sozialer Veränderungen kurzschließt. Dieser disziplinübergreifende methodische Zugriff ist für die Sound Studies wegweisend geworden. Indem Sterne die Geschichte der technischen Schallreproduktionsmedien (insbesondere Telefon, Phonographie und Radio) aus dieser Richtung befragt, gelangt er zu einer – gegenüber diskurstheoretischen Ansätzen – alternativen Geschichte der Mediatisierung auditiver Kultur.

Diese internationalen Entwicklungen führten auch im deutschsprachigen Raum zu einer verstärkten medienkulturwissenschaftlichen Beschäftigung mit Sound. Wie bereits angedeutet, ergab sich dabei eine Verschiebung von Sound in den (Massen-)Medien zur Untersuchung auditiver Medienkulturen, die sich um bestimmte Soundtechnologien und Praxisgemeinschaften herum ausbilden (z. B. Gethmann 2010; Volmar/Schröter 2012; Schlüter/Volmar 2015; Ochsner/Stock 2016). Auch wenn sich die Felder der Sound Studies und der Medienwissenschaft teilweise stark überschneiden, behalten medienwissenschaftliche Forschungen ihre Spezifität stets in der Frage nach medialen Bedingtheiten und Bedingungen von und durch Sound und im Ausgang von (technischen) Medien in der Bearbeitung eines Gegenstandsfeldes, während andere Zugänge der Sound Studies andere Fragestellungen und Prämissen an ihre Gegenstände herantragen. Dies beinhaltet etwa Untersuchungen der Diskursivierungen subjektiver Klangwahrnehmungen oder kultursoziologische und ethnographische Studien zu Soundscapes. Die Frage nach dem epistemischen Status und der Vermitteltheit von Klang als materiell-physisches, ästhetisch-perzeptives und sozio-kulturelles Phänomen bringt dabei bis heute neue medienwissenschaftliche Forschungsansätze hervor.

Die Theorie des Sonischen

Der Begriff des ›Sonischen‹ – erstmals zwischen 2006 und 2008 in einer thematischen Ausgabe der Schriftenreihe *PopScriptum* des Forschungszentrums Populäre Musik der Humboldt-Universität zu Berlin systematisch entwickelt – stellt einen musik- und medienwissenschaftlichen Zugriff auf Sound dar, der die Charakteristika physikalischen Schalls mit dessen jeweils historisch kontingenten und kulturell spezifischen medialen und praktischen Formatierungen vermittelt. Der Musikwissenschaftler Peter Wicke ([2006–2008]) bezeichnet mit dem Begriff des ›Sonischen‹ das jeweils in einer auditiven Kultur vorherrschende und rezeptionswirksame Verständnis von Klang. Einen zentralen Vertreter fand das Konzept des Sonischen im Medienwissenschaftler Wolfgang Ernst, der in den vergangenen Jahren in verschiedenen Publikationen das Sonische zur Grundlage seiner Medientheorie machte (z. B. Ernst 2015; 2016). Er entwickelt sein Verständnis von ›Sonizität‹ dabei explizit in Erweiterung bzw. teilweise in Abgrenzung zur Kategorie ›Sound‹ und den Ansätzen der Sound Studies. ›Sonizität‹ als vom Sonischen abgeleitete Qualität bezeichnet für ihn hauptsächlich unhörbare vibrationale und rhythmische Ereignisse, die Zeitlichkeit erzeugen und strukturieren. Dies schließt Schwingungen elektrischer Spannung in Apparaten nicht nur der Audio-Signalverarbeitung ebenso mit ein wie die computationale Speicherung und Prozessierung von Sound und anderen Frequenz-Phänomenen. Indem das Sonische die Aufmerksamkeit auf Formatierungen des Klanglichen in Relation zu und in seiner Wirksamkeit in akustisch verwurzelten Kontexten wie technologischen Apparaten, Diskursen, Körpertechniken oder materiellen Umwelten lenkt, trägt es dazu bei, das Verständnis solcher Vermittlungs- und Übertragungsprozesse und damit auch Konzepte von Medialität an sich weiterzuentwickeln (vgl. Gerloff/Schwesinger 2017).

Soundscape-Forschung und Medienökologie

Einen wichtigen Bezugspunkt des Sonischen wie der Sound Studies an sich bildet der Forschungsansatz der *acoustic ecology*, der von einer Gruppe Komponistinnen und Komponisten um Raymond Murray Schafer, Hildegard Westerkamp und Barry Truax in den 1960er Jahren an der Simon Fraser University in Vancouver, Kanada, entwickelt wurde. In ihren Arbeiten untersuchten sie die klangliche Dimension unserer urbanen und ländlichen Umwelten, archivierten deren Geräuschkulissen, schulten die Hörfähigkeit der an ihren Workshops beteiligten Menschen und erarbeiteten mithilfe sogenannter Soundscape-Kompositionen akustische Porträts bestimmter Orte. Rund fünfzig Jahre später entstanden weitere Forschungen, die inzwischen von verschiedensten Medien durchsetzte Lebenswelten als klangliche Ökosysteme historisch und komparativ untersuchten und maßgeblich zur Entwicklung des zeitgenössischen medientheoretischen Ansatzes der Medienökologie beitrugen. Matthew Fullers Monographie *Media Ecologies* (2005) beginnt beispielsweise mit einem Kapitel über Piratenradiosender in London, in dem Fuller darstellt, wie das Zusammenwirken verschiedener Elemente einer Medienökologie – zum Beispiel medientechnische Systeme, urbane Topographien, rechtliche Bestimmungen oder soziale Praktiken – Affordanzen zur Bildung solcher kultureller Szenen ausprägt. Douglas Kahn erzählt in seiner einflussreichen Studie *Earth Sound Earth Signal* (2013) wiederum kaleidoskopisch die Geschichte der Wahrnehmung und Ästhetisierung elektromagnetischer Phänomene und deren Verarbeitung in den Künsten. Er stellt darin einen anthropozentrischen, vor allem auf Technologien bezogenen Medienbegriff infrage und zeigt, wie durch elektromagnetische Schwingungen die vermeintliche Kluft zwischen natürlichen und kulturellen Umwelten anhand der Analyse von Transmissionsmedien fruchtbar problematisiert werden kann.

Soundinfrastrukturen und -formate

Der Medienbegriff ist in den letzten zwei Jahrzehnten nicht zuletzt auch aufgrund der fortschreitenden Konvergenz von Medien im Digitalen in eine Krise geraten, die wiederum Anlass zu kreativen Rekonzeptualisierungen des Begriffs gab. Digitalisierungs- und Vernetzungsprozesse führten in der Medienwissenschaft einerseits zu einer Interessensverlagerung von Massen- und Einzelmedien hin zu digital-vernetzten Medien wie Social-Network-Sites, Online-Plattformen und mobilen Anwendungen, andererseits aber auch zu einer Schwerpunktverlagerung von den Bedingungen der Produktion und Rezeption hin zu denen der Distribution. Mit dieser Verschiebung der Aufmerksamkeit war zugleich ein wachsendes Interesse an Infrastrukturen verbunden. Michael Denning vollzieht diese Neuausrichtung für den Bereich der Sound Studies in seinem Buch *Noise Uprising* (2015), in dem er die globale Entstehung sogenannter Weltmusik nach der Elektrifizierung der Musikindustrie im Jahr 1925 rekonstruiert. Diese Entwicklung verfolgt Denning jedoch nicht mithilfe von Inhaltsanalysen, vielmehr beschreibt er sie als Formierung einer musikkulturellen Infrastruktur an den Rändern der kolonialisierten Welt, speziell als Zusammentreffen des elektrifizierten Tonaufnahmeprozesses mit lokalen Musikkulturen in den Hafenstädten des globalen Seehandels, deren Sounds er zudem als Vorboten von sich ankündigenden Unabhängigkeitsbestrebungen interpretiert.

Globale Medieninfrastrukturen zum Austausch von Informationen und Daten haben darüber hinaus zu einem neuen Interesse an den diversen Formaten und Formatierungen von Sound bzw. Audioinformationen geführt. Formate dimensionieren und strukturieren mediale Inhalte und bestimmen damit mediale Praktiken und Gebrauchsformen wesentlich mit. Interessanterweise ist eine medienwissenschaftliche Formatforschung zuerst am Beispiel von Audioformaten durchgespielt worden. Jonathan Sterne erzählt in seinem Buch *MP3: The Meaning of a Format* (2012) nicht nur die Entstehungsgeschichte des digitalen MP3-Formats anhand der Geschichte psychoakustischer Forschung und verlustbehafteter Kompressionsmethoden, sondern entwickelt zugleich Ansätze einer allgemeinen Formattheorie, die sich auch auf andere medienwissenschaftliche Forschungsfelder übertragen lässt.

Fazit

Die hier vorgestellte Textauswahl soll verdeutlichen, wie eng das Wissen über Medien historisch mit der Erforschung von Sound verknüpft ist. Die technische Entwicklung von Klangmedien hat immer wieder zu Reflexionen über ihre welterzeugende und kulturstiftende Wirkung beigetragen, ebenso wie das Nachdenken über Medialität die klangliche Disposition von technischen Apparaten und Formaten zutage gefördert hat. Im Wechselspiel mit technisch-akustischer und medial-perzeptiver Klangorganisation und -gestaltung (re-)formieren sich ästhetische, diskursive, rechtliche oder soziale Praktiken einer auditiven Kultur. Die Auseinandersetzung mit Sound stiftete in der Geschichte medienwissenschaftlichen Denkens einerseits neue Ansätze und Schwerpunktverlagerungen medientheoretischer und -historischer Modelle und andererseits wichtige Fallstudien, die die Aufmerksamkeit auf zuvor unbehandelte Medienstrukturen, -effekte oder -kontexte lenkten oder die Grundlage für breitere gesellschaftskritische Diagnosen lieferten.

Verwandte Beiträge: Kap. 5 (Körperlichkeit); Kap. 14 (Sonifikation); Kap. 16 (Sounddesign); Kap. 17 (Soundscape); Kap. 20 (Geschichtswissenschaft); Kap. 21 (Kulturwissenschaft); Kap. 22 (Literaturwissenschaft); Kap. 24 (Musikwissenschaft); Kap. 27 (Physikalische Akustik); Kap. 28 (Soziologie); Kap. 30 (Wissenschaftsgeschichte); Kap. 34 (Jingle); Kap. 36 (Rauschen); Kap. 61 (Kassette); Kap. 63 (Noten); Kap. 64 (Phonograph); Kap. 65 (Radio).

Literatur

Adorno, Theodor W.: The radio symphony. In: Paul F. Lazarsfeld/Frank N. Stanton (Hg.): *Radio Research 1941*. New York 1941, 110–139.

Adorno, Theodor W.: Die Form der Schallplatte [1934]. In: Ders.: *Gesammelte Schriften*. Bd. 19: *Musikalische Schriften VI*. Hg. von Rolf Tiedemann und Klaus Schultz. Frankfurt a. M. 1984, 530–534.

Altman, Rick (Hg.): *Cinema/Sound* (= *Yale French Studies*, H. 60). New Haven, CT 1980.

Arnheim, Rudolf: *Rundfunk als Hörkunst*. Frankfurt a. M. 2001 (engl. 1936).

Balázs, Béla: *Der Geist des Films*. Halle (Saale) 1930.

Brecht, Bertolt: Der Rundfunk als Kommunikationsapparat [1932]. In: Ders.: *Gesammelte Werke in 20 Bänden*. Bd. 18: *Schriften zur Literatur und Kunst I*. Frankfurt a. M. 1990, 127–134.

Carpenter, Edmund/McLuhan, Marshall: Acoustic space. In: Dies. (Hg.): *Explorations in Communication*. Boston, MA 1960, 65–70.

Collins, Karen: *Game Sound. An Introduction to the History, Theory, and Practice of Video Game Music and Sound Design*. Cambridge, MA 2008.

Denning, Michael: *Noise Uprising. The Audiopolitics of a World Musical Revolution*. London 2015.

Doane, Mary Ann: Ideology and the practice of sound editing and mixing. In: Teresa de Lauretis/Stephen Heath (Hg.): *The Cinematic Apparatus*. London 1980, 47–60.

Du Gay, Paul/Hall, Stuart/Janes, Linda/Mackay, Hugh/Negus, Keith: *Doing Cultural Studies. The Story of the Sony Walkman. Culture, Media and Identities*. London u. a. 1997.

Edwards, Paul N.: *The Closed World. Computers and the Politics of Discourse in Cold War America*. Cambridge, MA 1996.

Ernst, Wolfgang: *Im Medium erklingt die Zeit. Technologische Tempor(e)alitäten und das Sonische als ihre privilegierte Erkenntnisform*. Berlin 2015.

Ernst, Wolfgang: *Sonic Time Machines. Explicit Sound, Sirenic Voices, and Implicit Sonicity*. Amsterdam 2016.

Flückiger, Barbara: *Sound Design. Die virtuelle Klangwelt des Films*. Marburg 2001.

Fuller, Matthew: *Media Ecologies. Materialist Energies in Art and Technoculture*. Cambridge, MA 2005.

Gerloff, Felix/Schwesinger, Sebastian: What does it mean to think sonically? Contours of noise as a sonic figure of thought. In: Nathanja van Dijk/Kerstin Ergenzinger/Christian Kassung/Sebastian Schwesinger (Hg.): *Navigating Noise*. Köln 2017, 168–190.

Gethmann, Daniel: *Klangmaschinen zwischen Experiment und Medientechnik*. Bielefeld 2010.

Grampp, Sven: Hundert Jahre McLuhan. In: *Zeitschrift für Medienwissenschaft*, H. 4 (2011), 183–187.

Großmann, Rolf: Musik und Medien. In: Helmut Schanze (Hg.): *Metzler Lexikon Medientheorie/Medienwissenschaft*. Stuttgart/Weimar 2002, 267–270.

Hoffmann, Stefan: *Geschichte des Medienbegriffs*. Hamburg 2002.

Kahn, Douglas: *Earth Sound Earth Signal. Energies and Earth Magnitude in the Arts*. Berkeley, CA u. a. 2013.

Kittler, Friedrich: *Aufschreibesysteme 1800/1900*. München 1985.

Kittler, Friedrich: *Grammophon, Film, Typewriter*. Berlin 1986.

McLuhan, Marshall: *Understanding Media. The Extensions of Man*. New York 1964.
Netzwerk »Hör-Wissen im Wandel« (Hg.): *Wissensgeschichte des Hörens in der Moderne*. Berlin/Boston, MA 2017.
Pias, Claus: Was waren Medien-Wissenschaften? Stichworte zu einer Standortbestimmung. In: Ders. (Hg.): *Was waren Medien?* Zürich 2011, 7–30.
Ochsner, Beate/Stock, Robert (Hg.): *senseAbility. Mediale Praktiken des Sehens und Hörens*. Bielefeld 2016.
Schlüter, Bettina/Volmar, Axel: Musikwissenschaft / Sound Studies. In: Jens Schröter (Hg.): *Handbuch Medienwissenschaft*. Stuttgart/Weimar 2014, 440–446.
Schlüter, Bettina/Volmar, Axel (Hg.): *Von akustischen Medien zur auditiven Kultur* (= *Navigationen* 15/2). Siegen 2015.
Schramm, Holger (Hg.): *Handbuch Musik und Medien*. Konstanz 2009.
Schröter, Jens: Einleitung. In: Ders. (Hg.): *Handbuch Medienwissenschaft*. Stuttgart/Weimar 2014, 1–11.
Segeberg, Harro/Schätzlein, Frank (Hg.): *Sound. Zur Technologie und Ästhetik des Akustischen in den Medien*. Marburg 2005.
Shannon, Claude E.: A mathematical theory of communication. In: *The Bell Systems Technical Journal* 27/3 (1948), 379–423.
Shannon, Claude E.: Communication in the presence of noise. In: *Proceedings of The Institute of Radio Engineers* 37/1 (1949), 10–21.
Sterne, Jonathan: *The Audible Past. Cultural Origins of Sound Reproduction*. Durham, NC 2003.
Sterne, Jonathan: *MP3. The Meaning of a Format*. Durham, NC 2012.
Volmar, Axel: Psychoakustik und Signalanalyse. Zur Ökologisierung und Metaphorisierung des Hörens seit dem Zweiten Weltkrieg. In: Netzwerk »Hör-Wissen im Wandel« (Hg.): *Wissensgeschichte des Hörens in der Moderne*. Berlin/Boston, MA 2017, 65–95.
Volmar, Axel: Reproduced music between personal experience and public discourse. Adorno, High Fidelity and the politics of listening in the twentieth century. In: Christian Thorau/Hansjakob Ziemer (Hg.): *The Oxford Handbook for the History of Music Listening in the 19th and 20th Centuries*. Oxford 2018 [im Ersch.].
Volmar, Axel/Schröter, Jens (Hg.): *Auditive Medienkulturen. Techniken des Hörens und Praktiken der Klanggestaltung*. Bielefeld 2013.
Volmar, Axel/Willkomm, Judith: Klangmedien. In: Jens Schröter (Hg.): *Handbuch Medienwissenschaft*. Stuttgart/Weimar 2014, 279–288.
Wicke, Peter: Das Sonische in der Musik. In: *PopScriptum*, Nr. 10 [2006–2008], http://www2.hu-berlin.de/fpm/popscrip/themen/pst10/pst10_wicke.htm (30.1.2018).

Axel Volmar / Felix Gerloff / Sebastian Schwesinger

24 Musikwissenschaft

Die Musikwissenschaft hat seit ihrer Entstehung unterschiedliche Beschreibungsperspektiven auf Klang und Klanglichkeit eingenommen, in Abhängigkeit von ihren sich wandelnden Gegenständen. Hier waren zunächst die arithmetische Beschreibung von Intervallverhältnissen und die Untersuchung der Konstitution von Tonsystemen von zentraler Bedeutung. Den Hintergrund bildete eine prinzipiell ontologische Ausrichtung der *musica*: In den gelehrten westlichen Traditionen stand sie nicht für klingende Phänomene, sondern für ein grundlegendes Orientierungswissen in einer harmonisch aufgebauten Welt, in einem auf Korrespondenzen und auf Proportionalität fußenden Universum. Die klingende Komponente der *musica* stellt die niedrigste Manifestation eines die Klänge und die Musik überschreitenden Wissens dar. Der klingende Anteil ermöglichte irdischen Wesen einen Zugang zu den höheren, in der Musik repräsentierten Wahrheiten.

Doch die Verhältnisse waren nicht so eindeutig, wie es scheint: Die Antike hat eine elaborierte Begrifflichkeit für das gesamte Spektrum klingender, geräusch-, sprach- und musiknaher Phänomene entwickelt (vgl. Riethmüller 1989). Dem antiken Musiktheoretiker Aristeides Quintilianus zufolge bildet den Stoff der Musik das, was sich in Klängen und Körperbewegungen geziemt (vgl. Riethmüller 1988). Da die überlieferten mythischen Wirkungen der Musik auf ihrer Klanglichkeit beruhen, konnte diese Dimension also nicht neutralisiert werden. Zudem wiesen die Musik bzw. die Harmonie als Theorie von der Musik in den gelehrten Traditionen seit der griechischen Antike eine doppelte Bedeutung auf: sie war *episteme* und *techne*, also einerseits mit der Erkenntnis und Vernunft in Verbindung stehend, andererseits eine technisch und technologisch geprägte Kunstübung. Die epistemische Dimension umfasste die wissensbildenden Potenziale, die sich über die Proportionalität der Intervalle (Pythagoreismus) bzw. die Fähigkeit, systematisch ein *mélos* zu bilden (Aristoxenos), legitimierte.

In diesem Sinn waren die mit Harmonik und, im lateinischen Mittelalter, mit *musica* bezeichneten Disziplinen deckungsgleich mit Wissen. An Musik zeigte sich ein Wissen. Es trat gleichsam im Feld des Auditiven auf. Daher interessierten sich auch die philosophisch und epistemologisch orientierten antiken Texte für die Frage, wie wir musikalische Klänge aufnehmen, wie sie kognitiv repräsentiert werden, wie wir sie in Erinnerung behalten, wie sich überhaupt die Verhältnisse der hörbaren Akkorde gestalten. Eine besondere Faszination übte die wahrnehmungsphilosophische Frage danach aus, wie an den Tönen – nicht also anhand abstrakter arithmetischer Proportionen – der Zusammenhang von Stoff und Form erkundet werden kann. An dieser Betrachtungsweise entzündete sich eine frühe Medientheorie (vgl. Carlé 2007).

Die *musica* in den Sieben Freien Künsten

Mit der Herauslösung von Musik aus den Verbindlichkeiten des christlichen Ritus und aus ihrer Anlehnung an eine religiös gesteigerte Sprache (Psalmodie) entstand die Möglichkeit, mit Tönen als einzelnen diskreten Objekten zu operieren und eine Syntax der Musik zu entwickeln. Aus Klang-Objekten wurden Kunst-Objekte. Diese tief greifende Verschiebung in der frühen westeuropäischen Medien- und Kulturgeschichte (vgl. Ullmann 2006) hat poetologische Strategien wie die Mehrstimmigkeit und Gattungsdifferenzierungen zugelassen und sich sogar bis auf die Legitimation der elektronischen Musik und Klangkunst ausgewirkt (vgl. ebd., 34–40 und 613–617). Nun erlangten musikalische Werke jenseits religiöser Sprache und religiöser Semantiken Konturen, in die gleichsam strukturelles Regelwissen seitens ihrer Schöpfer investiert worden war. Sie partizipierten an der ontologischen Verweiskraft von *musica*, diese verbindet sich jedoch nun mit einem spezifischen intellektuellen und ästhetischen Genuss. Musik konnte reine *techne* werden (vgl. ebd.) und ihre Klanglichkeit offensiv vertreten. Hier bestehen Verbindungen zum mittelalterlichen Konzept der Musik als *ars bene modulandi*, denn das modulierende Moment konnte sich auch in Körperlichkeit und Klanglichkeit austragen. Die *musica* bekam es nun zunehmend auch mit Klang zu tun – ein sehr junges Konzept in der europäischen Ästhetik (vgl. Kaden 1989). Dementsprechend spät reagierten musikwissenschaftliche Zugriffe auf diese Klanglichkeit.

Die doppelte Zuschreibung zu den zwei Gruppen der *septem artes liberalis*, also sowohl zu den quadrivialen (neben Musik die Geometrie, Arithmetik, Astronomie) als auch den trivialen Wissenschaften (Grammatik, Rhetorik, Dialektik), belegt ein weiteres Mal das Spannungsverhältnis, aus dem heraus eine auch klangliche Würdigung entstehen konnte. Die in Anlehnung an die sprachliche Rhetorik forcierte Entdeckung von musikalischen Tropen und Figuren führte in Richtung einer quasi-rhetorischen, klanggespeisten Affekttechnik. Dabei blieb jedoch die quadrivial-arithmetische Bestimmung der Musik erhal-

D. Morat, H. Ziemer (Hrsg.), *Handbuch Sound*, https://doi.org/10.1007/978-3-476-05421-0_24

ten, die mit dem Erbe der pythagoreischen Tradition verbunden war. Sie bildete harmonische Intervalle mit Verhältnissen ganzer Zahlen ab.

Musik und Klang in den Wissensprozessen der Neuzeit

In der Neuzeit spaltete sich die entstehende wissenschaftliche Akustik von den eher spekulativ-ästhetischen Traditionen, die Klanglichkeit in Bezug auf ihre subjektiven Wirkungen ergründeten und dabei auf Distanz zu quantifizierenden Verfahren gingen. Hier öffnete sich die Schere zwischen dem musikalischen Ton als Empfindungslaut und den technisch-akustischen Verfahren zur Beschreibung einer spezifischen Klanglichkeit – und damit auch zwischen den angewandten Ingenieurwissenschaften und philologisch-ästhetischer Musikforschung. Philosophen und Universalwissenschaftler der Generation von Athanasius Kircher und Gottfried Wilhelm Leibniz akzentuierten die vernunftgebundene Basis des Hörens im Sinne einer *akróasis* (vgl. Trabant 1993), ohne dass diese Überzeugungen direkt in musikologische Paradigmen der Aufklärung übernommen worden wären.

Komplexe polyphone Werke, die das kompositorische Problembewusstsein der europäischen Eliten markierten, wurden zum Schauplatz von Wissensprozessen, die die Aufmerksamkeit der Hörer fesselten (vgl. Goldberg 1992). Diese Wirkungen funktionierten auditiv und verschwisterten sich mit in den musikalischen Strukturen hinterlegten Mottos und Allusionen, die nun gleichsam das ontologische Moment verbürgten. Es richtete sich jedoch nicht mehr auf übergreifende Wahrheiten, sondern auf ein technisch-strukturelles Funktionieren im Rahmen von klanglichen Miniaturwelten, die nun für das verlorene große Ganze einstanden (vgl. Kaden 1992). Damit rückte das musikalische Werk ins Blickfeld musikologischer Reflexion.

Musikalisch-akustische Phänomene wurden entscheidend für die Ausbildung proto-naturwissenschaftlicher Forschungen und für Praxen des Experiments, die sich an Objektivität und Evidenzbildung orientierten (vgl. Gouk 1999). Jedoch haben weder die im Kontext der Naturphilosophie der Frühen Neuzeit entwickelten Hall- und Tonkünste noch die visionären Pläne des Wissenschaftsstrategen Francis Bacon von laborartigen *sound-houses* einen direkten Reflex im Lehrfach *musica* gehabt.

Der Musiktheoretiker und Komponist Jean-Philippe Rameau machte eine naturgesetzliche Annahme des schwingenden Körpers (*corps sonore*) zum Ausgangspunkt seiner Harmonielehre und komponierte nach diesem Prinzip *Tragédies lyriques*. Hiermit wurden explizite, an die Naturforschung angelehnte Überzeugungen und Wissensbestände zu kompositionsbestimmenden Faktoren – ohne dass die Musik diese Überzeugungen lediglich äußerlich illustriert hätte.

Klanglicher Sensualismus jenseits der Naturnachahmung

Mit der wachsenden Legitimation von Musik aus sich selbst heraus wurden Bezüge zur Nachahmung der Natur abgestreift. Mit der Aufgabe dieser Verbindlichkeiten in der zweiten Hälfte des 18. Jahrhunderts, wie sie in den ästhetischen Diskussionen resümiert wurden, wurde musikalische Kommunikation jedoch insgesamt problematisch: Physiognomik, Mesmerismus, die Frage nach musikalisch induzierten Nervenleitungen, potenzielle und produktive Kurzschlüsse von Tastenspiel und Seelenspiel (vgl. Scherer 1989) traten ins Blickfeld und ließen sich kaum mit an der sprachlichen Syntax, der Kombinatorik oder Affektkatalogen ausgerichteten musikwissenschaftlichen Werkzeugen erschließen. Sie verkomplizierten das musik- und klangbestimmte kommunikative Szenario, das zunehmend auf das Subjekt zurückgeworfen wurde. Es musste die Sinnschöpfung aus sich selbst heraus leisten.

Die aus der Philologie, Biographik sowie geselligen philosophisch-mathematischen Zirkeln der Spätaufklärung entstehende Fachmusikwissenschaft verfolgte klangbezogene Zusammenhänge im Kontext musikästhetischer Fragen, der musiktheoretischen Wissensvermittlung und der Aufführungslehre. Sensualistische Ästhetiken, bis hin zur idealistischen Auffassung von Musik als Schauplatz der Artikulation von Innerlichkeit, entwickelten Kommunikationsmodelle von Ansteckung, Empathie und Resonanz, die über den Klang und klangliche Wirkungen funktionierten, in denen mathematische Strukturierungsprinzipien gleichwohl nicht getilgt wurden. Der promovierte Jurist Ernst Florens Friedrich Chladni legte um 1800 mit seinen Klangfiguren eine in der flüchtigen Materialität von Klängen angelegte Periodizität frei, die sich in ästhetisch schönen Selbstanordnungen schwingender Körper zeigte, die aber deren schwingendes Erklingen zur Voraussetzung hatte. Rein rechnerisch konnten diese Muster nicht vorausgesagt werden.

Die musikalische Empfindsamkeit dehnte die klangliche Stimulation, die durch Musik ausgelöst wurde, auf den Resonanzraum des menschlichen Körpers aus, der sich unter dem Eindruck von Musik quasi selbst stimmte (vgl. Scherer 1989). Nach der antiken Beschäftigung mit dem Tonsystem und der neuzeitlichen Fokussierung auf das *opus perfectum* wurde damit ein dritter, ein musikwissenschaftlicher Referenzraum greifbar: die Tonempfindungen, wie sie der Physiologe und Mediziner Hermann von Helmholtz in den Mittelpunkt seines musiksystematischen Grundlagenwerks *Die Lehre von den Tonempfindungen als physiologische Grundlage für die Theorie der Musik* (1863) zum Zusammenspiel von äußerer Akustik, Hörphysiologie und Psychologie rückte. Der Musikästhetiker und -kritiker Eduard Hanslick spitzte die Klanglichkeit auf den temporal-formbildenden Charakter der Musik zu und sah in ihr folgerichtig tönend bewegte Formen. Wenige Jahrzehnte zuvor hatte der Philosoph Johann Friedrich Herbart den Zusammenhang der inhärenten musikalischen Proportionalität und klingenden Mathematik mit der Gefühlswahrnehmung und dem Urteilsvermögen untersucht. Unter dem Übergewicht idealistischer Konzepte sind diese Ansätze allerdings in Vergessenheit geraten; sie wurden erst am Ende des 19. Jahrhunderts von dem Philosophen und Tonpsychologen Carl Stumpf wieder aufgegriffen (vgl. Kaiser-El-Safti 2001), wiederum also nicht innerhalb der Fachmusikwissenschaft.

Klang als Dimension der Tonpsychologie

Gegen 1900 wurden in zunehmend systematischer Form Beobachtungen über außerwestliche Musikkulturen vorgenommen, die ebenfalls bei der Klanglichkeit ansetzten und erst in einem zweiten Schritt die instrumentellen und tonsystematischen Voraussetzungen betrachten. Mit der Erfindung des Phonographen stand das Aufschreibesystem zur Verfügung, das diese Klanglichkeit fixierte, zugleich aber die Frage nach den Methoden, Praxen und Ideologien der Transkription aufwarf (wie Abraham/Hornbostel 1909/10; s. u.). Wiederum siedelte sich diese Entwicklung parallel zur philologischen Musikwissenschaft an. Erst unter dem Eindruck der Programmschrift von Guido Adler mit dem Titel »Umfang, Ziel und Methode der Musikwissenschaft« aus dem Jahr 1885 wurde eine produktive Wechselwirkung der musikwissenschaftlichen Teildisziplinen untereinander denkbar. Die Systematische Musikforschung, die Akustik und die Instrumentenkunde, wie sie an musikwissenschaftlichen Universitätsinstituten gelehrt wurden, standen musikalischer Klanglichkeit aufgeschlossen gegenüber.

In Verbindung mit der neuen, durch Stumpf forcierten phänomenologischen Orientierung, die eine kritische Auseinandersetzung mit der von Helmholtz entwickelten Untersuchung der Tonempfindungen herausbildete, wurde die Klanglichkeit zu einem zentralen Gegenstand – allerdings nicht in der akademischen Fachmusikwissenschaft, sondern den musik- und tonwissenschaftlich hochgradig sensibilisierten Nachbarfächern, vorrangig der Psychologie und philosophischen Ästhetik (Stumpf 1883/90), oder in Form von hoch originellen, aber kaum breiter gewürdigten musikwissenschaftlichen Entwürfen – so im Falle von Jacques Handschin (1948), der tonpsychologische Kategorisierungen mit musiktheoretischen Konzepten verbinden wollte (vgl. Maier 1991).

Für die vergleichende musikalische Entwicklungsgeschichte und Völkerkunde (heute: Musikethnologie) der Stumpf-Schule wurde Klanglichkeit im Hinblick auf die Transkription der sogenannten exotischen Musikaufnahmen mittels des Phonographen relevant (vgl. Abraham/Hornbostel 1909/10). Sie wurde hier allerdings nicht ästhetisch bewertet, sondern als analytische Ausgangsbasis für tonsystematische Zusammenhänge genutzt, aus denen kultur-genetische Zusammenhänge hervorgehen können.

Die zunächst biographisch, philologisch, form- und stilgeschichtlich ausgerichtete Musikwissenschaft reagierte darauf mit einer gewissen Verzögerung: Hugo Riemann (1916) stellte die Helmholtzschen Ton*empfindungen* auf Ton*vorstellungen* um und beschrieb den musikalischen Rezeptionsprozess als ein Nachspüren der Tonvorstellungen des Komponisten durch den Hörer.

Ein neues Verständnis von Orchestrierung in der Moderne und Spätmoderne, welches Fragen der Artikulation von Klanglichkeit beinhaltet, die Absorption des musikalischen Exotismus und die neuen Medien wie Rundfunk und Schallplatte stützten die Herausbildung eines Audio-Dispositivs, das weithin ohne Beteiligung der Musikforschung zustande kam, zu dem sie sich nun schrittweise in ein Verhältnis setzte. Anknüpfungspunkte bot die Entdeckung der Klanglichkeit in Verbindung mit der frühen musikalischen Aufführungspraxis und der Originalklangbewegung, die auch in musikwissenschaftlichen Instituten erforscht und mitgestaltet wurden. Diese Einrichtungen hießen, wie im Falle des Instituts der Leipziger Universität, Collegium Musicum und gaben der praktischen Orientierung Ausdruck. Bei der Anlage von Musikinstrumentensammlungen und der Erforschung der Genese, des Aufbaus, der Funktion und des Repertoires dieser Instrumente bildete sich eine weitere Facette einer klanglich akzentuierten Musikwissenschaft heraus (vgl. Rosmer 2012).

Allerdings entstand neben der philologischen, anhand von musikalischen Notationssystemen entwickelten Fachexpertise der Musikwissenschaft keine gleichrangige *klang*orientierte Philologie. Dies könnte mit dem Charakter der Faches als chronisch ›verspäteter‹, modernefeindlich disponierter Disziplin (vgl. Gerhard 2000) zusammenhängen.

Zum Verhältnis von Musikforschung und Klanglichkeit

Diese Zusammenhänge provozieren die Frage nach der kategorialen Beziehung des gesamten inhaltlichen Komplexes von Klang und Klanglichkeit zur Musikwissenschaft. In welcher Form und welcher Verwendung erlangen auditive Objekte den Status von Wissensobjekten aus Sicht der Musikwissenschaft? Stellt der Klang eine zentrale mediale und wirkungsmächtige Form musikalischer Handlungen dar? Ist er lediglich eine begleitende Reizmodalität musikalischer Werke, deren Substanz in jedem Fall das komponierte und notierte Objekt ist? Schafft der Klang Verbindungen zwischen dem physisch Erklingenden, dem Vorgestellten und dem in der Erinnerung Nachwirkenden? Belegt der Klang gleichsam den Willen des Komponisten oder der Komponistin? Oder ist er nur ein Vorwand, um zur ontologischen Signatur von Musik vorzudringen?

Erstaunlicherweise halten die verschiedensten Spielarten von Musikforschung Antworten auf diese Fragen bereit – die Thematik ist hier keinesfalls ignoriert worden, sondern vielmehr durchgehend latent vorhanden. Sie wird punktuell manifest etwa mit der durch Carl Stumpf im Jahr 1898 erfolgten Gründung der *Beiträge zur Akustik und Musikwissenschaft*, mit denen akustische, musiktheoretische und phänomenologische Forschungen verklammert werden sollten.

In systematisierender Sicht könnte man die Aspekte, unter denen die Musikwissenschaft die Klangthematik untersucht, wie folgt darstellen: (1) unter dem Aspekt der Herstellung, Speicherung, Verbreitung von Klängen, (2) der Wahrnehmung von Klängen, (3) der klangvermittelten Formbildung, (4) der technischen Analyse von Klängen, (5) der kulturellen, klanggespeisten Sinnbildung, schließlich (6) unter dem Aspekt der verhaltenskoordinierenden und synchronisierenden Effekte von Klängen.

Aktuelle Tendenzen: Vom Sonischen zu klanglichen Aktanten

Die jüngeren Forschungsszenarien in der Musikwissenschaft suchen hoch diversifizierte Zugänge zu Klang und Klanglichkeit (vgl. Elschek 2011), welche die eben genannten sechs Aspekte in unterschiedlicher Weise gewichten: In der Musikanthropologie stellen Klänge unabdingbare Kriterien musikalischer Handlungen dar (z. B. Baumann 1997); in der musikalischen Kommunikationstheorie und Semiotik übernehmen klanglich-musikalische Zeichen umfangreiche und mehrschichtige Bedeutungsauslösungen (z. B. Bierwisch 1979; Knepler 1982; Kaden 1998); in der experimentellen Musikpsychologie bilden klangliche Stimuli das Ausgangsmaterial. Die ökologische Musikpsychologie, die der experimentellen musikpsychologischen Laborforschung kritisch gegenüber steht, weil deren quasi-klinische Stimuli der medialen Aneignungssituation von Klängen in der Gegenwart nicht gerecht werden, nähert sich der komplexen, klang- und musikvermittelten Wechselwirkung des Menschen mit seiner Umwelt und bezieht Klanglichkeit in einem stark erweiterten Sinn ein (z. B. Clarke 2005). Dies beinhaltet die Entwicklung neuer analytischer, nicht-philologischer Beschreibungstechniken, sowohl in Bezug auf klassische als auch auf populäre Musikformen. In den Klängen werden spezifische Handlungsanbahnungen (*affordances*) angenommen, die im Aneignungsprozess in vielgestaltiger Weise realisiert und modifiziert werden und klangbasierte Technologien des Selbst darstellen (vgl. DeNora 2000).

Die Popularmusikforschung, die sich mit klanglich hochartifiziellen medialen Produkten auseinandersetzt und hier besonders gefordert ist, knüpft in ihrer Genese gerade nicht bei der klassischen Musikgeschichtsforschung an, sondern bei den Cultural Studies und der Musiksoziologie. Die Perspektive einer popularmusikspezifischen Klanglichkeit (Wicke 2002) und des Sonischen (Wicke [2006–2008]; Ernst [2006–2008] und 2015) bietet einen Verständniszugang, der die Musikwissenschaft herausfordert: Das Sonische möchte die medial-technischen Eigenarten klingender Materialität im Vorfeld von kulturellen Bedeutungszuschreibungen abbilden. Ähnlich wie sich Stumpfs Tonpsychologie zunächst als Elementaruntersuchung verstand, die erst in einem zweiten Schritt zu einer

Musikpsychologie weitergeführt werden sollte, untersucht das Sonische die operativen Voraussetzungen und Funktionalitäten von Klängen und Klanglichkeiten, bevor sie mit musikalischen Bedeutungen aufgeladen werden. Dieser Forschungszugang widmet sich mithin dem Raum zwischen dem Real-Akustischen und dem Klanglich-Symbolischen (vgl. Ernst [2006–2008]). Hier kündigen sich denn auch neuartige Forschungsperspektiven an, die den Methodenkanon sowohl der Musik- als auch der Medienwissenschaft überschreiten.

Ebenso ungewöhnlich ist die Perspektive, die sich Akteur-Netzwerk-Theorien (ANT), mediologische Konzepte (z. B. Debray 2000) und Mediationstheorien (z. B. Born 2005) bezüglich des Klangs erarbeiten: Hier ist Klanglichkeit eine Dimension eines komplexen Arrangements von Institutionen und Akteuren, von Copyright-Regelungen, Instrumenten und Technologien, Aufführungsexpertisen und ästhetischen Maßstäben (Hennion 2003). Dieser Zugang bietet auch eine Alternative zur eher normativen Betrachtung, wie sich ›der Klang‹ bzw. ›die Klanglichkeit‹ und ›die Musikwissenschaft‹ zueinander verhalten. Vielmehr wäre zu fragen, wie die Musikforschung als Wissenssystem die Präsenz klanglicher Aktanten registriert und methodisch verarbeitet. Hier wird ein Ausblick auf postsubjektive Zugänge zu Klängen möglich, wie sie experimentelle elektronische Musik praktiziert (Baecker 2003). Die Frage nach der Bedeutung würde, ähnlich wie im Dispositiv des Sonischen, durch die Frage nach der Operativität und Effizienz von Klängen abgelöst werden (Klotz 2013), so in Bezug auf ihre Synchronisationsleistungen und die Ermöglichung emergenter Effekte (Keller 2008). Jedoch stehen musikwissenschaftlich akzentuierte Entwürfe einer ANT erst am Anfang (Piekut 2014).

Trotz der Virulenz dieser Themen ist die Musikwissenschaft nicht die treibende Kraft gewesen, die zur Etablierung der Sound Studies und der Auditory-Culture-Forschung führten. Hier waren die Anthropologie, Komparatistik, Kulturwissenschaft, Medienforschung, Urbanistik sehr viel stärker engagiert, obwohl die Musikforschung beispielsweise das Phänomen der Klangkunst in eindrücklicher und systematischer Weise erforscht hat (z. B. La Motte-Haber 1999). Die kulturwissenschaftlich inspirierten Zugänge nähern sich der Thematik unbefangener und mobilisieren Wissensbestände aus der Medizin- und Körpergeschichte, der Medientechnologien, der Habitus-Theorie und Mentalitätengeschichte.

›Die Musikwissenschaft‹ – falls man das in sich höchst diversifizierte Fach neuerer Zeit noch in dieser Form apostrophieren kann – verfolgt hier wegen ihrer starken Prägung durch die Elementarlehre sowie einer normativen Ausrichtung am Kunstbegriff und seinen Formkategorien andere Motive. Sie kann jedoch mittels ihrer Expertise über klanglich geleitete Wissensbildungen, nonverbale Notationssysteme, akustische Zeichenformen und auditive Verstehensprozesse eine wichtige Rolle im Ensemble dieser neuen Entwicklungen spielen. Dies gilt auch für das parallele Szenario der Computational Musicology am Schnittpunkt von informatischen, akustischen und technologischen Zusammenhängen, insbesondere wenn dort der Zusammenhang von Klang und Sinn erforscht und technisch modelliert wird (vgl. Polotti/Rocchesso 2008).

Die Thematik der Klanglichkeit könnte das musikologische Fächerspektrum zu einer integralen Ortsbestimmung herausfordern, nachdem die Einzeldisziplinen – von der Ethnomusikologie über die Musikästhetik und Musiksoziologie, die musikalische Kognitionsforschung und die historische Musikwissenschaft bis zur Popularmusikforschung – sich zu wenig um eine übergreifende Hypothesenbildung und gemeinsame Schärfung ihrer Konzepte bemühen. Die Frage, welchen Klang die Musikwissenschaft meint, und wie sie diesen Klang meint, durchzieht die Fachgeschichte seit der folgenreichen Öffnung der Alternative, Musik entweder als in der Natur angesiedeltes und partizipierende Erkenntnis ermöglichendes Klangobjekt oder als sprachlich-syntaktisch beschreibbares Kunstobjekt zu betrachten (vgl. Ullmann 2006).

Verwandte Beiträge: Kap. 3 (Emotionalität); Kap. 5 (Körperlichkeit); Kap. 6 (Materielle Kultur); Kap. 7 (Performanz); Kap. 10 (Klangfarbe); Kap. 11 (Musicking); Kap. 12 (Resonanz); Kap. 19 (Ethnologie); Kap. 20 (Geschichtswissenschaft); Kap. 21 (Kulturwissenschaft); Kap. 22 (Literaturwissenschaft); Kap. 23 (Medienwissenschaft); Kap. 26 (Philosophie); Kap. 27 (Physikalische Akustik); Kap. 28 (Soziologie); Kap. 52 (Meer); Kap. 62 (Musikinstrumente); Kap. 63 (Noten); Kap. 64 (Phonograph); Kap. 71 (Herrschaftsrepräsentation).

Literatur

Abraham, Otto/Hornbostel, Erich M. von: Vorschläge für die Transkription exotischer Melodien. In: *Sammelbände der Internationalen Musikgesellschaft* 11/1 (1909/10), 1–25.

Adler, Guido: Umfang, Ziel und Methode der Musikwissenschaft. In: *Vierteljahrsschrift für Musikwissenschaft* 1 (1885), 5–20.

Baecker, Dirk: Kopfhörer. Für eine Kognitionstheorie der Musik. In: Marcus S. Kleiner/Achim Szepanski (Hg.): *Soundcultures. Über elektronische und digitale Musik.* Frankfurt a. M. 2003, 137–151.

Baumann, Max Peter: Musik. In: Christoph Wulf (Hg.): *Vom Menschen. Handbuch historische Anthropologie.* Weinheim/Basel 1997, 974–984.

Bierwisch, Manfred: Musik und Sprache. Überlegungen zu ihrer Struktur und Funktionsweise. In: *Jahrbuch Peters 1978.* Leipzig 1979, 9–102.

Born, Georgina: On musical mediation. Ontology, technology and creativity. In: *Twentieth-Century Music* 2/1 (2005), 7–36.

Carlé, Martin: Zeit des Mediums. Die Genese des Medienbegriffs im griechischen Denken. In: Friedrich Kittler/Ana Ofak (Hg.): *Medien vor den Medien.* München 2007, 31–59.

Clarke, Eric F.: *Ways of Listening. An Ecological Approach to the Perception of Musical Meaning.* Oxford 2005.

Debray, Régis: *Introduction à la médiologie.* Paris 2000.

DeNora, Tia: *Music in Everday Life.* Cambridge 2000.

Elschek, Oskár: Die musikwissenschaftliche Relevanz der Musikalischen Akustik in Vergangenheit und Gegenwart. In: August Schmidhofer/Stefan Jena (Hg.): *Klangfarbe. Vergleichend-systematische und musikhistorische Perspektiven.* Frankfurt a. M. 2011, 42–54.

Ernst, Wolfgang, Zum Begriff des Sonischen (mit medienarchäologischem Ohr erhört/vernommen). In: *PopScriptum*, Nr. 10 [2006–2008], http://www2.hu-berlin.de/fpm/popscrip/themen/pst10/pst10_ernst.htm (30.1.2018).

Ernst, Wolfgang: *Im Medium erklingt die Zeit. Technologische Tempor(e)alitäten und das Sonische als ihre privilegierte Erkenntnisform.* Berlin 2015.

Gerhard, Anselm (Hg.): *Musikwissenschaft – eine verspätete Disziplin? Die akademische Musikforschung zwischen Fortschrittsglauben und Modernitätsverweigerung.* Stuttgart/Weimar 2000.

Goldberg, Clemens: *Die Chansons Johannes Ockeghems. Ästhetik des musikalischen Raumes.* Laaber 1992.

Gouk, Penelope: *Music, Science and Natural Magic in Seventeenth-Century England.* New Haven, CT 1999.

Handschin, Jacques: *Der Toncharakter. Eine Einführung in die Tonpsychologie.* Zürich 1948.

Hennion, Antoine: Music and mediation. Towards a new sociology of music. In: Martin Clayton/Trevor Herbert/Richard Middleton (Hg.): *The Cultural Study of Music.* New York/London 2003, 80–91.

Kaden, Christian: »Was hat Musik mit Klang zu tun?!« Ideen zu einer Geschichte des Begriffs »Musik« und zu einer musikalischen Begriffsgeschichte. In: *Archiv für Begriffsgeschichte* 32 (1989), 34–75.

Kaden, Christian: Abschied von der Harmonie der Welt. Zur Genese des neuzeitlichen Musik-Begriffs. In: Wolfgang Lipp (Hg.): *Gesellschaft und Musik. Wege zur Musiksoziologie.* Berlin 1992, 27–54.

Kaden, Christian: Zeichen. In: Ludwig Finscher (Hg.): *Die Musik in Geschichte und Gegenwart.* Sachteil, Bd. 9. Kassel 1998, Sp. 2149–2220.

Kaiser-El-Safti, Margret: *Die Idee der wissenschaftlichen Psychologie. Immanuel Kants kritische Einwände und ihre konstruktive Widerlegung.* Würzburg 2001.

Keller, Peter E.: Joint action in music performance. In: Francesca Morganti/Antonella Carassa/Giuseppe Riva (Hg.): *Enacting Intersubjectivity. A Cognitive and Social Perspective to the Study of Interactions.* Amsterdam 2008, 205–221.

Klotz, Sebastian: Klang als epistemische Ressource und als operativer Prozess. In: Axel Volmar/Jens Schröter (Hg.): *Auditive Medienkulturen. Techniken des Hörens und Praktiken der Klanggestaltung.* Bielefeld 2013, 189–205.

Knepler, Georg: *Geschichte als Weg zum Musikverständnis. Zur Theorie, Methode und Geschichte der Musikgeschichtsschreibung.* Leipzig [2]1982.

La Motte-Haber, Helga de: *Klangkunst. Tönende Objekte und klingende Räume.* Laaber 1999 (= *Handbuch der Musik im 20. Jahrhundert*, Bd. 12).

Maier, Michael: *Jacques Handschins »Toncharakter«. Zu den Bedingungen seiner Entstehung.* Stuttgart 1991.

Piekut, Benjamin: Actor-networks in music history. Clarifications and critiques. In: *Twentieth-Century Music* 11/2 (2014), 191–215.

Polotti, Pietro/Rocchesso, Davide (Hg.): *Sound to Sense – Sense to Sound. A State of the Art in Sound and Music Computing.* Berlin 2008.

Riemann, Hugo: *Ideen zu einer »Lehre von den Tonvorstellungen«.* Leipzig 1916.

Riethmüller, Albrecht: »Stoff der Musik ist Klang und Körperbewegung«. In: Hans Ulrich Gumbrecht/K. Ludwig Pfeiffer (Hg.): *Materialität der Kommunikation.* Frankfurt a. M. 1988, 51–62.

Riethmüller, Albrecht: Musik zwischen Hellenismus und Spätantike. In: Ders./Frieder Zaminer (Hg.): *Die Musik des Altertums.* Laaber 1989 (= *Neues Handbuch der Musikwissenschaft*, Bd. 1), 207–318.

Rosmer, Stefan: Ein Museum als Ort der musikhistorischen Forschung. Zur Geschichte der Leipziger Museums für Musikinstrumente und zu Theodor Kroyers Konzeption der Musikwissenschaft als Klangforschung. In: Sebastian Klotz (Hg.): *Musik als Agens urbaner Lebenswelten. Musiksoziologische, musikethnologische und organologische Perspektiven. Bericht über den XIV. Internationalen Kongress der Gesellschaft für Musikforschung 2008*, Bd. 2. Leipzig 2012, 251–273.

Scherer, Wolfgang: *Klavier-Spiele. Die Psychotechnik der Klaviere im 18. und 19. Jahrhundert.* München 1989.

Stumpf, Carl: *Tonpsychologie.* 2 Bde. Leipzig 1883/90.

Trabant, Jürgen: Der akroamatische Leibniz. Hören und Konspirieren. In: *Paragrana* 2/1–2 (1993), Themenheft: *Das Ohr als Erkenntnisorgan*, 64–71.

Ullmann, Jakob: *Λόγος ἄγραφος. Die Entdeckung des Tones in der Musik.* Berlin 2006.

Wicke, Peter: Popmusik in der Theorie. Aspekte einer problematischen Beziehung. In: Helmut Rösing/Albrecht Schneider/Martin Pfleiderer (Hg.): *Musikwissenschaft und Populäre Musik. Versuch einer Bestandsaufnahme.* Frankfurt a. M. 2002, 61–73.

Wicke, Peter: Das Sonische in der Musik. In: *PopScriptum*, Nr. 10 [2006–2008], http://www2.hu-berlin.de/fpm/popscrip/themen/pst10/pst10_wicke.htm (30.1.2018).

Sebastian Klotz

25 Neurowissenschaften

Jede neurowissenschaftliche Beschäftigung mit Sound steht zunächst vor dem vielleicht trivial anmutenden Problem, wie Luftdruckschwankungen in der Zeit (denn nichts anderes ist Sound zunächst) in chemoelektrische Signale des Nervensystems übersetzt werden, welche Transformationen hierbei geschehen und entlang welcher makroskopischer Verarbeitungsbahnen dieses Signal dann weiterverarbeitet wird (für Übersichten zu diesen neurobiologischen Grundlagen des Hörens vgl. z. B. Poeppel et al. 2012; Popper/Fay 1992).

Warum müssen diese neurobiologischen Grundlagen Soundforscher/innen überhaupt interessieren? Die vorherrschende Komplexität hierbei besteht darin, dass Luftdruckschwankungen in der Zeit ein eindimensionales Signal darstellen – wie man sich leicht vergegenwärtigen kann, wenn man den Ausschlag solcher Schallwellen gegen eine Zeitachse abträgt. Dies unterscheidet bereits fundamental den Hör- vom Sehsinn, wo bereits die Netzhaut ein zweidimensionales Abbild unserer Umwelt festhält und wo entsprechend die Verschaltung bis in die sogenannte primäre Sehrinde mittels nur zweier Synapsen oder Schaltstationen und nur einer Kreuzung der beiden Bahnen vom linken und rechten Auge in die beiden Hirnhälften erfolgt. Räumliche Frequenzen (beispielhaft: grobe versus feine Streifen) schlagen sich also direkt bereits in der Netzhaut in einem Ortsprinzip nieder: Weiter entfernte Zellen encodieren aus der Umwelt weiter voneinander entfernte Signale.

Im Hörsinn hingegen folgt nicht zuletzt aus der Notwendigkeit, bereits den Ursprung des Schalls und seine Frequenzanteile errechnen zu müssen, dass die Anzahl der Synapsen bis zur sogenannten primären Hörrinde für diese afferente (d. h. hinführende) Zuleitung des Signals mindestens sechs beträgt, mit zahlreichen Verschaltungen zwischen den beiden Hirnhälften. Hinzu kommt (in allen Sinnesmodalitäten) eine hohe, diese afferenten Fasern sogar übertreffende Anzahl von sogenannten efferenten (d. h. ableitenden) oder *top-down*-Verbindungen. Diese sorgen dafür, dass die Verarbeitung von Schallsignalen bereits im Hirnstamm, und damit der Hörrinde weit vorgeschaltet, in gewissem Maße von unseren Hörabsichten und unserer Aufmerksamkeit beeinflusst werden kann. ›Aufmerksamkeit‹ stellt dabei jedoch lediglich eine Modulation, also eine Art Scheinwerfer (als visuelle Metapher) oder Filter (als eher auditive Metapher) für das eintreffende Signal dar: Wir identifizieren Signalanteile, selegieren sie und versuchen gleichzeitig, für unsere (Hör-)Ziele Irrelevantes zu unterdrücken (für Ein- und Weiterführungen zum Thema ›auditive Aufmerksamkeit‹ vgl. u.a Shinn-Cunningham/Best 2008; Strauß/Wöstmann/Obleser 2014).

Was nützt die neurowissenschaftliche Perspektive auf Sound?

Die Neurowissenschaften als Ganzes sind so vielfältig wie das Gehirn selbst. Der Hörsinn, mit seiner Komplexität hinsichtlich des zu encodierenden Signals, stellt mithin also einen besonderen Testfall dar, wenn man Hypothesen über Gehirnfunktionen anstellen und überprüfen will: Wie leistet es das Gehirn, zu hören, zuzuhören, zu verstehen? Entsprechend treffen in den Neurowissenschaften des Sounds bereits verschiedene Disziplinen aufeinander: Der Akustiker oder die Audiologin, die sich für Schall und seine (Weiter-)Verarbeitung ab dem Trommelfell interessieren, treffen auf den Psychologen oder die Neurobiologin, die Schall letztlich lediglich als besonders interessanten Fall der Signalverarbeitung und Signalinterpretation im Gehirn instrumentalisieren. In der vergangenen Dekade lässt sich eine deutliche Umorientierung dergestalt feststellen, dass das alternde Gehirn in Kombination mit den bekanntlich im Alter nachlassenden sensorischen Fähigkeiten in den Mittelpunkt beider Klassen der Hörforschung rückt. Mehr noch: Wir nutzen unseren Hörsinn, um auf Gehörtes zu reagieren und um zu kommunizieren. Deshalb bieten gerade auch jene Zweige der Neurowissenschaft, die sich eben nicht dezidiert mit Sound und dem Hören befassen, mögliche Zugänge an zu den vielfältigen Themen des Hörerlebens, grob einzuteilen in Probleme der sogenannten *intelligibility* (also des Sprachverstehens) und solche der sogenannten *quality* (also auch der emotionalen Aspekte des Hörens).

Insbesondere die Neurowissenschaften des Gedächtnisses, der Aufmerksamkeit, der Entscheidung wie auch des Affekts unterbreiten uns Antworten auf diese mannigfaltigen Problemstellungen, denen eine Hörerin oder ein Hörer sich ausgesetzt sieht, wenn sie oder er sich im Sound und in Reaktion auf Sound (Geräusche, Klang, Musik, Stimme, Sprache) verhalten muss und will.

Im Folgenden wollen wir jene zwei Aspekte der neuralen (also vom Gehirn geleisteten) Verarbeitung von Sound besonders in den Mittelpunkt rücken, die hier schon angedeutet wurden. Zum einen: Wie enco-

D. Morat, H. Ziemer (Hrsg.), *Handbuch Sound*, https://doi.org/10.1007/978-3-476-05421-0_25

diert und behandelt das menschliche Gehirn die Verständlichkeit oder *intelligibility* von Sound, d. h. zuvorderst: von gesprochener Sprache. Und zum anderen: Wie encodiert und behandelt das menschliche Gehirn die Qualitäten von Sound, womit hier vor allem seine affektiven und weiter gefasst auch musikpsychologischen Konnotationen gemeint sein sollen.

Gesprochene Sprache verstehen – mit dem Hörsystem allein nicht zu leisten

Auch aus neurowissenschaftlicher Perspektive ist also Hören nicht gleich Zuhören und Zuhören nicht gleich Verstehen. Zu verstehen (engl. *to comprehend*) beinhaltet mehr als nur ›zu verspüren‹ (z. B. Schalldruckänderungen am Trommelfell) oder ›wahrzunehmen‹ (z. B. eine bestimmte Tonhöhe oder eine erworbene Vokalkategorie). Die kognitiven und neuralen Korrelate des Sprachverstehens gehen also sehr wahrscheinlich über jene Prozesse hinaus, die Sprachgeräusche ›decodieren‹ (bzw. im Nervensystem ›encodieren‹). Auch muss eine vollständige Beschreibung der funktionellen Organisation des Sprachverstehens im menschlichen Gehirn die anatomischen Grenzen der Hörbahn hinter sich lassen. In den vergangenen zwanzig Jahren wurden wichtige Fortschritte erzielt hinsichtlich der Organisationsprinzipien des Hörsystems und der relevanten anatomischen Verarbeitungspfade. Parallel hierzu, aber aus teilweise anderen Forschungstraditionen kommend, waren Fragen des Hörverstehens und der Verzahntheit von Akustik und Kognition bereits lange Gegenstand ausführlicher Verhaltensforschung (besonders folgenreich auch für die technische Nutzung dieser psychoakustischen Erkenntnisse Fletcher 1929). Die Frage blieb und bleibt, wie das Gehirn aus den Bruchstücken, eines sogenannten degradierten Sprachsignals (wie es am Telefon, auf Partys, aber eben auch im Hörgerät und im Innenohr-Implantat auftritt) Phoneme, Worte und vor allem Sinnzusammenhänge (re-)konstruiert: Welche Hirnareale erlauben einen solchen, vom eigentlichen Signal allein nicht erwartbaren Zugewinn an Sprachverständlichkeit?

Eindrücklich zeigte sich dieses ›Mehr‹, welches das Verstehen von Sprache auszeichnet, in einer 2007 veröffentlichten Studie von Jonas Obleser, Richard Wise, Alex Dresner und Sophie Scott, die hier exemplarisch erwähnt sei, weil sie illustriert, wie sich die Grenzen dessen, was man als das ›hörende Gehirn‹ bezeichnen würde, schleichend erweitern. Die Studienteilnehmer/innen hörten Sätze in verschiedenen Degradierungsstufen, um die Sprachverständlichkeit zu variieren. Die Sätze endeten mit einem Schlüsselwort (z. B. »strap«), welchem entweder ein semantisch eingrenzender Satzrahmen vorherging (hoch vorhersagbar: »My sandal has a broken strap«) oder ein Satzrahmen ohne solche Eingrenzungen (kaum vorhersagbar: »They were interested in the strap«). Hohe Vorhersagbarkeit führte zu einem erstaunlichen Sprachverständnis-Zugewinn. Dies zeigte sich aber vor allem bei mittelgradiger Degradierung des Sprachsignals, wo hohe (versus niedrige) semantische Vorhersagbarkeit das Verstehen des satzfinalen Schlüsselwortes nahezu verdoppelte. Dieser Zugewinn im Verständnis ging mit erhöhter Hirnaktivität in einem breit verteilten, links-hemisphärischen Netzwerk um den linken Gyrus angularis, dem präfrontalen Kortex sowie dem posterioren Cingulum einher (vgl. Abb. 25.1a).

Diese Areale zeichnet allesamt aus, dass sie fernab der eigentlichen primären Hörrinde (approximativ eingezeichnet als weiße Umrandung) zu finden sind und als hierarchisch hochstehende, heteromodale (d. h. nicht an eine Sinnesmodalität gebundene) Hirnteile verstanden werden. Darüber hinaus fand sich die sogenannte effektive Konnektivität zwischen diesen Arealen ebenfalls erhöht beim Verstehen mittelgradig degradierter, aber hoch vorhersagbarer Sätze. Daraus wurde geschlossen, dass der nützliche Einfluss semantischer Vorhersagen auf das Sprachverstehen zumindest teilweise in einer verbesserten Synchronisation von Hirnaktivität in einem gyrus-angularis-zentrierten Netzwerk wurzelt. Dies spiegelt wahrscheinlich die zusätzlichen konzeptuellen und semantischen Prozesse wider, die erst aufgrund eines reichhaltigeren semantischen Kontexts möglich werden – eine Interpretation, der nachzugehen sein wird. Wie auch der nächste Abschnitt verdeutlichen wird, ist aber die Neurowissenschaft von Geräusch, Sound, Sprache und Musik längst nicht mehr zu verstehen (oder auch nur zu betreiben) als eine nur intern valide, hoch experimentell kontrollierte, auf das Labor beschränkte Arbeit am Hörsystem im engeren Sinne.

Geräusche und Klänge – die Neurowissenschaften des Sounds jenseits der Sprache

Außer den Haarzellen in der Cochlea sind auch Rezeptoren im Vestibularsystem sensitiv für Sound (für eine Übersicht vgl. Koelsch 2014). Bereits der Nucleus vestibularis projiziert sowohl in das somatomotori-

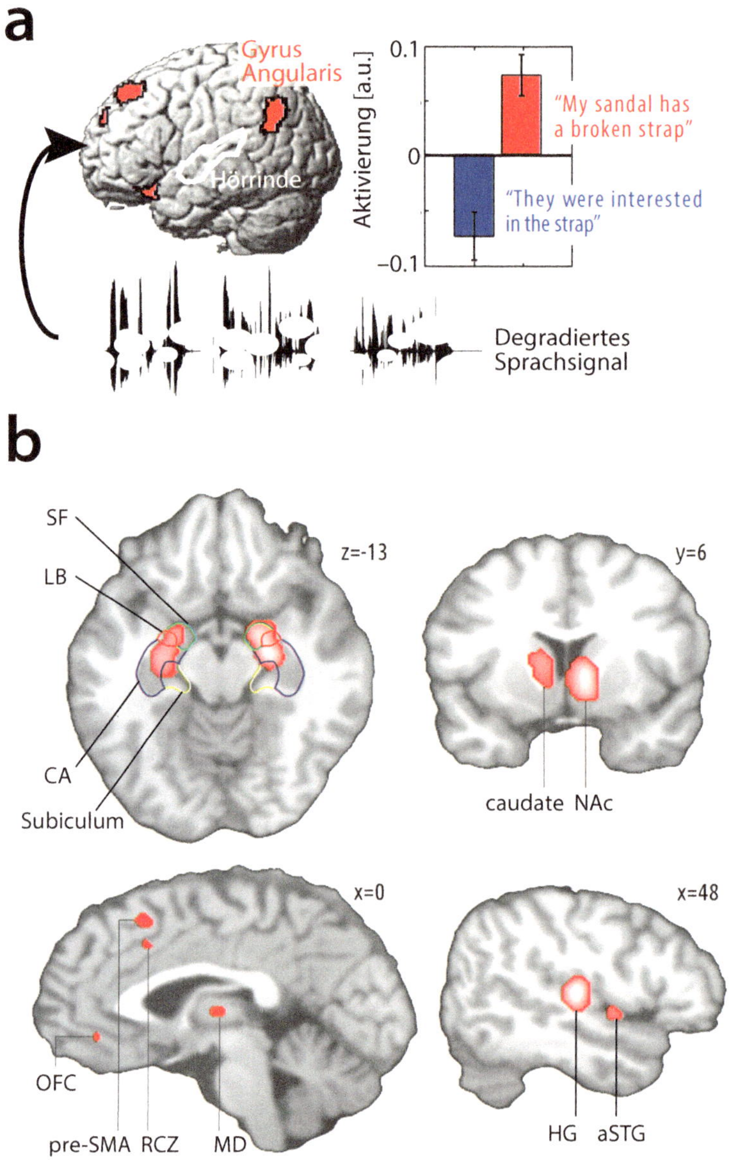

Abb. 25.1
a) Illustration des Sprachverstehens bei stark degradiertem Klang (nach Obleser et al. 2007). Nicht die Hörrinde (approximativ in weiß eingezeichnet), sondern erweiterte, sogenannte heteromodale Areale wie der Gyrus angularis (in rot) sind verstärkt aktiv, wenn semantischer Sinnzusammenhang (rot vs. blau) anstatt der Akustik per se (symbolisch degradierte Wellenform des Signals unten) erst das Sprachverstehen ermöglicht.
b) Illustration neuronaler Korrelate musik-evozierter Emotionen (nach Koelsch 2014). SF, LB: Subzentren der Amygdala; CA: Ein Teil der Hippocampus-Formation; OFC: Die sogenannte orbitofrontale Hirnrinde; SMA: Das sogenannte supplementär-motorische Areal; RCZ: Die sogenannte rostrale cinguläre Zone; MD: Ein Subzentrum des Thalamus; HG, aSTG: Teile der primären und sekundären Hörrinde.

sche System als auch in das vegetative (›autonome‹) Nervensystem. Auch Hirnstammkerne der Hörbahn projizieren in diese Systeme. Dadurch kann Sound bereits auf sehr frühen Verarbeitungsstufen Bewegungen sowie aktivierende, emotionale Effekte hervorrufen. Subkortikale Verarbeitung von Klängen ruft also nicht nur akustische Sensationen, sondern auch muskuläre und vegetative Reaktionen hervor (solche Reaktionen tragen z. B. zu den viszeralen emotionalen Effekten von Musik bei oder zum Impetus, sich zu Musik zu bewegen).

Jenseits des Hirnstamms können praktisch alle Hirnstrukturen, die wichtig für Emotionen sind, durch Musik aktiviert werden. Abb. 25.1b illustriert einige dieser Hirnstrukturen. Beispielsweise ruft Musik Aktivität im sogenannten Belohnungssystem (bzw. ›Spaßsystem‹) des Gehirns hervor. Dieses System umfasst den Nucleus accumbens im ventralen Striatum, den mediodorsalen Thalamus, die Amygdala, den orbitofrontalen Kortex, den cingulären Kortex sowie (nicht in Abb. 25.1b dargestellt) den insulären Kortex.

Abb. 25.1b zeigt außerdem, dass durch Musik hervorgerufene Emotionen auch Aktivität im Hippocampus hervorrufen können. Was den Hippocampus angeht, so ist am meisten über dessen kognitive Funktionen bekannt (z. B. mit Blick auf das Gedächtnis oder die räumliche Orientierung), allerdings generiert diese Hirnstruktur auch bindungsbezogene Emotionen (›attachment-related emotions‹; vgl. Koelsch et al. 2013). Die Aktivierung des Hippocampus durch Musik hängt wahrscheinlich mit der Aktivierung sozialer Funktionen (z. B. Kommunikation, Koordination bzw. Synchronisation von Bewegungen, Kooperation und soziale Kohäsion) zusammen, d. h. mit bindungsbezogenen Emotionen (z. B. Sympathie, Mitgefühl, Freundschaft oder gar Liebe), die mit der gemeinschaftlichen Beteiligung an diesen Funktionen assoziiert sind.

Musik kann durch unterschiedliche Prinzipien Emotionen hervorrufen (für Details vgl. z. B. Juslin/Sloboda 2010; Koelsch 2012), etwa (1) durch Klänge, die angenehm bzw. unangenehm sind, (2) durch emotionale Resonanz (z. B. Empathie), welche durch den Ausdruck von Emotionen durch Musik hervorgerufen wird, (3) durch emotionale Erinnerung, die mit der Musik verbunden ist, (4) durch Spannung und Entspannung, musikalische Erwartungen und Überraschungen, (5) Erfinden von Musik (Improvisation, spontanes Tanzen) oder vorgestellte Bilder, die durch das Hören von Musik entstehen können, (6) Verstehen von Musik und (7) die Beteiligung an sozialen Funktionen (z. B. gemeinsames bzw. synchrones Bewegen zur Musik).

Zusammenfassung und Ausblick

Natürlich kann konstatiert werden, dass die Neurowissenschaften derzeit (noch) ein reduktionistischer Blick auf Sound auszeichnet. Zum einen dominiert das Interesse an bestimmten Bereichen des Gehirns – neuroanatomisch oder funktional vordefiniert – die jeweilige experimentelle Untersuchung. Zum anderen und damit einhergehend beschränkt sich jeder neurowissenschaftliche Zugang in der Regel auf eine wohlgewählte Definition von Sound – zum Beispiel der Sound als spektrale Zusammensetzung eines Vokals, der Sound als Klangfarbe einer Stimme oder der Sound als Träger emotionaler Konnotationen. Von den Neurowissenschaften als erster Disziplin daher ein umfassendes Verständnis von Sound zu erwarten, wäre fehlgeleitet.

Es steht aber außer Frage, dass die Neurowissenschaften unser Beschreibungsrepertoire für Sound und damit unser Verständnis von Klang und Klangerzeugung bereits erheblich erweitert haben. Verhaltensrelevanter Sound (z. B. Sprache) und verhaltenswirksamer Sound (z. B. Musik) ziehen komplexe Aktivierungsmuster auf vielen Verarbeitungsebenen des Gehirns nach sich – und eben nicht nur in den im engeren Sinne auditiven Hirnarealen. Musikalischer wie sprachlicher Sound kann alle Emotionszentren des Gehirns aktivieren, und umgekehrt ist die Hörrinde eben nicht nur für die Wahrnehmung von Klängen wichtig, sondern auch für das Auslösen emotionaler Reaktionen auf diese Klänge. Nicht zuletzt hat die Neurowissenschaft gezeigt, dass etliche derjenigen Strukturen im Gehirn, die zuvor oft verkürzend als reine Sprachstrukturen aufgefasst wurden, auch musikalischen und anderwärtig verhaltensrelevanten Sound verarbeiten.

Eine weitere althergebrachte Trennung, die durch Ergebnisse der Neurowissenschaften zunehmend infrage gestellt wird, ist jene zwischen Rezeption oder Perzeption von Sound einerseits und der Hervorbringung von Sound – sei es Musik, sei es Sprache – andererseits. In jenem Maße also, in dem die neurale Verarbeitung all dieser Teilaspekte von Sound besser verstanden wird, wird auch ein erweiteter Zugang auf das Konstrukt ›Sound‹ für die – in der Anlage reduktionistische – Wissenschaft von der Neurobiologie des Gehirns sich als fruchtbar erweisen.

Verwandte Beiträge: Kap. 3 (Emotionalität); Kap. 4 (Gedächtnis); Kap. 30 (Wissenschaftsgeschichte); Kap. 45 (Fabrik).

Literatur

Fletcher, Harvey: *Speech and Hearing*. New York 1929.
Juslin, Patrick N./Sloboda, John A. (Hg.): *Handbook of Music and Emotion. Theory, Research, and Applications*. Oxford/New York 2010.
Koelsch, Stefan: *Brain and Music*. Chichester/Hoboken, NJ 2012.
Koelsch, Stefan: Brain correlates of music-evoked emotions. In: *Nature Reviews Neuroscience* 15/3 (2014), 170–180. doi: 10.1038/nrn3666.
Koelsch, Stefan/Jacobs, Arthur M./Menninghaus, Winfried/Liebal, Katja/Klann-Delius, Gisela/Scheve, Christian von/Gebauer, Gunter: Ein neurofunktionales Modell von Emotionen. In: Erich Schröger/Stefan Koelsch (Hg.):

Affektive und Kognitive Neurowissenschaft. Göttingen u. a. 2013, 307–342.

Obleser, Jonas/Wise, Richard J./Dresner, M. Alex/Scott, Sophie K.: Functional integration across brain regions improves speech perception under adverse listening conditions. In: *The Journal of Neuroscience* 27/9 (2007), 2283–2289. doi: 10.1523/JNEUROSCI.4663-06.2007.

Poeppel, David/Overath, Tobias/Popper, Arthur N./Fay, Richard R. (Hg.): *The Human Auditory Cortex*. New York 2012.

Popper, Arthur N./Fay, Richard R. (Hg.). *The Mammalian Auditory Pathway: Neurophysiology*. New York 1992.

Shinn-Cunningham, Barbara G./Best, Virginia: Selective attention in normal and impaired hearing. In: *Trends in Amplification* 12/4 (2008), 283–299. doi: 10.1177/1084713808325306.

Strauß, Antje/Wöstmann, Malte/Obleser, Jonas: Cortical alpha oscillations as a tool for auditory selective inhibition. In: *Frontiers in Human Neuroscience* 8 (2014), 350. doi: 10.3389/fnhum.2014.00350.

Jonas Obleser / Stefan Koelsch

26 Philosophie

Hörbares – all das, was tatsächlich oder möglicherweise klingt – ist seit ihren Anfängen ein Thema für die Philosophie. Schon Pindar (um 517–438 v. Chr.) beschäftigt das, was klingt, wie er auch den Gedanken verfolgt, dass das Wesen des Klanges mit den Gesetzmäßigkeiten des Universums zusammenhängt. Zu dieser Zeit finden wir den weiteren Gedanken, dass auch die Gesetzmäßigkeiten des Universums selbst ›klingender Natur‹ sind. Grundlage – und zugleich Bedeutung – dieses Gedankens ist die Tatsache, dass die Relation zwischen einzelnen Klängen in Zahlenverhältnissen erfasst werden kann – sodass zum Beispiel das Verhältnis 1:2 oder 2:4 die Oktave bestimmt, das Verhältnis 2:3 die reine Quinte und das Verhältnis 3:4 die reine Quart – und dass Proportionen dem bis zu Kopernikus gültigen ptolemäischen Weltbild zufolge auch den Aufbau des Universums bestimmen. Für den Philosophen und Mathematiker Pythagoras (um 570–495 v. Chr.) ist Klang sowohl ein Fenster zu als auch ein Spiegel der grundlegendsten Struktur des Universums: »Das Sein der Dinge und der Welt ist Harmonie, Einigung des Verschiedenen [...], und diese Harmonie ist ein Verhältnis von Zahlen«, so Gunter Scholtz (1984, 243) über die pythagoreische Lehre. Auch das Weltall kommt durch die Bewegung der Gestirne zum Klingen, doch die ›Harmonie‹ bzw. das Klingen jener Sphären ist für das menschliche Gehör aufgrund seiner Dimensionen, so Aristoteles, nicht wahrzunehmen (vgl. Heinemann 2004, 12 f.).

Im antiken Denken setzt die Hörerfahrung den Hörer also den Grundgesetzen des Universums aus – jene sind hörbar und sinnlich erfahrbar. Das Hören ist also von großem epistemischem Wert, und der Klang selbst ist metaphysisch offenbarend in dem Sinn, dass er die Grundgesetze des Universums hörbar und sinnlich erfahrbar macht. Trotz beträchtlicher Veränderungen des geistigen, wissenschaftlichen und gesellschaftlichen Kontexts, in dem die Philosophie operiert, bleibt das Argument und das Verständnis um eine metaphysische Dimension des Klangs bis heute intakt. So schreibt zum Beispiel Arthur Schopenhauer im 19. Jahrhundert – also zwanzig Jahrhunderte nach Pindar und Pythagoras –, dass Musik den absoluten Grund der Welt unmittelbar darstellt und dass sie »eine geheime metaphysische Übung des unbewusst philosophierenden Geistes« sei (Schopenhauer 1873 [1819], 309, 313; Zit. im Orig. lat., Übers. A. G.). Noch einmal 200 Jahre später ist Klang schließlich, wie für den Philosophen Gunnar Hindrichs (2015), ein autonomer metaphysischer Gegenstand der ästhetischen Vernunft, und die gegenwärtige Metaphysik widmet sich in jüngster Zeit direkt (und in systematischer Weise) dem Phänomen des Sounds (z. B. O'Callaghan 2007; O'Callaghan/Nudds 2009).

In diesem Zusammenhang werden Fragen nach der Ontologie von Sounds gestellt (Was für ein Ding ist ein Sound?), nach ihrem Wesen (Sind Sounds sekundäre Eigenschaften wie Farben?) und ihrem Inhalt (Was hören wir eigentlich, wenn wir etwas hören?). Und weiterhin: Ist ein Sound ein Gegenstand, ein Geschehnis oder ein Bündel von Eigenschaften? Wo befindet sich ein Sound, den wir hören? Befindet sich der Sound im Raum oder im Ohr? Und: Können wir die Stille hören? Wenn ja, was sagt uns das über den Begriff des Sounds oder eines hörbaren Etwas? Auch in der Philosophie der Wahrnehmung ist in jüngster Zeit Sound als außer-musikalischer und außer-ästhetischer Gegenstand etabliert. Die Beweggründe, die zu dieser Trendwende geführt haben, sind den Beweggründen jener Forscher/innen, die das Forschungsfeld der Sound Studies etablierten, nicht unähnlich: Es ist das Einsehen, dass die Diskurse über die Natur der menschlichen Wahrnehmung zu sehr vom Kardinalfall der visuellen Wahrnehmung ausgehen (vgl. O'Callaghan 2007, iii, iv).

Dabei werden die folgenden Fragen zum Inhalt von Sound oder Hörgeschehnissen behandelt: Wenn wir hören, hören wir dann nur Geräusche (*sounds*) oder hören wir Geschehnisse, Geschehnisse wie das Zuschlagen der Tür oder das Vorbeifahren des Autos? Setzt unsere Hörerfahrung die Gegenwart eines Raumes voraus, wie das etwa im Fall der Wahrnehmungsmodalität des Sehens der Fall ist? Was, wenn irgendetwas, unterscheidet unser Hören von (außer-musikalischen) Sounds von unserem Hören von Sounds als Musik oder als gesprochener Sprache? Wenn wir Sprache hören, hören wir dann (ihre) Bedeutung als auditive Eigenschaft? Oder können wir Bedeutung nur verstehen und nicht wahrnehmen? Letzteres, ob das Verstehen der Bedeutung von etwas Gesagtem eine Frage der Hörwahrnehmung oder eine Frage der Kognition ist, ist keine neue Frage in der Sprachphilosophie (vgl. McDowell 1998; O'Callaghan/Nudds 2009, 6–21). Diese Frage ist insofern von höchster Relevanz, als – falls die Wahrnehmung von Bedeutung nicht eine Frage der Kognition ist, sondern eine Frage der Hör-Sinn-Wahrnehmung – dies möglicherweise Auswirkungen hat auf unser Verständnis von Sprachbedeutung als etwas allgemein Zugänglichem (vgl. McDowell 1998; Frege 1918). Was jedoch neu ist, ist die Mitberücksich-

D. Morat, H. Ziemer (Hrsg.), *Handbuch Sound*, https://doi.org/10.1007/978-3-476-05421-0_26

tigung einer beträchtlichen Menge an empirischen Forschungen zum Thema des Wesens der Hörwahrnehmung von Sprache wie insbesondere auch die Mitberücksichtigung der Frage, ob und wie sich diese im Falle von Sprachen, die man versteht, unterscheidet von Fällen vom Hören von Sprachen, die man nicht versteht (vgl. O'Callaghan 2015). Die Frage nach dem Sprachklang bzw. der Intonation des Gesprochenen hat zudem Eingang in die Bedeutungstheorie gefunden (vgl. Büring 2015). Ein weiterer neuer Ansatz betrachtet Sprachklang als Handlung, als eine Art ›Antwort‹ auf die Umstände, in denen sich der Sprecher befindet. Hier erscheint Klang als eine Bezugnahme auf Handlungsgründe (vgl. Grünberg 2020 [im Ersch.]).

Neben dieser historischen Kontinuität, Klang als metaphysisch relevanten Gegenstand zu sehen, gibt es noch einen weiteren Zusammenhang, der sich durch die Geschichte der Philosophie zieht: Das ist der Zusammenhang zwischen Klang (oder der Art des Klangs) und Fragen der praktischen Vernunft. Hierbei sehen wir insbesondere das Postulat einer Verbindung zwischen Tonart (oder Tongeschlecht) und Art des Handelns. Dieser Zusammenhang erscheint zum ersten Mal in der Antike, insbesondere bei Platon, aber auch bei Aristoteles, und noch heute ist er – unter zum Teil völlig anderen Prämissen und in stark veränderter Form – in der Kognitionswissenschaft präsent (vgl. Sacks 2008). Ein spezifischer Zusammenhang zur Ästhetik etabliert sich demgegenüber als eigenständiger Gegenstand philosophischer Betrachtung erst im Laufe des 18. Jahrhunderts. Seit dem 18. Jahrhundert steht die ästhetische Betrachtungsweise – von Klang als Musik – im Vordergrund. Diese Hegemonie hielt sich bis in die jüngste Zeit, in der, wie bereits geschildert, ein erneutes Interesse an Klang und Sound als außermusikalischem Gegenständen einsetzte.

Was die Periode vor dem 18. Jahrhundert betrifft, und insbesondere die Antike, ist zu betonen, dass eine Bezugnahme auf Klang und Musik – auch wenn sie innerhalb eines die Musik selbst erwähnenden Kontexts stattfand – nicht auf Klang als eigenständigen ästhetischen oder musikalischen Gegenstand im heutigen Sinn gerichtet war. Vielmehr wurde Klang oder Musik immer als Teil einer grundlegenderen Ontologie verstanden, in der Klang und Musik selbst das Ordnungsprinzip dieser Ontologie darstellten. Das antike Verständnis von allem Klingenden war es, das Klingende als ›Darstellung der Ordnung des Kosmos‹ zu sehen, und dies nicht nur in dem Sinne, dass die Ordnung des Kosmos denselben Gesetzmäßigkeiten unterliegt wie das Wesen des Klangs, sondern darüber hinausgehend, dass die gesamte Ordnung des Seienden als eine ›klangliche‹ verstanden wurde. Hindrichs arbeitet den Gegensatz zwischen der aus der Antike stammenden Vorstellung von Klanglichem als integralem Bestandteil einer umfassenden Ontologie und der Moderne in der folgenden Weise heraus: Während »[d]ie antike Auffassung vom Kunstwerk« dieses »als ein besonderes Seiendes in einer allgemeinen Ordnung« versteht, bestimmt sich das moderne Kunstwerk gerade dadurch, »daß es seine Zugehörigkeit zu den Grundgesetzen einer allgemeinen Ordnung aufgekündigt hat« (2015, 14).

Begriffliches: Klang, Ton, Geräusch, *Musiké*, Musik

Der englische Begriff ›Sound‹ trägt im Deutschen sowohl die Bedeutung von Geräusch als auch die von Klang. Das Klingen enthält dabei – anders als das, was wir als Geräusch bezeichnen würden – auch einen Aspekt von ›nachhallen‹, und dies im Sinne von ›im Raum seinen Nachhall finden‹. Folgende Definition oder Explikation des Begriffs ›Sound‹, die sowohl unser Verständnis des Begriffs ›Klang‹ als auch unser Verständnis des Begriffs oder des Phänomens ›Geräusch‹ umfasst, sei daher hier vorgeschlagen: Mindestens ist all das Sound (Geräusch und Klang), was als hörbarer Gegenstand oder als hörbares Ereignis auftaucht. In diesem Sinne umfasst Sound auch die Musik, die als soziale Praxis und als musikalischer Bedeutungszusammenhang über die Phänomene ›Klang‹ und ›Geräusch‹ hinausgeht.

Trotz dieser systematischen Explikation des Begriffs ›Sound‹ als Klang und Musik in seinem Grunde als Möglichkeit mit einschließend, sollten wir nicht aus den Augen verlieren, dass unter Hörbarem in der Philosophiegeschichte sehr Verschiedenes verstanden wurde und dass, wie oben angedeutet, der Unterschied zwischen dem Hören von Geräuschen und dem Hören von Geräuschen als Sprache oder als Musik beträchtlich ist und viele Frage aufwirft, die das Wesen des Hörens betreffen. Auch soll diese systematische Explikation von Sound als Hörbarem nicht dazu dienen, jene Stimmen aus den Augen und Ohren zu verlieren, die argumentieren, dass musikalische Klänge – egal welcher Form – einen ontologisch anderen Gegenstand darstellen als nicht-musikalische Klänge (vgl. Hindrichs 2015).

Mit dem antiken Begriff der *Musiké* findet sich in der Geschichte der Philosophie schließlich noch ein weiterer Begriff, der weit über die bisher erwähnten Konzepte hinausgeht und der sich als Gegenstand philosophischer Überlegungen durch die gesamte Antike zieht. Wir treffen diesen Begriff zum ersten Mal bei Pindar an. Obwohl einige unserer heutigen Begrifflichkeiten von ihm abstammen, ist uns das seinerzeitige Verständnis von *Musiké* mittlerweile fremd. Der Begriff umfasst das Klangereignis (im hier dargelegten minimalen Sinn), bezeichnet aber auch eine Einheit von Wort, Ton und Bewegung (Tanz). Er ist Teil des pythagoreischen Klang- oder Sound-Verständnisses, das Zahlenverhältnisse und ihre Harmonien als ontologisches Ordnungsprinzip sieht, und verbindet die Praxis der Tonkunst mit der »Wissenschaft der Harmonie« (Scholtz 1984, 242), die wiederum als »Philosophie und Theologie der Akustik« (Richter 1961, 2) verstanden wird. Auch der Begriff der musischen Erziehung oder Bildung entstammt direkt dem antiken *Musiké*: die Ausbildung des Geistes durch Lesen, Schreiben, Gesang, Lyraspiel und all jene Betätigungen der späteren *Artes liberales* (vgl. Scholtz 1984, 242).

Antike und Mittelalter

Das philosophische Nachdenken über Klang geht auf die Anfänge der Philosophie zurück. Auf die umfassende metaphysische Rolle der Klänge im antiken Denken wurde bereits hingewiesen. Dabei spielt das Denken Pythagoras' eine zentrale Rolle. Für Pythagoras ist die Natur des Klangs identisch mit der Natur des Universums. Beide sind als Beziehung zwischen numerischen Größen gedacht. »Zahl und Größe sind die beiden ›verschwisterten Urgestalten des Seienden‹ [...], sie durchwalten den sichtbaren Kosmos, kommen im Klang zu hörbarer Erscheinung und konstituieren universale Harmonie« (Scholtz 1984, 243). Die Pythagoreer erheben die Struktur der Beziehung der Töne untereinander – d. h. ihrer numerischen Relationen – zur Grundstruktur der Ordnung alles Seins. Diese Schlussfolgerung beruhte auf einer Identifizierung des Seins von Zahlen mit dem Sein von Dingen. »Alles Seiende ist Zahl«, hebt Hindrichs für die Pythagoreer hervor, und weiter: »Zu dieser Identifizierung von Zahl und Seiendem [...] wurden die Pythagoreer aber durch die Einsicht in musikalische Harmonien und deren Proportionen gebracht« (Hindrichs 2015, 9). Eine zentralere und grundlegendere Rolle für bestimmte Hörgeschehnisse als die ihnen hier zugesprochene als ontologischem Ordnungsprinzip ist kaum vorstellbar. Für Pythagoras unterliegen die kosmische Ordnung, die menschliche Seele und die Welt der Klänge einem einzigen Vernunftprinzip – nämlich dem der klingenden Zahlenverhältnisse und Harmonien. Diese Sichtweise bezieht sich auch auf die Ordnung der menschlichen Seele; und auch auf die Vorstellung von politischer Ordnung. Ein Ausdruck dieses Gedankens findet sich in Platons *Politeia* wieder, wo er davon spricht, dass »die menschliche Seele nach dem Tode ihr Jenseits inmitten einer Harmonie der Notwendigkeit findet, die sich in einer Art Sphärenmusik zeigt« (ebd., 10).

Obwohl sowohl Platon als auch Aristoteles vor dem Hintergrund der pythagoreischen Tradition dachten, unterscheiden sie sich untereinander wie auch jeweils von Pythagoras. Für Platon gehört *Musiké* als die Wissenschaft der Harmonie zu den vier *Mathemata*, die die Seele vom Bereich des Werdens abwenden und zum Sein hinführen. Platons Philosophie ist in unserem Zusammenhang vor allem wichtiges Dokument dafür, dass *Musiké* als Tonkunst in den Kontrollbereich der praktischen Vernunft einbezogen wird (vgl. Scholtz 1984, 243). Ein Beispiel für Platons Adaption des pythagoreischen Gedankens, dass die Seele den gleichen Schwingungen unterliegt wie das Universum, ist sein Argument, dass es eine direkte Wechselbeziehung zwischen unserem Verhalten gibt und den Klängen, denen wir ausgesetzt sind: Die wilden, lärmenden Klänge der Korybanten seien zu verbieten, da sie eine negative Wirkung auf unser moralisches und ziviles Verhaltens haben, so Platon in einem berühmten Argument im *Timaios*.

Das Musik-und-Klang-Verständnis von Aristoteles hingegen leitet das Ende der Vorstellung ein, wonach Klangliches ein integraler Bestandteil ›universeller kosmischer Harmonie‹ ist: Das Wesen des Klanges wird nun von einer fundamentalen ontologischen Weltsicht abgekoppelt. Was jedoch bleibt, ist die Verbindung zur Mathematik: Klang, Akustik und Harmonie werden nun primär als eine Sache der angewandten Mathematik verstanden (vgl. ebd., 242). Folglich ist Musik nur noch ›Tonkunst‹. Damit gehört sie in den Gegenstandsbereich der praktischen Philosophie; ihre Ausübung ist »ein Werke herstellendes, praktisches Wissen« (Richter 1961, 112 f.).

Trotz Aristoteles' naturalistischer Wendung bleibt die platonisch-pythagoreische Konzeption von Klang als Teil einer systematischen Ordnung des Seins noch im 18. Jahrhundert fest im Denken über Klang und Musik verankert. Für Alexander Gottlieb Baumgarten – eine zentrale Figur in der Begründung der modernen Ästhetik – bezeichnet die »musica philosophica«

weiterhin die systematische Ordnung des Seins (Baumgarten 1968 [1770], § 148).

Die Spätantike -um noch einmal einen Schritt zurückzugehen – sieht eine verstärkte Rückkehr zu einem ontologisch verwurzelten Verständnis von Musik. So beschreibt Aristeides Quintilianus Musik als Wissenschaft der universellen Ordnung und versteht die Musikpraxis als Anwendung solcher universalen kosmischen Prinzipien (vgl. Scholtz 1984, 245). Das Denken von Boethius schließlich (um 480–524) antizipiert das mittelalterliche Verständnis von Klang und Musik in anschaulicher Weise. Auch hier treffen wir wieder sowohl die ontologische als auch die praktische Bedeutung an. Boethius spricht von der »musica mundana«, was die Musik des Weltalls bezeichnet, und der »musica humana«, was die Musik des Menschen und auch die Harmonie zwischen Leib und Seele bezeichnet. Der Begriff der »musica instrumentalis« bezeichnet letztlich die vom Menschen künstlich erzeugte ›Musik‹. Weiterhin typisch für die Konzeption des Spätantike – wie dann auch für die des Mittelalters – ist der Vorrang der Theorie vor der musikalischen Praxis (vgl. ebd., 245 f.).

Als mathematische Verstandeswissenschaft, die dem Herzen verbunden ist, findet die Musikwissenschaft denn auch Eingang in den kirchlichen Kultus. Die frühen Kirchenväter Ambrosius (um 340–397) und Johannes Chrysostomos (um 345–407) sahen, so Scholtz, im Psalmengesang »das Abbild des Gesangs der Engel und der Heiligen und die Reinigung der Seele für den Hl. Geist« (ebd., 246). Diese Vorstellung, wonach Gesang (Klang) unsere Seele zu reinigen vermag, hat antike Wurzeln. Auch in der theologischen Deutung bleibt in gewisser Weise das pythagoreisch-platonische Bild intakt: Musik »ist körperliche, ›klingende‹ Zahl, der die ewige, rein geistige Zahl zugrunde liegt« (ebd.) – zu ihr soll nun die Seele hingelenkt werden.

Das Verständnis von Musik als Abbild Gottes, die die Seele zurück ins Jenseits führt – wo sie bereits vor ihrer irdischen Inkarnation an jener teilhatte – bleibt auch in der Renaissance gegenwärtig. Sogar der moderne Rationalismus hält fest an einer Vorstellung der Musik als »universale[r] Geltung mathematischen Begreifens [...] auf dem Feld des Schönen« (ebd.). Der (später von Schopenhauer variierte) Satz von Gottfried Wilhelm Leibniz (1646–1716), wonach die Musik eine »geheime[ ] arithmetische[ ] Übung des unbewußt zählenden Geistes« ist (zit. nach ebd., 247), begreift in ähnlicher Weise die Klangwahrnehmung als ein unbewusstes mathematisches Verfahren des Gehörsinns, von dem nur das Gefühl des Wohlbehagens oder Missbehagens ins Bewusstsein tritt.

Erst Johann Gottfried Herder (1744–1803) ist es, der Musik nicht mehr als Teil einer regelgeleiteten göttlichen Ordnung versteht. Regeln sind bei Herder nicht länger Teil einer göttlichen Ordnung, sondern nur noch ›tote Formeln‹, und Mathematik hat sich von der Metaphysik entkoppelt. Gleichwohl bleibt auch für Herder Musik ein Medium, welches uns mit Höherem verbindet (vgl. ebd.). Diese Gedankenfigur – Musik als Verbindung zu oder Ausdruck eines ›Höheren‹ – bleibt bis in die jüngere Gegenwart hinein lebendig. Dies hat wahrscheinlich auch mit dem schwer fassbaren ›Inhalt‹ von musikalischen und nicht-musikalischen Klängen zu tun und mit der schwierig zu beantwortenden Frage, was sie bedeuten.

Moderne

Wie erwähnt, steht seit dem 18. Jahrhundert die ästhetische Betrachtungsweise – von Klang als Musik – im Vordergrund. Hier erscheint sie einerseits als Ausdruck tiefer menschlicher Empfindung (Herder, Moses Mendelssohn), andererseits als Möglichkeit eines tiefen (metaphysischen) Wissens (Jean Paul, Wilhelm Heinrich Wackenroder, Schopenhauer). Wie in der Neuzeit hervorgehoben wird, u. a. von Charles Batteux und Denis Diderot, haben, anders als im Fall der bildenden Künste, »Urbild und Abbild wenig Ähnlichkeit« in der ›Ausdruckssprache‹ der Musik (Scholtz 1984, 250). Gleichzeitig wird ihre »große Gewalt über die Gemütszustände« herausgehoben, wobei ihr Ausdruck dennoch als »unbestimmt, allgemein und vieldeutig« wahrgenommen wird (Mendelssohn und Thomas Twinning zit. nach ebd., 249). Herder formuliert es so: »[S]ie erregt eine Folge inniger Empfindungen; wahr, aber nicht deutlich, nicht anschauend, nur äußerst dunkel« (Herder 1878, 161 f.). Demnach artikuliert sich, wie Scholtz festhält, »[n]ur in der Musik [...] ein Gehalt, der dem vorstellenden, gegenständlichen Bewußtsein entzogen bleibt« (Scholtz 1984, 250). Jean Paul schreibt etwa, dass die Musik von der himmlischen Heimat der Seele künde (vgl. ebd.). Bei Jean Paul wie auch bei Wackenroder finden sich denn auch die folgenden Gedanken: »[D]ie ›unschuldigen‹, reinen Töne mit ihrem unbestimmten Ausdrucksgehalt sind nicht von dieser Welt, sondern der Widerschein einer anderen, nach der sie Sehnsucht wecken« (ebd., 250; vgl. Wackenroder 1967, 227 f.). Und Ludwig Tieck zufolge ist die Musik »das Allerunbegreiflichste, das

Wunderbar-Seltsame, das geheimnisvollste Rätsel« (Tieck in Wackenroder 1967, 242).

Schopenhauers Philosophie der Musik steht ebenfalls in dieser Tradition, auch wenn sie weit darüber hinausgeht: Nach Schopenhauer ist die Musik als Einzige die »Quintessenz des Lebens«, das An-Sich der Welt, den absoluten Grund jener unmittelbar abbildend, und eben jene, bereits eingangs zitierte und bei Leibniz adaptierte, geheime metaphysische Übung des unbewusst philosophierenden Geistes (vgl. Schopenhauer 1873 [1819], 313). Wir sehen also, dass das Phänomen ›Musik‹ seine metaphysischen oder transzendentalen Assoziationen (der unmittelbare Grund der Welt, die Sprache der Himmelsgeister, das Künden der himmlischen Heimat der Seele etc.) nicht abstreift – trotz der tiefen Wandlung in unserem Verständnis von ihr, die wir hier verfolgt haben.

Für Georg Wilhelm Friedrich Hegel repräsentiert die Instrumentalmusik die »letzte Spitze« der Freiheit einer durch das Christentum vermittelten Subjektivität. Die Loslösung dieser Subjektivität von allem »Stoff« (in der Instrumentalmusik) erlaubt, so Hegel, den Ausdruck einer »abstrakten Innerlichkeit«, die wiederum ein »abstraktes Sichselbsteinvernehmen« ausspricht (Hegel 1951, 264, 266, 272, 274). Für Schopenhauer ist Musik »Abbild des alogischen, gebärenden und zerstörenden Weltwillens« (Scholtz 1984, 251; vgl. Schopenhauer 1873 [1819], 304 f.). Richard Wagners Betrachtungen schließen daran an: Für ihn wirkt im Musiker nicht sein individueller Wille, sondern der allgemeine Wille, der durch die Musik sogar das Innerste der Welt zur Erscheinung bringt (vgl. Wagner 1873).

Die Mitte des 20. Jahrhunderts erlebt eine Rekonzeptualisierung des Kontexts von Klängen und von Musik, die nun primär als Teil einer gesellschaftlichen Realität gesehen werden. Diese Wendung wurde insbesondere von marxistischen Theoretiker/innen eingeleitet (z. B. Zofia Lissa, Georg Lukács, Ernst Bloch, Theodor W. Adorno). Trotz des neuen Verständnisses von Musik als »mittelbarer Widerspiegelung« gesellschaftlicher Realitäten sind auch diese Theoretiker/innen mit dem eigentümlichen und schwer fassbaren Inhalt der Musik konfrontiert, sodass auch sie die Musik als Abbild oder als Gefäß eines allgemeinen »Weltempfindens« oder, wie Lukács, als »Mimesis der Mimesis« verstehen (Scholtz 1984, 254). Bei Bloch erscheint sie als »dem metaphysischen, unfertigen Wesen der Welt verpflichtet«. Es sei gerade ihre Dunkelheit, so Scholtz über Bloch, die das »werdende Weltziel« am besten antizipiere und auch erahne. Dieses »Weltziel« sei nämlich die Begegnung des Menschen mit sich selbst (ebd.; vgl. Bloch 1964, 49–208). Adornos Ansatz folgt einer Dialektik von »Ausdruck und Konstruktion« (Scholtz 1984, 254), die er als Auseinandersetzung zwischen künstlerischer Subjektivität und musikalischem Material expliziert. Der »objektive Geist« der Gesellschaft sei im musikalischen Material gegenwärtig. Zugleich, sagt Adorno, äußere sich im musikalischen Ausdruck ein utopisches Gegenbild und die Musik formuliere »ihre Idee nach den göttlichen Namen« (ebd., 254 f.).

Ein weiterer Ansatz mit Blick auf die Frage nach dem metaphysischen Status der Musik zeigt sich in der gegenwärtigen Musikphilosophie analytischer Prägung. Zum Teil bestimmt durch die Ansätze, die in der analytischen Metaphysik verfügbar und gängig sind, fragt diese philosophische Disziplin, was ein Musikwerk ist. Ist das Musikwerk die Partitur oder sind es seine ›Aufführungen‹? Wobei sich im Weiteren die Frage stellt, was eigentlich die Aufführung eines Werkes ausmacht. Hier nun treffen wir (in einer Auswahl) sowohl auf nominalistische (Nelson Goodman) und neo-platonische (Peter Kivy, Jerrold Levinson) als auch auf von Ludwig Wittgenstein inspirierte praxisfokussierte Darstellungen (Lydia Goehr) dessen, was ein musikalisches Werk ist, oder dessen, was es ausmacht. Goodman zum Beispiel, dessen Buch *Languages of Art* (1968) zu seiner Zeit sehr einflussreich war, denkt die Partitur als komplexes Notationssystem und seine Aufführungen als ›Folgsamkeitsklassen‹. Bei Goodman ist das musikalische Werk ein konkreter Gegenstand (die Zuschreibung als ›konkreter Gegenstand‹ trifft für Goodman sowohl auf das Notationssystem als auch auf die eigentlichen ›Aufführungen‹ der Notation zu). In den neo-platonischen Konzeptionen von Kivy und Levinson ist das Musikwerk wiederum ein abstrakter Gegenstand, der (wie jedes abstrakte oder platonische Objekt) außerhalb von Raum und Zeit besteht.

Goodman fragt nicht nach der Bedeutung oder der Bezugnahme des von ihm postulierten komplexen Notationssystems, und der damit zusammenhängenden Frage nach dem metaphysischen oder ontologischen Status von Klang und Musik. Ähnliches trifft auch auf die anderen hier erwähnten musikphilosophischen Ansätzen zu. Wir können also festhalten, dass zumindest die analytische Musikphilosophie den metaphysischen Geist im Sinne von Klang oder Musik als Dialektik von, Zugang zu oder Darstellung von etwas ›Höherem‹ abgestreift hat. Anders Hindrichs (2015): Er befasst sich sehr wohl mit der Frage nach der metaphysischen Signifikanz von Klang – und beantwortet diese Frage auch. Für ihn ist musikalischer Klang ein metaphysischer Gegenstand *sui generis*, ein besonderes ›Seiendes‹, dem eine besondere und eigene Vernunft und Urteilsform entspricht.

Wie erwähnt, wird außer-musikalischem Klang (oder Sound) in jüngster Zeit ein beträchtlicher Raum in Fragen der Philosophie der Wahrnehmung zugesprochen und auch eine fruchtbare Aufmerksamkeit in der Metaphysik und Sprachphilosophie gewährt. Auch vor dem Hintergrund dieser Darstellung der Geschichte des Nachdenkens über (tatsächliches und mögliches) Hörbares sind die jüngsten Entwicklungen durchaus bedeutsam, und zu begrüßen.

Verwandte Beiträge: Kap. 2 (Auralität); Kap. 3 (Emotionalität); Kap. 13 (Rhythmus); Kap. 24 (Musikwissenschaft); Kap. 32 (Donner); Kap. 37 (Sirene), Kap. 71 (Herrschaftsrepräsentation).

Literatur

Adorno, Theodor W.: *Gesammelte Schriften*. Bd. 14: *Dissonanzen. Einleitung in die Musiksoziologie* [1962]. Hg. von Rolf Tiedemann. Frankfurt a. M. 1973.
Adorno, Theodor W.: *Gesammelte Schriften*. Bd. 12: *Philosophie der neuen Musik* [1949]. Hg. von Rolf Tiedemann. Frankfurt a. M. 1975.
Adorno, Theodor W.: *Gesammelte Schriften*. Bd. 16: *Musikalische Schriften I–III*. Hg. von Rolf Tiedemann. Frankfurt a. M. 1978.
Baumgarten, Alexander Gottlieb: *Philosophia Generalis* [1770]. Hildesheim 1968.
Bloch, Ernst: *Geist der Utopie* [1923]. Frankfurt a. M. 1964.
Büring, Daniel: Focus and intonation. In: Gillian Russell/Dalia Graff Fara (Hg.): *Routledge Companion to the Philosophy of Language*. London 2012, 103–115.
Casati, Roberto/Dokic, Jerome: Sounds. In: Edward N. Zalta (Hg.): *The Stanford Encyclopedia of Philosophy* (Fall 2014 Edition), https://plato.stanford.edu/archives/fall2014/entries/sounds (30.1.2018).
Frege, Gottlob: Der Gedanke. Eine logische Untersuchung. In: *Beiträge zur Philosophie des deutschen Idealismus* 1/1 (1918), 58–77.
Goodman, Nelson: *Languages of Art. An Approach to a Theory of Symbols*. Indianapolis, IN 1968.
Grünberg, Angela: Saying and doing. Speech actions, speech acts and related events. In: *European Journal for Philosophy* 22/2 (2014), 173–199.
Grünberg, Angela: Klang und Wandel. Erste Schritte zu einer Historiographie des Klangs. In: Anna Langenbruch (Hg.): *Klang als Geschichtsmedium*. Bielefeld 2018 [im Ersch.].
Grünberg, Angela: *Sounding Language*. London 2020 [im Ersch.].
Hegel, Georg Wilhelm Friedrich: *Ästhetik*. Hg. von Friedrich Bassenge. Berlin 1955.
Heinemann, Michael: *Kleine Geschichte der Musik*. Stuttgart 2004.
Herder, Johann Gottfried: Kritische Wälder. Oder Betrachtungen über die Wissenschaft und Kunst des Schönen. Viertes Wäldchen. In: Ders.: *Sämmtliche Werke*, Bd. 4. Hg. von Bernhard Suphan. Berlin 1878, 3–198.
Hindrichs, Gunnar: *Die Autonomie des Klangs. Eine Philosophie der Musik*. Frankfurt a. M. 2015.
Leibniz, Gottfried Wilhelm: *Epistolae ad Diversos*. Hg. von Christian Kortholt. Leipzig/Jena 1734.
Lukács, Georg: *Ästhetik*. Darmstadt 1962.
McDowell, John: *Meaning, Knowledge, and Reality*. Cambridge, MA 1998.
O'Callaghan, Casey: *Sounds. A Philosophical Theory*. Oxford 2007.
O'Callaghan, Casey: Speech perception. In: Mohan Matthen (Hg.): *The Oxford Handbook of Philosophy of Perception*. Oxford 2015, 475–494.
O'Callaghan, Casey: Auditory perception. In: Edward N. Zalta (Hg.): *The Stanford Encyclopedia of Philosophy* (Winter 2016 Edition), https://plato.stanford.edu/archives/win2016/entries/perception-auditory (30.1.2018).
O'Callaghan, Casey/Nudds, Matthew (Hg.): *Sounds and Perception. New Philosophical Essays*. Oxford 2009.
Richter, Lukas: *Zur Wissenschaftslehre von der Musik bei Platon und Aristoteles*. Berlin 1961.
Ritter, Joachim/Gründer, Karlfried (Hg.): *Historisches Wörterbuch der Philosophie*. 13 Bde. Basel 1971–2007.
Sacks, Oliver: *Musicophilia. Tales of Music and the Brain*. London 2008.
Schäfke, Rudolf: *Geschichte der Musikästhetik in Umrissen* [1934]. Tutzing 1964.
Scholtz, Gunter: Musik. In: Joachim Ritter/Karlfried Gründer (Hg.): *Historisches Wörterbuch der Philosophie*, Bd. 6. Basel 1984, 242–257.
Schopenhauer, Arthur: *Sämtliche Werke*. Bd. 2: *Die Welt als Wille und Vorstellung*, Bd. 1 [1819]. Hg. von Julius Frauenstädt. Leipzig 1873.
Scruton, Roger: *The Aesthetics of Music*. Oxford 1997.
Wackenroder, Wilhelm Heinrich: *Werke und Briefe*. Heidelberg 1967.
Wagner, Richard: Beethoven [1870]. In: Ders.: *Gesammelte Schriften und Dichtungen*, Bd. 9. Leipzig 1873, 75–151.

Angela Grünberg

27 Physikalische Akustik

Für die Physik ist die Akustik grundsätzlich ein Spezialgebiet der Mechanik, die ihrem Wesen nach nichts anderes ist als ein Teil der Lehre von den Bewegungen der elastischen festen, flüssigen und gasförmigen Körper, wie es Hermann von Helmholtz 1863 zum Ausdruck brachte:

> »Ob man die Schwingungen, welche gespannte Saiten ausführen, an einer Spirale aus Messingdraht beobachtet, deren Bewegungen so langsam geschehen, dass man ihnen mit dem Auge bequem folgen kann, die aber eben deshalb keine Schallempfindung erregen, oder ob man eine Violinsaite schwingen lässt, deren Schwingungen das Auge kaum wahrnimmt, während das Ohr sie hört, ist in physikalischer Beziehung ganz gleichgültig« (1863, 5).

Folgen wir der Argumentation von Helmholtz, so stellt die Akustik nur deshalb ein eigenständiges Teilgebiet der Physik dar, weil sie direkt mit dem menschlichen Hörsinn in Verbindung steht. Helmholtz sah die primäre Bedeutung seines akustischen Hauptwerkes *Die Lehre von den Tonempfindungen* nicht in der Behandlung der physikalischen Akustik an sich, sondern darin, die physiologische Akustik auf physikalische Zusammenhänge zu reduzieren, um dann diese physikalisch-physiologische Akustik als Grundlage für die Ästhetik der Schallempfindung und Theorie der Musik zu nutzen. Helmholtz' erklärtes Ziel war es nicht, die Ästhetik und Musik der Physik unterzuordnen, sondern eine Beziehung zwischen den Bereichen der Natur- und Geisteswissenschaften herzustellen.

Das 19. Jahrhundert: Mechanik und Musik

Im Gegensatz zu Helmholtz' *Tonempfindungen* richtete sich Lord Rayleighs *Theory of Sound* (1877/78) gezielt an mathematisch geschulte Physiker und bot diesen eine systematische Enzyklopädie von Lösungsansätzen für akustische Schwingungsprobleme, die durch Analogieschluss auch auf andere Bereiche der Physik übertragen werden konnten. Helmholtz' und Rayleighs Klassiker der Akustik des 19. Jahrhunderts haben gemein, dass sie sich ausschließlich mit musikalischen Tönen beschäftigten, wobei beide die harmonische Natur der musikalischen Töne als gegeben voraussetzten.

Das Zusammenspiel von Physik, Musik und Harmonie bis hin zur Zahlenmystik und Kosmologie hat dabei eine lange Tradition in der Akustik. Die Identifikation von musikalischen Schallen als harmonische Klänge ist aber vom physikalischen Standpunkt aus problematisch, da bei einer physikalischen Klanganalyse musikalischer Klänge der Geräuschcharakter oft überwiegt (vgl. Trendelenburg 1935, 19 f.). Naturphilosophen und Mathematiker wie Marin Mersenne, Isaac Newton, Leonhard Euler und Jean-Baptiste le Rond d'Alembert haben sich im 17. und 18. Jahrhundert mit der Bestimmung der Schallgeschwindigkeit, mit Wellengleichungen und mit Schwingungen von Violinsaiten beschäftigt. Die erste umfassende Monographie, die den Gegenstand der physikalischen Akustik abgrenzte, wurde 1802 von Ernst Florens Friedrich Chladni vorgelegt.

Die Akustik fügte sich nahezu reibungslos in das Programm der Physik des 18. und 19. Jahrhunderts ein, alle Phänomene auf die grundlegenden Prinzipien der Mechanik zu reduzieren. Die Standardisierung von Tonhöhen erfolgte im Rahmen der Standardisierung von physikalischen Größen und Einheiten. Die physikalische Akustik definierte reine Töne als Sinusschwingungen, die durch die Größen ›Frequenz‹, ›Amplitude‹ und ›Phase‹ vollständig bestimmt sind. Das von Jean Baptiste Joseph Fourier ursprünglich im Kontext seiner Studien zur Wärmeausbreitung entwickelte und nach ihm benannte Theorem ermöglichte es Akustikern, alle komplexen Klänge und Geräusche konzeptuell als Konstellationen von Sinustönen verschiedener Frequenzen, Amplituden und Phasen zu verstehen. Das Fourier-Theorem steht für ein akustisches Paradigma, in dem Geräusche als komplexe Schalle immer auf harmonischen Tönen aufbauen, harmonische Töne aber niemals aus Geräuschen zusammengesetzt sind.

Physiker wie Chladni, Helmholtz oder August Kundt und Instrumentenmacher wie Rudolph Koenig bedienten sich Strategien der Visualisierung und Hörbarmachung von Tönen und komplexeren Klangphänomenen wie Kombinationstönen und Schwebungen. Staubfiguren, rotierende Spiegel, Wellenmaschinen, Stimmgabeln und Resonatoren machten die Schwingungslehre sinnlich erfahrbar. Die Schwingungslehre verband die unterschiedlichen Teildisziplinen Mechanik, Optik, Elektromagnetismus und Thermodynamik. Als didaktischer Zugang zur Schwingungslehre war die Akustik überaus erfolgreich. Eine Vielzahl akustischer Instrumente des 19. und frühen 20. Jahrhunderts findet sich in physikalischen Lehrsammlungen auf der ganzen Welt, von denen einige bis heute im Gebrauch sind.

D. Morat, H. Ziemer (Hrsg.), *Handbuch Sound*, https://doi.org/10.1007/978-3-476-05421-0_27

Als Präzisionsmesstechnik war diese mechanische Akustik aufgrund der relativ geringen mechanischen Energien in Schallen nur begrenzt erfolgreich. Das Ohr war weiterhin unangefochten das sensibelste akustische Messinstrument. Die vollständige Zurückführung der Akustik auf das mechanisch-reduktionistische Programm der Physik des 19. Jahrhunderts und die Verschiebung der Debatten um Konsonanz, Dissonanz und Kombinationstöne in die entstehende Psychoakustik ließ die Akustik in den 1890er Jahren als ausgeforscht, altmodisch und uninteressant erscheinen. Nur wenige Physiker beschäftigten sich mit akustischen Fragestellungen in den zwei Jahrzehnten vor Ausbruch des Ersten Weltkriegs, in denen Elektromagnetismus, Thermodynamik, Atomphysik und neu entdeckte Teilchen und Strahlen in den Mittelpunkt physikalischer Forschung rückten. Telefon und Phonograph kamen nicht aus wissenschaftlichen Laboren, sondern aus den Werkstätten von Erfindern und Innovatoren. Über Telefon und drahtlose Telefonie wurde die Akustik zunehmend elektrifiziert. Der für die Fusion von elektrischen und akustischen Technologien und die elektroanaloge Denkweise stehende Begriff der Elektroakustik lässt sich ab 1903 in der Literatur nachweisen (vgl. Wittje 2016, 48–58).

Der Erste Weltkrieg: Die Industrialisierung der Akustik

Der Erste Weltkrieg stellte einen entscheidenden Einschnitt in der Geschichte der physikalischen Akustik dar. Ernest Rutherford, William Henry und William Lawrence Bragg, Max Born, Erwin Schrödinger und viele weniger bekannte Physiker beschäftigten sich mit Fragen der akustischen Ortung von Artillerie, U-Booten und Flugzeugen. Die Wissenschaftlerinnen und Wissenschaftler wandten sich nicht mehr musikalischen Tönen, sondern den komplexen Schallen der unterschiedlichen Schlachtfelder zu. Anstatt Konsonanz und Dissonanz war es nun die komplexe Logik einer industriellen Kriegsmaschine, die darüber entschied, welcher Schall als Signal herauszufiltern und zu analysieren und welcher Schall als Störschall oder Rauschen zu unterdrücken war. Den Maschinenlärm der eigenen U-Boote und Flugzeuge galt es als Störschall zu vermeiden; denselben Maschinenlärm der feindlichen Kriegsmaschinerie galt es aber zu verstärken und zu analysieren. Der menschliche Beobachter erwies sich für präzise Schallortung im Krieg als unzuverlässig und wurde zunehmend von sogenannten objektiven Messverfahren abgelöst. Diese objektiven Messverfahren waren jedoch hochgradig selektiv in der Auswahl der Schalle, die sie aus der Kakophonie der zu beobachtenden Schalle herausfilterten. Statt eines musikalisch geschulten Ohres benötigten Akustiker nun elektrotechnische Kenntnisse zur Beherrschung des Messapparates. Röhrenverstärker ermöglichten erstmals die Verstärkung der schwachen Mikrofonsignale.

Die Verstärker verstärkten nicht nur die zu beobachtenden Signale, sondern auch die Störschalle, die ihren Ursprung teilweise in den elektrischen Komponenten und Schaltungen selbst hatten. Den elektrischen Komponenten eigene Effekte – wie das den damals gängigen Kohlemikrofonen eigene Mikrofonrauschen – setzten der elektrischen Signalverstärkung klare Grenzen. Über Walter Schottkys Arbeiten zum Röhrenrauschen wurde der aus der Akustik stammende Begriff des Rauschens in den 1920er Jahren zu einem elektrotechnischen Begriff, der sich danach über Messtechnik und Informationstheorie in alle Bereiche der Natur-, Ingenieur- und Geisteswissenschaften ausbreitete. Gleichzeitig wurden mit ›Schallfeld‹, ›Schallantenne‹, ›Schallsender‹ und ›Sendeleistung‹ aus der Funktechnik stammende Begriffe in die Akustik eingeführt. Elektrische Schall- und Messtechnik, eine elektroanaloge Begrifflichkeit und elektrische Ersatzschaltbilder als graphische Repräsentationen wurden Bestandteile eines elektroanalogen Verständnisses und einer elektroakustischen Forschungspraxis, die sich in den 1920er und 1930er Jahren in der Akustik durchsetzte.

Die Weimarer Republik: Elektroakustik und Massenmedien

Die treibenden Kräfte der akustischen Forschung waren in der Weimarer Republik indes nicht mehr die Kriegstechnologien, sondern die elektroakustischen Massenmedien, allen voran Radio, Tonfilm und Telefonie, die neue akustische Fragestellungen aufwarfen. Als Zentren der akustischen Forschung wurden die Universitäten und Werkstätten nun abgelöst durch Industrieforschungsinstitute wie die Bell Laboratories und die Forschungs- und Entwicklungslabore von Siemens und AEG, durch öffentliche Forschungsinstitute wie das Heinrich-Hertz-Institut für Schwingungsforschung Berlin sowie die Technischen Hochschulen. Die Technische Akustik etablierte sich im deutschsprachigen Raum als Teil einer Technischen Physik und trug dem Umstand Rechnung, dass die Mehrzahl der Physikerinnen und Physiker nicht mehr an öffentlichen Institutionen, sondern in der Industrie arbeiteten.

Der 1927 erschienene Band *Akustik* (als Teil des von Hans Geiger und Karl Scheel herausgegebenen 24-bändigen *Handbuchs der Physik*) repräsentierte diese neue elektrifizierte und an industriellen Fragestellungen orientierte physikalische Akustik. Dort führte der im Forschungslabor von Siemens arbeitende Akustiker Ferdinand Trendelenburg aus, dass »[d]ie Eigenart akustischer Erscheinungen, insbesondere die überaus engen Beziehungen der Akustik zu anderen Wissenszweigen, und ihre Bedeutung für allgemein kulturelle und in der neuesten Zeit auch für technische Probleme [...] die Sonderbehandlung der Akustik neben den eigentlichen Problemen der Mechanik [rechtfertigt]« (1927, 1). Wie bereits für Helmholtz waren auch für Trendelenburg der menschliche Gehörsinn und die Bedeutung der Akustik für Sprache und Musik zentral für die Berechtigung der Akustik als eigenständige Teildisziplin innerhalb der Physik. Auch Trendelenburg betonte: »Unter Akustik seien alle diejenigen physikalischen Vorgänge zusammengefaßt, welche unmittelbar oder auch mittelbar auf den Gehörsinn einwirken und auf diese Weise wahrgenommen werden können« (ebd.). Und ebenso wie ein halbes Jahrhundert zuvor Helmholtz betrachtete auch Trendelenburg die Akustik als grundlegend transdisziplinär. 1935 führte er aus, dass man nun mit der »neueren[n] physikalische[n] Methodik [...] durchaus in der Lage« wäre, »eine ›Physik‹ dieser Schallerscheinungen zu entwerfen«, die ohne das menschliche Ohr als Referenz auskäme: »Eine allzu enge Beschränkung auf rein physikalische Probleme müßte aber wissenschaftlich unbefriedigend wirken. [...] Das stete Hinübergreifen in andere Gebiete [...] bildet einen besonderen Reiz bei der Bearbeitung der Fragen der physikalischen Klangforschung« (Trendelenburg 1935, 1).

Die von Trendelenburg 1927 angesprochenen technischen Fragen, die eine Sonderbehandlung der Akustik neben den eigentlichen Problemen der Mechanik rechtfertigen, führten in den 1920er und 1930er Jahren zu einer Ausweitung des akustischen Spektrums jenseits der von Menschen wahrnehmbaren Frequenzen. Während sich Bauphysikerinnen und Bauphysiker mit niederfrequenten Infraschallen beschäftigten, die die Bausubstanz schädigten, wandten sich medizinische Physikerinnen und Physiker sowie Materialprüferinnen und Materialprüfer hochfrequenten Ultraschallen zu, um sie für diagnostische Zwecke nutzbar zu machen. Die Anfänge der Ultraschallforschung lagen im Ersten Weltkrieg; sie gingen zurück auf Paul Langevins Experimente, piezoakustische Schallsender für die aktive Echoortung von U-Booten zu entwickeln (vgl. Katzir 2012). Bei piezoakustischen Schallwandlern werden Kristalle durch elektrische Schwingungen elastisch verformt. Die Kristalle strahlen dann diese Verformungen als akustische Schwingungen ab.

Grundsätzlich behandelten die Handbücher der Zwischenkriegszeit die physikalische Akustik innerhalb einer Vielzahl von Anwendungskontexten, in denen traditionelle akustische Fragestellungen mit neuen Themen verbunden wurden. So beschäftigten sich Abhandlungen zum Tonfilm nicht nur mit der Raumakustik von Kinosälen und der Entwicklung von Großlautsprechern, sondern auch mit der Optik von Kerr-Zellen und der Photochemie der Tonspur (vgl. z. B. Waetzmann 1934). Spezielle akustische Labore mit Hallräumen, schalltoten Räumen und Testfeldern wurden für standardisierte Tests der akustischen Eigenschaften von Materialien und Apparaten eingerichtet. Durch Entwicklungen in der Mikrofon- und Verstärkertechnik konnten elektroakustische Schallmessverfahren ab ungefähr 1930 letztendlich auch für sehr leise Geräusche mit der Sensibilität des menschlichen Ohres mithalten oder diese übertreffen.

Das Dritte Reich: Propaganda und Remilitarisierung

Mit der Machtübernahme der NSDAP 1933 wurde das Rad hinsichtlich der Forschungsagenda der Technischen Akustik wieder zurückgedreht. Militärische Arbeitsgebiete rückten – neben der Beschallung von Großveranstaltungen – abermals in den Vordergrund. Die Akustik passte dabei in das nationalsozialistische Bild einer von technischen Fragen geleiteten physikalischen Forschung. Während die akustische Flugzeugortung an Bedeutung verlor, standen akustische Technologien in der U-Boot-Kriegführung im Zweiten Weltkrieg wieder im Mittelpunkt. Physiker wie Martin Grützmacher, der das 1934 von Johannes Stark an der Physikalisch-Technischen Reichsanstalt in Berlin eingerichtete akustische Labor leitete, arbeiteten nun an akustischen Zündern und einer akustischen Steuerung von Torpedos. Der Entwicklung leistungsfähiger Sonaranlagen aufseiten der Alliieren standen Arbeiten zu schallschluckenden Beschichtungen deutscher U-Boote entgegen, die von Erwin Meyer am Vierjahresplan-Institut für Schwingungsforschung geleitet wurden. Auch wenn Meyers Arbeiten keine Bedeutung für die Kriegführung im Zweiten Weltkrieg erlangen sollten, so waren sie im Zuge der militärischen Hochrüstung doch richtungsweisend für die Entwicklung von akustischen Ortungsverfahren und Gegenmaßnahmen, die sich fast nahtlos in der Zeit des Kalten Krieges fortsetzte und dort intensiviert wurde. Eine Demilitarisierung der Akustik wie nach dem Ersten Weltkrieg fand nach dem Zweiten Weltkrieg jedenfalls nicht mehr statt.

Nach 1945: Das akustische Signal als Information

Forschungen zur Spracherkennung und Sprachsynthese wurden während des Zweiten Weltkriegs speziell aufseiten der USA weiterentwickelt. Sie hatten ihren Ursprung in der Entwicklung der Mehrfachtelefonie und der Kompression von akustischen Signalen in den 1930er Jahren, die das informationstheoretische Verständnis der Akustik als Datenübertragung einleiteten. In Analogie zur Quantenmechanik benutzte Dennis Gábor in seiner Kommunikations- und Informationstheorie 1946 den Begriff der akustischen Quanten.

Die bedeutendste Transformation der Akustik in der Nachkriegszeit stellte die Digitalisierung von Schallen und die digitale Datenverarbeitung dar. Transistoren, integrierte Schaltkreise und Mikroprozessoren führten zu einer fortschreitenden Miniaturisierung der akustischen Mess- und Analysetechnik. Algorithmen zur digitalen Fourier-Transformation ermöglichten die Klanganalyse von komplexen Schallen. Und so ist das elektroanaloge Verständnis von Schall und Schalltechnologien, dass die Akustik seit den 1920er Jahren bestimmte, mittlerweile von einem digitalen Paradigma abgelöst worden (vgl. Havelock/Kuwano/Vorländer 2008).

Betrachten wir die physikalische Akustik aus dieser historischen Perspektive wird deutlich, dass sich mit den veränderten akustischen Technologien, Praktiken und Anwendungszusammenhängen sowohl die Paradigmen als auch der Gegenstand der Akustik verändert haben. Als Subdisziplin der Physik ist die Akustik Teil einer übergreifenden Schwingungslehre, die unterschiedliche Teildisziplinen wie die Atomphysik, die Thermodynamik und die Relativitätstheorie über Analogien, Methoden und Techniken miteinander verbindet. Die Eigenständigkeit der Akustik als Subdisziplin innerhalb der Physik beruht jedoch gerade auf der transdisziplinären Integration von physikalischen mit physiologischen, psychologischen, kulturellen und technischen Fragestellungen.

Verwandte Beiträge: Kap. 9 (Dezibel); Kap. 12 (Resonanz); Kap. 13 (Rhythmus); Kap. 18 (Architektur); Kap. 23 (Medienwissenschaft); Kap. 24 (Musikwissenschaft); Kap. 30 (Wissenschaftsgeschichte); Kap. 36 (Rauschen); Kap. 49 (Konzertsaal); Kap. 51 (Labor); Kap. 56 (Stadion); Kap. 62 (Musikinstrumente); Kap. 73 (Krieg).

Literatur

Beyer, Robert T.: *Sounds of Our Times. Two Hundred Years of Acoustics.* New York 1999.

Chladni, Ernst Florens Friedrich: *Die Akustik.* Leipzig 1802.

Havelock, David/Kuwano, Sonoko/Vorländer, Michael (Hg.): *Handbook of Signal Processing in Acoustics.* New York 2008.

Helmholtz, Hermann von: *Die Lehre von den Tonempfindungen als physiologische Grundlage für die Theorie der Musik.* Braunschweig 1863.

Hunt, Frederick V.: *Electroacoustics. The Analysis of Transduction, and Its Historical Background.* Cambridge, MA 1954.

Jackson, Myles W.: *Harmonious Triads. Physicists, Musicians, and Instrument Makers in Nineteenth-Century Germany.* Cambridge, MA 2006.

Katzir, Shaul: Who knew piezoelectricity? Rutherford and Langevin on submarine detection and the invention of sonar. In: *Notes and Records of the Royal Society* 66/2 (2012), 141–157.

Pantalony, David: *Altered Sensations. Rudolph Koenig's Acoustical Workshop in Nineteenth Century Paris.* Dordrecht u. a. 2009.

Rayleigh, John William Strutt, 3. Baron: *The Theory of Sound.* 2 Bde. London 1877/78.

Trendelenburg, Ferdinand (Hg.): *Handbuch der Physik.* Bd. 8: *Akustik.* Berlin 1927.

Trendelenburg, Ferdinand: *Klänge und Geräusche. Methoden und Ergebnisse der Klangforschung.* Berlin 1935.

Waetzmann, Erich (Hg.): *Handbuch der Experimentalphysik: Technische Akustik.* 2 Bde. Leipzig 1934.

Wittje, Roland: *The Age of Electroacoustics. Transforming Science and Sound.* Cambridge, MA 2016.

Roland Wittje

28 Soziologie

Auditive Phänomene sind in der Soziologie schon früh und wiederholt, allerdings durchweg randständig und aus unterschiedlichen Fragerichtungen heraus behandelt worden. Ein unter dem Namen ›Soziologie des Sound‹ firmierendes Forschungsfeld hat sich, bis auf wenige Ausnahmen (z. B. Shepherd/Wicke 1997), nicht etabliert, es wird aber bisweilen als Desideratum benannt (vgl. Maeder/Brosziewski 2011). Ungeachtet dessen kann die Soziologie zeigen, dass es sich bei Klängen, Geräuschen und Tönen um konstitutiv überindividuelle Phänomene handelt: Sie sind nicht allein introspektiv oder anhand physiologischer Reaktionen erfassbar, sondern eingebettet in historisch und gesellschaftlich zu spezifizierende Wahrnehmungs-, Produktions- und Rezeptionsbedingungen, die ihnen ihre sinnliche Prägnanz und soziale Signifikanz überhaupt erst verleihen.

Die – vorhandenen und potenziellen – Beiträge der Soziologie zu den Sound Studies können daher nicht aus einem klar umrissenen Forschungsfeld innerhalb der Disziplin stammen. Um sie zu identifizieren, muss vielmehr zunächst gezeigt werden, welche Impulse die Soziologie insgesamt zur begrifflich-theoretischen Fassung des Phänomens ›Sound‹ und zur Konzeptualisierung der mit ihm verbundenen Kontexte und Dimensionen geben kann. Wir werden dies im folgenden ersten Abschnitt darlegen und zeigen, wie die Kategorie ›Sound‹ aus der Sicht einer solchen Soziologie des Auditiven konzeptualisiert werden kann. Welche spezifischen Beiträge die Soziologie zum interdisziplinären Feld der Sound Studies leisten könnte, skizziert der zweite Abschnitt. Schließlich fragen wir, wie eine stärkere Sensibilisierung für Soundphänomene neue Perspektiven auf soziologische Untersuchungsfelder eröffnen kann.

Die Soziologie des Auditiven und der Sound

Eine Soziologie, die sich für die Sound Studies öffnet und zu ihnen beitragen will, sieht sich mit zwei grundlegenden Fragestellungen konfrontiert: Erstens, inwieweit und auf welche Weise wird die Sozialwelt durch die hörbaren Aspekte der sie rahmenden naturalen und artifiziellen Umwelten geprägt und wie verändern sich diese historisch-gesellschaftlich? Und zweitens, welche sozialen Strukturen, Praxis- und Vergesellschaftungsformen sorgen dafür, was unter bestimmten Bedingungen von wem und wie gehört wird, und auf welche Weise wird dies sozial relevant? Beides sind in der Soziologie zumeist ausgeklammerte Fragen, denn diese stellt sich ihren Gegenstand – wie Christoph Maeder und Achim Brosziewski pointiert kritisieren – in aller Regel als »eine lautlose und soundfreie Sozialwelt vor« (2011, 162).

Diese Kritik betrifft auf der einen Seite qualitative empirische Zugänge, die die klangliche Dimension sprachlicher Interaktionen – wie etwa Interviews – und damit auch die sie umgebende akustische Atmosphäre durch die Transkription des Gesagten weitgehend tilgen. Auf der anderen Seite abstrahieren aber auch die allermeisten soziologischen Theorien durch ihren Fokus auf Sinn als grundlegendes Fundament des Sozialen von der sinnlichen Wahrnehmung des sozialen Geschehens. Sie klammern damit sowohl die Spezifik des Hörens im Vergleich zu anderen Modalitäten der Wahrnehmung als auch seine nicht im Sinnverstehen konvergierenden Aspekte aus ihren Analysen aus. Trotz dieses kritischen Befundes muss eine Soziologie des Auditiven jedoch nicht bei Null beginnen, sie kann zur Konturierung ihres Gegenstands und Forschungsfelds auf vorhandene sinnes-, medien- und musiksoziologische Zugänge zurückgreifen, die aus jeweils unterschiedlichen Erkenntnisinteressen heraus bereits wesentliche Gesichtspunkte auditiver Phänomene soziologisch herausgearbeitet haben.

Mit der *Soziologie der Sinne* kann das Hören als eine – insbesondere in Abgrenzung zum Sehen bestimmte – Modalität der Wahrnehmung konzipiert und deren für Sozialität konstitutiven Eigenarten können bestimmt werden. Bereits 1908 sieht Georg Simmel in seinem die Soziologie der Sinne begründenden Exkurs die Besonderheit des Hörsinns darin, dass die »Übermittlung durch das Ohr« sich »sinnlich an eine unbegrenzte Zahl von Teilnehmern wendet« und eine »unvergleichlich engere Einheit und Stimmungsgemeinschaft« hervorbringt (Simmel 1992, 731). Ergänzend lässt sich hier George Herbert Meads Konzept der Lautgebärde anführen, das wie das von Simmel bei der Interaktionssituation ansetzt. Mead spricht der Lautgebärde eine Schlüsselrolle bei der phylo- und ontogenetischen Entstehung signifikanter Symbole zu, denn wir könnten uns zwar »selbst nicht sehen, wenn unser Gesicht einen bestimmten Ausdruck annimmt. Aber wir hören uns selbst sprechen«. Für Mead stellt das Auditive also eine Bedingung der Möglichkeit des im Interaktionsverhältnis objektivierten Sinns und damit von Intersubjektivität dar, weil »die Bedeutung des Gesagten für uns die gleiche ist wie für andere« (Mead 1973, 105).

D. Morat, H. Ziemer (Hrsg.), *Handbuch Sound*, https://doi.org/10.1007/978-3-476-05421-0_28

Der Fokus dieser Zugänge liegt auf den Lautäußerungen anwesender Gesprächspartner, macht aber gerade durch diese Engführung den Stellenwert der Sinneswahrnehmung und die spezifischen Leistungen des Auditiven für eine Konstitutionstheorie des Sozialen deutlich. Aus heutiger Sicht problematisch erscheint in vielen älteren Ansätzen der Sinnessoziologie allerdings, dass sie in ihren typisierenden Vergleichen der einzelnen Sinne (v. a. des Sehens und des Hörens) und ihrer Leistungen für die Vergesellschaftung oftmals auf hierarchisierende Schemata zurückgreifen und dazu tendieren, das Sehen als rationalen, das Hören hingegen als emotionalen Weltzugang zu qualifizieren. Sie stellen sich damit in eine lang zurückreichende Traditionslinie und ignorieren, dass die angenommenen Qualitäten der Sinneswahrnehmung gar keine vorsozialen Tatsachen sind, sondern selbst gesellschaftliche und daher wandelbare Wissensbestände beinhalten, die Wahrnehmungsweisen prägen können (vgl. Gugutzer 2012; Schulz 2017).

Diese Frage nach dem Wandel der Wahrnehmungsweisen lässt sich auch *mediensoziologisch* wenden. Aus dieser Perspektive kann die Etablierung von akustischen Speicher- und Verbreitungsmedien seit dem 19. Jahrhundert als eine tief greifende Veränderung der auditiven Wahrnehmungsbedingungen erkannt werden. Ein sinnvoller Ansatzpunkt ist hierzu Walter Benjamins auf den Siegeszug von Fotografie und Film bezogene Erkenntnis, dass sich »[i]nnerhalb großer geschichtlicher Zeiträume [...] mit der gesamten Daseinsweise der menschlichen Kollektiva auch die Art und Weise ihrer Sinneswahrnehmung« verändere (Benjamin 1980, 503). Benjamin führt diesen Umstand auf die räumliche Trennung von Produktions- und Rezeptionssituation zurück: Da Kopräsenz nicht mehr Voraussetzung für mediengestützte Wahrnehmung sei, wirke der medial vermittelte Sinnesreiz auf eine neue, unmittelbarere Weise auf die Sinne; auch könnten sich so neuartige Wahrnehmungsweisen etablieren und – vermittelt über die Präferenzen eines Massenpublikums – gesellschaftliche Dominanz erlangen. Diese Perspektive ist in der Mediensoziologie allerdings zumeist zugunsten eines kommunikationstheoretischen, allein auf den Informationswert oder Sinngehalt fokussierten Zugangs vernachlässigt worden, was sich sogar in der avanciertesten soziologischen Medientheorie zeigt, nämlich derjenigen von Niklas Luhmann, der die Wahrnehmung, letztlich wie Simmel, als ein außersoziales, nämlich psychischen Systemen vorbehaltenes Phänomen fasst (vgl. Luhmann 1996).

Benjamins Fragestellung lässt sich problemlos auf die akustischen Reproduktionstechnologien des 20. Jahrhunderts beziehen: Radio und Schallplatte ermöglichen neuartige, medienspezifische Genres auditiver Gestaltung, deren strukturelle Besonderheit in der Entkopplung von Herstellungs-, Darbietungs- und Rezeptionskontexten liegt. Die neuen Möglichkeiten des Umgangs mit audiotechnisch an ein anonymes Publikum verbreiteten Geräuschen, Stimmen und Lauten werden zunächst in Hörspiel und Reportage ausexperimentiert (vgl. Schrage 2001), noch heute sind sie in Radio und Podcasts sowie in Hörbüchern präsent (vgl. Schulz 2017).

Zugleich finden bislang auf Subkulturen beschränkte Musikstile gesellschaftliche Verbreitung und werden dominant: Insbesondere die situationsgebundenen improvisatorischen Musikstile wie Jazz oder Rock 'n' Roll profitieren von der Speicherbarkeit, weil sie von der körperlichen Performance ihrer Interpreten abhängen, die durch Notenschrift nicht vollständig erfasst werden kann, nun aber audiotechnisch verfügbar wird. Damit kommen auch die Eigenqualitäten auditiver Wahrnehmung in neuer Weise zum Tragen, die schon Simmel herausgestellt hatte – Stimmungsvergemeinschaftung und Ausrichtung an alle. Die Technologien der Speicherung und Echtzeitverbreitung von Sound schaffen so als gesellschaftliche Infrastrukturen der Wahrnehmung neuartige Hörkontexte und -erfahrungen für ein zusehends größer werdendes Publikum.

Eigentlich sollte die *Musiksoziologie* die prädestinierte Anregerin der Soziologie des Auditiven sein, ist sie doch die einzige spezielle Soziologie, die sich einem nur hörbaren Gegenstand widmet. In der Tat gilt das Interesse der ersten musiksoziologischen Ansätze von Simmel (2000) und Max Weber (2004) der Musik als einem rein auditiven Kulturphänomen, an dem sich die übergreifenden Charakteristika der gesellschaftlichen Differenzierung bzw. Rationalisierung in besonderer Weise manifestieren. Vor allem im deutschsprachigen Raum wird Musiksoziologie heute allerdings fast ausschließlich innerhalb der Musikwissenschaft betrieben und bleibt dabei weitgehend isoliert von der soziologischen Fachdiskussion, gleichwohl sind hier wichtige Arbeiten zum gesellschaftlichen und technologischen Wandel der Musikproduktion und -rezeption entstanden (vgl. z. B. Blaukopf 1996; Smudits 2007).

Die meisten musiksoziologischen Ansätze abstrahieren allerdings von der auditiven Qualität des musikalischen Materials (große Ausnahme: Adorno 1973), und sie beschränken sich auf die Analyse des institutionellen Feldes der ernsten Musik (vgl. kritisch Kleiner 2013). Ein Interesse an den auditiven Qualitäten gerade auch der populären, durch die genannten gesellschaftlichen und technologischen Tendenzen kulturell dominanter gewordenen Musik artikulieren vor allem Arbeiten aus dem englischsprachigen Kontext oder auch solche aus den Kultur- und Medienwissenschaften. Seit Ende der 1990er Jahre befasst man sich hier intensiver mit auditiven Subjektivierungsweisen, also mit der Frage, wie Menschen Musik nutzen, um alltägliche Praktiken ästhetisch zu überformen und ein bestimmtes Verhältnis zu sich selbst herzustellen (vgl. z. B. Bull 2000; DeNora 2000).

Ausgehend von den Erkenntnissen der hier mit Blick auf die Anschlussfähigkeit für die Sound Studies synthetisierten Forschungsfelder soll eine Einordnung der Kategorie ›Sound‹ vorgenommen werden. Worum handelt es sich dabei eigentlich, soziologisch betrachtet? Zunächst lässt sich festhalten, dass das englische Wort *sound* (für Schall, Ton, Geräusch) sich im Deutschen seit den 1950er Jahren etabliert, um eine typische Klangfarbe oder einen charakteristischen Stil des Gesangs oder des Instrumentenspiels im Jazz zu bezeichnen (vgl. Schrage 2007). ›Sound‹ erfasst somit einen Aspekt des Musikalischen, der durch Notation nicht erfassbar, aber audiotechnisch vermittelbar ist. ›Sound‹ steht zugleich für eine musikalische Hörweise, die akustische Phänomene hinsichtlich ihrer performativen Qualitäten bewertet, also des auditiven Eindrucks, den sie hinterlassen und der erinnert und verglichen werden kann.

Im Unterschied zu Lauten, deren Sinn sich aus einem konventionellen Sprachsystem ergibt, und musikalischen Klängen und Rhythmen, die auf die Konventionen einer musikalischen Kultur bezogen sind, erlangen Sounds ihre Prägnanz und Signifikanz im Wesentlichen durch den Vergleich mit anderen Sounds: Sie sind Bestandteile eines durch Audiotechnologien kulturell verfügbar gewordenen Archivs von als bekannt voraussetzbaren, identischen Klangsequenzen (vgl. Schrage 2011). Damit lässt sich auch die Spezifik von Sound als eine Kategorie der Bezugnahme auf und Bewertung von auditiven Phänomenen bestimmen: Es wird in gleichsam onomatopoetischer Weise ein Vergleich des gerade Gehörten mit bereits gehörten, erinnerten Klangsequenzen aufgerufen – sei es, dass ›etwas klingt wie ...‹ oder dass es als noch nie Gehörtes in den Fundus der künftig in den Vergleich einzubeziehenden Sounds einrückt. So lässt sich die Kategorie ›Sound‹ wissensgeschichtlich und soziologisch als ein Begriff einordnen, der einerseits die soziale Verbreitung und die technologische Reproduzierbarkeit von akustischen Phänomenen als Schallereignisse an ein Massenpublikum voraussetzt, aber andererseits selbstverständlich – einmal geprägt – auch zur retrospektiven Beschreibung von akustischen Phänomenen früherer Zeitalter verwendet werden kann.

Sound Studies und Soziologie: Konvergenzen und methodische Impulse

An der Etablierung des interdisziplinären Forschungsfeldes der Sound Studies ist die Soziologie so gut wie nicht beteiligt gewesen. Dies gilt insbesondere für den deutschsprachigen Raum, wo wesentliche Impulse für dessen Vernetzung und Institutionalisierung von der Medien- und der Musikwissenschaft ausgingen. Lag der Fokus hier zunächst auf den auditiven Medien selbst, so wird neuerdings der Anspruch formuliert, nicht »nur Klänge oder nur Techniken oder nur Personen« (Volmar/Schröter 2013, 17) zu untersuchen, sondern sich den soziotechnischen Kollektiven zuzuwenden, die sich aus deren Zusammenspiel ergeben. Diese sich in der Formel der ›auditiven Kultur‹ ausdrückende Perspektiverweiterung der Sound Studies lässt sich als potenzielle Öffnung des in Deutschland vornehmlich kulturwissenschaftlich orientierten Unternehmens gegenüber sozialwissenschaftlichen Perspektiven lesen. In diese Richtung verweist auch Sabine Sanio, wenn sie konstatiert, dass eine Theorie auditiver Kultur »gerade auch diejenigen Veränderungen des modernen Lebens« einzubeziehen habe, »die keine Effekte der neuen Medien darstellen« (2013, 230).

An- und Rückbindungen an gesellschaftstheoretische Diskussionen, die das komplexe Wechselspiel zwischen gesellschaftlichen, medientechnischen und ästhetischen Entwicklungen erhellen könnten, wurden jedoch bislang, wenn überhaupt, nur sehr verhalten gesucht. In dem Bestreben, wissenschaftliche und künstlerische Perspektiven zu vereinen, sind massenkulturelle Rezeptionsweisen eine Blindstelle geblieben. Zwar rückten in den letzten Jahren zunehmend auch alltagskulturelle Gegenstände in den Fokus der Sound Studies (vgl. etwa Wilke 2013; Schröter/Volmar 2016), der Schwerpunkt der deutschsprachigen Diskussion lag indes auf musikalischen Avantgarden. Im englischsprachigen Raum dagegen, wo die Sound Studies stärker an der Tradition der Cultural Studies orientiert sind, haben einzelne Soziolog/innen maßgeblich zu der Etablierung des Feldes beigetragen (vgl. z. B. Bull/Back 2003; Pinch/Bijsterveld 2012) und sich dabei auch gesellschaftsweit verbreiteten Soundpraktiken zugewandt (z. B. Bull 2000).

Neben theoretischen Neuperspektivierungen und einer Sensibilisierung für massenkulturelle Soundpraktiken könnte eine stärkere Beteiligung der Soziologie an den Sound Studies auch in methodischer Hinsicht ein Gewinn sein. Klangkünstler/innen und -anthropolog/innen haben demonstriert, wie Sounds selbst zum Erkenntnisgegenstand werden können, und dabei auf immersive Zugänge gesetzt, bei denen hörende Forscher/innen und ihr eigenleibliches Spüren zum Medium der Erkenntnis werden. So wertvoll introspektive Verfahren sind, um die Materialität von Sounds zu erkunden, so bringen sie doch zwangsläufig auch eine Verengung mit sich. Zwar ist jegliche Forschung durch die unhintergehbare Standortgebundenheit der Forschenden geprägt. Gerade aber weil Hörerfahrungen nicht nur historisch, sondern auch sozial kontingent sind und durch kollektive, etwa milieu-, generations- und geschlechtsspezifische Erfahrungsdimensionen vorstrukturiert werden, ist eine auf das forschende Subjekt zentrierte Empirie aus soziologischer Sicht in ihrer Reichweite begrenzt.

Um über die idiosynkratischen Hörerfahrungen der Forschenden hinaus einen Zugang zu den heterogenen (d. h. historisch variablen, stratifizierten, gruppenspezifischen und geographisch differenzierten) gesellschaftlichen Produktions- und Rezeptionspraktiken von Sound zu erhalten, bedarf es entsprechend anderer Methoden. Je nach Fragestellung und konkretem Gegenstand erweisen sich dabei sowohl teilnehmende Beobachtungen, verschiedenste Formen der Interview-, Gruppendiskussions- und Gesprächsforschung als auch diskursanalytische Zugänge als sinnvoll. So demonstriert etwa Michael Bulls Interviewstudie zu mobilen Hör- und Nutzungsweisen von Musik, wie ein sozialwissenschaftlich-empirischer Zugang die Sound Studies produktiv ergänzen kann (vgl. Bull 2000).

Gleichwohl bedarf es dafür einer Erweiterung und Verfeinerung bewährter Erhebungs- und Auswertungsmethoden, aber auch neuartiger Darstellungsformen, um die flüchtige und nur begrenzt in Sprache überführbare auditive Erfahrung zugänglich zu machen. Vielversprechend für zukünftige Forschungen, die auf ein methodisch kontrolliertes Fremdverstehen abzielen, ist dabei der Einsatz von Klängen, Tönen oder Geräuschen als Erzählimpuls sowie eine Triangulation von Sound- und Interviewanalysen (vgl. Schwetter 2017). Da Sounderfahrungen nur begrenzt begrifflich-theoretisch expliziert werden können, sind jene methodischen Zugänge besonders hilfreich, die auf die Rekonstruktion impliziten Wissens zielen (vgl. z. B. Bohnsack 2014; Hoklas/Lepa 2015).

Auch wenn sich viele Dimensionen von Soundpraktiken quantifizierenden Zugängen notwendigerweise entziehen, bedeutet dies keineswegs, dass qualitative Methoden bei deren Erforschung grundsätzlich vorzuziehen sind. Jonathan Sterne ist hier unbedingt zuzustimmen, wenn er herausstellt, dass es keine a priori privilegierten Methodologien für die Sound Studies gibt und methodische Zugänge immer auf die konkret untersuchten Fragestellungen und Felder zuzuschneiden sind (vgl. Sterne 2012, 6). So erlauben es erst quantitative Befragungen, die gesellschaftliche Verbreitung bestimmter Soundpraktiken abzuschätzen, wie etwa die alltägliche Nutzung verschiedener Audiomedien (vgl. Lepa/Hoklas/Weinzierl 2014). Auch lässt sich beispielsweise mittels quantitativer Inhaltsanalysen der historische Wandel von Qualitätsmaßstäben der Musikkritik nachzeichnen (vgl. Otte/Lehmann 2018).

Anregungen der Sound Studies für die Soziologie

Während die Sound Studies in konzeptueller und methodischer Hinsicht von der Soziologie profitieren können, eröffnet die Überwindung der soziologischen »Gehörlosigkeit« (Kleiner 2013) umgekehrt auch neue Perspektiven auf bekannte soziologische Gegenstände. Sound ist ein exemplarischer Fall für die Verwobenheit von körperlicher und medientechnischer Materialität, ästhetischer Erfahrung und den darauf bezogenen Vergesellschaftungsformen. Er steht damit am Schnittpunkt gegenwärtiger Debatten um die Sinnlichkeit, Affektivität und Materialität des Sozialen – Dimensionen, die lange Zeit als außer- oder zumindest jedoch vorsozial aus der Soziologie ausgeklammert wurden, was insbesondere von praxistheoretischer Seite problematisiert wird (vgl. Göbel/Prinz 2015).

Aufgrund der methodologischen Prämisse der Praxistheorie, dass Praktiken *beobachtbare* Körpervollzüge darstellen (vgl. Schmidt 2012), sperrt sich das Auditive einem solchen Analysefokus jedoch systematisch. Diese Kritik am Beobachtungsprimat der Praxistheorie wird etwa von Robert Gugutzer (2012) geübt. Im Anschluss an den Neophänomenologen Hermann Schmitz begreift er akustische Phänomene als ›Halbdinge‹: Ihre Materialität ist deutlich flüchtiger als die physischer Dinge, gleichzeitig können sie bestimmte Handlungen nahelegen. Dieser Aufforderungscharakter von Sounds lässt sich jedoch nicht beobachten. Immer dann, wenn Menschen Sounds leiblich spüren, wenn diese sie zu etwas auffordern, lassen sie sich in dieser Theorieperspektive als soziale Interaktionspartner verstehen. Sounds erscheinen somit nicht nur als Ausdruck sozialer Strukturen und symbolischer Aushandlungsprozesse, sondern haben selbst strukturierende Effekte. Entsprechend weisen etwa John Shepherd und Peter Wicke (1997) sowie Jochen Bonz (2011) darauf hin, dass Sounds aufgrund ihrer leiblich-körperlichen Wirkung in besonderer Weise zur affektiven Strukturierung des Subjekts beitragen und den Hörenden unmittelbarer und zugleich indirekter als Sprache Subjektpositionen zuweisen.

Eine solche, Sound als ein Medium der Vergesellschaftung begreifende Perspektive könnte eine Reihe etablierter soziologischer Forschungsfelder produktiv erweitern. Denn auditive Phänomene spiegeln und erzeugen gesellschaftliche Strukturen, sie machen diese gleichsam hörbar. Selbst die Kommunikationssoziologie allerdings setzt zumeist erst auf der Ebene verschriftlichter sprachlicher Rede an (vgl. Schützeichel 2016). Aber auch der Raum-, Stadt- und Architektursoziologie könnte eine stärkere Sensibilisierung für die Geräuschkulissen oder Soundscapes der von ihr untersuchten Orte, Quartiere und Gebäude neue Perspektiven eröffnen. Denn Sound ist eine subtile Erfahrungsdimension urbaner Ordnung, die trotz oder gerade aufgrund ihrer Flüchtigkeit sozial strukturierend wirkt (vgl. Atkinson 2007). Über den sozialen Umgang mit Klängen, Tönen, Geräuschen und Lärm werden territoriale Ansprüche verhandelt und »akustische Regime« (Schlüter 2014) wirksam: Wer darf wo wie viel Lautraum für sich beanspruchen und wer reguliert dies? Auch in heimischen Wohnräumen wird gestalteter Schall zur akustischen Grenzziehung eingesetzt, wie etwa der britische Musiksoziologe Simon Frith herausstellt; er vermutet, dass sich die historische Entwicklung familiärer Strukturen daher womöglich mühelos entlang der jeweiligen Umgangsweisen mit Musik rekonstruieren ließe (vgl. Frith 2002, 40).

Sounds erfüllen und konstituieren allerdings nicht nur Räume, sondern strukturieren auch die Zeitwahrnehmung und fungieren als soziale Taktgeber. Insbesondere Musik ist genuin temporal strukturiert. Ihr erlebender Nachvollzug vermag die Erfahrung der Gegenwart zu intensivieren. Auf der Ebene biographischer und historischer Zeit greifen ästhetische und soziale Zeitstrukturen auf vielfältige Weise ineinander: Im memorierten und wiederholten Hören fungieren medientechnisch reproduzierte musikalische Klänge als Medium der Erinnerung, zugleich erlauben sie auf kollektiver Ebene nostalgische Bezugnahmen auf vergangene Zeiten (vgl. Hogarty 2016).

Auch lässt sich die These entfalten, dass popmusikalische Sounds individuelle und gesellschaftliche Erfahrungen nicht nur konservieren, sondern diese auch hervorbringen und katalysieren. Eine solche Vermittlungsleistung von Popmusik tritt insbesondere in Phasen hervor, in denen sich in kurzer Folge tief greifende gesellschaftliche und kulturelle Transformationen vollzogen haben, wie dies zum Beispiel zwischen den 1960er und 1980er Jahren der Fall war (vgl. Schrage/Schwetter/Hoklas 2018). Damit eröffnen sich neue Untersuchungsperspektiven für die Zeit- und Gedächtnissoziologie und die Erforschung sozialen Wandels, in denen die Rolle ästhetischer Praktiken bislang weitgehend ausgeblendet wurde. Wie Lee Marshall (2011) mit Bezug zur Musik herausstellt, kann dabei gerade die Kontextualisierung und der Vergleich mit anderen sozialen und ästhetischen Praktiken zu einem besseren Verständnis beitragen, was das *Spezifische* von Sounderfahrungen und -praktiken ist.

Verwandte Beiträge: Kap. 3 (Emotionalität); Kap. 5 (Körperlichkeit); Kap. 11 (Musicking); Kap. 23 (Medienwissenschaft); Kap. 24 (Musikwissenschaft); Kap. 45 (Fabrik); Kap. 65 (Radio); Kap. 66 (Schallplatte).

Der Beitrag ist aus dem Forschungsprojekt »›Time has come today‹. Die Eigenzeiten popmusikalischer Chronotope und ihr Beitrag zur temporalen Differenzierung von Lebenswelten seit den 1960er Jahren« hervorgegangen, das mit Mitteln der DFG im Rahmen des Schwerpunktprogramms 1688 »Ästhetische Eigenzeiten« gefördert wurde.

Literatur

Adorno, Theodor W.: *Gesammelte Schriften*. Bd. 14: *Dissonanzen. Einleitung in die Musiksoziologie*. Hg. von Rolf Tiedemann. Frankfurt a. M. 1973.

Atkinson, Rowland: Ecology of sound. The sonic order of urban space. In: *Urban Studies* 44/10 (2007), 1905–1917.

Benjamin, Walter: Das Kunstwerk im Zeitalter seiner technischen Reproduzierbarkeit [1936, zweite Fassung von 1939]. In: Ders.: *Gesammelte Schriften*, Bd. I.2. Hg. von Rolf Tiedemann und Hermann Schweppenhäuser. Frankfurt a. M. 1980, 471–508.

Blaukopf, Kurt: *Musik im Wandel der Gesellschaft. Grundzüge der Musiksoziologie* [1982]. Darmstadt 1996.

Bohnsack, Ralf: *Rekonstruktive Sozialforschung. Einführung in qualitative Methoden* [1991]. Opladen/Toronto 2014.

Bonz, Jochen: Soziologie des Hörens. Akustische Konventionalität und akustische Materialität als Kategorien subjektorientierter Popkulturforschung. In: Christoph Jacke/Jens Ruchatz/Martin Zierold (Hg.): *Pop, Populäres und Theorien. Forschungsansätze und Perspektiven zu einem prekären Verhältnis in der Medienkulturgesellschaft*. Münster 2011, 113–138.
Bull, Michael: *Sounding Out the City. Personal Stereos and the Management of Everyday Life*. Oxford/New York 2000.
Bull, Michael/Back, Les (Hg.): *The Auditory Culture Reader*. Oxford/New York 2003.
DeNora, Tia: *Music in Everyday Life*. Cambridge/New York 2000.
Frith, Simon: Music and everyday life. In: *Critical Quarterly* 44/1 (2002), 35–48.
Göbel, Hanna Katharina/Prinz, Sophia (Hg.): *Die Sinnlichkeit des Sozialen. Wahrnehmung und materielle Kultur*. Bielefeld 2015.
Gugutzer, Robert: *Verkörperungen des Sozialen. Neophänomenologische Grundlagen und soziologische Analysen*. Bielefeld 2012.
Hogarty, Jean: *Popular Music and Retro Culture in the Digital Era*. Abingdon/New York 2016.
Hoklas, Anne-Kathrin/Lepa, Steffen: Mediales Musikhören im Alltag am Beispiel des Plattenspielers. Auditive Kultur aus der Perspektive der praxeologischen Wissenssoziologie. In: *Navigationen. Zeitschrift für Medien- und Kulturwissenschaften* 15/2 (2015), 128–143.
Kleiner, Marcus S.: Die Taubheit des Diskurses. Zur Gehörlosigkeit der Soziologie im Feld der Musikanalyse. In: Axel Volmar/Jens Schröter (Hg.): *Auditive Medienkulturen. Techniken des Hörens und Praktiken der Klanggestaltung*. Bielefeld 2013, 165–188.
Lepa, Steffen/Hoklas, Anne-Kathrin/Weinzierl, Stefan: Discovering and interpreting audio media generation units by means of mixed methods. A typological-praxeological approach to the mediatization of everyday music listening. In: *Participations. Journal of Audience & Reception Studies* 11/2 (2014), 207–238.
Luhmann, Niklas: *Die Realität der Massenmedien*. Opladen 1996.
Maeder, Christoph/Brosziewski, Achim: Ethnosonographie: Ein neues Forschungsfeld für die Soziologie? In: Norbert Schröer/Oliver Bidlo (Hg.): *Die Entdeckung des Neuen. Qualitative Sozialforschung als Hermeneutische Wissenssoziologie*. Wiesbaden 2011, 153–170.
Marshall, Lee: The sociology of popular music, interdisciplinarity and aesthetic autonomy. In: *The British Journal of Sociology* 62/1 (2011), 154–174.
Mead, George Herbert: *Geist, Identität und Gesellschaft*. Frankfurt a. M. 1973 (engl. 1934).
Otte, Gunnar/Lehmann, Matthias: Zwischen Unterhaltung, Authentizität und Kunst. Diskurse und Qualitätskriterien der Rock- und Popmusikkritik in Deutschland im historischen Wandel. In: Dominik Schrage/Holger Schwetter/Anne-Kathrin Hoklas (Hg.): *Zeiten des Aufbruchs? Populäre Musik als Medium des gesellschaftlichen Wandels seit den 1960er Jahren*. Wiesbaden 2018 [im Ersch.].
Pinch, Trevor/Bijsterveld, Karin (Hg.): *The Oxford Handbook of Sound Studies*. Oxford/New York 2012.
Sanio, Sabine: Sound Studies – auf dem Weg zu einer Theorie auditiver Kultur. Ästhetische Praxis zwischen Kunst und Wissenschaft. In: Axel Volmar/Jens Schröter (Hg.): *Auditive Medienkulturen. Techniken des Hörens und Praktiken der Klanggestaltung*. Bielefeld 2013, 227–246.
Schlüter, Fritz: Akustische Territorien, akustisches Regime. Feldforschung in den Klanglandschaften der Großstadt. In: Susanna Gaidolfi/Tobias Hirschmüller/Gerhard Wenzl/Julia Wiedemann (Hg.): *Metropolen. Politik – Kultur – Imagination*. Würzburg 2014, 61–98.
Schmidt, Robert: *Soziologie der Praktiken. Konzeptionelle Studien und empirische Analysen*. Berlin 2012.
Schrage, Dominik: *Psychotechnik und Radiophonie. Subjektkonstruktionen in artifiziellen Wirklichkeiten, 1918–1932*. München 2001.
Schrage, Dominik: Der Sound und sein soziotechnischer Resonanzraum. Zur Archäologie massenkulturellen Hörens. In: Lutz Hieber/Dominik Schrage (Hg.): *Technische Reproduzierbarkeit. Zur Kultursoziologie massenmedialer Vervielfältigung*. Bielefeld 2007, 135–162.
Schrage, Dominik: Erleben, Verstehen, Vergleichen. Eine soziologische Perspektive auf die auditive Wahrnehmung im 20. Jahrhundert. In: *Zeithistorische Forschungen* 8 (2011), 269–276.
Schrage, Dominik/Schwetter, Holger/Hoklas, Anne-Kathrin (Hg.): *Zeiten des Aufbruchs? Populäre Musik als Medium des gesellschaftlichen Wandels seit den 1960er Jahren*. Wiesbaden 2018 [im Ersch.].
Schröter, Jens/Volmar, Axel: »HiFi hören. HiFi-Praxis für kritische Käufer und Fachhändler«. Eine Fallstudie zum Problem der Analyse historischer Medienpraktiken. In: Beate Ochsner/Robert Stock (Hg.): *senseAbility. Mediale Praktiken des Sehens und Hörens*. Bielefeld 2016, 149–168.
Schulz, Miklas: *Hören als Praxis. Sinnliche Wahrnehmungsweisen technisch (re-)produzierter Sprache*. Wiesbaden 2017.
Schützeichel, Rainer: Materialitäten und Atmosphären. Eine soziologische Analyse am Beispiel der menschlichen Stimme. In: Herbert Kalthoff/Torsten Cress/Tobias Röhl (Hg.): *Materialität. Herausforderungen für die Sozial- und Kulturwissenschaften*. Paderborn 2016, 393–412.
Schwetter, Holger: Ein anderer Planet. Musik-Erleben in der Rockdiskothek. In: Dietmar Elflein/Bernhard Weber (Hg.): *Aneignungsformen populärer Musik*. Bielefeld 2017.
Shepherd, John/Wicke, Peter: Towards a sociology of sound. In: Dies.: *Music and Cultural Theory*. Cambridge 1997, 204–217.
Simmel, Georg: Exkurs über die Soziologie der Sinne [1908]. In: Ders.: *Gesamtausgabe*. Bd. 11: *Soziologie. Untersuchungen über die Formen der Vergesellschaftung*. Hg. von Otthein Rammstedt. Frankfurt a. M. 1992, 722–742.
Simmel, Georg: Psychologische und ethnologische Studien über Musik [1882]. In: Ders.: *Gesamtausgabe*. Bd. 1: *Das Wesen der Materie nach Kant's Physischer Monadologie. Abhandlungen 1882–1884. Rezensionen 1883–1901*. Hg. von Klaus Christian Köhnke. Frankfurt a. M. 2000, 45–87.
Smudits, Alfred: Wandlungsprozesse der Musikkultur. In: Helga de la Motte-Haber/Hans Neuhoff (Hg.): *Handbuch*

der Systematischen Musikwissenschaft 4: Musiksoziologie. Laaber 2007, 111–145.
Sterne, Jonathan: Sonic imaginations. In: Ders. (Hg.): *The Sound Studies Reader.* London/New York 2012, 1–17.
Volmar, Axel/Schröter, Jens: Einleitung: Auditive Medienkulturen. In: Dies. (Hg.): *Auditive Medienkulturen. Techniken des Hörens und Praktiken der Klanggestaltung.* Bielefeld 2013, 9–34.
Weber, Max: *Gesamtausgabe.* Abt. I, Bd. 14: *Zur Musiksoziologie / Nachlass 1921.* Hg. von Christoph Braun und Ludwig Finscher. Tübingen 2004.
Wilke, Thomas: Studio 54 in Münster, Exzesse in Westfalen? Über die Polyvalenz des Raumes im Medium ›Diskothek‹. In: Axel Volmar/Jens Schröter (Hg.): *Auditive Medienkulturen. Techniken des Hörens und Praktiken der Klanggestaltung.* Bielefeld 2013, 419–439.

Dominik Schrage / Anne-Kathrin Hoklas

29 Theaterwissenschaft

Die Theaterwissenschaft hat lange Zeit die akustisch-auditive Dimension von Theater vernachlässigt bzw. ignoriert und kann als »Geschichte des Überhörens« (Rost 2017, 79) stimmlicher, musikalischer, klanglicher und geräuschhafter Theaterelemente rekonstruiert werden. Dabei ist nachdrücklich daran zu erinnern, dass Theater nicht nur einen Ort des Sehens und des Gesehen-Werdens, ein *theatron*, darstellt, sondern ebenso sehr einen Ort des Hörens, ein *auditorium*. Die abendländische Tradition eines Okularzentrismus, die seit der griechischen Antike die Augen gegenüber den Ohren als die besseren Zeugen privilegierte, fand auch in Konzepten, Begriffen und Methoden der Theaterwissenschaft ihren Niederschlag.

Erst seit dem ausgehenden 20. Jahrhundert richtete die Theaterwissenschaft, ebenso wie angrenzende Disziplinen, ihre Aufmerksamkeit verstärkt auf Soundphänomene. Dabei waren drei Faktoren wesentlich für diese Hinwendung zu Klängen, Geräuschen, Tönen, Stimmen und Musik. Zu nennen ist hier erstens eine Entwicklung in den Künsten selbst, die spätestens mit den historischen Avantgarde-Bewegungen im ersten Drittel des 20. Jahrhunderts ihren Anfang nahm und mit den Neo-Avantgarden forciert zum Tragen kam. Diese Entwicklung kann als Hybridisierung und Entgrenzung von darstellenden Künsten und musikalischen Aufführungskulturen beschrieben werden. Insbesondere in der zweiten Hälfte des 20. Jahrhunderts etablierten sich zahlreiche neue Kunstformen und Formate, welche die angestammten disziplinären Zu- und Einordnungen hinterfragten bzw. durchbrachen, u. a. in der Performance-Kunst, im Neuen Musiktheater, in Sound-Installationen, Hörstücken, Audiowalks oder in medienkünstlerischen Arbeiten. Solche intermedialen und gattungsüberschreitenden Kunstformen verdeutlichten die Relevanz von akustisch-auditiven Phänomenen und führten zugleich die Grenzen der disziplinären Trennung zwischen Theater- und Musikwissenschaft, aber auch zwischen Theaterwissenschaft und angrenzenden Kunst- und Kulturwissenschaften vor.

Im Zuge des damit verbundenen *performative turn* (vgl. Fischer-Lichte 2004) rückten zweitens Fragen der Materialität und Medialität von Darstellungs- und Verkörperungsprozessen in den Mittelpunkt des Interesses, was in der Theaterwissenschaft zu einer verstärkten Auseinandersetzung mit Stimmen, chorischen Theaterformen, Klangräumen und audiovisuellen Medientechniken ebenso führte wie zu einer Beschäftigung mit Phänomenen und Konzepten von Rhythmus, Resonanz, Geräusch, vokalen Intensitäten, auditiver Aufmerksamkeit und dem Zusammenhang von Klang und Bewegung (u. a. Finter 1990; Dreysse 1999; Kolesch 1999; Meyer-Kalkus 2001; Kolesch 2001; Kühn 2001; Bayerdörfer 2002; Roesner 2003; Kolesch/Schrödl 2004; Kolesch/Krämer 2006; Meyer 2008; Kolesch/Pinto/Schrödl 2009; Kurzenberger 2009; Lichau/Tkaczyk/Wolf 2009; Brown 2010; Kendrick/Roesner 2011; Pinto 2012; Schrödl 2012; Ernst et al. 2015; Rost 2017; Karoß/Schroedter 2017).

Drittens schließlich haben audiovisuelle technische und technologische Entwicklungen in den letzten Jahrzehnten dazu geführt, dass die Klangwelten des Theaters und der Performance-Kunst zunehmend durch elektronische Medien wie Mikrofone, Mikroports und Lautsprecher sowie durch technische Verfahren wie die Einspielung von Musik, Geräuschen oder auch Stimmen aus dem Off gekennzeichnet sind. In theatralen Aufführungen erklingen nicht nur unterschiedlichste Stimmen, musikalische Klänge und Geräusche, sondern seit dem letzten Drittel des 20. Jahrhunderts zunehmend auch elektronische Sounds.

Im Rahmen dieses Beitrags wird zunächst anhand exemplarischer Beispiele aus der Theatergeschichte aufgezeigt, dass Stimmen, Klänge, Töne, Laute, Geräusche und Musik – also Soundphänomene in einem weiten Sinne – in der Theaterpraxis von Beginn an eine zentrale Rolle gespielt und auch Spuren in der Reflexion über Theater hinterlassen haben. Im zweiten Abschnitt wird dann die spezifisch neue Qualität und Bedeutung von Soundphänomenen im Theater seit den 1980er Jahren erläutert, bevor der dritte und letzte Abschnitt des Beitrags die disziplinäre Entwicklung der Theaterwissenschaft seit den 1990er Jahren skizziert, die als Auseinandersetzung mit unterschiedlichen Erscheinungsformen von Sound sowie deren Integration in den disziplinären Gegenstandsbereich beschrieben werden kann.

Theaterpraxis: Beschäftigung mit Sound *avant la lettre*

Die Theaterpraxis weiß seit jeher um die Bedeutung von Sound, und die Theatergeschichte ließe sich als kritischer Umgang mit unterschiedlichen Verfahren, Medien und Technologien der Klangerzeugung sowie der Ermöglichung vielfältiger auditiv-visueller Wahrnehmungsformen rekonstruieren. So sind verschiedenste Experimente mit der akustischen Wirkung der

D. Morat, H. Ziemer (Hrsg.), *Handbuch Sound*, https://doi.org/10.1007/978-3-476-05421-0_29

Räumlichkeiten, an oder in denen Aufführungen stattfanden, ebenso verbürgt wie die schauspielerische Ausbildung und Pflege einer tragenden, wohltönenden Stimme oder der künstlerische Einsatz unterschiedlichster – sei es körperlich oder auch apparativ, technisch – medial erzeugter Klänge und Geräusche. Als konstitutiv intermediale Kunstform setzt Theater nicht nur verschiedenste Medien, Materialien und symbolische Ordnungen simultan wie sukzessiv ein, sondern erfordert auch eine multimodale Rezeption, wobei Auge und Ohr traditionell besonders adressiert wurden und werden. Sinne wie der Geruch, der Geschmack und das Tasten waren und sind zwar in einzelnen Aufführungsereignissen oder auch bestimmten Theaterformen durchaus relevant, spielen mit Blick auf die Theatergeschichte insgesamt jedoch eher eine untergeordnete Rolle.

Während akustische Phänomene dominant als Erscheinungsformen in der Zeit beschrieben werden, ist es eine Leistung von Theater, neben der zeitlichen Dimension auch die räumliche Dimension von Stimmen, Klängen, Tönen und Geräuschen zu entfalten, vorzuführen und zu hinterfragen. Beispielhaft seien hier die antiken griechischen Freilufttheater genannt, die für große Menschenmassen von bis zu 17.000 Personen konzipiert waren, welche in im Halb- bzw. Dreiviertelkreis um die Orchestra, den Aktionsraum des Chores, ansteigenden Sitzreihen Platz fanden. In diesen Freilufttheatern – ebenso wie in allen anderen Theaterformen, die nicht in Innenräumen stattfinden – gehörten auch Umgebungsgeräusche wie das Rauschen des Windes oder das Zwitschern von Vögeln zur Klangkulisse.

Die antiken griechischen Theater hatten die Form einer riesigen Schüssel oder Schale und waren eingebunden in die Weite der Landschaft, begrenzt nur vom Horizont oder vom Meer. Die Anordnung der Sitzreihen bewirkte, dass der Schall nicht zerstreut und Klänge, Stimmen oder Geräusche gleichsam verstärkt wurden. Akustische Messungen haben gezeigt, dass architektonische Veränderungen, die im 5. Jahrhundert v. Chr. (also zur Zeit der Einführung des ersten Schauspielers, des Protagonisten) vorgenommen wurden, zu einer Erhöhung der Verständlichkeit des Gesprochenen führten, was auf eine Veränderung des Zusammenspiels von Musik, Singen und Sprechen in damaligen Theateraufführungen schließen lässt (vgl. Canac 1967; Maconie 2005).

Während das zu Sehende nicht vergrößert wurde, war die antike Theateranlage eine Architektur der akustischen Verstärkung, da die Schauspieler nur unwesentlich lauter sprechen oder singen mussten als in einem normalen Gespräch, um vom gesamten Publikum deutlich vernommen zu werden. Das antike griechische Theater verband also die visuelle Wahrnehmung einer optisch entfernten, im architektonischen wie landschaftlichen Kontext klein und ausgesetzt wirkenden menschlichen Gestalt mit der akustischen Wahrnehmung einer Stimme, die weit näher erschien als der dazugehörige Körper. Darüber hinaus wurden im Laufe der Zeit zusätzliche akustische Techniken wie die Bühnenrückwand oder die vitruvianischen Vasen entwickelt, um die Resonanz zu erhöhen.

Der Sound des antiken griechischen Theaters war aufgrund seiner Herkunft aus kultischen Gesängen und Tänzen weniger durch Sprechen als vielmehr durch Singen und durch Sprechgesang gekennzeichnet. Das damalige Theater kam mit einem begrenzten Personal aus, nämlich dem Chor, der zehn bis höchstens 15 Personen umfasste, sowie den bis zu drei Schauspielern. Die – ausschließlich männlichen – Schauspieler mussten nicht nur männliche und weibliche Rollen übernehmen, sondern bisweilen bis zu sieben Rollen pro Schauspieler und Stück. Zu den Aufgaben der Schauspieler gehörte es mithin, verschiedene Rollenfiguren, die auch durch verschiedenfarbige Kleidung differenziert wurden, im Rahmen einer Aufführung mittels unterschiedlicher Stimmlagen sowie Rede- und Intonationsweisen zu markieren. Der Theaterwissenschaftler Hans-Thies Lehmann leistete zu Beginn der 1990er Jahre mit seiner Publikation *Theater und Mythos* (1991) einen wesentlichen Beitrag zur Anerkennung der Bedeutung des Stimmlich-Akustischen für die griechische Tragödie gegenüber den bis dato überwiegenden dramenzentrierten Ansätzen. »Man kann auch sagen: der antike Schauspieler war zunächst und vor allem die Verkörperung einer Stimme. Er musste singen können, Rezitativ beherrschen, seine Stimme verstellen und verschiedene Sprechweisen beherrschen« (Lehmann 2004, 52).

Auf die Ausbildung und Schulung der Stimme ebenso wie auf die Kunst der Deklamation wurde entsprechend großer Wert gelegt. So sind rhetorische Anweisungen und Übungen zum Stimmtraining gleichermaßen überliefert wie Rezepte zur Stärkung und Pflege der Stimme mit Heilkräutern. Die mit dem antiken griechischen Theater beginnende Verbindung von Schauspielkunst und Rhetorik hielt sich gut zweitausend Jahre lang und führte dazu, dass ab dem 18. Jahrhundert die Schauspieltheorie zu einem Bereich avancierte, für den die Reflexion über angemessenes, korrektes oder auch inakzeptables Sprechen ebenso zentral wurde wie Überlegungen zur schönen, wohlklingenden und tragenden Stimme.

Schon in der griechischen Antike begleiteten verschiedene Musikinstrumente den Gesang und das rhythmische Tanzen des Chores, insbesondere der Aulos, ein durchdringendes, aus dem Krieg stammendes und aus zwei Einzelrohren gefertigtes Blasinstrument. Der Solist wurde von einer oboenartigen Flöte und einer Kithara, einem leierähnlichen Saiteninstrument begleitet. Darüber hinaus kamen Pauken und andere Perkussionsinstrumente zum Einsatz, und es wurde nicht nur mit menschlichen und instrumentalen Stimmen gearbeitet, sondern auch mit Geräuschen und Geräuscheffekten. Donnergrollen beispielsweise wurde mit dem Bronteion erzeugt, einem aufgespannten Fell, auf das man aus einem Erzbehälter Bleikugeln prasseln ließ, oder einem Metallbecken, in das man Kieselsteine schüttete. Auch die Nachahmung anderer akustischer Naturphänomene, z. B. Regenprasseln, Blitzeinschlag, Sturm, knackendes Feuer oder Meeresbrandung, spielte eine wichtige Rolle, und zwar weit über die Antike hinaus in der gesamten Theatergeschichte.

Zum Klang- und Hörraum Theater gehören aber nicht nur schauspiel- und aufführungsbezogene Elemente, sondern auch Beifalls- bzw. Missfallensbekundungen des Publikums, der von ihm verursachte Lärm und die vom Publikum hervorgebrachten Geräusche. Die Theatergeschichte kennt eine Vielzahl von Erzählungen, Anekdoten und Quellen, die belegen, in welch massiver und unterschiedlicher Weise das Publikum sich äußerte und damit zum Sound von Theater beitrug. Schauspielerinnen und Schauspieler wurden bejubelt, ihnen wurde applaudiert oder sie wurden durch Bravos und Anfeuerungsrufe zur bisweilen mehrfachen Wiederholung einzelner Szenen oder Lieder aufgefordert, sodass die Aufführung unterbrochen oder vom Jubel des Publikums übertönt wurde. Nicht weniger heftig wurden Akteurinnen und Akteure ausgebuht, mit Obst, Brötchen, Nüssen oder anderen Wurfgeschossen beworfen und ausgepfiffen. Für die public theatres zu Zeiten Shakespeares sind Gespräche zwischen einzelnen Zuschauerinnen und Zuschauern, das dumpfe Murmeln von Geschäftsabwicklungen, aber auch laute Streitigkeiten oder Geräusche des Essens und Trinkens, des Kommens und Gehens neben Zwischenrufen, Applaus und Gelächter als Klangkulisse verbürgt. Und nicht zuletzt gehört in geschlossenen Theatergebäuden bis heute das demonstrative Zuschlagen der Türen beim vorzeitigen Verlassen des Parketts oder auch das lautstarke Stampfen mit den Füßen zum akustischen Äußerungsrepertoire von Theaterpublika. So lässt sich beispielsweise in Goethes Schriften zum Theater die Vielfalt von Geräuschen im Zuschauerraum ex negativo ablesen, wenn u. a. folgende Publikumsaktivitäten ausdrücklich untersagt werden: Auslachen der Schauspieler, Verhöhnen durch unzeitiges und unmäßiges Klatschen, durch Pochen bezeugtes Missfallen, Zischen, lärmende Gespräche und vieles mehr (vgl. Nelle 2002, 504).

Vor diesem Geräusch-Hintergrund kam es im späten 18. und im 19. Jahrhundert zu einer Entdeckung und bisweilen Feier des Schweigens, das als einzig angemessene Rezeptionsform eingefordert wurde, wenngleich die reale Geräuschkulisse im Theatersaal wahrscheinlich nie so komplett verstummte, wie die theoretischen Entwürfe dies proklamierten. Belegt ist allerdings, dass ein Schauspieler wie Friedrich Ludwig Schröder im »geräuschloseste[n] Stillschweigen« des Publikums seine größte Belohnung sah (zit. nach Schramm 1997, 147). Das sich seit Mitte des 19. Jahrhunderts langsam durchsetzende Schweigen eines auf festen Sitzen platzierten, das Bühnengeschehen konzentriert verfolgenden Publikums, welches bis heute den dominanten Rezeptionsmodus zahlreicher westlicher Theaterformen darstellt, wurde mithin durch Disziplinierung und Einschränkung auch der stimmlich-akustischen und geräuschhaften Aktivitäten des Theaterpublikums durchgesetzt (vgl. Kershaw 2001; Müller 2012). Flankiert wurde dies durch architektonische Eingriffe, wie die Verdunkelung des Theatersaals oder die Versenkung des Orchesters im Orchestergraben im Bayreuther Festspielhaus durch Richard Wagner, welche entscheidend ist für den »mystische[n] Sound« des Wagner-Theaters (Schmidt 2015, 89).

Aus den hier nur exemplarisch und unsystematisch angeführten Beispielen aus der Theaterpraxis lassen sich folgende Einsichten in den Zusammenhang von Sound und Theater sowie zur Relevanz von akustisch-auditiven Dimensionen für theaterhistorische, aufführungsanalytische wie theatertheoretische Überlegungen gewinnen:

1) Theater ist als konstitutiv intermediales Geschehen ernst zu nehmen, das sich an alle Sinne richtet und insbesondere das Zusammenspiel der Sinne vorführt und hinterfragt. Sound im Theater realisiert sich stets als Zusammenklang von Stimmen, Musik, Geräuschen, Klängen und dergleichen mehr, sodass die Privilegierung von Stimme und Sprechen im bürgerlichen Theater des ausgehenden 18. und des 19. Jahrhunderts keineswegs als Normalfall oder gar Norm, sondern eher als Sonderfall aufgefasst werden muss.

Die Geschichte des Hörens im Theater ist dementsprechend als eine Geschichte der Differenzierung und Spezialisierung zu rekonstruieren.

2) Theater führt die zeitliche wie räumliche Dimension akustischer Phänomene vor, stellt sie aus und hinterfragt diese sowie die damit verbundenen Hierarchisierungen. Theateranlagen und Theatergebäude sind nicht nur als Orte des Sehens und Gesehen-Werdens zu erforschen, sondern auch als komplexe Klang- und Resonanzkörper, als akustische Instrumente in einem weiten Sinne. Wie Ulf Otto anmerkt, klingt Theater »[u]nabhängig von den einzelnen Stimmen und Stücken [...] zu bestimmten Zeiten und Orten anders. Der tönende und lichte Resonanzraum des barocken Holzbaus klingt anders als das Bayreuther Festspielhaus mit seinem Orchestergraben und abgedunkeltem Zuschauerraum oder die innerstädtischen Steinbauten mit Stahlträgern, die Ende des 19. Jahrhunderts entstehen. Dieser unterschiedliche Klang des Theaters an anderen Orten und Zeiten lässt sich aber nicht notieren und auch nicht aufzeichnen« (2015, 102 f.). Dieser Umstand impliziert, dass die dominant visuelle Orientierung der Theaterwissenschaft z. B. in Bezug auf die Untersuchung der Theaterarchitektur zu problematischen Erkenntnissen führt. So kommt eine Untersuchung am Leitfaden des Akustischen sowohl für das antike griechische Theater als auch für die *public theatres* zu Zeiten Shakespeares, um nur zwei Beispiele zu nennen, zur Einsicht, dass der visuell zentrale und privilegierte Ort auf der Bühne nicht immer auch der Ort sein muss, von welchem aus die Schauspieler am besten zu hören waren (vgl. Rost 2017, 97; Kolesch 2008).

3) Was bezüglich der Theaterhistoriographie und Theaterarchitektur als Einseitigkeit visuell orientierter Analysen herausgearbeitet werden konnte, muss auf weite Bereiche der Theaterwissenschaft ausgeweitet werden und zeigt ein epistemologisch-methodisches Problem an: Zentrale Konzepte und Analyseverfahren der Theaterwissenschaft – wie Aufführung, Auftritt, Szene, Choreographie oder auch Aufführungsanalyse – sind einer implizit visuellen Epistemologie und Ontologie verpflichtet. Auch der gebräuchliche Begriff ›Zuschauer‹ weckt nicht nur in Bezug auf die neuzeitliche Theaterrezeption, sondern auch in Bezug auf die Gegenwartskunst völlig falsche Assoziationen, wird das Publikum dort doch vor allem auch als ein Hörendes angesprochen.

4) Die Theaterpraxis vermag für die besondere Orientierungs- und Appellfunktion von Stimmen, Klängen und Geräuschen ebenso zu sensibilisieren wie für deren Relevanz zur Erzeugung von Stimmungen, dichten Atmosphären und zur Anregung der Imagination.

5) Theater führt Hören als Grundform menschlicher Existenz vor und stellt sich zugleich als künstlerische Untersuchung der sozialen, gemeinschaftsbildenden Funktion des Hörens und der damit verbundenen Bewertungen, Machtdispositive und Asymmetrien dar.

Der Sound des Gegenwartstheaters

Die Bearbeitung und Erprobung stimmlicher, klanglicher, musikalischer wie auch akustischer Möglichkeiten durchzieht konstitutiv die gesamte Theatergeschichte und ist schon vor der Existenz elektronischer Medien eng mit der Entwicklung und dem Einsatz von Apparaten, Techniken und Medientechnologien verbunden. Allerdings hat seit der zweiten Hälfte des 20. Jahrhunderts das Spiel mit Klängen, Tönen und Geräuschen eine neue Qualität erlangt. Inspiriert durch die Impulse der historischen Avantgarde-Bewegungen, beispielsweise die Geräusch- und Klangexperimente der Futuristen, Kurt Schwitters' *Ursonate* oder auch die Stimmerkundungen und die späten, radiophonen Experimente des Theaterrevolutionärs Antonin Artaud (vgl. Finter 1990; Kolesch 1999), werden Soundphänomene verstärkt als eigengesetzliches Material und als eigenständiges Mittel der Bedeutungskonstitution wie auch der ästhetischen Gestaltung entdeckt.

Analog zur Choreographie von Bewegungen werden nunmehr Stimmen von Schauspielerinnen und Schauspielern technisch bearbeitet und choreographiert und in Inszenierungen zur Aufführung gebracht, die gleich einem Musikstück komponiert und rhythmisiert sind (vgl. Roesner 2003; 2014). Neben Grenzgängen zwischen Musik- und Sprechtheater werden seit den späten 1980er Jahren auch zahlreiche chorische Theaterformen (wieder-)entdeckt und experimentell inszeniert (vgl. Dreysse 1999; Kurzenberger 2009). Insbesondere für das postdramatische Theater seit den 1990er Jahren hat Hans-Thies Lehmann (1999) früh auf die Relevanz von Stimmen, Geräuschen und musikalischen Klängen hingewiesen, die aus traditionellen Zuordnungen und Begrenzungen gelöst werden. Ein weiteres wesentliches Charakteristikum rezenter Theaterformen und Performances ist die intermediale Konstellation von Klang-, Geräusch- und Bewegungsbild-Collagen, die prominente Stellung von medientechnisch erzeugten und verstärkten bzw. geformten Stimmen, Klängen und Geräuschen sowie die Exploration des Zusammenspiels von Klang und (Körper-)Bewegung (vgl. Kendrick/Roesner 2011; Pinto 2012; Schrödl 2012; Schroedter 2012).

So erzeugt die Gegenwartskunst Hörräume, die gewohnte Formen und Strategien der Wahrnehmung wie auch der Hierarchisierung der Sinne provozieren, thematisieren und bisweilen unterlaufen. Die Entdeckung von Geräuschen, Klängen, Tönen und Sound als Material der Theaterarbeit hat zweifelsohne mit der Verfügbarkeit audiotechnischer Medien wie Mikrofon, Lautsprecher, Vocoder oder MP3-Player zu tun, ist aber nicht auf den Einsatz dieser Technologien und der durch sie erzeugten technischen, reproduzierten, digitalen Stimmen und Klänge zu reduzieren.

Im Zuge der postdramatischen Enthierarchisierung der Theatermittel kommt es zu einer Aufwertung bis dato tabuisierter Klänge und (Körper-)Geräusche (vgl. Schrödl 2015), die im dramatischen Theater gegenüber der herausgehobenen Stimme zumeist eine untergeordnete Rolle spielten. Omnipräsent sind im Gegenwartstheater technisch realisierte Stimmen, Klänge und elektronische Sounds. Der künstlerische Einsatz akustischer Elemente in Theater und Performance-Kunst kann als verstärkte Ausstellung der Eigenwirklichkeit von Klängen und Sounds charakterisiert werden. Damit tragen theatrale Klangerkundungen zur Etablierung einer anderen Kultur des Hörens bei und unterstreichen insbesondere die responsive Struktur von Wahrnehmung, die Ereignishaftigkeit des stimmlich-akustischen wie des gesamten theatralen Geschehens, die Intensität und Affektivität des Hörens sowie dessen soziale Verfasstheit.

Forschungsperspektiven

Die Berücksichtigung von Soundphänomenen wurde, wie eingangs ausgeführt, in der Theaterwissenschaft befördert durch Impulse der Hybridisierung und Entgrenzung in den Künsten, durch den Performativierungsschub in der zweiten Hälfte des 20. Jahrhunderts sowie durch die Aufmerksamkeit für Medientechniken und -technologien. Aufbauend auf diesen Vorarbeiten trugen auch disziplinäre Entwicklungen und institutionelle Entscheidungen dazu bei, die Beschäftigung mit Stimmen, Klängen, Tönen und Geräuschen theaterwissenschaftlich voranzutreiben. So richtete die Gesellschaft für Theaterwissenschaft im Jahr 2000 in München unter Leitung des dortigen Lehrstuhlinhabers Hans-Peter Bayerdörfer ihren fünften Kongress zum Thema *Stimmen – Klänge – Töne. Synergien im szenischen Spiel* (Bayerdörfer 2002) aus. In diesem Zusammenhang wurde angesichts »der eminenten Rolle, die zu allen Zeiten und in allen Theaterkulturen [...] der Musik auf der Bühne zugefallen ist« (ebd., 4), eine stärkere Zusammenarbeit von Theaterwissenschaft und Musikwissenschaft ebenso angemahnt wie eine integrale Theatergeschichtsschreibung, welche nicht nur schauspielerisch-szenische Elemente, sondern auch akustisch-stimmliche Dimensionen angemessen berücksichtigt.

Vor dem Hintergrund einer lange Zeit vorherrschenden Orientierung am Paradigma des Textes sowohl in der Theater- als auch in der Musikwissenschaft wurde die Berücksichtigung der musikalischen und allgemein der akustischen Dimension von Aufführungen als Desiderat identifiziert; die Weichen wurden somit gestellt, um Theater als Klang- und Hörraum zu erforschen. Entsprechend wurden auf dem Kongress grundlegende Beiträge zum szenischen Zusammenspiel von Stimme, Sprache und Bewegung genauso präsentiert wie Untersuchungen zu den Konvergenzen von Musik im Schauspiel und Sprechen im Musiktheater. Im Sinne einer integralen Theaterhistoriographie wurde herausgearbeitet, dass die etablierte Einteilung von Theater als darstellender Kunst mit den Bereichen Sprechtheater, Musiktheater und Tanz nicht erst von den historischen Avantgarde-Bewegungen des 20. Jahrhunderts hinterfragt wurde. Vielmehr ist sie für das Gros der historischen Theater- und Aufführungsformen irreführend, nicht zuletzt, weil damit die konstitutiv musikalisch-akustische Dimension von Theater vielfach ignoriert wird. Diese wird durch die enge Verbindung von Schauspielkunst und Rhetorik ebenso unterstrichen wie durch die sich schon im ersten Drittel des 19. Jahrhunderts entwickelnde Ästhetik des musikalischen Sprechens. Und für ein theaterhistorisch so zentrales Werk wie Molières *Le Malade imaginaire* (UA 1673) weist die ursprüngliche Gattungsbezeichnung als »comédie mêlée de musique et de danses« darauf hin, dass diese Komödie – im Unterschied zu heute dominierenden Inszenierungen dieses Stückes – zu ihrer Entstehungszeit als *Comédie-ballett* aufgeführt wurde, mithin als Mischung von Musik-, Tanz- und Sprechtheaterformen, die den Vorlieben von Ludwig XIV. und der höfischen Gesellschaft entgegenkam (vgl. Hulfeld 2002, 507).

Nahezu zeitgleich zum Münchner Kongress *Stimmen – Klänge – Töne* griff die International Federation for Theatre Research das Thema auf und veranstaltete ebenfalls im Jahr 2000 in Lyon eine internationale

Konferenz mit dem Titel *Theater: Sound Space, Visual Space* (Hamon-Siréjols/Surgers 2003). Letztlich wurde auf beiden Tagungen die integrale Verbindung von Theaterwissenschaft, Musikwissenschaft, Musiktheaterwissenschaft und Tanzwissenschaft gefordert und die Frage nach der Bedeutung von Stimmen und Musik für das Theater in einer umfassenden und radikalen Weise gestellt.

Der 2012 in Bayreuth durchgeführte 11. Kongress der Gesellschaft für Theaterwissenschaft konnte das Untersuchungsspektrum daraufhin unter dem Titel *Sound und Performance* (Ernst et al. 2015) auf klanglich-akustische Phänomene allgemein ausweiten. Der im Titel genannte Begriff ›Sound‹ indizierte, dass nunmehr neben Stimmen und musikalischen Klängen nicht weniger als die gesamte Bandbreite akustischer Phänomene Berücksichtigung fand. Die Orientierung am Performance-Paradigma verwies darauf, nicht mehr nur westliche Kunsttradition und Kunstmusik zu untersuchen, wie dies in Theater- und Musikwissenschaft lange Zeit vorherrschend war, sondern auch Phänomene der Alltagskultur und nicht-westliche Theaterformen. Die Erkenntnis durch eine solcherart erweiterte Kritik des Hörens war insofern weitreichend, als dadurch das Konzept eines an der Dominanz von Partitur und Drama ausgerichteten Theaters als »historischer Sonderfall der westlichen Theatergeschichte« (ebd., 19) einsichtig wurde. Die Relevanz der akustischen Dimension von Theater wird nicht zuletzt in außereuropäischen Theaterformen eindrücklich vorgeführt – man denke an die balinesischen Barong- und Legong-Tänze, den indischen Kathakali, den koreanischen Pansori oder auch das japanische Kabuki-, Nō- und Bunraku-Theater mit ihren je eigenen Verbindungen stimmlicher, körperlicher, akustischer und visueller Momente. Hier eröffnet sich ein wichtiges Untersuchungsfeld für eine Globalgeschichte von Theater, die um differenzierte komparative Studien zu kulturell unterschiedlichen theatralen Klang- und Hörräumen ergänzt werden müsste.

Zusammenfassend lässt sich festhalten, dass der Fokus auf Sound der Theaterwissenschaft und den Performance Studies wesentliche Einsichten und Erkenntnisse hinsichtlich der folgenden Bereiche erlaubt:

1) Die akustische Dimension jeglicher Aufführungshandlungen wird nicht nur durch Sprechen oder Singen auf der Bühne und durch Bühnenmusik konstituiert, sondern ebenso sehr durch weitere Klänge, Töne und Geräusche, die vom Aufführungsgeschehen, vom Publikum oder auch aus der Umgebung resultieren.

2) Die Theaterwissenschaft wurde auf Phänomene aufmerksam, die bislang nicht im Zentrum der Untersuchung standen. Theater wurde als audiovisueller, ganzheitlicher Klang- und Hörraum neu konzeptualisiert. In diesem Zusammenhang wurden auch die medientechnischen Dispositive und Gefüge von Theater im je zeitgenössischen kulturellen Kontext untersucht.

3) War die frühe Theaterwissenschaft in der ersten Hälfte des 20. Jahrhunderts skeptisch gegenüber der damaligen Medientechnik eingestellt, hat sich inzwischen eine medienwissenschaftlich informierte Theaterwissenschaft etabliert, wobei das Bewusstsein für die Relevanz von Tondokumenten, Schall- und Phonogrammarchiven für die theaterwissenschaftliche, nicht nur die theaterhistorische Forschung gestiegen ist (z. B. Tkaczyk 2015).

4) Theateraufführungen und Performances bilden Welt nicht nur ab, sondern bringen Welt überhaupt erst hervor; diese performative Dimension gilt in besonderer Weise auch für Soundphänomene.

5) Die Erforschung von Sound im Theater führt zur Sensibilisierung für epistemologische wie methodische Begrenzungen der Theaterwissenschaft und ermöglicht die Entwicklung neuer Analyseverfahren und Untersuchungsperspektiven am Leitfaden des Ohres und des Hörens, etwa »Hören als Methode« (Ehardt/Rost 2015).

6) Nicht zuletzt führt die Aufmerksamkeit für Soundphänomene auch zu Untersuchungen von Schweigen als performative Handlung und der daraus resultierenden Stille (z. B. Brucher 2015; Czirak 2015).

Die Theaterwissenschaft in ihren wesentlichen Ausprägungen als Kunstwissenschaft, als Kulturwissenschaft und als Medienwissenschaft wird auch in Zukunft durch die Untersuchung von Sound im Theater bereichert werden und sowohl in historischer als auch aufführungsanalytischer sowie schließlich theoretischer Hinsicht davon profitieren.

Verwandte Beiträge: Kap. 5 (Körperlichkeit); Kap. 7 (Performanz); Kap. 22 (Literaturwissenschaft); Kap. 31 (Applaus); Kap. 32 (Donner); Kap. 39 (Stimme); Kap. 54 (Opernhaus); Kap. 56 (Stadion); Kap. 78 (Schweigen).

Literatur

Bayerdörfer, Hans-Peter (Hg.): *Stimmen – Klänge – Töne. Synergien im szenischen Spiel.* Tübingen 2002.

Brown, Ross: *Sound. A Reader in Theatre Practice.* Basingstoke 2010.

Brucher, Rosemarie: Stille Größe. Zur Performativität des

Schweigens in Ästhetiken des 18. Jahrhunderts sowie in der zeitgenössischen Performance Art. In: Wolf-Dieter Ernst/Nora Niethammer/Berenika Szymanski-Düll/Anno Mungen (Hg.): *Sound und Performance. Positionen, Methoden, Analysen.* Würzburg 2015, 695–712.

Canac, François: *L'Acoustique des théâtres antiques. Ses enseignements.* Paris 1967.

Czirak, Adam: Von den stummen Diskursen der osteuropäischen Performance-Kunst. Die Rhetorik des Schweigens in der Zweiten Öffentlichkeit. In: Wolf-Dieter Ernst/Nora Niethammer/Berenika Szymanski-Düll/Anno Mungen (Hg.): *Sound und Performance. Positionen, Methoden, Analysen.* Würzburg 2015, 241–253.

Dreysse, Miriam: *Szene vor dem Palast. Die Theatralisierung des Chors im Theater Einar Schleefs.* Frankfurt a. M. u. a. 1999.

Ehardt, Christine/Rost, Katharina: Hören als Methode. In: Wolf-Dieter Ernst/Nora Niethammer/Berenika Szymanski-Düll/Anno Mungen (Hg.): *Sound und Performance. Positionen, Methoden, Analysen.* Würzburg 2015, 577–592.

Ernst, Wolf-Dieter/Niethammer, Nora/Szymanski-Düll, Berenika/Mungen, Anno (Hg.): *Sound und Performance. Positionen, Methoden, Analysen.* Würzburg 2015.

Finter, Helga: *Der subjektive Raum.* Bd. 2: *»... der Ort, wo das Denken seinen Körper finden soll«. Antonin Artaud und die Utopie des Theaters.* Tübingen 1990.

Fischer-Lichte, Erika: *Ästhetik des Performativen.* Frankfurt a. M. 2004.

Hamon-Siréjols, Christine/Surgers, Anne (Hg.): *Théâtre: espace sonore, espace visuel. Theater: Sound Space, Visual Space.* Lyon 2003.

Hulfeld, Stefan: Das eingebildete Ganze in der Theatergeschichte. Überlegungen zur Rezeption von Molières *Malade imaginaire.* In: Hans-Peter Bayerdörfer (Hg.): *Stimmen – Klänge – Töne. Synergien im szenischen Spiel.* Tübingen 2002, 507–518.

Karoß, Sabine/Schroedter, Stephanie (Hg.): *Klänge in Bewegung. Spurensuchen in Choreografie und Performance.* Bielefeld 2017.

Kendrick, Lynne/Roesner, David (Hg.): *Theatre Noise. The Sound of Performance.* Newcastle upon Tyne 2011.

Kershaw, Baz: Oh for unruly audiences! Or, patterns of participation in twentieth-century theatre. In: *Modern Drama* 44/2 (2001), 133–154.

Kolesch, Doris: »Listen to the radio«. Artauds Radio-Stimme(n). In: *Forum Modernes Theater* 14 (1999), 115–153.

Kolesch, Doris: Ästhetik der Präsenz. Theater-Stimmen. In: Josef Früchtl/Jörg Zimmermann (Hg.): *Ästhetik der Inszenierung.* Frankfurt a. M. 2001, 260–275.

Kolesch, Doris: Shakespeare hören. Theatrale Klangwelten in der griechischen Antike, zu Zeiten Shakespeares und in gegenwärtigen Shakespeare-Inszenierungen. In: *Shakespeare Jahrbuch* 144 (2008), 11–27.

Kolesch, Doris/Krämer, Sybille (Hg.): *Stimme. Annäherung an ein Phänomen.* Frankfurt a. M. 2006.

Kolesch, Doris/Pinto, Vito/Schrödl, Jenny (Hg.): *Stimm-Welten. Philosophische, medientheoretische und ästhetische Perspektiven.* Bielefeld 2009.

Kolesch, Doris/Schrödl, Jenny (Hg.): *Kunst-Stimmen.* Berlin 2004.

Kühn, Ulrich: *Sprech-Ton-Kunst. Musikalisches Sprechen und Formen des Melodrams im Schauspiel- und Musiktheater (1770–1933).* Tübingen 2001.

Kurzenberger, Hajo: *Der kollektive Prozess des Theaters. Chorkörper – Probengemeinschaften – theatrale Kreativität.* Bielefeld 2009.

Lehmann, Hans-Thies: *Theater und Mythos. Die Konstitution des Subjekts im Diskurs der antiken Tragödie.* Stuttgart 1991.

Lehmann, Hans-Thies: *Postdramatisches Theater.* Frankfurt a. M. 1999.

Lehmann, Hans-Thies: Prädramatische und postdramatische Theater-Stimmen. Zur Erfahrung der Stimme in der Live-Performance. In: Doris Kolesch/Jenny Schrödl (Hg.): *Kunst-Stimmen.* Berlin 2004, 40–66.

Lichau, Karsten/Tkaczyk, Viktoria/Wolf, Rebecca (Hg.): *Resonanz. Potentiale einer akustischen Figur.* München 2009.

Maconie, Robin: Musical acoustics in the age of Vitruvius. In: *The Musical Times* 146/Nr. 1890 (2005), 75–82.

Meyer, Petra Maria (Hg.): *Acoustic Turn.* München 2008.

Meyer-Kalkus, Reinhart: *Stimme und Sprechkünste im 20. Jahrhundert.* Berlin 2001.

Müller, Sven Oliver: Die Politik des Schweigens. Veränderungen im Publikumsverhalten in der Mitte des 19. Jahrhunderts. In: *Geschichte und Gesellschaft* 38/1 (2012), 48–85.

Nelle, Florian: Theaterdonner – Geräusch und Illusion um 1800. In: Hans-Peter Bayerdörfer (Hg.): *Stimmen – Klänge – Töne. Synergien im szenischen Spiel.* Tübingen 2002, 493–506.

Otto, Ulf: Tontechnik und Geräuschkunst. Zur Konstruktion reiner Klänge im Theater um 1900. In: Wolf-Dieter Ernst/Nora Niethammer/Berenika Szymanski-Düll/Anno Mungen (Hg.): *Sound und Performance. Positionen, Methoden, Analysen.* Würzburg 2015, 101–118.

Pinto, Vito: *Stimmen auf der Spur. Zur technischen Realisierung der Stimme in Theater, Hörspiel und Film.* Bielefeld 2012.

Roesner, David: *Theater als Musik. Verfahren der Musikalisierung in chorischen Theaterformen bei Christoph Marthaler, Einar Schleef und Robert Wilson.* Tübingen 2003.

Roesner, David: *Musicality in Theatre. Music as Model, Method and Metaphor in Theatre-Making.* Farnham 2014.

Rost, Katharina: *Sounds that matter – Dynamiken des Hörens in Theater und Performance.* Bielefeld 2017.

Schmidt, Christina: Versenktes Orchester, mystischer Sound. Zur räumlichen Anordnung im Bayreuther Festspielhaus. In: Wolf-Dieter Ernst/Nora Niethammer/Berenika Szymanski-Düll/Anno Mungen (Hg.): *Sound und Performance. Positionen, Methoden, Analysen.* Würzburg 2015, 89–100.

Schramm, Helmar: Das verschüttete Schweigen. In: *Kaleidoskopien. Zeitschrift für Mediengeschichte und Theorie,* Bd. 2 (1997), 145–149.

Schrödl, Jenny: *Vokale Intensitäten. Zur Ästhetik der Stimme im postdramatischen Theater.* Bielefeld 2012.

Schrödl, Jenny: Bodysounds. Überlegungen zur Ästhetik

von Körpergeräuschen in Theater, Tanz und Performance. In: Wolf-Dieter Ernst/Nora Niethammer/Berenika Szymanski-Düll/Anno Mungen (Hg.): *Sound und Performance. Positionen, Methoden, Analysen.* Würzburg 2015, 531–576.

Schroedter, Stephanie (Hg.): *Bewegungen zwischen Hören und Sehen. Denkbewegungen über Bewegungskünste.* Würzburg 2012.

Smith, Bruce R.: *The Acoustic World of Early Modern England. Attending to the O-Factor.* Chicago/London 1999.

Tkaczyk, Viktoria: Theater und Phonographie um 1900. In: Wolf-Dieter Ernst/Nora Niethammer/Berenika Szymanski-Düll/Anno Mungen (Hg.): *Sound und Performance. Positionen, Methoden, Analysen.* Würzburg 2015, 119–137.

Doris Kolesch / Jenny Schrödl

30 Wissenschaftsgeschichte

Die Wissenschaftsgeschichte bildete sich als eigenständiges Fach in den 1960er Jahren heraus, als Subdisziplin der Geschichtswissenschaft. Ihre Ursprünge lassen sich in hagiographischen Darstellungen von ehemaligen Praktikern sowie von ideengeschichtlich interessierten Historikern nachzeichnen. Die ersten Gehversuche der Wissenschaftsgeschichte befassten sich daher mit Individuen (weißen Männern) und deren wissenschaftlichen Entdeckungen. Der *cultural turn* in der Geschichtswissenschaft zeigt sich weithin auch in einer Interessensverschiebung im Bereich der Wissenschaftsgeschichte. Wissenschaftshistoriker/innen erforschten zunehmend, welchen Einfluss kulturelle Kontexte einzelner Forscher/innen auf die Entwicklung ihrer Ideen hatten. Das Augenmerk lag damals auf den Prozessen, in denen wissenschaftliche Ideen von Individuen entwickelt und verworfen wurden und darauf, wie solche Entwicklungen durch externe Institutionen, etwa Staat, Kirche oder akademische Traditionen, ermöglicht wurden (z. B. Kuhn 1962; Porter 1995; Shapin/Schaffer 1985).

Der Klang in der Geschichte der Wissenschaftsgeschichte

Im Verlauf der anschließenden Jahrzehnte, ungefähr von den 1990er Jahren bis in die Gegenwart, konzentrierte sich die Wissenschaftsgeschichte großenteils auf die Praktiken der Wissenschaft, innerhalb des Labors, und auch darauf, wie wissenschaftliche Ideen in der Öffentlichkeit rezipiert wurden. Auf diesem Weg – der Beschäftigung mit der Praxis der Wissenschaft – wurde auch das Phänomen ›Sound‹ Bestandteil wissenschaftshistorischer Beschäftigung. Das Labor ist zum Beispiel die Stätte einer Vielzahl von Geräuschen und Klängen, einige zufällig, andere gewollt herbeigeführt. Frühe Untersuchungen zum Sound in der Wissenschaft näherten sich Klängen und Geräuschen – oder vielmehr ihrem Aufspüren – als Instrument, als Hilfsmittel der wissenschaftlichen Tätigkeit. Die Arbeit von Cyrus Mody (2005) über die Anwendung von Sonifikation in der Neurowissenschaft ist ein frühes und gelungenes Beispiel hierfür. Im verwandten Feld der Medizingeschichte diskutierte man über die im 19. Jahrhundert verwendeten Techniken und Technologien der Auskultation zum Abhören von Herz und Lunge des lebenden Körpers. In der Technologiegeschichte, die sich ebenfalls häufig mit der Wissenschaftsgeschichte überschneidet, stießen zur gleichen Zeit Techniken der Sound-Erzeugung und des Sound-Empfangs auf wachsendes Interesse. Aufnahme- und Wiedergabetechniken, Telefonie und Telegraphie, Rundfunk und Sonar haben jeweils eine eigene reiche Geschichtsschreibung hervorgebracht (z. B. Braun 2000; Feaster 2012; Hong 2001; Mills 2006; Mills 2011; Sterne 2003; Thompson 2002).

Zeitgleich entwickelten sich aus den Medienwissenschaften heraus die Sound Studies. Da sich diese von Anfang an mit Vermittlungstechnologien befassten, gab es Überschneidungspunkte zur Wissenschafts- und Technikgeschichte sowie zur Wissenschafts- und Techniksoziologie, die sich vermehrt mit Klangtechniken beschäftigten. Beispielhaft für diese prägende Periode stehen die Arbeiten von Karin Bijsterveld (2008), Trevor Pinch und Frank Trocco (2002), Jonathan Sterne (2003) und Emily Thompson (2002). Alle genannten Autor/innen orientieren sich in ihren jeweiligen Erzählungen über die Lärmbekämpfung, die Erfindung des Moog-Synthesizers, die Klangwiedergabe und die akustische Architekturen an umfassenderen Fragen, an Fragen nach der Entstehung neuer Hörkulturen und neuer Klangtechnologien.

Infolge dieses fruchtbaren Austauschs mit den Sound Studies haben Wissenschaftshistoriker/innen begonnen, Klänge und das Hören von Klängen nicht nur als Werkzeuge der Wissenschaft zu untersuchen, sondern ihnen auch als Gegenständen wissenschaftlicher Forschung Aufmerksamkeit zu schenken. Neuere Arbeiten im Überschneidungsbereich von Sound Studies und Wissenschaftsgeschichte untersuchen die Geschichte der Akustik, der Psychophysik der Klangwahrnehmung, der Kommunikationstechnik, der Bioakustik und mehr unter der Grundannahme, dass der Hörsinn der Wissenschaftler/innen ebenso kulturell kontingent war wie andere Eigenheiten, von denen die Entwicklung ihrer Ideen beeinflusst wurde. Hermann von Helmholtz beispielsweise verfügte über eine breite musikalische Ausbildung und einen hoch entwickelten musikalischen Geschmack. Sein Verständnis von Musik prägte daher auch seine Klangerlebnisse. Das bedeutet, dass seine Ohren selbst und die damit verbundenen sensorischen Wahrnehmungsvorgänge dazu führten, dass er Klänge in sehr spezifischer Weise hörte; dies wiederum ermöglichte es ihm, eine sehr spezifische Theorie der sensorischen Wahrnehmung von Klängen zu entwickeln, ausgeführt in seinem höchst einflussreichen Werk *Die Lehre von den Tonempfindungen* von 1865.

Heute nehmen die Forschungen aus der Geschichte

D. Morat, H. Ziemer (Hrsg.), *Handbuch Sound*, https://doi.org/10.1007/978-3-476-05421-0_30

der Sinneswahrnehmungen einen immer größeren Raum in der Wissenschaftsgeschichte ein, wobei man sich häufig an der traditionellen Hierarchie der Sinne orientiert; in der Moderne war das eine absteigende Stufenleiter von Sehen, Hören, Riechen, Schmecken und schließlich Tasten. Vor rund drei Jahrzehnten begannen Wissenschaftshistoriker/innen, sich verstärkt für die Phänomene des Blicks, des Sehens, der Sichtbarkeit und der visuellen Darstellung in der Wissenschaft zu interessieren. Der Beginn dieser Periode des wissenschaftshistorischen Interesses am Visuellen lässt sich markieren durch Jonathan Crarys *Techniques of the Observer* (1990), ihr Ende durch *Objectivity* (2007) von Lorraine Daston und Peter Galison. Die Idee einer materialisierten Epistemologie – Bilder erzeugen, hieß Wissen erzeugen – wurde von einer ganzen Reihe von Wissenschaftler/innen ins Spiel gebracht, am profiliertesten von Norton Wise. Zu Beginn des 21. Jahrhunderts entstand schließlich der Eindruck, das Visuelle sei zu dominant geworden, und die Wissenschaftler/innen wandten sich einem anderen Sinn zu: dem Hörsinn – und damit dem Klang. Es ist vielleicht ein Anzeichen für den Erfolg des damit einsetzenden Interesses an Hören, Gehör und Klang, dass die jüngsten Arbeiten zur Geschichte der Sinneswahrnehmungen den Schwerpunkt erneut verschoben haben und sich jetzt mit dem Geruch, dem Geschmack und dem Tastsinn befassen, die nun in methodologischer Hinsicht und als historisch situierte Phänomene als erforschenswert angesehen werden.

Das Interesse der Wissenschaftsgeschichte hat sich auch in anderer Weise über das Hören hinausbewegt. Einige Studien zu den Techniken und Forschungsparadigmen von Sonifikation und Audifikation (unhörbarer Klänge) sind von so extremer Vermitteltheit, dass man diese Arbeiten als einen Schritt weg vom menschlichen Hören einstufen könnte. Dies ist Teil eines von einer kleinen Anzahl von Forscher/innen betriebenen, aber signifikanten Abrückens vom Anthropozentrismus in der Wissenschaftsforschung. Stefan Helmreichs auf Donna Haraways Forschungen aufbauende Arbeiten zu Unterwasserklängen sind hierfür ein besonders gutes Beispiel (vgl. Helmreich 2016).

Klang in der wissenschaftshistorischen Forschung

Soweit zur Geschichte der Wissenschaftsgeschichte. Wenden wir uns jetzt der Frage zu, warum Klang für Wissenschaftshistoriker/innen wichtig geworden ist. Als Quellenmaterial bieten Klänge ihnen interessante, einzigartige Herausforderungen. Die Klangwellen der Vergangenheit sind inzwischen in den Außenbezirken unserer Galaxie angekommen, aber Spuren davon haben sich in etlichen Formen erhalten. Wissenschaftshistoriker/innen, die sich mit Klang beschäftigen, untersuchen Aufnahmen (auf Phonoautogrammen, phonographischen Rollen, Schallplatten, Tonbandkassetten, Filmen oder digital gespeichert) ebenso wie graphische Klang-Repräsentationen in Form von Noten und Sonogrammen oder Beschreibungen in Laborbüchern, Briefen und Veröffentlichungen. Die Klänge der Wissenschaften finden sich auch in ephemeren Formen wie Eichmessblättern, Ätzungen auf geschwärzten Gläsern, graphischen Repräsentationen wie den Lissajous-Figuren, den Nullen und Einsen, die von Satelliten zur Erde geschickt werden – im Prinzip finden sie sich in den Daten selbst.

Alle Spuren der Vergangenheit sind in gewisser Weise vergänglich, aber das Phänomen des Klangs ist es auf ganz besondere Weise. Vergangene Klänge und die Erfahrungen, die Individuen mit ihnen gemacht haben, sind verschwunden. Rekonstruktionen müssen aus Beschreibungen und Darstellungen modelliert werden. Guten Kulturhistoriker/innen ist klar, dass wir das Läuten einer 300 Jahre alten Kirchenglocke in der Gegenwart nicht auf die gleiche Weise erleben wie eine französische Dorfbewohnerin des 18. Jahrhunderts (vgl. Corbin 1994). Unsere Welt ist voll von so vielen neuen, andersartigen und mit anderen Bedeutungen behafteten Klängen und Geräuschen, verglichen mit den Klangräumen der Vergangenheit. Und dennoch versuchen wir, vergangene Sonosphären und Hörerfahrungen zu rekonstruieren. Das ist freilich ganz generell ein zentrales Paradox der Geschichtswissenschaft: Wir werden die Vergangenheit, erklärte Leopold von Ranke, niemals so erfassen, wie sie eigentlich gewesen ist – und doch plagen wir uns weiter ab. Das trifft in besonderem Maße auf diejenigen zu, die an der Schnittstelle von Klang und Geschichte arbeiten.

Ein weiterer Aspekt ist die sonische Präsentation von Geschichte. Die Möglichkeiten des Internets haben einer Anzahl neuer Multimedia-Plattformen den Weg geebnet. In digitalen Erkundungen von Raum und Zeit, teils mit historischen Aufnahmen, teils mit Rekonstruktionen, können Nutzer/innen intuitiv, auf nicht festgelegte Weise navigieren. Die von Emily Thompson entwickelte Datenbank »Roaring 'Twenties« zu den Straßen Manhattans in den 1920er Jahren und Mylène Pardoens Beitrag zum »Projet Bretez« – Wie klang das Paris des 18. Jahrhunderts? – seien hier besonders hervorgehoben. Beide Projekte förderten die oben genannten sowie viele weitere Soundquellen zutage. Ein komplementäres Projekt – und vielleicht auch das beste Beispiel dafür, dass sich eine fruchtbare Zusammenarbeit zwischen der Wissenschaftsgeschichte und den Sound Studies entwickelt hat – ist das sonisch navigierbare Klangarchiv, das derzeit von Viktoria Tkaczyks Forschungsgruppe ›Episteme der modernen Akustik‹ am Max-Planck-Institut für Wissenschaftsgeschichte in Berlin entwickelt wird. Die Gruppe nimmt die Frage ernst, welche Art von Wissen nur in auditiver Form entwickelt und dargestellt werden kann, und bietet Historiker/innen die Möglichkeit, in den Archiven ebenso mit Ohren wie mit Augen zu navigieren.

Fallstudien an der Schnittstelle von Wissenschaftsgeschichte und Sound Studies

Kehren wir zurück zu der Frage, warum Klang für Wissenschaftshistoriker/innen wichtig geworden ist. Die direkteste Antwort ist ganz schlicht die, dass die Beschäftigung mit Klang, Hören und Sonifikation – als Objekte wie auch Instrumente historischer Analyse – neue und andersartige Antworten auf grundlegende Fragen der Wissenschaftsgeschichte bot. Fragen zur Praxis der Wissenschaft, zur Entwicklung wissenschaftlicher Ideen, zur Zirkulation und Evolution von Ideen über Raum und Zeit können vom Klang her auf neue und andersartige und interessante Art beantwortet werden. Aus historischer Sicht wurden die Unterschiede zwischen Musikinstrumenten und wissenschaftlichen Instrumenten im Labor undeutlich, insbesondere wenn Wissenschaftler/innen Klang und die sensorische Wahrnehmung von Klang untersuchten. Geige, Orgel, Klavier und Harmonium wurden alle auch verwendet, um für Laboruntersuchungen Töne zu erzeugen (vgl. Hui 2012; Jackson 2006; Pesic 2014). Stimmgabeln, Resonatoren und Sirenen wurden oft von Musikinstrumentenbauern angefertigt. Frühe Experimente mit elektronischer Musik und digitalem Formatieren lösten Diskussionen an der Schnittstelle zwischen Komponieren, Wissenschaft und Technik aus (vgl. Mody/Nelson 2013; Sterne 2012a). Einige Historiker/innen nutzen diese materielle Kultur und rekonstruieren die jeweiligen Klänge mithilfe von historischen Instrumenten (sowohl wissenschaftlichen Instrumenten wie auch Musikinstrumenten). Die Interaktion zwischen Sound Studies und Wissenschaftsgeschichte hat so das theoretische Verständnis wissenschaftlicher Instrumente erweitert.

Durch die historische Untersuchung der wissenschaftlichen Erforschung von Klang sind andere Konzepte in ähnlicher Weise erweitert worden. Das Labor als Klangraum wird an anderer Stelle in diesem Handbuch ausführlich erörtert, aber hier sollte festgehalten werden, dass die meisten Arbeiten über Wissenschaft und Klang sich auf die Moderne beziehen, und daher auf das Labor, denn in der Moderne dominiert das Labor die wissenschaftliche Praxis. Einige Wissenschaftler/innen haben untersucht, in welcher Weise traditionelle Auffassungen von Klang und Hören in das Labor eingedrungen sind und die Entwicklung neuen auditiven Wissens mitgeprägt haben (z. B. Jackson 2006; Volmar 2015; Wittje 2016). Mehrere Beiträge im *Osiris*-Band *Music, Sound, and the Laboratory, 1750–1980* (Hui/Kursell/Jackson 2013) veranschaulichen dieses Phänomen. Die Monographie von Roland Wittje (2016) illustriert ein reziprokes Phänomen, und zwar Fälle, in denen Vorstellungen über Elektrizität die Forschungen zur Akustik beeinflusst haben. Myles Jackson wiederum untersucht in seiner 2006 erschienenen Studie *Harmonious Triads: Physicists, Musicians, and Instrument Makers in Nineteenth-Century Germany* die Zusammenarbeit zwischen den im Titel angeführten drei Gruppen und entwickelt dabei die These, dass in jeder Gruppe intellektuelle und ästhetische Fortschritte nur zusammen mit den beiden anderen Gruppen möglich waren. Um es zusammenzufassen: Wissenschaftler/innen haben das theoretische Verständnis der materiellen Kultur, der Praxis der Wissenschaft und der Beziehung zwischen Wissenschaft und Gesellschaft erweitert und vertieft.

Die Überschneidung der Sound Studies mit der Wissenschaftsgeschichte hat auch neue Perspektiven dafür geöffnet, wie Wissenschaftler/innen selbst sinnlich wahrnehmen. So wird derzeit untersucht, wie neue Hörerfahrungen nicht nur neues Wissen hervorbrachten, sondern auch den Wahrnehmungsrahmen der Wissenschaftler/innen selbst veränderten. Die Geschichte der Psychophysik im 19. Jahrhunderts ist ein Beispiel hierfür. Die Psychophysiker hörten Klänge auf eine bestimmte Weise, und als Konsequenz untersuchten und verstanden sie Klänge dann auch in einer bestimmten Weise (vgl. Hui 2012). Karin Bijsterveld et al. (2014), Joeri Bruyninckx (2012) und Alexandra Supper (2012) haben die Prozesse untersucht, durch die das Hören von Experten standardisiert wurde, von Autoingenieuren bis zu Ornithologen, und welche Konsequenzen dieser Standardisierungsprozess für die International Community for Auditory Display hatte. Andere Studien sind der Frage nachgegangen, wie

Wissenschaftler ihren Körper eingesetzt haben, um Klänge und Laute hervorzubringen, und wie ihr Verständnis von Klang durch diese physische Erfahrung geprägt wurde (z. B. Kursell 2013). Mehr als die übrigen Sinne ist das Hören (und damit der Klang) ein Mittel geworden, um zu zeigen, wie der Körper der Wissenschaftler/innen selbst eine Art Technologie wurde, die normalisiert und standardisiert werden musste, was mehr oder weniger gezielt geschah.

Hörweisen von Wissenschaftler/innen und Ingenieur/innen wurden dann wiederum in Form der von ihnen entwickelten Technologien der Gesellschaft zur Verfügung gestellt. Das lässt sich etwa bei der Entstehung des MP3-Formats oder, subtiler, bei der Entwicklung programmierter Hintergrundmusik nachverfolgen (vgl. Sterne 2012a; Hui 2014). Gewiss gibt es viele soziale und kulturelle Elemente, von denen die individuellen Hörerfahrungen geprägt werden. Wissenschaftler/innen, die an der Schnittstelle von Wissenschaftsgeschichte und Sound Studies arbeiten, haben gezeigt, dass die Standardisierung von Klängen und die Hörerfahrungen der Öffentlichkeit auf die Wissenschaft zurückgeführt werden können (z. B. Dolan/Tresch 2011; Tresch 2011). Und das heißt, es darf als gesichert gelten, dass wissenschaftliche Ideen darüber, was *Klang* und was *Hören* ausmacht, wesentlich darüber bestimmt haben, wie der Mensch die Welt erfährt.

Neue Perspektiven für eine Wissensgeschichte des Klangs

Aktuelle Forschungen und Diskussionen in den Sound Studies und Science Studies laufen meistens darauf hinaus, die Expansion auf beiden Feldern voranzutreiben. Es gibt eine zunehmende Fraternisierung zwischen der Wissenschaftsgeschichte und den Sound Studies einerseits und der Musikwissenschaft, den Medienwissenschaften und der *ecomusicology* andererseits. Es gibt auch immer mehr Überschneidungen mit der Umweltgeschichte. Klang und Klangwahrnehmung sind besonders gut geeignet, diese Überschneidung im Rahmen von Untersuchungen zu Naturgeräuschen und akustischer Umweltverschmutzung zu nutzen, was Jeff Titon (2012) als »sound commons« bezeichnet, als Allgemeingut an Klängen und Geräuschen. Auch wurden unlängst Arbeiten über die Verwendung von Klang als Waffe und ihren Einsatz in Folterregimen vorgelegt (z. B. Goodman 2010). Bereits angekündigte Monographien zeigen eine Zunahme von Forschungen auf den Gebieten der Lebenswissenschaften und der Geschichte der Bioakustik an. Im Zusammenhang mit dieser jüngsten Entwicklung in der Bioakustik wächst in der Wissenschaftsgeschichte auch das Interesse an globaler Überwachung und globaler Wissenschaftskooperation. Klänge und Geräusche waren, wenn auch oft in graphische Formen umgewandelt, ein entscheidendes Werkzeug für die Überwachung der Bewegungen feindlicher U-Boote wie auch für die späteren Bestrebungen, unterirdische Kernwaffentests zu überwachen (vgl. Camprubí/Hui 2018; Volmar 2013).

Da Wissenschaftshistoriker/innen sich zunehmend für die Praktiken der Wissenschaft interessiert haben, von der Funktion des impliziten, stillen Wissens bis hin zum epistemologischen Einfluss der materiellen Kultur, haben sie sich auf Theorieansätze gestützt, die auf dem Gebiet der Wissensgeschichte entwickelt worden sind. Und wenn es um Klang geht, haben die Historiker/innen des auditiven Wissens den Wissenschaftshistoriker/innen einiges anzubieten. Der Ansatz des Forschungsnetzwerks »Hör-Wissen im Wandel« beispielsweise basiert auf einem breiten Konzept von Wissen, das sowohl implizites wie explizites performatives Wissen umfasst. Die Wissenschaftshistoriker/innen in dieser Gruppe haben die Idee des performativen Wissens auf ihre Untersuchungen des Labors als einer Sonosphäre angewendet, die zugleich einen Ort epistemischer Praktiken darstellt. Sie fragen danach, wie performatives auditives Wissen im Labor wirksam war und wie diese verkörperten und materialisierten Performanzen dann jenseits des Labors zirkulierten, um bisweilen in veränderter Form ins Labor zurückzukehren (vgl. Netzwerk »Hör-Wissen im Wandel« 2017). Ein Beispiel: Experimente über die motorischen Wirkungen und die Stimmungseffekte von Musik wurden damals von der Edison Phonograph Company aufgegriffen, um Aufnahmen mit *mood music* – Hintergrundmusik also, die bestimmte Stimmungen hervorrufen sollte – zu entwickeln und zu vermarkten. Der Akt des Hörens auf das Klangobjekt, das im Labor produziert wird, lässt sich als Performanz reinterpretieren und so jenseits der Laborwände klären und spürbar machen (vgl. Hui 2017). So werden traditionelle Themen der Wissenschaftsgeschichte, nämlich Laborpraktiken und Objektbildung, durch den Rahmen der Wissensgeschichte angereichert und auf fruchtbare Weise transformiert.

Unbestritten dürfte sein, dass sich die Wissenschaftler/innen bis vor nicht allzu langer Zeit auf ihre jeweiligen Arbeitsgebiete beschränkt haben. Es gibt daher bislang nur wenige große Erzählungen über das

Austauschverhältnis zwischen Wissenschaft und Musik – besonders hervorzuheben sind hier die Bücher von Veit Erlmann (2010) und Peter Pesic (2014) –; es bleibt also durchaus noch genug Luft nach oben für Debatten über längere historische Prozesse. Weitere Werke, die längere Zeiträume behandeln, sind bereits angekündigt, und das zeigt einen gewissen Reifeprozess des disziplinübergreifenden Ansatzes einer Wissenschaftsgeschichte vom Klang und durch Klang. Weiterhin bezeichnend für diese Reife ist die Tatsache, dass mehrere Forscher/innen (Bijsterveld, Bruyninckx, Hui, Tkaczyk, um nur einige zu nennen) bestimmten Fragen der Sound Studies hartnäckig nachgehen, ohne sich auf eine bestimmte geographische Region oder eine Epoche zu fokussieren.

Zum Schluss sei festgehalten, dass wir als Historiker/innen uns selbst erkunden. Diejenigen von uns, die Klang und Wissenschaft untersuchen, weisen darauf hin, dass das vergangene Jahrhundert von einer visuellen Kultur dominiert war. Nach meiner Auffassung ist das jüngste Interesse an Klängen der Vergangenheit als Hinweis auf das wachsende Bewusstsein für die Bedeutung von Klang in der Gegenwart lesbar. Klänge und Geräusche dienen heutzutage der Isolation, der Folter, dem Luxus, der Einrichtung von Orten und der Einrichtung von Ortlosigkeit, d. h. Klang ist auf fundamentale Weise zentral für Rituale und die Konstruktion von Realitäten von Individuen und Gemeinschaften. Vielleicht haben die beschriebenen Forschungsergebnisse schon jetzt die Vergangenheit lauter werden lassen?

Verwandte Beiträge: Kap. 3 (Emotionalistät); Kap. 5 (Körperlichkeit); Kap. 6 (Materielle Kultur); Kap. 7 (Performanz); Kap. 10 (Klangfarbe); Kap. 14 (Sonifikation); Kap. 21 (Kulturwissenschaft); Kap. 23 (Medienwissenschaft); Kap. 25 (Neurowissenschaften); Kap. 27 (Physikalische Akustik); Kap. 32 (Donner); Kap. 37 (Sirene); Kap. 40 (Tinnitus); Kap. 41 (Archiv); Kap. 51 (Labor); Kap. 52 (Meer); Kap. 62 (Musikinstrumente); Kap. 64 (Phonograph); Kap. 67 (Stethoskop).

Literatur

Bijsterveld, Karin: *Mechanical Sound. Technology, Culture, and Public Problems of Noise in the Twentieth Century.* Cambridge, MA 2008.

Bijsterveld, Karin/Cleophas, Eefje/Krebs, Stefan/Mom, Gijs: *Sound and Safe. A History of Listening Behind the Wheel.* Oxford 2014.

Braun, Hans-Joachim (Hg.): *›I Sing the Body Electric‹. Music and Technology in the 20th Century.* Hofheim 2000.

Bruyninckx, Joeri: Sound sterile. Making scientific field recordings in ornithology. In: Trevor Pinch/Karin Bijsterveld (Hg.): *The Oxford Handbook of Sound Studies.* Oxford/New York 2012, 127–150.

Camprubí, Lino/Hui, Alexandra: Testing the underwater ear. Hearing, standardizing, and classifying marine sounds during the Cold War. In: Viktoria Tkaczyk/Mara Mills/Alexandra Hui (Hg.): *Testing Hearing. Music and Science.* Chicago 2018 [im Ersch.].

Clark, Suzannah/Rehding, Alexander (Hg.): *Music Theory and Natural Order from the Renaissance to the Early Twentieth Century.* Cambridge 2006.

Corbin, Alain: *Les cloches de la terre. Paysage sonore et culture sensible dans les campagne au XIXe siècle.* Paris 1994.

Crary, Jonathan: *Techniques of the Observer. On Vision and Modernity in the Nineteenth Century.* Cambridge, MA 1990.

Daston, Lorraine/Galison, Peter: *Objektivität.* Frankfurt a. M. 2007 (engl. 2007).

Dolan, Emily I./Tresch, John: A sublime invasion. Meyerbeer, Balzac, and the opera machine. In: *The Opera Quarterly* 27/1 (2011), 4–31.

Erlmann, Veit: *Reason and Resonance. A History of Modern Aurality.* New York 2010.

Feaster, Patrick: »Rise and obey the command«. Performative fidelity and the exercise of phonographic power. In: *Journal of Popular Music Studies* 24/3 (2012), 357–395.

Goodman, Steve: *Sonic Warfare. Sound, Affect, and the Ecology of Fear.* Cambridge, MA 2010.

Helmholtz, Hermann von: *Die Lehre von den Tonempfindungen als physiologische Grundlage für die Theorie der Musik.* Braunschweig 1863.

Helmreich, Stefan: *Sounding the Limits of Life. Essays in the Anthropology of Biology and Beyond.* Princeton 2016.

Hong, Sungook: *Wireless. From Marconi's Black-Box to the Audion.* Cambridge, MA 2001.

Hui, Alexandra: *The Psychophysical Ear. Musical Experiments, Experimental Sounds, 1840–1910.* Cambridge, MA 2012.

Hui, Alexandra: Muzak-While-You-Work. Programming music for industry, 1919–1948. In: *Historische Anthropologie* 22/3 (2014), 364–383.

Hui, Alexandra: Walter Bingham und die Universalisierung des individuellen Hörers. In: Netzwerk »Hör-Wissen im Wandel« (Hg.): *Wissensgeschichte des Hörens in der Moderne.* Berlin/Boston 2017, 41–64.

Hui, Alexandra/Kursell, Julia/Jackson, Myles W. (Hg.): *Music, Sound, and the Laboratory, 1750–1980* (= *Osiris* 28/1). Chicago 2013.

Jackson, Myles W.: *Harmonious Triads. Physicists, Musicians, and Instrument Makers in Nineteenth-Century Germany.* Cambridge, MA 2006.

Kuhn, Thomas: *The Structure of Scientific Revolutions.* Chicago 1962.

Kursell, Julia: Experiments on tone color in music and acoustics. In: Alexandra Hui/Julia Kursell/Myles W. Jackson (Hg.): *Music, Sound, and the Laboratory, 1750–1980* (= *Osiris* 28/1). Chicago 2013, 191–211.

Mills, Mara: Hearing things. Telephones and auditory theory. In: Siegfried Zielinski/David Link (Hg.): *Varianto-*

logy 2. On Deep Time Relations of Arts, Sciences, and Technologies. Köln 2006, 229–256.
Mills, Mara: Deafening. Noise and the engineering of communication in the telephone system. In: *Grey Room*, H. 43 (2011), 118–143.
Mody, Cyrus C. M.: The sounds of science. Listening to laboratory practice. In: *Science, Technology, and Human Values* 30/2 (2005), 175–198.
Mody, Cyrus C. M./Nelson, Andrew J.: »A towering virtue of necessity«. Interdisciplinarity and the rise of computer music at Vietnam-era Stanford. In: Alexandra Hui/Julia Kursell/Myles W. Jackson (Hg.): *Music, Sound, and the Laboratory, 1750–1980* (= *Osiris* 28/1). Chicago 2013, 254–277.
Netzwerk »Hör-Wissen im Wandel« (Hg.): *Wissensgeschichte des Hörens in der Moderne.* Berlin/Boston 2017.
Pardoen, Mylène/Roche, Daniel: Paris au XVIIIe siècle. In: *Le projet Bretex* (2015 ff.), https://sites.google.com/site/louisbretez/ (30.1.2018).
Pesic, Peter: *Music and the Making of Modern Science.* Cambridge, MA 2014.
Pinch, Trevor/Bijsterveld, Karin (Hg.): *The Oxford Handbook of Sound Studies.* Oxford/New York 2012.
Pinch, Trevor/Trocco, Frank: *Analog Days. The Invention and Impact of the Moog Synthesizer.* Cambridge, MA 2002.
Porter, Theodore M.: *Trust in Numbers. The Pursuit of Objectivity in Science and Public Life.* Princeton 1995.
Rehding, Alexander: *Hugo Riemann and the Birth of Modern Musical Thought.* Cambridge 2003.
Shapin, Steven/Schaffer, Simon: *Leviathan and the Air-Pump. Hobbes, Boyle, and the Experimental Life.* Princeton 1985.
Steege, Benjamin: *Helmholtz and the Modern Listener.* Cambridge 2012.
Sterne, Jonathan: *The Audible Past. Cultural Origins of Sound Reproduction.* Durham, NC 2003.
Sterne, Jonathan: *MP3. The Meaning of a Format.* Durham, NC 2012a.
Sterne, Jonathan (Hg.): *The Sound Studies Reader.* London 2012b.
Supper, Alexandra: The search for the ›killer application‹. Drawing the boundaries around the sonification of scientific data. In: Trevor Pinch/Karin Bijsterveld (Hg.): *The Oxford Handbook of Sound Studies.* Oxford/New York 2012, 249–270.
Thompson, Emily: *The Soundscape of Modernity. Architectural Acoustics and the Culture of Listening in America, 1900–1933.* Cambridge, MA 2002.
Thompson, Emily/Mahoy, Scott: The Roaring 'Twenties. An interactive exploration of the historical soundscape of New York City (2013 ff.). In: http://vectorsdev.usc.edu/NYCsound/777b.html (30.1.2018).
Titon, Jeff Todd: A sound commons for all living creatures. In: *Smithsonian Folkways Magazine* (2012), https://folkways.si.edu/magazine-fall-winter-2012-sound-commons-living-creatures/science-and-nature-world/music/article/smithsonian (30.1.2018).
Tresch, John: The prophet and the pendulum. Sensational science and audiovisual phantasmagoria around 1848. In: *Grey Room*, H. 43 (2011), 15–41.
Volmar, Axel: *Klang-Experimente. Die auditive Kultur der Naturwissenschaften 1761–1961.* Frankfurt a. M. 2015.
Volmar, Axel: Listening to the Cold War. The nuclear test ban negotiations, seismology, and psychoacoustics, 1958–1963. In: Alexandra Hui/Julia Kursell/Myles W. Jackson (Hg.): *Music, Sound, and the Laboratory, 1750–1980* (= *Osiris* 28/1). Chicago 2013, 80–102.
Wise, Norton: Making visible. In: *Isis* 97/1 (2006), 75–82.
Wittje, Roland: *The Age of Electroacoustics. Transforming Science and Sound.* Cambridge, MA 2016.

Alexandra Hui
(aus dem Englischen übersetzt von Gerhard Herrgott)

IV Akustische Phänomene

31 Applaus

Obwohl Applaus ein allgegenwärtiges Phänomen ist, denken Menschen kaum darüber nach. Sicher ist, dass das gemeinsame Klatschen vieler Personen (oder ihr Jubeln, Schreien, Rufen, Trampeln, Scharren usw.) in solchen sozialen Kontexten eine Rolle spielt, in denen die Repräsentation im Vordergrund steht und das partizipative Element zurückgedrängt ist: in der Politik, bei öffentlichen Sportveranstaltungen und in den darstellenden Künsten. In diesen gesellschaftlichen Bereichen sind klare und wenig durchlässige Rollentrennungen, die von allen Akteuren verstanden werden, und eine räumliche Trennung in Bühne und Zuschauerbereich konstitutiv; Applaus setzt in gewisser Weise »die Spaltung der Gemeinschaft in Handelnde und Produzierende auf der einen Seite und Rezipierende auf der anderen« voraus (Heister 1984, 92). Es ist davon auszugehen, dass in Kulturen, in denen partizipative Elemente stark sind und nichtpartizipative Kontexte kaum existieren, Applaus nur eine geringe Rolle spielt; kulturvergleichende Untersuchungen sowie fundierte historische Darstellungen stehen jedoch weitgehend aus.

Als ›personifizierter Applaus‹ gilt in der griechischen Antike der Satyr Krotos (dessen Namen ›Klatschen‹ oder ›Stampfen mit dem Fuß‹ bedeutet; vgl. Eratosthenes/Hyginus 2015, 78), der bei den Musen wohnt und ihren Vorstellungen Beifall klatscht (vgl. Pavis 1998, 28). So scheint der Applaus als Beitrag des Publikums zur Aufführung im Theater der griechischen Antike zu wurzeln, in dem es eine »ständige und direkte Rückkoppelung« (Lechner 2009, 64) zwischen Publikum und Bühne gab und in dem nicht nur geklatscht, sondern auch geschrien und gejubelt, geweint und gelacht, mitgesungen, mitgespielt, gepfiffen, gescharrt und getrampelt wurde. Viele Stücke des antiken römischen Theaters endeten mit einer *Plaudite*-Aufforderung des Sprechers, und auch die genuin politische, akklamatorische Funktion von Applaus hat hier ihren Ursprung, ließen sich doch die römischen Kaiser bei öffentlichen Auftritten mit Applaus begrüßen (vgl. Aldrete 1999, 106).

Funktionen

Applaus besteht aus mehreren Komponenten, nämlich der vom Körper ausgehenden und vom Körper erfahrbaren Tätigkeit des Klatschens im Kollektiv in Verbindung mit einer spezifischen sozialen Situation. Grundsätzlich gehört das Klatschen zu den ersten Klängen, die Kinder selbst mit dem Körper produzieren können; der französische Akustiker Abraham Moles nannte den »elementaren Schlag« des Händeklatschens auch den »Urtyp des Geräusches« (1971, 117). Wie die Stimme ist das Klatschen als eine prototypische Form von *body percussion* elementarer Bestandteil vieler Musiken weltweit. Klatschen hat den Vorteil, dass mehrere Menschen gemeinsam sehr schnell und ohne weitere Voraussetzungen einen lauten Klang produzieren können. Das Klatschen teilt sich mit vielen anderen perkussiven Klängen kurze Einschwing- und Abfallzeiten, d. h. die Charakteristik eines zeitlich präzise definierten Einsatzes bei gleichzeitig sehr kurzer Dauer des Klangereignisses. Während in musikalischen Zusammenhängen diese Eigenschaft des Klatschens, als Instrument eingesetzt, häufig Effekte von Rhythmizität verstärkt, erzeugt das Applausklatschen vieler Menschen durch die zufällige zeitliche Verteilung zunächst den Eindruck eines Klangteppichs, der die potenziell rhythmisierende Charakteristik des Klatschens verschwimmen lässt. Allerdings können sich im Verlauf eines Applauses Synchronisationsprozesse einstellen, die dann den scharfen *onset* einzelner Klatschlaute wieder hervorzukehren vermögen.

Applaus ist ein Resultat gemeinsamer Aufmerksamkeit, die emotionale Ansteckung generieren kann, die dann wiederum selbst auf den Applaus formend zurückwirkt (vgl. Cochrane 2009, 69). Zudem ist Applaus sozial ansteckend: Die Wahrscheinlichkeit, dass ein Individuum zu klatschen beginnt, steigt mit der Zahl der bereits klatschenden Publikumsmitglieder (vgl. Mann et al. 2013). Wer an welchem Punkt zu klatschen beginnt, hängt einerseits von den herrschenden sozialen Konventionen, andererseits aber vor allem von den Nachbarn und der Raumakustik ab. Applaus ist zudem ein beeindruckendes Beispiel der menschlichen Kapazität und Vorliebe für rhythmische Koordination und Synchronisation (engl. *entrainment*; vgl. Clayton 2013): Publika können von tobendem,

D. Morat, H. Ziemer (Hrsg.), *Handbuch Sound*, https://doi.org/10.1007/978-3-476-05421-0_31

temporal unstrukturiertem zu synchronisiertem, rhythmisch strukturiertem Applaus wechseln und wieder zurück (vgl. Neda et al. 2000).

Applaus ist ein Phänomen, das Hören, Zuhören, Sehen und Zusehen miteinander verbindet, denn eine klatschende Person macht jeweils alles gleichzeitig: Sie hört und sieht, und sie hört und sieht zu – nämlich sich selbst, dem restlichen Publikum und den Ausführenden. So wird Applaus von den Akteuren genutzt, um die bereits durch die gemeinsame Aufmerksamkeit bestehende Gemeinschaft zu verstärken. Applaus funktioniert auch nur mit einer Mindestanzahl von Personen, wenngleich es akustisch nicht auffällt, ob eine Person in einer großen Menschenmenge mehr, weniger oder gar nicht klatscht. Applaudiert eine Person allein oder ist die Gruppe zu klein, verliert die Tätigkeit ihre affirmative und gemeinschaftsstiftende Bedeutung.

Applaus gilt zudem als akustische Form des Danks der Zuschauer an den oder die Ausführenden – der Komponist Karlheinz Stockhausen spricht von einer »starke[n] Wärmewelle vom Parkett auf das Podium« (1964, 208) –, als Stellvertreter für das Händeschütteln oder mündlich übermittelten Dank. Gleichzeitig gilt das Klatschen laut der Konvention als Teil des Honorars für die Ausführenden (vgl. Heister 1984).

Im performativen Kontext findet Applaus im Rahmen einer Darbietung statt, meist am Ende formal definierter Sektionen (z. B. Szenenapplaus, Nummernapplaus) oder am Schluss. Ein solcher Schlussapplaus kann einerseits eine Transzendenzerfahrung der Akteure beschließen und allen, vor allem den Zuschauerinnen und Zuschauern, den Übergang zurück in den Alltag ebnen, gleichzeitig aber auch als Profanierung, als bewusste Zerstörung der Illusion der Darbietung verstanden werden. »It [...] says«, so das *Dictionary of the Theatre*, »›I'm breaking the illusion to tell you that I enjoy the illusion you created for me‹« (Pavis 1998, 28). Das wird jeder, der einmal einer persönlich als grandios empfundenen Musikaufführung beigewohnt und am Ende den Atem angehalten hat, bis die Dirigentin ihre hoch erhobenen Arme sinken ließ oder der Solist ein »thank you« hauchte, nachvollziehen können.

Applaus ist in diversen präsentativen Kontexten zu hören, bei Rockkonzerten wie im Parlament, auf Kongressen wie bei Castingshows und Fußballspielen, beim Geburtstagsständchen im Kindergarten wie nach einer gelungenen Landung des Flugzeugs. All diesen Situationen ist gemein, dass die Rollen – zumindest zum Zeitpunkt des Applauses – für alle klar erkennbar getrennt sind. Bei Sportveranstaltungen gibt es Applaus nach gelungenen Aktionen und am Ende des Spiels, ebenso in politischen Kontexten, wo vor allem zur Demonstration von Loyalität geklatscht wird. In den performativen Künsten, in denen die Rollentrennung immer klar ist, hängt die Applauskonvention von der Situation ab. Je leiser die Atmosphäre ist, desto mehr ist der Applaus eingeschränkt: Akustisch fällt das Klatschen bei einem ohnehin sehr lauten Rockkonzert kaum auf, doch beim Konzert eines Streichquartetts stören schon Seufzer und Huster. In diesem besonders restriktiven Kontext, in dem das Publikum laut Konvention so still wie möglich sein soll, ist der Applaus das einzige Überbleibsel natürlicher Eigenaktivität des Publikums. Dass diese Situation für Menschen ungewohnt und deshalb erstaunlich ist, hat zum Beispiel Elias Canetti festgestellt: »Die Menschen sitzen regungslos da, als brächten sie es fertig, *nichts* zu hören. [...] Denn unbefangen besehen, gibt es wenig Erscheinungen in unserem kulturellen Leben, die so erstaunlich sind wie ein Konzertpublikum« (1960, 37). In welcher anderen nicht-religiösen Situation gelänge eine ähnliche, gleichzeitige Selbstdisziplinierung von bis zu 3000 Personen?

In solch restriktiven Kontexten wirkt das gemeinsame Klatschen nach einer Periode der Stille für das Publikum entlastend, denn die Anspannung kann sich entladen (vgl. Heister 1984, 118). Im Applaus artikuliert sich gleichzeitig der Handlungsspielraum der rezipierenden Seite: Nur in diesen wenigen Minuten, meist nach der Aufführung, können Kämpfe innerhalb des Publikums ausgetragen werden – ästhetische Stellvertreterkriege, politische Machtkämpfe, Durchsetzung von Ansprüchen auf die Deutungshoheit –, und so passiert es, dass auf der einen Seite gejubelt, geschrien und geklatscht wird, während auf der anderen Seite ›Buh‹ gerufen und gejohlt wird. Christian Kaden betont zwar, dass Applaus im Umfeld klassischer Musik und im Sprechtheater eine umgelenkte Reaktion der Hörerinnen und Hörer sei, »auf einen Zeitpunkt verschoben, an dem sie kreativ nichts mehr ausrichten kann« (2016, [Abschn.] III.2.a), doch sind viele Situationen vorstellbar, in denen sich Rednerinnen, Musiker und andere Kunstschaffende die Reaktion des Publikums durchaus zu Herzen nehmen. In der Oper ist (zumindest außerhalb des deutschen Sprachraums) Zwischenapplaus durchaus gesellschaftlich anerkannt; Applaus ›auf offener Szene‹ kann so einerseits die Sängerin zum kurzzeitigen Heraustreten aus ihrer Rolle zwingen, um das Lob entgegenzunehmen, und sie andererseits dazu bringen, die Arie zu wiederholen. Erving Goffman spricht in einer solchen Situation, in der die produzierende Seite den Reaktionen der rezipierenden Seite tatsächlich Beachtung schenkt, vom »Ausbrechen aus dem Rahmen« (1989, 402). Im Jazz gilt wiederum ein Mittelweg der direkteren Rückkopplung, da einzelne Musikerinnen nach ihren Soli Applaus erhalten und die anderen Musiker weiterspielen; dies gilt auch in Rock- und Popkonzerten, bei denen Reaktionen wie Tanzen, Singen, Jubeln ohnehin erlaubt sind. Hier ist dann jedoch die Art der Rückkopplung durch die offensichtliche räumliche Aufteilung in Produktion und Rezeption sowie durch die technische Vermittlung deutlich verändert – man denke nur an Freddie Mercury, der im Wembley-Stadion als Dompteur die Zuschauermassen zum Singen herausfordert.

Widerstände gegen Applaus

Dass das Publikum in den performativen Künsten durch den Applaus – und nur dadurch – das eben Gehörte und Gesehene bewertet, ist von Künstlern immer wieder kritisch gesehen worden und zeigt, wie unklar die Applaus-Situation eben auch sein kann.

Der Komponist Johannes Kreidler (2015) wendet sich gegen Applaus als »kollektive[s] Soforturteil« und plädiert stattdessen dafür, dass »Musiker und Musikerinnen, Komponisten und Komponistinnen [...] schlichtweg anständig bezahlt werden«. Ohnehin sei Aufmerksamkeit eine weitaus angebrachtere Form der Wertschätzung für »jede Kunstmusik« als das »Beklatschen«, vor allem in Situationen wie dem apokalyptischen Ende von Bernd Alois Zimmermanns Oper *Die Soldaten*. Daher lautet seine Forderung: »Schafft den Applaus ab!«

Schon rund einhundert Jahre zuvor hatte Arnold Schönberg in seinem Verein für musikalische Privataufführungen, der von 1918 bis 1921 in Wien bestand, aus ähnlichen Gründen ein Applausverbot initiiert, sicher auch, um allzu lauter Ablehnung einen Riegel vorzuschieben: »Bei den Aufführungen sind alle Beifalls-, Mißfalls- und Dankesbezeigungen ausgeschlossen. Der einzige Erfolg, den ein Autor hier haben soll, ist der, der ihm der wichtigste sein müßte: sich verständlich machen zu können« (Schönberg in einer Pressemitteilung vom 7.11.1918, zit. nach Szmolyan 1974, 72).

Der kanadische Pianist Glenn Gould träumte früh von einem eigenen Konzertsaal, dessen Publikum zu absoluter Stille verpflichtet würde, und formulierte schließlich den »Gould Plan for the Abolition of Applause and Demonstrations of All Kinds« (Gould 1992, 14). Meist enden solche Ideen jedoch (aus oben genannten Gründen) in verlegenem Hüsteln und Füßescharren des Publikums, ähnlich den Schweigeminuten zum Gedenken an eine verstorbene Person, die am Ende von entsprechend feierlicher Musik den dann als profanierend angesehenen Applaus ersetzen sollen.

Missverständnisse ranken sich um ein vermeintliches Gebot des Komponisten Richard Wagner, nach dem ersten Akt seiner Oper *Parsifal* nicht zu klatschen. Wagners Ehefrau Cosima notierte anlässlich der Uraufführung 1882 in ihr Tagebuch: »Wie nach dem zweiten Akt stark gelärmt und gerufen wird, tritt R. an die Brüstung, sagt, daß die Beifallsbezeugungen seinen Künstlern und ihm zwar sehr willkommen, daß sie aber übereingekommen seien, sich, um den Eindruck nicht zu stören, nicht zu zeigen, also das ›sogenannte Herausrufen‹ fände nicht statt« (Wagner 1982, Bd. IV, 984 [Eintrag vom 26.7.1882]). Mit der zweiten Aufführung hatte das Publikum das (vom Komponisten so nicht formulierte) Gebot angenommen und war bereits übereifrig: »Nach dem ersten Akt entsteht ein wohltuendes Schweigen der Andacht. Aber nach dem zweiten wirkt es peinlich, daß die Beifall-Spendenden wieder ausgezischt werden« (ebd., 985 [28.7.1882]). Und bei der sechsten Aufführung verstieß der Komponist selbst gegen die bereits etablierte Praxis: »Er rief laut Bravo von unsrer Loge aus zu, worauf er ausgezischt wurde« (ebd., 989 [11.8.1882]).

Es war sicher kein Zufall, dass insbesondere bei dieser mythisch verklärten Oper, die ja bis 1914 auch ausschließlich im Bayreuther Festspielhaus aufgeführt werden durfte, Applaus sehr schnell als Widerspruch zur Transzendenzerfahrung der Musik empfunden wurde, wie schon der Musikwissenschaftler und Komponist Albert Lavignac 1897 betonte: »Wie aus einer Ekstase erwachen wir am Ende des ersten Aktes und den letzten Akkord noch im Ohr treten wir ins Freie, um etwas frische Luft zu schöpfen« (zit. nach Brandl-Risi 2012, 73). Anton Webern, der seine ›Bayreuther Pilgerfahrt‹ 1902 unternahm, empfand nicht nur den Applaus nach der *Parsifal*-Aufführung als »Ausfluß der größten Rohheit«, sondern fand das Bayreuther Publikum grundsätzlich unerträglich:

> »Kaum ist die Menge aus dem Tempel heraus gekommen, so geht das Gelächter, Gedratsche wieder los, da besieht man die Toiletten der andern, und tut, als ob man gar nicht Dinge erlebt hätte, die unsereinen von dieser Welt weg haben. Und dann! Applaus gab's auch! Wenn man nach Schluß des ›Parsifal‹ zu klatschen beginnt, so ist das doch ein Ausfluß der größten Roheit. Man wird doch etwa nicht dadurch beweisen wollen,

> daß man gnädigst Gefallen gefunden hatte an der Aufführung! Das ist doch riesig lächerlich!« (Webern zit. nach Moldenhauer/Moldenhauer 1980, 40)

In Bayreuth wird bis heute nach dem ersten Akt von *Parsifal* nicht applaudiert, und in Sachen Applaus ist das Festspielhaus immer noch tonangebend: Die *Götterdämmerung* im Rahmen des sogenannten Jahrhundertrings (der Inszenierung der *Ring des Nibelungen*-Opern von Richard Wagner durch Patrice Chéreau und Pierre Boulez anlässlich des 100-jährigen Jubiläums der Bayreuther Festspiele 1976) wurde an ihrem letzten Abend 1980 mit einem über 90-minütigen Schlussapplaus verabschiedet; Regisseur Frank Castorf wiederum nahm 2013 nach der Premiere seiner *Götterdämmerung* 15 Minuten lang Applaus, aber vor allem auch Beschimpfungen entgegen.

Konventionen

Im Umfeld der Aufführung westlicher Kunstmusik, vielleicht auch durch das erwähnte *Parsifal*-Missverständnis, hat Applaus im frühen 20. Jahrhundert einen normativen Charakter bekommen, der zu einem Distinktionsmerkmal des Teils des Publikums geworden ist, der zu wissen meint, an welchen Stellen geklatscht werden müsse und an welchen nicht. So können absurde Momente entstehen, wenn das Dogma, auf keinen Fall zwischen den Sätzen eines mehrsätzigen Werks zu klatschen, auf den Enthusiasmus von Hörerinnen und Hörern trifft, denen dieses Dogma unbekannt ist; der Pianist Emanuel Ax (2008) spricht hier von »some very arcane rules as to when it is actually OK to applaud«. Dies fällt besonders dann auf, wenn Musik, die eindeutig auf Applaus hin komponiert ist und von der Interpretin virtuos zur Schau gestellt wird, diesen nicht bekommt, weil dem Publikum die kollektive Befolgung der Konvention wichtiger ist. Der Dirigent Will Crutchfield schrieb 1985 unter der Überschrift »To applaud or not to applaud« in der *New York Times*:

> »The pulse quickens; the fiddler's left hand becomes a blur as the pianist's fingers race up and down the keyboard. The momentum builds to the final scale and triumphant chords: Ta tah! Tum tummmm! The violinist draws a long, intense downbow; with the release his arm flies exultantly into the air. Then: Awkward silence, a bit of coughing, some shifting in seats; the soloist looks at the floor; the bow arm drifts sheepishly down. From the pianist, a note or chord for re-tuning, as the performers wind down from the pitch of excitement they have built without the release of acknowledging a response to it. Where are we? In a major concert hall, amid a sophisticated audience. Otherwise, a few people who had been stimulated by all that action would have done the obvious, and their more knowledgeable neighbors would quickly have shushed them. And why? Why, because it's only the end of the first movement, and though the music says ›Please applaud‹, concert decorum in the late twentieth century says ›Please wait‹« (Crutchfield 1985).

Gerade in diesem Umfeld ist Applaus eben nicht nur eine natürliche Reaktion des Publikums, sondern bildet eine Situation ab, in der soziale Unsicherheiten sehr deutlich und sehr schnell zutage treten. Verschiedene Bedürfnisse der beteiligten Akteure geraten in Widerstreit miteinander, verschiedene Gebote und Konventionen greifen oder auch nicht. Jede Musikerin, jeder Konzertbesucher kann Geschichten erzählen, wann und wo ein Publikum oder einzelne Personen vermeintlich falsch, zu früh, zu viel, zu wenig oder gar nicht applaudiert haben. Dadurch, dass Menschen immer wieder mit ungewohnten Musiken oder neuen Theaterpraktiken konfrontiert werden, können solche absurden Momente verstärkt auftreten.

Zudem gab und gibt es kulturell basierte Unterschiede im Applausverhalten, klatschen italienische Opernpublika weniger diszipliniert als die braven und höflichen Besucherinnen und Besucher deutscher Sinfoniekonzerte. *Standing ovations* sind in amerikanischen Häusern gang und gäbe, während im deutschen Sprachraum Kunstschaffende aller Sparten durchaus manchmal Buh-Gewitter entgegennehmen müssen, was wiederum anderswo undenkbar wäre. An einigen italienischen Opernhäusern gibt es auch heute noch Claques, die mehr oder weniger inoffiziell den Applaus ›steuern‹. Diese Personen, die für ihr strategisches Klatschen bezahlt werden, gibt es im europäischen Theaterbetrieb seit der Antike, und sie machen die Instrumentalisierbarkeit, ja sogar die Käuflichkeit von Applaus deutlich (vgl. Lechner 2009, 66 ff., 80 und 146 f.). Letztlich können die ›Einheizer‹, die bei der Aufzeichnung von Fernsehshows dem Publikum das Zeichen zum Applaus geben oder diesen sogar vorher einüben, oder die ›Vorsänger‹, die die Aktionen der ›Ultras‹ im Fußballstadion dirigieren, gewissermaßen als Erben der Claqueure angesehen werden.

Wer jedoch im Normalfall die Applauspraxis festlegt und wie genau das funktioniert, ist unklar. Welche synchronen und diachronen Faktoren – soziale Ansteckung, Normen, sozialer Druck oder die Bewertung der gemeinsam erlebten Aufführung – das Applausverhalten formen, ist nicht erforscht, ebenso wenig wie die eigentlich grundlegende Frage, in welchem Verhältnis Applaus und Gefallensurteil stehen (vgl. Adorno 1963, 94 f.). Wie genau funktioniert das *entrainment* der vermeintlich passiven Zuschauerinnen und Zuschauer, und wer beginnt wann zu klatschen? Im Spannungsfeld vieler verschiedener Disziplinen liegend, ist das Phänomen Applaus von Ästhetik, Musikwissenschaft, Anthropologie, Ethnologie und Theaterwissenschaft zwar beachtet worden; doch die wissenschaftliche Überprüfung vieler bislang lediglich auf Beobachtungen basierender Thesen steht aus.

Verwandte Beiträge: Kap. 7 (Performanz); Kap. 11 (Musicking); Kap. 29 (Theaterwissenschaft); Kap. 38 (Stille); Kap. 49 (Konzertsaal); Kap. 54 (Opernhaus); Kap. 56 (Stadion); Kap. 78 (Schweigen).

Literatur

Adorno, Theodor W.: *Musikalische Schriften II: Quasi una fantasia*. Frankfurt a. M. 1963.

Aldrete, Gregory S.: *Gestures and Acclamations in Ancient Rome*. Baltimore/London 1999.

Ax, Emanuel: When to applaud (2008). In: https://emanuelax.wordpress.com/2008/11/14/when-to-applaud/ (30.1.2018).

Blau, Herbert: *The Audience*. Baltimore 1990.

Brandl-Risi, Bettina: Applaus. Die Gesten des Virtuosen. In: Christoph Wulf/Erika Fischer-Lichte (Hg.): *Gesten. Inszenierung, Aufführung, Praxis*. München 2010, 266–280.

Brandl-Risi, Bettina: Genuss und Kritik. Partizipieren im Theaterpublikum. In: Dietmar Kammerer (Hg.): *Vom Publicum: Das Öffentliche in der Kunst*. Bielefeld 2012, 73–90.

Bremmer, Jan N./Roodenburg, Herman (Hg.): *A Cultural History of Gesture*. Ithaca, NY 1991.

Canetti, Elias: *Masse und Macht*. Hamburg 1960.

Clayton, M.: Entrainment, ethnography and musical interaction. In: Ders./Byron Dueck/Laura Leante (Hg.): *Experience and Meaning in Music Performance*. Oxford/New York 2013, 17–39.

Cochrane, Tom: Joint attention to music. In: *British Journal of Aesthetics* 49/1 (2009), 59–73.

Crutchfield, Will: To applaud or not to applaud. In: *New York Times*, 2.6.1985, http://www.nytimes.com/1985/06/02/arts/to-applaud-or-not-to-applaud.html?mcubz=1 (30.1.2018).

Eratosthenes/Hyginus: *Constellation Myths. With Aratus's »Phaenomena«*. Übers., eingel. und komment. von Robin Hard. Oxford 2015.

Goffman, Erving: *Rahmen-Analyse. Ein Versuch über die Organisation von Alltagserfahrungen*. Frankfurt a. M. ²1989 (engl. 1974).

Gould, Glenn: *Schriften zur Musik II: Vom Konzertsaal zum Tonstudio*. München 1992 (engl. 1984).

Heister, Hanns-Werner: Geldloses Geschenk und archaisches Zeremoniell. Der Konzert-Beifall als Honorar- und Aktivitätsform. In: *International Review of the Aesthetics and Sociology of Music* 15/2 (1984), 91–128.

Kaden, Christian: Musiksoziologie. In: Ludwig Finscher (Hg.): *Die Musik in Geschichte und Gegenwart*. Sachteil, Bd. 6: *Meis–Mus*. Kassel u. a. 1997, 1618–1670. – Zugl. MGG Online (2016), https://www.mgg-online.com/mgg/stable/12847 (30.1.2018).

Kershaw, Baz: Oh for unruly audiences! Or, patterns of participation in twentieth-century theatre. In: *Modern Drama* 44/2 (2001), 133–154.

Kreidler, Johannes: Gegen Applaus. In: *Neue Zeitschrift für Musik* 176/3 (2015), 15.

Lechner, Alexander: *›Applaus‹. Publikumskundgebungen vom Affekt zur Konvention. Fragmentarische theaterhistorische Untersuchung des Beifalls*. Dipl.-Arb., Theater-, Film und Medienwissenschaft, Universität Wien 2009. In: http://othes.univie.ac.at/6926/ (30.1.2018).

Mann, Richard P./Faria, Jolyon/Sumpter, David J. T./Krause, Jens: The dynamics of audience applause. In: *Journal of the Royal Society Interface* 10/H. 85 (2013), http://rsif.royalsocietypublishing.org/content/10/85/20130466 (30.1.2018).

Moldenhauer, Hans/Moldenhauer, Rosaleen: *Anton von Webern. Chronik seines Lebens und Werkes*. Zürich/Freiburg i. Br. 1980 (engl. 1978).

Moles, Abraham A.: *Informationstheorie und ästhetische Wahrnehmung*. Köln 1971 (frz. 1958).

Neda, Zoltan/Ravasz, Erzsébet/Brechet, Yves/Vicsek, Tamás/Barabási, Albert-László: The sound of many hands clapping. Tumultuous applause can transform itself into waves of synchronized clapping. In: *Nature* 403 (2000), 849–850.

Pavis, Patrice: *Dictionary of the Theatre. Terms, Concepts, and Analysis*. Toronto 1998 (frz. 1996).

Stockhausen, Karlheinz: *Texte zu eigenen Werken, zur Kunst Anderer, Aktuelles*. Bd. 2: *Aufsätze 1952–1962 zur musikalischen Praxis*. Köln 1964.

Szmolyan, Walter: Schönbergs Wiener Verein für musikalische Privataufführungen. In: Ernst Hilmar (Red.): *Arnold Schönberg. Gedenkausstellung 1974*. Wien 1974, 71–82.

Vogels, Raimund: Zwischen Formalisierung und Überhöhung. Das westliche Konzertgeschehen aus musikethnologischer Perspektive. In: Martin Tröndle (Hg.): *Das Konzert. Neue Aufführungskonzepte für eine klassische Form*. Bielefeld ²2011, 103–112.

Wagner, Cosima: *Die Tagebücher*. Hg. von Martin Gregor-Dellin. München ²1982.

Jutta Toelle

32 Donner

Der Donner ist nicht ein einziges akustisches Ereignis, sondern ein Zusammenspiel von mehreren Geräuschen, die man als Knall, Rollen und Widerhallen unterscheiden kann. Der eigentliche Donnerschlag, der uns plötzlich erschrecken lässt, entsteht durch eine Explosion, wenn sich beim Durchgang eines Blitzes feuchte Luft sehr schnell erwärmt und in einer Stoßwelle ausdehnt; die Schläge können sich dabei gleichsam kettenartig aneinanderreihen. Die einzelnen Frequenzanteile des Knalls bewegen sich zugleich mit unterschiedlicher Geschwindigkeit fort; außerdem wird der Schlag vielfach gebrochen und durch Winde unterschiedlich abgelenkt und vermischt. All das erzeugt das charakteristische Rollen des Donners, das zu seiner Anthropomorphisierung (z. B. als Brüllen) geradezu einlädt. Hinzu kommt das Widerhallen an Berghängen, Wolken und anderen Reflektoren, durch das Donnerschlag und -rollen nicht nur potenziert werden, sondern auch räumlich diffundieren, sodass der Donner aus mehreren Richtungen gleichzeitig zu kommen scheint, was ihm einen noch bedrohlicheren Charakter verleiht.

Für die Kulturgeschichte des Donners ist diese singuläre Geräuschqualität von zentraler Bedeutung. Ebenso wichtig ist, dass es sich beim Donner insofern um ein multimodales Phänomen handelt, als ihm notwendig ein Blitz – d. h. eine Funkenentladung oder ein kurzzeitig auftretender Lichtbogen zwischen Wolke und Erde oder zwischen den Wolken – vorausgeht, der nicht nur plötzlich den Himmel erleuchtet und die Augen blendet, sondern auch ein enormes destruktives Potenzial hat. Der Donner erscheint in diesem Zusammenhang als akustischer Index einer drohenden Zerstörung. Das trägt dazu bei, dass häufig nicht nur der Blitz, sondern auch der Donner selbst, über seine schiere akustische Gewalt hinaus, als gewalttätig erfahren und darum zum Beispiel gern als Waffe vorgestellt wird.

Der Donner im Mythos

Die Kulturgeschichte des Donners beginnt mit dem Mythos. Die mythischen Erzählungen, die Donner und Blitz zu erklären suchen, sind dabei so zahlreich und unterschiedlich wie die Kulturen, in denen sie entstanden sind. Wie Derek Elsom (2015, 9) ausführt, werden Blitz und Donner beispielsweise mal als die blitzenden Augen und die schlagenden Flügel eines gigantischen Donnervogels verstanden, mal entspringt der Blitz dem knallenden Peitschenhieb eines Gottes. In der griechischen und römischen Antike sind den obersten Göttern Zeus bzw. Jupiter Donner und Blitz als Waffen zugeordnet: Zeus erhält von den Kyklopen Donner und Blitz, um erfolgreich gegen die Titanen zu kämpfen; Jupiter, der aus seiner rechten Hand Blitze schleudert, wird sowohl als ›Jupiter fulgur‹ wie auch als ›Jupiter tonans‹ verehrt, dessen Erscheinen sich in der Regel durch Donner ankündigt. Römische Kaiser sahen sich als direkte Repräsentanten Jupiters, und Caligula soll darum sogar eine Art Donner- und Blitzmaschine besessen haben (vgl. ebd., 18). In der nordischen Mythologie wiederum werden Donner und Blitz im Donnergott Thor personifiziert. Mit seinem von Ziegenböcken gezogenen Wagen rollt Thor donnernd über den Wolken dahin. Sein Hammer ist die wohl berühmteste Waffe in der nordischen Mythologie. Mit ihm besiegt er nicht nur zahllose Feinde, sondern erzeugt auch tödliche Blitze, wenn er ihn quer über den ganzen Himmel schleudert. Im Alten Testament wird der Donner hingegen als Stimme Gottes verstanden, mit der JHWE seine Macht über die Natur markiert und seine Widersacher in Furcht versetzt.

Erhabener Donner

Als Attribut des Göttlichen stellt der Donner ein gutes Beispiel für das dar, was Rudolf Otto in *Das Heilige* (1917) als ›mysterium tremendum et fascinans‹ beschrieben hat, nämlich das sowohl anziehende als auch abschreckende Wesen des Numinosen. Der Donner ist so faszinierend wie bedrohlich, und Gleiches gilt für die über ihn gebietenden Götter, die ihre Macht sowohl zum Schutz wie zum Verderben der Menschen einsetzen.

Aufgrund dieser Eigenschaften ist der Donner häufig als Exempel für das Erhabene angeführt worden. Besonders ergiebig ist in dieser Hinsicht Edmund Burke, der in seiner 1757 erstmals veröffentlichten Ästhetik *A Philosophical Enquiry* gleich mehrere Gründe nennt, die den Donner als erhaben qualifizieren. Erstens, weil er durch seine schiere Lautstärke »terror« beim Hörer erzeuge: »Excessive loudness alone is sufficient to overpower the soul [...]. The noise of [...] thunder [...] awakes a great and aweful sensation in the mind« (Burke 1987, 82). Zweitens, weil der Donnerschlag den Hörer durch seine Plötzlichkeit erschreckt: »[a] sudden beginning [...] of [a] sound of [...] consi-

D. Morat, H. Ziemer (Hrsg.), *Handbuch Sound*, https://doi.org/10.1007/978-3-476-05421-0_32

derable force« (ebd., 83). Drittens, weil der Donner als indexikalisches akustisches Zeichen einer übernatürlichen Macht wahrgenommen wird und das Erhabene immer eine »modification of power« (ebd., 64) sei. Und viertens, weil Burke in der emotionalen Antwort auf den Donner die für die Reaktion auf das Erhabene typische Ambivalenz von Furcht und Staunen wiederfindet und diese Verwandtschaft von Donner und Furcht/Staunen sogar etymologisch belegt: »Several languages [...] use the same word, to signify indifferently the modes of astonishment [...] and those of terror. [...] [T]he word *attonitus* (thunder-struck) is equally expressive of the alliance of these ideas; and do not the french *étonnement*, and the english *astonishment* [...] point out as clearly the kindred emotions which attend fear and wonder?« (ebd., 58) ›Vom Donner geschlagen zu sein‹ wird bei Burke gleichsam als eine Ur-Erfahrung kenntlich gemacht, die sich in den genannten Begriffen abgebildet habe und sich vor allem durch die Mischemotion eines von »terror« getränkten Staunens auszeichne.

Der Donner in der Kunst

In der Kunst trifft man den Donner entsprechend häufig in Werken solcher Gattungen an, die sich der Ästhetik des Erhabenen verpflichtet fühlen, etwa in der Rhetorik im sogenannten *genus grande*, in dem das Erhabene, so Longinus, »den ganzen Stoff wie ein plötzlich zuckender Blitz zerteilt und schlagartig die geballte Kraft des Redners offenbart« (Long., *sublim.* I, 4), in der Literatur zum Beispiel im Bereich der (klassizistischen) Tragödie, der Hymnik oder auch der Schauerliteratur, in der Musik im Bereich der Barockoper, der Großen Oper und – allerdings primär aus Gründen seiner besonderen Eignung für Tonmalerei – in der Programmmusik.

Als Signum des Göttlichen findet man den Donner zum Beispiel in Friedrich Gottlieb Klopstocks Ode »Die Frühlingsfeier« (1759/1771): »Hört ihr Jehovas Donner? / Hört ihr ihn? hört ihr ihn, / Den erschütternden Donner des Herrn?« (Klopstock 1962, 91). Als Macht- und Herrschaftszeichen kündet der Donner auch in der französischen *Tragédie lyrique* den *descent* des Gottes an. So wird beispielsweise in Jean-Philippe Rameaus Oper *Hippolyte et Aricie* (UA 1733; Libretto: Simon-Joseph Pellegrin) schon im Prolog während des Auftritts Jupiters hinter der Bühne gedonnert. Auch im ersten Akt, wenn der Chor der Priesterinnen die Rache der Götter heraufbeschwört, wird das Erscheinen der Diana durch einen typischen musikalischen *tonnerre* begleitet, der sich durch *tremolo* und *stakkato* der Streicher, Läufe der Bläser und starke Dynamik bei gehaltenen Akkorden auszeichnet. Außerdem wird der Donner in dieser Oper auch bei seelischen Unwettern eingesetzt, zum Beispiel wenn Phèdre im vierten Akt vom Tod Hippolytes erfährt und das ›Donnerwetter‹ der Götter fürchtet: »Qu'ai-je fait? quels remords! Ciel! J'entends le tonnerre. Quel bruit! Quels terribles éclats! Fuyons! [...] Tous les Dieux conjurez, pour me livrer la guerre« (Pellegrin 1757, 44).

Ist der donnernde Gott bei Klopstock dem Gläubigen wohl gesinnt, sind die Donnerzeichen bei Rameau deutlich vielschichtiger. Statt nur ehrfürchtige Bewunderung des Höchsten hervorzurufen, ist der Donner hier auch Ausdruck starker Triebregungen, seien dies Rachegelüste (der Menschen oder Götter) oder Ängste, die hier zu Mord und Selbstmord führen. Je stärker diese Bedeutungsdimension in den Vordergrund tritt und je mehr andererseits das Ideal eines gütigen und weisen (statt Furcht einflößenden) Herrschers propagiert wird, desto deutlicher wird der Donner in der französischen *Tragédie lyrique* der Unterwelt zugeordnet und dämonisch interpretiert, so auch in Rameaus *Zoroastre* (UA 1749/1756), in der der Donner mit dem bösen Zauberer Abramane (und nicht mit dem aufgeklärten Herrscher Zoroastre) assoziiert wird.

Zuverlässig dämonisch konnotiert ist der Donner auch bis heute in der Schauerliteratur bzw. *gothic literature*, die sich in ihren Anfängen um 1800 diesbezüglich u. a. bei Shakespeares Dramen bedient, etwa bei *Henry IV* (1597/1600) und *Macbeth* (1606), in denen der Geist Asnath bzw. die Hexen sich durch Donner zu erkennen geben. In der Schauerliteratur findet man den Donner entweder als Signum des übernatürlichen Bösen (wie in *The Monk* [1796], Matthew Gregory Lewis' klassischer *gothic novel*, in der er u. a. das Nahen des Teufels ankündigt) oder als natürliches Zeichen, das gleichwohl Unheil symbolisiert. So wird in Bram Stokers 1897 veröffentlichtem Vampirklassiker *Dracula* die Ankunft des Erzählers in Transsilvanien durch »rolling clouds« und »[a] heavy, oppressive sense of thunder« begleitet (Stoker 1997, 16) – ein Setting, das sich auch in heutigen Vampirfilmen zuverlässig wiederfindet. In Mary Shelleys *Frankenstein* (1818) spielen Gewitterstürme ebenfalls eine zentrale Rolle, insofern sie das Interesse des jungen Viktor für die Kraft der Elektrizität wecken, mithilfe derer er später sein Monster zum Leben erweckt.

Donnermaschinen

Um den Donner hörbar zu machen, setzten die Theaterbühnen auf künstlichen Donner, erzeugt von sogenannten Donnermaschinen, die ganz unterschiedlich konstruiert waren. Das *Theater-Lexikon* von 1841 unterscheidet beispielsweise die Erzeugung mittels »Donnerblech«, »Donnerpauke«, »Donner-Wagen« und »Donner-Rahmen« (Düringer/Barthels 1841, 326 f.). Letzteren beschreibt das ungefähr zeitgleich erschienene *Allgemeine Theater-Lexikon* als »eine[n] großen Rahmen, über den ein starkes Fell möglichst straff gespannt ist. Theils mit einem starken Schlägel, theils mit den Fäusten, sucht der damit Beauftragte ein dem D. [Donner; N. G.] ähnliches Geräusch [...] zu Wege zu bringen« (Blum/Herloßsohn/Marggraff 1839, 48).

Bereits in den Anleitungen barocker Bühneningenieure wird auch auf die Konstruktion einfacherer Donnermaschinen im Detail eingegangen. So etwa 1638 bei Nicola Sabbatini: »[E]s bedarf [...] einer aus gewöhnlichen Brettern gemachten Rinne, die so lang sein muß, wie der Donner dauern soll. [...] [M]an [bringt] sie über dem Himmel an, so daß sie feststeht. Auch macht man in ihr einige Stufen [...]. Wenn man es donnern lassen will, [...] [läßt man] Kugeln von ungefähr dreißig Pfund [...] innerhalb besagter Rinne laufen« (Sabbatini 1926, 272 f.). Joseph Furttenbach beschreibt eine noch schlichtere Methode, die nur einiger loser Bretter und zwölf steinerner Kugeln bedarf; ein »gemächliches« Rollen einer Kugel über die Bretter gibt dann »mit kleinem Gethön dess Wetters anfang«, ein Wurf auf die Bretter von oben herab aber: »zween erschöckliche Klöpff / wie gewaltige Donnerstreich« (Furttenbach 1663, 130).

Wie gebräuchlich Donnermaschinen bis ins 20. Jahrhundert hinein bleiben, zeigen Manfred Sempers Erläuterungen verschiedener Donnermaschinen aus dem Jahr 1906, die auf den »neu eingerichteten Bühnen des Deutschen Schauspielhauses in Hamburg sowie die des neuen Stadttheaters in Köln« (1905/06, 201) basieren. Für vier Phasen des Gewitters – der ferne grollende Donner, der rollende Donner, das Einschlagen des Blitzes, der mit einem Einschlag verbundene Donnerschlag – beschreibt Semper detailliert ein halbes Dutzend Donnermaschinen, die zum Teil noch auf den barocken Konstruktionen beruhen, zum Teil aber auch schon motorbetrieben sind.

Der Theaterdonner ist der »Inbegriff des Special Effects« (Nelle 2002, 494), der den Eindruck der Realität des Geschehens auf der Bühne erhöhen und die Intensität des sinnlichen Eindrucks beim Publikum steigern soll. Gezielt wird mit dem künstlichen Donner sowohl auf reflexhafte physische und affektive Reaktionen als auch auf ein Staunen, das sich zum einen auf das akustische Spektakel selbst (das häufig mit pyrotechnischen Effekten einhergeht), zum anderen auf die gekonnte Erzeugung des Effekts richtet. *Dass* und *wie* der Donner täuschend echt simuliert wird, macht also einen wichtigen Teil seiner Faszinationskraft aus. Wie Florian Nelle schreibt, zeichnet den Theaterdonner aufgrund dieser (teilweise auch in den Stücken selbst thematisierten) Künstlichkeit aber auch schon immer der Verdacht der »Effekthascherei falscher Propheten« (ebd., 494) aus. Hier kündigt sich nicht Gott an, sondern einer, der sich nur als Gott ausgeben will: Diese Kritik äußern pietistische Theaterkritiker ebenso wie Feinde des barocken Spektakeltheaters. Zugleich wird sie aber auch intradiegetisch als Unterscheidung von falschen und wahren, bösen und guten Herrschern genutzt, wie anhand von Rameaus *Zoroastre* bereits gezeigt. Auch in Richard Wagners *Parsifal* (UA 1882) kommt die Donnermaschine erst im zweiten Akt zum Einsatz, um Klingsors Welt im Einstürzen einmal mehr als trügerischen Schein zu entlarven, dem mit dem Gralsreich eine ontologisch wahre, die Bühne transzendierende Welt entgegengestellt wird.

Blitz und Donner als Wissenschaftsspektakel

Des künstlichen Gewitters bediente sich nicht nur die Theaterbühne, sondern auch die Naturphilosophie des 18. und 19. Jahrhunderts, die es zur Popularisierung ihrer Erkenntnisse über die Elektrizität nutzte. Naturphilosophie wurde, wie Bernadette Bensaude-Vincent und Christine Blondel (2008, 1) ausführen, aus ganz unterschiedlichen Gründen praktiziert, fand an ganz unterschiedlichen Orten statt, ob in Akademien und wissenschaftlichen Gesellschaften, privaten Salons und Jahrmärkten, in Geschäften oder auf Boulevards, und umfasste ebenso wissenschaftliche Spekulation wie empirische Forschung und mehr oder weniger valide Experimente, nicht selten auch vor zahlendem Publikum. Die Hauptziele dieser wissenschaftlichen Kultur waren Unterhaltung einerseits und Nützlichkeit im Sinne der Wissensvermittlung andererseits.

Ab Mitte des 18. Jahrhunderts wurde dabei die Erforschung und Demonstration elektrischer Phänomene besonders populär (vgl. Riskin 2008, 56). So versuchten Elektrizitätsperformer, ihre Zuschauer mit spektakulären Darbietungen ›elektrischen Feuers‹ (d. h. eines Blitzes) zu beeindrucken. William Watson, ein Mitglied der Royal Society, führte zum Beispiel vor, wie elektrisches Feuer die Themse überquerte, und erregte damit großes Aufsehen (vgl. Bertucci 2008, 77). Auch das sogenannte *Thunder House*, das von dem Physiker und Instrumentenbauer Joseph-Aignan Sigaud de Lafond entwickelt wurde, diente der Demonstration der zerstörerischen Kraft des Blitzes. Zugleich sollte es das Publikum dazu bewegen, sich Blitzableiter anzuschaffen. Bei dem Modell handelt es sich um ein kleines Holzhaus mit aufklappbaren Wänden und einer Metallstange als Blitzableiter an der Hausfassade. Im Innern des Hauses ist in einem Metallzylinder etwas Schießpulver untergebracht. Durch eine neben dem Haus stehende Leyden-Flasche, eine frühe Form des elektrischen Kondensators, wird ein Funke generiert, der auf das Haus überspringt und dort durch den Blitzableiter in den Boden abgeführt wird. Wird aber ein Stück der Stange entfernt und der Leiterkreis somit unterbrochen, fließt der Strom durch einen dünnen Draht ins Innere des Hauses, wo er das Schießpulver zur Explosion bringt, sodass das Haus spektakulär in sich zusammenstürzt. In einer zeitgenössischen Beschreibung wird u. a. der »loud report« (Francis 1850, 87) bemerkt, der dabei zu hören gewesen sei. In deutschen Landen wurde das *Thunder House* u. a. von Martin Berschitz bei seinen elektrischen Performances eingesetzt (vgl. Hochadel 2008, 91) – ein wissenschaftlicher Entertainer, über den es in der *Deutschen Encyclopädie* von 1783 heißt: »Einige von diesen herumschweifenden Elektrisirern brachten es wirklich weit wie z. B. ein gewisser Martin Berschitz, der in unsern Zeiten die auffallendste, merkwürdigste und stärkste doch allen Physikern bekannte Versuche vor Geld sehen läßt« (Köster/Roos 1783, 215; zit. auch bei Hochadel 2008, 89).

Die spektakulären Experimente folgten in ihrem Aufbau häufig einer theatralen Dramaturgie, traten dadurch aber auch in Konkurrenz zum Schauspiel. So schreibt Louis-Sébastien Mercier bereits im späten 18. Jahrhundert: »Le règne des lettres est passé, les physiciens remplacent les poètes et les romanciers, la machine électrique tient lieu d'une pièce de théâtre« (zit. nach Bensaude-Vincent/Blondel 2008, 6). Bemerkenswert ist an diesem Ineinandergreifen nicht nur, dass ausgerechnet der Kunst-Raum der (Theater-) Bühne zum geeigneten Ort avanciert, um natürliche Phänomene wie Blitz und Donner darzustellen. Sondern auch, dass die Metapher von der ›Natur als Theater‹, die für die wissenschaftliche Spektakelkultur im Ganzen grundlegend bleibt, durch diese Praktiken nach und nach eine neue Bedeutung gewinnt. Wie Bensaude-Vincent und Blondel (ebd., 7 f.) ausführen, wird am Ende des 18. Jahrhunderts nicht mehr die Natur als (letztlich göttliches) Schauspiel verstanden, sondern die theatrale Vorführung wird umgekehrt als Möglichkeit gesehen, Einsichten in die Geheimnisse der Natur zu erlangen. Das elektrische Schauspiel werde so zu einem Apparat, der die Natur entschleiere und ihre verborgenen Eigenschaften und Prozesse sichtbar mache.

Wissenschaftsgeschichte des Donners

Für die elektrischen Performances des 18. und 19. Jahrhunderts scheint der Donner gleichwohl eher eine Nebenrolle gespielt zu haben. Nichtsdestotrotz gab es neben der Blitz- auch eine Donnerforschung, allerdings in weniger spektakulärer Form – was möglicherweise mit der weit größeren Schwierigkeit zu tun hatte, ›echten Donner‹ zu simulieren, zumal über seine Ursachen bis ins 20. Jahrhundert hinein die Meinungen weit auseinandergingen. Schon Aristoteles (in seiner *Meteorologie*) und Lukrez (in *De rerum natura*) hatten sich Gedanken über die Entstehung des Donners gemacht, aber erst im 17. Jahrhundert nahm, wie Wilfred Remillard (1961) und Martin Uman (1969) ausführen, mit René Descartes und anderen Naturphilosophen die neuzeitliche Erforschung des Donners Fahrt auf. In *Les Météores* (1637) versuchte Descartes beispielsweise, die Entstehung des Donners – mithilfe des für seine Naturphilosophie typischen Analogieschlusses (vgl. Martin 2011, 136) – in Analogie zur Entstehung des Geräusches einer abgehenden Lawine zu erklären: So wie das laute Poltern der Lawine darauf zurückzuführen sei, dass zu warm und darum zu schwer gewordener Schnee in weiter unten liegende Täler falle, sei auch der sommerliche Gewitterdonner dadurch zu erklären, dass eine (aufgrund von Lufterwärmung zu schwer gewordene) Wolke mit darunter liegenden zusammenstoße (Descartes 2013, 268 f.).

Aber nicht nur die Ursache, auch der Zeitpunkt und die Dauer des Donners beschäftigten die Naturphilosophen. Nachdem bereits Robert Hooke (1705) die These aufgestellt hatte, dass die Dauer des Donners von der Entfernung zwischen Hörer und Blitz abhängig sei, nahm 1738 Joseph-Nicolas Delisle Messungen des Zeitintervalls zwischen Blitz und Donner sowie zur Dauer des Donners vor. 1854 resümierte François Arago die bis dahin erfolgte Forschung und stellte die zu dieser Zeit gerade gängige Vakuum-Theorie infrage, nach der der Blitz ein Vakuum produziere und der Donner dadurch entstehe, dass die umgebende Luft in dieses hineingesogen werde.

Um 1900 erlebte, wie Remillard und Uman zeigen, die Donnerforschung schließlich eine Blütezeit. Es wurden zahlreiche neue Erklärungsversuche entwickelt, zum Beispiel Theorien einer chemischen Explosion oder einer Dampfexplosion sowie eine Theorie, die der heute allgemein akzeptierten Erklärung bereits sehr nahe kommt: »The sound which is known as thunder is due simply to the fact that the air traversed by an electric spark [...] has its volume [...] considerably increased« (M. Hirn; zit. nach Remillard 1961, 250). Am Ende dieser Phase stehen u. a. die Untersuchungen von L. C. Veenema (1917/18; 1920), der sich primär für die Frage interessierte, aus wie großer Entfernung ein Donner noch gehört werden könne, und dafür 21 Jahre lang alle Gewitter in seiner Gegend protokollierte.

Für die akustische Natur des Donners interessant sind aus dieser Zeit vor allem die Untersuchungen des österreichischen Meteorologen Wilhelm Matthäus Schmidt. Zur Messung des Schalldrucks konstruierte er u. a. ein ausgefallenes Instrument, das er im Labor der Zentralanstalt für Meteorologie und Geodynamik in Wien aufstellte. Es bestand aus einem zum Fenster ausgerichteten Grammophontrichter, der »mit seinem Mundstück seitlich an einen kurzen senkrechten Schlot [...] angeschlossen« war. »Alle Dichtewellen«, so Schmidt, »setzten sich [...] in den Schlot hinein fort und brachten da eine kleine rußende Terpentinölflamme zum Mitschwingen«, deren »oberes Ende [...] durch einen [...] fortbewegten Telegraphenpapierstreifen geschnitten« wurde. Das Ergebnis: »[J]edes Zucken der Flamme [...], jede Luftverdichtung oder -verdünnung, bedingte ein An- oder Abschwellen der Schwärzung, das Papier erschien dann quergestreift« (1914, 488 f.). Aus seinen Aufzeichnungen schloss Schmidt u. a., dass »im Donner die verschiedensten Schwingungen nebeneinander vorkommen, angefangen von etwa 25 in der Sekunde [...] bis über 100« (ebd., 490).

Im Laufe des 20. Jahrhunderts setzte sich in der Forschung die Unterscheidung zwischen hörbarem Donner, der Gegenstand des vorliegenden Artikels ist, und *infrasonic thunder* durch. Uman (1987) zufolge liegen bis in die 1980er Jahre hinein immer noch relativ wenige Messungen zum hörbaren Donner vor, zum Beispiel zur Geräuschqualität oder zur Dauer des Donners, zum Zeitintervall zwischen Blitz und Donner oder zur Entfernung, über die ein Donner hörbar bleibt, sowie auch zu Überdruck, akustischer Energie und Frequenzspektrum des Donners. Auch wenn das Erklärungsmodell, das den hörbaren Donner auf die Stoßwelle zurückführt, die durch die plötzliche Erwärmung und Ausdehnung der Luft im Blitzkanal ausgelöst wird, in den 1980er Jahren bereits allgemein akzeptiert ist, werden in dieser Zeit, wie Uman ausführt, noch immer recht unterschiedliche Ansichten in Bezug auf die Interpretation experimenteller Daten und auf die genauen physikalischen Mechanismen, die für die Entstehung von Donner verantwortlich sind, vertreten (ebd., 281).

An dieser Situation scheint sich, folgt man Vladimir A. Rakov und Martin A. Uman, bis heute wenig geändert zu haben. In ihrer jüngsten Publikation fassen sie den gegenwärtigen Forschungsstand zum Donner sehr vorsichtig zusammen: »The origin of *most* audible thunder is *thought to be* the expansion of the rapidly heated lightning channel, *although* some infrasonic thunder *must also be* generated by this mechanism. [...] *There still exists a lack of detailed understanding of the dominant mechanism or mechanisms of the generation of thunder*« (Rakov/Uman 2007, 389; Hervorh. N. G.). Abgeschlossen ist die Wissenschaftsgeschichte des Donners also noch lange nicht.

Verwandte Beiträge: Kap. 22 (Literaturwissenschaft); Kap. 26 (Philosophie); Kap. 29 (Theaterwissenschaft); Kap. 30 (Wissenschaftsgeschichte); Kap. 71 (Herrschaftsrepräsentation); Kap. 73 (Krieg).

Literatur

Arago, François: *Œuvres Complètes. Notices Scientifiques*, Bd. 1. Paris 1854.

Bensaude-Vincent, Bernadette/Blondel, Christine: Introduction. A science full of shocks, sparks and smells. In: Dies. (Hg.): *Science and Spectacle in the European Enlightenment*. Aldershot 2008, 1–10.

Bertucci, Paola: Domestic spectacles. Electrical Instruments between business and conversation. In: Bernadette Bensaude-Vincent/Christine Blondel (Hg.): *Science and Spectacle in the European Enlightenment*. Aldershot 2008, 75–87.

Blum, Robert/Herloßsohn, Karl/Marggraff, Hermann (Hg.): *Allgemeines Theater-Lexikon oder Encyklopädie alles Wissenswerthen für Bühnenkünstler, Dilettanten und Theaterfreunde*. Bd. 3: *Devrient bis Garnitur*. Altenburg/Leipzig 1839.

Burke, Edmund: *A Philosphical Enquiry into the Origin of our Ideas of the Sublime and Beautiful* [1757]. Hg. von James T. Boulton. Oxford 1987.

Delisle, Joseph-Nicolas: *Mémoires pour servir à l'histoire et au progrès de l'astronomie, de la géographie et de la physique*. St. Petersburg 1738.

Descartes, René: *Die Meteore* [frz. 1637]. In: Ders.: *Entwurf der Methode. Mit der Dioptrik, den Meteoren und der Geometrie.* Hg. von Christian Wohlers. Hamburg 2013, 195–311.

Düringer, Philipp Jakob/Barthels, Heinrich Ludwig (Hg.): *Theater-Lexikon. Theoretisch-praktisches Handbuch für Vorstände, Mitglieder und Freunde des deutschen Theaters.* Leipzig 1841.

Elsom, Derek M.: *Lightning. Nature and Culture.* London 2015.

Francis, George W.: *Electrical Experiments.* London [5]1850.

Furttenbach, Joseph: *Mannhaffter Kunst-Spiegel* [...]. Augsburg 1663.

Hirn, M.: The sound of thunder. In: *Scientific American* 59 (1888), 201.

Hochadel, Oliver: The sale of shocks and sparks. Itinerant electricians in the German Enlightenment. In: Bernadette Bensaude-Vincent/Christine Blondel (Hg.): *Science and Spectacle in the European Enlightenment.* Aldershot 2008, 89–101.

Hooke, Robert: Lectures and discourses of earthquakes and subterraneous eruptions. In: *The Posthumous Work of Robert Hooke.* Hg. von Richard Waller. London 1705, 279–450.

Klopstock, Friedrich Gottlieb: *Ausgewählte Werke.* Hg. von Karl August Schleiden. München 1962.

Köster, Heinrich Martin Gottfried/Roos, Johann Friedrich (Hg.): *Deutsche Encyclopädie oder allgemeines Real-Wörterbuch aller Künste und Wissenschaften.* Bd. 8: *Ei–Erz.* Frankfurt a. M. 1783.

Longinus: *Vom Erhabenen.* Griechisch/Deutsch. Stuttgart 2002.

Martin, Craig: *Renaissance Meteorology. Pomponazzi to Descartes.* Baltimore 2011.

Mercier, Louis-Sébastien: *Tableau de Paris.* 10 Bde. Amsterdam [2]1782–1788.

Nelle, Florian: Theaterdonner – Geräusch und Illusion um 1800. In: Hans-Peter Bayerdörfer (Hg.): *Stimmen – Klänge – Töne. Synergien im szenischen Spiel.* Tübingen 2002, 493–506.

Pellegrin, Simon-Joseph: *Hippolyte et Aricie.* Paris 1757.

Rakov, Vladimir A./Uman, Martin A.: *Lightning. Physics and Effects.* Cambridge 2007.

Remillard, Wilfred J.: The history of thunder research. In: *Weather* 16/8 (1961), 245–253.

Riskin, Jessica: Amusing physics. In: Bernadette Bensaude-Vincent/Christine Blondel (Hg.): *Science and Spectacle in the European Enlightenment.* Aldershot 2008, 43–63.

Sabbatini, Nicola: *Anleitung Dekorationen und Theatermaschinen herzustellen.* Mit Urtext hg. von Willi Flemming. Weimar 1926 (ital. 1638).

Schmidt, Wilhelm: Über den Donner. In: *Meteorologische Zeitschrift* 31 (1914), 487–498.

Semper, Manfred: Theatermaschinen. In: *Bühne und Welt* 8 (1905/06), 197–204, 239–244 und 285–289.

Stoker, Bram: *Dracula* [1897]. New York/London 1997.

Uman, Martin A.: *Lightning.* New York 1969.

Uman, Martin A.: *The Lightning Discharge.* Orlando u. a. 1987.

Veenema, L. C.: Die Hörweite des Gewitterdonners. In: *Das Wetter* 34 (1917), 127–130, 187–192 und 258–262; 35 (1918), 56–58.

Veenema, L. C.: The audibility of thunder. In: *Monthly Weather Review* 48/3 (1920), 162.

Nicola Gess

33 Echo

In seinen *Metamorphosen* übersetzt Ovid zwei eng miteinander verwandte und gleichermaßen tragische klassische griechische Mythen in die Begriffe des römischen Pantheons. Im ersten Mythos vermutet die Göttin Juno, dass ihr Mann Jupiter mit den Waldnymphen schläft. Aber jedes Mal, wenn sie im Begriff ist, ihn zu erwischen, lenkt die mit großem erzählerischen Talent gesegnete Nymphe Echo Juno mit fesselnden Geschichten ab. Als Juno klar wird, dass dies ein Trick ist, verhängt sie eine grausame Strafe über Echo. Sie verdammt die Nymphe zum Verlust ihrer Sprechfähigkeit; Echo kann fortan nur noch den letzten Teil der Sätze wiederholen, die andere zu ihr sagen. Eines Tages trifft Echo den jungen, schönen Narziss allein im Wald und folgt ihm in der Hoffnung, ihn zu verführen. Als sie versucht, mit ihm zu sprechen, kann sie nur tumb seine letzten Worte wiederholen. Narziss will wissen, wer sie ist. Und so geht es erst einmal hin und her: Er sagt etwas, sie wiederholt jeweils den Schluss seiner Sätze. Schließlich ruft Narziss:

> »So laßt uns
> hier uns vereinen!« – und Echo, nie lieber bereit, einem Klange
> Antwort zu geben als dem, ruft zurück: »Uns vereinen!«
> tut ihren Worten gemäß, tritt heraus aus dem Walde,
> eilt, um den Hals, den ersehnten, die Arme zu schlingen. Doch jener
> flieht und ruft im Fliehn: »Nimm weg von mir deine Hände!
> Eher möchte ich sterben, als daß ich würde dein Eigen!«
> Da gab sie nichts zurück als: »Daß ich würde dein Eigen!«
> (Ov., met. III, 385–392).

Narziss flieht und lässt die gedemütigte Echo zurück. Sie zieht sich in die dunkelsten Höhlen des Waldes zurück, ihr »nimmer ruhender Kummer verzehrt den kläglichen Leib, und dörrend schrumpft ihre Haut, die Säfte des Körpers entweichen« (ebd., 396 f.), bis nur noch die Stimme von ihr übrig bleibt. Und wenn wir nur laut genug in eine Höhle rufen, können wir sie noch immer hören, wie sie unsere Worte wiederholt.

Der zweite Mythos betrifft Narziss selbst. Wie Echo werden auch andere männliche und weibliche Verehrer von dem stolzen und kaltherzigen Schönling abgewiesen. Einer der Verschmähten fleht die Götter wütend an, Narziss zu bestrafen: Auch dieser soll das Gefühl unerwiderter Liebe erleben. Die Göttin Nemesis, verantwortlich für die Bestrafung von Hybris, Stolz und Arroganz, erhört das Flehen und verdammt Narziss zu unersättlicher Selbstliebe. Als Narziss sein Spiegelbild in einem Teich sieht, verliebt er sich. Vergeblich versucht er, sein wässriges Spiegelbild zu umarmen und zu küssen, bis er vor Verzweiflung zugrunde geht und sich in eine Blume verwandelt. Echos Stimme ist auch während Narziss' Todeskampf zu hören:

> Diese, als sie es sah, obgleich ihres Zornes gedenkend,
> trauerte doch, und sooft der arme Knabe sein: »Wehe!«
> rief, wiederholte auch sie mit der Stimme des Widerhalls: »Wehe!«
> Dann auch, wenn er den Arm mit den Händen sich schlagend getroffen,
> gab mit dem gleichen Klang sie zurück das Tönen der Schläge.
> Des, wie gewohnt, in die Flut noch Schauenden letztes Wort war:
> »Knabe, den ich vergebens geliebt« – und gleichviele Worte
> hallten zurück – »leb wohl!« – »Leb wohl!« auch klang es von Echo
> (ebd., 494–501).

Der stolze Narziss und die verschmähte Echo teilen eine Verdammnis durch Reflexion. In beiden Fällen kann die Reflexion das Reale nicht ersetzen, sie ist allenfalls eine schwache (und gegenderte) Erscheinung (vgl. Lawrence 1991). Aber – und darin liegt das Tragische – diese Erscheinung kann mit dem Original interagieren, es sogar zerstören. Und doch gibt es zwei Hauptunterschiede zwischen diesen miteinander verknüpften Geschichten. Zum einen: Während die Götter Narziss dazu verdammen, sein ›gespiegeltes‹ Bild zu begehren, sich unstillbar und selbstzerstörerisch in sich selbst zu verlieben, bestrafen sie Echo damit, die Worte zu ›spiegeln‹, die von anderen gesprochen werden. Dieses mimetische Nachsprechen – von Psychiatern ›Echolalie‹ genannt – ist ein Hindernis für jegliche Kommunikation. Weitaus häufiger indes gibt das Echo die eigene Stimme wieder.

Daher tritt das Spezifische von Echo beim zweiten Unterschied deutlicher hervor: Während das Bild des Narziss mit dem Original verschwindet, überlebt im Fall der Nymphe Echo die Stimme sie selbst (und sie überlebt auch Körper und deren Abbilder). Echo ist eine Fortdauer von Klang über die Zeit, die, wie flüchtig auch immer, auf unterschiedliche Arten mit dem ursprünglichen Klang interagieren kann. Im

D. Morat, H. Ziemer (Hrsg.), *Handbuch Sound*, https://doi.org/10.1007/978-3-476-05421-0_33

Folgenden sollen einige dieser Interaktionsarten vorgestellt werden.

Nachhall

Im schlimmsten Fall produziert die Reflexion von Klang einen vielfachen Nachhall, wenn mehrere Echos sich überlagern, die etwa von einem Felsen oder einem Gebäude kommen (oder von einer Nymphe). Im besten Fall, wenn der Ursprungslaut stark genug ist und wenn der zeitliche Abstand zwischen Ursprungs- und Reflexionslaut groß genug ist, dass ein menschliches Ohr die Klänge voneinander trennen kann (dafür genügt ein Bruchteil einer Sekunde, der allerdings nicht kleiner sein darf als 1/40 Sekunden) kann die letzte Silbe des ursprünglich Gesprochenen deutlich gehört werden. Dies ist zwar für die klare Verständlichkeit des Sprechens auch nicht unbedingt besser als verstreuter Nachhall, aber was dabei geschieht, hat Kinder aller Zeiten und Epochen amüsiert und Anlass zu zahllosen Witzen und Wortspielen in allen Sprachen gegeben. Sich vom eigenen Echo an der Nase herumführen zu lassen und sich auf einen absurden Dialog Gespräch mit ihm einzulassen, ist vielleicht das ultimative Missverständnis.

Es nimmt nicht wunder, dass das Echo der ärgste Feind derjenigen ist, denen es vor allem um die Klarheit von Signalen geht – und seit den 1950er Jahren findet denn auch ein Großteil der Forschung im Bereich Telekommunikation in vom Militär oder von Firmen wie Microsoft finanzierten schalltoten Räumen statt. Architekt/innen, die sich für Akustik interessieren, ging es schon immer auch darum, unerwünschte Echos auszuschalten. Der gregorianische Gesang lässt die Schwierigkeit dieser Aufgabe ahnen. Resonanz und Nachhall in romanischen Klöstern und gotischen Kathedralen lassen die für den gregorianischen Gesang charakteristischen Obertöne besonders deutlich hervortreten (vgl. Crocker 2000, 26 f.). Wenn du sie nicht besiegen kannst, schlag dich auf ihre Seite.

Resonanz

Allerdings richtet sich das Bestreben für gewöhnlich nicht darauf, Klänge an Gebäude anzupassen, sondern Gebäude an Klänge. Architekten haben seit jeher versucht, die unvermeidlichen Echos zu ihren Gunsten zu nutzen, indem sie nach Resonanzen suchten, um die Energie des ursprünglichen Klangs zu verstärken. Flüstergalerien, die sich womöglich an den Beispielen natürlich-resonanter Höhlen orientiert haben, sind seit einem Jahrtausend berühmt.

Wie Viktoria Tkaczyk (2014) gezeigt hat, bemühten sich Vitruv und andere Baumeister der Antike, Klangreflexionen zu vermeiden, indem sie ihre Theater als Freiluftbühnen errichteten. Ein Wendepunkt trat ein mit den Analogien von Klang und Licht, wie sie Athanasius Kircher in seiner *Echologia* dargelegt hat (in seiner Theorie der strahlenartigen Klangreflexion, die er um 1673 entwickelte). Im Zuge der Erforschung von Schall als Wellenphänomen im späten 18. und im 19. Jahrhundert dachten Architekten und Baumeister über die Möglichkeiten nach, wie Klang in geschlossenen Räumen reflektiert werden kann. So ausgeklügelt diese Ansätze auch waren, wurden doch erst ab dem 20. Jahrhundert im Rahmen der neu etablierten Disziplinen der Bau- und Raumakustik Grundsätze dafür formuliert, wie sich Gebäude entwerfen lassen, die sich Echoeffekte zunutze machen (vgl. Thompson 2002).

Hall

Das Echo, sonst Hürde bei der Kommunikation, wird nun ihr essenzieller Verbündeter. Das 20. Jahrhundert entdeckte das Echo zudem als Quelle des Wissens für Mensch und Tier. Pink Floyds experimentelle Komposition *Echoes* von 1971 beginnt mit einem stetig wiederholten ›Bling‹, einem Geräusch, das Zuhörer/innen während des Kalten Kriegs unweigerlich mit einem Echolot assoziierten. Der Song endet mit einem abstrakten Part, der fern an einen Chor erinnert, komponiert mit zwei Aufnahmegeräten, die sich gegenseitig – wie ein Echo – mit leichten jeweiligen Verzögerungen speisen (vgl. Harris 2005, 73–75). Der Text beschwört »the echoes of a distant tide«, wie im tiefen Ozean. Das Echolot wird mit dem Meer als einem neuen Echoraum assoziiert.

Weniger als 20 Jahre zuvor hatte der Ozeanograph und Filmemacher Jacques Cousteau den Ozean noch als *Welt des Schweigens* (*Le monde du silence*, F 1953) bezeichnet. Dass Ozeane innerhalb dieser kurzen Zeit zu Klangräumen geworden waren, ist auf die technische Entwicklung im Bereich Signalverarbeitung und Echolotung zurückzuführen (vgl. Höhler 2002). So experimentierte gegen Ende des Ersten Weltkriegs Paul Langevin in Frankreich im Zuge der Bemühungen der Entente, deutsche U-Boote zu orten, mit den piezoelekrischen Eigenschaften von Quarkkristallen, die starke und gebündelte hohe Frequenzen aussandten und dann Druckwellen empfingen, die von festen Gegenständen zurückkamen. Das machte es möglich, die Tiefe des Meeresbodens oder die Entfernung feindlicher Schiffe abzuschätzen – das erste Echolot-System war entwickelt (vgl. Katzir 2012). Die Persistenz von Klang in der Zeit durch Reflexion stellte ein Mittel zur Berechnung von Entfernungen zur Verfügung.

Diese technische Errungenschaft, wie auch das Radar, spielte zweifelsohne eine Schlüsselrolle bei der Entdeckung der Echolotnavigation während des Zweiten Weltkriegs. Der US-amerikanische Zoologe Donald R. Griffin, der sich sowohl mit dem Echolot als auch mit dem kurz zuvor erfundenen Radar beschäftigte, kann als Schöpfer des Begriffs ›echolocation‹ – zu Deutsch: Echoortung – gelten. 1944 brachte er den Begriff erstmals in die Diskussion ein, später popularisierte er seine Erkenntnisse – und damit auch den Terminus ›echolocation‹ (vgl. Griffin 1944; 1958). Nicht wenige unter denjenigen, die sich seit Jahren mit Unterwasserakustik auseinandergesetzt hatten, lehnten allerdings diesen Begriff kategorisch ab und plädierten stattdessen für die Beibehaltung der in der Disziplin bereits verwendeten Termini, etwa ›echo-raging‹ und ›sound-ranging‹ (z. B. Johnson 1945). Hinter derlei Gerangel um Wörter stand jedoch ein Streit um die Prioriät bei bestimmten Entdeckungen. Letztlich setzte sich dabei ›echolocation‹ durch und der Begriff wurde bald auch auf die Fähigkeiten von Meeressäugetieren ausgeweitet. In den frühen 1960er Jahren zeigten für die US-Marine arbeitende Biolog/innen und Tontechniker/innen, dass auch Wale sich mithilfe von Echos orientieren (vgl. Ritts/Shiga 2016).

Neuinterpretationen

»Was wir im Leben tun, hallt wie ein Echo durch die Ewigkeit«, heißt es in Ridley Scotts Monumentalfilm *Gladiator* (USA/GB 2000). Und nicht nur dort dient der Topos ›Echo‹ als Metapher für das Verständnis der Persistenz von Vergangenheit und Gegenwart durch die Zeit. Ob es um miteinander geteilte, aber gegenüber anderen abgeschottete Ideologien geht – man denke an die sogenannten Echokammern im Kontext von Social Media – oder um metaphysische Einsamkeit wie die Angst der Protestant/innen, dass die Stimme Gottes wenig mehr sein könnte als das Echo der eigenen Stimme: Echo-Metaphern sind alles andere als ein knappes Gut. In jüngerer Zeit hat die ›Echoortung‹ dafür gesorgt, dass dem ohnehin schon reichhaltigen Komplex dann noch einmal zahlreiche Bedeutungen, Analogien und Metaphern hinzugefügt wurden. Für die frühen Vertreter dieses Studiengebiets war Echoortung ein ›Mit-den-Ohren-Sehen‹ (vgl. Kellogg 1961). So wurde die Echoortung ein Modell für uns fremde Formen von Wahrnehmung.

Der Philosoph Thomas Nagel (1974) zeigte am extremen Beispiel der Fledermäuse, dass die Einmaligkeit der phänomenologischen Erfahrung nicht auf Neuron-Synapsen und chemische Reaktionen reduziert werden kann. Für ein pluralistisches Herangehen an die Wissenschaften und an die Wirklichkeit ist Nagels Punkt richtig und begründet unter anderem die Unterscheidung der Neurophysiologie von der kognitiven Psychologie oder Verhaltenspsychologie (vgl. Dupré 1993; Bueno 2013). Allerdings gibt es auch die Auffassung, dass das Handeln und sogar die Erfahrung einer Fledermaus sich nicht grundsätzlich von unserem Handeln und unserer Erfahrung unterscheiden (vgl. Godfrey-Smith 2016).

Tatsächlich trugen ungefähr zur selben Zeit, als Nagel seinen Artikel schrieb, das Echolot und andere Werkzeuge der Echonavigation viel zu unserem Verständnis der Wahrnehmung bei Fledermäusen, Delfinen und Walen bei. Insbesondere eröffneten Signal- und Datenverarbeitung durch Computer wie auch eine Fülle von neuen experimentellen Settings den Weg zu Modellen der Echonavigation, die dann wiederum eingesetzt wurden, um Echolotgeräte zu perfektionieren (vgl. Busnel/Fish 1980). Untersuchungen des Echoortungsverhaltens von Tieren und ihren Wahrnehmungsmöglichkeiten durch Klang werden bis zum heutigen Tage fortgesetzt, quer zu Disziplinen und Technologien (vgl. z. B. Ridgway et al. 2015).

Die Wissenschaft der Akustik scheint bei dieser praxisgestützten Vermittlung zwischen verschiedenen Erfahrungen eine entscheidende Rolle zu spielen. Dies scheint von grundsätzlicher ontologischer Bedeutung zu sein und wird oft von denjenigen vergessen, die in Debatten über den Körper-Geist-Dualismus verstrickt sind, als hätten wir es hier wirklich mit einem Dualismus zu tun. Gleichungen, die das Echo-Verhalten in unterschiedlichen Räumen und Medien beschreiben, sind nicht weniger materiell als menschliche Körper oder die Erfahrungen von Tieren, und sie sind bedingt durch beide Arten von Entitäten. Doch lassen sie sich nicht darauf reduzieren. Sie bestätigen so einen ontologischen Bereich, der zu einem unentwirrbaren Teil der heutigen Realität des Echos geworden ist (für eine materialistische Ontologie auf Grundlage dieses pluralistischen und codeterminierten Begriffs von Materie vgl. Bueno 1990a).

Echo-Umwelten

Die neuen Nutzungen des Echos entfernen es weiter von seinen ursprünglich im Hörbaren angesiedelten Bedeutungen. Ein Großteil des menschlichen und tierischen Sonars findet auf Ultraschallfrequenzen statt, die das menschliche Ohr nicht wahrnehmen kann. Dasselbe gilt für die medizinischen Anwendungen der Sonographie. Wenn wir bestimmte mechanische Wellen ›Klang‹ (oder Echo) nennen, beziehen wir uns auf ein wahrnehmendes Subjekt mit Sinnesorganen und Nervensystem (vgl. Schnupp/Nelken/King 2011). Eine Druckwelle als *infrasonic* oder *suprasonic* zu bezeichnen, d. h. als unter oder über der Hörschwelle liegend, ist somit ganz entschieden anthropozentrisch: Erstens entnimmt es die betreffenden Schwellenwerte der menschlichen Hörskala und erweitert dann zweitens das akustische Feld weit über unser tatsächliches akustisches Erleben hinaus – das ist so ähnlich wie die Behauptung, man höre ›Musik‹ in den Kommunikationsakten der Wale. Doch erinnert diese begriffliche Erweiterung immerhin daran, dass in den von Menschen besiedelten Klangräumen auch andere Tiere vorkommen (vgl. Camprubí 2017).

Der Biologe und Philosoph Jakob von Uexküll (1934) stellte sich unterschiedliche Welten für unterschiedliche Spezies und Wahrnehmungsrahmen vor. Aber indem Wissenschaftler/innen Brücken zwischen Erfahrungen unterschiedlicher Spezies schlagen, lassen sie die jeweiligen ›Umwelten‹ dieser Spezies zusammenfallen. Denn Tatsache ist, dass Tiere und Menschen, wenn sie Klänge von sich geben, im Wettbewerb um dieselben Frequenzbänder stehen (vgl. André et al. 2012). Etliche Regierungs- und Nichtregierungsorganisationen versuchen heutzutage, den menschengemachten Lärm in den Weltmeeren zu reduzieren. Verwiesen sei an dieser Stelle nur auf das im kanadischen Vancouver angesiedelte Programm ›Enhancing Cetacean Habitat and Observation‹ (ECHO), das mit fünf Hydrophonen die Salish Sea ›abhorcht‹.

Echos, zunächst die Sache von Göttern und Nymphen, wurden einstmals reduziert auf die entzauberten Räume des Menschen. Mithilfe neuer Medientechnologien und der Akustikwissenschaften greift das Echo heute zurück auf das Nicht-Menschliche, auf die ›göttlichen Tiere‹, die der Philosoph Gustavo Bueno (1996) am Ursprung aller Religionen ausgemacht hat. Die Persistenz des Klangs über die Zeit durch Reflexion kann zu Missverständnissen führen und zu Spott, eröffnet aber auch neue Wege für akustische Kommunikation und akustisches Wissen, was wiederum zu neuen Beziehungen zwischen den Geschöpfen, zu neuen Konflikten und neuen Begegnungen führen kann.

Verwandte Beiträge: Kap. 7 (Performanz); Kap. 12 (Resonanz); Kap. 18 (Architektur); Kap. 37 (Sirene); Kap. 47 (Kirche); Kap. 52 (Meer); Kap. 74 (LautSprecher).

Literatur

André, Michel, et al.: Real-time monitoring of noise in cetacean acoustic niches. In: Arthur Popper/Anthony Hawkins (Hg.): *The Effects of Noise on Aquatic Life*. New York/Heidelberg/London 2012, 593–596.

Busnel, René-Guy/Fish, James F. (Hg.): *Animal Sonar Systems*. New York 1980.

Bueno, Gustavo: Materie. In: Hans-Jörg Sandkühler (Hg.): *Europäische Enzyklopädie zu Philosophie und Wissenschaften*. Bd. 3: *L–Q*. Hamburg 1990a, 281–308.

Bueno, Gustavo: Naturwissenschaften. In: Hans-Jörg Sandkühler (Hg.): *Europäische Enzyklopädie zu Philosophie und Wissenschaften*. Bd. 3: *L–Q*. Hamburg 1990b, 533–545.

Bueno, Gustavo: *El animal divino. Ensayo de una filosofía materialista de la religión*. Oviedo ²1996.

Bueno, Gustavo: *Sciences as Categorical Closures*. Oviedo 2013.

Camprubí, Lino: The sonic construction of the ocean as the Navy's *Operating Environment*. In: Nathanja van Dijk/Kerstin Ergenzinger/Christian Kassung/Sebastian Schwesinger (Hg.): *Navigating Noise*. Köln 2017.

Crocker, Richard L.: *An Introduction to Gregorian Chant*, Bd. 1. New Haven, CT/London 2000.

Dupré, John: *The Disorder of Things. Metaphysical Foundations of the Disunity of Science*. Cambridge, MA 1993.

Godfrey-Smith, Peter: *Other Minds. The Octopus, the Sea, and the Deep Origins of Consciousness*. New York 2016.

Griffin, Donald R.: Echolocation by blind men, bats, and radar. In: *Science*, Bd. 100, H. 2609 (1944), 589 f.

Griffin, Donald R.: *Listening in the Dark. The Acoustic Orientation of Bats and Men*. New Haven, CT 1958.

Harris, John: *The Dark Side of the Moon. The Making of the Pink Floyd Masterpiece*. Cambridge 2005.

Höhler, Sabine: Depth records and ocean volumes. Ocean profiling by sounding technology, 1850–1930. In: *History and Technology* 18/2 (2002), 119–154.

Johnson, Martin W.: Concerning the proposed word ›echolocation‹. In: *Science*, Bd. 101, H. 2621 (1945), 302.

Katzir, Shaul: Who knew piezoelectricity? Rutherford and Langevin on submarine detection and the invention of sonar. In: *Notes and Records of the Royal Society* 66/2 (2012), 141–157.

Kellogg, Winthrop N.: *Porpoises and Sonar*. Chicago 1961.

Lawrence, Amy: *Echo and Narcissus. Women's Voices in Hollywood Classic Cinema*. Berkeley 1991.

Nagel, Thomas: What is like to be a bat? In: *The Philosophical Review* 83/4 (1974), 435–450.

Ovid: *Metamorphosen.* Lateinisch/Deutsch. Hg. und übers. von Erich Rösch. Zürich/München [13]1992.
Ridgway, Sam/Dibble, Dianna S./Van Alstyne, Kaitlin/Price, DruAnn: On doing two things at once. Dolphin brain and nose coordinate sonar clicks, buzzes and emotional squeals with social sounds during fish capture. In: *Journal of Experimental Biology* 218 (2015), 3987–3995.
Ritts, Max/Shiga, John: Military cetology. In: *Environmental Humanities* 8/2 (2016), 196–214.
Schnupp, Jan/Nelken, Israel/King, Andrew: *Auditory Neuroscience. Making Sense of Sound.* Cambridge, MA 2011.
Thompson, Emily: *The Soundscape of Modernity. Architectural Acoustics and the Culture of Listening in America, 1900–1933.* Cambridge, MA 2002.
Tkaczyk, Viktoria: Listening in circles. Spoken drama and the architects of sound, 1750–1830. In: *Annals of Science* 71/3 (2014), 299–334.
Uexküll, Jakob von: *Streifzüge durch die Umwelten von Tieren und Menschen: Ein Bilderbuch unsichtbarer Welten.* Berlin 1934.

Lino Camprubí
(aus dem Englischen übersetzt von Gerhard Herrgott und Wilhelm von Werthern)

34 Jingle

Der Begriff ›Jingle‹ entstand ursprünglich als Bezeichnung für Werbeclips für beliebige Konsumprodukte, in denen alle Informationen, darunter Produktname und Werbebotschaft, gesungen werden. Im heutigen professionellen Sprachgebrauch bezeichnet er vorproduzierte Bestandteile der *On-Air-Promotion* (also aller Sendeelemente, die der Eigenwerbung eines Senders in seinem eigenen Programm dienen), bei denen Sendername oder *-claim* meist chorisch zu instrumentaler Begleitung gesungen werden (vgl. Karmen 1989, 20; Haas/Frigge/Zimmer 1991, 473; Goldhammer 1995, 215). In Abgrenzung zum Werbe-Jingle, den Radiosender gegen Bezahlung als Fremd- bzw. Produktwerbung, ob für Waschmittel oder Automarken, ausstrahlen, wird dieser auch als *Promotional Jingle* bezeichnet. Umgangssprachlich steht ›Jingle‹ für alle Arten vorproduzierter Audioclips, die irgendwie der Eigenwerbung eines Radiosenders dienen.

Der Jingle im professionellen Wortsinn, d. h. als gesungener Clip, ist hingegen heute nur einer von vielen Typen vorproduzierter *On-Air-Promotion*. Für alle Formen vorproduzierter *On-Air-Promotion* – einschließlich solcher Sendeelemente, die allein der Strukturierung des Programms dienen und keine primär promotionale Funktion haben (z. B. ein ›Nachrichtentrenner‹) – ist in Deutschland der Begriff ›Verpackungselemente‹ gebräuchlich. Im Folgenden werden daher Verpackungselemente in ihrer Gesamtheit erörtert. Jingles werden dabei als deren historischer Ursprung und als stilistisches Phänomen gesondert betrachtet.

Verpackungselemente wurden bislang kaum systematisch untersucht. Dabei erscheint es angesichts ihrer massiven Anwendung in nahezu allen Radioformaten naheliegend, dass nicht nur die relativ gut erforschten Bereiche der redaktionellen Inhalte und der Musik Einfluss auf die Aufmerksamkeit, Stimmungen und Einstellungen der Hörer/innen nehmen, sondern auch das Arsenal von Jingles, *Show-Openern*, *Bumpern*, *Donuts* etc. eine wesentliche Rolle spielt (zu den Definitionen s. u.). Untersuchungen der Machart, der Verwendungsform und der Funktion von Verpackungselementen versprechen daher kulturwissenschaftlich höchst relevante Erkenntnisse. Sie können Aufschluss darüber geben, wie die Aufmerksamkeit, Stimmung und Einstellung der Hörer/innen im Zusammenspiel aller Sendeelemente gelenkt werden. Legt man die Untersuchung komparativ an, kann der Einfluss verschiedener Radioformate, historischer Bedingungen und kultureller Kontexte erfasst werden. Methodisch kommen dafür u. a. historische Quellenauswertungen, Expertengespräche, teilnehmende Beobachtung bei Produktionsprozessen, Produktanalysen und Methoden empirischer Hörerforschung infrage (vgl. Föllmer 2016, 301 f.).

Geschichte

Der älteste erhaltene Jingle entstand 1926 für das Produkt ›Wheaties‹, ein 30-sekündiger gereimter Werbetext im Chorsatz ohne instrumentale Begleitung, der von der Radiostation WCCO in Minnesota ausgestrahlt wurde. An den Erfolg von Werbe-Jingles schloss der *Promotional Jingle* an, als die schnelle Verbreitung des sogenannten Top 40-Formats im US-Radio ab 1954 zu immer größerer Ähnlichkeit und Konkurrenz der Programme führte. ›Top 40‹ ist der Oberbegriff für Sender, die nur wenige Hits spielen und diese dementsprechend oft wiederholen. Eigenwerbung wurde als inhärente Notwendigkeit des Top 40-Formats angesehen. Wie der Hörfunkjournalist und Medienwissenschaftler Wolfgang Hagen betont, sei es niemandem möglich, »ein Format-Radio als ›Radio-Ganzheit‹ [zu] hören. Es bleibt also ungewiss, ob es auch ›da‹ ist, wenn ›ich‹ nicht höre. [...] [Es] bleibt also nur, es auf einem Prospekt aufzumalen. Das ist der Grund für die Unverzichtbarkeit eines expliziten Radio-Marketings, das sich im amerikanischen Radiomarkt deshalb sofort und unmittelbar zusammen mit dem ›Top 40‹-Konzept entwickelt hat« (2005, 322).

Der Schritt vom ursprünglichen Werbe-Jingle zum *Promotional Jingle* bedeutete formal auch eine Verbindung mit den bereits seit der Amateurfunkzeit der 1910er Jahre gebräuchlichen Sendezeichen. Das Sendezeichen (auch Senderkennung oder Stationsmeldung genannt, engl. *call signal*) sollte regelmäßig den Sender kenntlich machen, damit Hörer/innen mit Detektorenempfängern, die keine Frequenzangabe boten, eine Orientierung im Wellenspektrum erhielten. Mit Einführung der Frequenzskalen an Röhrenempfängern verlor diese Funktion zwar an Bedeutung. In den USA schreibt aber die Regulierungsbehörde FCC noch heute vor, stündlich nahe der vollen Stunde die offiziellen ›Call Letters‹ (vierstellige Buchstabenfolge) und den Sendestandort zu nennen (vgl. Reese 2010, 127).

Sendezeichen verschmolzen zudem mit sogenannten Pausenzeichen (engl. *interval signal*). Diese hatten die Aufgabe, Umbaupausen zwischen einzelnen Sendungen im ausschließlichen Live-Betrieb des ersten

D. Morat, H. Ziemer (Hrsg.), *Handbuch Sound*, https://doi.org/10.1007/978-3-476-05421-0_34

Radiojahrzehnts zu füllen und dienten als Zeitfenster, in dem angeschlossene Sender zu- und weggeschaltet werden konnten. Anfangs griff man hierbei zum Beispiel auf Weckerticken zurück, weil es einfach erzeugt werden konnte. Mit der Einführung sendetauglicher Reproduktionstechnologien in den 1930er Jahren konnte Musik verwendet werden, die nationale oder regionale Kultur transportierte. Einprägsamkeit spielte dabei eine große Rolle. Neben der Stimme, die den Sender nannte, intonierte in der Regel ein einzelnes Instrument (häufig Klavier, Glocken, Glockenspiel) in getragenem Tempo ein prägnantes und weithin bekanntes musikalisches Motiv. »Broadcasters«, so die US-amerikanische Medienwissenschaftlerin Susan J. Douglas, »had to figure out how people would remember specific information and particular personalities. In the process radio voices – from comedians and newscasters to DJs – introduced Americans, over the years, to the concept of audio signatures – from ›Holy Mackerel‹ or ›This ... is London‹ to the howl of a wolfman« (1999, 12).

Mit der Einführung der Mehrspurtechnik konnten ab den 1950er Jahren immer komplexere Produktionen entstehen. Der *Cart*-Standard vereinfachte ab 1959 den Einsatz von Jingles noch einmal dadurch, dass das Trägermedium nach dem Abspielen mittels Endlosband und Sensorik von selbst erneut in Spielbereitschaft gelangte. Mithilfe der Digitaltechnik erfolgt das Einspielen von Verpackungselementen heute automatisiert und erlaubt auch dynamische Veränderungen wie die der Instrumentation während der Wiedergabe.

In Europa fanden Sendezeichen noch bis in die 1970er Jahre hinein Verwendung. Erst mit dem Einsetzen der Konkurrenz durch private Hörfunkanbieter – peripher durch kommerzielle Piratensender ab den 1960er Jahren, offiziell in der BRD mit Einführung des dualen Rundfunksystems ab 1984 – erfolgte ab den 1970er Jahren eine Umstellung von simplen Sendezeichen auf aufwendig produzierte und zunehmend differenzierte Verpackungselemente. Dabei orientierte man sich häufig an stilistischen Standards des US-amerikanischen Radiomarkts.

Typen, Stilistik und Produktion

Stilistisch zeichnet sich der klassische Jingle durch einen eng geführten fünf- bis siebenstimmigen Vokalsatz mit opulenter Orchesterbegleitung aus (vgl. Rudin 2010, 392). Musikalische Vorbilder waren Vokalgruppen wie The Modernaires, The Four Freshmen und Mel Tormé and His Mel-Tones (vgl. Deutsch 2009, o. S.). Die Schichtung mehrerer sukzessiver Aufnahmen desselben mehrstimmigen Vokalsatzes (die sog. *Stacking*-Technik) verleiht den Stimmen eine charakteristische Tiefe und Intensität. Die Orchestrierung der instrumentalen Begleitung orientierte sich lange am Big Band-Stil der Swing-Ära, und zwar weit über die Zeit jener musikalischen Mode hinaus. Diese Eigentümlichkeit trug dazu bei, dass Jingles als eigenes, originär radiophones Genre aufgefasst werden. Der Instrumentalsatz entwickelte sich stärker als der Vokalsatz weiter, indem er zum Beispiel zeitgenössische Einflüsse aus Bossa Nova und Rock'n'Roll und sogar komplette Individualstile wie die der Beach Boys oder der Beatles adaptierte (vgl. ebd.). Die Stimmen wurden wiederholt durch zeitspezifische Effekte attraktiver gemacht, zum Beispiel das roboterhaft klingende ›Sonovox‹, gegurgelte Passagen oder die ungewöhnlich hohe Stimme von Gleni Rutherford durch Nutzung des sogenannten Pfeifregisters (vgl. ebd.).

Wesentlich für die Produktionsabläufe und Ökonomie des Jingle-Geschäfts ist das Prinzip der *Syndication*, demzufolge Jingle-Pakete zwar häufig im Auftrag eines bestimmten Senders entstehen, dann aber (zu günstigeren Konditionen) an viele weitere Sender verkauft werden, indem nur Sendername und gegebenenfalls der *Claim* neu eingesungen, Chorsatz und Orchesterpart aber übernommen werden.

Die erste ausschließlich auf Jingle-Produktion spezialisierte Firma PAMS (Production Advertising Merchandising Service) gründete Bill Meeks 1951, wurde damit stilbildend und blieb über Jahrzehnte Marktführer, der auch in Europa prägend wirkte (vgl. Rudin 2010, 392). Nach jahrzehntelanger Dominanz von Jingles im klassischen PAMS-Stil durch eine Handvoll Firmen aus Dallas, Texas, hat sich der Produktionsmarkt heute internationalisiert und differenziert.

Der klassische Jingle ist mit seinem charakteristischen Klang zum Teil heute noch in Gebrauch. Er wurde aber durch viele andere Formen und Stile komplementiert. Eine kursorische Auflistung einer Auswahl wichtiger Typen von Verpackungselementen macht deutlich, wie differenziert diese eingesetzt werden. Die Definitionen weichen mitunter erheblich voneinander ab (vgl. Haas/Frigge/Zimmer 1991, 444 f.; Hall/Hall 1977, 349 f.; La Roche/Buchholz 2013, 300 f.; Wolff 2009, 281 f.), weswegen sie für die folgende Übersicht adaptiert wurden: *Jingle* (gesungener *Claim*/Sendername), *Image-ID* (gesprochener *Claim*/Slogan über Audiologo), *Show-Opener* (eröffnen Sendungen oder Tagesteile), *Bumper* (Intro für einen Beitrag oder eine

Rubrik), *Stinger* (Outro für einen Beitrag oder eine Rubrik), *Drop-In* (Sprechzeile oder Sound, meist ›trocken‹, d.h. ohne Musik), *Donut* (fertiges Paket aus *Bumper*, von den Moderator/innen live zu besprechendes Musikbett [s. u.] und *Stinger*), *Trailer* bzw. *Promo* (Ankündigung späterer Programmelemente), *Soundeffekt* (Geräusch wie z. B. eine Telefonklingel), *Sounder* (elektronisch erzeugter Signalklang), *Transition* (musikalische Überleitung zwischen zwei Hit-Titeln) und *Musikbett* (sendungs- oder rubrikspezifische Instrumentalmusik, über die live moderiert wird).

Funktionen

Radiopraktiker/innen schreiben Verpackungselementen ganz bestimmte Funktionen zu. Diese lassen sich gut anhand verschiedener international gebräuchlicher Oberbegriffe erörtern.

In Deutschland ist in der einschlägigen Literatur am häufigsten von ›Verpackungselementen‹ bzw. ›Verpackung‹ die Rede. Der Begriff verweist zum einen auf die rahmende Aufgabe dieser Sendeelemente, die mit dem Konzept des *Framing* gefasst werden kann. Der britische Medienwissenschaftler Andrew Tolson (2006, 51) versteht darunter mit Bezug auf den Soziologen Erving Goffman die Verwendung formalisierter Rahmungen im Gespräch. Ebenso wie Sprecher den Rahmen eines bestimmten Bezugsgenres wechseln, wenn sie Rhetorik und Sprechweise an allgemein bekannte Alltags- oder Medienszenarien (Begrüßung, Interview etc.) anlehnen, aktivieren auch Verpackungselemente mittels Sprechweisen, musikalischen und klanglichen Codes spezifische Kontexte. So wird beim Wechsel von unterhaltenden zu informierenden Programmbestandteilen die Erwartungshaltung durch Signale ›umgeschaltet‹, bei Nachrichten zum Beispiel die typischen Fanfaren und das Morsepiepen. Zum anderen betont der Begriff ›Verpackung‹ die Funktion der Kenntlichmachung eines ganz bestimmten Inhalts, etwa einer charakteristischen ›Musik-‹ oder ›Programmfarbe‹.

Der ebenfalls gebräuchliche Begriff ›Layout‹ betont die Orientierungsfunktion mittels auditiver Kennzeichnung von Programmelementen. Mit dem Konzept des *Sign-posting* kann die Orientierungsfunktion von Verpackungselementen beschrieben werden. »Radio has nothing but different kinds of *sounds* some of which it uses to establish the beginnings and ends of programmes for us« (Crisell 1994, 6; Hervorh. im Orig.). *Sign-posting* ersetzt dem britischen Medienwissenschaftler Andrew Crisell zufolge im Zeitmedium Radio das Inhaltsverzeichnis, die Headlines und die Rubrikenkennzeichnung, die in Raummedien wie der Zeitung auf einen Blick erfassbar sind (vgl. auch Shingler/Wieringa 1998, 136). Radio bildet mittels solcher Elemente die Orientierungsmöglichkeiten des graphischen Designs der Zeitung akustisch nach. Crisell setzt exemplarisch eine typographische Auszeichnung in der Zeitung (z. B. Fettdruck) dem Tonfall einer Stimme im Radio gleich, und entsprechend die graphische Markierung mit Farben oder Linien mit den Jingles sowie das Foto mit dem O-Ton. Er schlussfolgert: »Hence we can regard the music and jingles [...] as a form of radio typography« (1996, 114). Ähnlich verstehen auch Martin Shingler und Cindy Wieringa Verpackungselemente als »aural punctuation, like commas, semicolons, colons and full stops« (1998, 64), welche die Syntax des Programmflusses hervorhebt.

Der international gängigste Begriff ›Imaging‹ verweist auf die imagebildende Funktion von Verpackungselementen. Imagebildung erfolgt einerseits massiv über die Musikauswahl eines Senders (vgl. ebd., 63). Mit dem Konzept des *Footing* (vgl. Goffman 1981, 126 f.) lassen sich aber zum Beispiel auch Prosodie und Tonfall der Moderator/innen sowie die gesamte Gestaltung von Verpackungselementen als *Identifier* spezifischer Codes beschreiben, die zur Konstruktion einer medienwirksamen ›Persona‹ sowohl der Moderator/innen als auch des Senders insgesamt eingesetzt werden (vgl. Tolson 2006, 46). Verpackungselemente haben als vorproduzierter Ausdruck dieses Images eine große Bedeutung, da sie bis ins kleinste Detail konstruierbar und im Einsatz kalkulierbarer als tagesformabhängige Moderator/innen sind. »They are a highly condensed expression of all that a station stands for, capturing in seconds the essence of a station's character, style and output« (Shingler/Wieringa 1998, 63).

Zusammenfassend lassen sich drei Kernfunktionen unterscheiden: (1) die Etablierung eines kohärenten Senderimages durch musikalische, klangliche, stimmliche und sprachliche Mittel; (2) die Strukturierung des Programminhaltes, um einerseits Orientierung im Stundenrhythmus und im Tages- und Wochenprogramm zu bieten und andererseits syntaktisch gliedernd die Übergänge zwischen einzelnen Programmelementen hervorzuheben, wodurch Abschnitte merklich voneinander getrennt und Brüche – zum Beispiel zwischen Musiktiteln unterschiedlicher Tempi – abgemildert werden können; (3) die

Übermittlung von Informationen, um auf Programminhalte neugierig zu machen, spezielle Hörergruppen anzusprechen und themenspezifische Erwartungen und Stimmungen zu etablieren.

Anwendung

Verpackungen sind häufig darauf ausgelegt, durch hohe Intensität, Dichte und Wechsel von Produktionselementen Aufmerksamkeit zu erregen und positive Werte wie Lebendigkeit, Aktualität und Fröhlichkeit zu signalisieren. Nach empirischen Studien von Robert Potter und Jinmyung Choi sind sie damit bei ihren Zielgruppen erfolgreich: »[T]he more complex a message was structurally, the more positive the attitudes, the greater the arousal and self-reported attention resulted, and the greater the memory« (2006, 416).

Neben dieser positiven emotionalen Konnotation des Programms wird die stetig wiederholte Nennung des Sendernamens als besonders wichtig angesehen, weil sich die Höhe der Werbeeinnahmen pro ausgestrahlter Werbeminute wesentlich an der sogenannten Reichweite, d. h. der durchschnittlichen Hörerzahl des Senders orientiert. Da diese in vielen Ländern (u. a. in Deutschland) durch Telefonbefragungen ermittelt wird, die abfragen, welche Sender man zuletzt gehört habe, spielt das Erinnern des Sendernamens ökonomisch eine große Rolle und soll durch die häufige Wiederholung u. a. in Jingles befördert werden. Eine Untersuchung von Werbeclips scheint diesen Mechanismus zu bestätigen. Die häufige Wiederholung identischer Inhalte fördert sowohl die Memorierungsleistung als auch die positive Bewertung von Werbeinhalten (vgl. Domenichini/Gaßner 2015, 272).

Die Motivation, einen Sender mit einem ›Image‹ zu versehen und somit als ›Identität‹ mit möglichst kohärenten, wiedererkennbaren Merkmalen zu inszenieren, kann darauf zurückgeführt werden, dass Radio von vielen Hörer/innen als Lifestyle-Medium rezipiert wird, wobei diese sich häufig jene Sender aussuchen, die ihre eigenen Werte und Stilvorstellungen reflektieren (vgl. Norberg 1996, 6). Musik weist hierbei eine Ambiguität auf. Einerseits wird sie als wichtigstes Produktmerkmal und zentrales Marketinginstrument vieler Sender verstanden (vgl. Shingler/Wieringa 1998, 63). Andererseits gehen Praktiker/innen davon aus, dass Musik keine hinreichende Bindungskraft entwickelt und somit durch Verpackung zusätzlich Bindung erzeugt werden muss (vgl. Norberg 1996, 17).

Bei mikrostruktureller Betrachtung findet man in heutigen Verpackungselementen eine immense Zahl verschiedener Produktionselemente, die im Tonstudio montiert und gemischt werden, u. a. Musik (originär für den Jingle produziert oder aus Hits oder Datenbanken sogenannter Produktionsmusiken entnommen), Stimme (in der Regel eine speziell gecastete *Station Voice*), Geräusche und ein großes Spektrum elektronisch erzeugter Klänge. Ein radiotypisches Beispiel für Letztere ist der *Swoosh*, ein aufreizendes glissandierendes Zischen, das in unzähligen Varianten existiert und viele Verpackungselemente ein- oder ausleitet. Durch seinen atonalen Charakter lässt sich der *Swoosh* ohne ›Reibungen‹ über Ende und Anfang jedes Musiktitels spielen und eignet sich damit zum Verbinden zweier Programmelemente, zum Beispiel in *Transitions*. Zugleich weckt der intensive breitbandige Impuls Aufmerksamkeit für die häufig darauf folgende Nennung des Sendernamens oder *Claims*. Ähnliche Beschreibungen ließen sich für viele weitere Produktionselemente erstellen und wären zum Beispiel in komparativen Untersuchungen von Verpackungselementen hilfreich.

Verwandte Beiträge: Kap. 16 (Sounddesign); Kap. 23 (Medienwissenschaft); Kap. 65 (Radio).

Literatur

Crisell, Andrew: *Understanding Radio*. New York [2]1994.

Deutsch, Ken R.: *The Jingle Book*. o. O. 2009.

Domenichini, Bernard/Gaßner, Hans-Peter: Spots zum Hinhören – Eine forschungsbasierte Anleitung zur Gestaltung erfolgreicher Radiowerbung. In: *Media Perspektiven* 6 (2015), 269–275.

Douglas, Susan J.: *Listening In. Radio and the American Imagination*. New York 1999.

Föllmer, Golo: From stationality to radio aesthetics. Investigations on radiophonic sounds. In: Jens Gerrit Papenburg/Holger Schulze (Hg.): *Sound as Popular Culture. A Research Companion*. Cambridge, MA 2016, 301–312.

Goffman, Erving: *Forms of Talk*. Philadelphia 1981.

Goldhammer, Klaus: *Formatradio in Deutschland. Konzepte, Techniken und Hintergründe der Programmgestaltung von Hörfunkstationen*. Berlin 1995.

Haas, Michael/Frigge, Uwe/Zimmer, Gert: *Radio-Management. Ein Handbuch für Radio-Journalisten*. München 1991.

Hagen, Wolfgang: *Das Radio. Zur Geschichte und Theorie des Hörfunks. Deutschland/USA*. München 2005.

Hall, Claude/Hall, Barbara: *This Business of Radio Programming*. New York 1977.

Karmen, Steve: *Through the Jingle Jungle. The Art and Business of Making Music for Commercials*. New York 1989.

La Roche, Walter von/Buchholz, Axel (Hg.): *Radio-Journalismus. Ein Handbuch für Ausbildung und Praxis im Hörfunk*. Wiesbaden [10]2013.
Norberg, Eric G.: *Radio Programming. Tactics and Strategy.* Boston, MA 1996.
Potter, Robert/Choi, Jinmyung: The effects of auditory structural complexity on attitudes, attention, arousal, and memory. In: *Media Psychology* 8 (2006), 395–419.
Reese, David E.: Call letters. In: Christopher H. Sterling (Hg.): *The Concise Encyclopedia of American Radio*. New York 2010, 127–129.
Rudin, Richard: Jingles. In: Christopher H. Sterling (Hg.): *The Concise Encyclopedia of American Radio*. New York 2010, 391–393.
Shingler, Martin/Wieringa, Cindy: *On Air. Methods and Meanings of Radio*. London 1998.
Tolson, Andrew: *Media Talk. Spoken Discourse on TV and Radio*. Edinburgh 2006.
Wolff, Daniel: Produktions- und Verpackungselemente. In: Peter Overbeck (Hg.): *Radiojournalismus*. Konstanz 2009, 281–291.

Golo Föllmer

35 Lärm

»Wenn jemand sich die Nägel feilt. Aus irgendeinem Grund machen das viele Frauen morgens in der U-Bahn, da setze ich mich sofort woanders hin.«

»Der Schrei eines Tiers, das Schmerzen hat.«

»Ein andauerndes Geräusch, das nicht aufhört. Autobahn zum Beispiel. Aber das gilt natürlich nicht für Geräusche der Natur. Meeresrauschen stört mich gar nicht.«

»Musik, die vor sich hinplätschert, zum Beispiel, wenn jemand an einer Party unkonzentriert auf einer Gitarre herumzupft. Wobei Gitarre sowieso mein absolutes Hass-Instrument ist.«

»Ein aufheulendes Motorrad. Da möchte ich am liebsten eine Pistole ziehen. Ein Schuss – und dann das befriedigende Gefühl, man habe etwas Böses aus der Welt geschafft.« (alle Zit. nach Geisel 2010, 7)

Für mein 2010 erschienenes Buch *Nur im Weltall ist es wirklich still* wollte ich herausfinden, welche Geräusche von den meisten Leuten als Lärm empfunden werden. Die Zitate entstammen alle einer spontanen Umfrage im Bekanntenkreis: Was ist für dich der schlimmste Lärm? Zu meiner Überraschung wiederholten sich die Antworten kaum. Ich fand zwar nicht heraus, welche Geräusche wir als Lärm bezeichnen würden, aber dafür etwas anderes: dass jeder Kopf unter anderen Geräuschen leidet.

Alarmierende Geräusche

Über die Lärmhaftigkeit entscheidet demnach nicht das Geräusch, sondern unsere Reaktion auf das Geräusch. Wenn man dem Phänomen des Lärms auf die Spur kommen will, muss man deshalb beim Hörer anfangen. Ganz allgemein lässt sich sagen: Lärm ist Schall, der irgendjemanden stört, belastet, ängstigt, beunruhigt, ablenkt, aufregt oder nervös macht. Nicht alle Sprachen unterscheiden zwischen Lärm und Geräusch. Die Worte *noise*, *bruit* und *rumore* etwa bezeichnen beides. Die deutsche Sprache dagegen hat ein eigenes Wort für Geräusche, die stören. Etymologisch kommt das Wort Lärm von ›Alarm‹, dem italienischen Schlachtruf *all'arme!*, ›zu den Waffen!‹ Im 16. Jahrhundert kam das Wort im Frühneuhochdeutschen in Gebrauch. Die genaueste und knappste Definition lautet demnach: Lärm ist ein Geräusch, das alarmiert.

In der Tat ist das Ohr ein Alarmorgan. Von ihm hängt in freier Wildbahn maßgeblich das Überleben ab, denn bevor der Feind zu sehen ist, ist er zu hören. Auch in der Nacht filtert das Ohr die Geräusche, ein ungewohnter Laut wird sofort dem Gehirn gemeldet. Doch so entscheidend die Alarmfunktion des Ohrs für das Überleben in der Wildnis ist – im modernen Alltag ist sie längst nicht mehr so wichtig wie für unsere Urahnen. In Friedenszeiten vermag uns das Ohr allenfalls bei gefährlichen Arbeitsprozessen und im Straßenverkehr noch vor Unheil zu bewahren, vorausgesetzt, wir bewegen uns ohne Kopfhörer durch die Straßen.

Lärm muss nicht laut sein, um uns zum Wahnsinn zu treiben – ein tickender Wecker, das Tropfen eines Wasserhahns oder das gedämpfte Geräusch des Fernsehers aus der Nachbarwohnung genügen durchaus. Umgekehrt können laute Geräusche sogar ein Gefühl der Ruhe vermitteln. Das Rauschen eines Gebirgsbachs etwa würde ein Wanderer auch dann nicht als Lärm bezeichnen, wenn es in Dezibel so laut ist wie der Verkehr auf einer Autobahn, denn aus dem Rauschen eines Bachs macht der Kopf des Wanderers etwas anderes als aus dem Rauschen von Autos. Bei der Frage, ob wir ein Geräusch als Lärm empfinden, spielt seine Quelle eine wichtige Rolle. »Ich bin außerordentlich empfindlich gegen alles Getöse, allein es verliert ganz seinen widrigen Eindruck, sobald es mit einem vernünftigen Zwecke verbunden ist«, schreibt Georg Christoph Lichtenberg (1998, 403). Ein Geräusch, dessen Notwendigkeit man einsieht, erträgt man leichter als ein Geräusch, das man für willkürlich hält, denn wenn wir ein Geräusch verstehen, verliert es sein Alarmpotenzial – und das Gehirn klassifiziert es infolgedessen nicht mehr in erster Linie als Lärm.

Doch nicht die Quelle allein bestimmt, ob wir ein Geräusch als Lärm empfinden. Auch unser Verhältnis zur Geräuschquelle spielt eine Rolle, denn Lärm ist eine Beziehungsangelegenheit. »Geräusch anhören ist: an fremdem Leben teilnehmen«, stellt Kurt Tucholsky (2005, 902) fest, der in den 1920er-Jahren mehrere Glossen über und gegen den Lärm geschrieben hat. Können wir die Nachbarin nicht ausstehen, heult ihr Rasenmäher in unseren Ohren lauter, als wenn wir ein freundschaftliches Verhältnis pflegen. Und: Je weniger Kontrolle man über ein Geräusch hat, desto stärker die Qual. Wir ertragen das nächtliche Klavierüben des Nachbarn daher besser, wenn wir damit rechnen können, dass unsere Bitte um Ruhe erhört wird.

Lärm, unter dem man leidet, kann wie eine innere Rückkoppelung wirken: Je mehr man sich über einen Lärm aufregt, desto besser hört man ihn, bis es einem schließlich geht wie jenem Mann, den bereits der römische Philosoph Seneca beschreibt, jenem krankhaft

D. Morat, H. Ziemer (Hrsg.), *Handbuch Sound*, https://doi.org/10.1007/978-3-476-05421-0_35

Lärmempfindlichen, »der in den weiten Räumen seines Hauses nach Schlaf sucht, dessen Ohr kein Laut berühren darf, weshalb denn die ganze Dienerschaft in tiefstem Schweigen verharren muß und nur mit schwebendem Fuß seinem Lager sich nähert; denn er wälzt sich von einer Seite zur anderen und lechzt inmitten seiner Beängstigungen nach einem Schimmer von Schlaf. Was er nicht hört, beklagt er sich, gehört zu haben« (Seneca 2004, Bd. III, 195).

Seneca und der Sieg über den Lärm

Seneca hat im 56. *Brief an Lucilius* eine frühe Theorie des Lärms entworfen. Der Titel des Briefs lautet: »Das geräuschvolle Leben zu Bajä, das der Weise ertragen, aber für die Dauer nicht erwählen wird« (ebd., 193 ff.). In einem Selbstversuch will Seneca beweisen, dass der Lärm einem echten Denker nichts anhaben könne, und so bezieht er im berühmten Kurort Bajä direkt über dem Bad Quartier. »Zum Henker mit mir, wenn wirklich für den in Studien Vertieften die Stille der Umgebung so unentbehrlich ist, wie man gemeinhin meint. Umrauscht mich doch hier der mannigfachste Lärm von allen Seiten« (ebd., 193). Auf seinem Horchposten entgeht Seneca kein einziges Geräusch des Vergnügungsbetriebs.

> »Wenn Leute kräftigeren Schlages ihre Übungen anstellen und ihre mit Blei beschwerten Hände nach allen Richtungen hin in Bewegung setzen, wenn sie sich anstrengen, sei es wirklich oder bloß dem Anschein nach, dann vernehme ich allerhand Stöhnen, und wenn sie den angehaltenen Atem wieder von sich geben, mancherlei Zischen unter schwerem Aufatmen. Gerate ich in die Nähe eines energielosen Menschen von der Sorte derjenigen, die sich auf die übliche Einsalberei beschränken, dann vernehme ich ein Klatschen der auf die Schultern aufprallenden Hände, das seine Tonart wechselt, je nachdem die Hand entweder flach oder hohl auffällt« (ebd.).

Senecas Lärmbeschreibung zieht sich über mehrere Absätze hin – und dies ist generell ein Merkmal solcher Texte: Sie erzeugen den Lärm verbal, gegen den sie anschreiben. Des Lärmens ist kein Ende, doch Seneca ist entschlossen, sich nicht vom Denken abhalten zu lassen. Sein Gegengift ist die Analyse. Er fragt sich, welche Geräusche ihn am meisten stören. »Was Ablenkung anlangt, so scheint mir die Stimme gefährlicher zu sein als bloßes Geräusch. Denn die Stimme wirkt immer auf die Seele, während ein Geräusch nur an unser Ohr schlägt und es füllt« (ebd., 194).

Ein vorüberfahrender Wagen, ein arbeitender Handwerker, auch das Kreischen der Säge, das Cicero so schrecklich fand – das alles ist für Seneca bloßes Geräusch. Nicht einmal die Trompeten und Flöten, die der Mann an der Brunnensäule spielt, machen ihm etwas aus, jedenfalls solange der Musikant es »nicht auf Musik, sondern nur auf Reklame abgesehen hat« (ebd.). Die Geräusche, die bei der Arbeit und im Verkehr entstehen, sind das Nebenprodukt einer Tätigkeit und daher unvermeidlich, und gerade deshalb können wir sie akzeptieren. Die menschliche Stimme dagegen stört Seneca aus zwei Gründen: Erstens teilt sie etwas mit und zweitens sind ihre Äußerungen alles andere als unvermeidlich. Darin unterscheidet sich die Musik auch von der Reklame. Wenn das Flötenspiel der Reklame dient, ist es nur ein Mittel zum Zweck und damit ein Nebenprodukt, als Musik dagegen ist es ein Selbstzweck und verlangt nach Aufmerksamkeit. Doch nicht nur die Quelle entscheidet nach Seneca über die Lärmhaftigkeit eines Geräuschs, sondern auch seine Klanggestalt. Ein unterbrochener Schall störe mehr als ein anhaltendes, gleichmäßiges Geräusch – ein Befund, der von der neueren Lärmforschung bestätigt wird.

Als Mittel gegen den Lärm empfiehlt Seneca Konzentration: »Ich zwinge meinen Geist, nur auf sich gerichtet zu sein und sich nicht nach außen hin ablenken zu lassen« (ebd.). Das eigentliche Problem beim Lärm sei nämlich nicht das Geräusch, sondern die Unruhe der Seele. Seneca hält nichts von Lärmempfindlichkeit, im Gegenteil. Erhabenheit über den Lärm ist für ihn als Stoiker ein Zeichen von Größe. Dies allerdings würde heißen, dass der Mensch stärker ist als der Lärm. An diese Utopie mag nun auch Seneca nicht recht glauben, und so fragt er sich am Ende seiner Ausführungen, ob es nicht doch besser sei, dem Lärm einfach aus dem Weg zu gehen: »Allerdings. Eben deshalb werde ich diesen Ort verlassen« (ebd., 198).

Schopenhauer und die Lärmempfindlichkeit

Der Lärm hat zu allen Zeiten die Gemüter erregt. Dass unsere Welt immer lauter werde, dürfte zu den gern zitierten Mythen des Lärms gehören. So drängend das Problem scheint – in Umfragen führt Lärm die Liste der schlimmsten Umweltbelastungen meistens an –, so wenig wurde lange Zeit darüber geschrieben. Nach Senecas Lärmanalyse dauerte es fast zwei Jahrtausende, bis sich mit Arthur Schopenhauer wieder ein Philosoph in einer systematischen Untersuchung dem Lärm zuwendete. Anders als Seneca richtet Schopenhauer seine Aufmerksamkeit jedoch nicht auf die Geräusche, die in unserem Bewusstsein zu Lärm werden, sondern auf das Bewusstsein selbst, genauer seinen Sitz: das Gehirn. Hier spielt sich das Drama des Lärms ab. In seinem 1819 erschienenen Hauptwerk *Die Welt als Wille und Vorstellung* vergleicht Schopenhauer den Gesichtssinn mit dem Gehörssinn. Mit dem Auge lebe der Geist im ewigen Frieden, denn was sich vor unseren Augen abspiele, lenke uns kaum je vom Denken ab. Doch mit dem Ohr lebe der Geist im ewigen Krieg. Die Töne »zerreißen alle Gedanken, zerrütten momentan die Denkkraft« (Schopenhauer 1999a, Bd. I, 41) – mit der Drastik der Worte signalisiert Schopenhauer die Gewalttätigkeit, die er hier am Werk sieht. Für Schopenhauer ist Lärm keine philosophische Frage, sondern eine physiologische Tatsache. Er argumentiert mit einer aus heutiger Sicht abenteuerlichen Anatomie des Hörens. So träfen die Gehörnerven im Gehirn an der »absolut letalen Stelle« zusammen, »durch deren Verletzung jedes Thier augenblicklich getödtet wird« (ebd., 42). Durch das stets offene Ohr gelangten die Geräusche an diese verletzlichste Stelle in unserem Gehirn, und so ist Lärm für Schopenhauer nichts Geringeres als versuchter Mord:

> »Aus jenem Ursprung des Gehörnervens erklärt sich denn auch die große Störung, welche die Denkkraft durch Töne erleidet, wegen welcher denkende Köpfe und überhaupt Leute von vielem Geist, ohne Ausnahme, durchaus kein Geräusch vertragen können. Denn es stört den beständigen Strom ihrer Gedanken, unterbricht und lähmt ihr Denken, eben weil die Erschütterung des Gehörnervens sich so tief ins Gehirn fortpflanzt, dessen ganze Masse daher die durch den Gehörnerven erregten Schwingungen dröhnend mit empfindet, und weil das Gehirn solcher Leute viel leichter beweglich ist, als das der gewöhnlichen Köpfe« (ebd.).

Menschen mit gewöhnlichen Köpfen haben Schopenhauer zufolge weniger unter dem Lärm zu leiden – dies hänge mit der »zähen Beschaffenheit und handfesten Textur ihrer Gehirnmasse« zusammen: »Ich hege wirklich längst die Meinung, daß die Quantität Lerm, die Jeder unbeschwert vertragen kann, in umgekehrtem Verhältniß zu seinen Geisteskräften steht, und daher als das ungefähre Maaß derselben betrachtet werden kann« (ebd., 43). Schopenhauers Theorie des Lärms ist in Wahrheit eine Theorie der Lärmempfindlichkeit. Im Gegensatz zu Seneca sieht Schopenhauer in der Lärmempfindlichkeit eine intellektuelle und moralische Auszeichnung: Der lärmempfindliche Mensch ist der bessere Mensch.

In »Über Lerm und Geräusch«, dem viel zitierten 30. Kapitel von *Parerga und Paralipomena* (1851), spricht Schopenhauer dann doch einmal über ein konkretes Geräusch, nämlich über das Peitschenknallen in den Straßen. Wie ein Richtschwert fahre der Knall dem Denker zwischen Kopf und Rumpf. Nicht die Plötzlichkeit jedoch macht das Geräusch des Peitschenknallens zum schlimmsten Lärm, sondern seine Nutzlosigkeit: Die Pferde nämlich seien gegen seinen Klang längst abgestumpft. Daher ist das Peitschenknallen – im Unterschied zum Rollen der Räder und dem warnenden Läuten der Straßenbahnklingel – kein unvermeidliches Nebenprodukt des Verkehrs, sondern ein beabsichtigter Lärm (vgl. Schopenhauer 1999b, Bd. II, Kap. 30).

Schopenhauer deutet den Lärm als sozialen Skandal, denn der Lärm werde von jenen verursacht, die körperliche Arbeit verrichten. Der Lärmkonflikt, wie ihn Schopenhauer beschreibt und sprachlich inszeniert, maskiert einen Klassenkonflikt, wie er sich im 19. Jahrhundert in den Großstädten zuspitzt. In der neuen Elite des urbanen Bürgertums wächst das Bedürfnis nach Abgrenzung vom einfachen Volk – und Schopenhauer liefert dazu die passende Argumentation. Dem aufstrebenden Bürgertum dient der Lärm dazu, den Abstand zu anderen Gesellschaftsschichten zu vergrößern. Einerseits rümpft man die Nase über den Lärm der anderen, andererseits kultiviert man die eigene Lärmempfindlichkeit als Distinktionsmerkmal.

Das Leiden am Lärm mag so alt sein wie die Menschheit, doch Klagen über den Lärm waren eine Privatangelegenheit. Erst mit der Industrialisierung drang der Lärm ins Bewusstsein der Öffentlichkeit. Schopenhauer war bis dahin der einzige Schriftsteller, der seine Wut über den Lärm veröffentlichte, ansonsten stößt man nur in Tagebüchern und Briefen auf Lärmklagen. Franz Kafka notiert am 5. November 1911 in sein Tagebuch:

> »Ich will schreiben, mit einem ständigen Zittern auf der Stirn. Ich sitze in meinem Zimmer im Hauptquartier des Lärms der ganzen Wohnung. Alle Türen höre ich schlagen, durch ihren Lärm bleiben mir nur die Schritte der zwischen ihnen Laufenden erspart, noch das Zuklappen der Herdtüre in der Küche höre ich. […] Die Wohnungstür wird aufgeklinkt und lärmt wie aus katarrhalischem Hals, öffnet sich dann weiterhin mit

dem kurzen Singen einer Frauenstimme und schließt sich mit einem dumpfen männlichen Ruck, der sich am rücksichtslosesten anhört. Der Vater ist weg, jetzt beginnt der zartere, zerstreutere, hoffnungslosere Lärm, von den Stimmen der zwei Kanarienvögel angeführt. Schon früher dachte ich daran, bei den Kanarienvögeln fällt es mir aber von neuem ein, ob ich nicht die Türe bis zu einer kleinen Spalte öffnen, schlangengleich ins Nebenzimmer kriechen und so auf dem Boden meine Schwestern und ihr Fräulein um Ruhe bitten sollte« (Kafka 1983, 89 f.).

Nichts dringt nach außen von diesem Lärmdrama, das Kafka mit bohrender Eindringlichkeit beschwört: Sowohl die Geräusche, die seine Stirn zum Zittern bringen, bleiben hinter den Wänden der Wohnung wie auch seine Klage darüber.

Im Zuge der Industrialisierung verändert sich die Wahrnehmung des Lärms grundlegend. Was früher Privatsache war, wird mehr und mehr zu einem öffentlichen Ärgernis, und da man ein solches an eine möglichst große Glocke hängen will, schreibt man es nicht nur ins Tagebuch, sondern bringt es auch in die Zeitung, die sich um die Jahrhundertwende als Massenmedium durchsetzt. Die Klagen über den Lärm lassen ein neues Genre von erregten, fiebernden, ohnmächtigen Texten entstehen. »Es ist kein Schall mehr, es ist eine schauerliche Schallsinfonie von grauenvollem Mißklang, ein Charivari und Tohuwabohu von Hämmern, Läuten, Rasseln, Stampfen, Krachen, Rollen, Pfeifen, Klirren, Klappern, Ächzen und Kreischen, ein unermeßlicher, wirrer Lärmsalat«, heißt es in der in Frankfurt erscheinenden *Kleinen Presse* vom 6. April 1910 (zit. nach Braun 1998, 251). Die neue Erfahrung des Lärms verlangt nach einer neuen Sprache – oft spürt man die Sprachnot deutlich beim Versuch, den Lärm in Worte zu übersetzen.

Die Industrialisierung ließ die Großstädte wachsen wie nie zuvor. Ihre Einwohnerzahl vervielfachte sich innerhalb von wenigen Jahrzehnten: Im Jahr 1871 lebte nicht einmal jeder zwanzigste Bewohner des neu gegründeten Deutschen Reichs in einer Großstadt, im Jahr 1910 war es bereits jeder fünfte (vgl. Reulecke 1985, 202). In der öffentlichen Debatte wurde der Lärm Anfang des 20. Jahrhunderts zum Politikum. Die erste deutsche Antilärmbewegung wurde vom Schriftsteller und Philosophen Theodor Lessing initiiert. Seiner Schrift *Der Lärm* stellt Lessing im Jahr 1908 als Motto eben jene Passage von Schopenhauer voran, in der von der »zähen Beschaffenheit und handfesten Textur« der Gehirnmasse der Lärm-Unempfindlichen die Rede ist (vgl. Lessing 1908, 3). Auch sonst macht er sich Schopenhauers Argumentation zu eigen: »Der wohlerzogene kultivierte Mensch wird sich [...] immer und überall durch Schweigen und durch Feindschaft gegen undisziplinierte, laute Lebenshaltung auszeichnen« (ebd., 20). Damit erklärt Lessing den Abscheu vor dem Lärm ausdrücklich zu einem Charaktermerkmal des ›kultivierten Menschen‹, also des Bildungsbürgertums.

Da es kein Geräusch gibt, das sich im Kopf des Lärmempfindlichen nicht in Lärm verwandeln würde, möchte Lessing am liebsten so gut wie alle Geräusche verbieten. Von der breiten sozialen Bewegung gegen den Lärm allerdings, auf die Lessing gehofft hatte, konnte keine Rede sein. Trotz der Versendung von 20.000 Beitrittsformularen hatte der Antilärmverein zu seinen besten Zeiten nicht mehr als 1085 zahlende Mitglieder. In der zwischen 1908 und 1911 erscheinenden Vereinszeitschrift *Der Anti-Rüpel* geht es nur um jenen Lärm, der die Professoren in ihren Stadtwohnungen störte, vom ›Teppichklopfen‹ bis zur ›Klavierpest‹. Was nirgends zur Sprache kommt, ist die Lärm-Not der Arbeiter: das Maschinengetöse in den Fabriken und die Lärmhöllen der überbelegten Mietskasernen. Die soziale Blindheit der bildungsbürgerlichen ›Antilärmiten‹ rächte sich: Ausgerechnet in den Industriezentren des Ruhrgebiets hatte der Antilärmverein praktisch keine Mitglieder (vgl. Lentz 1994).

Lärm kommt von unten

Das Nachdenken über den Lärm führt unweigerlich zu sozialen Fragen. Wer belästigt wen? Mehr noch: Wer darf wen belästigen? Dass Theodor Lessing in den Arbeitern keine Opfer, sondern Verursacher von Lärm sah, lässt sich soziologisch erklären. Am Lärm entscheidet sich die Machtfrage: Nur wer Macht hat über andere, darf auch über ihre Ohren herrschen. Lärm ist als Machtdemonstration so wirksam, weil man sich gegen Schall nicht verteidigen kann. 1907 wurde Ohropax patentiert – die einzige Möglichkeit, die der Einzelne hat, um sich vor ungebetenem Schall zu schützen (vgl. Dommann 2006, 133). Mit Schallwellen lässt sich quasi gewaltfrei ein Territorium besetzen: Wer den Lärm nicht hören will, muss das Feld räumen.

Die Geräusche der Mächtigen dagegen sind *per definitionem* kein Lärm. Sie alarmieren niemanden, denn sie bestätigen die herrschende Ordnung und haben daher den Anschein der Legitimität. Umso mehr empören wir uns über die Geräusche von Bauarbeitern, Saufbrüdern, Straßenmusikern, Motorradfahrern und Halbstarken: Weil sie in der sozialen Hierarchie ganz unten stehen, müssen wir ihren Schall nicht hinnehmen.

Umgekehrt lässt sich an der Lizenz zum Lärm ablesen, wie die Macht in einer Gesellschaft verteilt ist. Als die Kirchen noch über politische Macht verfügten, wäre es niemandem eingefallen, das Glockengeläut am Sonntagmorgen als Lärm zu bezeichnen. Mit der Macht hat die Kirche auch die Lärmlizenz verloren, so müssen sich heute viele Kirchengemeinden mit Lärmvorwürfen auseinandersetzen. Auch im häuslichen Leben spiegelt sich die Rangordnung im erlaubten oder verbotenen Lärm. So gab es im alten Rom unter den Sklaven in großen Haushalten einen *silentiarius*, der für Ruhe zu sorgen hatte. Im 47. *Brief an Lucilius* verteidigt Seneca die Sklaven und kommt dabei auch auf ein Redeverbot zu sprechen, das damals galt: »Aber die unglücklichen Sklaven dürfen ihre Lippen nicht bewegen, und wäre es auch nur, um ein Wort zu sagen. Mit dem Rohrstock wird auch das leiseste Gemurmel unterdrückt. Und selbst ganz unwillkürliche Anfälle wie Husten, Niesen, Schlucken machen dabei keine Ausnahme. Schwer büßen muß jeder, der das Stillschweigen auch nur durch ein Wort unterbricht« (Seneca 2004, Bd. III, 156 f.). In patriarchalischen Gemeinschaften ist es selbstverständlich, dass der Vater bei Tisch seine Stimme erhebt, während die anderen zu schweigen haben – von den Kindern heißt es gar, man solle sie sehen, aber nicht hören.

Sobald die Machtlosen dagegen laut werden, droht der Umsturz. Die Jugendlichen, die in ihrem Zimmer die Lautsprecher aufdrehen, kündigen den Eltern den Gehorsam auf. Das Machtspiel mit dem Lärm mag zum Erwachsenwerden gehören, doch in den Straßen wird aus dem Machtspiel Ernst. Kein Volksaufstand ohne Radau und Krawall: Wer die Macht hat, darf lärmen – und wer lärmt, nimmt sich die Macht.

Dem Lärm zuhören

Lärm ist also ein ausgesprochen vielschichtiges Phänomen mit akustischen, sozialen und psychischen Dimensionen. Entsprechend widersprüchlich und komplex ist jeder Versuch, den Lärm zu bekämpfen. Seit man den Schall messen kann, lassen sich zwar Grenzwerte aufstellen, doch selbst wenn diese durchgesetzt werden, gibt es Lärmprobleme, die sich auf der Ebene von Dezibelzahlen nicht lösen lassen. Denn zum Lärm gehören immer zwei: ein Schallereignis und ein Bewusstsein, das den Schall interpretiert. Schon Seneca hatte ja erkannt, dass die Unruhe der Seele am Leiden unter dem Lärm ihren Anteil hat. Lärmbekämpfung von innen setzt bei der Haltung an, mit der wir dem Lärm begegnen. Am Lärm kann man sich festhalten – und man kann ihn loslassen. »Wo wir auch sind«, schreibt der Komponist und Buddhist John Cage, »wir hören meistens Lärm. Ignorieren wir ihn, stört er uns. Lauschen wir ihm, finden wir ihn faszinierend« (zit. nach Ross 2009, 12). Das Zuhören bewirkt eine Umkehrung der Perspektive: Wer zuhört, schaltet sein Bewusstsein ein und verschafft sich damit Handlungsspielraum. Wer dem Lärm zuhört, ist kein Opfer. Sobald uns ein Lärm bewusst wird, kann er uns nicht mehr alarmieren.

Verwandte Beiträge: Kap. 9 (Dezibel); Kap. 16 (Sounddesign); Kap. 17 (Soundscape); Kap. 18 (Architektur); Kap. 20 (Geschichtswissenschaft); Kap. 36 (Rauschen); Kap. 37 (Sirene); Kap. 38 (Stille); Kap. 40 (Tinnitus); Kap. 43 (Auto); Kap. 45 (Fabrik); Kap. 50 (Krankenhaus); Kap. 53 (Museum); Kap. 57 (Straße); Kap. 58 (Wald); Kap. 60 (Glocken).

Literatur

Bijsterveld, Karin: *Mechanical Sound. Technology, Culture, and Public Problems of Noise in the Twentieth Century.* Cambridge, MA 2008.

Braun, Hans-Joachim: Lärmbelastung und Lärmbekämpfung in der Zwischenkriegszeit. In: Günter Bayerl/Wolfhard Weber (Hg.): *Sozialgeschichte der Technik.* Ulrich Troitzsch zum 60. Geburtstag. Münster u. a. 1998, 251–258.

Dommann, Monika: Antiphon. Zur Resonanz des Lärms in der Geschichte. In: *Historische Anthropologie* 14/1 (2006), 133–146.

Geisel, Sieglinde: *Nur im Weltall ist es wirklich still. Vom Lärm und der Sehnsucht nach Stille.* Berlin 2010.

Hendy, David: *Noise. A Human History of Sound and Listening.* London 2013.

Kafka, Franz: *Tagebücher 1910–1923.* Frankfurt a. M. 1983.

Keizer, Garret: *The Unwanted Sound of Everything We Want. A Book About Noise.* New York 2010.

Lentz, Matthias: »Ruhe ist die erste Bürgerpflicht«. Lärm, Großstadt und Nervosität im Spiegel von Theodor Lessings »Antilärmverein«. In: *Medizin, Gesellschaft und Geschichte. Jahrbuch des Instituts für Geschichte der Medizin der Robert Bosch Stiftung* 13 (1994), 81–105.

Lessing, Theodor: *Der Lärm. Eine Kampfschrift gegen die Geräusche unseres Lebens.* Wiesbaden 1908.

Lichtenberg, Georg Christoph: *Schriften und Briefe.* Bd. 2: *Sudelbücher II, Materialhefte, Tagebücher.* Hg. von Wolfgang Promies. Frankfurt a. M. 6 1998.

Paul, Gerhard/Schock, Ralph (Hg.): *Sound der Zeit. Geräusche, Töne, Stimmen – 1889 bis heute.* Göttingen 2014.

Reulecke, Jürgen: *Geschichte der Urbanisierung in Deutschland.* Frankfurt a. M. 1985.

Ross, Alex: *The Rest is Noise. Das 20. Jahrhundert hören.* München 2009 (engl. 2007).
Schopenhauer, Arthur: *Die Welt als Wille und Vorstellung.* 2 Bde. Zürich 1999a.
Schopenhauer, Arthur: *Parerga und Paralipomena.* 2 Bde. Zürich 1999b.
Seneca: *Philosophische Schriften.* Hg. und übers. von Otto Apelt. Wiesbaden 2004.
Tucholsky, Kurt: *Gesammelte Werke.* Bd. 2: *1925–1928.* Frankfurt a. M. 2005.

Sieglinde Geisel

36 Rauschen

›Rauschen‹ lässt sich beschreiben als ein akustisches Phänomen, das aus einer Vielzahl einander überlagernder Geräusche besteht bzw. aus einer diffusen Vermischung und Verzerrung von Klangereignissen. Im Deutschen enthält der Begriff eine Bedeutungsnuancierung, die die englischen und französischen Bezeichnungen *noise* und *bruit* nicht enthalten, da sie zwischen einem distinkten Geräusch und einem Rauschen als dem »Total aller Frequenzen« (Sanio 2001, 207) nicht unterscheiden. Insofern das Rauschen nicht ausschließlich als unerwünschte, störende und belastende akustische Quelle wahrgenommen wird, ist sein Klang- wie sein Bedeutungsspektrum weit größer als jenes des grundsätzlich laut erlebten und negativ konnotierten Lärms und Krachs.

Die Hörempfindung kann die Quelle des als Rauschen bezeichneten Phänomens schwer ausmachen, weil das diffuse Gemisch aus Signalen, Lauten, Tönen und Klängen weder lokalisierbar noch auf eine bestimmte Ereignisfolge zurückzuführen ist. Ursache für das Rauschen sind Schwingungsvorgänge, die gemeinhin nicht periodisch verlaufen und sich in ihrer Struktur zeitlich ändern können. Beispiele eines akustisch wahrnehmbaren Rauschens sind das Rauschen des Waldes und der Gewässer, das Rauschen des Verkehrs und von Maschinen sowie das Rauschen in elektrischen Kanälen.

Diesen verschiedenen Formen des Rauschens ist gemein, ganz gleich wodurch es verursacht wird, dass das menschliche Ohr aus ihm keine distinkten Abfolgen selektieren kann: Es bleibt zu diffus. Es ist sogar so, dass das Rauschen als ein Hintergrundphänomen der Wahrnehmung zumeist ganz verschlossen bleibt. Denn es existiert ein sogenanntes Grundrauschen oder Eigenrauschen der Dinge und der Organismen, das zu erhören dem Menschen im alltäglichen Leben versagt bleibt, und wenn er es doch hört, dann gerät es nur in der vermeintlichen Stille ins Bewusstsein. Letzteres erlebte der Komponist und Künstler John Cage, als er sich in den 1950er Jahren in einen schalltoten Raum einschloss. In Erwartung, die absolute Stille zu erfahren, vernahm Cage stattdessen mit Erstaunen ein tiefes Rauschen, das von seinem Blutkreislauf, und ein hohes Sirren, das von seinem Nervensystem herrührte (vgl. Scheib [1995], 68 f.).

Dieses Phänomen, das von der Philosophie auch zum »Grundrauschen der Existenz« (Safranski [1995]) erhoben worden ist und neben dem Rauschen des Organismus das atmosphärische und kosmische Rauschen miteinbezieht, kann allerdings in der Regel lediglich unter Zuhilfenahme von technischen Geräten nachgewiesen werden.

Im Unterschied zu anderen akustischen Umweltphänomenen wie dem Lärm, dem Rumor und dem Geräusch, die man eher den unangenehmen Hörempfindungen zuordnet, wird die sinnliche Erfahrung des Rauschens als ambivalent beschrieben, insofern es je nach Kontext mal als angenehm (das Rauschen des Baches), mal als störend erlebt wird (das Rauschen der Großstadt). Dieser Ambivalenz ist es auch zu verdanken, das dem konfusen und sich damit eigentlich jedweder Distinktion entziehenden akustischen Phänomen Rauschen kulturgeschichtlich höchst unterschiedliche, ja oft sogar gegensätzliche Bedeutungen zugeschrieben wurden und werden – einerseits negativ als Störung und Umweltverschmutzung, Irritation und Überforderung, andererseits positiv als etwas Harmonisches und Anziehendes, Geheimnisvolles und Meditatives.

Das Rauschen um 1900

Die kulturhistorische Relevanz des akustischen Rauschens mit seinen gegensätzlichen Bedeutungszuschreibungen von einerseits Harmonischem und andererseits Störendem nimmt um 1900 einen beachtlichen Aufschwung. Die Wende zum 20. Jahrhundert ist gekennzeichnet durch eine bisher nie da gewesene Dynamisierung, vorangetrieben durch Industrialisierung und Technisierung, Urbanisierung und Medialisierung. Dazu tragen die Erfindung des Automobils sowie neue Speicher- und Aufzeichnungsmedien bei, aber auch die Weiterentwicklung diverser Industriemaschinen und -motoren sowie die Elektrifizierung, durch die u. a. der Ausbau von Eisenbahn- und Straßenbahnnetzen und damit auch eine erhöhte Mobilisierung von Menschen und Waren vorangetrieben wird. Synchron zur steigenden Mobilität und zum Bevölkerungszuwachs wächst der Geräuschpegel in den industrie- und verkehrsreichen Ballungszentren und tangiert nicht nur das alltägliche Leben in einer sich formierenden Massengesellschaft, sondern auch die Wissenschaften und die Künste.

Als physikalische Größe oder als ein im Kommunikationssystem auftretender Störfaktor befassen sich Physik und Technikwissenschaft, Mathematik und Nachrichtentechnik mit dem akustischen ›Parasiten‹, der keinen Informationswert besitzt, dafür aber als Neben- und Hintergrundgeräusch das Gehör und die

D. Morat, H. Ziemer (Hrsg.), *Handbuch Sound*, https://doi.org/10.1007/978-3-476-05421-0_36

Kommunikation beeinträchtigen kann und überhaupt die Datenübertragung stört. Dabei wird das Signal-Rausch-Verhältnis, das man auch als Störabstand bezeichnet, zum entscheidenden Maßstab. Mit ihm lässt sich die technische Qualität eines Nutzsignals in Relation zu dem das Nutzsignal überlagernden Rauschsignal bestimmen. Je besser die Qualität des Nutzsignals, desto größer ist sein Informationswert – und umgekehrt.

Hörbar wird das Rauschen in Maschinen und technischen Geräten, etwa in Turbinen und dem Phonographen bzw. Grammophon. Durch Motorisierung und Elektrifizierung tritt es verstärkt in den verkehrsreichen Straßennetzen und in elektrischen Kanälen wie dem Telefon und später auch dem Radio auf, wo es als nun wahrnehmbares Hintergrundgeräusch zunehmend in den Vordergrund rückt und Nachrichten und Informationen ins Unverständliche zu verzerren droht. In der Überlagerung all dieser Geräusche wird die großstädtische Atmosphäre nun mehr und mehr als eine akustische Umwelt präsent, die nicht zuletzt auch Grundbedürfnisse und Gewohnheiten des Menschen torpediert, wie es beispielsweise Rainer Maria Rilkes Malte Laurids Brigge in unruhigen Pariser Nächten erfahren muss: »Daß ich es nicht lassen kann, bei offenem Fenster zu schlafen. Elektrische Bahnen rasen läutend durch meine Stube. Automobile gehen über mich hin. [...] Die Elektrische rennt ganz erregt heran, darüber fort, fort über alles. Jemand ruft. Leute laufen, überholen sich« (Rilke 1962, 7 f.).

Durch die einander überlagernden Laute von Industrie, Verkehr, Technik und Menschenmassen gerät die Großstadt zum Raum der Dauerbeschallung. Um mit dem kanadischen Komponisten und Klangforscher R. Murray Schafer zu sprechen: In dieser »Low-fi-Lautsphäre werden die einzelnen akustischen Signale in einer überdichten Lautanhäufung verdunkelt. Der klare Laut [...] wird vom Breitbandgeräusch überdeckt« (1988, 59). Und es ist genau dieses Breitbandgeräusch, das dem Gehör aufgrund der hohen Geräuschdichte wiederum als diffuses Rauschen erscheint.

Die Ubiquität dieser vielfältigen Geräuschüberlagerungen ruft nun auch Philosophie, Soziologie und Psychologie auf den Plan. Unter dem Vorzeichen der Reizüberflutung befasst sich 1903 der Soziologe Georg Simmel in seiner Studie »Die Großstadt und das Geistesleben« mit dem neuen »Typus des Großstädters« und dessen »Steigerung des Nervenlebens« (Simmel 1984, 192 f.). Nur wenig später veröffentlicht 1908 der Philosoph und Publizist Theodor Lessing in einer Buchreihe mit dem Titel *Grenzfragen des Nerven- und Seelenlebens* seine Kulturkritik *Der Lärm. Eine Kampfschrift gegen die Geräusche unseres Lebens*. In der Wahrnehmungspsychologie, ein Wissenschaftszweig der sich Ende des 19. Jahrhunderts entwickelt, als in der Physiologie der Aufbau und die Funktion des Nervensystems entdeckt wird, versucht man dem Seelenleben des mit Überforderung konfrontierten Menschen auf die Spur zu kommen. Mit den von Gustav Theodor Fechner und Sigmund Freud entwickelten Methoden der Psychophysik, Psychodynamik und Psychoanalyse verspricht man sich Aufschlüsse über die Auslösung seelischer Vorgänge als Reaktion auf die äußeren und inneren Ereignisse und Einflüsse der Zeitgenossenschaft.

Dabei unterscheiden sich Wissenschaft und Technik, die mit ihren Verfahren der Rauscherkennung, Rauschfilterung bzw. Rauschunterdrückung die Ausschaltung oder mindestens Reduzierung der Störgeräusche bezwecken, fundamental von den sinnstiftenden Ambitionen der Künste. Diese nämlich streben – zumindest in Teilen – die Aufrechterhaltung und Produktion des Rauschens als Störgeräusch geradezu an und verleihen ihm einen ästhetischen Mehrwert. Diese einander widerstreitenden Interessen am selben Phänomen sind es schließlich, die das Rauschen in die symbolische Ordnung überführen und gesellschaftlich wie kulturell anschlussfähig machen.

Die Aufwertung des Störgeräuschs in den Künsten

In den Künsten sind es vorzugsweise Musik und Literatur, die sich dem Rauschen als Hörereignis widmen und es im Sinne der Aisthesis klanglich und dichterisch bearbeiten und erzeugen. Vor dem Hintergrund der sich akustisch verändernden Umwelt modifiziert etwa die zeitgenössische Musik ihr Klangrepertoire.

Wegweisend für eine neue, aus dem Geist des Futurismus entstehende musikalische Entwicklung ist der Bruitismus, zu dessen Vertretern u. a. Luigi Russolo und Edgar Varèse gehören. Russolo ist es auch, der 1913 das maßgebliche Manifest *L'arte dei rumori* (dt. *Die Kunst der Geräusche*) vorlegt, welches wesentliche Strömungen der musikalischen Avantgarde des 20. Jahrhundert nachhaltig beeinflussen wird. Ausgehend von dem Geräuschpegel moderner Großstädte und Maschinen formuliert Russolo das Konzept einer neuen Geräuschmusik. Alltagsgeräusche und das ubiquitäre Hintergrundrauschen werden darin auf qualitativ gleicher Ebene mit den von klassischen Instrumenten erzeugten Klängen gestellt. Für Kompositionen entwickelt Russolo zudem diverse Instrumente zur Geräuscherzeugung.

Zur selben Zeit erarbeitet mit Dada eine weitere Avantgardebewegung ein künstlerisches Programm, das gleichfalls Lärm und Geräusch in den Mittelpunkt ihrer künstlerischen Ambitionen stellt. Obwohl die Dadaisten im Unterschied zu den kriegs- und maschinenverherrlichenden Futuristen dem Gewaltgeschehen des Ersten Weltkriegs ablehnend gegenüberstehen, verfolgen sie mit ihren legendären Bühnenspektakeln im Zürcher Cabaret Voltaire eine ähnliche Strategie musikalischer Destruktion, allerdings nicht, um dem Krieg zu huldigen, sondern um auf seinen Lärm mit dem Lärm des anarchischen Spektakels zu antworten. In der Vermischung und Aneinanderreihung von Buchstaben, Tönen und Lauten sowie der Überlagerung von Geräuschen und Stimmen präsentieren die Dadaisten ihre sogenannten Simultangedichte live vor Publikum, um so, wie Cabaret-Voltaire-Mitbegründer Hugo Ball 1916 notiert, auf den »Widerstreit der vox humana mit einer sie bedrohenden, verstrickenden und zerstörenden Welt, deren Takt und Geräuschablauf unentrinnbar sind« (Ball 1992, 87), zu verweisen.

Die Unterminierung geläufiger Ordnungsmuster durch künstlerische Verfahren akustischer Verzerrung und Rauscherzeugung, wie sie in den gut dokumentierten Happenings der Dadaisten erfolgten (vgl. Stopka 2005, 224–258), kann in der Dichtkunst gewöhnlich nicht auf diese Weise inszeniert werden. Literatur, als eine der Schriftkultur verbundene Kunst, kann ein Rauschen nicht herstellen, weil sie auf einem diskreten System von Zeichen basiert, das wiederum nicht rauschen kann (vgl. Kittler 1986, 20). Nichtsdestotrotz ist es die Literatur im besonderen Maße, die für die semantische Polysemie und somit kulturhistorische Valenz des Rauschens um 1900 verantwortlich zeichnet.

In der Literatur wird das Rauschen nicht nachgeahmt, sondern ausbuchstabiert und bezeichnet – als Zeichen für das Andere von Sprache und Schrift. Hatten schon um 1800 naturverbundene Vertreter und Vertreterinnen der Romantik wie Joseph von Eichendorff, Annette von Droste-Hülshoff, Bettina von Arnim, Clemens Brentano und Ludwig Tieck das Rauschen der Wälder, Bäche und Meere nicht etwa als ein sinnfreies Geräusch, sondern als Chiffren des Numinosen, Harmonischen und Magischen bedichtet, so rekurrieren um 1900 vor allem männliche Literaten auf das nun in den elektrifizierten und motorisierten Großstadträumen siedelnde Rauschen. Anders als Ingenieure und Wissenschaftler nehmen sie das Rauschen aber nicht als reinen Störfaktor wahr, sondern assoziieren mit ihm jene durchaus als wohlklingend und rätselhaft erlebten Geräuschkulissen der Natur – allen voran des Meers –, die bereits die Literatur der Romantik inspiriert hatten.

So erbraust in Kurt Tucholskys Ohren die Straße wie ein Meer (Tucholsky 1929, 149), und auch für Stefan Zweig dringen die »tausendfache Arbeit« verrichtenden Maschinen als »ebenmäßige[s] Rauschen« in sein New Yorker Hotelzimmer hinauf und klingen »wie Meer, wie Flut, wie Brandung« (Zweig 2004, 142). In Franz Kafkas Roman *Das Schloß* verliert sich der Telefonkontakt mit dem geheimnisvollen Schlossherren in einem diffusen, diesmal bedeutungsleeren und bedrohlichen Rauschen (Kafka 1982, 36). Für Rainer Maria Rilke hingegen ist das Rauschen das Versprechen von Sinnfülle schlechthin (Rilke 1987, 412–425). In enger Übereinstimmung mit Friedrich Nietzsches Kritik an der Passivität des Hörens plädiert er für ein schöpferisches Hören und nimmt das Rauschen als Grundversicherung der eigenen Existenz und der Weltzugehörigkeit wahr. Der Lyriker Christian Morgenstern schließlich nähert sich dem akustischen Phänomen mit seinem fiktiven ›Herrn Palmström‹ parodistisch. Der »liebt, sich in Geräusch zu wickeln / [...]. Und so läßt er sich um sein Zimmer / Wasserröhren legen, welche brausen. / Und ergeht sich, so behütet, oft in / stundenlangen Monologen, [...] / gleich Demosthenes am Strand des Meeres« (Morgenstern 1985, 124).

Ganz gleich also, ob das Rauschen als künstlerisches Sujet einen ambivalenten Bedeutungshorizont eröffnet, in dem Befremdliches wie Faszinierendes von Großstadt- bzw. Technikerfahrung Ausdruck erhält, oder als eine Signatur des Diffusen für die positiven wie negativen Erfahrungen des modernen Subjekts einsteht, der Bezug zur Natur als ein relationaler bleibt bestehen, sofern das Unvertraute des Großstädtischen und Technischen mit den Natureindrücken belegt und kompensiert wird. In das Neue und Unvertraute diffundiert mithin Altes und Vertrautes, um die sich daraus ergebende Differenz umso eindringlicher zu markieren.

Die Verarbeitungen des Rauschens von Literatur und Musik in der Wende zum 20. Jahrhundert eröffnen somit dem an und für sich von aller Bedeutung freien akustischen Phänomen eine zuvor nicht da gewesene semantische Bandbreite zwischen den Polen Sinn und Störung, Überforderung und Begeisterung, Entfremdung und Faszination, Lust und Unlust. Das Rauschen avanciert auf diese Weise zu einer der bedeutenden kulturellen Signaturen der Klassischen Moderne, die die zeitgenössischen Erfahrungen und Philosopheme einer im Wandel begriffenen und vom Wandel ergriffenen Zeit anzeigt.

Das Rauschen im digitalen Zeitalter

Wieder ist es eine Zeit des technischen und damit einhergehend gesellschaftlichen Umbruchs, der ein Jahrhundert später erneut das kulturelle Interesse am Rauschen weckt. Ausgelöst wird dies von der digitalen Revolution am Ende des 20. Jahrhundert, die eng mit der Informatisierung und Globalisierung von Gesellschaft zusammenhängt, durch die, so Niklas Luhmann, »die gesamte Welt kommunikabel« (1998, 306) geworden ist. Weil Kommunikation zunehmend von technischen Komponenten abhängt, rücken die Störanfälligkeiten technischer Systeme als Verursacher von Kommunikationsunterbrechungen mehr denn je in den Fokus. Kommunikation wird als ein grundlegend vom Rauschen bedrohtes Funktionssystem begriffen, was zur Folge hat, dass der Begriff ›Rauschen‹ zu einem allgemein gebräuchlichen Synonym für die technische Anfälligkeit einer technifizierten Gesellschaft avanciert. Allerdings führt seine sprachliche Verwendung auch in der sich entwickelnden Informationsgesellschaft insofern über den rein technischen Gebrauch hinaus, als das Rauschen nun als Bezeichnung schlechthin für die Unübersichtlichkeit und das Chaos einer unkontrollierbaren wie komplex strukturierten Lebenswelt geläufig wird.

Diese weitgehend negative Konnotation um 2000 ist allerdings, wie bereits ein Jahrhundert zuvor, nur *ein* Teil seines weit größeren kulturellen und gesellschaftlichen Bedeutungsspektrums. In der medizinischen Behandlung der Zivilisationskrankheit Tinnitus etwa wird das vermeintlich störende Rauschen eingesetzt, um die Symptomatik zu lindern. Mithilfe von speziellen Hörgeräten (*Tinnitus Noiser*) lassen sich pfeifende, summende und brummende Ohrgeräusche mit Weißem Rauschen oder Rosa Rauschen überlagern. Diese Geräuschspektren bilden klanglich Meeresrauschen oder Wälderrauschen ab und werden von Hörgeschädigten als angenehm und harmonisch erlebt (vgl. Hocker 1997, 96). Unter den seit Mitte der 1970er Jahre gesellschaftlich an Relevanz gewinnenden ökologischen Aspekten erfahren Naturgeräusche ohnehin wieder eine Aufwertung. Wissenschaftlerinnen und Wissenschaftler, Musikerinnen und Musiker bearbeiten die Klangräume der Natur wissenschaftlich wie künstlerisch als *Natural Sound* bzw. Biophonie (vgl. Rothenberg/Ulvaeus 2001).

Das Rauschen als Soundscape

Der US-amerikanische Musiker und Soundscape-Spezialist Bernie Krause gilt als Wegbereiter dieser ökologisch-musikalischen Klangforschung und Klangkunst (vgl. z. B. Krause 2013). Die wiederum basiert auf den maßgeblichen Arbeiten von R. Murray Schafer. Dessen bereits Ende der 1970er Jahre geprägter Begriff ›Soundscape‹ bildet nicht zuletzt auch die Grundlage für die sich im ersten Jahrzehnt des neuen Jahrhunderts etablierenden kulturwissenschaftlich ausgerichteten Sound Studies. Zu ihren methodischen und systematischen Untersuchungen von Klangphänomenen aller Art gehören selbstverständlich auch Untersuchungen der Phänomenologie und Semantik des akustischen Rauschens im Spannungsfeld von Kunst, Wissenschaft und Alltagskultur (z. B. Schulze 2008; Hiepko/Stopka 2001)

Darüber hinaus ist keineswegs zu vernachlässigen, dass die Popularität des Rauschens paradoxerweise eng mit der Digitaltechnologie und dem Einzug des World Wide Web in alle Lebensbereiche zusammenhängt. Paradox insofern, als die für den technischen Fortschritt einstehende Digitaltechnologie als ein Versprechen gilt, die von vielerlei Fehlfunktionen beeinträchtigte Analogtechnik abzulösen und damit auch die durch Rauschen verursachte Störanfälligkeit zu tilgen. Das bekanntlich erste erfolgreiche und allen zugängliche Resultat war die rauschfreie CD, die eine störungsfreie klangliche Wiedergabe erlaubt.

Doch kaum ist der akustische ›Parasit‹ verschwunden, wird er der zeitgenössischen U- und E-Musik wie auch der Literatur zum Dreh- und Angelpunkt eines neuen Selbstverständnisses, wobei der Rückgriff auf die Pionierleistungen der Geräuschkunst und die ambivalenten Sinnzuschreibungen des Rauschens um 1900 offenkundig ist. Der neue Imperativ lautet nun: Wo es tönt, da muss es auch rauschen. Einstige Störfaktoren wie das Vinylrauschen oder die Klick-, Kratz- und Knackgeräusche sind nun als Kunstelemente anerkannt und gebräuchlich. Neue Techniken entstehen, wie die des elektronischen Mixens und *Scratchens*, aus der sich etwa mit der Rave-Bewegung eine völlig neue Körper- und Tanzkultur entwickelt, deren Rauschhaftigkeit eng verknüpft ist mit dem akustischen Phänomen des Rauschens, wie Rainald Goetz in seiner Erzählung *Rave* (1998) zeigt.

In der Minimalmusik experimentieren Komponistinnen und Komponisten verstärkt mit verschiedenen Bandbreiten des Rauschens, vom Weißen Rauschen über Rosa Rauschen bis hin zum Braunen Rauschen (vgl. Sanio 2001, 216 f.). Die Sprachkünste wiederum loten erneut das Verhältnis von Stimme, Klang und Geräusch aus, wenn sie, wie die in den 1990er Jahren entstandene Bewegung des *Slam Poetry*, das gesprochene Wort mit all seinen Möglichkeiten der Verunschärfungen und Verflüchtigungen einsetzt und szenisch präsentiert. Das Anknüpfen an Verfahren früherer Avantgardebewegungen wie Dada ist dabei genauso gewollt wie reflektiert (vgl. Lentz 2011).

Mit dem Verschwinden des Lärms, der Störgeräusche und des Rauschens in den neuen Medien erhalten in den Künsten plötzlich die bis dahin negativ konnotierten akustischen Phänomene eine neue positive Aufwertung als etwas Lebendiges, Authentisches, Unmittelbares und Elementares; sie gelten nun als Gegenpart zu den von Digitalisierung und Virtualisierung absorbierten Kunst- und Lebensbereichen, die wegen ihrer Geräuscharmut und Klangreinheit mitunter als zu künstlich, unwirklich und befremdlich wahrgenommen werden. Die derzeitige Popularität von verrauschten Analogmedien wie der Schallplatte sind nicht zuletzt Ausdruck für den empfundenen Verlust von und einer Sehnsucht nach vermeintlicher ›Echtheit‹ und ›Natürlichkeit‹.

So lassen sich also gegenwärtig ähnliche künstlerische Verarbeitungs- und Reflexionsstrategien im Umgang mit den mittlerweile gar nicht mehr so neuen digitalen Medien erkennen wie bereits während des Medienwandels um 1900, als die analogen Medien das Neue repräsentierten. Damals wurden die breitbandigen Störgeräusche der elektrischen Kanäle und die großstädtische ›Lo-Fi-Lautsphäre‹ mit Naturrauschen assoziiert, um sich gegen die entzaubernde Verlärmung urbaner Räume zu imprägnieren. Heute erfährt das Rauschen als »nostalgische Spur einer vergangenen Ära der technischen Reproduzierbarkeit« (Levin 1997, o. S.), in dem von überfordernder Komplexität gekennzeichneten Internet-Zeitalter späte Genugtuung. Und zwar nicht nur als Inszenierung eines vertrauten, vermeintlich ›natürlichen‹ akustischen Soundscapes, sondern ebenso als ästhetischer Ausdruck von Widerständigem, Reflexivem und Kritischem gegenüber einem zunehmend durch die Digitalisierung bestimmtem Leben.

Als Bedeutungsträger für diese ambivalent wie vielschichtig erlebte gesellschaftliche Umbruchsituation eignet sich auch hier das an sich bedeutungsleere Phänomen des akustischen Rauschens. Dem Rauschen wird damit erneut kulturell wie sozial ein enormes Sinnpotenzial zuerkannt. In seiner semantischen Bandbreite, die von Irritation und Bedrohung bis zu Faszination und Wohlklang reicht, lässt es sich konstruieren, aber auch ausbuchstabieren, um den Facettenreichtum individueller und gesellschaftlicher Erfahrung im digitalen Zeitalter zu repräsentieren wie rekonstruieren.

Verwandte Beiträge: Kap. 9 (Dezibel); Kap. 13 (Rhythmus); Kap. 17 (Soundscape); Kap. 22 (Literaturwissenschaft); Kap. 23 (Medienwissenschaft); Kap. 27 (Physikalische Akustik); Kap. 35 (Lärm); Kap. 38 (Stille); Kap. 40 (Tinnitus); Kap. 52 (Meer); Kap. 57 (Straße); Kap. 58 (Wald); Kap. 59 (Compact Disc); Kap. 61 (Kassette); Kap. 64 (Phonograph); Kap. 65 (Radio); Kap. 66 (Schallplatte); Kap. 68 (Telefon).

Literatur

Ball, Hugo: *Die Flucht aus der Zeit* [1927]. Zürich 1992.

Goetz, Rainald: *Rave. Erzählung*. Frankfurt a. M. 1998.

Hiepko, Andreas/Stopka, Katja (Hg.): *Rauschen. Seine Phänomenologie und Semantik zwischen Sinn und Störung*. Würzburg 2001.

Hocker, Klaus M: *Tinnitus. Ursachen und Behandlung von Ohrgeräuschen*. München 1997.

Kafka, Franz: *Das Schloß* [1926]. Hg. von Malcolm Pasley. Frankfurt a. M. 1982 (= Kafka: *Schriften, Tagebücher, Briefe. Kritische Ausgabe*. Hg. von Jürgen Born et al.).

Kittler, Friedrich: *Grammophon, Film, Typewriter*. Berlin 1986.

Krause, Bernie: *Das große Orchester der Tiere. Vom Ursprung der Musik in der Natur*. München 2013 (engl. 2012).

Lentz, Michael: Sprechen macht die Musik. Ein Ausflug in Grenzbereiche [2002]. In: Armin Köhler (Hg.): *die innovation bleibt immer auf einem fleck. Die Donaueschinger Musiktage und ihr Metier. Begleitende Texte zum Festival*. Mainz 2011, 229–239.

Lessing, Theodor: *Der Lärm. Eine Kampfschrift gegen die Geräusche unseres Lebens*. Wiesbaden 1908.

Levin, Thomas Y.: Der Phonograph als Schreibmaschine. In: *Berliner Zeitung*, 3.12.1997, o. S. (Beilage des Einstein Forums).

Luhmann, Niklas: *Die Gesellschaft der Gesellschaft*. 2 Bde. Frankfurt a. M. 1998.

Morgenstern, Christian: Lärmschutz [1910]. In: Ders.: *Ausgewählte Werke*. Bd. 1: *Lyrik*. Hg. von Klaus Schuhmann. Hanau 1985, 124.

Rilke, Rainer Maria: *Die Aufzeichnungen des Malte Laurids Brigge* [1910]. München 1962.

Rilke, Rainer Maria: Notizen zur Melodie der Dinge [1898]. (= Rilke: *Sämtliche Werke*. Hg. vom Rilke-Archiv. Frankfurt a. M. 1987, Bd. 5, 412–425).

Rothenberg, David/Ulvaeus, Marta (Hg.): *The Book of Music and Nature. An Anthology of Sounds, Words, Thoughts.* Middletown, CT 2001.

Russolo, Luigi: *Die Kunst der Geräusche.* Mainz 2000 (ital. 1913).

Safranski, Rüdiger: Das Grundrauschen der Existenz. In: Sabine Sanio/Christian Scheib (Hg.): *Das Rauschen. Aufsätze zu einem Themenschwerpunkt im Rahmen des Festivals »musikprotokoll '95 im steirischen herbst«.* Hofheim [1995], 43–49.

Sanio, Sabine: Rauschen – Klangtotal und Repertoire. Zur Selbstreflexivität der ästhetischen Erfahrung. In: Andreas Hiepko/Katja Stopka (Hg.): *Rauschen. Seine Phänomenologie und Semantik zwischen Sinn und Störung.* Würzburg 2001, 207–224.

Schafer, R. Murray: *Klang und Krach. Eine Kulturgeschichte des Hörens.* Frankfurt a. M. 1988 (engl. 1977).

Scheib, Christian: Die indiskrete Arbeit am Realen. Das Rauschen ist die Musik. In: Ders./Sabine Sanio (Hg.): *Das Rauschen. Aufsätze zu einem Themenschwerpunkt im Rahmen des Festivals »musikprotokoll '95 im steirischen herbst«.* Hofheim [1995], 67–80.

Schulze, Holger (Hg.): *Sound Studies. Traditionen – Methoden – Desiderate. Eine Einführung.* Bielefeld 2008.

Simmel, Georg: Die Großstädte und das Geistesleben [1903]. In: Ders.: *Das Individuum und die Freiheit. Essais.* Berlin 1984, 192–204.

Stopka, Katja: *Semantik des Rauschens. Über ein akustisches Phänomen in der deutschsprachigen Literatur.* München 2005.

Tucholsky, Kurt: Traktat über den Hund, sowie über Lerm und Geräusch. In: Ders.: *Das Lächeln der Mona Lisa.* Berlin 1929, 137–153.

Zweig, Stefan: Der Rhythmus von New York [1911]. In: Ders.: *Auf Reisen.* Hg. von Knut Beck. Frankfurt a. M. 2004, 135–143.

Katja Stopka

37 Sirene

Sirenen sind antike mythologische Fabelwesen, wissenschaftliche Instrumente zur Klangerzeugung und -analyse sowie akustische Signal- und Alarmgeräte. Entsprechend weitgefächert ist das ihnen zugeordnete Wissen und das darüber hinausgehende Hörerleben. Es schließt physiologisches und psychologisches Wissen über das Hören, die Materialität der Klänge und ihre emotionale Wirkung auf den Menschen ein. Die technische Sirene verdankt ihren Namen der Fähigkeit ihrer für akustische Versuche erfundenen Vorfahren, auch unter Wasser Töne zu erzeugen, die an die menschliche Stimme erinnerten. Mit ihrer Benennung eröffnete sich ein hochkomplexer kultureller Assoziationsraum zwischen den technischen Sirenenklängen (in den akustischen Laboratorien ebenso wie im öffentlichen Raum) und den diversen mythologischen Sirenen der Antike.

Technische Sirenen in Literatur und Musik der Moderne

Als akustische Phänomene sind technische Sirenen im Alltag allgegenwärtig. Die auf- und abschwellenden Heultöne von Krankenwagen-, Feuerwehr- und Polizeisirenen gehören zum Klangteppich unserer Städte. In den Großstadtromanen der literarischen Moderne werden die akustischen Eigenheiten dieser mobilen Klangquellen und das ihnen zugehörige kulturelle Wissen reflektiert. So fängt die folgende Passage aus John Dos Passos' Roman *Manhattan Transfer* die Veränderung des Klangs der auf den Hörer / die Hörerin zu- und schließlich an ihm/ihr vorbeifahrenden Sirene ebenso ein wie die Effizienz akustischer im Vergleich zu optischen Warnsystemen: »Siren throbbing in an upward shriek that burst and trailed in a dull wail down the street, a fire engine went by read and gleaming« (2000 [1925], 182). Edmund Meisels Filmmusik zu Walter Ruttmanns Dokumentarstummfilm *Berlin – Die Sinfonie der Großstadt* (D 1927) integriert neben anderen Großstadtklängen auch eine Fabriksirene, deren mehrfaches Ertönen den Rhythmus des Arbeitstags vorgibt und ganze Bilderfolgen generiert. Zeitzeug/innen der beiden Weltkriege wiederum ist die Alarmsirene vor unmittelbar bevorstehenden Luftangriffen unvergesslich. Die Gefahr, von der sie kündet, ist so existenziell, dass sie die Grenze zwischen Subjekt und Objekt, zwischen Sirenenklang und seiner Wirkung auf die Hörer/innen auflösen kann, ein Vorgang, den Ilse Aichinger in ihrem Roman *Die größere Hoffnung* eindringlich schildert: »Die Sirene auf dem Dach gegenüber schwieg vor Hoffnung. [...] Und noch immer schwieg die Sirene. [...] Ein Stück Mauer fiel ab. In diesem Augenblick gellte die Sirene verzweifelt und atemlos über die Stadt« (1991 [1948], 218 f.).

In Aichingers Beschreibung des Bombenangriffs ruft die Personifikation des Sirenenklangs zugleich die antiken Vorbilder auf. Ob als Vögel mit Menschenkopf vorgestellt (wie auf antiken Vasen) oder ausschließlich über ihre Stimme erfahrbar (wie in der *Odyssee*): Der omnipräsente Sirenenklang kündet von der Nähe des Todes. Aus ganz anderer Perspektive erkundet das Sirenen-Kapitel des *Ulysses* das Feld möglicher Analogien zwischen technischen Sirenen und ihren mythologischen Vorfahren. So knüpft James Joyce beispielsweise mit dem Neologismus ›longingdying‹ zur Charakterisierung des Klangs technischer Sirenen an die wohl bekannteste Fortschreibung des antiken Mythos an, die sirenische Verführung schöner Frauen durch betörenden Gesang. ›Longingdying‹ bezeichnet bei Joyce die sehnsüchtig-melancholisch-erotischen Liebeserinnerungen der Musikhörenden beiderlei Geschlechts und den nun erotisch aufgeladenen Sirenenklang: »And a call, pure, long and throbbing. Longindying call« (1993 [1922], 254). Erweitern solche Textpassagen die kulturelle Klangerfahrung, indem sie explizit die Verbindung zwischen antiken und technischen Sirenen herstellen?

Auch die Musik der Moderne interessierte sich für die Klänge akustischer Sirenen. Sie erklingen u. a. in Kompositionen Edgar Varèses wie *Amériques* (1918–21) und *Ionisation* (1931), in Arseni Awraamows ›Sinfonie der (Fabrik-)Sirenen‹ *Simfonija Gudkow* (1922) und Paul Hindemiths *Kammermusik Nr. 1* (1922); später in Ingvar Lidholms *Riter* (1959) sowie in Karlheinz Stockhausens *Kontakte* (1958–60) und *Hymnen* (1966–67) (vgl. Rehding 2014, 89–92; Jackson 2012; Harvey 1975, 102–109; Blades 2005 [1970], 397). Allerdings ging es in diesen Kompositionen nicht immer um eine Integration moderner Großstadtgeräusche in die musikalische Klangwelt. Viele dieser Komponisten knüpften bei der Erweiterung ihres Ausdrucks- und Klangspektrums an die Experimente der akustischen Laboratorien an, wo technische Sirenen seit den 1830er Jahren als Apparate zur Klangerzeugung und -analyse eingesetzt wurden (hierzu und zum Folgenden vgl. u. a. Rehding 2014 und 2016; Jackson 2012; Feil 2005; Steege 2003). Das im Zusammenhang mit diesen Sirenen erzeugte Wissen über die Materialität musikalischen Materials und seiner hörphysiolo-

D. Morat, H. Ziemer (Hrsg.), *Handbuch Sound*, https://doi.org/10.1007/978-3-476-05421-0_37

gischen Verarbeitung war für die Musiktheorie und -praxis der Neuen Musik wegweisend. In den Stimmgabel-Resonatoren und Sirenen der akustischen und hörphysiologischen Laboratorien entdeckten die Komponisten nicht nur neue, bisher ungehörte Klänge, sondern auch eine Möglichkeit zur gezielten Subversion tradierter Hörgewohnheiten und an klassischer Musik geschulter Hörerwartungen. Wie Benjamin Steege (2003) für Varèse gezeigt hat, ging es dabei auch um die Kultivierung neuer, im Labor entwickelter Formen auditiver Aufmerksamkeit in der musikalischen Komposition. Dabei ist es nicht notwendig, elektrische Sirenen als Musikinstrumente einzusetzen – ihre Klangstruktur und ihr Effekt auf die Hörer/innen können, so Steeges Analyse von Varèses *Octandre* (1924), auch im Zusammenspiel konventioneller Instrumente hervorgerufen werden (ebd., 41).

Homerische und pythagoreische Sirenen der Antike

Der Sirenen-Mythos umfasst zwei bereits in der Antike kaum miteinander verbundene und auch in der Folgezeit zumeist unabhängig voneinander tradierte Mythenstränge (vgl. Welsh 2017, 247–253). Der eine bezieht sich auf die durch die homerische *Odyssee* (ca. 8. Jahrhundert v. Chr.) berühmt gewordenen Sirenen. Sie bezaubern an ihrer Insel vorbeifahrende Seefahrer durch ihren betörenden, aber trügerischen Gesang und locken sie auf ihre Insel, wo sie anstelle der versprochenen Befriedigung ihres Verlangens der Tod erwartet. Die früheste Schilderung einer erfolgreichen Vorbeifahrt an diesen Sirenen findet sich allerdings nicht in der *Odyssee*, sondern in dem aus vorhomerischer Zeit stammenden Argonauten-Mythos (vgl. Danek 1998, 252–254; Welsh 2017, 247–249). In dem ältesten heute erhaltenen Epos, den *Argonautika* des Apollonius von Rhodos (3. Jahrhundert v. Chr.), rettet der berühmte Dichter-Sänger Orpheus sich und seine Gefährten, indem er den Gesang der Sirenen mit seiner Leier übertönt (Apoll. Rhod. IV, 891–911). Odysseus ist es aber als erstem Sterblichen vergönnt, von seinen Gefährten an den Mastbaum des Schiffes gefesselt, den Gesang der Sirenen zu vernehmen und als Überlebender von deren wundersamen Verführungskräften zu erzählen.

Worin aber nun besteht die tödliche Verführungskraft des Sirenen-Gesangs? Kirke zufolge geht die unwiderstehliche Wirkung von der musikalisch-klanglichen Ebene des Sirenen-Gesangs aus: Sie warnt Odysseus vor dem magisch hellen Klang ihrer Stimmen und der Melodie (Hom. *Od.* XII, 39–54). Odysseus selbst konzentriert sich in seiner Darstellung des Gehörten auf den Inhalt ihres Liedes: auf das Wissen, dass die Sirenen ihm für den Fall seiner Landung auf ihrer Insel versprechen (ebd., 184–191). Beide Aspekte, der musikalische Klang (weiblicher) Stimmen und die Verführung zum (häretischen) Wissen (*curiositas*) werden in der Folge als sirenische Gefahren weiter tradiert.

In den christlichen Transformationen des Mythos (vgl. Rachewiltz 1987, 64–95) verkörpern die Sirenen neben den Gefahren häretischer Lehren (wie bei Clemens von Alexandrien) zunehmend auch die Verführung durch weltliche, insbesondere durch erotische Lust (wie in der *Ethymologiae* Isidors von Sevilla). Im *Liber Monstrorum* des Bischofs Aldhelm aus dem 7. Jahrhundert sowie ikonographisch im um 780 entstandenen *Sacramentarium Gellonense* werden sie als Frauenkörper mit trügerischem Fischschwanz und verlockendem Gesang von ihrer blumigen Insel ins Wasser versetzt (vgl. ebd., 91–95). In der *Dialektik der Aufklärung* deuten Theodor W. Adorno und Max Horkheimer die Begegnung des Odysseus mit den Sirenen als »Allegorie der Dialektik der Aufklärung« und Geburtsstunde des abendländischen Subjekts, weil sie die Trennung zwischen Vernunftsubjekt und Begehren eindrücklich ins Bild setzt (2003 [1944/47], 52; zur Sirenen-Episode der Odyssee als Allegorie bürgerlicher Kunst im ersten Exkurs der *Dialektik der Aufklärung* vgl. Rehding 2014, 81).

Die zweite, weniger bekannte Traditionslinie des Sirenen-Mythos hat ihren Ausgangspunkt in den pythagoreisch-platonischen Sirenen der Sphärenharmonie (vgl. van der Waerden 1979; Rachewiltz 1987; Marchenkov 2009, 29–42). Der Zusammenklang ihrer Stimmen ist hier hörbarer Ausdruck der Ordnung des Kosmos. Die Sphärenharmonie geht dabei auf die naturphilosophischen und kosmischen Lehren der Pythagoreer zurück und beruht auf der Annahme, dass durch die Bewegung der Planeten Töne entstehen, die harmonisch zusammenklingen, weil die Planetensphären zueinander in einem harmonischen Verhältnis stehen. Für diese, dem menschlichen Ohr unzugänglichen Töne stehen bei Platon die Sirenen ein. Sie erscheinen im Schlussmythos des »Er« dort, wo die Himmelssphären durch die »Spindel der Notwendigkeit« in Umdrehung versetzt werden. Auf den Kreisen der Spindel sitzen die Sirenen: »Und oben auf jedem Kreise stehe eine Sirene, die sich mit ihm drehe und ihre Stimme hören lasse, jede in einem bestimmten Ton; alle acht Töne aber klängen in einer einzigen Harmonie zusammen« (Plat. *Politeia* X, 617b).

Pythagoras versuchte, diese Harmonie in der irdischen Musik nachzuahmen, indem er die pythagoreische Tonleiter aus den konsonanten Intervallen der Oktave, Quinte und Quarte zusammensetzte. In den einfachen Zahlenproportionen der Intervallverhältnisse spiegelt sich für die Pythagoreer die Bedeutung der heiligen Zahlen (1–4), die zusammen 10 ergeben und in der pythagoreischen Zahlenmystik als *tetraktys* die Quelle der Vollkommenheit darstellen. Sie enthält den Schlüssel zur Prophetie und Allwissenheit, welche auch die homerischen Sirenen für sich in Anspruch nehmen. Umgedeutet in den himmlischen Gesang der Engel, konnte die Sphärenharmonie und mit ihr die kosmische Musiktheorie der Pythagoreer bis in die Frühe Neuzeit hinein die Harmonie zwischen Mensch, Musik und Kosmos garantieren. Erst die Korrektur des pythagoreischen Kommas durch die Einführung der musikalischen Temperatur zu Beginn des 18. Jahrhunderts führte zu einem allmählichen Verlust der Sphärenharmonie als Bezugssystem für die irdische Musik.

Wissenschaftliche Instrumente zur Klangerzeugung und -analyse

Die technische Sirene wurde bereits im ausgehenden 18. Jahrhundert von dem britischen Naturphilosophen John Robinson erfunden. Bekannt wurde sie jedoch erst durch den französischen Ingenieur und Physiker Charles Cagniard de la Tour, der 1819 in den *Annales de chimie et de physique* ein deutlich verfeinertes Gerät vorstellte und ihm den Namen ›Sirene‹ gab. Die Sirene produziert wie die meisten Musikinstrumente und auch die menschliche Stimme komplexe musikalische Klänge. Die Art der Klangerzeugung ist allerdings eine vollkommen andere (vgl. Vogel 1993, 263; Jackson 2012, 205). Ihre Töne entstehen nicht durch Vibrationen eines Klangkörpers (*corpus sonore*), sondern durch regelmäßig wiederholte Luftstöße, welche die Luft unmittelbar in periodische Schwingungen versetzen. Indem die Sirene den Klang vom (Resonanz-)Körper und der ihm spezifischen Vibrationsform löste und die Impulsfrequenz fokussierte, erbrachte sie bereits für ihren Namensgeber Cagniard den experimentellen Beleg für die Neukonzeption des Tons als, wie es 1857 Hermann von Helmholtz in einem Vortrag formulieren wird, eine »Reihe von hinreichend schnell sich wiederholenden Stössen, welche die Luft in Schwingung versetzt« (1971 [1857], 7 f.). Sie ist damit auch »das erste Instrument, das musikalische Klänge von beliebiger Dauer, ungeahntem Oktavenumfang und Amplitudenumfang durch exakt einstellbare Lochungen hervorbringt« (Hilgers 2008, 205). An ihr lässt sich zeigen, dass Tonhöhe und Rhythmus (Impulsfrequenz der Luftstöße) ein Kontinuum und keine klar getrennten Einheiten darstellen (vgl. Rehding 2014, 85).

Die berühmten Lochsirenen der akustischen Laboratorien des 19. Jahrhunderts, die einfache Sirene von Cagniard de la Tour, die polyphonen Sirenen Heinrich Wilhelm Doves und August Seebecks und Helmholtz' Doppelsirene haben als Herzstück alle eine runde Scheibe (oder zwei runde Scheiben), in die auf einem konzentrischen Kreis (oder im Falle der polyphonen Sirenen mehreren konzentrischen Kreisen) mit (zumeist) gleichmäßigem Abstand (unterschiedlich viele) Löcher eingestanzt sind. Bei regelmäßiger Umdrehung der gelöcherten Scheibe erzeugt der über die Löcher periodisch austretende Luftstrom eines der Scheibe vorgeschalteten Windkastens in der umgebenden Luft regelmäßige Luftstöße (Impulse), die dem menschlichen Ohr ab einer bestimmten Anzahl pro Zeiteinheit als Ton hörbar werden. Die Höhe des Tons hängt von der Zahl der in einer Zeiteinheit austretenden Luftstöße und damit von der zuvor festgesetzten Anzahl der Löcher und der einem Umdrehungsmesser zu entnehmenden Rotationsgeschwindigkeit der Scheibe ab. Je schneller die periodischen Luftstöße aufeinanderfolgen, desto höher ist der Ton.

Ungeklärt blieb zunächst, welche Konsequenzen diese neue Art der Tonerzeugung für das Verständnis der Tonwellenform und seiner Bedeutung für die Tonempfindung haben könnte. Die in diesem Kontext bekannteste Kontroverse entzündete sich an den Sirenenexperimenten Seebecks und ihrer Interpretation. Seebeck bezweifelte, dass die von den Sirenen ausgehenden Tonwellen in ihrer Form den »stehende[n] Schwingung[en] eines elastischen Körpers« entsprachen (1841, 417). Versuche an einfachen und mehrstimmigen Sirenen sollten seine These belegen, dass Töne aus unterschiedlichen Wellenformen bestehen können, und nachweisen, dass der Eindruck eines Tons (auf das Gehör) das Ergebnis mehrerer durch die Sirenenstöße ausgelöster »Halbwellen« unterschiedlicher Länge ist, die in ihrem Maximalpunkt zusammenfallen (Seebeck 1843, 458). Georg Simon Ohm reagierte auf Seebecks Versuche, indem er auf der Basis von Fouriers mathematischem Theorem zur Zerlegung periodischer Schwingungen in einfache Teilschwingungen den Ton als eine einfache pendelartige

(Sinus-)Schwingung definierte und für das Hören eine entsprechende Klangzerlegung in die einzelnen Partialtöne postulierte. Die Höreindrücke bei Seebecks Sirenenexperimenten erklärte Ohm als Folge der Wirkung verschiedener Partialtöne auf das Ohr (vgl. Ohm 1843). Helmholtz löste die Kontroverse, indem er Ohms These, dass das Ohr nach dem von Joseph Fourier aufgestellten Gesetz jeden musikalischen Klang in seine Partialtöne zerlegt, experimentell stützte und die von Seebeck gehörten Sirenentöne als eine aus mehreren Tönen bestehende, als Einheit wahrgenommene Hörempfindung (Klang) davon abgrenzte (vgl. Helmholtz 1856, 527; 1913 [1863], 97; Rehding 2014, 84 f.).

Helmholtz' Doppelsirene und die Sirenen der Sphärenharmonie

Cagniard de la Tour interessierten neben den Implikationen der Sirenenklänge für die (Neu-)Konzeption des Tons und der Möglichkeit, mit der Sirene die Schwingungszahl einzelner Töne genau zu bestimmen, experimentelle Untersuchungen zur Ausbreitung von Tonwellen in unterschiedlichen Medien. Dabei fand er heraus, dass sein Gerät auch unter Wasser Töne erzeugte (hierbei strömt statt Luft Wasser durch die Lochscheibe), die ihn an das Orgelregister »voix humaine« erinnerten (zit. nach Hilgers 2008, 199). Die Assoziation dieses unmenschlichen, der menschlichen Stimme dennoch ähnlichen Klangs mit der homerischen Sirene (und der in Frankreich mit ihr eng verknüpften mittelalterlichen Sagengestalt der Melusine) lag nahe.

Hermann von Helmholtz hingegen strebte in seiner 1863 publizierten *Lehre von den Tonempfindungen als physiologische Grundlage für die Theorie der Musik* die Zusammenführung der physikalischen und physiologischen Akustik mit der musikalischen Ästhetik an (vgl. Helmholtz 1913 [1863], 1). Das »verborgene Gesetz, das den Wohlklang der harmonischen Tonverbindungen bedingt« (Helmholtz 1971 [1857], 54), nahm dabei eine Schlüsselposition ein. Die einfachen Zahlenproportionen harmonischer Intervallverhältnisse wurden nun nicht mehr über die pythagoreische Zahlenmystik und ihre metaphysische Verortung in (den Sirenen) der Sphärenharmonie begründet, sondern aus der physikalischen Natur der Klänge (insbesondere ihrer Obertöne) und ihrer physiologischen Verarbeitung im Ohr abgeleitet. Helmholtz' Doppelsirene (zwei miteinander verbundene Sirenen mit jeweils vier Lochreihen) trug dazu bei, das Gesetz des Wohlklangs als ein außerhalb bewusster Wahrnehmung angesiedeltes (unbewusstes) Gesetz aufzudecken (vgl. ebd.), indem sie die (auditive) Aufmerksamkeit auf die Bedeutung dieser in der Wahrnehmung oft ausgeblendeten Obertöne lenkte (vgl. zum Folgenden Welsh 2008). Sie trat dabei gleichsam an die Stelle der acht Sirenen der Sphärenharmonie. Mit ihr konnte Helmholtz spezifische Aspekte des musikalischen Materials und seiner Effekte auf das Ohr fokussieren und dabei experimentell belegen, dass reine Konsonanzen nur dann entstehen, wenn die Schwingungszahlen der Töne exakt im Verhältnis der kleinen Zahlen zueinander stehen: Jede noch so kleine Abweichung von dieser mathematischen Stimmung führt bei der Sirene zu deutlich hörbaren Schwebungen.

Alle Veränderungen gegenüber früheren polyphonen Sirenen dienten entweder dazu, harmonische Zusammenklänge so musikalisch und rein wie möglich zu erzeugen, oder dazu, aufzuzeigen, wodurch solche Zusammenklänge unrein werden. So verstärkt der Resonanzkasten die ersten fünf musikalisch wichtigen Obertöne und lenkt damit die Aufmerksamkeit des Hörers/der Hörerin auf diejenigen Partialtöne, die normalerweise nicht bewusst wahrgenommen werden, aber dennoch auf hörphysiologischer Ebene unangenehm wirken und das Gefühl der Dissonanz hervorrufen. Die zweite Sirene mit eigenem Resonanzkasten eliminiert die Kombinationstöne, wie sie für polyphone Sirenen mit einem Resonanzkasten typisch waren.

Eine weitere spezifische Eigenschaft der Doppelsirene ermöglicht die Untersuchung der Phänomene der Interferenz und der Schwebung. An der oberen Sirene befindet sich eine Kurbel, die es erlaubt, das Schwingungsverhältnis gegenüber der unteren Sirene geringfügig zu verändern. Der in dieser Hinsicht aufschlussreichste Versuch profitierte von allen drei Modifikationen: Öffnet man auf der unteren Sirene die Lochreihe mit acht und auf der oberen diejenige mit 16 Löchern, erhält man den Zusammenklang einer Oktave in absoluter Konsonanz, ganz ohne Schwebungen. Bei einer leichten Drehung der Kurbel »hört man die Schwebungen, welche die Verstimmung des Intervalles ankündigen« (Helmholtz 1913 [1863], 303). Der Versuch stützte die These, »daß die von uns aus den Schwingungszahlen der Obertöne hergeleiteten Zahlenverhältnisse wirklich diejenigen sind, welche keine Schwebungen geben« (ebd.). Es war diese kontrollierte und selektive Fokussierung der Aufmerksamkeit der Hörenden durch solche Sirenenexperimente (oder allgemeiner: durch solche »new technologies of aural attention«; Steege 2003, 40), die Steege zufolge Komponisten wie Varèse interessierten und in ihren Kompositionen umzusetzen suchten (zur Musiktheorie nach Helmholtz allgemein vgl. Kursell 2018).

Glissando-Klänge

Die größte Faszination wie auch das für die musikalische Moderne revolutionäre musikalische Potenzial technischer Sirenen lag im klanglichen Reichtum ihres Glissando, das in der Folge zu einer »Schlüsselfigur in der modernen Musik« (Weiss 2011, 505) wurde. Mit ihren in der Tonhöhe hinauf- und herabgleitenden Glissandi standen die Sirenen den wilden Naturlauten (dem Heulen des Windes) auf eine ebenso beunruhigende wie befreiende Weise näher als dem auf einzelnen Noten mit bestimmter Tonhöhe gegründeten abendländischen Tonsystem (vgl. Kahn 1999, 83–91; Weiss 2011). So hatte ihr Erklingen im musikalischen Kontext etwas Unerhörtes, Wildes, die Grenzen des temperierten Tonsystems auf das zuvor aus ihm Ausgeschlossene hin Überschreitendes, das wohl eher an ihre homerischen Vorfahren denn an die von Helmholtz bevorzugten pythagoreischen Sphärenklänge erinnern mochte. Zumindest für Varèse selbst scheinen die homerischen Sirenen präsent gewesen zu sein. Im Zusammenhang mit seinen ersten, durch Helmholtz angeregten Sirenenversuchen beschreibt er die Qualität des Glissando: »The beautiful parabolas and hyperbolas of sound the sirens gave me and the haunting quality of the tones made me aware for the first time of the wealth of music outside the narrow limits imposed by keyboard instruments« (zit. nach Kahn 1999, 86).

Verwandte Beiträge: Kap. 26 (Philosophie); Kap. 30 (Wissenschaftsgeschichte); Kap. 33 (Echo); Kap. 35 (Lärm); Kap. 39 (Stimme); Kap. 45 (Fabrik); Kap. 51 (Labor); Kap. 52 (Meer); Kap. 57 (Straße); Kap. 64 (Phonograph); Kap. 73 (Krieg).

Literatur

Adorno, Theodor W./Horkheimer, Max: *Dialektik der Aufklärung. Philosophische Fragmente* [1944/47]. Frankfurt a. M. 2003 (= Adorno: *Gesammelte Schriften*, Bd. 3. Hg. von Rolf Tiedemann).

Aichinger, Ilse: *Die größere Hoffnung* [1948]. Frankfurt a. M. 1991.

Blades, James: *Percussion Instruments and Their History* [1970]. Westport, CT 2005.

Cagniard de la Tour, Charles: Sur la sirène, nouvelle machine d'acoustique destinée a mesurer les vibrations de l'air qui constituent le son. In: *Annales de chimie et de physique* 12 (1819), 167–171.

Danek, Georg: *Epos und Zitat. Studien zu den Quellen der Odyssee*. Wien 1998.

Dos Passos, John: *Manhattan Transfer* [1925]. Boston/New York 2000.

Feil, Arnold: *Metzler Musik-Chronik vom frühen Mittelalter bis zur Gegenwart*. Stuttgart [2]2005.

Harvey, Jonathan: *The Music of Stockhausen. An Introduction*. Berkeley/Los Angeles 1975.

Helmholtz, Hermann von: Ueber Combinationstöne. In: *Annalen der Physik und Chemie*, Bd. 99 (1856), 523–529.

Helmholtz, Hermann von: *Die Lehre von den Tonempfindungen als physiologische Grundlage für die Theorie der Musik* [1863]. Braunschweig [6]1913.

Helmholtz, Hermann von: *Über die physiologischen Ursachen der musikalischen Harmonien* [1857]. Hg. von Fritz Krafft. München 1971.

Hilgers, Philipp von: Sirenen. Lösungen des Klangs vom Körper. In: Bernhard J. Dotzler/Henning Schmidgen (Hg.): *Parasiten und Sirenen. Zwischenräume als Orte der materiellen Wissensproduktion*. Bielefeld 2008, 195–218.

Jackson, Myles W.: From scientific instruments to musical instruments. The tuning fork, the metronome, and the siren. In: Trevor Pinch/Karin Bijsterveld (Hg.): *The Oxford Handbook of Sound Studies*. New York 2012, 201–223.

Kahn, Douglas: *Noise, Water, Meat. A History of Sound in the Arts*. Cambridge, MA 1999.

Kursell, Julia: *Epistemologie des Hörens. Helmholtz' physiologische Grundlegung der Musiktheorie*. Paderborn 2018.

Joyce, James: *Ulysses* [1922]. Hg. von Jeri Johnson. Oxford 1993.

Marchenkov, Vladimir: *The Orpheus Myth and the Powers of Music*. Hillsdale, NY 2009.

Ohm, Georg Simon: Ueber die Definition des Tones, nebst daran geknüpfter Theorie der Sirene und ähnlicher tonbildender Vorrichtungen. In: *Annalen der Physik und Chemie*, Bd. 59 (1843), 513–565.

Platon: *Sämtliche Werke*. Bd. 2: *Lysis* [u. a.]. Neu hg. von Ursula Wolf. Reinbek bei Hamburg 1994.

Rachewiltz, Siegfried Walter de: *De Sirenibus. An Inquiry into the Sirens from Homer to Shakespeare*. New York/London 1987.

Rehding, Alexander: Of sirens old and new. In: Sumanth Gopinath/Jason Stanyek (Hg.): *The Oxford Handbook of Mobile Music Studies*. 2 Bde. New York 2014, Bd. 2, 77–108.

Rehding, Alexander: Instruments of musical theory. In: *MTO. A Journal of the Society of Music Theory* 22/4 (2016), http://www.mtosmt.org/issues/mto.16.22.4/mto.16.22.4.rehding.php (30.1.2018).

Schelske, Oliver: *Orpheus in der Spätantike. Studien und Kommentar zu den »Argonautika« des Orpheus. Ein literarisches, religiöses und philosophisches Zeugnis*. Berlin/Boston 2011.

Seebeck, August: Beobachtungen über einige Bedingungen der Entstehung von Tönen. In: *Annalen der Physik und Chemie*, Bd. 53 (1841) 417–436.

Seebeck, August: Ueber die Sirene. In: *Annalen der Physik und Chemie*, Bd. 60 (1843), 449–481.

Steege, Benjamin: Varèse *in vitro*. On attention, aurality, and the laboratory. In: *Current Musicology*, Nr. 76 (Herbst 2003), 25–51.

van der Waerden, Bartel Leendert: *Die Pythagoreer. Religiöse Bruderschaft und Schule der Wissenschaft*. Zürich/München 1979.

Vogel, Stephan: Sensation of tone, perception of sound, and empiricism. Helmholtz's physiological acoustics. In: David Cahan (Hg.): *Hermann von Helmholtz and the Foundations of Nienteenth-Century Science*. Berkeley u. a. 1993, 259–287.

Weiss, Allen S.: Über Transzendenz in der Musik. Eine kurze Geschichte des Glissando. In: Helmar Schramm/Ludger Schwarte/Jan Lazardzig (Hg.): *Spuren der Avantgarde. Theatrum anatomicum. Frühe Neuzeit und Moderne im Kulturvergleich*. Berlin/New York 2011, 497–511.

Welsh, Caroline: Die Sirene und das Klavier. Vom Mythos der Sphärenharmonie zur experimentellen Sinnesphysiologie. In: Bernhard J. Dotzler/Henning Schmidgen (Hg.): *Parasiten und Sirenen. Zwischenräume als Orte der materiellen Wissensproduktion*. Bielefeld 2008, 143–177.

Welsh, Caroline: Antike Musikerzählungen und ihr literarisches Nachleben. Orpheus, die Sirenen und Pan. In: Nicola Gess/Alexander Honold (Hg.): *Handbuch Literatur und Musik*. Berlin/Boston 2017, 246–272.

Caroline Welsh

38 Stille

»[A]ll research into sound must conclude with silence«: Mit dieser Conclusio aus dem letzten Kapitel von *The Soundscape. Our Sonic Environment and the Tuning of the World* hat Raymond Murray Schafer (1994, 262) schon früh auf die Bedeutung der Stille für die aktuelle Soundforschung hingewiesen; und es ist wohl kein Zufall, dass er hier – ungeachtet des esoterischen Untertons, der seine Ausführungen zu einer ›music beyond‹ durchzieht – vor allem als Komponist und Musiker spricht.

Doch zugleich lässt sich fragen: Warum erst am Ende? Wäre es nicht ebenso naheliegend, die Stille auch an den Anfang aller Beschäftigung mit Sound zu stellen? Und, so ließe sich weiter fragen, vielleicht hätte nicht nur die Erforschung von Sounds mit der Stille einzusetzen – sondern auch die Erforschung der Stille mit Sounds? Müsste die kulturwissenschaftliche Auseinandersetzung mit Stille und Schweigen nicht zuallererst deren Charakter als höchst komplexe Klang- und Geräuschgebilde ernst nehmen? Das Faszinosum der Stille ließe sich so nicht nur auf die komplexen historischen und sozialen Semiotiken der Stille(n), sondern auch auf die Akustik stiller Soundscapes zurückführen, die sich paradoxerweise sowohl durch die Abwesenheit als auch durch eine spezifische Präsenz von Klängen und Geräuschen auszeichnet – darauf hat die Musik im 20. Jahrhundert und möglicherweise schon weitaus früher aufmerksam gemacht.

Bis heute hat jedoch – so lässt sich konstatieren – weder eine von der Stille ausgehende wissenschaftliche Auseinandersetzung mit Sounds stattgefunden noch eine soundhistorisch informierte Erforschung der Stille: In der jüngeren, kulturwissenschaftlich orientierten Sound History hat ›Stille‹ kaum eine Rolle gespielt, und die durchaus vorhandenen geistes- und sozialwissenschaftlichen Arbeiten zu Phänomenen der Stille und des Schweigens interessieren sich – mit wenigen Ausnahmen – kaum für die spezifischen Sounds der Stille.

Es wäre zu einfach, die mangelnde Quellenlage für dieses Dilemma verantwortlich zu machen: Zu den vielfältigen Gründen für das kulturhistorische Überhören der Stille zählt gerade auch deren semiotische Komplexität. So sieht sich die Auseinandersetzung mit der Stille nicht nur mit der historischen, geographischen und sozialen Wandelbarkeit ihrer Formen konfrontiert (wie sie allen kulturellen Phänomenen und Praktiken eignet), sondern auch mit der vergleichsweise großen semiotischen Mannigfaltigkeit und Deutungsoffenheit von Phänomenen der Stille. Stille steht in unterschiedlichen Feldern von Kultur für höchst unterschiedliche Dinge und Praktiken: Sie kann als Zeichen des Sublimen oder Symbol des Todes in Musik und Kunst, als kaum erwähnenswerte stillschweigende Voraussetzung oder aufwendig und kostspielig bewerkstelligte Bedingung verschiedenster ästhetischer, wissenschaftlicher oder alltäglicher Praktiken, als Ausdruck innigster Liebe oder Mittel disziplinarischer Maßnahmen und Folterinstrument, als Medium religiöser Mystik oder rationalen Denkens fungieren. Schließlich ist in diesem Zusammenhang auf die Selbstverständlichkeit hinzuweisen, mit der Stille als Teil und als wichtiges Element zahlreicher kommunikativer und nicht-kommunikativer Kulturtechniken vorausgesetzt, aber oft kaum explizit wahrgenommen wird.

Soundhistorisch lassen sich zwei Dimensionen der Stille unterscheiden. Zum einen kann Stille als ›positive‹ Wahrnehmung von Mikrosounds hörbar werden, die an der Grenze der physischen und psychischen Wahrnehmbarkeit liegen, ein bestimmtes Maß nicht überschreiten oder außerhalb der Stille meist nicht vernehmbar sind. Das Spektrum reicht dabei von dem aktuellen, in der *Anechoic Chamber* eines Laboratoriums in Redmond, Washington, erreichten ›Weltrekord‹ für den stillsten Ort der Erde, an dem ein Wert von –20,35 dBA (Dezibel, A-bewertet, diese Maßeinheit stellt eine in Entsprechung zur menschlichen Hör-Wahrnehmung gefilterte bzw. ›frequenzbewertete‹ Größe dar, welche die in unterschiedlichen Frequenzbereichen verschiedenen Lautstärkeempfindungen auf objektiv gemessene Schalldruckpegel anrechnet) gemessen wurde (schon die Brownsche Bewegung der Luftteilchen erzeugt einen Sound von ca. –23 dBA), bis zu einem Wert von etwa 40 dBA, der in etwa einer leisen Unterhaltung entspricht und als Grenze für die Beeinträchtigung von Konzentration und Schlaf gilt. Mikrosounds der Stille, die oberhalb der Hörschwelle von 0 dB liegen, umfassen Geräusche des Atmens, von fallendem Schnee oder Blätterrauschen (ca. 10 dBA), geflüsterte Worte, tickende Uhren (ca. 20 dBA) sowie Bürogeräusche (30 dBA). Wie alle anderen Hörpraktiken unterliegt die Wahrnehmung von Stille jedoch einer stark subjektiven und situativen Komponente, die wiederum durch soziale, kulturelle und historische Kontexte geprägt ist. So können einerseits geflüsterte Worte ebenso die Konzentration stören wie tickende Uhrenwecker den Schlaf; andererseits kann Vogelgezwitscher geradezu als Inbegriff von (romantischer) Stille gelten, auch wenn seine Lautstärke oft bei Werten von 40 bis 50 dBA liegt.

D. Morat, H. Ziemer (Hrsg.), *Handbuch Sound*, https://doi.org/10.1007/978-3-476-05421-0_38

Zum anderen sind für soundgeschichtliche Auseinandersetzungen mit der Stille neben dieser gewissermaßen ›positiven‹ Dimension ihre ›negativen‹ Aspekte ebenso bedeutsam: die Dämpfung, Minimierung oder Ausschaltung von Sounds. Denn auch wenn Versuche, Sounds zu unterdrücken oder zu eliminieren, niemals perfekte Stille erreichen, so ist doch die Herbeiführung eines deutlich reduzierten Schallpegels ein physisch greifbares und deutlich hörbares akustisches Ereignis: Stille ist eine Praxis der Produktion und Rezeption von Sounds, die die Wahrnehmung gewöhnlicher oder außergewöhnlicher Mikrosounds mit der Wahrnehmung einer akustisch minimierten Klangumgebung verbindet.

Stille und Schweigen

Aus kulturhistorischer Sicht von Bedeutung ist die Unterscheidung von ›Stille‹ und ›Schweigen‹, nach der im deutschen Sprachgebrauch ›Stille‹ eher die Wahrnehmung nicht-menschlicher, primär nicht-intentionaler Soundobjekte und Soundscapes bezeichnet, ›Schweigen‹ dagegen menschliche Kommunikationspraktiken bzw. deren Ausbleiben oder Verweigerung im Rahmen semiotischer Prozesse.

Doch erweist sich diese Unterscheidung und mit ihr das Verständnis der Stille kulturhistorisch als höchst wandelbar. Das verdeutlicht zum einen der Umstand, dass die meisten der im europäischen Kulturkreis dominierenden Sprachen die Unterscheidung in ihrer Alltagssprache nicht kennen: *Silence* (engl./frz.), *silencio* (span.), *silenzio* (ital.) oder *silentium* (lat.) können sowohl ›Stille‹ als auch ›Schweigen‹ bedeuten. Zum anderen haben Musik und darstellende Kunst spätestens im 20. Jahrhundert ein Verständnis entwickelt, nach dem Stille und Schweigen eher als akustische Vexierbilder denn als klar voneinander geschiedene Phänomene oder Praktiken zu begreifen sind. Claudia Benthien bemerkt hierzu: »Wenn sich im Deutschen ›Schweigen‹ und ›Stille‹ traditionell dahingehend voneinander unterscheiden, daß ersteres als bedeutungstragend verstanden wurde, letztere hingegen als außerhalb des Semiotischen stehend, so hebt sich diese Trennung im 20. Jahrhundert tendenziell auf. [...] Schweigen wird zu einer Figur der Stille« (2002, 204).

Eine lexikalische Spurensuche zeigt allerdings, dass auch die vermeintlich ›traditionelle‹ Unterscheidung historisch höchst fragwürdig ist: So vermerkt Zedlers *Universal-Lexicon* 1744 zwar, dass »[b]isweilen [...] die H. Schrifft solchen Dingen eine Stille zu[schreibt], welche weder reden können noch mit Vernunfft begabet seyn«; die »Meeres Stille« etwa tritt ein, »wenn das Meer [...] kein Geräusche mit seinen Wellen verursacht« ([Anonym] 1744, Sp. 90). Lautlosigkeit von nicht-menschlichen Objekten und Räumen gilt hier jedoch nicht als eigentliches, sondern lediglich als sekundäres Bedeutungsfeld der Stille: »Eigentlich wird aber die Stille solchen Dingen zugeschrieben, welche Verstand und Rede haben« (ebd.).

Der Versuch, Schweigen und Stille klar voneinander zu trennen und den Sphären subjektiver menschlicher Kommunikation oder dinglicher bzw. natürlicher Soundobjekte zuzuordnen, erweist sich also sprachhistorisch als problematisch. Doch auch in philosophischer und kultureller Hinsicht sind Schweigen und Stille eng miteinander verbunden: So entspricht rund 200 Jahre später die Beschreibung des Begriffs ›Stille‹ im Grimmschen *Deutschen Wörterbuch* zwar in etwa dem heutigen Sprachgebrauch; zugleich hebt es mit Bezug auf die Stille die Verflochtenheit von Wahrnehmung und Wahrnehmungsobjekt hervor, wie sie phänomenologische Ansätze und nicht zuletzt die Sound Studies betonen. Diese Verflochtenheit artikuliert sich in »attribute[n], die die wechselwirkung zwischen mensch und stille bezeichnen, in dem entweder die wirkung der stille auf den menschen ausgedrückt wird (betäubend, unerträglich) oder der zustand des die stille empfindenden oder hervorrufenden menschen auf die stille selbst übertragen wird, oder auch beide wirkungen ineinandergehen (ängstlich, angstvoll, traurig u. s. w.)« ([Anonym] 1941, Sp. 3005 f.).

Solche Wechselwirkungen kennzeichnen auch die unterschiedlichen Formen, in denen Stille auftreten kann:

1. Stille kann zunächst einmal als ›explizite Stille‹ ein mehr oder weniger bewusst produziertes oder wahrgenommenes Soundereignis sein, wie es zum Beispiel in der religiösen Liturgie, Askese oder Meditation, durch eine Schweigeminute (vgl. Lichau 2014) oder als Mittel der Folter (vgl. Grant 2014) herbeigeführt wird.
2. Stille kann jedoch auch als eher unbewusste Voraussetzung, als nicht explizit wahrgenommene, aber dennoch unerlässliche Bedingung für andere Kulturpraktiken wie konzentriertes (geistiges oder manuelles) Arbeiten, Lernen, Schlafen oder medizinisches Heilen auftreten. Auch wenn es nicht explizit wahrgenommen wird, ist der Aufwand kultureller Praktiken zur Herstellung solcher Stillen dennoch oft erheblich, auch in wirtschaftlicher Hinsicht.

3. Gleiches gilt für eine implizite Form der Stille, die sich als kulturell produzierte Matrix verstehen lässt: Stille dient hier als akustischer Hintergrund, der andere Sounds hervortreten lässt (die Stille von Zuhörern oder eines Konzertpublikums etwa).
4. Schließlich zeichnet Stille auch jene Soundscapes aus, die der menschlichen Wahrnehmung weitgehend oder vollständig entzogen sind, wie etwa die immense absolute Stille des nahezu materiefreien Weltalls. Eine kulturgeschichtlich orientierte Sound History sollte dennoch auch solche Stillen reflektieren, die kein Mensch hört, denn sie können von großer kultureller Bedeutung sein. So manifestiert sich das mal mehr, mal weniger gezielte Schweigen, mit dem manches Kapitel der Geschichte dem Vergessen anheimfällt, in Sounds der Stille, die in Archiven und Datenbanken, zwischen Buchdeckeln oder an Orten herrscht, welche dem Zugriff der (politischen) Öffentlichkeit entzogen, nicht erinnert oder zerstört wurden. Auch hier kommen sich materielle Formen der Stille und abstrakte Formen des (Ver-)Schweigens (als Latenz der Nicht-Kommunikation bzw. Unterbrechung der Kommunikationskette) oft sehr nahe und können ineinander übergehen (vgl. Assmann 2013; Assmann/Assmann 2013).

Kulturgeschichte(n) der Stille – Forschungsfelder

Einflussreiche Vertreter der Sound History wie R. Murray Schafer (1994) und Alain Corbin (2016) gehen von einem im Laufe der Moderne voranschreitenden ›Verlust von Stille‹ aus; dagegen weisen andere Forschungen darauf hin, dass die Geschichte der Stille in der europäischen Moderne nicht einfach als Verlustgeschichte zu verstehen sei: Vielmehr kommt es zur Herausbildung spezifisch moderner Formen architektonisch, technisch, künstlerisch oder politisch konstruierter Stille(n) (vgl. Thompson 2002; Schmidgen 2005; Barbet/Honoré 2013). Untersuchungen zu Praktiken und Diskursen der Stille an historischem Material sind allerdings in vielen Feldern der Kultur bis heute kaum vorhanden.

Von einer eigenständigen Diskussion lässt sich am ehesten im Bereich der Musik sprechen: Für die Musik des 20. Jahrhunderts haben mehrere Publikationen (Elzenheimer 2008; Kahn 1997; *MusikTexte* 1994; *positionen* 1992) herausgearbeitet, wie Schweigen und Stille einen ästhetischen Eigenwert gewinnen, der über die Repräsentation des Unsagbaren oder die dialektische Funktion als Formelement innerhalb musikalischer Strukturen hinausweist. Bei Komponisten wie Ferruccio Busoni, Luigi Nono, Morton Feldman, Salvatore Sciarrino oder Dieter Schnebel wird Stille zu einem wichtigen Verfahren der musikalischen Avantgarde und ihrer performativen Wende.

Diese Entwicklung ist insbesondere mit dem Namen John Cages verbunden. Dass in die Entstehung verschiedener Konzeptionen von Stille, die Cages Stück *4'33''* bzw. dem von ihm in seiner Partitur in Szene gesetzten, vermeintlich unermesslichen und ohne bewusste Intention erklingenden Soundscape der Stille jedoch auch traditionelle Hör- und Schweigepraktiken sowie sehr gezielte und durchaus intentionale Momente des *silencing* bestimmter sozialer Gruppen und musikalischer Sounds (Jazz, Popmusik und Muzak) eingegangen sind, hat Douglas Kahn (1997) für die Cage-Forschung und darüber hinaus nachgewiesen. Wegweisend für weitere kulturhistorische Forschungen zu Phänomenen der Stille ist die kontroverse Auseinandersetzung mit Cage insofern, als sie auf die Probleme aufmerksam macht, vor denen aufgrund der semiotischen Offenheit der Stille der Versuch einer kultur- und sozialgeschichtlichen Kontextualisierung steht – und dabei zugleich die Wichtigkeit einer solchen Kontextualisierung verdeutlicht.

Doch die Stille ist nicht erst im 20. Jahrhundert, sondern in der gesamten Geschichte der Musik ein zentrales Element musikalischer Theorie und Praxis gewesen; und es ist fraglich, inwieweit die Rede von der Stille als einem »minoritären Raum als Komplementärphänomen[ ] zum Klang« (Elzenheimer 2008, 23) ihre vielfältigen Praktiken und Bedeutungen historisch angemessen erfasst. Zwar lässt sich die Verwendung von Generalpausen, Fermaten, Piani, Decrescendi oder das einfache Verklingen eines Tones oft im Sinne einer dynamischen Beziehung von Musik und Stille als »dialektische Einheit«, »als Interpunktion, als Aufhaltung der Spannung, als Trugschluß, als Kulmination der Spannungswoge« oder als »Entladung der Spannungsdynamik« und »Erlöschen [...] der klanglichen Bewegung« (Lissa 1962, 341 ff.) verstehen.

Praktiken der Stille, die eine andere Beurteilung nahelegen, finden sich jedoch in unterschiedlichsten Epochen und Gattungen der Musik. So tritt im Prolog von Claudio Monteverdis *Orfeo* – einem für die frühe Operngeschichte maßgeblichen Werk – die Musik selbst als allegorische Gestalt auf und schafft eine Sphäre der Stille, indem sie Mensch, Tier und unbelebter Natur zu verstummen gebietet (»Wenn ich nun meine Lieder singe, mal heiter, mal traurig, / soll der Vogel im Baum unbewegt lauschen, / soll keine Welle an die Ufer schlagen / und jedes Lüftchen still verweilen«). Doch nicht nur der Text beschwört die Stille, auch die Musik selbst tritt in Formen der Stille hinüber. In Johann Sebastian Bachs Motetten und Passionen, bei Ludwig van Beethoven (Musik zum Trauerspiel *Egmont* op. 84) oder Franz Schubert (Streichquintett C-Dur D 956) finden sich ebenfalls ausgedehnte Passagen der Stille, die sich nicht nur als Illustrationen des Textes (das Schweigen Jesu bei Bach) oder Referenz auf die titelgebende Narration (den Tod Egmonts bei Beethoven) interpretieren lassen, sondern auch Formen und Sprache der Musik selbst infrage stellen.

Auch jenseits von Partitur und Gesangstext spielen Praktiken der Stille in der Geschichte der Musik eine wichtige Rolle: Als allgemein verbreitete Norm hat sich das stille Hören von Musik zwar erst im 19. Jahrhundert durchgesetzt (vgl. hierzu u. a. Müller 2014; Bödeker/Veit/Werner 2002), es war aber vorher keineswegs unbekannt, sondern spielte als Praxis exklusiver Zirkel von Liebhabern bereits durchaus eine Rolle (vgl. Kaltenecker 2010). Das Bemühen um die Einhaltung dieser Norm in der Praxis reicht bis weit ins 20. Jahrhundert und ist – wie der Kampf gegen Klingeltöne und Hüsteln zeigt – auch im Konzertleben der Gegenwart noch aktuell, ebenso wie die Aufforderungen zur Etablierung ›echter‹, also auf das musikalische ›Werk‹ konzentrierter, aufmerksamer Stille (vgl. Tewinkel 2018). Ein von der historischen Erforschung des Konzertpublikums bis jetzt nicht untersuchtes Phänomen ist die Stille vor und nach dem Konzert, die etwa von Claudio Abbado als Teil der Musik inszeniert wird (und sich auch auf Konzerteinspielungen Abbados findet).

Die protestantische Aufführungspraxis kennt eine Tradition, nach der vermutlich seit dem 19. Jahrhundert die Bachschen Passionen am Karfreitag nach der Sterbeszene für einen Schweigemoment unterbrochen werden und Stille einkehrt. Sie greifen damit eine vor allem im katholischen Christentum, aber auch im Protestantismus bestehende Tradition auf, nach der bestimmte Sounds am ›stillen Freitag‹ (bzw. vom Gloria des Gründonnerstag oder ab Karfreitag, 15 Uhr, bis zur Osternacht [Gloria]) nicht erklingen durften: Dieses Verbot betrifft vor allem die Glocken (die ›nach Rom fliegen‹), die den Gesang begleitende Orgel- und Instrumentalmusik oder die Figuralmusik (mehrstimmige, melodisch und harmonisch komplexe Chormusik).

Diese Bräuche und ihre äußerst differenzierten Regeln stehen stellvertretend für die unzähligen Praktiken des Schweigens und der Stille, die in unterschiedlichen Strömungen des Christentums ebenso wie in den übrigen Weltreligionen elementare Bestandteile liturgischer, mystischer, meditativer, klösterlicher oder eremitischer Praktiken bilden.

Als ebenso weitverbreitetes wie selten reflektiertes Phänomen spielt die Stille aber auch in der Wissenschaft eine zentrale Rolle: Praktiken des Lesens, Schreibens oder Denkens, aber auch des Experimentierens und Untersuchens sind oft auf Stille als Bedingung angewiesen. Dabei fungiert das Bedürfnis nach Stille auch als Zeichen sozialer Distinktion, mit dem sich Philosophen wie Arthur Schopenhauer, Immanuel Kant, Georg Wilhelm Friedrich Hegel oder Friedrich Nietzsche vom ›Lärm‹ der übrigen Erwerbsarbeitenden distanzierten. Doch auch in den modernen Naturwissenschaften und ihren Labors ist die Etablierung von Stille eine wichtige Aufgabe: Paradigmatisch steht dafür die Entwicklung reflexionsarmer Räume (der sog. schalltoten Kammern oder *Anechoic Chambers*), die heute zumeist für Klangmessungen an akustischen Objekten genutzt werden und historisch auf psychologische und physiologische Versuche zur Wahrnehmung und Reizverarbeitung aus dem letzten Drittel des 19. Jahrhunderts zurückgehen (vgl. Schmidgen 2005).

Als Gegenstand wie als Medium der Selbstreflexion sind Stille und Schweigen auch in den bild- und textbasierten Künsten des Films, der Malerei und der Literatur geläufig (vgl. Beyer/Le Bon 2015): In der Malerei etwa ist der explizite bildliche Verweis auf die Stille des eigenen Mediums als *muta eloquentia* zum Thema zahlreicher Bilder geworden, am intensivsten wohl im 17. Jahrhundert bei Nicolas Poussin und Guido Reni (vgl. Fumaroli 1998).

Ein vielversprechendes Feld für kulturwissenschaftliche Studien bieten Phänomene und Praktiken der Stille in unterschiedlichen Bereichen der sozialen Interaktion. So fungiert Stille etwa im Bereich der Gender-Praktiken und -Diskurse als ein vielfältiges und ambivalentes Element kultureller Semiotik. Sie galt als Zeichen der Verschwiegenheit und damit der Zugehörigkeit zu traditionellen ›männlichen Kulturen‹ und ihren Netzwerken, wie sie etwa die Jagd, die Politik oder das Militär darstellen. Zum Ausschluss der Frauen aus diesen Kreisen trug auch die ihnen nachgesagte Unfähigkeit bei, Stille auszuhalten, sowie die Abwertung weiblicher Formen der Netzwerkbildung als ›Klatsch‹ (vgl. Althans 2000). Mit dem Aufkommen des Bürgertums wird Verschwiegenheit aber auch als weibliche Tugend etabliert und in zahlreichen Disziplinaranstalten eingeübt. Zugleich hat auch die (männliche) Verschwiegenheit ihre Grenzen: So warnt Immanuel Kant in seiner *Anthropologie in pragmatischer Hinsicht* davor, dass das Eintreten einer »bisweilen sich eräugnende[n] [sic!] plötzliche[n] Stille« (Kant 1912 [1798], 219) während eines Gastmahls auf jeden Fall zu vermeiden sei, und empfiehlt die »Wahl eines Stoffs zur Unterredung, der alle interessiert und immer jemanden Anlaß giebt, etwas schicklich hinzuzusetzen«, damit »[k]eine tödliche Stille, sondern nur augenblickliche Pause in der Unterredung« entstehe (ebd., 223).

Stille und ihr rechtes Maß erscheinen damit als ein strategisches Instrument bei der Etablierung säkularer und hierarchisch strukturierter Kommunikationsformen und Emotionenregimes in der Moderne. Sie konstruieren und begrenzen einen der aufgeklärten Diskussion angemessenen Raum und beugen dem Aufkommen allzu starker Gefühle vor. Stille spielt damit eine wichtige Rolle bei der Etablierung und Hierarchisierung der Gesellschaft in Kategorien wie Ethnizität, Klassenzugehörigkeit oder Gender sowie für deren intersektionale Artikulation.

Methodische Fragen

Abschließend ist anzumerken, dass methodische Probleme, die für die historische und empirische Erforschung von Sounds im Allgemeinen gelten, sich in Bezug auf die Stille in verschärftem Maße stellen. Das betrifft zunächst einmal die Quellenlage: Das für weite Bereiche der Geschichte zu konstatierende Fehlen von Audio-Dokumenten bzw. ihre dürftige Quantität und Qualität schließt auch Aufnahmen von Stille ein. Gerade in Zeiten, in denen akustische Speichermedien rar, teuer und qualitativ unzureichend waren, erschienen Soundscapes der Stille als wenig lohnendes Objekt der Aufzeichnung. Spätestens seit der Einführung der Magnetbänder fiel Stille, wo sie den Weg auf akustische Speichermedien gefunden hatte, oftmals der Schere zum Opfer.

Auch der Rundfunk hat ein höchst ambivalentes Verhältnis zur Stille: Einerseits betreiben Radiosender großen technischen und finanziellen Aufwand, um das Eigenrauschen des Mediums zu minimieren und ihre ›Sendungen‹ durch eine Matrix der Stille zu verdeutlichen; andererseits darf diese Stille nicht hörbar werden, da dies als technische oder logistische Panne wahrgenommen wird, wo sie nicht gar – mit Walter Benjamin gesprochen – als »Schweigen [...] des Todes« (Benjamin 1991 [1934], 763) vernommen wird. Moderne Radiosender verfügen daher über automatische Schaltungen, die meist sanfte Musik einspielen, sobald die Lautstärke der übertragenen Sounds für einige Sekunden unter eine bestimmte Schwelle sinkt. Die Idee einer historischen Archivierung von Schweige-Schnipseln, wie sie in Heinrich Bölls Kurzgeschichte »Doktor Murkes gesammeltes Schweigen« (1955/58) der gleichnamige Titelheld praktiziert, existiert also wohl nur im Reich der literarischen Fiktion.

Zu der schwierigen Quellenlage kommt der Umstand hinzu, dass Stille sich zum einen durch eine stark subjektive Dimension auszeichnet und ihre oftmals implizite Voraussetzung oder Selbstverständlichkeit sie zum anderen als nicht erwähnenswerten Sound erscheinen ließ. Diese Probleme machen eine Sound History der Stille jedoch nicht unmöglich. Ein Verfahren, um der akustischen wie semiotischen Komplexität der Stille gerecht zu werden und Phänomene der Stille auf Umwegen ›vernehmbar‹ zu machen, bietet die Kombination von Text-, Bild- und Tondokumenten, von empirischer Mikrostudie und kulturwissenschaftlicher Kontextualisierung. Gerade angesichts der weitreichenden, in zahlreichen Feldern der Kultur bedeutsamen Praktiken der Stille ist davon auszugehen, dass ein solcher Versuch äußerst lohnend ist. Eine kulturwissenschaftlich orientierte Sound History, die die »Aufmerksamkeitsweisen, die Wahrnehmungsschwellen, die Geräuschbedingungen und das aus Erträglichem und Unerträglichem geschaffene Beziehungsgefüge« (Corbin 1998, 124) vergangener Zeiten untersucht, wird auch auf Stille(n) stoßen.

Verwandte Beiträge: Kap. 3 (Emotionalität); Kap. 9 (Dezibel); Kap. 17 (Soundscape); Kap. 31 (Applaus); Kap. 35 (Lärm); Kap. 36 (Rauschen); Kap. 41 (Archiv); Kap. 45 (Fabrik); Kap. 49 (Konzertsaal); Kap. 50 (Krankenhaus); Kap. 51 (Labor); Kap. 53 (Museum); Kap. 57 (Straße); Kap. 69 (Folter); Kap. 78 (Schweigen).

Literatur

[Anonym:] [Art.] Stille. In: *Deutsches Wörterbuch von Jacob Grimm und Wilhelm Grimm*. Bd. 18: *Stehung–Stitzig*. Leipzig 1941, Sp. 2990–3006.

[Anonym:] [Art.] Stille. In: Johann Heinrich Zedler (Hg.): *Grosses vollständiges Universal-Lexicon aller Wissenschaften und Künste*. Bd. 40: *Sti–Suim*. Halle/Leipzig 1744, Sp. 89 f.

Althans, Birgit: *Der Klatsch, die Frauen und das Sprechen bei der Arbeit*. Frankfurt a. M. 2000.

Assmann, Aleida: *Das neue Unbehagen an der Erinnerungskultur. Eine Intervention.* München 2013.
Assmann, Aleida/Assmann, Jan (Hg.): *Schweigen.* München 2013.
Barbet, Denis/Honoré, Jean-Paul (Hg.): *Le Silence en politique* (= *Mots. Les langages du politique*, H. 103). Paris 2013.
Benjamin, Walter: Auf die Minute [1934]. In: Ders.: *Gesammelte Schriften.* Bd. 4: *Kleine Prosa. Baudelaire-Übertragungen.* 2 Tle. Hg. von Tillman Rexroth. Frankfurt a. M. 1991, Tl. 2, 761–763.
Benthien, Claudia: Die stumme Präsenz. Zur ›Figur‹ des Schweigens bei Ödön von Horváth. In: Gabriele Brandstetter/Sibylle Peters (Hg.): *de figura. Rhetorik – Bewegung – Gestalt.* München 2002, 195–220.
Beyer, Andreas/Le Bon, Laurent (Hg.): *Silence. Schweigen. Über die stumme Praxis der Kunst.* Berlin 2015.
Bödeker, Hans Erich/Veit, Patrice/Werner, Michael: *Le concert et son public. Mutations de la vie musicale en Europe de 1780 à 1914 (France, Allemagne, Angleterre).* Paris 2002.
Böll, Heinrich: *Doktor Murkes gesammeltes Schweigen und andere Satiren.* Köln 1958.
Corbin, Alain: Zur Geschichte und Anthropologie der Sinneswahrnehmung. In: Christoph Conrad/Martina Kessel (Hg.): *Kultur & Geschichte. Neue Einblicke in eine alte Beziehung.* Stuttgart 1998, 121–140.
Corbin, Alain: *Histoire du silence. De la Renaissance à nos jours.* Paris 2016.
Elzenheimer, Regine: *Pause. Schweigen. Stille. Dramaturgien der Abwesenheit im postdramatischen Musik-Theater.* Würzburg 2008.
Fumaroli, Marc: *L'Ecole du silence. Le sentiment des images au XVII*e *siècle.* Paris 1998.
Grant, Morag Josephine: Pathways to music torture. In: *Transposition* 4 (2014), http://transposition.revues.org/494 (30.1.2018).
Kahn, Douglas: John Cage. Silence and silencing. In: *The Musical Quarterly* 81/4 (1997), 556–598.
Kaltenecker, Martin: *L'Oreille divisée. Les discours sur l'écoute musicale aux XVIII*e *et XIX*e *siècles.* Paris 2010.
Kant, Immanuel: *Anthropologie in pragmatischer Hinsicht* [1798]. Hg. von Karl Vorländer. Leipzig [5]1912.
Lichau, Karsten: »... während dessen auf zwei Minuten jeder Ton und jede Bewegung aussetzt«. Die akustische Inszenierung politischer Einheit in der Schweigeminute. In: Gerhard Paul/Ralph Schock (Hg.): *Sound der Zeit. Geräusche, Töne, Stimmen – 1889 bis heute.* Göttingen 2014, 507–512.
Lissa, Zofia: Die ästhetischen Funktionen der Stille und Pause in der Musik. In: *Studien zur Musikwissenschaft*, Bd. 25 (1962), 315–346.
Müller, Sven Oliver: *Das Publikum macht die Musik. Musikleben in Berlin, London und Wien im 19. Jahrhundert.* Göttingen 2014.
MusikTexte. Zeitschrift für Neue Musik, H. 55 (1994).
positionen. Beiträge zur Neuen Musik, H. 10: *Stille und Lärm* (1992).
Schafer, R. Murray: *The Soundscape. Our Sonic Environment and the Tuning of the World.* Rochester, VT 1994.
Schmidgen, Henning: Camera silenta. Über Organlosigkeit in Zeitexperimenten um 1900. In: Bernhard J. Dotzler/Sigrid Weigel (Hg.): *»Fülle der Combination«. Literaturforschung und Wissenschaftsgeschichte.* München 2005, 51–74.
Tewinkel, Christiane: »Performer or listener, everybody in the concert hall should be devoted entirely to the music«. On the actuality of not listening to music in symphonic concerts. In: Christian Thorau/Hansjakob Ziemer (Hg.): *The Oxford Handbook for the History of Music Listening in the 19th and 20th Centuries.* Oxford/New York 2018 [im Ersch.].
Thompson, Emily: *The Soundscape of Modernity. Architectural Acoustics and the Culture of Listening in America, 1900–1933.* Cambridge, MA 2002.

Karsten Lichau

39 Stimme

Der Begriff ›Stimme‹ umfasst menschliche Lautäußerungen ebenso wie Gesänge, Rufe, Schreie oder andere Laute von Tieren. Als menschliche Stimme wird die lautsprachliche sowie gesungene oder auch geschriene Artikulation und deren Rezeption bezeichnet, während das Flüstern den Sonderfall stimmlosen Sprechens darstellt. Die menschliche Stimme wird durch den Stimmapparat erzeugt, an dem verschiedene Organe beteiligt sind: Bauch, Brust, Brustkorb, Hals, Kopf, Zwerchfell, Lungen, Luftröhre, Kehlkopf, Stimmritze, Rachen, Mund- und Nasenhöhle. Praktisch beeinflusst der gesamte Körper den Klang der Stimme. Zur Klanglichkeit von Stimmen gehören Tonhöhe, Lautstärke, Sprechgeschwindigkeit, Klangfarbe, Intonation, Rhythmus, Akzent u. a. Neben Gebärde und Schrift stellt die Stimme eine Form der Verkörperung von Sprache dar, wobei die Stimme nicht in der Sprache aufgeht (z. B. bei nicht-sprachlichen Äußerungen wie Schreien, Singen, Summen o. Ä.). Darüber hinaus ist sie an die Person gebunden, sie gilt als unverwechselbares Indiz eines Individuums. Mit der Stimme werden bestimmte Attribute der Person hörbar, sei es das Geschlecht, das Alter, die Herkunft oder die emotionale oder körperliche Verfasstheit.

Die Stimme ist ein äußerst heterogenes und vielschichtiges Klangphänomen, welches scheinbar Widersprüchliches verbindet und sich binären Kategorisierungen entzieht. Im Sinne eines Schwellenphänomens umfasst sie immer zweierlei: »Sie ist sinnlich *und* sinnhaft; Soma und Semantik, *aisthesis* und *logos* vereinigen sich in ihr« (Kolesch/Krämer 2006, 12; Hervorh. im Orig.). Sie ist an den Körper gebunden, überschreitet diesen aber auch und wird daher oftmals als »Spur des Körpers im Sprechen« (Krämer 2003, 67) bezeichnet. Obgleich Stimmen in anthropologischer wie kulturgeschichtlicher Hinsicht eine wichtige Rolle spielen, ist die Reflexion über Stimmen immer wieder in den Hintergrund gedrängt und Visuelles primär gesetzt worden. Auch in der Gegenwart gewinnt die Stimmforschung erst in den letzten beiden Jahrzehnten an Kontur und Bedeutung.

Traditionell prägt die Relation zu Sprache, Bedeutung und Subjekt die Vorstellung der Stimme, jedoch geht sie in diesen medialen und semantisch-expressiven Funktionen nicht auf. Im Sinne eines »Mehr« (Waldenfels 2003, 20) oder »Überschusses« (Mersch 2006, 221) kann sie auch mit diesen Funktionen brechen oder diese unterminieren. »Die Rede ist nicht einfach die Vollstreckerin des Sprachsystems. [...] Die Rede gibt sich als Erzählung, sie wird aber gleichzeitig im Klang der Stimme und der Bewegung des Körpers [...] zum Kommentar des Erzählten« (Zumthor 1988, 709). Stimmen sind prozessuale und flüchtige Erscheinungen, die sich in der Zeit ereignen. Gleichzeitig stellen sie räumliche Phänomene dar und sind auf Wahrnehmung, auf das Hören bezogen. Neben ihrer Fähigkeit, Bedeutung und Sinn zu erzeugen, evoziert die Stimme durch ihre appellative und affektive Dimension intersubjektive Räume, sie stellt »die kommunikative Atmosphäre her, in der die Kommunikation stattfindet, sie nimmt uns für den Partner ein oder stößt uns ab« (Böhme 2009, 30). Besonders die Singstimme wird mit der Fähigkeit verbunden, Emotionen hervorzurufen oder zu symbolisieren. »Dem Gesang wird als ›Sprache der Leidenschaft‹ häufig die Fähigkeit zur unmittelbaren Äußerung von Schmerz, Glück, Angst etc. zugeschrieben. Dass die S. [Singstimme; J. S./D. K.] dabei ebenso von ästhetisch-kulturellen Inszenierungen geprägt wird, wird manches Mal übersehen« (Galler/Risi 2014, 325).

Stimmen sind keine naturgegebenen Phänomene, sondern werden modelliert, trainiert und inszeniert. Dazu gehören eine Reihe von Techniken, zum Beispiel Körper- und Atmungstechniken, Gesangstechniken, rhetorische Techniken, elektronische Techniken wie Mikrofon, Lautsprecher, Vocoder u. a., aber auch medizinische Eingriffe oder chemische Verfahren. Gleichzeitig ist die Stimme nie vollständig gestaltbar und steuerbar, im Gegenteil, sie ist Sprechenden oder Singenden und Hörenden stets ein Stück weit entzogen. »Die Stimme ist atopisch, sie widersetzt sich systematischer Definition und Klassifikation, sie entzieht sich einer eindeutigen Verortung. Woher kommt sie? Aus meinem Körper oder aus dem Körper des Anderen? Aus dem Raum? Ist sie ein materielles oder ein immaterielles, ein subjektives oder objektives Phänomen oder gar beides zugleich und nie ganz? Die atopische Stimme trägt ein Anderes, eine Alterität in sich« (Kolesch 2001, 261 f.). Die kulturelle Formierung und Gestaltung von Stimmen zeigt sich nicht zuletzt im Kulturvergleich sowie in lokal bzw. regional spezifischen Ausprägungen künstlerischer Formate, wie die gänzlich unterschiedlichen Stimmtechniken, Stimmklänge und Stimmkonzepte beispielsweise in klassischen europäischen und chinesischen Opernformen oder auch in europäischen und japanischen Theatergenres verdeutlichen.

D. Morat, H. Ziemer (Hrsg.), *Handbuch Sound*, https://doi.org/10.1007/978-3-476-05421-0_39

Stimmen in der abendländischen Kultur- und Geistesgeschichte

Bereits in der Antike war die Stimme Gegenstand von Philosophie, Medizin, Architektur, Grammatik, Schauspielkunst und Rhetorik. Viele der theoretischen Auseinandersetzungen kreisten um die Frage der physiologischen Stimmentstehung; einen Höhepunkt antiker Stimmtheorien bildete die des griechischen Arztes Galen, der als Erster alle an der Stimmbildung beteiligten Organe erkannte und beschrieb (vgl. Schulz 2014, 78). Darüber hinaus gab es viele Reflexionen zur Pflege und zum Training der Stimme. Eine entscheidende Rolle spielte die Stimme in der rhetorischen Praxis und Theorie. In seiner *Rhetorik* unterteilt Aristoteles die Stimme in drei Qualitäten: Lautstärke, Tonhöhe und Rhythmus. Er beschreibt, wie diese gestaltet werden müssen, um bestimmte Affekte darzustellen und so die Zuhörenden zu überzeugen.

Wurde die Stimme bei Aristoteles und seinen Schülern negativ besetzt, insofern sie als effektvolles Überzeugungsmittel als moralisch fragwürdig galt, so wird sie vom Verfasser der *Rhetorica ad Herennium* sowie von Cicero und Quintilian positiv bewertet. Cicero und Quintilian verstehen die Stimme insbesondere in Bezug zum Affekt; unterschiedlichen Affekten werden verschiedene Stimmarten (z. B. hohe, erregte Stimme bei Zorn oder variierende, klagende Stimme bei Trauer) systematisch zugeordnet. »Mit der Konzentration der *vox* auf Ausdruckspsychologie hat besonders Quintilian den Stimm-Begriff geprägt, wie er bis ins 18. Jh. ein europäisches Faszinosum sein wird: die ›Stimme‹ als physische Grundlage und als Korrelat von Affekten, die sich letztlich ihrer Selbstaffektion verdanken; ihre Funktion liegt somit nicht nur in der Vermittlung von Stimmungen, sondern sie selbst ruft diese erst hervor« (Campe 2009, 86).

Stimme und öffentliche Rede nehmen auch im Christentum, vor allem im Rahmen der Predigt einen entscheidenden Stellenwert ein. Karl-Heinz Göttert (1998, 137) zufolge prägten den Wanderprediger des Mittelalters zwei biblischen Figuren: Moses und Jesus. Die Rhetorik des Frühmittelalters war demnach gänzlich anderer Art als in der Antike: »kein schulmäßiger Glanz, sondern die Verbindung von Ausstrahlung und einfachem Wort, gelegentlich nur Gebärde – ein Redner, der wie in biblischen Zeiten als Sprachrohr des Himmels fungiert« (ebd., 148). Einen besonderen Stellenwert erhielt im Mittelalter die Rezitation bzw. der Sprechgesang, etwa im gregorianischen Choral. Über den angemessenen Einsatz der Stimme entzündete sich allerdings ein Streit: Auf der einen Seite wurde die sinnliche Qualität der Stimme als Gefahr für die Botschaft gesehen; auf der anderen Seite wurde sie – in der Nachfolge von Augustinus – insofern verteidigt, als sie gerade die Vermittlung der Botschaft unterstütze. Privilegiert wurde die ›süße‹ Stimme gegenüber der lauten, harten oder rauen Stimme (vgl. ebd., 175).

Gesang und Stimme hatten über den kirchlichen Rahmen hinaus auch in anderen Bereichen, wie in der höfischen Dichtung oder bei den Wandertruppen, eine große Bedeutung. Zudem entwickelte sich im Italien der Frühen Neuzeit, im Zuge der Etablierung der Oper, ein neuer Gesangsstil, der solistisch in Form eines »musikalisch erhöhten Sprechens« (Galler/Risi 2014, 326) ausgeführt wurde. Die sich daraus entwickelnde Gesangskunst und -technik, die erst zu Beginn des 19. Jahrhunderts rückblickend als ›Belcanto‹ bezeichnet wurde, wurde über das 17. und 18. Jahrhundert zur bestimmenden Form in der Musik und Oper Italiens und weiterer europäischer Länder. »Vor allem die hohe S. [Singstimme; J. S./D.K] erfuhr begeisterte Aufnahme, was neben dem Aufkommen weiblicher Gesangsstars die Verbreitung der hohen Männerstimme, zunächst der Falsettisten, dann der Kastratenstimme, beförderte« (ebd.). Letztere verschwand zu Beginn des 19. Jahrhunderts mit der Etablierung eines neuen Ideals der ›natürlichen‹ Stimme.

Im Zeitalter der Aufklärung war die (Sprech-)Stimme gleichfalls Gegenstand unterschiedlicher Disziplinen und Reflexionen: von Rhetoriken und Physiognomiken über Schauspieltraktate und Sprechlehrbücher bis hin zu Sprachtheorien und Grammatiken. Eine wichtige Stellung nahm sie beispielsweise in der Physiognomik ein, einer bereits seit der Antike verbreiteten Auffassung, wonach es möglich sei, durch physiologische Aspekte von Mimik und Stimme auf Charaktereigenschaften eines Menschen zu schließen. Besonders prominent wurden im 18. Jahrhundert Johann Caspar Lavaters Schriften *Von der Physiognomik* (1772) und *Physiognomische Fragmente, zur Beförderung der Menschenkenntniß und Menschenliebe* (1775–1778), in denen auch auf die Stimme eingegangen wird. Den Begriff der ›Physiognomik‹ prägte allerdings vor allem sein Kritiker Georg Christoph Lichtenberg, der in seiner Streitschrift gegen Lavater (*Über Physiognomik; wider die Physiognomen*, 1777) sowie in den *Sudelbüchern* (1765–1799) eine Fülle von paradoxen Beispielen anführte, um gerade auf Diskrepanzen von Sichtbarem und Hörbarem sowie auf Trugschlüsse physiognomischer Urteile hinzuweisen.

Kritik erfuhr in der Aufklärung auch die Rhetorik, sie »geriet [...] in den Verdacht, nur Mittel zur Überredung, nicht zum kritischen Abwägen und Überzeugen bereitzustellen«, so Reinhart Meyer-Kalkus (2001, 223). Allerdings bedeutete dies Meyer-Kalkus zufolge nicht das Ende der Rhetorik, vielmehr überlebte diese in Form von Speziallehren (vgl. ebd., 224). So entwickelte sich Ende des 18. Jahrhunderts eine Sprechkunstbewegung, die diverse Vortragsarten des Schauspielens, Vorlesens, Deklamierens oder Singens ebenso umfasste wie verschiedene gesellschaftliche Orte (Bühnen, Vortragssäle oder Salons). Teil dieser Sprechkunstbewegung waren zahlreiche Hand- und Lehrbücher, in denen von Professoren der Rhetorik und Beredsamkeit die korrekte Aussprache verhandelt wurde, verschiedene Stimmregister, Stimm- und Sprechfehler und vieles andere mehr. Zudem wurde der »mündliche Vortrag der neueren Dichtung [...] um 1800 zum Maßstab eines verfeinerten Gebrauchs der deutschen Sprache, darüber hinaus zum Kristallisationskern neuer Formen von Geselligkeit und des Wir-Gefühls« (ebd., 225). Dabei sollte die »Pflege der gesprochenen deutschen Sprache einen Beitrag zur Bewußtwerdung der Nation« (ebd.) leisten.

Zentrale Veränderungen in Bezug auf die Stimme sowie auf die Sprech- und Hörkultur sind mit dem Medienumbruch um 1900 verbunden, mit der Erfindung des Telefons (Philipp Reis 1861, Alexander Graham Bell 1876, Elisha Gray ebenfalls 1876) und des Phonographen (Thomas Alva Edison 1877). Stimmen wurden dadurch vom (Körper des) Sprechenden trennbar, speicherbar, reproduzierbar und sind durch Mikrofontechniken, Lautsprecher, Effektgeräte, Verstärker u. a. anders gestalt- und veränderbar, als es zuvor möglich war. Der Auftritt von scheinbar ›körperlosen Stimmen‹ um 1900 provozierte nach Thomas Macho (2006, 137) eine neuerliche Auseinandersetzung mit dem Unheimlichen und erregte Irritationen und Verwunderung wie schon bei den ersten Sprechmaschinen und -automaten im 18. Jahrhundert. Zu den wesentlichen Änderungen, die diese neuen Techniken und Technologien mit sich brachten, gehörten u. a. die Überbrückung von Raum und Zeit, ja eine »Überwindung des Todes« (ebd., 139) durch die Übertragung und Speicherung der Stimme, überdies eine neue Klanglichkeit des Sprechens ebenso wie eine neue Nähe zwischen Sprechenden und Hörenden durch die Verstärkung der Stimme in Form einer »[a]kustischen Großaufnahme« (Pinto 2012, 47 ff.).

In diesem Kontext sind auch Versuche der Herstellung künstlicher Stimmen zu erwähnen, von den Stimm- und Sprechmaschinen Wolfgang von Kempelens in der zweiten Hälfte des 18. Jahrhunderts bis hin zu aktuellen Entwicklungen im Bereich Künstlicher Intelligenz wie die digitale Sprachsteuerung und die sprechende Software. Diesen und weiteren vor allem durch Computer und digitale Technologien bestimmten technischen und medialen Veränderungen im 20. und 21. Jahrhundert zum Trotz hat eine leiblich hervorgebrachte (und auch gut geschulte) Stimme für eine erfolgreiche Kommunikation und (Selbst-)Inszenierung kaum an Wichtigkeit verloren, wie zahlreiche populär-rhetorische Buch- und Videopublikationen zu diesem Thema bezeugen. Im Gegenteil, die neuen Medien und Technologien haben die kulturelle Signifikanz von Stimmlichkeit, Mündlichkeit und Akustik vielmehr stark mitbefördert.

Die Stimme hat schließlich in der abendländischen Geistesgeschichte und Philosophie einen ambivalenten Status. Einerseits gilt sie seit der Antike und bis in die Gegenwart als Garant des Logos und (Selbst-)Bewusstseins, als Metapher unmittelbarer Präsenz von Bedeutung und Subjektivität. Dieses Modell der Stimme hat vor allem Jacques Derrida (1967) anhand von metaphysischen Texten (von Platon über Jean-Jacques Rousseau und Georg Wilhelm Friedrich Hegel bis hin zu Edmund Husserl und Ferdinand de Saussure) herausgearbeitet und mit dem Vorwurf des ›Phonologozentrismus‹ im westlichen Denken verbunden. Andererseits steht die Stimme in der abendländischen Geistes- und Kulturgeschichte auch für einen Bruch mit dem Logos, der Präsenz und Subjektivität. Diese Stimme, symbolisiert etwa in Homers Sirenen-Mythos, wird insbesondere mit dem Gesang bzw. mit einer allgemeiner verstandenen Musikalität in Verbindung gebracht, sie tritt dort auf, wo sie von den Worten abweicht, keine eindeutige Bedeutung erzeugt oder den Sinn unterminiert und vielmehr sinnlich-affektiv wirksam wird. Diese andere Stimme wird – vor allem in der metaphysischen Tradition – negativ als Gefahr, Bedrohung und Verführung interpretiert (vgl. Dolar 2007, 60). Zugleich wird sie positiv bewertet als »Musik hinter den Worten« (Friedrich Nietzsche zit. nach Krämer 2003, 75), als »grain de la voix« (Barthes 1981), als sinnlicher oder performativer Überschuss.

Stimmen in den darstellenden Künsten

Die Stimme hat in verschiedenen Kunstformen, vor allem in den darstellenden Künsten seit der Antike eine zentrale Stellung. In den Schauspieltraktaten des

17. bis 20. Jahrhunderts nahm sie neben Mimik und Gestik eine entscheidende Position im Rahmen der Verkörperung und Repräsentation der dramatischen Dichtung und der *dramatis personae* ein. Franciscus Lang etwa verhandelte die Stimme in seiner *Dissertatio de actione scenica* (1727) nach antikem Vorbild in Zusammenhang mit der Darstellung von Affekten. Auch Johann Jakob Engel betonte – im Kontext einer neuen, an der Nachahmung der Natur orientierten Schauspielkunst – in seiner Schrift *Ideen zu einer Mimik* (1785/86) die Analogie zwischen spezifischen Leidenschaften und einem bestimmten Gebrauch der Stimme. Am Weimarer Hoftheater wurde unter der Leitung von Johann Wolfgang von Goethe die Stimme gänzlich in den Dienst der Sprache und Bedeutung gestellt, wenn er in seinen »Regeln für Schauspieler« (1803) formuliert, dass die Worte dem »Sinn jedes Satzes« entsprechend mit dem »gehörigen Ton der Stimme zu begleiten« (Goethe 1977, 77) seien. Er forderte von den Schauspielenden eine klare und deutliche Aussprache ohne Dialekt, womit die Verständlichkeit der Dichtung und die Voraussetzung für den Wohlklang der Stimme gewährleistet werden sollte, sowie eine Verwandlungsfähigkeit der Stimme, um Emotionen der dramatischen Figuren wiederzugeben. Abgewandt wurde sich hingegen von musikalischeren Formen des Singens, Vortragens und Deklamierens, die in vorangegangenen Theaterepochen im Vordergrund standen, ebenso wie von quasi ›natürlicheren‹ Sprechweisen auf der Bühne.

Entfaltete der klassizistische Deklamations- und Schauspielstil Goethes eine enorme Wirkung im deutschen Theater und in den Deklamationsschriften des 19. Jahrhunderts, so wendeten sich zum Ende des 19. Jahrhunderts, in einer Zeit der umfassenden Sprachkrise, wiederum neuere Theaterbewegungen wie der Naturalismus von tradierten Formen des stimmlichen Pathos und der deutschen Hochsprache ab. Im Rahmen einer realistisch-psychologischen Schauspielkunst fungierte die Stimme nunmehr primär als Ausdruck der Innerlichkeit einer darzustellenden Figur. Exemplarisch dafür steht Josef Kainz' Sprechstil: Eine erhöhte Sprechgeschwindigkeit sowie eine übertriebene Akzentuierung der Empfindungen der Figur waren charakteristisch für seinen Stimmeinsatz, der sich zwar zuungunsten der Verständlichkeit der Rede auswirkte, sich aber dennoch dem dichterischen Wort unterordnete (vgl. Meyer-Kalkus 2001, 257 f.). Durch die Erfindung neuer Medien und Technologien in den 1920er und 1930er Jahren und weiterentwickelte ausdrucksstarke Sprechweisen auf der Bühne, etwa durch Alexander Moissi oder Fritz Kortner, wurde der expressive Sprechstil noch verstärkt, im Rahmen des Nationalsozialismus aber auch massiv propagandistisch und demagogisch missbraucht, was in der Nachkriegszeit dazu führte, dass eine »sparsamere, verhaltenere Sprechweise« (ebd., 262) auf den Bühnen Einzug hielt.

Dennoch wirkten und wirken zentrale Regeln der Sprechkunst aus dem 19. und frühen 20. Jahrhundert in den Sprachregelwerken fort, etwa in Julius Heys *Der kleine Hey. Die Kunst der Sprache* bzw. *Die Kunst des Sprechens* (seit 1912, zuletzt 2017), der im Rahmen von Stimmbildung und Sprecherziehung für Schauspielende bis heute verwendet wird. Gemeinsam ist diesen Ansätzen zur Stimme seit dem 18. Jahrhundert, welche primär dem dramatischen Text und Theater verpflichtet sind, dass die Stimme ausschließlich als Sprach- und Bedeutungsträger und/oder als (psychologisches) Ausdrucksmedium verstanden wurde und wird. Sie wird primär als Medium dichterischer Sprache und darzustellender Figuren eingesetzt, fällt aber selbst nicht auf, wie ihr auch kein eigenständiger Wert jenseits von Sprache und Bedeutung beigemessen wird (vgl. Schrödl 2012, 105 f.).

Die historischen Avantgarde-Bewegungen zu Beginn des 20. Jahrhunderts sowie nicht-dramatische Theaterformen und Performance-Kunst seit den 1960er Jahren wenden sich gegen derartige Vorstellungen und Einsatzweisen von Stimmen. Die Stimme wird hier in ihrer klanglichen und sinnlichen Materialität entdeckt, sie verfügt über eine autonome Präsenz und Wirksamkeit, unabhängig von ihrer Funktion, Sprache und Bedeutung hervorzubringen. Dadaistische Lautgedichte beispielsweise akzentuierten statt der Erzeugung von Sinn vielmehr die Klang- und Geräuschhaftigkeit; Antonin Artaud forderte im Rahmen seines *Theaters der Grausamkeit* (1932) einen veränderten Einsatz der Stimme, der eine sinnlich-affektive Wirksamkeit statt Psychologisierungen und Einfühlungstechniken hervorzurufen vermag; Bertolt Brecht entwickelte im Zuge der Etablierung des epischen Theaters (ab 1926) einen neuen Schauspiel- und Sprechstil, bei dem sich die Schauspielenden nicht mehr mit der Rolle identifizierten, sondern den Text und die Figurendarstellung im Spielen gleichsam von sich distanzierten – um nur einige Beispiele aus den historischen Avantgarden zu nennen. Auch nach dem Zweiten Weltkrieg und verstärkt seit den 1970er Jahren legten Theatermacher wie Samuel Beckett, Richard Foreman, Jerzy Grotowski, Einar Schleef oder Robert Wilson sowie Performance-Künstler/innen wie Marina Abramović, Vito Acconci, Laurie Anderson, Jaap Blonk, Diamanda Galás, Meredith Monk oder Rachel Rosenthal Wert auf die Ausstellung der Stimme selbst, auf die Art und Weise, *wie* etwas gesprochen oder verlautbart wird.

Es ist dementsprechend das zentrale Merkmal der Stimmästhetik des postmodernen Theaters und der Performance-Kunst, dass die Stimme einen eigenständigen Status erhält jenseits ihrer Funktionen, Sprache wiederzugeben, Sinndimensionen des gesprochenen Textes zu betonen oder Ausdruck eines fiktiven Charakters zu sein (vgl. Fischer-Lichte 2004; Kolesch 2014; Lehmann 1999; Schrödl 2012). Die Wirklichkeit der Stimme selbst erfährt eine Ausstellung, d. h. die sinnlich-materiellen bzw. klanglichen und körperlichen Dimensionen der Stimme und des Sprechens, die Prozessualität und räumliche Ausbreitung des auditiven Phänomens im Hier und Jetzt einer Aufführung werden in den Vordergrund gerückt, während traditionelle Aspekte der stimmlichen Artikulation und Darstellung eines (dramatischen) Textes in den Hintergrund treten. Damit einhergehend sind theatrale Stimmen auch nicht mehr primär darauf ausgerichtet, vonseiten der Zuschauenden/Zuhörenden erkannt und verstanden zu werden. Vielmehr werden mit ihnen ästhetische Erfahrungsräume und sinnlich-affektive Betroffenheiten provoziert, die oftmals ihren Ausgangspunkt in der Irritation von Verstehensvorgängen sowie von habitualisierten Wahrnehmungs- und Hörmodi nehmen und damit besondere Arten der Kopräsenz von Akteuren und Publikum hervorbringen.

Für den Stimmeinsatz in Theater und Performance seit den 1960er Jahren bis zur Gegenwart ist eine Heterogenität und Diversität von Stimmphänomenen charakteristisch: Dazu gehört etwa die Ausstellung der Physis der Stimme im Schreien, Flüstern, lautstarken Atmen, Keuchen, Lachen, Wimmern usw. Des Weiteren wird ein verstärkter Fokus auf solistische Stimmen gelegt, die – wie im Fall der Theatergruppe Rimini Protokoll – aus unprofessionellen Sprechweisen bestehen können. Umgekehrt erhält aber auch die professionelle und virtuose Stimmlichkeit einzelner Performer/innen oder Schauspieler/innen wie Jutta Lampe, Sophie Rois oder Martin Wuttke einen besonderen Stellenwert. Chorische Stimmen werden ebenfalls neu entdeckt und in vielfältiger Form in Szene gesetzt, zum Beispiel bei Einar Schleef, Christoph Marthaler, Volker Lösch oder Jossi Wieler. Darüber hinaus spielt die technische Stimme eine zentrale Rolle, sei es in Form von live verstärkten Stimmen via Mikrofon/Lautsprecher oder in Form von gespeicherten Stimmen, beispielsweise bei Luk Perceval, René Pollesch oder The Wooster Group. Und nicht zuletzt verhandeln die Künstler/innen mit ihren vokalen Präsentationen eine Vielfalt an gesellschaftlichen und politischen Themen, darunter die Verhältnisse von Gender und Stimme, von Macht und Stimme, von Raum und Stimme und vieles andere.

Aktuelle Stimmtheorien und Forschungsfelder

War die Stimme – und zwar insbesondere als gesprochene und/oder gehörte Stimme – noch Anfang der 2000er Jahre bis auf wenige Ausnahmen ein nahezu unerforschtes Phänomen, so hat sich fast 20 Jahre später die Situation deutlich gewandelt: Heute finden sich Forschungen zur Stimme in nahezu allen akademischen Disziplinen, etwa der Theater-, Musik-, Kultur-, Kommunikations- und Medienwissenschaft, den Sound Studies, der Kunstgeschichte und Germanistik, den Philologien, Gender und Queer Studies, der Philosophie, den Sozialwissenschaften, der Psychoanalyse und Psychologie sowie natürlich der Physiologie, Medizin und der sich seit den 1970er Jahren entwickelnden interdisziplinären Stimmkunde.

Die Themen und Forschungsschwerpunkte in der kunst- und kulturwissenschaftlichen Stimmforschung sind ebenso vielfältig wie divergent; sie lassen sich grob in fünf Bereiche unterteilen: (1) historische Analysen von Stimmen (z. B. Felderer 2004, Kittler/Macho/Weigel 2002); (2) Forschungen zu Stimmen in verschiedenen Kunstformen und mit Blick auf ästhetische Perspektiven (z. B. Kolesch/Krämer 2006; Kolesch/Schrödl 2004; Schrödl 2012); (3) Forschungen zu technischen Stimmen und Stimmen in Medien (z. B. Epping-Jäger/Linz 2003; Bulgakowa 2012; Gethmann 2006); (4) kulturwissenschaftliche, -anthropologische sowie psychoanalytische Ansätze zu Stimme und Identität bzw. Alterität (z. B. Dolar 2007; Bossinade 2011); (5) Untersuchungen zum Verhältnis von Stimme und Körper/Leib in kulturgeschichtlicher wie phänomenologischer Hinsicht (z. B. Bolte-Picker 2012; Waldenfels 2003; Westphal 2002).

Grundsätzlich zielt nach Sybille Krämer »[d]ie Wiederentdeckung und die Aufwertung der Stimme als ein geistes- und kulturwissenschaftliches Sujet [...] auf eine ›Positivierung‹ des Phänomens der Stimme« (2006, 271). Dies sieht Krämer in fünf Ausprägungen realisiert: in medientechnischen, kommunikationstheoretischen, kognitionstheoretischen, aisthetischen und ethischen Zugängen zur Stimme (ebd., 271 ff.).

Hervorzuheben innerhalb des aktuellen Felds der Stimmforschung ist die neuere Stimmtheorie, die sich vor dem Hintergrund performativitätstheoretischer und phänomenologischer Ansätze situiert. Die Stimme, so Sybille Krämer und Doris Kolesch, sei insofern ein »performatives Phänomen *par excellence*« (2006, 11), als sich in ihr Aspekte der Ereignishaftigkeit, des Aufführungs- und Verkörperungscharakters, des Subversions- und Transgressionspotenzials sowie der Intersubjektivität bündeln. Darüber hinaus gibt es in der gegenwärtigen, auch sehr praxisnahen Stimmforschung intensive Diskussionen darüber, wie das Sprech- und Stimmtraining für Schauspieler/innen oder Performer/innen angesichts der neuen Anforderungen auf der Bühne angemessener gestaltet werden kann. Schließlich ist die Tendenz zu einer verstärkten Fokussierung auf das Zusammenspiel von Phänomenen zu beobachten: So geht es in der neueren Forschung nicht mehr allein um Stimmen, sondern vielmehr um deren Interferenzen mit anderen akustischen (sowie visuellen) Phänomenen, wie auch der Stimmbegriff stärker in einen allgemeineren Begriff des Klangs bzw. Sounds integriert wird.

Verwandte Beiträge: Kap. 7 (Performanz); Kap. 22 (Literaturwissenschaft); Kap. 29 (Theaterwissenschaft); Kap. 37 (Sirene); Kap. 43 (Auto); Kap. 52 (Meer); Kap. 53 (Museum); Kap. 62 (Musikinstrumente); Kap. 64 (Phonograph); Kap. 65 (Radio); Kap. 68 (Telefon); Kap. 70 (Gender); Kap. 74 (LautSprecher); Kap. 78 (Schweigen).

Literatur

Barthes, Roland: *Le grain de la voix. Entretiens 1962–1980*. Paris 1981.

Böhme, Gernot: Die Stimme im leiblichen Raum. In: Doris Kolesch/Vito Pinto/Jenny Schrödl (Hg.): *Stimm-Welten. Philosophische, medientheoretische und ästhetische Perspektiven*. Bielefeld 2009, 23–32.

Bolte-Picker, Petra: *Die Stimme des Körpers. Vokalität im Theater der Physiologie des 19. Jahrhunderts*. Frankfurt a. M. u. a. 2012.

Bossinade, Johanna: *Die Stimme des Anderen. Zur Theorie der Alterität*. Würzburg 2011.

Bulgakowa, Oksana (Hg.): *Resonanz-Räume. Die Stimme und die Medien*. Berlin 2012.

Campe, Rüdiger: Stimme / Rhetorische Stimmlehre. In: Gert Ueding (Hg.): *Historisches Wörterbuch der Rhetorik*. Bd. 9: *St–Z*. Tübingen 2009, 85–87.

Derrida, Jacques: *La Voix et le Phénomène*. Paris 1967.

Dolar, Mladen: *His Master's Voice. Eine Theorie der Stimme*. Frankfurt a. M. 2007 (slowen. 2003).

Epping-Jäger, Cornelia/Linz, Erika (Hg.): *Medien/Stimmen*. Köln 2003.

Felderer, Brigitte (Hg.): *Phonorama. Eine Kulturgeschichte der Stimme als Medium*. Ausstellungskatalog. Berlin 2004.

Fischer-Lichte, Erika: *Ästhetik des Performativen*. Frankfurt a. M. 2004.

Galler, Sonja/Risi, Clemens: Singstimme / Gesangstheorien. In: Erika Fischer-Lichte/Doris Kolesch/Matthias Warstat (Hg.): *Metzler Lexikon Theatertheorie*. Stuttgart/Weimar ^{2}2014, 325–328.

Gethmann, Daniel: *Die Übertragung der Stimme. Vor- und Frühgeschichte des Sprechens im Radio*. Zürich/Berlin 2006.

Goethe, Johann Wolfgang von: Regeln für Schauspieler [1803]. In: Ders.: *Sämtliche Werke in 18 Bänden*. Bd. 14: *Schriften zur Literatur*. Zürich 1977, 72–90.

Göttert, Karl-Heinz: *Geschichte der Stimme*. München 1998.

Kittler, Friedrich/Macho, Thomas/Weigel, Sigrid (Hg.): *Zwischen Rauschen und Offenbarung. Zur Kultur- und Mediengeschichte der Stimme*. Berlin 2002.

Kolesch, Doris: Ästhetik der Präsenz. Theater-Stimmen. In: Josef Früchtl/Jörg Zimmermann (Hg.): *Ästhetik der Inszenierung*. Frankfurt a. M. 2001, 260–275.

Kolesch, Doris: Stimmlichkeit. In: Erika Fischer-Lichte/Doris Kolesch/Matthias Warstat (Hg.): *Metzler Lexikon Theatertheorie*. Stuttgart/Weimar ^{2}2014, 342–345.

Kolesch, Doris/Krämer, Sybille: Stimmen im Konzert der Disziplinen. Zur Einführung in diesen Band. In: Dies. (Hg.): *Stimme. Annäherung an ein Phänomen*. Frankfurt a. M. 2006, 7–15.

Kolesch, Doris/Schrödl, Jenny (Hg.): *Kunst-Stimmen*. Berlin 2004.

Krämer, Sybille: Negative Semiologie der Stimme. In: Cornelia Epping-Jäger/Erika Linz (Hg.): *Medien/Stimmen*. Köln 2003, 65–82.

Krämer, Sybille: Die ›Rehabilitierung der Stimme‹. Über die Oralität hinaus. In: Dies./Doris Kolesch (Hg.): *Stimme. Annäherung an ein Phänomen*. Frankfurt a. M. 2006, 269–295.

Lehmann, Hans-Thies: *Postdramatisches Theater*. Frankfurt a. M. 1999.

Macho, Thomas: Stimmen ohne Körper. Anmerkungen zur Technikgeschichte der Stimme. In: Doris Kolesch/Sybille Krämer (Hg.): *Stimme. Annäherung an ein Phänomen*. Frankfurt a. M. 2006, 130–146.

Mersch, Dieter: Präsenz und Ethizität der Stimme. In: Doris Kolesch/Sybille Krämer (Hg.): *Stimme. Annäherung an ein Phänomen*. Frankfurt a. M. 2006, 211–236.

Meyer-Kalkus, Reinhart: *Stimme und Sprechkünste im 20. Jahrhundert*. Berlin 2001.

Pinto, Vito: *Stimmen auf der Spur. Zur technischen Realisierung der Stimme in Theater, Hörspiel und Film*. Bielefeld 2012.

Schrödl, Jenny: *Vokale Intensitäten. Zur Ästhetik der Stimme im postdramatischen Theater*. Bielefeld 2012.

Schulz, Verena: *Die Stimme in der antiken Rhetorik*. Göttingen 2014.

Waldenfels, Bernhard: Stimme am Leitfaden des Leibes. In: Cornelia Epping-Jäger/Erika Linz (Hg.): *Medien/Stimmen.* Köln 2003, 19–35.

Westphal, Kristin: *Wirklichkeiten von Stimmen. Grundlegung einer Theorie der medialen Erfahrung.* Frankfurt a. M. u. a. 2002.

Zumthor, Paul: Körper und Performanz. In: Hans Ulrich Gumbrecht/K. Ludwig Pfeiffer (Hg.): *Materialität der Kommunikation.* Frankfurt a. M. 1988, 703–713.

Jenny Schrödl / Doris Kolesch

40 Tinnitus

Das Klingen oder Klingeln der Ohren, seit Plinius d. Ä. *Tinnitus aurium* genannt, ist kein neues Leiden (vgl. Feldmann 1998, 17). Schon immer hat man Töne oder Geräusche vernommen, denen nichts Äußeres entspricht und die allein der Betroffene hört. Zahlreiche Dokumente zeugen kulturgeschichtlich davon. Medizinisch sind die Gründe für das Phantomgeräusch bis heute nicht bis ins Letzte geklärt, auch wenn man mittlerweile zahlreiche mögliche Auslöser kennt, zum Beispiel Knalltraumen, Hörstürze, Stress, Medikamentenabusus oder reflektorische Störungen der Halswirbelsäule. Manchmal werden auch Genussmittel oder Umweltgifte erwogen. Die Medizin bezeichnet den Tinnitus in aller Regel auch nicht als Krankheit, sondern als Symptom.

Der Rätselcharakter des Phänomens begründet denn auch das kulturgeschichtliche Interesse am Tinnitus und bietet sich zumal einer wissensgeschichtlich interessierten Literaturwissenschaft an. In den Erklärungen, die dem Ohrenklang seit jeher gewidmet wurden, wird das medizinische Symptom zum kulturellen transformiert. Insofern exemplifiziert der Tinnitus, wie andere sogenannte psychosomatische Krankheiten auch, die historische Plastizität und Interpretabilität somatischer Phänomene (vgl. Shorter 1994). Wie man das Rätsel erklärt, wo man die Quelle des Phantomklangs ansiedelt, impliziert historische Auffassungen vom Selbst, seines Weltverhältnisses, ja, eines kulturellen Zusammenhangs, dessen Problemcharakter der Tinnitus verschiedentlich symptomatisiert (vgl. Steiner 2012).

In diesem Sinne lassen sich fünf große Stadien oder diskursive Paradigmen einer Kulturgeschichte des Tinnitus unterscheiden: (1) Götterstimmen, (2) Säftemedizin, (3) Innerlichkeit, (4) innerer und äußerer Lärm bzw. Kommunikation und Rauschen, (5) Konstruktivismus und Soundkulturen.

Götterstimmen

Die Redensart, einem müssen die Ohren geklungen haben, verweist auf den archaischen Glauben, ein episodischer Tinnitus zeige an, dass man gerade über den Betroffenen spricht. Die *Naturalis historia* des Plinius dokumentiert die Ansicht eines Arztes namens Attalos, das rechte Ohr klinge, wenn Gutes über einen gesprochen werde, das linke hingegen ertöne bei übler (Nach-)Rede (Plin., *Nat.* XXVIII, 24). Der Botencharakter verweist auf eine numinose Dimension. Dabei ertönt das rätselhafte Phänomen eines Geräuschs oder Klangs ohne äußere Referenz noch nicht in einer subjektiven Binnensphäre, sondern als theophane Macht: Der Prophet Elia erlebt den Gott Israels als »stilles, sanftes Sausen« (1 Kön 19,12), der wiederum Abtrünnige mit Ohrengellen heimsucht (1 Sam 3,11; Jer 5,3). Die numinose Dimension des Akustischen erhellt auch aus einem pythagoreischen Fragment: »Das Echo (ἦχος), das mitunter unsere Ohren befällt«, so lautet der Lehrsatz, »sei die Stimme der Besseren«, gemeint sind die Götter (Diels/Kranz 58 C 2) Noch im akustisch sich manifestierenden Daimon des Sokrates (Platon, *Krit.* 54d) scheinen Reste einer vorsubjektiven Formation mitzuklingen, die das Selbst nicht in einem mentalen Innenraum verortete.

Säftemedizin

Échos – griechisch, so viel wie ›Schall‹, ›Klang‹ oder eben auch Echo – lautet der Begriff, mit dem noch das zwischen 450 und 350 v. Chr. entstandene *Corpus Hippocraticum* den Tinnitus bezeichnet. Es erklärt ihn nun aber gleichsam mechanisch-hydraulisch, als Folge eines Überdrucks in den Gefäßen. Die hier begründete Tradition der Säftemedizin entzaubert gleichsam das Ohrengeräusch und vertreibt alle theophanen oder sphärenkosmischen Anmutungen. Das Modell, demzufolge stockende Körpersäfte oder blähende Luft den Ohrenton erzeugen, sollte bis weit ins 18. Jahrhundert prägend bleiben, auch für das Verständnis des Hörens und seiner Pathologien (vgl. Steiner 2012, 41–54).

Innerlichkeit

Im 17. Jahrhundert ereignet sich eine ohrenmedizinische Revolution. 1683 erkennt der französische Arzt und Anatom Joseph-Guichard Du Verney im *Traité de l'organe de l'ouïe*, dem Gründungsdokument der Otologie als eines eigenständigen Zweigs der Medizin, dass die Geräusche des Tinnitus in den allermeisten Fällen erst in der Wahrnehmung entstünden (vgl. Feldmann 1998, 11). Du Verney lehnt die geläufigen säftemedizinischen Modelle ab und beschreibt den Ohrenklang als vom sensorischen Apparat selbst erzeugte Phantomwahrnehmung. Es mache keinen grundsätzlichen Unterschied, ob die vom Ohr zum Hirn führenden Nerven durch externe Schallreize erregt würden oder ob diese Reize auf pathologische

D. Morat, H. Ziemer (Hrsg.), *Handbuch Sound*, https://doi.org/10.1007/978-3-476-05421-0_40

Weise im Hörorgan oder in den Nerven selbst entstünden (Du Verney 1683, 195–196).

In der Folge entsteht im 18. Jahrhundert ein Diskurs über das Hören, in dem sich das medizinische Wissen mit literarischen, anthropologischen und philosophischen Modellen und Reflexionen überlagert. Daher lässt sich paradigmatisch am Tinnitus – wie an einem Leitfossil – ein neues Verständnis des Hörens und nachfolgend eine Neukonfiguration von Subjektivität wahrnehmen: Analog zum Ohrenton, der erst jetzt gänzlich als inneres Geschehen verstanden wird, etablieren sich Diskurse, die vom akustisch-innerlichen Phänomen die Brücke zum Phänomen der Innerlichkeit überhaupt schlagen.

Erklärte Johann Zedlers *Universal-Lexicon* das »Ohrklingen« um die Mitte des 18. Jahrhunderts mit einer Verstopfung durch Ohrenschmalz oder aber durch »sich in die Hohligkeit der Ohren einschleichende[]« Ohrenwürmer (Zedler 1732–1754, Bd. XXV, Sp. 1064), so begreift Barthold Brockes in seinem monumentalen Lehrgedicht »Die fünf Sinne« (1727) den Tinnitus als ein vom Gehör als inneres, durch die Seele selbst erzeugtes Phänomen: »Daß die Töne, die wir spühren, / Durch die Seel' in unserm Ohr, / Und nicht auswärts, sich formiren, / Stellet dieses deutlich vor« (Brockes 1965 [1738], 636 [Str. 90]). Johann Gottfried Herder beschreibt bald das Ohr als »Verbindungsband der übrigen Sinne« und als die »die eigentliche Tür zur Seele« (Herder 1985 [1772], 746 f.).

Auf das innere Hören und damit auch auf pathologische Ohrenklänge stößt verstärkt eine oft pietistisch oder empfindsam geprägte Mentalität, die gehalten ist, die feinsten Regungen der Seele zu registrieren und in Tagebüchern, Briefen und autobiographischen Zeugnissen zu protokollieren: Der Prediger Adam Bernd oder Jean-Jacques Rousseau verzeichnen einschlägige Tinnitus-Erfahrungen (vgl. Steiner 2012, 66 und 77).

Die Entdeckung der nervösen Leiden und der Gemütsstimmungen als affektiver Grunddisposition (vgl. Welsh 2008, 117–118) hatte inzwischen Humoralpathologie und Affektenlehre abgelöst und die Internalisierung des Seelischen vorangetrieben. In den Nerven glaubt man jetzt die sinnliche Wahrnehmung mit dem Seelischen nach dem resonatorischen Modell der Saiteninstrumente verknüpft. Der Erzähler in Jean Pauls *Hesperus* (1795) konstatiert, im Zuge des Fortschritts habe man »nicht viel weniger als alles vonnöten, um glücklich, und nicht viel mehr als nichts, um unglücklich zu sein« (Jean Paul 1959–1978, Bd. I.1, 961), um neben nervösen Magen- und Hautleiden auch im Selbst gegründete Ohrgeräusche und Augentrübungen aufzuführen: »unsere selber klingende Ohren – unsere Selberzünder von Augen« (ebd., Bd. I.1, 962). Im *Titan* (1800–1803) gibt es die einschlägig pathologisch empfindsame Figur der Liane, die innere Flötentöne vernimmt und zu der eine Fußnote anmerkt, »dieses Selbst-Ertönen« sei »in Migräne und andern Krankheiten der Schwäche häufig« (ebd., Bd. I.3, 342). Noch 1835 wird in Gaetano Donizettis *Lucia di Lammermoor* die Titelheldin, eine der einschlägig traumatisierten romantischen Heroinen, in ihrer mit den Worten »il dolce suono« anhebenden Wahnsinnsarie von einer obligaten Glasharmonika begleitet, deren Pfeiftöne man seinerzeit mit mentalen Ausnahmezuständen assoziierte.

Die empfindsamen Aufwertungen des Hörens erfahren in der Romantik noch einmal eine Potenzierung. Jetzt rückt das Hören gleichsam in eine transzendentale, das gesamte Feld der Sinne organisierende Position. Friedrich Schelling beschreibt die »Sinnesorgane« als »beständig zeugungslustig. Das Ohr will immer hören, wie man daraus sieht, daß manche ohne Schall oder Ton und Wort gleichsam nicht leben können, die sie sich daher selbst erregen, wenn es außer ihnen stille ist« (Schelling 1946 [1811], 56). In Friedrich Schlegels Gedicht »Die Gebüsche« ist die Rede von einem »leise[n] Ton«, der »durch alle Töne tönet«: Ein transzendentaler Tinnitus lässt gleichsam die Einheit von Natur und Geist, Welt und Dichtung insgesamt im akustischen Selbstbezug gründen (Schlegel 1962 [1802], 190 f.).

Innerer und äußerer Lärm

Indem die Sinnesphysiologie des Hörens im 19. Jahrhundert die physiologischen Realien der Reizverarbeitung im Hörorgan untersucht, steht sie fest in der von Du Verney begründeten neuzeitlichen Tradition. Wenn Johannes Müller die Verfahren zu objektivieren sucht, durch die das Hören seinerseits objektiviert wird, geraten auch die »Gehörwahrheiten« der »subjectiven Töne« in den Blick, die Müller in einer »Energie des Hörnerven« angelegt sieht (Müller 1826, 453).

Als sich in der zweiten Hälfte des 19. Jahrhunderts die Arbeitsmedizin entwickelt, entdeckt diese den Tinnitus als Symptomleiden der Lokomotivführer und Metallarbeiter, zum Beispiel der Kesselschmiede. Allerdings verbuchen manche Mediziner leise Irritationen, wenn sie keine lineare Kausalität zwischen Knalltrauma und Gehörsirritation, zwischen subjektiven Gehörsempfindungen und organischem Befund zu erkennen vermögen. Es gebe nicht wenige Schwerhörige ohne Sausen, und umgekehrt manch Betroffenen mit gutem Gehör. Wie Salomon Moos 1880 in der von ihm herausgegebenen *Zeitschrift für Ohrenheilkunde* betonte, könne ein Arzt bei Schlossern, Schmieden, Telegraphenbeamten und Industriearbeitern keine Korrelation zwischen Tinnitusbefall und organischer Läsion feststellen, noch nicht einmal bei Lokführern, die »Jahre lang dem [...] tolle[n] Lärmen des Zuges, [dem] wiederholte[n] Zischen des ausströmenden Dampfes, de[m] tausendfach wiederkehrenden schrillen Pfiff der Dampfpfeife« ausgesetzt waren, und befindet daher auf »subjective Gehörsempfindungen«, für die eine nervöse Störung verantwortlich zeichne (Moos 1880, 379 und 376 f.).

Abermals entwickelt sich ein Diskurs über kulturelle Nervosität, jetzt vorzugsweise unter dem Titel ›Neurasthenie‹ (vgl. Radkau 1998). Auch die jetzt akuten Debatten über den Zusammenhang zwischen moderner Befindlichkeit, übersteigerter Reizbarkeit, Nervenschwäche und zivilisatorischen Lasten thematisieren Ohrentöne. Pathologische Lärmempfindlichkeit zählt für die *Real-Encyclopädie der gesammten Heilkunde* von 1898 zu den Merkmalen der Neurasthenie. Um 1890 gilt es als etabliertes Wissen, Tinnitus könne durch Nervenleiden erzeugt werden. Parallel zur arbeitsmedizinischen Problematisierung industrieller Lärmwelten beschreiben zahlreiche realistische und naturalistische Texte die akustischen Signaturen des Maschinen- und Verkehrszeitalters (vgl. Henkel 1996). Viele von ihnen stiften Bezüge zwischen dem inneren und dem äußeren Lärm, zeigen sich darin zudem fasziniert vom Vexierverhältnis zwischen Information und Rauschen und nehmen so gleichsam die informationstheoretische Umdeutung des Entropiebegriffs durch Claude Shannon vorweg, so zum Beispiel Wilhelm Raabe: In *Stopfkuchen* bringt die Aufklärung eines vermeintlichen Mordes die Reden zum Schweigen, die einen Unschuldigen zum Täter stigmatisiert hatten. Das Zentrum der üblen Nachrede und rauschenden Diskurse, eine Bierkneipe, heißt, wohl in Anspielung auf den Palast der Fama bei Ovid, »Brummersumm«. Dem Protagonisten ertönt ein »Summen und Glockengeläut« in dem Moment »in den Ohren«, als ihm aufgeht, wer der wahre Mörder gewesen sein könnte (Raabe 1969 [1891], 176). In *Unruhige Gäste* kontrastiert Raabe das Naturrauschen der rückständigen Harzlandschaft mit der zivilisatorischen Moderne, wie sie sich akustisch in der Betriebsamkeit und Geschwätzigkeit, in der »Badeblechmusik« eines nahe gelegenen mondänen Kurbades äußert (Raabe 1961 [1885], 258). Zudem erklingt ein Ohrensausen, das die Typhusinfektion des Protagonisten begleitet und zugleich die neuropathische Konstellation des zivilisatorischen Konflikts symptomatisiert (vgl. Steiner 2016).

Der Übergang vom Industrie- zum Kommunikationslärm schlägt sich auch in zahlreichen Tinnitus-Motiven nieder, die das Werk Franz Kafkas durchziehen. Der akustisch höchst sensible Autor bezeichnet sich gegenüber Felice Bauer einmal als »Behorcher alles Lärms« (Kafka 1983, 664 [Postkarte v. 15.7.1916]), gesteht aber auch einmal, er habe »einen Kopf [...], der den unentbehrlichen Lärm des Lebens in Überfülle selbst vollführt« (ebd., 691 f. [Karte v. 8.9.1916]). An der durchlässigen Nahtstelle zwischen Innen und Außen ist auch ein Tinnitus angesiedelt, der den Protagonisten an einer Schlüsselstelle des *Proceß*-Romans ereilt. In den Gerichtskanzleien erleidet Josef K. einen Schwindelanfall mit einem hohen Sirenenton, in dem sich gleichsam der Prozess selbst als akustische Macht manifestiert. *Der Proceß* ist auch eine Geschichte der Hörigkeit K.s, des »Angerufene[n]« (Kafka 1990 [1916], 287), dem Gericht, seinen Medien und seinen Stimmen gegenüber. Die Merkmale seines Anfalls erinnern an Lothar von Frankl-Hochwarts 1895 veröffentlichte Studie über den »Ménière'schen Symptomencomplex«, eine mit Tinnitus einhergehende Störung des Gleichgewichtsorgans. Das dort mit einer ans Ohr gehaltenen Muschel verglichene Brausen kehrt bei Kafka vielfach als medientechnisches Rauschen wieder, so zum Beispiel in den Telefonen des *Schloß*-Romans (vgl. Steiner 2012, 143 ff.).

Konstruktivismus und Soundkulturen

Erst in den 1980er Jahren wird die Vokabel ›Tinnitus‹ Allgemeingut. Charakteristischerweise empfindet man ihn jetzt oft als neues Leiden. »A fresh disease« nennt Martin Amis' Roman *Money* den Tinnitus, an dem sein narzisstischer Protagonist leidet und in dem sich gleichsam alle Pathologien der medial und ökonomisch auf sich selbst bezogenen Moderne konzentrieren (Amis 1985, 1). So wenig schien noch 1991 der von Amis durchgehend verwendete Ausdruck »tinnitus« geläufig, dass ihn der Übersetzer ins Deutsche stets mit »Ohrensausen« wiedergibt.

1986 wird die Deutsche Tinnitus-Liga gegründet, es bilden sich Selbsthilfegruppen Betroffener; Qualitätsjournalismus und Ratgeberliteratur entdecken ein ergiebiges Thema. Medizinisch begreift man das Leiden jetzt als Phantomschmerz im Ohr: Das Gehirn interpretiere eine durch Innenohrschädigungen veränderte Nervenaktivität als Geräusch (vgl. Goebel 2003, 28 f.). Das dergestalt aufgerufene (neuro-)konstruktivistische Paradigma eines monadisch verkapselten, klingenden Subjekts trifft auf Semantiken, die im Ohrenton das Reale des Lärms bzw. Sound als das Reale symptomatisiert glauben: Zahlreiche Populärmusiker und auch einige -musikerinnen dokumentieren oder feiern ihren Tinnitus. Literatur artikuliert ihr Wissen um die objektive Symbolik des Ohrenleidens oder erkennt im Tinnitus, wie Oskar Pastior, eine poetologische Chiffre für Materialreflexivität an der Grenze des Asemantischen (vgl. Pastior 1986). Autoren wie Botho Strauß, Peter Handke, Christoph Ransmayr, Thomas Melle, Jonathan Franzen oder Edgar Reitz problematisieren den zwanghaften Einschluss in unverfügbare Geräusch- und Kommunikationsumwelten und Soundkulturen, der seine individuelle Repräsentanz im Ohrengeräusch zu finden scheint. Sie lokalisieren den Tinnitus nicht mehr nur in einem subjektiven Innen, sondern in einem historischen Raum, in dem Diskurse und Befindlichkeiten einander durchdringen und sich mit materiellen Dispositiven und körperlichen Realien verschränken (vgl. Steiner 2012, 163 ff.).

Verwandte Beiträge: Kap. 3 (Emotionalität); Kap. 22 (Literaturwissenschaft); Kap. 30 (Wissenschaftsgeschichte); Kap. 35 (Lärm); Kap. 36 (Rauschen).

Literatur

Amis, Martin: *Money. A Suicide Note*. London [18]1985 (dt. 1991).

Brockes, Barthold Heinrich: Die fünf Sinne. In: Ders.: *Auszug der vornehmsten Gedichte aus dem Irdischen Vergnügen in Gott*. Faksimiledruck nach der Ausgabe 1738. Stuttgart 1965, 606–658.

Du Verney, Joseph-Guichard: *Traité de l'organe de l'ouïe, contenant la structure, les usages et les maladies de toutes les parties de l'oreille*. Paris 1683.

Feldmann, Harald: Medizinhistorisches und Kulturhistorisches zum Tinnitus. In: Ders. (Hg.): *Tinnitus. Grundlagen einer rationalen Diagnostik und Therapie*. Stuttgart/New York 1998, 1–34.

Frankl-Hochwart, Lothar von: *Der Ménière'sche Symptomencomplex. Die Erkrankungen des inneren Ohres*. Wien 1895.

Goebel, Gerhard: *Tinnitus und Hyperakusis*. Göttingen 2003.

Henkel, Gabriele: *Geräuschwelten im deutschen Zeitroman. Epische Darstellung und poetologische Bedeutung von der Romantik bis zum Naturalismus*. Wiesbaden 1996.

Herder, Johann Gottfried: Abhandlung über den Ursprung der Sprache [1772]. In: Ders.: *Werke in zehn Bänden*. Hg. von Martin Bollacher et al. Bd. 1: *Frühe Schriften 1764–1772*. Hg. von Ulrich Gaier. Frankfurt a. M. 1985, 695–810.

Jean Paul: *Sämtliche Werke*. Hg. von Norbert Miller. München 1959–1978.

Kafka, Franz: *Briefe an Felice und andere Korrespondenz aus der Verlobungszeit*. Hg. von Erich Heller und Jürgen Born. Frankfurt a. M. 1983.

Kafka, Franz: *Der Proceß* [1916]. Roman in der Fassung der Handschrift. Hg. von Malcolm Pasley. Frankfurt a. M. 1990.

Moos, S.: Ueber die Ohrenkrankheiten der Locomotivführer und Heizer, welche sociale Gefahren in sich bergen. In: *Zeitschrift für Ohrenheilkunde* 9 (1880), 370–383.

Müller, Johannes: *Zur vergleichenden Physiologie des Gesichtssinnes des Menschen und der Thiere*. Leipzig 1826.

Pastior, Oskar: *Lesungen mit Tinnitus. Gedichte 1980–1985*. München/Wien 1986.

Raabe, Wilhelm: *Unruhige Gäste* [1885]. In: Ders.: *Sämtliche Werke. Braunschweiger Ausgabe*. Hg. von Karl Hoppe und Jost Schillemeit. Bd. 16: *Pfister's Mühle*. Göttingen 1961, 180–337.

Raabe, Wilhelm: *Stopfkuchen* [1891]. In: Ders.: *Sämtliche Werke. Braunschweiger Ausgabe*. Hg. von Karl Hoppe und Jost Schillemeit. Bd. 18: *Stopfkuchen. Gutmanns Reisen*. Göttingen 1969, 5–207.

Radkau, Joachim: *Das Zeitalter der Nervosität. Deutschland zwischen Bismarck und Hitler*. München/Wien 1998.

Schelling, Friedrich Wilhelm Joseph von: *Werke*. Nachlaßbd.: *Die Weltalter* [1811]. Hg. von Manfred Schroeter. München 1946.

Schlegel, Friedrich: *Kritische Friedrich-Schlegel-Ausgabe*. Abt. I., Bd. 5: *Dichtungen*. Hg. von Hans Eichner. Paderborn u. a. 1962.

Shorter, Edward: *Moderne Leiden. Zur Geschichte der psychosomatischen Krankheiten*. Reinbek bei Hamburg 1994.

Steiner, Uwe C.: Das Rauschen der Unterhaltung und der Schrecken im Bade. Wilhelm Raabes »Unruhige Gäste« und die Kulturgeschichte des Hörens. In: *Jahrbuch der Raabe-Gesellschaft* 2016, 3–22.

Steiner, Uwe C.: *Ohrenrausch und Götterstimmen. Eine Kulturgeschichte des Tinnitus*. München 2012.

Welsh, Caroline: Nerven – Saiten – Stimmung. Zum Wandel einer Denkfigur zwischen Musik und Wissenschaft 1750–1850. In: *Berichte zur Wissenschaftsgeschichte* 31/2 (2008), 113–129.

Zedler, Johann Heinrich (Hg.): *Großes vollständiges Universal-Lexicon aller Wissenschafften und Künste* [1732–1754]. 64 Bde., 4 Supplementbde. Graz 1961–1964.

Uwe C. Steiner

V Räume

41 Archiv

Was ist ein Sound in Bezug auf ein Archiv? Die Frage, was ein Ton-, Klang- oder Schallarchiv, ein Stimmenarchiv oder ein *sound archive* ist, beginnt beim Begriff. Das (sprachlich verfasste) Archiv lässt sich, in Anlehnung an Michel Foucault, einerseits verstehen als Institution (*les archives* im Plural), die als organisierende Macht Dokumente beherbergt und mitproduziert; andererseits als ein historisch und kulturell spezifisches Regelwerk, das die Diskurse bedingt (*l'archive* im Singular): das »Gesetz dessen, was gesagt werden kann« (Foucault 1988, 187). Während das Erste einen materiellen Niederschlag darstellt, ist das Zweite ein immaterielles Gefüge, das aber wiederum konkrete Sprechweisen hervorbringt. So lässt sich annehmen, dass das Archiv als Gesetz (nach dem griechischen Begriff der Archonten, die die Gesetze schrieben und bewahrten) Gesprochenes, Gesungenes, Artikuliertes bedingt, das erklingt oder erscheint, verklingt oder verschwindet, wiederholt und memoriert wird oder nicht, sich in Form von Tonaufzeichnungen niederschlägt oder nicht – oder sich in ein virtuelles Archiv, das *oral memory*, oder ein unter bestimmten Umständen aktualisierbares Repertoire (vgl. Hamilton et al. 2002) einschreibt. Institutionelle Archive als materielle Speicher von aufgezeichneten Sounds sind damit nur ein Sonderfall jenes Gesprochenen, Gesungenen, Artikulierten, vielleicht Gedachten, den das Archiv als Gesetz hervorbringt. Gerade die kolonialen Archive des Wissens und Sprechens finden nur in winzigem und verzerrtem Maß Echos in materiellen Archiven.

Dass die Geschichte des Schallarchivs fast automatisch als eine Geschichte der frühen europäischen Institutionen, die gespeicherte Töne speichern, geschrieben wird, liegt an der Reduktion des Begriffs ›Archiv‹ auf eine Institution und der Reduktion des Artikulierten auf Tonaufzeichnungen des Gesprochenen oder Gesungenen, die sich in Objekten manifestieren. In dem eurozentrischen Fokus auf jenen fassbaren, berühren Korpus von Objekten (»tangible body«; Ames 2003, 317), verbunden mit der westlichen Meistererzählung von der Entdeckungsgeschichte der Tonaufzeichnungsverfahren, verengt sich der Blick auf Institutionen. Diese Engführung verbindet westliche epistemologische, doch durchaus auch mythologisch aufgeladene Parameter: das Materielle vs. das Immaterielle, das Statische vs. das Fluide, das Institutionelle vs. das Ungebundene, das Orale vs. das Schriftliche, das Alte vs. das Moderne. Auch innerhalb der westlichen Institutionsgeschichte ist das Archiv nicht nur als ein Depot von Akten oder Tonträgern zu verstehen, sondern als ein machtdurchsetzter und somit produktiver Ort. So hat Ann Stoler in Bezug auf (koloniale) Archive angeregt, zunächst die Archivkonfigurationen selbst einer ethnographischen Betrachtung zu unterziehen: »archives not as sites of knowledge retrieval but of knowledge production, as monuments of states as well as sites of state ethnography« (2002, 90).

Nach der Logik der westlichen Geschichtsschreibung beginnt die Geschichte der institutionalisierten Schallarchive als Technik- und Mediengeschichte mit ihrer technischen Bedingung: der Speicherung und Wiedergabe von Klängen als Klängen (vgl. Macho 2006, 134). Mit wächsernen Edisonwalzen und grammophonischen Lautplatten, in die über Tiefen- bzw. Seitenschrift die Klanginformationen eingeritzt wurden, entstanden neuartige Artefakte: materielle und somit sammelbare Tonobjekte, die unabhängig vom Ort und Zeitpunkt ihrer Herstellung durch Raum und Zeit zirkulieren konnten. Das Bestreben, den flüchtigen Klang dauerhaft zu fixieren und zu bewahren, lässt sich dabei kulturhistorisch in verschiedene Bestrebungen des späten 19. Jahrhunderts einbetten, Körper zu konservieren (vgl. Sterne 2006, 292–301). Töne konnten ohne den Umweg über eine Transkription gebannt werden. Mit der Schallaufzeichnung erlangten sie das Potenzial der permanenten Reaktualisierung und erwiesen sich damit als archivierungsfähig und -würdig nicht nur zu Zwecken der akustischen Erinnerung spezifischer Vergangenheiten, sondern auch zu Zwecken der wissenschaftlichen Erforschung. Mithilfe des Phonographen und des Grammophons als speichernde, jedoch auch analytische Instrumente, die Messungen an Tönen ermöglichten, wurden akustisch fixierte und reproduzierte Ereignisse zu epistemischen Dingen.

D. Morat, H. Ziemer (Hrsg.), *Handbuch Sound*, https://doi.org/10.1007/978-3-476-05421-0_41

Etablierung der Schallarchive in Wien und Berlin

Die frühesten Schallarchive in Europa gründeten sich in dieser doppelten Bestimmung: der wissenschaftlichen Erforschung von Schall und Stimmen sowie der Erstellung eines kulturellen Gedächtnisses im Klang, indem viele von ihnen eine Sammlung von Stimmenporträts ›großer Männer‹ oder ›berühmter Persönlichkeiten‹ anlegten. Wie die wissenschaftliche Geschichte der frühen Schallarchive zeigt, entstanden diese auf der Grundlage von unterschiedlichen wissenschaftlichen Voraussetzungen und waren zugleich verschiedenen Erkenntnisinteressen verpflichtetet. Ihre Gründung war verknüpft mit Impulsen aus den Disziplinen der Mechanik, Chemie, Biologie und Medizin, Anatomie und Physiologie, Psychologie, Akustik, Anthropologie und Ethnologie, Musikwissenschaft und Sprachwissenschaft ebenso wie der Rhetorik und der verschiedenen Philologien.

Als die älteste dieser Institutionen versteht sich das Phonogrammarchiv in Wien. Es führt seine Geschichte auf den 27. April 1899 zurück, das Datum, an dem der Physiologe Sigmund Exner (1846–1926) bei der Kaiserlichen Akademie der Wissenschaft in Wien beantragte, eine »Commission zur Gründung eines phonographischen Archivs« als gemeinsames Projekt der mathematisch-naturwissenschaftlichen und der philosophisch-historischen Klasse einzurichten. Exner, selbst Mitglied der Akademie, schlug vor, in dem zu gründenden Archiv Beispiele von »sämtlichen Sprachen der Erde« zu sammeln (1901, 2). Diese Idee basierte auf den noch recht jungen Möglichkeiten der Schallspeicherung, jedoch nicht auf einem Bestand von bereits existenten Tonaufnahmen. Zum Zeitpunkt des Gründungsantrags gab es für das Archiv noch keinen Inhalt, kein zu archivierendes Gut. Folglich wurde das Phonogrammarchiv nicht aus schon bestehenden Akten geschaffen – wie es für historische Archive der Fall ist, deren Bestände aus abgelaufenen Verwaltungsakten bestehen –, sondern ausschließlich aus seiner eigenen Aktivität (vgl. Hoffmann 2004, 290).

Mit seinem Antrag von 1899 institutionalisierte Exner das allgemeine Interesse an der Verwissenschaftlichung von Musik und Tönen, ermöglicht mit der Erfindung der Schallaufzeichnung, durch die Schaffung einer Studieneinrichtung und Archivierungsmöglichkeit. Die Commission zur Gründung eines phonographischen Archivs an der Kaiserlichen Akademie der Wissenschaften in Wien erklärte drei große Themenbereiche zu ihren Sammelgegenständen: erstens sämtliche Sprachen der Erde, im Besonderen europäische Sprachen und Dialekte, zweitens Musik und drittens Stimmenporträts berühmter Persönlichkeiten. Zum zweiten Punkt führte Sigmund Exner weiter aus: »Als besonders fruchtbar dürfte sich die Sammlung von Musikvorträgen wilder Völker für eine vergleichende Musikkunde erweisen, die wohl auf diesem Wege erst ermöglicht würde« (1901, 3).

Das Phonogrammarchiv der Kaiserlichen Akademie der Wissenschaften in Wien entwickelte einen eigenen Archivphonographen, der Töne zwar wie ein Phonograph in Tiefenschrift aufzeichnete, jedoch auf Wachsplatten statt auf Zylinder schrieb. Es sammelte in den ersten beiden Jahrzehnten des 20. Jahrhunderts eine große Bandbreite an verschiedenen Klängen – Musik, Geräusche, Tierstimmen, menschliche Stimmen, Sprachen (vgl. u. a. Stangl 2000).

Auch im Deutschen Reich befassten sich Wissenschaftler unterschiedlicher Disziplinen mit der Tonaufzeichnung der Musik von außereuropäischen Gruppen. Carl Stumpf (1848–1936), Psychologe, Akustiker und Begründer des Berliner Phonogramm-Archivs, der Chemiker Erich Moritz von Hornbostel (1877–1935) und der Arzt Otto Abraham (1872–1926) begannen die Arbeit mit dem Phonographen anlässlich von Gastspielen einer siamesischen und einer japanischen Theatergruppe in den Jahren 1899 und 1900 in Berlin (vgl. Stumpf 1901; Abraham/Hornbostel 1903). Dabei versuchten Hornbostel und Abraham, eine Methode für die notenschriftliche Aufzeichnung außereuropäischer Musik – ein ›objektives‹ Aufzeichnungsverfahren – zu schaffen. Zwischen 1903 und 1909 veröffentlichten sie zahlreiche Studien über u. a. türkische, melanesische, indonesische und ostafrikanische Musik (u. a. Abraham/Hornbostel 1909/10). Doch sie beschrieben die Musik nicht nur, sondern verwendeten zu ihrer Analyse auch alle damals zur Verfügung stehenden technischen Hilfsmittel und Berechnungsverfahren: etwa physikalisch-akustische Messungen an Instrumenten und Tonaufnahmen sowie nachfolgende Berechnungen der Leiterstrukturen. Der Phonograph diente ihnen dabei als ein ›chirurgisches‹ Instrument, mit dessen Hilfe Töne und Melodien zerlegt und seziert werden konnten (Ames 2003, 314). Was als Vergleichende Musikwissenschaft und ›Berliner Schule‹ bekannt wurde, begann in Berlin (ebenso wie in Wien) einerseits durch das Untersuchen des formalen Aufbaus und der Geschichte bzw. der Ursprünge von Musik mit den Elementen der Systematischen Musikwissenschaft und der Musikgeschichte, andererseits mit empirischer Forschung unter Anwendung naturwissenschaftlichen Methoden an den Tonobjekten selbst. Die Einrichtung des Berliner Archivs im Jahr 1905 gilt als Markstein für die Etablierung der Vergleichenden Musikwissenschaft im Deutschen Reich (vgl. Simon 2000).

Praktiken des Archivierens

Während das Sammeln von Musik- und Gesangsbeispielen für die Phonogrammarchive in Wien und Berlin begründende Kraft besaß, dem theoretische musikwissenschaftliche Arbeit vorausging und folgte, nahm zunächst nur das Wiener Phonogrammarchiv Sprechaufnahmen und die Erforschung von Sprache in sein Programm auf. In Berlin dagegen, so berichtete Felix von Luschan (1854–1924), Professor für Anthropologie an der Berliner Universität und Direktor der Anthropologischen Abteilung am Königlichen Museum für Völkerkunde, sei für sprachwissenschaftliche Zwecke das »Graphophon« von den Deutschen erstmals bei der Weltausstellung in Paris im Jahr 1900 verwendet worden. Mitglieder der Anthropologischen Gesellschaft nahmen dort »im ganzen 450 Farbige graphophonisch« auf Walzen auf und wollten damit die »feinsten Unterschiede im Tonfalle und in der Aussprache« festhalten – was technisch allerdings noch kaum möglich war. Luschan empfahl anschließend, »die Aufnahmen mit dem Graphophon von nun an auch in den ethnographischen Unterricht für Reisende aufzunehmen« (zit. nach Ziegler 2009, 116). Während die Rolle des Phonographen von Zeitgenoss/innen als entscheidend für die Entwicklung der Vergleichenden Musikwissenschaft betrachtet wurde, schien er im Deutschen Reich zunächst kaum Auswirkung auf die Linguistik und Dialektforschung zu haben (vgl. Scheer 2010, 287).

Die Phonogrammarchive von Wien und Berlin waren aktuellen akademischen Fragestellungen aufgeschlossen, wie etwa Stumpfs Experimente u. a. zu Obertönen zeigen, die sich in einer Sammlung von 106 Experimentalwalzen erhalten haben. Besonders Naturwissenschaftler wie Exner, Stumpf und Hornbostel, der das Berliner Phonogramm-Archiv von 1905 bis 1933 leitete, wiesen auf die Möglichkeit und Notwendigkeit hin, mithilfe des Phonographen ›lebendige‹ Musik zu untersuchen statt lediglich Transkriptionen. Sie betrieben eine induktive Methode mit komparativer Systematik (vgl. ebd., 285). Akustische Phänomene wurden mit den Mitteln der Schallspeicherung einer Untersuchung unterzogen. Sprechaufnahmen dagegen sollten das Spektrum der gegenwärtig existierenden Sprachen, Dialekte und Sprechweisen abbilden. In dieser Dokumentation der Jetztzeit lag auch ein Potenzial für die historische Perspektive: Da Sprachen und Dialekte sich ebenfalls über die Zeit hinweg veränderten und zum Teil sogar ausstarben, würden die Sprachbeispiele in der Zukunft historische Belege darstellen. Nur bei einem Teil der Sprechaufnahmen wurde dabei besonderer Wert auf die Inhalte gelegt. Viele Dokumente bestehen aus Wortlisten und dienten als Vokabularien, auf anderen werden Gedichte und andere Texte in gebundener Sprache auswendig aufgesagt oder abgelesen. Die Nutzung einer standardisierten Vorlage – im Wiener Phonogrammarchiv das Vaterunser – diente u. a. dem Vergleich von Dialekten, etwa anhand von Wortwahl und grammatischer Konstruktion. Im Wiener Archiv entwickelte außerdem der österreichische Sprachwissenschaftler Joseph Seemüller ab 1908 für die deutsche Dialektforschung ein standardisiertes Aufnahmeverfahren: Die zuvor festgelegten Texte wurden abgelesen statt frei gesprochen, da das Ablesen von vorher festgelegten Texten eine genaue Übereinstimmung von Text- und Tondokument zu garantieren schien (vgl. Lechleitner 2010).

In Reaktion auf Seemüllers Publikationen lieh sich der Zürcher Germanist Albert Bachmann einen Archivphonographen aus Wien aus, um 1909 eigenständig Schweizer Mundarten aufzunehmen (vgl. Jubiläumsausstellung Phonogrammarchiv Zürich 2009). Diese Kooperation führte zur Gründung eines eigenen Phonogrammarchivs an der Universität Zürich, das sich auf die Dokumentation der Schweizer Dialekte, aber auch der vier Landessprachen konzentrierte und heute Teil des Universitätsinstituts für Vergleichende Sprachwissenschaft ist. Ab 1924 arbeitete es auch mit dem Englischlehrer Wilhelm Doegen in Berlin zusammen. Doegen hatte eine einflussreiche Position in der Königlich Preußischen Phonographischen Kommission, die am 27. Oktober 1915 vom Preußischen Ministerium für Wissenschaft, Kunst und Volksbildung eingesetzt worden war. Unter der wissenschaftlichen Leitung von Carl Stumpf machten die beteiligten Forscher bis Ende 1918 Tonaufnahmen mit Kriegsgefangenen in deutschen Lagern (vgl. Doegen 1925). 1030 Wachswalzen mit Gesangs- und Musikbeispielen gingen nach Kriegsende in die Sammlung des Berliner Phonogramm-Archivs über. Für 1650 grammophonische Lautplatten mit Sprech- und Gesangsbeispielen befolgten die Kommissionsmitglieder das Prinzip Seemüllers, das Gesprochene vor der Aufnahme schriftlich zu notieren und dann ablesen zu lassen. Die Lautplattensammlung mit Aufnahmen von Kriegsgefangenen bildete zusammen mit Doegens Platten für den Fremdsprachenunterricht und der 1917 begonnenen Sammlung von Stimmenporträts berühmter Persönlichkeiten 1920 den Grundstock der neu gegründeten Lautabteilung der Preußischen Staatsbibliothek (vgl. dazu u. a. Lange 2013). Singulär für diese Abteilung war die – in Zusammenarbeit mit dem Projekt ›Deutscher Sprachatlas‹ an der Universität in Marburg – 1921 begonnene systematische Sammlung von Tonaufnahmen in deutschen Dialekten, die auch nach dem Wechsel der Abteilung an die Berliner Friedrich-Wilhelms-Universität und ihre dortige Umwandlung in ein selbstständiges Institut für Lautforschung im Jahr 1934 bis in den Zweiten Weltkrieg fortgesetzt wurde.

Als Textvorlagen dienten dabei oftmals Zahlen, Wortlisten, Märchen, Sagen, Gebete, Anekdoten, Sinnsprüche, Rätsel, Erzählungen und Liedtexte. Romanisten und Anglisten nutzten als Vergleichstexte zwischen den Sprachen und Dialekten neben dem erwähnten Vaterunser (Wien) die Parabel vom Verlorenen Sohn (Phonographische Kommission, aber auch *Linguistic Survey of India*) sowie später die 40 Sätze des deutschen Sprachforschers Georg Wenker (Lautabteilung der Preußischen Staatsbibliothek). Während sich also das spätere Berliner Universitätsinstitut (heute: Lautarchiv der Humboldt-Universität zu Berlin) auf das Sammeln von Beispielen gesprochener Dialekte und Sprachen konzentrierte (wie auch das Zürcher Archiv), zugleich konservatorische und wissenschaftliche (etwa phonetische), aber auch didaktische Interessen verfolgte (die Publikation von Aufnahmen zu Lehrzwecken), fokussierte das Berliner Phonogramm-Archiv weiterhin die Konservierung und Beforschung von Gesangs- und Musikbeispielen aus vornehmlich außereuropäischen Regionen. Das Wiener Phonogramm-Archiv hingegen vereinte beides, ebenso wie es Stimmen berühmter Persönlichkeiten sammelte.

Alle genannten Archive standen untereinander sowie mit weiteren europäischen Schallarchiven, die sich in rascher Folge nach der Jahrhundertwende in den Metropolen als städtische Forschungs- und Bewahrungsinstitutionen gründeten, in Kontakt und tauschten Wissen, Personal, Geräte und Kopien von Tonaufnahmen aus. Viele Sammlungen von Phonogrammen und Grammophonaufnahmen entstanden im Kontext von wissenschaftlichen Einrichtungen und Spezialabteilungen, so etwa 1903 das Tonarchiv an der Russischen Akademie der Wissenschaften in Sankt Petersburg oder 1914 das Phonetische Laboratorium an der Ungarischen Handelsakademie in Budapest. Andere Institutionen legten mehr Gewicht auf die Verewigung bekannter Personen. So gründete Ferdinand Brunot in Paris mit Unterstützung des Industriellen Emil Pathé 1911 Les Archives de la Parole an der Sorbonne, das heute zu den Tonsammlungen der Bibliothèque nationale de France gehört. Es wurden nicht nur Dialektsprecher im Rahmen eines Projektes für einen akustischen französischen Sprachatlas aufgenommen, sondern Brunot und nach ihm Jean Poirot fingen auch »voix célèbres« wie von Émile Durkheim oder Anna de Noailles ein. Ab 1932 sammelte das Pariser Archiv explizit die Stimmen von Schriftsteller/innen und Dramatiker/innen, die ihre eigenen literarischen Werke vortrugen (vgl. Verdure 2006). Nach dem Vorbild des Archives de la Parole wurde 1913 wiederum das dänische Staatsarchiv für historische Stimmen und Filme in Kopenhagen gegründet, initiiert durch den Journalisten Anker Kirkeby. Es stellte eigene Aufnahmen her und sammelte bereits existierende kommerzielle Musik- und Gesangsaufnahmen dänischer Künstler/innen (vgl. Holzapfel 2013). Unter den Stimmen berühmter Persönlichkeiten finden sich in diesem Archiv vor allem Schauspieler/innen, die ihre Lieblingsrolle einsprachen. Durch Stimmaufnahmen entstanden so Porträts in Stimme und Klang, die akustische Denkmäler für die zukünftige Vergangenheit darstellen sollten.

In dieser ersten Hälfte des 20. Jahrhunderts setzten sich die Schallarchive Europas vor allem drei große Ziele bei der Erstellung und Bearbeitung ihrer Sammlungen: Sie sollten der wissenschaftlichen Forschung, der Dokumentation qua Konservierung und der kulturellen Erinnerung dienen. Da unterschiedliche Ansprüche an die Sprechenden gerichtet und verschiedene Prozeduren des Aufnehmens verwendet wurden, bilden die Tonaufnahmen jedoch kaum einen repräsentativen Querschnitt durch die historischen Sprechweisen und somit auch kaum eine Grundlage für eine historische Anthropologie der Stimme (vgl. Meyer-Kalkus 2001, 4 und 213). Wohl aber können sie eine Wissenschaftsgeschichte der Tonaufzeichnung nachvollziehbar machen und gleichsam Aspekte einer Wissensgeschichte des Hörens sein. Ähnliches mag für die nationalen Sammlungen gelten, die sich ab den 1920er Jahren gründeten, so etwa an der Music Division der Library of Congress in Washington, DC (1926), der Discoteca di Stato in Rom (1928) und der Phonothèque nationale in Paris (1938). Aus Schallplattensammlungen bestanden zunächst auch die Archive, die die ab 1922 entstandenen Rundfunkanstalten anlegten (vgl. Dolan 2003). Die technische Innovation der magnetischen Schallaufzeichnung wiederum begünstige die Entstehung großer Schallarchive nach dem Zweiten Weltkrieg, die auf Tonbändern basierten (vgl. Schüller 2005/07), wobei sich in den 1980er Jahren fließende Übergänge in erweiterte Archive mit Videotechnik ergaben.

Die benutzerfreundlichen digitalen Aufzeichnungsmöglichkeiten haben inzwischen auch die heimischen Computer zu kleinen Privatarchiven mit selbst hergestellten Tonaufzeichnungen gemacht, die jederzeit im Internet veröffentlicht, geteilt und erweitert werden können, während neben ihnen persönliche Sammlungen von Musik-CDs und Langspielplatten fortexistieren. Doch wie für die historischen, so lässt sich auch für diese aktuellen Spielarten von Dokumentenspeichern fragen, wie das jeweilige Konglomerat im Verhältnis zu dem ihm vorgängigen Archiv als Gesetz steht: Was ist alles nicht dokumentiert? In welcher Weise wird der Entstehungsprozess der Sammlung ausgeblendet? Welche machtvollen Verflechtungen lassen das Dokumentierte als signifikant erscheinen?

Verwandte Beiträge: Kap. 4 (Gedächtnis); Kap. 19 (Ethnologie); Kap. 21 (Kulturwissenschaft); Kap. 30 (Wissenschaftsgeschichte); Kap. 38 (Stille); Kap. 53 (Museum); Kap. 64 (Phonograph); Kap. 72 (Kolonialität).

Literatur

Abraham, Otto/Hornbostel, Erich M. von: Studien über das Tonsystem und die Musik der Japaner. In: *Sammelbände der Internationalen Musikgesellschaft* 4/2 (1903), 302–360.

Abraham, Otto/Hornbostel, Erich M. von: Vorschläge für die Transkription exotischer Melodien. In: *Sammelbände der Internationalen Musikgesellschaft* 11/1 (1909/10), 1–25.

Ames, Eric: The sound of evolution. In: *Modernism/Modernity* 10/2 (2003), 297–325.

Doegen, Wilhelm (Hg.): *Unter fremden Völkern. Eine neue Völkerkunde.* Berlin 1925.

Dolan, Josephine: The voice that cannot be heard. Radio/broadcasting and »the archive«. In: *The Radio Journal. International Studies in Broadcast and Audio Media* 1/1 (2003), 63–72.

Exner, Sigmund: Bericht über die Arbeiten der von der kaiserl. Akademie der Wissenschaften eingesetzten Commission zur Gründung eines Phonogramm-Archivs. In: *Sitzungsberichte der Akademie der Wissenschaften, mathematisch-naturwissenschaftliche*, Klasse 37, Beilage, 1901, 1–6.

Foucault, Michel: *Archäologie des Wissens.* Frankfurt a. M. 1988 (frz. 1969).

Hamilton, Carolyn et al. (Hg.): *Refiguring the Archive.* Capetown 2002.

Hoffmann, Christoph: Vor dem Apparat. Das Wiener Phonogramm-Archiv. In: Sven Spieker (Hg.): *Bürokratische Leidenschaften.* Berlin 2004, 281–294.

Holzapfel, Jan-Philipp: »Man gibt mir drei Minuten, um mich an die Zukunft zu wenden«. Zur Gründung des dänischen Staatsarchivs für historische Filme und Stimmen 1913. In: Ruth-E. Mohrmann (Hg.): *Audioarchive. Tondokumente digitalisieren, erschließen und auswerten.* Münster/New York/München/Berlin 2013, 61–74.

Jubiläumsausstellung Phonogrammarchiv Zürich. 100 Jahre Aufnahmen Schweizer Mundarten. Universität Zürich, 2009.

Katalog der Lautbibliothek. Phonetische Platten und Umschriften. Hg. von der Lautabteilung. Berlin 1932.

Lange, Britta: *Die Wiener Forschungen an Kriegsgefangenen 1915–1918. Anthropologische und ethnografische Verfahren im Lager.* Wien 2013.

Lechleitner, Gerda: »... den lebendigen Klang der Mundart hören ...« (Seemüller 1908). Dialektologie als Impulsgeber in der Anfangszeit des Phonogrammarchivs. In: Hubert Bergmann et al. (Hg.): *Fokus Dialekt. Analysieren – Dokumentieren – Kommunizieren.* Festschrift für Ingeborg Geyer zum 60. Geburtstag. Hildesheim/Zürich/New York 2010, 251–262.

Macho, Thomas: Stimmen ohne Körper. Anmerkungen zur Technikgeschichte der Stimme. In: Doris Kolesch/Sybille Krämer (Hg.): *Stimme. Annäherung an ein Phänomen.* Frankfurt a. M. 2006, 130–146.

Mahrenholz, Jürgen-Kornelius: The Lautarchiv of the Humboldt-Universität zu Berlin. In: Jaan Ross (Hg.): *Encapsulated Voices. Estonian Sound Recordings from the German Prisoner-of-war Camps in 1916–1918.* Wien/Köln/Weimar 2012, 14–26.

Meyer-Kalkus, Reinhart: *Stimme und Sprechkünste im 20. Jahrhundert.* Berlin 2001.

Scheer, Monique: Captive voices. Phonographic recordings in the German and Austrian prisoner-of-war camps of World War I. In: Reinhard Johler/Christian Marchetti/Monique Scheer (Hg.): *Doing Anthropology in Wartime and War Zones. World War I and the Cultural Sciences in Europe.* Bielefeld 2010, 279–309.

Schüller, Dietrich: Schallarchive (2005/07). In: *Oesterreichisches Musiklexikon online*, http://www.musiklexikon.ac.at/ml/musik_S/Schallarchive.xml (30.1.2018).

Simon, Artur (Hg.): *Das Berliner Phonogramm-Archiv 1900–2000. Sammlungen der traditionellen Musik der Welt.* Berlin 2000.

Stangl, Burkhard: *Ethnologie im Ohr. Die Wirkungsgeschichte des Phonographen.* Wien 2000.

Sterne, Jonathan: *The Audible Past. Cultural Origins of Sound Reproduction.* Durham, NC/London [3]2006.

Stoler, Ann Laura: Colonial archives and the arts of governance. In: *Archival Science* 2 (2002), 87–109.

Stumpf, Carl: Tonsystem und Musik der Vietnamesen. In: *Beiträge zur Akustik und Musikwissenschaft* 3 (1901), 69–138.

Verdure, Nicolas: Les archives de l'enregistrement sonore à

la Bibliothèque nationale de France. In: *Vingtième Siècle. Revue d'histoire*, H. 92 (2006), 61–66.

Ziegler, Susanne: Felix von Luschan als Walzensammler und Förderer des Berliner Phonogramm-Archivs. In: Peter Ruggendorfer/Hubert D. Szemethy (Hg.): *Felix von Luschan (1854–1924). Leben und Wirken eines Universalgelehrten.* Wien/Köln/Weimar 2009, 113–140.

Webpräsenz von Institutionen

Berliner Phonogramm-Archiv des Ethnologischen Museums Berlin, http://www.smb.spk-berlin.de (23.4.2018).

Fonds sonores Paris, http://gallica.bnf.fr/html/und/enregistrements-sonores/fonds-sonores (30.1.2018).

Lautarchiv der Humboldt-Universität zu Berlin, http://www.lautarchiv.hu-berlin.de (30.1.2018).

Phonogrammarchiv der Universität Zürich, http://www.phonogrammarchiv.uzh.ch/de.html (30.1.2018).

Phonogrammarchiv Wien, http://www.phonogrammarchiv.at/wwwnew/ (30.1.2018).

Britta Lange

42 Aufzug

Nachdem in den 1850er Jahren die ersten Patente für Personenaufzüge beantragt worden waren, wurde im März 1857 im New Yorker Haughwout Store der weltweit erste Personenaufzug in Betrieb genommen (vgl. Bernard 2006, 18–31). Kombiniert mit dem Siegeszug der Stahlskelettbauweise, die die Errichtung von modernen Hochhäusern möglich machte, sorgten technische Neuerungen im Aufzugsanlagenbau gegen Ende des 19. Jahrhunderts für eine zunehmende Verbreitung von Fahrstühlen in Wohn- und Bürogebäuden. Frühe Aufzüge wurden dabei noch von Fahrstuhlführern in der Kabine bedient. Sie begrüßten die Passagiere, fragten nach dem gewünschten Stockwerk und plauderten womöglich ein wenig. Obgleich sich in den Aufzügen nach und nach die 1893 in den USA und 1903 in Deutschland eingeführte Druckknopfsteuerung durchsetzte, waren Fahrstuhlführer bis in die Zeit nach dem Zweiten Weltkrieg nicht unüblich (vgl. ebd., 167 f.). Selbst heute sind sie nicht gänzlich verschwunden und bedienen gelegentlich noch ältere Aufzüge, gewöhnlich in historischen Gebäuden.

Der moderne Personenaufzug besteht grundsätzlich aus einer Kabine auf einer Plattform, die mechanisch durch einen geschlossenen Schacht gezogen oder gedrückt wird. Die Antriebsmechanik kann mit Hydraulik, Elektrizität oder Druckluft betrieben werden. Die Sicherheitssysteme und Steuermechanismen wie auch Algorithmen, die sich mit Nutzungsmustern befassen, wurden im 20. Jahrhundert in dem Maße immer ausgeklügelter, in dem Personenaufzüge immer wichtiger wurden.

Aufzugklänge

Mit dem zeitgenössischen Fahrstuhlerlebnis werden zahlreiche Klänge assoziiert. Zunächst ist da die Beförderungsmechanik selbst, das Zischen der Tragseile, das Surren der Motoren, das Geräusch der sich öffnenden Kabinentüren und schließlich die Echos all dieser Geräusche im Schacht. Innerhalb der Kabine sind diese Geräusche gedämpft, aber trotzdem zu hören – ein Problem insbesondere für ängstliche Passagiere. Einige der frühesten Dinge, die fester Bestandteil der Aufzugstechnik wurden, waren Signaltöne (zu Beginn Glocken, später aufgenommene Klänge), die die Benutzer/innen auf das Erreichen einer Etage hinwiesen. Bald kamen weitere Sicherheitstöne hinzu, die vor den sich öffnenden oder schließenden Kabinentüren warnten.

Seit Mitte des 20. Jahrhunderts konnte man überdies sanfte Musik in Aufzügen hören, üblicherweise aus in die Wände oder Decken der Kabinen eingelassenen Lautsprechern. Eingespeist wurde die Musik über die Gebäudesteuerungszentrale, die auch für die Regulierung von Heizung und Klimaanlage zuständig war; bezogen wurde sie von einem Musikabonnementdienst. Heute scheint sich das jahrzehntelang weitverbreitete Phänomen ›Fahrstuhlmusik‹ indes überlebt zu haben: Aufzüge kommen in der Regel ohne Musik aus.

Die Aufzugspassagiere selbst schweigen meist. Dieses Verhalten lässt sich sowohl mit den frühen Ängsten vor Aufzügen als auch mit dem sozialen Unbehagen erklären, das entsteht, wenn man die Gespräche Fremder mithört oder Fremde die eigenen Gespräche mithören. Als der Personenaufzug Mitte des 19. Jahrhunderts eingeführt wurde, war er ein vollkommen neuer und höchst technologischer Raum, zudem beengt, voller Fremder und mit einem Gefühl der Unsicherheit besetzt: Schließlich hätte man jeden Moment in den Tod stürzen können. Es war ein unbekannter, oft Angst machender Raum, in dem es noch keine etablierten Konventionen des gesellschaftlichen Umgangs gab. Normative Verhaltensweisen – etwa ausreichend Abstand zu anderen Personen halten, mit dem Gesicht zur Tür stehen, nur das Nötigste sprechen oder eben ganz schweigen – waren schon in den frühen 1870er Jahren etabliert und haben sich größtenteils bis heute gehalten.

Einführung der ›Fahrstuhlmusik‹

In der Geschichte des Aufzugs als akustischem Raum gab es zwei Wendepunkte. Der erste war die eben erwähnte Einführung von Musik. Mehrere Studien merken an, dass Musik in den Aufzugskabinen in erster Linie abgespielt wurde, um die Geräusche des Beförderungsmechanismus zu übertönen und nervöse Aufzugsnutzer/innen somit zu beruhigen (vgl. z. B. Lanza 1994). Darstellungen zur Geschichte der Hintergrundmusik wiederholen diese Behauptung. Wenn dies wirklich so gewesen sein sollte und Musik in diesem Zusammenhang zuvorderst dazu diente, die Hörer/innen vor Angst machenden Geräuschen abzuschirmen, dann steht das in einem interessanten Gegensatz zu den Standarderzählungen in Sachen Lärmbekämpfung, die sich im Kern vor allem um gesundheitsschädigende Belange drehen. Jedenfalls würde ›Fahrstuhlmusik‹ in diesem Fall die Möglichkeit eines bisher unbekannten Typus funktionaler Musik darstellen (vgl. hierzu generell Bijsterveld 2008). Gleichwohl gibt es keinerlei his-

D. Morat, H. Ziemer (Hrsg.), *Handbuch Sound*, https://doi.org/10.1007/978-3-476-05421-0_42

torisch dokumentierte Belege für einen solchen Fürsorgegedanken.

Ohnehin ist es schwierig, exakt zu bestimmen, wann zum ersten Mal Musik in einem Aufzug zu hören war. Einiges lässt sich immerhin aus den vorhandenen Quellen erschließen. So ist unbestritten, dass während Aufzugsfahrten auftretende Ängste tatsächlich als Problem wahrgenommen wurden. Gegen Ende des 19. Jahrhunderts diagnostizierten Ärzte erstmals die ›Aufzugskrankheit‹, die mit einer Hirnhautentzündung und Störungen des Nervensystems einhergehen würde, verursacht durch Begegnungen mit Aufzügen. Andere zogen eine Verbindung zur Seekrankheit oder zu durch Beschleunigung verursachter Übelkeit (vgl. Schivelbusch 1977). Obgleich dieses Syndrom innerhalb eines Jahrzehnts wieder aus den medizinischen Lexika verschwand, lässt sich die Konstellation von Symptomen auch in zeitgenössischen – und bleibenden – Bestimmungen der Klaustrophobie finden (vgl. Bernard 2006, 218–228)

Ein Blick in die damaligen Patentanmeldungen für Kabinenlautsprechersysteme ergibt dabei kaum Hinweise darauf, dass diese spezifisch dafür entwickelt wurden, den Aufzugslärm zu überdecken und/oder Musik abzuspielen. Immerhin gab es in den 1930er Jahren mehrere technische Entwicklungen, die die Einführung von Musik in der Aufzugskabine zumindest möglich gemacht hätten. Wie erwähnt, waren seit Ende des 19. Jahrhunderts unterschiedliche Glocken im Einsatz, um auf die Ankunft der Kabine im gewünschten Stockwerk bzw. auf sich schließende Türen hinzuweisen. In den 1930er Jahren wurden nun diverse Patentanmeldungen für zuvor aufgezeichnete Sprachdurchsagen eingereicht, darunter auch eine von Columbia Phonograph. Als einer der Vorteile wurde hier gelegentlich die Möglichkeit erwähnt, den akustischen Raum zu vereinheitlichen und zu standardisieren (vgl. z. B. Prescott/Franck 1934). 1934 stellte ein Erfinderpaar ein System vor, mit dessen Hilfe vorher aufgezeichnete Werbung in der Kabine während der Fahrstuhlfahrt abgespielt werden konnte. Das Ziel, so Miterfinder Harold Beizer: »taking advantage of the lack of mental preoccupation on the part of the passenger [...] at a time when his mind is in a high state of psychological receptivity« (Beizer 1940). 1939 beantragte ein Robert Mayne beim US Patent and Tademark Office ein Patent für etwas, was er als »apparatus for combating acceleration nausea« beschrieb, als ›Apparat zur Bekämpfung von Beschleunigungsübelkeit‹ (Mayne 1943). Maynes Erfindung kann als Zeichen für die Akzeptanz von einem mit Aufzügen assoziierten emotionalen und physischen Unbehagen gesehen werden, für das Sound als potenziell wirksames Gegenmittel in Betracht gezogen wurde.

Bedenken wegen der Ängstlichkeit der Nutzer/innen gab es also seit der Einführung von Aufzügen Mitte des 19. Jahrhunderts. Die Erkenntnis, dass man zur Bekämpfung dieser Ängstlichkeit Sounds einsetzen könne, ist aber erst seit dem Ende der 1930er Jahre nachweisbar, ebenso wie die dafür notwendige Technologie. Hierbei ist jedoch zu berücksichtigen, dass öffentliche Orte bis in die späten 1930er Jahre in der Regel ohnehin nicht mit Musik aus Lautsprechern beschallt wurden und diese Praxis erst nach dem Zweiten Weltkrieg größere Verbreitung fand. Das Unternehmen Muzak beispielsweise, das seit 1934 unter diesem Namen operierte und dafür bekannt war, sogenannte Gebrauchsmusik per Kabel zu seinen Kunden zu übermitteln, bewarb seine entsprechenden Dienste für Lobbys, Restaurants und ähnliche Orte erst ab den 1950er Jahren offensiv (wobei anzumerken ist, dass Muzak nie Aufzüge mit Musik belieferte).

Während der Aufzug ein durchaus Nervosität verursachender, aufgrund seiner klaustrophobischen Größe und der potenziellen Gefahren sogar nahezu einmaliger öffentlicher Raum war und ist, gibt es keinen Grund anzunehmen, dass der Aufzug früher als andere öffentliche Räume akustisch gestaltet wurde. Tatsächlich ist das, was man unter ›Fahrstuhlmusik‹ versteht, parallel zur allgemeinen Beschallung öffentlicher Orte aller Art nicht vor den frühen 1950er Jahren entstanden (vgl. Lanza 1994, 67–132).

Standardisierung der ›Fahrstuhlmusik‹

Dies führt direkt zum zweiten Wendepunkt in der Geschichte des Aufzugs als akustischem Raum: dem Moment nämlich, als sich für die akustische Fahrstuhlberieselung eine spezifische musikalische Ästhetik herausbildete und diese Musik dann wiederum vor allem mit einem assoziiert wurde – dem Warten. Angebot und Nachfrage von Hintergrundmusik und Schallplatten mit Easy Listening explodierten geradezu in den 1950er Jahren, besonders in den USA. Platten, die als Begleitmusik für bestimmte Tätigkeiten gedacht waren – *Music for Reading, Music for Relaxation* usw. –, wurden massenhaft vertrieben und als leicht und nebenbei hörbar beworben. Musik dieser Art wurde an öffentlichen Orten gespielt, in Privatwohnungen gehört und im Radio gesendet, um so ein allgegenwärtiges ›akustisches Parfüm‹ zu produzieren, wie R. Murray Schafer (1994, 98) dies genannt hat. Wie oben beschrieben, wurden zu dieser Zeit wahrscheinlich auch Aufzugskabinen damit berieselt.

Diese Musik zeichnete sich durch eine immer stärker standardisierte Ästhetik aus, die peppig, oft swingend und mit leichter Instrumentierung daherkam. Lieder aus Musicals und Shows, populäre Quasi-Klassik und einige Jazzstandards gehörten ebenso dazu, allerdings alles ohne Gesang. Das Erlebnis dieser Musik war daher manchmal etwas frappierend; man wechselte vom Hören ins Zuhören und konzentrierte sich auf die Musik, um herauszufinden, warum sie einem so bekannt vorkam. Obwohl diese Art von Musik auch häufig in Hotellobbys, Restaurants und an anderen öffentlichen Orten anzutreffen war, ist sie heute vor allem als *elevator music*, als ›Fahrstuhlmusik‹ bekannt.

Ab den 1970er Jahren wurde diese Musikästhetik schließlich fast zur Gänze mit dem Aufzug und – mehr noch – der damit verbundenen Erfahrung des Wartens assoziiert. Denn in mancherlei Hinsicht ist der Aufzug der extremste aller Warteräume. Der Aufzug ist nie an sich das Ziel. Er ist kein Ort der Arbeit, kein Ort des Handels und schon recht kein Ort der kulturellen Auseinandersetzung oder gar des Gebets. Es gibt zwar Verhaltensregeln, aber diese beinhalten lediglich eine Reihe von Negationen, die soziale Interaktion vor allem einschränken: Man redet nicht, man schaut einander nicht in die Augen, man bewegt sich nicht. Funktion und Erfahrung einer Fahrstuhlfahrt sind flüchtig und temporär, und genau so werden die Klänge und Musik dieses Raums erlebt. Was an anderen Orten unerträglich wäre, wird in einem Aufzug toleriert, weil sowieso niemand vorhat, länger zu bleiben. Wissenschaftliche Studien zu Musik und Mobilität sind immer horizontal angelegt, mit Blick auf das Geographische (vgl. z. B. Connell/Gibson 2003). Musik, die wie im Aufzug sich vertikal bewegt, bleibt dennoch eine Musik des Wartens und nicht der Mobilität – sie ist statisch im Aufzugsraum.

Die Verbindung von ›Fahrstuhlmusik‹ und Warten ist inzwischen kulturell so fest verwurzelt, dass man sie für ihre komische Wirkung einsetzen kann. Die Aufzugsszene des Spielfilms *The Blues Brothers* (USA 1980), in der die Langsamkeit des Aufzugs, mit dem Jake und Elwood nach oben zum Finanzamt von Cook County fahren, der hektischen Aktivität der Strafverfolgungsbeamten, die im Gebäude umherschwirren, gegenübergestellt wird, ist ikonisch. Dass dabei seichte ›Fahrstuhlmusik‹ gespielt wird, macht die alberne Szene wirklich brillant. Die Szene, die sich über das Warten in Aufzügen lustig macht, wurde 2007 in der *Star-Wars*-Episode der US-amerikanischen Zeichentrickserie *Family Guy* übrigens selbst parodiert, einschließlich einer Bossa-Nova-Version des Darth-Vader-Themas *The Imperial March*.

Wie lässt sich also über den Aufzug als akustischen Raum auf eine Weise nachdenken, die sich in breiter angelegte Erörterungen zu Architektoniken und Theorien des Zuhörens integrieren lässt? Jonathan Sterne vertritt die Ansicht, Musik könne zu einer Art von Architektur werden. Seine Ethnographie der Mall of America in Bloomington, Minnesota, macht vor allem eines deutlich: »The sound becomes a presence, and as that presence it becomes an essential part of the building's infrastructure« (1997, 23). Die Klänge des Aufzugs, und spezifisch die ›Fahrstuhlmusik‹, jetzt außerhalb des Aufzugs erlebt (als ein Musikstil, als Soundtrack für den modernen Zustand des Wartens), zeigen, wie Architektonik konzessioniert wird. ›Fahrstuhlmusik‹ wurde zu einer Form der Architektur und bewegte sich dann – vielleicht, weil es eben Musik ist und deshalb weniger greifbar als beispielsweise Wände – in neue und andere Räume. ›Fahrstuhlmusik‹ ermöglicht Allgegenwärtigkeit und allgegenwärtiges Hören, ein Hören, das Anahid Kassabian treffend auf den Punkt bringt: »[I]t modulates our attentional capacities, it tunes our affective relationships into categories of identity, it conditions our participation in fields of subjectivity« (2013, 18).

Der Aufzug als akustischer Raum bietet einzigartige Erkenntnisse zu allgemeineren Fragen, die für die Sound Studies von Interesse sind. Insbesondere ist er ein Beispiel dafür, wie ein vorübergehende Erlebnis seit den späten 1950er Jahren als Ästhetik (die ›Fahrstuhlmusik‹) und – eng damit verbunden – als Erfahrung (das Warten) kanonisiert worden ist. Wohl auch, weil die Aufzugsbenutzer/innen ihrer überdrüssig geworden sind, gehört ›Fahrstuhlmusik‹ heute zwar weitgehend der Vergangenheit an. Und sieht man von den Sicherheits- und Anzeigegeräuschen ab, ist es still geworden im Aufzug. Nichtsdestotrotz bleibt der Fahrstuhl eines der am intensivsten erinnerten Beispiele für die lästige Allgegenwärtigkeit von Hintergrundmusik.

Verwandte Beiträge: Kap. 18 (Architektur); Kap. 65 (Radio); Kap. 66 (Schallplatte); Kap. 74 (LautSprecher).

Literatur

Beizer, Harold H.: System of advertising. U. S. Patent US2206998 A, o. O., 9.7.1940.

Bernard, Andreas: *Die Geschichte des Fahrstuhls. Über einen beweglichen Ort der Moderne*. Frankfurt a. M. 2006.

Bijsterveld, Karin: *Mechanical Sound. Technology, Culture,*

and Public Problems of Noise in the Twentieth Century. Cambridge, MA 2008.
Born, Georgia (Hg.): *Music, Sound and Space. Transformations of Public and Private Experience*. Cambridge 2013.
Connell, John/Gibson, Chris: *Sound Tracks. Popular Music, Identity and Place*. London 2003.
Eisenberg, Andrew J.: Space. In: David Novak/Matt Sakakeeny (Hg.): *Keywords in Sound*. Durham, NC 2015, 193–207.
Henn, Steve: Planet money. Remembering when driverless elevators drew skepticism [Radiobeitrag], *National Public Radio*, Morning Edition, Washington, D. C., 31.7.2015. In: http://www.npr.org/2015/07/31/427990392/remembering-when-driverless-elevators-drew-skepticism (30.1.2018).
Husch, Jerri A.: *Music in the Workplace. A Study of Muzak Culture*. Diss., University of Massachusetts, Amherst, 1984.
Kassabian, Anahid: *Ubiquitous Listening. Affect, Attention, and Distributed Subjectivity*. Berkeley 2013.
Lanza, Joseph: *Elevator Music. A Surreal History of Muzak, Easy-Listening, and Other Moodsong*. New York 1994.
Mayne, Robert: Apparatus for combating acceleration nausea. U. S. Patent US2334018 A, o. O., 9.11.1943.
Prescott, John O./Franck, Ernest W.: Conveyer stop announcing system. U. S. Patent US1948077 A, o. O., 20.2.1934.
Schafer, R. Murray: *The Soundscape. Our Sonic Environment and the Tuning of the World* [1977]. Rochester, VT 1994.
Schivelbusch, Wolfgang: *Geschichte der Eisenbahnreise. Zur Industrialisierung von Raum und Zeit im 19. Jahrhundert*. München/Wien 1977.
Sterne, Jonathan: Sounds like the Mall of America. Programmed music and the architectonics of commercial space. In: *Ethnomusicology* 41/1 (1997), 22–50.

Alexandra Hui
(aus dem Englischen übersetzt von Wilhelm von Werthern und Rainer Rutz)

43 Auto

Die klangliche Verbindung zwischen Auto und Raum lässt sich aus zwei unterschiedlichen und doch eng miteinander verknüpften Perspektiven betrachten. Zum einen penetriert das Auto mit seinen Motor- und Fahrgeräuschen den umgebenden Außenraum, zum anderen bildet der Innenraum des Autos für die Insassen einen weitgehend abgeschlossenen Klangraum. Dabei reguliert die auditive Erfahrung des von der Außenwelt abgetrennten Innenraums auch die Wahrnehmung des Außenraums und im Fall der sogenannten *Boom Cars* – Wagen, die mit besonders leistungsstarken Hi-Fi-Anlagen ausgestattet sind – greift der akustische Innenraum sogar bewusst in den Außenraum aus, um diesen auditiv zu okkupieren. Die beiden hier angerissenen Perspektiven und ihre kultur-, technik- und mobilitätshistorische Einbettung sind Gegenstand der folgenden Ausführungen.

Autolärm und Autolärmbekämpfung

Zunächst zur auditiven Beziehung zwischen Automobil und Außenraum: Diese prägt die Alltagserfahrung der meisten europäischen wie nordamerikanischen Großstadtbewohnerinnen und -bewohner seit Beginn des Automobilzeitalters. Die Klagen über den Autolärm sind dabei so alt wie das Automobil selbst. Das Automobil wurde nicht nur in der Stadt, sondern auch im ländlichen Raum zunächst vor allem als Rauch- und Lärmplage wahrgenommen (vgl. Fraunholz 2002). Zu den Motor- und Fahrgeräuschen kam zudem noch das ständige Hupen an Kreuzungen und Einmündungen, womit den gesetzlichen Warn- bzw. Haftungsanforderungen Genüge getan werden sollte. In Befragungen wie auch den ersten Lärmmessungen, die gegen Ende der 1930er Jahre vorgenommen wurden, erwies sich dann der zunehmend von Automobilen geprägte Verkehrslärm gleichermaßen als störendste Lärmquelle im städtischen Bereich. Ein Befund, der sich seitdem wenig verändert hat (vgl. Berger 1979; Birkefeld/Jung 1994).

Es waren aber nicht nur Lautstärke und Verbreitung des Verkehrslärms, die ihn zu einem vordringlichen Ziel der Lärmbekämpfung machte. Das Automobil passte auch gut in das kultur- und technikpessimistische Profil der älteren (1906–1918) wie jüngeren (1929–1938) Antilärmbewegungen beiderseits des Atlantiks. Die ältere Antilärmbewegung war überwiegend eine Reaktion auf die Modernisierungs- und Technisierungsschübe des ausgehenden 19. Jahrhunderts, die zweite Antilärmwelle wurde mit ausgelöst durch die neu entwickelten Möglichkeiten der Lärmmessung. Die erste Antilärmwelle verlief dabei zeitlich in etwa parallel mit dem Aufstieg des benzingetriebenen Automobils zum anerkannten Fortbewegungsmittel, die zweite mit seiner massenhaften Verbreitung. Führende Vertreter der Antilärmbewegung wie Theodor Lessing oder Dan McKenzie kritisierten den neuartigen Verkehrslärm als unzivilisiert und dem intellektuellen Leben abträglich, Ruhe wurde hingegen als vornehm gepriesen (vgl. Bijsterveld 2008, 96). Dabei konnten sich gerade in verspäteten Automobilnationen wie Deutschland ausschließlich wohlsituierte Angehörige der Bourgeoisie einen lärmenden Wagen leisten. Ein Teil der männlichen Großbürger erlebte den automobilen Lärm zunächst als standesgemäßen Ausdruck von Kraft und Macht. Mit Verweis auf ältere kulturhistorische Arbeiten zur Assoziation von Lärm und Macht argumentiert Karin Bijsterveld (ebd.), dass dieser Klangsymbolismus auch auf neue technische Apparate wie das Automobil übertragen wurde, weshalb das Elektromobil, das noch in den 1920er Jahren mit dem Benzinwagen konkurrierte, aufgrund des fehlenden Krachs als unmännlich abgelehnt wurde (vgl. Mom 2004).

Gegen den Verkehrslärm wurden seit den 1930er Jahren verschiedene Mittel ergriffen. Einige Maßnahmen setzten ganz im Sinne der Antilärmbewegung auf die Erziehung der Autofahrerinnen und Autofahrer: Eine zivilisiertere Fahrweise sollte dem Verkehrschaos und damit zugleich dem Lärm Einhalt gebieten. So wurde zum Beispiel in Deutschland 1932 die Verkehrsordnung dahingehend geändert, dass Autofahrer nicht vor jeder, in Artikel 19 bislang nicht weiter spezifizierten Gefahrensituation mit der Hupe warnen mussten. Begleitet wurde die Gesetzesänderung mit einer Erziehungskampagne in Automobilzeitschriften und Tageszeitungen, die Autofahrer ermahnte, mit dem Auge und nicht mit dem Ohr zu fahren. Vergleichbare Entwicklungen gab es auch in anderen europäischen Ländern (vgl. Krebs 2011b). Andere Maßregeln setzten auf die Einführung eng umgrenzter Ruhezonen, so durfte etwa vor Krankenhäusern nicht länger gehupt werden. Mit der Verfügbarkeit technischer Lärmmessverfahren setzte dann Ende der 1930er Jahre rasch die Regulierung des Automobillärms durch absolute Grenzwerte – in Phon oder Dezibel – und die Beschreibung der entsprechenden Verfahren ein.

Dieser Trend zur technischen Begrenzung des Verkehrslärms setzte sich nach dem Zweiten Weltkrieg

D. Morat, H. Ziemer (Hrsg.), *Handbuch Sound*, https://doi.org/10.1007/978-3-476-05421-0_43

fort. Ab Ende der 1950er Jahre wurde schließlich der Ruf nach internationalen Standards und Grenzwerten lauter, insbesondere in Westeuropa, wo der wachsende europäische Binnenmarkt durch einheitliche Regelungen gefördert werden sollte. 1964, 1968 bzw. 1970 einigten sich die beteiligten Staaten auf einen einheitlichen Messstandard (ISO 362) und gemeinsame Grenzwerte im Rahmen der Wirtschaftskommission für Europa der Vereinten Nationen (84 dB) bzw. der Europäischen Wirtschaftsgemeinschaft (82 dB). Die USA beschritten dagegen eigene Wege mit ähnlichen, aber doch abweichenden Messverfahren und Höchstwerten (vgl. Krebs 2012). Alle technischen Regulierungsversuche vermochten jedoch das Verkehrslärmproblem in den Innenstädten nicht zu lösen, da die anhaltende Zunahme des motorisierten Individualverkehrs bis heute jede zaghafte Senkung des Höchstwerts konterkarierte.

Ein eigenartiger Nachhall der Erziehungskampagne ›Fahre mit dem Auge und nicht mit dem Ohr‹ findet sich in der derzeitigen Debatte um die Notwendigkeit, Fußgänger und Radfahrer vor leisen Elektro- und Hybridfahrzeugen mit künstlichen Geräuschen zu warnen. Anscheinend nutzen beide Gruppen in einigen Situationen nach wie vor ihre Ohren und nicht ihre Augen zur Orientierung im innerstädtischen Verkehr, sodass es zu vermehrten Unfällen mit Elektromobilen gekommen sein soll. Anstatt die Ruhe der elektrischen Mobilität als mögliche Lösung des Verkehrslärmproblems zu begrüßen, haben sich die Regulierungsbehörden in den USA wie der EU darauf verständigt, dass Elektro- und Hybridfahrzeuge zukünftig mit sogenannten *Acoustic Vehicle Alert Systems* ausgestattet werden müssen, die bei langsamer Fahrt künstliche Minimalgeräusche erzeugen (vgl. Krebs 2016).

Das Auto als Klangraum

Doch damit zum Automobil als abgeschlossenem Klangraum: Die Geschichte des automobilen *Innen* beginnt im Grunde erst mit der Schließung der Karosserie während der 1920er Jahre. Noch um 1920 wurden auf beiden Seiten des Atlantiks etwa 90 Prozent aller Wagen mit offenen Karosserien verkauft; 1925 überstieg der Verkauf geschlossener Innenlenkerlimousinen erstmals den offener Wagen; am Ende des Jahrzehnts hatte sich das Verhältnis dann vollständig umgekehrt und mehr als 80 Prozent der verkauften Automobile verfügten über geschlossene Karosserien. Mit der Durchsetzung der geschlossenen Limousine als neuem Standardtyp bildete sich auch ein neues auditives Ideal aus: die automobile Stille. Während in den 1910er Jahren ein Auto noch möglichst viel Krach machen sollte und bei der Ortsdurchfahrt schon einmal die Auspuffklappe geöffnet wurde, um laut lärmend Angst und Schrecken zu verbreiten, sollten Autos jetzt klingen wie das Rascheln von Seide, wie es der stellvertretende Vorsitzende der französischen Autohändler-Vereinigung 1929 formulierte (vgl. Krebs 2011a, 78).

Es lassen sich verschiedene Gründe für diese Entwicklung finden. Einer war die komplexe Neuanordnung der sinnlichen Wahrnehmung des Autofahrens. Im offenen Wagen dominierten Wind- und Fahrgeräusche das automobile Ohr, während der automobile Blick – zumindest bei trockenem Wetter – weitgehend unverstellt war. Im geschlossenen Wagen wurde dagegen der Blick durch die das Dach tragenden Säulen sowie schnell beschlagende Scheiben stark eingeschränkt und die auditive Wahrnehmung fokussierte sich auf bislang überhörte bzw. neue Geräusche im Wageninneren. Zu Letzteren gehörten die Quietsch-, Klapper- und Dröhngeräusche der Karosserie selbst, die von Journalisten wie Autobesitzerinnen und -besitzern anfangs häufig bemängelt wurden.

Aus den Automobilzeitschriften lässt sich insgesamt eine neue sinnliche Achtsamkeit des in einem abgeschlossenen Raum sitzenden Fahrers herauslesen, der nun zum Beispiel den feinsten Windhauch an den Pedalöffnungen wahrnahm und mithilfe von Isolierstoffen unterbinden wollte. Hier interessiert aber vor allem die Herausbildung des auditiven Topos der automobilen Stille, der bis heute das automobile Sounddesign und Soundmarketing prägt. So wird etwa im Soundmarketing, ab den 1950er Jahren, der leise und satte Klang einer zufallenden Autotür als hörbarer Ausdruck der Wertigkeit eines Autos angepriesen, wobei dieser Klang zugleich als bewusst gestalteter Klang, als Produkt eines Sounddesigns herausgestellt wird (vgl. Bijsterveld et al. 2014, 21–71). Aus technik- und kulturhistorischer Perspektive lassen sich letztlich drei Arten der automobilen Stille unterscheiden: mechanische, komfortable und aristokratische Stille (vgl. Krebs 2011a).

Zunächst zur mechanische Stille: Der umschlossene Raum fokussierte, wie erwähnt, die auditive Wahrnehmung auf die Klänge, die nun im Wageninneren in den Vordergrund traten – darunter insbesondere die Eigengeräusche der Karosserie, die bislang von anderen Geräuschen weitgehend übertönt worden waren. Deshalb bemühten sich die Hersteller von traditionellen Holzkarosserien und Holz-Stahl-

Karossen, die lästigen Quietsch- und Klappergeräusche konstruktiv zu eliminieren oder zumindest zu dämmen. Die Fabrikanten von neuartigen Ganzstahlkarosserien wiederum warben zwar damit, dass ihre Konstruktionen keine Verbindungsstellen hätten, die quietschen oder klappern könnten – dafür neigten sie jedoch zum Dröhnen. Hinzu kam, dass sich seit den 1910er Jahren im Automobilbau verstärkt die Erkenntnis durchsetzte, dass Maschinengeräusche oftmals ein Hinweis auf unerwünschte mechanische Friktionen waren. War Motorlärm in der Vorkriegszeit noch als ein Zeichen von Kraft gelesen worden, wie es heute noch im Autorennsport üblich ist, hieß es zum Beispiel 1921 in der *Allgemeinen Automobil-Zeitung*, dass Geräuschlosigkeit nicht nur ›Modesache‹ sei, sondern ein Geräusch stets eine Arbeitsvergeudung andeute (Ostwald 1921). Die veränderte Deutung von mechanischen Geräuschen als Zeichen schlechter Ingenieursarbeit führte dazu, dass fortan im Wageninneren möglichst keine Motor- oder Antriebsgeräusche hörbar sein sollten. Kurzum: Mitte der 1920er Jahre hatte sich mechanische Stille als ein neues Kriterium herausgebildet, das fortan von Automobiljournalisten genutzt wurde, um anhand ihres Höreindrucks die technische Qualität der von ihnen gefahrenen Wagen zu bewerten.

Der Aspekt der komfortablen Stille legte einen etwas anderen Schwerpunkt, ihr Ausgangspunkt war in diesem Fall eine Änderung im Nutzungsverhalten. So entwickelte sich in den 1920er Jahren langsam der automobile Fernreisetourismus im heutigen Sinne, also die Nutzung des Automobils, um zu einem mehrere Hundert Kilometer entfernten Ferienort zu gelangen. Bisher verstand man unter Autotourismus die Nutzung des Automobils für kleine Ausflüge in die nähere Umgebung, um vom offenen Wagen aus die schöne Landschaft zu genießen. Ermöglicht wurde das Aufkommen der Langstreckenfahrt – vor dem Ersten Weltkrieg noch Teil des Automobilsports – durch die wachsende Zuverlässigkeit der Automobiltechnik, die längere Reisen ohne ständige Defekte erlaubte. Während die mechanische Stille auf der Abwesenheit störender Geräusche beruhte, bezog sich die komfortable Stille auf die Isolierung der Insassen gegen Wind-, Roll- und Fahrgeräusche. Längere Reisen im lauten Wageninneren wurden als sehr ermüdend empfunden, wohingegen komfortable Stille eine anscheinend ermüdungsfreie Fahrt ermöglichte und sich ebenfalls zu einem Qualitätskriterium entwickelte.

Die dritte Art, die aristokratische Stille, ist mit der in der Zwischenkriegszeit einsetzenden Ausweitung des Automobilkonsums verbunden. Diese Entwicklung wird oftmals als Demokratisierung des Automobils tituliert, wobei sich, besonders in Europa, weiterhin nur gut situierte Bürgerinnen und Bürger ein Automobil leisten konnten. Aber Autobesitz war nicht länger ein exklusives Privileg der Oberschicht; zur Distinktionswahrung griffen Hersteller von teuren Limousinen auf ältere auditive Codes zurück, die Stille als aristokratisches Privileg kennzeichneten. So war eine ruhige und lautlose Kutschfahrt bereits historisch mit Ideen von Luxus, Reichtum und Ehre verbunden (vgl. Sheller 2004). Dementsprechend wurde nun auch automobile Stille als ›königlicher Luxus‹ beworben, der nur in den exklusivsten Wagen erleb- bzw. hörbar sei (vgl. Flink 1992).

Aber nicht nur Luxuskarosserien wurden als besonders leise vermarktet, vielmehr war es gerade das Versprechen der Hersteller von Mittelklassewagen, dass der bürgerliche Selbstfahrer mit einem im Inneren besonders leisen Wagen zugleich das Attribut der aristokratischen Stille erwerben und sich damit von anderen Automobilbesitzern und -besitzerinnen abheben konnte. Viele Automobilhersteller nutzten zum Beispiel in ihren Anzeigen entsprechend konnotierte Tiere, etwa den Schwan oder den Leopard, wenn sie die distinguierte Geräuschlosigkeit ihrer Wagen betonen wollten.

Dass die Automobile der Zwischenkriegszeit tatsächlich diese Versprechungen einlösten, darf bezweifelt werden. Dennoch etablierten sich Laufruhe, geringe Innengeräusche und die Isolierung vom Umgebungslärm zu automobilen Statussymbolen, mit denen bürgerliche Automobilisten ihren exzellenten Geschmack und ihre guten Manieren demonstrieren konnten. Bemerkenswert ist, dass der automobile Diskurs nicht explizit mit der Antilärmbewegung verknüpft war. Im Gegenteil: Die Verfechterinnen und Verfechter der automobilen Stille interessierten sich nicht für den vom Auto verursachten Verkehrslärm. Die Innensteuerlimousine diente den bürgerlichen Selbstfahrerinnen und Selbstfahrern vielmehr als Distinktions- und Distanzmittel, in der sie dem lauten und unübersichtlichen Großstadtleben paradoxerweise entfliehen wollten.

Der auditive Rückzug ins leise, nach außen weiter lärmende Automobil kann als ein Aspekt des sogenannten *Acoustic Cocoonings* verstanden werden. Dabei geht es darum, bei der Bewegung im öffentlichen Raum durch den Gebrauch zum Beispiel des Autoradios den Raum, der einen umgibt, akustisch zu kontrollieren, um so einen privaten auditiven Raum zu schaffen, der einem das Gefühl von Sicherheit vermittelt. Michael Bull (2001; 2004) hat dieses Phänomen ausführlich beschrieben. Dabei scheinen Aspekte des Musikkonsums zur Stimmungs- und Identitätsregulation (vgl. DeNora 2000) ebenso auf wie Aspekte des Gebrauchs des Autos als technisches wie soziales Distanzmittel (vgl. Wetterauer 2007). Einen Sonderfall stellen die eingangs erwähnten *Boom Cars* dar, die bislang nur als Teil der nordamerikanischen Rap-Kultur untersucht wurden (vgl. Gilroy 2001; LaBelle 2010). Durch den Einbau und exzessiven Gebrauch lauter *Sound Systems* heben *Boom Cars* die Trennung zwischen Außen- und Innenraum bewusst auf, um den öffentlichen Raum mit ihrer Musik auditiv zu kontrollieren bzw. den privaten akustischen Raum in die als feindlich empfundene Umwelt auszudehnen.

Hier wie generell zur Soundgeschichte des Automobils nach 1945 besteht noch erheblicher Forschungsbedarf, so lassen sich zum Beispiel Fragen nach Kontinuitäten und Brüchen oder zu transnationalen Ähnlichkeiten, Unterschieden und Verbindungen bislang nur ansatzweise beantworten.

Verwandte Beiträge: Kap. 9 (Dezibel); Kap. 16 (Sounddesign); Kap. 17 (Soundscape); Kap. 35 (Lärm); Kap. 39 (Stille); Kap. 57 (Straße); Kap. 61 (Kassette).

Literatur

Berger, Michael: *The Devil Wagon in God's Country. The Automobile and Social Change in Rural America, 1893–1929.* Hamden, CT 1979.

Bijsterveld, Karin: *Mechanical Sound. Technology, Culture, and Public Problems of Noise in the Twentieth Century.* Cambridge, MA/London 2008.

Bijsterveld, Karin/Cleophas, Eefje/Krebs, Stefan/Mom, Gijs: *Sound and Safe. A History of Listening Behind the Wheel.* Oxford/New York 2014.

Birkefeld, Richard/Jung, Martina: *Die Stadt, der Lärm und das Licht. Die Veränderung des öffentlichen Raumes durch Motorisierung und Elektrifizierung.* Seelze 1994.

Bull, Michael: Soundscapes of the car. A critical ethnography of automobile habitation. In: Daniel Miller (Hg.): *Car Cultures.* Oxford/New York 2001, 185–202.

Bull, Michael: Automobility and the power of sound. In: *Theory, Culture & Society* 21/4–5 (2004), 243–259.

DeNora, Tia: *Music in Everyday Life.* Cambridge 2000.

Flink, James: The ultimate status symbol. The custom coachbuilt car in the interwar period. In: Martin Wachs/Margaret Crawford (Hg.). *The Car and the City.* Ann Arbor, MI 1992, 154–166.

Fraunholz, Uwe: *Motorphobia. Anti-automobiler Protest in Kaiserreich und Weimarer Republik.* Göttingen 2002.

Gilroy, Paul: Driving while black. In: Daniel Miller (Hg.): *Car Cultures.* Oxford/New York 2001, 81–104.

Krebs, Stefan: The French quest for the silent car body. Technology, comfort, and distinction in the interwar period. In: *Transfers. Interdisciplinary Journal of Mobility Studies* 1/3 (2011a), 64–89.

Krebs, Stefan: Toward a cultural history of car sound(s). In: Peter Norton/Gijs Mom/Liz Millward/Mathieu Flonneau (Hg.): *Mobility in History. Reviews and Reflections.* Neuchâtel 2011b, 151–156.

Krebs, Stefan: Standardizing car sound – integrating Europe? International traffic noise abatement and the emergence of a European car identity, 1950–1975. In: *History and Technology* 28/1 (2012), 25–47.

Krebs, Stefan: Silent by design? Tesla's Model S and the discourse on electric vehicle sound. In: *Sound Studies. An Interdisciplinary Journal* 2/1 (2016), 93–95.

LaBelle, Brandon: *Acoustic Territories. Sound Culture and Everyday Life.* New York 2010.

Mom, Gijs: *The Electric Vehicle. Technology and Expectations in the Automobile Age.* Baltimore 2004.

Ostwald, Wa.: Geräuschlose Zahnräder. In: *Allgemeine Automobil-Zeitung* 22/31 (1921), 29.

Sheller, Mimi: Automotive emotions. Feeling the car. In: *Theory, Culture & Society* 21/4–5 (2004), 221–242.

Wetterauer, Andrea: *Lust an der Distanz. Die Kunst der Autoreise in der »Frankfurter Zeitung«.* Tübingen 2007.

Stefan Krebs

44 Diskothek

Wörtlich genommen ist die ›Diskothek‹ eine Sammlung von Tonträgern. In den 1960er Jahren wurde im deutschen Sprachraum zudem das Plattenspielerpult, das der DJ bediente, so bezeichnet. In der DDR hieß der DJ selbst ›die Diskothek‹ oder ›der Diskotheker‹. Als Hauptbedeutung hat sich jedoch der Veranstaltungsort eingebürgert, ein gastronomischer Betrieb, in dem zu technisch reproduzierter Musik getanzt wird. Ausgehend vom Ort ›Diskothek‹ umfasst der Begriff schließlich auch von dort exportierte Veranstaltungsformate in Räumlichkeiten, die nicht vorrangig dem Tanzen dienen (man denke an die ›Disco‹ bei der Feuerwehr).

Wie der Konzertsaal oder das Opernhaus ist die Diskothek auf Sound ausgelegt. Anders als diese erzielt die Diskothek eine ›gute Akustik‹ aber nicht durch bauliche Mittel. Im Gegenteil zweckentfremdet sie häufig Räumlichkeiten wie Supermärkte, Keller oder Lagerhallen. Die Akustik wird in erster Linie technisch durch Beschallungsanlagen mit Verstärker- und Lautsprechertechnik hergestellt. Wenngleich die Diskothek als akustischer Erlebnisraum definiert ist und das ganzkörperliche Eintauchen in eine Klanghülle ermöglicht, bildet sie in der Regel einen ausgeprägt synästhetischen Zusammenhang (vgl. Gilbert/Pearson 1999, 137 f.), unterstützt beispielsweise durch Laser- und Videoprojektionen, Schwarzlicht oder Maschinennebel. Die audiovisuelle Raumgestaltung durch Technik und *Interior Design* arbeitet auf die Entschärfung und Steigerung der Wahrnehmung hin.

Diskotheken verfügen über Einlassarchitektur und -rituale, die den Übergang vom Außen zum heterotopischen Innen markieren. Sie sind auf Gewinn ausgelegte privatwirtschaftliche Amüsierbetriebe und selbst bei hohen Eintrittspreisen beruht ihr Geschäftsmodell auch oder vor allem auf dem Getränkekonsum der Gäste an der Bar oder durch Bedienung auf Sitzplätzen. Wenngleich der Ausschank betriebswirtschaftlich zentral ist, steht er räumlich nicht im Mittelpunkt. Vielmehr ist es die Tanzfläche, auf die alle Augen gerichtet sind. Gepaart ist diese Bühne mit dem ebenfalls exponierten Raum des DJs oder der DJane, abgetrennt oder erhöht durch eine Pult oder eine Box, von der aus das Tanzgeschehen orchestriert wird. Manchmal gibt es weitere Nebenräume zum Abschalten (vgl. Pausch 1974, 185 f.), die in Zeiten amphetamingetriebenen Dauertanzens zu ausgewiesenen Chill-out-Zonen mit sanfter, häufig eigens zu diesem Zweck verfertigter Musik aufgewertet wurden.

Ein entscheidendes Element von Räumlichkeit in der Diskothek sind schließlich bewegte menschliche Körper. Weniger bauliche und dekorative Strukturen an sich, so spektakulär sie auch gestaltet sein mögen, sondern Körper – glitzernd, halbnackt, kostümiert, posierend, wirbelnd, ineinander verknäult – bestimmen die visuelle Repräsentation der Diskothek. Sie ist der Ort, an dem man nach den Regeln der Regellosigkeit tanzt, und zwar als Teil einer rhythmischen Masse. Auch das Gedränge vor dem Einlass, an der Bar und in den Gängen weist die Diskothek als einen Raum körperlicher Nähe aus. Idealiter herrscht auf dem Dancefloor eine Dichte, die Berührung erzeugt, aber Bewegungsfreiheit lässt. Neben Paar- und Gruppentänzen überwiegt der vereinzelte Tanz am Platz oder in einem kleineren Radius. Die tanzenden Körper auf der Tanzfläche sind gerahmt von Zuschauenden, zwischen beiden Sphären gibt es einen fließenden Wechsel.

Vorläufer

Die verzweigte Genealogie des Ortes ›Diskothek‹ verzeichnet unter den frühen Vorfahren die Ballsäle der Walzerära und die Tanzdielen des späten 19. und frühen 20. Jahrhunderts, dann die *Rent Parties*, Jazzlokale und Vergnügungspaläste der Zwischenkriegszeit, wobei bis in die 1960er Jahre hinein ganz überwiegend zu Livemusik getanzt wurde. Der historische Moment der Fusion von Tanzlokal und reproduzierter Musik ist schwer auszumachen. Die Jukebox stellte einen ersten Schritt in diese Richtung dar. Dokumentiert ist, dass Jazzlokale in Westeuropa im und kurz nach dem Zweiten Weltkrieg mangels Livemusik mit improvisierten Musikanlagen ihre Besucher mit Schallplatten zum Tanzen brachten. Ein Teenagerpublikum sprachen in den 1950er Jahren die *Record Hops* in US-amerikanischen Highschools an. Zur selben Zeit etablierten sich in der Karibik mobile *Dancehalls*, die mit ihren *Sound Systems* eine charakteristische Mischung aus Plattenauflegen, Sprechgesang und Kommentierung etablierten, der Vorläufer von Rap und Hip-Hop.

In den 1960er Jahren eröffneten dann zahlreiche Diskotheken, die sich grob in zwei Richtungen unterteilen lassen. Im jugend- oder gegenkulturellen Underground wurden vor allem Blues, Soul oder Progressive Rock gespielt, sehr laut und zu niedrigen Getränkepreisen. Auf eine multimedial erweiterte Räumlichkeit zielten die psychedelischen Lightshows, die unter dem Schlagwort ›mixed media‹ Ende der 1960er Jahre aufkamen. Eine Großzahl der Diskothe-

D. Morat, H. Ziemer (Hrsg.), *Handbuch Sound*, https://doi.org/10.1007/978-3-476-05421-0_44

ken bediente in den 1960er Jahren jedoch nicht die rebellische Jugend, sondern »eine altersgemischte Klientel aus der Mittelschicht« (Nathaus 2014, 160) mit mäßig lauter Schlager- und Tanzmusik deutscher und internationaler Provenienz. Dass viele Gastronomen auf Schallplattenmusik umstiegen, die von einem adretten DJ präsentiert wurde, kann schlicht als Rationalisierungsmaßnahme verstanden werden.

Ein neues Paradigma

Dieses Modell war bis in die 1970er Jahre hinein sehr erfolgreich, als es von der massenwirksamen Innovation ›Disco‹ überrollt wurde. Im und für den Soundraum Diskothek entwickelte sich nun ein Popstil, mit dem das Dispositiv der sonischen Überwältigung durch einen taktilen und immersiven Sound entstand, wie es für Tanzclubs und Raves bis heute maßgeblich ist. Die Disco entstand um 1970 im heruntergewirtschafteten Manhattan als ein hedonistisches, ›ethnisch‹ gemischtes Nachtleben, das in einzelnen Privatwohnungen und in Lokalen mit teilweise schwuler Klientel stattfand (vgl. grundlegend Lawrence 2003; Shapiro 2005). Die Musik dazu lieferten anfangs tanzbare Soulstücke und Funk, auf die der weichere, opulente ›Philly-Sound‹ folgte. 1973/74 wurden erstmals Musikstücke in Diskotheken zu Hits, bevor sie massenmedial über Radiostationen vermarktet wurden. Größere Plattenfirmen begannen daraufhin in die Herstellung diskotauglicher Musik zu investieren, die eigens für die neue Tanzkultur produziert wurde.

»[D]iscoey disco« (Smucker 1992, 562) war ein Sound-Ereignis an der Schnittstelle mehrerer technischer Innovationen, die auf tanzende Körper zielten. Dafür waren findige Tontechniker und Produzenten ebenso zentral wie die Kreativen am Plattenteller. Disc-Jockeys begannen, statt einfach nur Platte auf Platte folgen zu lassen, Songs oder einzelne Passagen von Songs miteinander und mit weiteren Geräuschen zu einem ununterbrochenen Klangfluss zu verbinden, durch den sich eine harte Basslinie zog. DJs spielten Tanzmusik also zunehmend nicht mehr einfach ab, sondern erzeugten sie vor Ort. Dafür nutzten sie Mischpulte und Kopfhörer aus der Studiotechnik.

Im Zuge dieser »dance music ›revolution‹« (Straw 2001, 158) entstand eine Nachfrage nach vorproduzierten sogenannten Remixen oder Discoversionen, die die klassische popkulturelle Songstruktur durch einen kontinuierlichen, tanzbaren Klangstrom ablösten. Die Komposition setzte häufig nicht mehr bei einer Melodie an, sondern bei der Basslinie. Typisch wurde neben dem Beat als Grundrhythmus eine serielle Dramaturgie von Spannungsaufbau, Höhepunkt, plötzlichem Spannungsabfall – dem sogenannten Break – und erneutem Spannungsaufbau.

Eine materielle Grundlage für den Discosound war die Vinyl-Maxisingle, die schon seit Jahrzehnten bekannt war, aber nun erst ihren kongenialen Verwendungszweck fand. Die Kombination von hoher Abspielgeschwindigkeit und üppiger Schnittmasse erlaubte es, sowohl platzbedürftige Bassfrequenzen als auch hohe Frequenzen in längeren Musikstrecken zur Geltung zu bringen. Der Klang der Maxisingle war laut, bass- und höhenbetont – genau das, was in den Avantgarde-Diskotheken dieser Zeit gebraucht wurde bzw. das, was wir heute als typischen Discosound erkennen. Eine als ›Munich Sound‹ bekannt gewordene Variante von Disco, die auf die in München ansässigen Produzenten Michael Kunze und Giorgio Moroder zurückging, verzichtete ganz auf akustische Instrumente und arbeitete ausschließlich mit Synthesizer und Computer sowie der menschlichen Stimme.

Auf der Ebene der Wiedergabetechnik wurden in den 1970er Jahren Lautsprecheranlagen bzw. Soundsysteme entwickelt, die den besonderen Anforderungen von Diskotheken – und später von House- und Technoclubs – entsprachen. Zum einen machten sie mit hoher Wattleistung den Schall im Bassbereich körperlich spürbar. Zudem wurden Disco-Soundsysteme so gestaltet, dass sie die Tänzer von allen Seiten in Klang einhüllten. Anders als Hi-Fi-Anlagen für den Hausgebrauch zielten sie nicht auf das optimal ausgewogene Hörerlebnis einer/s Einzelnen, sondern »auf eine tanzende Menge [im] Hörraum zwischen den Lautsprechern« (Papenburg 2014, 193). Sie brachten »eine spezifische Räumlichkeit hervor« (ebd., 192), indem sie die Lautsprecher nicht nur quadrophon um die Tanzfläche arrangierten, sondern zusätzlich das Frequenzspektrum zergliederten: ›Hohe‹ Töne, etwa die discotypischen Falsettstimmen und Streicher, kamen aus Hochtonlautsprechern an der Decke, während mittlere Frequenzen in mittlerer Raumhöhe wiedergegeben wurden.

Kontinuität und Diversifizierung

Kommerzieller Höhepunkt, Emblem und Scheitel der Disco-Welle war der Spielfilm *Saturday Night Fever* von 1977 mit John Travolta in der Rolle eines herausragenden Discotänzers (vgl. Gilbert/Pearson 1999,

7–12; Echols 2010, Kap. 5). Im selben Jahr hatte in New York das Studio 54 eröffnet, Blaupause für die aufwendig ausgestatteten Edel-Diskotheken, die zu neuen großstädtischen Brennpunkten für Prominenz und schillernde Gestalten der Nacht wurden (vgl. Hill/Nourmand 2015). Als imaginative Bezugspunkte verbreiteten sich ihre Bilder und Geschichten bis in die Provinz, jedoch reichte das Erscheinungsbild der meisten Diskotheken an diese Vorbilder nicht heran. Empirisch ist die Diskothek daher als eine basale Infrastruktur des Tanzvergnügens zu verstehen, deren Exklusivität sich hoch- oder herunterregeln lässt – sowohl sozial als auch hinsichtlich der Klangqualität und der gespielten musikalischen Genres. Gerade an Stadträndern, im ländlichen Raum und in Tourismuszonen, etwa auf der spanischen Ferieninsel Ibiza, konnten sich Großraumdiskotheken mit einem diversifizierten Musikangebot etablieren. Auf der kleinformatigen Seite des Spektrums haben Do-it-yourself-Diskotheken nach wie vor ihren Platz in Jugendzentren, Kirchengemeinden oder auch im privaten Partykeller.

Trotz ihres schnellen Abflauens 1979/80 war die Disco-Ära Wegbereiterin oder wichtige Referenz für nachfolgende, sich global verbreitende Tanzkulturen wie HI NRG, Hip-Hop, House und Techno. Diese Richtungen entwickelten elektronische Tanzmusik fort und setzten andere räumliche Akzente, während das Disco-Soundsystem nur noch in Details angepasst wurde. B-Boying (›Breakdance‹) fand auf der Straße oder in leerstehenden Immobilien statt, und auch die in den späten 1980er Jahren in Nordengland veranstalteten Raves nutzten improvisierte Räume. Das tagelange ekstatische Tanzen ließ sich jedoch relativ einfach in diskothekenförmige Tanzclubs oder Partyzelte übertragen, wobei nun ein gewollt unwirtlicher Industrielook die Ästhetik bestimmte. Die Haçienda in Manchester war bekannt für eine nachlässige Raum- und Soundgestaltung, die den Körper nochmals in den Fokus rückte – »a cavernous space which was literally built by the bodies that assembled therein (to the detriment of the acoustics)«, so Jeremy Gilbert und Ewan Pearson (1999, 136).

Diskotheorie

Die kulturtheoretische und -wissenschaftliche Ausdeutung von Diskotheken kreist bisher vor allem um die Sichtbarmachung und Selbstermächtigung ausgeschlossener, marginalisierter und dissidenter Identitäten in den westlichen Gesellschaften. Für die Zeit der Disco-Ära bezieht sich dies vor allem auf Transsexuelle und schwule Männer unterschiedlicher Hautfarbe, auf schwarze Frauen (*Disco Diva*) sowie weiße Mädchen und Frauen (*Disco Queen*) (vgl. Echols 2010), für die Ethnographie zeitgenössischer Clubkulturen zunehmend auf Migranten und Migrantinnen unterschiedlicher Herkunft (vgl. Kosnick 2015).

Als wichtigster theoretischer Stichwortgeber haben sich die Cultural Studies erwiesen, die zeitgleich zur Disco-Ära entstanden, sich zunächst aber eher maskulinen Jugendstilen wie Teds, Rockern oder Punks widmeten. 1979 veröffentlichte Richard Dyer, Absolvent des Centre for Contemporary Cultural Studies in Birmingham und Aktivist der Gay Liberation Front, im »gay socialist journal« *Gay Left* den mittlerweile zum Klassiker avancierten Aufsatz »In defense of disco«, an dessen Thesen sich die Literatur weiterhin abarbeitet (z. B. Kooijman 2005). Darin verteidigte Dyer Disco gegen die linke Präferenz für Folk und Rock. Er machte einen paradoxen Effekt aus: »The anarchy of capitalism throws up commodities that an oppressed group can take up and use to cobble together its own culture. [...] It is a ›contrary‹ use of what the dominant culture provides, it is important in forming a gay identity, and it has subversive potential as well as reactionary implications« (1979, 21). Dyer skizzierte das spezifische Befreiungspotenzial für schwule Männer. Die Struktur der Discomusik, die Dyer als »open-ended succession of repetitions« (ebd., 22) wahrnimmt, ermögliche einen Discokörper, der den phallischen Erotizismus der Rockmusik durch einen »›whole body‹ eroticism« ablöse (ebd., 21).

Im Anschluss an Dyer und verstärkt durch die Rezeption der *French Theory* ist seither auf unterschiedlichen Ebenen das emanzipatorische oder subversive Potenzial von Disco betont worden. Seit Anfang der 2000er Jahre sind die ersten Untersuchungen in Buchlänge zur Geschichte von Disco und Diskotheken erschienen, häufig verfasst auf der Grundlage ausführlicher Zeitzeugeninterviews von Sympathisantinnen und Sympathisanten des Disco-Underground der frühen 1970er Jahre (z. B. Lawrence 2003; Shapiro 2005). Inzwischen gibt es zahlreiche sozialwissenschaftliche Studien und kulturtheoretische Überlegungen zum sozialen Gebrauch elektronischer Tanzmusik seit Mitte der 1980er Jahre. Sie skizzieren einerseits die postidentitäre, posthumane Utopie einer menschlichen Tanzmaschine, andererseits versuchen sie, exzessives Tanzen zwischen neuen Formen von Gemeinschaftserfahrung (*Community*) und entpolitisiertem Hedonismus zu positionieren (z. B. Butler 2016). Insgesamt ist dafür zu plädieren, Tanzkulturen nicht mit eindimensionalen Deutungen stillzulegen, sondern ihren vielfältigen, vielleicht auch widersprüchlichen Effekten Rechnung zu tragen (vgl. Gilbert/Pearson 1999, Kap. 1; Echols 2010, xxiv–xxvi).

Kleinster gemeinsamer Nenner dessen, was die Diskothek ausmacht, könnte die körperliche Interaktion in einem Setting anonymer Intimität sein. Entgegen der zeitgenössischen Kulturkritik, die insbesondere die Disco-Ära als Symptom der Ich-Fixierung und eines kommunikativen Mangels deutete, ließe sich argumentieren, dass hier neue, stilbildende Muster des Zusammenseins etabliert wurden (vgl. Lawrence 2009, 200). Die Diskothek ist ein Ort, um in einer Soundhülle die eigene bewegte Körperlichkeit in Gegenwart anderer zu genießen. Damit ist sie auch ein Raum möglicher Begegnungen, ob es sich um augenblickliche Präsenz oder die Suche nach *Peers* oder Partnern für eine Nacht oder länger reicht. Dabei kann es geboten erscheinen, eine Diskothek auszuwählen, in der sich jemand unter seines- oder ihresgleichen fühlt. Oder es kann darum gehen, Qualitäten großstädtischer Öffentlichkeit an einen geschützten Ort aufzusuchen. Mit den Worten von Tom Smucker: »a place where strangers could interact without having to become like one another« (1992, 572).

Verwandte Beiträge: Kap. 3 (Emotionalität); Kap. 5 (Körperlichkeit); Kap. 13 (Rhythmus); Kap. 49 (Konzertsaal); Kap. 54 (Opernhaus); Kap. 66 (Schallplatte); Kap. 70 (Gender); Kap. 77 (Rassismus).

Literatur

Butler, Mark J.: Introduction. In: Ders. (Hg.): *Electronica, Dance and Club Music* [2012]. London/New York 2016, xi–xxxii.

Dyer, Richard: In defense of disco. In: *Gay Left*, H. 8 (1979), 20–23, http://www.gayleft1970s.org/issues/gay.left_issue.08.pdf (30.1.2018).

Echols, Alice: *Hot Stuff. Disco and the Remaking of American Culture*. New York 2010.

Gilbert, Jeremy/Pearson, Ewan: *Discographies. Dance Music, Culture and the Politics of Sound*. London/New York 1999.

Hill, David/Nourmand, Tony (Hg.): *Disco. The Bill Bernstein Photographs*. London 2015.

Kooijman, Jaap: Turn the beat around. Richard Dyer's »In defense of disco« revisited. In: *European Journal of Cultural Studies* 8/2 (2005), 257–266.

Kosnick, Kira (Hg.): *Postmigrant Club Cultures in Urban Europe*. Frankfurt a. M. 2015.

Lawrence, Tim: *Love Saves The Day. A History of American Dance Music Culture, 1970–1979*. Durham, NC 2003.

Lawrence, Tim: Beyond the hustle. 1970s social dancing, discotheque culture, and the emergence of the contemporary club dancer. In: Julie Malnig (Hg.): *Ballroom, Boogie, Shimmy Sham, Shake. A Social and Popular Dance Reader*. Chicago 2009, 199–214.

Nathaus, Klaus: »Moderne Tanzmusik« für die Mitte der Gesellschaft. Diskotheken und Diskjockeys in Westdeutschland, 1960–1978. In: Bodo Mrozek/Alexa Geisthövel/Jürgen Danyel (Hg.): *Popgeschichte*. Bd. 2: *Zeithistorische Fallstudien 1958–1988*. Bielefeld 2014, 155–176.

Papenburg, Jens Gerrit: »A great idea after the fact«. Das (Er-)Finden der Maxisingle in der New Yorker Discokultur der 1970er Jahre. In: Bodo Mrozek/Alexa Geisthövel/Jürgen Danyel (Hg.): *Popgeschichte*. Bd. 2: *Zeithistorische Fallstudien 1958–1988*. Bielefeld 2014, 179–198.

Pausch, Rolf: Diskotheken. Kommunikationsstrukturen als Widerspiegelung gesellschaftlicher Verhältnisse. In: Jürgen Alberts et al.: *Segmente der Unterhaltungsindustrie*. Frankfurt a. M. 1974, 177–214.

Shapiro, Peter: *Turn the Beat Around. The Secret History of Disco*. London 2005.

Smucker, Tom: Disco. In: Anthony DeCurtis/James Henke/Holly George-Warren (Hg.): *The Rolling Stone Illustrated History of Rock & Roll*. New York ^{3}1992, 561–572.

Straw, Will: Dance music. In: Ders./Simon Frith/John Street (Hg.): *The Cambridge Companion to Pop and Rock*. Cambridge 2001, 158–175.

Wilke, Thomas: *Schallplattenunterhalter und Diskothek in der DDR. Analyse und Modellierung einer spezifischen Unterhaltungsform*. Leipzig 2009.

Alexa Geisthövel

45 Fabrik

Die Fabrik, Produktionsstätte und soziales Handlungsfeld zugleich, gilt mit den ihr innewohnenden Imperativen der Mechanisierung, Zentralisierung und Disziplinierung als Chiffre der Moderne (vgl. Hachtmann/Saldern 2009, 186; Uhl 2014). Die Industrialisierung verlief fließend und brachte immer neue Klangwelten hervor – vom Mühlen getriebenen Hammerwerk bis hin zum Schmiedehammer des Bochumer Vereins, der zum »Pulsschlag« einer ganzen Stadt wurde, wie Herbert Grönemeyer 1984 in seinem Song *Bochum* (»Tief im Westen«) erinnert. Der Klang einer ›Hohen Fabrik‹ ließ sich auf dem europäischen Kontinent seit 1783/84 vernehmen, als der Elberfelder Unternehmer Johann Gottfried Brügelmann in Ratingen eine vollmechanisierte Baumwollspinnerei, die Textilfabrik Cromford, errichtete (vgl. Bolenz/Karabaic 1996). Reiseliteratur des späten 18. und frühen 19. Jahrhunderts bietet sich an, um Lautsphären im Kontext von Säkularisierung und Industrialisierung auf ihren sozialen Sinn- und Deutungskontext hin zu erforschen. So machte sich im Jahre 1800 der Osnabrücker Jurist Justus Gruner (1777–1820) auf eine Reise durch den Reichskreis Westfalen. Gruner war parteiisch in seinem Preußentum und in seinem Votum für die Moderne: Betriebsamkeit, Anstrengung und reges Getöse auf der einen, Trägheit, »Schlendrian« und *Still*stand auf der anderen Seite (vgl. Reininghaus/Weiß 2002, 48). Er empfahl bei körperlichen und seelischen Problemen gar, das Kurbad zu meiden und sich auf eine Wanderung durch die »frohen Fabrikgegenden im Berg- und Märkischen« zu begeben (Gruner 1802/03, Bd. II, 319).

Lautheit und Lärm

Der Klang der Fabrik wirkt(e) auf die Betriebsangehörigen ein und strahlt(e) in die Umgebung aus. Je nachdem, um welche Art von gewerblichen Geräuschen es sich handelt, differiert die Lautheit. Das Preußische Allgemeine Landrecht und die Gewerbeordnung für den Norddeutschen Bund von 1869 sahen für große Betriebe mit erheblicher Lärmbelästigung eine besondere Genehmigung vor (vgl. Braun 2012, 59). Im Ruhrgebiet sorgte trotz Gewerbeordnung das flexible Rechtsprinzip der »Ortsüblichkeit« (§ 906 Abs. 2 BGB; Wiethaup 1967, 99–108) dafür, dass der Montankomplex die Lautsphäre einer ganzen Industrielandschaft prägte. Sein schwerindustrielles Verbundsystem umfasste nicht nur Produktionsanlagen unter und über Tage, Kokereien, Hochöfen, Stahlwerke, Hammer- und Walzwerke, sondern auch ein engmaschiges Transportnetz und Wohnsiedlungen für die Werksangehörigen. Glas- und chemische Industrie, Maschinenbau, Zulieferbetriebe, Nahrungs- und Genussmittelindustrien folgten. Das flexible Rechtsprinzip der »Ortsüblichkeit« weist hier direkt zu R. Murray Schafers These: »Wo immer dem Lärm Immunität gewährt wird, ist er mit Macht verbunden« (1988, 104). Das Ruhrgebiet mit seinem montan-industriellen Komplex in spezifisch autoritärer Prägung bietet sich geradezu an, diese Verbindungen von Macht und Klang herauszuarbeiten: »Während der industriellen Revolution ging der heilige Lärm auf die profane Welt über. Jetzt wurde den Industriellen eingeräumt, mit Hilfe der Dampfmaschine und des Hochofens Lärm zu machen, genauso wie vorher die Mönche dazu ermächtigt waren, Lärm mit der Kirchenglocke zu veranstalten, oder Johann Sebastian Bach, seine Präludien mit voller Orgelstärke zu spielen« (ebd.). Ein Zugang zu dieser mittlerweile nahezu verstummten Lautsphäre erschließt sich über Heinrich Hausers *Schwarzes Revier* (2010 [1930], 133).

Bergwerke sind besondere Fabriken, denn die Kohleförderung besteht aus aufeinander abgestimmten Arbeitsvorgängen, die Regimen von Effizienz, Mechanisierung, Rationalisierung und Disziplinierung unterliegen. Die Mechanisierung des Bergbaus um 1900 veränderte untertägig die Lautsphäre. Besonders gefährlich wurde es bei der Einführung der Schüttelrutsche, einer Vorrichtung zum Abtransport des Kohlenstoßes in Form einer zu einem langen Strang verbundenen Blechrutsche, die durch einen Motor in hin- und hergehende Bewegung versetzt wurde. Bei ihrem »ständigen Spektakel« konnten die Arbeiter nicht mehr das Knistern und Knarzen des Gebirges hören, das dem Bergmann seit jeher einen Gebirgsbruch ankündigte ([Anonym] 1910). In den 1920er Jahren erhöhten zusätzlich Schrämmaschine und Abbauhammer die Unfallgefahr, »weil das Ohr des Bergmanns in der Aufnahme der Warngeräusches des Gebirges behindert war. [...] Gebirgsbrüche waren bei Arbeiten mit der Hacke leichter zu bemerken« (Ausschuß zur Untersuchung der Erzeugungs- und Absatzbedingungen 1928, 226). Zudem erschwerte der Presslufthammer die Verständigung. Die Bergleute mussten sich in die Ohren brüllen, die vermehrte Anstrengung der Sprachorgane verursachte Kopfschmerzen: »Ganz allgemein war das Gefühl der Unsicherheit gewachsen und dadurch die ›Nervosität‹ des Bergmanns ver-

D. Morat, H. Ziemer (Hrsg.), *Handbuch Sound*, https://doi.org/10.1007/978-3-476-05421-0_45

mehrt« (ebd.). Für die Zusammenhänge von Effizienzsteigerung, Mechanisierung und Psychoakustik, wissenschaftlichen Debatten, Arbeitsschutzgesetzgebung und schichtspezifischen Alltagserfahrungen bietet der Bergbau ein reichhaltiges Forschungsfeld.

In Gelsenkirchen zogen einige der in den direkten Nachkriegsjahren neu angesiedelten Fabriken der Bekleidungsindustrie in helle, nach neuesten Effizienzerkenntnissen gestaltete Produktionsgebäude. Die Amerikanisierung brachte neue Managementkonzepte, Fließbandfertigung, Abhörmikrofone und Musik am Arbeitsplatz als Motivationsangebot, Lärmschutzmaßnahme und Disziplinierung (vgl. Beese/Schneider 2001, 52). Angesichts steigender Arbeitsbelastung in der ›Boomindustrie‹ wurde die Arbeitsmedizin auf die Bedingungen in der Bekleidungsindustrie aufmerksam. Sie machte in den 1960er Jahren Lärm, Hitze und zunehmendes Arbeitstempo als Krankmacher aus. Zur sozialen Ordnung dieser Betriebsform lassen sich im Kontext der (west-)deutschen Diskurse um eine ›Humanisierung der Arbeitswelt‹ vielfältige Forschungsfragen initiieren und auf Entwicklungen in der Elektro- und Automobilindustrie ausweiten – wobei freilich das Abbrechen arbeitsmedizinischer Forschungen und gesellschaftlicher Diskurse zum Lärm in der Fabrik in einem Zusammenhang mit der Verlagerung von Produktionsstätten in die Türkei und weiter nach Asien zu sehen ist.

In der Postindustrialisierung avancieren Klänge stillgelegter Fabriken schließlich zu stadträumlichen Erinnerungszeichen, so bei dem ›Akustischen Denkmal‹ mit Signalfolge aus dem Bergbau in Dortmund-Eving (vgl. Schmidt 2005). Stillgelegten Fabriken wird mitunter eine bessere Klangqualität zugesprochen als Konzertspielhäusern. Zumindest werden ungewöhnliche Klangerfahrungen möglich gemacht, wenn – wie im Rahmen der Ruhrtriennale 2016 – in der Duisburger Kraftzentrale *Répons* von Pierre Boulez oder in der Bochumer Jahrhunderthalle Karlheinz Stockhausens Raummusik *Carré* inszeniert wird, Kompositionen also, die nach besonderen Klang- und Hörräumen verlangen.

Die Fabrik in der Sound History

Die ›Fabrik‹ als Ort der Industrialisierung war immer wieder Objekt der Soundgeschichte. So hört Mark M. Smith (2001) hinein in das Amerika des 19. Jahrhunderts vor dem Amerikanischen Bürgerkrieg: Während die Südstaaten in den Fabriken des Nordens kaum anderes als den ohrenbetäubenden Lärm einer entfesselten Gesellschaft auf dem Weg in eine zügellose Industrialisierung hörten, der ihr vermeintlich ruhiges Zusammenleben zu gefährden drohte, hörten die Eliten des Nordens im Süden die Schreie der versklavten Arbeit und die Stille der Unterdrückung in einer Sklavenhaltergesellschaft, kurz: die Rückständigkeit eines vormodernen, unfreien Amerikas. Smith dekonstruiert die Polarität von ›lauter‹ Fabrik und ›leiser‹ Natur entlang der Kategorien Klasse, Religion, Region, Natur und Geschlecht (vgl. auch Smith 2012). Artikulierten sich die Arbeiterinnen an den Spinnmaschinen selbst in Begriffen von ›Klang‹ und ›Krach‹, so fungierten diese als Chiffren, um die Erfahrungen zwischen ländlichem Herkunftsmilieu und dem neuen Leben zu verarbeiten. Eine Befassung mit dem Klang der Fabrik und der Belästigung durch Fabriklärm bedarf umfassender Kontextualisierungen; es geht darum, herauszufinden, wer in welchem spezifischen Kontext warum und wie Klang als erwünscht oder unerwünscht definiert (vgl. Smith 2001, 264).

Von Emily Thompson (2002) kann man dabei gewinnbringend den Blick auf die Materialität der Fabrik als Baukörper übernehmen, der als Resonanzraum das Hören selber formatiert. Die Fabrik als ›Soundscape‹ erforscht sich als Klang- und Hörraum gleichermaßen (ebd., 1 f.).

Karin Bijsterveld (2008) wiederum verbindet Ansätze der Wissenschafts- und Technikgeschichte mit sozialgeschichtlichen Fragestellungen. Ausgehend von zeitgenössischen Diskussionen um die ›Lärmflut‹ des 21. Jahrhunderts, verfolgt sie u. a. auch Belästigungen durch Fabrik- und Industrielärm (vgl. ebd., 4). Sie untersucht dabei die Milieus der Antilärmaktivitäten, die Technologien der Lärmerzeugung und -verhinderung, die Entwicklung wissenschaftlicher Messverfahren, die Festsetzung und Standardisierung von Richtwerten sowie Gesetzesinitiativen zur Lärmminderung. Sie schnürt für weitere Forschungen gleichzeitig modellhaft einen Korpus an Überlieferungen unterschiedlichster Provenienzen für die Befassung mit dem Sound der Fabrik. Von Karin Bijsterveld sollte die Forschung zum Klang der Fabrik vor allem die Achtsamkeit gegenüber den involvierten Milieus, ihren Praktiken und Repräsentationen übernehmen: So fand sie heraus, dass die von ihr befragten Arbeiter Lärmschutzmaßnahmen wie Ohrenstöpsel oder Kopfhörer ablehnten, weil ihnen dann für unverzichtbar gehaltene, arbeitsspezifische Erfahrungen mit Maschinen, ihren Rhythmen und Geräuschen, die einen reibungslosen Ablauf anzeigen, unmöglich wurden. Und nicht zuletzt erschwerten auch Vorstellungen von Männlichkeit und die Fabrikhierarchie die Durchsetzung von individuellem Lärmschutz (vgl. ebd., 74–81).

Hans-Joachim Braun (1998 und 2012) konkretisiert in seinen Untersuchungen schließlich den Zusammenhang von politischer Ökonomie und industriellem Lärmschutz für vier deutsche Herrschaftssysteme. Sein Erkenntnisinteresse an Gesetzgebungen, wissenschaftlichen Diskussionen, Präzisierungen von Messverfahren, Festsetzungen von Grenzwerten und Innovationsimpulsen im Maschinenbau bietet viele Anknüpfungspunkte für weitere Forschungen zum Klang der Fabrik. Vor allem sensibilisiert er technik- und wirtschaftsgeschichtlich für die unterschiedlichen Ziele, die in der Beschäftigung mit Fabriklärm zum Ausdruck kommen: von der Steigerung der Arbeitszufriedenheit über die Kostenersparnis bis hin zur Steigerung der Exportraten schallarmer Maschinenbauinnovationen. Braun regt letztlich eine international vergleichende Klangforschung im globalen Zusammenspiel von Deindustrialisierung und Industrialisierung an.

Die genannten Studien entwickeln jeweils zentrale konzeptionelle, theoretische und methodische Fragen für eine Befassung mit der Fabrik als Soundscape. Doch werden ihre ausgelegten Fährten kaum weiterverfolgt. Zuletzt publizierte zwar Heiner Stahl (2016) zum Klang der Fabrik, doch dies im Rahmen eines geschichtsdidaktischen Sammelbands zu ›sinnlichen Wahrnehmungen in der Geschichte‹. In einem mehr als 600 Seiten umfassenden Kompendium zum *Sound des Jahrhunderts* kommen Fabriken hingegen kaum vor (vgl. Paul/Schock 2013, 14). Sie interessieren allenfalls als Klang des Jahrhunderts, wenn sie wie in Luigi Nonos Komposition *La fabbrica illuminata* als Klangraum auf Tonbandspur aufgezeichnet und zu einem Musikstück verarbeitet wurden (vgl. Rathert 2013, 111).

Nono widmete diese Komposition aus dem Jahre 1964 mit Klängen von Hochofen und Walzwerk den Arbeitern von Genua-Cornigliano. Als er ihnen seine Komposition vorspielte, wollten sie wissen »wie aus Fabriklärm und Tarifverträgen Musik werden könne.« Sie bezogen, was sie hörten, auf sich. »Und dann warfen sie mir vor, die Geräusche in meinem Stück ›La fabbrica illuminata‹ seien bei weitem nicht so stark wie die, die sie gewöhnt seien.« Luigi Nono schloss daraus: »Jetzt wurde ihnen, durch den Vergleich, plötzlich bewußt, unter welchen akustischen Bedingungen sie arbeiteten, und sie begannen sich zu überlegen, ob das denn so sein müsse, und ob es nicht eine Möglichkeit gebe, das zu ändern« (Nono zit. nach Pauli 1971, 120). Während Luigi Nono sein Komponieren mit Betriebsgeräuschen als Parteinahme verstand und daraus eine Politisierung ableitete, lässt sich der Verweis der Stahlwerker auf die ›wirkliche‹ Lautsphäre auch als proletarisch-männliche Selbstbehauptung angesichts der Vereinnahmung durch Intellektuelle interpretieren.

Dass Betriebslärm heute keine große Rolle in den Sound Studies spielt, hat – so die These – damit zu tun, dass sich Intellektuelle und Akademiker/innen gegenwärtig nicht im selben Maße für das revolutionäre Potenzial der Arbeiterklasse interessieren wie noch in den 1960er/1970er Jahren und sich die Arbeitsgesellschaft zunehmend auflöst. Mit der Auslagerung von Fabrikarbeitsplätzen aus den Ländern Westeuropas und den USA schwindet in diesen Regionen der Welt der Bezug zur Lautsphäre der Fabriken, zu Arbeitsplatzgestaltung und Arbeitsschutz in der Industrie. Zudem haben Emissionsschutzgesetze und Arbeitsschutzmaßnahmen der 1970er Jahre gegriffen. In einer Gesellschaft, in der öffentlich nicht mehr über eine Humanisierung der Arbeitswelt diskutiert wird, sondern *Still*legungen und Verlagerungen von Arbeitsplätzen die Nachrichten dominieren, drängt die Frage nach dem Klang der Fabrik nicht mehr in den Vordergrund der wissenschaftlichen Agenda. Vielleicht schwingt in den Interessenslagen heutiger Sound Studies das bürgerliche Milieu der frühen Lärmschutzbewegungen nach, welches dem Straßen- und Wohnungslärm höhere Priorität einräumte (vgl. Thompson 2002, 115–130)?

Verwandte Beiträge: Kap. 9 (Dezibel); Kap. 17 (Soundscape); Kap. 20 (Geschichtswissenschaft); Kap. 25 (Neurowissenschaften); Kap. 28 (Soziologie); Kap. 35 (Lärm); Kap. 37 (Sirene); Kap. 38 (Stille); Kap. 70 (Gender); Kap. 71 (Herrschaftsrepräsentation).

Literatur

[Anonym:] Warum werden in der letzten Zeit so viele Bergleute verschüttet? In: *Der Bergknappe* 15/50 (10.12.1910).

Ausschuß zur Untersuchung der Erzeugungs- und Absatzbedingungen der deutschen Wirtschaft (Hg.): *Die Auswirkungen der Mechanisierung auf die Gesundheit des Bergmanns*. Bd. 2: *Die Arbeitsverhältnisse im Steinkohlenbergbau in den Jahren 1912 bis 1926*. Berlin 1928.

Beese, Birgit/Schneider, Brigitte: *Arbeit an der Mode. Zur Geschichte der Bekleidungsindustrie im Ruhrgebiet*. Essen 2001.

Bijsterveld, Karin: *Mechanical Sound. Technology, Culture, and Public Problems of Noise in the Twentieth Century*. Cambridge, MA 2008.

Bolenz, Eckhard/Karabaic, Milena (Red.): *Die erste Fabrik*,

Ratingen-Cromford, LVR-Industriemuseum Textilfabrik Cromford. Köln 1996.

Braun, Hans-Joachim: Lärmbelastung und Lärmbekämpfung in der Zwischenkriegszeit. In: Günter Bayerl/Wolfhard Weber (Hg.): *Sozialgeschichte der Technik*. Ulrich Troitzsch zum 60. Geburtstag. Münster 1998, 251–258.

Braun, Hans-Joachim: Turning a deaf ear? Industrial noise and noise control in Germany since the 1920s. In: Trevor Pinch/Karin Bijsterveld (Hg.): *The Oxford Handbook of Sound Studies*. Oxford u. a. 2012, 58–78.

Gruner, Justus: *Meine Wallfahrt zur Ruhe und Hoffnung oder Schilderung des sittlichen und bürgerlichen Zustandes Westphalens am Ende des achtzehnten Jahrhunderts*. 2 Bde. Frankfurt a. M. 1802/03.

Hachtmann, Rüdiger/Saldern, Adelheid von: »Gesellschaft am Fließband«. Fordistische Produktion und Herrschaftspraxis in Deutschland. In: *Zeithistorische Forschungen/ Studies in Contemporary History*, 6/2 (2009), Themenheft: *Fordismus*, 186–208.

Hauser, Heinrich: *Schwarzes Revier* [1930]. Essen 2010.

Klosterkötter, Werner (Hg.): *Experimentelle Untersuchungen zum Thema »Lärmpausen« einschließlich Untersuchungen über den Expositionstest gemäß VDI-Richtlinie 2058 Blatt 2*. Wilhelmshaven 1974.

Koch, Hans: *Betriebslärm, seine Folgen und seine Bekämpfung. Winke für die Praxis*. Soest 1954.

Paul, Gerhard/Schock, Ralph (Hg.): *Sound des Jahrhunderts. Geräusche, Töne, Stimmen – 1889 bis heute*. Bonn 2013.

Pauli, Hansjörg: Luigi Nono. In: Ders.: *Für wen komponieren sie eigentlich?* Frankfurt a. M. 1971, 106–127.

Rathert, Wolfgang: Fabriksirenen, Nebelhörner, Dampfbootpfeifen. In: Gerhard Paul/Ralph Schock (Hg.): *Sound des Jahrhunderts. Geräusche, Töne, Stimmen – 1889 bis heute*. Bonn 2013, 106–111.

Reininghaus, Wilfried/Weiß, Gisela: Eine Reise in die Moderne. In: Gisela Weiß/Gerd Dethlefs (Hg.): *»Zerbrochen sind die Fesseln des Schlendrians«. Westfalens Aufbruch in die Moderne*. Begleitbuch zur gleichnamigen Ausstellung 2002/03, Westfälisches Landesmuseum für Kunst und Kulturgeschichte Münster. Münster 2002, 45–48.

Schafer, R. Murray: *Klang und Krach. Eine Kulturgeschichte des Hörens*. Frankfurt a. M. 1988 (engl. 1977).

Schmidt, Uta C.: »Der Bergmann war immer von Signalen umgeben!« Das akustische Denkmal von Dortmund-Eving. In: *Technikgeschichte* 72/2 (2005), 127–147.

Smith, Mark M.: *Listening to Nineteenth-Century America*. Chapel Hill, NC 2001.

Smith, Mark M.: The garden in the machine. Listening to early American industrialization. In: Trevor Pinch/Karin Bijsterveld (Hg.): *The Oxford Handbook of Sound Studies*. Oxford u. a. 2012, 39–57.

Stahl, Heiner: Der Sound der Fabrik. Über die Zusammenhänge von Stadt, Industrie, Umwelt und Lärm um 1900. In: Bärbel Kuhn/Astrid Windus (Hg.): *Geschichte für Augen, Ohren und Nasen. Sinnliche Wahrnehmungen in der Geschichte*. St. Ingbert 2016, 45–60.

Thompson, Emily: *The Soundscape of Modernity. Architectural Acoustics and the Culture of Listening in America, 1900–1933*. Cambridge, MA 2002.

Thompson, Emily: Sound, modernity and history. In: Jonathan Sterne (Hg.): *The Sound Studies Reader*. London/ New York 2012, 117–129.

Uhl, Karsten: *Humane Rationalisierung? Die Raumordnung der Fabrik im fordistischen Jahrhundert*. Bielefeld 2014.

Weiß, Gisela/Dethlefs, Gerd (Hg.): *»Zerbrochen sind die Fesseln des Schlendrians«. Westfalens Aufbruch in die Moderne*. Begleitbuch zur gleichnamigen Ausstellung 2002/03, Westfälisches Landesmuseum für Kunst und Kulturgeschichte Münster. Münster 2002.

Wiethaup, Hans: *Lärmbekämpfung in der Bundesrepublik Deutschland, mit einem Überblick über das Lärmbekämpfungsrecht in Mitteldeutschland, Westeuropa und den USA*. Köln u. a. 1967.

Uta C. Schmidt

46 Kino

Das Kino ist ein multisensorisch angelegter Raum. Der Film, der vor unseren Augen auf der zweidimensionalen Leinwand abrollt, steht dem akustischem Phänomen Ton gegenüber, welches durch seine multidirektionale Erscheinungsform erst die räumliche Wirkung der Filmvorführung erzeugt und dadurch einen unverzichtbaren Teil des Kinoerlebnisses darstellt. Durch seine plastische Beschaffenheit vollzieht der Ton die physische und metaphorische Verankerung und Stabilisierung des Zuschauerkörpers im Raum, wie Thomas Elsaesser und Malte Hagener (2013, 165) feststellen. Der Kino-Raum manifestiert sich dabei in zweierlei Gestalt: einerseits als dreidimensionaler Zuschauerraum, als Auditorium, in dem die Zuseher/innen physisch anwesend sind, und andererseits als filmischer Raum auf der flächigen Projektionsleinwand, als imaginärer Raum des Films. Die Filmgeschichte ist gekennzeichnet vom Verhältnis dieser beiden Räume, die teils eng ineinandergreifen und dann wieder scharf voneinander getrennt erscheinen. Diese Beziehung zwischen *auditorium-space* und *screen-space* (vgl. Elsaesser 2000, 39) war in den ersten beiden Dekaden des Kinos besonders durch den Sound eine äußerst verflochtene und driftete erst mit dem Aufkommen des ›klassischen Erzählkinos‹ und der Einführung des Tonfilms allmählich auseinander. Spätestens seit dem ›Kino der *special effects*‹ der 1990er Jahre gilt der filmische Raum – nicht zuletzt durch den Einsatz moderner Soundtechnologien – wieder als entgrenzt und als in den Zuschauerraum ›(hin-)eingreifend‹ (vgl. ebd., 36).

In der Vor- und Frühgeschichte des Kinos gestaltete sich der Raum der Filmvorführung auf höchst unterschiedliche Weise. Thomas Edisons Kinetoskop, ein Vorläufer des Kinos und erstmals 1891 vorgeführt, ermöglichte einzelnen Personen das Betrachten eines kurzen Films (Guckkastenkino). Ab 1895 gab es die ersten öffentlichen Filmvorführungen, und das Medium fand Eingang in heterogene Lokalitäten (Wanderkinos, Gaststätten, Jahrmarktbuden, Varietétheater) als Teil eines vielfältigen Unterhaltungsprogrammes, das den Film zum Gemeinschaftserlebnis machte. Somit war die Kinoerfahrung um die Jahrhundertwende durch die vielfältigen Vorführorte des jungen Mediums keineswegs eine laut- oder tonlose. Das Kino galt als Kennzeichen der Großstadt, als Verlängerung des öffentlichen Raums und somit als akustische Verlängerung der Straße. Der Sound im frühen Kino, d. h. dem Kino der 1910er Jahre und davor, umfasste je nach Standort Ausrufer, Filmerzähler, mechanische Instrumente im Foyer und im Kinoraum, in den Saal dringenden Straßenlärm, Schauspieler/innen, die den Dialog von hinter der Leinwand vortrugen, das Knarren und Surren des Projektors und nicht zuletzt die Geräusche des Publikums: Zwischenrufe, Gespräche, lautes Mitlesen der Zwischentitel, Mitsingen, Applaus, Essgeräusche etc.

Um die Jahrhundertwende verlagerte sich die Filmvorführung in eigens errichtete Kinos und adaptierte Geschäftslokale, die als Ladenkinos – in den USA ›Nickelodeons‹, in Berlin ›Kintopps‹ genannt – institutionalisiert wurden. Einhergehend mit dem Übergang zum sogenannten Kino der narrativen Integration (ab ca. 1917) war die architektonische Aufwertung der Vorführorte ein wesentliches Merkmal der ›Veredelung‹ der Filmindustrie: Aufgelassene Theater wurden für Filmvorstellungen adaptiert, die Architektur der ersten Kinopaläste orientierte sich an Theater- und Opernbauten. Bedingung für die veränderten Räumlichkeiten der Filmvorführung war die enorme Kinoexpansion während und nach dem Ersten Weltkrieg. Mit der Institutionalisierung des Kinowesens, der erzählerischen Konventionalisierung und der damit verbundenen Aufwertung der Kinomusik wurden auch die Zuschauer/innen individualisiert und ›domestiziert‹ und die vielfältige Geräuschkulisse im Kino zunehmend von der zum Film passenden Begleitmusik abgelöst.

Der Besuch eines Großkinos in einer Weltmetropole ab den späten 1910er Jahren bot neben dem Hauptfilm eine Reihe von artistischen und musikalischen Einlagen sowie ein architektonisches Erlebnis des theatralen Raumes, das sich in großzügig angelegten Foyers, imposanten Treppen, Kronleuchtern, Logen sowie aufwendig ausgestatteten Bühnen ausdrückte. Ein Kinoorchester bestehend aus 30 bis 60 Musiker/innen war keine Seltenheit und galt als Hauptattraktion neben dem Film. Zur selben Zeit beschäftigten tausende von Vorstadtkinos kleine musikalische Gruppierungen oder einzelne Musiker/innen, zumeist Pianist/innen. Der Kinoraum war somit ein heterogener Vorführort, der insbesondere in seiner Anfangszeit verschiedene soziale und ökonomische Funktionen erfüllte und sein Publikum aus unterschiedlichen gesellschaftlichen Schichten rekrutierte.

D. Morat, H. Ziemer (Hrsg.), *Handbuch Sound*, https://doi.org/10.1007/978-3-476-05421-0_46

Kino als performative Körpererfahrung: Sound(s) im Kino des frühen Films

»Das vielleicht herausragendste Merkmal des frühen Kino-Erlebnisses war die Musik bzw. der Ton, die Geräusche und der Kommentar«, schreibt Elsaesser (2000, 41). Es ist bezeichnend, dass der Begriff ›Stummfilm‹ erst in der Übergangszeit zum Tonfilm aufkam, als Historiker und Praktiker retrospektiv das Label des stummen Films – eine Bezeichnung, die ein Manko impliziert – aufgriffen. Die oft kolportierte ›Gespensterhaftigkeit‹ der ersten Filme gründete auf den sich bewegenden und sichtlich sprechenden Körpern im Film, dessen fehlende akustische Dimension von Kinomusiker/innen, Straßengeräuschen und den Zuschauer/innen selbst produziert wurde. Das zentrale Charakteristikum der Tonerzeugung im frühen Kino war die Unmittelbarkeit und Einzigartigkeit der akustischen Beigabe, welche jede Filmvorführung als performatives und nicht-reproduzierbares Ereignis markierte. Die Bedeutungsebenen, die den stummen Bildern durch die live erzeugten Töne (Musik, Geräusche und Sprache) hinzugefügt wurden, waren gefärbt von der lokalen Musikkultur sowie von den Hörgewohnheiten des Publikums.

Die historische Entwicklung des Sounds im Kino muss daher im Hinblick auf die Wechselwirkungen des Mediums mit etablierten Kunstsparten (Konzertsaal, Vaudeville, Oper/Operette) und neuen Technologien (Radio, Telefonie, Mikrofon, Lautsprecher) gelesen werden. Mit Beginn des Ersten Weltkrieges fungierte das Kino zudem als Ort politischer Manifestationen, was sich auch auf der akustischen Ebene äußerte. In amerikanischen Großstadtkinos sollte ab 1916 das sogenannte *community singing*, das gemeinsame Singen der Zuschauer/innen im Kino, zur Solidarisierung der Bevölkerung beitragen.

Die direkte Form der Zuschaueradressierung – welche nicht zuletzt durch die körperliche Anwesenheit der Musiker/innen intensiviert wurde – findet sich vor allem im frühen Film, dessen Fokus auf das Darstellen und Zeigen einer Handlung und dessen enge Beziehung zu präexistenten Unterhaltungsformen mit Tom Gunnings Konzept eines ›Kinos der Attraktionen‹ eine historische und ästhetische Konkretisierung erfuhr (vgl. Gunning 1990). Die aktive Zuschauerhaltung rührt auch daher, dass Film in der Tradition von Varietés und anderen Schaustellungen stand, im Gegensatz zum Sprechtheater, in dem eine aufmerksame Rezeptionshaltung Voraussetzung für die Verständlichkeit des Gesprochenen war. Mit der steigenden Dominanz von Illusion und Narration etablierte sich das klassische Erzählkino, das die Zuseher/innen zu passiven Konsument/innen ›erzieht‹ und Geräusche aus dem Auditorium zunehmend unterbindet; der filmische Raum und der Zuschauerraum driften auseinander.

Vom kollektiven zum individuellen Zuschauen: Die Domestizierung des Publikums durch den Tonfilm

Das Kino ist ein kulturell codierter Raum, in dem nicht nur die Zuschauer/innen den gesellschaftlich geprägten Konventionen entsprechen, sondern auch die dort konsumierten Produkte, der Film und sein Sound. Bereits im frühen Kino wurden Hörgewohnheiten angelegt, die in der Tonfilmproduktion standardisiert und technisiert wurden. Zuvorderst stand die technische Synchronisation von Ton und Bild, die seit der Erfindung des Mediums erklärtes Ziel war und auf Edisons berühmten Ausspruch zurückgeht, er wolle mit dem Kinetoskop einen Apparat erfinden, der »dem Auge das bietet, was der Phonograph dem Ohr bietet« (zit. nach Prokop 2017, 329).

Der Einführung des Tonfilms gingen jahrzehntelange Bestrebungen und technische Innovationen voraus, Ton und Bild gleichzuschalten, was besonders aufgrund des Sprechaktes und des Singens von hoher Bedeutung war (vgl. Wedel 1999; Gomery 2004; Mühl-Benninghaus 1999). Mit dem Erfolg des Warner-Bros.-Films *The Jazz Singer* (USA 1927), in dem Hauptdarsteller Al Jolson neben den Gesangsnummern einige Zeilen Dialog improvisierte, kam 1927 die große Wende: Das Sprechen und Singen der bis dahin stummen Schauspieler/innen wurde hörbar gemacht. Durch den Tonfilm war die davor nur in großstädtischen Kinopalästen gespielte sinfonische Filmbegleitmusik bald in jedem Kleinstadtkino verfügbar und galt als Symbol für den Triumph des Kinowesens der 1920er Jahre. Wo der Film als Massenmedium zuvor bereits zur Demokratisierung unterschiedlicher sozialer Publikumsschichten beigetragen hatte, vervollständigte sich dieser Prozess auf der Ebene der Kinomusik, welche nun zur eigentlichen Filmmusik wurde.

Die Umstellung auf den Tonfilm während der Jahre 1926 bis 1933 stellte den bis dato drastischsten Einschnitt für die Wahrnehmung von Sound im Kino dar. Die Kontrolle über den Sound im Kino verlagerte sich von den vorführenden Instanzen hin zur Produktionsseite, die akustischen Signale (Dialog, Musik und Soundeffekte) waren nun mechanisch fixiert und blendeten Geräusche aus dem Zuschauerraum zunehmend aus. Michel Chion (1994, 5) spricht vom Prinzip des Vokozentrismus des frühen Tonfilms, der die Verständlichkeit des Dialoges als oberstes Gebot postulierte. Dieses wurde besonders mithilfe von Postproduktionstechniken (*rerecording*, *mixing*) verwirklicht, indem anfängliche Störfaktoren der Produktion (laute Kameras, statisch wirkende Schauspieler/innen) ausgeschaltet und die umständliche Live-Aufzeichnung der verschiedenen Soundtrack-Komponenten eliminiert wurden. Der Einsatz von Tonfilmtechnologien veränderte das Verhältnis von Bild und Ton radikal, die Möglichkeit, einen ›auditiven Realismus‹ möglichst störungsfrei und ohne Nebengeräusche nachzubilden, rückte in greifbare Nähe. Emblematisch dafür waren die zahlreichen und nicht immer geglückten Versuche der jungen Tonfilmindustrie, die Musik diegetisch, also als der imaginierten Welt des Films zugehörig, zu legitimieren.

Vom auditiven Realismus zur Hyper-Realität

»What begins to germinate with the advent of stereophonic sound is the idea that cinematic sound could be an aural experience that exceeds, not duplicates reality« (Kalinak 2015, 6). Durch die Konkurrenz des Fernsehens, welches das Kino ab den 1950er Jahren in eine wirtschaftliche Krise drängte, sahen sich Filmemacher/innen und Kinobesitzer/innen gezwungen, dem Publikum neue Attraktionen zu bieten, um sie vom Bildschirm zurück vor die Leinwand zu locken. Auf die dramatischen Neuerungen in der Bildtechnologie als Reaktion auf die Kinokrise während der 1950er Jahre – man denke an den Widescreen-Look der CinemaScope-Filme – folgten einige Jahre später enorme Fortschritte der Tontechnologien, die eng mit den Entwicklungen der Musikindustrie der 1970er Jahre verknüpft waren und im Einsatz von Dolby-Stereo-Systemen als Industriestandard kulminierten.

Mit der Einführung von Digital-Surround-Sound-Systemen (5.1-Kanalton) in den 1990er Jahren wurde der Kinobesuch zusehends zu einem somatischen Ganzheitserlebnis, in dessen Exekution der Ton eine wesentliche Rolle einnahm, indem er die Hierarchie zwischen Bild und Ton infrage stellte (vgl. Elsaesser/Hagener 2013). Paradoxerweise, könnte man meinen, solle die technologische Aufrüstung des Kinoraums den Zuschauer bzw. die Zuschauerin wie in einem Traum in das filmische Geschehen aufnehmen und dabei vergessen machen, dass er/sie in einem Kinosaal sitzt. Die Filmtheoretikerin Mary Ann Doane bezog dabei schon Anfang der 1980er Jahre eine explizit ideologiekritische Stellung gegenüber dieser Entwicklung: »Technical advances in sound recording (such as the Dolby system) are aimed at diminishing the noise of the system, concealing the work of the apparatus, and thus reducing the distance perceived between the object and its representation« (1980, 35). Anstelle einer Manipulation und der Maskierung des technischen Apparats attestiert jedoch Barbara Flückiger (2001, 51) Blockbuster-Filmen wie *Alien* (USA/GB 1979), *Star Wars* (USA 1977) oder *Close Encounters of the Third Kind* (USA 1977) eine Fetischisierung der neuen technischen Applikationen. Ein treffendes Beispiel stellt der seit dem postklassischen Kino der 1970er Jahre mit hoher mediengeschichtlicher Bedeutung aufgeladene Begriff des ›Sounddesigners‹ dar, welcher erstmals Walter Murch für seine Arbeit an *Apocalypse Now* (USA 1979) zugeschrieben wurde. Auch wenn viele der technologischen und konzeptionellen Strategien der Surround-Sound-Systeme zur Generation vor Murch zurückverfolgt werden können (vgl. Dienstfrey 2016; Beck 2016), gelten die 1970er Jahre dennoch als Wendepunkt der Filmtonindustrie, nicht zuletzt durch das Aufkommen der unabhängigen Filmproduktion (New Hollywood) und der damit verbundenen Aufwertung kreativen Sounddesigns.

Bereits mit der kommerziellen Einführung der Stereophonie in den 1950er Jahren wurde das oft postulierte Primat des Visuellen im Kino infrage gestellt, da der Ton nicht mehr eindeutig von Lautsprechern hinter der Leinwand (Mono-Sound), also ›vom Bild‹ kam, sondern den Zuschauer bzw. die Zuschauerin durch die neue Anordnung der Tonquellen akustisch völlig einhüllte. Durch die so gesteigerte akustische Suggestionskraft führte diese Verschränkung der Schallquellen zu Orientierungsproblemen der Zuseher/innen, die Geräusche nun neben und hinter sich orteten, was die Illusion der diegetischen Welt des Films bedrohte; eine Kritik, die sich bis heute hält (vgl. Kalinak 2015, 7).

Neben der räumlichen Verortung der Tonquelle im Kinosaal wurde die Materialität des Klanges essenziell, und anstatt eines auditiven Realismus strebten Tontechniker/innen und Filmemacher/innen einen Mehrwert des Filmsounds an. Mit dem Dolby-Stereo-System wurden zunehmend tiefere Frequenzen des Filmsounds verstärkt, welche Vibrationen hervorrufen und die Zuschauerkörper taktil stimulieren sollten. Jay Beck und Vanessa Theme Ament bezeichnen die modellierbare Beschaffenheit des Klangs und die Möglichkeit, eine Reihe von akustischen Informationen in den Soundtrack zu packen als »enhanced realism«, als ›überhöhten Realismus‹ (2015, 126). Derzeit verwendete Soundformate wie Dolby Surround Sound, Immersive Sound und Dolby Atmos, die entweder das 5.1-, 7.1- oder 23.1-Kanalton-System verwenden, ermöglichen die exakte Platzierung von Soundeffekten sowie dynamische Tonbewegungen im Kinosaal. Die Zuseher/innen sollen den Eindruck bekommen, dass sich das Gezeigte nicht nur visuell (3D), sondern auch akustisch von der Leinwand löst und sie sich inmitten des Filmgeschehens befinden. Wurde die Zuschauerhaltung im frühen Film als aktiv verstanden, so kann das heutige Kinoerlebnis als immersiv gelten.

Aktuelle Forschungen zum Kinosound profitieren von der Verschiebung der wissenschaftlichen Aufmerksamkeit von der Filmgeschichte hin zur Kinogeschichte, insbesondere von den analytisch-theoretischen Zugängen Elsaessers (*media archeology*) und Rick Altmans (*crisis historiography*). Die neue Erforschung der akustischen Ebene im frühen Kino liefert theoretische Impulse für die Beschäftigung mit aktuellen Medienlandschaften- und Konsumgewohnheiten (vgl. Elsaesser 2000), zumal die Ansätze der New Film History den Zuschauer bzw. die Zuschauerin zum zentralen Bezugspunkt der Forschung erkoren haben und somit das Kino als kognitiven Erfahrungs- und Erlebnisraum begreifen, dessen Ziel es ist, den Zuseher bzw. die Zuseherin sensorisch vollkommen zu beanspruchen.

Die Filmindustrie, deren Produkte sowohl der Film als letztlich auch das Kinoerlebnis selbst sind, kreiert einen multisensorischen Bezugsrahmen, der sich visuell durch IMAX, 3D und HFR, akustisch und taktil durch Surround-Sound-Systeme sowie gustatorisch durch *movie theater dining* inklusive Kellner/innen auf Knopfdruck manifestiert, um in der medialen Omnipräsenz überleben zu können. Das Kino des noch jungen 21. Jahrhunderts sucht nach Möglichkeiten, Ton (und Bild) zu entfesseln, um den physischen Raum wieder mit dem filmischen Raum zu verschmelzen und so dem seit Jahrzehnten postulierten ›Tod des Kinos‹ zu entgehen.

Verwandte Beiträge: Kap. 16 (Sounddesign); Kap. 49 (Konzertsaal); Kap. 54 (Opernhaus); Kap. 55 (Salon); Kap. 57 (Straße); Kap. 64 (Phonograph).

Literatur

Altman, Rick (Hg.): *Sound Theory, Sound Practice*. New York/London 1992.

Altman, Rick: *Silent Film Sound*. New York 2004.

Anderson, Tim: Reforming ›jackass music‹. The problematic aesthetics of early American film music accompaniment. In: *Cinema Journal* 37/1 (1997), 3–22.

Beck, Jay: *Designing Sound. Audiovisual Aesthetics in 1970s American Cinema*. New Brunswick, NJ 2016.

Beck, Jay/Ament, Vanessa Theme: The New Hollywood, 1981–1999. In: Kathryn Kalinak (Hg.): *Sound. Dialogue, Music, and Effects*. New Brunswick, NJ 2015, 107–132.

Bordwell, David/Staiger, Janet/Thompson, Kristin: *The Classical Hollywood Cinema. Film Style and Mode of Production to 1960*. New York 1985.

Chion, Michel: *The Voice in Cinema*. New York 1999 (frz. 1982).

Dienstfrey, Eric: The myth of the speakers. A critical reexamination of Dolby history. In: *Film History* 28/1 (2016), 167–193.

Doane, Mary Ann: The voice in the cinema. The articulation of body and space. In: *Yale French Studies* 60 (1980), 33–50.

Elsaesser, Thomas: Wie der frühe Film zum Erzählkino wurde. Vom kollektiven Publikum zum individuellen Zuschauer. In: Irmbert Schenk (Hg.): *Erlebnisort Kino*. Marburg 2000, 34–54.

Elsaesser, Thomas/Hagener, Malte: *Filmtheorie zur Einführung*. Hamburg [4]2013.

Flückiger, Barbara: *Sound Design. Die virtuelle Klangwelt des Films*. Marburg 2001.

Gomery, Douglas: *The Coming of Sound. A History*. New York 2004.

Gunning, Tom: The cinema of attractions. In: Thomas Elsaesser (Hg.): *Early Cinema. Space Frame Narrative*. London 1990, 56–62.

Kalinak, Kathryn: Introduction. In: Dies. (Hg.): *Sound. Dialogue, Music, and Effects*. New Brunswick, NJ 2015, 1–14.

Kerins, Mark: *Beyond Dolby (Stereo). Cinema in the Digital Sound Age*. Bloomington, IN 2010.

Lastra, James: *Sound Technology and the American Cinema. Perception, Representation, Modernity*. New York 2000.

LoBrutto, Vincent (Hg.): *Sound-On-Film. Interviews with Creators of Film Sound*. Westport, CT 1994.

Mühl-Benninghaus, Wolfgang: *Das Ringen um den Tonfilm. Strategien der Elektro- und Filmindustrie in den 20er und 30er Jahren*. Düsseldorf 1999.

Prokop, Dieter: *Geschichte der Kulturindustrie*. Hamburg 2017.

Wedel, Michael: Messter's ›silent‹ heirs. Sync systems of the German music film 1914–1929. In: *Film History* 11/4 (1999), 465–476.

Wierzbicki, James: *Film Music. A History*. New York 2009.

Anna K. Windisch

47 Kirche

Der griechische Begriff *ecclesia* bezeichnete ursprünglich kein Gebäude, sondern eine Versammlung von Menschen, die zusammenkamen, um Gott anzubeten – entweder in Privathäusern oder an speziell für den Gottesdienst eingerichteten Orten (vgl. Roth/Roth Clark 2013, 186). Das Wort ›Kirche‹ erlangte in unterschiedlichen Konfessionen und historischen Epochen und an verschiedensten geographischen Orten unterschiedliche Bedeutungen. Diese wiederum waren mit unterschiedlichen theologischen Konzepten der Beziehung zwischen Gott und der Welt verbunden, die oft im Zentrum historischer Debatten über die Heiligkeit des Raums standen (vgl. Spicer/Hamilton 2006).

Permanente Kirchengebäude, oft über Generationen und für Jahrhunderte gebaut und geplant, stellen ein wichtiges Verbindungsglied zwischen den historischen christlichen Gemeinden dar, die häufig Räumlichkeiten übernahmen, deren architektonische und akustische Eigenschaften nicht mehr den neuen liturgischen Formen und Anforderungen entsprachen. Während mittelalterliche Kathedralen mit hohen Gewölbedecken und langen Kirchenschiffen perfekt für die langen Nachhallzeiten gregorianischer Gesänge und gut geeignet für eine monophone Liturgie waren, war ihre Akustik keineswegs ideal für das Verständnis der gesprochenen Rede, das nicht zuletzt für protestantische Gottesdienste von entscheidender Bedeutung ist, bei denen die Predigt im Mittelpunkt steht. Ebenso wenig geeignet waren sie für bestimmte musikalische Formen wie die komplexe Polyphonie des *canto figurato* in der italienischen Renaissance, das ein delikates Gleichgewicht zwischen Resonanz und Klarheit benötigt (vgl. Reymond 1996, 220–235; Desarnaulds 2002; Kleiner/Klepper/Torres 2010; Howard/Moretti 2009). In solchen Fällen wurde eine enge Verbindung zwischen architektonischer Akustik und dem Hörerlebnis erkannt: Während die Protestanten versuchten, die Verständlichkeit der Predigt durch das Neuarrangement des Kircheninneren und den Einsatz von Akustiktechnologie wie Resonanzböden und Schalldeckeln zu verbessern, was einer großen Zahl an Teilnehmern gute Hörbedingungen sicherte, wurden in den italienischen Kirchen schwere Wandteppiche im Chor aufgehängt und die Position der Sänger verändert.

Architektonische Akustik galt als wirkmächtige Kraft im religiösen Hörerlebnis und wurde den auditiven Bedürfnissen historischer Gemeinden angepasst, die Gebäude für spezifische liturgische Nutzungen in gewisser Weise wie ein Instrument stimmten. Gleichzeitig wurden musikalische wie auch Sprechgattungen von der Akustik der Kirchen geformt, in denen sie aufgeführt wurden. Der konkrete Raum einer Kirche und seine Akustik fungierten also nicht als eine Kulisse, vor der sich religiöses Leben und dessen Veränderungen abspielten, sondern vielmehr als wichtige Akteure, die einerseits das religiöse Erleben formten und andererseits auch selbst von ihm transformiert wurden.

Multidisziplinärer Ansatz für die Kirchenakustik

Restaurierungen und archäologische Untersuchungen europäischer Kirchengebäude lösten im 19. Jahrhundert ein erneuertes Interesse an den akustischen Eigenschaften von Gotteshäusern aus. Dazu trugen insbesondere die europaweiten Entdeckungen von in Kirchenböden oder -wänden eingelassenen Schallgefäßen (*echea*) bei, deren Zweck es höchstwahrscheinlich war, die Hörbarkeit der menschlichen Stimme zu verbessern. Es sollte allerdings bis zur Mitte des 20. Jahrhunderts dauern, bis die Akustik von Kirchen systemisch mit Vor-Ort-Messungen untersucht wurde (vgl. Desarnaulds 2002, 107–162; Arns/Crawford 1995; Valière et al. 2013). Obwohl vielerlei akustische Daten aus unterschiedlichen europäischen Kirchen gesammelt wurden, wurden die akustischen und auditiven Eigenschaften von Kirchengebäuden kaum aus einer kulturhistorischen Perspektive untersucht; auch die Beziehung zwischen Musik, Rede und Architektur wurde von der Wissenschaft bisher wenig beachtet. Jüngere Studien wie die von Deborah Howard und Laura Moretti (2009) legen nahe, dass es eines multidisziplinären Ansatzes bedarf, der nicht nur die konkreten Daten berücksichtigt, die durch archäo-akustische Schallkartierungen oder Feldmessungen zustande kommen, sondern auch den kulturgeschichtlichen Kontext, in dem die Kirchen gebaut, verwendet und gestimmt wurden, um spezifische liturgische Anforderungen zu erfüllen.

In seinen *Bekenntnissen* erinnert sich Augustinus an die starke sinnliche und emotionale Wirkung, die er erlebte, als er nach seiner Bekehrung zum Christentum Kirchenlieder hörte. Obwohl er die andächtige Funktion religiöser Musik preist, gibt er gleichzeitig zu, dass ihm die Melodie zu viel Vergnügen bereitet und er sich mehr auf die Worte hätte konzentrieren sollen (*Confessiones* X, 50). Eine solche Spannung zwischen dem Nutzen und der Schönheit liturgischer Musik einerseits und der Sorge, die Melodie könnte die Aufmerksamkeit des Gläubigen von der Bedeu-

D. Morat, H. Ziemer (Hrsg.), *Handbuch Sound*, https://doi.org/10.1007/978-3-476-05421-0_47

tung der Worte ablenken, andererseits, wurde in den folgenden Jahrhunderten immer wieder von religiösen Denkern aufgenommen und hatte Auswirkungen auf die Formen und Gattungen religiöser Musik wie auch auf die akustische Gestaltung der Räume, in denen diese Musik aufgeführt wurde.

Das Christentum war immer schon mit unterschiedlichen Wahrnehmungsprojekten beschäftigt, die die Steuerung der Sinne zum Inhalt hatten, was sich auch direkt in den akustischen Eigenschaften der Innenräume von Kirchen widerspiegelte, wo bestimmte Hörerlebnisse und akustische Beziehungen über andere privilegiert wurden. Während den Protestanten vor allem die gute Hörbarkeit der gesprochenen Predigt wichtig war, begleitet vom schweigenden Zuhören des Publikums (vgl. Reymond 1996; Hunt 2010), überlappten sich in der mittelalterlichen Messe unterschiedliche akustische Räume, bis die Altarglocke beim Hochheben der Hostie geläutet wurde (vgl. Spicer/Hamilton 2006, 8). Sowohl Verstärkung als auch Begrenzung und Anpassung bestimmter Klänge waren das Ergebnis des Zusammenspiels etlicher theologischer, soziokultureller, physiologischer und materieller wie auch technologischer Faktoren, die sich nicht voneinander trennen lassen.

Musik, Rede und Architektur

Hinsichtlich der auditorischen Aspekte der christlichen Liturgie können wir zwischen Gottesdiensträumen unterscheiden, die entweder für das gesprochene Wort oder für Musik gebaut bzw. baulich angepasst wurden. Obwohl sowohl Rede als auch Musik in den christlichen Kirchen eine Rolle spielten, waren die akustischen Bedingungen üblicherweise nur für eine von beiden optimal: Während längere Nachhallzeiten im Allgemeinen besser für Musik geeignet sind, sind Gebäude mit geringerer Nachhallzeit zweckmäßiger für die Rede (vgl. Everest/Pohlmann 2015, 172). Obwohl die Raumakustik als wissenschaftliche Disziplin erst um 1900 von dem US-amerikanischen Physiker Wallace Clement Sabine etabliert wurde, reicht die Geschichte der Untersuchungen zum Wesen und zur Übertragung von Klang bis in die Antike zurück (vgl. Miller 1935; Howard/Moretti 2009, 6–9; Arns/Crawford 1995, 124–130). Es ist klar, dass schon die historischen Baumeister christlicher Kirchen über ein – allerdings begrenztes – empirisches Wissen um das Verhalten von Klang in gebauten Räumen verfügten.

Es scheint, dass die Geschichte der Raumakustik zumindest bis zu einem gewissen Grad mit der Geschichte des Baus christlicher Kirchen verwoben ist, zu der einige der akustisch beeindruckendsten Gebäude in Europa vom frühen Mittelalter bis in die Moderne gehören. Während beispielsweise die Verbindung zwischen der Geschichte der Akustik und dem Theaterbau untersucht wurde (vgl. z. B. Tkaczyk 2014), steht die Erforschung der genauen Rolle der Kirchenakustik im Rahmen der Weiterentwicklung des Wissens über den Klang noch aus. Wissenschaftlerinnen und Wissenschaftler sind sich tendenziell uneinig, ob die akustische Gestaltung von Gottesdiensträumen bewusst erfolgte bzw. eine Reaktion auf spezifische liturgische Bedürfnisse war oder ob die Akustik im Inneren von Kirchen ein rein zufälliges Ergebnis anderer pragmatischer Bauanliegen wie der Langlebigkeit des Materials, des Volumens und der visuellen Symbolik der Räume war.

Barry Blesser und Linda Salter (2009) argumentieren, dass für christliche Liturgie typische Musik- und Sprechgattungen von bereits bestehenden akustischen Eigenschaften der Gottesdiensträume bestimmt wurden. Stark nachhallende gemauerte Kathedralen, die das Verständnis von gesprochener Rede beeinträchtigen, weil sie die tieferen Konsonanten überdecken, zwingen den Sprecher oder die Sprecherin dazu, langsam zu sprechen und starke stimmliche Modulationen zu vermeiden, um verstanden zu werden (vgl. Everest/Pohlmann 2015, 172 f.). In der barocken Kunst der Deklamation waren Tonlage, Rhythmus und Akzent der Rede an die physischen Räume angepasst, und zwar nicht nur, um das Verstehen zu sichern, sondern auch, um die versteckte Anwesenheit des Göttlichen im Raum zu manifestieren (vgl. Green 2001). Um eine solche Beziehung zwischen Religion und Klang zu bezeichnen, wurde der Begriff ›Earcon‹ geprägt, der sich auf Verbindungen zwischen spezifischen Klängen und ihrem räumlichen Kontext bezieht: So erhalten für bestimmte religiöse Räume typische Klänge wie das Echo symbolische Bedeutungen, die mit religiösem Erleben assoziiert sind, auch wenn etwa die Anwesenheit eines Echos im Raum ein rein zufälliges Ergebnis der beim Bauen verwendeten Materialien oder der Proportionen sein mag (vgl. Blesser/Salter 2009, 82 f.).

Auch Komponisten beachteten die Räume, in denen ihre Musik aufgeführt werden sollte, und passten ihre Werke dementsprechend an (vgl. Beranek 1962). Hallende Basiliken und Kathedralen, mit harten, langlebigen Materialien gebaut, verfügen über eine Akustik, die für Musikinstrumente wie Orgel, Saiten-, Blas- oder Blechinstrumente ideal ist, eignen sich aber auch für Gemeindegesänge und (antiphonische) Antwortgebete (vgl. Kleiner/Klepper/Torres 2010, 233–235). Eher traditionell argumentierende Wissenschaftlerinnen und Wissenschaftler wie der Kunsthistoriker Rudolf Wittkower (1949) gehen dabei davon aus, dass die Gebäude im Mittelalter und in der Renaissance oft im Einklang mit abstrakten pythagoreischen Ideen von idealen musikalischen Verhältnissen und himmlischen Harmonien gebaut wurden, wie sie in den Werken von Augustinus und Boethius zu finden sind. Die Beziehung zwischen Akustik und Architektur war demnach eher kosmologischer und mathematischer als praktischer Natur (vgl. auch Blesser/Salter 2009, 88–91).

Die konkrete Untersuchung akustischer Technologie (Resonanzböden und Kanzeldecken, erhöhte Kanzeln, Innenausstattung von Kirchen) und architektonischer Gestaltung (Größe und Proportionen der Gebäude sowie verwendete Materialien) einzelner europäischer Kirchen lassen andere Wissenschaftlerinnen und Wissenschaftler dagegen zu dem Schluss kommen, dass religiöse Gebäude häufig entweder mit spezifischen akustischen Absichten gebaut wurden oder ihre Akustik später gezielt verbessert und an neue Sprech- und Musikformen angepasst wurde (vgl. z. B. Desarnaulds 2002). Die Vorstellung, dass mithilfe spezifischer akustischer Technologien Gebäude wie Instrumente gestimmt werden können, lässt sich möglicherweise mit Entdeckung der bereits erwähnten *vases acoustiques* belegen, jener Schallgefäße, die vom 11. bis zum 16. Jahrhundert in christlichen Kirchen verbaut wurden. Die Forschung zur Geschichte dieser ›Vasen‹ – die auch als Weiterführung der in Vitruvs *De architectura libri decem* beschriebenen Praxis gelten, in Amphitheatern Bronzevasen aufzustellen – hat gezeigt, dass diese mit der Absicht verwendet wurden, die akustischen Merkmale einer Kirche zu manipulieren. Während einige historische Akteure von deren nützlichem Effekt für Gesang und Resonanz überzeugt waren, installierten andere sie, um das gesprochene Wort zu stützen (vgl. Valière et al. 2013; Arns/Crawford 1995). Der tatsächliche akustische Effekt dieser Technologie bleibt indes unklar: Einige Feldmessungen zeigen, dass das Positionieren der ›Vasen‹ in Kirchenmauern ein delikates Problem ist und ihre Effizienz von einer Vielzahl von unterschiedlichen Faktoren und Parametern beeinflusst wird – von der Größe, Zahl und Position der Gefäße bis zu den Proportionen des Gebäudes und dem Resonanzbereich des stimmlichen Auftritts (vgl. Desarnaulds 2002, 107–162; Arns/Crawford 1995).

Ein wichtiger Aspekt der Gestaltung und Manipulation von Klang war die Forderung nach Klangklarheit und Verständlichkeit, die zwar bereits im Mittelalter erhoben worden war, im Zuge der wortfixierten Reformation jedoch, wie bereits erwähnt, schlechterdings zur Notwendigkeit wurde und erhebliche Interventionen in die Akustik vorreformatorischer Kirchen nach sich zog. Dazu gehörten die Vereinheitlichung von Kircheninnenräumen, die Entfernung hölzerner Trennwände, die Installation von Bänken und die Positionierung von Kanzeln an den akustisch am besten geeigneten Stellen im Kirchenraum. Schalldeckel wurden über den Kanzeln installiert, um das Gesprochene besser und deutlicher verstehen zu können und die Verzögerung der Schallreflexion von der Decke zu vermindern (vgl. Reymond 1996, 220–228; Desarnaulds 2002, 163–194; Grosse 2005). Ähnlich wie bei den ›Vasen‹ wurde bemerkt, dass sich der akustische Effekt des Schalldeckels je nach seiner Form und Größe (flach oder schräg) sowie nach der Größe des Raums zwar änderte, dass er aber für die bessere Hörbarkeit der gesprochenen Rede an weiter von der Kanzel entfernten Plätzen im Kirchenraum keine Vorteile brachte. Im Gegensatz dazu waren einige der jüngeren religiösen Gebäude, die ab dem 17. Jahrhundert gebaut wurden, nachweislich besser geeignet für das Hören des gesprochenen Wortes als die meisten ihrer mittelalterlichen Vorgänger. Darauf, dass Kassettendecken aus Holz besser für Predigten geeignet sind, hatte bereits im 15. Jahrhundert Leon Battista Alberti hingewiesen (vgl. Alberti 1988, 195). Diese Decken finden sich schließlich in den Plänen einiger protestantischer und reformierter Kirchen, für die zentralisierte Grundrisse, niedrigere Decken und die Verwendung hölzerner Elemente typisch waren. Spezifische Vorschriften zu Kirchenbauten wurden auch im Zusammenhang der Gegenreformation nach dem Konzil von Trient und 1577 in Carlo Borromeos *Instructiones fabricae* artikuliert – hier freilich ging es um die bessere Hörbarkeit der Psalmen und anderer musikalischer Elemente (vgl. Howard/Moretti 2009, 4). Die Forderung nach einer besseren Akustik dürfte also bei der Gestaltung sowohl katholischer als auch protestantischer Kirchen eine wichtige Rolle gespielt haben, deren akustische Parameter zumindest teilweise von diversen religiösen Anliegen geformt wurden.

Die Suche nach optimierter Klarheit und Hörbarkeit wurde von unterschiedlichen historischen Konzepten der Stille begleitet. Begriffe der Stille und des Lärms wurden von unterschiedlichen Konfessionen und religiösen Ordensgemeinschaften immer wieder je nach deren akustischen Prioritäten neu definiert und konstruiert. Während der Klang des privaten Gebets und der Andacht in der mittelalterlichen Messe als fromm galt, wurden dieselben Geräusche nach der Reformation als ablenkender Lärm bezeichnet. Die sich wandelnde Bedeutung von spezifischen religiösen Klängen betrifft auch die Nutzung der Kirchenglocken. Diese dienen als religiöse Hörmarken und erweitern religiöse Klanglandschaften über das Kirchengebäude hinaus. Sie übernahmen in der Vergangenheit wichtige religiöse, gesellschaftliche und politische Funktionen (vgl. Corbin 1999). Hatten sie lange den Status eines heiligen Klangs, wurde das Glockengeläut im 19. Jahrhundert in den USA beispielsweise als unerwünschter Krach und öffentliches Ärgernis gesehen – und alsbald reguliert (vgl. Weiner 2013, 40–76). Dies legt den Schluss nahe, dass die sich verändernden historischen Definitionen dessen, was erwünschter und unerwünschter sowie guter (also klarer und hörbarer) und schlechter religiöser Klang sei, die liturgischen Musik- und Sprechgattungen ebenso beeinflusst haben wie die Orte, wo diese aufgeführt oder ausgeführt werden.

Verwandte Beiträge: Kap. 6 (Materielle Kultur); Kap. 18 (Architektur); Kap. 33 (Echo); Kap. 60 (Glocken); Kap. 70 (Gender).

Literatur

Alberti, Leon Battista: *On the Art of Building in Ten Books*. Cambridge/London 1988 (ital. 1452).

Arns, Robert G./Crawford, Bret E.: Resonant cavities in the history of architectural acoustics. In: *Technology and Culture* 36/1 (1995), 104–135.

Augustinus: *Bekenntnisse*. Übers. von Wilhelm Thimme. München 1982.

Beranek, Leo L.: *Music, Acoustics, and Architecture*. New York 1962.

Blesser, Barry/Salter, Linda-Ruth: *Spaces Speak, Are You Listening? Experiencing Aural Architecture*. Cambridge, MA/London 2009.

Corbin, Alain: *Village Bells. Sound and Meaning in the Nineteenth-Century French Countryside*. London 1999 (frz. 1994).

Desarnaulds, Victor: *De l'acoustique des eglises en Suisse. Une approche pluridisciplinaire*. Diss., École polytechnique fédérale de Lausanne, 2002.

Everest, F. Alton/Pohlmann, Ken C.: *Master Handbook of Acoustics*. New York u. a. [6]2015.

Green, Eugène: *La parole baroque*. Paris 2001.

Grosse, Christian: Places of sanctification. The liturgical sacrality of Genevan reformed churches, 1535–1566. In: Will Coster/Andrew Spicer (Hg.): *Sacred Space in Early Modern Europe*. New York 2005, 60–80.

Howard, Deborah/Moretti, Laura: *Sound and Space in Renaissance Venice. Architecture, Music, Acoustics*. New Haven, CT/London 2009.

Hunt, Arnold: *The Art of Hearing. English Preachers and Their Audiences, 1590–1640*. Cambridge 2010.

Kleiner, Mendel/Klepper, David Lloyd/Torres, Rendell R.: *Worship Space Acoustics*. Fort Lauderdale, FL 2010.

Miller, Dayton Clarence: *Anecdotal History of the Science of Sound to the Beginning of the 20th Century*. New York 1935.

Reymond, Bernard: *L'architecture religieuse des protestants: histoire, caractéristiques, problèmes actuels*. Genf 1996.

Roth, Leland M./Roth Clark, Amanda C.: *Understanding Architecture. Its Elements, History and Meaning*. Boulder, CO [3]2013.

Spicer Andrew/Hamilton, Sarah (Hg.): *Defining the Holy. Sacred Space in Medieval and Early Modern Europe*. Aldershot/Burlington, VT 2006.

Tkaczyk, Viktoria: Listening in circles. Spoken drama and the architects of sound, 1750–1830. In: *Annals of Science* 71/3 (2014), 299–334.

Valière, Jean-Christophe/Palazzo-Bertholon, Bénédicte/Polack, Jean-Dominique/Carvalho, Pauline: Acoustic pots in ancient and medieval buildings. Literary analysis of ancient texts and comparison with recent observations in French churches. In: *Acta Acustica united with Acustica* 99/1 (2013), 70–81.

Weiner, Isaac: *Religion Out Loud. Religious Sound, Public Space, and American Pluralism*. New York/London 2013.

Wittkower, Rudolf: *Architectural Principles in the Age of Humanism*. London 1949.

Anna Kvíčalová
(aus dem Englischen übersetzt von Wilhelm von Werthern)

48 Konzentrationslager

Musik und Gesang strukturierten den Alltag in den nationalsozialistischen Konzentrationslagern. Mit Musik überlebten die Gefangenen, mit Musik wurden sie gequält und zur Musik starben die Menschen. Unter den spezifischen Bedingungen der Lager war Musik damit ein Mittel zum Überleben für die Gefangenen und ein Folterinstrumentarium in den Händen der Lager-SS.

Der Begriff ›Konzentrationslager‹ bezeichnet seit Ende des 19. Jahrhunderts weltweit verschiedene Formen von Internierungs-, Sammel- und Arbeitslagern. Am bekanntesten sind die Konzentrationslager, die während der Zeit des Nationalsozialismus entstanden. Unter diesem Oberbegriff gab es zwischen 1933 und 1945 unterschiedliche Formen und Typen von Lagern, die je nach Phase der nationalsozialistischen Herrschaft unterschiedliche Funktionen hatten. Während in den ersten Jahren nach der Machtübergabe an Hitler leerstehende Gebäude, Kellerräume oder Fabrikgelände als Lager genutzt wurden, begann das Regime 1936 eigens Konzentrationslager zu bauen, die der dauerhaften Inhaftierung sowie totalen Kontrolle und Überwachung Zehntausender Menschen verschiedener Nationalitäten, Glaubensrichtungen und politischer Überzeugungen oder ›abweichender‹ sexueller Orientierungen dienten (vgl. Wachsmann 2016). Diese Lager waren ein »Machtsystem eigener Art«, in denen die »absolute Macht« entgrenzte Gewalt organisierte und totalen Terror erlaubte: »Die Grenzen waren unüberwindbar, die Menschen wurden isoliert und in eine Welt des Terrors eingesperrt, in der das Personal freie Hand hatte«, so der Soziologe Wolfgang Sofsky (1997, 24). Zu den bis heute bekanntesten Lagern zählten Sachsenhausen, Ravensbrück, Buchenwald, Neuengamme, Mauthausen oder Natzweiler-Struthof. Von diesen Konzentrationslagern sind dabei die Vernichtungslager zu unterscheiden, die zu einem einzigen Zweck gebaut wurden: der effizienten Vernichtung von Millionen von Menschen. Eine langfristige Unterbringung der Gefangenen war in diesen Lagern nicht vorgesehen.

Einen ganz eigenen Lagertyp stellten die Ghettos dar, die zumeist willkürlich abgeriegelte Wohngebiete in bestehenden Städten waren, in denen die Nationalsozialisten und ihre Helfershelfer jüdische Familien auf engsten Raum einpferchten. Ein Sonderlager war das Ghetto Theresienstadt, das als Vorzeigelager genutzt wurde, tatsächlich aber ein Sammel- und Durchgangslager für die Transporte nach Auschwitz war. Nach Theresienstadt wurden Künstler/innen und Musiker/innen aus ganz Europa deportiert, darunter die bekannten tschechischen Komponisten Hans Krása, Viktor Ullmann, Pavel Haas oder Gideon Klein. Sie komponierten in Theresienstadt Lieder, Opern und Kammermusik, bevor sie 1944 nach Auschwitz deportiert und dort ermordet wurden. Die Gefangenen organisierten auf Befehl der Nationalsozialisten ein Musikleben, das in seiner Vielfalt dem einer Großstadt gleichkam. Musik hatte hier eine Sonderstellung, daher ist Theresienstadt in dieser Hinsicht nicht mit den Konzentrations- und Vernichtungslagern vergleichbar (vgl. Gilbert 2006; Karas 2008).

Als Systeme des totalen Terrors waren die Konzentrations- und Vernichtungslager so abgeriegelt, dass nur wenig nach außen drang. Die Baracken waren so angeordnet, dass eine totale Überwachung von den Wachtürmen mit wenigen Männern der SS-Totenkopfstandarte möglich war. Einzig die funktionalen Lagergebäude (das Gefängnis, das Krematorium, die Hinrichtungsstätten, die Häftlingsküche, das Verwaltungsgebäude und die Gebäude für medizinische Versuche) waren fest gemauert. Die Gefangenen mussten dagegen in Holzbaracken leben, die vor allem ab 1940 um ein Vielfaches überbelegt waren und die keinerlei Privatsphäre erlaubten. Die Häftlinge waren damit auch allen Geräuschen inner- und außerhalb der eigenen Baracke ausgesetzt: dem Brüllen der SS-Führer und Wachen, den Schreien von misshandelten Gefangenen, dem Stöhnen, Jammern und Wehklagen von Mitgefangenen. Im Folgenden wird es jedoch nicht um diese KZ-Geräusche gehen, sondern in erster Linie um die Rolle der Musik.

Raum und Zeit im Konzentrationslager wurden von der »absoluten Macht« so organisiert, dass eine »totale Kontrolle« möglich war (Sofsky 1997, 61). Die neuralgischen Orte der absoluten Macht waren der Appellplatz, um den herum die Baracken angeordnet waren, das Lagertor und die Wachzaunanlagen um das Lager. Der Tagesablauf begann mit dem morgendlichen Zählappell auf dem Appellplatz D, danach folgte der Ausmarsch der Arbeitskolonnen, in vielen Lagern begleitet von Häftlingskapellen. Ebenfalls zur Musik kehrten die Gefangenen abends durch das Lagertor zurück und stellten sich erneut zum Appell auf. Häufig mussten sie dann bis zur Erschöpfung deutsche Volkslieder singen, solange, bis der Lagerkommandant zufrieden war. Denn zur absoluten Machtausübung in den Lagern gehörte nicht nur die Definition von Raum und Zeit, sondern auch die Kontrolle über die Musik.

Die Konzentrationslager-SS nutzte auch diese Macht im Sinne des totalen Terrors. Bis zur Nachtruhe

D. Morat, H. Ziemer (Hrsg.), *Handbuch Sound*, https://doi.org/10.1007/978-3-476-05421-0_48

verblieb je nach Länge des Abendappells unterschiedlich viel Zeit, in denen die Gefangenen sich selbst überlassen waren. Auch wenn die Mehrheit kaum mehr die nötige Kraft hatte, trafen sich in einigen Blöcken Häftlinge, um gemeinsam Lieder aus ihren jeweiligen Heimatregionen zu singen, probten Musiker heimlich Kammermusik von Schubert, gab es an Feiertagen oder zu Geburtstagen sogar kleine Aufführungen. Erinnerungsberichte aus den Konzentrationslagern dokumentieren, wie das Singen und Musizieren auch eine Strategie war, den Alltag in den Griff zu bekommen.

Musik zur Organisation des Alltages

Der Appellplatz als zentraler Ort der absoluten Macht eignete sich besonders für die kollektive Demütigung der Häftlinge. Berichte aus allen Konzentrationslagern verdeutlichen, wie der Befehl nach einem Lied ein gebräuchliches Alltagsritual war, um die Häftlinge zusätzlich zu schikanieren und zu erniedrigen. Ein Häftling, der als Dirigent galt, musste sich auf einer Stehleiter vor die Häftlinge stellen und den Gesang deutscher Volkslieder dirigieren. Zu den am häufigsten eingeforderten Liedern gehörten *Schwarz-Braun ist die Haselnuss* oder *Märkische Heide*. Die Überlebenden hatten und haben dieses Ritual des stundenlangen Singens, bei der zahlreiche Häftlinge vor Erschöpfung starben, als besondere Qual in Erinnerung (vgl. Brauer 2009, 96 f.).

Bis zum Beginn des Zweiten Weltkrieges waren in den Konzentrationslagern überwiegend deutschsprachige Häftlinge eingesperrt, die in der Mehrzahl die populären Volkslieder kannten. Mit Beginn des Zweiten Weltkrieges kamen Gefangene aus allen Ländern Europas in die Konzentrationslager. Diese kannten die deutschen Volkslieder in der Regel nicht. Noch in der Quarantäne mussten sie diese Volkslieder singen lernen. Nicht selten war das Erlernen dieser Lieder verbunden mit dem sogenannten Strafsport. Die SS-Blockführer gingen beim abendlichen Singen dabei durch die Reihen der angetreten Gefangenen und schlugen auf die Häftlinge ein, die nicht oder falsch mitsangen. Erst wenn der Lagerkommandant zufrieden war mit dem Gesang, erst dann wurde der Abendappell beendet. Das konnte Stunden dauern. Diesen befohlenen Chorgesang gab es regelmäßig. Die Überlebenden betonten, wie sehr der Kontrast zwischen den fröhlichen Volksliedern und der Stimmung im Lager zu den niederdrückendsten Erinnerungen gehörte.

Musik erklang auch zu anderen Situationen auf dem Appellplatz. Überliefert sind Erinnerungen an Musik während öffentlicher Bestrafungen wie dem Auspeitschen oder der Exekution von Gefangenen. Einige Berichte sprechen davon, dass Auspeitschungen durch den monotonen Schlag auf eine Pauke begleitet wurden. ›Erhängen bei Musik‹ war eine gängige Bestrafung bei Sabotageverdacht. Zu den Exekutionen spielten häufig die Häftlingsorchester, die es in zahlreichen Lagern auf Anordnung der Kommandantur gab. Im KZ Sachsenhausen wurde beispielsweise das gesamte Lager gezwungen, zu den Klängen des *Hohenfriedberger Marsches* an den gerade Erhängten vorbeizumarschieren. An der Stelle des Galgens stand dort im Dezember der Weihnachtsbaum. Um diesen herum mussten die Gefangenen antreten und bekannten Weihnachtsliedern lauschen oder diese selbst singen. Die Häftlingsorchester spielten aber auch, besonders in den frühen Jahren der Lager, auf dem Appellplatz an Sonntagnachmittagen (vgl. Schwan 1961, 602 f.).

Häftlinge und Wachmannschaften nahmen gleichermaßen an diesen ›Konzerten‹ teil und bildeten in diesen Momenten eine Hörgemeinschaft. Die Lagerkommandanten reproduzierten mit ihren Sonntagskonzerten bürgerliche Rituale, um sich so als gebildet und moralisch integer zu inszenieren. Zugleich sollten diese Konzerte für Ablenkung sorgen im eintönigen Alltag der SS. Erinnerungen an und Programmhefte von offiziellen Konzerten, auch zu Feiertagen, finden sich bis April 1945 (vgl. Brauer 2009, 83).

Für einige Lager ist überliefert, dass es auf den Appellplätzen Lautsprecheranlagen gab (vgl. Fackler 1998). Es gibt Erinnerungen daran, dass die Gefangenen zu bedeutenden Ansprachen des ›Führers‹ antreten mussten, um der Lautsprecherübertragung zuzuhören. Eine offene Frage ist, ob auch Musikkonzerte über die Lautsprecher übertragen wurden.

Obwohl die Quellenlage zu den Häftlingsorchestern in den Lagern lückenhaft ist, sollte davon ausgegangen werden, dass es in vielen Lagern Häftlingskapellen gab, die regelmäßig auf Anordnung der SS zu spielen hatten. Vor allem für die Lager Auschwitz I und Auschwitz II-Birkenau ist die musikalische Begleitung des morgendlichen Ausmarsches und abendlichen Einmarsches der Arbeitskolonnen überliefert. Die Funktion dieser Musik war es in diesen Situationen insbesondere, einen einheitlichen Marschrhythmus zu erzwingen und die Gefangenen damit zu disziplinieren. Einige Überlebende beschrieben, wie sich die Orchestermusik am Lagertor wie ein ›verfluchter Takt der Angst‹ (zit. nach Brauer 2016, 22) in die Köpfe eingegraben und sie nie mehr losgelassen hat. Erinnerungsberichte belegen auch, welch quälende Wirkung das erzwungene Singen, Musizieren und Musikhören in den Lagern hatte. Bekannte und beliebte Melodien erinnerten die Gefangenen an ein unbeschwertes Leben. Dieser Kontrast zwischen den positiven Erinnerungen und der alltäglich erlebten Hilflosigkeit und Ohnmacht verstärkte die Gefühle der Verzweiflung und Einsamkeit.

Die unerwartete Musik am Lagertor oder auf dem Appellplatz hatte häufig eine ganz besonders perfide Wirkung. Die Neuangekommenen fühlten sich verhöhnt, wenn sie mit »flotter Marschmusik« (zit. nach Brauer 2009, 73) am Tor empfangen wurden. Die Situation in den Vernichtungslagern war eine andere, die Funktion der Musik aber ähnlich. Gerade für das Vernichtungslager Auschwitz-Birkenau ist überliefert, dass das Orchester aus dem Frauenlager an der Rampe zum Empfang fröhliche und unterhaltsame Lieder und Operettenmelodien spielen musste, um die gerade Ankommenden darüber hinweg zu täuschen, dass sie geradewegs in die Gaskammern geschickt werden sollten. Einige Musikerinnen zerbrachen innerlich an diesem Missbrauch. Sie sahen, wie ihre Musik Hoffnungen weckte und wussten doch genau, dass sie musikalisch den Weg in den Tod begleiteten. Dieses Moment ist ebenso überliefert für andere Vernichtungslager. Wo kein Häftlingsorchester vorhanden war, nutzte die SS Musik aus Lautsprechern, auch um die Schreie und das Weinen der Deportierten zu übertönen. Über dem Wehklagen der Angst und Verzweiflung lag in den Vernichtungslagern fröhliche Musik aus dem gängigen Orchesterrepertoire jener Zeit.

Die Verzweiflung der Gefangenen zu steigern, diese Aufgabe übernahm auch das befohlene Singen innerhalb besonderer Arbeitskommandos. Der polnische Sachsenhausen-Überlebende Aleksander Kulisiewicz berichtete von dem Arbeitskommando der »singenden Pferde«: Häftlinge wurden vor eine Walze oder einen schweren Wagen gespannt und mussten, während sie versuchten, den Wagen zu ziehen, aus vollster Brust singen: »rasante und liebliche Melodien, alles, damit die Verzweiflung noch schlimmer wurde« (Kulisiewicz 1975, 40; Übers. Doris Radojewski). Das hatte ebenfalls die Funktion, die Gefangenen körperlich noch intensiver zu erschöpfen, zudem mussten die gesungenen Lieder in einem schmerzhaften Kontrast zu der tatsächlich erlebten Situation stehen. So sangen die Häftlinge der Strafkompanie in Sachsenhausen das Lied *Weit ist der Weg zurück ins Heimatland* mit dem Refrain »Der Mensch lebt nur einmal / Und dann nicht mehr«, während sie auf der sogenannten Schuhprüfstrecke Tag für Tag um den Appellplatz herumwanderten, mit Schuhen, die ihnen nicht passten und auf dem Rücken 30 bis 40 Kilogramm Marschgepäck. So ›prüften‹ diese Gefangenen die Haltbarkeit von Schuhen für Wehrmachtsangehörige (vgl. Brauer 2009, 99).

Musik zum Leben

Zur heimlichen, versteckten Klanglandschaft der Konzentrationslager gehörten die Baracken der Gefangenen. Im Verborgenen gründeten sich Häftlingschöre, Vokal- und Instrumentalensembles in verschiedenen Zusammensetzungen. Diese bestanden manchmal über einen längeren Zeitraum von ein bis zwei Jahren, manchmal nur anlässlich einer geplanten Weihnachtsfeier oder eines Nationalfeiertages, der klandestin in den Baracken begangen werden sollte. Ebenso verborgen vor den Augen und Ohren der SS-Wachmannschaften spielten Gefangene des Häftlingsorchesters auf ihren Instrumenten. In Sachsenhausen probte regelmäßig ein Streichquartett im Leichenkeller des Krankenbaus, eines gemauerten Gebäudes. Die Musiker hofften, dass die Klänge nicht nach draußen drangen, zudem wussten sie, dass auch die Lager-SS nur ungern in die Pathologie kam. Somit blieben die Melodien, die die Gefangenen sangen und spielten, um sich selbst abzulenken und um sich zu trösten, meistens verhaltener, leiser, heimlicher.

Der Kontrast zu den alltäglichen Geräuschen des Schmerzes und Leidens, der Gewalt und Qual berührte viele Zuhörende zutiefst. Der ehemalige tschechische Gefangene Bohdan Rossa beschrieb eine solche Situation, in der er in Sachsenhausen das Streichquartett hörte. Es probte gerade das Quartett F-Dur von Antonín Dvořák: »Nach den ersten Tönen dachte ich, ich hätte Fieber. Es lief mir heiß und kalt über den Rücken. Es war wie im Traum. Schon über zwei Jahre hatte ich keine Musik mehr gehört, nur das Geschrei und Wehklagen der gequälten Menschen« (zit. nach Brauer 2009, 154). Dieser Moment des Andershörens konnte tröstlich sein, er konnte die Menschen daran erinnern, dass es ein Leben außerhalb der Konzentrationslager gab, er konnte den Gefangenen helfen, sich – entgegen der Intention der SS – als Menschen zu fühlen. Dieses Hören konnte aber auch schmerzhaft sein, weil der Klang der Musik den Gefangenen noch einmal deutlich vor Ohren führte, wie verzweifelt die Situation in den Lagern war, wie hilflos die Gefangenen der absoluten Macht ausgeliefert waren.

Lauter als der Hunger zu sein, als die Traurigkeit und Einsamkeit, das war für eine Gruppe von tschechischen Studenten in Sachsenhausen die Motivation, bekannte Lieder aus der Heimat anzustimmen. Die Erinnerungen an die »geliebte Heimat«, an das »Leben zu Hause« wachzurufen, das war die Idee der Gefangenen, die auf der Gitarre begleitet, anfingen, die alten Melodien zu summen und zu singen (zit. nach ebd., 175). Dieser Klang, das gemeinsame Singen dieser Lieder sollte die Studenten wenigstens für eine kurze Zeit trösten und ihnen Kraft geben, sich der alltäglichen Not immer wieder aufs Neue zu stellen.

Es ist davon auszugehen, dass den Wachmannschaften die Musik aus den Baracken abends nicht entgangen ist. Die Wachtürme standen zum Teil so dicht am Barackenlager, dass der Klang hörbar gewesen sein muss. Doch Konflikte darüber sind nicht überliefert. Die Gefangenen rechtfertigten das Singen vor den SS-Führern u. a. damit, dass sie den Neuankommenden die Lieder für die abendlichen Appelle beibringen mussten. Die Lagerkommandantur unternahm nichts gezielt gegen diese Art der Beschäftigung der Gefangenen. Von den singenden Menschen schien keine Gefahr auszugehen, im Gegenteil, die SS schien zum Teil im Bilde über die Häftlingschöre und die Musikensembles, so gab es in Sachsenhausen 1943 auch ganz offiziell zwei lagerweite kulturelle Veranstaltungen, die von Häftlingen organisiert und von der Lagerkommandantur gebilligt wurden.

Hunderte von neuen Liedern und auch neu komponierte Instrumentalwerke aus den Konzentrations- und Vernichtungslagern dokumentieren den alltäglichen Mord, das Sterben und Leiden der Gefangenen. Sie zeigen aber auch, wie sich die Menschen davon ablenkten, wie sie Gegenwelten erfanden, um mit den Liedern und der Musik imaginär aus dem Lager zu entfliehen.

Die zahlreichen Erinnerungen zur Musik im Konzentrationslager zeigen mehrere Dinge. So definierte und strukturierte die Lager-SS den Alltag im KZ auch auf der Ebene des Klanges und über den Klang. Es genügte nicht, die Gefangenen körperlich zu quälen, sie zu züchtigen: Über Musik und Klänge sollte zudem ein direkter Zugang zum Kopf und zu den Herzen der Gefangenen gelingen. Die Macht über die Gefangenen war in diesem Sinne absolut und total und erstreckte sich nicht nur auf ihren Körper, sondern gerade auch auf ihr Innerstes. Da Musik an Erinnerungen und Emotionen gekoppelt ist, konnte sie einerseits als individuelle Lebens- und Überlebensressource dienen, in den Händen der absoluten Macht wurde sie andererseits in Gewaltsituationen in pervertierter Form genau auch deshalb verwendet. Denn es galt, die Gefangenen innerlich zu attackieren. Die Ohren ließen sich nicht vor dem menschlichen Wehklagen schließen, nicht vor den liebgewonnenen Melodien, die so schmerzhaft an eine Zeit vor der Gefangenschaft erinnerten, und schon gar nicht ließen sich die Lieder vergessen, die die Häftlinge selbst unter grausamen Bedingungen singen mussten.

Die Beispiele zeigen aber eben auch, dass die Häftlinge den – wenn auch nur notdürftigen Schutz – ihrer Holzbaracken nutzten, um der Kakophonie des Lagers ihre eigenen Klänge und Melodien entgegenzustellen, diese zu übertönen, im gemeinsamen Singen von spezifischen, national bedeutsamen Liedern aufzufangen und damit die Angst und Einsamkeit zu kanalisieren in ein Gefühl von Gemeinschaft. In diesem Sinne waren die Gefangenen selbst – zumindest manchmal und heimlich – Herr über den Klang des Lagers.

Die Erinnerungen der Überlebenden helfen heute, einen Einblick in die Alltagsgeschichte der Konzentrationslager zu bekommen, und doch bleibt dieser begrenzt. Wie es den Ermordeten erging, denjenigen, die an Hunger, Krankheiten, an Mutlosigkeit starben, darüber ist heute kaum etwas zu erfahren. Es fehlt ebenfalls an einer Überlieferung aus der Perspektive der Lager-SS, zu viele Dokumente sind bei der Liquidierung der Lager vernichtet worden, zu viele Täter/innen schönten später ihre Vergangenheit oder schwiegen ganz. Was bleibt, sind die vielen kleinen Erinnerungen daran, was den Einzelnen wichtig und bedeutend war. Daraus lässt sich eine Klanglandschaft rekonstruieren, die notgedrungen lückenhaft ist. Das Schweigen der Millionen Gefangenen, die ermordet wurden, ist dabei genauso in eine Geschichte der Musik in den Lagern miteinzubeziehen wie das Schweigen der unzähligen Häftlinge, die keine Kräfte mehr hatten, keine Möglichkeiten, um mit Singen, Hören oder Musizieren den Alltag in den Griff zu bekommen.

Die Dokumentation der zahlreichen und vielfältigen Formen und Funktionen von Musik in den nationalsozialistischen Konzentrations- und Vernichtungslagern ermöglicht dennoch einen detaillierten Zugriff auf eine Alltagsgeschichte der Konzentrationslager. Sie widmet sich einerseits den Gefangenen und kann aufzeigen, wie sie versuchten, in einem System des totalen Terrors zu widerstehen, sich als Menschen zu behaupten, wie sie eine musikalische Sprache für das sogenannte Unsagbare fanden. Andererseits legt die Analyse der Musik in den Lagern offen, wie systematisch die ›absolute Macht‹ umgesetzt wurde, wie sie auch über die Ohren Zugriff auf das Innerste der Gefangenen haben konnte. Musik als Form von Gewalt ist bis heute eine Methode, die als sogenannte *no-touch-torture* Anwendung in Gefängnissen weltweit findet (vgl. Cusick/Joseph 2011). Musik unter den Bedingungen der Konzentrationslager hatte das Potenzial, die Menschen zu quälen, zu foltern und sie innerlich zu zerbrechen.

Verwandte Beiträge: Kap. 3 (Emotionalität); Kap. 69 (Folter); Kap. 73 (Krieg); Kap. 74 (LautSprecher); Kap. 77 (Rassismus).

Literatur

Benz, Wolfgang/Distel, Barbara: *Der Ort des Terrors. Geschichte der nationalsozialistischen Konzentrationslager.* 9 Bde. München 2005–2009.
Brauer, Juliane: *Musik im Konzentrationslager Sachsenhausen.* Berlin 2009.
Brauer, Juliane: How can music be torturous? Music in Nazi concentration and extermination camps. In: *Music and Politics* 10/1 (2016). doi: 10.3998/mp.9460447.0010.103.
Cusick, Suzanne G./Joseph, Branden W.: Across an invisible line. A conversation about music and torture. In: *Grey Room*, H. 42 (2011), 6–21.
Fackler, Guido: »... den Gefangenen die nationalen Flötentöne beibringen«. Musikbeschallung im frühen Konzentrationslager Dachau. In: *musica reanimata* 28 (1998), 8–16.
Fackler, Guido: *»Des Lagers Stimme« – Musik im KZ. Alltag und Häftlingskultur in den Konzentrationslagern 1933 bis 1936.* Bremen 2000.
Gilbert, Shirli: *Music in the Holocaust. Confronting Life in the Nazi Ghettos and Camps.* Oxford 2006.
Karas, Joža: *Music in Terezín, 1941–1945.* Hillsdale, NY ^{2}2008.
Knapp, Gabriele: *Das Frauenorchester in Auschwitz. Musikalische Zwangsarbeit und ihre Bewältigung*, Hamburg 1996.
Kulisiewicz, Aleksander: Dalsze przyczynki do zagadnień psychopatologii muzyki i pieśni w obozach hitlerowskich. In: *Przegląd Lekarski* 32/1 (1975), 33–40.
Milan, Kuna: *Musik an der Grenze des Lebens. Musikerinnen und Musiker aus böhmischen Ländern in nationalsozialistischen Konzentrationslagern und Gefängnissen.* Frankfurt a. M. 1998 (tschech. 1990).
Schwan, Valentin: *Bis auf weiteres.* Darmstadt 1961.
Sofsky, Wolfgang: *Die Ordnung des Terrors. Das Konzentrationslager.* Frankfurt a. M. ^{7}1997.
Wachsmann, Nikolaus: *KL. Die Geschichte der nationalsozialistischen Konzentrationslager.* München 2016.

Juliane Brauer

49 Konzertsaal

Die Begriffsgeschichte des Kompositums ›Konzertsaal‹ geht zurück auf den lateinischen Begriff *con-certare* mit der Bedeutung ›wetteifern‹, ›kämpfen‹, ›streiten‹ und ›disputieren‹. Das Italienische übernahm seit dem 14. Jahrhundert diese Bedeutung und gebrauchte *concertare* im Sinne von »in Übereinstimmung bringen« und »etwas aufeinander abstimmen« (Reimer 1972, 1). Seit dem 16. Jahrhundert entstanden Lehnwörter im Deutschen, Englischen, Französischen und Spanischen, die eine Doppelbedeutung bis ins 18. Jahrhundert entfalteten, und zwar zwischen dem »Concert« als »eine[r] Music, welche aus vielen entweder Sing-Stimmen oder Instrumenten bestehet« und einer eher sozial ausgerichteten Bedeutung im Sinne einer »Beredung, [...] im Kriege, wenn die Generals eine geheime Berathschlagung halten«, unterschieden wurde (Zedler 1733, Sp. 890). Während in der Folgezeit der Wortgebrauch von ›Konzert‹ für außermusikalische Zusammenhänge zurückging, setzte sich die Differenzierung des Begriffs in die noch heute übliche Verwendung zwischen dem Konzert als einer musikalischen Gattung und dem Konzert als einer Sammelbezeichnung für musikalische Veranstaltungen durch (vgl. Reimer 1972, 1). Diese kommunikative und soziale Konnotation blieb im Begriff ›Konzertsaal‹ insofern enthalten, als der Konzertsaal einen Ort für eine Veranstaltungsform bereitstellt, die ein Publikum voraussetzt.

Die Betonung der sozialen Bedeutung ist dabei bis heute fest verankert in der musiksoziologischen Forschung, die den Konzertsaal als eine soziale Konstruktion beschrieben hat: »[A] concert hall is a social construction, designed and built by social beings in accordance with certain assumptions about desirable human behavior and relationships«, schreibt in diesem Sinne etwa Christopher Small (1998, 29). Inwieweit kann aber eine Geschichte eines so verstandenen Konzertsaals von einer Forschungsperspektive auf Sound profitieren? Eine solche Geschichte, die bisher bestenfalls in Ansätzen existiert, muss über eine werkzentrierte und rein architekturhistorische Perspektive hinausgehen, indem sie den Konzertsaal in der Klanglandschaft der Stadt verortet, das Geschehen im Saal selbst als ein Klangerlebnis auf verschiedenen Ebenen begreift und dabei die Frage nach der Rolle der Akustik stellt, die sich, wie der Akustiker und Musikwissenschaftler Stefan Weinzierl schreibt, auf »die Wahrnehmung der Aufführung ebenso wie auf die Wahrnehmung der musikalischen Inhalte selbst« (2014, 477) auswirke. Eine solche Forschungsperspektive untersucht (1) die Grenzziehungen zwischen Musik, anderen Klängen und Geräuschen innerhalb und außerhalb des Konzertsaals; (2) die performativen Eigenschaften von Klang im Konzertsaal; (3) die Rolle der Akustik für die Wahrnehmung der Aufführung und musikalischer Inhalte; (4) die Zuschreibungen und kulturellen Assoziationen zu Sound in verschiedenen Zeiträumen; und (5) die sich wandelnde Definition der Beziehung zwischen Sound und Rezipient. Wenn wir Musik mit John Blacking als ein »humanly organized sound« (2000 [1973], 3) verstehen, der in vielfältigen Beziehungen mit anderen Klängen stand und steht, können wir eine Geschichte der Distinktion des Sounds im Konzertsaal schreiben, und zwar auf unterschiedlichen Ebenen: auf der Ebene von bürgerlichen Identitätsbildungen und der Verwissenschaftlichung von Akustik, auf der Ebene des Stadtbildes und der Raumarchitektur, auf der Ebene der sozialen und politischen Ordnungsvorstellungen der Mittelschicht und schließlich auf der Ebene von sinnlichen Klangerfahrungen und sozialen Verhaltensmustern. Dieser Beitrag skizziert eine solche Geschichte in groben Umrissen und folgt den drei wesentlichen Etappen der Konzertsaalgeschichte: der Herausbildung des Konzertsaals im 18. Jahrhundert und der Definition des Hörers (der zunächst in der Regel männlich gedacht war), der Durchsetzung von Idealtypen im 19. Jahrhundert und der Reform des Konzertsaals im 20. Jahrhundert.

Herausbildung des Konzertsaals und Definition des Hörers

Seit dem 17. Jahrhundert wurden verschiedene Räume für die Aufführung von Musik genutzt, darunter Kirchen, Hofpaläste, Zunft-, Rat- und Bürgerhäuser, Akademiesäle oder Räume in Gasthäusern. In der Zeit zwischen 1650 und 1800 vollzog sich eine allmähliche Zuspitzung solcher Raumnutzungen hin zu Konzertsälen, von den ersten ›Consort-Rooms‹ in London bis hin zum Holywell Music Room in Oxford (1748) oder den Hanover Square Rooms in London (1775), in denen sich zum Beispiel auch ikonographische Darstellungen zu definierenden Merkmalen von Konzertsälen herausbildeten (vgl. Salmen 1988, 22). Insbesondere die Säle in England gelten Historiker/innen als Vorläufer für moderne Konzertsäle. So entstand dort 1676 auch der erste bekannte Plan für einen ›Musick-Roome‹, der zwar nicht ausgeführt wurde, aber detailliert beschrieb, wie Hörer und Musiker getrennt werden sollten, welche akustischen Bedingungen not-

D. Morat, H. Ziemer (Hrsg.), *Handbuch Sound*, https://doi.org/10.1007/978-3-476-05421-0_49

wendig waren, um einen ›Advantage of Sound‹ zu erreichen, und wie Hörer sich verhalten sollten (vgl. Schwab 1971, 48). Auch auf dem europäischen Festland entstanden Konzertsäle, oder es wurden vorhandene Säle zu Konzertsälen umfunktioniert wie der Grosse Concertsaal des Junghofes in Frankfurt a. M. (1756), der Konzertsaal auf dem Valentinskamp in Hamburg (1761), das Alte Gewandhaus in Leipzig (1781) oder das Théâtre du Conservatoire in Paris (1811) (vgl. Salmen 1988, 22–26).

Die Etablierung von Konzertsälen beruhte auf mehreren parallel verlaufenden Entwicklungen in der europäischen Kultur, insbesondere aber auf einer Reorientierung der Musikkultur hin zum Hörer und dem Hören von Musik, einem Wandel »from creation of sounds to listenining to sounds, or, more precisely, to *discourse about sounds*« (Dell' Antonio 2011, 5). Die Musiktheoretiker des 18. Jahrhunderts begannen, diese Neuausrichtung auf das Hören theoretisch zu begründen und zu legitimieren, indem sie der Musik eine privilegierte Stellung in der Reihe der Künste zuwiesen. Autoren wie Johann Mattheson oder Johann Nikolaus Forkel transformierten das Verständnis, wie Musik wahrgenommen werden sollte, weg von der Idee einer bloßen physiologischen Aufnahme von Klängen hin zu einer verstehenden Wahrnehmung bestimmter musikalischer Werke. Es reichte nun nicht mehr aus, die Fähigkeiten der Musiker zu bewundern; vielmehr setzten die Theoretiker das Hören mit einem Akt des Denkens gleich. Es entstand ein Konsens in der musikalischen Welt über das transzendentale Potenzial von Musik, das Ideal einer ästhetischen Gemeinschaft und einen Glauben an die universale Gültigkeit von Musik als Kunst – dies alles begründete den Status des Konzerts und machte es zum Gravitätszentrum städtischer Musikkultur (vgl. Bonds 2006).

Diese Neudefinition der Beziehung von Hörer und Musik war sowohl ein Faktor als auch ein Ergebnis des Aufstiegs von Bürgerlichkeit, die zu Beginn des 19. Jahrhunderts kulminierte (vgl. Kaschuba 1995). Eine neue Kultur entwickelte sich, in der die soziale, kulturelle und wirtschaftliche Ordnung neu konfiguriert wurde und neue Kommunikationsweisen das Ende der partikularen Gesellschaft ankündigten. Bürgerlichkeit als neue kulturelle Praxis bot einen fruchtbaren Boden für die Entfaltung neuer Hörweisen und erhöhter Erwartungen an musikalische Erlebnisse. Der Konzertsaal wurde zu einem Ort der Öffentlichkeit als, so Jürgen Habermas, einer »Sphäre der zum Publikum versammelten Privatleute« (1990, 86), die Menschen mit ähnlichen Lebensstilen und ästhetischen Erwartungen zusammenbrachte. Konzertsäle halfen demzufolge mit, ein bürgerliches Publikum zu begründen, das im Konzertsaal *einen* Ort fand, seine komplexen sozialen Beziehungen mithilfe sinnlicher Klangerlebnisse zu strukturieren.

Hierfür mussten freilich verschiedene Fragen geklärt werden: Wer darf hören? Wo und wann kann das Hören stattfinden? Was und wie soll gehört werden? Welche akustischen Standards sollen das Hörerlebnis bestimmen? Es waren diese und andere Fragen, die den Bau von Konzertsälen im 19. Jahrhundert beeinflussten.

Idealtypen und Verbreitung

Die Grenzziehungen bürgerlicher Identität und die Neudefinitionen des Hörens manifestierten sich sichtbar in der Architektur der Konzertsäle. Wie Viktoria Tkaczyk und Stefan Weinzierl (2018) zeigen, hatte sich um 1820 die Meinung durchgesetzt, dass die Aufführungen von Opern und Konzerten in getrennten Räumen stattfinden sollten und dass hierfür eine Spezialisierung notwendig sei. Diese Distinktion war das Ergebnis einer europaweiten Diskussion darüber, was einen ›good sound‹ in Theatergebäuden ausmache. Zugleich verweist es auf ein zunehmendes Interesse am gesprochenen Wort und eine erhöhte Aufmerksamkeit für Verständlichkeit insgesamt, die sich auch auf die akustischen und baulichen Vorstellungen für Konzertsäle auswirkte. Während in der Architekturtheorie bis dahin eine Vorliebe für die sichtbare Erscheinung der Säle dominiert hatte, konzentrierten sich Architekten jetzt auf das akustische Design. In enger Zusammenarbeit mit Wissenschaftlern, Akustikexperten und Technikern bemühten sie sich nun darum, beste Hörerlebnisse für die Konzerthörer/innen zu ermöglichen.

Allerdings gestaltete sich in der Praxis das Erreichen und Akzeptieren solcher Ideale – des ›good sound‹ – als ein längerer Prozess. Weinzierl (2002) hat dies zum Beispiel für die Wiener Konzertsäle in der Beethoven-Zeit beschrieben. Demnach wurde um 1800 das Fehlen eines größeren Konzertraums in Wien kritisiert. Aber diese Kritik war nicht durch akustische Kriterien motiviert, also dass zum Beispiel die Klangerwartungen nicht angemessen erfüllt wurden durch die bestehenden Säle; vielmehr wurden sie deshalb kritisiert, weil sie bestimmten sozialen und wirtschaftlichen Erwartungen nicht gerecht wurden. Beethovens Sinfonien wurden bis 1808 kaum in größeren Konzertsälen aufgeführt, und die »starke Betonung der klanglichen Intimität, Präsenz und Räumlichkeit« galt neben der geringen Distanz zwischen Musikern und Hörern sogar als ein Vorteil (ebd., 215). Als die Aufführungen nach 1808 in größeren Sälen stattfanden, hagelte es nur folgerichtig Kritik an der größeren Nachhallzeit, einer mangelnden Verständlichkeit und der fehlenden akustischen Ausfüllung des Raumes. Erst allmählich wuchs das Bewusstsein für die komplexe Interaktion zwischen Klangerzeugung und Wahrnehmung von Musiker/innen und Hörer/innen unter bestimmten räumlichen Bedingungen, und nur allmählich etablierten sich akustische Standards und ästhetische Konventionen.

Erst im Laufe des 19. Jahrhunderts änderte sich die Erwartungshaltung der Hörer/innen, die nun an einem sichtbaren Ausdruck ihrer bürgerlichen Bildung und ihres Musikverständnisses interessiert waren. Ab 1870 wurde eine bislang beispiellose Zahl an neuen Konzertsaalbauten errichtet, die den veränderten Status des Konzerts in der bürgerlichen Gesellschaft manifestierte. Diese Säle folgten einem vergleichbaren akustischen Design und orientierten sich am Prototyp der ›Schuhschachtel‹ mit der Aufstellung des Orchesters an der Stirnseite, die Ende des 18. Jahrhunderts erstmals im Alten Leipziger Gewandhaus erprobt worden war und von nun an die Raumkonzeption von Konzertsälen bestimmte. Die Folge war eine Kanonisierung der Akustik von sinfonischen Konzertsälen, die parallel zur Kanonisierung des Konzerts als einer Veranstaltungsform mit einer bestimmten Programmfolge und einer aus akustischer Sicht besonders einflussreichen Publikumsgröße (ca. 2000 Hörer/innen) einherging. Innerhalb von 30 Jahren entstanden: der Saal des Musikvereins in Wien (1870), das Neue Gewandhaus in Leipzig (1884), das Concertgebouw in Amsterdam (1888), der Tonhalle-Saal in Zürich (1895) und in den USA die Boston Symphony Hall (1900). Zu den wesentlichen Merkmalen all dieser Häuser zählte, dass sie städtebaulich als Monumente ihrer selbst fungierten und in der urbanen Klanglandschaft eine singuläre Rolle einnahmen; sie wollten das Klangerlebnis erhöhen, galten als religiöse Weihestätten, hoben den Konzertbesuch aus dem Alltag heraus und dienten als Fluchtort vor der zunehmend als unangenehm empfundenen Geräuschlandschaft der industrialisierten Städte (für weitere ästhetische und städtebauliche Merkmale vgl. Glogau 1989). Mit ihnen entstand ein Idealtyp, der Standards setzte in Sachen Akustik (Nachhallzeit), Raumgröße und Ikonographie, und der bis heute imitiert wird.

Aus soundgeschichtlicher Perspektive zeigen sich allerdings auch die Schwierigkeiten und die Widersprüche der Konzertkultur. So waren diese Säle zwar Idealtypen, aber letztlich blieb ihre Zahl gering und viele Städte verfügten nicht über die für einen Bau notwendigen Ressourcen; eine Perspektive auf diese idealtypischen Säle schränkt den Blickwinkel ein, indem es weitverbreitete Praktiken des Konzertbesuchs außerhalb solcher Orte ausblendet. Ohnedies waren die Hörbedingungen in anderen Sälen häufig dem Zufall überlassen. Das akustische Design war zu diesem Zeitpunkt nicht wissenschaftlich planbar, und die Geschichte der Orchesteraufstellung illustriert, wie sich erst allmählich bestimmte Klangvorstellungen entwickelten – und damit einhergehend auch bestimmte Fragen beantwortet werden mussten: Wie konnte beispielsweise eine einheitliche Klangwirkung erreicht werden? In welchem Verhältnis standen Chor und Orchester zueinander? Und wie beeinflusste die Anordnung der einzelnen Instrumentengruppen und Solisten das Hörbild? Bis zu Beginn des 20. Jahrhunderts lassen sich nicht eben wenige Berichte finden, in denen Hörer/innen sich über die Akustik der Konzertsäle beschwerten und bemängelten, dass sie bestimmte Teile der Musik nicht hören konnten (vgl. Niemöller 1997; Schwab 1971, 104). Darüber hinaus zeigte die Praxis in den Konzertsälen die Widersprüche liberaler Kulturideologie, nach der der Konzertbesuch universell gültig sein sollte, aber nur eine begrenzte Gruppe die materiellen und kulturellen Voraussetzungen für einen Besuch erfüllte. Schließlich mussten die Säle dem Wunsch nach sozialer Hierarchisierung gerecht werden (durch Preisstaffelung und Abonnementsregelungen, aber auch baulich durch den Einbau von Logen).

Und noch etwas sollte nicht vergessen werden: das Verhalten der Hörer/innen während der Musikdarbietung. Neuere Forschungen illustrieren anschaulich, dass es jenseits der Norm eines stillen und nur auf die Musik gerichteten Hörens durch die idealistische Ästhetik des frühen 19. Jahrhunderts eine Vielzahl an möglichen Aneignungs- und Zugangsweisen zur Musik im Konzertsaal gab. Katharine Ellis (2018) zeigt zum Beispiel anhand der Praktiken in Pariser Konzertsälen im Laufe des 19. Jahrhunderts, dass der seit ca. 1850 maßgebende ›Goldstandard‹ einer ungeteilten Aufmerksamkeit von den Pariser Hörer/innen kaum erreicht wurde, und dass ein ständiges »walk and talk« die musikalischen Aufführungen bestimmte. Bis in die 1930er Jahre lassen sich auch für andere Städte Belege aus Konzertsälen über Gespräche der Hörer/innen, Klingelzeichen, eine Vielzahl von Nebengeräuschen, die Dominanz des Sehens über das Hören usw. finden, die dem Ideal der Stille entgegenstanden (vgl. Thorau/Ziemer 2018). Der ›Goldstandard‹ war daher keineswegs für alle Hörer/innen gleichermaßen von Bedeutung, eine allgemeine Disziplinierung und Normierung der Hörerlebnisse mithin auch nicht gegeben.

Reform und Technologie

Selbst wenn der Glaube an den Konzertsaal als das ästhetische und intellektuelle Zentrum der musikalischen Welt um 1900 tief verankert war, so wuchs doch die Unzufriedenheit mit den Bedingungen des Konzertbesuchs. Zeitgenossen bemängelten seine unzureichende soziale Integrationskraft und die mangelnde Kultiviertheit der Hörer/innen, aber auch ein vorherrschendes romantisches Klangkonzept, das im Widerspruch zu den sozialen Notwendigkeiten stand. Vor dem Hintergrund einer solch krisenhaften Wahrnehmung des Klangerlebnisses im Konzert gab es drei wesentliche Reformbestrebungen aus soundgeschichtlicher Sicht.

Erstens bemühten sich die Zeitgenossen, auch unter dem Eindruck der Opernhausreformen Richard Wagners, um eine Verbesserung der Akustik – etwa durch ein Absenken des Orchesterpodiums – und eine Verdunklung des Raums, oft auch um eine quasireligiöse Erhöhung des Konzertsaals durch seine Ikonographie und räumlichen Gestaltung zu erreichen. »Weg mit allem, was Auge und Ohr des Hörers stört«, hieß es 1903 in einer programmatischen Reformschrift zur Zukunft des Konzertsaals (zit. nach Schwab 1971, 186). Tatsächlich entstanden nicht einmal eine Handvoll Konzertsäle, die wie der in Heidelberg (1903) mit verstellbaren Podien und Schallwänden ausgestattet waren, mit denen Orchester und Chöre verdeckt werden konnten. Andere Projekte versuchten, die soziale Integrationskraft des Konzerts durch eine Vergrößerung der Räume zu erreichen, wie das Beispiel der 1909 eröffneten Festhalle in Frankfurt a. M. zeigt, in der Sinfoniekonzerte für 15.000 Zuhörer/innen geplant waren. Die grundlegende Überzeugung war, dass sich die soziale Einheit in der Stadt durch ein Klangerlebnis erreichen ließe, wenn alles dem Klang untergeordnet würde (vgl. Ziemer 2012). Solche Projekte gingen einher mit einer soziologischen Reflexion über die sozialen Wirkungsweisen von Klangerlebnissen. Der Musikkritiker Paul Bekker ging 1918 etwa davon aus, dass »sich im Augenblick des Hörens« eine »unteilbare, von gleichen Empfindungen bewegte, gleichen Zielen zustrebende Einheit« realisieren konnte (zit. nach Ziemer 2012, 204). Die Debatten um die soziale Wirkung von Klang und die – wenigen – umgesetzten Projekte verweisen auf das Innovationspotenzial in diesen Jahren wie auch auf die Kraft utopischer Ideale, die dem Klang im Konzert zugeschrieben wurde.

Zweitens verwissenschaftlichten die Akustiker ihre Suche nach dem ›good sound‹. Hier ist insbesondere der amerikanische Physiker Wallace Sabine zu nennen, der die Parameter des akustischen Designs kontrollieren wollte und eine Korrelation von gutem musikalischen Geschmack und akustischem Design herstellte (vgl. Tkaczyk/Weinzierl 2018). Mit Sabine – genauer: der mit seinem Namen verbundenen Berechnung der Nachhallzeit für spezifische Raumvolumina und der Verluste von maßgeblichen Absorptionsvermögen mithilfe einer empirisch begründeten Formel – begann die eigentliche Ära raumakustischer Planung (vgl. Weinzierl 2014, 479). Sabine wirkte nicht nur bereits beratend am Bau der Boston Symphony Hall mit, er inspirierte durch seine Forschungen auch akustische Konzepte wie die von Carl Eyring, die nicht mehr nur auf Konzertsäle begrenzt waren. Dies trug zu neuen Klangidealen bei, die sich an den Erfahrungen von technischen Aufnahme- und Wiedergabetechniken orientierten. Der Sound im Konzertsaal wurde nun manipulierbar, wie Emily Thompson (2002) in ihrer bahnbrechenden Studie zu Konzertsaalbauten wie der New Yorker Radio City Music Hall (1932) nachgewiesen hat. Auch für die Hörer/innen wurden nun technische Erfahrungen von Musikhören zu einem neuen Maßstab, um Klänge zu beurteilen und dabei etwa nicht mehr auf musikalische Inhalte, sondern auf die Klangeigenschaften selbst zu achten (vgl. Ziemer 2008, 293–295).

Drittens setzen sich im weiteren Verlauf des 20. Jahrhunderts neue akustische Ideale durch, die den Konzertsaalbau bestimmten. Damit war vor allem eine gleichmäßige akustische Durchdringung des Konzertsaals für alle Hörergruppen im Konzert gemeint. Die Berliner Philharmonie (1963) kann als Prototyp für diese Entwicklung gesehen werden. In vielerlei Hinsicht modernisierte die Berliner Philharmonie den Konzertsaal: zuvorderst durch die Abkehr von der Schuhschachtelform mit einer neuen ›Weinberg‹-Architektur genannten, terrassenförmigen und nach hinten ansteigenden Anlage des Auditoriums, die ein Sehen der Hörer untereinander erlaubte. Damit war ein demokratisches Ideal verknüpft, weil von allen Plätzen gleich gut gehört werden sollte und soziale wie auch musikalische Hierarchien durchbrochen werden sollten. Darüber hinaus war die gelungene Zusammenarbeit von Akustiker/innen, Musiker/innen und Architekt/innen beispielhaft im Falle der Philharmonie, die nun selbst zu einem multimedialen Tonstudio wurde. Wie Sandra Jasper (2014, 154) schreibt, steht die Philharmonie geradezu mustergültig für die Persistenz modernistischen Glaubens an das Potenzial von Design und Technologie, kulturellen und sozialen Wandel zu unterstützen.

Ausblick

Die Berliner Philharmonie hatte denn auch Vorbildcharakter für weitere Konzertsaalbauten. An diesem Modell orientierten sich das Neue Gewandhaus in Leipzig (1981), die Philharmonie im Gasteig in München (1985), die Kölner Philharmonie (1986), die Philharmonie in Paris (2016), die Elbphilharmonie in Hamburg (2017) oder der Umbau des Kulturpalastes in Dresden (2017). Zugleich lässt sich wie in der zum Konzertsaal umgebauten Alten Oper in Frankfurt am Main (1986) oder im Musikforum Ruhr in Bochum (2016) mit dem Rückgriff auf den früheren Schuhschachteltyp auch eine ganz und gar gegenläufige Tendenz erkennen. Dies führt eine Diversifizierung der Konzertsäle vor Augen, wobei die Säle mancherorts durch technologische Innovationen (Zuschalten von Raumvolumina oder Verlängerung der Nachhallzeiten) an Repertoire und Besetzung angepasst werden können, so etwa der Konzertsaal des Kultur- und Kongresszentrums Luzern (1998). Aus einer Perspektive der Soundgeschichte von Konzertsälen ist bemerkenswert, wie historisch angelegte Bedeutungsmuster wie das der Monumentalität nun weitergeführt werden: So ist zum Beispiel die Elbphilharmonie in kürzester Zeit zu einer ›Hörenswürdigkeit‹ geworden (vgl. Thorau 2018). Konzertsäle sind stärker denn jemals zuvor Teil des Stadtmarketings, in der ein Klangerlebnis über eine spektakuläre Architektur für kommerzielle Zwecke verwendet werden soll.

Für die weitere Erforschung des Konzertsaals aus historischer Sicht lassen sich zwei Desiderata erkennen. Zum einen steht die klangökologische Forschung, in deren Rahmen Konzertsäle als Teil einer weiteren und meist urbanen Klangwirklichkeit untersucht werden, noch am Anfang. Während zum Beispiel die Konzertsäle im 19. Jahrhundert als Fluchtpunkte gebaut wurden, entstand die Berliner Philharmonie in einem Niemandsland nahe der Berliner Mauer, wo sich ein eigenes Ökotop entwickelte. Die Beziehungen von Soundscapes innerhalb und außerhalb des Konzertsaals mit lokalen Fallstudien zu untersuchen (wie etwa Siry 2002; Jasper 2014), wäre eine gewinnbringende Aufgabe für Soundhistoriker. Zum anderen wäre es lohnenswert, Konzertsäle jenseits der Idealtypen einiger weniger Städte zu untersuchen und die Praktiken der Klangkonstruktion und der Klangwahrnehmung in der Peripherie zu erforschen. Eine solche Art von ›provincializing concert halls‹ könnte helfen, die in diesem Beitrag skizzierten Fragen zu beantworten und neue Quellen zu erschließen.

Verwandte Beiträge: Kap. 6 (Materielle Kultur); Kap. 11 (Musicking); Kap. 18 (Architektur); Kap. 20 (Geschichtswissenschaft); Kap. 27 (Physikalische Akustik); Kap. 31 (Applaus); Kap. 38 (Stille); Kap. 46 (Kino); Kap. 54 (Opernhaus); Kap. 55 (Salon); Kap. 75 (Nationalhymnen).

Literatur

Bagenal, Hope: Musical taste and concert hall design. In: *Proceedings of the Royal Musical Association* 78 (1951), 11–29.

Blacking, John: *How Musical is Man?* [1973]. Seattle 2000.

Bonds, Mark Evan: *Music as Thought. Listening to the Symphony in the Age of Beethoven.* Princeton 2006.

Dell'Antonio, Andrew: *Listening as Spiritual Practice in Early Modern Italy.* Berkeley 2011.

Ellis, Katharine: Who cares if you listen? Researching audience behavior(s) in nineteenth century. In: Christian Thorau/Hansjakob Ziemer (Hg.): *The Oxford Handbook for the History of Music Listening in the 19th and 20th Centuries.* Oxford/New York 2018 [im Ersch.].

Fahlbusch, Markus: Räume der Musik. Die Entwicklung der musikalischen Veranstaltungsorte im 19. Jahrhundert am Beispiel der Frankfurter Museums-Gesellschaft. In: Christian Thorau/Andreas Odenkirchen/Peter Ackermann (Hg.): *Musik – Bürger – Stadt. Konzertleben und musikalisches Hören im historischen Wandel.* Regensburg 2011, 253–279.

Forsyth, Michael: *Bauwerke für Musik. Konzertsäle und Opernhäuser, Musik und Zuhörer vom 17. Jahrhundert bis zur Gegenwart.* München 1992 (engl. 1985).

Glogau, Hans-Ulrich: *Der Konzertsaal. Zur Struktur alter und neuer Konzerthäuser.* Hildesheim 1989.

Habermas, Jürgen: *Strukturwandel der Öffentlichkeit. Untersuchungen zu einer Kategorie der bürgerlichen Gesellschaft* [1962]. Frankfurt a. M. 1990.

Jasper, Sandra: Acoustic ecology. Hans Scharoun and modernist experimentation in West Berlin. In: Matthew Gandy (Hg.): *The Acoustic City.* Berlin 2014, 145–156.

Kaschuba, Wolfgang: Deutsche Bürgerlichkeit nach 1800. Kultur als symbolische Praxis. In: Jürgen Kocka (Hg.):

Bürgertum im 19. Jahrhundert. Bd. 2: *Wirtschaftsbürger und Bildungsbürger*. Göttingen 1995, 92–128.

Niemöller, Klaus Wolfgang: Die Entwicklung des Orchesters bei den Musikfesten des 19. Jahrhunderts. In: Axel Beer/Kristina Pfarr/Wolfgang Ruf (Hg.): *Festschrift Christoph-Hellmut Mahling zum 65. Geburtstag*, Bd. 2. Tutzing 1997, 1009–1022.

Reimer, Erich: Concerto / Konzert. In: Hans Heinrich Eggebrecht (Hg.): *Handwörterbuch der musikalischen Terminologie*. Ordner II: *Clav–E*. Stuttgart 1972, Loseblattsammlung, Bl. Concerto / Konzert.

Salmen, Walter: *Das Konzert. Eine Kulturgeschichte*. München 1988.

Schwab, Heinrich W.: *Konzert. Öffentliche Musikdarbietung vom 17.–19. Jahrhundert*. Leipzig 1971.

Siry, Joseph M.: *The Chicago Auditorium Building. Adler and Sullivan's Architecture and the City*. Chicago 2002.

Small, Christopher: *Musicking. The Meanings of Performing and Listening*. Hanover, NH 1998.

Thompson, Emily: *The Soundscape of Modernity. Architectural Acoustics and the Culture of Listening in America, 1900–1933*. Cambridge, MA 2002.

Thorau, Christian: »What ought to be heard«. Touristic listening and the guided ear. In: Ders./Hansjakob Ziemer (Hg.): *The Oxford Handbook for the History of Music Listening in the 19th and 20th Centuries*. Oxford/New York 2018 [im Ersch.].

Thorau, Christian/Ziemer, Hansjakob: The art of listening and its histories. An introduction. In: Dies. (Hg.): *The Oxford Handbook for the History of Music Listening in the 19th and 20th Centuries*. Oxford/New York 2018 [im Ersch.].

Tkaczyk, Viktoria/Weinzierl, Stefan: Architectural acoustics and the trained ear in the arts. A journey from 1780 to 1830. In: Christian Thorau/Hansjakob Ziemer (Hg.): *The Oxford Handbook for the History of Music Listening in the 19th and 20th Centuries*. Oxford/New York 2018 [im Ersch.].

Weber, William: Concert. In: Stanley Sadie (Hg.): *The New Grove Dictionary of Music and Musicians*. Bd. 6: *Claudel–Dante*. New York 2001, 221–235.

Weber, William: *The Great Transformation of Musical Taste. Concert Programming from Haydn to Brahms*. New York 2008.

Weinzierl, Stefan: *Beethovens Konzerträume. Raumakustik und symphonische Aufführungspraxis an der Schwelle zum modernen Konzertwesen*. Frankfurt a. M. 2002.

Weinzierl, Stefan: Raumakustik musikalischer Aufführungsräume. In: Ders. (Hg.): *Akustische Grundlagen der Musik*. Laaber 2014, 477–494.

Zedler, Johann Heinrich (Hg.): *Grosses vollständiges Universal-Lexicon aller Wissenschaften und Künste*. Bd. 6: *Ci–Cz*. Halle/Leipzig 1733.

Ziemer, Hansjakob: *Die Moderne hören. Das Konzert als urbanes Forum, 1890–1940*. Frankfurt a. M./New York 2008.

Ziemer, Hansjakob: Hörerlebnisse als soziale Utopie im Fin de Siécle. Mahlers Achte Symphonie im Kontext. In: *Jahrbuch des Simon-Dubnow-Instituts* 11 (2012), 197–217.

Ziemer, Hansjakob: Klang der Gesellschaft. Zur Soziologisierung des Klangs im Konzert, 1900–1930. In: Axel Volmar/Jens Schröter (Hg.): *Auditive Medienkulturen. Techniken des Hörens und Praktiken der Klanggestaltung*. Bielefeld 2013, 145–163.

Hansjakob Ziemer

50 Krankenhaus

Als sich das Krankenhaus der Moderne in Europa zu einem – wie Michel Foucault (1973, 8) es formulierte – »visionären« Raum entwickelte, in dem »die Welt der zu erkennenden Gegenstände« neu verhandelt wurde, begann sich ein Wissensgebiet zur auditiven Wahrnehmung der Kranken im klinischen Alltag zu entwickeln. Seit Anfang des 19. Jahrhunderts professionalisierte sich zum einen ein neuer Wissensbestand zum Nutzen musikalischer Therapie im medizinischen Raum. Zum anderen entstanden im Rahmen einer kurativen Soundscape-Gestaltung im Krankenhaus, die als pflegendes und heilendes akustisches Milieu zu verstehen ist, Fragen, die bis heute Gültigkeit haben: In welcher Form kann das akustische Umfeld zur medizinischen Versorgung beitragen oder beeinträchtigt es das Ziel, Kranken zu helfen?

Zwischen den frühen systematischen medizinischen Experimenten mit Musik zu Beginn des 19. Jahrhunderts und den visionären Vorstellungen einer *healing architecture* Anfang des 21. Jahrhunderts haben sich unterschiedliche Ansätze entwickelt, wie mit Sound in Form von Musik, Geräusch, Stille und Lärm in einem Krankenhaus umgegangen werden kann. Die im Kontext moderner psychiatrischer Versorgung entwickelten Versuche mit Musik reichen von musikalischem Krach im Badehaus bis hin zur Therapiemusik in Form von Konzerten im Haus oder im Freien, als motivierende Begleitung beim Arbeiten oder als medizinische Intervention bei Einzelnen und Gruppen (vgl. Kümmel 1977; Schumacher 1982).

Diese frühen aktiven und rezeptiven Formen musikalischer Therapie waren bis in die Mitte des 20. Jahrhunderts hinein selten einem konkreten Raum in der Klinik zugeordnet. Dennoch lassen sich räumliche Differenzierungen erkennen: Das unterhaltende Konzert für die rekonvaleszenten Patienten fand – wie 1824 am Pariser Hôpital de la Salpêtrière – in einem äußeren Bereich der Klinik oder – wie in Prag Mitte der 1840er Jahre – im Freien statt; die als medizinische Therapie gedachte Musik wurde in den inneren Räumen der Psychiatrie gespielt. Auch musikalisch ausgestattete Salons in Heil- und Pflegeanstalten verdeutlichen, wie in verschiedenen Kombinationen von Raum und Therapieansatz der Umgang mit Klang, insbesondere Musik, parallel zur Entwicklung moderner Krankenhausversorgung und -architektur entwickelt worden ist (vgl. Schwartz 2012).

Klang als medizinische Pflege

Das expandierende Krankenhaus des 19. Jahrhunderts mit seinen umfangreicheren medizinischen Eingriffen und längeren Aufenthalten der Patient/innen eröffnete Fragen nach der Gestaltung des physikalischen Umfelds. Für Florence Nightingale konnte nur ein vitales physikalisches Umfeld, in dem sich auch das ärztliche Personal angemessen verhielt, den medizinischen Aufwand und den Patienten bei seiner Gesundung unterstützen. Wichtigster Störfaktor einer heilsamen Pflege war für Nightingale der Lärm. Bei ihrer Suche nach verschiedenen akustischen Störformen wie »intermittent«, »sudden« oder »continuos noise« interessierte sie der ruhebedürftige Patient in seiner krankheitsbedingten Verunsicherung und in seinem Verhältnis zur Umwelt. Nicht Lärm an sich, sondern seine Qualität im sozialen und physischen Kontext mache den entscheidenden Unterschied in der Wahrnehmung des Patienten aus (Nightingale 1860, 63). Das Rascheln von Kleidung, Gespräche in- und außerhalb des Krankenzimmers, erste Lautstärkemessungen wie auch die Gestaltung einer für den Patienten im Hinblick auf Inhalt und Geräuschpegel stimmlich differenzierten und komfortablen Hörsituation: Nightingale reflektierte nicht nur komplexe Aspekte akustischer Gestaltung am, mit und um den Hörraum der Patienten, sondern integrierte zudem Überlegungen, in welcher Form Geräusche des gesamten Gebäudes irritierend wirken könnten. Die Schlafforschung und in Verbindung damit die Identifizierung störender auditiver Wahrnehmung rückten ins Zentrum eines kurativen Krankenhaussounds, die im 21. Jahrhundert als Forschung über Somnologie und Lärm weiterexistiert (vgl. Biley 1994; Fietze et al. 2008; Mazer 2010).

Musikalisch-akustische Therapie

Manifestationen inszenierten Klanges oder seines Gegenkonzepts Stille blieben in Form musikalisch-medizinischer Therapie und in klinikeigenen Kapellen oder Kirchen, wo weihevolle Ruhe und Musik rituell und spirituell zelebriert wurde, erhalten. Durch die daran beteiligten Personen – die aus dem Kirchenraum stammenden Kantoren, Organisten und Chorleiter – ließ sich die räumliche Trennung zwischen der medizinischen Nutzung von Musik (im Krankenhaus) und der spirituell-religiösen Nutzung (in der Kapelle) aufheben. Selten allerdings konnten sich therapeutisch und edukativ begründete musikalische Aufführ-

D. Morat, H. Ziemer (Hrsg.), *Handbuch Sound*, https://doi.org/10.1007/978-3-476-05421-0_50

rungen wie an der Heil- und Pflegeanstalt Illenau zu einer so umfassenden psychiatrischen Strategie entwickeln, die den Tag, die Woche und den Rhythmus des Jahres für die Patient/innen musikalisch gliederte (vgl. Kramer 2000, 141).

Bis weit ins 20. Jahrhundert hinein standen sich Musik als meist positiv belegte Klangquelle und Lärm als belastendes akustisches Phänomen innerhalb der Klangwelt eines Krankenhauses gegenüber. Diese Auffassung änderte sich mit einer qualitativ und quantitativ steigenden Integration musikalischer Interventionsformen. »Music has been used to comfort sick persons since time immemorial. Only during the past twenty-five years, however, has it been introduced in hospitals, particularly those for mental and nervous diseases« (Van de Wall 1946, 7). Die Einschätzung des Musikpädagogen Willem Van de Wall verwies auf die sich während des Zweiten Weltkriegs rapide ausweitende Anwendung von Musik in US-amerikanischen Krankenhäusern, der ein Anstieg von Kultur- und Musikangeboten im Ersten Weltkrieg (vgl. [Anonym] 1917) und Experimenten mit unterschiedlichen Formen der Hintergrundbeschallung (sogenannte Muzak), auch im Krankenhaus, vorausgegangen waren. Hinzu kam, dass sich amerikanische Hospitäler bei Ausbruch des Zweiten Weltkrieges von ehemals »neutral containers of general care« zu aktiven Orten einer sich spezialisierenden Medizin entwickelt hatten (Kisacky 2017, 3), in denen ungewöhnliche Therapieansätze wie die Arbeit mit Musik begründet werden mussten.

Ob es sich nun um den Einsatz von Musik vor und während der Operation, um sogenannte Schlafmaschinen mit Musik (vgl. Stein 1928, 260 f.) oder um musikalische Dauerberieselung für die ganze Krankenstation handelte: Musikpsychologische Forschungen zu den psychologischen und akustischen Grundlagen des Musikhörens differenzierten die medizinische Anwendung von Musik im Krankenhaus (vgl. Stoffer 2008). Nicht zuletzt als Folge einer Professionalisierung musiktherapeutischer Arbeit und im Zuge der kriegsbedingten Notlage, kam es durch das American Red Cross und das Joint Army and Navy Committee on Welfare and Recreation im Zweiten Weltkrieg zur Zusammenarbeit zwischen Musikpädagogen, Musikern und militärischen oder zivilen Hospitälern bei der Betreuung der traumatisierten Soldaten (vgl. Fauser 2013, 127 ff.), die zum Beispiel in Form von Gruppenflötenkonzerten der noch bettlägerigen Verwundeten erfolgte (vgl. Gilliland 1944, 19).

Van de Wall erarbeitete ein umfassendes Konzept zur Integration von Musikprogrammen in den Krankenhausalltag und etablierte damit ein ›Handlungsfeld Sound‹ im Krankenhaus, das Samuel J. Mathews schon 1806 in seiner Studie *On the Effects of Music in Curing and Palliating Diseases* eingefordert hatte. Van de Walls Kontextualisierung von Sound aus der Perspektive des Patienten berücksichtigte musikalisches Handeln in seinen vielfältigen Formen und dazugehörige organisatorische Herausforderungen, etwa die räumliche Zuordnung medizinischer Musik, sei sie live oder vom Band produziert bzw. reproduziert. Damit einher ging, dass Musik nun als Lärm und Bedrohung eines auf Stille bedachten Pflegekonzepts wahrgenommen wurde, da der Umfang des Musikprogramms für die Soldaten in vielen Hospitälern parallel ablaufende Therapien erforderte, die sich gegenseitig akustisch behinderten (vgl. Buker 1960, 62).

Van de Walls Dokumentation erfasste daher einen der Momente, ab welchem die räumliche Isolierung oder periphere Verlagerung musikalischer Betätigung im Krankenhaus zu beobachten war: Räume wurden und werden für eine gezielte musiktherapeutische Intervention vom üblichen Klinikalltag und -ablauf entkoppelt und in Keller oder Randbereiche der Gebäude verlegt, damit keine unnötige Störung entstehe. Musik nicht mehr grundsätzlich als Unterstützung, sondern differenziert auch als störenden, belästigenden bis hin zu pathologisierenden Schall zu erkennen (vgl. Kennaway 2012), führte – nicht nur im Krankenhaus – zu einer differenzierten Reflektion über die technischen oder akustischen Vermittlungsformen (Live-Musik, Radio, Phonograph, professionelle Musiker oder Laienmusiker) sowie über Dauer, Lautstärke und Repertoire (vgl. Stoffer 2008).

Die Wahrnehmung des akustischen Umfelds durch Patient/innen und medizinisches Personal

Trotz der sich seit den 1970er Jahren ausweitenden Intensivmedizin und einer damit einhergehenden zunehmenden akustischen Belastung durch die technisierte Krankenhaus-Umwelt blieb das Wissen um die verschiedenen Hörweisen und individuellen Wahrnehmungsformen von Musik (vgl. entsprechende Kapitel in Stoffer/Oerter 2005) lange Zeit ohne Konsequenzen für die Hörpflege von Patienten. Visuelle Reize – weil sie stärker wirken als orale oder haptische Stimuli (vgl. Hecht/Reiner 2009) – dominierten Praxis und Forschung. Der Bedarf an auditiver Versorgung bei einem vorrangig auf das Hören reduzierten Bewusstseinszustand zum Beispiel bei Patient/innen im Wachkoma oder bei frühgeborenen Kindern führte schließlich dazu, dass auch die Hörumgebung Eingang in neue Pflegekonzepte wie die *Neonatal Intensive Care Unit* (vgl. Mazer 2010, 185) oder in die Organisation eines angstfreien Operationssaales (vgl. Sauer 2014) fand.

Im Krankenhaus der Zukunft sollen für alle Patient/innen Raumkonzepte erarbeitet werden, mit der die Belastung durch ungewollte Geräusche möglichst verringert werden können. Die sogenannte Heilende Krankenhausarchitektur, die am Lehrstuhl ›Entwerfen von Krankenhäusern und Bauten des Gesundheitswesens‹ der TU Berlin von Christine Nickl-Weller erforscht wird, reduziert die Belästigung durch unerwünschten Schall wie Heizungsgeräusche oder medizinische Alarmsignale, um Schlaf, Rekreation, Erholung zu verbessern und den negativen Stress von Kranken, insbesondere auf Intensivstationen (auch als *distress* bekannt), zu reduzieren (vgl. Fietze et al. 2008). Auf der anderen Seite – auch in der Neonatologie – wird Musik im Rahmen der *Environmental Music Therapy* (EMT) eingesetzt, um unvermeidbaren Lärm abzumildern oder auszugleichen und zu einer gesunden Balance von Anspannung und Entspannung (einem *eustress*) beizutragen: der Binarismus Nutz- versus Störschall (vgl. Mieszkowski/Nieberle 2017, 15). Musik oder andere ausgleichende Klanginszenierungen (sogenanntes *sound masking*) wie Windgeräusche, Vogelgezwitscher und Meeresrauschen als Teil der Gestaltung einer *health environment* erklingen im Krankenhaus *mit dem* (und nicht *im Gegensatz zu dem*) Sound der Umgebung, weil diese von den Patient/innen wie auch vom medizinisches Personal als wohltuend positive Naturtöne aufgefasst werden (vgl. Iyendo 2016, 90).

Was die Hörumgebung ausmacht und wie sie gestaltet ist, hängt in der Klinik von vielen sozialen, organisatorischen, materiellen und individuellen Faktoren ab, die im Hinblick auf die Soundgestaltung im Krankenhaus zunehmend berücksichtigt werden. Soundforschung im Krankenhaus untersucht zusätzlich zu den Bedürfnissen von Patient/innen auch die Wahrnehmung und den Einfluss von akustischen Stimuli auf Pfleger/innen, Ärzt/innen, Besucher/innen, Seelsorger/innen oder Musiktherapeut/innen. Durch Patientenbefragung und *Evidence Based Medicine* (EBM) hat sich die Definition störender Geräusche und das Spektrum der möglichen Lärmquellen im ›Sozialbiotop Krankenhaus‹ seit dem 19. Jahrhundert erweitert.

Die Soundscape-Forschung nimmt, so Brigitte Schulte-Fortkamp (2015, 113 ff.), den »kognitiven Kontext und die Perzeption von Raum« in den Fokus und befragt Patient/innen zu ihren Bewertungen von Musik, Lärm und Geräuschen: Als akustische Belästiger gelten auch Zimmernachbar/innen, Besucher/innen und Therapeut/innen, medizinische Apparate und Medien der verschiedensten Art, die laute Außenumgebung eines Krankenhauses oder unangenehm resonierende Baumaterialien. Hinter Begriffen wie ›Healing Architecture‹, ›Humane Environment‹ oder ›Hospital Sound Environment‹ stehen Versuche, diese Ergebnisse (und Methoden) bei der baulichen Gestaltung der einzelnen Räume und Bereiche zu berücksichtigen und in das akustische Verhältnis von Innen- und Außenraum eines Krankenhauses einzubeziehen. Dezibelmessungen und damit objektivierte Belastungen durch angrenzende Straßen oder Rettungshubschrauber, die durch Schallschutz im Krankenhaus dezimiert werden sollten (vgl. Wischer/Riethmüller 2007, 133 f.), stehen auf der einen Seite, die optimierte aurale Umgebung des ›Stressraums Intensivstation‹ auf der anderen Seite eines vielfältigen Spektrums von Maßnahmen, die das Erleben und Verarbeiten von Klängen jeglicher Art verbessern sollen (vgl. Sykes/Tocci/Cavanaugh 2013).

Sound und Musik als Botschaft und Therapie

Obwohl somit Patient und medizinisches Personal hörend weitaus mehr in Anspruch genommen werden als vor 150 Jahren, führen Klinikleitungen zusätzliche Hörorientierungen ein. Der früheren musikalischen Dauerbeschallung aller mittels der vom Pflegepersonal kontrollierten Lautsprecheranlagen (vgl. Haisch 1954, 200) entsprechen neuerdings wohldosierte Musikprogramme. In diesem Sinne verfolgt – um nur ein Beispiel zu nennen – die Initiative Singende Krankenhäuser e. V. seit 2009 das heilsame Singen in allen Institutionen und Einrichtungen des Gesundheitswesens, das bei der Begleitung, Pflege und Heilung der Kranken helfen oder zur Unterstützung und Verbesserung betrieblicher Gesundheitsförderung beitragen soll. Klangbotschaften dienen als vereinzelte Signale, um ganz besondere Informationen zu überbringen: Eine Glocke verkündet für alle das Ende einer langen Bestrahlungsperiode, während das *Wiegenlied* von Johannes Brahms auf allen Stationen akustisch eine bevorstehende Geburt ankündigt (vgl. Cass 2015). Was sich darüber hinaus im Laufe der letzten 200 Jahren an musiktherapeutischen Ansätzen im Gesundheitssystem entwickelt hat, bedürfte – trotz der Relevanz für diesen Bereich (vgl. Iyendo 2016) – jedoch einer eigenen Darstellung. Erwähnt werden soll – stellvertretend für ein mittlerweile breit gefächertes Spektrum an Methoden – nur die sogenannte *Neurologic Music Therapy*, die im klinischen und rehabilitativen Kontext mit verschiedenen funktionalen, entwicklungsfördernden und ästhetischen Zielen den Sound ›Musik‹ in den Maßnahmenkatalog verschiedener medizinischer Disziplinen nachhaltig einbringt (vgl. Leins/Spintge/Thaut 2009).

Akustisch optimierte Hörumgebung und klangliche Gestaltung der Stille

Konzepte des »akustisch variabel gestaltbare[n] Krankenzimmer[s]« (Wischer/Riethmüller 2007, 134) oder die »satisfactory acoustical and privacy environments in healthcare facilities« (Sykes/Tocci/Cavanaugh 2013, 15) ermöglichen dank verbesserter Trittschalldämmung und neuen Bausubstanzen (z. B. weiche Bodenbeläge oder offenporiger Schallschutzputz) eine verbesserte Kommunikation und optimierte Sound-Atmosphäre, die Lautstärke zwar reduziert, aber auch das vermeiden hilft, was seit Nightingale als Ziel fürsorglicher Pflege galt: Stille.

Obwohl einerseits der negative gesundheitliche Effekt von Lärm belegt ist, gibt es andererseits nur wenige Studien, die den Einfluss der physikalischen Umgebung auf die Erzeugung oder Reduzierung negativer Lärmwirkung nachweisen (vgl. van den Berg 2006, 256). Daher hält sich die Annahme, dass eine bedeutungsvolle, aber entspannende Geräuschkulisse bessere Heilungseffekte als Stille haben kann (vgl. Iyendo 2016, 82). Im Krankenhaus sollten tagsüber 45 dB und nachts 35 dB nicht überschritten (vgl. Biley 1994, 111), akustisch vollständig entkoppelte Räume (der sog. Aquariumseffekt) aber vermieden werden, denn Geräusche, Musik, selbst Lärm vermitteln Teilhabe an einer lebendigen Umwelt: Die vollständige Absenz von akustischen Reizen bedeutet Grabesstille. Das Hospital wird damit zunehmend als ein Ort angesehen, an dem verschiedene Hörverfahren dabei helfen, die Patient/innen teilhaben zu lassen, auf der Station zu betreuen oder auch mittels Auskultation eine medizinische Diagnose zu erstellen. Das Niveau und die Art des Hörens im modernen Krankenhaus eignet sich zudem als Evaluationsinstrument klinischer Praxis, in der die sonische Orientierung von Patient und Personal medizinisches Handeln um eine bislang eher vernachlässigte sensorische Dimension erweitert und nicht zuletzt die soziale Position des jeweiligen Hörers in der Hierarchie eines Krankenhauses zu bestimmen hilft (vgl. Rice 2013).

Verwandte Beiträge: Kap. 3 (Emotionalität); Kap. 9 (Dezibel); Kap. 16 (Sounddesign); Kap. 17 (Soundscape); Kap. 18 (Architektur); Kap. 35 (Lärm); Kap. 38 (Stille); Kap. 57 (Straße); Kap. 58 (Wald); Kap. 64 (Phonograph); Kap. 65 (Radio); Kap. 67 (Stethoskop); Kap. 73 (Krieg).

Literatur

[Anonym:] The Music in War-Time Committee. Hospital concerts. In: *The Musical Times* 58/H. 894 (1.8.1917), 372.

Biley, Francis C.: Effects of noise in hospitals. In: *British Journal of Nursing* 3/3 (1994), 110–113.

Buker, Alden M.: The status of music therapy. In: *Music Educators Journal* 46/5 (April/Mai 1960), 62–64.

Cass, Janet: Sounds of the hospital. In: *Minnesota Medicine* 98/11–12 (2015), 7.

Fauser, Annegret: *Sounds of War. Music in the United States during World War II*. Oxford 2013.

Fietze, Ingo/Wiesenäcker, David/Blau, Alexander/Penzel, Thomas: Die Schlafqualität im Krankenhaus und der Einfluss von Lärm. In: *Somnologie* 12 (2008), 167–175.

Foucault, Michel: *Die Geburt der Klinik. Eine Archäologie des ärztlichen Blicks*. München 1973 (frz. 1963).

Gilliland, Esther Goetz: The healing power of music. In: *Music Educators Journal* 31/1 (September/Oktober 1944), 18–20.

Haisch, Erich: Musik in der Pathologie und Psychotherapie. In: *Schweizer Archiv für Neurologie und Psychiatrie* 74 (1954), 198–209.

Hecht, David/Reiner, Miriam: Sensory dominance in combinations of audio, visual and haptic stimuli. In: *Experimental Brain Research* 193/2 (2009), 307–314.

Iyendo, Timothy Onosahwo: Exploring the effect of sound and music on health in hospital settings. A narrative review. In: *International Journal of Nursing Studies* 63 (2016), 82–100.

Kennaway, James: *Bad Vibrations. The History of the Idea of Music as a Cause of Disease*. Farnham 2012.

Kisacky, Jeanne: *Rise of the Modern Hospital. An Architectural History of Health and Healing, 1870–1940*. Pittsburgh, PA 2017.

Kramer, Cheryce: Soul music as exemplified in nineteenth-century German psychiatry. In: Penelope Gouk (Hg.): *Musical Healing in Cultural Contexts*. Aldershot u. a. 2000, 137–148.

Kümmel, Werner Friedrich: *Musik und Medizin. Ihre Wechselbeziehungen in Theorie und Praxis von 800 bis 1800*. Freiburg i. Br./München 1977.

Leins, Anne Kathrin/Spintge, Ralph/Thaut, Michael: Music therapy in medical and neurological rehabilitation settings. In: Susan Hallam/Ian Cross/Michael Thaut (Hg.): *The Oxford Handbook of Music Psychology*. Oxford 2009, 526–535.

Mazer, Susan E.: Music, Noise, and the environment of care. History, theory, and practice. In: *Music and Medicine* 2/3 (2010), 182–191. doi: 10.1177/1943862110372773.
Mieszkowski, Sylvia/Nieberle, Sigrid (Hg.): *Unlaute. Noise/Geräusch in Kultur, Medien und Wissenschaften seit 1900.* Bielefeld 2017.
Nickl-Weller, Christine/Matthys, Stefanie/Eichenauer, Tanja (Hg.): *Health Care der Zukunft 5. Healing Architecture + Communication.* Berlin 2015.
Nightingale, Florence: *Notes on Nursing. What it is, and What it is not.* London 1860.
Rice, Tom: *Hearing and the Hospital. Sound, Listening, Knowledge and Experience.* Canon Pyon 2013.
Sauer, Holger: *Der angstfreie Operationssaal.* Berlin 2014.
Schulte-Fortkamp, Brigitte: Psychoakustische Konzepte für ›Neue Räume‹ – Wie Klang den Raum zusammenfügt. Eine Diskussion aus der Perspektive der Soundscape-Forschung. In: Christine Nickl-Weller/Stefanie Matthys/Tanja Eichenauer (Hg.): *Health Care der Zukunft 5. Healing Architecture + Communication.* Berlin 2015, 113–119.
Schumacher, Rudolf: *Die Musik in der Psychiatrie des 19. Jahrhunderts.* Frankfurt a. M./Bern 1982.
Schwartz, Manuela: Und es geht doch um die Musik. Zur musikalischen Heilkunde im 19. und 20. Jahrhundert (Teil 1 und 2). In: *Musiktherapeutische Umschau* 33/2 und 33/4 (2012), 113–125 und 334–349.
Stein, Richard H.: Musik in Krankenhäusern und Gefängnissen. In: *Die Musik. Monatsschrift* 20/4 (Januar 1928), 258–266.
Stoffer, Thomas: Kurze Geschichte der Musikpsychologie. In: Herbert Bruhn/Reinhard Kopiez/Andreas C. Lehmann (Hg.): *Musikpsychologie. Das neue Handbuch.* Reinbek bei Hamburg 2008, 655–664.
Stoffer, Thomas H./Oerter, Rolf (Hg.): *Allgemeine Musikpsychologie.* Göttingen u. a. 2005.
Sykes, David M./Tocci, Gregory C./Cavanaugh, William J. (Hg.): *Sound & Vibration 2.0. Design Guidelines for Health Care Facilities* (2010). New York u. a. 2013.
Van de Wall, Willem: *Music in Hospitals.* New York 1946.
Van den Berg, Agnes: Healing by architecture. In: Cor Wagenaar (Hg.): *The Architecture of Hospitals.* Rotterdam 2006, 254–257.
Wischer, Robert/Riethmüller, Hans-Ulrich: *Zukunftsoffenes Krankenhaus. Ein Dialog zwischen Architektur und Medizin. Fakten, Leitlinien, Bausteine.* Wien/New York 2007.

Manuela Schwartz

51 Labor

Das Labor, definiert als ein Raum, in dem naturwissenschaftliches Wissen generiert wird, hat schon vor unserer Zeitrechnung vielerlei Formen angenommen. Eine solch weit gefasste Definition umfasst die epistemischen Räume Europas und Amerikas wie auch den Nahen und Fernen Osten. In der Antike und im Mittelalter war das Labor der Ort, wo frühe physikalische Experimente durchgeführt wurden, wo die Mathematik entwickelt wurde, Kräuter kultiviert oder von wo aus Sterne beobachtet wurden. In der Frühen Neuzeit etablierte man im Labor, Funktionen, Praktiken und Instrumente, die noch heute zu sehen sind. An den Arbeitsplätzen der Alchimisten wurden Instrumente für das Verarbeiten und Messen diverser Substanzen entwickelt. Die Komplexität und Anzahl der Instrumente im Labor der Naturphilosophen stieg während des 18. Jahrhunderts stetig an.

Beginnend im 19. Jahrhundert wurde schließlich auch die Definition des Labors selbst ausgeweitet. Die Entstehung des Seminars an den Universitäten in den deutschen Staaten bedeutete, dass mehr Menschen in einem einzelnen Laborraum zusammenarbeiteten. Naturwissenschaftliche Forschung wurde nun gleichzeitig auch außerhalb von Laboren betrieben; die Zeit, in der nur Objekte gesammelt wurden, um sie danach im Labor zu untersuchen, war vorbei. Mit dem Aufstieg der Humanwissenschaften konnte auch eine Gemeinschaft ein Labor sein. Die Expansion der Großwissenschaft im 20. Jahrhundert mobilisierte Tausende von Wissenschaftler/innen, die gleichzeitig an unterschiedlichen Orten am selben Projekt arbeiten. Mit den neuen Beobachtungsprojekten der Geowissenschaften nach dem Zweiten Weltkrieg wurde der Globus selbst zu einer Art Labor. Ein Labor kann also – um es auf den Punkt zu bringen – zwischen null und vier Wänden haben und Arbeitsplatz für einen oder mehrere Wissenschaftler/innen sein, jedenfalls ist es ausgestattet mit diversen Instrumenten, um ein wissenschaftliches Verständnis von der Welt und ihren Bewohner/innen zu entwickeln.

Das wissenschaftliche Verständnis der Welt besteht historisch betrachtet aus allgemeingültigen Gesetzen, Theoremen, Prinzipien und Prozessen. Die wissenschaftliche Praxis diente diesem Verständnis, der aktiven Entwicklung dieser Ideen. Oder anders formuliert: der Konstruktion wissenschaftlicher Ordnung mithilfe der Konstruktion von Fakten (vgl. Latour/Woolgar 1979). Nach der naturwissenschaftlichen Revolution ermöglichte das moderne Labor dies auf unterschiedliche Art und Weise. Zugleich wurden die Praktiken und Verfahren für Experimente standardisiert, normalerweise mit dem Ziel der Wiederholbarkeit, was die Allgemeingültigkeit der Ergebnisse demonstrieren und unterstreichen sollte. Objekte, Tiere und Phänomene wurden in laborfreundliche Subjekte verwandelt (vgl. Kohler 1994). Diese Transformationen waren oft umstritten. Leztendlich spiegelte die Neudefinition von experimentellen Subjekten als Untersuchungsobjekte die Spannung wider, die zwischen spezifischen, individuellen Organismen (oder Phänomenen) und dem Impuls der modernen westlichen Wissenschaft bestand, allgemeingültige Behauptungen aufzustellen. Diese Spannung wird in der Geschichte des Klangs und der Klangempfindung im Labor deutlich.

Das Labor als Klangraum

Als Klangraum funktioniert das Labor auf vier unterschiedliche Arten: (1) als ein Ort von zufälligen, aber häufig unausgesprochen wichtigen Klängen; (2) als ein Ort, an dem Klänge als Gegenstände wissenschaftlicher Untersuchung geschaffen und zerstört werden; (3) als ein Ort, an dem das Hören sowohl Gegenstand als auch Instrument der wissenschaftlichen Untersuchung ist; sowie (4) als ein Ort, an dem das Hören und das Hörerlebnis sterilisiert, akusmatisch gemacht und universalisiert wird.

Diese Funktionen des Labors standen und stehen immer noch gelegentlich im Widerspruch zueinander. Bestimmte Klänge können im Kontext des Labors gleichermaßen bedeutsam wie bedeutungslos sein. Menschliche Hörer/innen verleihen Klängen Bedeutung, aber die Laborinstrumentation und die festgelegten Verfahrensweisen standardisieren, normalisieren und verflachen die Besonderheit der subjektiven Klangerfahrung von Individuen. Die Ziele der Wissenschaft – Objektivität und Universalität – stehen seit jeher in einem Spannungsverhältnis zu den historisch und kulturell kontingenten, subjektiven Klangerlebnissen (wenn niemand die Klänge hören kann, existieren sie dann überhaupt?), was das Labor zu einem unglaublich reichhaltigen und interessanten Klangraum macht.

Das Labor schloss die Klänge der Wissenschaft ein, Klänge, die in der Praxis rein zufällig generiert wurden, ohne Rücksicht darauf, um welchen wissenschaftlichen Gegenstand es sich handelte. Man denke hier an das Rauschen von Rohrleitungen, das Brummen von Motoren, die Pieptöne der Maschinen, das

D. Morat, H. Ziemer (Hrsg.), *Handbuch Sound*, https://doi.org/10.1007/978-3-476-05421-0_51

Klicken von Tastaturen, das Klirren von Glas, die Geräusche von lebenden Versuchsobjekten, das Rascheln von Schutzkleidung, den ganzen Chor der Gegenstände und Instrumente der Wissenschaft. Und dann gibt es wie an allen Arbeitsplätzen auch im Labor die ganze Palette menschlicher Geräusche: Gespräche, Hintergrundmusik, zerstreutes Summen, Husten und Ausrufe der Frustration. In manchen Laboren können Experimente durch solche Geräusche gestört werden, weshalb man sich bemüht, sie zu dämpfen oder gänzlich zu eliminieren.

Der Klang ist schon vor unserer Zeitrechnung Gegenstand wissenschaftlicher Untersuchung gewesen. In der Frühen Neuzeit begriff man das Studium der Musik – durch Analogiebildung – auch als eine Art Studium des Universums (vgl. Pesic 2014). Während der naturwissenschaftlichen Revolution beschäftigten sich gleich mehrere Praktiker mit der Klangübertragung, der Akustik. Galileo Galilei untersuchte vibrierende Saiten, Marin Mersenne maß den ersten Wert für die Schallgeschwindigkeit in der Luft und Isaac Newton ging der Klangwellenübertragung in diversen Materialien nach. Im 19. Jahrhundert folgten die Forschungen von Hermann von Helmholtz, Georg Simon Ohm und Charles Wheatstone zu physiologischer Akustik, Elektrizität und Magnetismus sowie zur Bauakustik. Im 20. Jahrhundert weckten eine Reihe neuer Technologien – das Hydrophon, elektrische Aufnahmen, Radioteleskope u. a. – ein erweitertes wissenschaftliches Interesse an Klängen außerhalb der Reichweite des menschlichen Gehörs.

Somit wurde das Labor auch ein Ort, um Klänge nachzubilden. Um die Harmonie der Sphären, die Akustik, die Psychophysik des Hörens, die Telefonie, den Walgesang oder Quasare zu untersuchen, mussten Klänge zunächst im Labor generiert, d. h. objektiviert werden. Hierfür nun galt es erst einmal, die passenden Instrumente und Techniken zu entwickeln. Und um die so generierten Klanggegenstände schließlich auch untersuchen zu können, mussten wiederum weitere Instrumente und Techniken entwickelt werden.

Dabei ist anzumerken, dass es sich bis zum 20. Jahrhundert bei den Herstellern wissenschaftlicher Instrumente zusätzlich um Musikinstrumentenbauer handelte. Helmholtz' Instrumentenbauer Rudolph Koenig beispielsweise war für seine höchst präzisen Stimmgabeln wie auch für seine Violinen berühmt (vgl. Pantalony 2009). Zugleich legten Instrumentenbauer wie Koenig Wert darauf, dass ihre Produkte anspruchsvollste Standards erfüllten, weswegen sie sie wiederholten Präzisionsprüfungen unterzogen. Ihre Werkstätten lassen sich deshalb durchaus auch als Labore denken. Myles Jackson (2006) zufolge habe die Zusammenarbeit von Musikern, Physikern und Instrumentenbauern die Objekte und Ideen aller drei Berufsgruppen geprägt. Auf diese Weise erweiterte sich unser Verständnis des wissenschaftlichen Labors und der wissenschaftlichen Praxis, die beide in enger Beziehung mit anderen Klanggemeinschaften standen.

Zudem war und ist das Labor ein Ort, wo gänzlich neue Klänge produziert wurden. Wenn wir weiterhin das Labor großzügig definieren (also als den erwähnten Ort mit null bis vier Wänden, an dem von einer Person oder mehreren Personen Wissen generiert wird), müssen wir auch die Bastlerräume hinzurechnen, in denen die klangerzeugenden Technologien für Komponist/innen und Konsument/innen entwickelt wurden (vgl. Katz 2004). Instrumente wie der Moog-Synthesizer oder Dinge wie das MP3-Format brachten Klänge hervor, die zuvor nicht existiert hatten (vgl. Pinch/Trocco 2002; Sterne 2012; Mody/Nelson 2013).

Zugleich war und ist das Labor ein Ort, an dem Klänge eliminiert werden. Klänge können manche Experimente stören und müssen daher gedämpft werden. Die steigende Lautstärke des urbanen Lebens bzw. die wachsenden Beschwerden von Stadtbewohner/innen befeuerten die Auseinandersetzung um den Klang in Form von Lärm. Lärm gilt bis heute als unerwünschter, bisweilen sogar gefährlicher Klang. Architekten, Ingenieure und Theaterakustiker interessierten sich bereits in der ersten Hälfte des 20. Jahrhunderts mehr und mehr für die Entwicklung neuer Isoliertechniken und -materialien (vgl. Bijsterveld 2008; Mansell 2017; Thompson 2002; Wittje 2016). Nach dem Zweiten Weltkrieg wurden echofreie Räume (Labore!) sowohl theoretisch als auch praktisch für das bessere Verständnis sehr leiser Klänge eingesetzt. 1952 stellte Robert H. Mellen Überlegungen an zum Grundrauschen der Luft, also zur Lautstärke der thermischen Bewegung von Molekülen. Dieses wissenschaftliche Interesse an der Physik der Stille ist vergleichbar mit dem der Avantgarde-Komponist/innen.

Natürlich gehörte nicht zuletzt auch Musik zu den im Labor untersuchten Klangobjekten. Forschungen hierzu wurden von Komponisten und Musikern mit großem Interesse verfolgt. Im 19. Jahrhundert versuchten mehrere Musikkritiker und Musiktheoretiker, ihre Theorien über westliche Musikästhetik wissenschaftlich-streng zu untermauern. Insbesondere die Arbeiten von Eduard Hanslick und Hugo Riemann stehen für dieses Unterfangen. Innerhalb der Grenzen des Labors suchten auch Physiker, Physiologen, Psychophysiker und Psychologen nach wissenschaftlichen Erklärungen für die westliche Musikästhetik. Die Physik vibrierender Saiten oder die Psychophysik der Klangwahrnehmung wurden als Erklärungen für die Zwölftonreihe, verschiedene Stimmsysteme und die Konsonanz oder Dissonanz bestimmter Klangintervalle (und daher Akkorde) herangezogen. Hier ist die materielle Kultur des Labors als Klangraum besonders aufschlussreich: Was sowohl damals als heute als Musikinstrument bezeichnet wurde und wird, wurde gleichzeitig auch als wissenschaftliches Instrument verwendet (vgl. Jackson 2006; Hui 2012).

Hören im Labor

Im Zuge des Booms psychophysischer Studien der Klangwahrnehmung zwischen Mitte des 19. und Anfang des 20. Jahrhunderts etablierte sich das Labor zudem als ein Ort, an dem die individuelle Klangerfahrung selbst zum wissenschaftlichen Untersuchungsgegenstand wurde. Gustav Fechner, der als Begründer der Psychophysik gilt, entwickelte 1860 einen Ansatz, demzufolge es für jeden physikalischen Reiz ein korrespondierendes psychologisches Empfinden gebe. Die Techniken für die psychophysische Untersuchung des Hörens umfassten eine Form der Selbstbeobachtung, die er ›Introspektion‹ nannte, Messungen von gerade noch wahrnehmbaren Unterschieden zwischen Tonlage und Tonmischungen, Messungen von motorischen Effekten und Experimente mit nicht-lebenden Ohren (vgl. Hui 2012, 93–102). Aufgrund des einzigartigen Zusammenspiels der subjektiven und objektiven Erfahrung sinnlicher Wahrnehmung war das Hören sowohl Gegenstand als auch Instrument der Untersuchungen (vgl. Volmar 2015). Der psychophysische Ansatz erlaubte es, subjektives Erleben experimentell zu untersuchen.

Ausgehend von der Annahme einer Überlegenheit des westlichen ästhetischen Systems aufseiten der Psychophysiker wurden auf Basis der materiellen Laborkultur, in der Musikinstrumente auch als wissenschaftliche Instrumente eingesetzt wurden, im psychophysischen Labor zugleich Bemühungen vorangetrieben, die Allgemeingültigkeit westlicher Musikästhetik zu demonstrieren. Dass westliche Intervalle von Hörer/innen, die in westlichen Musikkulturen aufgewachsen waren, ›korrekt‹ gehört wurden, wurde als Beweis dafür angeführt, dass es sowohl eine physikalische wie auch eine physiologische Grundlage für westliche Musikästhetik gäbe. Wenn die Gesetze der Physik, Physiologie und vielleicht sogar der Psychologie allgemeingültig und wahr waren, dann trifft dies auch auf die westliche Musikästhetik zu – so glaubte man. Bis man es nicht mehr glaubte.

Ein wachsendes Interesse an nicht-westlicher Musik in Europa und den USA, erleichtert durch verbesserte Aufnahme- und Abspieltechnologien (man denke an den Phonographen) und die Entwicklung von Techniken für die Analyse musikethnologischer *field recordings* dieser Musik, weitete den Blick auf die Vielfalt hoch entwickelter musikalischer Systeme. Der Psychophysiker Ernst Mach war nach seinen Untersuchungen der Klangwahrnehmung überzeugt davon, dass Hören und vielleicht sogar Wissen historisch und kulturell kontingent sind (vgl. Hui 2012, 89–121). Seine späteren epistemologischen und phänomenologischen Positionen (die Grundlagen des Logischen Positivismus) lassen sich auf das Labor als akustischen Raum zurückverfolgen.

In diesen psychophysischen Studien des 19. Jahrhunderts wurde eine ganz spezifische Art des Hörens für sehr spezifische Arten von Klang eingesetzt und untersucht. Das heißt, die Versuchspersonen konzentrierten sich auf für Menschen hörbare Klänge, normalerweise auf reine Töne bzw. Intervalle des westlichen Musiksystems – und dann hörten sie diese auch. Im 20. Jahrhundert wurden schließlich Technologien entwickelt, um Klänge für den menschlichen Hörbereich hörbar zu machen und nicht-sonische Daten zu sonifizieren.

Klangbearbeitung im Labor

Denn die Funktion des Labors erschöpft sich ja, wie erwähnt, mitnichten darin, Klänge zu eliminieren. Als Teil eines generelleren Trends zugunsten des Visuellen – sowohl in den Naturwissenschaften als auch in der Kultur allgemein – wurden Klänge im 20. Jahrhundert überdies in graphische Darstellungen umgewandelt. Wegbereitend für diese Technologien waren Ernst Chladnis Klangstudien Ende des 18. Jahrhunderts. Chladni strich ein mit losem Sand bedecktes Blech mit einem Bogen; die schönen Sandfiguren, die durch die vom Bogenstreichen hervorgerufenen Vibrationen entstanden, machten den Klang dabei sichtbar. Im 20. Jahrhundert ermöglichten Fortschritte in der Aufnahme- und Wiedergabetechnik wie auch in der Filmtechnologie schließlich die Erstellung von Sonogrammen. Im Falle von biologischen Klängen wie Vögelvokalisationen wurden Sonogramme zunächst als emblematisch für die Spezies präsentiert und für deren Identifikation und Taxonomie verwendet (vgl. Bruyninckx 2018). Später konnten dank EDV und erleichterter Erstellung von Sonogrammen Hunderte, gar Tausende von ihnen miteinander verglichen werden, was nicht unwesentlich zu einem besseren Verständnis des Verhaltens der Tiere beitrug. Um ein weiteres Beispiel für die graphische Darstellung von Klang nicht zu unterschlagen, sei an dieser Stelle auf die Sonargeräte verwiesen. Ein Großteil der Analyse sonarer Daten seitens des Militärs, aber auch seitens der Meeresbiologie beruht auf visuellen Prinzipien und wird mithilfe von Bildanalysesoftware durchgeführt.

Der Impuls, Klang graphisch darzustellen, steht letztendlich in einer Tradition visueller Objektivität in der Wissenschaft, die bis ins 17. Jahrhundert zurückreicht. Für Jonathan Crary (1990) ist der Prozess der visuellen Darstellung von Daten Teil einer größeren Rückkopplungsscheife, in der das Sehen und die Naturwissenschaft Modernität repräsentierten. Tatsächlich wurden Bilder für Historiker zu Belegen, anhand derer sich die Geschichte der Objektivität zurückverfolgen ließ (vgl. Daston/Galison 2007).

Wir können also das Labor als einen Ort auffassen, an dem Klang bearbeitet wird. Er wird in andere Klänge konvertiert, er wird gehört, er wird betrachtet. Und er wird auch sterilisiert. Diese Sterilisierung ist, wie Joeri Bruyninckx (2012) anhand der Ornithologie im frühen 20. Jahrhundert zeigen konnte, ein Prozess, durch den die Spezifizität des Feldes eliminiert wurde, um die Klangaufnahmen für die Analyse im Labor vorzubereiten (vgl. auch Kursell 2012). Im 19. Jahrhundert war das Feld eine eher mühsame physische und kulturelle Erweiterung des Labors. Mitte des 20. Jahrhunderts gab es für Feld und Labor separate, aber komplementäre Praktiken, Instrumente und wissenschaftliche Werte und Ziele.

In dieser aktuellen Konstellation können wir also Bruyninckx' Punkt noch erweitern. Nicht nur wird Klang im Labor sterilisiert, er wird akusmatisch gemacht. Die im Labor untersuchten Klänge werden von ihren jeweiligen Quellen separiert. Wir erinnern uns: Das Ziel des Labors ist es, naturwissenschaftliches Wissen zu generieren, d. h. replizierbares und allgemeingültiges Wissen. *Field sounds* sind hinsichtlich von Zeit und Raum spezifisch. Das trifft auch auf das Hören zu. Daher bleibt das Klanglabor – das Labor, in dem Klänge untersucht werden – an die Spezifizität des Hörens gebunden. Das Hören, auch wenn es durch zahlreiche Technologien vermittelt wird, bleibt subjektiv. Somit entkommt das Labor als akustischer Raum auch nicht den zweifachen und widersprüchlichen Eigenschaften der Psychoakustik des Klangs (spezifisch, subjektiv) und den universalisierenden Zielen der Naturwissenschaft.

Verwandte Beiträge: Kap. 10 (Klangfarbe); Kap. 14 (Sonifikation); Kap. 18 (Architektur); Kap. 27 (Physikalische Akustik); Kap. 30 (Wissenschaftsgeschichte); Kap. 37 (Sirene); Kap. 38 (Stille); Kap. 64 (Phonograph).

Literatur

Bijsterveld, Karin: *Mechanical Sound. Technology, Culture, and Public Problems of Noise in the Twentieth Century.* Cambridge, MA 2008.

Bruyninckx, Joeri: Sound sterile. Making scientific field recordings in ornithology. In: Trevor Pinch/Karin Bijsterveld (Hg.): *The Oxford Handbook of Sound Studies.* Oxford 2012, 127–150.

Bruyninckx, Joeri: *Listening in the Field. Recording and the Science of Birdsong.* Cambridge, MA 2018.

Crary, Jonathan: *Techniques of the Observer. On Vision and Modernity in the Nineteenth Century.* Cambridge, MA 1990.

Daston, Lorraine/Galison, Peter: *Objectivity.* Cambridge, MA 2007.

Erlmann, Veit: *Reason and Resonance. A History of Modern Aurality.* New York 2010.

Hui, Alexandra: *The Psychophysical Ear. Musical Experiments, Experimental Sounds, 1840–1910.* Cambridge, MA 2012.

Hui, Alexandra/Kursell, Julia/Jackson, Myles W. (Hg.): *Music, Sound, and the Laboratory, 1750–1980* (= *Osiris* 28/1). Chicago 2013.

Jackson, Myles W.: *Harmonious Triads: Physicists, Musicians, and Instrument Makers in Nineteenth-Century Germany.* Cambridge, MA 2006.

Jackson, Myles W.: From scientific instruments to musical instruments. The tuning fork, the metronome, and the siren. In: Trevor Pinch/Karin Bijsterveld (Hg.): *The Oxford Handbook of Sound Studies.* Oxford 2012, 201–223.

Katz, Mark: *Capturing Sound. How Technology Has Changed Music.* Berkeley 2004.

Kohler, Robert E.: *Lords of the Fly. Drosophila Genetics and the Experimental Life.* Chicago 1994.

Kursell, Julia: A gray box. The phonograph in laboratory experiments and fieldwork, 1900–1920. In: Trevor Pinch/Karin Bijsterveld (Hg.): *The Oxford Handbook of Sound Studies.* Oxford 2012, 176–197.

Kursell, Julia: Experiments on tone color in music and acoustics. In: Alexandra Hui/Julia Kursell/Myles W. Jackson (Hg.): *Music, Sound, and the Laboratory, 1750–1980* (= *Osiris* 28/1). Chicago 2013, 191–211.

Latour, Bruno/Woolgar, Steve: *Laboratory Life. The Construction of Scientific Facts.* Princeton 1979.

Mansell, James: *The Age of Noise in Britain. Hearing Modernity.* Urbana-Champaign, IL 2017.

Mody, Cyrus C. M.: The sounds of science. Listening to laboratory practice. In: *Science, Technology, and Human Values* 30/2 (2005), 175–198.
Mody, Cyrus C. M./Nelson, Andrew J.: »A towering virtue of necessity«. Interdisciplinarity and the rise of computer music at Vietnam-era Stanford. In: Alexandra Hui/Julia Kursell/Myles W. Jackson (Hg.): *Music, Sound, and the Laboratory, 1750–1980* (= *Osiris* 28/1). Chicago 2013, 254–277.
Pantalony, David: *Altered Sensations. Rudolph Koenig's Acoustical Workshop in Nineteenth-Century Paris*. Dordrecht u. a. 2009.
Pesic, Peter: *Music and the Making of Modern Science*. Cambridge, MA 2014.
Pesic, Peter/Volmar, Axel: Pythagorean longings and cosmic symphonies. The musical rhetoric of string theory and the sonification of particle physics. In: *Journal of Sonic Studies*, Nr. 8 (2014), ohne Paginierung.
Pinch, Trevor/Trocco, Frank: *Analog Days. The Invention and Impact of the Moog Synthesizer*. Cambridge, MA 2002.
Smidgen, Henning: ›Camera silenta‹. Time experiments, media networks, and the experience of organlessness. In: Alexandra Hui/Julia Kursell/Myles W. Jackson (Hg.): *Music, Sound, and the Laboratory, 1750–1980* (= *Osiris* 28). Chicago 2013, 162–188.
Steege, Benjamin: *Helmholtz and the Modern Listener*. Cambridge 2012.
Sterne, Jonathan: *MP3. The Meaning of a Format*. Durham, NC 2012.
Sterne, Jonathan/Akiyama, Mitchell: The recording that never wanted to be heard and other stories of sonification. In: Trevor Pinch/Karin Bijsterveld (Hg.): *The Oxford Handbook of Sound Studies*. Oxford 2012, 544–560.
Supper, Alexandra: The search for the ›killer application‹. Drawing the boundaries around the sonification of scientific data. In: Trevor Pinch/Karin Bijsterveld (Hg.): *The Oxford Handbook of Sound Studies*. Oxford 2012, 249–270.
Thompson, Emily: *The Soundscape of Modernity. Architectural Acoustics and the Culture of Listening in America, 1900–1933*. Cambridge, MA 2002.
Volmar, Axel: Listening to the Cold War. The nuclear test ban negotiations, seismology, and psychoacoustics, 1958–1963. In: Alexandra Hui/Julia Kursell/Myles W. Jackson (Hg.): *Music, Sound, and the Laboratory, 1750–1980* (= *Osiris* 28/1). Chicago 2013, 80–102.
Volmar, Axel: *Klang-Experimente. Die auditive Kultur der Naturwissenschaften 1761–1961*. Frankfurt a. M. 2015.
Wittje, Roland: *The Age of Electroacoustics. Transforming Science and Sound*. Cambridge, MA 2016.

Alexandra Hui
(aus dem Englischen übersetzt von Wilhelm von Werthern)

52 Meer

»Wer so lange zur See gefahren ist wie ich«, eröffnet Kapitän Emil Feith seinen Erlebnisbericht, »erkennt einen Sturm an seinem Klang.« Mit seinem Massengutfrachter ›Svea Pacific‹ gerät er im Oktober 1991 in den »schlimmsten Sturm[ ] seit Beginn der Wetteraufzeichnungen«. »Bis 9 Beaufort ist es ein Brüllen, ab 11 Beaufort ein Stöhnen. Je stärker ein Sturm, desto tiefer seine Stimme, das ist die Regel. Was ich jetzt auf der Brücke der ›Svea Pacific‹ höre, macht mir Sorgen. Von draußen dringt ein schwingender Ton herein, ein dumpfes Brummen, wie von einer gewaltigen Orgel« (zit. nach Prahl/Kruecken 2014, 57).

Die von Feith beschriebene akustische Wahrnehmung des Meeres zeugt von einem Erfahrungs- und Expertenwissen, das innerhalb der letzten beiden Jahrhunderte zunehmend an Bedeutung verloren hat. Zudem sind solch konkrete maritime Erfahrungen, wie der Historiker Michael Pearson (2014, 337) konstatiert, im 21. Jahrhundert generell deutlich seltener geworden. Angesichts der vielfältigen Funktionen, die Wasserwege in unserer globalisierten Welt haben, scheint dies fast ein Paradoxon, denn gleich ob im internationalen Warenwirtschaftsaustausch oder dem Wirtschaftszweig des Tourismus, in der Geschichte der Migration bis in unsere unmittelbare Gegenwart hinein oder in der Ausbeutung der Meere: »[It] all happen[s] in, at, and across the oceans« (Anderson/Peters 2014, 3).

Neuentdeckung der Meere im 18. Jahrhundert

Die Entwicklung des Erfahrungsverlustes der auditiven Ebene geht auf einen Mitte des 18. Jahrhunderts einsetzenden Wahrnehmungswandel des Meeres zurück. Bis dahin wurde es kulturell überwiegend als ein gefahrenvoller, unvorherseh- und unbeherrschbarer Nicht-Ort konstruiert und wahrgenommen, ein Nicht-Ort, den es zu überqueren galt (vgl. Corbin 1990; Steinberg 2001; Gillis 2012; Kraus/Winkler 2014). Doch um 1750 setzte Alain Corbin zufolge eine kollektive Sehnsucht nach der Küste ein, die die Wahrnehmung der Meere nachhaltig veränderte. Der einstige Schrecken vor den Ozeanen wich einer maritimen Begeisterung, die in zahlreichen Reisebeschreibungen und literarischen Texten, aber auch in Gemälden und medizinischer Fachliteratur ihren Ausdruck fand.

Für den Meereshistoriker John Gillis ist dieser Prozess einer zunehmenden Literarisierung und Visualisierung eng mit dem Streben der Menschen nach einem Leben an der Küste verbunden: »For much of the nineteenth and early twentieth century, coasts seemed to be on the way to exorcising the fears that had for so long been associated with them« (2012, 176). Das Pendel schlug gar in die entgegengesetzte Richtung um: Die Küste wurde mehr und mehr zu einem wahren Zufluchtsort, »a place without the crowds, the dirt, or the want, without the slums of a vast modern city«, so der britische Autor und Journalist Simon Winchester (2010, 193). Die auditive Wahrnehmung des Meeres fand dabei immer weniger Beachtung. Wenn überhaupt, so wurde der Klang sich stetig an der Meeresküste brechender Wellen zum Sound der Entspannung und Erholung umcodiert, die »tiefe Ruhe des Meeres« – so beispielsweise in Guy de Maupassants *Auf See* (2012 [frz. 1888], 19) – zum puren Genuss.

Dieses positive Hörerlebnis wird jedoch durch zahlreiche Reise- und Expeditionsberichte von Seefahrern stark kontrastiert. Sie machen offenbar, was für den Hörsinn charakteristisch ist: Er übt eine niemals pausierende Warnfunktion aus, alarmiert den Wahrnehmenden in Gefahrensituationen und steigert dessen Aufmerksamkeit. Denn dass sich der visuelle Eindruck des regungslosen Meeres, begleitet von einer im Wasser herrschenden »[t]iefe[n] Stille«, letztlich als eine trügerische »Todesstille« zu erweisen vermag, wusste 1796 schon Johann Wolfgang Goethe in »Meeres Stille« zu dichten. Kapitän Feith erkennt denn auch nicht ohne Grund die Heftigkeit des Sturms nicht an dessen ›Force of the Wind‹, die in allen gängigen Skalen seit Daniel Defoes 1704 publizierter Studie *The Storm* über visuelle Beschreibungen klassifiziert wird (vgl. Huler 2009), sondern anhand des Klangs der See.

Auditiver Wahrnehmungswandel des Nordpolarmeers

Dessen Bedeutungsverlust lässt sich mitunter auch an der Geschichte technischer Verbesserungen im Schiffsbau festmachen. Konzentriert man sich bei der Lektüre verschriftlichter Arktiserfahrungen europäischer und US-amerikanischer Forscher des 19. Jahrhunderts auf deren akustische Wahrnehmung des Nordpolarmeeres, so lässt sich anhand dieser Passagen eine Geschichte der Zähmung des Meeres erzählen (vgl. Kraus 2014). Blieben auch die Höreindrücke der Arktisreisenden dieselben, so fanden sie Ende des Jahrhunderts bei Weitem nicht mehr eine vergleich-

D. Morat, H. Ziemer (Hrsg.), *Handbuch Sound*, https://doi.org/10.1007/978-3-476-05421-0_52

bare Aufmerksamkeit. Zunächst wurde das nördliche Eismeer noch als ein gefahrvolles, dämonisches Gegenüber aufgefasst. In den Texten dominiert das Geisterhafte, schaurig Wilde – insbesondere in solchen Momenten, in denen die Expeditionsschiffe, vom eben noch lautlosen, nur scheinbar erstorbenen Eismeer umgeben, in Eispressungen geraten. Sogleich wirkt das Eismeer auf eine beängstigende Art und Weise geradezu geisterhaft belebt, als sei man, so empfand es mit Julius Payer einer der beiden Kommandanten der Österreichisch-Ungarischen Nordpolexpedition von 1872 bis 1874, von »sinnlosen Ungeheuer[n]« und ihrem »Wuthgeheul« umgeben. »Nur dem Gehöre«, hielt er für die nächtliche Finsternis fest, »offenbart sich die Sprache ihrer Schrecken« (Payer 1876, 90). Das infernalische Getöse der berstenden Eismassen gleiche dem hohnlachenden Geschrei ungezählter Teufel. Die Geräusche der Eispressungen geraten für die in ihnen Gefangenen zur reinsten »Folter« (Payer 1874, 2).

Manche Berichte, wie der des US-amerikanischen Polarforschers George De Long, der 1879 mit der ›Jeannette‹ in der Tschuktschensee festfror, lesen sich wie veritable Horrorgeschichten. Im steten Wechselspiel zwischen ohrenbetäubendem Knarren, Knacken, Krachen und absoluter Stille strapaziert das gefrorene Meer die Nerven De Longs und seiner Crew. Den Eismassen hilf- und machtlos gegenüberstehend, dominieren mit dem Moment, in dem sich das Eis in Bewegung setzt, Gefühle wie Angst, Sorge und Beklemmung. Dabei betont De Long stets die Einzigartigkeit der akustischen Eindrücke: »I know of no sound on shore that can be compared to it« (1884, Bd. I, 169 f.).

Verwissenschaftlichung der Höreindrücke

In Carl Weyprechts 1879 publizierten *Metamorphosen des Polareises* hingegen spielt der Klang des Nordpolarmeers zwar eine nicht minder prominente, aber doch ganz anders geartete Rolle. Für den österreichischen Marineoffizier, Polarforscher und Geophysiker Weyprecht ist das Bersten und Brechen des Eises, sein spezifischer Klang, ein Indikator für dessen Belebtheit, wenngleich diesem nichts Dämonisches mehr anhaftet. Vielmehr vermag er das Eismeer als einen Teil des Naturganzen zu sehen. Die Klänge als Zeichen der Lebendigkeit des gefrorenen Meers deutend, integriert er es in den natürlichen Kreislauf des Lebens. Die viel gerühmte *arktische Stille*, zuvor fast einheitlich als Zeichen der Leblosigkeit gedeutet, erklärt er folglich als ein allein temporäres Phänomen, das von einem arktischen Knistern und Krachen abgelöst werde – von Weyprecht gar als Musik umschrieben:

> »Im Anfange schien es, als hörten wir das Geräusch von frischem Winde in der Ferne, dann kam es scheinbar näher und es klang wie das entfernte Brausen des offenen Wassers an der Eiskante, einzelne stärkere Töne lauteten wie das Zerschellen von Eisstücken in der Brandung. Dem Uneingeweihten musste es scheinen, als sei das offene Wasser bis nahe zu uns herangedrungen. Gleichzeitig knackte und knisterte es ohne sichtbare Ursache in dem Eise um und unter uns, wir hörten die merkwürdigsten Laute, deutliches Pfeifen, Singen, Klappern, Krachen, ohne dass wir entscheiden konnten, aus welcher Entfernung die Töne stammten« (Weyprecht 1879, 25; vgl. auch ebd., 66–68).

Jene Geräuschkulisse wird von Weyprecht insofern wissenschaftlich gedeutet, als das Eis sich für ihn in einem Stadium permanenter, ununterbrochener Umwandlung befindet. Das arktische Knistern und Knacken künde schlichtweg vom Einsetzen des Wechsels der Jahreszeiten (vgl. ebd., 75 und 161 f.).

Im Zuge von Fridtjof Nansens Polarexpedition Ende des 19. Jahrhunderts verlor das eben noch wissenschaftlich erklärte Tosen nun gänzlich seinen Schrecken. Die ›Fram‹ wurde als Expeditionsschiff explizit derart konstruiert, dass es im Falle des Einfrierens – das erklärte Ziel der Expedition – durch das Eis angehoben wird und sich demnach den Eispressungen gänzlich entzieht. In Nansens Reisebericht ist denn auch immer wieder davon zu lesen, wie die Crew in gemütlicher Atmosphäre unter Deck plauderte und lachte, während es draußen »krachte und brüllte«, ja man lauschte gar mit »Vergnügen dem Getöse der Eispressungen« (1897, Bd. I, 241 und 306; vgl. auch ebd., 205–207). Mit der Gewissheit, ein Schiff konstruiert zu haben, dem die Naturkräfte nichts anhaben können, verliert die akustische Dimension der Eispressungen ihre ursprüngliche Bedeutung. Noch Symbol für die Macht des Meeres, ruft sie keinerlei Angstempfindungen mehr hervor.

Das Eis des Nordpolarmeers sollte aber noch auf einer anderen Ebene in der Klanggeschichte der Meere eine nicht unbedeutende Rolle spielen, denn als Reaktion auf das Sinken der ›Titanic‹, die am 14. April 1912 im Nordatlantik mit einem Eisberg kollidierte – mit 1514 Opfern bis heute eines der größten Unglücke der Passagierschifffahrt – begann der US-Amerikaner Reginald Aubrey Fessenden mit der Entwicklung eines –

dann auch nach ihm benannten – Oszillators. Im Jahr 1914 war die Technik so weit fortgeschritten, dass Eisberge mit der von ihm entwickelten Echoortung in einem Umkreis von zwei Meilen geortet werden konnten: »Because of its simplicity and reliability, the Fessenden oscillator remained in use as a source of underwater sinusoidal signals until relatively modern times« (Burdic 1991, 3; vgl. auch Urick 1983, 3).

Sprichwörtliches Klangwissen

Doch mit dem Beispiel des Nordpolarmeeres ist lediglich eine Dimension der Klangkulisse des Meeres umrissen. Mit Klangeindrücken ganz anderer Natur haben wir es hingegen zeitgleich auf der südlichen Halbkugel zu tun. »Beyond 40 degrees south«, besagt ein Sprichwort, das im 19. Jahrhundert unter Walfängern kursierte, »there is no law; beyond 50 degrees south there is no God.« Warum dem so ist, hat Herbert Ponting, der als Fotograf an Robert Falcon Scotts Terra-Nova-Expedition zum Südpol beteiligt war und einige der frühesten Antarktis-Aufnahmen erstellte, wie folgt umschrieben: »Beyond the Roaring Forties there are the ›Furious Fifties‹ and the ›Shrieking Sixties‹, for the storms become worse as one draws nearer to the South Pole« (1922, 9).

Eine wissenschaftliche Erklärung für die Dynamik und Intensität der Stürme wie unerbittlichen Winde ist unschwer zu finden: Da in diesen Regionen kaum Landmasse (40 ° südlicher Breite Tasmanien sowie Patagonien, 50 ° südlicher Breite Feuerland, 60 ° südlicher Breite nur mehr der weite Ozean) die ganzjährig wehenden Westwinde aufhalten kann, können sich die Wellen – verstärkt durch die Rotation der Erde – ungebremst zu immer größeren Ungetümen auftürmen: die sogenannte Corioliskraft. Diese machten sich Mitte des 19. Jahrhunderts zahlreiche Clipper zunutze, als sich die nach den damals typischen Handelsschiffen benannte Klipperroute als Handelsroute zwischen Europa und Australien durchsetzte, die in östlicher Richtung an Kap Hoorn vorbeiführte. Ab den 1870er Jahren folgten schließlich die Windjammer, ehe die Frequenz nach der 1914 erfolgten Eröffnung des Panama-Kanals rapide abnahm. Wie sich aber das Wissen über die extremen Winde und tosenden Stürme unter den Seeleuten verbreitet hat und sich Begriffe wie die ›Roaring Forties‹, ›Furious Fifties‹ und ›Shrieking Sixties‹ derart unter ihnen etablieren konnten, dass sie zu einem Allgemeingut wurden, ist bislang noch nicht erforscht. Eine systematische Auswertung der Logbücher, aber auch der Sprichworte, Seemannslieder und *Shanties* steht noch aus. Sie könnte auch helfen, den zuletzt durch den Kunsthistoriker John Mack (2011, 15) monierten Eurozentrismus der Wahrnehmungsgeschichte des Meeres zu korrigieren.

Das Meer als Motiv in der klassischen Musik

Während Seemannsbrauchtum ebenfalls auf die Erfahrungsebene rekurriert, transformierten mit Beginn des 18. Jahrhunderts vermehrt auch Komponisten ihre Eindrücke in Musik. Ob Oper, Sinfonie oder klassisches Lied: Das Meer wurde zum Spiegelbild der Seele. Dabei ging es den Komponisten meist weniger darum, das Meer musikalisch zu imitieren, als konkrete Eindrücke und Empfindungen zu vermitteln. So fand das konstante Wogen der See, das Spiel der Wellen, das Brausen des Sturmes Eingang in die Werke Antonio Vivaldis, Georg Philipp Telemanns, Wolfgang Amadeus Mozarts, Ludwig van Beethovens oder Richards Wagners. Dessen *Fliegender Holländer* ist, so hat Elke Seifert festgestellt, »durchzogen von herrlichsten musikalischen Seesturmdarstellungen« (2016, 58).

Wie Simon Winchester in seiner *Atlantic*-Studie gezeigt hat, profitierten gerade die Komponisten des 19. Jahrhunderts von der steten Vergrößerung der Orchester, die es ihnen ermöglichte, die ›Komplexität‹ der See zu reflektieren. Er geht in seiner Darstellung sogar noch einen Schritt weiter. Felix Mendelssohn Bartholdys auf den gleichnamigen Goethe-Gedichten basierende Konzertouvertüre *Meeresstille und glückliche Fahrt* – 1828 komponiert – sei ein Jahrhundert zuvor schlichtweg noch nicht denkbar gewesen: »[B]ack in those times when the ocean was not fully known: there was neither the orchestra nor perhaps the necessary musical confidence of any composer then living« (Winchester 2010, 193 f.). Nicht selten existieren, wie bei der Komposition *The Sea: Suite for Orchestra* des Briten Frank Bridge, erläuternde Worte des Komponisten; Bridge verfasste sie zum Beispiel zur 1912 erfolgten Premiere der Komposition. Anhand von Stücken wie Claude Debussys *La Mer*, Edward Elgars *Sea Pictures* oder Ralph Vaughan Williams' *A Sea Symphony* können – ebenso wie über Selbstzeugnisse der Komponisten und der Rezeptionsgeschichte ihrer Werke – bislang kaum erforschte Wahrnehmungsebenen der Meere erschlossen werden.

Die Stille vor dem Sturm

Dass mit der eingeschränkten Wahrnehmung der Meere auch ein bedrohlicher Wissensverlust einhergeht, zeigte sich am 26. Dezember 2004, als sich im Indischen Ozean ein Erdbeben der Stufe 9 auf der Richterskala ereignete. Die Folgen des verheerenden Tsunamis, der dem Beben nachfolgte, sind hinlänglich bekannt. Da die Flutwelle auch zahlreiche Urlaubsregionen heimsuchte, ist das Ereignis auch über eine Vielzahl an Videoaufnahmen und unzählige Augenzeugenberichte dokumentiert. Liest man Letztere genau, kehren neben den visuellen Eindrücken wie dem rapiden Zurückweichen des Wassers, für das sich meist keine Erklärung fand, insbesondere zwei Klangeindrücke immer wieder: die ebenso faszinierende wie gespenstische Stille, die sich plötzlich ausbreitete und nicht als Warnsignal gedeutet wurde, sowie das immer lauter werdende Tosen, als das Wasser mit unerwarteter und unbekannter Macht zurückkam. Es ist jenes Rauschen, mit dem in vielen Augenzeugenberichten wiederholt das Moment des Bewusstwerdens der drohenden Gefahr beschrieben wird, jener Augenblick, in dem es schon kein Entweichen mehr gab. Hatte sich das Wasser zunächst zeitlupengleich zurückgezogen, strömte es nun mit zunehmender Geschwindigkeit, gewaltiger Kraft und dramatisch ansteigendem Sound zurück – mit verheerenden Folgen. Eine kultur-, geistes- und sozialwissenschaftliche Auseinandersetzung mit den Meeren, die auf eine Untersuchung der auditiven Wahrnehmung verzichtet, würde eine nicht unbedeutende Dimension unterschlagen.

Verwandte Beiträge: Kap. 17 (Soundscape); Kap. 20 (Geschichtswissenschaft); Kap. 21 (Kulturwissenschaft); Kap. 24 (Musikwissenschaft); Kap. 30 (Wissenschaftsgeschichte); Kap. 33 (Echo); Kap. 36 (Rauschen); Kap. 37 (Sirene); Kap. 38 (Stille); Kap. 58 (Wald).

Literatur

Anderson, Jon/Peters, Kimberley: ›A perfect and absolut blank‹. Human geographies of water worlds. In: Dies. (Hg.): *Water Worlds. Human Geographies of the Ocean.* Farnham/Burlington, VT 2014, 3–19.

Burdic, William S.: *Underwater Acoustic System Analysis.* Englewood Cliffs, NJ ^{2}1991.

Corbin, Alain: *Meereslust. Das Abendland und die Entdeckung der Küste.* Berlin 1990 (frz. 1988).

De Long, George W.: *The Voyage of the Jeannette. The Ship and Ice Journal of George W. De Long, Lieutenant-Commander U. S. N., and Commander of the Polar Expedition of 1879–1881.* 2 Bde. Hg. von Emma De Long. Boston 1884.

Gillis, John R.: *The Human Shore. Seacoasts in History.* Chicago 2012.

Huler, Scott: *Die Sprache des Windes. Wie ein Admiral aus dem 19. Jahrhundert Wissenschaft in Poesie verwandelte.* Hamburg 2009 (engl. 2004).

Kraus, Alexander: Der Klang des Nordpolarmeers. In: Ders./Martina Winkler (Hg.): *Weltmeere. Wissen und Wahrnehmung im langen 19. Jahrhundert.* Göttingen 2014, 127–148.

Kraus, Alexander/Winkler, Martina: Weltmeere. Für eine Pluralisierung der kulturellen Meeresforschung. In: Dies. (Hg.): *Weltmeere. Wissen und Wahrnehmung im langen 19. Jahrhundert.* Göttingen 2014, 9–24.

Mack, John: *The Sea. A Cultural History.* London 2011.

Maupassant, Guy de: *Auf See.* Hamburg 2012 (frz. 1888).

Nansen, Fridtjof: *In Nacht und Eis. Die norwegische Polarexpedition 1893–1896.* 2 Bde. Leipzig 1897.

Payer, Julius: Die Nordpol-Expedition. In: *Neue Freie Presse – Morgenblatt* (Wien), 25.9.1874, Feuilleton, 1–6.

Payer, Julius: *Die österreichisch-ungarische Nordpol-Expedition in den Jahren 1872–1874, nebst einer Skizze der zweiten deutschen Nordpol-Expedition 1869–1870 und der Polar-Expedition von 1871.* Wien 1876.

Pearson, Michael: Oceanic history. In: Prasenjit Duara/Viren Murthy/Andrew Sartori (Hg.): *A Companion to Global Historical Thought.* Chichester 2014, 337–350.

Ponting, Herbert G.: *The Great White South. Being an Account of Experiences with Captain Scott's South Pole Expedition and of the Nature Life of the Antarctic.* New York 1922.

Prahl, Axel/Kruecken, Stefan: *Wilde Welle. Die besten Geschichten alter Kapitäne.* Ausgewählt, eingeleitet und kommentiert von Axel Prahl. Aufgeschrieben von Stefan Kruecken. Hollenstedt 2014.

Seifert, Elke: Hört das Meer. In: *Mare. Die Zeitschrift der Meere*, H. 116 (Juni 2016), 58 f.

Steinberg, Philip E.: *The Social Construction of the Ocean.* Cambridge 2001.

Urick, Robert J.: *Principles of Underwater Sound* [1967]. New York u. a. ^{3}1983.

Weyprecht, Karl: *Die Metamorphosen des Polareises.* Wien 1879.

Winchester, Simon: *Atlantic. A Vast Ocean of a Million Stories.* London 2010.

Alexander Kraus

53 Museum

Zum Internationalen Museumstag 2015 rief das Netzwerk ›Kulturkonsorten‹ Museen und andere Interessierte dazu auf, unter dem Hashtag #MuseumSound »Museen zum Klingen zu bringen«. »In vielen Häusern schlummern Töne, Geräusche und Klänge, die bislang wenig Beachtung finden. Ihnen mehr Aufmerksamkeit zu widmen – oder genau ihrem Gegenteil, nämlich der Abwesenheit von Geräuschen: der Stille –, das war das Ziel«, so die Organisator/innen der Social-Web-Kampagne. Damit griffen sie eine Frage auf, die Museen seit ihrem Entstehen im späten 18. Jahrhundert beschäftigt, nämlich die, wie sich unerwünschte Sounds reduzieren lassen, um die Aufmerksamkeit der Besucher/innen auf erwünschte Sounds zu lenken und/oder ihnen ein ruhiges Seherlebnis zu ermöglichen. Ziel dieses Beitrags ist es, dieses Dilemma zwischen Sound und Stille im Museum zu untersuchen. Drei Soundquellen sollen dabei im Fokus stehen: (1) potenziell lärmende Besucher/innen, (2) klingende und sprechende Objekte sowie (3) erklärende und tönende Medien. Wie sich zeigen wird, sind die Debatten darum, wie viele und welche Geräusche in Museen erklingen dürfen, von jeher eng mit Fragen nach den didaktischen und sozialen Rollen von Museen verknüpft.

Die lärmenden Besucher/innen

Bis heute sind viele Museen Schulen des Sehens in denen das »Civic Seeing« (Bennett 2006), der ›bürgerliche Blick‹ also, erlernt werden soll. Der Mitbegründer des World Soundscape Project, R. Murray Schafer, sieht gar eine Parallele zwischen dem Konzertsaal und dem Museum: Während Ersterer ›konzentriertes Hören‹ ermöglichen sollte, sollte Letzteres zum ›fokussierten und selektiven Sehen‹ animieren (Schafer 2004, 35). Eine solche Schulung des Blicks sollte idealerweise in einem stillen Raum stattfinden. Paradoxerweise sind die Adressat/innen dieser Schulung gleichzeitig auch die größte Lärmquelle: die Besucher/innen. Vor allem in der Anfangszeit des Museums im 19. und bis in die Mitte des 20. Jahrhunderts standen hier besonders zwei Gruppen im Fokus: Arbeiter/innen und Kinder (vgl. Bennett 2006; Leahy 2012).

Wie Helen Rees Leahy in ihrer Studie zu Körpern in Museen beobachtet, befanden sich Kurator/innen in einer konstanten Zwickmühle hinsichtlich der Frage, wie sie das Ziel der bürgerlichen Erziehung der Arbeiterklasse und von Kindern mit dem Bedürfnis nach Stille der Kunst- und Kulturkenner/innen verknüpfen sollten. Geregelt wurde dies zum Beispiel durch Eintrittspreise, die »improper Persons« (zit. nach Leahy 2012, 27) von der Ausstellung fernhalten sollten, wie im Fall der Royal Academy in London; durch Öffnungszeiten oder Kleiderordnungen, die es der arbeitenden Klasse der Bevölkerung quasi unmöglich machten, das Museum zu besuchen, wie im Fall des British Museum; oder durch unterschiedliche Öffnungstage für verschiedene Klassen, wie im Fall der Great Exhibition 1851 (vgl. ebd., 159). Kinder waren dabei, trotz mancher Diskussionen über ihr potenziell divergentes Verhalten, zumindest ab einem gewissen Alter, von Anfang an in den meisten Museen willkommen (vgl. ebd., 170 ff.). Ohnedies war, jedenfalls in den ersten öffentlichen Ausstellungen, die sich dezidiert auch an die Arbeiterklasse richteten, ein Besuch keineswegs immer eine stille Angelegenheit: So wurde die Art Treasures Exhibition, die 1857 in Manchester stattfand, von Vereinen in Begleitung ihrer Kapelle besucht. Ein Fabrikbesitzer arrangierte gar einen Ausstellungsbesuch für 2500 Arbeiter/innen, die auf dem Weg zum Ausstellungsgelände und während ihres Besuchs von einer Blaskapelle unterhalten wurden (vgl. ebd., 82).

Nichtsdestotrotz gilt seit der Eröffnung der ersten öffentlich zugänglichen Museen im 19. Jahrhundert die Regel, dass Kunst im Stillen betrachtet werden sollte. Dies zeigen auch zeitgenössische Darstellungen von Museumsbesuchen, die den Besucher/innen ein Modell dafür boten, wie sie sich zu verhalten hatten und/oder sich über deviantes Verhalten lustig machten. Seine absolute Steigerung erfuhr dieses Ideal seit den 1920er Jahren in dem, was Helen Rees Leahy »disembodied installation photograph« (ebd., 48) nennt: menschenleere Darstellungen von Kunstausstellungen im *white cube*. Kunst, so legen diese Fotografien nahe, sollte am besten so wenig wie möglich in Kontakt mit dem Körper der Besucherin oder des Besuchers kommen. Das Ideal war ein »entkörperlichter Blick« (Martinz-Turek 2004, 267) – ein Ideal, das sich bis heute nur allmählich ändert. Dem gegenüber steht natürlich die Realität sogenannter Blockbuster-Ausstellungen und steigender Besucher/innenzahlen, welche genau diese *white cubes* mit Körpern und Geräuschen füllen.

Das Privileg – laut – zu reden bleibt im Museum in der Regel bis heute den Museumsmitarbeiter/innen vorbehalten, allen voran den Museumsführer/innen. Tatsächlich oszilliert die Geschichte des Redens im Museum und seinen Vorformen zwischen schweigender Kontemplation, Unterhaltung und Belehrung, wie

D. Morat, H. Ziemer (Hrsg.), *Handbuch Sound*, https://doi.org/10.1007/978-3-476-05421-0_53

Charlotte Martinz-Turek (2004) beobachtet hat. War der Gelehrte im Studiolo noch ganz ins Studium seiner Objekte versunken, fand in den Kunst- und Wunderkammern ein reger Austausch über die Objekte zwischen Sammler/innen und Besucher/innen statt. In den Galerien der Paläste und Landhäuser wiederum dienten Kunstwerke als Hintergrund und Inspiration für Unterhaltungen (vgl. Leahy 2012, 77).

Seit öffentliche Museen ab dem späten 18. Jahrhundert als Erziehungsanstalten gelten, wurde die Stimme der Museumsführerin bzw. des Museumsführers als pädagogische Referenz immer wichtiger (vgl. Martinz-Turek 2004, 272). Bis zur Lockerung der Besucher/innenmodalitäten 1810 konnte das British Museum zum Beispiel nur in kleinen Gruppenführungen besucht werden. Der Buchverkäufer William Hutton berichtet von einer solchen Führung, dass der Museumsführer ihm auf seine Nachfrage nach mehr Informationen zu den Objekten geantwortet habe: »›What? Would you have me tell you very thing in the Museum? How is it possible? Besides, are not the names written upon many of them?‹ I was too much humbled by this reply to utter another word. The company seemed influenced; they made haste and were silent. No voice was heard but in whispers« (zit. nach Leahy 2012, 31). Das Beispiel mag ein extremes sein. Bis heute jedoch steht es in der Macht der Museumsführer/innen, darüber zu entscheiden, wie viele und welche Informationen sie vermitteln wollen. Zudem obliegt es ihnen, die Lautstärke der Unterhaltung unter den Besucher/innen zu regulieren.

Zwischen den Museumsführer/innen und den Besucher/innen befinden sich in der Hierarchie der Sprecherpositionen die Museumswärter/innen. Wie Katina T. Lillios in ihrer Studie zu den Museumswärtern der ersten Jahre des Lissabonner Museu Etnológico Português zeigt, hatten die Wärter u. a. die Aufgabe, für Stille im Museum zu sorgen. Den Besucher/innen war es nicht erlaubt, »to make noise that would disturb the peace of this mansion of study« (Lillios 2013, 57). Gleichzeitig sollten die Wärter auf die Fragen der Besucher/innen reagieren und ihnen den Aufbau der Ausstellung erklären (vgl. ebd., 58). Was Lillios für das 19. Jahrhundert beobachtet, gilt in vielen Museen bis heute: Wie die Führer/innen sollen auch die Wärter/innen für ein geregeltes Verhalten der Besucher/innen sorgen. Anders als die Museumsführer/innen dürfen die Wärter/innen allerdings in der Regel erst dann reden, wenn sie direkt von den Besucher/innen angesprochen werden.

Während die Ausstellungsräume stille Räume bleiben sollten, gab es in den meisten Museen bald Räume, in denen mehr – oder vornehmlich – Lärm gemacht werden durfte: den Museumsshop und das Café. Der erste Museumsshop machte im Jahr 1908 im Metropolitan Museum of Art in New York auf; das erst Museumscafé eröffnete 1857 in London im South Kensington Museum, dem heutigen Victoria and Albert Museum. Sowohl Museumsshop als auch Museumscafé verbinden das Museum mit der Welt des Konsums. Museumsshops ermuntern dazu, Objekte haptisch zu begutachten und Kaufentscheidungen zu treffen – mit allen dazu nötigen Geräuschen. Im Museumscafé wiederum dürfen – und sollen – die Besucher/innen sich über ihren Besuch austauschen.

Spätestens ab der Jahrhundertwende besaßen die meisten Museen zudem Räume für Kulturprogramme und später Filmvorführungen. Bei den Filmvorführungen des 1937 gegründeten Filmarchivs im New Yorker Museum of Modern Art wurde es mitunter so laut, dass die erste Filmkuratorin Iris Barry im Auditorium des Museums extra einen Projektor mit einem Lichtbild installieren ließ, auf dem zu lesen war: »If the disturbance in the auditorium does not cease, the showing of this film will be discontinued« (zit. nach Wasson 2005, 2).

Klingende und sprechende Objekte

Worüber sich die ersten Besucher/innen im Museumscafé des South Kensington Museum austauschten, wissen wir nicht. Vielleicht auch über den Sound, den die Maschinen und Maschinenmodelle machten, die ihnen im zum Komplex gehörenden Science Museum gezeigt wurden. Zwar galt auch in Technik- und Wissenschaftsmuseen das Ideal des erwähnten ›bürgerlichen Blicks‹. In Anlehnung an die Welt- und Industrieausstellungen, aus denen sie entstanden waren, wurde hier aber schon früh über Interaktivität und Partizipation nachgedacht (vgl. Griffiths 2008, 158–194). Um seinem Ideal, »to educate the artisan classes in the application of scientific principles to industry so as to increase national wealth«, gerecht zu werden, ließ das South Kensington Museum die Funktionsweise von Maschinen von »attendants« genannten Mitarbeitern vorführen (ebd., 173 f. und 184). Soundhistoriker wie R. Murray Schafer (1994, 74 ff.) und Mark M. Smith (2003, 138 ff.) haben darauf hingewiesen, dass Maschinengeräusche in den ersten Jahrzehnten der Industrialisierung, zumindest von den oberen Schichten, nicht als Lärm, sondern als Symbol für den Fortschritt wahrgenommen wurden. Im Science Museum fügten sich Beleuchtung (das South Kensington Museum war das erste Museum mit Gasbeleuchtung), Bewegung und Klang zu einem Wissenschafts- und Technikspektakel zusammen. Die Besucher/innen sollten hier – wie in den heutigen Science Centern – sowohl belehrt als auch in Staunen versetzt werden ob der Möglichkeiten der Wissenschaften und des technischen Fortschritts (vgl. Griffiths 2008, 180–188).

Auch in Technik- und naturwissenschaftlichen Museen werden Medien jedoch in der Regel hinter Glasvitrinen, und nur dem Sehsinn zugänglich, ausgestellt. So beklagt der Berliner Medienarchäologe Wolfgang Ernst am Beispiel des Radios, dass Medien nicht als Medien, sondern als Designobjekte dargestellt würden. Ernst weist darauf hin, dass das Design von älteren Radiomodellen sich zwar ändere, deren Technik sich jedoch nicht grundlegend von derjenigen heutiger Modelle unterscheide. Die Herausforderung des Museums bestünde darin, diese unterschiedlichen zeitlichen Strukturen darzustellen – was, so Ernst, jedoch selten passiere (Ernst/Henning 2015, 10). Tatsächlich kollidieren mit Blick auf die Frage, wie klangaufnehmende und klangreproduzierende Medien präsentiert werden sollen, zwei zentrale Aufgaben des Museums miteinander: Bewahren und Ausstellen. Das laufende und klingende Radio ist nämlich Gebrauchsobjekt und somit dem Verschleiß ausgesetzt – ein Prozess, dem das Museum eigentlich entgegenwirken will.

Nicht nur Medien zur Soundaufnahme und -wiedergabe werden zu Museumsobjekten, sondern auch die von diesen aufgenommenen Sounds. Wie der amerikanische Historiker Jonathan Sterne (2003) gezeigt hat, galt der Phonograph bei seiner Erfindung als ein Medium, mit dem es möglich ist, die Stimme zu konservieren oder einzubalsamieren. Tatsächlich wurden der Phonograph und später das Grammophon in der Anfangszeit vor allem dazu verwendet, für die Nachwelt die Stimmen und Reden herausragender Persönlichkeiten oder die Klänge ›sterbender‹ Kulturen aufzuzeichnen. Dies legte die Idee eines Museums der Klänge und der Stimmen nahe. Der Philologe Wilhelm Doegen beispielsweise beschrieb sein 1920 in Berlin gegründetes Lautarchiv denn auch als »Museum der Sprachen« (zit. nach Hoffmann/Mnyaka 2015, 143).

Auch die Museen selbst sammelten bald Töne. So gehörten zur Sammlung des 1917 gegründeten Imperial War Museum in London von Anfang an Tonaufnahmen; ein reguläres Soundarchiv wurde allerdings erst 1972 eingerichtet. In den späten 1980er und den 1990er Jahren, der Hochphase der Oral History, begannen vor allem Gedenkstätten, Archive mit *audio testimonies* und *video testimonies* anzulegen. Die gesammelten Interviews wurden bald auch in die Ausstellungen integriert. Ähnlich wie die ersten Tonaufnahmen im 19. Jahrhundert sollten auch die *audio testimonies* und *video testimonies* die Stimmen der Interviewten in gewisser Weise ›einbalsamieren‹ und ihre Erinnerungen als Botschaften der Nachwelt erhalten (vgl. de Jong 2018). In Kunstmuseen fanden seit den 1960er Jahren klingende Objekte in Form von Sound Art Eingang in die Sammlungen und Ausstellungen. Dem Soundkünstler Seth Cluett zufolge hat es allein in den USA zwischen 1966 und 2013 etwa 350 Soundausstellungen gegeben (vgl. Cluett 2014, 110). Dabei wurde und wird Sound oft, im Sinne des Museums als Ort des Sehens, mit visuellen Effekten kombiniert.

Erklärende und tönende Medien

Die Medien der Klangaufnahme und -reproduktion veränderten nicht nur das Sammlungsverhalten und die Ausstellungspraxis von Museen, sondern auch deren Vermittlungspraxis. Diskussionen über den Nutzen von neuen Medien in Museen konzentrierten sich schon sehr früh auf die Frage, wie eine möglichst große Zahl Besucher/innen ins Museum gelockt und wie sogenannte Nicht-Besucher/innen erreicht werden können (vgl. Wasson 2005 und 2015; Henning 2006; Griffiths 2008). So gehörten zu den frühen Bildungsprogrammen des Metropolitan Museum of Art seit 1928 wöchentliche Radiosendungen über Kunst und die Aktivitäten des Museums (vgl. Wasson 2015, 610). Während der sogenannten Roto-Radio Talks, die in den USA in den 1920er Jahren ausgestrahlt wurden, wurden die Hörer/innen gar zu einer Bildbetrachtung in der Sonntagszeitung aufgefordert, während der Moderator dieses Bild im Radio erklärte und mit Soundeffekten untermalte (vgl. ebd., 611; Griffiths 2008, 237). Dienten diese Radiosendungen einerseits der Demokratisierung des Museums, so wurde andererseits auch hier ein Besucher/innenideal vermittelt, denn auch die Radioshows dienten der Schulung des ›bürgerlichen Blicks‹. Diese Schulung fand auf diese Weise jedoch nicht mehr ausschließlich im Museum statt, sondern – medial übertragen – zugleich im privaten Raum (vgl. Wasson 2015, 611).

Auch für die Vermittlung innerhalb der Ausstellungsräume wurden schon früh Medien der Klangwiedergabe eingesetzt. Bereits 1904 beobachtete ein Kurator im *The Museums Journal*: »The time may not be far distant when we shall be able, by dropping a cent into a phonograph by the side of interesting objects in the museum, secure the pleasure of a short discourse on the exhibit« (zit. nach Griffiths 2008, 235). Tatsächlich benutzte das American Museum of Natural History in New York bereits 1908/09 Grammophone in seiner außerordentlich gut besuchten International Tuberculosis Exhibit. Die ersten Audioguides tauchten schließlich in den 1950er Jahren auf (vgl. Proctor 2015, 499; Schulze/Buhl 2012, 44). Durch das Grammophon (und später durch die Audioduschen) ließ sich die erklärende Stimme der Museumsführer/innen oder *attendants* entkörperlichen und vervielfältigen. Mit dem Audioguide ließ sie sich schlussendlich auch mit dem Gebot nach Stille im Museum vereinen. Schon die Mitarbeiter des Londoner Science Museum hatten Ende des 19. Jahrhunderts nämlich darauf hingewiesen, dass die lebendige Stimme der *attendants* nicht durch Museumstexte ersetzt werden könne (vgl. Griffiths 2008, 236).

Klangwiedergabegeräte dienten zudem dazu, Museen in synästhetische Räume zu verwandeln. Dies gilt nicht nur für die erwähnte Sound Art. Bereits in den 1930er Jahren veranstaltete beispielsweise das Science Museum Grammophonkonzerte. Solche Konzerte sollten die Besucher/innen zu längerem Verweilen in den Museumsräumen und konzentrierterem Betrachten der Objekte animieren (vgl. ebd., 241). Eine immer bessere Tontechnik erlaubte es schließlich, multisensorische Ausstellungseinheiten zu verstetigen. So experimentierte das National Museum of Natural History in Washington, D. C., bereits in den 1960er Jahren mit multimedialen Installationen, in denen der Sound des Regenwaldes nachgestellt wurde (vgl. Griffiths 2008, 202–204). Museen wie das 2014 eröffnete Polin in Warschau untermalen heute fast jeden Raum mit einem eigenen Sound. Solche Soundkulissen und Soundstationen werden mitunter akribisch genau geplant, wobei sowohl technische Fragen als auch epistemologische Fragen der Darstellbarkeit vergangener oder ferner Soundscapes im Vordergrund stehen (vgl. Schoer 2014; Bijsterveld 2015). Es entstehen immersive Räume, in denen die Besucher/innen auch auf emotionaler Ebene angesprochen werden (vgl. Griffiths 2008; Bubaris 2014; Cox 2015). Mittlerweile haben diese Soundkulissen aber auch noch eine andere Funktion: Da im Zuge der Digitalisierung in den mit Medien vollgepackten Museen ein permanentes Surren herrscht, dienen die Soundkulissen auch dazu, dieses Störgeräusch zu übertönen (vgl. Kirshenblatt-Gimblett/de Jong 2015).

Fazit

Welche und wie viele Geräusche in Ausstellungsräumen zu hören sind, hängt also stark mit Fragen nach der sozialen und pädagogischen Funktion von Museen zusammen. Im Museum sollten und sollen die Besucher/innen u. a. lernen, sich gemäß dem bürgerlichen Ideal zu verhalten: nämlich still. Lediglich Objekte dürfen Lärm machen, wenn dies der Vermittlungsfunktion von Museen und/oder der Kunst dient. Ebenso konzentriert sich die Diskussion über klangreproduzierende Medien in Museen auf deren Nutzen für die Vermittlung.

Die Soundscapes von Museen variieren einerseits stark zwischen den einzelnen Museumstypen, andererseits auch von Museum zu Museum. In vielen Museen, allen voran Kunstmuseen, gilt das Gebot der Stille bis heute, und Museumswärter/innen haben noch immer die Funktion, die Besucher/innen zu adäquatem Verhalten zu ermahnen. Im Gefolge der New Museology und den Debatten über Partizipation wird die potenziell lärmende Besucherin oder der potenziell lärmende Besucher aber längst nicht mehr überall als Problem angesehen. So waren die auf Inklusion setzenden *écomusées* immer schon lauterfüllter als Kunstmuseen. Im Zuge neuer Studien der Sound Studies werden sich jedoch auch Kunstmuseen ihrer auditiven Seite immer bewusster und veranstalten beispielsweise *soundwalks* (vgl. Voegelin 2014). Die Digitalisierung erlaubt es wiederum, diese Sounds, wie eingangs am Beispiel des Hashtags #MuseumSound gezeigt, nach außen zu kommunizieren. Zudem füllen eigens für die Ausstellungen produzierte Soundscapes mittlerweile viele Museumsräume.

Dass solche Sounds zugleich auch zu einem Stressfaktor für Besucher/innen werden können, hat indes der Kognitionspsychologe Robert D. Jakubowski (2011) gezeigt. Jakubowskis in einem Naturkundemuseum und in einem Kunstmuseum durchgeführter Studie zufolge bevorzugten es die Besucher/innen, wenn die Ausstellungsräume entweder komplett still blieben (Naturkundemuseum) oder etwa nur leiser Vogelgesang oder klassische Musik hörbar waren (Kunstmuseum). Auch Museumsführer/innen beklagen sich, wie meine eigenen Forschungen gezeigt haben, oft darüber, dass die Soundkulissen sie bei ihrer Arbeit stören. In der Hierarchisierung der Soundquellen im Museum, so scheint es, fangen die Medien an, den Menschen zu ersetzen.

Verwandte Beiträge: Kap. 3 (Emotionalität); Kap. 5 (Körperlichkeit); Kap. 15 (Sound Art); Kap. 17

(Soundscape); Kap. 35 (Lärm); Kap. 38 (Stille); Kap. 39 (Stimme); Kap. 41 (Archiv); Kap. 65 (Radio); Kap. 78 (Schweigen).

Literatur

Bennett, Tony: Civic seeing. Museums and the organization of vision. In: Sharon Macdonald (Hg.): *A Companion to Museum Studies*. Malden, MA/Oxford 2006, 263–181.

Bijsterveld, Karin: Ears-on exhibitions. Sound in the history museum. In: *The Public Historian* 37/4 (2015), 73–90.

Bubaris, Nikos: Sound in museums – museums in sound. In: *Museum Management and Curatorship* 29/4 (2014), 391–402.

Cluett, Seth: Ephemeral, immersive, invasive. Sound as curatorial theme, 1966–2013. In: Nina Levant/Alvaro Pascual-Leone (Hg.): *The Multisensory Museum. Cross-Disciplinary Perspectives on Touch, Sound, Smell, Memory, and Space*. Lanham u. a. 2014, 109–118.

Cox, Rupert: There's something in the air. Sound in the museum. In: Michelle Henning (Hg.): *The International Handbook of Museum Studies*. Bd. 3: *Museum Media*. London 2015, 215–234.

de Jong, Steffi: *The Witness as Object. Video Testimony in Memorial Museums*. New York 2018.

Ernst, Wolfgang/Henning, Michelle: Museums and media archaeology. An interview with Wolfgang Ernst. In: Michelle Henning (Hg.): *The International Handbook of Museum Studies*. Bd. 3: *Museum Media*. London 2015, 3–22.

Griffiths, Alison: *Shivers Down Your Spine. Cinema, Museums, and the Immersive View*. New York 2008.

Henning, Michelle: *Museums, Media and Cultural Theory*. Maidenhead/New York 2006.

Hoffmann, Anette/Mnyaka, Phindezwa: Hearing voices in the archive. In: *Social Dynamics. A Journal of African Studies* 41/1 (2015), 140–165.

Jakubowski, Robert D.: *Museum Soundscapes and their Impact on Visitor Outcomes*. PhD, Colorado State University, Fort Collins 2011. In: http://search.proquest.com/docview/870685044 (30.1.2018).

Kirshenblatt-Gimblett, Barabara/de Jong, Steffi: Interview. Warschau, 5.3.2015 (unveröffentlicht).

Leahy, Helen Rees: *Museum Bodies. The Politics and Practices of Visiting and Viewing*. London/New York 2012.

Lillios, Katina T.: Disciplining bodies, disciplining objects. Museum guards and the Museu Etnológico Português (1893–1929). In: *Museum Anthroplogy* 36/1 (2013), 51–65.

Martinz-Turek, Charlotte: »Don't Shout! Do converse!« In: Brigitte Felderer (Hg.): *Phonorama. Eine Kulturgeschichte der Stimme als Medium*. Ausstellungskatalog. Berlin 2004, 267–273.

Proctor, Nancy: Mobile in museums. From interpretation to conversation. In: Michelle Henning (Hg.): *The International Handbook of Museum Studies*. Bd. 3: *Museum Media*. London 2015, 499–525.

Schafer, R. Murray: *The Soundscape. Our Sonic Environment and the Tuning of the World* [1977]. Rochester, VT 1994.

Schafer, R. Murray: The music of the environment. In: Christoph Cox/Daniel Warner (Hg.): *Audio Culture. Readings in Modern Music*. New York/London 2004, 29–39.

Schoer, Hein: *The Sounding Museum. Box of Treasures*. Bielefeld 2014.

Schulze, Holger/Buhl, Hanna: Deutschsprachige Anbieter im Vergleich. Vielfalt in der Branche. In: Hannelore Kunz-Ott (Hg.): *Mit den Ohren sehen. Audioguides und Hörstationen in Museen und Ausstellungen*. München 2012, 43–46.

Smith, Mark M.: Listening to the heard world of antebellum America. In: Michael Bull/Les Back (Hg.): *The Auditory Culture Reader*. Oxford 2003, 137–163.

Sterne, Jonathan: *The Audible Past. Cultural Origins of Sound Reproduction*. Durham, NC 2003.

Voegelin, Salomé: Soundwalking the museum. A sonic journey through the visual display. In: Nina Levant/Alvaro Pascual-Leone (Hg.): *The Multisensory Museum. Cross-Disciplinary Perspectives on Touch, Sound, Smell, Memory and Space*. Lanham u. a. 2014, 119–129.

Wasson, Haidee: *Museum Movies. The Museum of Modern Art and the Birth of Art Cinema*. Berkeley/Los Angeles 2005.

Wasson, Haidee: The elastic museum. Cinema within and beyond. In: Michelle Henning (Hg.): *The International Handbook of Museum Studies*. Bd. 3: *Museum Media*. London 2015, 605–627.

Steffi de Jong

54 Opernhaus

Wenn ein Opernhaus ein gebauter Raum und zugleich der institutionelle Ort für die Aufführung von Opern als einer bestimmten musikalischen und auch performativen Gattung ist, gibt es sehr vielfältige Anknüpfungsmöglichkeiten an die Untersuchungsdimension ›Sound‹, zumal diese in den kulturwissenschaftlich orientierten Disziplinen ebenfalls mit sehr verschiedenen Umschreibungen und Nutzungen verbunden wird. Zwischen der Akustik von Opernhäusern, die sich ab dem 17. Jahrhundert immer mehr zu einem speziellen Gebäudetyp entwickelten, und der klanglichen Ebene von Musiktheateraufführungen, die im Publikumsraum sonisch, aber auch ideell widerhallen, liegen jeweils ganz eigene Definitionen von Sound als Schall, Klang, Stil oder Resonanz.

Besonders maßgeblich für die gegenwärtige wissenschaftliche Erforschung des Sounds von Opernhäusern erscheinen dabei drei disziplinär fassbare Raumkonzepte:

1) Der Musikwissenschaft geht es verstärkt darum, den gebauten Raum in seinen Auswirkungen auf die Aufführung musiktheatraler Formen zu untersuchen. Ausgehend von Akustik, Instrumentenbau und auch der Sozialgeschichte des Musiktheaters bilden Räume für Opernaufführungen heute eine integrale Dimension eines kulturhistorischen und kulturwissenschaftlichen Verständnisses von Musiktheater.

2) Im Gegensatz dazu tendiert die Theaterwissenschaft dazu, performative bzw. theatrale Räume aus der Wirkung und Wahrnehmung des Aufgeführten heraus zu verstehen. Während der gebaute Theaterraum in den 1980er Jahren noch eine wichtige Komponente in der Semiotik des Theaters bildete, gehen aktuelle Entwürfe zumeist davon aus, dass sich räumliche Verständnisse u. a. aus der klanglichen Inszenierung und auch aus dem hörbaren Verhalten des Publikums während der Vorstellung entwickeln (vgl. Mervant-Roux 2011).

3) Nicht zuletzt hat sich seit den 1990er Jahren ein umfassendes technisches Dispositiv des Klangdesigns und ein verstärktes Augenmerk auf die damit verbundenen auditiven Möglichkeiten in Theatern herausgebildet. Dieses wird zwar zumeist mit musiktheatralen Gattungen wie dem Musical in Verbindung gebracht, kommt aber auch zusehends in Opernhäusern zum Einsatz. Zudem lassen sich durch das technische Klangdesign Orte in Aufführungsräume des Musiktheaters transformieren, die ursprünglich nicht als Opernhäuser gebaut wurden, heute aber institutionell als solche genutzt werden (vgl. z. B. die Jahrhunderthalle Bochum oder das Bockenheimer Depot in Frankfurt a. M.).

Jede dieser drei wissenschaftlichen Tendenzen setzt sich auf ganz eigene Weise mit zwei zentralen Sachverhalten auseinander: zum einen mit der Multimedialität der Gattung Oper, die im Musiktheaterbetrieb zwischen Sicht- und Hörbarkeit kontinuierlich durch neue Medien wie Video und Klangverstärkung erweitert wurde, zum anderen mit der Historizität von Opernsounds, die in nicht unerheblichem Maße von den dafür gebauten Aufführungsräumen abhängen.

Während es moderne akustische Messverfahren mit ihrer detaillierten Analyse von Klangkomponenten wie der Geräumigkeit, der Intimität oder der Klangstärke möglich machen, auch die Klangeigenschaften alter Säle zu rekonstruieren – und dies zum Teil auch kulturgeschichtlich –, scheinen die konventionellen Opernhausformen wie das italienische Ranglogentheater für die Weiterentwicklung des Sounds in der bzw. durch die zeitgenössische Musiktheaterkomposition heute zumeist obsolet. Aus dieser Sachlage heraus ergeben sich zwei maßgebliche Fragen zum Sound von Opernhäusern, die als Leitfragen für die folgenden Ausführungen zu den kulturgeschichtlichen Erscheinungsformen und zur Historizität des Sounds in bzw. von Opernhäusern dienen sollen: Welche räumlichen Wahrnehmungsmodi liegen der Praxis des Musiktheaters zugrunde und welche Funktion kommt dem Sound dabei als theatrale Erfahrung und heuristischer Begriff zu? Anhand dieser Fragen lässt sich nicht nur eine kulturgeschichtliche Dynamik des Begriffs ›Sound‹ aufzeigen, es lassen sich so auch wichtige Schnittmengen zwischen den einzelnen Disziplinen finden, die der zukünftigen Erforschung von Räumen für Musik wichtige Impulse geben können.

Sound in der Opernhausgeschichte

Sucht man nach historischen Soundkonstellationen innerhalb der über 400-jährigen Operngeschichte, trifft man in Bezug auf die räumliche Dimension der Aufführungsstätten auf ein Raster, in dem fiktionale, aufführungspraktische, soziale und akustische Parameter eng miteinander verflochten sind. Dies lässt sich zunächst einmal anhand der Geschichte der Bauten für das Musiktheater zeigen, die sich wie der Theaterbau insgesamt im Laufe des 17. Jahrhunderts von den Freiluftbühnen im urbanen oder landschaftlichen Raum ins Innere der zunächst vor allem höfischen, später auch öffentlichen Gebäude verlagerte. Diese Verlage-

D. Morat, H. Ziemer (Hrsg.), *Handbuch Sound*, https://doi.org/10.1007/978-3-476-05421-0_54

rung vollzog sich im Rahmen einzelner Akademien, welche die klassischen Theaterdarstellungen unter freiem Himmel auf ihre abgeschlossenen, intimen Bühnen antiker Form bannten (vgl. das Teatro Olimpico in Vicenza), vor allem aber im Kontext der höfischen Festkultur, die Musiktheaterdarstellungen mit einem filigranen Maschinenapparat ausstattete, um ihren politisch-symbolischen Darstellungen die Wirkung der *meraviglia* (des Wunderbaren) zu verleihen.

Ein wichtiger Teil dieses nicht zuletzt visuell überwältigenden Effekts war die Musik, die als unwirkliche Darstellung der *verosimiglianza* (Wahrhaftigkeit) einer dramatischen Aktion lange visuell und akustisch kaschiert wurde, sofern sie nicht als diegetische Musik direkt auf der Bühne gespielt wurde: Durch die Aufstellung der Musikerinnen und Musiker hinter den Kulissen wurde ein ferner, mystischer Klang der Musik erzielt, ein *risuonar lontano* (ferner Widerklang), wie es sich der Dichter Angelo Ingegneri auch für die Eröffnung des Teatro Olimpico wünschte (vgl. Pirrotta 1975, 139). Auf diese Weise unterstrich er gleichsam die fortwährende Nach-außen-Gewandtheit der frühen Theater (vgl. z. B. auch das Teatro Farnese in Parma), innerhalb derer dem Klang statt einer akustischen Resonanz wie in einem abgeschlossenen Theatersaal eine kulturpraktische und zugleich fiktional gebundene Wirkung zugeschrieben wurde. Nichtsdestotrotz schien die Aufstellung der Musikerinnen und Musiker im abgeschlossenen Theaterraum zugleich Musizier- und Kompositionsweisen zu fördern, die nun stark an die Intimität der Innenräume und nicht an die Freiluftzirkulation von Klängen in Außenräumen angelehnt war: Die Aufstellung auf beiden Bühnenseiten mag Anlass zu stereophonen Effekten in den Kompositionen Claudio Monteverdis gegeben haben, und überhaupt wurde auf diese Weise das Zusammenspiel der Sängerinnen und Sänger mit dem Orchester verbessert, wodurch die Virtuosität in den begleiteten Rezitativen und Arien stetig gesteigert werden konnte – auch rein gesanglich-musikalisch als »pure voice« (Calcagno 2003) jenseits einer strengen Textvertonung.

Während der Architekt Nicola Sabbatini in seiner *Pratica di fabricar scene, e machine ne' teatri* von 1638 beide Varianten vorsah – die Aufstellung der Musiker hinter den Kulissen auf einer für sie bestimmten, vom wackligen Bühnenboden abgehobenen Estrade und eine eher exponierte Situierung im Bereich der Proszeniumslogen (vgl. Sabbatini 1638, 57) –, wurde das Orchester bereits in den ersten öffentlichen Opernhäusern Venedigs vor die Rampe zwischen Bühne und Zuschauerraum platziert, abgeschirmt von den Blicken des Publikums mittels einer Balustrade, aber voll im Saal erklingend (vgl. Pirrotta 1975, 143). In Venedig ergab sich aus dem frühen Opernsound, seinen philosophisch-theoretischen Einordnungen und dem Theaterbau schließlich eine Halböffentlichkeit zwischen Karnevalsunterhaltung und den intimeren Räumen der Logen (vgl. Muir 2011), die als Hörräume auch im folgenden Jahrhundert immer wichtiger werden sollten.

Über Italien hinaus zeichnete sich das 17. Jahrhundert weiterhin durch eine Koexistenz unterschiedlichster Saalformen aus, in denen ganz unterschiedliche Raumakustiken herrschten. Auch die höfische Vorliebe für Freiluftaufführungen setzte sich weiter fort, sodass zum Beispiel Jean-Baptiste Lullys Musiktheaterwerke oft nacheinander in der Cour de Marbre, in den langen Sälen der Versailler Écurie, in der Salle des Machines im Tuilerienpalast oder in den kleinen Theaterräumen des Trianon und darauf im Palais Royal in Paris aufgeführt wurden. Festzuhalten ist, dass hier zumeist kleine Säle bevorzugt, aber auch längere Säle genutzt wurden, die den Blick der Zuschauerinnen und Zuschauer von den Seitenwänden aus zwar erschwerten, aber somit die Zentralperspektive der Königsloge akzentuierten (vgl. Coeyman 1990). Ob die lang gezogene Salle des Machines akustisch eher nachteilig oder vorteilhaft war, ist in der kulturgeschichtlichen Forschung bis heute nicht geklärt, zu rar sind die überlieferten Zeugnisse über die Wahrnehmung der verschiedenen Raumakustiken durch die Zeitgenossen im 17. Jahrhundert (vgl. Coeyman 1998, 54 f.; Christout 1984, 11). Viele Opernbesucherinnen und -besucher beschränkten sich auf die Feststellung, dass die klangliche Präsentation genauso beeindruckend gewesen sei wie die visuelle Darbietung, und reihten die wundervollen Konzerte und Chöre in die Beschreibungen des Bühnenbilds und der Kostüme ein.

Ende des 18. Jahrhunderts, nachdem Theoretiker wie Francesco Algarotti bereits begonnen hatten, sich auf typische Formen der Resonanz wie der Glocke für die Konzeption von Saalformen zu stützen (vgl. Fabbri 2006, 183), bemühte sich dann der Architekt Pierre Patte um eine systematische Entwicklung der perfekten Theaterform, die für die Sichtbarkeit und die Hörbarkeit des Dargestellten gleichermaßen befriedigend ausfallen sollte. In seinem *Essai sur l'architecture théâtrale* von 1782 spricht er sich für eine elliptische Saalform aus, die den Klang der Stimmen auf der Bühne genauso weiterverbreite, wie ihre abgerundete und zugleich lang gezogene Form die Sichtbarkeit der Bühne gewährleiste. Patte bezog sich dabei auf akustisch gerühmte Theatersäle wie das Teatro Tordinona in Rom und das Teatro Reggio in Turin (vgl. Forsyth 1992, 77–80). Interessant ist nun, dass Patte mannigfache Vergleiche mit der Sonorität von Instrumenten anstellte, in Bezug auf das Holz als zentrales Material auch für Musikinstrumente oder aber in Bezug auf trichterförmige Instrumente, durch die der Schall mittels der Luft in bestimmter Weise weiterverbreitet wird (vgl. Patte 1782, 6 und 21). Pattes Traktat ist somit ein Scharnierwerk zwischen einer instrumentenbetonten, musikdramaturgischen Klangwelt des frühneuzeitlichen höfischen Musiktheaters und den sich als typischer, gleichsam systematisierter Klangraum herauskristallisierenden Opernhäusern des 18. und vor allem 19. Jahrhunderts.

Die im Rahmen des Wettbewerbs für den Wiederaufbau des Teatro La Fenice in Venedig von 1789/90 eingesandten Projekte bilden schließlich die damalige Vielfalt der physikalischen, mathematischen oder erfahrungsbasierten Herangehensweisen an die Akustik ab, die zwischen einem Strahlenmodell und einem Ringmodell der Weiterverbreitung des Schalls changierten, den Theatersaal aber zumeist als wichtiges Instrument für die Harmoniebildung durch die Instrumental- und Gesangsstimmen verstanden. Vielleicht aus dieser Analogie heraus wurde das Holz als Vertäfelungsmaterial des Saals bevorzugt, genauso wie konkave Hohlräume unter der Bühne, dem Orchester oder sogar dem gesamten Theater zur Steigerung der Resonanz eingerichtet wurden (vgl. Biggi 1997, 21–29; Biggi/Pompoli 2000, 5–7), zumeist nach französischem Vorbild (vgl. Mungen 2001, 133). In diesem Zusammenhang lässt sich dann auch tatsächlich von Soundvorstellungen sprechen, wenn beispielsweise von einer »deliziosa armonia« die Rede ist, einer ›süßen Harmonie‹, die dem Paduaner Physik- und Mathematikprofessor Simone Stratico zufolge durch den Saal als »un grande strumento musicale la di cui risonanza dà qualità e brio diverso ai suoni e voci che in esso si diffondono« [ein großes Musikinstrument, dessen Resonanz den sich darin verbreitenden Tönen und Stimmen Qualität und Brio gibt] erreicht wird, zugleich aber die Hörbarkeit von »qualunque artificioso giro della voce del cantante« [einer jedweden künstlichen Wendung der Singstimme] gewährleistete (zit. nach Biggi 1997, 21, 22 und 26; Übers. G. z. N.).

Dass hierbei die wechselseitige akustische Beziehung zwischen den Sängerinnen und Sängern auf der Bühne und der Königsloge besonders wichtig sein konnte, zeigt das Beispiel Joseph Haydns, der sich der Klangeigenschaften des zweiten Opernhauses in Esterháza mit seinen in beiden Richtungen stimmverstärkenden und zugleich konzertästhetischen Proportionen zwischen 1781 und 1790 wohl bewusst war (vgl. Dávid et al. 2015, 123 f.).

Im Opernhausbau des 19. Jahrhunderts ergab die Weiterentwicklung der beiden Prinzipien der Hörbarkeit des Gesangs und der Resonanz der Musik im Hinblick auf ein immer größeres Fassungsvermögen der auf soziale Inklusion angelegten Säle und in Bezug auf den stetig voluminöseren und klangfarblich ausdifferenzierten Orchesterklang einen übergreifenden Opernhaustypus. Da erst zu Beginn des 20. Jahrhunderts eine konkrete Formel für die Berechnung der Nachhallzeit entwickelt wurde, bestand die Suche nach der perfekten akustischen Bauform für die französischen und italienischen Ausstattungsopern in Experimenten mit der Hufeisen-, Glocken- und U-Form des Ranglogentheaters sowie in der Untertunnelung des Orchestergrabens und des Parketts zur besseren Resonanz (vgl. z. B. das Teatro Regio in Turin und Claude-Nicolas Ledoux' Théâtre de Besançon von 1784). Wie bei Karl Friedrich Schinkel und Gottfried Semper (die eng mit Gaspare Spontini und Richard Wagner zusammenarbeiteten) zu sehen ist, verfolgten die Architekten weiterhin die Vorstellung, den »Raum zum Klingen zu bringen« (Mungen 1995, 204), indem sie ihn wie zum Beispiel in der Dresdner Oper als musikalisches Instrument konzipierten (vgl. Mungen 2001, 135). Mit Blick auf die angestrebte Demokratisierung des Klangs rückten dabei gleichzeitig die klassischen amphitheatrischen Theatermodelle wieder in den Vordergrund – sie bilden auch heute einen Zugang für das Verständnis der Neuerungen Richard Wagners, der mittels des verdeckten Orchestergrabens in seinem 1876 eröffneten Festspielhaus einen ›Verstärker‹ für die mystische, medienästhetisch mit dem Rauschen verbundene Musik seines Gesamtkunstwerks entwickelte, indem er die klassische *orchestra* dem Orchester zuteilte, diesen Raum jedoch entvisualisierte und somit auf einen Sound ohne Quelle reduzierte (vgl. Haß 2015). Um 1900 versuchten Theaterbauer wie das Wiener Atelier Fellner & Helmer schließlich, die Intimität der (gesprochenen) Stimme in ihren Theaterräumen wiederherzustellen, indem sie eine große Anzahl von Sitzplätzen möglichst nah an der Bühne und darüber hinaus auch möglichst kleine Säle konzipierten (vgl. Hoffmann 1966, 65 f.).

Fest steht, dass sich im 19. Jahrhundert zwei durchschnittliche Nachhallzeiten zwischen Textverständlichkeit und sinfonischer Klangwirkung herausbildeten, die eine ausgehend von den italienischen Ranglogentheatern um 1,2 Sekunden und die andere von 1,5 Sekunden für Opernhäuser in Nord- und Südamerika, Asien sowie für das Bayreuther Festspielhaus (vgl. Beranek 2004, 15). Bei Volkstheatern wie dem Pariser Théâtre du Châtelet von 1862 mit seiner im Vergleich recht langen Nachhallzeit von 1,5 Sekunden ist davon auszugehen, dass sie auf einen publikumsumfassenden Sound ausgelegt waren, der im Sinne einer soziologischen Ästhetik die Wirkung symmetrisch angelegter, visueller wie musikalischer Rezeptionsmodelle im Publikumsraum verstärkte. Der musiktheatrale Sound gewährleistete dabei die Integration des Publikums im Sinne eines Vaudevilles, eines Rundtanzes, zwischen Bühne und Saal (vgl. zur Nieden 2010). Gleichzeitig brachte die stete Steigerung der Orchestergröße und die damit zusammenhängende ausgreifende Platzierung der Musikerinnen und Musiker in den ersten Rängen im Saal um 1900 das Problem einer orchestralen Überdeckung der Gesangstimmen mit sich, die von der Bühne erklangen.

Bis heute – man denke an die Inszenierung der *Elektra* von Richard Strauss durch Ruth Berghaus in der Sächsischen Staatsoper Dresden von 1986, in der das Orchester auf der Bühne aufgestellt wurde – gehen Raumkonzepte zur Lösung dieses Problems mit einem veränderten Gleichgewicht zwischen Orchester und Stimmen einher. Wertet man diesen Umgang als zwar institutionengebundene, aber künstlerische Auseinandersetzung mit der klanglichen Tradition der Gattung Oper als stimmlich-instrumentalem Sound jenseits des Textverständnisses, ist es auch nicht verwunderlich, dass gerade Helmut Lachenmanns »Musik mit Bildern« *Das Mädchen mit den Schwefelhölzern* mit seiner verräumlichten ›musique concrète instrumentale‹ 1997 in relativ konventionellen Sälen wie der Hamburgischen Staatsoper oder der Oper Stuttgart (ur)aufgeführt wurde. Ein ausgeprägtes Traditionsverständnis lässt sich auch bei zeitgenössischen Opernhausprojekten erkennen, die wie im Fall der neuen Griechischen Nationaloper in Athen einerseits akustische Parameter der Opernbaugeschichte mit dem antiken Theaterbau zusammenbringen, andererseits diese Ausrichtung aber auch als Hinwendung zu nationalen Traditionen im Sinne einer regionalkulturell neu zu verankernden europäischen Opernpraxis verstehen (vgl. Bassuet 2011).

Die Historizität des Opernsounds

Die Opernbauten des späten 18. und ›langen‹ 19. Jahrhunderts im Stil des Ranglogentheaters stellen mit ihrer vergleichbaren Architektur bis heute den Prototypen eines Opernsounds dar, mit dem zeitgenössische Komponistinnen und Komponisten, Dirigentinnen und Dirigenten sowie Musikerinnen und Musiker und Regisseurinnen und Regisseure arbeiten – sei es in verstärkender, sei es in kontrastierender Hinsicht. Das von unseren heutigen Opernhäusern ausgehende Soundideal setzt eine bestimmte Orchestergröße voraus, dazu einen Akzent auf der Textverständlichkeit – ein im Zeitalter der verpönten Opernübersetzungen bemerkenswerter Umstand (vgl. O'Neill 2009, 294 f.).

Die lange Tradition des Zusammenspiels von Gesang und Instrumentalbegleitung in einem Dispositiv aus Bühne und Zuschauerraum scheint dabei gleichzeitig ein Motor für eine ständige Perfektionierung der Säle nach neuesten akustischen und technischen Maßstäben zu sein. Die mikrofonische Verstärkung kommt dabei vor allem in großen Sälen zum Einsatz, in denen eine gewisse Intimität der Klangverbreitung bei den Zuhörern erreicht werden soll. Während auch hier visuelle Distanzverhältnisse im Einklang mit der Klangwirkung bleiben sollten, stehen technische Einrichtungen zur Verbesserung der Akustik im Ruf, der Zauberhaftigkeit einer natürlichen Klangreflektion im Raum zu entbehren, und werden somit verstärkt für die ohnehin stärker medial konturierte Gattung Musical genutzt (vgl. Lasker 2000). Was den gegenwärtigen Zusammenhang zwischen objektiven und subjektiven Einschätzungen von Saalakustiken angeht, so spiegelt auch dieser einen ausgeprägten Soundtypus von Opernhäusern wider: Während die von Dirigenten bevorzugten Säle eine Nachhallzeit von 1,4 bis 1,6 Sekunden haben, eine Klangstärke von 1 bis 4 dB und einen Geräumigkeitsfaktor über 0,6, ist es akustisch heute möglich, diese Parameter auch mit anderen Formen als der des Hufeisens zu erzielen. Die Nischen und Ornamente, die in den Architekturprojekten für La Fenice von 1789/90 noch möglichst abgelehnt wurden, werden heute als wichtige Elemente für die Schallreflektion eingestuft (vgl. Hidaka/Beranek 2000, 379 f.), sodass einer Fortschreibung einer gewissen visuellen Ausstattung der Opernsäle auch aus akustischer Perspektive nichts entgegensteht.

Der ›Soundtypus Opernhaus‹, an dem sich heutige Akustikerinnen und Akustiker, Musikerinnen und Musiker und auch Zuschauerinnen und Zuschauer orientieren, beruht hauptsächlich auf einem Kanon aus Opern des späten 18. und 19. Jahrhunderts, der durch modernere Musiktheatergattungen veranstaltungstechnisch erweitert wird. Im Gegenzug sind die Errungenschaften der Akustik ein wichtiger Anhaltspunkt für eine Sounddefinition der Opern auch des

17. Jahrhunderts (vgl. Coeyman 1998), indem sich zum Beispiel räumlich-visuelle Intimitäten wie in den Logen oder Feedbackschleifen zwischen Sängerinnen und Sängern auf der einen und dem Publikum auf der anderen Seite akustisch grundieren und auf die Kompositionsgeschichte übertragen lassen. Inwiefern ältere Säle für den Sound auch der neuen akustisch polyvalent geplanten Theaterbauten maßgeblich sein könnten, ist derzeit noch unklar (vgl. Bassuet 2008, 1650). Klar ist jedoch, dass von 1600 bis heute ein raumgebundener Opernsound präsent ist, der die musikalische Dramaturgie zwischen Singstimme und Orchesterklang auch jenseits der Textverständlichkeit als ein eigenes Instrument mit dezidierten aufführungspraktischen Produktions- und auch soziokulturellen Rezeptionsbedingungen geprägt hat.

Trotz einer steten Hinwendung zu einem engeren opernhausgebundenen Soundbegriff von Monteverdi über Wagner bis Lachenmann spielen sich klangliche Erweiterungen daher oft in performativen oder medialen Räumen jenseits der Opernhäuser ab, so etwa Hans Werner Henzes Funkopern (vgl. Oehl 2006, 102) oder Werner Herzogs hochmedialisierte Darstellung des Opernsounds in seinem 1982 in die Kinos gekommenen Film *Fitzcarraldo* (vgl. Leppert 2007). Blickt man jedoch auf den kompositorischen, inszenatorischen und auch soziokulturellen Umgang mit dem recht homogenen Klangkörper Opernhaus, scheint die kulturwissenschaftliche Dimension ›Opern(haus) sound‹ ein entscheidendes interdisziplinäres Element einer integrativen kultur-, theater- wie musikwissenschaftlichen Musiktheaterwissenschaft zu sein.

Verwandte Beiträge: Kap. 16 (Sounddesign); Kap. 18 (Architektur); Kap. 29 (Theaterwissenschaft); Kap. 31 (Applaus); Kap. 44 (Diskothek); Kap. 46 (Kino); Kap. 49 (Konzertsaal); Kap. 62 (Musikinstrumente); Kap. 71 (Herrschaftsrepräsentation).

Literatur

Bassuet, Alban A.: Acoustics of a selection of famous 18th century opera houses: Versailles, Markgräfliches, Drottningholm, Schweitzingen [sic!]. In: *Acoustics 08 Paris* (2008), 1645–1650, http://webistem.com/acoustics2008/acoustics2008/cd1/data/articles/003503.pdf (30.1.2018).

Bassuet, Alban A.: The new National Opera House for Greece. Reflections from an acoustical design practitioner. In: *The Opera Quarterly* 27/4 (2011), 483–494.

Beranek, Leo: *Concert Halls and Opera Houses. Music, Acoustics, and Architecture*. New York ²2004.

Biggi, Maria Ida: *Il concorso per la Fenice 1789–1790*. Venedig 1997.

Biggi, Maria Ida/Pompoli, Roberto: Acoustics in the competition for the construction of the opera house ›La Fenice‹. In: *Journal of Sound and Vibration* 232/1 (2000), 3–7.

Calcagno, Mauro: Signifying nothing. On the aesthetics of pure voice in early Venetian opera. In: *The Journal of Musicology* 20/4 (2003), 461–497.

Christout, Marie-Françoise: Ercole amante, ›L'Hercule amoureux‹ à la Salle des Machines, aux Tuilleries. In: *XVIIe Siècle* 36/1 (1984), 5–15.

Coeyman, Barbara: Theatres for opera and ballet during the reigns of Louis XIV and Louis XV. In: *Early Music* 18/1 (1990), 22–37.

Coeyman, Barbara: Opera and ballet in seventeenth-century French theaters. Case studies of the Salle des Machines and the Palais Royal Theater. In: Mark A. Radice (Hg.): *Opera in Context. Essays on Historical Staging from the Late Renaissance to the Time of Puccini*. Portland 1998, 37–71.

Dávid, Ferenc/Jung, Carsten/Malina, János/McCue, Edward: Haydn's opera house at Esterháza. New archival sources. In: *Early Music* 43/1 (2015), 111–127.

Fabbri, Paolo: L'espace du son dans les théâtres italiens du XVIIe siècle. In: Charles Mazouer (Hg.): *Les Lieux du spectacle dans l'Europe du XVIIe siècle*. Tübingen 2006, 173–187.

Forsyth, Michael: *Bauwerke für Musik. Konzertsäle und Opernhäuser, Musik und Zuhörer vom 17. Jahrhundert bis zur Gegenwart*. München u. a. 1992 (engl. 1985).

Haß, Ulrike: Vom Dispositiv des Sounds. In: Wolf-Dieter Ernst/Nora Niethammer/Berenika Szymanski-Düll/Anno Mungen (Hg.): *Sound und Performance. Positionen, Methoden, Analysen*. Würzburg 2015, 79–87.

Hidaka, Takayuki/Beranek, Leo L.: Objective and subjective evaluations of twenty-three opera houses in Europe, Japan, and the Americas. In: *The Journal of the Acoustical Society of America* 107/1 (2000), 368–383.

Hoffmann, Hans-Christoph: *Die Theaterbauten von Fellner und Helmer*. München 1966.

Lasker, David: Sound advice. In: *Opera Canada* 41/4 (2000), 20–23.

Leppert, Richard: Opera, aesthetic violence, and the imposition of modernity: ›Fitzcarraldo‹. In: Ders. (Hg.): *Sound Judgment. Selected Essays*. Aldershot 2007, 11–31.

Mervant-Roux, Marie-Madeleine: The sound of hearing. In: Lynne Kendrick/David Roesner (Hg.): *Theatre Noise. The Sound of Performance*. Cambridge 2011, 189–197.

Muir, Edward: An evening at the opera in seventeenth-century Venice. In: Jane F. Fulcher (Hg.): *The Oxford Handbook of the New Cultural History of Music*. Oxford 2011, 335–353.

Mungen, Anno: Raum und Orchester. Dokumente zu Gottfried Sempers und Richard Wagners Ideen eines klingenden Theaters. In: Michael Heinemann/Hans John (Hg.): *Die Dresdner Oper im 19. Jahrhundert*. Laaber 1995, 199–211.

Mungen, Anno: Orchestra. Klangkonzepte für Opernhäuser in Berlin und Dresden. In: *Music in Art* 26/1–2 (2001), 131–137.

O'Neill, Sinéad: Getting out of the house. Unorthodox performance spaces in recent British and Irish productions. In: *The Opera Quarterly* 25/3–4 (2009), 284–298.

Oehl, Klaus: Oper auf der Couch. Hans Werner Henzes

Funkoper ›Ein Landarzt‹. In: *Musik-Konzepte*, H. 132 (2006), Themenheft: *Hans Werner Henze. Musik und Sprache*, 81–103.
Patte, Pierre: *Essai sur l'architecture théâtrale, ou De l'ordonnance la plus avantageuse à une salle de spectacles, relativement aux principes de l'optique et de l'acoustique*. Paris 1782.
Pirrotta, Nino: Il luogo dell'orchestra. In: Franco Mancini/Maria Teresa Muraro/Elena Povoledo (Hg.): *Illusione e pratica teatrale*. Vicenza 1975, 137–145.
Sabbatini, Nicola: *Pratica di fabricar scene, e machine ne' teatri*. Ravenna 1638.
zur Nieden, Gesa: *Vom ›Grand Spectacle‹ zur ›Great Season‹. Das Pariser Théâtre du Châtelet als Raum musikalischer Produktion und Rezeption (1862–1914)*. Wien/Köln/Weimar 2010.

Gesa zur Nieden

55 Salon

Der Begriff ›Salon‹ meint im deutschen Kulturraum sowohl einen Raum innerhalb eines Hauses als auch eine Veranstaltungsform sowie eine Kommunikationsweise. Für jeden dieser drei Aspekte stellen sich Fragen hinsichtlich Entstehung, Verbreitung, Wahrnehmung sowie innerer Bewertung von Sound anders. Gleichzeitig sind diese drei Aspekte eng miteinander verknüpft. Zweifelsohne waren etwa die Häuser von Sara Levy, Amalie Beer oder das Mendelssohnsche Haus in der Leipziger Straße 3 Orte bürgerlicher und speziell musikalischer Geselligkeit im Berlin der ersten Hälfte des 19. Jahrhunderts. Sie repräsentierten wesentliche Aspekte dessen, was wir heute mit einem musikalischen Salon verbinden, ohne explizit als Salon bezeichnet zu werden, und zwar einen Raum für Musik in den eigenen vier Wänden vor geladenen Gästen, einen quasi ›öffentlichen‹ Raum im Gegensatz zum in der Regel nur der Familie vorbehaltenen Wohnzimmer bzw. den Privaträumen der einzelnen Familienmitglieder sowie eine besondere Kommunikationsform. Man debattierte verschiedene Themen, musizierte gemeinsam, improvisierte, vergnügte sich mit musikalischen und literarischen Gesellschaftsspielen, trank Tee und verspeiste Butterbrote. Sound war in diesem Zusammenhang Teil eines übergreifenden Geselligkeitskonzepts. Im Zentrum standen neben der Darbietung komponierter Werke das kommunikationsbezogene Handeln, das eine Soundscape des Salons hervorbrachte.

Salon als Veranstaltungsform

Salons als explizite musikbezogene Veranstaltungsform in speziell dafür vorgesehenen Räumen, die sich nicht im eigenen Haus bzw. der eigenen Wohnung befinden mussten, sind weitere, insbesondere für die Pariser Kulturszene vom 18. bis zum frühen 20. Jahrhundert kennzeichnende Erscheinungsformen. Gestaltet wurden sie sowohl durch professionelle Musiker als auch durch sogenannte Dilettanten, veranstaltet von zumeist weiblichen Mitgliedern der französischen Hocharistokratie und des Geldadels. Auch der Typus des Künstlersalons, d. h. von Musikern, Schriftstellern oder bildenden Künstlern veranstalteten Salons, ist vor allem in Frankreich vertreten gewesen (vgl. Chimènes 2004). Die von dem Musikwissenschaftler Rainer Gstrein (1991) entworfene Typologie der Pariser Salons wird durchkreuzt, wenn man nicht nur nach Paris und Berlin schaut, sondern die Geschichte einzelner Salons gesamteuropäisch in den Blick nimmt. Dann entsteht ein wesentlich heterogeneres Bild von sehr unterschiedlichen Praktiken und Raumkonzepten (vgl. Meine/Schwartz 2010, 3 ff.).

Stellenwert des Musizierens

Der Stellenwert des Musizierens war von Salon zu Salon verschieden und ist mangels Quellen oft nur schwer zu rekonstruieren (vgl. Hahn 2002). Denn in erster Linie redete bzw. schrieb man nicht über Musik – man machte Musik. In Briefen und Tagebüchern wird höchstes dann und wann erwähnt, wer anwesend war und wer gespielt respektive gesungen hat. Wir sehen uns also bei der Erforschung musikalischer Geselligkeitsformen in der ersten Hälfte des 19. Jahrhunderts vor einem Dilemma: Wir wissen um die große Bedeutung des Musizierens in privaten Räumen, aber wir erfahren aus den erhaltenen Quellen in der Regel nur sehr wenige konkrete Details.

Was wir wissen, ist, dass auch in literarischen Salons wie denen von Rahel Levin, später Varnhagen, oder bei Bettine von Arnim Musizieren in der gesamten Bandbreite vom Improvisieren (Prinz Louis Ferdinand bei Rahel Levin) bis zum Quartettspiel (bei Bettine von Arnim) fester Bestandteil der Zusammenkünfte war. Letztlich handelt es sich in diesem Falle jedoch um Salons, in denen musiziert wurde, und nicht um Musiksalons.

Bestes Beispiel für die Funktion von Sound für die Konstruktion sowohl von sozialer Identität als auch von Gender sind die von Familienmitgliedern, befreundeten Dilettanten sowie von professionellen Musikern und Musikerinnen gestalteten Gesellschaften im Mendelssohnschen Haus in Berlin in den 1830er und 1840er Jahren. Deren Bandbreite reichte vom gemeinsamen A-cappella-Singen in Haus und Garten über musikalische Zusammenkünfte im Kabinett der Mutter Lea Mendelssohn bis zu regelrechten Konzertveranstaltungen in einem eigens dafür vorgesehenen Saal. Denn neben dem ›Gartensaal‹ als Teil des Gartenhauses des Mendelssohnschen Anwesens, in dem die älteste Mendelssohn-Tochter Fanny Hensel seit Anfang der 1830er Jahre in der Leipziger Straße 3 die Familientradition der ›Sonntagsmusiken‹ fortführte, wurde regelmäßig auch in weiteren Räumen der einzelnen Familienmitglieder Musik gemacht.

Diese Räume waren teilweise mit unterschiedlichen geselligen Kontexten, Musiken und zum Teil auch mit verschiedenen Musizierweisen verknüpft.

D. Morat, H. Ziemer (Hrsg.), *Handbuch Sound*, https://doi.org/10.1007/978-3-476-05421-0_55

Fanny Hensels Tagebucheintragungen weisen aber auch auf einen flexiblen Umgang mit räumlichen Zuordnungen innerhalb des Hauses hin, abhängig von der Anzahl der Gäste oder auch vom Wetter: War es warm, erweiterte sich der Raum in den Garten hinein. Die Anzahl der Zuhörenden schwankte stark in den verschiedenen Phasen, in denen die Familie in ihr Haus einlud. So schreibt Fanny Hensel am 6. Mai 1846 an den befreundeten Maler Julius Elsasser: »Es ist nach und nach, und natürlich ohne unser Dazuthun, ein wunderliches Mittelding zwischen Privat- und öffentlichem Wesen geworden, so daß bei jedem Concert 150–200 Personen gegenwärtig sind, und daß, wenn es einmal ausfallen muß, ohne, daß ich absagen lasse, Niemand kommt, weil es sich von selbst bekannt macht« (zit. nach Klein 2003, 157). Die Grenzen zu öffentlichen Konzerten waren, folgt man Hensel, also fließend. Der Begriff ›Konzert‹ weist dabei darauf hin, dass um der Musik willen musiziert wurde. Der kostenfreie Zugang zu diesen Veranstaltungen lockte jedoch zunehmend auch ein anonymes, auf gesellschaftliche Teilhabe ausgerichtetes Publikum an.

Musik um der Musik willen

Umgekehrt dienten der Mendelssohnschen Familie die Veranstaltungen im eigenen Haus der Akkulturation an die dominierende Mehrheitsgesellschaft. Zentral war die Rolle von Frauen, die keine Berufsmusikerinnen waren. ›Musik um der Musik willen‹ diente als Gegenbild zum antisemitischen Stereotyp des ›Geldjuden‹. Frauen, die nicht der Welt der Öffentlichkeit angehörten, also unberührt von allem zu sein schienen, was mit materiellen Fragen zu tun hatte, konnten in besonderer Weise ›reine Kunst‹ als Gegenwelt verkörpern. Musik diente in diesem Zusammenhang als ästhetisches, aber politisch-gesellschaftlich wirksames Mittel zur Schaffung einer alle ethnischen, religiösen und sozialen Unterschiede überwindenden Gesellschaft. Der Ort, der durch sie geschaffen wurde, war ein Kommunikationsraum zwischen Öffentlichkeit und Privatheit, für den es heute kein Äquivalent mehr gibt (vgl. Borchard 2002; Borchard/Zimmermann 2009).

Jour fixe

Deutlich wird die Wechselwirkung von Raum, gesellig-kommunikativem Kontext, Musikproduktion, Musikwahrnehmung und Bedeutungszuweisung auch in der wilhelminischen Zeit in Deutschland. Je mehr Familien zum besitzenden Bürgertum zählten oder gerechnet werden wollten, desto mehr Salons gab es. Bald gehörte es für jede ›Dame des Hauses‹ zum guten Ton, einen *Jour fixe* festzulegen und Gäste zu empfangen. Es erstaunt daher nicht, dass speziell in der Mädchenerziehung der Fähigkeit, Gespräche zu führen und Menschen miteinander zu vernetzen, ein hoher Stellenwert eingeräumt wurde. Singen und Klavierspielen dienten der Selbstpräsentation sowie der klanglichen Gestaltung der Geselligkeiten. In diesem Kontext wurde das Musizieren zu einer Kunst der Gesprächslenkung oder sogar Gesprächsvermeidung.

Für diese Art von Salons entstand nicht zuletzt eine breite Palette von Kompositionen, sogenannte Salonmusik (vgl. Ballstaedt/Widmaier 1989), die nicht gleichzusetzen ist mit der Vielfalt von Musiken, die in den verschiedenen europäischen Salons erklangen. Komponisten wie Johannes Brahms und zahlreiche Interpreten und Interpretinnen versuchten, dem ›Massenprodukt Salonmusik‹ etwa durch die Bearbeitung von Volksliedern etwas entgegenzusetzen und schufen somit eine Form von Hausmusik, die nicht auf gesellschaftliche Repräsentation ausgerichtet war, sondern auf das Selbermusizieren ohne Zuhörende.

Körperliche Nähe

Die Bedeutung der Akustik von Räumen nicht nur für das Spielen und das Hören von Musik, sondern auch für die Konzeption einzelner Stücke ist bekannt. Aber Räume sind nicht einfach etwas Gegebenes, Objektives, so oder anders Möbliertes. Sie werden vielmehr, wie die Soziologin Martina Löw betont, im Handeln hergestellt, »in dem sich Intentionalität mit Emotionalität, Wahrnehmung und unbewußte Motive oder Vorstellungen mischen« (2001, 144). Dabei ist, Löw zufolge, immer auch von einer geschlechtsspezifischen Konstitution von Raum auszugehen (vgl. ebd., 248). Die gleichzeitige Präsenz von Klangereignis und Hörenden, die, so Kirsten Reese, »›aufgeladene Anwesenheit‹ von Klang und Klangwahrnehmung im Hier [...] und Jetzt« (2017, [1]), findet im Salon als Raum, als Kommunikations- sowie als Veranstaltungsform zu einer besonderen Intensität und Intimität.

Von der Einrichtung von Salonräumen zeugen in erster Linie literarische und bildliche Quellen, auch von der Verteilung von Musizierenden und Zuhörenden im Raum. Die Gäste lauschen zumeist dicht gedrängt. Manche stehen, vor allem Männer, manche sitzen, vor allem Frauen. Fanny Hensel notiert Ende der 1830er Jahre in ihr Tagebuch: »Diese Morgenunterhaltungen erreichten in dem Winter ihren größten Glanz, es ist unglaublich, wie die Leute dazu drängten, und wie wir nur immer abzuwehren hatten, weil unsere Räume beständig überfüllt waren. Oft hatten die Sängerinnen keinen Platz zum Sitzen, kaum zum Stehen« (2002, 86 [Eintrag v. 8.7.1839]).

Die körperliche Nähe zwischen Musizierenden und Zuhörenden ist für den Sound konstitutiv. Klangereignisse werden im Moment des Erklingens zu körperlich spürbaren Beziehungen. Entscheidend ist der Augenblick, sind die atmenden Bezüge zwischen den Musizierenden und Zuhörenden. Außengeräusche werden nicht ausgesperrt, sondern sind unplanbarer, jedoch willkommener Teil des Erklingenden. So berichtet Fanny Hensel: »[N]ächsten Sonntag spiele ich mit obligater Nachtigallen und Fliederblütenbegleitung, die Nachtigall sitzt dicht neben dem Musiksaal« (zit. nach Klein 2003, 157). Auch der Duft des Gartens, der von außen in die Räume strömt, oder der Blumen, die im Inneren die Vasen füllen, wird – anders als im Konzertsaal, der ja im Grunde, einem Labor nicht unähnlich, ein künstlich erzeugter Raum ist, in dem die Außeneinflüsse möglichst vollständig ausgeschaltet sind – Teil des für einen Salon typischen, alle Sinne ansprechenden Zusammenklangs. Das Auge, das vom Saal/Raum in den Garten schweift, öffnet das Innen ebenfalls zum Außen.

Die Folgen räumlich bedingter körperlicher Nähe für die Klangentfaltung im Salon thematisiert etwa Clara Wieck in einem Brief an Robert Schumann vom 10. März 1839 aus Paris: »In Gesellschaften hier ist es kaum auszuhalten; in einem kleinen Stübchen sitzen über 50 Damen um das Clavier herum (da verliert schon der Spieler ungeheuer, denn das Clavier kann ja nicht klingen)« (Schumann 2013, 329). Des Weiteren kritisiert sie, dass während ihres Spiels die Gespräche nicht verstummten. Für eine für ein öffentliches Wirken ausgebildete Pianistin wie sie war das konzentrierte Hören der Musik, die sie spielte, das Ziel; für die Zuhörenden indes gab Musik oft nur den Hintergrund für Gespräche ab. Anders als Clara Wieck benötigte jedoch ein Komponist wie Frédéric Chopin die intime Nähe – vor allem zu Frauen –, um sich spielerisch entfalten zu können (vgl. Kallberg 1998).

Allein diese beiden Beispiele zeigen, dass die emotionale Bewertung der mit dem ›Raum Salon‹ spezifisch verbundenen Hör- und Spielbedingungen diametral entgegengesetzt sein konnte. In jedem Fall veränderten sich für die Ausübenden Klang und Spielweise durch die körperliche Nähe. Statt von draußen zu kommen, aufzutreten, den Beifall entgegenzunehmen und wieder zu gehen, blieben die Spielenden und Singendem im Raum, wurden Teil der Salongemeinschaft. Charakteristisch für den Salon als Klangraum war seine Durchlässigkeit – ein wesentlicher Unterschied zum Konzertsaal mit dessen gewohnter Trennung zwischen Zuhörenden und Ausführenden.

Die für den Salon charakteristische Einheit zwischen Spielenden, Singenden und Zuhörenden wird besonders in einer bildlichen Darstellung deutlich: dem in den 1850er Jahren entstandenen Aquarell von Carl Johann Arnold *Quartettabend bei Bettine*. In dieser Darstellung ist die zuhörende Bettine von Arnim sogar als den Spielenden zugehörig ins Bild gerückt (vgl. Borchard 1995). Thema des Bildes ist u. a. das Hören, vor allem unterschiedliches Hören. Es zeigt, dass jede Hörerfahrung einzigartig ist und beeinflusst von der Anzahl und Position der Spielenden im Raum, der Position der Hörenden im Verhältnis zu den Ausführenden, von der Akustik des Raumes und nicht zuletzt von der jeweils anderen individuellen Wahrnehmungsweise und -fähigkeit sowie der inneren Bewertung der Hörenden.

Wechselwirkungen

Nicht nur die akustische Wahrnehmung von Musik verändert sich durch den Raum, in dem sie gespielt wird, auch das Erklingende selbst verwandelt sich: zum einen durch die der Raumgröße angepasste Musizierweise, zum anderen durch die körperliche Nähe und persönliche Bekanntschaft zwischen Musizierenden und Zuhörenden. So bemerkt etwa Felix Mendelssohn Bartholdy seiner Schwester Fanny Hensel gegenüber, dass ihm die erste öffentliche Aufführung eines ihrer Lieder im Leipziger Gewandhaus »bei hellem Lampenlicht« statt im häuslichen »Kupferstichzimmer« oder im Gartensaal ganz »curios« vorgekommen sei:

> »Aber ich will Dir doch ganz im Ernst über Dein Lied gestern schreiben, wie schön es war. Meine Meinung weißt Du zwar schon, doch war ich neugierig, ob mir mein alter Liebling, den ich immer nur im grauen Kupferstichzimmer, oder im Gartensaal, von Beckchen [der Schwester Rebecka Mendelssohn, B. B.] gesungen und von Dir gespielt kannte, nun auch in dem sehr gefüllten Saal, bei hellem Lampenlicht, nach vieler lärmender Orchestermusik die alte Wirkung thun würde. So war es mir ganz curios als ich ganz still und allein Dei-

nen netten Wellenschlag anfing und die Leute mäuschenstill horchten, aber niemals hat mir das Lied besser gefallen, als gestern Abend, und die Leute begriffen es auch, und murmelten jederzeit, wenn das Thema am Ende wieder anfängt mit dem langen e, und klatschen sehr lebendig am Schluß. Zwar sang es die Grabau [die Leipziger Opernsängerin Henriette Grabau, B. B.] lange nicht so gut, wie Beckchen, indeß war es doch sehr rein, und die letzten Tacte sehr hübsch« (Mendelssohn Bartholdy 2012, 219 [Brief v. 7.3.1837]).

Es handelte sich um das Lied *Die Schiffende*, das Fanny Hensel auf Wunsch ihres Bruders zu einem persönlichen Album für seine Frau beigesteuert hatte. Die konkreten privaten Räume ebenso wie die geselligen Anlässe haben sich teilweise nicht nur in das im Moment Erklingende, sondern auch in die Kompositionen eingeschrieben.

Das gilt sowohl für Salonmusik im engeren Sinne als auch für fast das gesamte Œuvre etwa eines Frédéric Chopin. Erklingen seine Mazurken, Nocturnes, Polonaisen, Walzer, Impromptus heute im Konzertsaal, transportieren sie gleichsam den intimen Raum ›Salon‹ in den öffentlichen Raum. Aber diese Musik, die für uns heute Konzertmusik ist, war in dem Verständnis der Zeit ihrer Entstehung nicht für diese Räume geeignet. Das gilt beispielsweise auch für die *Kreisleriana* op. 16 von Robert Schumann, die dessen Frau Clara nur wider Willen im Konzertsaal spielte: »Hier hat man mich schon die ganze Zeit her bestürmt die Kreisleriana zu spielen, ich finde sie aber so unpassend fürs Konzert; nun muß ich nachgeben, Spina [der Wiener Musikverleger Carl Anton Spina, B. B.] sagt mir geradezu, ich werde ein volleres Konzert machen, wenn ich sie spiele. Ich will eine Auswahl treffen, alle, das geht nicht.« (Schumann/Brahms 1927, 237 [Brief von Schumann an Brahms v. 20.12.1858]).

Entwicklungen

Die kulturpolitische Bedeutung der Veranstaltung von Salons für das europäische Bildungsbürgertum und den Geldadel schwand mit den alten Eliten durch die gesellschaftlichen Veränderungen nach dem Ersten Weltkrieg. Hausmusik indes wurde weiter betrieben – 1932 wurde sogar ein ›Tag der Hausmusik‹ ins Leben gerufen (der 22. November) –, und das bis heute. Die Renaissance, die ›Musik in den Häusern der Stadt‹, so der Name einer Veranstaltungsreihe in Hamburg, seit der Jahrtausendwende erlebt hat, zeigt ein wachsendes Bedürfnis nach emotionaler und räumlicher Nähe zwischen Ausführenden und Zuhörenden, nach Musik als Beziehungskunst statt ausschließlicher Vorführkunst.

Zu den Forschungsfeldern ›Musik im Salon‹, ›Musiksalons‹ sowie ›Salonmusik‹ fehlen indes nach wie vor in die Tiefe gehende Fallstudien. Gerade der Aspekt ›Salon als spezifische Klanglandschaft‹ könnte unter Berücksichtigung sozialer, geschlechtsspezifischer und vor allem auch kultureller Unterschiede neue Perspektiven auf Entstehungs- und Rezeptionszusammenhänge sowie auf die musikkulturelle Bedeutung von Salons unter den drei eingangs genannten Aspekten eröffnen und somit beitragen zu einer Neubewertung von Komponisten und Komponistinnen, die Stücke für Salons geschrieben und in Salons aufgeführt haben.

Verwandte Beiträge: Kap. 3 (Emotionalität); Kap. 5 (Körperlichkeit); Kap. 17 (Soundscape); Kap. 22 (Literaturwissenschaft); Kap. 46 (Kino); Kap. 49 (Konzertsaal); Kap. 70 (Gender).

Literatur

Ballstaedt, Andreas/Widmaier, Tobias: *Salonmusik. Zur Geschichte und Funktion einer bürgerlichen Musikpraxis*. Wiesbaden 1989.

Bartsch, Cornelia: Zur Genealogie des Mendelssohn'schen Gartens in der Leipziger Straße 3 – eine Spurenlese. In: Stefan Keym/Katrin Stöck (Hg.): *Musik-Stadt. Traditionen und Perspektiven urbaner Musikkulturen. Bericht über den XIV. Internationalen Kongress der Gesellschaft für Musikforschung vom 28. September bis 3. Oktober 2008 in Leipzig*. Bd. 3: *Musik in Leipzig, Wien und anderen Städten im 19. und 20. Jahrhundert*. Leipzig 2011, 400–411.

Borchard, Beatrix: Quartettabend bei Bettine. In: Elisabeth Schmierer/Susanne Fontaine/Werner Grünzweig/Matthias Brzoska (Hg.): *Töne, Farben, Formen. Über Musik und die Bildenden Künste*. Festschrift für Elmar Budde. Laaber 1995, 243–256.

Borchard, Beatrix: Ein Rufen nur aus Träumen? Opferaltäre der Musik. In: Dies./Monika Schwarz-Danuser (Hg.): *Fanny Hensel. Komponieren zwischen Geselligkeitsideal und romantischer Musikästhetik*. Kassel [2]2002, XI–XVIII.

Borchard, Beatrix/Zimmermann, Heidy (Hg.): *Musikwelten – Lebenswelten. Jüdische Identitätssuche in der deutschen Musikkultur*. Köln/Weimar/Wien 2009.

Chimènes, Myriam: *Mécènes et musiciens. Du salon au concert à Paris sous la IIIe République*. Paris 2004.

Gerber, Mirjam: *Zwischen Salon und musikalischer Geselligkeit. Henriette Voigt, Livia Frege und Leipzigs bürgerliches Musikleben*. Hildesheim 2016.

Gstrein, Rainer: Musik in der ›intimité du salon‹ – Pariser Salons des frühen 19. Jahrhunderts als Stätten privaten Musizierens. In: Ders./Monika Fink/Günter Mössmer

(Hg.): *Musica Privata. Die Rolle der Musik im privaten Leben.* Festschrift für Walter Salmen zum 65. Geburtstag. Innsbruck 1991, 113–120.

Hahn, Barbara: Häuser für die Musik. Akkulturation in Ton und Text um 1800. In: Beatrix Borchard/Monika Schwarz-Danuser (Hg.): *Fanny Hensel. Komponieren zwischen Öffentlichkeit und Privatheit. Symposionsbericht Berlin 1997.* Kassel ^{2}2002, 3–26.

Hensel, Fanny: *Tagebücher.* Hg. von Hans-Günter Klein und Rudolf Elvers. Wiesbaden 2002.

Kallberg, Jeffrey: *Chopin at the Boundaries. Sex, History, and Musical Genre.* Cambridge, MA ^{2}1998.

Klein, Hans-Günter: Fanny und Wilhelm Hensel und die Maler Elsasser. In: *Mendelssohn-Studien* 13 (2003), 125–167.

Löw, Martina: *Raumsoziologie.* Frankfurt a. M. 2001.

Meine, Sabine/Schwartz, Manuela: Einleitung. In: *Die Tonkunst. Magazin für klassische Musik und Musikwissenschaft* 4/1 (Januar 2010), Themenheft: *Der Musiksalon,* 3–14.

Mendelssohn Bartholdy, Felix: *Sämtliche Briefe.* Bd. 5: *Juli 1836 bis Januar 1838.* Hg. von Uta Wald. Kassel 2012.

Reese, Kirsten: Mediales Komponieren im Raum. Konstellationen und Wirkungen. In: *kunsttexte.de* 2/2017, http://edoc.hu-berlin.de/kunsttexte/2017-2/reese-kirsten-1/PDF/reese.pdf (30.1.2018).

Rode-Breymann, Susanne: Orte und Räume kulturellen Handelns von Frauen. In: Annette Kreutziger-Herr/Katrin Losleben (Hg.): *History / Herstory. Alternative Musikgeschichten.* Köln/Weimar/Wien 2009, 186–197.

Schumann, Clara/Brahms, Johannes: *Briefe aus den Jahren 1853–1896.* Bd. 1: *1853–1871.* Hg. von Berthold Litzmann. Leipzig 1927.

Schumann, Robert: *Schumann Briefedition.* Serie I, Bd. 5: *Briefwechsel von Clara und Robert Schumann.* Bd. 2: *September 1838 bis Juni 1839.* Hg. von Anja Mühlenweg. Köln 2013.

Beatrix Borchard

56 Stadion

Das Stadion, ursprünglich die Bezeichnung des antiken Längenmaßes für die Laufbahn des Kurzstreckenlaufs im griechischen Olympia von 600 Fuß (entsprechend 192 Metern für das olympische Stadion), wurde später zur Bezeichnung für den Austragungsort verschiedener Sportwettkämpfe selbst (vgl. Irmscher 2013, 560). Die Form eines langen, schmalen Rechtecks mit Erdaufschüttungen für die Zuschauerplätze an den Längsseiten prägt auch heute noch die Bauform vieler Sportstadien. Der Terminus ›Stadion‹ wird hier als Sammelbegriff für eine Vielzahl moderner Multifunktionsräume verwendet, die sowohl als Sport- wie auch als Musikaufführungsorte dienen.

Ausgangspunkt für die Bestimmung der raumakustischen Eigenschaften großer öffentlicher Sport- und Kulturstätten werden in diesem Beitrag zunächst die Theater der griechischen und römischen Antike sein. Danach werden exemplarisch die raumakustischen Anforderungen an moderne Sportstätten erläutert und abschließend die besonderen Probleme bei deren akustischer Gestaltung diskutiert.

Die Beziehung zwischen Schall, Raum und menschlichen Verhaltensweisen

Die besondere Beziehung zwischen den architektonischen Bedingungen und der Aufführung von Sprache oder Musik sind nicht erst in der modernen Stadionarchitektur von Relevanz. Bereits Athanasius Kircher hatte 1650 in seinem Werk *Musurgia universalis* und 1673 in *Phonurgia Nova* (die deutsche Übersetzung erschien 1684 posthum als *Neue Hall- und Thon-Kunst*) die physikalischen Gesetzmäßigkeiten der Übertragung von Schall im Freifeld und innerhalb verschiedener Gebäudeformen erörtert und dabei erkannt, dass die raumakustischen Voraussetzungen in Gebäuden häufig zu besonderen Umgangsweisen mit Schall oder zu ungewöhnlichen Verhaltensweisen von Menschen miteinander führen. So entstehen in kuppelförmigen Gebäuden und Rundbauten beispielsweise Flüstergalerien, welche ein Abhören weiter entfernter Personen ermöglichen: »[...] daß man an einem sonderbahren und gewiesen Ort stehend alles, auch das still und leiß geredet wird, verstehen könne« (Kircher 1983 [1684], 66).

Ein zweites Beispiel für den Zusammenhang von Raumakustik, musikbezogenen Verhaltensweisen und Hörgewohnheiten sind die sogenannten monumentalen Massenorchester der Musikfeste des frühen 19. Jahrhunderts, in denen das aufkommende Bürgertum das Musikleben aktiv selbst gestaltete (vgl. Niemöller 1997): Zusammengesetzt aus teilweise mehr als 300 Instrumentalist/innen (darunter etliche Dilettant/innen) und 600 Chorsänger/innen wurde etwa 1843 beim Musikfest der Gesellschaft der Musikfreunde in Wien Joseph Haydns *Die Schöpfung* aufgeführt. Die große Zahl der Mitwirkenden verursachte erhebliche Probleme dabei, einen einheitlichen Klang hervorzubringen. In klanglicher Hinsicht überdeckte zusätzlich der Chor leicht das Orchester. Mit keilförmigen Aufstellungen des Orchesters in den Chor hinein wurde versucht, die beiden Klangkörper besser auszubalancieren. Da mangels geeigneter großer Räume die Aufführungen dieser Riesenorchester vielfach in Kirchen oder Theatern stattfanden, kamen durch die Überakustik dieser Räume (langer Nachhall, lange Laufzeiten des Schalls) auch noch zeitliche Koordinationsprobleme hinzu, welche man durch das nahezu linienförmige Positionieren von Kontrabässen (als Spieler der meist langsamsten und somit taktangebenden Stimme) an verschiedenen Punkten des Ensembles zu kompensieren versuchte. Eine Folge dieses Problemfelds waren sehr langsame Tempi, was bei beliebten Werken wie Beethovens 9. Sinfonie mitunter zur Langatmigkeit der Interpretation führte.

Auch moderne Fußballstadien lassen sich als weit skalierte Rundbauten betrachten. Aufgrund der großen räumlichen Distanzen und der extremen Nachhallzeiten (besonders bei geschlossenen Stadien/Arenen) ergeben sich besondere Anforderungen an die Koordination der Fanaktivitäten, denen die Fußballfans mit technischen Hilfsmitteln (Einsatz eines Megafons beim Stimmführer) und langsamen Singtempi begegnen (vgl. Kopiez/Brink 1998).

Raumakustische Vorbilder: Antike und römische Theater

Eines der frühesten Zeugnisse zur akustischen Gestaltung großer Kulturstätten mit besonderen Anforderungen an die Sprachverständlichkeit stammt von dem römischen Architekten Vitruv: In seinem Werk *De architectura libri decem* (entstanden zwischen 30 und 22 v. Chr.) erwähnt er die ›Schallgefäße‹, womit unter den Reihen großer Theater installierte vasenförmige Hohlgefäße aus Bronze oder Ton gemeint sind, deren Öffnung zur Bühne zeigen. Ihre Eigenresonanzen waren durch unterschiedliche Größen auf ver-

D. Morat, H. Ziemer (Hrsg.), *Handbuch Sound*, https://doi.org/10.1007/978-3-476-05421-0_56

schiedene Frequenzen im Sprachbereich abgestimmt. Ihr Zweck war die Abschwächung echoartiger Rückwürfe von der Bühnenrückwand, indem sie wie energieabsorbierende und laufzeitverzögernde Helmholtz-Resonatoren wirkten (vgl. Költzsch 2010, 46 ff.; Helmholtz-Resonatoren, dies zur kurzen Erläuterung, sind Hohlkörper mit der Eigenschaft, im Bereich ihrer Eigenfrequenz Schallenergie maximal zu absorbieren).

Exemplarisch für die Akustik antiker Theater sei hier das akustisch sehr gut vermessene Freilufttheater von Epidauros genannt. Es war im 3. Jahrhundert v. Chr. in einen natürlichen Berghang eingebaut worden, hatte keine Überdachung und konnte ca. 14.000 Zuschauer/innen fassen. Dabei betrug der Abstand zwischen der Mitte des Orchesterkreises und dem obersten Rang ca. 60 m. Wie Georgios Kampourakis (2011) in einer akustischen Vermessung und Raumsimulation des Theaters feststellte, lag der für eine gute Sprachverständlichkeit wichtige Speech Transmission Index (STI) in Epidauros an 88 Prozent der Plätze über dem Wert von ca. 0,6 (max. Skalenwert = 1), was einer guten Sprachverständlichkeit entspricht (vgl. Ahnert/Tennhardt 2008). Die mittlere Nachhallzeit (RT_{60}; sie beschreibt die Zeit in Sekunden, in der der Schallpegel im Raum nach Abschalten der Schallquelle um das Einmillionenfache entsprechend 60 dB abgenommen hat) für das leere Theater betrug 0,54 s – ein Kennzeichen für eine eher trockene Akustik. Demonstriert wird die hervorragende Schallübertragung dieses Theaters heutzutage durch das Fallenlassen einer Münze auf die Steinplatte des Orchesterkreises. Ist das Publikum ruhig, kann man das Geräusch auch noch im obersten Rang sehr gut hören. Eine besondere Rolle bei der hervorragenden Akustik kam der Form der Kalksteinsitze zu, deren periodische Anordnung in den Sitzreihen den von der Bühne kommenden Schall in der Form streute, sodass Schallanteile oberhalb von 530 Hz weniger gedämpft wurden, was besonders zur Sprachverständlichkeit beiträgt (vgl. Declerq/Dekeyser 2007). Beeinträchtigt werden konnte die Sprachverständlichkeit in Epidauros lediglich durch redende Besucher/innen und ähnlich störende Schalle: Wie Simulationen zeigten, litt die Verständlichkeit bereits bei mehr als 30 flüsternden Zuschauer/innen deutlich (vgl. Kampourakis 2011, 83).

Der weitere Weg – von den griechischen zu den römischen Theatern – wurde durch eine Tendenz zu mehr umbautem Raum bestimmt: So wurden Theaterneubauten nicht mehr dem Gelände angepasst, sondern auf planen Flächen gebaut und mit einem zusätzlichen textilen Sonnensegel bedacht. Das Odeon – ein vergleichsweise kleineres, für Musikaufführungen konzipiertes Gebäude – hatte sogar ein festes Dach; die Sitzplätze waren hier in einem Halbkreis angeordnet. Das für Gladiatorenkämpfe konzipierte Amphitheater besaß dagegen eine Sitzanordnung um die gesamte ovale Arena (den mit Sand bestreuten Kampfplatz) herum. Anders als das Odeon verfügte es über kein festes Dach, konnte aber mit einem Sonnensegel geschlossen werden (vgl. Rindel 2013). Auch heute haben freilich nur wenige Stadien, wie das des FC Schalke 04, ein bei Bedarf vollständig verschließbares Dach, bei den meisten modernen Fußballstadien gibt es lediglich eine Tribünenüberdachung.

Doch zurück zur Antike: Die Vermessung verschiedener römischer Theater und Odeons im heutigen Zustand und der Vergleich dieser Werte mit Computersimulationen des originalen Zustands (vgl. ebd.) ergab bei drei Theatern, dass sie mit Sonnensegel eine um 0,3 bis 0,4 s längere Nachhallzeit hatten als ohne Sonnensegel. Die gemessenen Nachhallzeiten (zwischen 0,9 und 1,7 s im besetzten Zustand) sind durchaus unterstützend für Sprach- und Musikdarbietungen, mit STI-Werten zwischen 0,61 und 0,93 muss zugleich die Sprachverständlichkeit gut bis ausgezeichnet gewesen sein. Schaut man sich jedoch das ermittelte Klarheitsmaß (C_{80}) an, so überwiegen bei den Theatern hier mit Werten zwischen +4 und +18 dB vor allem die Erstreflexionen über den Nachhall – für Musikaufführungen wären hier aber Werte zwischen –1 dB und +3 dB ideal.

Bei den beiden vermessenen Odeons ergab sich ein uneinheitliches Bild: Die Rekonstruktion des Odeons von Aphrodisias hatte mit einer Nachhallzeit von RT_{60} = 1,6 s (mit Publikum) eine mit modernen Konzertsälen vergleichbare Akustik, besaß mit C_{80} = +1,9 dB ein für Theater- und Choraufführungen noch akzeptables Klarheitsmaß sowie mit einem STI-Wert von 0,55 eine angemessene Sprachverständlichkeit (vgl. ebd., 26). Das Odeon von Aosta war dagegen mit einer Nachhallzeit von 3,49 s, einem schwachen STI-Wert von 0,43 und einem C_{80}-Wert von –2,4 dB schon eher ungünstig für Musik- und Sprachdarbietungen und würde nach heutigen Maßstäben klanglich als zu ›mulmig‹ gelten (alle Werte für die rekonstruierten Simulationen mit ruhigem Publikum; vgl. ebd., 27).

Interessant ist auch der Vergleich des Stärkemaßes G (es beschreibt, inwieweit der Raum mit allen Reflexionen im Vergleich zum Freifeld verstärkend auf den Schall einwirkt; der Wert sollte für Sprach- und Musikdarbietungen zwischen 1 und 10 dB liegen): Bei den römischen Theatern liegt der Wert zwar schon im negativen Bereich, die Odeons hingegen (mit Publikum) rangieren hier mit ermittelten Werten zwischen 3,1 und 5,5 dB auf einem guten Platz im Mittelfeld (vgl. ebd., Tab. II und III).

Eine jüngere vergleichende akustische Rekonstruktion zu den Entwicklungsdifferenzen zwischen den älteren griechischen und den jüngeren römischen Freilufttheatern (Farnetani/Prodi/Pompoli 2008) ergab, dass die Nachhallzeiten bei den römischen Freilufttheatern (ca. 1,6 s) tendenziell länger waren als bei den griechischen (0,5 bis 1,1 s; in Abhängigkeit von der Vollständigkeit der Bühnenaufbauten), was sowohl an den unterschiedlichen Bühnenkonstruktionen als auch an den reflexionsfördernden Aufbauten der umlaufenden Galeriewände der römischen Theater lag. Das ermittelte Deutlichkeitsmaß C_{50} war bei den griechischen Theatern mit einem Wert von 16,5 dB höher (besser) als bei den römischen (5,4–6,4 dB).

Akustische Eigenschaften großer Multifunktionsstadien: Moderne bauphysikalische Erkenntnisse

Welche Konsequenzen haben die Erkenntnisse aus den Akustiksimulationen antiker Aufführungsorte nun für die Akustik moderner Stadien? Die akustischen Probleme bei modernen Multifunktionsstadien basieren auf ähnlichen konstruktiven Gründen wie diejenigen von römischen Theatern: Die teilweise oder sogar vollständige Überdachung von Stadien in Verbindung mit vielen parallelen Wänden und extremen Distanzen (z. B. betragen die mittleren Rangabstände in der Schalke-Arena 160 Meter in der Längs- und 120 Meter in der Querrichtung) bewirken durch die langen Schalllaufzeiten, dass Reflexionen an Rängen oder Kurven an der gegenüberliegenden Seite zu störenden Echos werden. Der Rasen selbst absorbiert dabei den Schall kaum (und wenn, dann nur im hochfrequenten Bereich; vgl. Furrer 1961, 21). Selbst das Publikum eines voll besetzten Multifunktionsstadions reduziert die Nachhalldauern in den besonders kritischen Frequenzbereichen unterhalb von 200 Hz nur geringfügig (20 Prozent bei 125 Hz und 10 Prozent bei 63 Hz; vgl. Lautenbach/Heringa/Vercammen 2007; ähnlich Kath 1966).

Als Grundprinzip gilt: In überdachten Stadien verhält sich die Nachhallzeit ähnlich wie in vergleichbar großen geschlossenen Räumen. Entsprechend der Sabineschen Nachhallformel, nach der die Nachhallzeit vom Verhältnis von Raumvolumen zur Absorption der beteiligten Flächen abhängt, überschreiten die Nachhallzeiten schnell die empfohlenen Richtwerte von ca. 2 s für Konzertsäle und ca. 1 s für Sprechtheater (vgl. Weinzierl 2014). Als Annäherung an die subjektiv bevorzugten Nachhalldauern in unterschiedlich großen Räumen kann für die architektonische Konzeption eine erste Orientierung mit folgender Gleichung gegeben werden: $RT_{60} = 0{,}038 \times V^{0{,}325}$, wobei V das Raumvolumen darstellt (vgl. Lautenbach/Heringa/Vercammen 2007). Dieser Wert sollte dann der Ausgangspunkt für weitere Optimierungen sein (d. h. die Nachhallreduktion durch das Hinzufügen von Schallabsorbern). Da moderne Sportstadien häufig multifunktional ausgelegt sind und neben der Austragung von Fußballspielen zum Beispiel auch für Popkonzerte genutzt werden, muss für die optimale akustische Funktionalität die Kommunikation der Zuschauer/innen untereinander und mit den Akteur/innen (z. B. den Musiker/innen) berücksichtigt werden (vgl. Ahnert/Tennhardt 2008). Erst dadurch wird das gemeinsame emotionale Erleben des Geschehens erfolgreich unterstützt.

Aus der Sozialpsychologie des Sports ist bekannt, dass ein wichtiges Motiv für den Stadionbesuch die Stimmungsregulation während des Spiels ist und hierzu das Singen genutzt wird (vgl. Schlicht/Strauß 2003, 147). Fangesänge haben dabei häufig die Funktion, eine gute Stimmung (etwa nach einem Tor der eigenen Mannschaft) aufrechtzuerhalten, bzw. ihre Intensität zu erhöhen. In ihrer umfassenden Untersuchung zur Anthropologie der Fangesänge kommen Reinhard Kopiez und Guido Brink (1998) deshalb zu dem Schluss, dass die enthemmte Emotionalität geradezu charakteristisch für das Verhalten von Fußballfans ist. Sie prägten für den von den Fußballgöttern in Raserei versetzten Menschen den Begriff des *Homo fanaticus*.

Zu den gemeinsamen akustischen Praktiken, die das emotionale Erleben im Fußballstadion mitbestimmen, gehören auch der ›*Jungle*-Ruf‹ (ein koordinierter Massenruf, der sich etwa im Ausbuhen der gegnerischen Mannschaft oder im befreienden Stöhnen nach einer vertanen Chance äußert; vgl. Morris 1981, 252 ff.) und Wechselgesänge mit dem Stimmführer (»Gebt mir ein H ...«). Mitunter nehmen die Fangesänge auch emotionalen Bezug aufeinander, was jedoch eine deutliche gegenseitige akustische Wahrnehmung der singenden Fangruppen voraussetzt: Kopiez und Brink (1998, 97) beobachteten etwa, dass eine Fangruppe den Schmähgesang »Ruhrpottkanaken, ihr seid die Ruhrpottkanaken« (auf die Melodie von *Guantanamera*) sang, während die Fans der gegnerischen Mannschaft das Lied mit der selbstironischen Umtextierung »Ruhrpottkanaken, wir sind die Ruhrpottkanaken« aufgriffen.

Exemplarisch seien hier die raumakustischen Eigenschaften von zwei großen Multifunktionsstadien genannt. Zunächst die des Stadions des FC Schalke 04 in Gelsenkirchen: Seine Nachhallzeit beträgt im Mittel für den Ober- und Unterrang 3,7 s (Unterrang: 4,6 s; Oberrang: 2,8 s; Messung zwischen 125 und 4000 Hz an 50 Messpositionen bei geschlossenem Dach, ohne Zuschauer/innen und mit innenliegendem Rasen; Daten laut Mitteilung der Pressestelle). Als Gegenbeispiel sei an dieser Stelle ein modernes Multifunktionsstadion mit Glasdach für Sport- und Musikveranstaltungen für bis zu 70.000 Zuschauer/innen in einer namentlich nicht näher bestimmten europäischen Hauptstadt angeführt: Hier wies die Raumakustik Anfang der 2000er Jahre vor einer eingehenden akustischen Beratung besonders unterhalb von 500 Hz Echoeffekte und mehr als 9 s lange Nachhallzeiten auf (vgl. Abb. 56.1). Die Nachhallzeit etwa für Popmusikkonzerte sollte indes bei höchstens 1 bis 2 s liegen (vgl. Adelman-Larsen/Thompson/Gade 2010), da bei Popmusik mittels der Beimischung von Raumklang (digitaler Hall) der Musik meist ihre eigene Räumlichkeit hinzugefügt wird (vgl. Lautenbach/Heringa/Vercammen 2007).

Es ist also leicht ersichtlich, dass extreme Nachhallzeiten wie im letztgenannten Beispiel erhebliche Probleme bei Musikdarbietungen verursachen. Besonders die starken Nachhallzeiten unterhalb von 500 Hz führen zu einer ungünstigen Verschiebung des Bassverhältnisses (Bass Ratio [BR] nach Beranek 1962). Für eine ausgewogene Akustik sollte das Verhältnis zwischen den Nachhallzeiten der tiefen (125 und 250 Hz) und mittleren Frequenzbereiche (500 und 1000 Hz) für Musik zwischen 1 und 1,3 und für Sprache zwischen 0,9 und 1 liegen (d. h. die Nachhallzeiten für mittlere und tiefe Frequenzen sollten in etwa gleich lang sein). Verlagert sich das Bassverhältnis zu sehr zugunsten der tiefen Frequenzen (im vorliegenden Beispiel läge es bei 1,7), wirkt sich das sehr zuungunsten der Sprach- und Musikverständlichkeit aus (man würde hier von einer, für Konzerte und ähnliche Darbietungen eher unerwünschten, ›wummernden‹ oder ›mulmigen‹ Akustik sprechen). Selbstverständlich sollten aber auch in größerer Entfernung von der Bühne die Zuschauer/innen gleichmäßig laut beschallt werden. Das kann hier nur durch zusätzliche und zeitkorrigierte Lautsprecher im Publikumsbereich erreicht werden, wobei diese zugleich möglichst vorsichtig und publikumsnah eingesetzt werden sollten, da wiederum jeder zusätzliche Lautsprecher den Nachhallpegel erhöht.

Dass mitunter auch Maskierungseffekte durch Fangeschrei die Musikübertragung stören können, zeigen Filmausschnitte des Beatles-Konzerts im New Yorker Shea-Stadion vom 23. August 1966 vor ca. 45.000 Zuschauer/innen: Die vier kleinen Bühnenverstärker mit je 100 Watt Leistung waren für den notwendigen Direktschallpegel unterdimensioniert, sodass die für Sprache optimierten, aber für die Musikübertragung unzureichenden Stadionlautsprecher verwendet werden mussten (Burrows 2016, 102 f.). Ein mittiger und verzerrter Gesamtklang war die Folge.

Da die Raumvolumina moderner Multifunktionsstadien zwischen 100.000 und 1.300.000 m^3 liegen können, sind die akustischen Anforderungen nur durch aufwendige raum- und elektroakustische Optimierungsmaßnahmen zu erreichen (vgl. hierzu auch Adelman-Larsen 2014). Prinzipiell bieten sich zwei Ansätze an: erstens die vollständige Neukonzeption von für Musikveranstaltungen geplanten Konzerthallen und zweitens die akustische Optimierung bereits existierender Multifunktionsstadien. Der erste Weg einer spezialisierten Neukonzeption wurde in Frankreich mit den Zéniths versucht: Seit 1984 wurden bisher 18 dieser Konzerthallen mit einem Fassungsvermögen von 3000 bis 10.000 Zuschauer/innen gebaut, die im unbesetzten Zustand durchaus Nachhalldauern von weniger als 2 s erreichen. Für die lizensierte Verwendung der Bezeichnung ›Zénith‹ sind genaue (bau-)akustische Vorgaben einzuhalten.

Der zweite Ansatz zielt auf die akustische Optimierung bestehender Stadien. Die wichtigsten Maßnahmen zur Minimierung des Hauptproblems extremer Nachhallzeiten sind konstruktive Veränderungen. Hierzu gehören die Anbringung breitbandig schallabsorbierender Materialien an der Unterseite der Stadiendächer (vgl. Ahnert/Tennhardt 2008) sowie die Montage starker Breitbandabsorber unter der Bestuhlung und an den Seitenwänden. Als effektiv hat sich zusätzlich die Anbringung eines stark absorbierenden Vorhangs hinter der Bühne erwiesen, wenn diese auf der kurzen Seite des Stadions aufgestellt ist. Die Reflexionen von nach hinten strahlendem Schall werden hierdurch unterbunden, während das Publikum nach vorn durch gerichtete zeitkorrigierte Lautsprecher-Arrays beschallt wird (vgl. Lautenbach/Heringa/Vercammen 2007). Die erheblichen Kosten solcher Maßnahmen verhindern jedoch häufig umfassende konstruktive Optimierungen, die besonders durch die benötigten großen Absorberflächen für eine Dämpfung

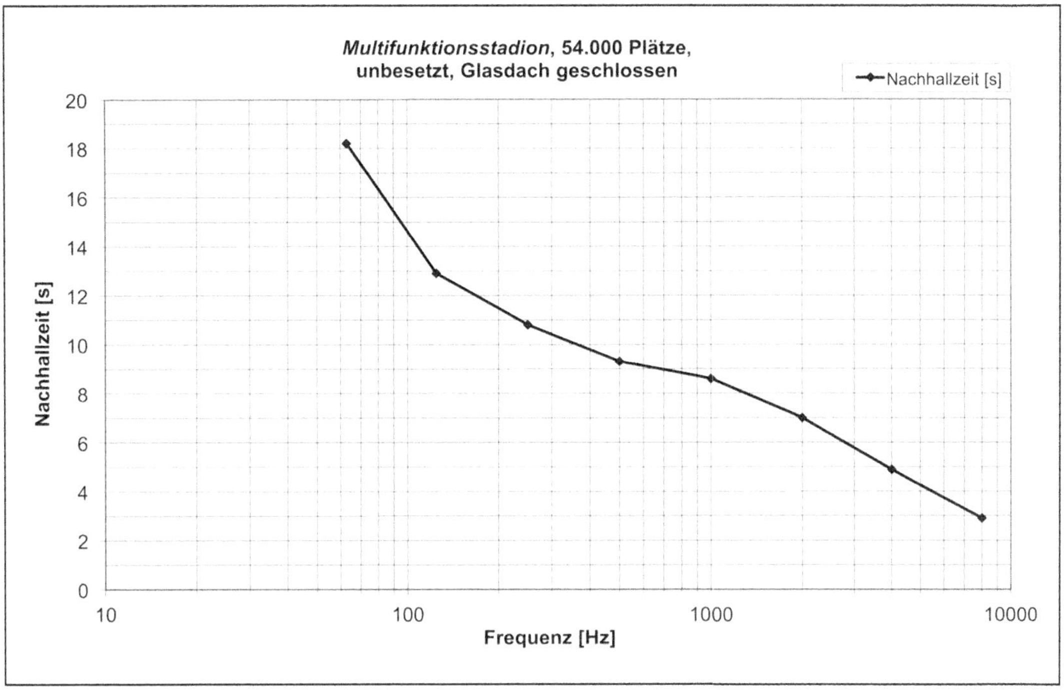

Abb. 56.1 Exemplarische Darstellung der Nachhallzeit (RT_{60}) eines überdachten modernen Multifunktionsstadions mit einem Volumen von ca. 1.300.000 m^3 vor der akustischen Optimierung. Die mittlere Nachhallzeit beträgt ca. 8,9 s (125–4000 Hz), sollte jedoch maximal 3,7 s betragen bzw. im optimalen Fall unter 2 s liegen. Besonders problematisch sind die extremen Nachhallzeiten unterhalb von 500 Hz. Nach erfolgten raumakustischen Umbaumaßnahmen betrug der mittlere Nachhallwert 4,3 s. (Messung der Firma Peutz B. V., 2002, zur Verfügung gestellt von Dipl.-Phys. Klaus-Hendrik Lorenz-Kierakiewitz, mit Dank auch für die fachliche Beratung).

im niederfrequenten Bereich sehr aufwendig werden können (die einzelnen Schritte einer bauakustischen Optimierung einschließlich absorbierender Sitze, Stufen und Wände sind beschrieben bei Bradette/Lorenz-Kierakiewitz 2013).

Beide Wege der raumakustischen Gestaltung (Neubau nach dem Prinzip der Zéniths und Nachrüstung bestehender Stadien) sind zwar aufwendig und kostenintensiv, aber auf der anderen Seite auch sehr effektiv, sodass sich heutige Stadien besser denn je als multifunktionale Räume für die gleichzeitige Ansprache und Beschallung großer Menschenmengen eignen.

Herausforderungen für die zukünftige Forschung bleiben die Reduktion der langen Nachhallzeiten im tieffrequenten Bereich (z. B. durch den Einsatz von schallabsorbierenden Hohlräumen – den erwähnten Helmholtz-Resonatoren –, Plattenabsorbern oder flexiblen Tiefenabsorbern an Decke und Seiten; vgl. z. B. Larsen/Thompson/Gade 2005) sowie die verbesserte Modellierung der Stadionakustik in Computermodellen.

Verwandte Beiträge: Kap. 9 (Dezibel); Kap. 18 (Architektur); Kap. 27 (Physikalische Akustik); Kap. 29 (Theaterwissenschaft); Kap. 31 (Applaus); Kap. 74 (LautSprecher); Kap. 75 (Nationalhymnen).

Literatur

Adelman-Larsen, Niels Werner: *Rock and Pop Venues. Acoustic and Architectural Design*. Berlin/Heidelberg 2014.

Adelman-Larsen, Niels Werner/Thompson, Eric R./Gade, Anders Christian: Suitable reverberation times for halls for rock and pop music. In: *The Journal of the Acoustical Society of America* 127/1 (2010), 247–255.

Ahnert, Wolfgang/Tennhardt, Hanns-Peter: Raumakustik. In: Stefan Weinzierl (Hg.): *Handbuch der Audiotechnik*. Berlin 2008, 181–267.

Beranek, Leo L.: *Music, Acoustics, and Architecture*. New York 1962.

Bradette, Alain/Lorenz-Kierakiewitz, Klaus-Hendrik: Practical and accurate room acoustical measurements in large indoor multipurpose halls and measures to optimize acoustics. [Vortrag auf dem INTER_NOISE Congress, Innsbruck, 2013.] In: http://www.peutz.nl/sites/default/

files/publicaties/2013 InterNoise Room acoustics in large multipurpose halls.pdf (30.1.2018).
Burrows, Terry: *The Story of the Beatles*. Willenhall 2016.
Declerq, Nico F./Dekeyser, Cindy S. A.: Acoustic diffraction effects at the Hellenistic amphitheater of Epidaurus. Seat rows responsible for the marvelous acoustics. In: *The Journal of the Acoustical Society of America* 121/4 (2007), 2011–2022.
Farnetani, Andrea/Prodi, Nicola/Pompoli, Roberto: On the acoustics of ancient Greek and Roman theaters. In: *The Journal of the Acoustical Society of America* 124/3 (2008), 1557–1567.
Furrer, Willi: *Raum und Bauakustik – Lärmabwehr*. Basel/Stuttgart ²1961.
Irmscher, Johannes (Hg.): *Lexikon der Antike*. Köln 2013.
Kampourakis, Georgios: Acoustics assessment of the ancient theatre of Epidauros. In: Savas Gogos: *Das Theater von Epidauros. Mit einem Beitrag zur Akustik des Theaters von Georgios Kampourakis*. Wien 2011, 77–105.
Kath, Ulrich: Der Einfluß der Bekleidung auf die Schallabsorption von Einzelpersonen. In: *Acustica* 17 (1966), 234–237.
Kircher, Athanasius: *Neue Hall- und Thon-Kunst*. Reprint nach der Ausgabe 1684. Hannover 1983.
Kircher, Athanasius: *Musurgia universalis* [1650]. Reprint der dt. Teil-Übers. von 1662. Kassel 2006.
Költzsch, Peter: *Von der Antike bis in das 20. Jahrhundert – ein Streifzug durch die Geschichte der Akustik*. Berlin 2010.
Kopiez, Reinhard/Brink, Guido: *Fußball-Fangesänge. Eine FANomenologie*. Würzburg 1998.
Larsen, Niels Werner/Thompson, Eric R./Gade, Anders Christian: Variable low-frequency absorber for multi-purpose concert halls. [Conference Paper für den 4. European Congress on Acoustics, Budapest, 2005.] In: http://flexac.com/wp-content/uploads/2014/05/ASA2005Vari.pdf (30.1.2018).
Lautenbach, Margriet/Heringa, Peter/Vercammen, Martijn: Acoustics for large scale indoor pop events. [Vortrag auf dem International Symposium on Room Acoustics, Sevilla, 2007.] In: http://www.peutz.nl/nieuws/PeutzActueel/2007_10/ISRA_acoustics_for_large_scale_indoor_pop_events.pdf (30.1.2018).
Morris, Desmond: *The Soccer Tribe*. London 1981.
Niemöller, Klaus Wolfgang: Die Entwicklung des Orchesters bei den Musikfesten des 19. Jahrhunderts. In: Axel Beer/Kristina Pfarr/Wolfgang Ruf (Hg.): *Festschrift Christoph-Hellmut Mahling zum 65. Geburtstag*, Bd. 2. Tutzing 1997, 1009–1022.
Rindel, Jens Holger: Roman theatres and revival of their acoustics in the ERATO Project. In: *Acta Acustica united with Acustica* 99/1 (2013), 21–29.
Schlicht, Wolfgang/Strauß, Bernd: *Sozialpsychologie des Sports*. Göttingen 2003.
Weinzierl, Stefan: Raumakustik musikalischer Aufführungsräume. In: Ders. (Hg.): *Akustische Grundlagen der Musik*. Laaber 2014, 477–494.

Reinhard Kopiez / Christoph Reuter

57 Straße

»Daß ich es nicht lassen kann, bei offenem Fenster zu schlafen. Elektrische Bahnen rasen läutend durch meine Stube. Automobile gehen über mich hin. Eine Tür fällt zu. Irgendwo klirrt eine Scheibe herunter, ich höre ihre großen Scherben lachen, die kleinen Splitter kichern. [...] Und wieder die Straße. Ein Mädchen kreischt [...]. Die Elektrische rennt ganz erregt heran, darüber fort, fort über alles. Jemand ruft. Leute laufen, überholen sich. Ein Hund bellt« (Rilke 1962, 7 f.).

Rainer Maria Rilkes *Die Aufzeichnungen des Malte Laurids Brigge*, erschienen 1910, gilt als einer der ersten Großstadtromane, als berühmt gewordene literarische Verarbeitung des von Hektik und Nervosität gekennzeichneten urbanen Lebens – und den akustischen Konsequenzen, die sich daraus ergaben. Es waren die Straßen, die sich – als infrastrukturelles Rückgrat der expandierenden Städte – zum bevorzugten Hör-Platz der Moderne entwickelten. Ihr veränderter Sound symbolisierte aufs Deutlichste den Beginn einer neuen Zeit. Zwei Parameter waren dabei bestimmend: die bauliche Ausgestaltung der Straße und die Art der darin stattfindenden Lautereignisse. Beides änderte sich seit dem ausgehenden 19. Jahrhundert grundlegend.

Die urbane Expansion in der Horizontalen wie in der Vertikalen ließ einen völlig neuen akustischen Raum entstehen. Die für den Verkehr notwendige Befestigung des Bodens (Pflasterungen aus Stein, später Asphalt und Beton) generierte gemeinsam mit dem Höherwachsen der Bebauung eine steinerne Stadtlandschaft. Mit zum Zentrum hin immer tiefer werdenden Straßenschluchten und einer eigenen Akustik, bei der die Schallimpulse von den Begrenzungswänden der Straßenräume vielfach reflektiert wurden. Ein relativ hoher Grundgeräuschpegel und ein Verlust der akustischen Trennschärfe waren die Folgen, beides Wahrnehmungen, die bereits von Zeitgenossen des späten 19. und frühen 20. Jahrhunderts gemacht wurden und die belegen, dass in der Bevölkerung schon bald Erklärungen für die veränderte Akustik gesucht wurden.

Straße und Stadt wurden imaginiert als steinernes Gebilde, aus dem der Lärm nicht mehr entweichen kann. Die weit gereiste Schriftstellerin und Journalistin Emmy von Dincklage entwarf das Bild vom schwer entrinnbaren Gefängnis, das die Straßen der Stadt in akustischer Hinsicht darstellen: »Die wild erregten Luftwellen toben und branden gegen die Hausmauern, jagen vor- und rückwärts, einen Ausweg suchend, wie die Gewässer in einem Canal und erlauben niemandem, ihnen zu entgehen, der nicht etwa in einem Luftballon in stillere Regionen aufsteigt« (zit. nach Saul 1996, 154).

›Schauerliche Schallsinfonie‹

Parallel zur baulichen Neugestaltung änderte sich auch das Geschehen auf der Straße. Die rasante Steigerung der Verkehrsdichte, die explodierende Zahl an Menschen und Wägen, die im öffentlichen Raum unterwegs waren, hinterließen beinahe überall ihre akustischen Spuren: das Getrappel der Pferde und Zugtiere, das Gerassel und Knarren der Kutschen und Wägen, die Darbietungen der zahllosen Musiker, Werkelmänner und Leierkastenspieler, das Geschrei der umherziehenden Händler/innen und Gewerbetreibenden – bis hin zum ohrenbetäubenden Motorengeräusch der ersten Automobile und den alles zu übertönen suchenden Signalgeräuschen (Hupen, Peitschenknallen, Kutschergeschrei, Fahrradgeklingel). Dabei gab es ein Geräusch, das zur Jahrhundertwende in besonderer Weise zum typisch städtischen Sound avancierte: das der elektrischen Straßenbahn, die sukzessive die Pferdestraßenbahn ablöste. Ihr Rattern und Sausen, Kreischen und Quietschen auf den eisernen Schienen geriet zu einem Lautgemenge, das die Straßen der Stadt an- und abschwellend von frühmorgens bis spätabends durchlief.

Jedes dieser Fahrzeuge brachte seine Spezifika ein in den immer vielstimmiger werdenden Chor der Straßengeräusche, an den sich alle Zeitgenossen – *nolens volens* – zu gewöhnen hatten. Die radikal veränderte materielle und akustische Realität der Straße wurde denn auch zum Thema vieler Stadtbeschreibungen. Der Schriftsteller Robert Michel, der im Jahr 1910 nach längerer Abwesenheit nach Wien zurückkehrte, fühlte sich, als wäre er in ein »Narrenschloß« geraten: Eine früher so einfache Sache wie das Überqueren der Straße sei mittlerweile, so Michel, zur ohrenbetäubenden und nervenaufreibenden Angelegenheit geworden (zit. nach Payer 2014a, 40; vgl. dazu auch allgemein Payer 2018).

Die Rede von der Reizüberflutung begann in den Medien zu zirkulieren; die akustischen Zumutungen der Straße wurden als fortwährendes »Tohuwabohu« erlebt, als »wirrer Lärmsalat« und »schauerliche Schallsinfonie« (zit. nach Braun 1998, 251). Der Berliner Stadtbaumeister Georg Pinkenburg konstatierte empört, dass man im Getöse der Hauptverkehrsstraßen oft nicht einmal mehr sein eigenes Wort verstün-

D. Morat, H. Ziemer (Hrsg.), *Handbuch Sound*, https://doi.org/10.1007/978-3-476-05421-0_57

de (Pinkenburg 1903, 6). Schreckensbilder tauchten auf, von einer ›Lärmseuche‹ oder ›Lärmpest‹, die sich in der Großstadt beinahe ungehindert ausbreite.

Mit sozialen, ökonomischen und medizinischen Argumenten begann sich ein Bewusstsein für die so wichtige »Hygiene der Straße« (Stekel 1905) herauszubilden. Straßen, so war mittlerweile allen klar, waren die lebenswichtigen Schlagadern der modernen Metropolen, von denen das Funktionieren des großstädtischen Lebens abhing. Vehement forderte man daher, den Lärm genauso ernst zu nehmen wie den viel diskutierten Staub.

Vereinigungen entstanden, die sich dem Kampf gegen den Straßenlärm verschrieben. Internationaler Vorreiter war New York, wo Julia Barnett Rice bereits 1906 die Society for the Suppression of Unnecessary Noise gründete. Zwei Jahre später wurde in London ein Street Noise Abatement Committee ins Leben gerufen, im Oktober 1908 folgte der von Theodor Lessing initiierte Deutsche Lärmschutzverband, der unter der Bezeichnung ›Antilärmverein‹ allgemeine Bekanntheit erlangte. Allerdings hauptsächlich medial, denn die Mitgliederzahlen blieben weit hinter den Erwartungen zurück, sodass der Verein schon 1911 wieder aufgelöst wurde (vgl. Payer 2014b).

Trotz ihrer kurzen Lebensdauer hatte die Antilärmbewegung meinungsbildend gewirkt. Die akustischen Verhältnisse auf den Straßen wurden sensibler als zuvor registriert, zahlreiche Lärmschutzmaßnahmen wurden vorangetrieben.

›Geräuschloses Pflaster‹

Als eine der wirksamsten Strategien erwies sich die Befestigung des Straßenuntergrundes mit ›geräuschlosem Pflaster‹. Asphaltpflaster – und in geringerem Maße auch Holzstöckelpflaster – sollte künftig an die Stelle des holprigen und lauten Kopfsteinpflasters treten. Für Ärzte und Hygieniker war es mehr als evident, dass asphaltierte Straßen auf die angegriffenen Nerven der Großstädter in hohem Maße beruhigend wirkten und die Vorherrschaft des Steines auf der Straße möglichst rasch beendet werden sollte.

Die Fortschritte darin waren international sehr unterschiedlich, wie Statistiken zeigen: So gab es um 1900 in Berlin bereits rund 842.800 Quadratmeter ›geräuschloses Pflaster‹, während es in Wien erst 92.500 waren und in München 10.600. Vorbild war Paris, wo bereits mehr als 30 Prozent aller Verkehrsflächen asphaltiert waren (vgl. Rumpf 1902, 196 f.). Im Wettbewerb der Metropolen geriet das Ausmaß an neuer Straßenbefestigung zu einer zentralen Großstadtfrage, zu einem Kennzeichen für Fortschritt und Modernität.

Verlegt wurde das ›geräuschlose Pflaster‹ zunächst vor allem in besonders ruhebedürftigen Zonen, vor Schulen und Krankenhäusern. Hier hatte man bislang zu diesem Zweck Stroh auf die Straße gestreut, in manchen Städten auch Torf oder Sand. Welche Straßen lärmberuhigt wurden, war auch eine zutiefst soziale Frage. Denn bevorzugt wurden eindeutig die Innenstadtbereiche und aristokratisch-bürgerlichen Viertel und weniger die proletarischen Vorstädte. Erst in den folgenden Jahrzehnten drang der Asphalt vermehrt in periphere Stadtbereiche vor. Womit nicht zuletzt auch die automobile Fortbewegung ihren idealen Untergrund gefunden hatte und der Asphalt endgültig zum mythisch aufgeladenen »Stoff der Großstadt« (Wörner 1998) avancierte.

Als zweifelsfrei wohltuend für die Ohren erwies sich auch die Bestückung der Fahrzeugräder mit luftgefüllten Gummireifen anstelle der bisher üblichen Bereifung aus Vollgummi, Metall oder Holz. In den Jahren 1888/89 von John Boyd Dunlop und Édouard Michelin erfunden, verbreitete sich die pneumatische Gummibereifung sogleich in vielen europäischen Städten. Fahrräder, Autos und Fiaker wurden damit ausgestattet.

Ebenfalls deutlich lärmmindernd wirkte sich die technische Verbesserung der Wagenfederung aus, insbesondere bei den bisher oft völlig ungefederten Lastfuhrwerken. Um auch das Getrappel der Zugtiere etwas zu dämpfen, experimentierte man in manchen Städten damit, Hanfstricke in die Hufe der Pferde zu legen. In den Geschäftsstraßen war die Implementierung von leiseren Rollbalken ein kleiner, aber wichtiger Beitrag zur Kalmierung der öffentlichen Lautsphäre. Und schließlich wurden auch die akustischen Emanationen der umherziehenden Straßenmusiker und Warenverkäufer genau reglementiert. Die Stadtverwaltungen erteilten Bewilligungen dafür zunehmend restriktiver und erließen strenge zeitliche und räumliche Beschränkungen. So ging mit der akustischen Beruhigung auch eine soziale Bereinigung des öffentlichen Raumes einher.

Dominanz des Autos

Mit Beginn des 20. Jahrhunderts zeichnete sich ein Trend ab, der die Akustik der Straße nachhaltig verändern sollte. Die Laute von Menschen und Tieren, die ehemals dominiert hatten, gerieten in den Hintergrund, ebenso die Darbietungen der immer seltener zu vernehmenden Straßenmusiker. Maschinen- und Motorengeräusche traten an deren Stelle. Die elektrifizierte, nicht mehr von Pferden gezogene Straßenbahn begann sich durchzusetzen, motorisierte Kraftwagen ersetzten die von Tieren gezogenen Fuhrwerke. Dabei hatte der enorme Krach der ersten Automobile bei der Bevölkerung tiefe Verunsicherung hervorgerufen. Das Rasseln und Brummen der Motoren, die wiederholt ertönenden explosionsartigen Geräusche wurden als schockierend und zudringlich erlebt, ebenso die markanten, weithin vernehmbaren Hupsignale, mit denen die Chauffeure die Fahrbahn frei zu machen versuchten. Nicht zufällig wurde der Klang der Autohupe zum Synonym für das gesamte Fahrzeug, das sogleich den Spitznamen ›Töff-Töff‹ erhielt (vgl. Payer 2006).

Erste Versuche mit Elektrofahrzeugen wurden gestartet, die deutlich leiser waren als die mit Benzin oder Dampf angetriebenen Wagen – zunächst in New York, Paris und London, dann eiferten auch Berlin und Wien diesen Metropolen nach (vgl. Mom 2004). In Wien gehörte Ludwig Lohner zu den Pionieren auf diesem Gebiet. Nach ersten, nur teilweise gelungenen Prototypen konnte er auf der Pariser Weltausstellung des Jahres 1900 ein gemeinsam mit Ferdinand Porsche entwickeltes Elektromobil vorstellen. Von der Fachwelt gelobt und mehrfach ausgezeichnet, sollte es als idealer, ›dauernd geräuschloser‹ Stadtwagen fungieren (vgl. Lohner 1989, 44–59). Doch der vergleichsweise hohe Anschaffungspreis, die weiterhin zu geringe Reichweite und der ausschließliche Nutzen im Stadtverkehr waren aus Sicht der Benutzer Nachteile, die den Vorteil der Geräuscharmut keineswegs aufwogen. Letztlich konnten nur einige Hundert ›Lohner-Porsche‹ im In- und Ausland verkauft werden, ehe sich in Wien, wie in anderen Städten auch, das aus technischen, infrastrukturellen und wirtschaftlichen Gründen überlegene Benzinautomobil endgültig durchsetzte.

Auch in akustischer Hinsicht, denn die Fahrbahn gehörte künftig den motorisierten Kraftfahrzeugen. Die Fußgänger wurden buchstäblich an den Rand, d. h. den Gehweg, verdrängt. Die Straße entwickelte sich vom Lebens- zum Verkehrsraum, zur monofunktionalen Fahrbahn, die ausschließlich auf die Bedürfnisse des motorisierten Verkehrs ausgerichtet war. Zwar hatte sich das Geräusch des Benzinmotors mit der technischen Entwicklung deutlich verringert, die beträchtlich wachsende Zahl der Fahrzeuge sorgte jedoch für eine hörbar gestiegene Gesamtbelastung. Mit der in der Zwischenkriegszeit beginnenden Motorisierungswelle entbrannten erneut heftige Diskussionen um die Plage des Großstadtlärms. Erneut entstanden europaweit Vereinigungen, die sich dem Kampf gegen den Straßenlärm verschrieben. Zumindest Teilerfolge konnten erzielt werden. So wurde die Zahl der akustischen Signale im Straßenraum eingeschränkt, optische traten an deren Stelle. Sichtbarstes Zeichen dafür waren moderne Ampelanlagen, die seit Mitte der 1920er Jahre in den europäischen Städten installiert wurden.

Die nach dem Zweiten Weltkrieg einsetzende Massenmotorisierung verschärfte die akustische Dominanz des Autoverkehrs weiter. Das aus den USA importierte Bild der ›autogerechten Stadt‹ begann sich auch in Europa zu verbreiten. So wurden Stadtlärm und Straßenlärm allmählich deckungsgleich mit Autolärm. Die in den 1970er Jahren aufkommende Ökologiebewegung bestätigte diese Wahrnehmung. Der starke Anstieg der Kraftfahrzeugzahlen war hauptverantwortlich für die Zunahme an ›akustischer Umweltverschmutzung‹. Wie sehr sich das Auto im 20. Jahrhundert der Stadt bemächtigte, sei am Beispiel von Wien verdeutlicht, wo die Anzahl der Kraftfahrzeuge von 2500 (1910) auf 20.000 (1930) und 206.000 (1960) auf 560.000 (1980) stieg (vgl. Czeike 1992, 213). Wobei diese Zahlen sich auf die gemeldeten Fahrzeuge beziehen und der ebenfalls rasant steigende Pendelverkehr mit dem Umland noch mitzuberücksichtigen wäre.

Die städtischen Behörden ersannen Maßnahmen für eine gezielte ›Straßenentlärmung‹. Gesetze wurden verschärft, in vielen Städten ein allgemeines Hupverbot eingeführt, Fahrbahnen mit ›Flüsterasphalt‹ belegt. Gezielte Verkehrsberuhigungsmaßnahmen, allen voran die Ausweisung von Wohnstraßen und Einrichtung von Fußgängerzonen, sollten mithelfen, den öffentlichen Raum akustisch aufzuwerten. Der österreichische Architekt und Stadtplaner Victor Gruen entwarf in den 1970er Jahren als Erster die Vision einer ›Stadt der kurzen Wege‹, deren Straßen erneut den Fußgängern gehören und somit vom lärmenden Autoverkehr befreit sein sollten (vgl. Gruen 1973). In den folgenden Jahrzehnten folgten ihm weitere Vordenker wie Bernard Rudofsky oder später Jan Gehl, die vehement für einen umweltbewussten, an den Menschen angepassten und demzufolge akustisch sensiblen Umgang mit dem öffentlichen Raum plädierten.

Die seit der Jahrtausendwende forcierte Errichtung von Begegnungszonen, charakterisiert durch einen gleichberechtigten Mix aller Verkehrsteilnehmer/innen, kann als weiterer Schritt in Richtung ›akustische Vielfalt statt Monokultur‹ interpretiert werden.

Für ›akustische Belebung‹ sorgt sodann auch der zu beobachtende Trend zur »Entertainment City« (vgl. Baldauf 2008). Immer häufiger werden groß angelegte Events in den Straßen der Stadt inszeniert, wird Urbanität samt dazugehörigem Sound mehr oder weniger exzessiv ausgestellt. Als Folge davon intensivieren sich Debatten über Zwangsbeschallung und zunehmende Kommerzialisierung des öffentlichen Raumes sowohl bei Stadtpolitiker/innen und -planer/innen wie bei Stadtbewohner/innen.

Zukunftsszenario

Wie wird die Stadt von morgen klingen? Viele Trendforscher/innen sehen als wichtigste Veränderung die steigende Zahl der Elektroautos und die damit mögliche Beruhigung des Straßenraums. Kraftfahrzeuge, deren ausgeklügelte Soundproduktion in den letzten Jahrzehnten sowohl von Produzenten- wie von Konsumentenseite größte Aufmerksamkeit erfuhr (vgl. Bijsterveld et al. 2014), traten im Gefolge der Digitalisierung in eine neue Klang-Ära ein: Als Elektrofahrzeuge können sie erstmals mit jedem beliebigen Sound ausgestattet werden. Wie dieser konkret beschaffen sein soll, darüber gibt es unterschiedliche Meinungen. Während die einen – nicht zuletzt aus Sicherheitsgründen – die gewohnten Geräusche eines Verbrennungsmotors bevorzugen, sehen andere die Chance für ein völlig neues akustisches Branding des Stadtverkehrs. Gleichzeitig ist es den Produktionsfirmen ein wichtiges Anliegen, die eigene Automarke als akustisch eindeutig erkennbar zu erhalten (vgl. Bodden/Belschner 2011).

Ein weiterer Faktor kommt hinzu: Derartige Fragen stellen sich vor allem bei einer Fahrgeschwindigkeit unter 30 km/h (darüber ist das Rollgeräusch der Reifen dominant); sind Elektroautos in diesem Bereich tendenziell unhörbar, treten Sicherheitsprobleme auf. In den USA und Japan gibt es daher schon jetzt eine gesetzlich verordnete Geräuschpflicht. In der EU müssen Elektroautos ab 2019 ein künstliches Motorengeräusch aufweisen. Das sogenannte AVAS (Acoustic Vehicle Alerting System) wird verpflichtend als Warnsignal eingeführt.

Wie all dies sich im Zusammenklang in den Straßen der Stadt auswirken wird, bleibt abzuwarten. Quantitativ betrachtet, wird die neue Ära nicht allzu schnell anbrechen. Trotz steigender Tendenz machen Elektroautos nur einen minimalen Teil der Pkw-Neuzulassungen aus: Im Jahr 2016 lag der Durchschnitt in den EU-Ländern nach Angaben des European Alternative Fuels Observatory bei lediglich 0,4 Prozent.

Verwandte Beiträge: Kap. 17 (Soundscape); Kap. 20 (Geschichtswissenschaft); Kap. 35 (Lärm); Kap. 36 (Rauschen); Kap. 37 (Sirene); Kap. 38 (Stille); Kap. 43 (Auto); Kap. 46 (Kino); Kap. 50 (Krankenhaus); Kap. 76 (Protest).

Literatur

Baldauf, Anette: *Entertainment Cities. Stadtentwicklung und Unterhaltungskultur.* Wien/New York 2008.

Bijsterveld, Karin/Cleophas, Eefje/Krebs, Stefan/Mom, Gijs: *Sound and Safe. A History of Listening Behind the Wheel.* New York 2014.

Birkefeld, Richard/Jung, Martina: *Die Stadt, der Lärm und das Licht. Die Veränderung des öffentlichen Raumes durch Motorisierung und Elektrifizierung.* Seelze 1994.

Bodden, Markus/Belschner, Torsten: Sound design for silent vehicles. In: Kai Bronner/Rainer Hirt/Cornelius Ringe (Hg.): *Audio Branding Academy Year Book 2010/2011.* Baden-Baden 2011, 67–94.

Braun, Hans-Joachim: Lärmbelastung und Lärmbekämpfung in der Zwischenkriegszeit. In: Günter Bayerl/Wolfhard Weber (Hg.): *Sozialgeschichte der Technik.* Ulrich Troitzsch zum 60. Geburtstag. Münster u.a 1998, 251–258.

Czeike, Felix: *Historisches Lexikon Wien,* Bd. 1. Wien 1992.

Gruen, Victor: *Das Überleben der Städte. Wege aus der Umweltkrise. Zentren als urbane Brennpunkte.* Wien 1973.

Lessing, Theodor: *Der Lärm. Eine Kampfschrift gegen die Geräusche unseres Lebens.* Wiesbaden 1908.

Lohner, Wilhelm: *Lohner-Automobile.* Graz 1989.

Mom, Gijs: *The Electric Vehicle. Technology and Expectations in the Automobile Age.* Baltimore/London 2004.

Payer, Peter: »Huppend, schnarrend, qualmend«. Zur Wahrnehmung und Kritik des Automobils um 1900. In: Technisches Museum Wien (Hg.): *Spurwechsel. Wien lernt Auto fahren.* Ausstellungskatalog. Wien 2006, 40–49.

Payer, Peter: Signum des Urbanen. Geräusch und Lärm der Großstadt um 1900. In: Gerhard Paul/Ralph Schock (Hg.): *Sound der Zeit. Geräusche, Töne, Stimmen – 1889 bis heute.* Göttingen 2014a, 39–44.

Payer, Peter: Es ist Zeit, dass wir auf Abwehr sinnen! Lärmschutz im frühen 20. Jahrhundert. In: Gerhard Paul/Ralph Schock (Hg.): *Sound der Zeit. Geräusche, Töne, Stimmen – 1889 bis heute.* Göttingen 2014b, 59–65.

Payer, Peter: *Der Klang der Großstadt. Eine Geschichte des Hörens, Wien 1850–1914.* Wien u. a. 2018.

Pinkenburg, Georg: *Der Lärm in den Städten und seine Verhinderung.* Jena 1903.

Rilke, Rainer Maria: *Die Aufzeichnungen des Malte Laurids Brigge* [1910]. München 1962.

Rumpf, Konrad: Ueber Strassenpflege vom hygienischen Standpunkte. In: *Monatsschrift für Gesundheitspflege. Organ der Österreichischen Gesellschaft für Gesundheitspflege* 20/9–10 (1902), 195–200.

Saul, Klaus: Wider die »Lärmpest«. Lärmkritik und Lärmbekämpfung im Deutschen Kaiserreich. In: Dittmar Machule/Olaf Mischer/Arnold Sywottek (Hg.): *Macht Stadt krank? Vom Umgang mit Gesundheit und Krankheit.* Hamburg 1996, 151–192.

Stekel, Wilhelm: Hygiene der Straße. In: *Wiener Bilder,* Nr. 32 (1905), 19.

Wörner, Simone: Asphalt – Stoff der Großstadt. In: Thomas Hengartner/Johanna Rolshoven (Hg.): *Technik – Kultur. Formen der Veralltäglichung von Technik – Technisches als Alltag.* Zürich 1998, 121–139.

Peter Payer

58 Wald

Der Wald ist ein hochgradig klingender Raum. Ob man eine aufs Hören ausgerichtete Perspektive einnimmt oder nicht: Er ist Heimat eines komplexen Ökosystems von Organismen, die beständig krabbeln, summen, zwitschern, krächzen, heulen (und sich gelegentlich unterhalten). Eine Vielfalt an Lebensformen, die miteinander kommunizieren, sich aus dem Weg gehen und einander bei der Suche nach Nahrung, Sexualpartnern oder Ruhe bedrängen. Ihre Klänge vermischen sich mit denen abiotischer Quellen, mit strömendem Wasser, tropfendem Regen, einer im Wind wogenden Baumkrone, um schließlich zum schrillen Heulen eines Polarsturms in einem borealen Nadelwald oder zu einer rauschenden Brise in breitblättrigen Urwaldbüschen zu werden. Das Brummen wird im Wald nicht nur von dessen meteorologischen und klimatischen Bedingungen gedämpft, sondern auch durch diverse strukturelle Eigenschaften – seinen unterirdischen Strukturen, den Schichten organischen Abfalls, den Gerüsten aus Gestrüpp, Stämmen und Laubwerk.

Es gibt umfangreiche Volkstraditionen, die solche Klänge kennen und beschreiben. In der traditionellen chinesischen Dichtung ist das ›Flüstern des Bambuswaldes‹ eine häufig wiederkehrende Trope (vgl. Wang 2015). Indigene Bewohnerinnen und Bewohner der Regenwälder in British Columbia sprechen traditionell vom ›Weinen der Bäume‹, einem niederfrequenten, grollenden Alarm, von dem manche meinen, er würde von anderen Bäumen im Wald aufgenommen, was – dies aber nebenbei – denn auch eine neue Perspektive auf das Zen-Koan wirft, ob fallende Bäume im Wald auch ein Geräusch machen, wenn kein Mensch sie hört. Unterdessen nahmen westliche Waldbewohnerinnen und Waldbewohner den Wald als einen Ort der Ruhe, aber auch der besonders genauen Aufmerksamkeit für natürliche Klänge wahr. Mit der wachsenden Beliebtheit von Freizeitaktivitäten an der frischen Luft an der Schwelle zum 20. Jahrhundert lehrten naturalistische Autoren den Mittelklasse-Freizeitnaturmenschen nicht nur, die Rufe und Gesänge der Vögel im Wald zu schätzen, sondern auch den Wald selbst zu hören. Die Meditation des amerikanischen Naturforschers John Muir (2001, 193 f.) über den *Song of the Silver Pine* beispielsweise preist die Silberkiefer für ihre erlesene Musik. Andernorts beschreibt Muir seine Hörerlebnisse bei einem Sturm:

> »Even when the grand anthem had swelled to its highest pitch, I could distinctly hear the varying tones of individual trees – Spruce, and Fir, and Pine, and leafless Oak – and even the infinitely gentle rustle of the withered grasses at my feet. Each was expressing itself in its own way – singing its own song, and making its own peculiar gestures – manifesting a richness of variety to be found in no other forest I have yet seen« (ebd., 195 f.).

Zu denjenigen, die zuhören, so scheint es, sprechen die Wälder.

Indes lässt sich der Wald unter Soundwissenschaftlerinnen und -wissenschaftlern nur selten hören. Während soziale und kulturelle Geschichten des Sounds eine Blüte erleben, rekonstruieren ihre Narrative normalerweise die Produktion von kulturellen, architektonischen oder städtischen Räumen. Es sind Geschichten der Straße, der Fabrik, des Konzertsaales, des Autos und des Einkaufszentrums und der Implikationen ihrer Klänge für die Regulierung von Arbeit, Freizeit und Konsummustern (vgl. die entsprechenden Beiträge in diesem Handbuch). Wenn der Wald dann doch klingt, gibt er zumeist seinem eigenen Hinscheiden eine Stimme, eine langsam verklingende erste Note, bevor die rurale Landschaft den Unbilden von Urbanisierung und Industrialisierung ausgesetzt wird. »Social space *is* sonic space«, heißt es bei Jonathan Sterne (2012, 91). Wenn dem für viele Soundforscherinnen und Soundforscher so ist, dann trifft für viele eben auch das Gegenteil zu. Der Wald erscheint – zusammen mit der ›natürlichen Umwelt‹, für die er häufig stellvertretend steht – wie der negative Schatten des sozialen Schallraums: ein unmarkiertes Territorium, oder zumindest eines, das vor Kontaminierung durch den Lärm menschlicher Interaktion zu schützen ist.

Umwelthistorikerinnen und -historiker bestehen schon lange darauf, dass die ›natürliche Umwelt‹ an sich ein problematisches menschliches Konstrukt ist: Nicht nur wird ›wahre Wildnis‹ auf unterschiedliche Arten imaginiert und gemanagt, sondern diese Arten selbst sind höchst umstritten (vgl. Cronon 1995). Daher dürfen, wie der Umwelthistoriker Peter Coates (2005) betont, ländliche Soundscapes nicht von einer Geschichte des Klangs ausgeschlossen werden. Nicht nur, weil menschliche Aktivität – sei dies nun Waldbewirtschaftung, Landwirtschaft oder Wiederaufforstung, Bauen, Jagd, Tourismus, militärische oder koloniale Intervention – die Landschaft und das akustische Ökosystem eines Waldgebietes vorübergehend oder unwiderruflich verändern können. Sondern auch, weil Konzeptionen des Waldes (beispielsweise die vom ›Ort natürlicher Stille‹) mit den Anliegen der

D. Morat, H. Ziemer (Hrsg.), *Handbuch Sound*, https://doi.org/10.1007/978-3-476-05421-0_58

historischen Akteure bezüglich der Klänge des urbanen Raums verknüpft sind. Als Stadtbewohnerinnen und Stadtbewohner vermehrt Entlastung vom Lärm der Industrie und der Städte forderten, war es das abgelegene, ländliche und waldige Land, wohin sie fliehen wollten. Es ist also kein Zufall, dass die Zurück-zur-Natur-Bewegung einen ihrer Höhepunkte im späten 19. Jahrhundert erreichte, zu einer Zeit also, als sich auch Lärmschutzkampagnen immer mehr Gehör verschafften. John Muirs Verzückung angesichts der ›Musik des Waldes‹ und die Warnungen seiner literarischen Vorgängerinnen und Vorgänger vor dem Vordringen der Industrialisierung in die ländliche Ruhe sollten vor diesem Hintergrund gesehen werden (vgl. Marx 1964). Anders gesagt: Wie historische Akteure den Wald als klingenden Raum definierten, hörten und managten, wandelte sich in Abhängigkeit von der kulturell und sozial variablen Art und Weise, wie sie ihre natürliche Umwelt betrachteten.

Im Folgenden skizziere ich eine mögliche Geschichte, wie der Wald gehört wurde. Um sein Entstehen als klingenden Raum zu untersuchen, werde ich mich einer Geschichte der *field recordings* zuwenden. Schließlich wurden Waldbewohnerinnen und -bewohner gezwungen, mit einem Mikrofon ausgerüstet ihre akustische Umgebung in ungewohnt konkreten Begriffen zu reflektieren. Diese Geschichte ist nur eine von vielen. Wie Mark Smith (2001) gezeigt hat, wurde die Modernisierung Amerikas im 19. Jahrhundert genauso intensiv gehört, wie sie gesehen wurde. Berichte von Reisenden und Pionieren ermöglichen es, deren Wirkung zu rekonstruieren: wie nämlich die tröstlichen Geräusche menschlicher Aktivität das Angst machende Heulen und die Stille der Wildnis übertönten und ersetzten. Die Geschichte im 20. Jahrhundert dagegen lässt sich zusammenweben aus verschiedenen Fäden – von der Geschichte der Naturwissenschaften, der Technologie und der Umwelt über die Soundscape Studies und die Akustische Ökologie bis zur Musikethnologie und *ecomusicology*. Dort besteht ein Spannungsverhältnis zwischen zwei Hauptkonstrukten des Waldes. Einerseits wird der Wald zu einem Ort wissenschaftlicher Forschung und zum schweigenden Hintergrund für die menschliche und die tierischen Spezies, die ihn bewohnen. Andererseits tritt der Wald selbst als Gegenstand akustischer und künstlerischer Untersuchungen hervor. Dies bleiben bis zum heutigen Tag mächtige Formen, auch in unserer eigenen wissenschaftlichen Arbeit. Indem sie solche Konstrukte entwirren, sind auch Soundwissenschaftlerinnen und -wissenschaftler gefordert, darüber zu reflektieren, wie sie den Wald betrachten: als einen stummen Hintergrund menschlicher Aktivität, einen Ort menschlicher Erfahrung, als Gegenstand akustischer Forschung oder als einen eigenständigen nicht-menschlichen Akteur.

Bioakustik und natürliche Soundscapes

Das Spannungsverhältnis zwischen dem Wald als stummem Ort und klingendem Objekt wird vielleicht am deutlichsten anhand der Expedition von Akustikern und Biologen, die 1944 in der Panamakanalzone stattfand. Diese Gruppe, geleitet vom berühmten Akustiker Carl Eyring, war von der US Army damit beauftragt worden, die akustischen Bedingungen des Regenwaldes zu untersuchen, um so deren Einsätze im Pazifik zu unterstützen. Da das Sichtfeld der Truppen auf den Südseeinseln durch die Vegetation stark eingeschränkt war, mussten die Soldaten sich auf ihr Gehör stützen, um sich in dem unbekannten Territorium zurechtzufinden und den Feind zu identifizieren. Um diesem strategischen Nachteil etwas entgegenzusetzen, sollten Eyring und sein Team die Klänge des Regenwaldes inventarisieren und zudem herausfinden, wie die klimatischen, meteorologischen und topographischen Bedingungen des Waldes die Übertragung, Ausrichtung und Maskierungseffekte des Klangs beeinflussen. Zu diesem Zweck hatte Eyring drei Ornithologen zur Teilnahme an der Expedition eingeladen. Die Ornithologen, die in den frühen 1930er Jahren Techniken entwickelt hatten, um Klänge der Tierwelt aufzuzeichnen, konzentrierten sich zunächst auf Tierrufe, um eine umfassende Liste von identifizierbaren Tierarten anzulegen. Fast nebenbei produzierten sie auch eine Schallplatte, auf der die allgemeinen Umgebungsgeräusche des Waldes zu hören waren: rauschende Palmen, fließendes Wasser und entfernter Donner.

Die Expedition ist deshalb bemerkenswert, weil sie explizit die Waldumwelt als einen Gegenstand moderner akustischer Untersuchung etablierte. Ganz besonders interessant ist sie aber nicht zuletzt mit Blick auf die vorgenommene Gliederung der Waldakustik. Eingeteilt nach Forschungsschwerpunkten und über diverse Schallplatten verteilt, wird der klingende Wald entweder als ein Katalog sauber identifizierbarer Klänge dargestellt oder aber als eine komplexe organische Architektur aus zahllosen absorptiven und reflektierenden Materialien. Während diese beiden Seiten im Rahmen der Expedition miteinander verbunden wurden, bildeten sie später jeweils für sich den Kern von zwei parallelen Geschichtsschreibungen.

Den Prämissen des Probensammelns folgend interessiert sich die professionelle Biologie traditionell mehr für die Klänge identifizierbarer Spezies als für die ihrer Umgebung. Dieser Fokus wurde in den 1930er Jahren noch verstärkt, als die Rundfunk- und Unterhaltungsindustrie Biologinnen und Biologen rekrutierte, um bei der Sammlung von Klangmaterialien für Radiosendungen und Tonfilme zu helfen, und später deren Arbeit auf populären Grammophonalben publizierte. Bei *field recordings* kamen professionelle Aufnahmestandards zum Tragen. Dabei galt es, die Rufe der individuellen Spezies von den Störungen des Regens, des Windes und anderer Hintergrundgeräusche zu isolieren, die diese Klänge immer zu übertönen drohten, entweder bei der Aufnahme oder während der späteren Bearbeitung (vgl. Bruyninckx 2012). Zwar versprachen frühe Grammophon-Veröffentlichungen wie *Der Wald erschallt* (1934) des Berliner Zoodirektors Lutz Heck den Zuhörerinnen und Zuhörern, sie in den Wald ›mitzunehmen‹, tatsächlich präsentierten sie jedoch vor allem isolierte Stimmen der Waldbewohner. Bioakustikerinnen und -akustiker übernahmen diese Praxis, schließlich ermöglichte sie es, sich auf die Differenzierung und Analyse individueller Spezies zu konzentrieren.

Die Akustikerinnen und Akustiker versuchten zudem, die Kontrolle über die Waldakustik zu erlangen. Zu diesem Zweck griffen sie im Fall der Urwaldumgebung auf dieselben Messtechniken zurück, die auch bei der Optimierung von Konzerthallen und Studioplänen zum Einsatz kamen (vgl. Thompson 2002). Sobald der Wald dergestalt als akustische Umgebung definiert war, begannen Akustikingenieure ihr Expertenwissen auch für diverse nicht-militärische Zwecke einzusetzen. In den 1960er und 1970er Jahren beispielsweise experimentierte die Stadtplanung in West-Berlin mit den schalldämpfenden Effekten von Bäumen und anderen Pflanzen (vgl. Jasper 2015, 82–91).

Etwa zeitgleich rückte die Umweltakustik aufgrund der zunehmenden Lärmverschmutzung in den Mittelpunkt des Interesses. Unter der Ägide des Musikwissenschaftlers R. Murray Schafer und dem Dach des World Soundscape Project begannen Soundscape-Wissenschaftlerinnen und -Wissenschaftler an der Schnittstelle von Geisteswissenschaften, Naturwissenschaften und Aktivismus damit, aufgezeichnete Klänge zu nutzen, um die Aufmerksamkeit auf die Eigenschaften der akustischen Umgebung der Menschen zu lenken. Klassischerweise spielt der Wald in diesem Diskurs eine wichtige Rolle – man denke an Hildegard Westerkamps Komposition *Beneath the Forest Floor*.

Allerdings wenden sich in den letzten Jahrzehnten vermehrt Soundscape-Wissenschaftlerinnen und -Wissenschaftler auch gegen die traditionelle Trennung von Klangkunst und Bioakustik im klingenden Wald. So erweitert der Ökologe und Soundscape-Künstler Bernie Krause, der schon lange die Bedeutung der Umweltgeräuschkulisse betont, die konventionelle Beschäftigung mit den Klängen einzelner Spezies zu einer Akustik kompletter Ökosysteme. Auch der Ökosystembiologe und Soundkünstler Francisco López lehnt die referenzielle Ästhetik der Bioakustik in konventionellen Naturaufnahmen und die dazugehörige Analyse individueller Klänge ab und ermutigt Hörerinnen und Hörer stattdessen dazu, jeden natürlichen Klang als das Produkt einer komplexen akustischen Umgebung zu betrachten, bei der Pflanzen, Erde, Temperatur und Topographie eine Rolle spielen (vgl. López 2001).

Den Wald neu klingen lassen

Mit dem Aufzeichnen geht immer eine gewisse Art der Rahmung einher. Indem etwas ausgewählt wird, wird auch die Interaktion des Hörers bzw. der Hörerin mit der untersuchten Waldumgebung strukturiert. Mit wenigen Ausnahmen hat sich die Aufmerksamkeit von Bioakustikerinnen und Bioakustikern auf einzelne Segmente der Kommunikation konzentriert, unter Vernachlässigung des Waldes als akustischer Umgebung. Eine solche Herangehensweise kann dazu führen, dass beispielsweise die Auswirkungen anthropogener Klänge gedämpft werden. So hat sich gezeigt, dass der Gesang von Buchfinken und anderen Singvögeln in der Stadt – verglichen mit einer Waldumgebung – auf komplexe Art und Weise auf den dortigen Lärmpegel eingestimmt ist (vgl. Slabbekoorn/Yeh/Hunt 2007). Aber López' Kritik erlaubt es nicht nur, die Schritte zurückzuverfolgen, mit denen Tonaufzeichnerinnen und Tonaufzeichner im Feld bestimmte Segmente des Waldraums auf Kosten anderer Segmente hörbar machen. Sie gemahnt auch, den Umwelthistorikerinnen und Umwelthistorikern darin zu folgen, den Wald und seine Akustik als kulturelle, ökonomische und ökologische Kraft ernst zu nehmen (vgl. auch Brock 2014).

Man könnte sich dabei von diversen Arbeiten der klassischen wie auch der neueren Sound Studies inspirieren lassen. Der Musikwissenschaftler Aaron Allen (2011) beispielsweise spürt der Rolle des Waldes bei der Entstehung bestimmter auditiver Kulturen nach, indem er die historische Abhängigkeit des Geigenbaus von den materiellen Ressourcen des Waldes zeigt. Die Bauer der Stradivari haben demnach traditionell in den Fichtenwäldern von Paneveggio nach den ›musikalischsten Bäumen‹ gesucht (daher auch der Spitzname ›Geigenwald‹). Von vergleichbarer Bedeutung waren die Wälder des brasilianischen Bundesstaates Pernambuco, die das Hartholz für Violinbögen lieferten – inzwischen sind sie fast ausgestorben. In ähnlicher Weise unterstreicht die von dem Medienhistoriker Jacob Smith (2015) verfasste Archäologie der Klangartefakte mit geringer Wattleistung die Relevanz von indischen Lackinsekten oder Bambusnadeln für historische und zeitgenössische Medientechnologien. Solche Arbeiten zeigen, dass der Wald mit den ästhetischen, sozialen und ökonomischen Entwicklungslinien verwoben ist, durch die eine auditive Kultur Form annimmt.

Eine zweite mögliche Perspektive, aus der man an diese Fragen herantreten könnte, lässt sich aus den musikethnologischen Arbeiten über Regenwald-Gesellschaften aus den 1970er und 1980er Jahren ableiten, die zur Globalisierung der Soundscape Studies führten. Am prominentesten situiert Steven Feld (2012) die Äußerungen der Kaluli aus den Bergen Papua-Neuguineas innerhalb einer sowohl ökologisch als auch akustisch sehr reichhaltigen Akustemologie. Dieser Ansatz wird nun von der *ecomusicology* aufgegriffen, einer aufstrebenden, eklektischen Disziplin, die aus kritischer Perspektiven untersucht, wie Musik menschliche Identitäten und ihre Beziehung zu anderen Spezies, ihrer gebauten Umgebung und Konstruktionen der Natur vermittelt (vgl. Allen/Dawe 2016).

In einem Kontext rapider kultureller und ökologischer Veränderungen können und sollten Kulturhistorikerinnen und -historiker des Sounds sich mit den oben erwähnten Umwelthistorikerinnen und -historikern sowie den Vertreterinnen und Vertretern der *ecomusicology* und Akustikökologie zusammentun und eine kritische Dekonstruktion dessen verfolgen, was, um Felds Konzept zu verwenden, sich am besten als eine akustische Epistemologie der modernen westlichen Kultur denken lässt. Genau wie bei einer im Regenwald lebenden Stammesgesellschaft würde sich ein solches Projekt den diversen Arten widmen, in denen ein Wald als eine physische und akustische Umgebung bedingt, wie moderne Hörerinnen und Hörer die Welt erleben und sich ausdrücken. Umgekehrt müsste dieses Projekt nach Erklärungen für die historisch und kulturell variablen Arten und Weisen suchen, in denen der Wald und generell die ›natürliche Umwelt‹ gehört wurde und wird. Tonaufnahmen sind eine Art, dies zu tun – und zwar eine, mit der eine dezidiert facettenreiche Beziehung zum Wald akustisch vermittelt wird: Während Tonaufnahmen es Verhaltensforscherinnen und Verhaltensforschern ermöglicht haben, den Wald als einen gelegentlich stillen Hintergrund für das Verhalten von Spezies zu betrachten, geben sie vielen anderen Hörerinnen und Hörern die Chance, die akustische Reichhaltigkeit der freien Natur zu entdecken oder ein ganzheitliches Hören von mikro- und makroökologischen Prozessen zu fördern. Das Herausstellen dieser Vielfalt und der Bedingungen, unter denen bestimmte Arten des Erfahrens der freien Natur zustande gekommen sind, könnte einer Umwelt endlich eine Stimme geben, die oft gehört, der aber selten zugehört wird.

Verwandte Beiträge: Kap. 1 (Akustemologie); Kap. 17 (Soundscape); Kap. 35 (Lärm); Kap. 36 (Rauschen); Kap. 50 (Krankenhaus); Kap. 52 (Meer); Kap. 62 (Musikinstrumente).

Literatur

Allen, Aaron S.: Prospects and problems for ecomusicology in confronting a crisis of culture. In: *Journal of the American Musicological Society* 64/2 (2011), 414–424.

Allen, Aaron S./Dawe, Kevin (Hg.): *Current Directions in Ecomusicology. Music, Nature, Environment.* Oxon/New York 2016.

Brock, Emily K.: New patterns in old places. Forest history for the global present. In: Andrew C. Isenberg (Hg.): *The Oxford Handbook of Environmental History.* Oxford 2014, 154–177.

Bruyninckx, Joeri: Sound sterile. Making scientific field recordings in ornithology. In: Trevor Pinch/Karin Bijsterveld (Hg.): *The Oxford Handbook of Sound Studies.* Oxford 2012, 127–150.

Coates, Peter A.: The strange stillness of the past. Toward an environmental history of sound and noise. In: *Environmental History* 10/4 (2005), 636–665.

Cronon, William: The trouble with wilderness; or, getting back to the wrong nature. In: Ders. (Hg.): *Uncommon Ground. Rethinking the Human Place in Nature.* New York 1995, 69–90.

Eyring, Carl F.: Jungle acoustics. In: *The Journal of the Acoustical Society of America* 18/2 (1946), 257–270.

Feld, Steven: *Sound and Sentiment. Birds, Weeping, Poetics, and Song in Kaluli Expression.* Durham, NC/London [3]2012.

Jasper, Sandra: *Cyborg Imaginations. Nature, Technology, and Urban Space in West Berlin.* Diss., University College London, 2015.

López, Francisco: Blind listening. In: David Rothenberg/Marta Ulvaeus (Hg.): *The Book of Music and Nature. An Anthology of Sounds, Words, Thoughts*. Middletown, CN 2001, 163–168.
Marx, Leo: *The Machine in the Garden. Technology and the Pastoral Ideal in America*. New York 1964.
Muir, John: *The Wilderness World of John Muir*. Hg. von Edwin Way Teale. Boston/New York 2001.
Schafer, R. Murray: *The Soundscape. Our Sonic Environment and the Tuning of the World*. Rochester, VT ^{2}1994.
Slabbekoorn, Hans/Yeh, Pamela/Hunt, Kimberly: Sound transmission and song divergence. A comparison of urban and forest acoustics. In: *The Condor* 109/1 (2007), 67–78.
Smith, Jacob: *Eco-Sonic Media*. Oakland, CA 2015.
Smith, Mark M.: *Listening to Nineteenth-Century America*. Chapel Hill, NC 2001.
Sterne, Jonathan (Hg.): *The Sound Studies Reader*. Oxon/New York 2012.
Thompson, Emily: *The Soundscape of Modernity. Architectural Acoustics and the Culture of Listening in America, 1900–1933*. Cambridge, MA 2002.
Wang, Lihua: Listening to bamboo. The Chinese literati's attitude and behavior toward the sounds of nature in the pre-modern era. In: Ts'ui-jung Liu (Hg.): *Local Realities and Environmental Changes in the History of East Asia*. Oxon/New York 2015, 7–26.

Joeri Bruyninckx
(aus dem Englischen übersetzt von Wilhelm von Werthern)

VI Medien

59 Compact Disc

Die Verbreitung und Rezeption von technisch gespeicherter Musik im ausgehenden 20. und frühen 21. Jahrhundert ist wesentlich durch den sukzessiven Wandel von analogen zu digitalen Tonaufzeichnungsverfahren gekennzeichnet. Die *Compact Disc Digital Audio* (CD-DA oder kurz: Audio-CD) bildete dabei als physischer Tonträger auf Basis eines digitalen Massenspeichers insbesondere im Bereich der Musikwirtschaft das zentrale Übergangsmedium zwischen der analogen Speicherung von Audiosignalen auf physischen Trägermedien und ihrer abstrakten Repräsentation in Form von digitalen Audioformaten.

Die im Winter 1982/83 eingeführte Audio-CD stellte in vielen Haushalten das erste massenhaft verbreitete Digitalmedium dar (vgl. Schröter 2004) und löste die Schallplatte innerhalb weniger Jahre als wichtigstes Medium zum kommerziellen Vertrieb von Sprach- und Musikaufnahmen ab. Bereits 1988 wurden in den USA mehr Compact Discs als Schallplatten verkauft; 1992 überholten sie auch die (bespielte) Audiokassette (vgl. Straw 2009). Seit der Jahrtausendwende sind die Absatzzahlen jedoch wieder rückläufig, nicht zuletzt aufgrund der Konkurrenz durch digitale Download-Plattformen und Musikstreamingdienste. Obwohl die CD mit 74 Millionen verkauften Alben im Jahr 2016 noch immer den wichtigsten Umsatzgenerator der deutschen Musikindustrie ausmacht (das entspricht 53,8 Prozent des Gesamtumsatzes; vgl. Bundesverband Musikindustrie 2017, 14), wird die Audio-CD daher inzwischen häufig als Auslaufmodell betrachtet. Zudem gilt die Compact Disc – besonders im Gegensatz zur Vinyl-Schallplatte – heute als vermeintlich ›langweiliges‹ Mainstream-Medium.

Dennoch bildete die CD die wesentliche Schlüsseltechnologie, über die sich die zunehmende Verschiebung der auditiven Medienkultur von einer Ökologie der Musikmedien (primär organisiert um die Stereoanlage) zu einer Ökologie der Digitalmedien (mit dem Computer als Mittelpunkt) vollzog.

Technik- und Mediengeschichte der Compact Disc

Die digitale Repräsentation von Audiosignalen basiert auf dem sogenannten Abtast- bzw. Samplingverfahren, bei dem die Amplitude eines zeitkontinuierlichen Signals in kurzen, äquidistanten Zeitintervallen gemessen (engl. *sampling*) und in eine zeit- und wertdiskrete Zahlenfolge überführt wird. Die Grundlagen des Verfahrens entstanden in den 1930er und 1940er Jahren im Feld der Kommunikationstechnik; die Entwicklung digitaler Technologien für Tonaufnahmen wurde dann ab den 1960er Jahren u. a. von der japanischen Rundfunkgesellschaft NHK vorangetrieben. In den 1970er Jahren wurden zu digitalen Audiorekordern umfunktionierte elektromagnetische Videorekorder-Systeme zur Vorproduktion klanglich hochwertiger Langspielplatten in den Bereichen ›klassische Musik‹ und ›Jazz‹ verwendet, da mit diesen die Schwächen analoger Tonbandmaschinen – insbesondere Hintergrundrauschen und Verzerrungen – umgangen werden konnten. Das Compact-Disc-System – bestehend aus der ›digitalen Schallplatte‹ und dazugehörigen Abspielgeräten – wurde schließlich nach einer langjährigen Zusammenarbeit von Sony und Philips 1982 eingeführt.

Anders als ihre etablierten Vorgänger verwendet die Audio-CD kein mechanisches oder elektromagnetisches, sondern ein optisches Abtastverfahren mithilfe von Laserlicht. Der sogenannte Red Book Standard aus dem Jahr 1980 definiert für das Format der Compact Disc eine Abtastrate von 44,1 kHz bei einer Auflösung von 16 Bit, was einen gegenüber der LP höheren Dynamikumfang bei einer Aufnahmelänge von 74 Minuten Stereoton bedeutete. Der verhältnismäßig kleine Durchmesser von 12 cm sollte eine der Musikkassette vergleichbare Portabilität garantieren (vgl. Immink 1998; Lang 1996).

Der Erfolg des neuen Mediums war jedoch zunächst kein Selbstläufer. Anfangs leisteten selbst Teile der Musikindustrie erheblichen Widerstand. Als entscheidend für den schnellen Durchbruch der CD auf dem Markt erwies sich nicht zuletzt die liberale Lizenzierungspolitik der beiden federführenden Großkonzerne, die noch vor der offiziellen Markteinführung zahlreichen anderen Unternehmen die Erlaubnis zur

D. Morat, H. Ziemer (Hrsg.), *Handbuch Sound*, https://doi.org/10.1007/978-3-476-05421-0_59

Produktion von Abspielgeräten erteilten (vgl. Gandal/Kende/Rob 2000). Auch die Konsument/innen mussten von der Notwendigkeit des geforderten Formatwechsels erst überzeugt werden. Um die Akzeptanz für die CD und die ihr zugrunde liegende digitale Audiotechnik zu steigern, wurde in den frühen 1980er Jahren eine immense Marketingkampagne initiiert.

Die ersten Veröffentlichungen auf CD stammten überwiegend aus dem Bereich der klassischen Musik, deren Hörer/innen als *Early Adopters* neuer Audiotechnologien galten (vgl. Kagan 1990). Mit Herbert von Karajan u. a. wurden gezielt prominente Musiker/innen als Werbeträger gewonnen, die dafür bürgen sollten, dass die Compact Disc höchsten Qualitätsansprüchen genüge. Darüber hinaus sprach man mit Werbepartnern wie dem 1981 gegründeten Sender MTV auch ein jüngeres Publikum an, dem die CD als erstrebenswertes Statussymbol präsentiert wurde (vgl. Milner 2010, 218). Zusätzlich wurden den CD-Veröffentlichungen neuer Musikalben Booklets mit Informationen sowie häufig auch Bonustracks beigefügt, die auf der Schallplattenversion fehlten und so einen künstlichen Mehrwert erzeugten.

Zielgruppenübergreifend wurde betont, dass die CD eine fundamentale Neuentwicklung darstelle und nicht lediglich eine Verbesserung bereits existierender Technologien (vgl. Downes 2010, 317). Die zentralen Verheißungen der Werbung waren dabei *erstens* das in der Vermarktung von neuen Audiotechnologien historisch etablierte Versprechen einer neuen bzw. zuvor unerreichten Dimension von Klangtreue, die aufgrund der eliminierten Nebengeräusche zu einer nahezu vollständigen Ununterscheidbarkeit zwischen ursprünglichem Schallereignis und dessen phonographischer Reproduktion führen sollte. Und *zweitens* wurde die Compact Disc, da sie durch die berührungslose Abtastung und die digitale Fehlerkorrektur vor Verschleiß und Beschädigungen (wie etwa Kratzern) geschützt schien, als Tonträger mit einer praktisch unbegrenzten Haltbarkeit und einer hohen Unempfindlichkeit gegenüber Umwelteinflüssen beworben. Der kristallklare Klang der CD würde für die Ewigkeit konserviert, ein Monument in digitalem Code: »Pure, Perfect Sound – Forever« lautete daher der Werbeslogan für den ersten CD-Player von Philips. Während über die tatsächliche Lebensdauer einer durchschnittlichen Audio-CD noch debattiert wird, ist mittlerweile unumstritten, dass diese de facto vergleichsweise begrenzt ist und die CD, ebenso wie alle anderen Datenträger, spezifischen Phänomenen der Alterung und Abnutzung unterworfen ist. Dessen ungeachtet ging die Marketingstrategie für die CD mit einer gezielten Abwertung analoger Tonträger einher.

Mediale Praktiken

Hilfreich für diese Art von Werbeversprechen war, dass die CD zwei in der zeitgenössischen populären Wahrnehmung ohnehin als futuristisch geltende Technologien kombinierte: Lasertechnik und Digitalität. Die Verwendung von Lasern sowie die Darstellung des digitalen Timecodes auf den meisten Gehäusen waren mit den Fortschritten und der Präzision der modernen Naturwissenschaften konnotiert. In den frühen 1980er Jahren dominierte daher eine futuristische Bildsprache die Reklame für die neue Technologie (vgl. Schrey 2017, 175 ff.). Darüber hinaus versprach die digitale Repräsentation nicht nur eine Reproduktion ohne die den analogen Medien eigenen Nebengeräusche, sondern ermöglichte die Steuerung der Musikwiedergabe mittels Fernbedienung. Die je nach Modell mehr oder weniger umfangreiche Programmierbarkeit des CD-Spielers, die die Endloswiedergabe, den Shuffle-Modus oder das schnelle Anwählen beliebiger Tracks (Skip-Funktion) möglich machte, sollte eine neue Ära der Benutzerfreundlichkeit von Musikmedien einläuten.

Bereits kurz nach ihrer Einführung wurden jedoch auch Zweifel an der behaupteten klanglichen Überlegenheit der Compact Disc laut. Insbesondere in der audiophilen High-End-Kultur wurde das neue Medium äußerst kontrovers diskutiert. Einerseits wurde die Benutzerfreundlichkeit der CD begrüßt, andererseits entstand die »konkrete Sorge vor der Entwertung analoger High-End-Anlagen« (Lang 1996, 235) und der damit verbundenen Medienpraktiken. An den technischen Spezifikationen und Standards wurde kritisiert, dass sie letztlich arbiträr gewählt seien und nicht die technischen Möglichkeiten ausschöpften (vgl. Rothenbuhler/Peters 1997). Zudem wurde die CD zu einer Projektionsfläche für kulturelle Bedeutungskonstruktionen und Zuschreibungen. So wurde etwa in audiophilen Fachzeitschriften immer wieder moniert, dass die CD gegenüber dem als ›warm‹ empfundenen Sound der analogen Wiedergabegeräte einen ›kalten‹, ›flachen‹ Klang besäße, der zwar möglicherweise ›analytisch‹ klar, nicht aber ›musikalisch‹ klinge (vgl. Perlman 2004; Downes 2010). Die von der Industrie versprochene ›Perfektion‹ des von Nebengeräuschen befreiten Klangs wurde in diesem Kontext zur sterilen Kälte einer inhumanen, technischen Präzision stilisiert.

In den folgenden Jahren formierten sich zunehmend auch Positionen, die die Kritik am digitalen Klang mit einer diffusen Metaphysik der Authentizität verbanden und der CD pauschal vorhielten, ein ›seelenloses‹ Medium zu sein. Das, was der digitalen Aufnahme vermeintlich fehlte, wurde nun gerade in den von ihr verdrängten Formaten entdeckt. Insbesondere galt und gilt dies für die Schallplatte, die nach Einführung der CD häufig als ›beseeltere‹ Form der Aufnahme beschrieben wurde (vgl. Yochim/Biddinger 2008). Das vorher meist als Störung empfundene Oberflächenrauschen und die Verschleißspuren wurden in diesem Zusammenhang zunehmend verklärt und fetischisiert (vgl. Schrey 2017) und ab den 1990er Jahren in verstärktem Maße auch als klangästhetisches Stilmittel eingesetzt.

Klarerweise stellt das Medium ›Compact Disc‹ kein neutrales Speichermedium für Musik dar, sondern war in einer spezifischen Weise auf tradierte Hörpraktiken aus dem Bereich der westlichen Kunstmusik und der überwiegend männlich konnotierten Hi-Fi-Kultur zugeschnitten, bei denen die Rezeption von konservierter Musik als mediatisierte ›Aufführung‹ in der häuslichen Umgebung verstanden wird (vgl. Björnberg 2009; Schröter/Volmar 2016; Volmar 2018). Divergierende Praktiken wurden, zumindest in der Anfangszeit, schon allein durch die der Sicht und dem Zugriff der Nutzer entzogene Technik erheblich erschwert: Das Interface der sich als *Black Boxes* präsentierenden digitalen Abspielgeräte erlaubte keine im wörtlichen Sinne manipulativen Eingriffe in den Abspielvorgang mehr (vgl. Perlman 2004; Downes 2010). So entfielen etwa die Möglichkeit des *Scratchens* und andere Techniken des sogenannten *Turntablism*. Die weitgehend zeitgleich mit der Einführung der CD verlaufende Popularisierung solcher kreativer Aneignungsformen von Musikreproduktionsmedien insbesondere in der Hip-Hop-Szene lässt sich daher nicht zuletzt auch als widerständige Reaktion auf die kulturelle Dominanz der kommerzialisierten ›weißen‹ Musikkultur verstehen (vgl. Fouché 2012).

Einige Künstler/innen und Musiker/innen versuchten dagegen schon in den frühen 1980er Jahren, die Technologie selbst gleichsam gegen den Strich zu bürsten und – westlich avantgardistischen Programmen folgend – dem CD-Player neue Sounds zu entlocken (Straebel 2009). Hervorzuheben sind hier die Klangexperimente des Japaners Yasunao Tone, der mithilfe von perforierten Klebebandstreifen, die er auf die Oberfläche von CDs aufbrachte, die Grenzen der Fehlerkorrekturalgorithmen auslotete und auf diese Weise kontingente, aber medienspezifische Klangereignisse produzierte (vgl. Marclay/Tone 2009). Experimentelle künstlerische Praktiken dieser Art trugen wiederum zur Ausbildung einer spezifisch digitalen Klangästhetik bei, zum Beispiel im Bereich des *Glitch*, einem Subgenre der elektronischen Musik, das eine Ästhetik der Störung gerade in der als perfekt und fehlerfrei vermarkteten Digitalkultur zelebriert (vgl. Cascone 2000).

Das Ende der CD?

In den Anfangsjahren bildeten die CD-Spieler primär eine ergänzende Komponente für die häusliche Stereoanlage. Später kamen jedoch auch Geräte für den mobilen Gebrauch auf den Markt: Neben CD-Spielern und CD-Wechslern für das Auto erhöhten vor allem portable Ausführungen wie der Discman, Sonys Weiterentwicklung des Walkmans, die Mobilität der CD. In diesen neuen mobilen Hörumgebungen spielten Klangqualität und Abwesenheit von Störgeräuschen jedoch eine gegenüber dem Aspekt der Portabilität deutlich untergeordnete Rolle.

In der ersten Hälfte der 1990er Jahre gewann zudem mit der CD-ROM eine weitere Anwendung der digitalen Compact Disc zunehmend an Bedeutung und löste schließlich die Diskette als wichtigstes Distributionsmedium für Software ab. Homecomputer wurden nun standardmäßig mit einem CD-Laufwerk ausgestattet, das neben dem Auslesen von Daten auch das Abspielen von Audio-CDs erlaubte. Als besonders folgenreich erwies sich die Kombination dieser beiden Vorgänge, also das Auslesen der Daten von Audio-CDs auf die Festplatte des Computers. So wurde die CD in eine neue Medienökonomie der Computermedien integriert. Mit dem Preisverfall von CD-Brennern – optischen Laufwerken mit Schreibfunktion – und beschreibbaren Rohlingen (CD-R und CD-RW) in der zweiten Hälfte der 1990er Jahre konnten Tonaufnahmen, anders als bei der Kassettenkopie, erstmals verlustfrei reproduziert werden, was nicht zuletzt den massenhaften illegalen Austausch von Musik beförderte.

Diesem Trend versuchte die Musikindustrie u. a. mit Kopierschutzmaßnahmen zu begegnen, die von den Nutzer/innen jedoch früher oder später fast immer mit Software umgangen werden konnten. Diesbezüglich ist interessant, dass spezifische Kopierschutzmechanismen im CD-DA-Standard zunächst nicht vorgesehen waren. Ihre spätere industrielle Implementierung stellt daher nicht nur eine Abweichung von den ursprünglichen Spezifikationen dar, sondern zeigt auch, dass die Musikindustrie die sich anbahnende Migration von Musikinhalten auf Computer so nicht vorhergesehen hatte.

Mit CD-Brennern wurde es möglich, eigene CD-Kompilationen zusammenzustellen. Auch DJs und DJanes konnten so erstmals ihre eigenen noch unveröffentlichten Musikproduktionen in einer Club-Umgebung testen, ohne viel Geld für *Dubplates* ausgeben zu müssen, was in dieser Szene für eine gewisse Akzeptanz gegenüber der bislang meist kategorisch abgelehnten CD sorgte. Will Straw (2009, 87) zufolge schwächten diese neuen Dimensionen der Mobilität und der Kopierbarkeit der Audio-CD jedoch ihre »integrity as an artifact«, weil etwa Cover-Artwork und Booklet in diesen Kontexten an Relevanz verloren. Dies habe ein Umdenken in Bezug auf die CD eingeleitet: Die einst als wertvolle Schätze beworbenen silbernen Scheiben seien nun zunehmend als allgegenwärtige austauschbare Container wahrgenommen worden. Tatsächlich wurden bereits 1997 Stimmen laut, die vor dem Hintergrund der beschriebenen Entwicklungen von einer sich abzeichnenden Obsoleszenz der CD in Zeiten der Medienkonvergenz sprachen (vgl. etwa Symes 1997, 83).

1997 gilt auch als Wendepunkt für die umfassende Verbreitung des MP3-Standards, der gegenüber der CD schnell massiv an Bedeutung gewann (vgl. Sterne 2012, 205 ff.). Zunächst noch auf selbstgebrannten Daten-CDs, dann vor allem in Internet-Tauschbörsen stellte sich der Austausch von (zunächst überwiegend illegal) kopierter Musik bis Mitte der 2000er Jahre fast komplett auf dieses speicherplatzsparende Dateiformat um, mit dem ganze Alben ohne größeren Aufwand von Datenträger zu Datenträger transferiert werden konnten (und können). Musik wurde damit in zunehmendem Maße überall verfügbar und so nicht nur von ihren materiellen Tonträgern, sondern auch von ihren digitalen Speicherorten auf heimischen Festplatten gelöst. Die Preise für CDs wurden als Reaktion seit den späten 1990er Jahren erheblich gesenkt, was Straw (2009, 82) zufolge jedoch weniger als Korrektur einer einstigen Ungerechtigkeit denn als verzweifelte kommerzielle Strategie empfunden wurde, die das gleichzeitig wachsende Desinteresse an dem Format bezeugte. Gerade in ihrer Allgegenwärtigkeit als Gratisbeigabe zu Magazinen etc. äußere sich der Bedeutungsverlust der CD.

Diese Argumentation weiterführend und überhöhend, beschreibt auch Eric Rothenbuhler (2012) die Audio-CD als ›paradoxes Medium‹. Sie habe erst einen grundlegenden Wertewandel verursacht, indem sie den Fokus des Interesses zunehmend von der Klangqualität auf Aspekte wie Portabilität, Effizienz und Bequemlichkeit gelenkt habe, um dann genau in diesen Bereichen der qualitativ minderwertigen MP3 unterlegen zu sein, die genau diese neue Logik perfektioniert habe. Dies äußere sich schon in der sich wandelnden Werberhetorik: Der CD-Slogan »perfect sound forever« sei dem apologetischen Versprechen der »near CD quality« gewichen (ebd., 39).

Es scheint jedoch Vorsicht vor solch voreiligen Nekrologen geboten, wie schon das in den 1990er Jahren bereits als besiegelt geltende Schicksal der Schallplatte nahelegt. Auch wenn Streamingdienste den durch den Verkauf von CDs erzielten Umsatz in den nächsten Jahren überholen werden, gilt für den Bundesverband Musikindustrie: »Noch ist die (Musik-)Welt eine Scheibe!« (Bundesverband Musikindustrie 2017, 15). Zudem ist in jüngeren Mikrogenres elektronischer Musik wie dem Vaporwave bereits eine gewisse rückblickende Nostalgie für die CD und die Zukunft verheißende Bilderwelt ihrer frühen Bewerbung zu beobachten.

Verwandte Beiträge: Kap. 36 (Rauschen); Kap. 61 (Kassette); Kap. 64 (Phonograph); Kap. 66 (Schallplatte).

Literatur

Björnberg, Alf: Learning to listen to perfect sound. Hi-fi culture and changes in modes of listening, 1950–80. In: Derek B. Scott (Hg.): *The Ashgate Research Companion to Popular Musicology*. Farnham 2009, 105–129.

Bundesverband Musikindustrie: *Musikindustrie in Zahlen – 2016. Das Jahrbuch des BVMI*. Berlin 2017. In: http://www.musikindustrie.de/download-jahrbuch (30.1.2018).

Cascone, Kim: The aesthetics of failure. »Post-digital« tendencies in contemporary computer music. In: *Computer Music Journal* 24/4 (2000), 12–18.

Downes, Kieran: »Perfect sound forever«. Innovation, aesthetics, and the re-making of compact disc playback. In: *Technology and Culture* 51/2 (2010), 305–331.

Fine, Thomas: The dawn of commercial digital recording. In: *ARSC Journal* 39/1 (2008), 1–17.

Fouché, Rayvon: Analog turns digital. Hip-hop, technology, and the maintenance of racial authenticity. In: Trevor Pinch/Karin Bijsterveld (Hg.): *The Oxford Handbook of Sounds Studies*. New York/Oxford 2012, 505–525.

Gandal, Neil/Kende, Michael/Rob, Rafael: The dynamics of technological adoption in hardware/software systems. The case of compact disc players. In: *The RAND Journal of Economics* 31/1 (2000), 43–61.

Immink, Kees A. Schouhamer: The compact disc story. In: *Journal of the Audio Engineering Society* 46/5 (1998), 458–465.

Kagan, Sheldon S.: Faithful to the original. The compact disc and its effect on contemporary music. In: *Popular Music and Society* 14/1 (1990), 13–18.

Lang, Jürgen K.: *Das Compact Disc Digital Audio System. Ein Beispiel für die Entwicklung hochtechnologischer Konsumelektronik.* Aachen 1996.

Marclay, Christian/Tone, Yasunao: Record, CD, analog, digital. In: Christoph Cox/Daniel Warner (Hg.): *Audio Culture. Readings in Modern Music.* New York 2009, 341–347.

Milner, Greg: *Perfecting Sound Forever. The Story of Recorded Music.* London 2010.

Perlman, Marc: Golden ears and meter readers. The contest for epistemic authority in audiophilia. In: *Social Studies of Science* 34/5 (2004), 783–807.

Rothenbuhler, Eric W.: The compact disc and its culture. Notes on melancholia. In: Göran Bolin (Hg.): *Cultural Technologies. The Shaping of Culture in Media and Society.* New York 2012, 36–50.

Rothenbuhler, Eric W./Peters, John Durham: Defining phonography. An experiment in theory. In: *The Musical Quarterly* 81/2 (1997), 242–264.

Schrey, Dominik: *Analoge Nostalgie in der digitalen Medienkultur.* Berlin 2017.

Schröter, Jens: Analog/Digital – Opposition oder Kontinuum? In: Ders./Alexander Böhnke (Hg.): *Analog/Digital – Opposition oder Kontinuum? Zur Theorie und Geschichte einer Unterscheidung.* Bielefeld 2004, 7–30.

Schröter, Jens/Volmar, Axel: »HiFi hören. HiFi-Praxis für kritische Käufer und Fachhändler«. Eine Fallstudie zum Problem der Analyse historischer Medienpraktiken. In: Beate Ochsner/Robert Stock (Hg.): *senseAbility. Mediale Praktiken des Sehens und Hörens.* Bielefeld 2016, 149–168.

Sterne, Jonathan: *MP3. The Meaning of a Format.* Durham, NC 2012.

Straebel, Volker: From reproduction to performance. Media-specific music for compact disc. In: *Leonardo Music Journal* 19/2 (2009), 23–30.

Straw, Will: The music CD and its ends. In: *Design and Culture* 1/1 (2009), 79–91.

Symes, Colin: Beating up the classics. Aspects of a compact discourse. In: *Popular Music* 16/1 (1997), 81–95.

Volmar, Axel: Reproduced music between personal experience and public discourse. Adorno, High Fidelity and the politics of listening in the twentieth century. In: Christian Thorau/Hansjakob Ziemer (Hg.): *The Oxford Handbook for the History of Music Listening in the 19th and 20th Centuries.* Oxford/New York 2018.

Yochim, Emily Chivers/Biddinger, Megan: ›It kind of gives you that vintage feel‹. Vinyl records and the trope of death. In: *Media, Culture & Society* 30/2 (2008), 183–195.

Axel Volmar / Dominik Schrey

60 Glocken

Zylindrische Klangkörper aus Holz, Porzellan oder Metall, meist Bronze, sind in asiatischen, afrikanischen, amerikanischen und europäischen Kulturen seit Jahrtausenden verbreitet (vgl. Price 1983). In China sind Glocken etwa seit dem 2. vorchristlichen Jahrtausend nachweisbar (vgl. Falkenhausen 1993), während archäologische Befunde im eurasischen Raum frühe Formen von Glocken ab dem 12. Jahrhundert v. Chr. im Gebiet des heutigen Nordiran situieren. In Mitteleuropa wiederum sind glockenförmige Klangobjekte auch aus der römischen Kaiserzeit belegt (vgl. Pomberger 2016). Sie alle dienen nach der Typologie des niederländischen Kampanologen André Lehr (1995/2016) vor allem vier Zwecken: (1) der beschwörenden Anrufung und Abwehr von Geistern und Göttern, (2) in rituellen Kontexten der akustischen Strukturierung von religiösen und profanen Ereignissen, (3) als Signalinstrumente und (4) als Musikinstrumente (vgl. auch Rombouts 2014). Diese Funktionsbestimmungen lassen sich in verschiedenen Akzentuierungen bis in die Gegenwart hinein identifizieren. Hinzu kommt in Europa seit dem hohen Mittelalter die Funktion der Glocken als Zeitmesser, die aber bis in die Neuzeit über die besondere Rolle der christlichen Kirche in der Organisation und Strukturierung des Tagesablaufs in der Vormoderne mit der rituellen Funktion verflochten bleibt (vgl. Dohrn-van Rossum 1992).

Glockeneuropa

Die Verbreitung von Glocken vor allem im kirchlichen Kontext erfolgte in Europa seit dem 8. Jahrhundert von Irland aus (vgl. Arnold/Goodson 2012). Die Bedeutung der Glocken als Kommunikationsmedium ist dabei für die Vormoderne kaum zu überschätzen. Vertreter eine ›alten Kulturgeschichte‹ wie Johan Huizinga (zu Beginn seines Werkes *Herbst des Mittelalters*) oder Friedrich Heer (der den Begriff ›Glockeneuropa‹ für das mittelalterliche Europa prägte) haben ihre mediale Funktion zwar erkannt, aber kaum einer eingehenden Analyse unterzogen. Daneben existiert eine bis in die Gegenwart außerordentlich ausdifferenzierte und detaillierte kampanologische Spezialforschung. Diese findet in verschiedenen Zeitschriften wie dem *Jahrbuch für Glockenkunde* oder dem *Journal of Campanology* ihren institutionellen Ausdruck, verbleibt aber oftmals im Rahmen eines eher positivistischen und lokalhistorischen Erkenntnisinteresses.

Zentral für die historische Analyse von Glocken als Klangmedien ist dagegen vor allem Alain Corbins grundlegende Studie zur *Sprache der Glocken* (1995) im Übergang zwischen Früher Neuzeit und Moderne. Corbins Pionierleistung besteht darin, die vielfältigen kommunikativen Funktionen und kulturellen Symbolisierungen von Glocken als eine vormoderne Medienkultur zu beschreiben, die gerade dadurch Kontur gewinnt, dass sie im nachrevolutionären ländlichen Frankreich des 19. Jahrhunderts in eine Legitimationskrise gerät. Retrospektiv wird so deutlich, dass Glocken in der Vormoderne als zentripetale Halbdistanzmedien operierten. Als solche stehen sie funktional zwischen reiner Kommunikation unter Anwesenden und wirklichen Distanzmedien wie Schrift und Druck, die ihre Adressatinnen und Adressaten erreichen konnten, ohne dass diese präsent sein mussten. Zentripetal wirkten Glocken andererseits, weil sie Menschen häufig zusammenriefen, also Anwesenheitssituationen medial erst herstellten; das heißt, sie etablierten vermittels ihrer Klänge akustische Gemeinschaften, die über Kommunikation unter Anwesenden hinausreichten und damit eine größere Menge an Kommunikationsteilnehmerinnen und -teilnehmern in einem durch gemeinsame Hörerfahrungen und damit auch durch gemeinsames Hörwissen um den spezifischen Glockenklang und seine ›Sprache‹ bestimmten Raum adressierten.

Die spatiale Komponente ist hier entscheidend, denn die akustische Reichweite von Glocken definierte vielfach politische und kirchliche Zugehörigkeiten – der polemische Terminus des *campanilismo* bringt dies auf den Begriff. Dem Hörbarkeitsraum spezifischer Glocken entsprach dabei oftmals ein kirchlicher, aber auch politischer Sozialraum. Innerhalb dieses Kommunikationsraumes wirkten Glocken zentripetal, sie stellten Anwesenheitssituationen her. Dies zeigt sich paradigmatisch in den seit dem hohen Mittelalter nachweisbaren Inschriften, welche (mit Varianten) das kommunikative Aufgabenfeld der Glocken in Europa absteckten. Dazu zählen u. a. die Ankündigung von Gottesdiensten für die Gläubigen (»plebem voco«) und das Zusammenrufen des Klerus insbesondere im monastischen Kontext (»congrego clerum«). Hinzu kommen die Signalisation spezifischer Ereignisse wie Taufen und Todesfällen (»mortuos deploro«) sowie die apoptropäische Funktion der Abwehr von Dämonen, aber auch von Unwettern und Gewittern (»fulgura frango«). Je nachdem, welche Glocke innerhalb eines Signalensembles welches akustische Signal aussandte, konnten verschiedene

D. Morat, H. Ziemer (Hrsg.), *Handbuch Sound*, https://doi.org/10.1007/978-3-476-05421-0_60

Hörgemeinschaften angesprochen werden. Um sich innerhalb dieses akustischen Kommunikationsraumes zu orientieren, bedurfte es eines spezifischen Klangwissens um die ›Sprache der Glocken‹ und ihre ausdifferenzierten Botschaften. Dies betraf nicht nur Kirchenglocken, sondern auch profane Glockensysteme wie Torglocken, die das Schließen und Öffnen von Stadttoren anzeigten, oder Ratsglocken, welche die politischen und juridischen Aktivitäten vormoderner Obrigkeiten ankündigten (vgl. Haverkamp 2002 [1995] und 1998). Gerade die enge Verbindung ihres Klangs mit den christlich-religiösen Praktiken verlieh Glocken jedoch in erster Linie die Funktion kirchlicher Präsenzmarkierung. Dies gilt in besonderer Weise für interkulturelle Kontaktsituationen oder interreligiöse Konflikte, etwa zwischen christlich und muslimisch geprägten Soundscapes (vgl. Alibhai 2008; Toelle 2016).

Die zentripetale Appellfunktion von Glocken machte diese die gesamte Vormoderne hindurch zum Gegenstand von politischen und sozialen Konflikten. Wer die Kontrolle über die Glocken erlangte, konnte nicht nur die akustische Aufmerksamkeit einer Gemeinde monopolisieren, sondern diese auch für potenziell aufrührerische Aktionen mobilisieren. Vormoderne Glockenkonflikte drehten sich daher häufig um die Frage des Zugangs zum Signalensemble sowie um den Versuch, dessen Kontrolle für legitime kirchliche oder politische Obrigkeiten zu reservieren (vgl. Marsh 2010, Kap. 9). Umgekehrt gab das Läuten von Glocken insbesondere zu ungewöhnlichen Zeiten und Anlässen – etwa bei Stadtunruhen – das Zeichen zum Handeln gegen die Obrigkeiten (vgl. Sizer 2015; Atkinson 2016, Kap. 5; Hacke 2016). Auch diese Funktionen setzten auf der Seite der Hörenden wiederum die Fähigkeit zur genauen Unterscheidung zwischen verschiedenen Signalen, Tönen und Situationen der Glockenklangproduktion voraus, mithin die Kenntnis eines differenzierten und historisch durchaus variablen akustischen Codes.

Bis ins 19. Jahrhundert hinein stellten Glocken daher das privilegierte Echtzeitmedium zur Verbreitung tendenziell standardisierter sozialer Botschaften dar. Auch akustisch waren sie bis zum Beginn der Industrialisierung konkurrenzlos: Vom Kanonendonner abgesehen, bildeten Glocken das lauteste menschengemachte Klangobjekt und garantierten daher maximale Aufmerksamkeit bei den Hörenden.

Glockenkritiken

Mit der modernen Doppelbewegung aus Industrialisierung und verstärkter Säkularisierung büßten die Glocken diese Monopolstellung seit dem 19. Jahrhundert mehr und mehr ein. Zum einen gerieten sie etwa während der Französischen Revolution oder in der frühen Sowjetunion ins Visier von antiklerikalem Ikonoklasmus und fielen dem gesteigerten Bedarf an Metall zur Waffenproduktion zum Opfer (vgl. Clay 2012; Hernandez 2004). Zum anderen erwuchs ihnen in Form von individualisierten Strategien der Zeitmessung durch Uhren und durch alternative Signalisierungssysteme wie Fabriksirenen funktionale Konkurrenz. Sie wurden damit gerade in modernen urbanen Räumen zu einem Klang unter vielen in einer komplexen Soundscape. Zugleich vollzog sich damit auch eine funktionale Verengung des Glockenklangs auf vornehmlich religiöse Kontexte. Im Zuge der weitgehenden Säkularisierung öffentlicher Kommunikation in der Moderne erschienen vielen Zeitgenossen Glocken daher als akustische Residuen einer vorsäkularen Welt. So wurden Räume der Kritik am durch Glocken verursachten ›Lärm‹ eröffnet, Kritik wohlgemerkt, die bis in die Gegenwart anhält (vgl. Weiner 2014; Vögele 2017). Daneben gewannen Glocken in der Moderne einen erhöhten Symbolwert als nostalgische Marker einer verklungenen Klangwelt, aber auch als Memorialmedien in neuartigen und spezifischen modernen rituellen Kontexten des Gedenkens und Mahnens. Für die Funktionen können beispielhaft die Liberty Bell in Philadelphia, die Friedensglocke in Hiroshima oder das zerbrochene Geläut der während des Zweiten Weltkriegs zerstörten Lübecker Marienkirche stehen.

Verwandte Beiträge: Kap. 2 (Auralität); Kap. 3 (Emotionalität); Kap. 17 (Soundscape); Kap. 19 (Ethnologie); Kap. 20 (Geschichtswissenschaft); Kap. 35 (Lärm); Kap. 47 (Kirche); Kap. 62 (Musikinstrumente); Kap. 71 (Herrschaftsrepräsentation).

Literatur

Alibhai, Ali Asgar: The reverberations of Santiago's bells in Reconquista Spain. In: *La Coronica. A Journal of Medieval Hispanic Languages, Literatures, and Cultures* 36/2 (2008), 145–164.

Arnold, John H./Goodson, Caroline: Resounding community. The history and meaning of medieval church bells. In: *Viator. Medieval and Renaissance Studies* 43/1 (2012), 99–130.

Atkinson, Niall: *The Noisy Renaissance. Sound, Architecture, and Florentine Urban Life*. University Park, PA 2016.
Clay, Richard: Smells, bells, and touch. Iconoclasm in Paris during the French Revolution. In: *Journal for Eighteenth-Century Studies* 35/1 (2012), 521–533.
Corbin, Alain: *Die Sprache der Glocken. Ländliche Gefühlskultur und symbolische Ordnung im Frankreich des 19. Jahrhunderts*. Frankfurt a. M. 1995 (frz. 1994).
Dohrn-van Rossum, Gerhard: *Die Geschichte der Stunde. Uhren und moderne Zeitordnung*. München 1992.
Falkenhausen, Lothar von: *Suspended Music. Chime-Bells in the Culture of Bronze Age China*. Berkeley u. a. 1993.
Hacke, Daniela: Klangräume. Zu den akustischen Revolten des frühen 16. Jahrhunderts. In: Karsten Igel/Thomas Lau (Hg.): *Die Stadt im Raum. Vorstellungen, Entwürfe und Gestaltungen im vormodernen Europa*. Köln u. a. 2016, 317–333.
Haverkamp, Alfred (Hg.): *Information, Kommunikation und Selbstdarstellung in mittelalterlichen Gemeinden*. München 1998.
Haverkamp, Alfred: »... an die große Glocke hängen«. Über Öffentlichkeit im Mittelalter [1995]. In: Ders.: *Gemeinden, Gemeinschaften und Kommunikationsformen im hohen und späten Mittelalter*. Trier 2002, 277–313.
Hernandez, Richard L.: Sacred sound and sacred substance. Church bells and the auditory culture of Russian villages during the Bolshevik *Velikii Perelom*. In: *The American Historical Review* 109/5 (2004), 1475–1504.
Lehr, André: Glocken und Glockenspiele, I (1995/2016). In: *MGG Online*, https://mgg-online.com/article?id=mgg15431&v=1.0&rs=id-e432e361-60a9-f65c-990c-bdcfbea1209f (30.1.2018).
Marsh, Christopher: *Music and Society in Early Modern England*. Cambridge 2010.
Pomberger, Beate Maria: *Wiederentdeckte Klänge. Musikinstrumente und Klangobjekte vom Neolithikum bis zur römischen Kaiserzeit im mittleren Donauraum*. Bonn 2016.
Price, Percival: *Bells and Man*. Oxford u. a. 1983.
Rombouts, Luc: *Singing Bronze: A History of Carillon Music*. Leuven 2014 (niederl. 2010).
Sizer, Michael: Murmur, clamor and tumult. The soundscape of revolt and oral culture in the Middle Ages. In: *Radical History Review*, Nr. 121 (2015), 9–31.
Toelle, Jutta: *Todas la naciones han de oyrla*: Bells in the Jesuit *reducciones* of early modern Paraguay. In: *Journal of Jesuit Studies* 3/3 (2016), 437–450.
Vögele, Wolfgang: *Sono auribus viventium. Kultur und Theologie des Glockenläutens in Reformation und Moderne*. Berlin 2017.
Weiner, Isaac: *Religion Out Loud. Religious Sound, Public Space, and American Pluralism*. New York/London 2014.

Jan-Friedrich Missfelder

61 Kassette

Das Aufnehmen und Speichern auf Magnetband hat die Mediengeschichte des 20. Jahrhunderts mannigfach geprägt, sei es in Form vom Audio-Rekorder, als Magnetaufzeichnung (MAZ) in der Fernsehproduktion, als Magnetband-Datenspeicherung von Computern, als Kleinkassette in Diktaphon oder Anrufbeantworter oder auch als Videotape. Dabei fungiert die analoge, elektromagnetische Aufzeichnungs- bzw. Wiedergabetechnik als Technik des Übergangs von der analogen zur digitalen Medienwelt. Im Bereich des privaten Hörens und Aufnehmens setzte die 1963 von Philips eingeführte Kompaktkassette (›Compact-Cassette‹) einen technisch gesehen zwar minderwertigen, aber höchst anwendungsfreundlichen und daher bald weitverbreiteten Standard.

Auf Basis dieser Tonkassette setzte sich ein alltägliches Hören sowie Produzieren von Sound sozial wie räumlich tiefgreifend durch: Die Kassette war auch jenen sozialen Schichten oder jüngeren Hörer/innen zugänglich, die sich in den Nachkriegsdekaden kein Tonbandgerät bzw. später keine Stereoanlage leisten konnten, und sie durchbrach die mit diesen hochwertigen Geräten eingeübten Konventionen des männlich geprägten Hi-Fi-Hörens zugunsten eines Zwischendurch- und Nebenbeihörens von Musik, Hörspielen oder anderem. Gehört wurde mobil im Auto ebenso wie auf der Parkbank oder in diversen häuslichen Räumen.

Zudem verbreitete sich kommerzielle Tonträgermusik mit der Audiokassette global. Kann der Kassette in westlichen Regionen eine generationenspezifische Bedeutung für Kinder und Jugendliche zuschrieben werden, so ermöglichte sie in nicht-westlichen Regionen die Ausbreitung des Musikhörens in ärmste Schichten; es entstand ein reger Schwarzmarkthandel mit Raubkopien, in autoritären Staaten fungierte die Kassette zudem als subversives Protestmedium. Um 1990 entfiel auf die Kassette die Hälfte des globalen Umsatzes mit aufgenommener Musik (vgl. Manuel 1993, 28). Darüber hinaus wurden Kassetten vorübergehend in der Programmierung und Datenspeicherung der frühen Heimcomputer (als sog. Datasette) eingesetzt.

Mediengeschichte der Kassette

Aufbauend auf der magnetischen Tonaufzeichnung mittels Stahlband und Stahldraht, wurden in den 1930er Jahren erste Kunststoff-Tonbänder mit einer magnetisierbaren Schicht entwickelt. 1935 stellten AEG und BASF das Magnetophon ›K1‹ auf der Funkausstellung vor; spätere Geräte dieser Reihe fanden Verwendung in deutschen Rundfunkstudios; nach dem Zweiten Weltkrieg setzten entsprechende Entwicklungen hin zum Tonband auch in den USA und Großbritannien ein.

Die private Aneignung der magnetischen Tonaufzeichnung und -wiedergabe abseits der professionellen Tonaufzeichnung vollzog sich in Westeuropa weniger bzw. nur in Ansätzen mit den Spulen-Tonbandgeräten der 1950er Jahre, sondern vor allem mit den Kassettenrekordern, wie sie die entstehende Konsumelektronikindustrie seit Mitte der 1960er Jahre in großer Modellvielfalt – vom schlichten Gerät bis zur technisch hochgerüsteten Boombox der 1980er Jahre – anbot. Waren auf dem westeuropäischen Markt zunächst noch nationale Anbieter wie zum Beispiel Grundig in der BRD führend, so dominierte später die asiatische Elektronikindustrie.

Erste Kassettensysteme, in denen die Tonbandspulen in ein schützendes Gehäuse eingebaut waren, wodurch das lästige Einfädeln von Tonband und das Hantieren mit den Spulen entfiel, hatte in den 1950er Jahren u. a. die Radio Corporation of America (RCA) in den USA entwickelt (vgl. Morton 2000, 159). Erfolgreich war dort aber erst das 1964 entwickelte Achtspur-System (*8-track*). Diese Endlosbandkassetten wurden vornehmlich im Auto verwendet, wo die Klangqualität ohnehin durch die Autogeräusche eingeschränkt war, und sie ermöglichten erstmals das (auto-)mobile Hören selbst gewählter Musik.

Die Philips-Compact-Cassette wurde 1963 in Kombination mit dem rund 1,5 Kilo schweren, zunächst nur batteriebetriebenen ›taschen-recorder 3300‹ (im Englischen als ›pocket recorder‹ vermarktet) auf dem westeuropäischen Markt eingeführt (vgl. Weber 2008, 167; Röther 2012, 410). Die Entwickler hatten einen multifunktionalen und vor allem mobilen Einsatz vor Augen: Das mit Umhängetasche ausgestattete Gerät sollte ortunabhängig draußen wie drinnen als Player, Rekorder oder Diktiergerät dienen. Wegen des zunächst noch sehr geringen Frequenzbereichs (120 bis 6000 Hz) stellte die Werbung allerdings seine Funktion als ›sprechendes Notizbuch‹ in den Vordergrund (vgl. Bijsterveld 2004).

Im Nachhinein kann die Philips-Kassette über das Zusammentreffen von Konsumelektronik, Mobilität, Flexibilität und Kunststoffverwendung als ikonisch für die Konsumkultur der späten 1960er Jahre gelesen werden. Ihr kompaktes Design kündigte außerdem

D. Morat, H. Ziemer (Hrsg.), *Handbuch Sound*, https://doi.org/10.1007/978-3-476-05421-0_61

die weitere Miniaturisierung von Konsumelektronik an, und das sich nach und nach ausdifferenzierende Angebot an bespielten Musikkassetten reagierte auf einen sich entlang von verschiedenen Lebensstilen ausdifferenzierenden Musikkonsum. Die Laufzeit der Kassette war zunächst auf 30 Minuten pro Seite, später auf 45 Minuten und mehr pro Seite begrenzt. Eine eingestanzte Minutenanzeige zwischen den beiden Spulenlöchern erleichterte das Vor- und Rückspulen, das nötig war, wollte man einen ganz bestimmten Abschnitt hören.

In den USA wurde die Kompaktkassette 1965 eingeführt. In Nordamerika wie auch in Japan konnten sich die klanglich überlegenen *8-track cartridges* als weiterer Standard etablieren. Demgegenüber verdrängte das Philips-System sehr schnell bestehende Alternativen westdeutscher Gerätehersteller, nämlich das automobile Abspielsystem ›Sabamobil‹ mit Kassetten von Ariola Eurodisc sowie den von Grundig, Blaupunkt und Telefunken entwickelten Kassettenstandard ›DC-International‹ (DC steht für ›Doppel-Cassette‹). Dass sich die Philips-Kassette zum internationalen Standard entwickelte, lag auch an der liberalen Lizenzpolitik des Konzerns: Andere Gerätehersteller konnten das System nutzen, soweit sie sich an die rigiden Spezifizierungen des Standards hielten.

Kassettenrekorder wurden Anfang der 1970er Jahre hauptsächlich von Teenagern und Autofahrer/innen benutzt – Nutzergruppen, denen die Mobilität der Musik wichtiger war als die Tonqualität, die bei der Kassette zunächst noch sehr gering war: Das Band rauschte und nutzte sich ab; Höhen und Tiefen kamen nicht zur Geltung; bei manchen Geräten hörte man stets die Spulenbewegung mit. Im Weiteren schafften sich viele Haushalte den Radiorekorder als flexible Ergänzung zu den Musik-Heimgeräten an. Dieser wurde zum Verkaufsschlager der zeitgenössischen Unterhaltungselektronik und gehörte bereits Ende der 1970er Jahre zur Standardausstattung (vgl. Weber 2008 168).

Seit den späten 1960er Jahren produzierte die Tonträgerindustrie eine steigende Vielfalt von sogenannten MusiCassetten (MCs), bespielt mit Schlagern, Musicals oder Pop; klassische Musikangebote wurden wegen des Bandrauschens noch ausgelassen. In den Jahren um 1970 schnellte die Zahl der in der BRD erhältlichen MC-Titel von rund 1000 auf mehrere Tausend in die Höhe; seit 1972 sprach der Phonoverband denn auch nicht mehr vom ›Schallplatten-‹, sondern vom ›Tonträgermarkt‹ (vgl. Zeppenfeld 1978). Im Laufe der Dekade wurde schließlich nahezu jeder neu produzierte Musiktitel als Schallplatte wie auch als MC herausgebracht (vgl. Weber 2008, 167; Röther 2012, 415 f.), wobei die MC jedoch den Markt der Billigtonträger dominierte und nun insbesondere im Kindertonträgermarkt wichtig wurde (vgl. Rogge 1980). Stereokassetten wurden gängig und der Mengenabsatz von Leerkassetten lag nun weit über dem der bespielten Variante. 1975 wartete der Musikproduzent Deutsche Grammophon mit der MC-Serie *Klassik für unterwegs* auf, die sich an Auto fahrende Klassikfans richtete und mit diesem ›mobilen‹ Angebot erstmals klassische Aufnahmen auf Tonband vermarktete, ehe parallel zur Verbesserung der Klangqualität der Kassette in den 1980er Jahren auch das nicht-mobile Hören von klassischer Tonbandmusik normal wurde und die Kassettentechnik auch in High-Fidelity-Equipments einzog.

Die Kassette war nun schichten- und altersübergreifend zum alltäglichen Tonmedium geworden: Das Angebot an bespielten Tonbändern reichte von Klassik über Pop bis hin zu Märchen oder Meditationsanleitungen; wesentlich stärker aber noch wurden Leerkassetten für diverse Zwecke genutzt, etwa für das Mixtape, den Tonbrief, den ornithologischen Mitschnitt oder die heimliche Aufzeichnung. Auf der Seite der Tonband- und Geräteproduzenten war es zu einer Optimierung der ursprünglich schlichten, inferioren Kassettentechnik gekommen: Neben die frühen Eisenoxidbänder traten Chromdioxid- und Reineisenbänder, die zu mehr Brillanz im Klang führten; dies sowie das Rauschunterdrückungssystem Dolby B machten die Kassette um 1970 nach und nach ›hi-fi-tauglich‹.

In den Jahren um 1980 reichte die Vielfalt der Kassettenabspielgeräte vom schlichten, tragbaren Mono-Rekorder bis hin zum gehobenen Kassettendeck für die häusliche Stereoanlage. Die Nutzer/innen wiederum entwickelten kreative, vielfältige und teils auch subversive Aneignungen der Kassettentechnik, die weit über das von Philips zunächst anvisierte Nutzungsbild des ›sprechenden Notizbuchs‹ hinausgingen. In gewisser Weise knüpften sie damit an die früheren Nutzungsszenarien zum Spulen-Tonbandgerät an (vgl. Morton 2000, 138; Bijsterveld/Jacobs 2009; Röther 2012): Es wurden Platten überspielt oder Rundfunkübertragungen mitgeschnitten, ein ›tönendes Familienalbum‹ als akustisches Pendant zum Fotoalbum angelegt oder andere Geräusche inner- und außerhalb von geschlossenen Räumen aufgezeichnet; andere wiederum probten Vorträge oder lernten eine Sprache. Märchen- oder Hörspielkassetten wie *Benjamin Blümchen* oder *Die drei ???* entwickelten sich zu Dauerhits bei Kindern und Heranwachsenden. Museen oder der Touristikbereich nutzten die Kassette für akustische Führungen; Selbsthilfe-, Lern- oder Sprachkassetten wurden üblich, und in der Entwicklungshilfe wurde der Kassettenrekorder für Projekte der Alphabetisierung oder als Informationsvermittler in der Familienplanung eingesetzt (vgl. Banerjee 1977).

Insbesondere aber prägte die Kassettentechnik das Aufwachsen in den 1970er und 1980er Jahren, als aus den einst von Tonbandherstellern anvisierten ›Ton-Jägern‹ jugendliche ›Hit-Jäger‹ wurden: Heranwachsende nahmen mit dem Radiorekorder ihre Lieblingsstücke aus den Radio-Hitparaden auf und stellten so ohne zusätzliche weitere Kosten ihr selbst ausgewähltes Musikprogramm zusammen. Seitens der Musikindustrie wurde diese Praxis, die die gängigen Verwertungsrechte unterlief, als unmoralisch diskreditiert. Seitens der Gerätehersteller wurde sie über Gerätedesigns, welche Radio, Kassette, Mikrofon und automatische Aussteuerung unter einem Gehäuse bündelten, nicht nur erleichtert, sie bewarben die Geräte sogar mit der Kopiermöglichkeit. Im Nachgang beschreiben sich viele der in den 1970er und 1980er Jahren Aufgewachsenen als »Kassettenkinder« (Bonner/Weiss 2016): Teenager erlebten ihre Musiksozialisation mittels Kassette, Kinder wuchsen mit Märchenkassetten auf und in der Erinnerungskultur dieser Generation spielt die Kassette inzwischen eine zentrale Rolle (vgl. z. B. auch Gasser 2003; Drees/Vorbau 2011).

Um zwei Gerätetypen entwickelten sich dabei zugleich ganz spezifische Hörkulturen bzw. Konsumstile, nämlich um die Stereo-Radiorekorder (auch als ›Boombox‹ bzw. ›Ghettoblaster‹ bekannt) der späten 1970er und 1980er Jahre – schwere, aber stets tragbare Geräte, die durch die Vielzahl ihrer Ein- und Ausgabe-Elemente die Aura von High-Tech und Hi-Fi-Sound hatten – sowie um den 1979 von Sony eingeführten Walkman, der in der BRD 1980 auf den Markt kam. Die Boombox war Kern der Produktion, Verbreitung und öffentlichen Inszenierung subversiver Musikstile wie Rap, Hip-Hop und Punk. Der Walkman wiederum normalisierte den Gebrauch von Stereo-Kopfhörern auch außerhalb des Hauses und außerhalb der etablierten, mit Konzentration, Kontemplation und Immobilität assoziierten Hi-Fi-Hörkultur. Tonstudios passten den Sound der Musikaufnahmen nun durchaus an das immer üblichere Hören mit Ohrhörern an (vgl. Millard 1995, 326).

Praktiken des Kassettehörens

Die Forschung zur Kassette hat bisher die Vielfalt der Verwendungen der Kassette sowie die Mobilität und Flexibilität der Kassettentechnik betont. Außerdem wurde die Vervielfältigung von Musik über die Produktion eigener Tapes und Mixtapes betrachtet und zwischen den Polen ›kreative Do-it-yourself- und Tauschkultur‹ und ›Piraterie‹ beschrieben. Hervorgehoben wurde überdies die besondere Bedeutung der Kassettentechnik – und von Raubkopien – für arme Länder. Eine detaillierte und/oder mehrere Jahrzehnte umfassende historische Studie, die nach den Wechselwirkungen zwischen Kassettentechnik, Jugend-, Konsum- und Gegenkultur, Wertewandel sowie weiteren alltags- und sozialhistorischen Dimensionen fragt, wie sie beispielsweise Detlef Siegfried (2006) für die Musikkultur der 1960er Jahre vorgelegt hat, fehlt indes. Auch die wirtschaftliche Entwicklung des Kassetten-Tonträgermarkts ist noch wenig erforscht. Demgegenüber überwiegen historische Studien zur Aneignung der Technik und der damit einhergehenden Umformung von Gerätedesigns, Musikangeboten und Nutzungspraxen.

Die Mobilität der Kassettentechnik kommt bereits in der technischen Basis zum Ausdruck: Die Verbreitung vollzog sich entlang von tragbarer ›Henkelware‹ und Autokassettengeräten; die Kassette funktionierte in jeder Lage und auch im Gehen. Der Verhäuslichung von Medien- und Musikkonsum durch Musikschrank oder Stereoanlage setzte die Aneignung der Kassettentechnik eine Enthäuslichung und Mobilisierung von Klang entgegen (vgl. Weber 2008). Insgesamt kam es durch das weite Spektrum an Musikgeräten und Musikangeboten zu einer Individualisierung und Pluralisierung des Musikhörens. Der Vorteil gegenüber anderen Tonträgermedien lag im handlichen, praktischen Format der Kassette, das zudem das eigene Aufnehmen unterstützte. Dadurch war die Kassette letztlich mehr als nur die inferiore Alternative zu LP oder CD, als die sie manch anspruchsvolle Musikhörer/innen wahrnahmen. Kassettenrekorder und Kassette waren billig, tragbar, robust und einfach zu bedienen, und die Nutzer/innen nahmen ob der hohen Mobilität und Flexibilität wie auch des günstigen Preises von Gerät und Tonträger die geringe Klangqualität in Kauf. Das Rauschen der Kassette gehörte für viele – ähnlich dem Knistern der Schallplatte – zum Hören dazu. Durch unzählige kreative Aneignungen der Nutzer/innen wie auch neue Kassettenangebote der Tonträgerindustrie kam es zu wesentlich mehr Nutzungsmöglichkeiten, als dies hochwertigere Tonträger zuließen.

Dabei war kaum Wissen zur Technik oder zu Akustik und Tonaufzeichnung vonnöten: Gab es Bandsalat, wurde das Tonband durch einen in einem der Spulenlöchern justierten Stift wieder aufgewickelt; Reinigungskassetten halfen beim Warten des Tonkopfes, Reparatur-Kits beim ›Flicken‹ von gerissenem Band; Leerkassetten ließen sich mehrfach überspielen; wollte man dies verhindern, musste nur ein Plastikriegel herausgebrochen werden. Nach der technisch-qualitativen Ausdifferenzierung der Kassettenbänder gaben die Gerätehersteller Bandempfehlungen für jene Bänder, auf die sie ihr Produkt abgestimmt hatten.

Wie der Kassettenrekorder so war auch der Walkman eine Form der »technologischen Devolution« (Hosokawa 1987, 14): Gegenüber den gängigen, multifunktionalen (Taschen-)Rekordern der Zeit ließen die ersten Modelle nur noch die Klangausgabe über Kopfhörer zu, ehe spätere Geräte wieder technisch aufgerüstet wurden. Der Erfolg des Walkmans lag genau in dieser radikalen Beschränkung auf das mobile, privatisierte Stereohören begründet (vgl. du Gay et al. 1997). Die Kopfhörer-Wiedergabe mobilisierte das Musikhören hin zum Hören auf Schritt und Tritt, und mit dem Walkman wurde Konsumelektronik erstmals körpernah als *wearable* getragen: Er begleitete den Spaziergang, das Radfahren oder Joggen, das Pendeln in der U-Bahn, den Einkauf im Supermarkt. Aber auch gänzlich immobile Hörpraxen wurden bald mit Walkman ausgeübt: So leiteten Kassetten das Ausüben von autogenem Training oder Meditieren an, und manche Nutzer/innen hörten über den Walkman Musik, um besser einschlafen zu können.

Wie Jahrzehnte zuvor im Fall des Autoradios wurde dabei diskutiert, ob Walkman hörende Verkehrsteilnehmer/innen eine Gefahr darstellen. Anlass für einen weitreichenden kulturkritischen Diskurs gab aber vor allem der Fakt, dass die Walkman-Nutzer/innen sich innerhalb des durchschrittenen öffentlichen Raums ihren privatisierten, akustisch weitgehend abgeschotteten Hörraum schufen. Aus Sicht der zeitgenössischen Kultur-, Medien- und Jugendkritik gaben die jungen Walkman-Träger/innen das soziale Miteinander zugunsten individualisierter, konsumistisch orientierter (Musik-)Erlebnisse auf. Verstärkt wurde diese Interpretation in der BRD dadurch, dass sich ein Teil der Jugendlichen als ›Null-Bock-Generation‹ begriff, die Zunahme des Singledaseins gesellschaftskritisch reflektiert wurde und Kulturkritiker/innen von der Ausweitung elektronischer Medien – wie dem Homecomputer und Privatsendern einen Rückgang öffentlichen Engagements erwarteten.

Musikliebhaber/innen hingegen, die sich den Walkman zum ersten Mal aufsetzten, waren von dem neuen Wahrnehmungs- und Sinnenerlebnis, die eigenen Bewegungen und Seheindrücke durch Stereomusik überlagern zu können, mehrheitlich begeistert. Seh- und Hörsinn sowie die körperbasierte Raumwahrnehmung wurden durch den Walkman über die technische Substitution von Umgebungsgeräuschen durch selbst gewählte Musik neu und anders erlebt (vgl. Hosokawa 1987). Rainer Schönhammer (1988) und Michael Bull (2000) haben dies in ethnographischen Studien näher beschrieben, wobei Bull auf die Kontrolle und Steuerung von Emotionen durch das gezielte Hören von Musik hingewiesen hat. Die mobile Walkman-Nutzung federt außerdem das stete Zusammentreffen mit Fremden und fremden Situationen beim Unterwegssein ab. Am Ende des 20. Jahrhunderts wurde daher auch kaum mehr die angebliche Kontaktarmut von Nutzer/innen mobiler Musikplayer beklagt. Vielmehr hat sich der mobile Gebrauch von mit Ohrhörern ausgestatteten *wearables* weithin durchgesetzt; sie dienen unterwegs als tragbare *cocoons* um sich einen mobilen Schutz- und Entspannungsraum zu schaffen (vgl. Weber 2010).

Mit der Popularität des Walkmans wurde die Kassette zeitweilig zum beliebtesten, meistverwendeten Tonträger. Derweil der Schallplattenmarkt der BRD stagnierte, stieg der Absatz von Leerkassetten (vgl. Faulstich 2005), sodass die 1980er Jahre zur Hochzeit der analogen Standardkassette wurden. In den USA verdrängte die Standardkassette nun auch das Achtspur-Tonband. Das Doppelkassettendeck ermöglichte inzwischen ein problemloses Vervielfältigen. Eine Marktforschungsstudie ging sogar davon aus, dass quantitativ mehr Musik-Spielzeit kopiert als gekauft wurde, stellte man die Spielzeiten von Eigenaufnahmen jenen der verkauften, bespielten Tonträger entgegen (vgl. Weber 2008, 217). Daher sah die Gesellschaft für musikalische Aufführungs- und mechanische Vervielfältigungsrechte (GEMA) die bisherige Regelung der Verwertungsrechte als nicht mehr ausreichend an. Von 1966 an wurden westdeutsche Tonbandgerätehersteller verpflichtet, fünf Prozent des Verkaufserlöses an die Verwertergesellschaften abzuführen (vgl. Dommann 2014, 231). 1985 setzte die GEMA darüber hinaus eine Leerkassetten-Verordnung durch, mit der eine Urhebervergütung von zwölf Pfennig pro Stunde Band erhoben wurde. In Großbritannien agierte die Schallplattenindustrie unter dem

Slogan »Home Taping Is Killing Music« gegen das Kopieren von Musik. Die günstige Vervielfachung und leichte Verfügbarkeit der Kassette nutzten Bands im subversiven Musikspektrum – ob west- oder ostdeutsche Punk-Bands oder Hip-Hopper in den USA –, um abseits der etablierten Tonträgerindustrie Musikaufnahmen zu produzieren und zu verbreiten. Aber auch der Markt von kommerziell vertriebenen Raubkopien war beachtlich. Allein im EG-Raum wurden Anfang der 1980er Jahre jährlich schätzungsweise rund 21 Millionen bespielte Kassetten in Umlauf gebracht (vgl. Johns 2009, 461; 2012, 23).

Zu regelrechten Umwälzungsprozessen in der Musikindustrie durch die Kassette kam es insbesondere in nicht-westlichen Ländern. So verbreitete sich zum Beispiel Rockmusik in der Sowjetunion überhaupt nur durch eine auf Russisch so genannte ›Kassettenrekorder-Kultur‹: Tapes dieses Musikgenres wurden überwiegend über den Schwarzhandel oder über informelle Netzwerke von Freunden und Freundesfreunden verbreitet (vgl. Cushman 1995, 40). Auch die Spätphase der DDR war von einer regen subversiven Verbreitung illegaler Kassettenmusik, darunter oftmals auch regimekritischer Titel, gekennzeichnet (vgl. u. a. Binas 1999; Fruth 2018, 168–173). Solche kopierten Kassettenbänder wurden in den post-sowjetischen Staaten Osteuropas später von illegal gebrannten CDs abgelöst.

Andernorts dominieren Kassetten vielfach auch noch heute den Tonträgermarkt, weil sie robust, flexibel und billig sind. Bei vielen davon handelte und handelt es sich um Raubkopien. Für Indien wurde zum Beispiel gezeigt, dass sich regionale Musikkulturen durch die Vervielfältigungsmöglichkeit über Kassetten, als diese dort in den späten 1970er Jahren üblich wurden, gegenüber den dominanten Musikkonzernen durchsetzen konnten. Es kam dadurch zu einer Ausdifferenzierung und Dezentralisierung der Populärmusik, wobei die Kassette Mitte der 1980er Jahre 95 Prozent des Angebots bespielter Tonträger stellte (vgl. Manuel 1993, 63). LPs wurden lediglich von audiophilen Reichen, von Radiostationen oder von Raubkopie-Unternehmen als ›Master‹ gekauft.

Aber auch der Durchschnittsbürger bzw. die Durchschnittsbürgerin und vor allem Jugendliche ›produzierten‹ entweder am Radiorekorder oder am (Doppel-)Kassettendeck Musiktitel für den Eigenbedarf oder als Geschenk für Freundinnen und Freunde. Platten wurden als Freundschaftsdienst kopiert, Radiosendungen, insbesondere die vorab angekündigten Radio-Hitparaden, auf die Lieblingshits hin mitgeschnitten (vgl. Herlyn/Overdick 2003). Neben dem schlichten Kopieren von Musikwerken wurden auch eigene Kassetten-Kreationen zusammengestellt. Zu einem solchen Mixtape gehörte oft auch eine aufwendige Gestaltung der Hülle, die nicht nur die einzelnen Titel auflistete, sondern bisweilen auch weitere Mitteilungen enthalten konnte. Das Gesamtkunstwerk war oftmals nur von aufnehmender und beschenkter Person zu verstehen. Mixtapes dienten nämlich auch dazu, schwer sagbare Gefühle und Wünsche zu kommunizieren. Mixtapes der Vergangenheit werden heute mehrheitlich mit Nostalgie betrachtet. Sie transportieren ihre Besitzer/innen beim Hören wie in einer Zeitkapsel in vergangene Situationen und zu den damaligen Erlebnissen und Gefühlen (vgl. Jansen 2009). Im Zuge der digitalen Kommunikationskultur des frühen 21. Jahrhunderts wurde die Mixtapekultur als eine Form des Tauschens und Kopierens beschrieben, die derzeitige Ausprägungen der digitalen Medienkultur wie die digitale Playlist, das ›Sharen‹ von Musik oder Filmen und das Raubkopierwesen vorwegnahm, zugleich aber im Unterschied zur MP3-Playlist noch das Hören der angelegten Reihenfolge der Titel erzwang. So sieht Adrian Johns im *home taping* »the first truly global piracy« (2009, 461; vgl. auch Johns 2012), die vor allem zu Hause an privaten Rekordern stattfand.

Ähnlich wie die SMS der 1990er und 2000er Jahre war die Kassette zudem Basis für politische Proteste und Gegenöffentlichkeiten (Johns 2009, 462). So kam das Kopieren und Weiterverbreiten von oppositioneller oder aber auch einfach nur westlicher Musik in der DDR einem Akt von Subversivität und politischer Auflehnung gleich. Andernorts diente das Medium Kassette der Formierung von politischen oder religiösen Bewegungen. Die Islamische Revolution 1979 im Iran zum Beispiel war auch eine ›Kassetten-Revolution‹: Ajatollah Ruhollah Chomeini ließ seine Worte per Tonband ins Land schmuggeln; wenn der Schah falle, schrieb denn auch Michel Foucault im November 1978 in einer Zeitungsreportage über seinen Aufenthalt in Teheran, so vor allem aufgrund von Kassettenbändern (2005, 219). Kassettenpredigten werden seitdem in der westlichen Öffentlichkeit häufig mit islamischem Fundamentalismus gleichgesetzt; eine anthropologische Studie zu Kairo in den 1990er Jahren zeigte jedoch auf, wie sie dort ethische und soziale Werte unter Gläubigen festigten (Hirschkind 2006).

Anders als in Regionen des globalen Südens ist die Bedeutung der Tonkassette in den Ländern des Westens nach einer mehr als fünf Jahrzehnte währenden Phase ihrer technischen Ausnutzung inzwischen verblasst. Sie hatte über Jahrzehnte hinweg LP und CD erfolgreich ergänzt, ehe sie vielerorts durch digitale Musikformen substituiert wurde. Das machen die Zahlen deutlich: 2016 wurden auf dem deutschen Markt beispielsweise nur noch ca. 100.000 Musikalben als Kassette abgesetzt (vgl. Bundesverband Musikindustrie 2017, 15). Bereits 2010 hatte Sony die Walkman-Produktion eingestellt; ehemals führende Hersteller wie Philips oder BASF produzieren keine Kassettenbänder mehr. Die Zukunft dieser Medientechnik wird inzwischen in der Massendatenspeicherung gesehen. Allerdings lässt sich in den letzten Jahren zugleich auch ein expliziter Retro-Nischenmarkt ausmachen. Denn auch in der westlichen Konsumkultur lebt das Tape fort, nicht zuletzt als visuelle Ikone, sei es als Handyhülle in Kassettenform oder boomboxförmiges Pappgehäuse, in welche der digitale Musikplayer eingesteckt werden kann.

Verwandte Beiträge: Kap. 23 (Medienwissenschaft); Kap. 36 (Rauschen); Kap. 43 (Auto); Kap. 59 (Compact Disc); Kap. 65 (Radio); Kap. 66 (Schallplatte); Kap. 76 (Protest).

Literatur

Banerjee, Sumanta: *Audio Cassettes. The User Medium.* Paris 1977.

Bijsterveld, Karin: ›What do I do with my tape recorder ...?‹ Sound hunting and the sounds of everyday Dutch life in the 1950s and 1960s. In: *Historical Journal of Film, Radio and Television* 24/4 (2004), 613–634.

Bijsterveld, Karin/Jacobs, Annelies: Storing sound souvenirs. The multi-sited domestication of the tape recorder. In: Karin Bijsterveld/José van Dijck (Hg.): *Sound Souvenirs. Audio Technologies, Memory and Cultural Practices.* Amsterdam 2009, 25–42.

Binas, Susanne: Kassetten als Kassiber. In: Ronald Galenza/Heinz Havemeister (Hg.): *Wir wollen immer artig sein ... Punk, New Wave, HipHop, Independent-Szene in der DDR 1980–1990.* Berlin 1999, 248–258.

Bonner, Stefan/Weiss, Anne: *Wir Kassettenkinder. Eine Liebeserklärung an die Achtziger.* München 2016.

Bull, Michael: *Sounding Out the City. Personal Stereos and the Management of Everyday Life.* Oxford 2000.

Bundesverband Musikindustrie: *Musikindustrie in Zahlen – 2016. Das Jahrbuch des BVMI.* Berlin 2017. In: http://www.musikindustrie.de/download-jahrbuch (30.1.2018).

Cushman, Thomas: *Notes from Underground. Rock Music Counterculture in Russia.* New York 1995.

Dommann, Monika: *Autoren und Apparate. Die Geschichte des Copyrights im Medienwandel.* Frankfurt a. M. 2014.

Drees, Jan/Vorbau, Christian: *Kassettendeck. Soundtrack einer Generation.* Fulda 2011.

Du Gay, Paul/Hall, Stuart/Janes, Linda/Mackay, Hugh/Negus, Keith: *Doing Cultural Studies. The Story of the Sony Walkman.* London 1997.

Faulstich, Werner: Der Niedergang der Rockkultur und die Umbrüche auf dem Tonträgermarkt. In: Ders. (Hg.): *Die Kultur der 80er Jahre.* München 2005, 181–190.

Foucault, Michel: The revolt in Iran spreads on cassette tapes [*Corriere della Sera*, 1.11.1978]. In: Janet Afary/Kevin B. Anderson: *Foucault and the Iranian Revolution. Gender and the Seductions of Islamism.* Chicago 2005, 216–220.

Fruth, Pia: *Record. Play. Stop. Die Ära der Kompaktkassette.* Bielefeld 2018.

Gasser, Christian: *Mein erster Sanyo. Bekenntnisse eines Pop-Besessenen.* München 2003.

Herlyn, Gerrit/Overdick, Thomas (Hg.): *Kassettengeschichten. Von Menschen und ihren Mixtapes.* Münster 2003.

Hirschkind, Charles: *The Ethical Soundscape. Cassette Sermons and Islamic Counterpublics.* New York u. a. 2006.

Hosokawa, Shuhei: *Der Walkman-Effekt.* Berlin 1987 (engl. 1984).

Jansen, Bas: Tape cassettes and former selves. How mix tapes mediate memories. In: Karin Bijsterveld/José van Dijck (Hg.): *Sound Souvenirs. Audio Technologies, Memory and Cultural Practices.* Amsterdam 2009, 43–54.

Johns, Adrian: *Piracy. The Intellectual Property Wars from Gutenberg to Gates.* Chicago/London 2009.

Johns, Adrian: Die Moral des Mischens. Audiokassetten, private Mitschnitte und ein neuer Wirtschaftszweig für die Verteidigung des geistigen Eigentums. In: *Zeitschrift für Medienwissenschaft*, H. 6 (2012), 17–35.

Manuel, Peter: *Cassette Culture. Popular Music and Technology in North India.* Chicago 1993.

Millard, Andre: *America on Record. A History of Recorded Sound.* Cambridge 1995.

Morton, David: *Off the Record. The Technology and Culture of Sound Recording in America.* New Brunswick, NJ/London 2000.

Rogge, Jan-Uwe: Der Schallplatten- und Kassettenmarkt für Kinder oder ein Lehrstück über Billigproduktionen und Kommerz. In: Ders./Klaus Jensen (Hg.): *Der Medienmarkt für Kinder in der Bundesrepublik.* Tübingen 1980, 135–169.

Röther, Monika: *The Sound of Distinction. Phonogeräte in der Bundesrepublik Deutschland (1957–1973). Eine Objektgeschichte.* Marburg 2012.

Schönhammer, Rainer: *Der »Walkman«. Eine phänomenologische Untersuchung.* München 1988.

Siegfried, Detlef: *Time is on my side. Konsum und Politik in der westdeutschen Jugendkultur der 60er Jahre.* Göttingen 2006.

Weber, Heike: *Das Versprechen mobiler Freiheit. Zur Kultur- und Technikgeschichte von Kofferradio, Walkman und Handy.* Bielefeld 2008.

Weber, Heike: Head cocoons. A sensori-social history of earphone use in West Germany, 1950–2010. In: *The Senses and Society* 5/3 (2010), 339–363.

Zeppenfeld, Werner: *Tonträger in der Bundesrepublik Deutschland. Anatomie eines medialen Massenmarktes.* Bochum 1978.

Heike Weber

62 Musikinstrumente

Musikinstrumente sind Schall erzeugende Objekte, auf denen wir spielen, mit denen wir kommunizieren und uns künstlerisch ausdrücken, die wir sinnlich erfahren. Neben der menschlichen Stimme, deren Eigenschaften vielfach Vorbild für die Konstruktion von Musikinstrumenten waren, spielt beim instrumentalen Musizieren der menschliche Körper eine zentrale Rolle. Körperliche Gegebenheiten und technische Möglichkeiten des Bedienens des Instruments beeinflussen sich oft gegenseitig; manches Mal ist eine virtuose Spieltechnik erforderlich.

Musikinstrumente sind kulturelle Phänomene, die je nach kulturellem Umfeld mit Bedeutung aufgeladen sind, zum einen als physischer Gegenstand selbst, zum anderen als Klangerzeuger mit unterschiedlichen Zuschreibungen. So breit und wandelbar das Verständnis von Musik ist, so vielfältig sind auch die Definitionsmöglichkeiten von Musikinstrumenten. Ebenso wie bei etlichen sound-bezogenen Medien dient und diente auch das Spiel auf Musikinstrumenten vielen Zwecken, etwa der Strukturierung zeitlicher Abläufe, der Informationsübermittlung, als Repräsentationsmittel im sakralen, politischen und herrschaftlichen Umfeld, der Unterhaltung, der Begleitung zum Tanz, therapeutischen Zwecken, der akustischen Forschung, dem individuellen wie auch dem Ensemblespiel als künstlerischem Ausdrucksmittel.

Organon und Organologie

Hilfreich für die Einordnung ist ein Blick in die Begriffsgeschichte der Organologie, der Musikinstrumentenkunde. Geprägt wurde der Begriff *organon* von Platon als Bezeichnung für Werkzeug und Instrument, Aristoteles fügte das Bedeutungsfeld des Organs und des Körperteils hinzu. So gehen im *organon* Mechanisches und Organisches eine Verbindung ein. In beiden Fällen sind *organa* Werkzeuge zur Formung von Material. Die Idee zur Form liegt (als *techné*) in der selbst unbewegten Seele des Handwerkers oder der Handwerkerin, sie beeinflusst die Bewegung des Werkzeugs. Die Werkzeuge jedoch, ob Instrument oder menschliche Hand, geben die Möglichkeiten der Bewegung vor (vgl. Bartels 1966, 7–9). *Organon* verweist auf das, was Musikinstrumente erzeugen, wobei eine Handhabung der Instrumente mithilfe des Verstandes vorausgesetzt wird. Die gedankliche Handhabung verbindet sich mit der handwerklichen. Dies führt zur Trennung in theoretische und praktische Instrumente, wobei letztere in natürliche und künstliche unterteilt werden können: die Organe der Stimmwerkzeuge gehören zu den natürlichen, Saiten- oder Tasteninstrumente zu den künstlichen. Der lateinische Terminus *organum* ist zur Zeit der frühen, mittelalterlichen Mehrstimmigkeit für den Zusammenklang und für Intervalle in Gebrauch (vgl. Haas 1997). Die Erweiterung des *organon*-Begriffs als Musikinstrument beruht auf der Beschreibung der Wasserorgel durch den römischen Architekturtheoretiker Vitruv (Marcus Vitruvius Pollio) in dessen Werk *De architectura libri decem* um 25 v. Chr.; ausgehend von der Orgel umfasste die Bezeichnung bald Musikinstrumente allgemein (vgl. Restle 2006, 277). Die Orgel selbst ist schon früher bekannt, sie geht vermutlich auf Ktesibios aus Alexandria zurück und wird zur Mitte des 3. Jahrhunderts v. Chr. noch als *hydraulis* bezeichnet, eine Zusammensetzung von Wasser für den Antrieb und Luft für die Tonerzeugung.

Der Bezug von *organon* zur Orgel bleibt bis in die Gegenwart bestehen. Einen Bogen vom frühen Verständnis dieses Instruments zu den musikalisch-klanglichen Möglichkeiten der modernen Orgel spannt Iannis Xenakis (1922–2001) mit seiner Komposition für Orgel, *Gmeeoorh* (1974). Xenakis' enge Bezugnahme auf die griechische Antike zieht sich durch sein Schaffen allgemein. Er selbst gibt in der Partitur der *Version 61 Notes* der *Gmeeoorh*-Komposition an, der Titel sei ein freies Anagramm für *organon*. Klanglich lotet Xenakis mit diesem Stück Extreme der Tonhöhen und -tiefen sowie der Dynamik aus, er verwendet strukturell das von ihm in den 1970er Jahren entwickelte Kompositionsprinzip der *arborescence*, der Baumstruktur: Anstatt der sonst üblichen melodischen Muster und herkömmlichen polyphonen Strukturen nimmt sich Xenakis die Form eines Baumes und seiner Äste als formales Vorbild, um Tonhöhe und -dauer in Beziehung zu setzen. Eine größere Struktur wird in Sektionen unterteilt, diese können dann in zahlreichen Alterationsmodi verarbeitet werden. Melodische Muster sind so verwoben, dass sie als anhaltende Klänge zusammenwachsen (vgl. Ju 2016, 4). Xenakis überträgt in vielen seiner Stücke Struktur und Rotationsmerkmale dreidimensionaler, geometrischer Objekte in Musik. Den dreidimensionalen Raum transformiert er dabei musikalisch in die Dimensionen der Intensität, der Dichte und der Dauer (vgl. Varga 1996, 88). Im Falle von *Gmeeoorh* vermittelt diese Technik der Repetition und Variation den Eindruck, in Klänge hineinzoomen zu können und

D. Morat, H. Ziemer (Hrsg.), *Handbuch Sound*, https://doi.org/10.1007/978-3-476-05421-0_62

die innere Struktur eines sich verändernden Klanggemischs zu hören. In (spiel-)technischer Hinsicht lotet diese Komposition die Kapazitäten des Instruments aus. Der vermeintlich ausgehaltene Klang verändert sich, unklar ob am Instrument oder im hörenden Ohr. Der Klang erfüllt den Raum, greift den hörenden Körper förmlich an, umgibt ihn als organischer, veränderlicher Klang und verdeutlicht das Potenzial der Orgel als *das* Instrument, das viele Instrumente in sich birgt. Xenakis Baumstruktur bildet zudem die Brücke zur Instrumentenklassifikation.

Ordnung und Klassifikation

Den Baum als Modell verwenden musiktheoretische Schriften zur Kategorisierung von Musikinstrumenten. Mit Boethius wird Ende des 5. Jahrhunderts eine erste Unterteilung nach Saiten-, Wind- und Schlaginstrumenten für die folgenden Jahrhunderte prägend (vgl. Kartomi 1990, 135–161). Die Verschriftlichung von Wissen über Musikinstrumente findet in musiktheoretischen Traktaten statt. Die Schriften von Heinrich Arnold von Zwolle und Johannes Tinctoris zählen dabei zu den bekannteren (vgl. van der Meer 1996, 952). Als erste Publikation, die sich dezidiert den Musikinstrumenten widmet, sie sortiert und abbildet, gilt Sebastian Virdungs *Musica getutscht* aus dem Jahr 1511. Virdung bezeichnet die Instrumente als einen Teil der »musica«, die ansonsten in vielerlei Bereiche zu unterteilen sei. Virdung folgt der Dreiteilung nach dem klingenden Material, er unterscheidet (1) in »seyten spill«, worunter er alle Instrumente versteht, die mit Saiten bezogen sind, (2) in Windinstrumente (»aller der instrument die man durch den windt Lauten oder Pfeiffen macht«) und (3) in die Instrumente, »die von den metallen oder ander clingenden materien werden gemacht«, zumeist Perkussionsinstrumente (1511, o. S.). Er nutzt das Baumdiagramm, um weitere Verästelungen nach spieltechnischen Aspekten auszuarbeiten. Nicht Klang oder Musik bilden die Grundlage der Systematisierung, sondern die Eigenschaften des materiellen Objekts und die akustische Erzeugung der Schallwelle. Einzig bei den Instrumenten der dritten Kategorie spielt der Klang eine gewisse Rolle. Virdung charakterisiert sie als Laieninstrumente, »welche clyngen als die hammer uff dem ampos / von den die proportzen erstmals erfunden synd«, und führt Glocken und Zimbeln auf (ebd.).

Die erste umfassende Systematisierung von Musikinstrumenten legt 1619 Michael Praetorius (1571–1621) mit dem zweiten Teil seines dreibändigen Werks *Syntagma Musicum* vor. Praetorius bestärkt seine Intention, alle zu seiner Zeit bekannten Instrumente aufzunehmen, im Vorwort von *De Organographia*: »Aller Musicalischen Alten und Newen / sowol Außländischen / Barbarischen / Bäwrischen und unbekandten / als Einheimischen / Kunstreichen / Lieblichen und bekandten Instrumenten Nomenclatur, Intonation unnd Eigenschafft / sampt deroselben Justen Abriß und eigentlicher Abconterfeyung« (1619, o. S. [1]). Praetorius' Unterteilung ist zunächst eine in alle Instrumente und Orgeln. Erstere werden dann zweigeteilt in Blas- und Saiteninstrumente. Spieltechnik, Tonerzeugung, Mechanik und Materialien geben im Folgenden die Verästelungen vor. Dabei wird auch die Tonlage beachtet. Die Abbildungen und Benennungen im zweiten Teil des Buches, überschrieben mit »Theatrum Instrumentorum«, geben nicht die Spielpraxis wieder, sondern stellen eine systematische Sortierung dar, die vielfach als Vorbild für spätere Museumsvitrinen gegolten haben mag. Klangspezifische Merkmale werden von Praetorius aber kaum angesprochen.

Die Instrumentenkunde als wissenschaftliche Disziplin entwickeln Marin Mersenne (1588–1648) und Athanasius Kircher (1602–1680) weiter. Mersenne widmet einen bedeutenden Teil seiner *Harmonie universelle* von 1636 den Musikinstrumenten, Überlegungen zu Akustik und Obertönen; Intervallverhältnisse erprobt und bespricht er anhand des Theorieinstruments Monochord. Mersenne vermisst empirisch das Schwingungsverhalten verschiedener Instrumente, er entwickelt Experimentalanordnungen und nutzt Musikinstrumente zur Evidenzproduktion über Fragen zur Musik (vgl. Klotz 2006). Ebenfalls in Verbindung mit akustischen Fragestellungen diskutiert auch Kircher im »liber organicus«, dem dritten Buch seiner *Musurgia universalis* von 1650, die Instrumentenkunde. Praetorius' detaillierte Systematik, Mersennes naturwissenschaftlicher Ansatz und Kirchers universalenzyklopädischer Anspruch bilden gemeinsam die Basis einer sich herausbildenden wissenschaftlichen Disziplin (vgl. Restle 2006, 287 f.).

Etliche außereuropäische Klassifikationssysteme erweitern die Kriterien der Unterteilung und machen die Vielseitigkeit von Instrumenten deutlich. So führt Margaret Kartomi in ihrer grundlegenden Studie *On Concepts and Classifications of Musical Instruments* Beispiele aus der chinesischen Klassifikation an, in der Materialien den Jahreszeiten und Himmelsrichtungen zugeordnet sind, die also Instrumente in ein kosmisches Weltbild einordnet, Aussagen über die

Natur ihres Klangs trifft und die neben der Spieltechnik der Instrumente ihre musikalische Funktion als Teilungsprinzip nutzt (vgl. Kartomi 1990, 37–47). Die Einbindung der Funktion von Instrumenten macht deutlich, wie sehr die Verwendung, Handhabung und Präsentation von Instrumenten überhaupt das Musikinstrument definiert und seine Funktionsweise beschreibt.

Als Standard der Klassifikationssysteme hat sich bis heute das System nach Erich Moritz von Hornbostel und Curt Sachs von 1914 etabliert. Museumspraktisch inspiriert, berufen sich Hornbostel und Sachs auf die Systematik von Victor-Charles Mahillon, die ausgehend von einer Sammlung eine umfassende Einteilung bietet. Hornbostel und Sachs kritisieren die bisherigen Unterschiede der Teilungsprinzipien nach »der Beschaffenheit des schwingenden Körpers« bei Saiteninstrumenten, »nach dem Modus der Tonerregung« bei Blas- und Perkussionsinstrumenten (Hornbostel/Sachs 1986, 153). Sie entscheiden sich für die Tonerzeugung als wichtigste Kategorie. Ihr Anspruch ist ein universeller, internationaler und offener: Die numerische Systematik ist sprachungebunden, also international verwendbar; das offene System erlaubte ab den 1930er Jahren weitere Kategorien wie die der Elektrophone. Zur Zielgruppe zählen vor allem Museumskuratorinnen und -kuratoren sowie Ethnologinnen und Ethnologen. Gerade diese Gruppen haben die Beschäftigung mit Musikinstrumenten intensiv und innovativ fortgeführt.

Aktuell findet eine Weitung der objektbezogenen Musikforschung unter Einbindung interdisziplinärer Impulse statt, die für die Musik- und Klangforschung neue Perspektiven bietet. Emily Dolan und John Tresch beziehen – inzwischen viel zitiert – unter dem Label ›New Organology‹ Instrumente der Wissensgeschichte und der Musik aufeinander (Tresch/Dolan 2013). Anbindungen an Medien- und Kulturtheorien finden statt, digitale Technologien spielen eine bedeutende Rolle. Den Begriff ›New Critical Organology‹ verwendete gleichsam Maria Sonevytsky bereits 2008 für einen Artikel zum Akkordeon. Die Verbindung des unbelebten Objekts, das ein ›soziales Leben‹ zu entwickeln scheint, und die Vorstellung des Instruments als den Musikerinnen und Musikern vorgelagerte Stimme verweist zum einen auf Medientheorien und die Akteur-Netzwerk-Theorie, zum anderen auf die antike Vorstellung des *organon*-Begriffs. Das Musikinstrument wird somit als Akteur im Prozess der Herstellung musikalischer Bedeutung erforscht (vgl. Sonevytsky 2008, 101).

Instrumentation und Klangfarbe

Instrumentationslehren beschäftigen sich mit der Verwendung von Musikinstrumenten so, dass hierbei die instrumentale Praxis in Komposition und Musikaufführung ins Zentrum rückt. Farbe und Assoziationsreichtum des Klangs sowie die Spielweise von Instrumenten bekommen eine wichtige Bedeutung. Die heute bekannteste Lehre lieferte 1844 Hector Berlioz (1803–1869) mit seinem *Grand Traité d'instrumentation et d'orchestration modernes*. Instrumente werden hier nach ihrem Klangreichtum und hinsichtlich ihrer praktischen Anwendung beschrieben und sortiert. Berlioz fügt zudem Ratschläge hinzu, für welche Art Musik sich das entsprechende Instrument eignet und mit welchen anderen Instrumenten es kombiniert werden soll. Die Klangfarbe umschreibt er oftmals metaphorisch. Doch Klangfarbe ist für Berlioz nicht nur der Charakter eines Instruments, sondern auch der eines ganzen Orchesters, den es zu formen gilt. War am Beispiel der Orgel eingangs beschrieben worden, wie ein Instrument viele beinhalten kann, so dreht Berlioz diese Sichtweise um. Für ihn ist das Orchester ein Klangkörper. In bis dahin unbekannter Fülle, was schiere Größe ebenso angeht wie Vielfalt, erschafft er Klanggebilde, die etliche Komponistinnen und Komponisten nach ihm beeinflussen werden. Bereits seit Mitte des 18. Jahrhunderts wird die Klangfarbe, auch als Timbre bezeichnet, zur musikalischen Kategorie neben Tonhöhe, -dauer, Harmonie und Dynamik (vgl. Dolan 2013). Kompositionen haben nun mehr und mehr die zu spielenden Instrumente vorgezeichnet, gefolgt von genauer Tempoangabe durch die Verbreitung des Mälzelschen Metronoms seit Beginn des 19. Jahrhunderts. Die Notation gibt demnach immer genauer die Intention des Komponisten bzw. der Komponistin vor. Die Variation der Klangfarbe bleibt zunächst gebunden an die Verwendung verschiedener Musikinstrumente und deren Kombination im Ensemblespiel. Musikinstrumente werden zudem verwendet, um verschiedene Schwingungsarten zu untersuchen. Vor allem Orgelpfeifen finden hier Einsatz in physikalischen Experimenten. Anfang des 20. Jahrhunderts setzt Arnold Schönberg Klangfarbe und Klanghöhe in eine bis dahin unbekannte Beziehung zueinander: Die Klanghöhe wird Teil der Klangfarbe (vgl. Kursell 2017, 30).

Durch die Erfindung und Etablierung elektronischer Musikinstrumente ab den 1920er Jahren eröffnen sich weitere Klangspektren. Das Trautonium etwa ist ein markantes Beispiel dafür, wie Klangfarben herkömmlicher Instrumente imitiert und zugleich deutliche Erweiterungen der natürlichen Klänge erzeugt werden können. Mit dem Mixturtrautonium konnte die sogenannte Subharmonische Reihe, eine Art Untertonreihe, als neues Klangmaterial erschlossen werden. Das Trautonium bot zudem von Anfang an einen direkten Zugang zu einem damals noch neuen Medium, dem Rundfunk, da die Musik direkt eingespeist werden konnte (vgl. Donhauser 2007; Patteson 2016).

Protagonistinnen und Protagonisten

Bereits manche historische Bezeichnung von Musikinstrumentenbauern verrät die Bandbreite des Wissens und der handwerklichen Herausforderungen, die dieser Beruf erfordert. So werden zum Beispiel die Dresdner Automatenhersteller Kaufmann Mitte des 19. Jahrhunderts in Adressbüchern und Zeitschriftenartikeln Akustiker und Mechaniker genannt, teils unterzeichnen sie selbst als solche (Wolf 2011, 30 und 139). Frauen sind in diesem Metier höchst selten in leitender Funktion bekannt. Eine Ausnahme ist Anna Maria, genannt Nannette, Streicher, geb. Stein. In Wien führt sie bis 1833 erfolgreich unter ihrem Namen die Klavierbaufirma weiter, die sie zuvor von ihrem Vater übernommen hatte. Sie prägt mit ihren Instrumenten die sogenannte Wiener Mechanik und deren Klangideal des differenzierten Tons.

Es ist zudem die Zeit, in der Frauen nur selten als professionelle Musikerinnen akzeptiert waren. Bereits 1991 widmet Freia Hoffmann mit *Instrument und Körper* diesem Thema eine grundlegende und bis heute zentrale Studie, die die Zeit von 1750 bis 1850 sozialhistorisch beschreibt. Der Klang der Instrumente sowie die Spielhaltung waren vielfach ausschlaggebend dafür, ob ein Instrument für eine Frau als schicklich galt oder nicht. Das Spiel sollte körperlich nicht zu anstrengend sein, möglichst wenig Bewegung erfordern – was aufgrund der Kleidermode ja ohnehin schwierig war – und auch optisch angemessen bleiben. Nur in Ausnahmefällen waren erwachsene Frauen als Instrumentalmusikerin berufstätig; zu den tolerierten Ausnahmegründen zählten dabei körperliche Versehrtheit oder Blindheit, denn dann galten Frauen oftmals nicht für das Familienleben geeignet und mussten für ihren Lebensunterhalt selbst aufkommen. Für fast alle Instrumente gibt es also auch Ausnahmen, selbst für Trompete und Schlaginstrumente. Ein Instrument wurde aber besonders häufig von Frauen gespielt: die Glasharmonika. Erbaut erstmals 1761 nach den Vorschlägen Benjamin Franklins, macht dieses Friktionsinstrument bald in Europa und Nordamerika Karriere und wird von Anfang an von Musikerinnen gespielt. Die ruhige Spielhaltung und der singende Ton passten gut zum vermeintlich weiblichen Geschlechtscharakter (vgl. Hadlock 2000).

Musikinstrumente spielen auch in der aktuellen Genderforschung eine Rolle, so weitet zum Beispiel Veronica Doubleday (2008) den Blick deutlich über Europa hinaus, indem sie sich mit Instrumentalistinnen weltweit, Machtstrukturen, Tabus und der Beziehung der Menschen zu Musikinstrumenten beschäftigt. Auch in der deutschsprachigen Forschungslandschaft etabliert sich gerade eine instrumentenbezogene Genderforschung, die sich u. a. mit Instrumentalistinnen in der Popmusik auseinandersetzt (exemplarisch Schauberger 2013).

Musikalische Akustik

In Vergangenheit wie Gegenwart finden Musikinstrumente vielseitig Verwendung im Zuge der Erforschung akustischer Phänomene sowie physiologischer Vorgänge. Eine der berühmtesten Anwendungen ist wohl der Rückgriff auf das Monochord durch Pythagoras zur Darstellung von Intervallen und zur Begründung einer Musiktheorie; die Basis bildet hier die schwingende Saite und ihre Unterteilung nach mathematischen Gesichtspunkten. Das entsprechende Verhältnis der Saitenteile zueinander ist die Grundlage für die Unterteilung in Konsonanz und Dissonanz. Auch das Konzept der Sphärenharmonie beruht auf diesen mathematischen Bezügen. Die mathematische, klare Relation der als konsonant deklarierten Intervalle erscheint naturgegeben und daher bestens geeignet für den Vergleich mit der Relation der Planeten. Das kosmische Geflecht wird also hörbar. Neben der Saite dient die schwingende Luftsäule als Untersuchungsgegenstand. Athanasius Kircher beispielsweise erforscht sie in unterschiedlich geformten Röhren, diskutiert Reichweite und Anwendung. Mit Flüssigkeiten greift er dabei auf ein zusätzliches Medium zurück: Er füllt verschiedene Flüssigkeiten in Gläser, die durch Reibung zum Klingen gebracht werden, um damit seine Affektenlehre zu veranschaulichen (vgl. Kircher 1684, 112).

Mit der Etablierung der Akustik als eigenständigem Forschungsfeld seit etwa 1800 widmen sich vermehrt Musikinstrumentenbauer und Naturforscher der Entwicklung oder Verbesserung von Musikinstrumenten unter akustischen Gesichtspunkten. Die Instrumente selbst changieren in ihrer Verwendung und Bezeichnung oftmals zwischen Musikinstrument und akustisch-wissenschaftlichem Gerät. So erforschte etwa Ernst Florens Friedrich Chladni anhand des Euphons und des Clavicylinders das Schwingungsverhalten von Klangstäben, Wilhelm Eduard Weber experimentierte mit Orgelpfeifen (vgl. Jackson 2006) und Theobald Boehm entwickelte in Zusammenarbeit mit Karl Emil von Schafhäutl Flöten mithilfe akustischer Experimente weiter. Das Hören selbst wird zum Messinstrument, etwa wenn Boehm und Schafhäutl mit Pfeifen unterschiedlicher Materialien experimentieren, um das ideale Material für die neue Flöte zu finden. Chladni fasst nicht nur das aktuelle akustische Wissen seiner Zeit zusammen, sondern widmet sich auch den Hörprozessen. Schließlich ist es Ende des 19. Jahrhunderts Hermann von Helmholtz, der zu neuen Erkenntnissen im Bereich der Hörphysiologie gelangt.

Bis heute werden Musikinstrumente eingesetzt, um unser Hörvermögen zu untersuchen. Das Verschmelzen mehrerer, unterschiedlicher Instrumente und Klangfarben oder die Wahrnehmung von Dissonanzen hängen von der Ähnlichkeit oder Verschiedenheit der beteiligten Instrumente ab. Die Anordnung verschiedener Instrumentengruppen im Raum sowie raumakustische Faktoren beeinflussen das Klangerlebnis des Publikums und vor allem auch das der Musikerinnen und Musiker, die in ihrem Musizieren zudem vom Raumverhalten beeinflusst werden (vgl. Reuter 2014).

Musikinstrumente und Medien

Definitionen von Musikinstrument und Medien sind vielfältig. Bei der Suche nach der Relation der beiden zueinander stehen zunächst Tonspeichermedien oder Programmträger als Steuermedien im Vordergrund. Der Klang der Musikinstrumente kann aufgezeichnet, gespeichert und wiedergegeben werden, wie schon beim Trautonium, das nicht nur direkt ins Rundfunkgerät übertragen wurde, sondern dessen Klänge auch auf Tonbändern festgehalten wurden, auch, um als Filmmusik zu dienen. Steuermedien dagegen speichern nicht den Klang selbst, sondern Informationen der Spielbewegung, durch die das Instrument wiederholt abgespielt, also gesteuert werden kann (zu frühen Wiedergabemedien und Medienreflexion in der Musik vgl. Saxer 2016).

Sind aber Musikinstrumente selbst auch als Medien zu verstehen? Sicherlich gibt es Kontexte, in denen sich die Funktionen von Musikinstrumenten und Medien überschneiden, so zum Beispiel in der Vorstellung Marshall McLuhans von Technik als Organergänzung oder Prothese, die auf das Musikinstrument übertragen werden kann. Das Instrument ist eng mit dem spielenden Körper verbunden, sodass etwa mithilfe des Instruments die Spielfertigkeit der Hand vergrößert wird. Nach McLuhan bringt sich das Medium in die Botschaft ein, und auch das Musikinstrument ist mehr als ein reines Ausdrucksmittel unserer künstlerischen Ambitionen. Es gibt die Spielweise vor, ist an Zeitlichkeit gebunden, reagiert auf seine räumlich-akustische Umwelt. Andererseits mag der Ausdruckwille der Musikerinnen und Musiker von zentraler Bedeutung sein. Das Instrument wäre dann lediglich ein Vehikel; ein Medium, das hinter der Form und der Botschaft völlig zurücktritt, sofern es reibungslos funktioniert. Niklas Luhmann beharrt auf der Neutralität der Medien, auf der Wahrnehmung der Form, nicht der Medien selbst (vgl. hierzu grundlegend Krämer 1998). Wie aber passt das Musikinstrument als Wertgegenstand, als Möbel, als Museumsobjekt, als Replik, als Impulsgeber für neue Notationsweisen oder neue ästhetische Ausdrucksweisen oder auch bloß als Gerät für den reinen Zeitvertreib in die etablierten Medientheorien? In seiner Breite scheint dies noch offen zu sein. Und auch die Frage, ob für Musikerinnen und Musiker das Musikinstrument im Prozess des Musizierens gegenständlich, vielleicht gar widerständig bleibt oder als funktionierendes Medium unsichtbar wird, entscheidet der Einzelfall.

Verwandte Beiträge: Kap. 5 (Körperlichkeit); Kap. 6 (Materielle Kultur); Kap. 10 (Klangfarbe); Kap. 12 (Resonanz); Kap. 24 (Musikwissenschaft); Kap. 27 (Physikalische Akustik); Kap. 30 (Wissenschaftsgeschichte); Kap. 39 (Stimme); Kap. 54 (Opernhaus); Kap. 58 (Wald); Kap. 60 (Glocken); Kap. 70 (Gender); Kap. 71 (Herrschaftsrepräsentation).

Literatur

Bartels, Klaus: *Das Techne-Modell in der Biologie des Aristoteles*. Tübingen 1966.

Berlioz, Hector: *Literarische Werke*. Bd. 10: *Große Instrumentationslehre*. Hg. von Felix Weingartner. Reprint der Ausg. Leipzig ^{3}1921. Laaber 2004 (frz. 1844).

Dolan, Emily I.: *The Orchestral Revolution. Haydn and the Technologies of Timbre*. Cambridge 2013.

Donhauser, Peter: *Elektrische Klangmaschinen. Die Pionierzeit in Deutschland und Österreich*. Wien 2007.

Doubleday, Veronica: Sounds of power. An overview of musical instruments and gender. In: *Ethnomusicology Forum* 17/1 (2008), 3–39.

Haas, Max: Organum. In: Ludwig Finscher (Hg.): *Die Musik in Geschichte und Gegenwart*. Sachteil. Bd. 7: *Mut–Que*. Kassel u. a. ²1997, 853–881.

Hadlock, Heather: Sonorous bodies. Women and the glass harmonica. In: *Journal of the American Musicological Society* 53/3 (2000), 507–542.

Hoffmann, Freia: *Instrument und Körper. Die musizierende Frau in der bürgerlichen Kultur*. Frankfurt a. M./Leipzig 1991.

Hornbostel, Erich M. von/Sachs, Curt: Systematik der Musikinstrumente. Ein Versuch [1914]. In: Erich M. von Hornbostel: *Tonart und Ethos. Aufsätze zur Musikethnologie und Musikpsychologie*. Hg. von Christian Kaden und Erich Stockmann. Leipzig 1986, 151–206.

Jackson, Myles W.: *Harmonious Triads. Physicists, Musicians, and Instrument Makers in Nineteenth-Century Germany*. Cambridge, MA 2006.

Ju, Eun Joo: *Iannis Xenakis' »Gmeeorh« for Organ Solo. The Use of Arborescences and Performance Challenges*. Diss./Thesis, University of Illinois, School of Music, Urbana-Champaign, 2016.

Kartomi, Margaret J.: *On Concepts and Classifications of Musical Instruments*. Chicago/London 1990.

Kircher, Athanasius: *Neue Hall- und Thon-Kunst, oder Mechanische Gehaim-Verbindung der Kunst und Natur durch Stimme und Hall-Wissenschafft gestifftet*. Nördlingen 1684.

Klotz, Sebastian: Vibration und Vernunft. Zur experimentellen Agenda in Marin Mersennes *Harmonie universelle* (Paris, 1636). In: Helmar Schramm/Ludger Schwarte/Jan Lazardzig (Hg.): *Spektakuläre Experimente. Praktiken der Evidenzproduktion im 17. Jahrhundert*. Berlin/New York 2006, 279–293.

Krämer, Sybille: Das Medium als Spur und als Apparat. In: Dies. (Hg.): *Medien, Computer, Realität. Wirklichkeitsvorstellungen und Neue Medien*. Frankfurt a. M. 1998, 73–94.

Kursell, Julia: Klangfarbe um 1850 – ein epistemischer Raum. In: Netzwerk »Hör-Wissen im Wandel« (Hg.): *Wissensgeschichte des Hörens in der Moderne*. Berlin/Boston 2017, 21–39.

Patteson, Thomas: *Instruments for New Music. Sound, Technology, and Modernism*. Oakland, CA 2016.

Praetorius, Michael: *Syntagma Musicum*. Bd. 2: *De Organographia* [1619]. Kassel ⁶1985.

Restle, Conny: Organologie. Die Kunde von den Musikinstrumenten im 17. Jahrhundert. In: Helmar Schramm/Ludger Schwarte/Jan Lazardzig (Hg.): *Instrumente in Kunst und Wissenschaft. Zur Architektonik kultureller Grenzen im 17. Jahrhundert*. Berlin/New York 2006, 277–289.

Reuter, Christoph: Zusammenklang von Musikinstrumenten. In: Stefan Weinzierl (Hg.): *Akustische Grundlagen der Musik*. Laaber 2014, 391–408.

Saxer, Marion (Hg.): *Spiel (mit) der Maschine. Musikalische Medienpraxis in der Frühzeit von Phonographie, Selbstspielklavier, Film und Radio*. Bielefeld 2016.

Schauberger, Sarah: »She Plays Guitar like a Man« – Kanonisierung, Macht und Gender in der Geschichte der E-Gitarre. In: Thomas Mania et al. (Hg.): *ShePop – Frauen. Macht.Musik!* Münster 2013, 150–163.

Sonevytsky, Maria: The accordion and ethnic whiteness. Toward a New Critical Organology. In: *The World of Music* 50/3 (2008), 101–118.

Tresch, John/Dolan, Emily I.: Toward a New Organology. Instruments of music and science. In: *Osiris* 28/1 (2013), 278–298.

van der Meer, John Henry: Instrumentenkunde. In: Ludwig Finscher (Hg.): *Die Musik in Geschichte und Gegenwart*. Sachteil. Bd. 4: *Hamm–Kar*. Kassel u. a. ²1996, 951–970.

Varga, Bálint András: *Conversations with Iannis Xenakis*. London 1996.

Virdung, Sebastian: *Musica getutscht*. Basel 1511.

Wolf, Rebecca: *Friedrich Kaufmanns Trompeterautomat. Ein musikalisches Experiment um 1810*. Stuttgart 2011.

Rebecca Wolf

63 Noten

Notierte Musik klingt nicht; sie ist nicht hörbar. Dennoch ist die Notation von Musik ganz wesentlich von dem Impuls getragen, Klangliches zu speichern und reproduzierbar zu halten. Die Transformation von Klang in Musiknotation wird primär als ein Vorgang verstanden, der vor allem durch Komplexitätsreduktion gekennzeichnet ist. So meinte der Komponist Brian Ferneyhough: »[N]o notation [...] can presume to record information encompassing all aspects of the sonic phenomenon for which it stands« (1998, 3).

Tatsächlich stellen Musiknoten im Kontext vielschichtiger, auch von schriftlosen Kanälen geprägter kommunikativer Systeme meist nur einen Teil komplexer klanglicher Realisation und Speicherung dar. So dienten beispielsweise die seit dem 9. Jahrhundert in West- und Mitteleuropa nachweisbaren Neumen ganz wesentlich als eine Gedächtnisstütze im Kontext musikalischer Aufführung und Weitergabe, zugleich als Speichermedium, um den in Raum und Zeit befangenen Klangcharakter über den Moment des Erklingens hinaus zu sichern. Solche Notate sind somit als papierene Ergänzung primärmedialer, also oraler Melodienkommunikation zu verstehen (vgl. zu der auf Pross [1972] zurückgehenden Differenzierung zwischen Primärmedien [Menschmedien], Sekundärmedien [Schreibmedien], Tertiärmedien [elektrischen Medien] und Quartärmedien [digitalen Medien] z. B. Faulstich 2002).

Auch im Pop und Jazz bilden schriftliche Verständigungsmittel in Form von *Lead Sheets*, die eine minimale musikalische Information (grober Melodieverlauf, Text oder Textincipit, Harmonieziffern) enthalten, im Kontext von Aufführungsroutinen nur Gedächtnisstützen oder skizzenhafte Fragmente einer aufgrund von Konventionen und Absprachen überwiegend schriftlos gebildeten musikalischen Klanggestaltung. Eine solche Einbindung von Notation als untergeordnetes mediales Teilelement im Rahmen schriftloser performativer und kommunikativer Musikpraktiken betrifft insbesondere Manuskripte, die in ihrer Konzeption oft oralen Weitergabestrategien näher sind als Drucke.

Geschichte

Von der Antike bis in die Gegenwart wurden und werden, zunächst in Ostasien und im Nahen Osten, akustische Informationen (und hier vor allem musikalische Strukturen) visuell als schriftliche Notate festgehalten. Strukturell-deskriptive Notationen, die sich an der auditiven Wahrnehmungsstruktur orientieren – zum Beispiel die moderne Standardnotation mit ihrer graphischen Anordnung von Tonhöhen und Zeitverläufen – wären dabei von algorhythmischen Notationen zu unterscheiden, »welche die spezifischen Schemata der Klangerzeugung« notieren und somit als Anleitung zur Klangerzeugung funktionieren (Möller 1997, 277 f.). Letzteres gilt etwa für sogenannte Tabulaturschriften, aber auch für Codierungen in Synthesizern.

Seit dem 9. Jahrhundert nachweisbar, entwickelten sich in Mittel- und Westeuropa die erwähnten Neumen. Es handelt sich dabei um handschriftliche Zeichensysteme, die zunächst melodische Richtungsverläufe ohne konkrete Tonhöhen- und Intervallfixierungen darstellten (adiastematische Notation). Diese verschriftlichten überwiegend christlich-liturgische Musik. Sukzessive entwickelten sich – nicht so sehr als Alternative, sondern als zusätzliche Optionen, die lange noch parallel Verwendung fanden – diastematische Noten: Neumen mit Notenlinien, Modal- und Mensuralnotation sowie die moderne Standardnotation mit fünf Notenlinien, die mit ihren Linien und Schlüsseln das Festhalten von Abständen zwischen Tönen (Intervalle), Tonhöhen sowie deren relativen Zeitverhältnisse (Rhythmus) möglich machten. Somit wurde dem Tonhöhenverlauf und der Zeiteinteilung gegenüber anderen Parametern (z. B. der Klangfarbe oder der Dynamik) Vorrang in der Speicherung und Darstellung eingeräumt.

Diese Kondition, die zunächst den Strukturen der Aufzeichnungssymbole geschuldet war, hatte Folgen auch für die Wahrnehmung von Musik im Allgemeinen, anders gesagt: für das, was man an ihr als zentral, was als peripher betrachtete. Das wirkte sich entscheidend aus, als um die Wende zum 16. Jahrhundert Musik in Mensuralnotation, die eine Fixierung von Tonhöhe und Rhythmus gestattete, zum Gegenstand des Buchdrucks und somit zur anonym adressierten Ware werden konnte. Sie durchlief mit dem Medienwechsel hin zum gedruckten Buch einen kulturellen Standortwechsel: Für ein Repertoire, das bis dahin im Bereich oraler oder manuskriptbasierter Face-to-Face-Kommunikation beheimatet war, mussten Märkte gefunden und erschlossen werden, die eine Reproduktion im Druck rechtfertigten. In den anonymen Adressierungsstrategien für die neu entstehende Rezeptions- und Aufführungskultur von Musik, die die mittelalterlichen Teilöffentlichkei-

D. Morat, H. Ziemer (Hrsg.), *Handbuch Sound*, https://doi.org/10.1007/978-3-476-05421-0_63

ten überschritt, konnte das komplexe klangliche und performative Kontextwissen, das noch in teilöffentlichen Kontexten selbstverständlich gewesen war, nicht mehr vorausgesetzt werden.

Damit änderte sich die Funktion der medial fixierten Musik: Das gedruckte Musikbuch musste dem Anspruch nach monomedial funktionieren, also ohne in weitere mediale Kontexte wie mündliche Erläuterung oder Kontextwissen eingebettet zu sein. Jene Informationen zum Klang oder zur Aufführung, die in Manuskripten als selbstverständlich vorausgesetzt wurden, mussten nun in das Schriftmedium mit aufgenommen werden, um bei der klanglichen Realisation zu angemessenen Ergebnissen zu gelangen. Im Umkehrschluss bedeutete das aber auch, dass entsprechende Informationen, sofern sie im kompakten Medium nicht enthalten waren, für die Klanggestalt auch nicht als sonderlich bedeutsam wahrgenommen werden konnten und *nolens volens* als untergeordnet aufgefasst werden mussten.

Komplexitätsreduktion als methodisches Problem

Schon in der Frühen Neuzeit wurde die symbolische Transformation von Klang in visuelle Notation als methodisches Problem erkannt. In seiner *Musica figuralis deudsch* beschrieb Martin Agricola 1532 die Musik (und den »gesang«) als etwas, das »durch die lebendige stym gemacht« werde und in dieser Form deshalb »inn keinerley weis geschrieben oder sonst gefasset werden« (Agricola 1532, C) könne. So bezeichnete er die Schriftsymbole den Klängen als »ganz künstlich zugeschantzt« (ebd.), fügte aber, durchaus ohne Skepsis, hinzu, dass »darnach die lebendige stym und Instrumentische melodey odder resonantz geleitet und ausgedrückt wird« (ebd., C v.).

Hier ist jene Differenzierung zwischen präskriptiven und postskriptiven Vorgängen spürbar, die in späterer Zeit von vielen Autor/innen nicht mehr trennscharf wahrgenommen wurde: Das Codieren von Musik in aufschreib- und sichtbare Zeichen ist als ein Akt des Speicherns von klanglichen Informationen gefasst, aber die Künstlichkeit der ihr zugeschriebenen Symbole führt letztlich dazu, dass das Decodieren kein bloßes zirkuläres Rekonstruieren der ursprünglichen Klanglichkeit bedeutet, sondern einen hiervon getrennten, aktiven Vorgang darstellt.

Nicht zufällig werden nun für die Reproduktion – nicht aber für die Darstellung des als organisch (durch die lebendige Stimme) aufgefassten Ausgangsklangs – Musikinstrumente in den Blick genommen: Musikinstrumente galten seit der Frühen Neuzeit als Hilfsmittel zur Aneignung von Musik durch musikalische Laien, die keinen Zugang zu den (höfisch-klerikalen) Unterrichtsoptionen hatten. Im Zuge der erwähnten Erschließung von Musiknoten durch die junge Druckindustrie wurde seit Beginn des 16. Jahrhunderts die Instrumentaltabulatur als Alternative zu den mensuralen Notationssystemen für den Markt erschlossen. Diese Schriftform, die mit einer einfachen Zahlen- und Buchstabencodierung des Griffbretts von Saiteninstrumenten oder der Tastatur von Klavierinstrumenten arbeitet, wurde (und wird bis heute, etwa in der Folk- und Rockmusik) mit dem Versprechen adressiert, man könne ohne Lehrer/innen musizieren. Damit geht die (für massenmediale Adressierungsstrategien typische) Suggestion monomedialer, interaktionsfreier Kommunikation von Musik einher: Das gedruckte Musikbuch verspricht als selbsterklärendes Medium ohne Vorkenntnisse und ohne Hinzunahme weiterer (kommunikativer) Kanäle Zugang zu einem umfassenden musikalischen Wissen und Können (vgl. Grosch 2013, 71–79).

Bemerkenswert dabei ist, dass in den genannten Beispielen die klangliche Erscheinungsform von Musik als die der Musiknotation vorausgehende Instanz beschrieben wird, was wiederum den postskriptiven Charakter von Notationsstrategien betont. An dem vorausgegangenen klanglichen Ereignis müsse das Notat sich messen, nicht etwa umgekehrt die performative Realisierung an der Umsetzung einer Partitur. Dass mit dem Notieren auch eine autoritative Werkinstanz hergestellt werden kann, scheint eher ein jüngeres, ja ein Spezialphänomen zu sein. Mit besonderem Nachdruck betonte in dieser Hinsicht 1985 Pierre Boulez, dass Komponist/innen eine Struktur schaffen würden, die sie in ein codiertes Raster chiffrieren, die wiederum die Interpret/innen nur noch zu dechiffrieren hätten, sie mithin die ihnen »übergebene Struktur« decodieren könnten (zit. nach Möller 1997, 297).

Hartmut Möller sieht in Auffassungen wie der des Komponisten Boulez den »Gipfel einer an reduktiver, am schlichten Modell von ›Sender-Botschaft-Empfänger‹ orientierte[n] Engführung«. Diese Skepsis geht bei Möller zusammen mit einer Kritik an der »essentialistische[n] Vorstellung, abendländische Musik sei schriftliche Musik«, die er den »komplexitätsreduzierenden Denkschemata im Dienste des europäischen ›Hochkulturschemas‹« zuschreibt (ebd., 297 und 282).

Mediatisierung von Klang durch Sekundärmedien

Musiknotate sind nach medienwissenschaftlichem Verständnis Sekundärmedien, d. h. Schreibmedien, Medien also, für deren Herstellung zwar technische Hilfsmittel benötigt werden, nicht aber für deren Decodierung. Das macht sie unterscheidbar von Tertiärmedien, vor allem elektronischen Medien (wie Tonträgern oder Filmen), die sowohl zur Herstellung als auch zur Nutzung einer medialen Technik bedürfen. Das in einer solchen Unterscheidung aufgehobene Verhältnis zwischen Inhalt (Information) und Medium trifft indes für Musiknoten – sofern diese präskriptiv als ›Spielanleitung‹ umgesetzt werden sollen – in weit geringerem Maße zu als etwa für verbale Lesetexte. Denn um Noten in Klang zu übersetzen, sind wiederum reproduktive Mittler vonnöten, seien es Musikinstrumente oder die menschliche Stimme; und von deren materiellen Möglichkeiten, Grenzen und sonstigen Eigenschaften (Lautstärke, Tonumfang, Qualität etc.) hängt nun zugleich das klingende Resultat des Reproduzierten ganz wesentlich ab.

Von der Musikforschung wurde lange die auch von dem Philosophen Nelson Goodman (1995, 125 ff.) aufgegriffene These vertreten, dass musikalische Noten in erster Linie die Funktion hätten, Werke zu identifizieren, ja für diese symbolisch einzustehen. Goodman postulierte, dass eine Partitur dies gewährleiste, »indem sie die Aufführungen, die zu dem Werk gehören, von denen abgrenzt, die nicht dazugehören« (ebd., 126). Diese Ansicht engt nicht nur den Blick auf den hochkulturellen Werkbegriff einer überschaubaren Phase der Geschichte – des 19. und 20. Jahrhunderts – ein, sondern auch auf eine spezifische Funktion von Partituren, die nur innerhalb eines eingegrenzten performativen und ökonomischen Dispositivs Sinn macht: dem modernen Zusammenspiel von Konzertinstituten und dem Verlagswesen. Dass Verlage gedruckte Partituren und Orchesterstimmen als Aufführungsmaterial für öffentliche Konzertaufführungen vorhalten, ist nicht selbstverständlich und hängt mit einer erst seit dem 19. Jahrhundert voranschreitenden Kanonisierung des Konzertrepertoires zusammen. Im Rahmen der Formen musikalischer Notation handelt es sich hier aber um einen historischen und kulturellen Spezialfall.

Die schriftliche Notation als hochkulturelles Distinktionskriterium erweist sich als eine nachhaltige Denkfigur. Die ›musikalische Alphabetisierung‹, also die Fähigkeit, Musiknoten lesen zu können, gilt, und zwar oft stärker als die Fähigkeit zu musizieren, als Kennzeichen herausgehobener Bildung. Die daraus folgenden Exklusionsstrategien erweisen sich zugleich als Wegmarke alternativer, vorgeblich einfacher und monomedial fungierender Notationssysteme für Musik (insbesondere Tabulaturen). So wurden algorithmische Notationssysteme wie Tabulaturen gegenüber den strukturell-deskriptiven Noten, sei es die frühneuzeitliche Mensuralnotation oder die moderne Standardnotation, als überlegen vermarktet. Denn sie galten (und gelten bis heute) im Gegensatz zu anderen Notationsformen nicht als übercodiert und somit exklusiven Bildungsprogrammen eingeschrieben: Musikmachen ohne Noten hingegen verspricht die Aneignung eines Repertoires unabhängig von klassischen Lernsituationen – und somit, scheinbar paradox, den selbstbestimmten Umgang mit allein aufgrund notierter und aus schriftlichen Codes decodierbarer musikalischer Information (vgl. Grosch 2013, 71–79).

Der klangliche Charakter notierter Musik

Die Reproduktion medial gespeicherter Musik wird in der Regel, um es mit den Worten Peter Wickes zu sagen, weit eher als »Repräsentation einer Aufführung, als klingendes Äquivalent der Aktion des Musizierens« wahrgenommen denn als Äquivalent »ihres [klanglichen] Resultats« (2010, 351). Das Hören von aus Speichermedien reproduzierten Klängen lässt uns rückschließen auf den Akt ihrer Herstellung: das aktive Musikmachen. Dies wurde im historischen Blick besonders virulent, als man angesichts der neuen Möglichkeiten der Schallaufzeichnung in der Phonographie – tertiärmedialer Reproduktion akustischer Information also – erkannte, dass »Musik nicht nur aus ihrem zuvor unüberwindlichen Echtzeitbezug herausgelöst« wurde, sondern dass zugleich Klang »durch die Technologie der elektromagnetischen Aufzeichnung, durch Transformation in ein elektromagnetisches Äquivalent der Schallwelle« eine neuartige »Existenzform« erhielt (ebd., 354).

Dabei hatten schon frühere Publikationen mit notierter Musik ähnliche mediale Strategien entwickelt. Diese geraten jedoch leicht aus dem musikhistorischen Fokus, sofern man eine auf Werkrepräsentation reduzierte Funktion von Musikpartituren voraussetzt. So wollte der frühe Musikdruck mit der vier- und mehrstimmigen Musik eine klangliche Substanz mediatisieren, die, wie zum Beispiel Martin Luthers Vorwort zu Johann Walters *Eyn geystlich Gesangk Buchleyn* (Wittenberg 1524) deutlich macht, als Mittel des

Erreichens einer ganz bestimmten Zielgruppe unabdingbar schien, so in diesem Falle der Jugend (vgl. Grosch 2013, 98–110). Insbesondere im 19. Jahrhundert wurde in den populären sogenannten *As-sung-by*-Ausgaben mit Mitteln des Musikdrucks eine klangliche, physische und performative Simulation konkreter, personenbezogener Starauftritte hergestellt: Diese frühen, sehr verbreiteten Starmedien gaben das Versprechen, die körperliche Präsenz und individuelle Kunst einzelner Stars, zum Teil auch individueller Starauftritte, durch eine Verschriftlichung in Musiknotation repräsentieren zu können (vgl. Grotjahn 2010), und trugen so mit den Mitteln klanglicher Codierung wesentlich zu deren Mediatisierung bei.

Wieder wird die reduktive Konsequenz deutlich: Da man Klang und das ihn hervorbringende kulturelle Ereignis eben nicht in seiner Komplexität notieren kann, ergänzt die Phantasie das, was man nicht hört und sieht. Speicherung von Klang bedarf immer der kognitiven Ergänzung in der Wahrnehmung, damit die technische Reproduktion des medial Gespeicherten als Repräsentation eines zugrunde liegenden Klangereignisses glaubhaft werden kann. Und das gilt gleichermaßen für sekundäre (schriftliche) wie für tertiäre (elektrische) Reproduktionsmedien.

Verwandte Beiträge: Kap. 6 (Materielle Kultur); Kap. 13 (Rhythmus); Kap. 23 (Medienwissenschaft); Kap. 24 (Musikwissenschaft); Kap. 66 (Schallplatte).

Literatur

Agricola, Martin: *Musica figuralis deudsch*. Wittenberg 1532.

Faulstich, Werner: *Einführung in die Medienwissenschaft. Probleme, Methoden, Domänen*. München 2002.

Ferneyhough, Brian: Aspects of notational and compositional practice. In: Ders.: *Collected Writings*. Hg. von James Boros und Richard Toop. London/New York 1998, 2–13.

Goodman, Nelson: *Sprachen der Kunst. Entwurf einer Symboltheorie*. Frankfurt a. M. 1995 (engl. 1968/76).

Grosch, Nils: *Lied und Medienwechsel im 16. Jahrhundert*. Münster 2013.

Grotjahn, Rebecca: Notationskunde oder Die Speicherung des Stars in den Medien des 19. Jahrhunderts. In: *Musik-Theorie – Zeitschrift für Musikwissenschaft* 24/4 (2010), 328–340.

Möller, Hartmut: Notation [Einleitung]. In: Ludwig Finscher (Hg.): *Die Musik in Geschichte und Gegenwart*. Sachteil. Bd. 7: *Mut–Que*. Kassel u. a. 1997, 276–282.

Pross, Harry: *Medienforschung. Film, Funk, Presse, Fernsehen*. Darmstadt 1972.

Wicke, Peter: Mediale Konzeptualisierungen von Klang in der Musik. Von der simulierten Aufführung zum simulierten Klang. In: *MusikTheorie – Zeitschrift für Musikwissenschaft* 24/4 (2010), 349–363.

Nils Grosch

64 Phonograph

Unter einem Phonographen versteht man im weitesten Sinn jedes Gerät, das Geräusche durch Einschreibung in oder auf eine Oberfläche vergegenständlicht und damit festhält. Das Wort selbst gehört zu einer Gruppe von miteinander verwandten Begriffen, die – wie ›Phonographie‹ und ›Phonogramm‹ – das griechische *phonē* (Klang, Stimme) mit *graphē* (schreiben) oder *gramma* (etwas Geschriebenes) verbinden, um die Bedeutung von ›Klangschrift‹ oder ›Stimmenschrift‹ zu vermitteln. Historisch betrachtet wurde diese Terminologie verwendet, um unterschiedliche Technologien der Einschreibung zu bezeichnen, die alle eine besondere Verbindung zum Klang haben: (1) manuelle Schreibsysteme mit eindeutig klangbasierten Strategien für die Darstellung von Sprache, (2) Instrumente, die Klänge selbst automatisch für eine visuelle Wahrnehmung aufschreiben, und (3) Geräte zum Abspielen von Klangaufnahmen als Klang. Im ersten dieser Fälle ist ein ›Phonograph‹ das handgeschriebene Zeichen selbst, während in den anderen beiden Fällen es die Maschinen sind, die die Einschreibungen vornehmen bzw. aktualisieren.

Heutzutage wird das Wort ›Phonograph‹ üblicherweise im engeren Sinn mit einer historischen Kategorie von Maschine assoziiert. So klänge es einerseits merkwürdig antiquiert, von einem ›digitalen Phonographen‹ zu sprechen, weshalb Eric Rothenbuhler und John Durham Peters (1997) vorschlagen, den verwandten Begriff ›Phonographie‹ ausschließlich auf analoge Formen anzuwenden. Andererseits wird der Begriff vor allen Dingen im Amerikanischen als übergeordneter Begriff verwendet, da es keinen gleichermaßen konzisen wie weitverbreiteten Namen für jene Kategorie von Gegenständen gibt, zu der Zylindergrammophone ebenso gehören wie akustische oder elektrische Grammophone, Tonbandgeräte, CD-Spieler und iPods – Gegenstände mithin, deren offensichtliche Unterschiede in technischer Hinsicht von einem grundsätzlichen gemeinsamen Prinzip ausgeglichen werden. Für unsere Zwecke betrachten wir all diese Dinge als ›Phonographen‹. Zusammen mit ihren Vorgängern ohne Wiedergabefunktion manifestieren sie allesamt das alte menschliche Bestreben, Klang zu ›schreiben‹ – ein Projekt, das über die Zeit auf immer detailliertere und sensorisch eindringlichere Art und Weise umgesetzt wurde.

Phonographie als manuelle Klangschrift

In den 1820er Jahren begannen Forscher, die sich mit historischen und zeitgenössischen Schreibsystemen befassten, zwischen *phonographischen* und *ideographischen* Zeichen zu unterscheiden. Erstere repräsentieren Wörter im Sinne von Sprechklängen, letztere im Sinne von Ideen – eine auch heute noch in der Linguistik übliche Unterscheidung. Die aufgeschriebenen Zeichen dieser Systeme werden dementsprechend auch ›Phonographen‹ (oder ›Lautzeichen‹) und ›Ideogramme‹ genannt. Wir können den Phonographen in diesem Rebus-Sinne bis zu den antiken Sumerern zurückverfolgen, wo zum Beispiel das Bild eines Schilfrohrs (*gi*) gezeichnet wurde, um ›Rückkehr‹ auszudrücken (ebenfalls *gi*).

Manchen Wissenschaftler/innen dienten die Lautzeichen in alten Schriftsystemen lediglich der neutralen Einteilung in Alphabete, Konsonantenschriften, Silbenschriften usw. Andere sahen in ihrer Verwendung jedoch ein Zeichen des Fortschritts und klassifizierten die Schriftsysteme in mehr oder weniger ›entwickelte‹, je nachdem, wie phonographisch sie sind. Diese Denkschule neigt dazu, das griechische Alphabet als die Apotheose des phonographischen Schreibens zu feiern. So schreibt ihm etwa der kanadische Medientheoretiker Eric Havelock Effekte wie die Demokratisierung der Alphabetisierung und sogar die Fähigkeit zu abstraktem logischem Denken zu (vgl. Halverson 1992). Während einige Verfechter/innen der phonographischen Herangehensweise sich damit zufriedengeben, etablierte Schreibsysteme zu bewerten, verwenden andere sie als Grundlage dafür, neue Systeme zu erfinden, um Sprache und andere Klänge akkurater, objektiver und effizienter zu codieren, als dies mit der traditionellen Praxis möglich wäre.

1839 gab Isaac Pitman einem höchst erfolgreichen System des in diesem Geiste entwickelten phonemischen Schreibens den Namen ›phonography‹, deren handgeschriebene Zeichen damals als ›phonographs‹ bezeichnet wurden. Pitmans System kombinierte die praktischen Ziele der Kurzschrift – vor allem den Wunsch, freie Rede etwa in Gerichtssälen aufzuzeichnen – mit dem philosophischen Ziel, die visuellen Formen der geschriebenen Sprache transparent die auditiven Formen der gesprochenen Sprache widerspiegeln zu lassen. Beispielsweise zeigte es durchgängig die Unterschiede zwischen stimmhaften und stimmlosen Konsonanten wie ›b‹ und ›p‹ durch dicke und dünne Striche an. Die Tradition manueller Phonographie nahm in ihrem Bestreben, die akkurate

D. Morat, H. Ziemer (Hrsg.), *Handbuch Sound*, https://doi.org/10.1007/978-3-476-05421-0_64

Aufzeichnung auditiver Wirklichkeit mithilfe einer nicht-willkürlichen Eins-zu-eins-Beziehung zwischen Klängen und Schriftzeichen zu erreichen, spätere phonographische Entwicklungen vorweg.

Das mit der phonographischen Kurzschrift verbundene Tempo wie auch ihre Objektivität inspirierte Vergleiche zwischen ihr und der Fotografie, jener nahezu zeitgleich entstandenen Technik, mit der sich Lichtmuster auf empfindlichen Platten bannen und somit visuelle Abbilder schaffen ließen, ohne dass hierfür die Intervention eines Künstlers vonnöten war. Zugleich aber stützte sich die phonographische Kurzschrift immer noch auf den Akt des manuellen Schreibens, weshalb sie in der Praxis darauf beschränkt blieb, das einzufangen, was Menschen beobachten und aufschreiben konnten.

Allerdings wurden ungefähr zu selben Zeit auch andere ›phonographische‹ Mechanismen vorgestellt, mit denen Klänge dazu gebracht wurden, sich selbst zu schreiben – oder sich selbst sichtbar zu machen –, und zwar durch in direkter Analogie zur Fotografie stehende autographische Verfahren. Schon im späten 18. Jahrhundert hatte der Akustiker Ernst Florens Friedrich Chladni die Praxis popularisiert, dünne Platten mit Sand zu bedecken, auf denen, sobald sie in Schwingungen versetzt werden, Sandmuster bzw. Knotenlinien entstehen, die sogenannten Klangfiguren. Dies war ein revolutionärer Schritt in dem Bemühen, flüchtige Klangschwingungen in indexikalische, sichtbare Spuren zu verwandeln, die dann in aller Ruhe untersucht werden konnten.

Das erste Gerät, das tatsächlich ›phonographe‹ genannt wurde, war eine von Antonio Vassalli Eandi entworfene mechanische Hand, die auf die Chladnischen Platten drücken und so das mühsame Kontrollieren der Knoten per Hand ersetzen sollte. Vassalli Eandis Apparat stand freilich in einer längeren europäischen Traditionslinie automatischer Aufnahmegeräte. So zeichneten Wetterstationen schon im 17. Jahrhundert die Messschwankungen von Thermometern, Wetterfahnen, Barometern und Regenmessern auf. Das gleiche Prinzip wurde für die Aufzeichnung von auf Tasteninstrumenten improvisierter Musik verwendet. Hierbei hinterließen die Tasten, wenn sie heruntergedrückt wurden, Spuren auf sich bewegendem Papier. Ein Beispiel hierfür war das ebenfalls ›Phonograph‹ genannte Zubehör für Klaviere und Orgeln, das Jean-Henri Duprat de Tressoz in Frankreich 1840 patentieren ließ. Ähnliche Geräte wurden in der Folge auch eingesetzt, um Naturprozesse zu dokumentieren. Den Anfang machte 1846 Carl Ludwig, der sich mithilfe seines Apparates – der später als Kymograph oder ›Wellenschreiber‹ bekannt wurde – bemühte, den Puls und die Atmung eines Pferdes aufzuzeichnen.

Die Automatisierung der Phonographie

Bei der am häufigsten mit dem ›Phonographen‹ assoziierten experimentellen Traditionslinie ging es um die Aufzeichnung von Schallschwingungen als Funktion der Zeit. Bei einem dieser Szenarien wurde ein Stift an einer Zinke einer Stimmgabel, einer Saite oder einem anderen Klangkörper angebracht und dieser in Schwingung versetzt, sodass der Stift seine Hin- und Herbewegungen auf einer sich bewegenden Oberfläche als eine wellenförmige Linie oder Reihe von Punkten markierte.

Der früheste bekannte Verweis auf diesen Ansatz zur Aufzeichnung von Klangwellen taucht in Galileo Galileis 1638 erschienenen *Discorsi e dimostrazioni matematiche* auf: Die Figur Salviati berichtet hier, dass beim Abkratzen von Flecken von einer Messingplatte der hierbei eingesetzte Meißel mitunter ein pfeifendes oder zischendes Geräusch verursache; jedes Mal, wenn dies passiere, stelle er fest, dass dies eine Reihe von Markierungen mit regelmäßigen Abständen hinterlasse – enger beieinander stehend im Falle von höheren Klängen, weiter voneinander entfernt bei tieferen Tönen. Zu Beginn des 19. Jahrhunderts lieferte dann der englische Physiker Thomas Young die erste detailliertere Beschreibung dieser Technik, 1840 schließlich publizierte Jean-Marie Constant Duhamel spezifische experimentelle Erkenntnisse, die er bei einer Untersuchung der Schallfrequenzen unterschiedlich gewichteter Metallsaiten gewonnen hatte.

Mehrere dieser Entwicklungslinien liefen letztlich in der Arbeit von Édouard-Léon Scott de Martinville zusammen. Während des Redigierens einer physiologischen Abhandlung war Scott 1852 eine Beschreibung der Funktionsweise des menschlichen Ohrs begegnet, in der behauptet wurde, das Trommelfell vibriere in denselben Frequenzen wie Objekte, die Luftschall produzieren – Glocken, Saiten usw. Dies inspirierte ihn zu der Idee eines künstlichen Ohrs, das die Klänge aus der Luft auf dieselbe Art aufnehmen könnte, wie dies ein echtes Ohr tut, nur dass es, statt die Signale an das Gehirn weiterzuleiten, die Vibrationen als eine Wellenlinie auf einer beweglichen Oberfläche aufzeichnet. Scotts Ziel war es, die Tradition der Aufzeichnung physiologischer Prozesse – in diesem

Fall des Hörens – mit der Tradition der Aufzeichnung von Schallwellen zu verbinden, um so eine automatische Stenographie von Rede und Musik zu etablieren, die die manuelle Kurzschrift ersetzen und sogar die Nuancen virtuoser Aufführungen für die Nachwelt erhalten könnte. 1857 ließ er seinen ›Phonoautographen‹ patentieren und traf alsbald Vorbereitungen für dessen Produktion in größerem Stil, die schließlich 1859 anlief. In der bekanntesten Version des ›Phonoautographen‹ werden Klänge in einen Schalltrichter eingespeist, wobei als Reaktion eine gespannte Membran am gegenüberliegenden Teil des Trichters vibriert, sodass ein an der Membran angebrachter Stift sich hin und her bewegt und eine Linie auf ein Blatt rußgeschwärzten Papiers zeichnet, das um eine sich drehende Trommel gewickelt ist. Das aufgezeichnete Ergebnis gleicht im Prinzip dem der Langspielplatte: Beide Rillen sind Graphen von Wegamplituden im Zeitablauf und bilden die mathematische Summe all der einfachen Schwingungen, die zusammen die Klangfarbe ausmachen. Der österreichische Physiker Franz Josef Pisko schlug in seiner Abhandlung *Die neueren Apparate der Akustik* (1865) eine formale Definition für die Kategorie von Objekten vor, zu der auch Scotts Erfindung gehörte:

»›Phonautograph‹ oder ›Phonograph‹ ist die allgemeinste Bezeichnung für jede Vorrichtung, welche die Schwingungen eines tönenden Körpers anmerkt [...]. Sein Synonym ist ›Vibroautograph‹ oder ›Vibrograph‹ und eigentlich sollte zwischen diesen Ausdrücken kein Unterschied gemacht werden. Die verschiedenen Arten der Phon- oder Vibroautographen wären durch Beisetzung der Namen der Erfinder oder durch ein wesentliches Merkmal zu unterscheiden« (Pisko 1865, 72 f.).

Die Phonographen, die Pisko hier im Sinn hatte, zeichneten Schallschwingungen automatisch auf, wie das auch bei späteren Phonographen der Fall war. Bei diesen frühen Apparaten ging es jedoch allein darum, Klang sichtbar zu machen, und noch nicht, ihn auch als Klang wiederzugeben. Trotzdem beschrieben zeitgenössische Beobachter Scotts Phonautographen gelegentlich als eine Vorrichtung, die die menschliche Stimme ›reproduziere‹ – ähnlich dem Stenographen, von dem es hieß, er würde gesprochene Worte auf Papier reproduzieren. Zu einer Zeit, als die Wiedergabe noch gar nicht zur Debatte stand, wurden diese Phonographen nicht hinsichtlich dieses Mangels bewertet, sondern vielmehr hinsichtlich ihres Potenzials, Klang in zuvor nie da gewesener Detailtreue und Objektivität zu dokumentieren.

Zur phonographischen Methode, Schallschwingungen dazu zu bringen, sich selbst sichtbar auf Papier aufzuzeichnen, gehörten auch die Zahnradsirene von Félix Savart und die Sirene von Charles Cagniard de la Tour, auch wenn diese nie als ›Phonographen‹ oder als ›phonographisch‹ bezeichnet wurden. Wenn schnell rotierende Räder mit gleichmäßig verteilten Zähnen oder Löchern Klänge erzeugen, indem sie flexible Gegenstände anschlagen oder Luft oder Wasser durch sie hindurch geblasen wird, dann steuern die Zähne oder Löcher die Frequenz der produzierten Klänge nach derselben Logik wie Scotts Phonautograph, nämlich als eine Folge mikrochronischer Takte oder Schwankungen. Ganz ähnlich hatte die Aufzeichnungsmethode für musikalische Aufführungen (bei der sich die Tastenanschläge auf sich bewegenden Oberflächen einschrieben) ihr, wenn man so will, ›klangerzeugendes Gegenstück‹ in den mechanischen Musikinstrumenten, die von verstifteten Walzen, perforierten Blättern und Ähnlichem in Gang gesetzt wurden.

Das grundlegende Konzept des Abspielens – nämlich den Output eines zeitbasierten Aufschreibesystems als Input für ein ebenfalls zeitbasiertes und automatisiertes Abspielverfahren zu nutzen – wurde vor den 1870er Jahren allerdings nur selten in Verbindung zu Klang gebracht. Zudem beruhte die spezifische Art des Abspielens, die wir heute mit dem Phongraphen assoziieren, auf der Idee, dass eine trommelfellartige Membran verwendet werden kann, um komplexe Klänge durch die Luft zu übermitteln, sei dies von Aufnahmen oder in Echtzeit wie beim Telefon. Jonathan Sterne (2003) zufolge ist dieses Verständnis den Entwicklungen in der auditiven Theorie des 19. Jahrhunderts zu verdanken, die sich auf die physischen Aspekte des Klangs und die mechanischen Aspekte des Hörens konzentrierte. Dementsprechend vertritt Sterne die Meinung, dass eine neue intellektuelle Perspektive auf das Hören zu neuen Klangübermittlungstechnologien führte und nicht umgekehrt.

In den 1860er Jahren allerdings argumentierten einige führende Akustikexperten aus theoretischen Gründen – mit einem Schwerpunkt auf der Art von Membranschwingung, die mit dem Kazoo assoziiert wird –, dass Klangvermittlung mithilfe einer Membran reine Phantasterei sei. Als Alexander Graham Bells Telefon 1876 empirisch belegte, dass trommelfellartige Membranen sehr wohl eingesetzt werden können, um – mittels Elektrizität – die komplexen Schallschwingungen von Sprache und Musik über eine

Entfernung hinweg auszusenden und zu empfangen, war der Nachweis für das Konzept endgültig erbracht.

Der Phonograph als Abspielgerät

Die früheste bekannte Beschreibung eines plausiblen Mechanismus für das Abspielen von phonographisch aufgezeichneten Klängen findet sich in einem versiegelten Brief, den der französische Dichter und Erfinder Charles Cros am 30. April 1877 – also kurz nachdem Bells Telefon und das ihm zugrunde liegende Prinzip allgemeine Aufmerksamkeit auf sich gezogen hatten – bei der Akademie der Wissenschaften in Paris hinterlegte. Allerdings war es Thomas Edison, der – unabhängig von Cros – die Idee nur wenige Monate später in die Praxis umsetzen sollte. In seiner Version eines ›sprechenden‹ Phonographen, der der Öffentlichkeit 1877 und 1878 vorgestellt wurde, bringen Schallwellen eine Membran zum Schwingen, woraufhin sich ein daran befestigter Stift auf und ab bewegt und dabei auf Stanniolpapier, das auf einen rotierenden Zylinder gespannt ist, verschieden tiefe Rillen hinterlässt. Eine an einer weiteren Membran befestigte Nadel, die nun über diese Rillen läuft, reproduziert schließlich einen Klang, der erkennbar dem zuvor aufgenommenen ähnlich ist.

Einige Kommentatoren verstanden Edisons Instrument zunächst nur in dem Sinn als ›Phonographen‹, in dem er – wie die vorherigen ›Phonographen‹ – ein Aufzeichnungsgerät war. Wegen seiner Funktion als Abspielgerät wurde er häufiger als ›sprechende‹ oder ›redende Maschine‹ bezeichnet, obgleich diese Bezeichnungen die gesprochene Sprache als Thema privilegierten und selbst eine eigene Vorgeschichte ›sprechender Automaten‹ hatten, die die physische Tätigkeit der menschlichen Sprachorgane imitierten. Versuche, einen umfassenderen Begriff für Abspielgeräte zu prägen, liefen gleichsam ins Leere: Edison versuchte es mit ›Phonet‹, Alexander Graham Bell und sein Cousin Chichester Bell ab 1881 mit ›Graphophone‹. Genutzt hat es wenig: Der Begriff ›Phonograph‹ für das kombinierte Aufnahme- und Abspielgerät setzte sich schließlich durch. Als sich das Abspielen von aufgezeichneter Unterhaltung dann als die kommerziell erfolgreichste Verwendung des Phonographen erwies – zunächst an öffentlichen Orten, später in Privathaushalten –, war es nur noch ein kleiner Schritt hin zum ›Phonographen‹ für Endverbraucher, der nur noch abspielen, nicht aber aufzeichnen konnte. In der populären Vorstellung war der Phonograph ohnehin weniger eine Maschine zum Dokumentieren von Klängen, sondern mehr ein ›Aufnahmeabspielgerät‹, mit dem zuvor aufgenommene Klänge wiedergegeben werden konnten.

Mark Katz (2004) hat sieben Kategorien von ›Phonograph-Effekten‹ identifiziert, womit er Arten und Weisen meint, wie die Praxis der Klangaufnahme und -wiedergabe die musikalische Aktivität beeinflusste. Bei diesen ›Effekten‹ handelt es sich im Einzelnen um: (1) *Greifbarkeit* – d. h. dass Musik in physischen Objekten verkörpert wird –; (2) *Tragbarkeit* – dass diese Objekte von Ort zu Ort transportiert werden können und die Musik, die sie enthalten, in neuen Kontexten abgespielt werden kann –; (3) *Wiederholbarkeit* – dass also aufgezeichnete Musik von einem Hören zum nächsten auf formal identische Weise verwirklicht werden kann –; (4) *Zeitlichkeit* – dass Musik eine festgelegte Länge bekommt, allenfalls eingeschränkt von den begrenzten Möglichkeiten eines Mediums –; (5) *Aufnahmefähigkeit* – wobei eingeräumt wird, dass nicht alle Aufnahmegeräte gleich aufnahmefähig für alle musikalischen Klänge sind –; (6) *(Un)sichtbarkeit* – dass Musiker/innen und Zuhörer/innen sich nicht sehen können –; und (7) *Manipulierbarkeit* – die Möglichkeit, aufgezeichnete Klänge nach Gusto gegenüberzustellen oder zu überlagern.

Katz' Überlegungen sind überaus hilfreich, rufen sie uns doch die Unterschiede zwischen phonographischer und live gespielter Musik ins Gedächtnis. Zugleich sollte man darauf hinweisen, dass viele dieser Effekte natürlich auch auf andere mechanische Musikinstrumente und nicht-musikalische Inhalte wie das gesprochene Wort zutreffen. Natürlich hat der Phonograph nicht nur der modernen ›Musikindustrie‹ den Weg geebnet, sondern auch dem modernen Tonfilm. Der Fixierung auf auditive Daten wird mitunter zudem die Entstehung solcher Wissenschaftszweige wie die Ethnomusikologie und das Studium mündlich überlieferter Literatur zugeschrieben.

Das Verhältnis zwischen den Klängen, die während der Aufnahme in den Phonographen ›eingespeist‹ werden, und den Klängen, die bei der Wiedergabe ›herauskommen‹, ist nicht unumstritten. Letztere werden häufig als unkomplizierte ›Kopien‹ der ersteren betrachtet, wie dies beispielsweise R. Murray Schafers Begriff der ›Schizophonie‹ impliziert. Andere Kommentator/innen verweisen jedoch darauf, dass ein Phonograph ein Schallereignis, das sich dreidimensional im Raum ausbreitet, immer zweidimensional von einem bestimmten Standpunkt aus aufzeichnet, dass die Ergebnisse, wie zweidimensionale Fotografien, deshalb besser als Darstellungen ihrer Gegenstände betrachtet werden sollten denn als Kopien. Letztere Ansicht scheint nicht nur in technischer Hinsicht eher vertretbar, mit ihr lassen sich auch einige kulturelle Praktiken weitaus besser erfassen, die sich um den Phonographen herum entwickelt haben, aber wenig mit der originalgetreuen ›Reproduktion‹ früherer klanglicher Realität zu tun haben. Neben Hörspielen oder Soundediting-Techniken wie Schneiden, Spleißen und Überlagern gibt es, zumindest Lee B. Brown (2000) zufolge, letztlich auch musikalische ›Werke der Phonographie‹, Werke also, die nur über Phonographen verwirklicht werden können. Auch das internationale Copyright erkennt mittlerweile explizit ›Phonogramme‹ an, die gänzlich synthetisch sind, so beispielsweise elektronische Tanzmusik.

Zieht man dies alles in Betracht, so mag man den Eindruck gewinnen, dass solche Entwicklungen letztlich stark von den ursprünglichen Zielen von Edisons Phonograph oder Scotts Phonautograph abweichen. Tatsächlich passen sie jedoch genau in die hier skizzierte umfassendere Geschichte des Phonographen, bei der es nicht um einen bestimmten Ansatz zur Reproduktion von Klängen geht, sondern um das anhaltende menschliche Bestreben, sie zu ›schreiben‹.

Verwandte Beiträge: Kap. 4 (Gedächtnis); Kap. 13 (Rhythmus); Kap. 23 (Medienwissenschaft); Kap. 24 (Musikwissenschaft); Kap. 30 (Wissenschaftsgeschichte); Kap. 36 (Rauschen); Kap. 37 (Sirene); Kap. 39 (Stimme); Kap. 41 (Archiv); Kap. 46 (Kino); Kap. 50 (Krankenhaus); Kap. 51 (Labor); Kap. 59 (Compact Disc); Kap. 65 (Radio); Kap. 66 (Schallplatte); Kap. 68 (Telefon); Kap. 70 (Gender).

Literatur

Brown, Lee B.: Phonography, rock records, and the ontology of recorded music. In: *Journal of Aesthetics and Art Criticism* 58/4 (2000), 361–372.

Feaster, Patrick: Phonography and the recording in popular music. In: Andy Bennett/Steve Waksman (Hg.): *The SAGE Handbook of Popular Music*. Los Angeles 2015, 511–529.

Feaster, Patrick: Phonography. In: Matt Sakakeeny/David Novak (Hg.): *Keywords in Sound*. Durham, NC 2015, 139–150.

Gitelman, Lisa: *Scripts, Grooves, and Writing Machines. Representing Technology in the Edison Era*. Stanford 1999.

Halverson, John: Havelock on Greek orality and literacy. In: *Journal of the History of Ideas* 53/1 (1992), 148–163.

Katz, Mark: *Capturing Sound. How Technology Has Changed Music*. Berkeley 2004.

Pisko, Franz Josef: *Die neueren Apparate der Akustik*. Wien 1865.

Rothenbuhler, Eric W./Peters, John Durham: Defining phonography. An experiment in theory. In: *The Musical Quarterly* 81/2 (1997), 242–264.

Sterne, Jonathan: *The Audible Past. Cultural Origins of Sound Reproduction*. Durham, NC 2003.

Williams, Alan: Is sound recording like a language? In: *Yale French Studies* 60 (1980), 51–66.

Patrick Feaster
(aus dem Englischen übersetzt von Wilhelm von Werthern)

65 Radio

Der Begriff ›Radio‹ steht als Kurzform sowohl für ›Radiotelegraphie‹ wie für ›Rundfunk‹, wobei diese beiden Dinge häufig zusammengefasst werden. Unter Ersterem versteht man die drahtlose Kommunikation auf Grundlage der elektrischen Übertragung von Nachrichten. Im Rahmen der drahtlosen Telegraphie, die allgemein Guglielmo Marconis Erfindung aus dem Jahr 1895 zugeschrieben wird, wurden schwache Signale mit dem Morse-Code übermittelt. Der Begriff ›Rundfunk‹ wiederum, den der Radiopionier Hans Bredow 1919 geprägt haben soll, bezieht sich insbesondere auf die seit 1923 regelmäßig ausgestrahlten Radiosendungen. Diese neue Ära der drahtlosen Stimmübertragung wurde durch Verbesserungen früherer Technologien ermöglicht, vor allem durch den Überlagerungsempfänger, mit dem Signale eingestellt werden konnten, und die Röhren, mit denen die Signale verstärkt werden konnten.

In Berlin begann man im Oktober 1923 mit der Ausstrahlung regelmäßiger Programme, fast ein Jahr nach dem offiziellen Sendestart der British Broadcast Company (BBC). In der ›experimentellen‹ Phase des Rundfunks, den ersten paar Jahren also, wurden unterschiedliche Programmarten ausprobiert; feste Programmpläne gab es noch nicht – man war noch dabei, angemessene Gattungen und Ästhetiken zu finden. Einerseits bemühte man sich, existierende kulturelle Formen (Musik, Theater, Literatur) für das Radio zu reproduzieren, andererseits wurde bereits in dieser frühen Periode eine Tradition von Radio- und Soundexperimenten begründet (vgl. Kahn/Whitehead 1994; Gilfillan 2009).

Der Rundfunk wurde rasch als überlegenes und modernes Format begriffen und mit direkterer Ansprache, Live-Übertragung, Ereignishaftigkeit und häuslichem Empfang assoziiert. Als neue kulturelle Form war der Rundfunk Teil einer breiter gefassten kulturellen Verhandlung der Beziehung zwischen dem Einzelnen und der Gesellschaft, dem Privaten und dem Öffentlichen, wobei das Radio die Öffentlichkeit vollkommen umstrukturierte, indem die Bedingungen des »being-in-public« (Scannell 1996, 76) transformiert wurden. Die ersten Rundfunkjahre waren daher durch zahlreiche Debatten über Stimme, Rundfunkästhetik, angemessenes Hörverhalten, Kosten und Zugang, kommerzielles Sponsoring, staatliche Regulierung und Zensur geprägt.

Was die Ästhetik angeht, so wurde der Radiorundfunk mit der Entwicklung einer neuen Sprache assoziiert, die Brenton Malin als »friendly but formal« (2014, 107) bezeichnet hat. Tatsächlich sind dem Radio neue Gattungen wie Serien und Seifenopern, Sitcom, Hörspiel, Sportkommentar, Nachrichtensendungen, Talkshows (teilweise mit anrufenden Zuhörerinnen und Zuhörern) und DJ-Sendungen zu verdanken. Gleichwohl waren es von Anfang an die (kostengünstig produzierten) Musiksendungen, die das Radioprogramm bestimmten. Historisch betrachtet haben sich Radio und Musik gegenseitig beeinflusst – eine für beide Seiten lukrative Beziehung. Schließlich wird das Radio durch eine Vielzahl von Sounds und Umgebungsgeräuschen definiert, insbesondere Erkennungsmelodien (Pausenzeichen, Jingles), Studioeffekte, informationelle Signale (Zeitmeldungen) und spezifische Akustiken (atmosphärische Akustik, Störgeräusche).

Der Radiosound wurde schnell zu einem alltäglichen Bestandteil des modernen Lebens. Das Live-Erlebnis beim Radiohören und die ephemeren Klänge lenkten bei einigen Zuhörerinnen und Zuhörern, Radiomacherinnen und Radiomachern, Wissenschaftlerinnen und Wissenschaftlern das Interesse auf das Spirituelle dieses Mediums, was bis in die 1930er Jahre als ›Ätherdiskurs‹ verstanden wurde (vgl. Hagen 2005). Damit verbunden war ein Interesse an der ›Durchlässigkeit‹ der Radiowellen, mit denen sich regionale und nationale Grenzen wie auch – wenigstens potenziell – gesellschaftliche Grenzen überwinden ließen. Somit war das Radio ein Symbol der technologischen Moderne, die es den Zuhörerinnen und Zuhörern erlaubte, Sounds aus aller Welt zu Hause zu hören. So manchem gab die räumliche Ausbreitung des Radios Anlass zur Sorge, wie man an den damaligen internationalen Regulierungen sehen kann (vgl. Lommers 2012). Aufgeschlossene Beobachterinnen und Beobachter feierten das neue Medium dagegen für seinen Internationalismus, seinen Urbanismus und seine Modernität. In den 1920er Jahren etablierte sich in dieser Hinsicht eine regelrechte ›Radiokultur‹, die sich in Form von Gedichten über das Radio, in Zeitschriften, aber auch in ›Radiofilmen‹ artikulierte und darüber hinaus im Design von Empfangsgeräten und Studios ihren Ausdruck fand. In den dazugehörigen Darstellungen kam nicht zuletzt der Fotografie und Grafik eine Schlüsselrolle bei der Visualisierung der Radiomoderne für ein breiteres Publikum zu.

In Deutschland gab es eine rege Beteiligung von Dichtern und Dichterinnen, Autoren und Autorinnen, Musikern und Musikerinnen und nicht zuletzt den Komponisten am neuen Medium Radio (vgl. Schneider 1984). Dieses Engagement wiederum führ-

D. Morat, H. Ziemer (Hrsg.), *Handbuch Sound*, https://doi.org/10.1007/978-3-476-05421-0_65

te auch zu theoretischen Reflektionen über das Wesen und Potenzial dieses ›blinden‹ Mediums (vgl. Arnheim 2001), die mittlerweile – zumindest vereinzelt – Teil des kulturgeschichtlichen Kanons geworden sind. So propagierte Bertolt Brecht in seinem 1932 erschienenen Text »Der Rundfunk als Kommunikationsapparat« ein alternatives, in zwei Richtungen gehendes Modell, bei dem die Zuhörerinnen und Zuhörer nicht nur empfangen, sondern auch selbst senden können (vgl. Brecht 1992). Auch Walter Benjamin schrieb, von Brecht beeinflusst, Radiostücke und Essays, in denen er darüber spekulierte, wie sich die Zuhörerinnen und Zuhörer auch experimentell einbinden lassen könnten (vgl. Benjamin 2017).

Die neuen Institutionen und die politische Ökonomie des Radios

Das Radio – wie zuvor die Funktelegraphie – schien überdies wie dafür gemacht, imperiales Großmachtdenken zu untermauern, mittels Infrastrukturen, die zu Symbolen der Moderne, aber auch des kulturellen Prestiges wurden. Insbesondere die europäischen Nationen waren willens, in die notwendigen Infrastrukturen zu investieren, schließlich dienten die neuen Technologien auch der Kommunikation mit den Verwaltungen in den Kolonien (vgl. Potter 2012). Auf die globalen Funknetzwerke konnten dabei Wirtschaftsunternehmen ebenso zurückgreifen wie internationale Nachrichtenagenturen (vgl. Tworek 2014). Ähnlich wie beim frühen Phonographen und dem Grammophon gibt es letztlich genügend Beispiele für einen ›technologischen Imperialismus‹ im Zusammenhang mit dem Radio. Wie selbstverständlich wurden die neuen Technologien jedenfalls in den USA und in Europa über die vermeintlich ›unzivilisierten‹ Kulturen indigener und anderer nicht-westlicher Menschen erhoben (vgl. Taylor 2002).

In Deutschland ging das staatlich organisierte Rundfunksystem direkt aus den Strukturen der militärischen Nutzung der drahtlosen Kommunikation während des Ersten Weltkriegs hervor (vgl. Friedewald 2000). Die Gründung der ersten Radioinstitutionen wurde von der Beteiligung der staatlichen Reichspost (und natürlich der Militärbehörden) an der Telegraphie wie auch von der Zusammenarbeit von Staat und Industrie bei der Entwicklung der Kommunikationstechnologien und im Rahmen der Akustikforschung beeinflusst (vgl. Wittje 2016). Der Vorsitzende des Verwaltungsrats der 1925 ins Leben gerufenen Reichs-Rundfunk-Gesellschaft (RRG), Hans Bredow, forderte, das Radio solle als überparteiliche öffentlich-rechtliche Stiftung organisiert werden und nur in begrenztem Umfang politische Berichte, Reden und Sendungen aus dem Parlament übertragen. Bredow verfolgte ein dem Bildungsideal verpflichtetes bürgerliches Radiokonzept. Angesichts gesellschaftlicher Unruhen, Hyperinflation und anhaltender politischer Krisen baute Bredow auf den gesellschaftsstabilisierenden Einfluss des neuen Mediums.

Während die frühe Bastlerkultur des Radios von jungen Männern dominiert wurde, die mit Kristalldetektorempfängern herumexperimentierten, zeichnete sich die Mitte der 1920er Jahre einsetzende ›Domestizierung‹ des Radios dadurch aus, dass es sich vermehrt an eine weibliche Hörerschaft wandte und ein bürgerliches Familienideal propagierte (vgl. Lacey 1996). Musste die Radiohörerschaft anfangs noch Kopfhörer verwenden, machten es Innovationen im Bereich der Verstärkertechnik in den 1920er Jahren möglich, die Köpfhörer durch eingebaute Lautsprecher zu ersetzen. Die Akzeptanz des Radios als häusliches Medium für Informationen und Unterhaltung wurde zugleich durch Werbung in der Presse und auf Plakaten gefördert. Die RRG zum Beispiel führte Werbekampagnen sowohl im städtischen als auch im ländlichen Raum durch, um Konsumentinnen und Konsumenten zum Kauf eines Empfangsgerätes zu animieren (vgl. Cebulla 2004). Bereits ab 1924 konnten sich Radiosender und Radioindustrie auf der jährlich stattfindenden Großen Deutschen Funkausstellung in Berlin der Presse und Öffentlichkeit präsentieren und sich untereinander austauschen (vgl. Breßler 2009).

Das deutsche Radio basierte auf einem staatlich regulierten, föderalen System. Die Rundfunkordnung von 1926 enthielt Festlegungen hinsichtlich der zentralen Verantwortlichkeiten der RRG für die regionalen Sender, hinsichtlich der Einrichtung von Überwachungsausschüssen für das politische Programm und hinsichtlich der zentralen Steuerung der Nachrichtensendungen. Das Werbeaufkommen im deutschen Radio war dabei vergleichsweise begrenzt, anders als etwa in den Vereinigten Staaten mit ihren kommerziellen Sendernetzwerken, wo öffentliche Radiosender bis zur Gründung des Public Radio Networks in den frühen 1970er Jahren dezentralisiert arbeiteten.

Politische Inhalte wurden im deutschen Radio der Weimarer Zeit weitgehend ausgeschlossen. Vor 1933 gab es entsprechende Begrenzungen für politische Propaganda, obgleich nach der Rundfunkordnung von 1932 die Radiostrukturen weiter verstaatlicht und zentralisiert wurden. Nach der Regierungsübernahme der Nationalsozialisten im Januar 1933 unternahmen die neuen Machthaber alles, um durch Veränderungen im Programm, Entlassungen, Neueinstellungen und ›Auf-Linie-Bringen‹ von Mitarbeiterinnen und Mitarbeitern das Radio zum Instrument ihrer Parteipropaganda zu machen. Um zugleich die Reichweite zu erhöhen, wurden millionenfach staatlich subventionierte ›Volksempfänger‹ auf den Markt gebracht. Die Gleichschaltung des deutschen Rundfunks betraf indes nicht nur regionale und nationale Sender, sondern führte auch zum Ausbau internationaler Kurzwellendienste, um die Weltanschauung der Nazis auch über die Grenzen NS-Deutschlands hinaus zu verbreiten. Parallel dazu diente das Radio auch dem Ausschluss gesellschaftlich Anderer. So wurde den deutschen Juden der Besitz von Radiogeräten immer häufiger verwehrt, ab September 1939 war er ihnen ganz verboten (vgl. Birdsall 2012).

Der Ausbruch des Zweiten Weltkriegs im gleichen Monat führte darüber hinaus zu einer Art ›Ätherkrieg‹ zwischen den Achsenmächten und den Alliierten. Beide Seiten sendeten zum einen verstärkt (populäre) Musikprogramme, zum anderen erweiterten sie im Rahmen der psychologischen Kriegführung deutlich die Investitionen in Auslandspropaganda und Sabotagestrategien, wobei das Spektrum bei Letzterem von Funkstörungen bis zu den sogenannten schwarzen Propagandaaktionen reichte. Der Hörfunk galt jedenfalls als vorzügliche ideologische Waffe im Kampf gegen den Feind. Und daran sollte sich auch nach dem Ende des Zweiten Weltkriegs wenig ändern: Nachdem die Besatzungsmächte im geteilten Deutschland neue Radiosender etabliert hatten, sorgten die Umstände des Kalten Krieges alsbald dafür, dass auch die Radiolandschaft nach und nach von Ost-West-Spannungen, neuen Allianzen und neuen (trans-)nationalen Hörpraktiken beherrscht wurde (vgl. Badenoch/Fickers/Henrich-Franke 2013).

Im globalen Maßstab wurde das Radio auch mit dem antikolonialen Kampf assoziiert, und zweifelsohne spielte es Mitte des 20. Jahrhunderts eine wichtige Rolle beim *nation-building* in unabhängig gewordenen Ländern. Während dem Rundfunk dabei immer wieder zugeschrieben wurde, ein Instrument des Friedens und der Entwicklung zu sein, gehen jüngere Studien auch der anderen Seite nach: der Rolle des Radios in Konflikten und im Zusammenhang mit Gewalt, etwa in Ruanda und im früheren Jugoslawien (vgl. Grant/Stone-Davis 2013).

Radioempfang und Hörpraktiken

Das Radiohören fand nicht im luftleeren Raum statt. Forschungen der Sound Studies haben die Aufmerksamkeit dabei auf eine längere Geschichte der Modernisierung des Zuhörens gelenkt, die man an diversen professionellen »[t]echniques of audition« (Sterne 2003, 3) erkennen kann. Radiohören fasste in einer bereits existierenden Kultur des Sounds Fuß. Zwar oftmals als modernes Wunder apostrophiert, war das Radio durchaus auch ein potenzieller Grund für Lärmbeschwerden (vgl. Thompson 2002; Bijsterveld 2008). Das frühe Radiohören wird als ein Modus des »exploratory listening« (Douglas 2004, 55–82) beschrieben. In öffentlichen Diskurse über das Radiohören wurde allerdings auch vor technologieverursachten Krankheiten wie dem ›Radiotismus‹ gewarnt, der zunächst männlichen Hobbyradiohörern zugeschrieben wurde, die an ihren Kristalldetektorempfängern über Kopfhörer hörten und Symptome von Nervosität aufwiesen; später waren es dann die Frauen, die angeblich nervös wurden, wenn sie Radiohören mit anderen Tätigkeiten kombinierten (vgl. Rosenhaft 1996).

Was das frühe Radio für Hörerinnen und Hörer so reizvoll machte, so heißt es oft, waren Unmittelbarkeit, Intimität und Kopräsenz, verbunden mit der Vorstellung vom individuellen Hörer als Bestandteil einer neuen Öffentlichkeit (vgl. Schrage 2001). Zwar kamen im deutschen Radioprogramm die sogenannten einfachen Leute allenfalls selten zu Wort, von Zeit zu Zeit suchte man aber die Facetten regionaler Kultur zu betonen, wobei Akzente bzw. Dialekte ein potenzielles Vehikel für die Höreridentifikation darstellten. Das bürgerliche Wesen der frühen Radiokultur sorgte zugleich dafür, dass implizit die Klassenunterschiede aufrechterhalten wurden. Radiostimmen waren daher hinsichtlich Geschlecht und Klasse deutlich markiert, durch den Einsatz stimmlicher Stereotypen wurden sie auch häufig ›rassialisiert‹ (vgl. Hilmes 1997). Auch die Hörerinnen und Hörer partizipierten an der Radiokultur, indem sie beispielsweise an den Sender und die Moderatoren Briefe schrieben; daneben gab es andere ›radiophile‹ Aktivitäten, die zuweilen über Programmzeitschriften vermittelt wurden (z. B. Rätsel und Wettbewerbe). Der Inhalt der Radiosendungen zeichnete sich nicht nur durch diverse Genres aus, auch die Hörervorlieben variierten teilweise erheblich je nach Tageszeit und Hörkontext. Nicht nur waren manche Inhalte zweisprachig, auch der Fremdsprachenerwerb spielte in den ersten Jahrzehnten des Radios eine nicht unwichtige Rolle.

Eine der bekanntesten Episoden, die von der Hörerreaktion auf vertraute und damit vertrauenswürdige, zugleich aber entkörperlichte Radiostimmen zeugt, betrifft die im Oktober 1938 von CBS ausgestrahlte Hörspielfassung von H. G. Wells' *The War of the Worlds*, von der es heißt, sie habe unter den geschätzten sechs Millionen Zuhörerinnen und Zuhörern eine ›Massenpanik‹ ausgelöst. Die Wirkung dieser Katastropheninszenierung gilt bis heute als Paradebeispiel für die mediale Durchdringung des alltäglichen gesellschaftlichen Lebens (vgl. Sconce 2000, 110–114).

Während die historische Forschung für die ersten Jahrzehnte des Radiohörens vor allem einen häuslichen Hörkontext in den eigenen vier Wänden suggeriert, unterstreicht die jüngere Forschung die anhaltend hohe Bedeutung von Radiohörgruppen und Modi des gemeinschaftlichen Radiohörens in Nachbarschaftsstrukturen (z. B. Goodman 2016; Bergerson 2001). Studien zum Radio in Kriegs- und Besatzungszeiten und unter repressiven Regimes weisen zudem auf eine weitere Dimension hin: das Radiohören als ›nationale Pflicht‹, einschließlich der verpflichtenden Radiohörpraxis im Kollektiv und in der Öffentlichkeit, die nicht zuletzt auch eine Methode der Disziplinierung war, unter Strafandrohung für abweichende Radiohörpraktiken (vgl. Birdsall 2012). Solche Situationen werfen Fragen mit Blick auf die Ethik des Radiohörens auf, insbesondere im Vergleich mit anderen Akten alltäglichen Zuhörens.

In der (west-)deutschen Rundfunkgeschichtsschreibung werden die 1950er Jahre häufig als die ›goldene Zeit‹ des Radios bezeichnet, in der dieses als Leitmedium fungierte. Damals galt Radiohören zusehends als Inbegriff ›mobiler Freiheit‹; dabei ist hinsichtlich der Geräte eine allmähliche Verschiebung vom saisonalen Reisegefährten (dem Kofferradio) hin zum Gegenstand des alltäglichen Gebrauchs (Autoradios, Transistortaschenempfänger) zu beobachten (vgl. Weber 2008, 85–150). Einige Radioenthusiasten (sog. Tonjäger) versuchten bereits in den 1950er Jahren, Radiosendungen auf Tonband mitzuschneiden – eine Praxis, die sich mit der Einführung von Tonbandkassetten ab den 1960er Jahren schnell verbreitete. Der Siegeszug des preiswerten und leichten Walkmans mit Radioempfänger ab 1980 beförderte schließlich eine weitere Individualisierung des Radiohörens, war dieses doch nun über die Kopfhörer nicht nur ein mobiles, sondern auch ein – im Allgemeinen – rein privates Vergnügen (vgl. Bull 2000).

Obgleich häufig angemerkt wird, der Rundfunk sei eine der prägenden Erfahrungen des 20. Jahrhunderts, haben die Radiosendungen selbst wie auch ihre Rezeption nur wenige dauerhafte Spuren hinterlassen (vgl. Anderson/Curtin 2002, 17). Hör- und Rezeptionspraktiken, sowohl in der Gegenwart als auch in der Vergangenheit, gehören zu den schwer fassbaren Bereichen der Radioforschung. Seit der Erfindung des Radios waren Rundfunksender, Sponsoren, Wissenschaftlerinnen und Wissenschaftler und andere Akteure stark daran interessiert herauszufinden, wie Hörerinnen und Hörer den Radiosound erleben. Hörerfahrungen und Hörkulturen der Vergangenheit zu erforschen, ist dabei nach wie vor eine Herausforderung. Als immer beliebter werdende Methoden sind in diesem Zusammenhang Oral-History-Interviews und bestimmte Formen des *re-enactment* zu nennen, welche die enge Verbindung von Radioerinnerungen mit Formen von Identität und Zugehörigkeit, von Nostalgie und anderen Gefühlen zeigen (vgl. Tacchi 2003). Radio-bezogene Erinnerungspraktiken finden sich auch in den Aktivitäten von Enthusiasten, die in Radiomuseen und Onlineforen ihre Memorabiliensammlungen präsentieren.

Radioforschung und die Zukunft des Feldes

In neueren Sammelbänden und Handbüchern, die einen Überblick über das Feld der Sound Studies geben, wird dem Radio im Allgemeinen kaum mehr als ein Kapitel gewidmet (z. B. Bull/Back 2003; Pinch/Bijsterveld 2012; Sterne 2013; eine Ausnahme ist Bronfman/Wood 2012). Trotz dieser Unterrepräsentiertheit ist die Radioforschung ein vielfältiges, interdisziplinäres Feld. Die auf diesem Gebiet aktiven Wissenschaftlerinnen und Wissenschaftler kommen aus den Geisteswissenschaften (Medien-, Geschichts-, Sprach- und Literaturwissenschaften) und den Sozialwissenschaften (Kommunikationswissenschaft, Anthropologie, Geographie, Politikwissenschaft und Internationale Beziehungen). Die Weite des Forschungsfeldes spiegelt sich vor allem in englischsprachigen Fachzeitschriften wie dem *Radio Journal*, dem *Journal of Radio & Audio Media*, dem *Journal of Communication* oder dem *Historical Journal of Film, Radio and Television* wider.

Seit Bestehen des Rundfunks halten Wissenschaftler (und später auch Wissenschaftlerinnen) im Rahmen von Wissenschaftskommunikationsstrategien nicht nur Vorträge im Radio, sie agierten auch als Berater der Rundfunkanstalten in Sachen ›korrekter‹ »Rundfunkaussprache« (Siebs 1931; vgl. auch Lloyd James 1928–1937). Wissenschaftler aus unterschiedlichen Gebieten, vor allem aus der Linguistik und der Psychologie, interessierten sich für das Potenzial der Wissensvermittlung über das Radio. Nach einer Reihe von Studien über die Radiostimme wurde die Frage der ›Radiopsychologie‹ zum bestimmenden Thema (vgl. z. B. Cantril/Allport 1935). In den USA gab es prominente Radioforschungsprojekte – vorangetrieben vor allem von deutschen und österreichischen Emigrantinnen und Emigranten wie Paul Lazarsfeld, Herta Herzog und Theodor W. Adorno –, die sich besonders mit der Entwicklung sozialwissenschaftlicher Methoden befassten, und hier nicht zuletzt mit den Bereichen Publikumspsychologie und Verbraucherstudien (vgl. Schneider 2008).

In Deutschland selbst wurden zum Teil noch in der Weimarer Zeit diverse Initiativen ins Leben gerufen, deren Ziel es war, neue Radiotonalitäten und musikalische Sounds zu entwickeln. Zu nennen ist hier vor allem die 1927 als Abteilung der Berliner Musikhochschule eingerichtete Rundfunkversuchstelle. Das erste, ausschließlich der ›Rundfunkforschung‹ gewidmete (und genau so auch benannte) Hochschulinstitut wurde 1939 an der Universität Freiburg eingerichtet und bis zu seiner offiziellen Auflösung 1945 von Friedrichkarl Roedemeyer geleitet. Die Gründung dieses Forschungsinstituts wurde zwar von NSDAP-Funktionären tatkräftig unterstützt, Roedemeyer – immerhin selbst Parteigenosse – gelang es indes bis zuletzt, die verhältnismäßig autonome Existenz der Einrichtung zu behaupten, die u. a. mit der Soundarchivierung beschäftigt war und neben geisteswissenschaftlichen Ansätzen auch sozialwissenschaftliche Ansätze verfolgte (vgl. Birdsall [im Ersch.]).

Nach 1945 wurde die Radioforschung fester Bestandteil der Publizistik- und Kommunikationswissenschaften und der Mediensoziologie und immer häufiger in die anthropologische Feldforschung integriert (vgl. Bessire/Fisher 2012). In den Geisteswissenschaften sind die meisten seit 1990 erschienenen Studien stark von den Kulturwissenschaften und verwandten Disziplinen wie den Gender Studies, Critical Race Studies, Disability Studies, Performance Studies, Memory Studies und Sensory Studies beeinflusst. Im Vordergrund stehen hierbei einerseits Kulturgeschichten des Radios, häufig mit einer starken Affinität zur Geschichte des Sounds, andererseits breiter aufgestellte historische Studien, die vor allem die kulturelle und politische Bedeutung des Radios in einer bestimmten Epoche und einem bestimmten Kontext untersuchen (z. B. Hilmes/Loviglio 2002; Ross 2010; Ehrick 2015). Einen weiteren aufstrebenden Forschungsbereich stellen die mit den Archivwissenschaften und Heritage Studies (und der Begründung eines ›akustischen Erbes‹) eng verknüpften Untersuchungen zur Geschichte der Archivierung und Wiederverwendung von Radioaufnahmen dar (vgl. Birdsall 2016). Nur die Wissenschaftsgeschichte erkennt erst langsam die Bedeutung des Radios – jenseits seiner Fähigkeit, Wissenschaft zu kommunizieren (vgl. Kirby 2016).

Während das Radio mitunter als eine einzelne, klar abgrenzbare Technologie betrachtet wird, haben viele Studien gezeigt, dass die Technologien rund um das Radio schon immer in Bewegung waren und in Beziehung zu anderen Technologien standen, sei dies hinsichtlich der Produktion (Mikrofone, Studioeinrichtung, Aufzeichnungsequipment), Übertragung (Arten und Stärke der Signale, Techniken) oder Rezeption (Geräte und Funktionsumfang). Die Erkenntnis, dass das Radio multimedial und multisensorisch ist, hat die Aufmerksamkeit auf die Frage gelenkt, wie es sich im Hinblick auf Sinne wie das Sehen oder den Tastsinn konstituiert und eine ganze Bandbreite von Wahrnehmungs- und Verstehensfähigkeiten anspricht (vgl. Fickers 2012). Die Intermedialität des Radios – sowohl in der Vergangenheit als auch in der Gegenwart – ist zu einem wichtigen Anliegen der Radioforschung geworden, wie auch die Beziehung zwischen dem Radio und anderen Soundtechnologien (einschließlich Aufnahme- und Abspielgeräten), Musikinstrumenten, Notationen und Aufnahmen und später MP3-Soundfiles. Die Produktion von Radiosound wird zudem mit Blick auf eigens dafür gebaute Räume analysiert, wobei Sendergebäude als Medienarchitekturen mit spezifischen akustischen Eigenschaften verstanden werden (vgl. z. B. Thompson 2002; Ericson/Riegert 2010).

Man könnte versucht sein, vom ›Ende‹ des Radios zu sprechen; aber die Einführung des Fernsehens und später der digitalen Medien haben dem Radio als kultureller Form tatsächlich neue Impulse gegeben. Hatte man anfangs gedacht, das Fernsehen werde mit zunehmender Verbreitung früher oder später das Radio ersetzen, so sollte es dem Radio mehrere Male gelingen, sich neu zu erfinden. Gegenwärtig führen zunehmende Medienkonvergenzen dazu, dass viele Medieninhalte auf Smartphones, Laptops und Tablets konsumiert werden. Die digitale Radiolandschaft hat zu einem weiterem *narrowcasting* geführt, mit einem neuen Interesse am erzählenden Radio, das – als Teil einer allgemeinen ›Radiorenaissance‹ – u. a. mit der Popularität von Podcasts, Internetradio und neuen Formen des *viral audio* einhergeht. Während ein Großteil der Kommunikation in den sozialen Medien text- und bildbasiert ist, heißt es von Plattformen wie Twitter, sie würden Analogien zum Radio aufweisen. Und so bleibt das Radio auch in der jüngsten Inkarnation der »listening publics« (Lacey 2013) relevant.

Verwandte Beiträge: Kap. 16 (Sounddesign); Kap. 23 (Medienwissenschaft); Kap. 28 (Soziologie); Kap. 34 (Jingle); Kap. 36 (Rauschen); Kap. 39 (Stimme); Kap. 42 (Aufzug); Kap. 50 (Krankenhaus); Kap. 53 (Museum); Kap. 61 (Kassette); Kap. 64 (Phonograph); Kap. 66 (Schallplatte); Kap. 68 (Telefon); Kap. 70 (Gender); Kap. 74 (LautSprecher).

Literatur

Anderson, Christopher/Curtin, Michael: Writing cultural history. The challenge of radio and television. In: Niels Brügger/Søren Kolstrup (Hg.): *Media History. Theories, Methods, Analysis*. Aarhus 2002, 15–32.

Arnheim, Rudolf: Rundfunk als Hörkunst [1936]. In: Ders.: *Rundfunk als Hörkunst und weitere Aufsätze zum Hörfunk*. Frankfurt a. M. 2001, 7–178.

Badenoch, Alexander/Fickers, Andreas/Henrich-Franke, Christian (Hg.): *Airy Curtains in the European Ether. Broadcasting and the Cold War*. Baden-Baden 2013.

Benjamin, Walter: *Werke und Nachlaß. Kritische Gesamtausgabe*. Bd. 9: *Rundfunkarbeiten*. 2 Tle. Hg. von Thomas Küpper und Anja Nowak. Berlin 2017.

Bergerson, Andrew Stuart: Listening to the radio in Hildesheim, 1923–53. In: *German Studies Review* 24/1 (2001), 83–113.

Bessire, Lucas/Fisher, Daniel (Hg.): *Radio Fields. Anthropology and Wireless Sound in the 21st Century*. New York 2012.

Bijsterveld, Karin: *Mechanical Sound. Technology, Culture, and Public Problems of Noise in the Twentieth Century*. Cambridge, MA 2008.

Birdsall, Carolyn: *Nazi Soundscapes. Sound, Technology and Urban Space in Germany, 1933–1945*. Amsterdam 2012.

Birdsall, Carolyn: Sound and media studies. Archiving and the construction of sonic heritage. In: Jens Gerrit Papenburg/Holger Schulze (Hg.): *Sound as Popular Culture. A Research Companion*. Cambridge, MA 2016, 133–148.

Birdsall, Carolyn: Radio documents. Broadcasting, sound archiving, and the rise of radio studies in post-World War I Germany [im Ersch.].

Brecht, Bertolt: Der Rundfunk als Kommunikationsapparat. Rede über die Funktion des Rundfunks [1932]. In: Ders.: *Werke*. Bd. 21: *Schriften I*. Frankfurt a. M. 1992, 552–557.

Breßler, Eva Susanne: *Von der Experimentierbühne zum Propagandainstrument. Die Geschichte der Funkausstellung von 1924 bis 1939*. Köln/Weimar/Wien 2009.

Bronfman, Alejandra/Wood, Andrew Grant (Hg.): *Media, Sound, and Culture in Latin America and the Caribbean*. Pittsburgh, PA 2012.

Bull, Michael: *Sounding Out the City. Personal Stereos and the Management of Everyday Life*. Oxford/New York 2000.

Bull, Michael/Back, Les (Hg.): *The Auditory Culture Reader*. Oxford/New York 2003.

Cantril, Hadley/Allport, Gordon W.: *The Psychology of Radio*. New York/London 1935.

Cebulla, Florian: *Rundfunk und ländliche Gesellschaft 1924–1945*. Göttingen 2004.

Douglas, Susan J.: *Listening In. Radio and the American Imagination*. Minneapolis 2004.

Ehrick, Christine: *Radio and the Gendered Soundscape. Women and Broadcasting in Argentina and Uruguay, 1930–1950*. Cambridge 2015.

Ericson, Staffan/Riegert, Kristina (Hg.): *Media Houses. Architecture, Media, and the Production of Centrality*. New York u. a. 2010.

Fickers, Andreas: Visibly audible. The radio dial as mediating interface. In: Trevor Pinch/Karin Bijsterveld (Hg.): *The Oxford Handbook of Sound Studies*. Oxford/New York 2012, 411–439.

Friedewald, Michael: The beginnings of radio communication in Germany, 1897–1918. In: *Journal of Radio Studies* 7/2 (2000), 441–463.

Gilfillan, Daniel: *Pieces of Sound. German Experimental Radio*. Minneapolis 2009.

Goodman, David: A transnational history of radio listening groups I. The United Kingdom and United States. In: *Historical Journal of Film, Radio and Television* 36/3 (2016), 436–465.

Grant, M. J./Stone-Davis, Férdia J. (Hg.): *The Soundtrack of Conflict. The Role of Music in Radio Broadcasting in Wartime and Conflict Situations*. Hildesheim u. a. 2013.

Hagen, Wolfgang: *Das Radio. Zur Geschichte und Theorie des Hörfunks. Deutschland/USA*. München 2005.

Hendricks, John Allen (Hg.): *The Palgrave Handbook of Global Radio*. Basingstoke 2012.

Hilmes, Michele: *Radio Voices. American Broadcasting, 1922–1952*. Minneapolis 1997.

Hilmes, Michele/Loviglio, Jason (Hg.): *Radio Reader. Essays in the Cultural History of Radio*. New York 2002.

Kahn, Douglas/Whitehead, Gregory (Hg.): *Wireless Imagination. Sound, Radio, and the Avant-Garde*. Cambridge, MA 1994.

Kirby, David A.: Film, radio, and television. In: Bernard Lightman (Hg.): *A Companion to the History of Science*. Chichester 2016, 428–441.

Lacey, Kate: *Feminine Frequencies. Gender, German Radio, and the Public Sphere, 1923–1945*. Ann Arbor, MI 1996.

Lacey, Kate: *Listening Publics. The Politics and Experience of Listening in the Media Age*. Cambridge 2013.

Lloyd James, Arthur (Hg.): *Broadcast English*. 6 Tle. London 1928–1937.

Lommers, Suzanne: *Europe – On Air. Interwar Projects for Radio Broadcasting*. Amsterdam 2012.

Malin, Brenton J.: *Feeling Mediated. A History of Media Technology and Emotion in America*. New York 2014.

Pinch, Trevor/Bijsterveld, Karin (Hg.): *The Oxford Handbook of Sound Studies*. Oxford/New York 2012.

Potter, Simon J.: *Broadcasting Empire. The BBC and the British World, 1922–1970*. Oxford 2012.

Rosenhaft, Eve: Lesewut, Kinosucht, Radiotismus: Zur (geschlechter-)politischen Relevanz neuer Massenmedien in den 1920er Jahren. In: Alf Lüdtke/Inge Marßolek/Adelheid von Saldern (Hg.): *Amerikanisierung. Traum und Alptraum im Deutschland des 20. Jahrhunderts*. Stuttgart 1996, 119–143.
Ross, Corey: *Media and the Making of Modern Germany. Mass Communications, Society, and Politics from the Empire to the Third Reich*. Oxford 2010.
Scannell, Paddy: *Radio, Television and Modern Life*. Oxford 1996.
Schneider, Irmela (Hg.): *Radio-Kultur in der Weimarer Republik. Eine Dokumentation*. Tübingen 1984.
Schneider, Irmela: Auf den Spuren der Medienforschung. Zum ›Princeton Radio Research Project‹. In: Dies./Cornelia Epping-Jäger (Hg.): *Formationen der Mediennutzung III. Dispositive Ordnungen im Umbau*. Bielefeld 2008, 191–211.
Schrage, Dominik: *Psychotechnik und Radiophonie. Subjektkonstruktionen in artifiziellen Wirklichkeiten, 1918–1932*. München 2001.
Sconce, Jeffrey: *Haunted Media. Electronic Presence from Telegraphy to Television*. Durham, NC 2000.
Siebs, Theodor: *Rundfunkaussprache. Im Auftrag der Reichs-Rundfunk-Gesellschaft*. Berlin 1931.
Sterne, Jonathan (Hg.): *The Sound Studies Reader*. New York 2013.
Sterne, Jonathan: *The Audible Past. Cultural Origins of Sound Reproduction*. Durham, NC 2003.
Tacchi, Jo: Nostalgia and radio sound. In: Michael Bull/Les Back (Hg.): *The Auditory Culture Reader*. Oxford/New York 2003, 281–295.
Taylor, Timothy D.: Music and the rise of radio in 1920s America. Technological imperialism, socialization, and the transformation of intimacy. In: *Historical Journal of Film, Radio and Television* 22/4 (2002), 425–443.
Thompson, Emily: *The Soundscape of Modernity. Architectural Acoustics and the Culture of Listening in America, 1900–1933*. Cambridge, MA 2002.
Tworek, Heidi: Magic connections. German news agencies and global news networks, 1905–1945. In: *Enterprise and Society* 15/4 (2014), 672–686.
Weber, Heike: *Das Versprechen mobiler Freiheit. Zur Kultur- und Technikgeschichte von Kofferradio, Walkman und Handy*. Bielefeld 2008.
Wittje, Roland: *The Age of Electroacoustics. Transforming Science and Sound*. Cambridge, MA 2016.

Carolyn Birdsall
(aus dem Englischen übersetzt von Wilhelm von Werthern und Rainer Rutz)

66 Schallplatte

In der relativ kurzen Geschichte der Tonträger spielte die Schallplatte zweifellos die wichtigste Rolle: Von den 1890er bis zu den 1990er Jahren wurden Klangaufzeichnungen hauptsächlich scheibenweise gehandelt. Schallplatten dienten im 20. Jahrhundert nicht nur als Speicher- und Wiedergabemedium der Klangwelt; sie prägten die auditive Kultur ihrer Epoche auch durch ihre Materialität entscheidend mit.

Ihre Entstehungsgeschichte wird zumeist dem Erfindergeist herausragender Technikpioniere zugeschrieben. Wegweisend war Emil Berliners Entwicklung des Grammophons, das die Phonographie Thomas Alva Edisons von der Zinnfolien- bzw. Wachwalze auf die Scheibe brachte (vgl. Haffner 2011, 32–52). Rein technologisch lassen sich in der Geschichte der Schallplatte unterschiedliche Phasen unterscheiden: die frühen Jahre der mechanisch-akustischen Aufnahme mittels des Schalltrichters seit 1887, die Elektrifizierung des Aufnahmeverfahrens über Mikrofon und Verstärker seit 1925, die Stereophonie seit 1955 und die Digitalisierung der *master recordings* seit 1972 (vgl. Bartmanski/Woodward 2015, 10). Auch die Materialität der Scheiben wandelte sich: Die anfänglich von Berliner favorisierten Hartgummiplatten wichen 1897 einem Gemisch aus ruß- und baumwollhaltigen Pressstoffen, die nach ihrem Bindemittel Schellack benannt wurden. Schellackplatten maßen zehn bis zwölf Zoll, hatten zumeist eine Geschwindigkeit von 78 *rounds per minute* (rpm) und eine Abspieldauer von vier bis zehn Minuten. Die ab Mitte der 1950er Jahre verbreitete leichtere und robustere Vinyl-Schallplatte ließ sich besser international handeln und bot mit niedrigeren Geschwindigkeiten (33,3 bzw. 45 rpm) und dichterer, beidseitiger Beschreibung in engeren Rillen Platz für längere Tonaufnahmen (vgl. Peterson 1990; Tournes 2011).

Die Klangaufzeichnung erfolgte mittels Tiefen- oder/und Seitengravur auf einem Negativ (›Vater‹), von dem zunächst ein Positiv (›Mutter‹) und sodann mehrere Pressmatritzen (›Söhne‹) abgenommen wurden, mittels denen schließlich die Platten in großen Auflagen gepresst werden konnten. War die 7-Zoll-Single für einzelne Musikstücke reserviert (als Extended Player bzw. EP auch für jeweils zwei Stücke pro Seite), so boten die 1948 eingeführten Langspielplatten (LP) mit zwölf Zoll Durchmesser Raum für knapp einstündige Aufnahmen oder für eine Reihe einzelner Titel (vgl. Osborne 2016, 87–116). Die Bedeutung des Mediums lässt sich auch daran messen, dass seine Innovationsschübe zur Begründung popgeschichtlicher Phasenbildungen herangezogen werden, etwa des Beginns einer Pop-Ära um 1955 mit der Durchsetzung von Vinyl oder dem Aufkommen von Downloadverfahren und Streamingdiensten in den 1990er Jahren als Ende deren analoger Phase und Beginn einer Digitalkultur.

Aus Perspektive der Sound Studies wurde die Dominanz der Technikgeschichte, deren bahnbrechende Erfindungen kulturprägend gewirkt hätten, grundlegend infrage gestellt: Wie Jonathan Sterne (2003, 203–205) gezeigt hat, standen die einzelnen für die Phonographie notwendigen technologischen Komponenten wie Thomas Youngs Kymograph zur Wellendarstellung (1809) oder Jean-Marie Constant Duhamels Vibrograph zur Beschreibung von Zylindern (1846) bereits längere Zeit zur Verfügung, doch erst eine bestimmte kulturelle Disposition führte zur ihrer Kombination (vgl. auch Haffner 2011, 8–31). Die Schallplatte lässt sich daher als Antwort auf das Bedürfnis verstehen, Klänge dauerhaft zu speichern, ortsübergreifend zu transportieren und stückweise zu handeln (vgl. Eisenberg 1990, 26 f.). So gesehen ist sie weniger ein neutrales Speichermedium als vielmehr das Ergebnis einer auf Vorratshaltung sensorischer Reize setzenden Memorialkultur, kapitalistischer Massenproduktion und eines globalisierten Marktes.

Dabei rückten massenökonomische Erwägungen erst relativ spät in den Mittelpunkt. Edison verstand seine Tüftelei als Beitrag zur Telefonie, Berliner propagierte Ideen des *home recording*, und frühe Platten wurden vor allem mit Sprachaufnahmen bespielt. Ganze Opern wurden erst um 1906 auf Platten gebracht. In der ersten Jahrhunderthälfte, insbesondere während der 1920er Jahre, auralisierte die Phonographie massenhaft zuvor marginalisierte »vernacular music« und war damit nicht nur ein Abdruck, sondern als ›Audiopolitik‹ auch ein wesentlicher Teil der Dekolonisation (Denning 2015, 135–169). In den 1930er und 1940er Jahren kam es in Europa zu Konflikten um das Aussenden von Schallplattenmusik im Rundfunk, in dem bis dato eigens beschäftigte Orchester den Ton angaben. In den USA teilte sich in einem mit Musikerstreiks und Sendeboykotten ausgetragenen Konflikt zwischen Rundfunksendern, Musikergewerkschaften und Rechteverwertungsgesellschaften die Industrie in ›Majors‹ genannte Branchenriesen und kleinere Independent-Labels.

Im Zweiten Weltkrieg war die Schallplatte zeitgleich Gegenstand von Zensur und Propaganda (als V[ictory]-Discs), ›Arisierung‹ und Materialrationali-

D. Morat, H. Ziemer (Hrsg.), *Handbuch Sound*, https://doi.org/10.1007/978-3-476-05421-0_66

sierung. Doch noch bis Mitte des 20. Jahrhunderts wurde der Musikalienhandel von *sheet music* dominiert, gedruckten Notenblättern, die nicht der Phonographie, sondern der *Gutenberg-Galaxis* zuzurechnen sind. Vinyl-Schallplatten für öffentliche Jukeboxes und zum Heimgebrauch, seit den 1960er Jahren auch zunehmend auf portablen Geräten, wurden für Jahrzehnte das maßgebliche Musikmedium. Um die Single herum gründete sich etwa das an den Charts orientierte Top-40- oder Hit-Radio. Im ›Album‹ hingegen formierte sich im LP-Format eine Reihe von Einzeltiteln eines Musikers bzw. einer Musikerin oder einer Musikgruppe zu einem ganzheitlich rezipierten Werkzusammenhang.

In der zweiten Hälfte des 20. Jahrhunderts differenzierten sich unterschiedliche Typen von Alben heraus. Das Studio-Album entstand in einem zunehmend technisierten und hochspezialisierten Verfahren im Tonstudio. Die hier produzierten *master recordings* liefen der Bühnenaufführung seit den 1960er Jahren zunehmend ihren Rang als Ort der Originalitätsproduktion ab, da sie durch das Mehrspurverfahren beim ›Mastern‹ nun auch zeitversetzt aufgezeichnet und später zusammengefügt werden konnten und so komplexere Arrangements ermöglichten, die konzertant kaum mehr spielbar waren. Die Entstehung des Live-Albums kann als Gegenbewegung zu dieser Ent-Auratisierung der Musik angesehen werden, da es mit einer aus Hintergrundgeräuschen bestehenden ›Athmo‹ die Einmaligkeit eines Klangereignisses zu authentifizieren sucht – und Zufälligkeiten und Imperfektion über die abgemischte Perfektion des Studioklangs stellt. An solchen Formaten lässt sich die Wechselbeziehung von Medium und Inhalt studieren: Die technischen Möglichkeiten der Platte strukturierten die Hörzeit vor und normierten den Werkcharakter.

Immer wieder war die Schallplatte auch ein Objekt der Auseinandersetzung: Widerstand von Musiker/innen und Bildungseliten gegen den nivellierenden Zugang zur Tonkunst durch das Massenprodukt, Urheberrechtskonflikte um ›Bootlegs‹ genannte Raubpressungen, von Zensur oder Jugendschutz verbotene bzw. zugangsbeschränkte auditive und visuelle Inhalte, rigide Einfuhr- und Aufführungsbestimmungen von Schallplatten und die sogenannten Payola-Skandale um von der Musikindustrie bestochene Radio-DJs prägten die Konflikt- und Skandalgeschichte der Schallplatte im 20. Jahrhundert.

Im beginnenden 21. Jahrhundert lösen sich die Hörgewohnheiten weitgehend von den formatbedingten Möglichkeiten analoger Speichermedien ab, obgleich die für Vinyl-Singles typischen Songlängen von drei bis fünf Minuten auch in digitalen Umgebungen hartnäckig fortbestehen. Wenn auch immer wieder einmal das Comeback der Schallplatte ausgerufen wird, so füllt sie als audiophiler Kunstgegenstand bzw. fetischisiertes Distinktionsobjekt in einem retronostalgischen Sammler/innenmarkt tatsächlich nur mehr eine Nische, wenn auch eine respektable. (Nach Zahlen des Bundesverbandes Musikindustrie e. V. steigerte das Vinyl seinen Umsatz in Deutschland zwar zwischen 2007 und 2016 um mehr als 40 Prozent, blieb aber unter fünf Prozent des Gesamtumsatzes an physikalischen Tonträgern; vgl. Bundesverband Musikindustrie 2017, 10 und 16).

Quellenkritische Anmerkungen

Der Quellenwert der Schallplatte ergibt sich schon allein aus ihrer massenhaften Verbreitung. Gerade in nicht-literarisierten Gesellschaften waren Schallplatten dem Buchdruck überlegene Medien der Textvermittlung und daher häufig ein Objekt staatlicher Unterdrückung. So waren die politischen Reden Nelson Mandelas das Ziel von Zoll- und Zensurmaßnahmen des südafrikanischen Apartheidregimes. Sprechplatten enthalten prosodische und phonische Informationen, die, unabhängig von der Semantik der Texte, die eigentlich wesentlichen Botschaften ausmachen können – man denke etwa an den aggressiven Sprachduktus nationalistischer Redner, der in Transkripten gewöhnlich verloren geht (vgl. Mrozek 2011).

Als kommerzielle Handelsmedien enthalten Schallplatten aber auch nicht-klangliche Daten. Coverbilder (seit 1939), Picture Discs, Plattenlabel, Text-Gravuren, *sleeve-* und *linernotes* sowie teils aufwendige Beigaben wie Faltposter, Booklets oder Aufkleber lassen sich paratextuell als Peritexte lesen, die relevante Kontextinformationen zum Klanginhalt der Platte enthalten können. Die von 1978 bis Ende der 1990er Jahre vor allem für Japan und die USA produzierte Laser Disc speichert neben Tönen auch Bewegtbilder und ist Vorläufer der Compact Disc (CD). Insofern sind Schallplatten keineswegs reine Klangmedien, sondern multimediale Informationsträger, deren Quellenwert voll ausgeschöpft werden sollte. Dafür ist es notwendig, Schallplatten als Objekte einer materiellen Kultur zu verstehen und auch zur Hand zu nehmen (und nicht etwa nur eine digitalisierte Online-Aufnahme auszuwerten). Dies wird dadurch erschwert, dass gut sortierte Phonotheken im Vergleich zu Bibliotheken noch immer rar sind und Plattenspieler gewöhnlich nicht zur Ausstattung akademischer Arbeitsplätze gehören.

Auch wird eine grundlegende quellenkritische Bestimmung von Herkunft und Datierung von Schallplatten dadurch erschwert, dass von ihren Herstellern – anders als bei Büchern – kein standardisierter Nachweis erbracht wurde. Phonographische Ortsangaben und Datierungen fehlen oft völlig; Nachpressungen oder veränderte Neuauflagen sind vielfach nicht als solche ausgewiesen und für den Laien kaum erkenntlich. Hilfsmittel wie National-Phonotheken, Discographien, spezialisierte Musikarchive und von Sammler/innen erstellten Online-Datenbanken und -Kataloge sind daher wertvolle Hilfsmittel.

Forschungsfragen und -perspektiven

Da ihre Wirkungsgeschichte ein im Großen und Ganzen abgeschlossener Zeitraum ist, sind die meisten kultur- und geisteswissenschaftlichen Perspektiven auf die Schallplatte historiographische. Wirtschaftsgeschichtliche Arbeiten befassen sich mit einzelnen Labels oder nationalen Produktions- und Vertriebsstrukturen (z. B. Denisoff 1997; Müller 2016). Historisch arbeitende Industriesoziolog/innen nehmen spezialisierte Berufsgruppen wie Disc Jockeys, Toningenieur/innen oder Promoter/innen in den Blick. Die Entstehung von Verwertungsgemeinschaften wie der GEMA, der Konkurrenz zwischen Major- und Independent-Labels auf dem US-Markt, der Lobbyarbeit von Musiker/innengewerkschaften gegen das Abspielen von Schallplatten im Rundfunk sind Bestandteil der Rechts- und Mediengeschichte.

Auf kulturwissenschaftlicher Mikroebene lassen sich mithilfe medienarchäologischer Verfahren die vielfachen Aneignungen und Umwidmungen kulturindustrieller Produkte analysieren. Hierzu gehört einerseits die Analyse der Materialität von Klangmaterial, Aufnahme- und Abspieltechnik oder Aufbewahrungs- und Ordnungssystemen, die teils genrebildend gewirkt haben. Andererseits lassen sich mithilfe des ›Hands-on‹-Verfahrens, also dem eigenen Umgang mit dem historischen Material, zeitgebundene Charakteristika des Mediums erfahren, etwa durch das Nachstellen historischer Hörsituationen (vgl. Fickers 2015).

Zwar gibt es einige übergreifende Industriestudien und Geschichten einzelner Labels, doch fehlt es insbesondere an vergleichenden und transnationalen Darstellungen, die Produktion und Vermarktung von Schallplatten auch in ihren transmedialen Verflechtungen untersuchen. Erschwert wird dies teils durch lückenhafte oder unzugängliche Firmenarchive. Eine wichtige Rolle spielt bei produktionszentrierten Ansätzen daher die Oral History mit Spezialist/innen (z. B. Schmidt Horning 2015).

Auch lässt sich die gruppenbildende Wirkung von Schallplatten untersuchen. Wurde schon um 1900 hervorgehoben, dass durch das ortsunabhängige Abhören derselben Aufnahmen Menschen in gleichen ästhetischen Erfahrungen verbunden sind, so organisierten sich um Schallplatten frühzeitig auch Gemeinschaften, die das Hören als intersubjektive Praxis betrieben. *Record collector societies*, Tauschringe und Jazz-Clubs suchten das reflektierende Gespräch, entwickelten eigene Bewertungssysteme und trotzten der Verknappung von Abspielgeräten und Platten (vgl. Bryant 2005), etwa bei den mobilen *sound systems* afrokaribischer Gesellschaften, die beträchtliche Anhängerschaften um sich scharten.

Aus Perspektive der Sensory Studies lässt sich die von Walter Benjamin (im Kunstwerk-Aufsatz) u. a. am Beispiel der Fotografie behauptete Zugehörigkeit technischer Speichermedien in die Sphäre der Reproduktion von Originalen infrage stellen. Da jeder Akt des Hörens sensorisch anders verläuft und je nach Umgebung, Hintergrundgeräuschen und Höraufmerksamkeit andere Informationen wahrgenommen werden, lassen sich Hörereignisse als eigenständige und prinzipiell nicht identisch wiederholbare perzeptive Akte verstehen und in ihrer Spezifik analysieren.

Zudem sind Schallplatten nicht nur ein Medium für die Ohren, sondern auch eines des Körperhörens. Der größere Durchmesser der Maxi-Single etwa bot Platz für eine breitere Rillenschrift, womit lautere Aufnahmen von Tönen aus dem Bassbereich ermöglicht wurden, die in den Großraumdiskotheken der 1970er Jahre ein viszerales Hören ermöglichten (vgl. Papenburg 2014). Die Disability Studies haben darüber hinaus die sinneserweiternde Funktion von *talking books* hervorgehoben, Sprechplatten für Blinde, anhand derer eine Geschwindigkeitsregelung zum schnelleren Ohrenlesen entwickelt wurde, die als *pitch control* zur Standardanwendung für DJ-fähige und High-End-Geräte wurde. Hier hat das Hörbuch seinen Ursprung, das sich mit aufwendig produzierten Vertonungen auch unter sehenden Menschen verbreitete (vgl. Mills 2013).

Auch kann das Abspielen von Schallplatten direkt in die Musikproduktion führen – etwa durch Verfahren wie *scratching* oder *(re-)mixing* – bei denen Turntables wie der Technics SL 1200 MK2 zu Musikinstrumenten avancierten. Die *unrecorded era* in der Frühzeit des Hip-Hop ist nur das prominenteste Beispiel dafür, dass Schallplatten nicht nur der Speicher, genauer: der Abdruck von Klanginhalten sind, sondern das Klanggeschehen und darüber hinaus auch die Geschichte des 20. Jahrhunderts mitgeprägt haben.

Verwandte Beiträge: Kap. 6 (Materielle Kultur); Kap. 13 (Rhythmus); Kap. 28 (Soziologie); Kap. 36 (Rauschen); Kap. 42 (Aufzug); Kap. 44 (Diskothek); Kap. 59 (Compact Disc); Kap. 61 (Kassette); Kap. 63 (Noten); Kap. 64 (Phonograph); Kap. 65 (Radio); Kap. 70 (Gender).

Literatur

Bartmanski, Dominik/Woodward, Ian: *Vinyl. The Analogue Record in the Digital Age*. London u. a. 2015.

Bundesverband Musikindustrie: *Musikindustrie in Zahlen - 2016. Das Jahrbuch des BVMI*. Berlin 2017. In: http://www.musikindustrie.de/download-jahrbuch (30.1.2018).

Bryant, Eric Thomas: Record collector societies. In: Frank Hoffmann/Howard Ferstler (Hg.): *Encyclopedia of Recorded Sound*, Bd. 2. New York/London [2]2005, 900 f.

Denisoff, R. Serge: *Tarnished Gold. The Record Industrie Revisited*. New Brunswick, NJ u. a. [3]1997.

Denning, Michael: *Noise Uprising. The Audiopolitics of a World Musical Revolution*. London/New York 2015.

Eisenberg, Evan: *Der unvergängliche Klang. Mythos und Magie der Schallplatte*. Frankfurt a. M. u. a. 1990 (engl. 1987).

Fickers, Andreas: Hands-on! Plädoyer für eine experimentelle Medienarchäologie. In: *Technikgeschichte* 82/1 (2015), 67–86.

Großmann, Rolf: Die Geburt des Pop aus dem Geist der phonographischen Reproduktion. In: Christian Bielefeldt/Udo Dahmen/Rolf Großmann (Hg.): *PopMusicology. Perspektiven der Popmusikwissenschaft*. Bielefeld 2008, 119–134.

Haffner, Herbert: »*His Master's Voice*«. *Die Geschichte der Schallplatte*. Berlin 2011.

Lee, Marshall (Hg.): *The International Recording Industries*. Abingdon u. a. 2013.

Mills, Mara: *Print disability*. Die Ko-Konstruktion von Blindheit und Lesen. In: Ulrike Bergermann (Hg.): *Disability Trouble. Ästhetik und Bildpolitik bei Helen Keller*. Berlin 2013, 194–204.

Mrozek, Bodo: Geschichte in Scheiben. Schallplatten als zeithistorische Quellen. In: *Zeithistorische Forschungen/Studies in Contemporary History* 8/2 (2011), 295–304.

Müller, Christian A.: »Die nicht-kreativen Hintergründe liefern«. Tonträgerindustrien in Ost- und West-Deutschland im Strukturwandel der 1950er bis 1980er Jahre. In: Werner Plumpe/André Steiner (Hg.): *Der Mythos von der postindustriellen Welt. Wirtschaftlicher Strukturwandel in Deutschland 1960 bis 1990*. Göttingen 2016, 120–171.

Osborne, Richard: *Vinyl. A History of the Analogue Record*. Abingdon u. a. 2016.

Papenburg, Jens Gerrit: »A great idea after the fact«. Das (Er-)Finden der Maxisingle in der New Yorker Discokultur der 1970er Jahre. In: Bodo Mrozek/Alexa Geisthövel/Jürgen Danyel (Hg.): *Popgeschichte*. Bd. 2: *Zeithistorische Fallstudien 1958–1988*. Bielefeld 2014, 179–198.

Peterson, Richard A.: Why 1955? Explaining the advent of rock music. In: *Popular Music* 9/1 (1990), 97–116.

Schmidt Horning, Susan: *Chasing Sound. Technology, Culture, and the Art of Studio Recording from Edison to the LP*. Baltimore 2015.

Sterne, Jonathan: *The Audible Past. Cultural Origins of Sound Reproduction*. Durham, NC 2003.

Tournès, Ludovic: *Du phonographe au MP3. XIXe–XXIe siècle. Une histoire de la musique enregistrée*. Paris 2011.

Bodo Mrozek

67 Stethoskop

1818 stellte der Pariser Arzt René Théophile Hyacinthe Laennec das von ihm erfundene Stethoskop vor – damals noch ein einfaches Holzrohr, das gegen die Brust des Patienten gedrückt wurde. Spätestens seit der Mitte des 19. Jahrhunderts war das Abhorchen mit dem Stethoskop, die ›mediate Auskultation‹, eine allseits verbreitete Untersuchungstechnik der modernen Medizin. Hatten sich die Ärzte bei ihren Diagnosen vorher noch von der Erzählung des Kranken und äußerlich beobachtbaren Symptomen leiten lassen, so wurden nun die im Inneren des Körpers erlauschten Organgeräusche als objektive Zeichen der Krankheit angesehen. Das Stethoskop stand am Anfang einer ganzen Kette technischer Innovationen, die die Diagnose des Arztes von der Selbstwahrnehmung des Patienten entkoppelte und auf die Grundlage einer stets intensiveren körperlichen Untersuchung stellte. Auch wenn es sich dabei weitgehend um Labortechniken und bildgebende Verfahren (Röntgenuntersuchung) handelte, so behielt das Abhorchen bis heute einen festen Platz in der Alltagspraxis vieler Ärzte. Der ›medizinische Blick‹, wie Michel Foucault (1973) die um 1800 etablierten Objektivierungsweisen des menschlichen Körpers genannt hat, etablierte sich somit auch im Medium des Geräusches.

Die Entstehung und Durchsetzung der stethoskopischen Untersuchung ist, zumindest für Frankreich und den deutschsprachigen Raum, ausführlich dokumentiert (z. B. Lachmund 1997). Arbeiten aus jüngerer Zeit haben das Thema aus der Perspektive der Sound Studies beleuchtet (z. B. Sterne 2003; Van Drie 2013) und damit auch in den Kontext einer nicht nur auf die Medizin begrenzten Mediengeschichte gestellt. Schließlich liegen inzwischen auch ethnographische Studien zur Praxis des stethoskopischen Hörens vor (z. B. Rice 2013; Harris/Van Drie 2015; vgl. auch Harris 2015 zur Perkussion). Auf der Grundlage dieser Literatur werden hier die wichtigsten Aspekte dieses Mediatisierungsprozesses herausgestellt.

Zur Entwicklung des Stethoskops als Medium

Die Entstehungsgeschichte der Auskultation lässt sich bis in antike Schriften zurückverfolgen; deren systematische Anwendung war jedoch eng mit der Krankenhausmedizin verbunden, die sich im Paris des späten 18. Jahrhunderts herausgebildet hat (vgl. Foucault 1973; Lachmund 1997, Kap. 3). Kranke erhielten hier eine kostenlose Behandlung, mussten dafür aber ärztlichen Anordnungen Folge leisten und wurden, im Falle ihres Todes, obduziert. Der Massenbetrieb dieser Krankenhausmedizin unterminierte den Gebrauch des ausführlichen mündlichen Krankenexamens, auf das die Hausärzte ihre Diagnose stützten. Andererseits eröffneten sich dort ganz neue epistemische Möglichkeiten. Patientinnen und Patienten und deren Krankheitsverläufe standen unter nahezu permanenter Beobachtung, die klinische Vergleiche ermöglichte und Abgleiche mit den späteren Obduktionsergebnissen. Die pathologische Anatomie wurde somit zum vorherrschenden Modell der Wissensproduktion: Die bei der Leichenöffnung sichtbaren und im Körper lokalisierbaren körperlichen Veränderungen (Läsionen) dienten nicht nur dazu, die früher am Krankenbett getroffenen Diagnosen zu bestätigen oder zu widerlegen, sie stellten auch die Kriterien bereit, anhand derer Krankheitskategorien definiert und voneinander abgegrenzt wurden und an denen sich auch die Behandlung der Kranken orientieren sollte.

Die pathologische Anatomie war zwar in erster Linie eine Praxis der Sichtbarmachung. Dennoch bildete sie den Hintergrund, vor dem sich das Hörbarmachen der Krankheit durch die Auskultation etablierte. Wollte man entsprechende Diagnosen bereits am Krankenbett stellen, so bedurfte es auch dort einer Untersuchungsmethode, die auf das im Körperinneren lokalisierte Krankheitsgeschehen abstellte. 1808 übersetzte Napoleons Leibarzt Jean-Nicolas Corvisart die 1761 erschienene Abhandlung des Wiener Arztes Leopold Auenbrugger, in der dieser bereits die Perkussion beschrieben hatte. Hierbei wurde dem Kranken mit zusammengezogenen Fingern gegen die Brust geschlagen und aus dem Klang auf den Zustand der darunter befindlichen Organe geschlossen.

Laennec war leitender Arzt am Hôpital Necker, einer kleineren, auf sogenannte Brustkrankheiten spezialisierten Klinik, als er das Stethoskop entwickelte. Schon kurz zuvor hatte sein Kollege François-Joseph Double beschrieben, wie man durch das Anlegen des Ohrs an die Brust des Patienten die Geräusche des Herzschlags oder der Atmung abhorchen konnte. Wohl im Winter 1816/17 begann Laennec, sich hierfür eines Hörrohrs zu bedienen (vgl. Grmek 1981). In seiner 1819 erschienenen Abhandlung über die *auscultation médiate* berichtet er, dass er erst eine spontan zusammengerollte Papierröhre benutzt habe. Nach Versuchen mit verschiedenen Materialien hatte er sich dann für einen etwa einen Fuß langen durchbohrten Holzylinder als Un-

D. Morat, H. Ziemer (Hrsg.), *Handbuch Sound*, https://doi.org/10.1007/978-3-476-05421-0_67

tersuchungsinstrument entschieden und damit den Prototyp des modernen Stethoskops entwickelt. Laennec ging davon aus, dass dieses Instrument die Geräusche deutlicher und distinkter zum Ohr leite als das direkte Abhorchen (1819, Bd. I, 10–12).

Im Anschluss an Laennecs Arbeiten setzte sich die Auskultation insbesondere an Hospitälern durch, zunächst innerhalb von Paris und dann überall dort, wo im Laufe des 19. Jahrhunderts ein ähnlicher Krankenhausbetrieb entstand (z B. im Wien der 1830er und 1840er Jahre; vgl. Lachmund 1997, Kap. 3). Die Rezeption der Auskultation blieb eng mit der Einübung des pathologisch-anatomischen ›Blicks‹ auf die Krankheit verbunden. Wo Ärzte anderen, eher klassisch-symptomorientieren Deutungsmustern anhingen, stieß die Rezeption an Grenzen oder führte zu Konflikten. In der Privatpraxis waren die Ärzte zudem mit einer bisweilen skeptischen Klientel konfrontiert (vgl. ebd., Kap. 7). Die Zustimmung zur Untersuchung musste den Patientinnen und Patienten oder Angehörigen in situativen Aushandlungsprozessen erst abgerungen werden.

Andererseits etablierten sich innerhalb des Laienpublikums bald neue Erwartungen und Interaktionsrituale, die die Rezeption der Auskultation erleichterten und sogar beförderten. Ähnlich wie hinsichtlich der Verbindung der Auskultation mit der pathologischen Anatomie, kommt auch hier wieder dem Nexus zwischen Sonischem und Visuellem eine entscheidende Bedeutung zu: Wo der Arzt *hört*, *sieht* der Patient den Arzt hören und beurteilt sein Handeln danach. So wurde schließlich ein sonisches Medium zu einem sichtbaren Zeichen für die Kompetenz und Professionalität des modernen Arztes. Wie zudem Jonathan Sterne (2003) gezeigt hat, nahm dieses mediatisierte und auf Erkenntnisgewinn ausgerichtete Hören bereits wesentliche Merkmale späterer akustischer Reproduktionstechniken (Telefon, Phonograph, Radio) vorweg und bildete damit eine mediengeschichtliche Zäsur, deren Bedeutung weit über die Medizin hinausreichte.

Die Mediatisierung des Hörens in der Medizin

Auch nachdem die Auskultation sich als Methode durchgesetzt hatte, blieben die Bedeutung und das Design des Stethoskops Gegenstand innermedizinischer Auseinandersetzungen. So kehrten viele Pariser Ärzte in den 1820er Jahren wieder zur direkten Auskultation zurück, da sie die dadurch wahrgenommenen Geräusche als authentischer ansahen. Andererseits wurde eine Vielzahl neuer Typen von Stethoskopen entwickelt (vgl. Lachmund 1997, Kap. 6). Die Grundform des heute gebräuchlichen Schlauchstethoskops wurde um 1850 von dem britischen Arzt Arthur Leared und dem New Yorker Arzt George P. Cammann konstruiert. Es folgte dem zuvor von dem Physiker Charles Wheatstone eingeführten Prinzip des binauralen und damit die Wahrnehmung des Schalls verstärkenden Hörens. Bei dessen ›Microphone‹ genanntem Instrument wurde der Schall bereits von einer Quelle über zwei getrennte Drähte zu beiden Ohren übertragen. Ein Vorteil des Schlauchstethoskops war auch seine Flexibilität, die es ermöglichte, den Patienten ohne weitreichende Positionsveränderungen zu untersuchen. Es fehlen zwar verlässliche Daten darüber, wie sich diese unterschiedlichen Modelle in der Praxis verbreitet haben. Auf jeden Fall blieb das einfache Hörrohr aber noch weit bis ins 20. Jahrhundert in Gebrauch, im Bereich der Schwangerschaftsuntersuchung ist es das noch heute.

Das Hörbarmachen der Krankheit durch das Stethoskop beruhte nicht allein auf den akustischen Eigenschaften des Instruments, sondern auch auf einer für die Arzt-Patient-Beziehung völlig neuartigen kooperativen Körpertechnik. Um optimal hören zu können, sollte der Arzt das Stethoskop möglichst leicht, ›wie eine Schreibfeder‹, in der Hand halten. Zugleich verlangte die Untersuchung dem Patienten die Bereitschaft ab, sich zu entblößen, entsprechende Körperhaltungen einzunehmen oder auf Geheiß des Arztes bestimmte Buchstaben oder Wörter auszusprechen. Letzteres war ein entscheidender Grund, weshalb der Gebrauch des Stethoskops in der Privatpraxis zunächst auf Widerstand stieß.

Entscheidend für die klinische Brauchbarkeit war schließlich eine fokussierende Wahrnehmungs- und Interpretationskompetenz (vgl. ebd., 76 ff.; Sterne 2003, Kap. 2), vermittels derer der Arzt die Geräusche des untersuchten Körpers klassifizieren und auf die im Sinne der pathologischen Anatomie unterschiedenen Krankheiten beziehen konnte. In seinen medizinischen Forschungen trug Laennec einerseits wesentlich dazu bei, Krankheitseinheiten anhand pathologisch-anatomischer Merkmale abzugrenzen. Bekannt wurde er etwa durch seine Reduktion der früheren Aufteilung der Schwindsucht in viele symptomatische Varianten auf eine einzige Krankheitseinheit, die er durch das Vorhandensein tuberkulöser Aushöhlungen in der Lunge bestimmte. Andererseits verglich er diese Läsionen regelmäßig mit den zuvor mit dem Stethoskop wahrgenommenen Geräuschen, sodass sich daraus ein immer dichteres System von Klassifikationen und Interpretationsregeln ergab. Laennec unterschied vier Formen von Auskultationsgeräuschen: den Widerhall der Stimme, die Atmungsgeräusche, das ›Röcheln‹ (bei Behinderung der Atmung durch in der Lunge befindliche Flüssigkeiten) und die Geräusche der Blutzirkulation. In jeder dieser Kategorien unterschied er wiederum verschiedene Variationen des jeweiligen Grundgeräusches. Im idealen Fall handelte es sich dabei um sogenannte pathognomische Zeichen, die direkt auf eine krankhafte Veränderung des jeweiligen Organs verwiesen. So galt ihm etwa die ›Pectoroliquie‹, eine Verstärkung der an der Brust hörbaren Stimme, als sicherer Hinweis auf das Vorhandensein von Lungentuberkeln.

Laennec hatte in seinem Buch eine Vielzahl von Metaphern und Analogien zu bekannten Geräuschen benutzt, um die stethoskopischen Geräusche kommunikabel zu machen. Um diese Geräusche tatsächlich zu identifizieren, bedurfte es jedoch einer geteilten Wahrnehmungskompetenz, die nicht allein sprachlich vermittelbar war, sondern der langwierigen Übung an einer Vielzahl unterschiedlicher Patienten bedurfte (vgl. auch Harris/Van Drie 2015; Rice 2013 für die Gegenwart). Wie Laennec betonte, musste man zumindest einige Male seine stethoskopischen Diagnosen durch die Autopsie bestätigen, »um sich mit seinen Augen von der Sicherheit der vom Gehör dargebotenen Zeichen zu überzeugen« (Laennec 1819, Bd. I, 14; Übers. J. L.). Da dies nur innerhalb der Krankenhäuser möglich war und zudem der Anleitung eines bereits erfahrenen Lehrers bedurfte, waren einer raschen Verbreitung des Stethoskops Grenzen gesetzt. Zudem warfen Skeptiker Laennec vor, dass es sich bei den von ihm beschriebenen Geräuschen ohnehin nur um dessen subjektive Phantasien handelte.

Aber auch als sich die Auskultation weiter verbreitet hatte, blieben die entsprechenden Hör- und Interpretationsweisen Gegenstand heftiger Kontroversen und es differenzierten sich unterschiedliche kulturspezifische Versionen. Besonders markant war hier der Unterschied zwischen Frankreich und Deutschland: In Frankreich beschritt man den Weg einer ständigen Vermehrung und klassifikatorischen Verfeinerung der stethoskopischen Geräuschwelt; in Deutschland setzte sich ein vereinfachtes, auf dem Prinzip der Differenzialdiagnose beruhendes Verfahren durch, das mit sehr viel weniger Varianten auskam (vgl. Lachmund 1997, Kap. 5).

Wie diese kurze Entwicklungsskizze gezeigt hat, beruhte die Mediatisierung des Hörens in der Medizin nicht allein auf dem Einsatz des Stethoskops. In diesem materialisierte sich vielmehr ein sehr viel umfassenderes Dispositiv, das auch soziale und körperliche Praktiken des Arztes und des Patienten, sonische Vokabularien und Fertigkeiten und neue Netzwerke der Zirkulation von Wissen beinhaltete. Klar ist, dass dieses mediale Dispositiv das Objekt der Erkenntnis nicht etwa nur besser oder objektiver zur Darstellung brachte, sondern dieses nach Maßgabe eines an der pathologischen Anatomie geschulten Blicks neu erfand.

Verwandte Beiträge: Kap. 5 (Körperlichkeit); Kap. 14 (Sonifikation); Kap. 30 (Wissenschaftsgeschichte); Kap. 50 (Krankenhaus).

Literatur

Auenbrugger, Leopold: *Nouvelle méthode pour reconnaître les maladies internes de la poitrine*. Paris 1808 (lat. 1760).
Foucault, Michel: *Die Geburt der Klinik. Eine Archäologie des ärztlichen Blicks*. München 1973 (frz. 1963).
Grmek, Mirko D.: L'invention de l'auscultation médiate, retouches à un cliché historique. In: *Revue du Palais de la découverte*, Nr. 22 (1981), 107–116.
Harris, Anna: Listening-touch, affect and the crafting of medical bodies through percussion. In: *Body & Society* 22/1 (2015), 31–61.
Harris, Anna/Van Drie, Melissa: Sharing sound. Teaching, learning, and researching sonic skills. In: *Sound Studies* 1/1 (2015), 98–117.
Lachmund, Jens: *Der abgehorchte Körper. Zur historischen Soziologie der medizinischen Untersuchung*. Opladen 1997.
Laennec, René T. H.: *De l'auscultation médiate ou traité du diagnostic des maladies des poumons et du coeur*. 2 Bde. Paris 1819.
Rice, Tom: *Hearing and the Hospital. Sound, Listening, Knowledge and Experience*. Canon Pyon 2013.
Sterne, Jonathan: *The Audible Past. Cultural Origins of Sound Reproduction*. Durham, NC 2003.
Van Drie, Melissa: Training the auscultative ear. Medical textbooks and teaching tapes (1950–2010). In: *The Senses and Society* 8/2 (2013), 165–192.

Jens Lachmund

68 Telefon

Am 26. Oktober 1861 präsentierte der hessische Lehrer Philipp Reis zahlreichen Mitgliedern des Physikalischen Vereins in Frankfurt erstmals seine Erfindung mit dem Namen ›Telephon‹. Dieser Apparat machte die Fernübertragung von tönenden Schwingungen durch deren Umwandlung in elektrische Ströme möglich und kann damit als erstes elektrifiziertes analoges akustisches Medium gelten (vgl. Hiebel et al. 1998, 135). Das Telefon wurde fast gleichzeitig mit dem Phonographen erfunden, aber noch vor diesem zu einem alltäglichen Gebrauchsgegenstand. Es erlaubte zum ersten Mal die mediale Trennung des Klangs von seiner Quelle bzw. – telefonspezifischer – die räumliche Trennung der Stimme von ihrem Träger oder ihrer Trägerin. Das Telefon steht somit am Beginn jener »Schizophonie«, die R. Murray Schafer (2010, 162) als Signum der auditiven Moderne betrachtet. Es machte das akusmatische Hören, d. h. das Hören eines von seiner ursprünglichen Quelle medial losgelösten Klangs, zur Alltagserfahrung (vgl. Halliday 2013, 14).

Telefongeschichte

Bevor das Telefonieren allerdings zur Alltagserfahrung breiterer Schichten wurde, vergingen einige Jahrzehnte. Die Erfindung von Philipp Reis stieß zunächst auf wenig unternehmerisches Interesse, und Reis fand keine Unterstützung, um sie technisch weiterzuentwickeln. Es war der Amerikaner Alexander Graham Bell, der schließlich 1876 ein eigenes Telefon zum Patent anmeldete und mit der Gründung der Bell Telephone Company 1877 auch dessen Markteinführung betrieb. Beide, Reis wie Bell, bauten mit ihren Erfindungen auf der wissenschaftlichen Erforschung des Hörens während des 19. Jahrhunderts und insbesondere auf den Forschungen von Hermann von Helmholtz auf, denn die Funktionsweise des Telefons beruhte im Wesentlichen auf der Physiologie des menschlichen Hörvorgangs, den es simulierte (vgl. Sterne 2003, 41; Enns 2014).

Schon bald nach der Patentierung durch Bell wurden in den USA und Europa die ersten Telefonnetze aufgebaut. Allerdings war die Nutzungsweise des Telefons als interpersonales Kommunikationsmedium nicht von vornherein gegeben. In Deutschland wurde das Telefon etwa zunächst als Erweiterung des Telegraphennetzes genutzt, d. h. Postämter ohne Telegraphenanschluss wurden mit Telegraphenämtern telefonisch verbunden, sodass Telegramme fernmündlich aufgegeben und weitergemeldet werden konnten. Der Ausbau des Telefonnetzes erfolgte hier ab 1881 durch die Telegraphen Bau-Anstalt von Siemens & Halske, da Bell es versäumt hatte, sein Patent auch für Deutschland anzumelden. Seine Wahrnehmung als ›sprechender Telegraph‹ führte in Deutschland zur administrativen Angliederung des Telefons an das Telegraphenwesen und damit zu seiner Unterstellung unter das Postmonopol des Staates, während der Ausbau der Telefonnetze in den USA und in anderen europäischen Staaten (zunächst) privatwirtschaftlich organisiert war (vgl. Ruchatz 2004).

Die ersten Telefonnetze der 1880er Jahre waren (aufgrund der zunächst begrenzten technischen Möglichkeiten der Fernübertragung) städtische Ortsnetze, die erst allmählich zu nationalen und dann zu internationalen Netzen erweitert wurden. Das Telefon wurde in den ersten Jahren vor allen Dingen als Geschäftsmedium genutzt. Daneben experimentierte man mit dem Telefon auch als Verbreitungsmedium für Musik und Nachrichten im Sinne eines ›Proto-Rundfunksystems‹ (Marvin 1988, 222). Musikübertragungen per Telefon waren Attraktionen auf den internationalen Elektrizitätsausstellungen 1881 in Paris, 1882 in München und 1883 in Wien. In Paris bot das ›Théâtrophone‹ regelmäßige Opern- und Theaterübertragungen an einen festen Abonnentenkreis von Privatpersonen, in Budapest versorgte der ›Telefon Hírmondó‹ seine Abonnentinnen und Abonnenten noch bis in die 1920er Jahre hinein mit Nachrichten und einem täglichen Unterhaltungsprogramm, bevor diese Art der Telefonnutzung durch die Verbreitung des Radios verdrängt wurde (vgl. ebd., 209–231; Höflich 1998, 187–196). In derselben Zeit setzte sich das Telefon schließlich als auch privat genutztes, interpersonales Medium zur sprachlichen Kommunikation durch, wobei es in Deutschland noch bis in die 1970er Jahre dauerte, bis man von einer flächendeckenden Versorgung der Privathaushalte mit Telefonen sprechen konnte (vgl. Becker 1989, 7).

Telefonstimmen

Was mit der Verbreitung des Telefons im Laufe der Jahre zu einer alltäglichen Erfahrung wurde, erregte in der Frühzeit der Telefonie immer wieder Aufsehen: die auditive Präsenz einer fremden Stimme bei gleichzeitiger räumlicher Ferne der sprechenden Person. Das Telefon rekonfigurierte das Verhältnis von Kör-

D. Morat, H. Ziemer (Hrsg.), *Handbuch Sound*, https://doi.org/10.1007/978-3-476-05421-0_68

per und Stimme, von akustischer An- und körperlicher Abwesenheit in einer Art und Weise, die vielen Zeitbeobachterinnen und -beobachtern Anlass zur Reflexion bot. So dachte etwa Marcel Proust in einer berühmten Passage seines Romans *Auf der Suche nach der verlorenen Zeit* anlässlich des Telefonats seines in Doncière weilenden Ich-Erzählers mit dessen Großmutter in Paris über die erstaunliche »Realpräsenz dieser so nahen Stimme – bei tatsächlicher Trennung« (Proust 2004, 184) nach. Die Loslösung der auditiven von der visuellen Wahrnehmung der Großmutter bewirkte dabei den Eindruck, deren Stimme durch das Telefon zum ersten Mal richtig und als eine eigenständige Entität zu hören:

> »[D]ann sprach ich, und nach ein paar Augenblicken der Stille hörte ich auf einmal die Stimme, die ich zu Unrecht so gut zu kennen meinte, denn bis dahin hatte ich jedesmal, wenn meine Großmutter mit mir sprach, das, was sie sagte, in der aufgeschlagenen Partitur ihres Gesichts verfolgt [...]; doch ihrer Stimme selbst lauschte ich heute zum erstenmal. Da aber diese Stimme mir in ihren Proportionen von dem Augenblick an, da sie ein Ganzes darstellte, ganz verändert schien und isoliert zu mir drang ohne die Begleitung der Gesichtszüge, entdeckte ich erst, wie sanft sie war« (ebd., 185).

Zugleich verknüpfte sich die auditive Nähe der großmütterlichen Stimme bei körperlicher Ferne der Großmutter mit der Vorahnung von deren Tod: »Ich rief: ›Großmutter, Großmutter‹, und hätte sie am liebsten geküßt; aber nur die Stimme war bei mir, so ungreifbar wie die geisterhafte Erscheinung, die mich vielleicht wieder aufsuchen würde, wenn meine Großmutter tot wäre« (ebd., 186). Damit rückte Proust das Telefon in einen spiritistischen Diskurskontext, in dem die frühen Audiomedien häufig diskutiert wurden. Besonders bei der Phonographie und dem Grammophon richtete sich die Faszination für deren Fähigkeit, Abwesende stimmlich präsent machen zu können, früh schon auf die Stimmen Verstorbener (vgl. Sterne 203, 287–292). Das Telefon konnte (in der Zeit vor dem Anrufbeantworter bzw. der Mailbox) nicht in der gleichen Weise wie der Phonograph die Zeit überbrücken, sondern nur den Raum. Doch wie sich an Proust sehen lässt, konnten auch Telefonstimmen als Geisterstimmen wahrgenommen werden.

Ähnliches lässt sich auch bei Walter Benjamin finden. In seinem Erinnerungsbuch *Berliner Kindheit um neunzehnhundert* beschäftigte er sich in einem eigenen Kapitel mit dem frühen Telefon (vgl. Morat 2016). Darin bezeichnete er »die Geräusche der ersten Telefongespräche« als »Nachtgeräusche«: »Die Nacht, aus der sie kamen, war die gleiche, die jeder wahren Geburt vorhergeht. Und eine neugeborne war die Stimme, die in den Apparaten schlummerte« (Benjamin 1987, 18). Indem Benjamin zugleich betonte, »daß im Nachhall die Geräusche der ersten Telefongespräche mir anders in den Ohren liegen als die heutigen« (ebd.), machte er auch auf die spezifische Klanglichkeit der Telefonstimmen aufmerksam, die sich im Laufe der technischen Entwicklung veränderte. Die akustische Verfremdung der Stimme im Moment ihrer Telefonübertragung trug mit zum ambivalenten Wahrnehmungseffekt des Anwesend-Abwesend-Seins der jeweils anderen Person bei.

John Durham Peters bezeichnet das Telefon in diesem Zusammenhang von Nähe und Distanz als »theologisches Medium«, dessen Hauptzweck es sei, »Präsenz zu beschwören«: »›Herr Watson, ich möchte, daß Sie kommen!‹ sagte Bell zu Watson während des ersten Telefonats, und diese Äußerung ist Symbol und Leitbild jeglicher Fernkommunikation – Ausdruck des Wunsches nach Präsenz des abwesenden anderen« (Peters 2000, 61 und 63). Im Kontext dieser akustischen Präsenz von Abwesenden ist es allerdings problematisch, von »Stimmen ohne Körper« (Macho 2006) zu sprechen, denn die körperliche Dimension der Stimme wird am Telefon nicht aufgehoben. Die Stimmhervorbringung bleibt weiterhin an den Körper ihres Urhebers oder ihrer Urheberin gebunden, an dessen oder deren Zwerchfell und Sprechapparat. Aber das Telefon verlängert gleichsam die immer schon gegebene Eigenschaft der Stimme, sich vom Körper der sprechenden Person zu entfernen und eine eigene Körperlichkeit anzunehmen.

Telefonräume

Ähnlich wie das Verhältnis von Körper und Stimme, verändert das Telefon auch die Wahrnehmung des Raums. Wenn man sagen kann, dass die Telefonstimme eine eigene Körperlichkeit annimmt, so produziert das Telefongespräch auch eine eigene Räumlichkeit, die sich nicht einfach als »annihilation of distance« (Kern 2003, 214) beschreiben lässt. Denn trotz der akustischen Präsenz der Telefonstimme bleibt deren Träger oder Trägerin körperlich abwesend, wie eben ausgeführt wurde. Dieser ambivalente Charakter der Telefonräumlichkeit wird auch deutlich, wenn man sich die Frage stellt, wo bzw. an welchem Ort ein

Telefongespräch eigentlich stattfindet. Von außen betrachtet, so schreibt dazu Werner Konitzer (2005, 185), besteht ein Telefongespräch eigentlich aus zwei Gesprächen, »die an zwei verschiedenen, voneinander mehr oder weniger weit entfernten Orten stattfinden« und die jeweils »zwischen einem Teilnehmer und einer sich bewegenden Membran« erfolgen. Als Gesprächsteilnehmer oder -teilnehmerin nehmen wir aber »nur ein einziges Gespräch wahr«, das sich in einem »geteilten Wahrnehmungsraum« ereignet, »der sich gewissermaßen in der Leitung [...] befindet, während die Personen, die ihn miteinander teilen, sich zugleich an Orten befinden, die räumlich voneinander getrennt sind, und ihren konkret-anschaulichen Umgebungsraum nicht miteinander teilen«.

Diese spezifische Telefonräumlichkeit verändert allerdings auch die Wahrnehmung des konkret-anschaulichen Umgebungsraums, der gleichsam medial transzendiert wird. Um diesen Effekt zu verdeutlichen, sei noch einmal Walter Benjamin angeführt. In der oben schon zitierten *Berliner Kindheit um neunzehnhundert* beschrieb er auch, wie ihm das Telefonläuten als ein »Alarmsignal« erschien, »das nicht allein die Mittagsruhe meiner Eltern sondern das Zeitalter, in dessen Herzen sie sich ihr ergaben, gefährdete« (Benjamin 1987, 18). Im *Passagen-Werk* hat Benjamin dieses elterliche Zeitalter als Epoche des Wohnens charakterisiert:

> »Das neunzehnte Jahrhundert war wie kein anderes wohnsüchtig. Es begriff die Wohnung als Futteral des Menschen und bettete ihn mit all seinem Zubehör so tief in sie ein, daß man ans Innere eines Zirkelkastens denken könnte, wo das Instrument mit allen Ersatzteilen in tiefe, meistens violette Sammethöhlen gebettet, daliegt. [...] Das zwanzigste Jahrhundert machte mit seiner Porosität, Transparenz, seinem Freilicht- und Freiluftwesen dem Wohnen im alten Sinne ein Ende« (Benjamin 1983, 292).

In diesem Wandel des Wohnens spielte das Telefon laut Benjamin eine wichtige Rolle. Es erschien, so lässt sich Benjamins Beschreibung zusammenfassen, in der Wohnung des 19. Jahrhunderts als ein Fremdkörper, dessen Läuten ein Alarmsignal darstellte, das nicht nur den Beginn eines neuen Zeitalters ankündigte, sondern auch das Eindringen des Außen in das Innen. In diesem Sinn trug es zur zunehmenden ›Porosität‹ der bürgerlichen Wohnung bei und bedrohte die bürgerliche Subjektkultur. Dominik Schrage (2001, 54) spricht deshalb von einem durch die Telefonie hergestellten »neuartigen Typ von Selbst- und Weltverhältnis [...], welches die tradierten Ordnungskategorien von Innen- und Außenwelt, Privatraum und Öffentlichkeit, Physis und Psyche unterläuft«. In den 1920er Jahren hat Alfred Döblin, Telefon und Radio zusammennehmend, formuliert, diese beiden Medien machten »das Draußen zu einem Hier«: »Jede Wohnung wird gesprengt, es wohnt niemand allein unter seinem Dach und in seinen vier Wänden« (zit. nach Lange-Garritsen 1987, 27).

Im Laufe seiner technischen Entwicklung hat das Telefon immer wieder zu dieser Neubestimmung des Verhältnisses von Privatraum und Öffentlichkeit beigetragen. Das beginnt mit den ersten Telefonapparaten, die als »öffentliche Sprechstellen« (Faulstich 2012, 46) häufig an (semi-)öffentlichen Orten wie Postämtern, Banken oder Hotellobbys aufgestellt wurden und genutzt werden mussten. Die um 1900 erstmals auf der Straße errichteten Telefonzellen stellten eine Art transitorischen Privatort im öffentlichen Stadtraum dar, der zum allgemeinen Trend einer »individuation and segmentation of acoustic space« (Sterne 2013, 161) durch die neuen Audiomedien beitrug. Der flächendeckende Anschluss von Privathaushalten an das Telefonnetz führte dann im Laufe des 20. Jahrhunderts zu der von Döblin angeführten akustisch-medialen Präsenz der Außenwelt im Innenraum der Wohnung.

Diese telefonische Verbindung von Privatheit und Öffentlichkeit war zudem in spezifischer Weise geschlechtlich codiert. In seiner Frühzeit war das Telefon als Geschäftsmedium in erster Linie männlich konnotiert, während sich die Arbeit in den Vermittlungsämtern zu einer fast ausschließlich weiblichen Domäne entwickelte. Die Sprechverbindung zwischen männlichem Telefonnutzer und ›Fräulein vom Amt‹ erscheint daher als charakteristisch für die Geschlechterordnung des frühen Telefons (vgl. Gold/Koch 1993). Seit den 1920er Jahren wurde das Telefon dann zunehmend zu einem ›häuslichen‹ Medium, das dadurch auch häufig als ›weiblich‹ wahrgenommen wurde. Die schrittweise Durchsetzung von Selbstwählsystemen machte nicht nur die ›Fräuleins vom Amt‹ überflüssig, sondern führte auch zu einer Privatisierung der Telefongespräche, die nun nicht mehr durch eine unbekannte Person vermittelt werden mussten und mitgehört werden konnten.

Im späten 20. Jahrhundert veränderte die Einführung der Mobiltelefonie schließlich erneut das Verhältnis von (Telefon-)Privatheit und Öffentlichkeit. Das in der Öffentlichkeit geführte Privatgespräch am Mobiltelefon wurde noch lange als eine die soziale Etikette irritierende Kommunikationsform wahrgenommen, die – wie im Zugabteil oder dem Restaurant – der besonderen Regulierung und Handlungsanweisung bedarf. Die durch das öffentliche Mobiltelefonieren immer normaler gewordene Situation, einem ›halben‹ Telefongespräch lauschen zu müssen, verweist dabei noch einmal auf die oben geschilderte Besonderheit der Telefonräumlichkeit.

Die technische Weiterentwicklung der Mobiltelefone zu Smartphones seit dem Beginn des 21. Jahrhundert hat das telefonische Verhältnis von Privatheit und Öffentlichkeit nicht grundsätzlich revolutioniert. Das Smartphone führt als »Konvergenzmedium« (Faulstich 2012, 419) aber in gewisser Weise zur Auflösung einer Telefon-Spezifizität als solcher. Indem Smartphones nicht mehr nur dem Telefonieren dienen, sondern auch der textlichen und bildlichen interpersonalen Kommunikation sowie der Kommunikation in den sozialen Medien und dem Abrufen und Abspielen aller möglichen Audio- und Video-Inhalte, geht die Besonderheit einer rein auditiven Präsenzerfahrung am Telefon tendenziell verloren. Anders formuliert: Die Besonderheit des akusmatischen Hörens am Telefon, die dieses in seiner Frühzeit auszeichnete, ging im Laufe der technischen Entwicklung immer mehr in der Ubiquität des medialisierten Hörens auf, die unsere auditive Gegenwart am Beginn des 21. Jahrhunderts prägt (vgl. Kassabian 2013).

Verwandte Beiträge: Kap. 5 (Körperlichkeit); Kap. 8 (Akusmatik); Kap. 9 (Dezibel); Kap. 36 (Rauschen); Kap. 39 (Stimme); Kap. 64 (Phonograph); Kap. 65 (Radio); Kap. 70 (Gender).

Literatur

Becker, Jörg: Telefonieren und sozialer Wandel. Eine Einleitung. In: Ders. (Hg.): *Telefonieren (= Hessische Blätter für Volks- und Kulturforschung* 24). Marburg 1989, 7–30.

Benjamin, Walter: *Das Passagen-Werk*, Bd. 1. Hg. von Rolf Tiedemann. Frankfurt a. M. 1983.

Benjamin, Walter: *Berliner Kindheit um neunzehnhundert. Fassung letzter Hand.* Frankfurt a. M. 1987.

Enns, Anthony: The human telephone. Physiology, neurology, and sound technologies. In: Daniel Morat (Hg.): *Sounds of Modern History. Auditory Cultures in 19th- and 20th-Century Europe.* New York/Oxford 2014, 46–68.

Faulstich, Werner: *Die Mediengeschichte des 20. Jahrhunderts.* München 2012.

Gold, Helmut/Koch, Annette (Hg.): *Fräulein vom Amt.* München 1993.

Halliday, Sam: *Sonic Modernity. Representing Sound in Literature, Culture and the Arts.* Edinburgh 2013.

Hiebel, Hans H./Hiebler, Heinz/Kogler, Karl/Walitsch, Herwig: *Die Medien. Logik, Leistung, Geschichte.* München 1998.

Höflich, Joachim R.: Telefon. Medienwege – von der einseitigen Kommunikation zu mediatisierten und medial konstruierten Beziehungen. In: Manfred Faßler/Wulf R. Halbach (Hg.): *Geschichte der Medien.* München 1998, 187–225.

Kassabian, Anahid: *Ubiquitous Listening. Affect, Attention, and Distributed Subjectivity.* Berkeley/Los Angeles/London 2013.

Kern, Stephen: *The Culture of Space and Time 1880–1918.* Cambridge, MA/London ²2003.

Konitzer, Werner: Telefonieren als besondere Form gedehnter Äußerung und die Veränderung von Raumbegriffen im frühen 20. Jahrhundert. In: Alexander C. T. Geppert/Uffa Jensen/Jörn Weinhold (Hg.): *Ortsgespräche. Raum und Kommunikation im 19. und 20. Jahrhundert.* Bielefeld 2005, 179–199.

Lange-Garritsen, Helga (Hg.): *Poetisches Telefonbuch.* Heidelberg 1987.

Macho, Thomas: Stimmen ohne Körper. Anmerkungen zur Technikgeschichte der Stimme. In: Doris Kolesch/Sybille Krämer (Hg.): *Stimme. Annäherung an ein Phänomen.* Frankfurt a. M. 2006, 130–146.

Marvin, Carolyn: *When Old Technologies Were New. Thinking About Electric Communication in the Late Nineteenth Century.* Oxford u. a. 1988.

Morat, Daniel: Berliner Telefon um neunzehnhundert. Walter Benjamin am Apparat. In: Beate Ochsner/Robert Stock (Hg.): *senseAbility. Mediale Praktiken des Sehens und Hörens.* Bielefeld 2016, 107–124.

Münker, Stefan: Vermittelte Stimmen, elektrische Welten. Anmerkungen zur Frühgeschichte des Virtuellen. In: Ders./Alexander Roesler (Hg.): *Telefonbuch. Beiträge zu einer Kulturgeschichte des Telefons.* Frankfurt a. M. 2000, 185–198.

Peters, John Durham: Das Telefon als theologisches und erotisches Problem. In: Stefan Münker/Alexander Roesler (Hg.): *Telefonbuch. Beiträge zu einer Kulturgeschichte des Telefons.* Frankfurt a. M. 2000, 61–82.

Proust, Marcel: *Auf der Suche nach der verlorenen Zeit.* Bd. 3: *Guermantes.* Frankfurt a. M. 2004 (frz. 1920/21).

Ruchatz, Jens: Das Telefon – Ein sprechender Telegraf. In: Albert Kümmel/Leander Scholz/Eckhard Schumacher (Hg.): *Einführung in die Geschichte der Medien.* Paderborn 2004, 125–149.

Schafer, R. Murray: *Die Ordnung der Klänge. Eine Kulturgeschichte des Hörens.* Mainz 2010 (engl. 1977).

Schrage, Dominik: Utopie, Physiologie und Technologie des Fernsprechens. Zur Genealogie einer technischen Sozialbeziehung. In: Ders./Andreas Lösch/Dierk Spreen/Markus Stauff (Hg.): *Technologien als Diskurse. Konstruktionen von Wissen, Medien und Körpern.* Heidelberg 2001, 41–58.

Sterne, Jonathan: *The Audible Past. Cultural Origins of Sound Reproduction.* Durham, NC/London 2003.

Daniel Morat

VII Politik

69 Folter

Das Hörbare war schon immer zentraler Bestandteil der Folter. Das fängt mit dem vermeintlichen Ziel der Folter an: einer erzwungenen Aussage, sei es ein Geständnis oder eine Information zu Komplizen oder geplanten Straftaten. Längst ist erwiesen, dass die Informationen, die durch Folter erzwungen werden, meistens völlig unzuverlässig sind. Dennoch bleibt im Laufe der Geschichte das Hörbare ein zentrales Element des Erlebnisses von Folter; selbst Musik, Franz von Schobers ›holde Kunst‹, ist als Folterinstrument wiederholt eingesetzt gewesen.

Folter als Realität, Sound als Methode

Was aber ist Folter? Das 1984 von den Vereinten Nationen verabschiedete *Übereinkommen gegen Folter und andere grausame, unmenschliche oder erniedrigende Behandlung oder Strafe* spricht u. a. von der vorsätzlichen Zufügung »große[r] körperliche[r] oder seelische[r] Schmerzen oder Leiden« (Art. 1). Die Definition des kurz UN-Antifolterkonvention genannten Übereinkommens trifft allerdings nur ungefähr das, was Folter eigentlich ist. Die Wortwahl der meisten Menschenrechtsstandards reflektiert dies, indem Folter zusammen mit allen weiteren Formen von »grausame[r], unmenschliche[r] oder erniedrigende[r] Behandlung oder Strafe« verboten wird.

Beispielhaft für eine solche Behandlung steht etwa die Erfahrung von Binyam Mohamed, der im Zuge des sogenannten War Against Terror 2002 von pakistanischen Sicherheitskräften festgenommen und später an die US-Sicherheitskräfte überstellt wurde. Über seine Folter durch die pakistanischen Sicherheitskräfte berichtete er:

> »For at least ten days [...] I was deprived of sleep. Sometimes the Pakistanis chained me from the top of the gate to the cell by my wrists from the end of one interrogation to the start of the next for about 22 hours. If I shouted, sometimes I would be allowed to use a toilet. Other times, they wouldn't let me go and I would piss myself. They had a thick wooden stick, like a kind of paddle, which they used to beat me while I was chained. They'd beat me for a few minutes, then stop, then start again. They also carried out a mock execution. A guard put a gun to my head and said he was going to pull the trigger« (zit. nach Worthington 2009).

Anschließend verbrachte Mohamed fünf Monate im berüchtigten US-›Dark Prison‹ in Kabul; auch dort wurde er gefoltert:

> »There were loudspeakers in the cell, pumping out what felt like about 160 watts, a deafening volume, non-stop, 24 hours a day. They played the same CD for a month, The Eminem Show. It's got about 20 songs on it and when it was finished it went back to the beginning and started again. While that was happening, a lot of the time, for hour after hour, they had me shackled. [...] The longest was when they chained me for eight days on end, in a position that meant I couldn't stand straight nor sit. I couldn't sleep. I had no idea whether it was day or night. You got a shower once a week, with your arms chained above you, stripped naked, in the dark, with someone else washing you. The water was salty and afterwards you felt dirtier than when you went in. It wasn't a shower for washing: it was for humiliation« (zit. nach ebd.).

Über die Zeit in Kabul sagte Mohamed: »That was when I came close to insanity [...]. It seems like a miracle my brain is still intact« (zit. nach ebd.). Gegen Mohamed wurde nie formal Anklage erhoben, obwohl er insgesamt acht Jahre, zuletzt in Guantánamo, inhaftiert war.

In seinem Bericht unterscheidet Mohamed nicht zwischen physischen und psychischen Schmerzen, körperlichen Misshandlungen und erniedrigenden Demütigungen – ein häufig wiederkehrendes Muster in Aussagen von Überlebenden der Folter. Demütigungen wie die Verweigerung des Toilettengangs werden genauso erwähnt wie die tagelange Fesselung in einer schmerzhaften Position; er erwähnt nicht nur, dass er geschlagen wurde, sondern auch, dass es bei diesen Schlägen immer wieder eine kurze Pause gab, er also immer in Unsicherheit darüber gelassen wurde, wann der nächster Schlag kommen würde. In der Weiterbearbeitung solcher Aussagen – zum Beispiel im Rahmen juristischer Verfahren (einschließlich Asylverfah-

D. Morat, H. Ziemer (Hrsg.), *Handbuch Sound*, https://doi.org/10.1007/978-3-476-05421-0_69

ren) oder der Berichterstattung durch Menschenrechtsorganisationen – gibt es jedoch die Tendenz, sich auf einige bekannte Methoden der (vor allem) physischen Folter zu fokussieren, was, genau genommen, einer abermaligen Entmündigung der Betroffenen gleichkommt.

Eine solche Auslöschung der Subjektivität ist ja Grundlage und Ziel von Folter. Eine Person wird zum Objekt, wird völlig der Macht eines gewalttätigen Anderen ausgeliefert; hier wird die ständige Möglichkeit von Folter selbst Folter. Dass sich Sound und Musik auch als Foltermittel eignen, hat viel mit dieser Machtdynamik zu tun. Es liegt nah, zu behaupten, dass Musik bei Folterungen eingesetzt wird, um die Schreie der Gefolterten zu übertönen, und aus Sicht des Opfers kann dies tatsächlich ein integraler Aspekt der Folter sein: Seine Entmenschlichung, das Auslöschen seines Daseins in der Welt, kommt auch durch sein Verstummen bzw. durch das Unhörbarmachen seiner Schreie zustande (vgl. Scarry 1985). Schreie werden in vielen Folterkontexten jedoch bewusst zu einem anderen Zweck eingesetzt: um bei anderen Gefangenen Angst auszulösen und sie erneut an ihre absolute Machtlosigkeit – auch an die Unfähigkeit, anderen zu helfen – zu erinnern. Manchmal bekommen Gefangene erzählt, dass die Schreie von ihren Geliebten oder Kindern kämen: Eine solche Androhung der Folter, auch gegen Verwandte und Freunde, ist ebenfalls selbst Folter.

Andere Klänge, Musik eingeschlossen, können Gefangenen terrorisieren, indem sie signalisieren oder vortäuschen, dass erneut Folter ansteht – zum Beispiel das Geräusch der Zellentürentriegelung (vgl. ebd.) oder das Einspielen des Musikstücks, das immer vor oder während der Folter erklingt. Bisweilen gelingt es Gefangenen, aus der Musik Kraft zu schöpfen, indem sie bestimmte Stücke mit schönen Erlebnissen in ihrem Leben vor der Haft verbinden. Andere berichten aber, dass es für sie schwierig oder sogar unmöglich wurde, sich bei der Folter auf etwas anderes als den Schmerz zu konzentrieren, wenn dabei auch noch Musik gespielt wurde. Mit dem Ende der Haftzeit ist der mitunter mit Sound erzeugte Terror nicht unbedingt vorbei: Auditive Ereignisse können wie alle anderen sensorischen Erlebnisse eine Retraumatisierung auslösen. Manchmal ist dies sogar die Absicht der Folterer.

Warum Musik bzw. Klang im Rahmen von Folter so schädlich ist, lässt sich bis zu einem gewissen Grad durch einen Vergleich mit anderen Situationen verstehen. Dass Musizieren als physischer Akt Verletzungen verursachen kann, ist durch die Musikermedizin hinreichend belegt. Das Potenzial von Gehörschäden infolge dauerhaft lauten Klangs liegt auf der Hand (wobei Musik bzw. Sound meist nicht mit diesem Ziel bei Folter eingesetzt und auch weit unter einem schädlichen Lautstärkelevel als Folter erlebt wird). Beispiele, bei denen Musik im Raum eindringend und verdrängend wirkt, sind in dieser Hinsicht besonders lehrreich. Man denke an die Praxis einiger Städte (u. a. Montréal, London), Jugendliche durch klassische Musik oder sehr hohe Töne, die Erwachsene nicht hören, aber für Jugendliche unangenehm oder schmerzhaft sind, von öffentlichen Plätzen zu vertreiben. Oder man denke – und hier tritt der Fall der störenden Musik noch deutlicher zutage – an den Nachbarn oder die Nachbarin, der oder die insbesondere nachts die Lautstärkeregler aufdreht. Im Prinzip kann man sich hiervon räumlich distanzieren, die Wohnung verlassen. Aber wer will nachts das eigene Heim verlassen, den Ort, an dem man sich sicher und geborgen fühlen will und soll? Nachbarschaftsstreitigkeiten bis hin zu gewalttätigen Auseinandersetzungen, Suizid und Mord sind manchmal die Folge (vgl. Johnson/Cloonan 2008, insbes. Kap. 7 und 8). Für die Betroffenen mag sich die Musik der Nachbar/innen wie eine Tortur anfühlen, Folter im eigentlichen Sinne ist es jedoch nicht. Denn Folter bedeutet, dass es keine Möglichkeit der Distanzierung gibt, dass hier der eigene Körper permanent oder wiederholt Klang ausgesetzt ist, wie u. a. Carola Hilbrand (2015, 151–159) gezeigt hat.

Der Sound von Folter: Umrisse einer Geschichte

Die dauerhafte Beschallung mit Klängen bzw. Geräuschen ist keine Erfindung des 20. Jahrhunderts. Aus dem Mittelalter sind etwa Kopfgerüste mit einer eingebauten Glocke überliefert, die bei jeder Bewegung der Gefolterten läutete. In diesem wie auch in neueren Fällen wird die Unmöglichkeit, sich vom Klang zu befreien, mit der Unmöglichkeit verbunden, sich zu bewegen. Heute wird die Beschallung mit Musik oft mit der Fesselung in auf Dauer schmerzhaften Körperhaltungen kombiniert, wie sie auch Binyam Mohamed schildert (sogenannte Stresspositionen). Der Klang im Raum, der Klang als Präsenz im Raum, auch im Raum des eigenen Körpers – genau dadurch ist der Folterer auch in seiner physischen Abwesenheit anwesend. Und zwar auch während der Nachtruhe, die keine ist: Schlafentzug, ein häufig eingesetztes Mittel der Folter, wird oft durch unregelmäßig einsetzende Musik oder Klänge erzwungen.

Aber nicht nur das Hören von Musik kann im Rahmen von Folterungen eine Rolle spielen. Auch das erzwungene Singen, Musizieren und Tanzen oder anstrengende körperliche Übungen im Takt der Musik stellen häufige, vielleicht sogar die häufigsten Formen der Folter und Misshandlung mit den Mitteln der Musik dar. Seit dem 20. Jahrhundert werden zudem immer wieder politische Lieder, einschließlich Hymnen, eingesetzt, nicht selten als ›politische Bildung‹ getarnt. Hinzu kommt die Praxis, die Betroffenen dazu zu zwingen, ihre eigenen Lieder zu singen, Kommunist/innen etwa die *Internationale*, während sie misshandelt, sprich: für ihre Identität bestraft werden. Neben solchen psychologischen Mechanismen stehen Formen physischer Gewalt, die durch die physiologischen Auswirkungen des Klangmachens hervorgerufen werden: Menschen müssen etwa in Positionen singen, die schmerzhaft sind oder Verletzungen verursachen, oder sie müssen stundenlang singen und/oder marschieren, selbst wenn sie körperlich bereits komplett erschöpft sind.

Man darf davon ausgehen, dass Folterer seit jeher die Möglichkeiten sonischer und musikalischer Folter kennen. Dazu kommt die Verbindung von Musik und Bestrafung generell, die im Laufe der Geschichte verschiedene Formen angenommen hat. Im Mittelalter etwa kamen musikinstrumentenähnliche Folterinstrumente zum Einsatz, etwa die sogenannten Halsgeigen: Möglicherweise sollten diese die Demütigungen bei öffentlichen Bestrafungen noch verstärken und zugleich auf den Bruch der gesellschaftlichen Harmonie durch den Beschuldigten hinweisen – eine Harmonie, die es durch die Strafe wiederherzustellen galt (vgl. z. B. Herzfeld-Schild 2013). Eine ähnliche Symbolik scheint bei sogenannten Charivari-Traditionen gewirkt zu haben: Hiermit werden unterschiedliche, strukturell verwandte Traditionen der Volksjustiz beschrieben, die quer durch Europa bis teilweise ins 20. Jahrhundert praktiziert wurden, und bei denen öffentliche Aufmerksamkeit durch das Erzeugen von allerlei Geräuschen mithilfe von Töpfen und Geschirr oder Stimmen und Musikinstrumenten erreicht wurde.

Die musikalische Begleitung von Hinrichtungen und anderen öffentlichen Bestrafungen wie überhaupt die Verbindung von Musik und Strafe kann zugleich auf eine lange Praxis in der Militärjustiz zurückblicken. So oblag das Auspeitschen bei der Infanterie traditionell den Trommlern (vgl. Grant 2013). Die genauen Gründe hierfür sind nicht eindeutig auszumachen. Teilweise zeigen die Praktiken der Militärjustiz Parallelen zu den Charivari-Praktiken der Volksjustiz; hinzu kommt die symbolische Bedeutung der Trommeln selbst, die zusammen mit Trompeten schon in der Frühgeschichte Macht und Herrschaft repräsentiert haben.

Im 20. Jahrhundert haben wiederum militärische Traditionen Praktiken inspiriert, die dann in Hafteinrichtungen und Gefangenenlagern zum Einsatz kamen. Eine Reihe von Forschungsarbeiten zur Musik in den NS-Konzentrations- und Vernichtungslagern haben in dieser Hinsicht zahlreiche Beispiele dokumentiert, gerade was erzwungenes Singen und Musizieren angeht (vgl. z. B. Fackler 2000; Brauer 2009). In den letzten Jahren sind weitere Studien publiziert worden, die den Einsatz von Musik und Klang in Folterzusammenhängen seit der Mitte des 20. Jahrhunderts – etwa zu Griechenland unter der Militärjunta zwischen 1967 und 1974 (vgl. Papaeti 2013a; 2013b), zu Chile während der Pinochet-Diktatur (vgl. Chornik 2013) sowie zu Uruguay und zur Türkei (vgl. Grant 2014) – diskutieren.

Ungeachtet dieser langen Geschichte erfolgte die wissenschaftliche, publizistische und juristische Auseinandersetzung mit sonischen bzw. musikalischen Aspekten der Folter erst in den letzten Jahren. Durch die Enthüllung der Folterpraktiken der US-Sicherheitskräfte im Zuge des ›Kriegs gegen den Terror‹ ist der Einsatz von Musik als Folter weltweit bekannt geworden und vor allem durch Suzanne G. Cusick (u. a. 2008; 2013) eingehend erforscht worden. Hier wurde Musik meist im Kontext der sogenannten sensorischen Deprivation bzw. sensorischen Überlastung eingesetzt: Bei diesen Techniken wird durch konsequenten Entzug aller Sinnesreize bzw. durch gezielte Überforderung der Sinneskanäle das vegetative und psychische Gleichgewicht des Menschen schnell und erheblich geschädigt. Entwickelt zum Teil unter dem Deckmantel der psychiatrischen Forschung experimentierten Wissenschaftler aus Großbritannien, Kanada und den USA zunächst mit schallisolierten Räumen (vgl. McCoy 2006). Dauerhafte Musik- oder Geräuschbeschallung ist allerdings leichter zu organisieren als ein schallisolierter Raum, und wie es scheint, ist diese Methode mindestens ebenso effektiv. Sind die Klänge oder Geräusche laut genug, dann sind auch die Geräusche des eigenen Körpers nicht mehr hörbar; man hört weder andere noch sich selbst. Cusick (2013) hat einen Mann interviewt, der stets Klängen und Geräuschen im Flur vor seiner Zelle zu lauschen versuchte, um in seiner Isolation halbwegs seelisch gesund zu bleiben. Wurde aber Musik von den Sicherheitskräften abgespielt, wurden auch diese kleinen Zeichen des Lebens, diese flüchtigen Erinnerungen an das Soziale, übertönt.

Der Einsatz solcher Methoden, in unterschiedlichen Varianten, ist schon seit den 1960er Jahren u. a. für die US-amerikanischen und britischen Streitkräfte belegt (vgl. auch Conroy 2000). Im Jahr 1999 hat das Committee Against Torture der Vereinten Nationen die aus Israel berichtete Praxis der dauerhaften Beschallung mit Musik als Verstoß gegen die UN-Antifolterkonvention eingestuft, gerade dann, wenn sie mit anderen Praktiken der sensorischen Deprivation verbunden worden ist (UN 1997; Human Rights Watch 1994).

Herausforderungen für die Sound Studies

Trotz dieser neuen Erkenntnisse wird die Rolle von Sound im weitesten Sinne bei Folter oft nach wie vor kaum beachtet. Generell werden die akustischen Bedingungen in Hafteinrichtungen stark vernachlässigt. Auch in der neuesten Version der *UN-Mindestgrundsätze für die Behandlung von Gefangenen* (UN 2015) wird hierüber kein Wort verloren. Das akustische Umfeld kann jedoch in Haftsituationen einen signifikanten Stressfaktor darstellen. Neben der Anwesenheit von Klängen und Geräuschen ist hier auch deren Abwesenheit zu beachten: Die absolute Stille, vor allem in der Einzelhaft, wird von vielen ehemaligen Gefangenen als Form der Folter erlebt. Neuere Veröffentlichungen bis hin zu den erwähnten *Mindestgrundsätzen* weisen darauf hin, dass dauerhafte Einzelhaft – definiert als mehr als zwei Wochen – eine grausame, unmenschliche und erniedrigende Strafe ist (vgl. auch Reyes 2007). Denn der Mensch ist ein soziales Wesen, das Sinneserfahrungen lebt und erlebt. Wird die Kommunikation zu anderen und zur Welt komplett unterbunden, geht der oder die Betroffene psychisch schnell zugrunde. Genau diese Logik bildet den Hintergrund für die oben beschriebenen Methoden der sensorischen Deprivation bzw. Überlastung.

Aufgrund dieser Verflechtung der Praktiken ist es nicht immer einfach und meist auch nicht sinnvoll, die Wirkungen von Musik und Sound ›an sich‹ zu erörtern. Zunehmend argumentieren Wissenschaftler/innen, Menschenrechtsverteidiger/innen und Therapeut/innen, dass bei psychologischen Aspekten der Folter nicht die *eine* schlechte Behandlung, sondern der kumulative Effekt verschiedener Formen der Misshandlung und Degradierung ausschlaggebend ist (vgl. ebd.). Foltermethoden, die zuvorderst auf die Psyche des Opfers abzielen, können dabei für die Gefolterten auf Dauer verheerendere Folgen haben als die Torturen mit physischen Gewaltanwendungen, mit der sie meist gekoppelt sind (vgl. Başoğlu 2009). Die Auswirkungen und diagnostischen Merkmale der psychischen Folter sind inzwischen bekannt (vgl. hier auch Ojeda 2008).

Die Untersuchung des Sonischen im Zusammenhang mit Folter unterstreicht daher noch einmal, wie wichtig es ist, auditive Kommunikation und Wahrnehmung nicht getrennt von anderen Sinnesmodalitäten und Kommunikationsformen zu betrachten, da sie immer im multimodal reagierenden und zutiefst verletzlichen Körper verankert sind und erlebt werden. Allerdings sieht sich die historische Forschung zum Thema einigen Hindernissen gegenüber, gerade weil die sonischen und akustischen Aspekte von Inhaftierung und Folter lange Zeit außer Acht gelassen worden sind. Obwohl sich seit den 1960er Jahren diverse NGOs dem Gegenstand Folter gewidmet haben, bleiben auch hier Einsatz und Auswirkungen von Klang und Musik viel zu häufig außen vor. Das gilt selbst für solche Fälle, in denen ebendies inzwischen durch andere Quellen hinlänglich belegt ist.

Wie u. a. Alfred McCoy (2006) gezeigt hat, kann die historische Entwicklung und Verbreitung bestimmter Methoden aber sehr wohl nachgezeichnet werden. Durch das wachsende Verständnis für historische und kulturelle Dimensionen von Sound könnte künftig die Rolle des Sonischen im Rahmen von Folter auch für frühere Epochen besser erfasst werden. Die Erlebnisse von Überlebenden der Folter genau zu analysieren und diese ernst zu nehmen, ist dabei der erste Schritt, um zu gesicherteren Erkenntnissen hinsichtlich der Schädigungen zu gelangen, die durch solche Praktiken verursacht werden können. Bei der Erforschung des Themas, ob im juristischen oder wissenschaftlichen Kontext, muss allerdings Wohl und Würde der Betroffenen im Vordergrund stehen – umso mehr, wenn sie noch leben. Nicht zuletzt aufgrund der Gefahr von Retraumatisierungen sind spezielle Kenntnisse hierzu nicht nur von Vorteil, sondern in Bezug auf ethische Standards oft zwingend notwendig.

Eine weitere Herausforderung besteht darin, dass Überlebende oft Schwierigkeiten haben, sich mit Blick auf die Wirkung von Musik und Sound genau zu artikulieren (vgl. Cusick 2013). Die Entwicklung eines diagnostischen Fragebogens auf Basis häufig geschilderter Erfahrungen, so wie er für die genauere Beschreibung von Schmerzen vorliegt (vgl. Scarry 1985), könnte hier nützlich sein. Das aus der Traumaarbeit bekannte Phänomen der falschen oder verdrängten

Erinnerungen bleibt aber selbst dann zu beachten (vgl. Papaeti 2013a). Nichtsdestotrotz können solche Untersuchungen zum besseren Verständnis des traumatisierenden Potenzials von Sound einen erheblichen Beitrag leisten (vgl. Daughtry 2015). Klar ist auch: Jede Auseinandersetzung mit diesem Thema ist als eine Arbeit gegen das Schweigen zu verstehen, das diese Praktiken viel zu lange umgeben hat.

Verwandte Beiträge: Kap. 2 (Auralität); Kap. 5 (Körperlichkeit); Kap. 38 (Stille); Kap. 48 (Konzentrationslager); Kap. 73 (Krieg).

Literatur

Başoğlu, Metin: A multivariate contextual analysis of torture and cruel, inhuman, and degrading treatments. Implications for an evidence-dased definition of torture. In: *American Journal of Orthopsychiatry* 79/2 (2009), 135–145.

Brauer, Juliane: *Musik im Konzentrationslager Sachsenhausen*. Berlin 2009.

Cusick, Suzanne G.: »You are in a place that is out of the world...«: Music in the detention camps of the »global war on terror«. In: *Journal of the Society for American Music* 2/1 (2008), 1–26.

Cusick, Suzanne G.: Towards an acoustemology of detention in the »global war on terror«. In: Georgina Born (Hg.): *Music, Sound and Space. Transformation of Public and Private Experience*. Cambridge 2013, 275–291.

Chornik, Katia: Music and torture in Chilean detention centers. Conversations with an ex-agent of Pinochet's secret police. In: *the world of music (new series)* 2/1 (2013), Themenheft: *Music and Torture. Music and Punishment*. Hg. von M. J. Grant und Anna Papaeti, 51–65.

Conroy, John: *Unspeakable Acts, Ordinary People. The Dynamics of Torture*. Berkeley 2000.

Daughtry, J. Martin: *Listening to War. Sound, Music, Trauma, and Survival in Wartime Iraq*. Oxford u. a. 2015.

Fackler, Guido: *»Des Lagers Stimme« – Musik im KZ. Alltag und Häftlingskultur in den Konzentrationslagern 1933 bis 1936*. Bremen 2000.

Grant, M. J.: Music and punishment in the British Army in the eighteenth and nineteenth centuries. In: *the world of music (new series)* 2/1 (2013), Themenheft: *Music and Torture. Music and Punishment*. Hg. von dies. und Anna Papaeti, 9–30.

Grant, M. J.: Pathways to music torture. In: *transposition: musique et sciences sociales*, Nr. 4 (2014), Themenheft: *Musique et conflits armés après 1945*, https://transposition.revues.org/494 (30.1.2018).

Herzfeld-Schild, Marie Louise: »He plays on the pillory«: The use of musical instruments in punishment in the Middle Ages and the Early Modern Era. In: *Torture. Journal on Rehabilitation of Torture Victims and Prevention of Torture* 23/2 (2013), Themenheft: *Music in Detention*. Hg. von Anna Papaeti und M. J. Grant, 14–23.

Hilbrand, Carola: *Saubere Folter. Auf den Spuren unsichtbarer Gewalt*. Bielefeld 2015.

Human Rights Watch: *Torture and Ill-Treatment. Israel's Interrogation of Palestinians from the Occupied Territories*. New York u. a. 1994. In: https://www.hrw.org/legacy/reports/1994/israel/ (30.1.2018).

Johnson, Bruce/Cloonan, Martin: *Dark Side of the Tune. Popular Music and Violence*. Farnham/Burlington, VT 2008.

McCoy, Alfred W.: *A Question of Torture. CIA Interrogation. From the Cold War to the War on Terror*. New York 2006.

Ojedo, Almerinda E. (Hg.): *The Trauma of Psychological Torture*. Westport, CT 2008.

Papaeti, Anna: Music, torture, testimony. Reopening the case of the Greek military junta (1967–1974). In: *the world of music (new series)* 2/1 (2013a), Themenheft: *Music and Torture. Music and Punishment*. Hg. von M. J. Grant und Anna Papaeti, 67–89.

Papaeti, Anna: Music and »reeducation« in Greek prison camps. From Makronisos (1947–1955) to Giaros (1967–1968). In: *Torture: Journal on Rehabilitation of Torture Victims and Prevention of Torture* 23/2 (2013b), Themenheft: *Music in Detention*. Hg. von Anna Papaeti und M. J. Grant, 34–43.

Reyes, Hernán: The worst scars are in the mind: Psychological torture. In: *International Review of the Red Cross* 89/867 (2007), 591–617, https://www.icrc.org/eng/assets/files/other/irrc-867-reyes.pdf (30.1.2018).

Scarry, Elaine: *The Body in Pain. The Making and Unmaking of the World*. Oxford 1985.

United Nations Committee Against Torture: *Special Report of Israel (continued). Conclusions and Recommendations of the Committee*. UN-Dokument-Nr. CAT/C/SR.297/Add.1. Genf 1997. In: http://tbinternet.ohchr.org/_layouts/treatybodyexternal/Download.aspx?symbolno=CAT%2FC%2FSR.297 %2FAdd.1&Lang=en (30.1.2018).

United Nations Office on Drugs and Crime: *United Nations Standard Minimum Rules for the Treatment of Prisoners (The Nelson Mandela Rules)*. Wien 2015. In: https://www.unodc.org/documents/justice-and-prison-reform/GA-RESOLUTION/E_ebook.pdf (30.1.2018).

Worthington, Andy: Seven years of torture. Binyam Mohamed tells his story, 8.3.2009. In: http://www.andyworthington.co.uk/2009/03/08/seven-years-of-torture-binyam-mohamed-tells-his-story/ (30.1.2018).

M. J. Grant

70 Gender

»I am what I look and I sound like« – unter diesem Titel machte im Jahr 2012 eine Ausstellung in Düsseldorf auf das Wechsel- und Spannungsverhältnis zwischen Sichtbarkeit und Hörbarkeit von Geschlechtskörpern aufmerksam. Hier wurde für die Sprechstimme aufgezeigt, was für die Singstimme schon sehr viel länger als evident erschien: dass sich nämlich Geschlecht auch in und durch Stimmlichkeit artikuliert und die ›Rauheit der Stimme‹ (Roland Barthes) samt ihrem ›sozialen Sinn‹ (Pierre Bourdieu) als akustischer Marker fungiert. Wie zu zeigen sein wird, ist das Thema damit jedoch keinesfalls erledigt. Vielmehr stellen sich die folgenden Fragen noch immer: Welches Geschlecht hört man eigentlich? Hat ›Geschlecht‹ einen spezifischen Sound? Welche (politischen) Folgerungen leiten sich daraus ab? Antworten auf diese Fragen berühren vielerlei Teilkomplexe aus Musikwissenschaft, Musikpädagogik, Musiksoziologie und Komposition.

Um mit dem letztgenannten Themenfeld zu beginnen: Seit Jahrhunderten werden Musik oder musikalische Elemente als ›männlich‹ oder ›weiblich‹ bezeichnet. Ob es sich dabei um klingende kulturelle Kodizes handelt (vgl. Rieger 2009; 2010) oder um Zuschreibungen eines kulturellen Kontextes, der in die Musik projiziert wird (vgl. Treitler 1993; Gerards 2010), ist umstritten. Dies gilt wohl auch für die Musik Ludwig van Beethovens (vgl. Bartsch 2003) bzw. allgemein die Frage, ob es eine ›männliche‹ Musik gibt (vgl. McClary 1991; Pederson 2003; Losleben 2016). Ferner werden diese Fragen für musikalische Gattungen und Musikbegriffe allgemein diskutiert (Loeser 2010), wobei Gender hier bislang nur eine untergeordnete Rolle spielt bzw. nur in Bezug auf einzelne Gattungen bzw. Genres in den Blick genommen wurde (vgl. etwa Meine 2013; Walser 2014; Hottmann 2013). Eine Gesamtbetrachtung hat bislang nur die Musikwissenschaftlerin Rebecca Grotjahn (2018 [im Ersch.]) unternommen.

Weibliche Stimme in der Öffentlichkeit

In jedem Fall entscheidet in der Musiksoziologie schon das Vorhandensein einer weiblichen Klanggestalt über die Qualität der historischen Aussage. Die klanglich-ästhetische und zugleich politische Dimension der weiblichen Stimme lässt sich bereits in dem frühen Verbot festmachen, dass Frauen ihre Stimme in der Kirche erheben: *mulier taceat in ecclesia*. Doch auch in zivilen Zusammenhängen kam die weibliche Stimme lange Zeit überhaupt nicht vor. Ja, man muss sogar konstatieren, dass die Wichtigkeit von Gender in der Entwicklung von neuer Technologie über weite Strecken nicht einmal wahrgenommen wurde. Technik galt per se als ›Männerdomäne‹ (vgl. Martin 1991).

Der weibliche Beitrag etwa zum Kommunikationsmittel Telefon und dessen Einfluss auf die Gesellschaft schien nicht zu existieren. Und auch im Radio war der Klang von Frauenstimmen lange unterrepräsentiert. In Bezug auf Nachrichtensendungen geschah dies mit der Begründung, dass Frauen eine zu hohe Stimme hätten und Sachverhalte daher nicht sachlich wiedergeben könnten (vgl. Schmölders 2014, 129). Mit Verweis auf ihr Geschlecht wurden Frauen aber auch von politischer Teilhabe im und durch das Radio ausgeschlossen, wie Kate Lacey am Beispiel des Radios in der Weimarer Republik zeigen konnte. Hier zeichnet sich nicht nur ab, dass die ›Natur‹ der weiblichen Sprechstimme die Inhaberin angeblich zu bestimmten Aufgaben nicht prädestinierte, sondern auch, dass Teilhabe am *public speech* als kulturelle Praxis beschrieben werden muss: »Women were exhorted to perform and conform in a system which described their great power but ensured that they were kept firmly in their place, and once again the radio was instrumental in channeling the renegotiations of the relationship between public and private politics« (Lacey 1996, 192).

Singstimme: Disziplinierung und Natur

Um einiges zugespitzter findet die Diskussion um die ›Natur‹ von Stimme bis heute im Bereich der Singstimme statt. Auch wenn unbestritten ist, dass es sich bei der von Barthes so genannten ›Rauheit‹ um den Körper in der singenden Stimme handelt und dass Stimme überhaupt die konkrete Artikulation von leiblicher Anwesenheit im Raum ist (vgl. Böhme 2009), scheint bemerkenswert, dass die zugehörigen Körper bis heute als materielle Gegebenheiten angesehen werden. Ja, man kann in Bezug auf männliche und weibliche Singstimmen sagen, dass die Akteur/innen geradezu als ›Maschine‹ aufgefasst werden, die eine Singstimme ›haben‹, sodass nur der Körper ausgerichtet werden muss, dann »singt und spricht er von alleine richtig« (Arnolds 1938, 26).

In der gesangspädagogischen Literatur wird Singen bis heute als Funktion des ›gesunden‹, ›natürlichen‹ Körpers verstanden und entsprechend der Körper-Ar-

D. Morat, H. Ziemer (Hrsg.), *Handbuch Sound*, https://doi.org/10.1007/978-3-476-05421-0_70

beit (Atmung, Haltung etc.) einen großen Stellenwert zugewiesen (vgl. Heizmann 2001; Bojack 1997). Jedoch wird bei solchen Überlegungen nach wie vor weder erkannt, dass die ›Natur‹ der Singstimme *per se* gar nicht existiert, sondern hier vielmehr eine Vereinnahmung der angeblichen Natürlichkeit der Stimme stattfindet und der Begriff der ›Natur‹ seinerseits Gegenstand einer Diskursanalyse sein müsste, noch wird bemerkt, dass es sich dabei um eine Disziplinierung von Körpern handelt. Erst recht nicht wird die Frage gestellt, ob und inwiefern ein (wie auch immer gearteter) Gesangsunterricht zu dieser Zurichtung beiträgt.

Auch in der Musikwissenschaft hatte der Glaube an die ›Natur‹ von Körper und Stimme weitreichende Folgen. Seit dem *performative turn* in den 1990er Jahren haben sich die deutschsprachigen Kulturwissenschaften in zahlreichen Forschungsarbeiten mit Korporalität als Produzent von Wirklichkeit beschäftigt. Ferner scheint die Erkenntnis, dass Körper und Singstimme nicht mehr als materielle Gegebenheit, sondern als kulturelles Konstrukt aufgefasst werden müssen, seit den Forschungsarbeiten etwa von Karin Hausen (1976), Rebecca Grotjahn (2005; 2017) und Anke Charton (2012) auch in der Musikwissenschaft *common sense* zu sein. Dennoch zeigt etwa ein zur Jahrtausendwende publizierter Aufsatz von Hanns-Werner Heister, in dem dieser die Natur als Begründung der Geschlechterverhältnisse reinstallieren möchte (»Geschlechterverhältnisse basieren auf Naturverhältnissen«; Heister 2000, 23), dass der Glaube an diese Instanz weiterhin unreflektiert fortwirkt.

Keineswegs, so könnte man die oben gestellten Fragen bis hierher beantworten, hört man dem Sound einer Stimme per se an, welches Geschlecht der/die ›Produzent/in‹ hat. Dies ist zum einen der Fall, weil sich obere und untere Grenztöne von tiefen Frauen- bzw. hohen Männerstimmen überschneiden, zum anderen, weil in der europäischen Kunstmusik vielfach die Alt- oder Sopranlage durch Männer besetzt wurde, ohne dass die Stimme in der betreffenden Epoche mit Gender-Konnotationen verbunden war. Erst im 19. Jahrhundert werden die Angaben über Stimmumfänge fast immer auf das Geschlecht bezogen, und zwar in derselben Weise, wie dies auch im 20. Jahrhundert die Regel bleibt (vgl. Grotjahn 2005). In gesangspädagogischen und stimmtheoretischen Schriften dieser Zeit wird deutlich, dass die Grenze zwischen Männer- und Frauenstimmen nunmehr als klar gezogen angesehen wird – und eine Übertretung dieser Grenze bedeutet von da an eine Verletzung der zugeschriebenen Geschlechterrolle (vgl. Charton 2012, 93).

Singstimme und Sound

Wie man den Klang einer Stimme beschreiben soll, ist aber medientheoretisch gesehen noch offen. Handelt es sich um eine Kulturtechnik (vgl. Pfeiffer 2006) oder um eine Soundtechnologie (vgl. Martensen 2017a)? Tatsächlich muss konstatiert werden, dass theoretische und praktische Ansätze, einen wie auch immer gearteten Sound von Sänger/innen in der sogenannten klassischen Musik zu beschreiben, auf sich warten lassen. In der Popmusikforschung konnten mit dem Begriff des ›Sounds‹ in den letzten Jahren bedeutende Fortschritte in dem Bemühen erzielt werden, das ›Werk‹ eines Sängers bzw. einer Sängerin dieses Genres oder von Popmusikgruppen zu beschreiben, nachdem sich eine Herangehensweise an diese Musik in der Art, wie sie in der klassischen Musik üblich ist, als unfruchtbar und an der Sache vorbeigehend erwiesen hatte (vgl. etwa Pfleiderer 2003).

Auch wenn der Begriff selbst schillernd ist und eine große definitorische Bandbreite aufweist, kann mit seiner Hilfe dennoch (vorerst wohl nur näherungsweise) die Gesamtheit aller persönlichen, technischen und musikalischen Mittel im Körper eines Sängers bzw. einer Sängerin und seine bzw. ihre individuelle Musiksprache erfasst werden, durch die er/sie von anderen Sänger/innen unterscheidbar ist. Für die sogenannte ernste Musik machte zwar bereits Dietrich Helms darauf aufmerksam, dass auch die klassischen Interpreten der Kunstmusik »selbstverständlich« auch »[m]it dem Medium des Sounds kommunizieren«, wobei ein »eigener Sound« für diese Künstler/innen ja schon deshalb erforderlich sei, um »auf dem riesigen Markt hervorragend ausgebildeter Absolventen von Musikhochschulen bestehen zu können« (2011, 30). Eine Methode jedoch, mit der die Musik dieser Künstler/innen beschrieben werden könnte, fehlt bislang – möglicherweise bietet es sich an, auch hierfür auf den Begriff ›Sound‹ zurückzugreifen (vgl. Martensen 2017a).

Gender als Analysekategorie wurde in den vorliegenden Studien zur materiellen Musikkultur (vgl. etwa Samida et al. 2014) bisher nur wenig beachtet. Aus Platzgründen kann hier dennoch nur kurz angedeutet werden, dass auch die Tonaufnahme (gleich welcher Musik) kein geschlechtsfreier Raum ist. Dies zeigt sich etwa an der Behauptung, dass Aufnahmen mit Frauen angeblich schon immer problematisch waren – sei es, weil die technischen Bedingungen im Tonstudio für Frauen besonders ungünstig seien (vgl. Gerhard 1908) oder die leibliche Abwesenheit des Frauenkörpers bei Tonaufnahmen als Mangel zu werten sei (vgl. Adorno

1928). Tatsächlich gründet sich dieser Diskurs, der bis heute unhinterfragt fortgeschrieben wird, auf die (zeitgenössischen) Diskussionen um die Lautheit und um die ›Natürlichkeit‹ der Tonaufnahme sowie um die ›Stimme ohne Körper‹ (vgl. dazu Martensen 2018).

Im Übrigen sei hier kurz auf das Stichwort des ›authentischen‹ Klangs bzw. Sounds eingegangen (und dies gilt für musikalische wie für nicht-musikalische Klänge). Akustische Wirklichkeit kann meines Erachtens niemals authentisch nachgebaut werden. Entsprechende Erfahrung hatte man im Rundfunk bereits mit den (jeweils gescheiterten) Versuchen gemacht, die akustische Realität der beiden Weltkriege nachzuahmen (vgl. Paul 2014; Ulrich 2014). Vielmehr handelt es sich bei der Tonaufnahme um eine ganz neue Kunstform, die aus dem akustisch Vorgefundenen etwas ganz Neues, Eigenes macht. Anders formuliert: Bei der Tonaufnahme handelt es sich nicht um eine (bloße) Reproduktion des Geschehens im Konzertsaal, sondern um eine Neuschöpfung, eine Kreation aus eigenem Recht (vgl. Martensen 2017b).

Musikpraxis

Schließlich stellt sich die Frage, ob und inwiefern alle diese Überlegungen auch in der praktischen Musikausübung, bei den Musiker/innen selbst, angekommen sind. Inwiefern werden die Praxeologien des Körpers von Geschlecht bestimmt? Studien zur geschlechtsspezifischen Instrumentenwahl bestätigen schon seit Langem, dass es einen Zusammenhang zwischen Geschlechtervorstellung und Instrumentenwahl gibt (vgl. Hoffmann 1991). Dies gilt auch für komponierende und musikausübende Frauen quer durch alle Gattungen: Wie Grotjahn (2018 [im Ersch.]) belegt, werden Frauen fast ausschließlich im Kontext einer sozialgeschichtlichen Funktion erwähnt. Dadurch werde »die Kompetenz von Frauen zum Komponieren [infrage gestellt] und [der] traditionelle[ ] Geschlechterdiskurs der Sinfonie – ›Wo ist der weibliche Beethoven?‹ – [fortgeschrieben]«. Folglich könne »[e]ine Geschlechtergeschichte musikalischer Gattungen [...] dazu beitragen, zu verstehen, wie Musik an der Konstruktion von Geschlecht mitgewirkt hat und mitwirkt« (ebd.).

Ergänzt sei, dass dies sicherlich auch für die Frage nach ›Frauen als Dirigentinnen‹ gelten dürfte (vgl. Steinbeck 2012). Sarah Schauberger (2015) betont in einer Studie zudem, dass Instrumentalistinnen sich nach wie vor einem normativen Weiblichkeitsideal bzw. einer rigiden Geschlechterdichotomie anzupassen haben, um beruflich voranzukommen. Dies gilt auch für Sänger/innen im Bereich der aktuellen Popmusik, deren Körper und Stimmen in einen – freilich fluiden – Komplex von Inszenierungsstrategien eingebunden sind. Popmusik bzw. ihr Sound, so bringt es Beate Flath (2015) auf den Punkt, lädt Geschlechterbilder emotional auf, kommuniziert diese durch die stete Wiederholung performativer Akte und ›verkauft‹ sie als Teil eines Gesamtkonzepts. Dies gilt freilich nicht nur auf der Bühne, sondern auch in der Filmmusik und in Musikvideos. Hier wird deutlich, wie stark Gender auch durch Sound formiert wird. Helmi Järviluoma, Pirkko Moisala und Anni Vilkko schreiben dazu: »Sound is important in the qualitative study of gender, since learning gender roles not only means visible aspects of those roles: we learn gender through the total sensorium« (2003, 85).

Betont sei, dass selbstverständlich auch die Frage ›Wann ist ein Mann ein Mann‹ bzw. die ihr innewohnenden Männerbilder in Bezug auf ihre kulturelle Konstruktion hinterfragt werden müssen und seit etwa Mitte der 1990er Jahre auch verstärkt im Fokus der Genderforschung stehen. Marion Gerards, Martin Loeser und Katrin Losleben schreiben daher in ihrem Einleitungskapitel zu *Musik und Männlichkeiten in Deutschland seit 1950* völlig zu Recht:

> »Nur eine symmetrisch ausgerichtete Genderforschung, die ihr Erkenntnisinteresse gleichermaßen auf Weiblichkeit(en) und Männlichkeit(en) richtet und beide als unabdingbar aufeinander bezogene komplementäre Kategorien begreift, ermöglicht letztlich den angemessenen Nachvollzug der mit dem doing gender verbundenen vielschichtigen (historischen und künstlerischen) Prozesse der Konstruktion und Inszenierung weiblicher und männlicher Identitäten« (2013, 13).

Neben anderen Differenzkategorien wie *class* und *race* gestaltet also Geschlecht als sozial- und handlungsstrukturierende Klassifikation immer noch das Feld der Musik. Geschlecht, so könnte man zusammenfassend sagen, hat keinen Sound, aber dennoch klingt Geschlecht quasi durch jede Pore der Musik hindurch. »Wissenschaft, Bildung und Erziehung«, so fassen es die Herausgeberinnen des Bandes *Musik.Gender.Differenz* in Anlehnung an Susan McClary (1991) zusammen, »strukturieren und organisieren ein Wissen über Musik, das nicht selten dazu beigetragen hat, hierarchische gesellschaftliche Geschlechterverhältnisse als quasi naturgegeben über Musik weiterwirken zu lassen« (Liebsch/Reitsamer 2015, 14). Nach wie vor sind

Wissenschaftler/innen also dazu aufgerufen, diese kulturellen Denk- und Verhaltensmuster zum Gegenstand von Forschung zu machen.

Verwandte Beiträge: Kap. 5 (Körperlichkeit); Kap. 6 (Materielle Kultur); Kap. 7 (Performanz); Kap. 39 (Stimme); Kap. 44 (Diskothek); Kap. 45 (Fabrik); Kap. 47 (Kirche); Kap. 55 (Salon); Kap. 62 (Musikinstrumente); Kap. 64 (Phonograph); Kap. 65 (Radio); Kap. 66 (Schallplatte); Kap. 68 (Telefon).

Literatur

Adorno, Theodor W.: Nadelkurven. In: *Musikblätter des Anbruch* 10/2 (Februar 1928), 47–50.

Arnolds, Michael: *Das bewußt technisch richtige Singen. Versuch einer körperlich ursächlichen Darstellung.* Würzburg 1938.

Barthes, Roland: Die Rauheit der Stimme. In: Ders.: *Der entgegenkommende und der stumpfe Sinn.* Frankfurt a. M. 1990, 269–278.

Bartsch, Cornelia (Hg.): *Der »männliche« und der »weibliche« Beethoven. Bericht über den Internationalen Musikwissenschaftlichen Kongress vom 31. Oktober bis 4. November 2001 an der Universität der Künste Berlin.* Bonn 2003.

Böhme, Gernot: Die Stimme im leiblichen Raum. In: Doris Kolesch/Vito Pinto/Jenny Schrödl (Hg.): *Stimm-Welten. Philosophische, medientheoretische und ästhetische Perspektiven.* Bielefeld 2009, 23–32.

Bojack, Regina: *Stimmfit.* Einsingen *im Chor. Übungsprogramm für 10 Abende.* Stuttgart [4]1997.

Bourdieu, Pierre: *Sozialer Sinn. Kritik der theoretischen Vernunft.* Frankfurt a. M. 1993 (frz. 1980).

Charton, Anke: *Prima donna, primo uomo, musico. Körper und Stimme. Geschlechterbilder in der Oper.* Leipzig 2012.

Flath, Beate: Like a Virgin. Sound, Image und Geschlechteridentität(en) in der Popmusik. In: Christa Brüstle (Hg.): *Pop-Frauen der Gegenwart. Körper – Stimme – Image: Vermarktungsstrategien zwischen Selbstinszenierung und Fremdbestimmung.* Bielefeld 2015, 33–46.

Gerards, Marion: *Frauenliebe – Männerleben. Die Musik von Johannes Brahms und der Geschlechterdiskurs im 19. Jahrhundert.* Köln 2010.

Gerards, Marion/Loeser, Martin/Losleben, Katrin: Einleitung. In: Dies. (Hg.): *Musik und Männlichkeiten in Deutschland seit 1950. Interdisziplinäre Perspektiven.* München 2013, 11–19.

Gerhard: Die Schwierigkeit naturgemässer Aufnahme von Damenstimmen. In: *Phonographische Zeitschrift* 9/16 (1908), 496 f.

Grotjahn, Rebecca: »Die Singstimmen scheiden sich ihrer Natur nach in zwei große Kategorien«. Die Konstruktion des Stimmgeschlechts als historischer Prozess. In: Sabine Meine/Katharina Hottmann (Hg.): *Puppen, Huren, Roboter. Körper der Moderne in der Musik zwischen 1900 und 1930.* Schliengen 2005, 35–57.

Grotjahn, Rebecca: Ritter vom hohen C. Versuch über die Männlichkeit des Tenors. In: Corinna Herr/Arnold Jacobshagen/Thomas Seedorf (Hg.): *Der Tenor – Mythos, Geschichte und Gegenwart.* Würzburg 2017, 31–58.

Grotjahn, Rebecca: Himmlischer Warenschatz wohltätiger Erkenntnisse. Gattung und Geschlecht in der Musik. In: Hendrik Schlieper/Jörn Steigerwald (Hg.): *Gattung und Geschlecht. Geschlechtermodellierungen in der künstlerischen Praxis.* Wiesbaden 2018 [im Ersch.].

Hausen, Karin: Die Polarisierung der »Geschlechtscharaktere« – Eine Spiegelung der Dissoziation von Erwerbs- und Familienleben. In: Werner Conze (Hg.): *Sozialgeschichte der Familie in der Neuzeit Europas.* Stuttgart 1976, 363–393.

Heister, Hanns-Werner: Geschlechterverhältnisse als Modell. Gegenstände, Themen, Forschungsperspektiven der Musik-Anthropologie. In: Manfred Stahnke (Hg.): *Musik – nicht ohne Worte. Beiträge zu aktuellen Fragen aus Komposition, Musiktheorie und Musikwissenschaft.* Hamburg 2000, 13–46.

Heizmann, Klaus: *200 Einsingübungen für Chöre und Solisten.* Wiesbaden [4]2001.

Helms, Dietrich: Musikgeschichte für »lange Ohren«? Gedanken zur Geschichtsschreibung nicht nur der populären Musik. In: Sabine Meine/Nina Noeske (Hg.): *Musik und Popularität. Aspekte zu einer Kulturgeschichte zwischen 1500 und heute.* Münster 2011, 25–38.

Hoffmann, Freia: *Instrument und Körper. Die musizierende Frau in der bürgerlichen Kultur.* Frankfurt a. M. 1991.

Hottmann, Katharina (Hg.): *Jahrbuch Musik und Gender.* Bd. 6: *Liedersingen. Studien zur Aufführungsgeschichte des Liedes.* Hildesheim 2013.

Järviluoma, Helmi/Moisala, Pirkko/Vilkko, Anni: *Gender and Qualitative Methods.* London 2003.

Lacey, Kate: *Feminine Frequencies. Gender, German Radio, and the Public Sphere, 1923–1945.* Ann Arbor, MI 1996.

Liebsch, Katharina/Reitsamer, Rosa: Einleitung. In: Dies. (Hg.): *Musik.Gender.Differenz.* Münster 2015, 9–34.

Loeser, Martin: Gattung, musikalische. In: Annette Kreutziger-Herr/Melanie Unseld (Hg.): *Lexikon Musik und Gender.* Kassel 2010, 218–233.

Losleben, Katrin: Musik. In: Stefan Horlacher/Bettina Jansen/Wieland Schwanebeck (Hg.): *Männlichkeit. Ein interdisziplinäres Handbuch.* Stuttgart 2016, 347–357.

Martensen, Karin: Der Soundbegriff – eine Methode zur Beschreibung des Phänomens ›Operngesangsstimme‹? In: *Archiv für Musikwissenschaft* 74/2 (2017a), 140–159.

Martensen, Karin: Überlegungen und Interviews zum Einsatz von Aufnahmetechnik und zur »Gruppenleistung Tonaufnahme« im Bereich der klassischen Musik. In: *Acta Musicologica* 89/2 (2017b), 145–170.

Martensen, Karin: Mit Frauen(stimmen) kann man keine guten Tonaufnahmen machen. Zur Analyse eines Motivs aus der Geschichte der Aufnahmetechnik. In: Rebecca Grotjahn (Hg.): *Jahrbuch Musik und Gender,* Bd. 10. Hildesheim 2018 [im Ersch.].

Martin, Michèle: *»Hello, Central?« Gender, Technology, and Culture in the Formation of the Telephone Systems.* Montreal u. a. 1991.

McClary, Susan: *Feminine Endings. Music, Gender, and Sexuality.* Minneapolis, MN 1991.

Meine, Sabine: *Die Frottola. Musik, Diskurs und Spiel an italienischen Höfen, 1500–1530.* Turnhout 2013.
Paul, Gerhard: Trommelfeuer aufs Trommelfell. Der Erste Weltkrieg als akustischer Ausnahmezustand und die Grenzen der Reproduktion. In: Ders./Ralph Schock (Hg.): *Sound der Zeit. Geräusche, Töne, Stimmen – 1889 bis heute.* Göttingen 2014, 83–89.
Pederson, Sanna: Beethoven und Männlichkeit im Kontext der Revolutionen von 1848/49. In: Cornelia Bartsch (Hg.): *Der »männliche« und der »weibliche« Beethoven.* Bonn 2003, 21–31.
Pfeiffer, K. Ludwig: Operngesang und Medientheorie. In: Doris Kolesch/Sybille Krämer (Hg.): *Stimme. Annäherung an ein Phänomen.* Frankfurt a. M. 2006, 65–84.
Pfleiderer, Martin: Sound. Anmerkungen zu einem populären Begriff. In: Thomas Phleps/Ralf von Appen (Hg.): *Pop Sounds. Klangtexturen in der Pop- und Rockmusik.* Bielefeld 2003, 19–29.
Rieger, Eva: *Leuchtende Liebe, lachender Tod. Richard Wagners Bild der Frau im Spiegel seiner Musik.* Düsseldorf 2009.
Rieger, Eva: Frau, Musik und Männerherrschaft revisited. In: Annette Kreutziger-Herr/Nina Noeske/Susanne Rode-Breymann/Melanie Unseld (Hg.): *Jahrbuch Musik und Gender.* Bd. 3: *Gender Studies in der Musikwissenschaft – Quo vadis?* Festschrift für Eva Rieger zum 70. Geburtstag. Hildesheim 2010, 63–69.
Samida, Stefanie/Eggert, Manfred K. H./Hahn, Hans Peter (Hg.): *Handbuch Materielle Kultur. Bedeutungen, Konzepte, Disziplinen.* Darmstadt 2014.
Schauberger, Sarah: Weiblichkeitskonstruktionen im Feld der E-Gitarre. Das Beispiel eines Gitarrenlehrbuchs. In: Rosa Reitsamer/Katharina Liebsch (Hg.): *Musik.Gender. Differenz.* Münster 2015, 116–129.
Schmölders, Claudia: Frauen sprechen hören. Aufstieg einer Klanggestalt. In: Gerhard Paul/Ralph Schock (Hg.): *Sound der Zeit. Geräusche, Töne, Stimmen – 1889 bis heute.* Göttingen 2014, 127–132.
Steinbeck, Anke: Warum es Dirigentinnen in Deutschland noch immer schwer haben. In: *Archiv für Musikwissenschaft* 69/1 (2012), 79–86.
Treitler, Leo: Gender and other dualities of music history. In: Ruth A. Solie (Hg.): *Musicology and Difference. Gender and Sexuality in Music Scholarship.* Berkeley/Los Angeles/London 1993, 23–45.
Ulrich, Bernd: Der Krieg – ein rücksichtsloses Geräusch. Der Lärm des Zweiten Weltkriegs. In: Gerhard Paul/Ralph Schock (Hg.): *Sound der Zeit. Geräusche, Töne, Stimmen – 1889 bis heute.* Göttingen 2014, 239–245.
Walser, Robert: *Running with the Devil. Power, Gender, and Madness in Heavy Metal Music* [1993]. Middletown, CT 2014.

Karin Martensen

71 Herrschaftsrepräsentation

In diesem Beitrag werden die Begriffe ›Herrschaft‹, ›Repräsentation‹ und ›Sound‹ miteinander verknüpft. Obwohl die ›Herrschaftsrepräsentation durch Sound‹ bisher noch kein eigenständiges Forschungsfeld bildet, existieren erste interdisziplinäre Ansätze, die sich der Bedeutung und Funktion von Musik und Sound zur Herrschaftsrepräsentation widmen. Im Folgenden wird der Rolle von Musik und Sound zur Herrschaftsrepräsentation historisch nachgespürt, verbunden mit der Frage, wie diese erforscht werden kann.

Zum Begriff von Sound und Musik in der Herrschaftsrepräsentation

Der Begriff der ›Herrschaftsrepräsentation‹ vereint Diskurse zur Herrschaft und zur Repräsentation. Die Begriffsgeschichte zur ›Herrschaft‹ zeigt sowohl deren Komplexität auf wie auch die historischen Bedeutungsverschiebungen in den sozialen, politischen, rechtlichen und theologischen Kontexten bis zur Französischen Revolution. Dabei nimmt der Begriff der ›Herrschaft‹ auf der einen Seite auf einen konkreten Herren und auf der anderen Seite auch auf seine ›Gerechtigkeit‹ und seinen Machtbereich Bezug. Reinhart Koselleck (1982, 3) zufolge markiert die Französische Revolution aus diesem Grund eine bedeutende Zäsur für den Begriff: »Im 19. Jahrhundert treten ›verfassungsgemäße Regierung‹ oder ›gesetzmäßige Verwaltung‹ an die Stelle von ›Herrschaft‹. Insofern ist spätestens seit der Französischen Revolution ›Herrschaft‹ ein immer schwerer zu legitimierender Begriff geworden.« Allgemeingültig blieb für den Begriff durch die Zeitläufe nur zu konstatieren, »daß alle Herrschaft nicht nur Recht schützte und wahrte, sondern auch an Recht gebunden blieb« (ebd., 2).

Auch der Begriff der ›Repräsentation‹ ist durch diese Zäsur von 1789 charakterisiert. Während die symbolische Repräsentation von Herrschaft in der Forschung tendenziell für die Vormoderne steht, wird der instrumentelle Prozess der Moderne mit politischer Repräsentation verknüpft (vgl. Stollberg-Rilinger 2005, 75). Die symbolische Repräsentation ist als ein Zeichensystem und Grundprinzip des Zeremoniells des 17. und 18. Jahrhunderts zu verstehen: »Majestät, Macht und politische und soziale Ordnung bedürfen ganz unverzichtbar der sinnlichen Darstellung, der Repräsentation« (Riepe 2003, 27). Dahingehend kann *Re-presentatio* sowohl als Vergegenwärtigung und Verkörperung einer Sache als auch als eine Stellvertretung von etwas Abwesenden aufgefasst werden (vgl. Kaden 2004, 170 f.).

Da Herrschaft im Gegensatz zur reinen Macht eine Legitimierung voraussetzt, benötigte sie entsprechende Werkzeuge, um sich selbst zu rechtfertigen. Symbolische Herrschaftsrepräsentationen können daher als Legitimierungsversuche begriffen werden und sollten immer in ihren politischen, kulturellen und sozialen Kontexten betrachtet werden, da sie Ergebnisse von dynamischen Prozessen darstellen. Der Soziologe Max Weber definierte in seiner Herrschaftstypologie drei Typen der legitimen Herrschaft, die sich jeweils durch ihren »rationalen Charakter«, »traditionalen Charakter« und »charismatischen Charakter« unterscheiden. Symbolische Repräsentationsformen dienen in der zuletzt genannten »charismatischen Herrschaft« der ständigen Erneuerung des Charismas des Herrschers oder der Herrscherin, durch die er oder sie symbolische Macht erhält. Diese sei für ihn oder sie insoweit unverzichtbar, als ein Herrscher oder eine Herrscherin langfristig seine oder ihre Macht nicht allein gewaltsam legitimieren könne. Die Legitimität der »charismatischen Herrschaft« beruht laut Weber auf dem Glauben, dass der Herrscher oder die Herrscherin außeralltägliche Qualitäten besitze. Durch diese außeralltäglichen Qualitäten erzeuge er oder sie bei den Menschen ihre Hingabe (Weber 2013, 453). Die Historikerin Ute Frevert geht weiterhin davon aus, dass diese Hingabe erst erzeugt und danach kontinuierlich genährt werden müsse. Ziel sei eine »Gefühlspolitik: eine in der Regel bewusste und reflektierte, mitunter generalstabsmäßig geplante Ansprache mit dem Ziel, Zustimmung zu erzeugen und affektiv zu modellieren« (Frevert 2012, 21).

Sound ist nur ein Aspekt im Konglomerat dieser sinnlichen Herrschaftsrepräsentation, zu der u. a. auch die Architektur, der Gartenbau, die bildende Kunst und Feuerwerke gezählt werden können. Häufig wird eine Steigerung der Aussagekraft durch die Verknüpfung dieser unterschiedlichen Elemente angestrebt. Beispielhaft sei hier der barocke Garten angeführt, dessen Vorbild der Garten des französischen Sonnenkönigs Ludwig XIV. in Versailles war. Ludwig erweiterte das fürstliche Schloss um einen zusätzlichen großen Festraum. Anlagen mit langen Alleen, kulissenhaften Hecken und niedersteigenden Terrassen, mit Kanälen, auf denen Wasserfahrten stattfinden konnten, und mit in sich geschlossenen, intimen Bosketten, in deren Innerem Labyrinthe, Grotten, Springbrunnen oder Wasserspiele vorgefunden und Konzer-

D. Morat, H. Ziemer (Hrsg.), *Handbuch Sound*, https://doi.org/10.1007/978-3-476-05421-0_71

te veranstaltet werden konnten, lieferten unbegrenzte Improvisationsmöglichkeiten für das Konglomerat der sinnlichen Herrschaftsrepräsentation. Feierliche Beleuchtungen und illustre musikalische und theatrale Aufführungen verwandelten die barocken Gärten für ihre Besucherinnen und Besucher in eine arkadische Welt. Auch fürstliche Opernhäuser sind ein prägnantes Beispiel dafür, wie mit der Architektur des Hoftheaters, der Aufteilung der Sitze im Zuschauerraum, der Musik und den Bühnenbildern unterschiedliche Zeichensysteme gemeinsam zur sinnlichen Herrschaftsrepräsentation eingesetzt wurden.

Zwar haben Studien zur Hofmusik als Repräsentationsinstrument eine lange Tradition in der Musik- und Geschichtswissenschaft (z. B. Sachs 1977 [1910]; Straub 1969; Isherwood 1973; Pietschmann 2012), die Zahl der Einzelstudien zu rein klanglichen Aspekten von Glocken, Automaten oder Fanfaren ist hingegen überschaubar. Diese Einzelstudien stellen zudem häufig technische Aspekte in den Vordergrund, statt sich mit den soziopolitischen Bedeutungen dieser Klangsysteme zu befassen. Insofern bedeutet jede Forschungsperspektive, die sich explizit dem Sound und nicht nur der Musik im Kontext symbolischer Herrschaftsrepräsentation widmet, eine erhebliche Erweiterung der bisherigen Forschungsansätze. Im Folgenden werden einige Beispiele dieser Form von Herrschaftspräsentation bis zum Ende der Frühen Neuzeit erläutert, ohne dass dabei einen Anspruch auf Vollständigkeit erhoben wird.

Antike Konzepte und ihre Rezeption

Seit der Antike wurde Herrschaft eng mit Musik assoziiert: Götter, wie der Kithara spielende Apoll, der nicht nur der Sohn des Göttervaters Zeus, sondern auch Gott des Lichts und der Musik war, musizierten, und Mythen, wie die des Königs Amphion, der mit seinem Lyraspiel die Mauern von Theben errichtete, stilisierten durch Akte der musikalischen Zivilisierung und Ordnung das Bild eines weisen Herrschers. Herrscher wie der römische Kaiser Nero versuchten durch Musik und insbesondere eigenes Musizieren seit der Antike Götter-Rollen wie die des Apoll einzunehmen. Das Konglomerat von Musik und Herrschaft beruht jedoch nicht allein auf der Vereinnahmung der musikalischen, antiken Götter. Musik wurde auf unterschiedlichste Weise über Jahrhunderte für Diskurse und Praktiken der Herrschaftsrepräsentation eingesetzt. Schon in Platons *Nomoi* und *Politeia* wurde Musik das Potenzial zur gesellschaftlichen Erziehung und Formierung zugeschrieben und damit eine soziale Macht zugesprochen, da sie sowohl politische als auch soziale Ordnung errichten konnte.

Einer der bedeutendsten Diskurse hatte seinen Ursprung bei Pythagoras von Samos (um 570–500 v. Chr.) und den Pythagoreern. Er beschreibt einen für Menschen eigentlich nicht hörbaren Sound: die Sphärenharmonie. Aus der zugrunde liegenden Idee, dass aus der Bewegung der Himmelskörper je nach Abstand zueinander und der jeweiligen Geschwindigkeit unterschiedliche Töne der siebenstufigen Tonskala entstünden, entwickelte sich eine auf mathematischen Proportionen basierende kosmische Ordnung. Die Idee der Sphärenharmonie wurde mit unterschiedlichen Erklärungsmodellen für die Entstehung des Sounds nicht nur im Mittelalter, sondern bis hinein ins 17. und 18. Jahrhundert rezipiert, so etwa auch bei Johannes Kepler und Johann Mattheson. Verfügte ein Herrscher bzw. eine Herrscherin über Macht über die Produktion von Musik, besaß er oder sie ein Instrument, um die kosmische Weltordnung zu bewahren. Die Vorstellung dieser kosmischen Macht wurde somit zur Legitimierung der säkularen Herrschaft eingesetzt. Häufig wurde die Kunst des Regierens auch mit der Kunst des Komponierens verglichen, da beide Künste eine Abfolge von Konsonanzen und Dissonanzen harmonisieren mussten. Diese anhaltende Nähe von Musik und Herrschaftsausübung deklarierte der Musiksoziologe Christian Kaden (2004, 115) provokant als einen der »Dreh- und Angelpunkte europäischer Selbstvergewisserung«, die insbesondere im Rahmen von sozialen System-Vergrößerungen zum Ausdruck komme.

Historische Beispiele für klangliche Herrschaftsrepräsentation

Wird Sound zur sinnlichen Herrschaftsrepräsentation eingesetzt, können zwei Bereiche unterschieden werden: zum einen die anlassabhängige Einbindung von Sound in Rituale und Zeremonielle zur »Hierarchisierung von Sozialstrukturen« und zum anderen die Darstellung von »symbolischer Dominanz«, wie sie in der Präsentation von Pracht und Prestige zum Ausdruck kommt (Chartier 1994, 340 f.).

Im Folgenden soll uns zunächst die Hierarchisierung von Sozialstrukturen interessieren, bei der Musik und Klang ein wichtiges Element zur Unterlegung von regulierten Handlungen bildeten. Jörg Jochen

Berns (2006, 49) betont, dass zeremonielle Choreographien immer sowohl eine »akustische Binnenstruktur« als auch akustische Zeichen zur Einbindung eines »zermoniell-externe[n] Publikum[s]« benötigten. Bereits in der chinesischen Bronzezeit der Shang- und Zhou-Dynastien (15. bis 3. Jahrhundert v. Chr.) wurden Zhong-Glocken zur Repräsentation der alten chinesischen Ritualkönige und Feudalfürsten eingesetzt. Sie waren ein wichtiges Element im Staatsritual aller chinesischen Dynastien (vgl. Lehr 1995/2016). Auch im europäischen Zeremoniell der Frühen Neuzeit besaß Glockengeläut gepaart mit Trompetenfanfaren und Paukenschall von Türmen und Kirchen an Festtagen eine große Rolle. Sie eigneten sich besonders gut, um soziale Räume akustisch zu besetzen und ein politisches Hör-Wissen zu kreieren (vgl. Missfelder 2017, 293 und 298 f.). Häufig erklangen sie nicht nur am Aufführungsort des Festaktes, sondern wurden von diesem von Stadt zu Stadt weitergetragen, bis das ganze Reich klanglich durch eine körperliche Hörerfahrung über den Festakt des Herrschers oder der Herrscherin in Kenntnis gesetzt worden war (vgl. Berns 2006). In Kombination mit Kanonenschüssen zählte Glockengeläut zum Begrüßungszeremoniell für reisende Herrscherinnen und Herrscher beim Einzug in eine Stadt. Unverzichtbar im Festzeremoniell waren Fanfaren von Trompeterchören, die aus Trompeten und Pauken bestanden. Sie wurden in diversen Kontexten wie Geburtstagen, Hochzeiten und Krönungen der Herrschenden, aber auch im Zuge von Opernaufführungen bei ihrer Ankunft oder bei Carousel-Aufführungen eingesetzt.

Die symbolische Dominanz im Sinne von Pracht und Prestige wurde an der Herrschaftsrepräsentation anderer Herrscher und Höfe gemessen. Sound konnte hier die Rolle eines Luxusgutes einnehmen – entscheidende Kriterien für diese Bewertung konnten u. a. die investierten Finanzmittel, die Soundqualität, der Stil sowie seine Innovativität darstellen. So galt die 246 v. Chr. von dem Mechaniker Ktesibios in Alexandria entwickelte Wasserorgel (*hydraulis*) zur Zeit ihrer Entstehung als technisches Wunderwerk. Als Luxusobjekte und Wundermaschinen, die, so Goten-König Theoderich im Jahr 507, »die Geheimnisse der Natur zu enthüllen vermöge[n]« (zit. nach Hammerstein 1986, 27), wurden die Wasser- und Balgorgel ein Machtzeichen, über das die Hofchronisten Konstantinopels regelmäßig berichteten und das zentral in der byzantinischen Verehrungszeremonie der Kaiser eingesetzt wurde. Auch der um 820 am Hof des Kalifen von Bagdad konstruierte selbstspielende Flötist, der mit Wasserkraft angetrieben wurde, versetzte sein Publikum ins Staunen und demonstrierte somit, wie bei den griechischen Automaten und Spieluhren, die Macht seines Besitzers. Als Sound konnten nicht nur künstlich singende Vögel, sondern immer auch ihre Antriebsweise mit Wasser oder Murmeln vernommen werden.

Zur Demonstration der eigenen Pracht dienten diese Luxusgüter nicht selten auch als Geschenk für andere Herrschaftshäuser. So gehört die große Yongle-Glocke, die vom buddhistischen Ming-Kaiser Yongle Anfang des 15. Jahrhunderts einem Tempel gestiftet wurde, zu den größten Glocken Chinas. Eine Orgel wiederum gelangte im Jahr 757 als Geschenk des oströmischen Kaisers Konstantin V. an den Hof des fränkischen Königs Pippin der Kleine. Als Prachtinstrument des Orients wurde sie am fränkischen Hof zu einer Sensation (vgl. Jakob 2016). Zielte die Herrschaftspräsentation durch Sound also darauf ab, das Publikum durch Pracht und Prestige zu erstaunen oder zu überwältigen, konnte sie, anders als bei der Hierarchisierung der Sozialstrukturen, auf ein vorhandenes Hör-Wissen verzichten.

Ebenfalls in den Bereich der symbolischen Dominanz fällt die Herrschaftsinszenierung im sakralen Raum. Hierfür diente insbesondere an italienischen Höfen die polyphone Herrschaftsmesse mit ihrem *soggetto cavato*. Ihr Prototyp ist die in Ferrara am Hof von Herzog Ercole I. d'Este (Regierungszeit 1471–1505) entstandene Missa *Hercules Dux Ferrariae* des Komponisten Josquin Desprez. Sie zeichnet sich durch die von Josquin entwickelte Kompositionstechnik aus, bei der die Vokale eines Herrschernamens und Herrschertitels zu Solmisationssilben umgedeutet werden, aus denen dann das musikalische Thema kreiert wird, das das Grundgerüst der Komposition bildet (vgl. Ammendola 2013, 51 ff.). Ihren Namen erhielt das Kompositionsprinzip *soggetto cavato* später durch den Komponisten Gioseffo Zarlino, der es Mitte des 16. Jahrhunderts in seinem Musiktraktat *Le Istitutioni harmoniche* als »dalle vocali di questa parole« (1965 [1558], 267) beschrieb.

Im 17. und 18. Jahrhundert entwickelte sich dann die Oper zu einem zentralen Mittel der Herrschaftsrepräsentation. Hierzu gehörte die Investition in prächtige Opernhäuser mit herausragenden Sängern (insbesondere italienische Kastraten wurden zu einem Statussymbol) und Sängerinnen, einem großen und renommierten Orchester und mit immer neuen Opernproduktionen, die die Herrschaft des Fürsten priesen und legitimierten. Beispielhaft sei Herzog Ernst August zu Braunschweig-Lüneburg erwähnt, der 1689 in Hannover eines der prachtvollsten Opernhäuser der Zeit mit der Repräsentationsoper *Enrico Leone* von Agostino Steffani eröffnete und damit seinen dynastischen Anspruch auf die neunte Kurwürde manifestierte.

Prestige konnte nicht nur über die Größe einer Musikkapelle erworben werden, sondern als Mittel der kulturellen Distinktion auch durch ihren musikalischen Stil. Die Dresdner Kapelle hatte sich unter August dem Starken mit dem Konzertmeister Jean-Baptiste Volumier und seinem Nachfolger Johann Georg Pisendel (1687–1755) an der Spitze zu einem der besten Orchester im europäischen Raum entwickelt. Als Komponist des ›vermischten Geschmacks‹ – eines Mittelwegs zwischen der italienischen und französischen Ausbildung – wirkte Pisendel stark schulbildend. Die Kapelle wurde zum Vorbild von Friedrich II. von Preußen, der nach dem Tod seines Rivalen August 1733 sukzessive Musiker der Dresdner Kapelle abwarb und dann einen eigenen friderizianischen Stil zu entwickeln suchte, mit dem er seinen ›guten Geschmack‹ unter Beweis stellen sollte (vgl. van der Hoven 2015, 178 ff.).

Ausblick

Traditionelle Forschungsfragen zur Herrschaftsrepräsentation befassen sich in der Historischen Musikwissenschaft, der Musiksoziologie und der Geschichtswissenschaft besonders mit der Hofmusik in der Festkultur und im Zeremoniell (z. B. Mücke 2006; Riepe 2003). In den Fokus rücken hierbei auf der einen Seite häufig Fragen zur Bedeutung der Hofmusik für die Herrschaftsrepräsentation (z. B. Fischer 2007), des Aufbaues der Hofkapelle, ihrer Finanzierung und ihres Publikums (z. B. Fritz-Hilscher 2006; Henzel 1999), auf der anderen Seite widmen sich die entsprechenden Studien einzelnen Gattungen und Komponisten sowie der Analyse ihrer Werke (z. B. Reckow 1992; Riedel 1996).

Ein kleiner Ausblick auf neue Felder für die musikalische und klangliche Herrschaftsrepräsentation verdeutlicht die Notwendigkeit, sich neuen Fächern und Diskursen mit ihren methodologischen Arbeitsweisen interdisziplinär zu öffnen. Als Beispiele für solche neuen möglichen Forschungswege in der Zukunft, die Perspektivwechsel in der Diskussion um Herrschaftsrepräsentation ermöglichen können, sei hier auf die ersten Arbeiten aus der Performativitäts-, Emotions- und Raumforschung verwiesen. So fragten jüngste Arbeiten, welche Bedeutung es für die Herrschaftsrepräsentation habe, wenn der Herrscher selbst als Musiker, Komponist oder Dirigent auftrete (z. B. Cremer/Müller/Pietschmann 2018), und welche Emotionen im Rahmen der Herrschaftsrepräsentation durch eine spezifische Musik oder einen spezifischen Sound ausgelöst werden sollen (z. B. Werr 2010). Eine Annäherung an Herrschaftsrepräsentation über Raumerfahrungen und -strukturen ermöglicht neue Narrative der Geschichtsschreibung, die sich zum Beispiel an sozialen und politischen Phänomenen und nicht mehr an einzelnen Persönlichkeiten oder Werken ausrichten (vgl. Langenbruch/zur Nieden 2018). Nichtsdestotrotz bilden Forschungsansätze, die ihren Fokus klar auf den Sound und nicht die Hofmusik legen, immer noch ein Desiderat.

Ausgehend von den vorgestellten Strukturmerkmalen der Herrschaftsrepräsentation lässt sich fragen, inwieweit Musik und Sound auch nach der Französischen Revolution in anderen politischen Strukturen zur Repräsentation genutzt werden. Musikalische und klangliche Repräsentationen erscheinen jedoch insbesondere in Demokratien als eine verstärkende sinnliche Zusatzkomponente, da sich diese durch politische und nicht durch symbolische Repräsentation legitimieren. Für Momente der politischen Krise scheint diese Form der sinnlichen Repräsentation jedoch über die Jahrhunderte nicht an Popularität eingebüßt zu haben.

Verwandte Beiträge: Kap. 3 (Emotionalität); Kap. 7 (Performanz); Kap. 20 (Geschichtswissenschaft); Kap. 24 (Musikwissenschaft); Kap. 26 (Philosophie); Kap. 32 (Donner); Kap. 45 (Fabrik); Kap. 54 (Opernhaus); Kap. 60 (Glocken); Kap. 62 (Musikinstrumente); Kap. 74 (LautSprecher); Kap. 75 (Nationalhymnen); Kap. 78 (Schweigen); Kap. 79 (Sklaverei).

Literatur

Ammendola, Andrea: *Polyphone Herrschermessen (1500–1650). Kontext und Symbolizität.* Göttingen 2013.

Berns, Jörg Jochen: Herrscherliche Klangkunst und höfische Hallräume. Zur zeremoniellen Funktion akustischer Zeichen. In: Rudolstädter Arbeitskreis für Residenzkultur (Hg.): *Zeichen und Raum. Ausstattung und höfisches Zeremoniell in deutschen Schlössern der Frühen Neuzeit.* München 2006, 49–64.

Chartier, Roger: Die Welt als Repräsentation. In: Matthias Middel/Steffen Sammler (Hg.): *Alles Gewordene hat Geschichte. Die Schule der Annales in ihren Texten, 1929–1992.* Leipzig 1994, 320–347.

Cremer, Annette C./Müller, Matthias/Pietschmann, Klaus (Hg.): *Fürst und Fürstin als Künstler. Herrschaftliches*

Künstlertum zwischen Habitus, Norm und Neigung. Berlin 2018.
Fischer, Christine: *Instrumentierte Visionen weiblicher Macht. Maria Antonia Walpurgis' Werke als Bühne politischer Selbstinszenierung.* Kassel 2007.
Frevert, Ute: *Gefühlspolitik. Friedrich II. als Herr über die Herzen?* Göttingen 2012.
Fritz-Hilscher, Elisabeth Theresia: Die Privatisierung der kaiserlichen Hofmusikkapelle unter Maria Theresia 1751–1772. In: Dies. (Hg.): *Krisenzeiten der Hofmusikkapellen. Dokumentation des im Dezember 1997 veranstalteten 2. Symposions zur Geschichte der Wiener Hofmusikkapelle.* Wien u. a. 2006, 161–170.
Hammerstein, Reinhold: *Macht und Klang. Tönende Automaten als Realität und Fiktion in der alten und mittelalterlichen Welt.* Bern 1986.
Henzel, Christoph: Die Schatulle Friedrichs II. von Preußen und die Hofmusik (Tl. 1). In: *Jahrbuch des Staatlichen Instituts für Musikforschung Preußischer Kulturbesitz* 1999, 36–66.
Isherwood, Robert M.: *Music in the Service of the King. France in the Seventeenth Century.* Ithaca, NY u. a. 1973.
Jakob, Friedrich: Orgel, III (2016). In: *MGG Online*, https://mgg-online.com/article?id=mgg15855&v=1.2&rs=id-3e957473-574f-7716-6527-bd5743725f17 (30.1.2018).
Kaden, Christian: *Das Unerhörte und das Unhörbare. Was Musik ist, was Musik sein kann.* Kassel/Stuttgart 2004.
Klüppelholz, Heinz: Die Eroberung Mexikos aus preußischer Sicht. Zum Libretto der Oper ›Montezuma‹ von Friedrich dem Großen. In: Albert Gier (Hg.): *Oper als Text. Romanistische Beiträge zur Libretto-Forschung.* Heidelberg 1986, 65–94.
Koselleck, Reinhart: Herrschaft. In: Otto Brunner/Werner Conze/Reinhart Koselleck (Hg.): *Geschichtliche Grundbegriffe. Historisches Lexikon zur politisch-sozialen Sprache in Deutschland.* Bd. 3: *H–Me.* Stuttgart 1982, 1–102.
Langenbruch, Anna/zur Nieden, Gesa (Hg.): *Handbuch Orte und Räume der Musik.* Laaber 2018 [im Ersch.].
Lehr, André: Glocken und Glockenspiele, I (1995/2016). In: *MGG Online*, https://mgg-online.com/article?id=mgg15431&v=1.0&rs=id-e432e361-60a9-f65c-990c-bdcfbea1209f (30.1.2018).
Missfelder, Jan-Friedrich: Wissen, was zu hören ist. Akustische Politiken und Protokolle des Hörens in Zürich um 1700. In: Netzwerk »Hör-Wissen im Wandel« (Hg.): *Wissensgeschichte des Hörens in der Moderne.* Berlin/Boston 2017, 291–303.
Mücke, Panja: »... liessen sich Trompeten und Paucken in dem Saal, neben den TafelZimmer hören, auch wurden die Stücken von dem Walle an der Reith-Bahne darzu gebracht«. Musik als zeremonielle Zeichengattung am Dresdner Hof. In: Rudolstädter Arbeitskreis zur Residenzkultur (Hg.): *Zeichen und Raum. Ausstattung und höfisches Zeremoniell in den deutschen Schlössern der Frühen Neuzeit.* München 2006, 65–82.
Pietschmann, Klaus: Herrschaftssymbol und Propaganda. Höfische Musik in der Frühen Neuzeit. In: Sabine Mecking/Yvonne Wasserloos (Hg.): *Musik – Macht – Staat. Kulturelle, soziale und politische Wandlungsprozesse in der Moderne.* Göttingen 2012, 39–56.
Reckow, Fritz: Der inszenierte Fürst. Situationsbezug und Stilprägung der Oper im absolutistischen Frankreich. In: Ders. (Hg.): *Die Inszenierung des Absolutismus. Politische Begründung und künstlerische Gestaltung höfischer Feste im Frankreich Ludwigs XIV.* Erlangen 1992, 71–104.
Riedel, Friedrich W.: Kirchenmusik als politische Repräsentation. Zur Vertonung des ›Te Deum laudamus‹ im 18. und 19. Jahrhundert. In: Peter Ackermann/Ulrike Kienzle/Adolf Nowak (Hg.): *Festschrift für Winfried Kirsch zum 65. Geburtstag.* Tutzing 1996, 117–129.
Riepe, Juliane: Hofmusik in der Zeremonialwissenschaft des 18. Jahrhunderts. In: *Händel-Jahrbuch* 49 (2003), 27–52.
Sachs, Curt: *Musik und Oper am kurbrandenburgischen Hof.* Nachdr. der Ausgabe Berlin 1910. Hildesheim u. a. 1977.
Stollberg-Rilinger, Barbara: Herstellung und Darstellung politischer Einheit. Instrumentelle und symbolische Dimensionen politischer Repräsentation im 18. Jahrhundert. In: Jan Andres/Alexa Geisthövel/Matthias Schwengelbeck (Hg.): *Die Sinnlichkeit der Macht. Herrschaft und Repräsentation seit der Frühen Neuzeit.* Frankfurt a. M./New York 2005, 73–92.
Straub, Eberhard: *Repraesentatio Maiestatis oder churbayerische Freudenfeste. Die höfischen Feste in der Münchner Residenz vom 16. bis zum Ende des 18. Jahrhunderts.* München 1969.
van der Hoven, Lena: *Musikalische Repräsentationspolitik in Preußen (1688–1797). Hofmusik als Inszenierungsinstrument von Herrschaft.* Kassel u. a. 2015.
Voigt, Boris: *Memoria, Macht, Musik. Eine politische Ökonomie der Musik in vormodernen Gesellschaften.* Kassel u. a. 2008.
Wald, Melanie: Regia Musica – Komponieren als Herrschaftsakt. In: *Musiktheorie. Zeitschrift für Musikwissenschaft* 22/1 (2007), 35–48.
Weber, Max: *Gesamtausgabe.* Abt. I, Bd. 23: *Wirtschaft und Gesellschaft. Soziologie: unvollendet, 1919–1920.* Hg. von Knut Borchardt, Edith Hanke und Wolfgang Schluchter. Tübingen 2013.
Werr, Sebastian: *Politik mit sinnlichen Mitteln. Oper und Fest am Münchner Hof (1680–1745).* Köln 2010.
Zarlino, Gioseffo: *Le Istitutioni harmoniche.* Faks. der Ausgabe Venedig 1558. New York 1965.

Lena van der Hoven

72 Kolonialität

Koloniale Geschichte hat keine direkte Tonspur. Doch klingen zeitverschobene, medialisierte Echos der Kolonialität in den umfangreichen Sammlungen kolonialer Tonaufnahmen. Diese historischen Tonsammlungen werden heute zumeist in europäischen und nordamerikanischen Archiven aufbewahrt. Allein das Berliner Phonogramm-Archiv besitzt mehr als 15.000 Wachszylinder, (zumeist) mit Musikaufnahmen, die zwischen 1893 und 1954 gemacht wurden. Mehr als ein Drittel dieser Aufnahmen wurde in ehemals kolonisierten afrikanischen Ländern gemacht, ein weiteres Viertel stammt aus asiatischen Ländern (vgl. Ziegler 2006, 20). Im Zusammenhang mit diesen Tonaufnahmen macht der Begriff ›Kolonialität‹ die Dauerhaftigkeit der kolonialen Formierung des Wissens deutlich, die uns auch heute noch in den archivalischen Hinterlassenschaften kolonialer Wissensproduktionen entgegentritt. Er wird deshalb im Folgenden vom Begriff des ›Kolonialismus‹ unterschieden, der das zeitlich begrenzte machtpolitische, ökonomische und kulturelle Gefüge der kolonialen Herrschaft bezeichnet.

Der Klang der kolonialen Wissensproduktion

Symptome der Kolonialität können aus historischen Sprach- und Gesangsaufnahmen mit Sprecher/innen und Sänger/innen, die zumeist als Eingeborene bezeichnet wurden, herausgehört werden, ähnlich wie ihre Spuren in schriftlichen Dokumenten der Kolonialarchive gelesen und in historischen und gegenwärtigen Bilddokumenten gesehen werden können (vgl. Stoler 2009; Edwards 2001). Gleichzeitig ermöglichen unterschiedliche Medien, Genres sowie die materielle Beschaffenheit von Dokumenten spezifische Arten der Rezeption und des Verständnisses von kolonialer Geschichte, von Repräsentationsweisen, den Annahmen und Praktiken der Urheber/innen sowie von Politiken der Archive. Was man hören oder sehen und lesen kann, ist, auch in Bezug auf dasselbe Projekt der Wissensproduktion, nicht immer identisch. So kann beispielsweise dieselbe Expedition anhand ihrer fotografischen oder anhand ihrer schriftlichen Dokumentation oder eben anhand ihrer Tondokumente sehr unterschiedlich interpretiert werden.

Schriften von Kolonialbeamten, Ethnologen und Anthropologen, von Reisenden, Missionaren und Militärs (u. a.) wurden und werden als Quellen der Historiographie genutzt und einer dekolonialen Kritik unterzogen. Außerdem hat sich in den letzten beiden Jahrzehnten das wissenschaftliche Interesse am kolonialen Archiv auch visuellen Quellen, zum Beispiel Fotoarchiven zugewandt. Akustische Objekte, die aus der kolonialen Wissensproduktion resultieren – also Stimm-, Musik- und Sprachaufnahmen – wurden jedoch bisher selten als Quellen behandelt (vgl. Hoffmann 2009; Lange 2015).

Die kritische Auseinandersetzung mit Praktiken und Methoden akustischer Konservierung, etwa im Zuge der Rettungsethnographie, sowie mit extrahierenden und sezierenden Methoden des Hörens und Sammelns (vgl. Lange 2013; Hoffmann 2015) untersucht Praktiken der akustischen Konservierung auf ihre chauvinistischen und evolutionistischen Annahmen hin. So beschreibt Jonathan Sterne (2003) den Wunsch der frühen Phonographie, nicht bloß Stimmen, sondern auch ganze Kulturen zu konservieren (vgl. auch Brady 1999). Eric Ames (2003) hat anhand der Schriften von Erich Moritz von Hornbostel dessen Gebrauch der jungen Technologie der Phonographie für extrahierende und sezierende Hör- und Untersuchungspraktiken gezeigt. Die Arbeit von Britta Lange (2013) zu den Tonaufnahmen und anthropometrischen Untersuchungen mit Kriegsgefangenen liefert eine grundlegende, sehr detaillierte Analyse der wissenschaftlichen Praktiken der Aufnahmetätigkeit in deutschen und österreichischen Gefangenenlagern des Ersten Weltkrieges. Bisher stützen sich diese Untersuchungen (mit Ausnahme von Langes Forschung) zumeist auf schriftliche Dokumentationen: historische Anleitungen für das Phonographieren (z. B. Luschan 1910), schriftliche Protokolle der Aufnahmen, Beschreibungen der Techniken und Methoden, aber auch Briefwechsel und Publikationen der beteiligten Forscher/innen (z. B. Simon 2000).

Die vorwiegende Untersuchung schriftlicher Dokumentationen historisch-ethnographischer, linguistischer und musikwissenschaftlicher Aufnahmen aus ehemals kolonisierten Gebieten bzw. ihrer Bewohner/innen begründet sich nicht allein durch den – trotz Digitalisierung – erschwerten Zugang zu den akustischen Sammlungen. Die Aufnahmen befinden sich fast ausschließlich in europäischen und nordamerikanischen Archiven. In den Herkunftsländern ist ihre Existenz selten bekannt. Zudem müssen die Aufnahmen zumeist erst übersetzt und (re-)kontextualisiert werden, um im semantischen Sinne ›zum Sprechen‹ gebracht zu werden.

D. Morat, H. Ziemer (Hrsg.), *Handbuch Sound*, https://doi.org/10.1007/978-3-476-05421-0_72

Außerdem bieten historische, aber auch rezente schriftliche Publikationen zu akustischen Sammlungen reiches Material, um Einblicke in die rassistischen und okzidentalistischen Haltungen der Sammler/innen und/oder Archivar/innen zu gewinnen. So finden sich beispielsweise in den archivalischen Registern, aber auch in publizierten Katalogen, die über die akustischen Sammlungen informieren, noch immer ›Lippennegerinnen‹, ›Eskimos‹ und ›Hottentotten‹ (vgl. Ziegler 2006). Die Langlebigkeit dieser Fremdbezeichnungen folgt der Maxime der Auffindbarkeit der Aufnahmen im Sinne der Ordnungsprinzipien der Aufnehmenden. Mit der Übernahme dieser Ordnungsprinzipien ermöglichen Tonarchive und Sammlungen die Kontinuität kolonialer Schreibweisen und das Fortleben chauvinistischer Begriffe. Es handelt sich aber hier nicht lediglich um antiquierte Bezeichnungen. Vielmehr wurden diese Bezeichnungen nie als Eigenbezeichnungen gebraucht. Die Weiternutzung kolonialer Benennungen als Suchwörter, zusammen mit der Anordnung textlich bedeutsamer Aufnahmen nach einem Provenienzprinzip, im Gegensatz zum Pertinenzprinzip der Bibliotheken, behindert das Auffinden von spezifischen, gesprochenen und gesungenen Inhalten in den Katalogen der heutigen Archive. Gleichzeitig erschweren orthographischen Verzerrungen von Namen, Sprachen und Orten der Herkunft der Sprecher/innen oder der Aufnahmen, die dem Kolonialarchiv (als Komplex der kolonialen Wissensproduktion) zu eigen sind, die Suche nach bestimmten Sprecher/innen (vgl. Spivak 1999, 198–311). Das Entfernen oder das Verschwinden der subalternen Sprecher/innen mitsamt den von ihnen gesprochenen Texten aus dem Kolonialarchiv setzt sich so in den schriftlichen Registern der Tonarchive fort.

Die Möglichkeit, historische Aufnahmen einer anderen Bedeutungskategorie zuzuordnen – d. h. sie als semantisch sinnhafte, historische Quellen (zurück) zu gewinnen – und sie damit dem ihnen zugewiesenen Status zum Beispiel als Sprachbeispiele zu entreißen, wird damit deutlich erschwert. Obwohl beispielsweise ethnographische Aufnahmen interessante gesprochene Texte enthalten können und diese für die Historiographie besonders der kolonialen Wissenspraktiken von Bedeutung sein können, werden sie bisher kaum genutzt – u. a. eben deshalb, weil sie nicht gefunden werden können. Weiterhin muss eine anhaltende, okzidentale Skepsis westlicher Forscher/innen gegenüber mündlich transferiertem Wissen oder eine grundsätzliche Bevorzugung der sichtbaren oder lesbaren Quellen als historische Evidenz vermutet werden.

Der Begriff der ›Kolonialität‹ ist hier insofern von Bedeutung, als er die erstaunliche Permanenz, etwa der genannten herabwürdigenden Fremdbezeichnungen, als Teil eines gegenwärtigen archivalischen Ordnungsprinzips für historische Tonaufnahmen oder das Verschweigen des intersubjektiven Charakters der kolonialen Wissensproduktion thematisiert und kritisiert. Kolonialität als theoretisches Konzept resultiert aus der Kritik an der Behauptung einer von Europa ausgehenden Moderne und aus Fragen nach der Aktualität und Langlebigkeit kolonialer Strukturen in Lateinamerika. Der Begriff wurde innerhalb des Forschungskollektives ›Modernidad/Colonidad‹ (Modernität/Kolonialität) u. a. von Aníbal Quijano, Enrique Dussel und Walter Mignolo in den 1990er Jahren entwickelt. Das Konzept der ›Kolonialität der Macht‹ beschreibt ein asymmetrisches Beziehungsgefüge, das sich, wie Nelson Maldonado-Torres 2007 betonte, »in einer Kolonisierungssituation, spezifisch in den Amerikas nach 1492 generiert, die Art und Weise des Verhältnisses zwischen Eroberern und Eroberten festlegt, über den Kolonialismus als politische Ordnung hinausreicht und vor allem kognitiver und kultureller Art ist« (zit. nach Garbe 2013, 37; vgl. auch Quijano 2007; Grosfoguel 2003).

Die hierarchische Anordnung angenommener ›Rassen‹ innerhalb des globalen Machtgefüges der Kolonialität betrifft auch die Wissensproduktion, beispielsweise mit der Auswahl der Objekte des Wissens, den epistemischen Praktiken und der Beanspruchung der Definitionsmacht. Für ein Verständnis von Tonaufnahmen als Bestandteil der kolonialen Wissensproduktion – und damit als deren archivalisches Echo – ist vor allem der Aspekt der Relationalität und der Aspekt der Kolonialität der epistemischen Praktiken und Machtverhältnisse von Bedeutung. Einer der Kritikpunkte Quijanos ist die koloniale Negierung der Intersubjektivität als Produktionsweise von Wissen (2007, 172). Für die koloniale Aufnahmesituation bedeutet dies, dass das rassialisierte, nicht-europäische Subjekt (fast) immer zum Forschungs*objekt* wurde und dass dieses ›fabulierte‹ Objekt (vgl. Mbembe 2015) aufgrund seines Status keinen aktiven Anteil an der Wissensproduktion haben konnte und haben kann.

Die Worttaubheit der Tonarchive

Als Muhammed Nur, ein Zivilgefangener des Ersten Weltkrieges, der von den Linguisten der Königlich Preußischen Phonographischen Kommission im Lager akustisch aufgenommen wurde, Aspekte somalischer Kolonialpolitik ansprach, wurde dieser Sprechakt nicht als Teil eines intersubjektiven Austausches von Wissen konserviert. Vielmehr wurde alles, was er in den Aufnahmetrichter sagte, zu dem, was für die Kommission von Interesse war: einem Sprachbeispiel. Daraus folgend waren weder der Sprecher noch der semantische Inhalt der Aufnahme für die archivarische Einordnung der Aufnahmen relevant. Das bedeutet auch, dass das so produzierte Wissen oder dessen materielle Dokumentationen – auch die Tonaufnahmen – zum Eigentum von westlichen Forscher/innen und Archiven, in diesem Fall des Lautarchivs der Berliner Friedrich-Wilhelms-Universität, der späteren Humboldt-Universität, wurden. Diese Art der Archivierung blockiert (auch) für die Nachkommen der Sprecher/innen und/oder Sänger/innen den Zugang zu historischen Aufnahmen. Die Langlebigkeit der archivalischen, institutionellen und geopolitischen Strukturen, die auf Kolonialität beruhen, sorgt weiterhin dafür, dass sich deren Erbe nur schwer auflösen lässt. Das heißt, obwohl es seit einiger Zeit praktische Bemühungen, zum Beispiel von Phonogramm-Archiven gibt, historische Aufnahmen mit den Nachfolgegemeinschaften der einstigen Sprecher/innen und Sänger/innen zu teilen, ist auch hier die Kolonialität der epistemischen und archivalischen Praktiken ein Hindernis.

Ein weiterer Aspekt der Kolonialität der Aufnahmen ist das Verschweigen der Zwangssituationen, in denen die Aufnahmen entstanden sind: Akustische Aufnahmen wurden – vergleichbar und oft zusammen mit Vermessungen von Menschen und anthropometrischen Fotografien – in Polizeistationen, Gefängnissen in kolonisierten Gebieten, aber auch in den Kriegsgefangenenlagern Europas produziert. Ein Beispiel hierfür ist die Sammlung Lichtenecker von 1931 (Phonogramm-Archiv Berlin): Einige der Aufnahmen wurden in einer Polizeistation im damaligen Deutsch-Südwestafrika (dem heutigen Namibia) gemacht (vgl. Hoffmann 2009 und 2011); aus den schriftlichen Registern des Aufnehmenden ist dies nicht ersichtlich. Wie auch in Bezug auf andere koloniale Dokumente müssen diese Details für die meisten Sammlungen im Nachhinein rekonstruiert werden. Im Falle der Aufnahmen Hans Lichteneckers ist jedoch schon vor der Übersetzung das Echo der Kolonialität der Aufnahmepraxis zu ›hören‹. Aufnahme 33 beginnt mit dem Ton der Stimmpfeife, darauf folgt das Rumpeln der rotierenden Walze. Dann ruft Hans Lichtenecker »Achtung Aufnahme! Keetmanshoop am 10. August 1931, Bondelswartshottentott Hans Frederik« in den Trichter des Phonographen. Nach einer kurzen Pause hört man den zweiten Sprecher, deutlich leiser: »Guten Tag! Ja... guten Tag!«, sagt er auf Deutsch. Den folgenden Teil der Aufnahme spricht Hans Frederik auf Khoekhoegowab. Die Übersetzung der Historikerin Memory Biwa bringt zutage, dass Hans Frederik über seine Schwierigkeiten berichtet und mitteilt, dass er dennoch dankbar ist, am Leben zu sein. Weiter bittet er um Verschonung und richtet Grüße aus (vgl. Hoffmann 2009, 64). Die Aufnahme ist Teil eines bisher wenig erforschten, polyphonen Echos kolonialer Wissenspraktik – und dessen inhärenter epistemischer Gewalt (vgl. Hoffmann 2014). Lichtenecker nennt den Sprecher, wie alle Khoekhoegowab-Sprecher/innen der Sammlung, ›Hottentott‹, eine Bezeichnung, die zu allen Zeiten beleidigend war. Im Katalog des Phonogramm-Archivs wird diese Bezeichnung nicht benutzt (vgl. Ziegler 2006, 215). Allerdings wird, vielleicht aufgrund der Auslassung dieser chauvinistischen Bezeichnung, Khoekhoegowab als Sprache der Aufnahmen, die etwa ein Drittel der Sammlung ausmachen, nicht genannt.

Auf der Wachszylinderaufnahme klingt eine akustische Spur der deutschen Kolonialzeit in dem zum Zeitpunkt der Aufnahme (völkerrechtswidrig) unter südafrikanischem Mandat stehenden Land nach: Man hört Hans Frederik deutsch sprechen. Er grüßt zuerst auf Deutsch, später bedankt er sich in seiner Sprache. Dieses Detail kann ebenfalls nur gehört werden und ist der schriftlichen Dokumentation nicht zu entnehmen. Auch andere Sprecher richteten Grüße nach Deutschland aus – die allerdings nicht übermittelt wurden. Wie die *Poste-restante*-Nachrichten von kriegsgefangenen Soldaten, die Lange (2015) beschreibt, verstummen sie im Depot. Abgesehen von einer emotionalen Reaktion beim verspäteten ›Empfangen‹ dieser Nachrichten, können diese Misskommunikationen als lautlich konservierte Symptome der kolonialen Wissensproduktion gehört werden, die Kommunikation offensichtlich nicht vorsah. Einen Hinweis auf epistemische Gewalt der sehr praktischen Art – zusätzlich zur Gewalt der Klassifizierung – bietet Frederiks Bitte ›verschont zu werden‹. Ein anderer Sprecher, Petrus Goliath, spricht vom Ersticken, das er mit einer Erfahrung des Beinahe-Ertrinkens vergleicht. Diese – allein akustisch festgehaltenen – gesprochenen Andeutungen dokumentieren die erschreckende und unangenehme Erfahrung des Abgeformtwerdens in einer Polizeistation (vgl. Hoffmann 2011). Keine dieser Bemerkungen erscheint in den Aufnahmeregistern, obwohl Hans Lichtenecker mit sprachkundigen Assistenten arbeitete. Sie wurden nicht übersetzt oder verschriftet. Die Sprachbarriere, aber auch die Unkenntnis zum Beispiel oraler Genres des Sprechens, der Poesie oder der Lieder sorgten oft für das Auslöschen von Inhalten in der schriftlichen Fixierung.

Vor allem im Falle von linguistischen Aufnahmen verschwindet oftmals auch das performative Potenzial der Stimme selbst, das zum Beispiel im wortlosen *chant* oder im Skandieren von poetischen Sprechgesängen in der akustischen Aufnahme vorhanden ist. Die Melodie der Stimme mitsamt ihren performativen Eigenschaften erscheinen, aufgrund ihrer für den Aufnehmenden unklaren Bedeutung, zumeist nicht in der schriftlichen Dokumentation. Besonders im Falle von zum Beispiel Tonhöhe als Ausdrucksmittel von Travestie oder Ironie entsteht daraus eine Sinnverschiebung in der Verschriftung, die erst durch Übersetzung oder beim Vergleich mit dem akustischen Dokument deutlich wird. Daraus wird das bisher wenig beachtete Potenzial von historischen Tonaufnahmen als akustisches Archiv deutlich: Was in den von den Aufnehmenden verfassten Protokollen, Registern, Berichten und anderen Dokumentationen nicht zu lesen ist, kann in einigen Fällen gehört werden.

Verwandte Beiträge: Kap. 13 (Rhythmus); Kap. 19 (Ethnologie); Kap. 21 (Kulturwissenschaft); Kap. 41 (Archiv); Kap. 77 (Rassismus); Kap. 79 (Sklaverei).

Literatur

Ames, Eric: The sound of evolution. In: *Modernism/Modernity* 10/2 (2003), 297–325.

Brady, Erika: *A Spiral Way. How the Phonograph Changed Ethnography*. Jackson, MS 1999.

Edwards, Elizabeth: *Raw Histories. Photographs, Anthropology and Museums*. Oxford 2001.

Garbe, Sebastian: Das Projekt Modernität/Kolonialität – zum theoretischen/akademischen Umfeld des Konzepts der Kolonialität der Macht. In: Ders./Pablo Quintero (Hg.): *Kolonialität der Macht. De/Koloniale Konflikte zwischen Theorie und Praxis*. Münster 2013, 21–46.

Grosfoguel, Ramón: *Colonial Subjects. Puerto Ricans in a Global Perspective*. Berkeley 2003.

Hoffmann, Anette (Hg.): *What We See. Reconsidering an Anthropometrical Collection. Images, Voices and Versioning*. Basel 2009.

Hoffmann, Anette: Glaubwürdige Inszenierungen. Die Produktion von Abformungen in der Polizeistation von Keetmanshoop im August 1931. In: Margit Berner/Anette Hoffmann/Britta Lange: *Sensible Sammlungen. Aus dem anthropologischen Depot*. Hamburg 2011, 61–88.

Hoffmann, Anette: Echoes of the Great War. The recordings of African prisoners in the First World War. In: *Open Arts Journal* 1/3 (2014), 7–23.

Hoffmann, Anette: Listening to sound archives. Introduction to edited section. In: *Social Dynamics* 41/1 (2015), Special Section: *Listening to Sound Archives*. Hg. von Anette Hoffmann, 73–83.

Lange, Britta: South Asian soldiers and German academics. Anthropological, linguistic and musicological field studies in prison camps. In: Ravi Ahuja/Heike Liebau/Franziska Roy (Hg.): ›*When the War Began, We Heard of Several Kings*‹. *South Asian Prisoners in World War I Germany*. Delhi 2011, 149–186.

Lange, Britta: *Die Wiener Forschungen an Kriegsgefangenen 1915–1918. Anthropologische und ethnografische Verfahren im Lager*. Wien 2013.

Lange, Britta: *Poste restante* and messages in bottles. Sound recordings of Indian prisoners in the First World War. In: *Social Dynamics* 41/1 (2015), Special Section: *Listening to Sound Archives*. Hg. von Anette Hoffmann, 84–100.

Luschan, Felix von: *Anleitung zu wissenschaftlichen Beobachtungen auf dem Gebiete der Anthropologie, Ethnographie und Urgeschichte*. Berlin 1910.

Mbembe, Achille: *Kritik der schwarzen Vernunft*. Berlin 2014 (frz. 2013).

Quijano, Aníbal: Coloniality and Modernity/Rationality. In: *Cultural Studies* 21/2–3 (2007), 168–178.

Simon, Artur (Hg.): *Das Berliner Phonogramm-Archiv 1900–2000. Sammlungen der traditionellen Musik der Welt*. Berlin 2000.

Spivak, Gayatri Chakravorty: *A Critique of Postcolonial Reason. Toward a History of the Vanishing Present*. Cambridge, MA/London 1999.

Sterne, Jonathan: *The Audible Past. Cultural Origins of Sound Reproduction*. Durham, NC 2003.

Stoler, Ann Laura: *Along the Archival Grain. Epistemic Anxieties and Colonial Common Sense*. Princeton/London 2009.

Ziegler, Susanne: *Die Wachszylinder des Berliner Phonogramm-Archivs*. Berlin 2006.

Anette Hoffmann

73 Krieg

Angesichts der menschlichen Kriegslüsternheit, der durchgängigen historischen Verknüpfung von Lärm und Gewalt (vgl. Attali 1985), der physischen, emotionalen und affektiven Verbindungen zwischen Sonizität und Krieg (vgl. Goodman 2010) und der schlichten Tatsache, dass die Geräusche des Krieges zu den lautesten gehören, die sich in der Menschheitsgeschichte finden lassen, ist es erstaunlich, dass sich nur wenige wissenschaftliche Arbeiten explizit mit der historischen Akustemologie des Krieges beschäftigen – wie er sich anhört; welche Hörgewohnheiten damit einhergehen; wie er erlebt wird. Wir wissen mehr über gegenwärtige Versuche, Klänge in Gewaltzusammenhängen einzusetzen – um zivile Auseinandersetzungen zu schlichten oder aber um Kriegsgefangene zu verhören –, als wir über die Geräusche vergangener Kriege wissen, über das ›Belliphonische‹, wie der Musikethnologe J. Martin Daughtry (2015, 3) es genannt hat (vgl. auch Ross 2016).

Trotz jüngster Versuche, dem Krieg ausdrücklich zuzuhören (z. B. Smith 2014; Daughtry 2015), gilt für den überwältigenden Anteil der Kriegsgeräusche, dass sie, jedenfalls in der allgemeinen Militärgeschichtsschreibung, nur implizit und in Narrative eingebettet vorkommen. Empirisch arbeitende Historikerinnen und Historiker, die ansonsten detaillierte Auskünfte liefern, beschränken sich hier oftmals darauf, ihre Berichte mit Ausdrücken wie ›Donner‹, ›Kreischen‹ und ›Knallen‹ und mit allen möglichen, oft onomatopoetischen Beschreibungen dessen anzureichern, was wir auf einem Schlachtfeld erwarten zu hören (vgl. Smith 2014, 4 f.). Diese Entfaltung einer sensorischen Poetik ist insofern wirkungsvoll, als sie uns schriftlich etwas von der Tiefe, Textur und Unmittelbarkeit der Schlachterfahrung vermittelt. Das Problem bei dieser Art, dem Krieg zuzuhören, liegt allerdings darin, dass sie eher die Imaginationen des Autors bzw. der Autorin widerspiegelt als die Hörerfahrungen derjenigen, die in das Kriegsgeschehen verwickelt sind. Was wir als literarischen Zugang zur Beschreibung von Kriegsgeräuschen ansehen könnten, beschränkt radikal unsere Möglichkeiten zu begreifen, was die Geräusche für diejenigen bedeuteten, die den Krieg ausgefochten haben.

Auditive Erfahrung im Krieg

Historikerinnen und Historiker, die nicht nur verstehen möchten, welche Geräusche eine bestimmte Schlacht oder ein bestimmter Krieg mit sich brachten, sondern auch, was die Geräusche für die daran beteiligten Akteure bedeuteten, sind besser beraten, wenn sie sich auf schriftliche Zeugnisse verlassen, die zur Zeit des jeweiligen Ereignisses entstanden sind, oder wenn sie die daran Beteiligten selbst befragen, wie es J. Martin Daughtry (2015) im Falle jüngster kriegerischer Auseinandersetzungen getan hat. Für ein solches kontextspezifisches Vorgehen spricht sehr viel. Auf das zu achten, was Soldaten (und seltener auch Soldatinnen) über ihre Erfahrung gesagt oder geschrieben haben – im Gegensatz zu dem, was sie in der Vorstellung der Historikerinnen und Historiker gesagt oder geschrieben haben könnten –, erinnert uns zunächst einmal daran, dass kriegerische Auseinandersetzungen nicht allein aus dem Krach von Gewehrschüssen und Artilleriefeuer bestehen. Wie neuere Forschungen über den Amerikanischen Bürgerkrieg zeigen, verbrachten Soldaten den Großteil ihrer Zeit nicht im Kampf, sondern im Heerlager, um sich auf die Schlacht vorzubereiten oder sich von ihr zu erholen. Diese Tätigkeiten gingen mit eigenen Lauten einher, die eben nicht aus Donner und Knallen bestanden. In diesem Rahmen zeigte sich, dass Musik für die Soldaten eine wichtige Sonosphäre darstellte, nicht allein auf dem Schlachtfeld, wo Musik zu Anfeuerungszwecken eingesetzt wurde, sondern auch im Lager, wo Musik Erinnerungen ans Zuhause wachrief und zur Schaffung eines Gemeinschaftsgeistes beitrug, weil sie Soldaten mit ansonsten sehr disparatem Hintergrund miteinander verband. Musik funktionierte als Bindemittel, als eine Art und Weise der Identitätsstärkung im Lager, was sich als wichtig erwies für die Kameradschaft, grundsätzlich aber auch für den Gruppenzusammenhalt auf dem Schlachtfeld. In den Arbeiten über die Funktion von Musik im Amerikanischen Bürgerkrieg erfahren wir etwas über den Kontext, womit wir nicht mehr auf eine bloße Lektüre der damals entstandenen Musik angewiesen sind, sondern einen Zugang dazu bekommen, wie Soldaten die von ihnen gehörte Musik erlebt haben (z. B. McWhirter 2012; Davis 2014; vgl. auch Watkins, 2003).

Wenn die Musik in den Hintergrund trat und die Geräusche von Granaten, Kugeln und all dem, was sonst noch herumflog, dazukamen, sprachen die Bürgerkriegssoldaten oft von einer Art Ruhe auf dem Schlachtfeld, selbst mitten im Gefecht. Sie beschrie-

D. Morat, H. Ziemer (Hrsg.), *Handbuch Sound*, https://doi.org/10.1007/978-3-476-05421-0_73

ben, wie Naturgeräusche sich mit Kriegsgeräuschen verbanden, wie das Nebeneinander von krächzenden Krähen und Vogelgezwitscher einerseits und dem Zischen der Granaten andererseits eine eigene Form der Gewalt erzeugte, welche die Männer an ihre Grenzen brachte. Es war nicht der permanente Lärm, durch den sich eine Schlacht auszeichnete; ihre affektive Wucht entstand durch die Interpunktion von Lärm durch Stille und von Stille durch Lärm (vgl. Smith 2014, 49).

Wenn wir dem Beachtung schenken, was Soldaten über die Geräusche gesagt haben, die sie auf den Schlachtfeldern hörten, erfahren wir auch, welche Funktionen diese Geräusche erfüllten. Es liegt auf der Hand, dass die Soldaten hinhörten, weil sie dem Tod entrinnen wollten. Wie sie hinhörten und wie sie das Gehörte deuteten, hing jedoch vom historischen Moment ab. Gewiss, im Bürgerkrieg hörten die Soldaten Granaten, aber sie versuchten ihre hörende Aufmerksamkeit gerade nicht aktiv auf die Granaten zu richten, weil die Erfahrung sie gelehrt hatte, dass es zu spät war, wenn sie eine Granate hörten – denn dann war sie bereits über ihren Köpfen. Mit Kanonenkugeln verhielt es sich anders, man konnte sie hören und ihnen zumindest bis zu einem gewissen Grad ausweichen. Daher lernten die Soldaten, äußerst scharf auf die akustische Signatur von Kanonenkugeln zu achten (vgl. ebd.).

Auch die Sprache, in der Soldaten die Kriegsgeräusche schilderten, ist aufschlussreich, nicht zuletzt deshalb, weil diese Sprache uns etwas darüber mitteilen kann, wie die Soldaten größere gesellschaftliche Zusammenhänge sahen. Die Art, wie die Unionstruppen im Amerikanischen Bürgerkrieg Geräusche beschrieben, widerlegt beispielsweise die gängige Annahme, der Krieg sei zwischen einem agrarischen Süden und einem überwiegend industrialisierten Norden ausgefochten worden. Das ist nicht der Fall: Der Norden der Union war 1860 weit weniger industrialisiert, als oftmals angenommen wird – und das zeigt sich auch in der Sprache der Soldaten der Unionstruppen. Kugeln beispielsweise zischten für sie nicht wie Dampflokomotiven, sondern surrten wie Bienen. Die Soldaten benutzten auditive Metaphern, die mit Tieren und mit Landwirtschaft zu tun hatten, wenn sie Höreindrücke während einer Schlacht zu beschreiben versuchten. Das verweist auf den noch grundlegend ländlichen Charakter der Gesellschaft des Nordens bei Ausbruch des Bürgerkriegs, weshalb man hierbei auch nicht einfach von einem ›modernen‹ Krieg sprechen kann. Gewiss lässt sich der Bürgerkrieg hinsichtlich des Großteils der darin eingesetzten Waffen und Taktiken als modern verstehen, aber die von den Akteuren verwendeten auditiven Metaphern verraten uns, dass in von uns heute als ›modern‹ begriffenen Kriegen oftmals Soldaten kämpften, die sich mit den umfassenden strukturellen Veränderungen, die um sie herum im Gange waren, erst noch auseinandersetzen mussten (vgl. ebd.).

Wie einige Arbeiten jüngeren Datums zur Bedeutung von Hörtechnologien während des Ersten Weltkriegs verdeutlichen, gibt es einen wichtigen Unterschied zwischen Kriegen in einer sich modernisierenden Gesellschaft (wie dem Amerikanischen Bürgerkrieg) und Kriegen in einer bereits manifest modernen Welt (wie dem Ersten Weltkrieg), und dieser hatte sehr viel mit technischen und kulturellen Entwicklungen auf dem Gebiet des Hörens zu tun (vgl. Bruton/Gooday 2016). Der Erste Weltkrieg zeichnete sich dadurch aus, dass der Einsatz von Hörtechnologien massiv ausgeweitet wurde, vor allem mit Blick auf telefonische und drahtlose Kommunikationssysteme, auch wenn diese bereits im Russisch-Japanischen Krieg 1904–1905 verwendet worden waren. Neben dem kolossalen Lärm durch das anhaltende Artilleriebombardement waren auch Ausmaß und Allgegenwart dieser Hörtechnologien etwas Neues. Die Kriegführung bekam eine auditive Dimension, mit Tausenden von Kombattanten im Feld und Zivilistinnen und Zivilisten zu Hause, die hörend Zugang zu kriegsrelevanten Informationen bekamen (vgl. ebd., 215 f.). Diese Technologien beeinflussten Hörgewohnheiten weit über den Krieg hinaus und bereiteten einer neuen Kultur des Hörens den Weg (vgl. Volmar 2014).

Schlachtfeld und Heimatfront

Dem Krieg zuzuhören, half Historikerinnen und Historikern, die immer wichtigere Verbindung zwischen Schlachtfeld und Heimatfront, zwischen Soldaten und Zivilisten ins Licht zu rücken. Zu den ersten Historikerinnen und Historikern, die diese Verbindung herstellten, gehörten denn auch die Vertreterinnen und Vertreter der Sound History (z. B. Smith 2002). Spezialistinnen und Spezialisten auf dem Gebiet der Militär- und Kriegsforschung zeigen inzwischen sehr genau, wie stark die beiden Bereiche ineinander übergehen, und die Sound Studies haben viel dazu beigetragen, diese Übergänge kenntlich zu machen. Die Verbindung zwischen Heimatfront und Schlachtfeld ist speziell für Bürgerkriege wichtig, aber auch für Kriege, in denen fliegendes Kriegsgerät und Artillerie mit großer Reichweite eingesetzt werden. Die damit gegebenen

Möglichkeiten, Distanzen zu überbrücken, tragen den Schlachtenlärm an die Heimatfront, sie verknüpfen beide Fronten massiv und graben die Klänge der Kriegführung tief ein in die Erfahrung und Erinnerung nicht nur der Akteure auf dem Schlachtfeld, sondern auch der Zivilistinnen und Zivilisten zu Hause.

Heimat und Feld waren vielfältig miteinander verbunden, und das Hören kann uns helfen, besser zu verstehen, wie die Menschen sich zu bestimmten Zeiten verhalten haben. Beispielsweise wissen wir, dass das Augusterlebnis zu Beginn des Ersten Weltkriegs im gesamten Deutschen Reich einen Moment starker nationaler Erhebung darstellte, jedoch lässt uns erst ein Blick auf die Hörgewohnheiten und die Klänge dieses Moments einschätzen, wie machtvoll und wie weitreichend der ›Geist‹ dieser Erhebung war. Myriaden von Klängen – Rufe, Gesänge, Musik – funktionierten als neue Formen akustischer Mobilmachung und hatten durchschlagende affektive Wirkung. Insbesondere lassen sie uns besser verstehen, wie die Parolen nationalistischer Gruppierungen die gemäßigteren Stimmen übertönten, die über das Aufkommen ebendieser nationalistischen Strömungen beunruhigt waren. Visuelle Symbole allein, etwa Fahnen und die Porträts des Kaisers, reichen nicht aus, um Ausmaß und Intensität des sogenannten Hurra-Patriotismus zu erklären; um ihn umfassend zu verstehen, müssen wir auf das hören, was in diesem Sommer 1914 von Deutschen gesungen und gerufen wurde (vgl. Morat 2014).

Noch stärker trifft das auf die Zeit des Zweiten Weltkriegs zu, als in Deutschland das Radio eingesetzt wurde, um eine auditive Grenze zu ziehen, eine imaginäre Gemeinschaft zu installieren und hörend ein Gefühl gemeinsamer Identität zu schaffen (vgl. Birdsall 2012). Jedoch dürfen wir nicht generell unterstellen, die Hörgewohnheiten auf dem Schlachtfeld seien dieselben gewesen wie diejenigen zu Hause. Der Kontext ist entscheidend. Während des Ersten Weltkriegs zum Beispiel mochte zwischen der Art des Hörens auf dem Schlachtfeld und derjenigen zu Hause eine große Kluft bestanden haben. Musikhören an der Front war vielleicht nur eine Erholung vom Getöse des Krieges; wurde dieselbe Musik zu Hause gehört, dann konnten damit Nationalstolz und deutsche Identität bekräftigt werden (vgl. Ziemer 2014).

Richtet man den Blick auf das Wechselspiel zwischen den Geräuschen der Schlacht und denen in der Heimat, dann werden wir auch darauf aufmerksam gemacht, dass zivile Sonosphären im Gefolge eines Krieges enorme Veränderungen erfahren können, ökologisch wie semiotisch. In Amsterdam etwa klangen Militärübungen zu Friedenszeiten objektiv nicht anders als in Kriegszeiten, sie nahmen jedoch eine völlig andere Bedeutung an, nachdem der Krieg ausgebrochen war. Die Klänge der Friedenszeit – motorisierter Verkehr, Glocken, Straßenmusik – wurden durch Kriegsgeräusche übertönt und oftmals ganz ersetzt. Das Kriegsende brachte dann eine Art Rückkehr zur Sonosphäre der Vorkriegszeit, aber Ohren, die den Krieg gehört hatten, vergaßen ihn nicht, und wahrscheinlich entwickelten sich aus der Erfahrung der Kriegszeit neue Hörgewohnheiten, bei denen sich Friedens- und Kriegsgeräusche überlagerten (vgl. Jacobs 2014).

Kriegsgefangenschaft

Eine angemessene Einschätzung des transgressiven Charakters von Klängen und von Hörgewohnheiten aus Kriegszeiten eröffnet uns auch den Zugang zur Erfahrung von Kriegsgefangenen. Angesichts der Tatsache, dass in jeder Epoche, besonders aber in modernen Kriegen, Kriegsgefangene gemacht werden, lohnt es sich, die auditive Erfahrung der Gefangenen in den Blick zu nehmen. Wir wissen wenig darüber, aber das Wenige, was wir wissen, zeigt in die Richtung bemerkenswerter Verflechtungen von Kriegsgeräuschen mit zivilen Klängen. Während des Amerikanischen Bürgerkriegs gerieten ungefähr ein Siebtel der Soldaten in Gefangenschaft. Während der Krieg für viele von ihnen eine lärmige Angelegenheit war, wirkte sich die Gefangenschaft nicht nur auf das aus, was sie hörten, sie brachte auch neue Hörgewohnheiten hervor. Bei denjenigen, die frontnah gefangen gehalten wurden, drangen die Kampfgeräusche bis in die Gefangenlager und führten zu einer Verschmelzung der Kakophonie des Kriegsgefangenenlagers (denn als solche wurde die Klanglandschaft des Lagers von den meisten Gefangenen wahrgenommen) mit dem Getöse des Krieges. Alltägliche Klänge aus Friedenszeiten hingegen gewannen für die Gefangenen an Bedeutung. Im Frieden riefen Glocken die Menschen gewöhnlich zum Gottesdienst; im Gefangenenlager gliederten sie die Zeit der Gefangenschaft.

In den Gefangenenlagern zeigte sich auch die zentrale Bedeutung der Hörerperspektive: Wessen Ohren waren es, die jeweils zuhörten? Die Gefangenen hörten in den Geräuschen, die von Leid und Bestrafung kündeten – das Stöhnen, die Schmerzensschreie –, etwas Barbarisches; die Gefängnisaufseher vernahmen dieselben Schreie und dasselbe Stöhnen, aber sie hörten darin nur einen Mangel an Moral und an Männlichkeit. Auch die Stille nahm neue Bedeutungen an. Die Aufseher bestanden darauf, es war für sie ein Mittel, die Gefangenen zu kontrollieren. Die Gefangenen nutzten sie, um sich ihrer Situation für Momente zu entziehen. Die Gefangenenlager im Bürgerkrieg waren angefüllt mit Klängen, die im Kontext des Krieges eine durch und durch martialische Sonosphäre ausbildeten und mit eigenen Hörpraktiken einhergingen (vgl. Kutzler 2014).

Forschungsperspektiven

Es ist ungewiss, wie sich die ›belliphonische‹ historische Forschung weiterentwickeln wird, aber es könnte nützlich sein, einige aussichtsreiche Forschungsgebiete zu nennen, die auf einigen der methodischen Einsichten bereits vorliegender Veröffentlichungen aufbauen. Es liegt auf der Hand, dass wir über die Klänge moderner, mechanisierter Kriege weit mehr wissen als über die vormoderner Kriege. Wenn wir nach den auditiven Signaturen moderner Kriege Ausschau halten, sind wir gut beraten, sie mit denen früherer Kriege in Beziehung zu setzen. Obgleich wir schon über vielversprechende Vergleiche verfügen, insbesondere über die Wirkungen von Granatenexplosionen auf Soldaten, werden weitere Untersuchungen über Kriege aller Zeiten und Regionen uns helfen, in der Kriegführung auditive Muster auszumachen (vgl. Schwartz 2011, 559–590). Wir benötigen auch detailliertere Untersuchungen über die Technologien des Hörens im Krieg. Wir beginnen gerade die auditiven Dimensionen des Ersten Weltkriegs zu verstehen, und wir gewinnen auch ein besseres Verständnis für die Anforderungen, die an die Piloten und die übrige Besatzung von Kampfflugzeugen im Zweiten Weltkrieg gestellt wurden. Jedoch ist noch viel zu tun, was die Hörumgebungen für Kombattanten darüber hinaus betrifft, speziell für jene in modernen Kriegen, wo U-Boote, Bomber und Panzer ihre jeweiligen akustischen Signaturen erzeugten und Anforderungen an das Hören mit sich brachten (vgl. Bruton/Gooday 2016; Winterton 2017; MacKenzie [im Ersch.]).

Wir müssen auch auf bereits vorliegenden Arbeiten aufbauen, um besser verstehen zu können, wie Kriegsgeräusche in multisensorischer und sinnesübergreifender Weise gewirkt haben. Wir wissen, dass die Gewalt, die mit Klängen verbunden ist, nicht allein der Abwesenheit von Ohren-Lidern geschuldet ist. Diese Gewalt rührt vor allem daher, dass Geräusche körperlich gespürt werden, wobei im Krieg diese Vibrationen den Körper in besonders transgressiver und unentrinnbarer Weise durchdringen (vgl. Goodman 2010). Viele Kriegsgeräusche sind so massiv und so kakophonisch, dass sie im Körper unauslöschliche Markierungen hinterlassen, bei Soldatinnen und Soldaten wie bei Zivilistinnen und Zivilisten, und manchmal langanhaltende Traumata erzeugen (vgl. Daughtry 2015). Über diese Verknüpfung von Taktilität und Sound hinaus ist es auch sinnvoll, die Verbindungen zwischen Geräuschen, Bildern und Gerüchen des Krieges in den Blick zu nehmen und mittels solcher Verknüpfungen verschiedene Typen von Krieg zu unterscheiden. Moderne Kriegswaffen – Kugeln und Granaten beispielsweise – werden oft gehört, lange bevor sie gesehen werden, wodurch dem Hörvermögen eine besondere Rolle beim Erkennen von Kriegssignalen zukommt (vgl. ebd., 3). Für Kriege zu weniger mechanisierten Zeiten ist eher eine Verschmelzung von Sinneseindrücken zu konstatieren. Ein Kampf von Mann zu Mann (wie er natürlich immer noch vorkommt) war eine multisensorische und sinnesübergreifende Angelegenheit mit Geschrei und Gegrunze und Musik, die sich mit Berührungen und mit Körpergerüchen verband, mit Blicken und sogar mit Geschmacksempfindungen (vgl. Smith 2014).

Welche Bahnen auch immer künftige ›belliphonische‹ Untersuchungen einschlagen werden, die Leitlinie der Forschung sollte darin bestehen, im historischen Kontext zu situieren, was und wie gehört wurde. Fehlt diese Aufmerksamkeit für den Kontext, dann könnten wir vor allem mit literarischen Phantasien beschäftigt sein, die mehr mit den Fähigkeiten von Historikerinnen und Historikern zu tun haben, sich etwas auszudenken, als mit den Hörerfahrungen derer, die den Krieg durchlebt haben.

Verwandte Beiträge: Kap. 2 (Auralität); Kap. 8 (Akusmatik); Kap. 20 (Geschichtswissenschaft); Kap. 27 (Physikalische Akustik); Kap. 32 (Donner); Kap. 35 (Lärm); Kap. 37 (Sirene); Kap. 48 (Konzentrationslager); Kap. 50 (Krankenhaus); Kap. 69 (Folter); Kap. 75 (Nationalhymnen).

Literatur

Attali, Jacques: *Noise. The Political Economy of Music*. Minneapolis 1985 (frz. 1977).

Birdsall, Carolyn: *Nazi Soundscapes. Sound, Technology and Urban Space in Germany, 1933–1945*. Amsterdam 2012.

Bruton, Elizabeth/Gooday, Graeme: Listening in combat – surveillance technologies beyond the visual in the First

World War. In: *History and Technology* 32/3 (2016), 213–226.

Daughtry, J. Martin: *Listening to War. Sound, Music, Trauma, and Survival in Wartime Iraq*. Oxford/New York 2015.

Davis, James A.: *Music Along the Rapidan. Civil War Soldiers, Music, and Community during Winter Quarters, Virginia*. Lincoln, NE 2014.

Goodman, Steve: *Sonic Warfare. Sound, Affect, and the Ecology of Fear*. Cambridge, MA 2010.

Jacobs, Annelies: The silence of Amsterdam before and during World War II. Ecology, semiotics, and politics of urban sound. In: Daniel Morat (Hg.): *Sounds of Modern History. Auditory Cultures in 19th- and 20th-Century Europe*. New York 2014, 306–323.

Kutzler, Evan A.: Captive audiences. Sound, silence, and listening in Civil War prisons. In: *Journal of Social History* 48/2 (2014), 239–263.

MacKenzie, S. P.: Sensory burden and emotional casualty rates in RAF bomber command during the Second World War. In: *Global War Studies* [im Ersch.].

McWhirter, Christian: *Battle Hymns. The Power and Popularity of Music in the Civil War*. Chapel Hill, NC 2012.

Morat, Daniel: Cheers, songs, and marching sounds. Acoustic mobilization and collective affects at the beginning of World War I. In: Ders. (Hg.): *Sounds of Modern History. Auditory Cultures in 19th- and 20th-Century Europe*. New York 2014, 177–200.

Ross, Alex: When music is violence. In: *The New Yorker*, 4.7.2016, http://www.newyorker.com/magazine/2016/07/04/when-music-is-violence (30.1.2018).

Schwartz, Hillel: *Making Noise. From Babel to the Big Bang and Beyond*. New York 2011.

Smith, Mark M.: Of bells, booms, sounds, and silences. Listening to the Civil War South. In: Joan E. Cashin (Hg.): *The War Was You and Me. Civilians in the American Civil War*. Princeton 2002, 9–34.

Smith, Mark M.: *The Smell of Battle, the Taste of Siege. A Sensory History of the Civil War*. New York 2014.

Volmar, Axel: In storms of steel. The soundscape of World War I and its impact on auditory media culture during the Weimar period. In: Daniel Morat (Hg.): *Sounds of Modern History. Auditory Cultures in 19th- and 20th-Century Europe*. New York 2014, 227–255.

Watkins, Glenn: *Proof Through the Night. Music and the Great War*. Berkeley 2003.

Winterton, Melanie: The sensory signature of *being* an airman in a Second World War Lancaster bomber aeroplane. In: Nicholas J. Saunders/Paul Cornish (Hg.): *Modern Conflict and the Senses*. London 2017, 237–255.

Ziemer, Hansjakob: Listening on the home front. Music and the production of social meaning in German concert halls during World War I. In: Daniel Morat (Hg.): *Sounds of Modern History. Auditory Cultures in 19th- and 20th-Century Europe*. New York 2014, 201–224.

Mark M. Smith
(aus dem Englischen übersetzt von Gerhard Herrgott)

74 LautSprecher

Lautsprecher sind elektroakustische Wandler, die elektrische Impulse in mechanische Schwingungen und anschließend in akustische Wellen – in Schall – umwandeln. Sie fungieren als Umkehrung der Aufgaben von Mikrofonen und stellen damit quasi das Ende einer Übertragungskette dar, die mit Mikrofonen ihren Anfang nimmt.

Lautsprecher unter einer medialen Perspektive zu betrachten meint, die technische Apparatur nicht isoliert zu analysieren, sondern sie als Teil eines medialen Dispositivs, eines komplexen Zusammenspiels von Techniken, Aufführungspraktiken und Diskursen, von akustischen Übertragungsmedien und Übertragungsereignissen zu verstehen. Eine der Hauptfunktionen dieses Dispositivs besteht darin, das Publikum für Redner/innen und Übertragungsereignisse zu vergrößern, indem es Kommunikations- und Politikräume, aber auch akustische Aufnahme- und Distributionsmechanismen schafft, die es bisher so noch nicht gegeben hatte. Um das Mediendispositiv von der technischen Apparatur abzugrenzen, wird das Dispositiv im Folgenden als *LautSprecher* gekennzeichnet. Verhandelt wird der auf die Beschallung großer Menschenmengen im öffentlichen Raum ausgerichtete politische Einsatz des *LautSprechers* dabei anhand der Zeit des Nationalsozialismus, speziell der Jahre 1933 bis 1939, denn das Mediendispositiv war für dessen Kommunikationsverhältnisse nicht bloß charakteristisch, sondern geradezu konstitutiv: Kaum ein anderes politisches System lässt sich so sehr wie der NS durch seine akustische Signatur, durch den Sound seiner Politik(en) identifizieren.

Die akustisch-mediale Perspektive fand in der Forschungsliteratur zum Nationalsozialismus lange Zeit nur wenig Beachtung. Die historische Forschung argumentiert weitgehend visiozentrisch (z. B. Frei 1987; Paul 1992), und selbst solche Analysen, die sich in rhetorischer Perspektive mit dem NS und seinen Rednern und Rednerinnen auseinandersetzen, beachten wenig bis gar nicht, dass deren Stimmen unter den Bedingungen der für den NS typischen Massen-Rede-Veranstaltungen in kommunikativen Szenarien und technischen Zurüstungen allererst ›hergestellt‹ werden mussten (z. B. Kershaw 1980; Longerich 2015; Nill 1997; Reichel 1991). Medienhistorische Arbeiten wiederum fokussieren vornehmlich auf einzelne Medien, hier vor allem auf den Rundfunk, der als Leitmedium des NS gilt (z. B. Diller 1980; Heidenreich/Neitzel 2010; Marßolek/Saldern 1999; Zimmermann 2007). Unbeachtet blieb dabei, dass sich die NSDAP – schon bevor sie Zugriff auf den staatlichen Rundfunk hatte – des *LautSprechers* als eines Präsenz organisierenden Massenmediums bediente: Das Mediendispositiv instanziierte einen effektiven Resonanz- und Kommunikationsraum und eine komplexe organisatorische Logistik politischer Kommunikation, die leib-anwesende, rednerzentrierte Kommunikation als Massenkommunikation inszenierte und distribuierte. Hierin liegt auch der Grund dafür, dass sich der *LautSprecher* auch nach 1933 – in diesem Jahr erhielt die NSDAP erstmals Zugriff auf den Rundfunk – nicht nur erfolgreich als zentrales Massenmedium neben dem Stimm-Medium Rundfunk etablierte, sondern dieses darüber hinaus als Distributionsmedium absorbierte und in sein eigenes operatives Netzwerk einfügte.

Zur Technikgeschichte und zur historischen Genese des Dispositivs *LautSprecher*

1925 kann als das »eigentliche Geburtsdatum der klanggetreuen Schallübertragung in Deutschland« (Trendelenburg 1950) gelten. Bis in die ersten Jahrzehnte des 20. Jahrhunderts hinein existierte keine Apparatur, die es erlaubte, politische Reden auf große, mit Menschen gefüllte Freiflächen zu übertragen. Zwar waren die Prinzipien zum Bau elektroakustischer Wandler in Form von Telefonen, Mikrofonen und (Grammophon-)Lautsprechern bereits entwickelt, die Geräte auch patentiert, aber bis in die 1910er Jahre fehlte ein zentraler Bestandteil zum Bau erfolgreicher elektroakustischer Beschallungssysteme: der elektronische Verstärker. Durch dessen Erfindung und die Weiterentwicklung zur kombinierbaren Röhrenverstärkertechnik fielen technische Barrieren, und die Entwicklung klanggetreuer Lautsprecher begann. 1925, nach einigen vorangegangenen Testreihen, erprobten Siemens-Techniker erstmals und anlässlich der Einweihungsfeier des Deutschen Museums in München, ob sich Ansprachen und Musik mithilfe eines aus Bandlautsprechern und Blatthallern bestehenden technischen Equipments verstärken und rückkopplungsfrei in den städtischen Raum an eine dort versammelte, große Zuhörerschaft übertragen ließen (vgl. Ehlert 2005; Epping-Jäger 2003; Göttert 1998, 423 ff.). Das Experiment gelang und der Erfolg initiierte in den folgenden Jahren weitere Versuchsreihen, die psychoakustische und machtpolitische Aufgabenstellungen erfüllten: psychoakustische, weil sich herausstellte, dass eine Verstärkung als mangelhaft

D. Morat, H. Ziemer (Hrsg.), *Handbuch Sound*, https://doi.org/10.1007/978-3-476-05421-0_74

empfunden wird, bei der der Schall nicht aus der Richtung des Redners fortgeht; machtpolitische, weil diese Versuche von Beginn an danach fragten, wie »die riesigen Dimensionen eines Saales vollkommen durch eine einzelne menschliche Stimme zu beherrschen« seien (Gerdien 1926, 28 ff.).

Spätestens ab 1928 setzte die bereits in ihrem Gründungsstatut als »Rednerpartei« (Epping-Jäger 2006) verfasste NSDAP – früher, vor allem aber massiver als andere Parteien – Lautsprecher ein. Im eingefühlten politischen Stil kann eine Broschüre der im Lautsprecherbau inzwischen führenden Telefunken GmbH daher einige Jahre später zu Recht behaupten, die von Telefunken gebauten Großlautsprecher könnten als »Helfer auf dem Siegeszug der nationalsozialistischen Idee« gelten, da »die heutige Einheit unseres Volkes« in »Tausenden von Versammlungen« zusammengeschweißt und schließlich »in den machtvollen Kundgebungen des letzten Jahres vollendet« worden sei (Deutsches Technikmuseum Berlin, Historisches Archiv, Bestand Telefunken, Nr. GS5179). Tatsächlich waren die Großlautsprecher an vielen Orten zum Einsatz gekommen: in Potsdam und Nürnberg, auf dem Tempelhofer Feld in Berlin, in Tannenberg oder im Lippeschen Wahlkampf. Die Lautsprecher-Anlagen für diese Kampagne lieh die NSDAP von Telefunken, die sie, wann immer möglich, an die technikbegeisterten Nationalsozialisten und weniger an andere Parteien weitergab. Die Aufbauten besorgten eigens dafür ausgebildete, parteieigene Lautsprecher-Experten.

Bis zum Jahr 1933 errichtete man Rederäume für ein Massenpublikum vorzüglich in freier Landschaft, war es nicht anders möglich, nutzte man Sportarenen und ähnliche, bereits bestehende Räume als Resonanzräume. Aus den Strukturen des *LautSprechers* generierten die Organisatoren der politischen Massenkommunikation derart spezifische Szenarien massenkommunikativer Performanz. Deutlich lässt sich das anhand der »Hitler über Deutschland« genannten NSDAP-Wahlkampagne des Jahres 1932 beobachten, während der man die Redner mittels von der Lufthansa kostenlos zur Verfügung gestellten Flugzeugen zu ihren deutschlandweiten *LautSprecher*-Einsätzen transportierte (s. Hoffmann/Berchtold 1932). Damit wählte man ein Verfahren, das nicht nur der Technikbegeisterung des Publikums entgegenkam und den Redner techno-mythologisch überhöhte, sondern mit dessen Hilfe es auch gelang, ein – nach Aussagen der NSDAP – bis dahin nie erreichtes Publikum in der Größenordnung von mehreren Millionen Zuhörer/innen zu versammeln, anzusprechen und offenbar auch vielfach zu überzeugen. Das Dispositiv *LautSprecher* zeigte seine Effektivität dabei vor allem darin, dass der politische Raum in kürzester Zeit als Raum möglicher Massenadressierung, als zeitlich und topologisch extrem ausgeweiteter Hör- und Resonanzraum hergestellt und eingerichtet werden konnte: Mit Lautsprecherwagen reisende Propagandatrupps bereiteten die Orte auf die Ankunft der Redner vor, das Publikum wurde organisiert, in von der Partei und Parteigängern gestellten Fahrzeugen an- und abtransportiert und auf die akustischen Zentren hin ausgerichtet.

Die Reden folgten einer auratischen Choreographie und Inszenierung, sie dauerten oft mehrere Stunden und wurden über Großlautsprecher übertragen. Der dabei entstehende Sound prägte als »Klanggesicht« (Bühler 1978, 271 ff.) die NS-Massenveranstaltungen auch der kommenden Jahre und wurde in gewisser Weise zum Markenzeichen dieser Politik: Die Lautsprecher und ihre Aufstellungen führten zu vorher kaum berechenbaren Interferenzerscheinungen, die die Verständlichkeit beeinträchtigen und ein ›Doppelsprechen‹, ein gleichsam elektrisches Echo hervorriefen. Ein Effekt, den man heute auf den noch erhaltenen Aufnahmen von Hitler-Reden etwa an der ›zerhackten‹, das Echo abwartenden Satzstruktur hören kann. Der Redner musste dieses Echo durch eine extrem erhöhte Lautstärke ›überschreien‹, um so die zeitlich distanzierenden Wirkungen des Echos durch eine stimmlich gesteigerte Emotionalität zu kompensieren. Die versammelten Zuhörer/innen wiederum werteten diese medial gesteigerte Emotionalität und Lautstärke als Ernsthaftigkeit, als Authentizität des Redners und begleiteten und verstärkten ihn mit begeisterter Zustimmung. Sie zahlten für die Teilnahme an diesen Medienereignissen und finanzierten damit das Dispositiv zu nicht unerheblichen Teilen mit. Der Eintritt für ›Hitlerversammlungen‹ beispielsweise lag im Durchschnitt bei 1 Reichsmark pro Person, und die NSDAP-Wahlkampfauswertung sprach davon, dass allein 1932 über zehn Millionen die Veranstaltungen besuchten und finanzierten.

Die Erprobung neuer Ensembles medienakustischer Verschaltungen

In der Zeit nach der sogenannten Machtergreifung erfuhr das Dispositiv *LautSprecher* eine weitere Ausdifferenzierung, die sich erstmals im Zuge der Feiern zum 1. Mai 1933 beobachten lässt. Die Konstruktion von Gemeinschaftserlebnissen vor Ort wurde nun mit den

Möglichkeiten des ›an alle‹ sendenden Rundfunks verknüpft. Im Rahmen eines über zwanzig Stunden dauernden Programms erprobte man zum ersten Mal neue Ensembles medienakustischer Verschaltungen: die Lautsprecher-Distribution von auf dem Tempelhofer Feld gehaltenen Reden an ein dort anwesendes Massenpublikum und die sowohl gleichzeitige als auch zeitversetzte Übertragung an die Rundfunk-Hörer/innen in Deutschland und Österreich, Ringschaltungen mit Reportagen über Aufmärsche in allen Teilen Deutschlands, Aufführungen von Hörszenen und Lesungen, Auftritte verschiedenster Musikgruppen, aus einem Zeppelin gesprochene Reportagen etc. Hier entstand eine Medienmatrix, die den ersten Großversuch darstellte, die ›Volksgemeinschaft‹ im Horizont des Dispositiv *LautSprecher* massenkommunikativ zu inszenieren. Sowohl den Massen auf dem Tempelhofer Feld als auch den vor den Rundfunklautsprechern versammelten Mediennutzer/innen gefiel, was sie sahen und hörten, und diese Akzeptanz wiederum dürfte dafür verantwortlich gewesen sein, dass der Rundfunk fortan als Verbreitungsmedium gelungener Stimminszenierungen agierte (vgl. Epping-Jäger 2003; 2008).

Der Prozess der Herausbildung des Dispositivs *LautSprecher* kann als ein medialer Großversuch verstanden werden, der austestete, inwieweit es möglich war, leib-anwesende, rednerzentrierte Kommunikation auf der Basis einer rasch ausreifenden Mikrofon-Lautsprecher-Technologie als Massenkommunikation zu organisieren. Die Vorstellung einer je ad hoc und an beliebigen Orten erzeugbaren – und anschließend über Rundfunk distribuierbaren – Massen-Präsenz lässt sich dabei als technische Optimierung einer Mobilitätsideologie verstehen, die für den Nationalsozialismus konstitutiv war. Die NSDAP stellte dem eigenen Selbstverständnis nach eine sozialrevolutionäre Massenbewegung dar und als solche war sie auf die ständige Re-Installierbarkeit von Gemeinschaftserlebnissen angewiesen. Hannah Arendt hat in diesem Zusammenhang zu Recht von der »Bewegungssüchtigkeit totalitärer Bewegungen« gesprochen und davon, dass sich diese Bewegungen »überhaupt nur halten können, solange sie in Bewegung bleiben und alles um sich herum in Bewegung setzen« (2000, 658).

Beruhten bereits die ›Deutschlandflüge‹ auf dieser Bewegungsideologie, so wird das Mobilitätsszenario nach 1933 technisch noch einmal durch den Bau und Einsatz des sogenannten Reichs-Auto-Zuges optimiert, integrierte dieser doch alle konstitutiven, vorab erprobten Elemente des *LautSprecher*-Dispositivs und erlaubte es, die zeitlich rasche und mobile Strukturierung von politischen Räumen zu organisieren und so Massenpublika effektiv zu adressieren. Ende 1933 beauftragte die NSDAP die Firma Magirus mit dem Bau des Reichs-Auto-Zuges. Dieser bestand aus vier Konvois zu je 20 Omnibussen und Lastwagen (vgl. Epping-Jäger 2006; Hinrichsen 1998). Aneinandergereiht hatten die Wagen eine Gesamtlänge von mehr als drei Kilometern Fahrtstrecke; ab 1936 war das Ensemble einsatzbereit. Das Zentrum jedes Konvois bildete ein Redner- und Regiewagen, der mit einer in die Höhe ausfahrbaren Rednertribüne und einer ausgefeilten Mikrofon- und Lautsprechertechnik ausgestattet war: Fest montierte Dachlautsprecher, ergänzt von einigen Hundert mobilen Rundstrahlern, wurden dazu verwendet, ad hoc Versammlungs- und Resonanzräume herzustellen oder ganze Streckenabschnitte zu beschallen. Dabei konnte es sich ebenso um Feiern zur Neueröffnung von Autobahnabschnitten wie um Übertragungen der Nürnberger Parteitage handeln. Auch die Masseninszenierung und gleichzeitige Distribution der Rede Hitlers zum ›Anschluss Österreichs‹ vom Wiener Heldenplatz wäre ohne dieses technische Ensemble und die damit verknüpfte Vorstellung einer nahezu ubiquitären Erreichbarkeit von ad hoc herzustellenden Massenpublika an jedem beliebigen Ort des ›Reiches‹ nicht denkbar gewesen. Mithilfe von in die Züge integrierten Montage-Turmwagen ließen sich Tribünenaufbauten für Redner errichten. Ein Rüstwagen verfügte über eine auf 25 Meter ausziehbare Leiter, mit deren Hilfe die 30.000 mitgeführten Hakenkreuz-Fahnen und Masten zu jeder Zeit und an jedem Ort aufgestellt werden konnten, um derart den durch die Lautsprecher errichteten Resonanzraum auch optisch zu markieren. Zudem wohnte eine 120 Mann starke Technikertruppe in den Mannschaftswagen des Reichs-Auto-Zuges, die einen jederzeitigen Zugeinsatz garantierte. Logistisch eingerahmt wurde die Wageneinheit von einer mobilen, technisch avancierten Rundfunk-, Fernmelde- und Übertragungsanlage sowie von einer mit Scheinwerfern ausgestatteten Tonfilmaufnahme- und Wiedergabeeinheit, die Material für Wochenschau, Spiel- und Dokumentarfilme drehte. Die Mobilität dieses technisch-medialen Gesamtensembles wiederum ermöglichte eine Perfektionierung der für den NS so charakteristischen ›Ringschaltungen‹: Der Reichs-Auto-Zug ließ sich in mehrere, auf die lokalen kommunikativen Besonderheiten ausgerichtete Einzelzüge und Wagen aufteilen, die an verschiedenen Orten zeitlich auch parallel stattfindende, bis zu 300.000 Personen umfassende Massenveranstaltungen organisieren und aufnehmen konnten. Dabei ließen sich die einzelnen Veranstaltungen mithilfe der Zugtechnik so mit- und ineinander verschalten, dass sie einen potenzierten Resonanzraum bildeten, dessen Akzeptanz und Energie über das in das Dispositiv *LautSprecher* integrierte Rundfunk- und Filmensemble reichsweit übertragen und als virtuelle Großveranstaltung inszeniert und erfahren werden konnte.

Pilzlautsprecher und Gemeinschaftsempfang

Zwischen 1933 und 1936 war mit dem sogenannten Pilzlautsprecher ein Lautsprecher-Typus entwickelt worden, der die Nachteile der Großlautsprecher kompensierte: Der Schall wurde nun nicht mehr frontal, sondern dezentral abgestrahlt, und die auf Masten montierten, nach unten abstrahlenden ›Pilze‹ richteten diesen auf eine Kreisfläche von 25 bis 30 Metern Radius. Wurden sie in entsprechenden Abständen aufgestellt, dann konnten sich gegenseitig nicht störende Schallfelder neben- und hintereinandergelegt werden, ohne dass Echoeffekte eintraten. Derart ließen sich extrem ausgeweitete Resonanzräume einrichten, die bereits der Reichs-Auto-Zug ebenso nutzte wie dann die Olympiade des Jahres 1936, bei der erstmals mit verteilten – über Kommandostände kontrollierten – *LautSprecher*-Szenarien agiert wurde. Hatten die Redner bislang eine Frontalstellung eingenommen, die auch die Aufmerksamkeit der Hörer/innen frontal ausrichtete, so hörte man die Stimmen der Redner von nun an auf dem akustisch gleichmäßig laut beschallten Feld aus dem nächstgelegenen Pilzlautsprecher von links, rechts oder hinten. Die Frontalbeschallung wurde auf diese Weise durch eine Omnipräsenz der Rednerstimme ersetzt und die sich aufgrund der Trennung von Redner- und Lautsprecher-Standort ergebenden psychoakustische Irritationen konnten vernachlässigt werden, weil sich die nun nicht mehr auf die Rednertribüne fokussierten Rezipient/innen im Prozess des Rezipierens der Rednerstimme wechselseitig stärker wahrnahmen (vgl. Ehlert 2005; Epping-Jäger 2008).

Dass diese Wahrnehmung im Rahmen des auf Konformität und Anpassung ausgerichteten NS-Systems zu einem verstärkten gegenseitigen Kontrollverhalten führte, ist allerdings nur eine der Konsequenzen des nun allgemein so genannten ›Gemeinschaftsempfangs‹. Die andere Konsequenz bestand darin, dass sich durch ›Gemeinschaftsempfang‹ eine für das Dispositiv *LautSprecher* nahezu ideale öffentliche Erlebnisform herausbildete, die der akustischen Industrie darüber hinaus neue Märkte eröffnete: Telefunken, Siemens, Körting u. a. entwickelten und verkauften nun Lautsprecher-Anlagen, deren Ziel es war, die vom Rundfunk ausgestrahlten NS-Redeszenarien in solche Räume zu übertragen, die durch Rundfunklautsprecher nicht ausreichend beschallt werden konnten. In Fabriken, Betrieben und Behörden, in Schulen und Schwimmbädern wurden Lautsprecher-Anlagen installiert, damit – so formulierte es euphemistisch Telefunken – »[w]ichtige Funkübertragungen« ausnahmslos »allen Volksgenossen zugute kommen und nach Möglichkeit zu einem Gemeinschaftsempfang gestaltet werden – das ist heute der Wunsch der maßgebenden behördlichen Stellen« (Deutsches Technikmuseum Berlin, Historisches Archiv, Bestand Telefunken, Nr. GS5179). Jenseits der Groß-, Pilz- und Radiolautsprecher sorgten diese in den Alltag integrierten *LautSprecher*-Anlagen dafür, dass sich die Rezipient/innen gleichsam in ad hoc herzustellenden Lausch- und Resonanzgemeinschaften versammelten und in ihrer Konformität kontrollierten und damit die Redner und ihre Aussagen jeweils aufs Neue bestätigten und einübten. So wie Propagandareden gehalten und Propagandaparolen ständig mitgeteilt und wiederholt werden mussten, um behalten zu werden, so blieb also auch die Affirmation der ›Volksgemeinschaft‹ auf ihre regelmäßige Einübung im ›Gemeinschaftsempfang‹ angewiesen.

Die mit *LautSprechern* organisierte – und für die akustische Industrie ökonomisch ausgesprochen lukrative – Diskursform des ›Gemeinschaftsempfangs‹ zieht sich daher wie ein Band durch die Zeit des Nationalsozialismus. Um den Kommunen den Ankauf der technischen Ausrüstung für die Ausstattung von Schulen, Gemeindehallen, Schwimmbädern, Sport- und sonstigen Versammlungsplätzen zu erleichtern, entwickelte die Rundfunkindustrie zusammen mit den Banken spezielle Kreditangebote, die auch von der Industrie selbst in Anspruch genommen wurden, um ihre Werkshallen und Pausenräume mit Anlagen auszustatten, die ›Gemeinschaftsempfang‹ ermöglichten. Die Reichspropagandaleitung der NSDAP expandierte diese Möglichkeiten des Dispositivs. Um die raumgreifenden akustischen Allmachts- und Kontrollphantasien eigeninitiativ zu realisieren, gründete sie Anfang 1937 die Reichs-Lautsprechersäulen-Treuhand-Gesellschaft m. b. H., deren Aufgabe darin bestand, insgesamt 6600 rundstrahlende Lautsprecher-Säulen deutschlandweit aufzustellen und über ein von der Reichspost entwickeltes Drahtfunkkabel miteinander zu vernetzen. Ziel dieser Aktion war eine »jederzeitige zentrale Besprechung und damit die Möglichkeit augenblicklicher akustischer Erfassung der gesamten Bevölkerung« (Bundesarchiv Berlin, Bestand NS 10/46, Bl. 212–234). 1938 wurden die ersten Säulen in Breslau aufgestellt, anlässlich des dort stattfindenden Sportfestes erwartete *Der Hoheitsträger* – die Zeitschrift der Reichsorganisationsleitung der NSDAP –, dass im Laufe der nächsten Jahre »alle größeren Ortschaften solche Reichs-Lautsprechersäulen erhalten, um die sich bei großen politischen Anlässen die Volksgenossen scharen werden. Viele von ihnen besitzen wohl einen eigenen Lautsprecher; aber erst das gemeinsame Leben macht aus dem Abhören ein Miterleben, eine Feierstunde« (Brügmann 1938). Deutlicher ließ sich die Aufgabe des Dispositivs im Gemeinschaftsempfang nicht formulieren: Sie bestand darin, die Verinnerlichung der Macht als akustische Erlebnisform der ›Volksgemeinschaft‹ zu organisieren, die sich in der synchronen Ubiquität der Stimmen der Führer und ihrer Gemeinschaftsresonanz medial organisierte.

Die Technikgeschichte des Lautsprechers von den Blatthallern, über die frühen Großlautsprecher bis zu den Lautsprecherpilzen, die zugleich als technoakustisches Emblem des NS gelten können, ist eng verwoben mit der medialen und politischen Genese des Dispositivs *LautSprecher*. Dieses operierte in der Zeit des Nationalsozialismus als ein mediales Aggregat, das jeweils akustisch organisierten Propagandaräumen nicht nur Beweglichkeit, Autarkie und topologische Allgegenwart verlieh, sondern das zugleich in einem neuen Typus von Gemeinschaftsempfang die NS-Gesellschaft als eine techno-akustisch verfasste Kontrollgesellschaft herstellte.

Verwandte Beiträge: Kap. 18 (Architektur); Kap. 33 (Echo); Kap. 39 (Stimme); Kap. 48 (Konzentrationslager); Kap. 56 (Stadion); Kap. 65 (Radio); Kap. 71 (Herrschaftsrepräsentation).

Literatur

Arendt, Hannah: *Elemente und Ursprünge totaler Herrschaft* [1955]. München/Zürich 2000.

Bühler, Karl: *Sprachtheorie. Die Darstellungsfunktion der Sprache* [1934]. Stuttgart 1978.

Brügmann, Arnold: Die ersten Reichs-Lautsprechersäulen. In: *Der Hoheitsträger. Verkündungsblatt für das Hauptstabsamt, das Hauptpersonalamt und das Hauptschulungsamt der NSDAP* 2/2 (1938), 38.

Diller, Ansgar: *Rundfunkpolitik im Dritten Reich*. München 1980.

Ehlert, Ralf Gerhard: Public-Adress-Strategien von 1919 bis 1949. In: Daniel Gethmann/Markus Stauff (Hg.): *Politiken der Medien*. Zürich/Berlin 2005, 319–340.

Epping-Jäger, Cornelia: »Eine einzige jubelnde Stimme der Begeisterung«. Zur Etablierung des Dispositivs Laut/Sprecher in der politischen Kommunikation des Nationalsozialismus. In: Dies./Erika Linz (Hg.): *Medien/Simmen*. Köln 2003, 100–123.

Epping-Jäger, Cornelia: Stimme. Spur der Bewegung. In: Dies./Gisela Fehrmann/Erika Linz (Hg.): *Spuren Lektüren. Praktiken des Symbolischen*. Festschrift für Ludwig Jäger zum 60. Geburtstag. München 2005, 133–152.

Epping-Jäger, Cornelia: Stimmgewalt. Die NSDAP als Rednerpartei. In: Doris Kolesch/Sybille Krämer (Hg.): *Stimme. Annäherung an ein Phänomen*. Frankfurt a. M. 2006, 147–171.

Epping-Jäger, Cornelia: *LautSprecher*-Passagen. Zu den Umbauten eines Dispositivs der Massenkommunikation vor und nach 1945. In: Dies./Irmela Schneider (Hg.): *Formationen der Mediennutzung III. Dispositive Ordnungen im Umbau*. Bielefeld 2008, 17–42.

Frei, Norbert: *Der Führerstaat. Nationalsozialistische Herrschaft 1933–1945*. München 1987.

Gerdien, Hans: Über klanggetreue Schallwiedergabe mittels Lautsprecher. In: *Telefunken-Zeitung* 8/H. 43 (1926), 229–236.

Göttert, Karl-Heinz: *Geschichte der Stimme*. München 1998.

Heidenreich, Bernd/Neitzel, Sönke (Hg.): *Medien im Nationalsozialismus*. München 2010.

Hinrichsen, Horst: *Reichsautozug »Deutschland« und Hilfszug »Bayern«. Die beiden größten Autozüge der Welt in den 30er Jahren*. Wölfersheim-Berstadt 1998.

Hoffmann, Heinrich/Berchtold, Josef: *Hitler über Deutschland*. München 1932.

Kershaw, Ian: *Der Hitler-Mythos. Volksmeinung und Propaganda im Dritten Reich*. Stuttgart 1980.

Longerich, Peter: *Hitler. Biographie*. München 2015.

Marßolek, Inge/Saldern, Adelheid von (Hg.): *Radiozeiten. Herrschaft, Alltag, Gesellschaft (1924–1960)*. Potsdam 1999.

Nill, Ulrich: Sprache der Gegenaufklärung. Zur Funktion und Wirkung der Rhetorik im Nationalsozialismus. In: Joachim Dyck/Walter Jens/Gert Ueding (Hg.): *Rhetorik. Ein internationales Jahrbuch*. Bd. 16: *Rhetorik im Nationalsozialismus*. Tübingen 1997, 1–8.

Paul, Gerhard: *Aufstand der Bilder. Die NS-Propaganda vor 1933*. Bonn ^{2}1992.

Reichel, Peter: *Der schöne Schein des Dritten Reichs. Faszination und Gewalt des Faschismus*. München 1991.

Trendelenburg, Ferdinand: *25 Jahre klanggetreue Schallübertragung*. Schreibmaschinen-Ms., September 1950, Archiv des SiemensForums München, Signatur 35–79/Le717.

Zimmermann, Clemens: *Medien im Nationalsozialismus. Deutschland, Italien und Spanien in den 1930er und 1940er Jahren*. Köln/Weimar/Wien 2007.

Cornelia Epping-Jäger

75 Nationalhymnen

Musik ist ein Seismograph für gesellschaftliche und politische Verhältnisse. Ihr kommt in Prozessen der Konsolidierung oder Destabilisierung von Gesellschafts- und Staatsformen eine wichtige Bedeutung zu. Neben der Staatsflagge repräsentiert vor allem die Hymne einen Staat und seine Geschichte. Dabei ist der Hymnengesang als feierliche Lob- und Preisdarbietung keine Erfindung der Neuzeit. Seine Wurzeln reichen weit in die Geschichte der Menschheit zurück, sie sind sakral-kultischen Ursprungs.

Mit der Entstehung der Nationalbewegungen und der Nationalstaaten seit dem ausgehenden 18. Jahrhundert etablierten sich dann die auf die ›Nation‹ bezogenen politischen Lieder und Hymnen. Als klangliches Symbol sollen sie in verdichteter Form nationale Werte spiegeln. Durch das Singen der Hymne werden diese Werte in der Öffentlichkeit demonstriert. Das nationale Selbstverständnis kann sich dabei auf Königshymnen, Militärmärsche, religiöse Werke, patriotische Volks-, Freiheits- und Revolutionslieder oder auch auf Bühnenstücke mit nationalem Charakter beziehen. Mit ihrer Aufladung durch außermusikalische Werte und Wirkungen avanciert Musik damit über ihre ästhetisch-künstlerische Dimension und ihren geselligen Charakter hinaus zur politischen und gesellschaftlichen Botschaft. Nationallieder und Staatshymnen sind demnach nicht zuallererst in ihrer klanglichen Textur zu interpretieren. Vielmehr sind sie Teil einer Symbolwelt, die Angehörige einer Gruppe bzw. eines Staates zur Ausbildung und Schärfung ihrer Identität, zur gesellschaftlichen Positionierung und Solidarisierung nutzen. Dies wird nicht zuletzt dadurch unterstrichen, dass neben Staaten auch Städte, Parteien, Vereine und andere gesellschaftliche Verbindungen sich auf ›ihre‹ Hymne stützen, um Geschlossenheit und Tatkraft zu demonstrieren.

Hymnen gelten als Ausdruck individueller Gefühle wie auch als eine Form öffentlicher Inszenierung von Emotionen und Macht. Entsprechend werden sie sowohl im Zuge spontaner Erregung als auch ritualisiert zu feierlichen Anlässen gesungen. Lieder und Gesang gehören bei offiziellen Anlässen zum Protokoll, sie sind Teil eines politischen und gesellschaftlichen Ritus, der ohne ihre Symbolkraft kaum auskäme. Musik darf bei staatspolitischen Empfängen ebenso wenig fehlen wie bei offiziellen Gedenkfeiern, politischen Demonstrationen und Protesten, bei Sportwettkämpfen oder anderen internationalen Wettstreiten.

Das Erklingen der Hymne steht dabei in der Regel für eine hohe Zustimmung zu dem besungenen Staat, seinem Volk, seiner Gesellschaftsordnung und Werte, es kann aber auch – je nach Kontext – genau das Gegenteil betonen. Bereits mit dem spezifischen Klang (Sound) oder dem Aufführungskontext können Kommentare und Kritiken verbunden sein. Konzerte, Musikfeste oder Feiern mit ihren visuellen und akustischen Elementen sowie den sozialen Interaktionsmöglichkeiten stellen in dieser Hinsicht ein vielfältiges Kommunikationsforum dar. So kritisierte etwa Jimi Hendrix mit seiner eigenwilligen Interpretation der US-amerikanischen Nationalhymne auf dem Woodstock-Festival 1969 das Engagement der USA im Vietnamkrieg. Die musikalische Performanz bedeutet hier Kommunikation und Interaktion, Ausführende und Publikum sind gleichermaßen an diesen Prozessen beteiligt (vgl. Brusniak 1995; Heister 1997; Morat 2011 und 2017; Mecking/Wasserloos 2012 und 2014; Mecking 2017).

Musik und ihre Kontextualisierung

Musik wird durch den Aufführungsrahmen und durch Worte (Liedtexte) kontextualisiert. Allein ist sie nicht unbedingt eindeutig: So basiert die preußische Volks- bzw. Reichshymne *Heil Dir im Siegerkranz* auf der gleichen Melodie wie die britische Hymne *God Save the King* bzw. *God Save the Queen* und die neben *The Star-Spangled Banner* existierende US-amerikanische Quasi-Nationalhymne *My Country, 'Tis of Thee*. Die Melodie stammt aus Carl Maria von Webers *Jubel-Ouvertüre*, die 1818 zu Ehren des Königs von Sachsen, Friedrich August I., uraufgeführt wurde. Die Melodie fand bzw. findet darüber hinaus in zahlreichen weiteren Ländern Verwendung, darunter in der Schweiz (*Rufst du, mein Vaterland*) oder Liechtenstein (*Oben am jungen Rhein*).

Die symbolische Universalität der Instrumentalmusik und ihre einigende Kraft machte sich dann auch die Europäische Union zunutze, als sie die Melodie von Ludwig van Beethovens *Ode an die Freude* zur Europahymne wählte. Es handelt sich hierbei um den 4. Satz aus Beethovens 9. Sinfonie, in dem dieser 1823 Friedrich Schillers Gedicht »An die Freude« (1785), besser bekannt als »Freude, schöner Götterfunken«, vertonte. Die Hymne wird gespielt, nicht gesungen. Um den europäischen Charakter zu unterstreichen und keine Sprache oder Nation zu bevorzugen, entschied sich die EU für die Instrumentalfassung. Mehrsprachige Länder wie Belgien, Kanada oder die Schweiz lassen wie-

D. Morat, H. Ziemer (Hrsg.), *Handbuch Sound*, https://doi.org/10.1007/978-3-476-05421-0_75

derum mehrere Hymnen oder zumindest mehrsprachige Hymnentexte zu. Zum Teil werden auch die inoffiziellen Hymnen der Minderheiten akzeptiert.

Textgebundene Musik ist gegenüber Instrumentalwerken in der Regel eindeutiger. Mit ihrer auf mehreren Ebenen erfolgenden Kommunikation bietet sie somit besonders gute Voraussetzungen, als Sprachrohr für politische Botschaften zu dienen. Insbesondere im 19. Jahrhundert erwiesen sich Lieder als Medium und die Sänger als Multiplikatoren im Rahmen der Verbreitung des Nationalgedankens. Die Vorstellung von der ›Nation‹, selbst wenn sie als Konstrukt zu gelten hat, war im Gegensatz zum nüchternen und abstrakten Rechtsgebilde ›Staat‹ mit weitaus stärkerer Anschaulichkeit und gesellschaftlicher Direktheit verbunden und konnte durch die Musik in Klänge gefasst werden.

Singen avancierte zum politischen Ereignis. Im Zuge der Französischen Revolution 1789 wie auch vor, während und nach den Revolutionen 1848/49 entstand eine große Anzahl politisch motivierter Lieder. Diese Lieder, die das Gefühl von nationaler Zugehörigkeit, Gemeinschaft und Solidarität musikalisch zum Ausdruck brachten, waren weiten Teilen der Bevölkerung vertraut und wurden öffentlich gesungen. Auch heute noch finden sich nicht wenige von ihnen in den aktuellen Schul- und Chorliedersammlungen. Mit dem Text von August Heinrich Hoffmann von Fallersleben aus dem Jahr 1841 und der 1796 von Joseph Haydn für Kaiser Franz II. komponierten Melodie der österreichischen Hymne *Gott erhalte Franz, den Kaiser* hat auch das *Lied der Deutschen* seine Wurzeln im ›langen 19. Jahrhundert‹. Gleiches gilt für die *Marseillaise* als Hymne der Franzosen und ihrer Republik (vgl. Deichsel 1985; Loos/Keym 2004; John, 2007; Grosch 2010; Mecking/Wasserloos 2012; Widmaier 2013).

Kulturelle Präferenz und Klang einer Gesellschaftsordnung

Mit Liedzeilen wie »Einigkeit und Recht und Freiheit / Für das deutsche Vaterland!« (*Lied der Deutschen*) propagierte in den deutschen Staaten das zunehmend selbstbewusster agierende Bürgertum in Abgrenzung zur bis dahin dominierenden Aristokratie und deren Privilegien musikalisch eine national-bewegte Alternative für das Zusammenleben in der Moderne. Neben der kirchlichen und höfischen Musik des *Ancien Régime* etablierte sich eine bürgerliche Musikkultur, die neue Machtansprüche repräsentierte. Insbesondere der mehrstimmige Männergesang avancierte zur populären Kulturform der Zeit. Der gruppenübergreifende Zusammenhalt unter Rückgriff auf deutsche Volks- und Nationallieder stärkte nicht nur die musikalische, sondern auch die politische Identität der deutschen Nation, die sich zwar durch eine große regionale Vielfalt, aber eben auch noch weitaus mehr durch eine Zersplitterung in Kleinstaaten auszeichnete. Die musikalische Hervorhebung von symbolisch konnotierter Naturpoesie, alten Sagen und kriegerischen Ereignissen hatte einen selbstvergewissernden, gemeinschaftskonstruierenden und schließlich nationskonstituierenden Charakter. Hinter dem besungenen Leitbild einer gemeinsamen Nation traten regionale Grenzen, soziale Unterschiede oder konfessionelle Bekenntnisse zurück.

Die bürgerlich getragene Nationalmusik war somit nicht nur eine kulturelle Präferenz jener Epoche, sondern grundlegender Klang neuer Gesellschaftsvorstellungen, die sich nicht mehr an den herkömmlichen Sphären Adel, Klerus und Bauerntum orientierten. Die mit bürgerlichen Wertvorstellungen aufgeladene Musik vermittelte den Menschen in einer sich stärker ausdifferenzierenden und arbeitsteilig funktionierenden Gesellschaft emotionale Geborgenheit und Gemeinschaft. Die Nation, die im alltäglichen Leben nicht direkt evident war, wurde im Gesang (immer wieder neu) vergegenwärtigt. Dies konnte über leidenschaftlich gesungene Hymnen und Lieder oder auch über musikalische Rituale und Feste erfolgen. Mit dem Singen patriotischer Lieder wurden die neuen gesellschaftlichen und politischen Überzeugungen nachdrücklich kommuniziert. Im Deutschland des späten 19. und frühen 20. Jahrhunderts gehörte *Die Wacht am Rhein* zum verpflichtenden Liederkanon der Volksschulen. Das Lied übernahm im Kaiserreich neben *Heil Dir im Siegerkranz* die Funktion einer Hymne. Wie sehr das populäre ›Rheinlied‹ Teil der nationalen Reichssymbolik war, verdeutlicht das monumentale Niederwalddenkmal bei Rüdesheim am Rhein.

Auch andere Nationalbewegungen stützten sich auf die einigende Kraft der Musik. Französische oder italienische Revolutions- und Bewegungslieder wie *Ça ira*, die *Marseillaise* oder *Il Canto degli Italiani* hatten in diesem Sinne eine ganz ähnliche Identifikations- und Solidarisierungsfunktion für die Franzosen oder Italiener wie *Die Wacht am Rhein* oder *Das Lied der Deutschen* für die Deutschen. In Frankreich prägten spätestens seit Ende des 18. Jahrhunderts die Ideale der Französischen Revolution den Chorgesang in national-politischem Sinne. In Laiengesellschaften wie den Sociétés françaises d'orphéonistes bzw. Chœurs orphéoniques kamen Angehörige aller Stände zusammen. Über den volkstümlichen Chorgesang wurde das Ideal von ›Freiheit, Gleichheit und Brüderlichkeit‹ in ganz Frankreich sicht- und hörbar zelebriert. Unter den singenden Schweizern wiederum sollten, wie die Schweizerische Musikgesellschaft propagierte, eidgenössische Harmonie und Tugenden wie gegenseitige Freundschaft und uneigennützige Dienstfertigkeit gelebt werden. Letztlich artikulierte sich auch im 20. Jahrhundert Nationalgefühl und Protest der Massen durch Musik. Während der sowjetischen Besatzungszeit unterstrichen zum Beispiel die Esten mit dem öffentlichen Singen des estnischen Liedes *Mu isamaa on minu arm* (›Land meiner Väter, Land, das ich liebe‹) ihre nationale Identität (vgl. Elben 1887/1991; Brusniak 1995; Mecking 2012; Ziemer 2013; Mecking/Wasserloos 2014).

Nationale Empathie und polterndes Pathos

Im Gesang blieben die Gemeinschaft und das ›Vaterland‹ nicht abstrakt, sondern wurden konkret emotional erlebt, sodass die Grenze zwischen Realität und Fiktion aufweichen konnte. Es handelte sich eben häufig nicht um ein reines Absingen bekannter Lieder, vielmehr entstand durch das gemeinsame Singen gleichsam nationale Empathie und Emphase. Die musikalische Botschaft basierte auf einem System von kollektiven Wertorientierungen und Ordnungsvorstellungen, die nach innen gerichtet Teilhabe und Inklusion und nach außen Abgrenzung und Exklusion bedeuteten. Auf diese Weise wurden in den Freiheits- und Vaterlandsliedern des 19. Jahrhunderts Partizipationsverheißung und Aggressionsbereitschaft konstitutiv miteinander verbunden.

Nationale Lieder und Hymnen wurden damit als Symbol einer Nation bzw. des Staates nicht nur idealisiert, sie wurden in gleicher Weise auch instrumentalisiert, um etwa eine chauvinistische Höherwertigkeit gegenüber anderen Gruppen oder Nationen zu demonstrieren. Die spätestens Anfang des 20. Jahrhunderts übersteigert nationale Musik bzw. Musikinterpretation mündete schließlich immer häufiger in eine aggressive bis martialische Demonstration nationaler Demarkationen und eine musikgetragene Kriegsmobilisierung. Deutlich zeigte sich dies dann im NS-Staat, als sich das Kampflied der NSDAP, das *Horst-Wessel-Lied*, mit der ersten Strophe des *Deutschlandliedes* verband und nacheinander »Deutschland, Deutschland über alles / Über alles in der Welt« und »Die Fahne hoch!« zu hören waren. Die Bundesrepublik wiederum begegnet einer öffentlichen Verunglimpfung des demokratischen Staates und dem Missbrauch seiner Symbole wie der Staatshymne im Strafgesetzbuch mit der Androhung von Freiheitsentzug.

Hymnen und Gesang bieten somit Raum sowohl für direkte oder symbolische Verbrüderung als auch für entsprechende Abgrenzungen und Stellvertreterkriege. Schon wegen ihrer Kürze sind Lieder prädestiniert für die schnelle und weite Verbreitung von Botschaften. Aus Gründen der Aktualität, der Zeitersparnis, aber auch aus Gründen der besseren Einprägsamkeit greifen Dichter und Komponisten immer wieder auf volkstümliche oder einfache Melodien zurück. Eine gewisse Schlichtheit bzw. leichte Singbarkeit ist unabdingbare Voraussetzung für eine Hymne, die auf breite Resonanz stoßen soll. Lieder, die für ›jedermann‹ nachsingbar sind, weisen in der Regel nur einen begrenzten Tonumfang und keine unsanglichen Intervallsprünge sowie eine Einfachheit in der Führung der Stimmen auf. Gereimtes und Gesungenes ist eingängig und lässt sich leicht memorieren. Dem organisierten gemeinschaftlichen Gesang wurde und wird dabei sowohl eine (volks-)bildende wie auch eine gesellschaftlich integrative und politische Kraft zugeschrieben. Hymnen sowie überhaupt Lieder vermögen viele Jahre, gar Jahrhunderte zu überdauern. Sie prägen die *mental map* sozialer Gruppen und ganzer Generationen (vgl. Kurzke 1990; Sauer 1997; Klenke 1998; 2016; Mecking/Wasserloos 2012; Mecking 2016).

Verwandte Beiträge: Kap. 3 (Emotionalität); Kap. 49 (Konzertsaal); Kap. 56 (Stadion); Kap. 71 (Herrschaftsrepräsentation); Kap. 73 (Krieg); Kap. 76 (Protest).

Literatur

Brusniak, Friedhelm: Chor und Chormusik. In: Ludwig Finscher (Hg.): *Die Musik in Geschichte und Gegenwart*. Sachteil, Bd. 2: *Böh–Enc*. Kassel u. a. 1995, 766–824.
Deichsel, Alexander: Politische Lieder und patriotische Hymnen. In: *Deutschland. Porträt einer Nation*. Bd. 4: *Kunst und Kultur*. Mit einer Einl. von Alphons Silbermann. Gütersloh 1985, 404–410.
Elben, Otto: *Der volksthümliche deutsche Männergesang*. Reprint der Ausg. Tübingen ^{2}1887. Wolfenbüttel 1991.
Grosch, Nils: »Heil Dir im Siegerkranz!« Zur Inszenierung von Nation und Hymne. In: Michael Fischer/Christian Senkel/Klaus Tanner (Hg.): *Reichsgründung 1871. Ereignis – Beschreibung – Inszenierung*. Münster u. a. 2010, 90–103.
Heister, Hanns-Werner: Politische Musik. In: Ludwig Finscher (Hg.) *Die Musik in Geschichte und Gegenwart*. Sachteil, Bd. 7: *Mut–Que*. Kassel u. a. 1997, 1662–1682.

John, Eckhard: »Der Kaiser ist ein lieber Mann«. Schulische Liedsozialisation im Kaiserreich. In: Barbara Stambolis/Jürgen Reulecke (Hg.): *Good-Bye Memories? Lieder im Generationengedächtnis des 20. Jahrhunderts.* Essen 2007, 25–41.

Klenke, Dietmar: *Der singende »deutsche Mann«. Gesangvereine und deutsches Nationalbewußtsein von Napoleon bis Hitler.* Münster u. a. 1998.

Klenke, Dietmar: Politische Identitätsstiftung und Abgrenzung in der deutschen Chormusik nach dem Ersten Weltkrieg. In: Sabine Mecking/Yvonne Wasserloos (Hg.): *Inklusion und Exklusion. ›Deutsche‹ Musik in Europa und Nordamerika 1848–1945.* Göttingen 2016, 127–169.

Kurzke, Hermann: *Hymnen und Lieder der Deutschen.* Mainz 1990.

Loos, Helmut/Keym, Stefan (Hg.): *Nationale Musik im 20. Jahrhundert. Kompositorische und soziokulturelle Aspekte der Musikgeschichte zwischen Ost- und Westeuropa. Konferenzbericht Leipzig 2002.* Leipzig 2004.

Mecking, Sabine: Gelebte Empathie und donnerndes Pathos. Gesang und Nation im 19. Jahrhundert. In: Dies./Yvonne Wasserloos (Hg.): *Musik – Macht – Staat. Kulturelle, soziale und politische Wandlungsprozesse in der Moderne.* Göttingen 2012, 99–126.

Mecking, Sabine: ›Deutsche‹ Musik, eine Illusion? Phänomene der Inklusion und Exklusion. In: Dies./Yvonne Wasserloos (Hg.): *Inklusion und Exklusion. ›Deutsche‹ Musik in Europa und Nordamerika 1848–1945.* Göttingen 2016, 7–30.

Mecking, Sabine: Sounds of the Towns – Stadt und Musik. In: *Moderne Stadtgeschichte* 1/2017, 7–19.

Mecking, Sabine/Yvonne Wasserloos: Musik – Macht – Staat. Exposition einer politischen Musikgeschichte. In: Dies. (Hg.): *Musik – Macht – Staat. Kulturelle, soziale und politische Wandlungsprozesse in der Moderne.* Göttingen 2012, 11–38.

Mecking, Sabine/Wasserloos, Yvonne: »As the crowd would sing«. Musik als politisches Ereignis. In: *Archiv für Kulturgeschichte* 96/2 (2014), 341–368.

Morat, Daniel: Der Klang der Zeitgeschichte. Eine Einleitung. In: *Zeithistorische Forschungen/Studies in Contemporary History* 8/2 (2011), 172–177.

Morat, Daniel: Berliner Luft. Zur Karriere einer Stadthymne. In: *Moderne Stadtgeschichte* 1/2017, 20–33.

Sauer, Michael: *Historische Lieder.* Begleitbuch zur CD. Stuttgart u. a. 1997.

Widmaier, Tobias: Heil dir im Siegerkranz. Patriotisches Liedgut im Deutschen Kaiserreich. In: Gerhard Paul/Ralph Schock (Hg.): *Sound des Jahrhunderts. Geräusche, Töne, Stimmen – 1889 bis heute.* Bonn 2013, 46–49.

Ziemer, Hansjakob: Klang der Gesellschaft. Zur Soziologisierung des Klangs im Konzert, 1900–1930. In: Axel Volmar/Jens Schröter (Hg.): *Auditive Medienkulturen. Techniken des Hörens und Praktiken der Klanggestaltung.* Bielefeld 2013, 145–163.

Sabine Mecking

76 Protest

Als wichtige Dimension von Protest ist Sound erst um die Jahrtausendwende – im Zuge der Studien zu den globalen Studenten- und Protestbewegungen um 1968 – ins Blickfeld der historischen Geisteswissenschaften geraten. Mit der Wendung *Sound der Revolte*, die Oliver Schwabe für seinen 2006 ausgestrahlten Fernsehfilm über die Verbindung von jugendlicher Rebellion und Rockmusik entwickelte und die Detlef Siegfried (2008) als Titel für seine Monographie über die »Kulturrevolution um 1968«, so der Untertitel seiner Studie, aufgriff, legten beide die These nahe, dass Sound, und zwar der spezifische Sound von Rockmusik, eine zentrale Rolle im Kontext der Studenten- und Protestbewegungen der 1960er und 1970er Jahre gespielt habe. Vor diesem Hintergrund drängt sich die Frage auf, ob Protest – in der Gestalt von verschiedenen historischen Protestbewegungen sowie als eine unter einer Vielzahl soziopolitischer Praktiken – mit einem bestimmten Sound oder einem Pool spezifischer Sounds assoziiert ist. Falls diese These zutrifft: Welcher Sound oder welche Sounds wären dies? Um diese Frage zu beantworten, muss zuvor geklärt werden, was Sound in der Wendung ›Sound der Revolte‹ meint.

Das Wort ›Sound‹ wird sowohl im allgemeinen englischen Sprachgebrauch als auch in der eingedeutschten Variante mit zwei unterschiedlichen Bedeutungsnuancen verwendet. Zum einen nehmen wir als Sprecherinnen und Sprecher mit ›Sound‹ auf alle möglichen Schallereignisse Bezug. Sound ist alles, was hörbar ist. Bezogen auf Sound in dieser Bedeutungsvariante stellt Musik einen Ausschnitt der Totalität von Schallereignissen dar. Musik unterscheidet sich von anderen Sounds (als Schallereignissen) darin, dass sie in der Vergangenheit und Gegenwart kulturell gezielt geformt wurde. Sie ist ein ausdifferenziertes, in verschiedenen kulturellen Umfeldern und historischen Epochen in unterschiedlichen Fassungen verwendetes Zeichensystem, das auf häufig nicht explizierbaren, weil nicht bewusst verstandenen Regeln und Konventionen sowie Abweichungen von diesen beruht. Ein anderer Ausschnitt aus der Totalität der Schallereignisse ist der *sound of protest*, jene Geräusche und Geräuschkonglomerate also, die im Kontext von Demonstrationsmärschen und Protestversammlungen eine zentrale Rolle spielen.

Zum anderen verwenden wir das Wort ›Sound‹ jedoch auch in einem spezifischeren Sinn – und zwar als Synonym für die auditiven und akustischen Charakteristika eines Musikensembles (wie z. B. eines Orchesters oder einer Band) sowie manchmal auch eines musikalischen Werkes (wie z. B. einer bestimmten Sinfonie oder eines bestimmten Songs) oder eines Musikstils und einer Musikgattung (wie z. B. Barock- oder Rockmusik). Der Bedeutungsakzent von Sound liegt dabei auf klangfarblichen Aspekten – charakteristischen Formanten, dem Obertonspektrum, Rauheit, Ein- und Ausschwingvorgang von Klängen –, die durch weitere Parameter ergänzt werden: Mix, Hall, Raumakustik und Mikrofonierung speziell in der populären Musik, darüber hinaus hinsichtlich ihres zeitlichen Verlaufs eher kurze, zugleich jedoch komplexe musikalische Gebilde, idiomatische Konfigurationen und Gesten.

Die folgenden Ausführungen fokussieren ›Sound‹ im Sinne von auditiven und akustischen Charakteristika, weil es dasjenige Konzept ist, das der aktuell populären Wendung ›Sound der Revolte‹ zugrunde liegt. Der *sound of protest* wird demgegenüber erst am Ende dieses Beitrags behandelt – und zwar deshalb, weil diesbezüglich weder eine differenziertere Theoriebildung noch eine Terminologie zur Verfügung stehen, die eine über allgemeine Beschreibungen hinausgehende Analyse des Phänomens erlauben.

Das Konzept von ›Sound‹ im Sinne von auditiven und akustischen Charakteristika bezieht sich – noch mehr als dasjenige von ›Klangfarbe‹ und im Gegensatz zu den Konzepten von ›Tonhöhe‹ und ›Dauer‹ – auf komplexe, nicht-skalierbare Phänomene, die sich aus einer Vielzahl von miteinander in Wechselwirkung stehenden Parametern konstituieren und sich ständig wandeln. Denn Schall ist kein stabiles, länger anhaltendes, sondern ein permanent sich veränderndes Phänomen. Das heißt, der Sound einer Band oder eines Musikstils ändert sich – objektiv betrachtet – von Sekunde zu Sekunde. Mit ›Sound‹ beziehen wir uns auf einen Gesamteindruck, der sich – trotz dessen Verankerung in realen akustischen und auditiven Sachverhalten – kaum objektiv nachweisen lässt. Beim ›Sound einer Band‹ oder ›Sound eines Musikstils‹ handelt es sich also offenbar um ein gedankliches Konstrukt, eine Idee von Sound, die aus zahlreichen realen Klangerlebnissen ›herausdestilliert‹ wird. Dennoch haben wir eine – wenn auch recht diffuse – Vorstellung davon, was wir meinen, wenn wir sagen, dass wir die Band oder den Stil aufgrund ihres jeweiligen Sounds schätzen. Und wir sind in der Lage, die Band oder den Stil anhand ihres Sounds zu identifizieren.

D. Morat, H. Ziemer (Hrsg.), *Handbuch Sound*, https://doi.org/10.1007/978-3-476-05421-0_76

Der Sound der 68er-Revolte

Diese Sachlage ist für den ›Sound der Revolte‹ um 1968 maßgeblich. Wir müssen davon ausgehen, dass jedes Individuum, wenn es vom ›Sound der Revolte‹ redet, sich auf ein in Nuancen jeweils individuelles Konzept bezieht, das aus einer Vielzahl von Hörerlebnissen geformt wurde. Abgesehen von dieser Schwierigkeit sind Konzepte generell schwer zu rekonstruieren, weil es sich offensichtlich um mentale Phänomene handelt, zu denen nur das jeweilige, sie denkende Individuum Zugang hat. Gleichzeitig kann jedoch davon ausgegangen werden, dass Individuen, die in einer gemeinsamen kulturellen und soziokulturellen Umwelt leben, Erfahrungen und Erfahrungsgegenstände miteinander teilen. Für die Jahre um 1968 bedeutet dies, dass Individuen ihre Konzepte vom ›Sound der Revolte‹ zu einem Großteil aus Elementen gebildet haben, die für die im Kontext der Studenten- und Protestbewegungen der 1960er und 1970er Jahre aufgeführte oder mit Protest assoziierte Musik charakteristisch sind. Das heißt, dass wir, auch wenn wir keinen Zugang zu den mentalen Vorgängen anderer Individuen haben, den Sound der 68er-Revolte aus der damaligen Musik ein Stück weit rekonstruieren können.

Dabei müssen wir jedoch noch eine Unterscheidung machen: ›1968‹ war ein globales Phänomen, d. h. Studenten- und Protestbewegungen lassen sich in den späten 1960er Jahren in zahlreichen Ländern und auf allen fünf Kontinenten beobachten (vgl. Kutschke/Norton 2013). In all diesen Ländern bildeten sich unterschiedliche Musikszenen aus, die von damaligen Musikerinnen und Musikern, Hörerinnen und Hörern auf die Proteste bezogen wurden und die rückblickend als in den jeweiligen Ländern vorherrschende Sounds der Revolte begriffen werden können. (Der Sound einer bestimmten Epoche ist als mentales Konzept gegenüber den konkreten Hörerlebnissen immer ein wenig ›nachgängig‹, weil die Vorstellung eines bestimmten Sounds erst aus einer Vielzahl von Hörerlebnissen kognitiv generiert wird.) Ich werde mich daher bei meiner Rekonstruktion des Sounds der Revolte um 1968 auf die USA beschränken, ein Land, das im vorliegenden Kontext insofern als *pars pro toto* gelten kann, als die Musik, die dort als Protestmusik begriffen wurde, auch von Hörerinnen und Hörern in anderen Ländern als Protestmusik adaptiert wurde. Doch welche Musik war das, die im Zusammenhang mit der 68er-Revolte aufgeführt und/oder mit Protest assoziiert wurde, und durch welche auditiv-akustischen Charakteristika zeichnen sich diese Genres aus?

Im Kontext der Studenten- und Protestbewegungen in den USA erfreuten sich vier Genres besonderer Popularität: (1) das aus dem Umfeld der US-amerikanischen Arbeiterbewegung und kommunistischen Partei stammende Protestlied; (2) Rockmusik; (3) Soul; (4) gemeinsames Singen von Stücken, die zu den Genres (1)–(3) gehören und von den Singenden auf ihren Protest bezogen wurden, bei Demonstrationen (wie dem March on Washington for Jobs and Freedom 1963) und Musikfestivals (wie das Woodstock-Festival 1969). Ergänzend hierzu wurde in der musikwissenschaftlichen Forschung in den vergangenen Jahren nachgewiesen, dass in globaler Perspektive der ›Geist von 1968‹ im gesamten Spektrum der gehörten und gespielten Musikstile Veränderungen bewirkte: von Rockmusik über Folk und die Songs der Liedermacherszene, Blues, Gospel und Jazz, Avantgardemusik und freier Improvisation bis zur Klassik und zur historischen Aufführungspraxis (vgl. Eyerman/Jamison 1998; Zolov 1999; Dunn 2001; Perone 2004; Rubinoff 2006; Kutschke 2007 und 2008; Robb 2007; Jacobshagen/Leniger 2007; Drott 2011; Adlington 2013; Kutschke/Norton 2013).

Das Protestlied (1) zeichnet sich durch folgende akustisch-auditiven Charakteristika aus: Vokalsolist mit unartifizieller Gesangstechnik, d. h. mit moderatem Stimmumfang und vergleichsweise beschränktem Einsatz der Resonanzräume des Körpers; auf Textverständlichkeit abzielende Artikulation der *lyrics*; Einsatz akustischer Gitarren und Banjos, d. h. helle, dünne, feine Klänge, die nach einem impulsiven Einschwingvorgang rasch abklingen; gebrochene Akkorde als volksliedtypische Begleitfiguren. Rockmusik (2) weist folgende akustisch-auditiven Charakteristika auf: starke rhythmische Betonung vom Drumset; gezielte Verzerrung des Signals von elektrischen Gitarren; ein *timing* als Effekt der zeitlichen Organisation der aufeinanderfolgenden Töne innerhalb einer Stimme und verschiedener Stimmen untereinander, das ›motorisch antreibend‹ und dabei zugleich ›schwergewichtig, aggressiv Druck machend‹ wirkt; gezielt undeutliche Artikulation der *lyrics* (Slang u. ä.); subtile chorische, den Klang von Gitarren und Vokalstimmen konturierende Effekte mittels *manual* und *artificial double tracking*; Klangeigenschaften eines Verstärker- und Lautsprecherequipments auf dem technischen Stand der späten 1960er Jahre. Soul (3) ist u. a. durch starke rhythmische Betonung des Drumsets und das *shouting* der Vokalstimmen charakterisiert. Gemeinsames Singen von Stücken aus den Genres (1)–(3) führt schließlich zu einer chorischen Verschmelzung der Einzelstimmen in einer Vokalmasse; der Klangeindruck ist breiig, weich (4). Dabei handelt es sich, wie erörtert, bei den genannten Charakteristika nicht um notwendige Kriterien (ohne die der jeweilige Musikstil nicht mehr als solcher begriffen werden kann), sondern um Konstituenten eines abstrakten Idealbildes.

Auch wenn sich diese Genres als Idealtypen voneinander unterscheiden lassen, so ist die im Kontext von Protest gespielte Musik in den 1960er Jahren keineswegs immer eindeutig jeweils nur einem Genre zuzuordnen. Vielmehr weisen verschiedene Aufführungen die akustisch-auditiven Charakteristika von zwei oder mehreren Genres auf. Joan Baez' Vortrag von *We Shall Overcome* (Genre 1: Protestlied) während des March on Washington for Jobs and Freedom animierte die Demonstrationsteilnehmer, im Chor mitzusingen (Genre 4: gemeinsames Singen). Country Joe McDonalds Aufführung des *I-Feel-Like-I'm-Fixin'-To-Die Rag* während des Woodstock-Festivals besaß auditiv-akustische Charakteristika sowohl des Protestliedes (akustische Gitarre plus Sänger) als auch der Rockmusik (›geschlagene‹, impulsive, leicht aggressive Begleitungsfiguren und undeutliche Artikulation der *lyrics*) und des gemeinsamen Singens (die jugendlichen Festivalteilnehmer singen mit). Das im Song verwendete ›Juchzen‹ (»whoopee«) ist dabei weniger als ein Modus von im Soul typischem *shouting* als vielmehr als eine aufs äußerste verknappte Form von *jodeling* zu klassifizieren, wie es in der Country Music Verwendung findet.

Worin besteht vor dem Hintergrund dieser Analyse der Sound der Revolte in den USA um 1968? Es dürfte sich um ein in der Vorstellung von Zeitgenossen und Nachgeborenen sich wandelndes Set aus allen oder einem Teil der genannten auditiv-akustischen Charakteristika handeln – je nachdem, welche Hörerlebnisse ein Individuum in Bezug auf die US-amerikanische Studenten- und Protestbewegung in den 1960er Jahren hatte oder heute hat. Signifikant ist dabei, dass es sich nicht um einen Sound des Protests in einer langen Reihe von Sounds des Protests handelt, sondern dass der Sound der 68er-Revolte als *erster* Sound von Protest in der Protestgeschichte klassifiziert werden kann, der die Anforderungen des Soundbegriffs in der zweiten der eingangs unterschiedenen beiden Varianten erfüllt. Dies ist deshalb so, weil erst ab den mittleren 1960er Jahren die technischen Mittel zur Verfügung standen, um den Sound als charakteristisches Merkmal einer Band oder eines Genres zu gestalten – und zwar so individuell zu gestalten, dass der Sound die Identität der Band oder des Genres definierte. (Bereits ab den 1940er Jahren waren Techniken zur Manipulation von Klängen in der populären Musik in Großbritannien und den USA entwickelt worden. Hierbei handelte es sich jedoch um einzelne Phänomene, nicht um eine gängige, neue Standards setzende Praxis.) Es ist bekannt, dass die Beatles an dieser Entwicklung einen enormen Anteil hatten, indem sie zusammen mit dem Musikproduzenten George Martin mit Klängen und deren Manipulation experimentierten (vgl. Ryan/Kehew 2006). Die auf Klangmanipulationen fokussierten Trends in der populären Musik fanden auch Eingang in die politisch orientierte Rockmusik. Der Song *(I Can't Get No) Satisfaction* der Rolling Stones zum Beispiel hat dementsprechend nicht nur in der Geschichte der Studenten- und Protestbewegungen (vgl. Fischer 2006, 327), sondern auch in derjenigen der *distortion* von musikalischen Klängen Aufmerksamkeit erfahren (vgl. Hodgson 2010, 106).

Mit dieser Ausdifferenzierung der Klanggestaltung ging einher, dass sich auch der Wahrnehmungsfokus der Hörerinnen und Hörer veränderte: Im Zentrum der ästhetischen Bewertung von populärer Musik steht seither der Sound und nicht die musikalische Struktur wie in der Vergangenheit. Damit ist nicht ausgeschlossen, dass bereits das Instrumentarium der Protestmusik der Reformationszeit einen charakteristischen Sound besaß, in dessen Hinsicht sich die damalige Musik von früheren und nachfolgenden Musikstilen unterschied. Der perzeptive und kognitive Fokus aufseiten der Komponisten, Ausführenden und Hörerinnen und Hörer lag dabei jedoch auf der musikalischen Struktur – Melodik, Rhythmik, Harmonik, Textur – und nicht auf dem Sound.

Es ist somit kein Zufall, dass Schwabe (2006) und Siegfried (2008) das Konzept des ›Sounds der Revolte‹ ausgerechnet mit Blick auf die Musik der 68er-Protestbewegungen entwickelten, das anschließend auch im journalistischen und wissenschaftlichen Diskurs Verbreitung erlangte (vgl. Gathmann 2014; Krieger 2016).

Sound(scape)s of Protests

Wenn die in den 1960er Jahren gespielte Rockmusik, Soul, das politische Lied und das gemeinsame Singen dieses Repertoires auf die zeitgleichen Proteste in den USA bezogen wurden und heute als Konstituenten des ›Sounds der Revolte‹ begriffen werden, dann stellt sich die Frage, ob Musik auch im Rahmen anderer Protestbewegungen den Status eines typischen Sounds erlangt hat.

Auffälligerweise bestätigen Studien von jüngeren Protesten diese Erwartung nicht. In dem kursorischen Überblick des Journalisten Philipp Wurm über die, so der Titel seines Zeitungsartikels, »Soundtracks zur Revolte« des Jahres 2011 benennt der Autor jeweils ein Stück, dass im Kontext eines Protests eine herausragende Rolle spielte. Jedes dieser Stücke ist dabei einem jeweils anderen Stil mit eigenen akustisch-auditiven Charakteristika verpflichtet. Shlomo Artzis *Eretz Hadasha*, das bei den Sommerprotesten in Tel Aviv für mehr soziale Gerechtigkeit und Verbesserungen im Ausbildungs- und Gesundheitssystem immer wieder gespielt wurde, ist schlichter Pop mit rockigen, d. h. verzerrten E-Gitarren. Lethal Bizzles *Pow*, das ein halbes Jahr zuvor den Protesten gegen die Erhöhung von Studiengebühren in London als inoffizielle Hymne diente, wird als Grime klassifiziert, ein Musikstil, der seine Wurzeln in elektronischer Musik, Rap sowie Tanzmusik (Dancehall, Hip-Hop) hat, sich zugleich von diesen Musikstilen jedoch in Hinblick auf seine politische Orientierung, seinen aggressiven Habitus und ›futuristische‹ elektronische Klänge abgrenzt. El Générals *Rais Lebled* und Ramy Essams *Irhal*, die bei den Protesten während des ›Arabischen Frühlings‹ in Tunis und Kairo gespielt wurden, gehören zum Rap und zum Genre des ›klassischen‹ politischen Lieds. Einen Sound der Revolte (im Sinne eines Pools an akustisch-auditiven Charakteristika) prägten diese Songs nicht, auch wenn sie den Soundtrack zu diesen Protestbewegungen lieferten.

Demgegenüber hat sich in den vergangenen Jahren ein kleiner Diskurs zum *sound of protest* (nicht ›Sound der Revolte‹) ausgebildet, der sich allerdings weniger auf konkrete historische Protestbewegungen als vielmehr auf das eingangs definierte erste der beiden Konzepte von Sound (als Schallereignis allgemein) bezieht. Die Wendung ›sound of protest‹ nimmt auf die Soundscapes Bezug, die Proteste in Form von Demonstrationsmärschen und Besetzungen begleiten. Auf zahlreichen Internetseiten geben Mitschnitte dieser Soundscapes einen Überblick über das Spektrum an möglichen *sounds of protest*: skandierende Sprechchöre, murmelnde Unterhaltungen, durch Megafone verstärkte, verzerrte, den Demonstranten ›einheizende‹ Stimmen, Trillerpfeifen, charivareske Lärmproduktion, Musik, Polizeisirenen und Aufforderungen der Polizei, Hohngelächter und wütende Rufe der Demonstranten (vgl. z. B. die Homepage von Tasos Fratzolas sowie die von Ian M. Rawes).

Beide Konzepte von Protestsounds – als akustisch-auditive Charakteristika von Protestmusik und als alle möglichen Schallereignisse umfassende Soundscapes von Protestaktivitäten im Allgemeinen – werden inzwischen in Musikstücken zusammengeführt, indem authentische, dokumentarische Mitschnitte von Demonstrationen als kompositorisches Material verarbeitet wurden (vgl. Rennie 2015 sowie die Homepage von Christopher DeLaurenti).

Verwandte Beiträge: Kap. 10 (Klangfarbe); Kap. 17 (Soundscape); Kap. 20 (Geschichtswissenschaft); Kap. 57 (Straße); Kap. 61 (Kassette); Kap. 75 (Nationalhymnen); Kap. 78 (Schweigen).

Literatur

Adlington, Robert: *Composing Dissent. Avant-garde Music in 1960s Amsterdam*. Oxford 2013.

DeLaurenti, Christopher: private Homepage, http://delaurenti.net/protest/ (30.1.2018).

Drott, Eric: *Music and the Elusive Revolution. Cultural Politics and Political Culture in France, 1968–1981*. Berkeley/Los Angeles/London 2011.

Dunn, Christopher: *Brutality Garden. Tropicália and the Emergence of a Brazilian Counterculture*. Chapel Hill, NC/London 2001.

Eyerman, Ron/Jamison, Andrew: *Music and Social Movements. Mobilizing Traditions in the Twentieth Century*. Cambridge 1998.

Fischer, Klaus P.: *America in White, Black, and Gray. A History of the Stormy 1960s*. New York 2006.

Fratzolas, Tasos: Soundsnap. In: http://www.soundsnap.com/tags/protest (30.1.2018).

Gathmann, Moritz: Der Sound der Revolte. In: *Rolling Stone*, Februar 2014, 72–77, http://moritzgathmann.de/wp-content/uploads/2015/03/rollingstone1.pdf (30.1.2018).

Hodgson, Jay: *Understanding Records. A Field Guide to Recording Practice*. New York 2010.

Jacobshagen, Arnold/Leniger, Markus (Hg.): *Rebellische Musik. Gesellschaftlicher Protest und kultureller Wandel um 1968*. Köln 2007.

Krieger, Andreas: In Tyrannos! [Fernsehbeitrag], *BR Fernsehen*, Capriccio [Sendeformat], 22.9.2016, 22.00 Uhr. In: http://www.br.de/br-fernsehen/sendungen/capriccio/themen-capriccio-uebersicht-342.html (30.1.2018).

Kutschke, Beate: *Neue Linke/Neue Musik. Kulturtheorien und künstlerische Avantgarde in den 1960er und 70er Jahren*. Köln/Weimar 2007.

Kutschke, Beate (Hg.): *Musikkulturen in der Revolte. Studien zu Rock, Avantgarde und Klassik im Umfeld von ›1968‹*. Stuttgart 2008.

Kutschke, Beate/Norton, Barley (Hg.): *Music and Protest in 1968*. Cambridge 2013.

Perone, James E.: *Music of the Counterculture Era*. Westport, CT/London 2004.

Rawes, Ian M.: London Sound Survey. Political: Rallies and demonstrations (2008–2014). In: http://www.sound

survey.org.uk/index.php/survey/soundacts_po1/ (30.1.2018).

Rennie, Tullis: Power struggles. The politics of composing with sounds of protest. In: *Leonardo Music Journal*, H. 25 (2015), 17–20.

Robb, David (Hg.): *Protest Song in East and West Germany since the 1960s*. Rochester, NY 2007.

Rubinoff, Kailan R.: *The Early Music Movement in the Netherlands. History, Pedagogy and Ethnography*. PhD Thesis, University of Alberta, 2006.

Ryan, Kevin/Kehew, Brian: *Recording the Beatles. The Studio Equipment and Techniques Used to Create Their Classic Albums*. Houston, TX 2006.

Schwabe, Oliver (Buch/Regie): *MY GENERATION. Der Sound der Revolte erzählt in 15 Songs*, Dokumentation, D 2006.

Siegfried, Detlef: *Sound der Revolte. Studien zur Kulturrevolution um 1968*. Weinheim 2008.

Wurm, Philipp: Protest-Pop 2011. Der Soundtrack zur Revolte. In: *Zeit online*, 10.11.2011, http://www.zeit.de/kultur/musik/2011-11/pop-musik-revolte-jugend (30.1.2018).

Zolov, Eric: *Refried Elvis. The Rise of the Mexican Counterculture*. Berkeley/Los Angeles/London 1999.

Beate Kutschke

77 Rassismus

Unter ›Rassismus‹ wird die Verwendung pseudowissenschaftlicher Annahmen aus der Biologie zur Begründung sozialer Unterschiede verstanden. Der Grundgedanke des Rassismus ist die unterschiedliche Wertigkeit verschiedener Populationen, welche als unabänderlich aufgefasst wird. Auf Rassismus basierende Konflikte finden sich in der gesamten Menschheitsgeschichte, der Ausdruck wird jedoch erst seit dem frühen 20. Jahrhundert im beschriebenen Sinne verwendet (vgl. Delacampagne 2005).

Um zu verstehen, inwiefern Sound im Themenkomplex Rassismus eine Rolle spielt, sind die Thesen des US-amerikanischen Soziologen und Bürgerrechtlers W. E. B. Du Bois hilfreich. Dieser entwickelte in seinem Buch *The Souls of Black Folk* (1903) das Bild eines Schleiers, durch den Weiße auf ihre dunkelhäutigen Mitbürger blickten. 1940 ergänzte er dieses Bild durch das der gläsernen Vakuumkammer, die als unsichtbare Mauer die ›Rassen‹ voneinander trenne. Zwar könne man einander sehen, doch die Schreie aus dem Inneren würden nicht nach außen vordringen (vgl. Du Bois 1984 [1940]). Vertreter/innen der Sound Studies wie Jennifer Lynn Stoever und Gustavus Stadler haben in jüngster Zeit die auditiven Implikationen von Du Bois' Metaphern untersucht. Sie thematisieren rassistische Tendenzen anhand historischer Soundphänomene und haben zudem eine selbstreflexive Debatte über *whiteness* in den Sound Studies angestoßen, die in Foren wie der Online-Plattform »Sounding Out!« geführt wird.

Kerngedanke des Forschungsfelds ist die Annahme, dass Sound nicht unabhängig von der historischen und sozialen Disposition des Rezipienten oder der Rezipientin gedacht werden sollte. Jeder auditive Akt habe immer auch eine Vorgeschichte, der Klang einer Polizeisirene etwa werde aufgrund einer langen Reihe rassistisch motivierter polizeilicher Übergriffe von einer dunkelhäutigen Person tendenziell als bedrohlich wahrgenommen (vgl. Stoever 2016). Stadler (2010) erinnert in diesem Zusammenhang an hörstückartige Reenactments von rassistischen Lynchmorden in der Frühzeit des Mediums Schallplatte.

Auch in der Musikgeschichte finden sich zahlreiche rassistische Tendenzen, obwohl die großen musikwissenschaftlichen Lexika keinerlei Einträge zum Begriff ›Rassismus‹ aufweisen. Dabei können rassistische Zuschreibungen durchaus unterschiedliche Formen annehmen. Neben der offenen Aggression finden sich auch romantische Verklärungen des vermeintlich Ursprünglichen oder Authentischen. So hat Brian Currid in seinem Buch *A National Acoustics* (2005) die paradoxe Sehnsucht nach exotischen Klängen beschrieben, die sich in Nazi-Deutschland etwa mit der sogenannten ›Zigeunermusik‹ verband.

Eine Zuspitzung rassistischer Tendenzen in der Musikrezeption fand im ›Dritten Reich‹ statt, als die Machthaber nicht nur die Musik bestimmter ethnischer Gruppen rassistisch verunglimpften und die eigene Überlegenheit ›deutscher Musik‹ durchzusetzen versuchten, sondern auch Komponistinnen und Komponisten der Neuen Musik aktiv bekämpften. Weite Teile der modernen Musik wurden während der Zeit des Nationalsozialismus in Deutschland sanktioniert (vgl. Potter 1998; Birdsall 2012). Neben Musikerinnen und Musikern afroamerikanischen Ursprungs waren vor allem jüdische Komponistinnen und Komponisten dauernden Schmähungen des Regimes ausgesetzt. Das antisemitische Ressentiment umfasste außer verleumderischer Herabwürdigung die Annahme einer internationalen jüdischen Verschwörung. Besonderen Niederschlag fanden rassistische und antisemitische Klischees 1938 in der Ausstellung »Entartete Musik«, die im Rahmen der Reichsmusiktage in Düsseldorf von Hans Severus Ziegler organisiert wurde. Das Ausstellungsplakat zeigt die Karikatur eines dunkelhäutigen Saxofonisten, der einen Davidstern trägt. In Anlehnung an die 1937 erstmals in München präsentierte Ausstellung »Entartete Kunst« wurden in Düsseldorf Dokumente von jüdischen Komponisten wie Arnold Schönberg, Hanns Eisler und Kurt Weill gezeigt, um sie zu diskreditieren und aus dem nationalen Konzertleben auszuschließen (vgl. du Closel 2010; Petit/Giner 2015). Der amerikanische Jazz stand pauschal als »Negermusik« in der Kritik, man unterstellte ihm »Verlotterung und Verschlampung im musikalischen Ausdruck« (zit. nach Drechsler 1988, 126). Die Ausstellung »Entartete Musik« wurde 1988 von Albrecht Dümling und Peter Girth rekonstruiert und seither in verschiedenen Ländern gezeigt. Den Ausdruck ›Negermusik‹ benutzten konservative Kräfte in Deutschland noch bis in die 1950er Jahre, um vor dem aufkommenden Rock 'n' Roll zu warnen.

Überhaupt zeigt ein Blick in die jüngere und jüngste Geschichte, dass Rassismus in Subgenres fast aller populären Stile vorkommt. Simon Friths Hinweis, dass die Produktion und Rezeption von Popmusik immer auch eine soziale Geste ist (vgl. Frith 1998), deutet die Brisanz dieser Entwicklung an: Sie besteht in der lebensweltlichen Identifikation der Akteure mit den ›Rasse‹-Elementen ›ihrer‹ Musik. Ausgehend von die-

D. Morat, H. Ziemer (Hrsg.), *Handbuch Sound*, https://doi.org/10.1007/978-3-476-05421-0_77

ser Annahme befasst sich die folgende Übersicht mit rassistischen Tendenzen in populären Musikgenres und deren Vorläufern.

Coon Songs

Mark M. Smith hat in seinem Buch *How Race is Made* (2006) die im 19. Jahrhundert in den amerikanischen Südstaaten verbreitete Annahme beschrieben, die Stimmen von Afroamerikanerinnen und Afroamerikanern besäßen bestimmte übergreifende Charakteristika, sie seien etwa besonders laut und rau. Derlei Klischees fanden auch Eingang in musikalische Genres. Im Zuge der Minstrel Shows entwickelten sich zur Mitte des 19. Jahrhunderts in Nordamerika die Coon Songs, in denen ein stereotypisiertes Bild der Afroamerikanerinnen und Afroamerikaner propagiert wurde. Diese erscheinen in den Songtexten als unzuverlässig und promisk; andererseits wird immer wieder die angebliche Sehnsucht danach beschrieben, selbst weiß zu sein (vgl. Dormon 1988). In den 1880er Jahren feierte das Genre so große Publikumserfolge, dass selbst bereits veröffentlichte Ragtime-Songs mit entsprechenden Texten neu veröffentlicht wurden. Auch bekannte Tin-Pan-Alley-Songwriter wie Irving Berlin und Gus Edwards schrieben Coon Songs, und selbst afroamerikanische Komponisten wie etwa Scott Joplin und Bob Cole bedienten den Markt (vgl. Sotiropoulos 2006). Obwohl die Coon Songs seit der Jahrhundertwende zunehmend in der Kritik standen, kamen sie bis weit in die 1920er Jahre hinein in Vaudeville Shows zum Einsatz, vorgetragen durch weiße *coon shouters* wie Mae West und Fay Templeton. Lynn Abbott und Doug Seroff haben dargestellt, dass das Vokabular der Coon Songs mit in die Entwicklung der afroamerikanischen Musik eingeflossen ist, oft in Form einer stolzen Selbstzuschreibung (vgl. Abbott/Seroff 2007), so etwa im Jazz.

White Power Country Music

Die Befreiung von zeitgenössischen Formen des Rassismus ist ein zentraler Topos im Jazz (besonders im Free Jazz) der 1960er Jahre, der sich vornehmlich in Songtiteln und in der Gestaltung von Plattenhüllen ausdrückte (vgl. Broecking 2011). Wichtige Akteure in diesem Zusammenhang sind Max Roach, Amiri Baraka sowie das Art Ensemble of Chicago. Die musikalische und musikbezogene Entwicklung dieser Jahre spielte sich vor dem Hintergrund gesellschaftlicher Emanzipation ab.

Als Reaktion auf das Civil Rights Movement formierte sich die White Power Country Music, auch Segregationist Music genannt. Anders als die satirischen Coon Songs zeigt die rassistische Country-Spielart (etwa bei Joe Norris und Leroy Leblanc) offenen Hass. Der afroamerikanischen Emanzipation wird mit obszöner Beschimpfung und der Androhung von Gewalt begegnet (vgl. Messner et al. 2008). Breitere Aufmerksamkeit erhielt das 1966 von Jay Miller gegründete Label Reb Rebel, vor allem mit der Compilation-LP *For Segrationists Only* (1971). Der bekannteste der hier vertretenen Musiker war der 2016 verstorbene Johnny Rebel (bürgerlich Clifford Joseph Trahan). Rebels Stücke wie *Who Likes a Nigger* wurden verschiedentlich von White-Power- und Nazi-Punk-Bands aufgegriffen (vgl. Dornbusch/Raabe 2002).

Nazi Punk, Rechtsrock, National Socialist Black Metal

Hakenkreuze und faschistoide Symbolik sind im frühen Punkrock (etwa bei den Sex Pistols) Teil einer nihilistischen Provokation. Deutlich davon zu unterscheiden sind Nazi Punk und die Bewegung ›Rock Against Communism‹ (RAC), welche in Großbritannien Ende der 1970er Jahre als Ableger der rechtsextremen Partei National Front entstanden. Deren kurzlebige Jugendorganisation Punk Front gab der ersten Generation rechtsextremer Punkbands ein Forum (vgl. Reynolds 2006). Mitte der 1980er Jahre wurden RAC-Konzerte häufig von Nick Griffin veranstaltet, dem späteren Vorsitzenden der British National Party. Die bekanntesten Bands der Szene waren No Remorse, Skullhead und Skrewdriver um den Sänger Ian Stuart Donaldson, der auch als Aktivist innerhalb des rechtsextremen Netzwerks Blood and Honour firmierte. Als amerikanischer Ableger etablierte sich in den 1990er Jahren mit dem Hatecore ein Stil, der Punk- und Metal-Versatzstücke verbindet. Textlich ergehen sich die britischen wie auch die amerikanischen Spielarten des White Power Rock in offen rassistischer, antisemitischer und gewaltverherrlichender Weise. Anders stellt sich die Situation im deutschsprachigen Raum dar: Während Skinhead-Bands wie Störkraft, Endstufe und Landser noch in den 1990er Jahren mit explizit nationalsozialistischen Themen antraten, verklausulieren die meisten Rechtsrock-Bands ihre Aussagen inzwischen so weit, dass sich kein Straftatbestand daraus ergibt (vgl. Krüger 2007). Mit dem ›Projekt Schulhof-CD‹ versucht die NPD seit 2004, Nachwuchs durch die Verteilung kostenloser Tonträger mit nationalistisch gefärbter Musik zu gewinnen. Eine der treibenden Kräfte bei dieser Aktion ist der Liedermacher Frank Rennicke, der traditionelles Folk-Songwriting mit deutschnationalen, ausdrücklich rassistischen Texten bis hin zur Holocaustleugnung verbindet. Rennickes gediegene Vortragsweise, die sich an Reinhard Mey und Hannes Wader orientiert, gilt als besonders anschlussfähig. Die NPD stellte Rennicke 2009 und 2010 als eigenen Kandidaten zur Bundespräsidentschaftswahl auf.

Am anderen Ende des musikalischen Ausdrucks steht mit dem National Socialist Black Metal (NSBM) ein radikales Metal-Subgenre, das sich seit den frühen 1990er Jahren in Skandinavien entwickelte. Der NSBM-Szene wird nachgesagt, politische Äußerungen im Sinne früher Punkrock-Symbolik vor allem zur Provokation einzusetzen. Dennoch haben sich einige Protagonisten über die Jahre dezidiert geäußert. Zu ihnen zählt der norwegische Musiker Varg Vikernes, der ab 1993 als verurteilter Mörder einsaß und während seiner Haftzeit das rassistische Manifest *Vargsmål* verfasste. Auch in den Texten von Bands wie Darkthrone und Graveland tauchen Kerngedanken der *white supremacy* auf. Die extreme musikalische und modische Stilistik sowie der betont antibürgerliche Lebensstil stoßen in anderen Teilen des White National Movements mehrheitlich auf Unverständnis (vgl. Dornbusch/Killguss 2005).

Hip-Hop

Hip-Hop befasst sich als genuin afroamerikanische Kunstform seit jeher mit der Erfahrung von und dem Umgang mit Rassismus; bisweilen führte dies zu der Taktik, die Argumentation schlicht umzukehren: Die ›Five-Percent Nation‹ hatte als kulturelle Bewegung, die seit den 1960er Jahren die Überlegenheit des *black man* über die Weißen propagierte, erheblichen Einfluss auf verschiedene Hip-Hop-Künstler wie Rakim und Big Daddy Kane. Auch in den Raps von Wu-Tang Clan und Busta Rhymes finden sich codierte Botschaften der ›Five-Percent Nation‹ (vgl. Knight 2007). Politische Aussagen als Teil musikalischer Darbietungen sind in den USA weitgehend durch das gesetzlich geregelte Recht auf Meinungsfreiheit geschützt, gleichwohl sahen sich Hip-Hop-Crews wie Public Enemy wiederholt dem Vorwurf ausgesetzt, in ihren *lyrics* rassistische Inhalte im Sinne der ›Nation of Islam‹ zu verbreiten (vgl. Dawson 1999).

Im deutschsprachigen Raum wird das Thema Rassismus im Hip-Hop seit den 2000er Jahren intensiv diskutiert. Acts aus dem Umfeld des Plattenlabels Aggro Berlin, wie Bushido, Sido und Fler, bauen mitunter rassistische Zeilen in ihre Raps ein. Der Rapper B-Tight, selbst Sohn eines afroamerikanischen Vaters, veröffentlichte 2007 das Album *Neger, Neger*, das seitens des Labels auf Plakaten und Stickern weiträumig beworben wurde. Obwohl der pejorative Begriff hier Teil einer Selbstzuschreibung ist, nahm der Verein ›Brothers Keepers‹ 2008 die Veröffentlichung zum Anlass für eine Petition gegen Rassismus und Sexismus im deutschen Hip-Hop. Der Erfolg dieser Aktion rief wiederum Gegenstimmen aus dem Umfeld der Berliner ›Masters of Rap‹ hervor, die sie selbst durch den allgemein derben Sprachgebrauch im Battle-Rap rechtfertigten.

Seite etwa 2010 wird eine Unterwanderung des deutschen Hip-Hop von rechter Seite befürchtet. Gruppen wie n'Socialist Soundsystem und Sprachgesang zum Untergang veröffentlichen ihre offen rassistischen und antisemitischen Tracks im Sinne einer Aneignung ehemals linker oder emanzipatorischer Kulturtechniken, wie sie von der rechtsextremen Gruppierung der sogenannten Autonomen Nationalisten betrieben wird (vgl. Verlan/Loh 2015).

Ausblick

Zur forschenden Analyse rassistischer Tendenzen in der Musik lässt sich allgemein sagen, dass sie sich jeweils auf die diskursive Situation in bestimmten Zirkeln bezieht. Gerade die Untersuchungen populärmusikalischer Subgenres sind zumeist deskriptiver Natur, dann wieder tragen sie den Charakter einer Recherche der Autorinnen und Autoren, um eigene politische Aussagen treffen zu können. Bezüge auf außermusikalische Theorien oder Denkschulen bilden die Ausnahme; eine umfassende Darstellung des Auftretens von Rassismus in der Musik liegt bislang nicht vor. Zukünftig wird zu beobachten sein, ob sich die in rechtsnationalen Kreisen seit etwa 2010 verstärkende Taktik, über ›Kultur‹ statt über ›Rasse‹ zu argumentieren, auch in der Musik niederschlägt. Der ›Ethnopluralismus‹, mit dem die Identitäre Bewegung (IB) wirbt, kommt ohne offenen Rassismus aus und stellt dafür die Homogenität einer Volksgemeinschaft in den Vordergrund. Ob etwa eine Deutschrock-Band wie Frei.

Wild in Songtexten über ihre (Südtiroler) Heimat entsprechende Ressentiments bedient, wird kontrovers diskutiert. Solche Diskussionen gilt es auch vor dem Hintergrund historischer Modelle wie dem von Stuart Hall (1989) diagnostizierten ›Rassismus ohne Rassen‹ zu führen.

Verwandte Beiträge: Kap. 5 (Körperlichkeit); Kap. 19 (Ethnologie); Kap. 44 (Diskothek); Kap. 48 (Konzentrationslager); Kap. 72 (Kolonialität); Kap. 79 (Sklaverei).

Literatur

Abbott, Lynn/Seroff, Doug: *Ragged But Right. Black Traveling Shows, Coon Songs, and the Dark Pathway to Blues and Jazz.* Jackson, MS 2007.

Birdsall, Carolyn: *Nazi Soundscapes. Sound, Technology and Urban Space in Germany, 1933–1945.* Amsterdam 2012.

Broecking, Christian: *Respekt! Die Geschichte der Fire Music.* Berlin 2011.

Currid, Brian: *A National Acoustics. Music and Mass Publicity in Weimar and Nazi Germany.* Minnesota 2005.

Dawson, Michael C.: »Dis beat disrupts«. Rap, ideology, and black political attitudes. In: Michèle Lamont (Hg.): *The Cultural Territories of Race. Black and White Boundaries.* Chicago 1999, 318–342.

Delacampagne, Christian: *Die Geschichte des Rassismus.* Düsseldorf 2005 (frz. 2000).

Dormon, James M.: Shaping the popular image of post-reconstruction American Blacks. The ›Coon Song‹ phenomenon of the gilded age. In: *American Quarterly* 40/4 (1988), 450–471.

Dornbusch, Christian/Killguss, Hans-Peter: *Unheilige Allianzen. Black Metal zwischen Satanismus, Heidentum und Neonazismus.* Münster 2005.

Dornbusch, Christian/Raabe, Jan (Hg.): *RechtsRock – Bestandsaufnahme und Gegenstrategien.* Hamburg/Münster 2002.

Drechsler, Nanny: *Die Funktion der Musik im deutschen Rundfunk 1933–1945.* Pfaffenweiler 1988.

Du Bois, W. E. B.: *Dusk of Dawn* [1940]. New York 1984.

Du Bois, W. E. B.: *The Souls of Black Folk* [1903]. New York 1989.

du Closel, Amaury: *Erstickte Stimmen. »Entartete Musik« im Dritten Reich.* Wien/Köln 2010 (frz. 2005).

Frith, Simon: *Performing Rites. On the Value of Popular Music.* Cambridge, MA 1998.

Hall, Stuart: Rassismus als ideologischer Diskurs. In: *Das Argument* 31, Nr. 178 (1989), 913–921.

Knight, Michael Muhammad: *The Five Percenters. Islam, Hip Hop, and the Gods of New York.* Oxford 2007.

Krüger, Constanze: *Rechte Bands. Geschichte, Gegenstrategien, Wirkung.* Saarbrücken 2007.

Lamont, Michèle (Hg.): *The Cultural Territories of Race. Black and White Boundaries.* Chicago 1999.

Messner, Beth A./Becker, Paul J./Jipson, Art/Byers, Bryan: The hardest hate. A sociological analysis of country hate music. In: *Popular Music and Society* 30/4 (2007), 513–531.

Petit, Elise/Giner, Bruno: *Entartete Musik. Musiques interdites sous le IIIe Reich.* Paris 2015.

Potter, Pamela M.: *Most German of the Arts. Musicology and Society from the Weimar Republic to the End of Hitler's Reich.* New Haven, CT 1998.

Reynolds, Simon: *Rip It Up and Start Again. Postpunk 1978–1984.* London 2006.

Sotiropoulos, Karen: *Staging Race. Black Performers in Turn of the Century America.* Cambridge, MA 2006.

Smith, Mark M.: *How Race is Made. Slavery, Segregation, and the Senses.* Chapel Hill, NC 2006.

Sounding Out! In: http://www.soundstudiesblog.com, 2009 ff. (30.1.2018).

Stadler, Gustavus: Never heard such a thing. Lynching and phonographic modernity. In: *Social Text* 28/1, Nr. 102 (Frühjahr 2010), 87–105.

Stoever, Jennifer Lynn: *The Sonic Color Line. Race and the Cultural Politics of Listening.* New York 2016.

Verlan, Sascha/Loh, Hannes: *35 Jahre HipHop in Deutschland.* Höfen 2015.

Andi Schoon

78 Schweigen

Anders als etwa das Englische und Französische erleichtert es die deutsche Sprache, Schweigen terminologisch vom verwandten Phänomen der Stille abzugrenzen. Allgemein zeichnet sich Ersteres durch seine Einbettung in kommunikative Zusammenhänge aus. Zum Schweigen gehört stets eine schweigende Person oder Gruppe, aber auch ein wahrnehmendes und deutendes Publikum. Selbst wenn metaphorisch beispielsweise vom ›Schweigen der Natur‹ oder vom ›Schweigen des Todes‹ gesprochen wird, bleiben solche Beschreibungen auf ein personifiziertes Subjekt bezogen. Genauso ist es fraglich, ob bei jemandem, der ganz allein ist, noch im eigentlichen Sinn von Schweigen die Rede sein kann, wenn nicht doch ein Gegenüber mitgedacht wird. Auch wer seine Sprachfähigkeit verliert, kann nur noch in übertragenem Sinne schweigen.

Wenn Schweigen also kommunikativ vom Fehlen einer (wie auch immer gearteten) Mitteilung her verstanden wird, erweist sich seine Verwandtschaft zur Stille als komplizierter, als es auf den ersten Blick erscheinen mag. Es gibt viele Formen der Stille, die kein Schweigen sind, während umgekehrt nicht jedes Schweigen eine akustische Lücke implizieren muss. Manchmal kann sogar eine Fülle von kommunikativen Signalen *als* Schweigen wahrgenommen werden, wenn eine bestimmte Mitteilung oder ein Thema ausbleibt oder ein bestimmter Adressat nicht angesprochen wird. Insofern ist das absolute Schweigen, in dem gar keine Mitteilung stattfindet, vom fokussierten Schweigen *gegenüber* irgendwem oder *über* etwas sowie vom Verschweigen *von* etwas zu unterscheiden.

In all diesen Fällen gilt, dass sich die vielfältigen Funktionen des Schweigens stets erst in der Interaktion *zwischen* verschiedenen Akteuren einstellen. Die Intention zu schweigen allein reicht dazu nicht aus. Erst wenn das jeweilige Verhalten als solches erkannt wird, stellt sich Schweigen in dem Sinne ein, dass sich die Anschlusskommunikation darauf beziehen kann. Genauso kann Nicht-Kommunizieren, das gar nicht als Schweigen ›gemeint‹ war, durchaus als solches aufgefasst werden. Denn in menschlichen Beziehungen gilt nun einmal, wie es Paul Watzlawick in einer berühmten Formel festgehalten hat, dass »man nicht *nicht* kommunizieren kann« (Watzlawick/Bavelas/Jackson 1967, 48–50; Übers. Th. J.).

In Bezug auf die linguistische *markedness theory* kann ein Schweigen, das im habituellen Kommunikationsfluss aufgeht, von einem, das als Bruch mit diesem Aufmerksamkeit nach sich zieht, unterschieden werden (vgl. Sobkowiak 1997). Zu jeder Kommunikation gehört Schweigen im Sinne von Pausen und Redewechseln (*turn-taking*). In manchen Konstellationen wird es entweder von allen Anwesenden (bei einem Begräbnis) oder von bestimmten Gruppen (den Zuhörern bei einem Konzert) habituell erwartet und daher im Alltag nicht eigens thematisiert. So gesehen kann Schweigen also konventionalisiert, gelegentlich sogar institutionalisiert sein. In anderen Fällen jedoch – wenn das Schweigen an einer Stelle auftritt, an der üblicherweise eine Mitteilung erwartet wurde – kann es selbst Mitteilungscharakter annehmen und ›beredt‹ wirken. In solchen Situationen des Erwartungsbruchs tritt die im Alltag unhinterfragte Normalverteilung von Schweigen und Mitteilung, welche den jeweiligen Kommunikationsraum strukturiert, an die Oberfläche. Mitunter werden solche Ereignisse auch zu Katalysatoren ihrer Neuaushandlung.

Schweigen und Politik

Die spezifische Bedeutung des Schweigens im politischen Raum ergibt sich aus seinem inhärenten Bezug auf die Grenzen dessen, was im jeweiligen Kommunikationskontext für möglich erachtet und als legitim erwartet wird. Die situative Verteilung von Reden und Schweigen ist eng an soziale Identitäten und Hierarchien geknüpft, wobei jedoch das Schweigen je nach Kontext sowohl an die über- wie an die untergeordnete Rolle geknüpft sein kann. Einerseits ist vornehme Zurückhaltung nicht nur ein Mittel, sondern oft auch ein Symbol der Macht. Andererseits kann sich im Schweigen gerade auch der Respekt des Untergebenen oder die Ohnmacht des Ausgeschlossenen ausdrücken. Auch soziale und politische Gruppenzugehörigkeiten werden nicht selten über Schweigeverhalten signalisiert und reproduziert – sei es, dass in der *ingroup* ein stilles Einverständnis herrscht, sei es, dass durch gezielte Kommunikationsverweigerungen oder -abbrüche nach außen Nicht-Zugehörigkeit oder Ablehnung zum Ausdruck gebracht wird.

Die hierarchischen Beziehungen einer Gesellschaft und die Verteilung von Autorität und Entscheidungsgewalt drücken sich somit in einem subtilen und jeweils situativ spezifischen Wechselspiel von Formen, Räumen und Momenten des Redens und Schweigens aus. Da solche kommunikativen Strukturen jedoch nur Bestand haben, sofern sie von den beteiligten Akteuren immer wieder neu aktualisiert werden, sind sie nie ein-

D. Morat, H. Ziemer (Hrsg.), *Handbuch Sound*, https://doi.org/10.1007/978-3-476-05421-0_78

fach gegeben, sondern stehen prinzipiell in jedem Moment zur Disposition. Das trotzige Schweigen, wo ein Wortbeitrag erwartet wurde, kann also ebenso wie das Brechen eines habituellen Schweigens ein Mittel sein, die herrschenden Verhältnisse infrage zu stellen.

Über solche kurz- und mittelfristigen Aushandlungsprozesse hinaus hängt die Stellung des Schweigens im politischen Raum mit langfristigen Verschiebungen in der Auffassung dessen zusammen, was Politik ausmacht. Noch in der Frühen Neuzeit wurde Herrschaft wesentlich mit Schweigen verknüpft. Die *ars tacendi* wurde im Sinne der machiavellistischen Fürstenlehre als kluge Herrschaftstechnik gelobt. Gleichzeitig galt das Schweigen der Autorität als Zeichen für Machtfülle: Wer das Sagen hat, muss nicht Rede und Antwort stehen. Seitdem haben solche Topoi jedoch stark an Geltung eingebüßt. Schon während der Französischen Revolution wurde der Gegensatz zwischen dem *Ancien* und dem *Nouveau Régime* am Kontrast zwischen ihren jeweiligen kommunikativen Formen festgemacht. »Um den Thronen herum herrscht Schweigen«, meinte der Jakobiner Louis-Antoine Saint-Just 1794, »nur bei freien Völkern hat man das Recht geduldet, seinesgleichen zu überzeugen« (Saint-Just 1834, 354; Übers. Th.J.). In der Folge setzte sich dieser Diskurs, der Politik in erster Linie mit Reden und Debatten verknüpfte, verstärkt durch. Unter diesem Gesichtspunkt erschien die politische Geschichte des 19. und 20. Jahrhunderts schon Zeitgenossen als doppelter Kampf *gegen* das Schweigen: gegen das auferlegte Schweigen der Machtlosen im Namen ihrer Mündigkeit einerseits sowie gegen das hoheitsvolle Arkanum im Namen politischer Transparenz und Rechenschaft andererseits. Auch die Tatsache, dass autokratische und diktatorische Systeme bis heute gegen alle empirische Evidenz als ›Regime des Schweigens‹ betrachtet werden, gehört zu dieser diskursiven Struktur, die von einem emphatischen Begriff des politischen Wortes auf eine negative Wertung des Schweigens schließt (vgl. Bauer 1988, 27–34).

Doch auch wenn seine Legitimität im politischen Raum langfristig unter Druck stand, blieb das Schweigen stets Bestandteil der Praxis politischer Kommunikation. Sein Wert als taktische und symbolische Machtressource stand somit zunehmend in einem Spannungsverhältnis zu den normativen Erwartungen, die an das Verhalten politischer Akteure gestellt wurden. Schon Staatsmänner wie Benjamin Disraeli oder Napoleon III. wurden von Zeitgenossen scharf dafür kritisiert, sich als ›politische Sphinx‹ zu gebärden und dadurch ihre Rechenschaftspflicht zu verletzen. Während Parlamentsabgeordnete in ganz Europa bis Mitte des 19. Jahrhunderts den Verhandlungen in großer Mehrheit nur als *silent members* beiwohnten, wuchs der Rededruck auf sie in der Folge beständig. Die konstante und intensive Pressebeobachtung im massenmedialen Kontext, gekoppelt mit dem Wunsch der Wähler, ihre Interessen möglichst lautstark vertreten zu sehen, ließen den schweigenden Politiker zunehmend als Oxymoron erscheinen.

Nicht weniger kontrovers war und ist die Deutung des schweigenden Volkes. Insofern bei Begegnungen zwischen politischen Würdenträgern und der Volksmasse Applaus und andere akustischen Beifallszeichen erwartet werden, kann ihre punktuelle Verweigerung ein deutliches Zeichen setzen. Auch die Wirkung politischer Reden wird in starkem Maße durch das Verhalten des anwesenden Publikums bedingt. Das gilt für seine Zwischenrufe und nonverbalen Signale, aber auch für das Schweigen während oder nach der Rede, das ehrfurchtsvoll oder bewegt, aber auch bestürzt oder mürrisch wirken kann. Über solche konkreten akustischen Konstellationen hinaus wurde seit dem 19. Jahrhundert das Schweigen des Volkes in erweitertem Sinne mit seiner Nicht-Partizipation am politischen Prozess in Beziehung gesetzt.

Mit der Ausbreitung der Rechte und Chancen auf politische Mitsprache erhielt auch die Frage nach der Bedeutung ihrer Unterlassung neue Konturen. Erst mit dem Erhalt seiner ›Stimme‹ wurde das nicht-redende Volk im eigentlichen Sinn zum schweigenden. Vor allem wurde es zur Projektionsfläche für widersprüchliche politische Deutungen. Drückte sich in seiner Zurückhaltung eine stillschweigende Zustimmung zu den bestehenden Verhältnissen aus (*qui tacet ...*)? Oder handelte es sich um die bedrohliche Stille vor dem Sturm? Nicht erst seit Richard Nixon berufen sich Politiker darauf, die Stimme einer schweigenden Mehrheit zu sein, welche sie gegen eine lautstarke Minderheit in Schutz zu nehmen versprechen.

Forschungsfelder und -themen

Wie das Phänomen selbst, zeichnet sich auch die Forschung zu diesem Thema durch eine große Vielfalt aus. Einen Überblick über die englischsprachigen Debatten hat Kris Acheson (2008) vorgelegt, sodass die Literaturhinweise an dieser Stelle auf die Forschung in anderen Sprachen und einige neuere Publikationen fokussiert werden können. Speziell seit den 1990er Jahren ist eine beträchtliche Zahl von Studien aus verschiedenen Fachrichtungen entstanden, ohne dass sich dabei jedoch ein begrifflicher oder theoretischer Konsens herausgebildet hätte. Auch von einer interdisziplinären Debatte kann nur im weitesten Sinn die Rede sein. Obwohl diese immer wieder angeregt wird, bleibt die Praxis der entsprechenden Konferenzen und Sammelbände zumeist auf ein additives Nebeneinander verschiedener Einzelstudien und Perspektiven beschränkt (vgl. z. B. Schmitz 1990; Eggert/Golec 1999). Versuche einzelner Forscherinnen und Forscher, einen Überblick über die komplette Forschungslandschaft zu geben, zahlen für die enorme zu bewältigende Spannbreite ihrer Ambitionen einen hohen Preis (vgl. z. B. Meise 1996; Ulsamer 2002; Kenny 2011; Khatchadourian 2015).

Bezüglich der politischen Dimension des Schweigens sind zwei Forschungsrichtungen zu unterscheiden. Angeregt von insbesondere den Gender Studies und den Subaltern Studies haben verschiedene Studien ihre Aufmerksamkeit dem Schweigen als »currency of power« (Jaworski 1993, 93–139; Achino-Loeb 2006) gewidmet. Ausgehend von einer Metaphorik der Stimme und der Mitsprache wird das Schweigen in diesem Kontext als das Fehlen soziopolitischer Partizipationschancen aufgefasst. Genealogisch werden Prozesse der Tabuisierung, der Zensur und des erzwungenen Verstummens nachgezeichnet, welche die Stimmlosigkeit marginalisierter Gruppen bedingen. Wie es Gayatri Chakravorty Spivak ausgedrückt hat, ist »measuring silences« aus diesem Blickwinkel der erste Schritt auf dem Weg des kritischen Projekts »to give the subaltern a voice in history« (Spivak 1988, 283, 286 f. und 296).

Während solche Überlegungen manchmal recht abstrakt bleiben, haben sie doch eine Reihe von empirischen Studien angeregt, etwa über das Schweigeverhalten verschiedener Gruppen im Klassenzimmer oder in politischen Institutionen. Auch das breite Spektrum der Tabuforschung sowie die Auseinandersetzung mit gesellschaftlichen Prozessen des Vergessens und Verdrängens können zu diesem Forschungsfeld gerechnet werden. Gemeinsame Basis solcher Studien bleibt dabei, dass sie das Schweigen fast ausschließlich negativ als Absenz, Zeichen der Ohnmacht und Resultat der Repression auffassen.

Auch in der Politikwissenschaft war dies lange Zeit die dominante Perspektive. Insbesondere in der Demokratietheorie wurde die Tatsache, dass auch in freien, demokratischen Systemen viele Bürger de facto nicht am politischen Deliberationsprozess partizipieren, als grundsätzliches Problem wahrgenommen. Seit der Jahrtausendwende wird jedoch zunehmend Kritik an die Einseitigkeit dieser Perspektive laut (vgl. Ferguson 2003; Barbet/Honoré 2013). Die politische Bedeutung des Schweigens lässt sich nicht auf Unmündigkeit – sei es aus Gründen der Unterdrückung oder der Politikverdrossenheit – reduzieren. Überhaupt handelt es sich nicht nur um einen passiven Zustand. Vielmehr stellt Schweigen in vielen Fällen eine aktive, eigenwillige und zuweilen widerständige politische Praxis dar.

Zwei Aspekte sind in diesem Zusammenhang besonders hervorgehoben worden. Zum einen werden strategische Momente oder Phasen des Schweigens als integraler Teil des Sprachgebrauchs politischer Akteure aufgefasst. Die *rhetoric of silence* kann dabei verschiedene Funktionen erfüllen (vgl. Brummett 1980; Glenn 2004). Sie kann dazu dienen, sich taktische Optionen offenzuhalten, abzulenken oder im Gegenteil Aufmerksamkeit zu erzeugen. Sie kann Ablehnung, aber auch Offenheit für verschiedene Verhandlungsangebote signalisieren. Zum anderen wird auch das Schweigen des Volkes im Sinne seiner Nicht-Partizipation an politischen Kommunikations- und Entscheidungsprozessen inzwischen differenzierter betrachtet. Neben der Möglichkeit der Exklusion darf hier auch die eines willentlichen Ausstiegs nicht übersehen werden. Wer das Wort hat, es aber entgegen den herrschenden Erwartungen nicht ergreift, kann dadurch zu erkennen geben, dass er oder sie die im gegebenen Kontext geltenden Spielregeln nicht länger akzeptiert. Ein solches Schweigen bezieht sich auf die Regeln herrschender Kommunikationsregime und die damit verknüpfte Verteilung von Autorität und Entscheidungsgewalt. Auch in diesem Kontext werden Partizipationsverweigerungen und -unterlassungen also verstärkt als differenzierte strategische und symbolische Praktiken aufgefasst (vgl. Jungkunz 2012; Hatzisavvidou 2015). Auf dieser Basis skizziert etwa ein neueres Themenheft der Zeitschrift *Citizenship Studies* (Gest/Gray 2015) eine Skala an verschiedenen Motivationsgrundlagen der *silent citizenship*, die von der situativen Entscheidung, durch punktuelles Schweigen Ablehnung zum Ausdruck zu bringen, über Passivität und Indifferenz bis hin zur grundsätzlichen Absage an das gesamte politische System reicht.

Die typologische Vielfalt der semantischen und pragmatischen Dimensionen des Schweigens sind insbesondere in der Linguistik systematisch erörtert worden (z. B. Ephratt 2008). Auch die Zahl der empirischen Studien über das Schweigeverhalten verschiedener Gruppen steigt beständig an. Anschlussfähig für die historische Forschung sind dabei nicht zuletzt ethnolinguistische Studien. Ausgehend von richtungsweisenden Arbeiten über das Kommunikationsverhalten von sprichwörtlich ›schweigsamen‹ Kulturen wie die der Apachen, Japaner oder Finnen ist eine breite Literatur über die Unterschiede im Umgang mit und in der Verwendung von Schweigen in verschiedenen Kulturkreisen entstanden (vgl. z. B. Braithwaite 1990).

Im Gegensatz zu solchen synchron vergleichenden Studien fällt die Auseinandersetzung mit der historischen Dimension des Schweigens bislang verhältnismäßig mager aus. Die Anregung Peter Burkes, die Geschichte des Schweigens als »complementary opposite of the social history of language« (Burke 1993, 123) ernst zu nehmen, ist ohne große Resonanz verhallt. In den wenigen Studien, die einen längeren, epochenübergreifenden Zeitraum in den Blick nehmen, liegt der Fokus schon aus praktischen Gründen fast ausschließlich auf dem normativen Metadiskurs *über* das Schweigen. Anhand des Umgangs mit dieser Thematik in philosophischen, theologischen und anderen Zusammenhängen werden die Kommunikationsideale verschiedener Gesellschaften nachgezeichnet (vgl. z. B. Geitner 1992). Besonders intensiv hat sich die Literaturwissenschaft mit dem Schweigen als Thema, aber auch als formalem Element literarischer Texte auseinandergesetzt (vgl. z. B. Hanus/Nazarova 2013; Assmann/Assmann 2013). Aus einer noch breiteren Perspektive hat Alain Corbin (2016) die kulturelle Einbettung des Schweigens (und der Stille) von der Renaissance bis in die Gegenwart in den Blick genommen.

In solchen Studien rückt der kulturelle Horizont, in dem das Schweigen jeweils eingebettet ist und aus dem es seine Bedeutung erhält, in den Vordergrund. Die Konsequenzen solcher Deutungsmuster für die sprachliche Praxis des Schweigens und die von ihr ausgelösten gesellschaftlichen Reaktionen in spezifischen historischen Konstellationen sind bislang jedoch deutlich seltener thematisiert worden. Und doch beweisen vereinzelte Studien das Potenzial, das eine solche integrierte Analyse bereithält.

Armin Owzar (2006) hat am Beispiel Hamburgs um 1900 skizziert, wie politische Differenzen durch gezieltes, präventives Schweigen im Alltag zwischen weitgehend voneinander getrennten sozialmoralischen Milieus zunächst sedimentiert und langfristig radikalisiert wurden. Sind solche Prozesse spezifisch für sogenannte fundamentalpolitisierte Gesellschaften wie die des späten Kaiserreichs? Oder treten sie auch in anderen Konstellationen auf? Melani Schröter (2013) hat öffentliche Debatten über das Schweigen politischer Akteure in der Bundesrepublik analysiert. Am Beispiel von verschiedenen politischen Skandalen und dem auffällig zurückhaltenden Kommunikationsstil Angela Merkels zeigt sie, wie im Metadiskurs über das Schweigen die Erwartungen an das kommunikative Verhalten von Politikerinnen und Politikern verhandelt werden. Ist der hohe Wert, der Offenheit und Transparenz in diesen Kontexten zugemessen wird, ein Spezifikum liberaler Demokratien? Oder sind die herrschenden Redezwänge vor allem durch die moderne Medienlandschaft bedingt, in der sich politische Akteure bewegen?

Indem solche Studien die komplexen Wechselwirkungen zwischen der sprachlichen Praxis des Schweigens und seiner kulturellen Deutung hervorheben, verweisen sie auf ein noch weitgehend brachliegendes Forschungsfeld. Gleichzeitig zeigen sie exemplarisch, wie die Auseinandersetzung mit dem »forte absence« (Meise 1996) des Schweigens neues Licht auf eine Vielzahl von Fragestellungen der Politikgeschichte zu werfen vermag.

Verwandte Beiträge: Kap. 29 (Theaterwissenschaft); Kap. 31 (Applaus); Kap. 38 (Stille); Kap. 39 (Stimme); Kap. 53 (Museum); Kap. 71 (Herrschaftsrepräsentation); Kap. 76 (Protest).

Literatur

Acheson, Kris: Silence in dispute. In: *Communication Yearbook* 31 (2008), 1–58.

Achino-Loeb, Maria-Luisa (Hg.): *Silence. The Currency of Power*. New York/Oxford 2006.

Assmann, Aleida/Assmann, Jan (Hg.): *Schweigen. Archäologie der literarischen Kommunikation XI*. München 2013.

Barbet, Denis/Honoré, Jean-Paul (Hg.): *Le Silence en politique* (= *Mots. Les langages du politique*, H. 103). Paris 2013.

Bauer, Gerhard: *Sprache und Sprachlosigkeit im »Dritten Reich«*. Köln 1988.

Braithwaite, Charles A.: Communicative silence. A cross-cultural study of Basso's hypothesis. In: Donal Carbaugh (Hg.): *Cultural Communication and Intercultural Contact*. Hillsdale, NJ 1990, 321–327.

Brummett, Barry: Towards a theory of silence as a political strategy. In: *Quarterly Journal of Speech* 66/3 (1980), 289–303.

Burke, Peter: Notes for a social history of silence in early modern Europe. In: Ders. (Hg.): *The Art of Conversation*. Cambridge 1993, 123–141.

Corbin, Alain: *Histoire du silence. De la Renaissance à nos jours*. Paris 2016.

Eggert, Hartmut/Golec, Janusz (Hg.): »*... wortlos der Sprache mächtig«. Schweigen und Sprechen in Literatur und sprachlicher Kommunikation*. Stuttgart 1999.

Ephratt, Michal: The functions of silence. In: *Journal of Pragmatics* 40/11 (2008), 1909–1938.
Ferguson, Kennan: Silence. A politics. In: *Contemporary Political Theory* 2/1 (2003), 49–65.
Geitner, Ursula: *Die Sprache der Verstellung. Studien zum rhetorischen und anthropologischen Wissen im 17. und 18. Jahrhundert.* Tübingen 1992.
Gest, Justin/Gray, Sean W. D. (Hg.): *Silent Citizenship. The Politics of Marginality in Unequal Democracies* (= *Citizenship Studies* 19/5). London 2015.
Glenn, Cheryl: *Unspoken. A Rhetoric of Silence.* Carbondale, IL 2004.
Hanus, Françoise/Nazarova, Nina (Hg.): *Le Silence en littérature. De Mauriac à Houellebecq.* Paris 2013.
Hatzisavvidou, Sophia: Disturbing binaries in political thought. Silence as political activism. In: *Social Movement Studies* 14/5 (2015), 509–522.
Jaworski, Adam: *The Power of Silence. Social and Pragmatic Perspectives.* Newbury Park, CA/London/New Delhi 1993.
Jungkunz, Vincent: The promise of democratic silences. In: *New Political Science* 34/2 (2012), 127–150.
Kenny, Colum: *The Power of Silence. Silent Communication in Daily Life.* London 2011.
Khatchadourian, Haig: *How to Do Things with Silence.* Boston, MA 2015.
Meise, Katrin: *Une forte absence. Schweigen in alltagsweltlicher und literarischer Kommunikation.* Tübingen 1996.
Owzar, Armin: *»Reden ist Silber, Schweigen ist Gold«. Konfliktmanagement im Alltag des wilhelminischen Obrigkeitsstaates.* Konstanz 2006.
Saint-Just, Louis-Antoine-Léon: Discours pour la défense de Robespierre. Séance du 9 thermidor an II (27 juillet 1794). In: Ders.: *Œuvres.* Paris 1834, 338–358.
Schmitz, Ulrich (Hg.): *Schweigen.* Oldenburg 1990.
Schröter, Melani: *Silence and Concealment in Political Discourse.* Amsterdam/Philadelphia 2013.
Sobkowiak, Włodzimierz: Silence and markedness theory. In: Adam Jaworski (Hg.): *Silence. Interdisciplinary Perspectives.* Berlin 1997, 39–61.
Spivak, Gayatri Chakravorty: Can the subaltern speak? In: Cary Nelson/Lawrence Grossberg (Hg.): *Marxism and the Interpretation of Culture.* Basingstoke 1988, 271–313.
Ulsamer, Fleur: *Linguistik des Schweigens. Eine Kulturgeschichte des kommunikativen Schweigens.* Frankfurt a. M. u. a. 2002.
Watzlawick, Paul/Bavelas, Janet Beavin/Jackson, Don D.: *Pragmatics of Human Communication. A Study of Interactional Patterns, Pathologies, and Paradoxes.* New York 1967.

Theo Jung

79 Sklaverei

Seit Ende der 1990er Jahre hinterfragt eine wachsende Zahl von Wissenschaftler/innen ein okularzentrisches Narrativ der nordamerikanischern Sklaverei und erforscht die gehörten Welten von Herr/innen und Sklav/innen. Während Knechtschaft und Sklaverei in der Weltgeschichte fast allgegenwärtig sind, wurde und wird die Institution der Sklaverei über die Zeit und in unterschiedlichen historischen Kontexten immer wieder neu konstruiert, was Verallgemeinerungen schwierig macht. Neuere Forschungen zur auralen Geschichte der amerikanischen Sklaverei können auch für Wissenschaftler/innen hilfreich sein, die andere Sklavereigesellschaften erforschen, denn sie zeigen, wie die Ausübung von Klassenmacht und der Widerstand dagegen von Sound geprägt wurde – dasselbe gilt für die Konstruktion von Identitäten und Stereotypen.

Soundscapes der Sklaverei in Nordamerika

Nordamerikanische Sklavenhalter/innen erwarteten, dass ihr Soundscape eine hierarchische, stabile gesellschaftliche Ordnung kennzeichnete, eine aurale Umgebung, die ihre Interessen abbildete und ihre Identität als Klasse bestätigte und rechtfertigte. Die meisten Sklav/innen lehnten die aurale Hegemonie der Herrenklasse dagegen ab. Statt die Annahmen und Beschränkungen der herrschenden Klasse zu akzeptieren, bekämpften Sklavinnen und Sklaven die Macht der Weißen durch Sounds, die von weißen Hörer/innen entweder nicht gehört oder nicht verstanden wurden. Die Soundwege von Sklav/innen und Sklavenhalter/innen prägten die Konstruktion von Identitäten und Begriffen des bzw. der ›Anderen‹. Statt stabile, gleichförmige Bedeutungen zu kommunizieren, waren Sounds polysemisch, ihre Bedeutungen waren umkämpft, und die Macht des menschengemachten Sounds wurde von dessen Produzent/innen und Konsument/innen oft in konkurrierenden Arten und Weisen bestimmt.

Richard Cullen Rath zufolge waren alle Einwohner/innen des frühen englisch-kolonialen Nordamerikas auf ihre Soundscapes eingestellt und erklärten sich die Welt durch das, was sie hörten. Im 17. Jahrhundert sprachen Europäer/innen wie auch Afrikaner/innen und amerikanische Ureinwohner/innen der auralen Welt Macht zu und glaubten, Sounds seien die Handlungen einer lebendigen Macht und nicht die Reaktionen eines mechanistischen Universums (vgl. Rath 2003, 41 f.). Als man die ersten Sklav/innen in die englischen Kolonien verschleppt hatte, versuchten Sklavenhalter/innen, den Zusammenhalt unter ihnen zu stören, indem sie Menschen aus unterschiedlichen ethnischen Gruppen kauften. Zugleich setzten, wie Rath feststellt, die Sklav/innen ihrer ethnischen Vielfalt zum Trotz ganz bewusst Sound ein, um sich selbst kulturelle Identitäten zu schaffen (ebd., 71). Die erste Generation Sklav/innen schuf für ihre Kommunikation ein Pidgin-Englisch wie auch eine umfassendere Pidgin-Kultur, die sich in späteren Generationen zu einer kreolischen Kultur entwickelte (vgl. ebd., 71 f.).

Rath ist überzeugt, dass die Angloamerikaner/innen im 17. Jahrhundert die Bedeutung des Sounds betonten, um ihre Welten zu ordnen. So ging es den protestantische Kolonialist/innen zuvorderst darum, Sound im Rahmen der hierarchischen Organisation ihrer Kirchen und der Herstellung kirchlicher Autorität zu nutzen: Diese musste klar zu hören und nicht unbedingt zu sehen sein (vgl. ebd., 97–119). So saßen etwa in Jamestown Sklav/innen in der Kirche hinten und nahmen aufgrund der architektonisch bedingten Akustik des Gebäudes weniger direkten Sound und mehr Nachhall wahr. Dies könnte als Ausdruck der Annahme der Eliten verstanden werden, dass die unteren Klassen eher mit der Macht der Klänge als mit gesprochenen Worten zu beeindrucken seien (vgl. ebd., 104 f.). Im 18. Jahrhundert allerdings distanzierten sich die Angloamerikaner/innen von der Idee einer magischen Soundscape; dieses säkularisiertere Verständnis von Sound begleitete ihren *visual turn*, die Wende zum Sehen, eine Veränderung, die mit der Moderne assoziiert wird.

Während Marshall McLuhan meint, die Druckerpresse und die steigende Alphabetisierungsrate seien für den *visual turn* in der westlichen Gesellschaft verantwortlich, geht Rath davon aus, dass dieser erst später mit dem Aufkommen der Massenpresse auftrat, die es des Lesens mächtigen kolonialen Amerikaner/innen ermöglichte, die Welt als einen lesbaren Text zu betrachten (vgl. ebd., 176–180). Der *visual turn* der Angloamerikaner/innen im 18. Jahrhundert führte zu einer Entzauberung ihrer Soundscape und ging Hand in Hand mit einer neuen Rechtfertigung der Versklavung von Afrikaner/innen: In den Augen der Sklavenhalter/innen wies der Glaube von Sklav/innen an eine verzauberte Soundscape diese als abergläubisch und primitiv aus; sie bedurften weißer Herr/innen, die ihnen nach und nach die Zivilisation nahebringen konnten (vgl. ebd., 41 f.). Die Sklav/innen ihrerseits erkannten im Sound ein machtvolles Instrument, um Widerstand zu leisten. Obwohl sie der Sklaverei nicht

D. Morat, H. Ziemer (Hrsg.), *Handbuch Sound*, https://doi.org/10.1007/978-3-476-05421-0_79

entfliehen konnten, war es ihnen möglich, sich durch Instrumentalmusik einen relativ freien kulturellen Raum zu schaffen, da diese ihnen als ein Kommunikationsmittel diente, das von den Sklavenhalter/innen weder ganz zu verstehen noch zu kontrollieren war (vgl. ebd., 77).

Historiker/innen weisen seit Kurzem auf die Bedeutung der Musik für die Übermittlung kriegerischer Werte in den Sklavengesellschaften der Neuen Welt hin. Zwar war Sklavenhalter/innen des 18. Jahrhunderts in South Carolina etwa durchaus bewusst, dass die Sklav/innen mit ihrer Musik Rebellion ankündigten. Wie Rath zeigt, verstanden sie indes nie ganz genau, wie die Sklaven über die Instrumentalmusik kommunizierten. Nachdem Kolonialisten 1739 den Stono-Aufstand blutig niedergeschlagen hatten, verbot die koloniale Versammlung den Sklaven rasch, Trommeln und andere laute Instrumente zu benutzen, weil diese von den Rebellen eingesetzt worden waren. Weiße Kolonialist/innen befürchteten, dass laute Sklavenmusik – wie auch die Sklavenalphabetisierung – die Kolonie bedrohen könnte, weil sie den Sklav/innen eine Art Massenkommunikation ermöglichte.

Nachdem den Sklaven Trommeln verboten waren, erschienen schließlich Fiedler als Unruhestifter. Fiedeln waren nicht untersagt, weil den Weißen nicht klar war, dass es auch zur Tradition der afrikanischen Soundwege gehörte, Botschaften durch rhythmisches Spielen leiserer Instrumente zu kommunizieren – selbst mit einem so europäischen Instrument wie der Fiedel. Indem sie sich auf afrikanische Soundwege stützten und eine aurale Sprache verwendeten, die sich Weißen nicht ganz erschloss, konnten sie sich sogar in Hörweite zu ihren Herr/innen einen autonomen Kulturraum schaffen (vgl. ebd., 79–94).

Auraler Sektionalismus

Ähnlich wie Rath argumentiert auch Peter Charles Hoffer für die Wiederentdeckung der sinnlichen Geschichte des kolonialen Amerikas. Hoffer zufolge war die Soundscape ein umkämpftes Gebiet, das dazu beitrug, Macht zu behaupten. Während Sklav/innen transgressive Sounds einsetzten, um Widerstand gegen ihre Unterdrückung zu leisten, setzten Sklavenhalter/innen regulierten Sound für die Kontrolle von Sklav/innen und die Aufrechterhaltung der Ordnung ein. Das Ausmaß der Sklaverei in Amerika unterstrich die Rolle der Sinne beim Erhalt der Macht: »[T]he necessity of monitoring the conduct of so many slaves demanded that the report of the senses become a defining characteristic of American slave societies. Color changed from an incident of the demography of slavery (white masters, black slaves) to a core attribute« (Hoffer 2003, 137). Allerdings konnten die Sklavenhalter/innen die Überwachung nicht auf das Visuelle beschränken, schließlich leisteten die Sklav/innen aural Widerstand – und dass mithilfe von Sounds direkte Rebellion kommuniziert werden konnte, sollte auch manchen ihrer Gegenspieler/innen nicht entgangen sein. Wie Rath sieht auch Hoffer im Stono-Aufstand ein lehrreiches Beispiel, da sich die versklavten Rebellen mit Trommeln gegen ihre Versklavung auflehnten, ihre Leidensgenossen zum Mitmachen aufriefen und ihre Feinde herausforderten, sie zu bekämpfen (vgl. ebd., 137–154).

Koloniale Sklavenhalter/innen hörten allerdings auf mehr als nur die Gefahr der Rebellion. »The sensory features of slaveholding societies defined masters and slaves«, so Hoffer (ebd., 137). Und weiter: »Color and speech have always been the easiest ways to identify the ›other‹« (ebd., 134). Daher bietet eine visuelle Erklärung der Entwicklung rassistisch basierter Sklaverei nur ein unvollständiges Bild der Geschichte. Im frühen Amerika berief man sich auf das Ohr, um Differenz und Status zu registrieren: »To whites, slaves were as audibly different as they were visibly different« (ebd., 143). Und eben hier prägte die Gewohnheit, sich bei der Konstruktion von ›Rasse‹ auch auf das Ohr zu verlassen, die Institution der Sklaverei bis ins 19. Jahrhundert hinein.

Einige der innovativsten Arbeiten im Bereich der US-amerikanischen Sinnesgeschichte haben den Blick auch auf Sounds des 19. Jahrhunderts gerichtet. Mark M. Smith hat dabei mehr als jede/r andere Historiker/in unsere Aufmerksamkeit darauf gelenkt, wie die Soundscapes die Sklavengesellschaft in den Südstaaten vor dem Bürgerkrieg prägten. Er zeigt die Rolle auf, die Sound für die instinktiven, emotional aufgeladenen Reaktionen der US-Amerikaner/innen spielte, die schließlich zum Bürgerkrieg führten. Smith macht die aurale Dimension des Konflikts deutlich. Die Formierung nord- bzw. südstaatlicher Identitäten, die Machtkämpfe zwischen Herr/innen und Sklav/innen sowie die Konstruktion von ›Rasse‹: Dies alles hing auch mit Fragen des Auralen zusammen.

Smith stützt sich auf R. Murray Schafers Konzepte der Grundtöne und Soundmarkierungen und behauptet, dass die Eliten vor dem Bürgerkrieg ihre gehörten Welten auf regionale, also nord- und südstaatliche Arten definierten und dass ihre vielfältigen Soundscapes auf idealisierten auralen Projektionen von politischen, sozialen und ökonomischen Systemen in den Nord- und Südstaaten basierten. Im Süden war es nach wie vor so, dass die Sklavenhalter/innen versuchten, ihre Sklav/innen zu beherrschen, indem sie Sound und Geräusche kontrollierten und definierten, während die Sklav/innen Sound einsetzten, um sich gegen die inhumanen Bedingungen zur Wehr zu setzen.

Als die Nordstaaten in den Jahren nach der Unabhängigkeit damit begannen, die Sklaverei abzuschaffen, bildete sich allmählich eine Kluft zwischen dem Norden und dem Süden. Smith meint, dies sei auch damit zu erklären, dass der rapide Anstieg der Lohnarbeit und ein wachsender industrieller Sektor im Norden zu Sounds führten, die in den Ohren weißer Südstaatler/innen so dissonant klangen wie die Sounds der Sklaverei für die Nordstaatler/innen. Die Sounds, die Plantagenbesitzer/innen in den Südstaaten täglich hörten, wurden zur regionalisierten Soundscape, als sich die Spannungen zwischen den Regionen verstärkten. Die Ohren der Vorkriegseliten löschten einen Großteil der Vielfalt innerhalb ihrer eigenen Region aus und verdeckten die Ähnlichkeiten zwischen den Soundscapes des Nordens und Südens.

Obwohl dieser Gegensatz etwas grobschlächtig war, stellte er sich für die Eliten vor dem Bürgerkrieg als nützlich heraus, kämpften sie doch darum, die Zukunft der Nation und ihrer Soundscape zu definieren. Smith zeigt mit seiner Analyse der Soundscapes der Vorkriegseliten ein von der Forschung lange vernachlässigtes Element für das Verständnis der emotionalen Intensität dieser sezessionistischen Krise. Die herrschenden Klassen – in Nord wie Süd – übertrieben und verstärkten dabei die tatsächlich vorhandenen Unterschiede zwischen ihren auralen Welten zum Teil bis ins Karikaturhafte, um ihre eigene emotionale Macht zu stärken (vgl. Smith 2001, 13–17).

Das Ideal der Sklavenhalter/innen von ›Modernität mit Ruhe‹ beinhaltete nicht-bedrohliche moderne Sounds, die Sounds der von ihnen Abhängigen und Versklavten galt es zu kontrollieren (vgl. ebd., 13, 17, 36–37; Smith 2007, 51). Die Realität sah freilich anders aus: »[S]laves attempted to fool white senses in order to carve a degree of freedom from their bondage. As is well known, slaves used sound, especially music, to create spaces unavailable to whites, a way to preserve the soul and identity« (Smith 2006, 33). Die Sklav/innen beherrschten dabei sowohl Stille als auch Sound. Das erlaubte es ihnen, die Herrschaft der Sklavenhalter/innen über ihr Leben infrage zu stellen: Still schlichen sie sich davon, um sich nachts zu versammeln und Gottesdienste zu feiern, sie kommunizierten flüsternd, verzerrten und dämpften jene Klänge, die die Sklavenhalter/innen hätten provozieren können. Sklav/innen widersetzten sich der Kontrolle durch ihre Herr/innen, aber eben nicht, indem sie sich gegen deren Forderungen nach Ruhe auflehnten, sondern indem sie ihre Sounds regulierten, um sich einen kulturellen Raum zu schaffen, in dem sie ihre eigenen Identitäten und Werte behaupteten, ohne die Sklavenhalter/innen zu alarmieren (vgl. ebd.; Smith 2001, 80–89).

Sounds prägten auch die Konstruktion ethnischer Identitäten in den Südstaaten vor dem Bürgerkrieg. Smith zeigt, dass Schwarze eine essenzialistische Definition von ›Rasse‹ zwar weitgehend ablehnten, entflohene Sklav/innen, die optisch als Weiße durchgehen konnten, allerdings feststellten, dass es die Chancen auf eine erfolgreiche Flucht deutlich erhöhte, wenn man nicht so klang, wie dies Weiße von Schwarzen erwarteten. In den 1850er Jahren stieg die Zahl der ›optisch weißeren‹ Sklav/innen mit einem weißen Elternteil an, woraufhin sich weiße Südstaatler/innen auf die anderen Sinne, wie eben das Hören, stützten, um die ethnische Identität festzustellen (vgl. Smith 2006, 29–47). Diese Praxis war nicht ganz neu: »Slaveholder appeals to non-ocular senses as a way to verify race were, in fact, perfectly consistent with standard daily – and historical – practice. Race had never just been a matter of seeing, and white southerners assumed that race could be heard, smelled, and felt« (ebd., 41).

›Weiße‹ und ›schwarze‹ Sounds

In einer bahnbrechenden Studie über die Sounds von Sklav/innen beschreiben Shane White und Graham White, wie weiße Südstaatler/innen in der gesprochenen Rede von Schwarzen angebliche ›Rassenunterschiede‹ hören konnten. Aber Weiße meinten, ›Rasse‹ heraushören zu können, indem sie sich auf übertriebene Karikaturen der Redeweise von Schwarzen in Druckwerken sowie in Minstrel Shows, bei denen Weiße stereotypisierend Schwarze darstellten, stützten, weshalb die große Vielfalt schwarzer Redeformen in den Südstaaten von ihnen nicht wahrgenommen wurde. Weiße produzierten und konsumierten lieber Stereotypen, so White und White in ihrer Untersuchung *The Sounds of Slavery*: »Inserting an often ludicrously distorted, dialecticized language into black mouths was a way of reassuring whites not only that blacks sounded different from whites, but that blacks really were different from whites as whites wished to believe« (2005, 83). Nachdem sie die erniedrigenden Karikaturen schwarzer Sounds als authentisch eingestuft hatten, hörten weiße Zuhörer/innen weitgehend das, was sie zu hören erwarteten, wenn sie Sklav/innen sprechen hörten – vergleichbar mit der beschriebenen Art und Weise, wie der Elite angehörende Südstaatler/innen die Nordstaatler/innen hörten (vgl. ebd., 83 f.; Smith 2001, 13–17). Die Sklav/innen selbst hatten gleichsam einen eigenen Blick auf die Unterschiede zwischen weißer und schwarzer Rede: »[T]hat difference was both reassuring and a matter of some pride« (White/White 2005, 96).

Die Unterschiede zwischen weißen und schwarzen Sounds in der Vorkriegszeit gingen zwar nicht auf angeborene Gegensätze zurück, aber die Kontraste zwischen den auralen Erwartungen von Weißen und Schwarzen stellten dennoch eine tiefgehende kulturelle Divergenz dar, wie Shane White und Graham White argumentieren. Die Sklav/innen schufen und zelebrierten eine aurale Kultur, die die ästhetischen Vorlieben der Sklavenhalter/innen ablehnte. Sklav/innen etablierten ihre eigene, neue, charakteristische Kultur zum Teil dadurch, dass sie das afrikanische Sounderbe und euro-amerikanische Soundwege miteinander verbanden (vgl. ebd., XVIII). Die westafrikanische holistische Sichtweise auf Musik als wesentlicher, keineswegs abstrakter Bestandteil des Alltagslebens prägte den musikalischen Ausdruck der Sklav/innen (vgl. ebd., 40). Die Sklav/innen integrierten Musik in ihren Alltag und achteten darauf, dass Elemente der Musik, die einzeln funktionierten, dennoch in Beziehung zu den anderen Elementen blieben. Einzelne Elemente bezogen sich deshalb immer auf die gesamte Performance, was individuellen Ausdruck bei gleichzeitiger Bestätigung der gemeinschaftlichen Solidarität ermöglichte (vgl. ebd., 51).

Dieses Zusammenspiel zwischen Individuum und Gemeinschaft wie auch unterscheidbare ästhetische Werte frustrierten die weißen Zuhörer/innen. Was den Weißen wie Unsinn erschien, war für Schwarze eine Welt voller Bedeutungen. Sklav/innen komponierten Lieder wie Flickendecken und schufen Patchwork-Texte, die für weiße Ohren keine Bedeutung hatten. De facto folgte die Musik der Sklav/innen denn auch einer alternativen ästhetischen Logik, die zyklisch, nicht-linear war. Individuelle Improvisation auf einem musikalischen und lyrischen Fundament ermöglichte ein Wechselspiel zwischen Individuum und Gemeinschaft. Die Sklav/innen setzten dabei mit Vorliebe auf Variationen, die weiße Zuhörer/innen vor ein Rätsel stellten. Ein sich wiederholender Refrain beim Wechselgesang – *call and response chorus* – muss linear keinen Sinn ergeben, denn den Sklav/innen diente er zuvorderst als Ausgangspunkt für Improvisationen. Die Formen musikalischen Ausdrucks der Sklav/innen gründeten auf einer anderen, nicht-weißen Weltsicht, und die nichtlineare Struktur der Lieder ging von einzelnen Themen aus (vgl. ebd., 35, 59–71). Die Lieder vermittelten oft mehr ein Gefühl als einen Erfahrungsbericht oder Ähnliches (vgl. ebd., 71). Die Gottesdienste versklavter Prediger hatten viel mit der Musik von Sklaven gemein. Weiße kritisierten oft die Organisationsstruktur von Sklavenpredigten, die ihnen inkohärent erschienen. Sklav/innen allerdings hörten sie als improvisierte Äußerungen, die im Wechselspiel zwischen Prediger und Gemeinde entstanden. Einzelne Gemeindemitglieder reagierten auf die Worte und Sounds des Predigers mit Tanz, Klatschen, Stöhnen oder Gesang; der Prediger wiederum reagierte auf die Sounds der Gemeinde. Die Predigt war damit eine Art offener Text, ein intertextueller Flickenteppich, geprägt vom Austausch mit der Gemeinde (vgl. ebd., 105, 122–137).

Ähnlich der Sozialgeschichte, die ein differenzierteres historisches Narrativ entwickelt hat, indem sie die Erfahrungen marginalisierter Gruppen miteinbezogen hat, sollte, so das Plädoyer von Mark M. Smith (2003, 165–186), auch die Sinnesgeschichte Geschichtsschreibung hinterfragen, welche die Komplexität der gelebten Vergangenheit nicht angemessen zu erfassen in der Lage ist. Die Forschung über die aurale Geschichte der amerikanischen Sklaverei zeigt, dass das, was Herr/innen und Sklav/innen hörten, das Wesen der Machtdynamiken und der Identitätsformierung auf eine Art und Weise prägte, die Historiker/innen mit einem okularzentrischen Blickwinkel, einer Präferenz für sichtbare Evidenz nicht greifen können. Obwohl nicht davon auszugehen ist, dass Sound in allen Sklavengesellschaften gleich funktionierte, bieten insbesondere die genannten jüngeren Studien eine überzeugende Basis, um die gehörten Welten der Sklaverei auch in anderen Kontexten zu entdecken.

Verwandte Beiträge: Kap. 17 (Soundscape); Kap. 20 (Geschichtswissenschaft); Kap. 71 (Herrschaftsrepräsentation); Kap. 72 (Kolonialität); Kap. 77 (Rassismus).

Literatur

Hoffer, Peter Charles: *Sensory Worlds in Early America*. Baltimore 2003.

Rath, Richard Cullen: *How Early America Sounded*. Ithaca, NY 2003.

Schafer, R. Murray: *The Soundscape. Our Sonic Environ-*

ment and the Tuning of the World [1977]. Rochester, VT 1993.

Smith, Mark M.: *Listening to Nineteenth-Century America.* Chapel Hill, NC 2001.

Smith, Mark M.: Making sense of social history. In: *Journal of Social History* 37/1 (2003), 165–186.

Smith, Mark M.: *How Race is Made. Slavery, Segregation, and the Senses.* Chapel Hill, NC 2006.

Smith, Mark M.: *Sensing the Past. Seeing, Hearing, Smelling, Tasting, and Touching in History.* Berkeley/Los Angeles 2007.

White, Shane/White, Graham: ›Us likes a mixtery‹. Listening to African-American slave music. In: *Slavery & Abolition. A Journal of Slave and Post-Slave Studies* 20/3 (1999), 22–48.

White, Shane/White, Graham: ›At intervals I was nearly stunned by the noise he made‹. Listening to African-American religious sound in the era of Slavery. In: *American Nineteenth Century History* 1/1 (2000), 34–61.

White, Shane/White, Graham: *The Sounds of Slavery. Discovering African American History through Songs, Sermons, and Speech.* Boston 2005.

Phillip Jay Richardson
(aus dem Englischen übersetzt von Wilhelm von Werthern)

Anhang

D. Morat, H. Ziemer (Hrsg.), *Handbuch Sound*, https://doi.org/10.1007/978-3-476-05421-0

Autorinnen und Autoren

Wolfgang Auhagen, Musikwissenschaftler, Professor am Institut für Musik, Medien- und Sprechwissenschaften der Martin-Luther-Universität Halle-Wittenberg (II.12 Resonanz).

Carolyn Birdsall, Medienhistorikerin, Assistant Professor of Media Studies an der Universität von Amsterdam (VI.65 Radio).

Christoph von Blumröder, Musikwissenschaftler, Professor am Musikwissenschaftlichen Institut der Universität zu Köln (II.8 Akusmatik).

Beatrix Borchard, Musikwissenschaftlerin und Musikpublizistin, Prof. Dr. em. der Hochschule für Musik und Theater Hamburg (V.55 Salon).

Juliane Brauer, Historikerin und Musikwissenschaftlerin, Wissenschaftliche Mitarbeiterin am Max-Planck-Institut für Bildungsforschung in Berlin (V.48 Konzentrationslager).

Sabine Breitsameter, Medienwissenschaftlerin, Professorin für Sound und Medienkultur am Fachbereich Media und Mitglied des Clusters Forschungszentrum Digitale Kommunikation und Medien-Innovation (DKMI) der Hochschule Darmstadt (II.17 Soundscape).

Joeri Bruyninckx, Wissenschafts- und Technikhistoriker, Wissenschaftlicher Mitarbeiter am Max-Planck-Institut für Wissenschaftsgeschichte in Berlin sowie Assistant Professor an der Universität Maastricht (V.58 Wald).

Lino Camprubí, Historiker, Ramón y Cajal Research Fellow an der Universität Sevilla, z. Z. Gastwissenschaftler am Max-Planck-Institut für Wissenschaftsgeschichte in Berlin (IV.33 Echo).

Steffi de Jong, Kulturwissenschaftlerin und Historikerin am Historischen Institut der Universität zu Köln (V.53 Museum).

Mary Helen Dupree, Literaturwissenschaftlerin, Professorin an der Georgetown University in Washington, DC, USA (I.7 Performanz).

Cornelia Epping-Jäger, Literaturwissenschaftlerin, Wissenschaftliche Mitarbeiterin des DFG-Forschungsprojektes ›HörSäle der Literatur: Die sonore Inszenierung des Literarischen in der deutschen Literatur der Nachkriegszeit zwischen 1947 und 1967‹ an der Ruhr Universität Bochum (VII.74 LautSprecher).

Veit Erlmann, Musikethnologe und Ethnologe, Professor an der Butler School of Music der University of Texas at Austin, USA (I.2 Auralität).

Patrick Feaster, Medienhistoriker, Media Preservation Specialist bei der Media Digitization and Preservation Initiative der Indiana University Bloomington, USA (VI.64 Phonograph).

Steven Feld, Anthropologe, Senior Scholar an der School for Advanced Research, Santa Fe, New Mexico, USA (I.1 Akustemologie).

Sabine von Fischer, Architekturhistorikerin und -kritikerin, Forschende an der ETH Zürich (III.18 Architektur).

Golo Föllmer, Musik- und Medienwissenschaftler, Radioautor und Privatdozent am Institut für Musik, Medien- und Sprechwissenschaft der Martin-Luther-Universität Halle-Wittenberg (IV.34 Jingle).

Wolfgang Fuhrmann, Musikwissenschaftler, Mitarbeiter am Institut für Kunstgeschichte und Musikwissenschaft der Johannes Gutenberg-Universität Mainz (II.11 Musicking).

Marcus Gammel, Klangkunstdramaturg, Abteilungsleiter Radiokunst bei Deutschlandfunk Kultur (II.15 Sound Art).

Sieglinde Geisel, Kulturjournalistin, Dozentin an der Freien Universität Berlin und der Universität St. Gallen, Leiterin des Online-Magazins *tell* (www.tell-review.de) (IV.35 Lärm).

Alexa Geisthövel, Historikerin, Wissenschaftliche Mitarbeiterin am Institut für Geschichte der Medizin und Ethik in der Medizin der Charité Universitätsmedizin Berlin (V.44 Diskothek).

Felix Gerloff, Medien- und Kulturwissenschaftler, Wissenschaftlicher Mitarbeiter am Critical Media Lab Basel der Hochschule für Gestaltung und Kunst, Fachhochschule Nordwestschweiz (III.23

Medienwissenschaft, zus. mit A. Volmar und S. Schwesinger).

Nicola Gess, Literatur- und Musikwissenschaftlerin, Professorin für Neuere deutsche Literaturwissenschaft an der Universität Basel (IV.32 Donner).

M. J. Grant, Musikwissenschaftlerin, Teaching Fellow an der Reid School of Music der University of Edinburgh (VII.67 Folter).

Nils Grosch, Musikwissenschaftler, Universitätsprofessor an der Paris Lodron Universität Salzburg (VI.63 Noten).

Rolf Großmann, Musik- und Medienwissenschaftler, Professor für Digitale Medien und auditive Gestaltung am Institut für Kultur und Ästhetik Digitaler Medien der Leuphana Universität Lüneburg (II.13 Rhythmus).

Angela Grünberg, Juristin und Philosophin, Doktorandin am Department of Philosophy der University of Sheffield (III.26 Philosophie).

Marie Louise Herzfeld-Schild, Musikwissenschaftlerin, EURIAS Fellow am Centre for Research in the Arts, Humanities and Social Sciences (CRASSH) der University of Cambridge (I.3 Emotionalität).

Claudia Hillebrandt, Literaturwissenschaftlerin, Wissenschaftliche Mitarbeiterin am Institut für Germanistische Literaturwissenschaft der Friedrich-Schiller-Universität Jena (III.22 Literaturwissenschaft).

Anette Hoffmann, Kulturwissenschaftlerin, Lise Meitner Stipendiatin, Mitarbeiterin am Institut für Kunst- und Kulturwissenschaften der Akademie der bildenden Künste Wien (VII.72 Kolonialität).

Anne-Kathrin Hoklas, Soziologin, Wissenschaftliche Mitarbeiterin am Institut für Soziologie der Technischen Universität Dresden (III.28 Soziologie, zus. mit D. Schrage).

Alexandra Hui, Wissenschaftshistorikerin, Associate Professor an der Mississippi State University, USA (III.30 Wissenschaftsgeschichte; V.42 Aufzug; V.51 Labor).

Theo Jung, Historiker, Wissenschaftlicher Assistent am Historischen Seminar der Albert-Ludwigs-Universität Freiburg (VII.78 Schweigen).

Sebastian Klotz, Musikwissenschaftler, Professor für Transkulturelle Musikwissenschaft und historische Anthropologie der Musik am Institut für Musikwissenschaft und Medienwissenschaft der Humboldt-Universität zu Berlin (III.24 Musikwissenschaft).

Stefan Koelsch, Neurowissenschaftler und Musikpsychologe, Professor am Institut für Biologische und Medizinische Psychologie der Universität Bergen, Norwegen (III.25 Neurowissenschaften, zus. mit J. Obleser).

Doris Kolesch, Literatur- und Theaterwissenschaftlerin, Professorin am Institut für Theaterwissenschaft der Freien Universität Berlin (III.29 Theaterwissenschaft, zus. mit J. Schrödl; IV. 39 Stimme, zus. mit J. Schrödl).

Reinhard Kopiez, Musikpsychologe, Professor für Musikpsychologie an der Hochschule für Musik, Theater und Medien Hannover (V.56 Stadion, zus. mit Chr. Reuter).

Alexander Kraus, Historiker, Wissenschaftlicher Mitarbeiter am Institut für Zeitgeschichte und Stadtpräsentation der Stadt Wolfsburg (V.52 Meer).

Stefan Krebs, Historiker, Senior Research Scientist am Luxembourg Centre for Contemporary and Digital History der Universität Luxemburg (V.43 Auto).

Julia Kursell, Musikwissenschaftlerin und Wissenschaftshistorikerin, Professorin für Musikwissenschaft an der Universität von Amsterdam (II.10 Klangfarbe).

Beate Kutschke, Musik- und Kulturwissenschaftlerin, Privatdozentin an der Paris Lodron Universität Salzburg (VII.76 Protest).

Anna Kvíčalová, Religionswissenschaftlerin, Postdoktorandin am Centre for Theoretical Study der Karls-Universität Prag und der Tschechischen Akademie der Wissenschaften (V.47 Kirche).

Jens Lachmund, Soziologe, Universitätsdozent an der Universität Maastricht (VI.67 Stethoskop).

Britta Lange, Kulturwissenschaftlerin, Wissenschaftliche Mitarbeiterin am Institut für Kulturwissenschaft der Humboldt-Universität zu Berlin (III.21 Kulturwissenschaft; V.41 Archiv).

Jörg U. Lensing, Komponist und Regisseur, Professor für Tongestaltung/Sounddesign am Fachbereich Design (BA Film & Sound/MA Sound) der Fachhochschule Dortmund (II.16 Sounddesign).

Karsten Lichau, Kulturwissenschaftler, Wissenschaftlicher Mitarbeiter am Max-Planck-Institut für Bildungsforschung in Berlin (IV. 37 Stille).

Karin Martensen, Musikwissenschaftlerin, Wissenschaftliche Mitarbeiterin am Musikwissenschaftlichen Seminar Detmold/Paderborn der Hochschule für Musik Detmold und der Universität Paderborn (VII.70 Gender).

Sabine Mecking, Historikerin, Professorin am Institut für Geschichte und Ethik der Fachhochschule für öffentliche Verwaltung NRW, Duisburg, und Privatdozentin am Institut für Geschichtswissenschaften der Heinrich-Heine-Universität Düsseldorf (VII.75 Nationalhymnen).

Mara Mills, Historikerin, Associate Professor am Department of Media, Culture, and Communication der New York University, USA (II.9 Dezibel).

Jan-Friedrich Missfelder, Historiker, Oberassistent am Historischen Seminar der Universität Zürich (III.20 Geschichtswissenschaft; VI.60 Glocken).

Daniel Morat, Historiker, Privatdozent am Friedrich-Meinecke-Institut der Freien Universität Berlin (VI.68 Telefon).

Bodo Mrozek, Historiker, Wissenschaftlicher Mitarbeiter am Zentrum für Zeithistorische Forschung Potsdam (VI.66 Schallplatte).

Jonas Obleser, Psychologe, Professor für Physiologische Psychologie mit Methodenlehre am Institut für Psychologie der Universität zu Lübeck (III. 25 Neurowissenschaften, zus. mit St. Koelsch).

Jens Gerrit Papenburg, Musik- und Medienwissenschaftler, Privatdozent am Institut für Musikwissenschaft und Medienwissenschaft der Humboldt-Universität zu Berlin (I.5 Körperlichkeit).

Peter Payer, Historiker und Stadtforscher, selbstständiger Wissenschaftler sowie Kurator am Technischen Museum Wien (V.57 Straße).

Christoph Reuter, Musikwissenschaftler (Systematische Musikwissenschaft), Professor am Institut für Musikwissenschaft der Universität Wien (V.56 Stadion, zus. mit R. Kopiez).

Phillip Jay Richardson, Historiker, Assistant Professor of History an der William Carey University in Hattiesburg, Mississippi, USA (VII.79 Sklaverei).

Nepomuk Riva, Musikethnologe, Wissenschaftlicher Mitarbeiter an der Hochschule für Musik, Theater und Medien Hannover (III. 19 Ethnologie).

Uta C. Schmidt, Historikerin, Wissenschaftliche Mitarbeiterin an der Koordinations- und Forschungsstelle des Netzwerk Frauen- und Geschlechterforschung NRW (Universität Duisburg-Essen) (V.45 Fabrik).

Andi Schoon, Kulturwissenschaftler, Professor am Y Institut der Hochschule der Künste Bern (VII.77 Rassismus).

Dominik Schrage, Soziologe, Professor für soziologische Theorien und Kultursoziologie am Institut für Soziologie der Technischen Universität Dresden (III.28 Soziologie, zus. mit A.-K. Hoklas).

Dominik Schrey, Medienwissenschaftler, Postdoktorand am Institut für Germanistik des Karlsruher Instituts für Technologie (KIT) (VI. 59 Compact Disc, zus. mit A. Volmar).

Jenny Schrödl, Theaterwissenschaftlerin, Juniorprofessorin am Institut für Theaterwissenschaft der Freien Universität Berlin (III.29 Theaterwissenschaft, zus. mit D. Kolesch; IV. 39 Stimme, zus. mit D. Kolesch).

Manuela Schwartz, Musikwissenschaftlerin, Professorin für Historische Musikwissenschaft an der Hochschule Magdeburg-Stendal, Fachbereich Soziale Arbeit, Gesundheit und Medien (IV.50 Krankenhaus).

Sebastian Schwesinger, Medien- und Kulturwissenschaftler, Wissenschaftlicher Mitarbeiter am Institut für Kulturwissenschaft der Humboldt-Universität zu Berlin (III.23 Medienwissenschaft, zus. mit A. Volmar und F. Gerloff).

Mark M. Smith, Historiker, Carolina Distinguished Professor of History am Department of History der University of South Carolina in Columbia, USA (VII.73 Krieg).

Uwe C. Steiner, Literaturwissenschaftler, Professor am Institut für Neuere deutsche Literatur- und Medienwissenschaft der FernUniversität in Hagen (IV.40 Tinnitus).

Katja Stopka, Literaturwissenschaftlerin, Wissenschaftliche Mitarbeiterin am Zentrum für Zeithistorische Forschung Potsdam (IV.36 Rauschen).

Alexandra Supper, Wissenschaftsforscherin, Assistenzprofessorin an der kultur- und sozialwissenschaftlichen Fakultät der Universität Maastricht (II.14 Sonifikation, zus. mit A. Volmar).

Viktoria Tkaczyk, Kultur- und Medienwissenschaftlerin, Professorin am Institut für Kulturwissenschaft der Humboldt-Universität zu Berlin und Leiterin der Forschungsgruppe ›Episteme der Modernen Akustik‹ am Max-Planck-Institut für Wissenschaftsgeschichte in Berlin (I.4. Gedächtnis).

Jutta Toelle, Musikwissenschaftlerin, Wissenschaftliche Mitarbeiterin der Musikabteilung des Max-Planck-Instituts für empirische Ästhetik in Frankfurt a. M. (IV. 31 Applaus).

Lena van der Hoven, Musikwissenschaftlerin, Wissenschaftliche Mitarbeiterin an der Professur für Musikwissenschaft der Universität Bayreuth (VII.71 Herrschaftsrepräsentation).

Axel Volmar, Medienwissenschaftler, Wissenschaftlicher Mitarbeiter am Sonderforschungsbereich 1187 ›Medien der Kooperation‹ der Universität Siegen (II.14 Sonifikation, zus. mit A Supper; III. 23 Medienwissenschaft, zus. mit F. Gerloff und S.

Schwesinger; VI. 59 Compact Disc, zus. mit D. Schrey).

Heike Weber, Technikhistorikerin, Professorin für Technikkulturwissenschaft am Institut für Geschichte des Karlsruher Instituts für Technologie (KIT) (VI.61 Kassette).

Caroline Welsh, Literaturwissenschaftlerin, Privatdozentin am Institut für Deutsche und Niederländische Philologie der Freien Universität Berlin (IV.37 Sirene).

Anna K. Windisch, Filmwissenschaftlerin, Wissenschaftliche Mitarbeiterin an der Paris Lodron Universität Salzburg (V.46 Kino).

Roland Wittje, Wissenschafts- und Technikhistoriker, Associate Professor am Department of Humanities and Social Sciences des Indian Institute of Technology Madras, Indien (III.27 Physikalische Akustik).

Rebecca Wolf, Musikwissenschaftlerin, Leiterin der Forschergruppe ›Materialität der Musikinstrumente‹ am Deutschen Museum München (I.6 Materielle Kultur; VI. 62 Musikinstrumente).

Hansjakob Ziemer, Historiker, Wissenschaftlicher Mitarbeiter und Leiter Kommunikation und Kooperation am Max-Planck-Institut für Wissenschaftsgeschichte in Berlin (IV.49 Konzertsaal).

Gesa zur Nieden, Musikwissenschaftlerin, Juniorprofessorin am Institut für Kunstgeschichte und Musikwissenschaft – Abteilung Musikwissenschaft der Johannes Gutenberg-Universität Mainz (V.54 Opernhaus).

Personenregister

GPSR Compliance

The European Union's (EU) General Product Safety Regulation (GPSR) is a set of rules that requires consumer products to be safe and our obligations to ensure this.

If you have any concerns about our products, you can contact us on ProductSafety@springernature.com

In case Publisher is established outside the EU, the EU authorized representative is:

Springer Nature Customer Service Center GmbH
Europaplatz 3
69115 Heidelberg, Germany

Batch number: 10808652

Printed by Printforce, the Netherlands